책 구입 시 드리는 혜택

❶ 전 과목 핵심 이론 동영상 강의 평생 제공
❷ 우수회원 인증 후 2016년 ~ 2018년 3개년 추가 기출문제
   (해설 포함) 제공
❸ 최근 CBT 복원 기출문제 수록

2025
개정 8판

평생무료 평생 무료 동영상과 함께하는

콘크리트산업기사

필기

손영선 저

새로운 출제 기준 적용 / 전 과목 핵심 이론 상세 해설 및 평생 무료 강의 제공
최근 기출문제 수록 및 완벽 해설 / 빠른 합격을 위한 상세한 이론 구성
문제 해설을 이해하기 쉽도록 자세히 설명 / 저자 1대1 질의응답 카페 운영

무료 동영상 강의

Daum 손영선의 콘크리트기사 🔍 https://cafe.daum.net/ecivil2

www.sejinbooks.kr

머리말

콘크리트는 20세기에 신이 내려준 선물이라고 표현할 정도로 대단한 발명이었으며, 인류의 삶에 큰 기여를 한 재료입니다.

그럼에도 참 아이러니한 것은 토목현장과 건축현장에서 콘크리트를 다루는 기술자들의 대다수가 콘크리트에 대한 이해도가 현저히 낮다는 것입니다. 같은 재료 같은 돈을 투자하여 좀 더 양질의 구조물을 시공하기 위해서는 콘크리트 관련 제조업체, 실험실, 설계업체, 감리업체, 진단 및 유지관리기관, 기타 관련 공사, 공단, 학·협회, 정부기관 등 콘크리트를 다루는 모든 이들이 콘크리트를 깊이 이해하고 업무를 추진할 수 있어야 합니다.

본서는 콘크리트산업기사를 취득하려고 하는 수험생은 물론 콘크리트를 이해하고 다루려는 많은 공학도들에게 실질적인 많은 도움이 되는 책이라고 감히 자부하며, 다음 사항에 중점을 두고 집필되었습니다.

첫째, 저자가 학원에서 다년간 강의를 진행하면서 쌓아온 노하우를 모두 담기 위해 최선을 다했습니다.

둘째, 출제 경향을 완벽히 분석하고 모두 반영하였으며, 최근 개정된 「콘크리트구조설계기준」이나 각종 최신 시방서 규정들을 토대로 집필하였습니다.

수험생 여러분들의 빠른 합격을 위해 연구를 거듭하여 집필하였으나, 본의 아니게 부족한 점이 드러날 수 있으리라 생각됩니다. 미비한 점은 지속해서 보완해 나갈 것을 약속드리며, 끝으로 본서 출간을 위해 애써주신 세진북스 관계자 여러분께 진심으로 감사드리며 오랫동안 사랑받는 세진북스가 되길 기원합니다.

저자 손영선

출제기준

1. 필기

직무분야	건설	중직무분야	토목	자격종목	콘크리트산업기사	적용기간	2025. 1. 1. ~ 2027. 12. 31

• 직무내용 : 콘크리트에 대한 이해와 실무를 통하여 효율적으로 콘크리트의 제조, 시공, 시험, 검사, 품질관리와 콘크리트 제품, 콘크리트 구조, 진단 및 평가, 유지관리 등의 업무를 이해하고 수행함으로써 콘크리트의 품질, 내구성 및 안전성의 확보를 도모하는데 필요한 직무이다.

필기검정방법	객관식	문제수	80	시험시간	2시간

필기 과목명	문제수	주요항목	세부항목	세세항목
콘크리트 재료 및 배합	20	1. 콘크리트용 재료	1. 시멘트	1. 시멘트의 일반 2. 시멘트의 제조 3. 시멘트의 조성 광물 4. 시멘트의 종류
			2. 물	1. 혼합수 일반 2. 혼합수의 품질기준
			3. 골재	1. 골재 일반 2. 잔골재 3. 굵은골재 4. 기타골재
			4. 혼화재료	1. 혼화재료 일반 2. 혼화재의 종류 및 특성 3. 혼화제의 종류 및 특성
			5. 보강재료	1. 보강재료 일반 2. 철근 3. 기타 보강재
		2. 재료시험	1. 시멘트 관련시험	1. 시멘트 밀도시험 2. 시멘트 분말도 시험 3. 시멘트 응결시험 4. 시멘트 안정도 시험 5. 시멘트 모르타르의 압축강도 및 인장강도 시험
			2. 골재 관련시험	1. 골재 체가름 시험 2. 골재의 밀도 및 흡수율 시험 3. 골재의 단위용적 질량 4. 골재의 유해물 함유량 5. 골재에 포함된 잔입자 시험 6. 굵은골재의 마모 시험 7. 골재의 내구성
			3. 혼화재료 관련시험	1. 혼화재 관련 시험 2. 혼화제 관련 시험
			4. 기타 재료시험	1. 금속재료의 인장시험 2. 금속재료의 굽힘시험 3. 기타 보강재 시험
		3. 콘크리트의 배합	1. 배합설계의 기본원리	1. 배합의 일반사항 2. 설계기준압축강도
			2. 콘크리트공사 표준시방서 (KCS 14 20 00)에 의한 배합 설계 방법	1. 표준편차를 구하는 방법 2. 배합강도의 결정 3. 물-결합재비의 결정 4. 배합의 보정 5. 단위량의 계산 6. 시방배합을 현장배합으로 수정
콘크리트 제조, 시험 및 품질관리	20	1. 콘크리트의 제조	1. 콘크리트 제조의 일반사항	1. 제조설비 및 장비 2. 재료의 저장 및 관리 3. 재료의 계량 4. 비비기
			2. 레디믹스트 콘크리트의 제조	1. 레미콘의 정의 2. 레미콘 재료 3. 레미콘의 특성 및 종류

필기 과목명	문제수	주요항목	세부항목	세세항목
				4. 레미콘의 제조 5. 레미콘의 품질검사 6. 기타 레미콘에 관한 사항
		2. 콘크리트 시험	1. 굳지 않은 콘크리트 관련 시험	1. 시료채취 방법　　2. 워커빌리티시험 3. 공기량 시험　　　4. 염화물 함유량 시험 5. 블리딩 시험　　　6. 응결시험
			2. 굳은 콘크리트 관련 시험	1. 압축강도 및 탄성계수 시험 2. 인장강도 시험　　3. 휨강도 시험 4. 휨인성 시험　　　5. 길이변화 시험 6. 비파괴 시험
			3. 내구성 관련시험	1. 동결융해 시험　　2. 염화물분석 시험 3. 알칼리 골재반응　4. 탄산화 시험
		3. 콘크리트의 품질관리	1. 통계적 방법의 기초	1. 통계적 품질관리의 정의 2. 데이터의 정리방법 3. 측정치의 수량적 특성 4. 각종 분포이론 및 응용
			2. 콘크리트 공사에서의 품질관리 및 검사	1. 품질관리 방법 2. KS 및 콘크리트공사 표준시방서(KCS 14 20 00)의 품질관리 및 검사기준
		4. 콘크리트의 성질	1. 굳지 않은 콘크리트	1. 일반사항　　　　2. 작업성 3. 공기량　　　　　4. 재료분리 5. 응결　　　　　　6. 균열
			2. 굳은 콘크리트	1. 일반사항　　　　2. 강도특성 3. 체적변화　　　　4. 균열 5. 내구성　　　　　6. 기타 성질
콘크리트의 시공	20	1. 시공전 검토 및 확인	1. 시공 전 준비	1. 시공상세도　　　2. 거푸집 설치 계획 3. 철근가공 조립계획　4. 콘크리트 타설계획
		2. 일반 콘크리트	1. 운반, 타설 및 양생	1. 콘크리트의 운반 2. 콘크리트 타설 및 다지기 3. 콘크리트의 양생
			2. 이음, 표면마무리	1. 콘크리트의 이음 2. 콘크리트의 표면 마무리
			3. 거푸집 및 동바리	1. 거푸집　　　　　2. 동바리
		3. 특수 콘크리트	1. 한중 및 서중 콘크리트	1. 일반사항　　　　2. 재료/배합/시공
			2. 매스콘크리트	1. 일반사항　　　　2. 재료/배합/시공
			3. 유동화 및 고유동 콘크리트	1. 일반사항　　　　2. 재료/배합/시공
			4. 해양 및 수밀 콘크리트	1. 일반사항　　　　2. 재료/배합/시공
			5. 수중 및 프리플레이스트 콘크리트	1. 일반사항　　　　2. 재료/배합/시공
			6. 경량골재 콘크리트	1. 일반사항　　　　2. 재료/배합/시공
			7. 고강도 콘크리트	1. 일반사항　　　　2. 재료/배합/시공
			8. 숏크리트	1. 일반사항　　　　2. 재료/배합/시공
			9. 섬유보강콘크리트	1. 일반사항　　　　2. 재료/배합/시공
		4. 콘크리트 제품	1. 콘크리트 관련제품	1. 일반사항　　　　2. 공장제품 3. 성형 및 양생　　4. 조립 및 접합 5. 공장제품의 시험 및 검사

출제기준

필기 과목명	문제수	주요항목	세부항목	세세항목
콘크리트 구조 및 유지관리	20	1. 철근 콘크리트	1. 철근콘크리트 구조의 개념	1. 일반 사항 2. 구조물의 설계법 3. 사용성 및 내구성 4. 철근의 정착과 이음
			2. 철근콘크리트 부재의 설계기준에 대한 이해	1. 보 해석 및 설계기준 2. 기둥 해석 및 설계기준 3. 슬래브 해석 및 설계기준 4. 옹벽 해석 및 설계기준
		2. 조사 및 진단	1. 외관조사 및 강도 평가	1. 외관조사 2. 콘크리트의 강도 평가
			2. 열화원인 및 성능평가	1. 탄산화 2. 염해 3. 알칼리골재 반응 4. 동해 5. 화학적 침식 6. 피로 7. 비파괴시험
			3. 콘크리트 균열	1. 균열의 원인 및 종류 2. 균열의 평가 및 대책
			4. 철근배근조사 및 부식평가	1. 철근배근조사 2. 철근부식평가
			5. 내하력 평가	1. 일반사항 2. 재하시험 및 평가
		3. 보수·보강	1. 보수·보강 종류 및 방법	1. 일반사항 2. 보수 및 보강재료 3. 보수 및 보강공사
			2. 보수·보강 검사 및 평가	1. 검사 및 평가기준 2. 검사 및 평가방법

2. 실기

직무분야	건설	중직무분야	토목	자격종목	콘크리트산업기사	적용기간	2025. 1. 1. ~ 2027. 12. 31

- **직무내용** : 콘크리트에 대한 이해와 실무를 통하여 효율적으로 콘크리트의 제조, 시공, 시험, 검사, 품질관리와 콘크리트 제품, 콘크리트 구조, 진단 및 평가, 유지관리 등의 업무를 이해하고 수행함으로써 콘크리트의 품질, 내구성 및 안전성의 확보를 도모하는데 필요한 직무이다.
- **수행준거** : 1. 콘크리트 재료 및 각종 콘크리트에 대한 이론적 지식을 바탕으로 각종 재료에 대한 시험을 실시하고 결과를 판정할 수 있다.
  2. 콘크리트 제조에 대한 이론적 지식을 바탕으로 배합설계 및 현장배합을 실시할 수 있다.
  3. 콘크리트 시공 및 품질관리에 대한 이론적 지식을 바탕으로 일반 및 특수콘크리트의 시공과 품질관리를 할 수 있다.
  4. 콘크리트 유지관리에 대한 이론적 지식을 바탕으로 열화조사 및 비파괴시험을 실시하고 콘크리트의 상태를 진단할 수 있다.
  5. 콘크리트 구조설계에 대한 이론적 지식을 바탕으로 구조설계 및 해석을 할 수 있다.

실기검정방법	복합형	시험시간	5시간 30분 정도 (필답형 : 1시간 30분, 작업형 : 4시간 정도)

실기 과목명	주요항목	세부항목	세세항목
콘크리트 일반 작업	1. 콘크리트 일반	1. 콘크리트의 재료시험하기	1. 시멘트 관련시험을 할 수 있다. 2. 골재 관련시험을 할 수 있다. 3. 혼화재료 관련시험을 할 수 있다. 4. 기타 재료시험을 할 수 있다.
		2. 배합 및 제조하기	1. 콘크리트 배합을 할 수 있다. 2. 콘크리트 제조의 일반 사항을 이해할 수 있다. 3. 레디믹스트콘크리트의 제조를 할 수 있다.

실기 과목명	주요항목	세부항목	세세항목
		3. 각종 콘크리트 시공하기	1. 일반 콘크리트의 시공을 할 수 있다. 2. 특수 콘크리트의 시공을 할 수 있다. 3. 공장제품을 알고 적용할 수 있다.
		4. 콘크리트의 품질관리하기	1. 기초 통계분석을 할 수 있다. 2. 통계량의 정의 및 계산을 할 수 있다. 3. 콘크리트 품질관리를 할 수 있다. 4. 콘크리트 품질검사를 할 수 있다.
		5. 콘크리트 유지 관리하기	1. 콘크리트의 열화 및 손상현상을 이해할 수 있다. 2. 콘크리트의 진단을 할 수 있다. 3. 비파괴시험을 할 수 있다. 4. 내하력 평가를 할 수 있다. 5. 보수공법을 알고 적용할 수 있다. 6. 보강공법을 알고 적용할 수 있다.
		6. 콘크리트 구조 설계하기	1. 철근 콘크리트 구조의 개요를 알고 적용할 수 있다. 2. 철근 콘크리트 구조의 해석, 설계 및 안전성에 대한 개념을 이해할 수 있다. 3. 구조부재(보, 기둥, 슬래브, 옹벽)의 적정크기 및 철근을 산정하고 배치할 수 있다.
	2. 콘크리트 시험	1. 굳지 않은 콘크리트 시험하기	1. 시료채취 방법을 알고 할 수 있다. 2. 워커빌리티시험을 할 수 있다. 3. 공기량 시험을 할 수 있다. 4. 염화물 함유량 시험을 할 수 있다. 5. 블리딩 시험을 할 수 있다. 6. 응결시험을 할 수 있다. 7. 기타 굳지 않은 콘크리트 관련 시험을 할 수 있다.
		2. 굳은 콘크리트 시험하기	1. 압축강도 및 탄성계수 시험을 할 수 있다. 2. 인장강도 시험을 할 수 있다 3. 휨강도 시험을 할 수 있다. 4. 길이변화 시험을 할 수 있다. 5. 비파괴 시험을 할 수 있다. 6. 기타 굳은 콘크리트 관련 시험을 할 수 있다.
		3. 내구성 관련 시험하기	1. 동결융해 시험을 할 수 있다. 2. 염화물분석 시험을 할 수 있다. 3. 알칼리 골재반응 시험을 할 수 있다. 4. 탄산화 시험을 할 수 있다. 5. 기타 내구성 시험을 할 수 있다.

차례 Contents

Part 1 콘크리트용 재료 및 배합 — 15

제 01 장 콘크리트용 재료 — 16
- 1-1 구 성 … 16
- 1-2 콘크리트 재료 … 16
- 1-3 물 … 39
- 1-4 골 재 … 41

제 02 장 재료 시험 — 55
- 2-1 시멘트 관련 시험 … 55
- 2-2 골재 관련 시험 … 61
- 2-3 기타 재료 시험 … 71

제 03 장 콘크리트 배합설계 — 72
- 3-1 배합설계 기본 원리 … 72
- 3-2 배합설계 … 76

Part 2 콘크리트의 제조, 시험 및 품질관리 — 87

제 01 장 콘크리트의 제조 — 88
- 1-1 콘크리트 제조의 일반사항 … 88
- 1-2 콘크리트 제조설비 … 90
- 1-3 레디믹스트 콘크리트의 제조 및 운반 … 94

제 02 장 　 콘크리트 시험　　　　　　　　　　　　　　　　　　　　　98

　　2-1 굳지 않은 콘크리트 관련 시험 ·············· 98
　　2-2 굳은 콘크리트 관련 시험 ···················· 106
　　2-3 내구성 관련 시험 ································ 115

제 03 장 　 콘크리트의 품질　　　　　　　　　　　　　　　　　　　119

　　3-1 콘크리트 공사의 품질관리 ················· 119
　　3-2 공사 전반의 품질관리 ························ 125

제 04 장 　 콘크리트의 성질　　　　　　　　　　　　　　　　　　　134

　　4-1 굳지 않은 콘크리트 ···························· 134
　　4-2 굳은 콘크리트 ···································· 140

Part 3　콘크리트의 시공

제 01 장 　 일반 콘크리트　　　　　　　　　　　　　　　　　　　　152

　　1-1 일반 콘크리트 시공 ···························· 152
　　1-2 콘크리트 양생 ···································· 162
　　1-3 이음 및 마무리 ···································· 164

제 02 장 　 특수 콘크리트　　　　　　　　　　　　　　　　　　　　172

　　2-1 한중 콘크리트 ···································· 172
　　2-2 서중 콘크리트(Hot Weather Concrete) ···· 178
　　2-3 매스 콘크리트(Mass Concrete) ·········· 182
　　2-4 유동화 콘크리트 ································ 189
　　2-5 해양 콘크리트(Offshore Concrete) ····· 192
　　2-6 수밀 콘크리트(Watertight Concrete) ···· 194

Contents

- 2-7 수중 콘크리트(Underwater Concrete) ·· 196
- 2-8 프리플레이스트 콘크리트(Preplaced Concrete) ································· 202
- 2-9 경량골재 콘크리트(Lightweight Aggregate Concrete) ······· 207
- 2-10 고강도 콘크리트(High Strength Concrete) ····································· 212
- 2-11 숏크리트(Shotcrete, Sprayed Concrete) ·· 215
- 2-12 고유동(High Fluidity) 콘크리트 ··· 223
- 2-13 섬유보강 콘크리트(Steel Fiber Reinforced Concrete) ······· 223

Part 4 콘크리트 구조 및 유지관리 227

제 01 장 개 론 — 228

- 1-1 철근 콘크리트 ··· 228
- 1-2 콘크리트 제품 ··· 232
- 1-3 공장 제품(Factory Product) ·· 234

제 02 장 설계 일반 — 237

- 2-1 설계 방법 ··· 237

제 03 장 강도설계법 — 242

- 3-1 단철근 직사각형 보 ··· 242
- 3-2 복철근 직사각형 보 ··· 249
- 3-3 단철근 T형 보 ··· 253

제 04 장 전 단 — 257

- 4-1 전단응력 ·· 257
- 4-2 전단철근 ·· 258
- 4-3 전단설계(강도설계법) ··· 260
- 4-4 깊은 보(Deep Beam) ·· 265
- 4-5 전단마찰 ·· 265

제 05 장 　 철근 상세　　　　　　　　　　　　　　266

　　5-1　철근 가공 …………………………………… 266
　　5-2　간격 제한 …………………………………… 267

제 06 장 　 철근의 정착과 이음　　　　　　　　　 269

　　6-1　철근의 부착 ………………………………… 269
　　6-2　철근의 정착 ………………………………… 271
　　6-3　철근의 이음 ………………………………… 273

제 07 장 　 사용성 검토　　　　　　　　　　　　　276

　　7-1　일반사항 ……………………………………… 276
　　7-2　균　 열 ………………………………………… 276
　　7-3　처　 짐 ………………………………………… 279
　　7-4　피　 로 ………………………………………… 280

제 08 장 　 기　 둥　　　　　　　　　　　　　　　 282

　　8-1　서　 론 ………………………………………… 282
　　8-2　단주의 설계 ………………………………… 287
　　8-3　장주의 설계 ………………………………… 289

제 09 장 　 슬 래 브　　　　　　　　　　　　　　　292

　　9-1　일반사항 ……………………………………… 292
　　9-2　1방향 슬래브의 설계 ……………………… 294
　　9-3　2방향 슬래브의 설계 ……………………… 295

제 10 장 　 옹　 벽　　　　　　　　　　　　　　　 299

　　10-1　일반사항 ……………………………………… 299
　　10-2　옹벽의 외적 안정 조건 …………………… 300

Contents

제 11 장 구조물의 진단 및 유지관리 　　　　　303

11-1 진단 및 유지관리의 목적 ········· 303
11-2 열화조사 및 진단 ················· 307
11-3 콘크리트 결함조사 ················ 308
11-4 콘크리트의 열화현상 ·············· 309
11-5 철근 조사와 부식 조사 ············ 313
11-6 내하력 평가 ······················ 314
11-7 콘크리트의 압축강도 측정 ········· 316
11-8 콘크리트 내의 결함 탐지 ·········· 320
11-9 철근부식 측정 ···················· 324

제 12 장 보수공법과 보강공법 　　　　　326

12-1 보수공법 일반 ···················· 326
12-2 보강공법 일반 ···················· 327
12-3 공법의 선정 ······················ 328
12-4 각종 보수공법 ···················· 329
12-5 각종 보강공법 ···················· 340

Part 5 콘크리트산업기사 기출문제　　　　351

2019년도 시행

2019년 3월 3일 시행 ················· 353
2019년 4월 27일 시행 ················ 382
2019년 8월 4일 시행 ················· 408

2020년도 시행

2020년 6월 6일 시행 ················· 435
2020년 8월 22일 시행 ················ 463
2020년 9월 CBT 시행 ················ 489

2021년도 시행

2021년 3월 CBT 시행 ·· 517
2021년 5월 CBT 시행 ·· 547
2021년 8월 CBT 시행 ·· 577

2022년도 시행

2022년 3월 CBT 시행 ·· 608
2022년 5월 CBT 시행 ·· 637
2022년 8월 CBT 시행 ·· 666

2023년도 시행

2023년 3월 CBT 시행 ·· 695
2023년 5월 CBT 시행 ·· 723
2023년 9월 CBT 시행 ·· 752

2024년도 시행

2024년 2월 CBT 시행 ·· 781
2024년 5월 CBT 시행 ·· 804
2024년 7월 CBT 시행 ·· 829

무료 동영상과 함께하는 콘크리트 필기

Part 1
콘크리트용 재료 및 배합

Chapter 1   콘크리트용 재료
Chapter 2   재료 시험
Chapter 3   콘크리트 배합설계

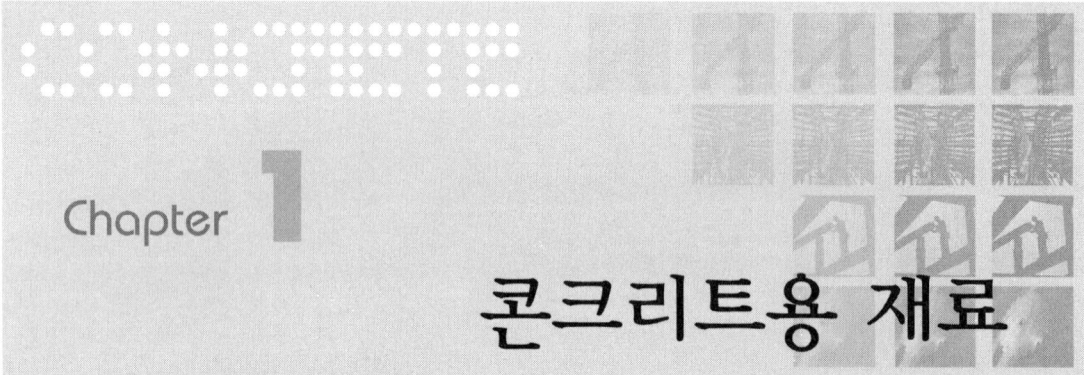

Chapter 1 콘크리트용 재료

1-1 구 성

1. 콘크리트의 구성

① 시멘트 풀 = 공기 + 물 + 시멘트
② 모르타르 = 공기 + 물 + 시멘트 + 잔골재
③ 콘크리트 = 공기 + 물 + 시멘트 + 잔골재 + 굵은골재
　　　　　　　(5%)　(15%)　(10%)　[골재(70%)]

1-2 콘크리트 재료

1. 시 멘 트

(1) 시멘트 제조

① 제조과정 : 섞기 → 굽기(1,400~1,500℃) → 바수기
　㉠ 석회석과 점토를 알맞은 비율로 섞는다.
　㉡ 회전 가마 속에서 1,400~1,500℃로 구워 클링커를 만들고 이것의 굳는 속도를 늦추기 위하여 석고를 3% 정도 넣고 바수어 가루로 만든다.

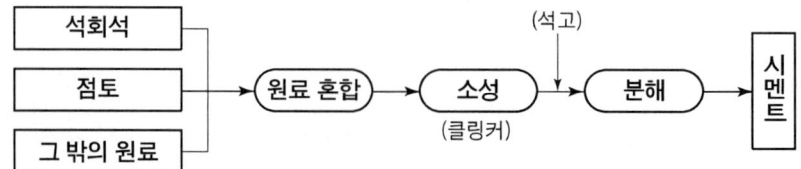

[포틀랜드 시멘트 제조공정]

② 클링커
  ㉠ 클링커란 시멘트 제조과정 중에 생기는 구워진 슬러리 덩어리로서, 성분의 일부가 융해하여 전체가 괴상소결물로 된 덩어리를 말하며 소괴라고도 한다.
  ㉡ 시멘트 제조시 클링커의 소성이 불충분하면 시멘트의 비중이 감소하고 안정성과 장기강도가 작아지므로 충분한 소성이 필요하다.
③ 주성분
  ㉠ 석회질 원료 : 점토질 원료=약 4 : 1
  ㉡ 석고 : 시멘트의 급격한 응결을 방지하는 응결조절용(응결지연제 역할)
  ㉢ 주성분 함유량 : 석회석(산화칼슘, CaO) > 실리카(이산화규소, SiO_2) > 알루미나(산화알루미늄, Al_2O_3) > 산화철(Fe_2O_3)
④ 화학성분
  ㉠ 수경률 : 수화반응에 의한 강도발현의 정도를 말하는 것으로 시멘트 원료의 조합비 결정에 사용한다.
  ㉡ 규산율(SM ; Silica Modulus) : 산기성분의 양적인 관계를 표현하는 방법으로 사용한다.
  ㉢ 철률(IM ; Iron Modulus) : 철률은 Al_2O_3와 Fe_2O_3의 양적인 관계를 표시하는 비율이다. 철률이 낮은 원료혼합물은 낮은 소성온도에도 클링커의 생성이 용이하게 된다.
  ㉣ MgO(산화마그네슘, 마그네시아) 함량 : MgO는 수화반응 중에 팽창균열(이상팽창)을 발생시킬 염려가 있기 때문에 함량을 5% 이하로 제한한다.
  ㉤ 알칼리량 : 포틀랜드 시멘트의 경우 시멘트 중의 총알칼리량=$Na_2O + 0.658K_2O$
  ㉥ SO_3(무수황산) : 무수황산은 응결조절용으로 첨가되는 석고에서 유래한다.
  ㉦ 강열 감량
    ⓐ 900~1,000℃의 강한 열을 가했을 때의 시멘트 무게 감량을 말한다.
    ⓑ 시멘트가 풍화하면 강열 감량이 커지므로 시멘트 풍화정도를 판정하는 데 이용한다.
    ⓒ 신선한 시멘트의 강열감량은 0.6~0.8% 정도이다.
  ㉧ 불용해 잔분
    ⓐ 시멘트를 염산 및 탄산나트륨 용액에 넣어도 녹지 않고 남아있는 부분이다.
    ⓑ 불용해 잔분량이 과하지 않는 한 시멘트의 품질에 영향을 미치지 않는다.
⑤ 클링커 광물조성 주요 화합물(클링커 화합물의 조성광물)
  ㉠ C_3S(규산삼석회, 알라이트(alite), $3CaO \cdot SiO_2$) : 수화열이 비교적 크고, 조기 발열성을 나타낸다. 클링커에서 가장 많은 성분은 C_3S를 주성분으로 하는 알라이트이다.

ⓒ C_2S(규산이석회, 벨라이트(belite), $2CaO \cdot SiO_2$) : 수화열이 작아서 강도발현은 늦지만 장기강도발현성과 화학저항성이 우수하다.

ⓒ C_3A(알민산삼석회, 알루미네이트(aluminate), $3CaO \cdot Al_2O_3$) : 수화속도가 대단히 빠르고 발열량과 수축이 크다.

ⓔ C_4AF(알민산철사석회, 페라이트(ferrite), $4CaO \cdot Al_2O_3 \cdot Fe_2O_3$) : 수화열이 적고, 수축도 적으며 화학저항성이 양호하나 강도 증진에는 큰 효과가 없다.

산화물	약호	화합물	약호
CaO	C	$3CaO \cdot SiO_2$	C_3S
SiO_2	S	$2CaO \cdot SiO_2$	C_2S
Al_2O_3	A	$3CaO \cdot Al_2O_3$	C_3A
Fe_2O_3	F	$4CaO \cdot Al_2O_3 \cdot Fe_2O_3$	C_4AF
MgO	M	$4CaO \cdot 4Al_2O_3 \cdot SO_3$	C_4A_3S
SO_3	S	$3CaO \cdot 2SiO_2 \cdot 3H_2O$	$C_3S_2H_3$
H_2O	H	$CaSO_4 \cdot 2H_2O$	CSH_2

(2) 시멘트 일반적 성질

① 수화반응

시멘트에 물을 첨가하면 시멘트 중의 수경성 화합물 이물과 반응하여 결정을 만들고 이것이 응결 경화되어 강도를 발현하는데 이것을 수화반응이라 한다.

$$CaO + H_2O \xrightarrow[\text{수화열 발생}]{\text{수화반응}} Ca(OH)_2 \text{(수산화칼슘 : 알칼리성)}$$

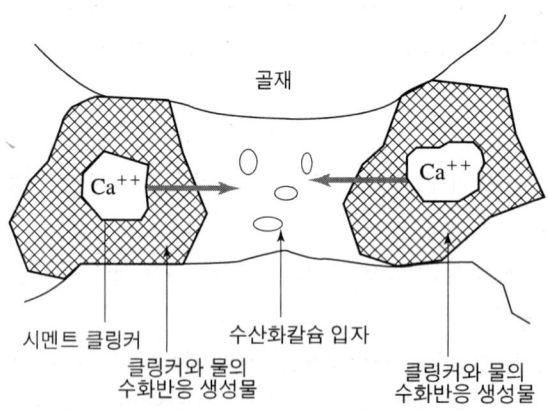

[포틀랜드 시멘트의 수화반응]

② 수화열

시멘트의 수화반응으로 응결 경화하는 과정 중에 재령까지 발생한 열량의 합계를 말한다.

③ 수화열이 큰 시멘트는 한중공사에 좋으나, 매시브한 콘크리트에서는 온도균열의 원인이 된다.

④ 수화와 풍화

㉠ 수화 : 시멘트에 물을 혼합하면 석회(CaO)가 물(H_2O)과 반응하여 $Ca(OH)_2$(수산화칼슘) 화합물을 생성시키면서 응결되기 시작한다.

[시멘트의 수화발열]

㉡ 풍화 : 저장중인 시멘트가 공기 중의 수분과 이산화탄소를 흡수하여 수화반응을 일으켜 탄산염을 만들어 덩어리가 발생되는 현상으로, 풍화한 시멘트는 1개월에 압축강도가 3~5% 감소한다.

$$Ca(OH)_2 + CO_2 \rightarrow CaCO_3 + H_2O$$

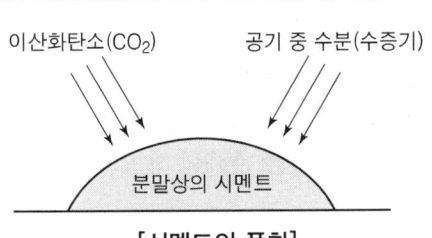

[시멘트의 풍화]

ⓐ 풍화된 시멘트의 특성
- 비중 감소
- 응결 지연
- 강도발현 저하
- 강열 감량 증가

ⓑ 강열 감량이 4%인 시멘트는 신선한 시멘트 강도의 60%에 불과하기 때문에 포틀랜드 시멘트에서는 강열 감량을 3% 이내로 규정하고 있다.

⑤ 시멘트 비중

㉠ 시멘트 비중 값은 콘크리트 단위중량 및 배합설계 등의 계산에 필요하며 보통 포틀랜드 시멘트의 비중은 3.14~3.16 정도이다.

ⓒ 시멘트 비중이 작아지는 경우는 다음과 같다.
    ⓐ 시멘트가 풍화될 때
    ⓑ 클링커의 소성이 불충분할 때
    ⓒ 혼합물이 섞여 있을 때
    ⓓ 시멘트를 장기간 저장할 때
⑥ **시멘트 분말도**
  ㉠ 분말도란 시멘트 입자의 굵고 가는 정도를 나타내는 것으로, 비표면적[cm^2/g] 또는 표준체 88μ의 잔분[%]으로 표시하며, 시료 50g을 표준체(88μm)에 넣고 1분간 150회 속도로 체를 흔들어 90% 이상 통과된 것을 측정하는 체가름 시험에 의해 산정한다.
  ㉡ 비표면적 : 1g의 시멘트가 가지고 있는 전체 입자의 총 표면적[cm^2]을 비표면적이라 한다. 비표면적을 산정하는 방법으로는 일정 압력의 공기를 시료 내에 통과시켜 투과 정도에 따라서 산정하는 브레인 방법이 사용되기도 한다.
  ㉢ 분말도가 높은 시멘트는 다음과 같은 특징이 있다.
    ⓐ 물과의 접촉 면적(비표면적)이 커져 수화작용이 빨라 초기강도가 높아진다.
    ⓑ 워커블한 콘크리트가 얻어지며 블리딩도 작게 된다.
    ⓒ 수축이 크고 균열발생의 가능성이 크다.
    ⓓ 시멘트가 풍화되기 쉽다.
⑦ **응결**(Setting)**과 경화**(Hardening)
  ㉠ 굳음 : 시멘트 풀에 일어나는 유동성 상실 현상
  ㉡ 응결 : 시멘트 풀이 시간이 경과함에 따라 유동성과 점성을 상실하고 고체화하는 현상
  ㉢ 경화 : 보다 조직이 치밀해져 단단해지는 상태로 시간이 경과함에 따라 강도가 증가하는 현상
  ㉣ 응결속도

응결이 빨라지는 경우	응결이 지연되는 경우
① 분말도가 클수록 ② 온도가 높을수록 ③ 습도가 낮을수록	① 분말도가 적을수록 ② 온도가 낮을수록 ③ 습도가 높을수록 ④ 석고 첨가량이 많을수록 ⑤ 물-결합재비가 클수록 ⑥ 시멘트가 풍화될수록

(3) 시멘트 종류

포틀랜드 시멘트(KS L 5201 규정)	• 1종 : 보통 포틀랜드 시멘트 • 2종 : 중용열 포틀랜드 시멘트 • 3종 : 조강 포틀랜드 시멘트 • 4종 : 저열 포틀랜드 시멘트 • 5종 : 내황산염 포틀랜드 시멘트 • 기타 : 백색 포틀랜드 시멘트
혼합 시멘트	• 고로 슬래그 시멘트 • 플라이애시 시멘트 • 포틀랜드 포졸란 시멘트(실리카 시멘트)
특수 시멘트	• 알루미나 시멘트 • 팽창 시멘트 • 초속경 시멘트 • 유정 시멘트 • 콜로이드 시멘트(초미분말 시멘트)

① 포틀랜드 시멘트
  ㉠ 보통 포틀랜드 시멘트(1종, Ordinary Portland Cement)
    ⓐ 우리나라 시멘트 생산량의 약 90%를 차지할 정도로 가장 보편적으로 사용되는 시멘트이다.
  ㉡ 중용열 포틀랜드 시멘트(2종, Medium Heat Portland Cement)
    ⓐ 수화작용시 발열량을 줄이기 위해 규산삼석회(C_3S)와 알루민산삼석회(C_3A)의 양을 제한하고 규산이석회(C_2S)의 양을 크게 한 시멘트이다.
    ⓑ 특징 및 용도

특 징	용 도
• 수화열이 작아 조기강도는 보통 포틀랜드 시멘트에 비해 작으나 장기강도는 보통 포틀랜드 시멘트와 같다. • 건조수축이 작다. • 수화열이 낮다. • 조기강도는 작고 장기강도는 크다. • 발열량이 작다. • 체적변화가 작다. • 화학저항성이 크다.	• 댐 등의 단면이 큰 매스 콘크리트에 적용된다. • 방사선 차폐용으로도 사용될 수 있다. • 지하 구조물, 도로포장용, 서중 콘크리트 공사에 사용된다.

  ㉢ 조강 포틀랜드 시멘트(3종, High Early Strength Portland Cement)
    ⓐ C_3S를 많게 하고 C_2S를 적게 하여 분말도를 보통 포틀랜드 시멘트보다 더 큰 4,000~4,500cm^2/g로 미분쇄하여 조기에 강도를 발현할 수 있도록 한 시멘트이다.

ⓑ 특징 및 용도

특 징	용 도
• 조기강도가 크다. • 수화속도가 빠르고 수화열이 크다. • 초기양생에 충분히 주의하여야 한다. • 균열이 발생하기 쉽다. • 저온 시에도 강도발현이 크고 강도 저하가 적다. • Slump의 Loss가 크다. • 분말도가 높다($4,000 \sim 4,500 cm^2/g$). • 보통 포틀랜드 시멘트에 비해 1일 강도는 3배, 7일 강도는 1.5배, 28일 강도는 1.1배 정도 나타내며 이를 통해 장기강도는 큰 차이가 없다는 것을 알 수 있다.	• 큰 구조물에는 부적합하다. • 긴급을 요하는 공사나 혹한기 공사에 적합하다. • 수중 공사, 해중 공사 등에 사용하면 유리하다.

ⓓ 저열 포틀랜드 시멘트(4종)

중용열 포틀랜드 시멘트보다 수화열이 더 낮은 시멘트로서 매시브한 콘크리트와 고강도 콘크리트 등에 쓰이며, 저열 포틀랜드 시멘트에서는 수화열을 억제하기 위하여 최저 C_2S량을 규정하고 있다.

ⓔ 내황산염 포틀랜드 시멘트(5종)

ⓐ 토양, 물, 지하수, 공장폐수 및 해수 중의 황산염의 침식작용에 대한 화학저항성을 높인 시멘트로, 내황산염 포틀랜드 시멘트에서는 황산염에 의한 팽창을 억제하기 위하여 최대 C_3A량을 규정하고 있다.

ⓑ 특징 및 용도

특 징	용 도
• 황산염의 침식에 대한 저항성이 크다. • 알루민산삼석회(C_3A)의 양을 4% 이하로 하여 황산염의 화학침식에 대한 저항성을 크게 한 시멘트이다. ※ 황산염은 수산화칼슘과 반응하여 석고를 생성하고 콘크리트의 체적증대를 유발한다. 이 석고는 다시 시멘트 중의 알루민산삼석회(C3A)와 반응하여 현저한 체적팽창을 일으킨다.	황산염을 함유한 공장폐수, 하수, 지하수, 흙 등에 접하는 콘크리트에 사용한다.

ⓕ 백색 포틀랜드 시멘트(KS L 5204)

ⓐ 보통 포틀랜드 시멘트의 철분(Fe_2O_3)이 3% 정도인데 반해 백색 포틀랜드 시멘트는 철분(Fe_2O_3)을 0.3% 이하로 양을 크게 줄임으로써 얻은 흰색의 시멘트이다.

ⓑ 특징 및 용도

특 징	용 도
• 회색을 띠게 하는 철분(Fe_2O_3)을 0.3% 이하로 크게 줄여 백색을 띠게 한 시멘트이다. • 소성연료로는 석탄 대신 중유를 사용한다.	• 건축물의 도장용 • 장식용 • 인조대리석 제작용

② 혼합 시멘트
  ㉠ 일반사항
    ⓐ 혼합 시멘트는 대체로 비중은 감소한다.
    ⓑ 화학저항성은 양호하다.
    ⓒ 장기강도가 크다.
    ⓓ 수화에 의한 발열량이 줄어든다.
  ㉡ 종류
    ⓐ 고로 슬래그 시멘트
    ⓑ 플라이애시 시멘트
    ⓒ 포틀랜드 포촐라나 시멘트(실리카 시멘트)
  ㉢ 고로 슬래그 시멘트
    ⓐ 고로 수쇄 슬래그와 클링커에 적당량의 석고를 가하여 혼합 분쇄 또는 분리 분쇄한 후 균일하게 혼합하여 제조된 시멘트이다.
    ⓑ 잠재수경성을 확보하기 위하여 염기도의 최소값을 규정하고 있으며, 고로 슬래그의 염기도는 1.6 이상이어야 한다. 염기도는 다음 식에 따른다.

$$b = \frac{CaO + MgO + Al_2O_3}{SiO_2}$$

여기서, b : 염기도
  CaO : 고로 슬래그 중 산화칼슘의 질량(%)
  MgO : 고로 슬래그 중 산화마그네슘의 질량(%)
  Al_2O_3 : 고로 슬래그 중 산화알루미늄의 질량(%)
  SiO_2 : 고로 슬래그 중 이산화규소의 질량(%)

ⓒ 고로 슬래그 시멘트는 다음 표의 화학 성분의 규정에 따라야 한다.

특 징	용 도			
	1종	2종	3종	4종
삼산화황(SO_3)(%)	4.0 이하	4.0 이하	4.0 이하	2.5 이상 4.0 이하
산화마그네슘(MgO)(%)	10.0 이하	10.0 이하	10.0 이하	10.0 이하
강열 감량 (%)	3.0 이하	3.0 이하	3.0 이하	3.0 이하

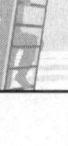

ⓓ 특징 및 용도

특 징	용 도
• 초기강도는 작으나 장기강도는 보통 포틀랜드 시멘트와 같거나 크다. • 내화학약품성이 좋다. • 수화열이 적어 내열성이 크고 수밀성이 크다. • 콘크리트 블리딩이 적다. • 건조수축은 약간 크다.	• 해수, 하수 및 공장폐수에 접하는 댐, 하천, 항만 등의 콘크리트에 적당하다. • 터널 • 하수도 등

ⓔ 플라이애시(Fly Ash) 시멘트
  ⓐ 화력발전소에서 미분탄(유연탄) 연소시 발생하는 회분(탄분)을 집진기로 포집한 구형의 유리상 입자인 플라이애시(Fly Ash)를 포틀랜드 시멘트에 일정한 비율로 조합하여 혼합한 시멘트이다.
  ⓑ 특징 및 용도

특 징	용 도
• 수화열이 작다. • 건조수축이 작다. • 수밀성이 양호하다. • 장기강도가 증가한다. • 워커빌리티를 증대시킨다. • 단위수량을 감소시킨다. • 해수에 대한 화학적 저항성이 크다. • 알칼리 골재반응을 억제한다. • 재령 28일까지의 콘크리트 강도는 보통 포틀랜드 시멘트를 사용한 경우보다 다소 작지만 장기 재령에서는 비슷하거나 오히려 크다.	댐 등의 수리구조물에 적합하다.

 플라이애시는 구상으로 콘크리트에서 볼 베어링 작용을 하여 워커빌리티를 증대시키며 단위수량을 감소시킨다.

ⓜ 포틀랜드 포졸란 시멘트(실리카 시멘트)
  ⓐ 시멘트 수화 과정에서 생성되는 수산화칼슘과 결합하여 포졸란 반응을 통해 불용성 화합물을 생성하는 미분말 상태의 실리카 혼화재료를 총칭하여 포졸란이라 하며, 포틀랜드 시멘트 클링커에 포졸란을 조합하고 적당량의 석고를 가하고 분쇄하여 만든 시멘트이다.

ⓑ 특징 및 용도

특 징	용 도
• 초기강도는 작으나 장기강도는 약간 크다. • 워커빌리티를 증가시킨다. • 블리딩이 작다. • 수밀성과 내구성이 좋다. • 화학저항성이 크다. • 고열에 강하다. • 발열량이 작다. • 유동성이 크다. • 건조수축, 균열이 생기기 쉽다. • 포틀랜드 포졸란 시멘트의 가용성 SiO_2 등은 수화시 생기는 $Ca(OH)_2$와 결합하여 불용성 규산칼슘 수화물 등을 생기게 하는 포졸란 반응에 의하여 장기강도가 증진된다.	• 하천, 항만 구조물 • 공장폐수, 하수공사 등

③ 특수 시멘트
   ㉠ 종류
      ⓐ 알루미나 시멘트
      ⓑ 초조강 시멘트
      ⓒ 초속경 시멘트
      ⓓ 팽창 시멘트
      ⓔ 초미분말 시멘트
      ⓕ 마그네시아 시멘트
      ⓖ 유정 시멘트
   ㉡ 알루미나 시멘트
      ⓐ 알루미늄(Aluminium)의 원광석인 보크사이트에 석회석을 적당한 비율로 혼합하고 1400℃ 이상의 전기로 또는 회전로에서 용융 소성(Burning)하여 염기도 $4,000\sim5,000cm^2/g$ 분말로 분쇄하여 제조한 시멘트이다.
      ⓑ 특징 및 용도

특 징	용 도
• 물을 가한 후 6~12시간 정도에 보통 포틀랜드 시멘트의 재령 28일 강도를 발현한다. • 발열량이 커 초조기강도를 나타낸다. • 알칼리성이 낮아 철근부식이 우려된다. • 양생 시 온도에 따라 강도 변화가 심하다(30℃ 이상에서 강도 저하). • 화학적 저항성이 크다. • 알루미나 겔이 시멘트 입자 피복 효과가 커 침식에 대한 저항성이 크다.	• 동절기 공사 • 긴급 공사 • 내화 콘크리트 • 화학 공장 바닥 반응조 내부

ⓒ 초조강 시멘트 : 클링커 속의 앨리트(Ailt)를 증대시켜 분말도를 높이고 석고 성분을 많이 첨가한 시멘트이다.
ⓓ 초속경 시멘트 : 물을 가한 후 2~3시간에 100~200kgf/cm²의 압축강도를 얻을 수 있는 시멘트이다.
ⓔ 팽창 시멘트
  ⓐ 시멘트 콘크리트의 결점 중 하나인 수축성을 개선하기 위하여 수화 시에 계획적으로 팽창성을 가지도록 한 시멘트로 양생이 중요하며 믹싱시간이 길면 팽창률이 감소한다.
  ⓑ 용도에 따른 팽창 시멘트의 종류
    • 수축보상용 : 초기재령에서 팽창시켜 건조수축을 상쇄시킴으로써 균열발생을 방지하는 목적의 시멘트
    • 화학적 프리스트레스 도입용 : 팽창을 크게 일으켜 프리스트레스를 주는 목적의 시멘트
    • 충전용 : 팽창력 이용에 따른 충전효과를 주는 목적의 시멘트
ⓕ 콜로이드 시멘트(초미분말 시멘트) : 유동성이 좋은 초미분말의 시멘트로서 최대 지름 40μ 정도로 미분쇄하여 제조한 시멘트이다.

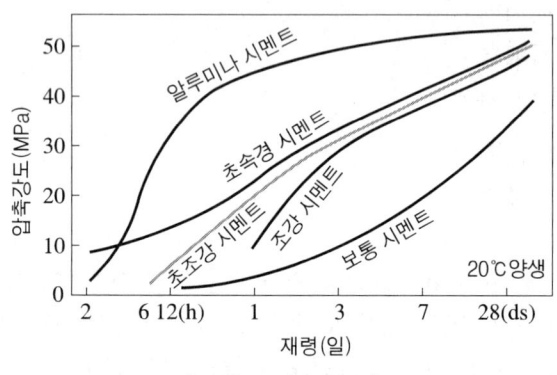

[시멘트 강도 비교]

(4) 포틀랜드 시멘트의 품질규격

① 종류에 관계없이 응결시간의 종결시간은 10시간 이하이다.
② 종류에 관계없이 강열 감량은 5.0% 이하이다.
③ 1종 포틀랜드 시멘트의 안정도는 0.8% 이하이다.
④ 전 알칼리 함량은 종류에 관계없이 0.6%(Na_2O) 이하로 규정되어 있다.

2. 혼화재료(Admixture)

물, 시멘트, 골재 + 혼화재료 = 보통 콘크리트의 성질을 개선한 콘크리트

(1) 혼화재료의 분류

혼화재료는 사용량에 따라 분류된다.

혼화재료	
혼화재	혼화제
• 콘크리트 배합계산에 고려 • 시멘트 중량의 5% 이상 사용 • 미분말 • 대부분 무기계 • 시멘트와 수화반응	• 콘크리트 배합계산에서 무시 • 시멘트 중량의 1% 전후 첨가 • 액체 또는 분체(통상 물에 희석하여 사용) • 대부분 유기계 • 시멘트 수화물과 반응
• 슬래그(Slag) • 플라이애시(Fly-ash) • 포졸란(Pozzolan) • 실리카 퓸(Silica Fume)	• AE제 • 촉진제 • 감수제 • 고성능 감수제(유동화제) • 수축저감제

(2) 고로 슬래그 미분말

고로 슬래그는 제철소에서 선철을 만들 때 고로에서 부산물로 나오는 것으로, 비중 차이에 의해 발생되는 용융 슬래그를 찬 공기나 냉수로 급히 식힌 입상의 수쇄 슬래그를 분쇄기로 미분쇄하여 얻어진다.

① 고로 슬래그 미분말의 염기도
  ㉠ 고로 슬래그 미분말은 염기도가 크면 클수록 반응성이 크므로 염기도 1.6 이상의 것을 사용하도록 한다.
  ㉡ 염기도 = $\dfrac{C_aO + MgO + Al_2O_3}{SiO_2}$

② 고로 슬래그 미분말의 효과
  ㉠ 고로 슬래그 미분말은 포졸란 반응에 의해 알칼리 골재반응의 억제효과가 있다.
  ㉡ 고로 슬래그 미분말을 사용한 콘크리트는 수밀성이 향상된다.
  ㉢ 고로 슬래그 미분말을 사용한 콘크리트는 철근을 보호하는 성능이 우수하다.
  ㉣ 고로 슬래그 미분말을 사용한 콘크리트는 시멘트 수화시에 발생하는 수산화칼슘과 반응하여 수화물을 생성하기 때문에 강알칼리인 수산화칼슘의 양이 줄어 콘크리트의 알칼리성이 다소 저하되어 콘크리트의 탄산화(중성화)가 빠르게 진행

되므로, 철근보호를 위해 콘크리트 덮개를 충분히 확보할 필요가 있다.
ⓜ 콘크리트의 세공경이 작아지므로 수밀성↑, 염화물 이온 침투 억제 → 철근부식 억제 효과
ⓗ 고로 슬래그 미분말의 혼합량 및 분말도가 클수록 공기량은 감소하여 동일한 공기량을 얻기 위한 AE제의 사용량은 증가한다.

③ 고로 슬래그 미분말의 활성도 지수

활성도 지수란 기준 모르타르의 압축강도에 대한 시험 모르타르의 압축강도의 비를 백분율로 나타낸 것을 말한다.

품질	1종	2종	3종
재령 7일	95% 이상	75% 이상	55% 이상
재령 28일	105% 이상	95% 이상	75% 이상
재령 91일	105% 이상	105% 이상	95% 이상

(3) 플라이애시

플라이애시는 화력 발전소와 같은 대형 공장에서 석탄 연료를 사용할 때 연소 후에 수집된 석탄 연료 부산물의 가는 분말로서 주로 실리카 알루미나와 여러 산화물과 알칼리로 구성된 포졸란이다.

① 플라이애시의 특성
  ㉠ 플라이애시는 인공 포졸란 재료로 포졸란 반응을 한다.
  ㉡ 플라이애시의 입형은 구형이다.

② 플라이애시의 장점
  ㉠ 플라이애시를 혼화재로 사용한 콘크리트는 플라이애시의 포졸란 반응 및 구형 입형의 영향으로 폐자원 활용으로 인한 자원절약 등이 가능해 경제적이다.
  ㉡ 콘크리트의 성능을 개선시킨다.
    ⓐ 워커빌리티를 좋게 하고 사용수량을 감소시킨다.
    ⓑ 초기강도는 다소 작으나 장기강도는 상당히 크다.
    ⓒ 시멘트 수화열의 저감으로 콘크리트의 발열이 감소되어 큰 구조물에 적합하다.
    ⓓ 블리딩이 감소된다.
    ⓔ 콘크리트의 수밀성이 향상되고 화학저항성이 좋다.
    ⓕ 건조, 습윤에 따른 체적변화와 동결융해에 대한 저항성을 향상시킨다.
    ⓖ 알칼리 실리카 반응의 억제에 효과가 있다.

③ 플라이애시 사용시 주의사항
  ㉠ 플라이애시의 미연소 탄소에 의해 입자 표면에서 유기혼화제(AE제 등)의 흡착에 의해서 소요 공기량을 얻기 위한 혼화제량(AE제의 사용량)이 증가된다.

ⓛ 플라이애시는 품질의 변동이 커지기 쉬우므로 품질을 확인할 필요가 있다.
ⓒ 플라이애시는 $1\mu m$ 이하 미립분의 영향으로 응집하여 고결하는 경우가 있으므로 저장에 유의해야 한다.
ⓔ 플라이애시를 혼합한 레디믹스트 콘크리트는 운반과정 도중 공기량 손실이 커지는 문제점이 있다.

④ 플라이애시 품질규정

항목	종류	1종	2종	3종	4종
이산화규소(SiO_2)		45.0 이상	45.0 이상	45.0 이상	45.0 이상
수분[%]		1.0 이하	1.0 이하	1.0 이하	1.0 이하
강열감량[%]		3.0 이하	5.0 이하	8.0 이하	5.0 이하
밀도[g/cm^3]		1.95 이상	1.95 이상	1.95 이상	1.95 이상
유리 CaO[%][a]		2.5 이하	2.5 이하	2.5 이하	2.5 이하
반응성 CaO[%][a, b]		10 이하	10 이하	10 이하	10 이하
SO_3[%][a]		3.5 이하	3.5 이하	3.5 이하	3.5 이하
MgO[%]		4.0 이하	4.0 이하	4.0 이하	4.0 이하
총 인산염(P_2O_5)[%]		5.0 이하	5.0 이하	5.0 이하	5.0 이하
수용성 인산염(P_2O_5)[mg/kg]		100 이하	100 이하	100 이하	100 이하
염화물(Cl^-)[%]		0.05 이하	0.05 이하	0.05 이하	0.05 이하
총 알칼리[%]		5.0 이하	5.0 이하	5.0 이하	5.0 이하
안정도[a, c]	오토클레이브 팽창도[%]	0.8 이하	0.8 이하	0.8 이하	0.8 이하
	르샤틀리에(Lechatelier)[mm]	10 이하	10 이하	10 이하	10 이하
분말도	$45\mu m$체 잔분(망체방법)[d][%]	10 이하	40 이하	40 이하	70 이하
	비표면적(브레인 방법)[cm^2/g]	4,500 이상	3,000 이상	2,500 이상	1,500 이상
	플로값 비[%]	105 이상	95 이상	85 이상	75 이상
활성도 지수[%]	재령 28일	90 이상	80 이상	80 이상	60 이상
	재령 91일	100 이상	90 이상	90 이상	70 이상

(a) 유리 CaO, 반응성 CaO, SO_3 및 안정도 시험은 석탄을 연소한 순환유동층 보일러에서 발생하는 플라이 애시(순환유동층 보일러 플라이 애시)를 포함하나 경우에 한하여 실시하여야 한다.
(b) 반응성 CaO는 총 CaO가 10% 미만일 때는 측정하지 않아도 된다.
(c) 안정도 시험 방법은 수요자의 요구에 따라 오토클레이브 시험과 르샤틀리에 시험 중 택일하여 실시한다.
(d) 브레인 방법(공기 투과장치에 의한 분말도)에 따르되 망 체 방법은 참고 값으로 한다.

(4) 실리카 품(포촐라나 : 실리카질의 가루)

실리카 품은 제강용 탈산제로 사용되는 실리콘 금속이나 페로실리콘 합금 등의 규소합금을 전기아크로(2,000℃)에서 석탄과 함께 순도 높은 석영을 환원시킴으로써 발생되며, 노에서 배출되는 폐가스를 집진하여 얻어지는 비결정질 실리콘 이산화물이다.

① 비표면적은 20~25m^2/g으로 보통 포틀랜드 시멘트보다 70~80배 정도 크다. (비표면적이 매우 크다)
② 고강도 콘크리트 제조용으로 사용되며, 공기량이 줄어든다.
③ 굳지 않은 콘크리트의 재료분리가 감소되며, 동일한 슬럼프를 얻기 위한 단위수량이 증가한다.
④ 실리카 품의 장점
 ㉠ 강도증진 효과가 뛰어나서 고강도용으로 사용한다.
 ㉡ 투수성이 작아 수밀성이 향상된다.
 ㉢ 수화 초기의 발열량이 작아 블리딩이 감소하며, 콘크리트의 온도상승 억제 효과가 있다.
 ㉣ 염화물 이온 침투 억제에 효과가 있다.

실리카 품을 혼화재로 사용한 콘크리트는 실리카 품의 미세입자 및 포졸란 반응의 영향으로 여러 면에서 콘크리트의 성능을 개선시키는 장점이 있다.

⑤ 실리카 품을 사용한 고강도 콘크리트
 ㉠ 실리카 품의 마이크로 필러 효과
 ㉡ 실리카 품은 포졸란 재료로 고로 슬래그 미분말 및 플라이애시와 같은 포졸란 반응을 하지만 다른 포졸란 재료와는 달리 초기에 포졸란 반응이 일어나는 특징이 있다.
 ㉢ 고성능감수제를 사용하여야 한다. 실리카 품은 비표면적이 매우 큰 초미립 분말이므로 혼합률이 증가하면 단위수량이 크게 요구되므로 고성능 감수제를 사용한다.
 ㉣ 실리카 품은 마이크로 필러 효과 및 포졸란 반응이 동시에 작용하여 강도를 향상시킨다.

마이크로 필터효과 + 포졸란 반응 = 고강도 및 고내구성 콘크리트 제조

⑥ 실리카 품을 사용한 고내구성 콘크리트 : 화학저항성이 양호하므로 고내구성 콘크리트의 제조에 효과적이다. 레디믹스트 콘크리트는 운반과정 도중 공기량 손실이 커지는 문제점이 있다.

⑦ 실리카 퓸 품질규정

항목	종류	2종
비표면적(BET)[m²/g]		15 이상
활성도 지수[%]	재령 7일	95 이상
	재령 28일	105 이상
이산화규소(SiO_2)[%]		85 이상
산화마그네슘(MgO)[%]		5.0 이하
삼산화황(SO_3)[%]		3.0 이하
염화물 이온(Cl^-)[%]		0.3 이하
강열 감량%		5.0 이하
45μm체에 남는 양[%]		5.0 이하

⑧ 실리카 퓸의 제품 형태별 단위질량

종류	단위질량 [kg/m³]
분말상(undensified)	450 이하
과립상(densified)	700 이하
슬러리형(slurry)	1,350~1,450

⑨ 실리카 퓸의 강열 감량의 정량 방법은 KS L 5120 또는 이에 대응되는 표준화된 국제표준 시험에 따르며, 가열 온도는 750℃~950℃로 한다.

(5) 잠재 수경성과 포졸란 반응

① 잠재 수경성

단순히 물과 접하여 자기 촉발적인 수화반응을 개시하지는 않지만, 자극제에 의해 수화반응을 일으키는 성질을 잠재 수경성이라 한다.
㉠ 잠재 수경성 물질로는 고로 수쇄 슬래그가 있다.
㉡ 자극제로는 알칼리와 황산염이 있다.
㉢ 잠재 수경성의 특징 : ⓐ 콘크리트 수밀성을 향상시킨다.
　　　　　　　　　　　ⓑ 콘크리트의 장기 강도를 증대시킨다.
　　　　　　　　　　　ⓒ 내구성을 향상시킨다.

② 포졸란 반응

규산 물질 자체에는 수경성이 없으나 시멘트의 수화반응시 생기는 $Ca(OH)_2$와 화합하여 안정된 규산칼슘을 생성하는 반응을 말한다.
㉠ 포졸란 활성 물질
　　ⓐ 천연산 : 화산재, 규조토, 응회암, 규산백토

ⓑ 인공산 : Fly Ash, 소성점토
ⓒ 포졸란 반응의 특성
　ⓐ 콘크리트 수밀성을 향상시킨다.
　ⓑ 콘크리트의 장기 강도를 증대시킨다.
　ⓒ 내구성을 향상시킨다.
ⓒ 잠재 수경성과 포졸란 반응의 공통점
　포졸란 반응과 잠재 수경성 모두 $Ca(OH)_2$와 반응하여 외부 수화물인 칼슘실리케이트, 칼슘알루미네이트 등의 수화물을 생성한다.
ⓒ 잠재 수경성과 포졸란 반응의 차이점
　ⓐ 잠재 수경성 물질 : 그 자신도 입자 주변에서 수화물을 형성하는 것
　ⓑ 포졸란 물질 : 그 자체는 수화에서 수화물을 형성하지 않는 것

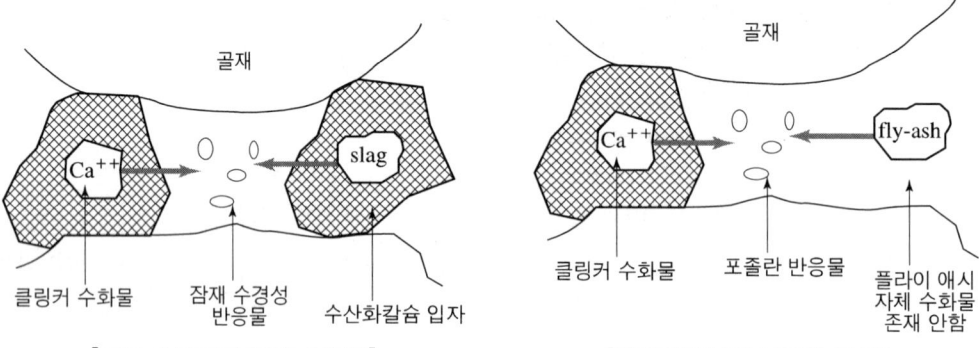

[고로 슬래그의 잠재 수경성]　　　　[플라이애시의 포졸란 반응]

(6) 팽창재

① 팽창재는 콘크리트의 건조수축, 수화열에 의한 온도응력 및 크리프 등에 의해 발생하는 구조물의 균열 및 변형을 방지할 목적으로 사용되는 재료이다.

② 팽창재 사용목적(종류)

용 도	목 적
수축보상용	콘크리트 수축보상에 따른 균열 저감용
화학적 프리스트레스 도입용	균열내력 증대 및 단면 축소용 (역학적 성상 개선 목적)
충전효과용	팽창력 이용에 따른 충전효과

③ 그라우팅용 혼화제
　㉠ 팽창력 이용한 충전효과 증대의 목적이 있다.
　㉡ 블리딩이 줄어든다.
　㉢ 재료분리가 적다
　㉣ 주입이 용이하다.

④ 팽창재 품질규정

항목			규정값
화학 성분	산화마그네슘	%	5.0 이하
	강열 감량	%	3.0 이하
물리적 성질	비표면적	cm²/g	2,000 이상
	1.2mm체 잔유율[a]	%	0.5 이하
	응결 초결	분	60 이후
	응결 종결	시간	10 이내
	팽창성(길이 변화율) % 7일		0.025 이상
	팽창성(길이 변화율) % 28일		−0.015 이상
	압축 강도 MPa 3일		12.5 이상
	압축 강도 MPa 7일		22.5 이상
	압축 강도 MPa 28일		42.5 이상

(a) 1.2mm체는 KS A 5101-1에 규정하는 시험용 체 1.18mm이다.

(7) 혼화제

① AE제
  ㉠ 콘크리트 속에 작고 많은 독립된 기포를 고르게 생기게 하기 위하여 사용하는 혼화제이다.
  ㉡ 종류로는 빈졸레진, 다렉스, 포졸리드 등이 있다.
② 공기
  ㉠ 연행공기 : AE제에 의해 생성된 공기로서 균일하게 분포되어 있다.
  ㉡ 갇힌 공기 : 콘크리트 내에 자연 상태로 존재하는 1% 전후의 공기로서 비교적 입경이 크고, 불규칙하게 분포되어 있다.
③ AE제를 사용한 콘크리트의 품질
  ㉠ 워커빌리티가 향상되어(공기량이 1% 증가하면 슬럼프가 약 2.5cm 증가한다) 단위수량이 감소하며, 블리딩도 줄어든다.
  ㉡ 재료분리가 적어지고 동결융해에 대한 저항력이 커진다.
  ㉢ 콘크리트의 발열량이 감소되며, 수밀성이 커진다.
④ 콘크리트의 공기량에 영향을 미치는 요인
  ㉠ 사용재료
    ⓐ AE제 : 공기량은 AE제의 사용량과 거의 직선적으로 비례하여 증가하며, AE제의 종류에 따라 공기 연행효과가 다르다.
    ⓑ 시멘트 : 시멘트의 분말도가 증가하거나 단위시멘트량이 증가하면 공기량이

감소한다.
ⓒ 골재 : 잔골재의 입도에 의한 영향이 크며 잔골재 중에 0.3~0.6mm의 잔입자량이 많으면 공기량은 증가한다.
ⓓ 플라이애시 : 플라이애시 속의 미연소 탄소가 AE제를 흡착하기 때문에 AE제가 많이 소요된다.

ⓒ 콘크리트 온도 및 배합
ⓐ 콘크리트의 온도는 낮을수록 공기량이 증가한다.
ⓑ 일반적으로 콘크리트의 슬럼프가 크면 공기량이 증가되는 경향이 있으며 슬럼프 15cm 이상의 매우 묽은 반죽에서는 오히려 공기량이 감소된다.
ⓒ 잔골재율이 작으면 공기량은 감소한다.

ⓒ 혼합, 운반 및 다지기
ⓐ 혼합시간이 너무 짧거나 길면 공기량이 감소되며 3~5분 정도 혼합을 할 때 공기량이 최대가 된다.
ⓑ 레디믹스트 콘크리트는 운반시간에 따라 0.5~1% 정도 공기량이 저하된다.
ⓒ 진동기를 사용하여 다지면 진동시간에 따라 콘크리트 속의 비교적 큰 기포가 주로 소멸되어 공기량이 감소된다.
ⓓ 공기량이 1% 증가함에 따라 압축강도는 약 4~6% 감소하게 되며, 휨강도는 2~3%(또는 4~6%) 감소하고 탄성계수는 $7~8 \times 10^3 kg/cm^2$ 정도 감소하게 한다. 또한 철근 주변에서의 부착강도도 감소하게 되며, 슬럼프는 약 2.5cm 증가하게 된다.

(8) 감수제(시멘트 분산제) 및 AE감수제

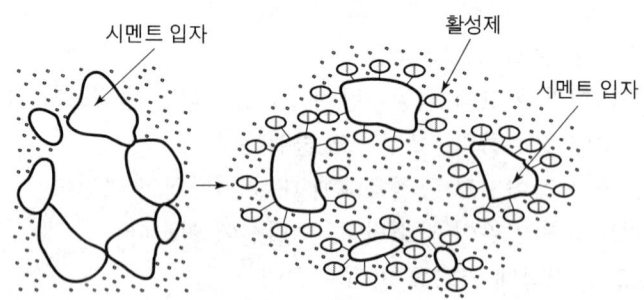

[감수제의 분산 작용]

① 감수제(시멘트 분산제)
감수제는 계면활성제의 일종으로 기포작용은 하지 않으나 분산 및 습윤작용에 의해 시멘트 입자를 분산시켜 시멘트 풀의 유동성을 증가시킴으로써 콘크리트의 워커빌

리티를 개선하여 단위수량을 감소시킬 목적으로 사용되는 혼화제이다.

② AE감수제

감수 작용과 더불어 AE제의 성능인 공기연행성을 겸비하여 워커빌리티 개선 및 동결융해 저항성을 향상시키기 위한 혼화제로서 물-결합재비가 감소하고 건조수축이 줄어든다.

③ 감수제 및 AE감수제의 종류
  ㉠ 촉진형 : 콘크리트의 응결속도를 촉진시키는 것. 사용시 초기강도발현 및 거푸집 존치기간 단축 가능
  ㉡ 표준형 : 콘크리트의 응결속도를 변경시키지 않는 것
  ㉢ 지연형 : 콘크리트의 응결속도를 지연시키며, 콜드 조인트 방지 및 서중 콘크리트의 시공에 사용

④ 감수제, AE감수제를 사용한 콘크리트의 성질
  ㉠ 콘크리트의 단위수량을 감소시킨다. 그러나 감수효과는 감수제의 종류에 따라 다르다.
  ㉡ 양질의 감수제는 콘크리트의 압축강도를 증가시키고, 재료분리 저항성 및 수밀성을 증대(투수성 감소)시키며, 동결융해에 대한 저항성, 내약품성, 화학저항성, 탄산화(중성화)에 대한 저항성을 증가시킨다.
  ㉢ 단위 시멘트량이 감소하고 수화열이 적어 매스 콘크리트에 사용이 가능하다.
  ㉣ 감수제를 사용한 콘크리트의 공기량은 기존 콘크리트의 공기량에 1%를 더한 것을 넘어서는 안된다.

(9) 고성능 감수제

고성능 감수제는 일반 감수제와 비교해서 시멘트 입자를 분산시키는 분산 능력이 현저하게 높아서 다량으로 사용해도 응결의 지연, 과도한 공기 연행 및 강도 저하 등의 나쁜 영향 없이 단위수량을 대폭 감소시키는 것이 가능한 혼화제이다.

① 동일한 물-결합재비에서 주로 작업성을 향상시킬 목적으로 사용할 경우에 첨가한다.

② 고성능 감수제의 분류

고성능 감수제의 기본적인 성능은 동일하지만 그 사용 목적에 따라 분류하면
  ㉠ 고성능 감수제 : 고성능 감수제의 뛰어난 시멘트 분산효과를 이용하여 보통 콘크리트와 동일한 작업 성능을 가지면서 물-결합재비 저감과 고강도화를 주목적으로 사용되는 경우에는 고성능 감수제라고 부른다.
  ㉡ 유동화제 : 동일한 물-결합재비의 콘크리트에 첨가하여 콘크리트의 품질은 변동 없이 작업성을 크게 향상시킨 콘크리트를 제조할 경우에는 유동화제라고 부른다.

③ 유동화제(고성능 감수제)를 사용한 콘크리트의 성질
  ㉠ 감수효과가 현저하게 높아 블리딩이 감소하며, 물시멘트비가 작아도 슬럼프가 큰(슬럼프 유지성능이 작아) 콘크리트를 만들 수 있어 주로 고강도 콘크리트에 사용된다.
  ㉡ 건조수축이 적고 동결융해에 대한 저항성이 크다.
  ㉢ 동일한 물-결합재비의 경우에도 압축강도가 크게 나타난다.
  ㉣ 고성능 감수제를 사용한 콘크리트는 슬럼프 손실이 매우 크다.
  ㉤ 공기량은 차이가 없다.
  ㉥ 고성능 감수제의 첨가량이 너무 과대하면 재료분리가 일어난다.

(10) 고성능 공기연행(AE) 감수제

고성능 공기연행(AE)감수제 사용한 콘크리트의 경우로서 물-결합재비 및 슬럼프가 같으면, 일반적인 공기연행(AE)감수제 사용시보다 잔골재율(S/a)을 1~2% 정도 크게 하는 것이 좋다.

(11) 응결경화 조정제

① 급결제
  응결시간을 매우 빨리 하여 순간적인 응결과 경화가 요구되는 숏크리트 공법 및 그라우트에 의한 지수공법 등에 사용된다.

② 촉진제
  ㉠ 거푸집의 조기 탈형에 의한 거푸집 사용 회전율을 높이고, 한랭시의 콘크리트 응결과 경화 불량 방지 및 양생기간의 단축 등을 목적으로 사용하는 혼화제
  ㉡ 촉진제로는 보통 염화칼슘 또는 염화칼슘을 포함한 감수제가 사용되고 있으나 염화칼슘은 철근 콘크리트 구조물에서 철근부식을 촉진할 염려가 있으므로 시멘트 중량에 대하여 2% 이하로 사용하는 것이 바람직하다.
  ㉢ 촉진제로 사용하는 염화칼슘은 5~10℃의 저온에서 강도발현 증진이 우수하기 때문에 한중 콘크리트에 사용하는 것이 효과적이다.

③ 지연제
  시멘트의 수화반응을 늦추어 응결과 경화 시간을 길게 할 목적으로 사용되는 혼화제로서 조기 경화현상을 보이는 서중 콘크리트나 장거리 수송 레미콘의 워커빌리티 저하방지용으로 사용된다.
  ㉠ 연속 타설을 필요로 하는 경우
  ㉡ 콜드 조인트 방지에 유효

④ 초지연제
- ㉠ 지연제의 효과를 극대화한 것으로 첨가량을 사용 목적에 따라 적절하게 조절하면 수 시간에서 수 일까지 응결지연이 가능하며 콘크리트의 경화 후의 물성에도 나쁜 영향을 미치지 않은 혼화제로 슬럼프 저하를 억제하는데 효과가 있다.
- ㉡ 워커빌리티 개선효과 및 슬럼프 저하 억제효과

(12) 기포제, 발포제

콘크리트의 단위중량을 가볍게 하여 메움성을 개선하고, 단열성 및 내화성 등의 성질을 개선할 목적으로 사용되는 혼화제이다.

① **기포제** : 기포를 계면활성 작용 및 기계적 교반에 의한 물리적인 수법으로 도입시키는 혼화제이다.
② **발포제** : 시멘트 수화반응에 의한 화학반응으로 수소 가스를 발생시켜 기포를 도입시키는 혼화제이다.

(13) 방수제

모르타르나 콘크리트의 내부 공극을 충전하여 불투수성을 형성함에 따라 콘크리트의 흡수성과 투수성을 줄일 목적으로 사용되는 혼화제이다.

(14) 방청제

콘크리트 중의 염화물에 의해 철근이 부식되는 것을 억제할 목적으로 사용되는 혼화제이다.
① 철근이 부식되면 체적이 2.5배로 팽창하여 콘크리트 덮개에 균열이 발생된다.
② 기름이나 페인트로 철근 도포 금지(부착력 저하로)
③ 방청제 방식방법
- ㉠ 철근 표면의 부동태 피막을 보강하는 방법
- ㉡ 산소를 소비하여 철근에 도달하지 않게 하는 방법
- ㉢ 염소 이온을 결합하여 고정하는 방법
- ㉣ 콘크리트 내부를 치밀하게 하여 부식성 물질의 침투를 막는 방법
④ 방청제를 사용해야 되는 경우
- ㉠ 해사의 세척이 불충분한 경우
- ㉡ 염화칼슘을 섞는 경우
- ㉢ 염분이 포함된 흙에 접하는 경우 등 염화물이 있는 환경에서는 방청제를 사용한다.

⑤ 방청제의 품질(KS F 2561)

시험 항목	규정		
철근의 염수침지 시험	부식이 안 될 것		
콘크리트 중의 철근의 부식촉진 시험	방청률 95% 이상		
콘크리트의 응결시간 및 압축강도 시험	응결시간차	초결	±60분 이내
		종결	
	압축강도비	7일	0.90 이상
		28일	
염화물 이온량 시험	0.02kg/m³ 이하		
전체 알칼리량 시험	0.02kg/m³ 이하		

⑥ 방청제
  ㉠ 콘크리트 속에 배치되는 철근이 혼입되는 염화물에 의해 부식되는 것을 억제하기 위해 사용되는 혼화제로서 콘크리트 속 철근의 부동태막(산화막)을 파괴시키는 이온 반응을 억제시켜 철근의 부식을 방지한다.
  ㉡ 염화물이 철근 콘크리트에 미치는 영향
    부동태막 파괴 → 철근 부식 → 철근의 체적 팽창 → 콘크리트 균열 발생

(15) 수축 저감제

건조시에 발생하는 수축을 감소시키는 효과를 가지는 혼화제
① 시멘트 수화를 방해하지 않아야 한다.
② 휘발성이 낮아야 한다.
③ 시멘트 입자에 흡착되지 않아야 한다.
④ 강알칼리 용액 중에서 계면활성효과를 가져야 한다.

(16) 수중불분리성 혼화제(분리 저감제)

수중 콘크리트 타설시 물의 세척 작용에 의해 시멘트와 골재가 분리되는 것을 막아 신뢰성 높은 고품질의 콘크리트를 제조, 타설하기 위해 콘크리트에 첨가되는 수용성 고분자 혼화제이다.

(17) 방동제

시멘트의 수화반응을 촉진시켜 동절기에 타설한 콘크리트의 초기 동해 방지를 위해 사용하는 내한성 혼화제이다.

(18) 방수제

① 수화반응을 촉진하여 시멘트 겔이 공극을 단기간에 충전한다.

② 발수성염을 형성하여 공극을 충전한다.
③ 미세한 물질을 혼입하여 공극을 물리적으로 충전한다.
④ 모르타르와 콘크리트 내부에 수밀성이 높은 막을 형성한다.
⑤ 발수성 물질을 혼입하여 흡수성을 개선한다.

 1-3 물

1. 레디믹스트 콘크리트용 배합수 종류 : KS F 4009의 부속서 2의 규정

(1) 상수도물

시험하지 않고 사용할 수 있다. 또한, 수도법에 따른 상수도물의 품질은 다음과 같다.

항목	허용량
색도	5도 이하
탁도[NTU]	0.3 이하
수소 이온 농도[pH]	5.8~8.5
증발 잔류물[mg/L]	500 이하
염소 이온(Cl^-)량[mg/L]	250 이하
과망간산칼륨 소비량[mg/L]	10 이하

(2) 상수도 이외의 물

① 상수도 이외의 물이란 하천수, 호숫물, 저수지수, 지하수 등으로서 상수돗물로서의 처리가 되어 있지 않은 물 및 공업용수를 말하며 회수수는 제외한다.
② 품질은 부속서의 기준에 적합해야 하며, 상수도 기준을 충족시키는 경우 상수도에 준한다.

항목	품질
현탁물질의 양	2g/L 이하
용해성 증발 잔류물의 양	1g/L 이하
염소이온량	250ppm 이하
시멘트 응결시간의 차	초결은 30분 이내, 종결은 60분 이내
모르타르의 압축강도비	재령 7일 및 재령 28일에서 90% 이상

(3) 회수수

① 레디믹스트 콘크리트 공장에서 운반차, 플랜트의 믹서, 호퍼 등에 부착된 콘크리트 및 현장에서 되돌아오는 레디믹스트 콘크리트를 세척하여 잔골재, 굵은 골재를 분리한 세척 배수로서 슬러지수 및 상징수를 총칭한다.
② 슬러지수란 콘크리트의 회수수에서 상징수를 일부 활용하고 남은 슬러지를 포함한 물을 말하는 것으로 슬러지란 슬러지수가 농축되어 유동성을 잃어버린 상태의 것을 말한다.
③ 상징수란 슬러지수에서 슬러지 고형분을 침강 또는 기타 방법으로 제거한 물을 말한다.
④ 품질은 부속서에 표시한 기준에 적합하여야 한다.

항목	품질
염소이온(Cl^-)량	250ppm 이하
시멘트 응결 간의 차	초결은 30분 이내, 종결은 60분 이내
모르타르의 압축강도비	재령 7일 및 재령 28일에서 90% 이상

⑤ 단위 슬러지 고형분율의 한도
 ㉠ 슬러지 고형분이란 슬러지를 105~110℃에서 건조시켜 얻어진 것을 말하며, 특히 $1m^3$의 콘크리트 배합에 사용되는 슬러지 고형분량을 단위결합재량으로 나눠 질량 백분율로 표시한 것을 단위 슬러지 고형분율이라 한다.
 ㉡ 슬러지수를 사용하였을 경우, 슬러지 고형분율이 3%를 초과하면 안된다.
 ㉢ 레디믹스트 콘크리트를 배합할 때 슬러지수 중에 함유된 슬러지 고형분은 물의 무게(질량)에 포함되지 않는다.
 ㉣ 고강도 콘크리트의 경우 슬러지수를 사용하여서는 안된다.
⑥ 회수수의 시험 항목
 ㉠ 염소 이온(Cl^-)량
 ㉡ 시멘트 응결 시간의 차
 ㉢ 모르타르 압축 강도의 비
 ㉣ 단위 슬러지 고형분율

2. 배합수에 포함될 수 있는 불순물

① 질산염 : 배합수에 포함될 경우 응결지연 현상이 발생한다.
② 황산칼슘 : 응결을 촉진시키며, 장기강도를 저하시키고 건조수축 또한 증대시킨다.
③ 황산칼륨 : 응결이나 강도, 건조수축에 대한 영향이 적다.
④ 염화칼슘 : 응결을 촉진시키며, 초기강도를 저하시키고 건조수축 또한 증대시킨다.

⑤ 염화나트륨 : 응결을 약간 촉진시키며, 장기강도를 저하시키고 건조수축 또한 증대시킨다.
⑥ 탄산나트륨 : 응결을 현저하게 촉진시켜 농도가 높을 경우 이상 응결이 일어나며, 장기강도를 저하시키고 건조수축 또한 증대시킨다.
⑦ 후민산나트륨 : 응결을 현저하게 지연시키며, 초기 및 장기강도를 저하시키고 건조수축 또한 조금 증대시킨다.
⑧ 염화암모늄

1-4 골 재

1. 골재의 분류

(1) 입자 크기에 따른 분류

① **잔골재** : 10mm체를 전부 통과하고 5mm(NO.4)체를 거의 다 통과하며 0.08mm(NO.200)체에 거의 다 남는 골재
② **굵은골재** : 5mm(NO.4)체에 거의 다 남는 골재

(2) 비중에 의한 분류

① **경량골재** : 비중이 2.5 이하인 골재
  자중을 줄일 목적으로 사용하는 골재로서 화산자갈을 가장 많이 사용한다.
② **보통골재** : 비중이 2.5~2.7인 골재
③ **중량골재** : 비중이 2.7 이상인 골재
  자중을 이용하는 구조물인 중력식 댐이나 방사선 차폐 콘크리트에 사용된다.

(3) 생산방법에 의한 분류

① **천연골재** : 강모래, 강자갈, 육상모래, 육상자갈, 바다모래, 바다자갈 등
② **인공골재** : 점토, 고로 슬래그 굵은골재, 부순돌, 부순모래 등

2. 골재가 갖추어야 할 성질

① 강도 및 내구성이 크고, 물리 화학적으로 안정할 것
② 깨끗하고 이물질 등이 혼합되지 않을 것
③ 알맞은 입도를 가질 것(크고 작은 낱알을 골고루 가질 것)
④ 유기불순물, 반응성 물질 등은 허용한도 이내일 것
⑤ 마모(닳음)에 대한 저항성이 클 것
⑥ 필요한 무게를 가질 것
⑦ 모양이 둥글고 얇은 조각, 가늘고 긴 조각 등이 없을 것

3. 골재의 일반적 성질

골재의 입자는 둥근 것 또는 정육면체에 가까운 것이 좋다.

(1) 골재의 입도

골재의 입도란 골재의 굵은 알과 잔 알이 섞여 있는 정도를 말한다.

(2) 골재의 입도가 좋을 경우

① 간극이 적다.
② 강도가 크다.
③ 시멘트가 절약된다.

(3) 골재의 입도가 나쁠 경우

① 워커빌리티가 좋지 않다.
② 재료분리가 크다.
③ 강도가 작다.

(4) 골재의 실적률과 공극률

① 실적률

일정 용기 내에서 골재 입자가 차지하는 실적의 백분율을 실적률이라 하며, 골재 입형의 좋고 나쁨을 판정하는데 적용한다.

$$실적률[\%] = 100 - 공극률(빈틈률) = \frac{W}{G_s} \times 100$$

여기서, W : 골재 단위중량(t/m^3, 공기중 건조상태에서 골재 $1m^3$의 무게)
G_s : 골재 비중, 절대건조포화상태의 밀도

② **공극률**(빈틈률)

골재 사이 공극의 비율을 말하는 것으로 골재의 단위부피 중 골재 사이의 빈틈률이다.

> [공극률 공식]
> $$공극률[\%] = 100 - 실적률 = 100 - \frac{W}{G_s} \times 100 = \left(1 - \frac{W}{G_s}\right) \times 100$$

③ 실적률 + 공극률 = 100%

④ **실적률이 큰 경우**(빈틈률이 작은 경우)**의 영향**
  ㉠ 시멘트 풀 양이 적게 든다(골재 간 빈틈이 적으므로 경제적).
  ㉡ 동일 슬럼프를 얻는 데 필요한 단위수량을 줄일 수 있다.
  ㉢ 수화열이 적다
  ㉣ 건조수축이 작아진다.
  ㉤ 콘크리트의 강도 증대
  ㉥ 콘크리트의 수밀성 증대
  ㉦ 콘크리트의 내구성 증대
  ㉧ 콘크리트의 닳음 저항성(내마모성) 증대
  ㉨ 골재의 모양이 좋다.
  ㉩ 골재의 입도분포가 적당하다.

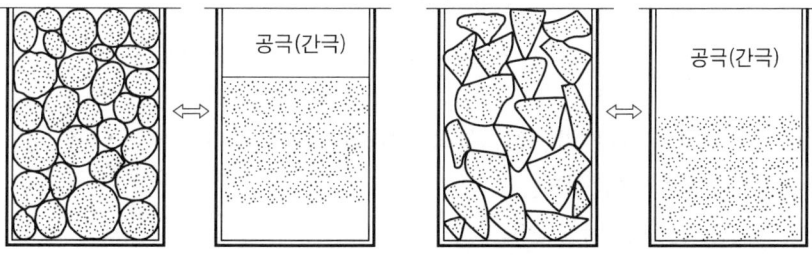

[골재 입형과 실적률]

(5) 부순 골재의 물리적 성질

부순 골재의 시험항목별 물리적 성질은 다음과 같다.
① 절대 건조밀도 : $0.0025g/mm^3$ 이상
② 흡수율 : 3.0% 이하
③ 안전성 : 12% 이하
④ 마모율 : 40% 이하
⑤ 0.08mm체 통과량 : 1.0% 이하

(6) 알칼리 골재반응

실리카질의 반응성 골재가 시멘트 속의(콘크리트 중의) 알칼리 성분과 반응하여 이상 팽창을 발생시켜 균열을 일으키는 것으로 주요 원인은 다음과 같다.

① 알칼리 반응 골재를 사용할 경우
② 콘크리트 속의 알칼리량이 증대되는 경우
  ㉠ 단위 시멘트량이 증대되는 경우
  ㉡ 해사를 사용하는 경우
③ 콘크리트 속의 수분 공급이 용이한 경우
④ 콘크리트의 다짐이 불량한 경우
⑤ 알칼리·실리카 반응성 시험
  콘크리트 중 알칼리량을 측정하여 알칼리·실리카 반응의 가능성을 예상하는 시험 방법으로 다음과 같은 방법이 있다.
  ㉠ 화학법 : 알칼리 감소량을 측정한다.
  ㉡ 모르타르(봉) 방법 : 팽창량을 측정한다.
  ㉢ 암석화적 시험법
⑥ 알칼리 골재반응을 충분히 억제할 수 있는 방법
  ㉠ 알칼리 함유량을 3kg/m^3 이하로 규제한다.
  ㉡ 저알칼리형 시멘트(전체 알칼리량 0.6% 이하)를 사용한다.
  ㉢ 고로 슬래그 미분말을 사용한다.
  ㉣ 플라이애시 등 포졸란 물질을 혼합한 시멘트를 사용한다.
  ㉤ AE제를 사용한다.
  ㉥ 단위 시멘트량을 가능한 한 최소화하는 것이 좋다.
  ㉦ 단위수량을 저감한다.
  ㉧ 양질의 골재를 사용한다.
  ㉨ 염화물 혼입을 억제한다.

(7) 잔골재

① 일반사항
  ㉠ 잔골재나 잔골재용 원석의 강도는 단단하고, 강한 것이어야 한다.
  ㉡ 잔골재는 유해량 이상의 염분을 포함하지 않아야 하고, 진흙이나 유기 불순물 등의 유해물이 유해량 허용한도 이내야 한다.
② 물리적 품질
  ㉠ 잔골재의 절대 건조밀도는 0.0025g/mm^3 이상의 값을 표준으로 한다.

ⓒ 잔골재의 흡수율은 3.0% 이하의 값을 표준으로 한다. 단, 고로 슬래그 잔골재의 흡수율은 3.5% 이하의 값을 표준으로 한다.

③ **입도**
  ㉠ 잔골재는 대소의 알갱이가 알맞게 혼합되어 있는 것으로 한다.
  ㉡ 잔골재는 다음 표의 범위 내의 것을 사용하여야 하며, 입도가 이 범위를 벗어난 잔골재를 쓰는 경우에는 두 종류 이상의 잔골재를 혼합하여 입도를 조정해서 사용하여야 한다. 혼합 잔골재의 경우 천연골재의 입도규정에 준한다. 또한, 다음 표에 표시된 연속된 두 개의 체 사이를 통과하는 양의 백분율이 45%를 넘지 않아야 한다.

[잔골재의 표준 입도]

체의 호칭 치수 [mm]	체를 통과한 것의 질량 백분율[%]	
	천연 잔골재	부순 모래
10	100	100
5	95~100	90~100
2.5	80~100	80~100
1.2	50~85	50~90
0.6	25~60	25~65
0.3	10~30	10~35
0.15	2~10	2~15

  ㉢ 잔골재의 조립률이 콘크리트 배합을 정할 때 가정한 잔골재의 조립률에 비하여 ±0.20 이상의 변화를 나타내었을 때는 배합을 변경하여야 한다. 공기연행콘크리트를 사용할 경우에는 입도변화의 허용값을 앞의 값보다 작게 규정하는 것이 좋다.
  ㉣ 공기량이 3% 이상이고, 단위 시멘트량이 $250kg/m^3$ 이상인 공기연행콘크리트나 단위 시멘트량이 $300kg/m^3$ 이상인 콘크리트 또는 0.3mm 체와 0.15mm 체를 통과한 골재의 부족량을 양질의 광물질 분말로 보충한 콘크리트는 0.3mm 체와 0.15mm 체 통과 질량 백분율의 최소량을 각각 5% 및 0%로 감소시킬 수 있다.

④ **유해물 함유량의 한도**
  ㉠ 잔골재의 유해물 함유량의 허용한도는 다음 표 값으로 하여야 한다. 다음 표에 지시하지 않은 종류의 유해물에 관해서는 책임기술자의 지시를 받아야 한다.

[잔골재의 유해물 함유량 한도(질량백분율)]

종류	최대값
점토덩어리	1.0
0.08mm 체 통과량 • 콘크리트의 표면이 마모작용을 받는 경우 • 기타의 경우	 3.0 5.0
석탄, 갈탄 등으로 밀도 $0.002g/mm^3$의 액체에 뜨는 것 • 콘크리트의 외관이 중요한 경우 • 기타의 경우	 0.5 1.0
염화물(NaCl 환산량)	0.04

　　　ⓒ 점토덩어리 시험은 KS F 2512, 0.08mm 체 통과량 시험은 KS F 2511, 석탄 갈탄 등 밀도 $0.002g/mm^3$의 액체에 뜨는 것에 대한 시험은 KS F 2513에 따른다. 또 염화물 함유량의 시험은 KS F 2515에 따른다.

　　　ⓒ 잔골재에 함유되는 유기불순물은 KS F 2510에 의하여 시험하여야 한다. 이 때 잔골재 위에 있는 용액의 색깔은 표준색보다 엷어야 한다.

　　　ⓔ 부순 골재 및 순환 잔골재의 경우, 씻기시험에서 0.08mm 체의 통과량은 7% 이하이어야 하며, 마모작용을 받는 경우 5% 이하로 하여야 한다.

　　⑤ 내구성

　　　㉠ 잔골재의 안정성은 KS F 2507에 따라 시험하며, 내동해성은 KS F 2456에 따라 시험한다.

　　　ⓒ 잔골재의 안정성은 황산나트륨으로 5회 시험으로 평가하며, 그 손실질량은 10% 이하를 표준으로 한다. 손실질량이 10%를 넘는 잔골재는 이를 사용한 콘크리트가 유사한 기상 작용에 대하여 만족스러운 내동해성이 얻어진 실례가 있거나 시험 결과가 있을 경우 책임기술자의 승인을 받아 사용할 수 있다.

　　　ⓒ 동결융해작용을 거의 받지 않는 콘크리트 구조물에 사용되는 잔골재는 상기의 ㉠ 및 ⓒ항을 적용하지 않을 수 있다.

　　　ⓔ 화학적 혹은 물리적으로 안정한 골재를 사용하여야 한다. 다만, 사용실적이 있거나 사용조건에 대하여 화학적 혹은 물리적 안정성에 관한 시험 결과 유해한 영향이 없다고 인정되는 경우 사용할 수 있다.

(8) 굵은 골재

　① 일반사항

　　㉠ 굵은 골재나 굵은 골재용 원석의 강도는 단단하고, 강한 것이어야 한다.

　　ⓒ 굵은 골재는 유해량 이상의 염분을 포함하지 말아야 하고, 진흙이나 유기 불순물 등의 유해물의 유해량 허용 한도 이내야 한다.

② 물리적 품질
　㉠ 굵은 골재로서 사용할 자갈의 절대건조밀도는 0.0025g/mm³ 이상의 값을 표준으로 한다. 다만, 고로 슬래그 굵은 골재의 경우 A급, B급은 각각 0.0022g/mm³ 및 0.0024g/mm³ 이상을 표준으로 한다. 순환굵은골재의 경우는 0.0025g/mm³ 이상의 값을 표준으로 한다.
　㉡ 굵은 순환골재의 흡수율도 3.0% 이하로 한다. 다만, 고로 슬래그 굵은 골재의 경우 A급 및 B급은 각각 4.0% 및 6.0%를 상한값으로 한다.

③ 입도
　㉠ 굵은 골재는 대소의 알갱이가 알맞게 혼합되어 있는 것으로 한다.
　㉡ 굵은 골재는 다음 표의 범위를 표준으로 한다.

[굵은 골재의 표준 입도]

골재번호	체의 호칭치수[mm] / 체의 크기[mm]	100	90	75	65	50	40	25	20	13	10	5	2.5	1.2
1	90~40	100	90~100		25~60		0~15		0~5					
2	65~40			100	90~100	35~70	0~15		0~5					
3	50~25				100	90~100	35~70	0~15		0~5				
357	50~5				100	95~100		35~70			10~30		0~5	
4	40~20					100	90~100	20~55	0~15		0~5			
467	40~5					100	95~100	35~70			10~30	0~5		
57	25~5						100	95~100		25~60		0~10	0~5	
67	20~5							100	90~100		20~55	0~10	0~5	
7	13~5								100	90~100	40~70	0~15	0~5	
8	10~2.5									100	85~100	10~30	0~10	0~5

④ 유해물 함유량의 한도
　㉠ 굵은 골재의 유해물 함유량의 허용한도는 다음 표 값으로 한다. 다음 표에 제시하지 않은 종류의 유해물에 관해서는 책임기술자의 지시를 받아야 한다.

[굵은 골재의 유해물 함유량 한도(질량백분율)]

종류	최대값
점토덩어리	0.25[1]
연한 석편	5.0[1]
0.08mm 체 통과량	1.0
석탄, 갈탄 등으로 밀도 0.002g/mm³의 액체에 뜨는 것	
・콘크리트의 외관이 중요한 경우	0.5
・기타의 경우	1.0

[주] 1) 점토 덩어리와 연한 석편의 합이 5%를 넘으면 안된다.

ⓒ 점토덩어리 시험은 KS F 2512, 연한 석편의 시험은 KS F 2516, 0.08mm 체 통과량의 시험은 KS F 2511, 석탄 및 갈탄 등 밀도 $0.002g/mm^3$인 액체에서 뜨는 것에 대한 시험은 KS F 2513에 따른다.
　　ⓒ 점토덩어리 함유량은 0.25%, 연한 석편은 5.0% 이하이어야 하며, 그 합은 5%를 초과하지 않아야 한다. 다만, 순환골재의 점토덩어리 함유량은 0.2% 이하로 한다. 그러나, 무근콘크리트에 사용할 경우에는 적용하지 않는다.
　　ⓔ 부순 굵은 골재 및 순환 굵은 골재의 0.08mm 체 통과량은 1.0% 이하로 한다.
　⑤ 내구성
　　㉠ 굵은 골재의 안정성은 KS F 2507에 따라 시험하며, 내동해성은 KS F 2456에 따라 시험하여야 한다.
　　ⓒ 굵은 골재의 안정성은 황산나트륨으로 5회 시험을 하여 평가하는데, 그 손실질량은 12% 이하를 표준으로 한다. 손실질량이 12%를 넘는 굵은 골재는 이를 사용한 콘크리트가 유사한 기상 작용에 대하여 만족스러운 내동해성이 얻어진 실례가 있거나 시험 결과가 있을 경우 책임기술자의 승인을 받아 사용할 수 있다.
　　ⓒ 내동해성을 고려할 필요가 없는 콘크리트에 사용하는 굵은 골재는 상기의 ㉠ 및 ⓒ항에 대하여 고려하지 않아도 된다.
　　ⓔ 화학적 혹은 물리적으로 안정한 골재를 사용하여야 한다. 다만, 사용실적이 있거나 사용조건에 대하여 화학적 혹은 물리적 안정성에 관한 시험 결과 유해한 영향이 없다고 인정될 때는 사용할 수 있다.

4. 골재의 비중

$$골재비중 = \frac{골재\ 단위중량}{물\ 단위중량}$$

(1) 골재의 비중이 클수록

① 치밀하고 내구성이 크며, 강도가 높고 충격에 의한 손실이 작다.
② 흡수량이 작다.
※ 비중이 크면 내구성이 크고, 흡수율이 높으면 내구성은 작다.

(2) 골재의 비중값

① 잔골재 : 2.50~2.65
② 굵은골재 : 2.55~2.70

5. 골재의 조립률(Finess Modulus)

골재의 입도를 간단히 표시하는 계수로서 골재의 입도 크기를 숫자로 나타낸 것으로 골재의 체가름 시험에 의해 구할 수 있으며, 조립률이 큰 값일수록 굵은 입자가 많이 포함되어 있다는 것을 의미한다.

(1) 사용하는 체(총 10개)

80mm, 40mm, 20mm, 10mm, 5mm, 2.5mm, 1.2mm, 0.6mm, 0.3mm, 0.15mm

(2) 조립률(FM)

$$조립률 = \frac{각 \ 체에 \ 남는 \ 누가중량 \ 백분율 \ 합}{100}$$

① 잔골재 조립률 : 2.3~3.1
② 굵은골재 조립률 : 6~8

(3) 혼합골재 조립률

$$b = \frac{mp + nq}{m + n}$$

여기서, p : 잔골재 조립률, q : 굵은골재 조립률, $m : n =$ 잔골재 중량 : 굵은골재 중량

6. 굵은골재 최대치수

통과 중량 백분율이 90% 이상이 되는 체 중에서 가장 최소치수의 체 눈금을 의미한다.

(1) 굵은골재 최대치수가 클수록

① 경제적인 콘크리트를 얻을 수 있으므로 적정한 범위 내에서 굵은골재 최대치수를 크게 하는 것이 배합의 기본이며, 계속 커질 경우에는 오히려 콘크리트에 좋지 않은 영향을 미치므로 주의하여야 한다.
② 공극 감소
③ 공극수 감소(단위수량 감소)
④ 워커빌리티 감소
⑤ 콘크리트 강도 증대
⑥ 콘크리트 내구성 증대
⑦ 재료분리 증대

(2) 굵은골재 최대치수

① 거푸집 양 측면 사이의 최소거리의 1/5 이하
② 슬래브 두께의 1/3 이하
③ 개별 철근, 다발 철근, 긴장재 또는 덕트 사이 최소 순간격의 3/4 이하
④ 무근 콘크리트 : 40mm가 표준, 부재 최소치수의 1/4 이하
⑤ 철근 콘크리트 : 50mm 이하, 부재 최소치수의 1/5 이하, 철근의 최소수평·수직 순간격의 3/4 이하
    ㉠ 일반 : 20mm 또는 25mm
    ㉡ 단면이 큰 경우, 도로 : 40mm
    ㉢ 공항 : 50mm
    ㉣ 댐 : 150mm

7. 여러 가지 골재

(1) 모 래

주로 잔골재로 표현되며, 5mm체를 통과하는 골재를 말한다.

(2) 자 갈

주로 굵은골재로 표현되며, 5mm체에 잔류하는 골재를 말한다.

(3) 바다 골재

염분으로 인해 콘크리트 경화 촉진, 장기강도 증진 저해, 철근부식 촉진을 일으킬 우려가 크며, 바다모래를 다른 잔골재와 혼합하여 사용하면 염화물 함유량의 허용한도가 낮아진다.

(4) 부순돌 골재

① 부순돌 골재를 사용한 콘크리트는 거친 입자로 인해 실적율이 낮으므로 강자갈을 사용한 콘크리트보다 수밀성과 내구성이 저하되나 시멘트 풀과의 부착이 좋아 부착강도는 증가한다.
② 화강암은 조직이 균일하므로 내구성과 강도가 크지만 내화성이 좋지 않다.

(5) 고로 슬래그 골재

① 용광로에서 선철의 제조와 함께 용융상태에서 비중화를 이용하여 단단한 덩어리인

고로 슬래그를 얻을 수 있으며, 이것을 물이나 바람을 이용하여 냉각시키면 작은 입자로 분쇄되어 고로 슬래그 골재를 생산할 수 있다.
② 고로 슬래그 골재는 혼합 및 타설 중에 흡수가 일어나지 않도록 미리 물을 흡수시키는 프리웨팅 작업이 필요하다.

(6) 경량골재

경량골재는 비중이 2.0 이하인 골재를 말한다.
① 경량골재의 사용 목적
   콘크리트 비중을 경감하여 구조체를 경량화하고 단열성, 흡음성을 향상시키는 효과가 있다.
② 경량골재의 종류
   ㉠ 천연 경량골재 : 화산암에서 생산되는 골재를 천연 경량골재라 한다.
   ㉡ 인공 경량골재 : 팽창성 혈암, 팽창성 점토, 플라이애시 등을 주원료로 하여 불에 구워 만든 것이다.
   ㉢ 부산 경량골재
⑤ 경량골재의 특성
   ㉠ 인공 경량골재는 입도의 상태에 따라 비중, 흡수량, 강도가 다르므로 경량골재의 입도는 엄격히 관리되어야 한다.
   ㉡ 내구성
      ⓐ 경량골재의 내구성은 보통의 골재에 비해 상당히 작다.
      ⓑ 동결융해에 대한 저항성이 작다.
      ⓒ 한중 콘크리트는 AE제를 사용하는 것이 원칙이다.
⑥ 중량 골재
   주로 원자로 등에서 방사선 차폐용 콘크리트를 만드는 데 사용되며 중정석, 적철광, 자철광, 갈철광 등이 있다.
⑦ 재생골재
   골재수급 부족을 해결하고 환경친화적인 것을 목적으로 재생골재 생산허가를 받은 업체에서 콘크리트 등을 파쇄해서 골재를 골라낸 후 시멘트를 세척하여 만든 골재이다.

8. 골재의 함수상태

(1) 골재 함수상태

① 절대 건조상태(노건상태, 절건상태) : 골재를 건조로에서 105±5℃의 온도로 무게가 일정하게 될 때까지 완전히 건조시킨 상태 ; D
② 공기 중 건조상태(기건상태) : 습기가 없는 실내에서 건조시켜 골재 공극의 일부에는 수분이 있지만 표면에는 수분이 없는 상태 ; C
③ 표면건조 포화상태(표건상태) : 콘크리트 배합설계시 기준이 된다. 골재 알의 표면에는 물기가 없고, 골재 공극 속은 물로 차 있는 상태 ; B
④ 습윤상태 : 골재 속의 공극 및 표면에 물기가 있는 상태 ; A

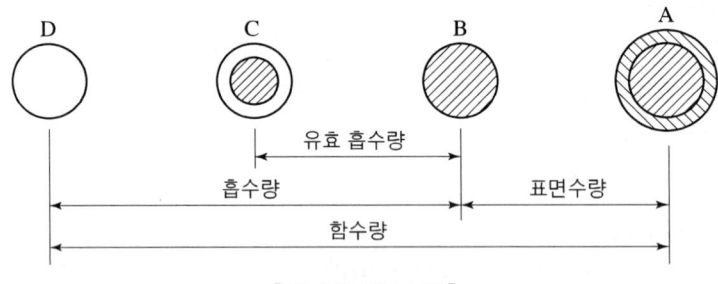

[골재의 함수상태]

(2) 각종 산식

① 함수량 : 골재의 안과 바깥에 들어 있는 물의 양
   함수량 = 습윤상태(A) − 노건상태(D)
② 표면수량 : 골재의 표면에 묻어 있는 물의 양
   표면수량 = 습윤상태(A) − 표건상태(B)
③ 흡수량 : 노건조상태에서 골재의 알이 표면건조 포화상태로 되기까지의 흡수된 물의 양
   흡수량 = 표건상태(B) − 노건상태(D)
④ 유효 흡수량 : 공기 중 건조상태에서 골재의 알이 표면건조 포화상태로 되기까지 흡수된 물의 양
   유효 흡수량 = 표건상태(B) − 기건상태(C)
⑤ 함수율[%] = $\dfrac{A-D}{D} \times 100$
⑥ 표면수율[%] = $\dfrac{A-B}{B} \times 100$

⑦ 흡수율[%]= $\dfrac{B-D}{D} \times 100$

⑧ 유효 흡수율[%]= $\dfrac{B-C}{C} \times 100$

⑨ 밀도= $\dfrac{노건상태\ 무게}{표건상태\ 무게 - 수중상태\ 무게}$

⑩ 표면건조 포화상태의 밀도= $\dfrac{표건상태\ 무게}{표건상태\ 무게 - 수중상태\ 무게}$

⑪ 겉보기밀도= $\dfrac{노건상태\ 무게}{노건상태\ 무게 - 수중상태\ 무게}$

9. 골재의 물리적 품질

(1) 잔골재

① 절대건조밀도 : $0.0025 g/mm^3$ 이상
② 흡수율
　㉠ 표준 : 3% 이하
　㉡ 고로슬래그 잔골재 : 3.5% 이하
③ 염화물 함유량 한도(질량백분율) : 0.02%
　염화물 이온량 0.02%를 염화나트륨으로 환산(NaCl 환산량)하면 0.04%이다.
④ 시험항목 정리

시험 항목	천연 잔골재	부순 잔골재
절대건조밀도[g/cm^3]	2.50 이상	2.50 이상
흡수율[%]	3.0 이하	3.0 이하
안정성[%]	10 이하	10 이하
0.08mm체 통과량[%]	아래에 설명	7.0 이하

※ 천연 잔골재의 0.08mm체 통과량[%]
　– 콘크리트 표면이 마모작용을 받는 경우 : 3.0% 이하
　– 기타 : 5.0% 이하

(2) 굵은골재

① 절대건조밀도
　㉠ 표준 : $0.0025 g/mm^3$ 이상
　㉡ 고로 슬래그 굵은골재
　　ⓐ A급 : $0.0022 g/mm^3$ 이상

ⓑ B급 : 0.0024g/mm³ 이상
ⓒ 순환 굵은골재 : 0.0025g/mm³ 이상
② 흡수율
㉠ 표준 : 3% 이하
㉡ 고로 슬래그 굵은골재
ⓐ A급 : 4% 이하
ⓑ B급 : 6% 이하
③ 마모율 : 40% 이하

Chapter 2 재료 시험

2-1 시멘트 관련 시험

1. 시멘트 관련 시험 요약

시험명	목 적	시험기구 및 재료
시멘트 비중 시험 (시멘트 밀도 시험)	• 배합설계시 시멘트가 차지하는 절대 용적을 계산하는 데 필요하다. • 비중값을 비교하여 시멘트의 풍화 정도를 판단할 수 있다. • 혼합시멘트 등의 시멘트 종류를 추정할 수 있다.	• 르샤틀리에 비중병 • 광유 • 저울 • 온도계 • 가는 철사, 마른걸레 및 휴지 • 수조(20±0.2℃ 이내의 일정 온도를 유지할 수 있는 것) • 시멘트 시료(포틀랜드 시멘트는 64g) • 깔때기(유리) • 팬(작은 용기)
공기투과 장치에 의한 분말도 시험	• 시멘트 입자 분말의 미세 정도를 알기 위한 시험(분말도, 비표면적) • 분말도에 따라서 콘크리트의 제 성질을 예측할 수 있다. ※ 분말도가 높으면 　① 시멘트 수화속도가 빠르다. 　② 수화열이 크다. 　③ 초기강도가 크고 장기강도는 작다.	• 블레인 공기투과장치 • 마노미터액(점도나 비중이 낮고, 비휘발성, 비흡수성인 액체) • 스톱 워치 • 거름종이 • 저울 • 숟가락 • 솔 • 시료병(50ml 정도) • 45μm 표준체
시멘트 응결시간 시험	• 모르타르나 콘크리트의 응결시간을 예측하고 시공작업의 공정을 보다 정확하게 계획할 수 있다. • 시멘트 품질을 추정할 수 있다. • 혼화제의 효과 측정(응결시간 조절제) ※ 응결시간이 빠르면 　① 시멘트 분말도가 높다. 　② 수량이 적다. 　③ 온도가 높고 습도가 낮다. 　④ 풍화가 적다.	① 비카트 침 　• 저울 • 메스실린더 　• 비카트 장치 • 모르타르 믹서 　• 시계 • 시멘트용 칼 　• 온도계 • 습기함 ② 길모어 침 　• 초결 침 • 종결 침 　• 기타는 비카트 침의 경우와 같다.

시험명	목 적	시험기구 및 재료
시멘트 모르타르의 압축강도 시험	• 표준사(모래 사용)를 사용하여 제작한 공시체의 압축강도 측정 • 시멘트의 강도 특성은 시멘트의 품질관리 및 콘크리트의 배합설계에서 필요하며, 역학적 성질 등을 예측할 수 있다.	• 저울　　　　• 표준체 • 메스실린더　• 압축강도시험기 • 시험체 성형용 몰드 • 혼합기, 혼합용기 및 패들 • 플로 테이블 및 플로 몰드 • 다짐봉　　　• 흙손 • 표준사 : 주문진 향호리산 천연사 • 캘리퍼, 고무장갑, 마른걸레, 양생수조, 스크레이퍼, 온도계, 습도계

2. 시멘트 비중 시험(시멘트 밀도 시험, 르샤틀리에 시험 Le-chatelie)

(1) 시험방법 및 순서

① 르샤틀리에 비중병 0~1ml 눈금 사이에 광유를 채운다.

② 액면 윗부분의 비중병 내부에 묻은 광유를 철사와 휴지 등으로 제거한다.

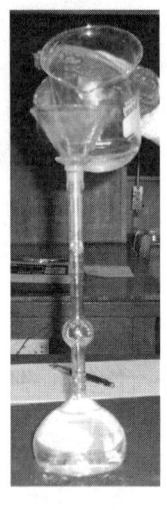

③ 비중병을 일정 실온의 항온수조에 넣고 광유의 온도차가 0.2℃ 이내로 되었을 때의 눈금을 읽어 기록한다(눈금을 읽을 때 미니스커스의 최저면을 읽는다).

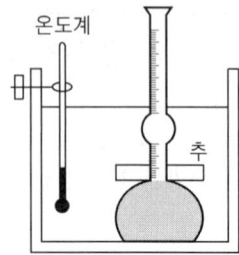
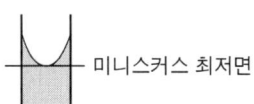

미니스커스 최저면

④ 시멘트 시료를 소수점 이하 첫째 자리까지 정확히 계량하여 광유와 동일한 온도에서 비중병에 조금씩 투입한다(시멘트가 흐트러지지 않고, 또 액면 부분의 비중병 내부에 묻지 않도록 주의하며 적당히 진동시킨다). – 일정량의 시멘트(포틀랜드 시멘트는 약 64g)를 0.05g의 정밀도로 달아 칭량한다.

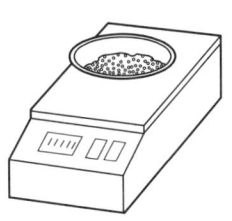
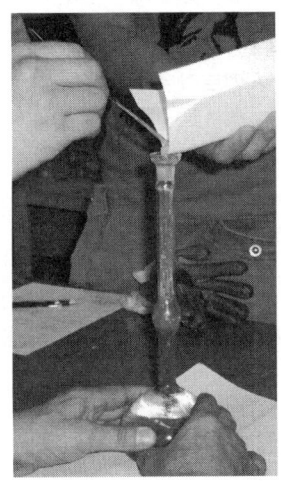

⑤ 시멘트 투입 후 비중병의 마개를 막고 공기 방울이 나오지 않을 때까지 병을 조금 기울여 굴리든가 또는 천천히 수평하게 돌리면서 시멘트 안의 공기를 제거한다.

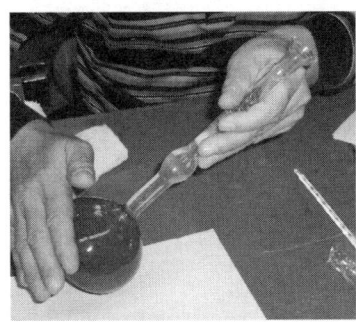

⑥ 비중병을 다시 항온수조 안에 넣어 광유의 온도차가 0.2℃ 이내로 되었을 때의 눈금을 읽는다(눈금을 읽을 때는 미니스커스의 최저면을 읽는다).

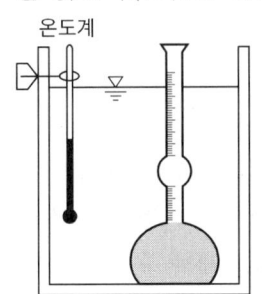
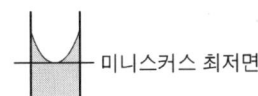

제 1 편 콘크리트용 재료 및 배합

광유 사용시 편리성
① 휴지 등으로 쉽게 제거된다.
② 진동을 주기 쉽다.
③ 시멘트 안의 공기가 쉽게 제거된다.

시멘트 비중 시험 시 광유를 사용하는 이유
광유를 사용하면 시멘트의 수화반응을 억제하여 정확한 측정이 가능하다.

(2) 결과의 계산

① 시멘트 비중(밀도) $= \dfrac{\text{시료의 중량(g)}}{\text{비중병의 눈금차(ml 또는 cc)}}$

② 2회 이상 시험을 실시하여 ±0.03cc 이내로 일치한 것의 평균값을 취한다.

3. 공기투과장치에 의한 분말도 시험

(1) 결과의 계산

① 비표면적(분말도) ; S

$$S = \dfrac{S_s \sqrt{T}}{\sqrt{T_s}} \qquad S \propto \sqrt{T} \qquad S : S_s = \sqrt{T} : \sqrt{T_s}$$

여기서, S : 시험 시료의 비표면적[cm²/g]
S_s : 보정 시험에 사용한 표준 시료의 비표면적[cm²/g]
T : 시험 시료에 대한 마노미터액의 제2눈금과 3눈금 사이의 낙하시간[sec]
T_s : 보정 시험에 사용한 표준 시료에 대한 마노미터액의 제2눈금과 3눈금 사이의 낙하시간[sec]

※ 비표면적 시험은 2회 이상 시험하여 2% 이내에서 일치하는 것의 평균값을 취한다.

4. 시멘트 응결시간 시험

(1) 비카트 장치에 의한 응결시간 측정

① 30분 후부터 15분마다(3종 시멘트는 10분마다) 1mm의 침으로 25mm의 침입도를 얻을 때까지 시험한다(반죽 후 이때까지의 시간을 응결시간이라 한다).
② 매번 시험한 침입도의 결과를 기록하고, 25mm의 침입도가 되었을 때까지의 시간을 초결시간으로 하고 완전히 침의 흔적이 나타나지 않을 때를 종결시간으로 한다.

(2) 길모어 침에 의한 응결시간 측정

응결시간을 측정하는 데는 침을 수직 위치로 놓고 패드의 표면에 가볍게 댄다. 알아볼 만한 흔적을 내지 않고 패드가 길모어의 초결 침을 받치고 있을 때를 시멘트의 초결로 하고, 길모어 종결 침을 받치고 있을 때를 시멘트의 종결로 한다.

(3) 결과의 계산

① 초결시간=초결시각-물을 넣은 시각
② 종결시간=종결시각-물을 넣은 시각

5. 시멘트 모르타르 압축강도 시험

(1) 모르타르 제조

① 시험체는 3개 이상씩 만들어야 한다.
② 시험체 몰드 내면 및 밑판과의 접촉선 바깥쪽에 광유나 그리스를 엷게 발라 둘 사이의 수밀성을 갖게 한다.
③ 시멘트 : 표준사=1 : 3(무게비)
  - 시멘트 450g, 표준사 1350g, 물 225g(W/C=50%)
④ 혼합수의 양은 포틀랜드 시멘트 사용 시멘트 무게의 48.5%로 한다.
⑤ 플로(흐름값) 표준은 110±5이다.
⑥ 물/시멘트=50%

(2) 결과의 계산

평균값보다 10% 이상의 강도차가 있는 시험체는 압축강도의 계산에 넣지 않는다.

① 흐름값의 계산

$$흐름값[\%] = \frac{시험\ 후에\ 퍼진\ 모르타르\ 평균\ 지름값}{흐름\ 몰드\ 아래\ 지름값} \times 100$$

② 압축강도의 계산

$$압축강도[MPa] = \frac{최대하중}{시험체의\ 단면적}$$

6. 시멘트 모르타르 인장강도 시험

(1) 모르타르 제조

시멘트 : 표준사 = 1 : 2.7(무게비)

(2) 결과의 계산

평균값보다 15% 이상의 강도차가 있는 시험체는 인장강도의 계산에 넣지 않는다.

7. 시멘트 안정도 시험(오토클레이브 팽창도)

시멘트 풀의 건조균열로부터 시멘트의 안정성을 알 수 있다.

(1) 안정성 시험

패드 중 1개라도 불량한 균열이 있을 때는 패드 2개를 모두 다시 만들어야 한다.

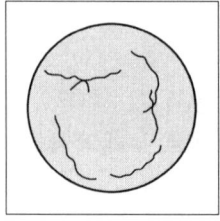
불량(건조 균열 발생)

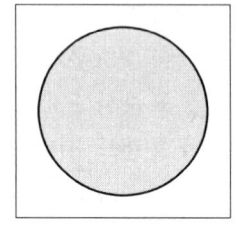
양호

(2) 결과 판정

① 시험은 모두 육안으로 검사한다.
② 패드 중 1개라도 균열 또는 변형이 생겼을 때에는 재시험을 실시하여야 한다.

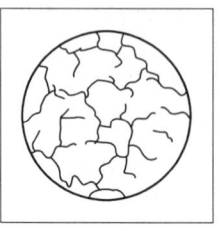
팽창성 망상 균열

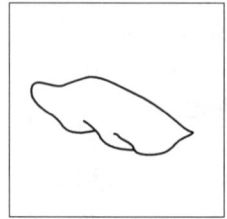
팽창성 변형

2-2 골재 관련 시험

1. 각종 골재 관련 시험

(1) 골재의 체가름 시험

① 골재의 입도분포, 조립률, 굵은골재의 최대치수 등을 얻는다.
② 시험기구 및 재료 : 저울(시료무게의 0.1% 이상 정밀도), 체, 건조기(105±5℃의 균일한 온도를 유지할 수 있는 건조로), 시료분취기, 체진동기, 체밑판 및 뚜껑, 삽

(2) 잔골재의 비중(밀도) 및 흡수량 시험

① 잔골재 비중 시험은 잔골재의 일반적인 성질을 판단하고, 콘크리트의 배합설계에 있어서 잔골재의 절대용적을 알기 위해 실시
② 잔골재의 흡수율 시험은 잔골재의 공극을 알 수 있고, 콘크리트 배합시 사용수량을 조절하기 위하여 필요하다.
③ 시험기구 및 재료 : 저울, 플라스크, 원뿔형 몰드, 다짐대, 건조기, 시료 500g(표건 상태의 값)

(3) 굵은골재의 비중(밀도) 및 흡수량 시험

① 잔골재의 비중 및 흡수량 시험과 같다.
② 시험기구 및 재료 : 저울, 시료용기(철망태), 물탱크, 5mm체

(4) 골재의 단위용적 중량 및 공극률 시험

① 콘크리트 제조, 배합의 결정, 현장에서 골재를 개량할 경우 필요하다.
② 골재의 입도 상태 및 입형의 양부를 판정하는 데 사용된다.
③ 콘크리트의 중량배합비를 용적배합비로 환산할 때 사용된다.
④ 시험기구 및 재료 : 저울, 다짐봉, 용기

(5) 잔골재의 표면수 시험

① 배합시 콘크리트의 수량을 증가시키는 원인이 되고 또한 시공성이나 강도에 영향을 미친다.
② 시험기구 및 재료 : 저울, 용기, 피펫]

(6) 모래의 유기불순물 시험

① 유기불순물 양을 알아 모래의 사용 적부를 판단한다.
② 시험기구 및 재료 : 시험용 유리병, 수산화나트륨 용액(3%), 식별용 표준색 용액(탄닌산 용액), 메스실린더, 피펫

(7) 굵은골재의 마모 시험

① 도로용 콘크리트 및 댐 콘크리트와 같이 마모저항이 요구되는 콘크리트에 사용되는 굵은골재의 사용 적부를 판단하는데 필요하다.
② 부순돌, 부순광재, 자갈 등의 마모 저항성을 측정하는데 사용된다.
③ 시험기구 및 재료 : 로스앤젤레스 시험기, 구, 저울, 체, 건조기, 시료용기

2. 골재의 체가름 시험

(1) 시료 준비

① 시료 채취는 4분법 또는 시료 분취기를 사용하여 준비한다.
② 건조시킨 후(105±5℃로 건조) 시료는 실온까지 냉각시켜 다음의 양만큼 준비한다. 다만, 구조용 경량골재의 경우 최소건조질량은 원칙적으로 다음 양의 1/2로 한다.
  ㉠ 잔골재 1.18mm체를 질량비로 95% 이상 통과하는 것 : 100g
  ㉡ 잔골재 1.18mm체를 질량비로 5% 이상 남는 것 : 500g
  ㉢ 굵은골재 최대치수 9.5mm 정도 : 2kg
  ㉣ 굵은골재 최대치수 13.2mm 정도 : 3kg
  ㉤ 굵은골재 최대치수 16mm 정도 : 2.6kg
  ㉥ 굵은골재 최대치수 19mm 정도 : 4kg
  ㉦ 굵은골재 최대치수 26.5mm 정도 : 5kg
  ㉧ 굵은골재 최대치수 31.5mm 정도 : 6kg
  ㉨ 굵은골재 최대치수 37.5mm 정도 : 8kg
  ㉩ 굵은골재 최대치수 53mm 정도 : 10kg
  ㉪ 굵은골재 최대치수 63mm 정도 : 12kg
  ㉫ 굵은골재 최대치수 75mm 정도 : 16kg
  ㉬ 굵은골재 최대치수 106mm 정도 : 20kg
• 굵은 골재의 경우 사용하는 골재의 최대 치수(mm)의 0.2배를 시료의 최소 건조 질량)kg)으로 한다.

(2) 시험방법

① 골재의 체가름 시험 목적에 맞는 망체를 짜맞춤한다.
② 체가름할 때 상하 운동 및 수평 운동을 주면서 잘 흔들어 준다.
③ 기계를 사용하여 체가름한 경우는 다시 손으로 체가름한다.
④ 체눈에 끼인 입자는 분쇄되지 않도록 주의하면서 다시 빼고 체에 걸린 시료로 간주한다.
⑤ 체가름을 끝낸 후, 저울을 사용하여 각 체에 걸리는 시료의 무게를 단다.

(3) 결과의 계산

① 시험은 2회 이상으로 하고 그 평균값을 취한다.
② 각 체에 남는 무게를 전체 무게에 대한 백분율로 나타낸다.
③ 결과로부터 굵은골재 최대치수를 구할 수 있다.
④ 결과로부터 조립률(F.M)을 구할 수 있다.
⑤ 체의 호칭치수와 각 체에 남은 시료 무게의 백분율의 관계인 입도곡선을 그릴 수 있다.

3. 잔골재의 비중(밀도) 및 흡수량 시험

비중은 포틀랜드 시멘트를 사용한 콘크리트 중 골재가 차지하는 용적의 계산에 사용하며 잔골재 강도 및 내구성의 양호 여부를 판정한다.

(1) 시료 준비

① 시료분취기 또는 4분법에 의하여 시료에서 약 1000g의 잔골재를 준비해서 적당한 팬이나 그릇에 넣어 105±5℃의 온도에 항량이 될 때까지 건조시킨 다음, 24±4시

간 동안 물 속에 담근다.

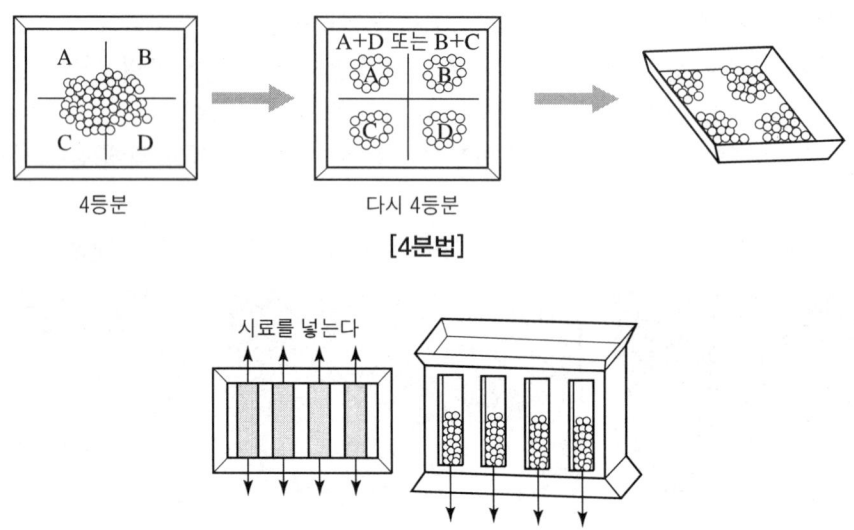

② 시료를 평평한 용기에 펴서 따뜻한 공기 속에서 서서히 건조시킨다.
③ 잔골재를 원뿔형 몰드에 다지는 일이 없이 서서히 넣은 다음 표면에 다짐대를 대고 가볍게 25회 다지고 나서 몰드를 수직으로 빼 올린다.
④ 몰드를 빼 올릴 때 원뿔이 처음 흘러내릴 때까지 계속해서 잔골재를 헤쳐 말린다.
⑤ 원추가 처음 흘러내린다는 것은 잔골재가 표면건조 포화상태에 도달하였다는 것을 의미한다.

(2) 비중 및 흡수율 시험

① 비중 시험
  ㉠ 제작한 500g의 시료를 바로 플라스크에 넣고, 물을 용량의 90%까지 채운 다음 플라스크를 평평한 면에 굴려 기포를 모두 없애야 한다.

ⓒ 플라스크를 항온조에 담가 23±2℃의 온도로 조정
　　　한 후 플라스크, 시료, 물의 무게를 측정하고 이 무
　　　게와 그 밖의 무게를 0.1g까지 기록한다.
　　　ⓒ 잔골재를 플라스크에서 꺼낸 다음 항량이 될 때까
　　　지 105±5℃에서 건조시키고, 실온까지 식힌 후
　　　무게를 단다.
　　　ⓔ 23±2℃의 물을 플라스크의 검정 용량까지 채워
　　　무게를 측정한다.
　② 흡수율 시험
　　　㉠ 시료 팬에 시료를 쏟는다.
　　　ⓒ 24시간 함량이 될 때까지 건조시킨다.
　　　ⓒ 데시케이터에서 실온이 될 때까지 냉각시킨다.
　　　ⓔ 건조 후의 무게를 측정한다.

 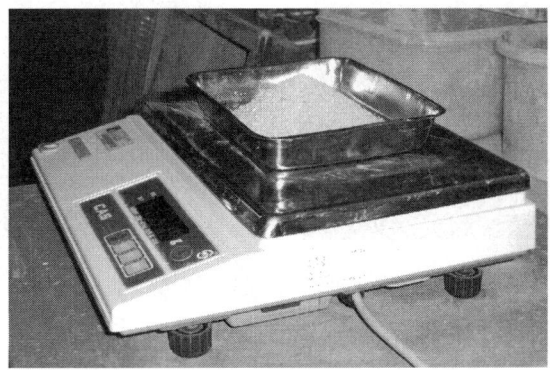

(3) 결과의 정밀도

시험값은 평균과의 차이가 밀도의 경우 0.01g/cm³ 이하, 흡수율의 경우는 0.05% 이하이어야 한다.

4. 굵은골재의 비중(밀도) 및 흡수량 시험

(1) 비중 및 흡수량 시험

비중은 포틀랜드 시멘트 콘크리트 중 골재가 차지하는 용적의 계산에 사용한다.
① 시료 분취기 또는 4분법으로 소요되는 양을 채취한다.

② 5mm체를 통과하는 시료는 모두 버려야 한다.
③ 굵은골재를 완전히 씻어서 표면의 먼지, 부착물 등을 제거한 후 항량이 될 때까지 105±5℃의 온도로 건조시키고, 1~3시간 동안 실온으로 냉각시킨 다음, 24±4시간 동안 실온의 물에 담근다.

④ 표면건조 포화상태의 무게를 달고, 이 무게와 다음의 무게를 0.5g 또는 시료 무게의 0.0001배 중 큰 쪽의 정밀도를 기록한다.

(2) 결과의 정밀도

시험값은 평균값과 차가 밀도값은 $0.01g/cm^3$ 이하, 흡수율은 0.03% 이하이어야 한다.

(3) 시료

시료에 있어서는 대표적인 것을 채취하여, 호칭 치수 5mm 체에 남는 굵은 골재를 사분법 또는 시료 분취기에 의해, 거의 일정 분량이 될 때까지 축분한다.
① 사용 시료의 최소 질량에 있어서는 굵은 골재 최대 치수(mm 표시)의 0.1배를 kg으로 나타낸 양으로 한다.
② 경량 골재의 시료 채취량에 대하여는 다음 식에 따라 대강의 시료 질량을 정하도록 하였다.

$$m_{\min} = \frac{d_{\max} \times D_e}{25}$$

여기서, $m_{\min}$: 시료의 최소 질량(kg)
$d_{\max}$: 굵은 골재의 최대 치수(mm)
D_e : 굵은 골재의 추정 밀도(g/cm³)

또한 상기 식은 단위에 있어서 좌우가 일치하지 않고 있는데, 이는 경량 골재를 시험할 경우 단지 시료의 최소 질량만을 구하기 위한 경험식이므로, 단위에 있어서는 의미가 없다.

5. 모래의 유기불순물 시험

모래의 사용 여부를 결정하기에 앞서 보다 더 정밀하게 모래에 대한 시험의 필요성 유무를 미리 알기 위한 것이다.

(1) 일반 사항

① 시료에 수산화나트륨 용액(3%)을 가한 유리 용기와 표준색 용액을 넣은 유리 용기를 24시간 정치한 후 잔골재 상부의 용액색이 표준색 용액보다 연한지, 진한지 또는 같은지를 육안으로 비교한다.
② 모래 상층부의 시험 용액의 색이 표준색 용액의 색보다 연한 담황색의 경우 그 모래는 양호한 골재로 판정된다.

(2) 표준용액 만드는 절차

① 95%의 알코올 10ml와 2g의 탄닌산 분말을 90ml의 물에 섞어 2%의 탄닌산 용액을 만든다.
② 물 97에 수산화나트륨 3의 질량비로 섞어 3%의 수산화나트륨 용액을 만든다.
③ 10%의 알코올 용액으로 2%의 탄닌산 용액을 만든다.
④ 2%의 탄닌산 용액 2.5㎖를 3%의 수산화나트륨용액 97.5㎖에 탄다.
⑤ 이것을 시험용 무색유리병에 넣는다.
⑥ 마개로 막고 잘 흔들어서 24시간 가만히 놓아둔 것을 식별용 표준색 용액으로 한다.

6. 굵은골재의 마모 시험(로스앤젤레스 마모시험기)

① 시험 결과는 다음 식에 따라 산출하여 소수점 이하 첫째 자리까지 구한다. 마모 감량

$$R(\%) = \frac{m_1 - m_2}{m_1} \times 100$$

여기서, m_1 : 시험 전의 시료 무게[g]
m_2 : 시험 후 망체 1.7mm에 남은 시료의 무게[g]

② 사용시료가 A등급인 경우 사용철구 수는 12개이며 철구의 총 질량 5,000±25g이다.
③ 굵은골재의 마모 시험(로스앤젤레스 마모시험기)에 사용하는 강재의 구는 평균 지름이 약46.8mm이고, 1개의 질량이 390~445g인 것을 사용한다.

7. 골재의 안정성 시험

① 골재의 내구성을 알기 위해 황산나트륨 포화용액으로 인한 골재의 부서짐 작용에 대한 저항성을 시험하는 것으로, 동해 등의 기상작용에 의한 골재의 붕괴작용에 대한 저항성 측정방법이다.
② 콘크리트의 내구성은 구조물이 장기간 기상 작용에 저항하기 위한 것으로 매우 중요한 성질로서 시험이 장기간 걸린다.
③ 일정시료를 21℃의 황산나트륨 용액 속에 16~18시간 수침 후 꺼내 건조시킨 다음 다시 용액에 수침하고 다시 건조시키는 과정을 5회 반복한다.
④ 시약용 용액의 골재에 대한 잔류 유무를 조사하기 위한 염화바륨($BaCl_2$) 용액의 농도는 5~10%로 한다.

8. 골재의 알칼리 잠재반응시험

알칼리 잠재반응 시험은 콘크리트 경화체의 팽창을 일으키는 실리카 성분을 파악하는 데 이용된다.
① 화학법
② 모르타르바법

9. 골재시험항목별 사용 용액

① 골재 안정성   : 황산나트륨 포화용액
② 유기 불순물   : 수산화나트륨
③ 염화물 함유량   : 질산은($AgNO_3$)
④ 알칼리골재반응 : 수산화나트륨

10. 믹서로 비빈 굳지않은 콘크리트중의 모르타르와 굵은 골재량의 변화율 시험 방법

굳지 않은 콘크리트 내 모르타르의 단위 용적 질량의 채취 부위별 차이 및 단위 용적당 굵은 골재 함유량의 차이에 대한 계산을 통해 콘크리트의 변동성을 평가한다.

(1) 일반 사항

① 체는 호칭 치수 4.75mm의 사각형 체를 사용한다.
② 시료는 혼합 완료 후 배치에서 다음에 따라 채취한다.
  ㉠ 시료는 믹서에서 배출되는 콘크리트 흐름의 처음 및 마지막 부분에서 채취한다. 혼합이 끝나고 믹서의 운전을 멈추었을 때의 콘크리트가 믹서에서 배출된 콘크리트와 동등한 품질을 갖는다고 간주되는 경우에는 믹서 내 콘크리트의 앞부분 및 뒷부분 또는 기타 상이한 2개소에서 시료를 채취한다.
  ㉡ 각 부분의 콘크리트에서 채취하는 시료의 양은 굵은 골재 최대 치수를 mm로 나타낸 수를 리터(L)로 나타낸다. 굵은 골재의 최대치수가 20mm 이하일 때는 시료의 양을 20L로 나타내는 양으로 한다.

(2) 시험 방법

각 부분에서 채취한 콘크리트 시료에 대하여 각각 다음 시험을 실시한다. 시험 시간은 각 시료가 대체로 같아야 한다.
① 공기량 시험을 실시하는 때는 공기량 시험용 용기에 채운 콘크리트의 질량을 측정해 두어야 한다.
② ①의 시험에 사용한 시료를 4.75mm 체 위에 놓고 물로 씻으면서 모르타르를 제거한다.
③ 체에 남은 골재의 표면 건조 포화 상태에서의 질량을 측정하고, 또한 밀도를 측정한다.

(3) 결과의 계산

① 모르타르의 단위 용적 질량
  콘크리트 내 공기를 포함하지 않는 모르타르의 단위 용적 질량(M)은 다음 식 (1)에 따라 계산한다.

$$M = \frac{m - m_S}{V - \left(V_A + \frac{m_S}{B}\right)} \times 1000 \quad \cdots \cdots (1)$$

여기서, M : 공기를 포함하지 않은 모르타르의 단위 용적 질량(kg/m³)
m : 위 (2)① 공기량 시험에서 측정한 콘크리트의 질량(kg)
m_S : 체에 걸린 골재의 표면 건조 포화 상태에서의 질량(kg)
V : 위 (2)① 공기량 시험에 사용한 콘크리트의 용적(L)
V_A : 콘크리트의 용적 V와 공기량(%)과의 곱을 100으로 나누어 계산한 공기의 용적(L)

② 굵은 골재의 표면 건조 포화 상태 질량

체에 걸린 굵은 골재의 수중 겉보기 질량을 측정한 경우는 다음 식에 따라 계산한다.

$$m_S = m_W \times \left(\frac{D_S}{D_S - 1}\right) \quad \cdots\cdots (2)$$

여기서, m_W : 굵은 골재의 수중 질량(kg)
D_S : 굵은 골재의 표면 건조 포화상태 밀도(kg/L)

③ 콘크리트 내 모르타르의 단위 용적 질량 변동성

콘크리트 내 모르타르의 단위 용적 질량 변화율은 채취한 부위의 콘크리트에 대하여 식 (1)의 결과를 바탕으로 다음 식 (3)에 따라 계산한다.

$$\text{콘크리트 내 모르타르의 단위 용적 질량 변화율(\%)} = \frac{M_1 - M_2}{M_1 + M_2} \times 100 \quad \cdots\cdots (3)$$

여기서, M_1 : 각 부분의 콘크리트 M값 중 가장 큰 값
M_2 : 각 부분의 콘크리트 M값 중 가장 작은 값

④ 단위 굵은 골재량 및 변화율

콘크리트 내 단위 굵은 골재량(G)은 식 (4) 및 (5)에 따라 계산한다.

$$G = \frac{m_S}{V} \times 1000 \quad \cdots\cdots (4)$$

여기서, G : 콘크리트 내 단위 굵은 골재량(kg/m³)

$$\text{콘크리트 내 단위 굵은 골재량의 변화율(\%)} = \frac{G_1 - G_2}{G_1 + G_2} \times 100 \quad \cdots\cdots (5)$$

여기서, G_1 : 각 부분의 콘크리트 G값 중 가장 큰 값
G_2 : 각 부분의 콘크리트 G값 중 가장 작은 값

2-3 기타 재료 시험

1. 플라이애시 품질시험

① **기준 모르타르** : 보통 포틀랜드 시멘트를 사용하여 만든 기준으로 하는 모르타르이다.
② **시험 모르타르** : 보통 포틀랜드 시멘트와 시험을 대상으로 하는 플라이애시를 질량으로 3 : 1의 비율로 사용하여 만든 모르타르이다.
③ **활성도 지수** : 기준 모르타르의 압축강도에 대한 시험 모르타르의 압축강도의 비를 백분율로 나타낸 것이다.

2. 화학혼화제 품질시험 항목

① 감수율[%]
② 블리딩량의 비[%]
③ 응결 시간의 차[mm]
④ 압축강도의 비[%]
⑤ 길이 변화비[%]
⑥ 동결융해에 대한 저항성(상대동탄성계수 %)

3. 콘크리트 재료의 염화물 분석 시험(KS F 2713)

사용하는 표준용액 및 지시약
① 염화나트륨 표준용액
② 질산은 표준용액
③ 메틸 오렌지 지시약

4. 철근의 인장 시험

내력, 항복점, 인장강도, 파단 연신율, 단면 수축률 등을 측정한다.

제 1 편 콘크리트용 재료 및 배합

Chapter 3 콘크리트 배합설계

 ## 3-1 배합설계 기본 원리

1. 콘크리트 배합

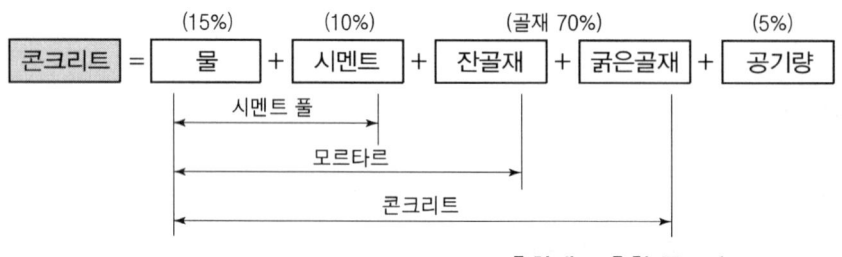

2. 콘크리트 배합 결정

콘크리트 배합설계 결정의 일반적인 순서는 ① 호칭강도(f_{cn}) 또는 품질기준강도 (f_{cq} : 설계기준강도 f_{ck}와 내구성 기준 압축강도 f_{cd} 중에서 큰 값), ② 배합강도(f_{cr}) 결정, ③ 사용재료 선정, ④ 시험배합 실시, ⑤ 시방배합 결정, ⑥ 현장배합으로 수정의 순서이다.

(1) 1배치 배합 – 압력방법(워싱턴형 공기량 측정기, KS F 2421)

① 잔골재량[kg]

$$F_s = \frac{S}{B} \times F_b$$

여기서, S : 공기량 시험기 용적[l], B : 1배치량[l], F_b : 잔골재 1배치량[kg]

② 굵은골재량[kg]

$$C_s = \frac{S}{B} \times C_b$$

여기서, C_b : 굵은골재 1배치량[kg]

(2) 콘크리트의 배합을 결정하는 방법
① 계산에 의한 방법
② 배합표에 의한 방법
③ 시험배합에 의한 방법 : 가장 합리적이고 실용적인 방법이다.

(3) 계산에 의한 방법
① 배합량 계산
  ㉠ 물-결합재비 $= \dfrac{W}{C+F}$

  여기서, W : 단위 수량, C : 단위 시멘트량, F : 단위 혼화재료량

결합재(binder)
물과 반응하여 콘크리트 강도 발현에 기여하는 물질을 생성하는 것의 총칭으로 시멘트, 고로 슬래그 미분말, 플라이 애쉬, 실리카 퓸, 팽창재 등을 함유하는 것을 결합재(binder)라 한다.

  ㉡ 콘크리트 $1\text{m}^3 =$ 물+시멘트+잔골재+굵은골재+AE제

  단위 골재량 $V_a = 1 - \left(\dfrac{단위수량}{1000\text{kg/m}^3} + \dfrac{단위\ 시멘트량}{시멘트\ 비중 \times 1000} + \dfrac{공기량}{100} \right)$

  ㉢ x비중$= \dfrac{x의\ 단위중량}{물의\ 단위중량}$ 에서

  x의 단위중량$= x$비중$\times$물의 단위중량

  x체적$= \dfrac{x\ 무게}{x\ 단위중량}$ 에서

  x무게$= x$체적$\times x$단위중량$= x$체적$\times x$비중$\times$물의 단위중량

제 1 편 콘크리트용 재료 및 배합

[연습문제 1]

콘크리트 1m³를 만드는데 필요한 잔골재 및 굵은골재량을 구하시오. (단, 단위 시멘트량 220kg, 물·시멘트비 55%, 잔골재율(S/a) 34%, 시멘트 비중 3.15, 모래 비중 2.65, 자갈 비중 2.7, 공기량 2%)

해설

잔골재량

① 단위수량(W)

$W/C = 0.55$ 에서

$\therefore W = 0.55 \cdot C = 0.55 \times 220 = 12\,\text{kg}$

② 단위골재량 절대체적(V_a)

$V_a = 1 - \left(\dfrac{\text{단위수량}}{1000\,\text{kg/m}^3} + \dfrac{\text{단위 시멘트량}}{\text{시멘트 비중} \times 1000} + \dfrac{\text{공기량}}{100} \right)$

$= 1 - \left(\dfrac{121\,\text{kg}}{1000\,\text{kg/m}^3} + \dfrac{220\,\text{kg}}{3.15 \times 1000\,\text{kg/m}^3} + \dfrac{2}{100} \right)$

$= 0.789\,\text{m}^3$

③ 단위 잔골재량 절대체적(V_s)

$V_s = V_a \times S/a = 0.789 \times 0.34 = 0.268\,\text{m}^3$

④ 단위 잔골재량

$V_s \times \text{잔골재 비중} \times 1000\,\text{kg/m}^3 = 0.268 \times 2.65 \times 1000 = 710.2\,\text{kg}$

굵은골재량

① 단위 굵은골재량 절대체적

$V_G = V_a - V_s = 0.789 - 0.268 = 0.521\,\text{m}^3$

② 단위 굵은골재량

$V_G \times \text{굵은골재 비중} \times 1000\,\text{kg/m}^3 = 0.521 \times 2.7 \times 1000 = 1,406.7\,\text{kg}$

② 시방배합과 현장배합

콘크리트의 시방배합을 현장배합으로 수정할 때는 현장골재의 입도상태와 표면수 즉 입도보정과 표면수 보정을 한다. 그리고 혼화제의 희석수량을 고려하여 수정하며, 희석수량도 단위수량에 포함된다.

㉠ 시방배합 : 시방서 또는 책임 감리원이 지시한 배합이다.

골재 : 표면건조 포화상태(잔골재 : 5mm 체 모두 통과, 굵은골재 : 5mm 체 모두 남음)

㉡ 현장배합 : 시방배합을 현장상태에 적합하게 보정한 배합이다.

ⓒ 잔골재량과 굵은골재량

$$잔골재량 = \frac{100S - b(S+G)}{100 - (a+b)}$$

$$굵은골재량 = \frac{100G - a(S+G)}{100 - (a+b)}$$

여기서, S : 시방배합의 잔골재량
  G : 시방배합의 굵은골재량
  a : 5mm(No.4)체 잔류 잔골재량
  b : 5mm(No.4)체 통과 굵은골재량

[연습문제 2]

다음 콘크리트의 시방배합을 현장배합으로 환산하시오.

■시방배합■

- 단위수량 : 180kg/m^3
- 단위 시멘트량 : 380kg/m^3
- 잔골재량 : 800kg/m^3
- 굵은골재량 : 1,200kg/m^3
- 잔골재 표면수량 : 4%
- 굵은골재 표면수량 : 0.5%
- 5mm(No.4)체 잔류 잔골재량 : 3%
- 5mm(No.4)체 통과 굵은골재량 : 5%

해설

① 입도 보정

잔골재량을 x[kg], 굵은골재량을 y[kg]라 하면
골재량 $= x + y = 800 + 1,200 = 2,000$ ······················· ①식
굵은골재량 $= 0.03x + (1 - 0.05)y = 1,200$ ···················· ②식
①식과 ②식을 연립방정식으로 풀면
$x = 761$kg, $y = 1,239$kg

② 표면수 보정

잔골재 표면수량 $= 761 \times 0.04 = 30.44$kg
굵은골재 표면수량 $= 1,239 \times 0.005 = 6.2$kg

③ 현장배합량

단위 시멘트량 $= 380$kg
단위수량 $= 180 - (30.44 + 6.2) = 143.46$kg
잔골재량 $= 761 + 30.44 = 791.44$kg
굵은골재량 $= 1,239 + 6.2 = 1,245.2$kg

③ 중량배합
  ㉠ 콘크리트 $1m^3$ 제조시 각 재료량을 중량[kg]으로 나타내는 배합이다.
  ㉡ 실험실 배합 및 레미콘 배합은 중량배합이 원칙으로서 현재 주로 사용한다.
④ 용적배합
  ㉠ 콘크리트 $1m^3$ 제조시 각 재료량을 절대용적(l)으로 표시하는 배합이다.
  ㉡ 시멘트, 잔골재, 굵은골재 비율을 1 : 2 : 4, 1 : 3 : 6 등으로 표시한 배합이다.

(4) 배합표에 의한 방법

굵은골재 최대치수 [mm]	슬럼프 [cm]	공기량 [%]	물-결합재비 W/B[%]	잔골재율 (S/a) [%]	단위량[kg/m³]					
					물 (W)	시멘트 (C)	잔골재 (S)	굵은골재(G)		혼화재료	
								mm/mm	mm/mm	(1) 혼화재	(2) 혼화제

3-2 배합설계

1. 배합설계시 제요소의 결정

(1) 굵은골재의 최대치수($G_{\max}$)

(2) 슬럼프 콘크리트 운반시간이 길어지거나 기온이 높은 경우에는 슬럼프값이 크게 저하된다.

구조물의 종류		슬럼프[mm]
철근 콘크리트	일반적인 경우	80~150
	단면이 큰 경우	60~120
무근 콘크리트	일반적인 경우	50~150
	단면이 큰 경우	50~100

(3) 물-결합재비

① 물-결합재비 결정법
  ㉠ 압축강도를 기준으로 해서 정하는 경우
  ㉡ 내구성을 고려하여 정하는 경우
  ㉢ 수밀성을 고려하여 정하는 경우

ⓔ 균열 저항성을 고려해야 하는 경우
② 압축강도를 기준으로 해서 정하는 경우
　㉠ 물-결합재비는 소요의 강도, 내구성, 수밀성 및 균열저항성 등을 고려하여 정하여야 한다.
　㉡ 콘크리트의 압축강도를 기준으로 물-결합재비를 정하는 경우 그 값은 다음과 같이 정하여야 한다.
　　ⓐ 압축강도와 물-결합재비와의 관계는 시험에 의하여 정하는 것을 원칙으로 한다. 이 때 공시체는 재령 28일을 표준으로 한다.
　　ⓑ 배합에 사용할 물-결합재비는 기준 재령의 결합재-물비와 압축강도와의 관계식에서 배합강도에 해당하는 결합재-물비 값의 역수로 한다.
　㉢ 압축강도 표준편차를 이용하는 경우 : 배합강도(f_{cr})는 다음 식과 같이 구조계산에서 정해진 설계기준압축강도(f_{ck})와 내구성 기준 압축강도(f_{cd})중에서 큰 값으로 결정된 품질기준강도(f_{cq})보다 크게 정한다.

$$f_{cq} = \max(f_{ck},\ f_{cd})(\mathrm{MPa})$$

　㉣ 레디믹스트 콘크리트의 경우에는 현장 콘크리트의 품질변동을 고려하여 배합강도(f_{cr})를 호칭강도(f_{cn})보다 크게 정한다.
　㉤ 레디믹스트 콘크리트 사용자는 다음 식에 따라 기온보정강도(T_n)를 더하여 생산자에게 호칭강도(f_{cn})로 주문하여야 한다.

$$f_{cn} = f_{cq} + T_n(\mathrm{MPa}) \quad \text{여기서, } T_n ; \text{기온보정강도(MPa)}$$

[콘크리트 강도의 기온에 따른 보정값(T_n)]

결합재 종류	재령(일)	콘크리트 타설일로부터 재령까지의 예상평균기온의 범위(℃)		
보통포틀랜드 시멘트 플라이애시 시멘트 1종 고로슬래그 시멘트 1종	28	18 이상	8 이상~18 미만	4 이상~8 미만
	42	12 이상	4 이상~12 미만	-
	56	7 이상	4 이상~7 미만	-
	91	-	-	-
플라이애시 시멘트 2종	28	18 이상	10 이상~18 미만	4 이상~10 미만
	42	13 이상	5 이상~13 미만	4 이상~5 미만
	56	8 이상	4 이상~8 미만	-
	91	-	-	-
고로슬래그 시멘트 2종	28	18 이상	13 이상~18 미만	4 이상~13 미만
	42	14 이상	10 이상~14 미만	4 이상~10 미만
	56	10 이상	5 이상~10 미만	4 이상~5 미만
	91	-	-	-
콘크리트 강도의 기온에 따른 보정값 T_n(MPa)		0	3	6

ⓗ 배합강도(f_{cr})는 호칭강도(f_{cn}) 범위를 35 MPa 기준으로 분류한 아래의 계산식 중 각 두 식에 의한 값 중 큰 값으로 정하여야 한다. 단, 현장 배치플랜트인 경우는 아래 식에서 호칭강도(f_{cn}) 대신에 기온보정강도(T_n)가 고려된 품질기준강도(f_{cq})를 사용한다.

ⓐ $f_{cn} \leq 35\text{MPa}$인 경우

$$f_{cr} = f_{cn} + 1.34s\,[\text{MPa}]$$
$$f_{cr} = (f_{cn} - 3.5) + 2.33s\,[\text{MPa}]$$

– 이 두 식에 의한 값 중 큰 값으로 정한다.

ⓑ $f_{cn} > 35\text{MPa}$인 경우

$$f_{cr} = f_{cn} + 1.34s\,[\text{MPa}]$$
$$f_{cr} = 0.9f_{cn} + 2.33s\,[\text{MPa}]$$

– 이 두 식에 의한 값 중 큰 값으로 정한다.

여기서, f_{cr} : 배합강도
f_{cn} : 호칭강도
s : 압축강도의 표준편차[MPa]

호칭강도를 고려하지 않는 경우의 배합강도(콘크리트구조설계기준)
–압축강도 표준편차를 이용하는 경우

① $f_{ck} \leq 35\text{MPa}$인 경우
$f_{cr} = f_{ck} + 1.34s\,[\text{MPa}]$
$f_{cr} = (f_{ck} - 3.5) + 2.33s\,[\text{MPa}]$ ⎫ 이 두 식에 의한 값 중 큰 값으로 정한다.

② $f_{ck} > 35\text{MPa}$인 경우
$f_{cr} = f_{ck} + 1.34s\,[\text{MPa}]$
$f_{cr} = 0.9f_{ck} + 2.33s\,[\text{MPa}]$ ⎫ 이 두 식에 의한 값 중 큰 값으로 정한다.

여기서, f_{cr} : 배합강도
f_{ck} : 설계기준강도
s : 압축강도의 표준편차[MPa]

ⓒ 콘크리트 압축강도의 표준편차는 실제 사용한 콘크리트를 30회 이상 시험한 실적으로부터 결정한다.

ⓓ 압축강도의 시험횟수가 29회 이하이고 15회 이상인 경우는 시험에서 구한 표준편차에 보정계수를 곱한 값을 표준편차로 하고, 명시되지 않은 경우에는 보간법으로 보정계수를 구한다.

[시험 횟수가 29회 이하일 때 표준편차의 보정계수]

시험 횟수	표준편차의 보정계수
15	1.16
20	1.08
25	1.03
30 이상	1.00

ⓐ 배합강도 결정을 위한 압축강도의 표준편차(σ)

$$\sigma = \sqrt{\frac{S}{n-1}}$$

여기서, S : 잔차의 제곱합(편차) n : 시료 개수

$S = \sum(x-\bar{x})^2$, $\bar{x}$: 평균치 $\bar{x} = \frac{\sum x}{n}$

ⓒ 콘크리트 압축강도의 표준편차를 알지 못할 때, 또는 압축강도의 시험횟수가 14회 이하인 경우 콘크리트의 배합강도는 다음과 같이 정할 수 있다.

호칭강도 f_{cn}(MPa)	배합강도 f_{cr}(MPa)
21 미만	$f_{cn}+7$
21 이상 35 이하	$f_{cn}+8.5$
35 초과	$1.1f_{cn}+5$

호칭강도를 고려하지 않는 경우의 배합강도(콘크리트구조설계기준)

콘크리트 압축강도의 표준편차를 알지 못할 때, 또는 압축강도의 시험횟수가 14회 이하인 경우 콘크리트의 배합강도는 다음과 같이 정할 수 있다.

호칭강도 f_{ck}(MPa)	배합강도 f_{cr}(MPa)
21 미만	$f_{ck}+7$
21 이상 35 이하	$f_{ck}+8.5$
35 초과	$1.1f_{ck}+5$

ⓓ 호칭강도(nominal strength)는 레디믹스트 콘크리트 주문시 KS F 4009의 규정에 따라 사용되는 콘크리트 강도로서, 구조물 설계에서 사용되는 설계기준압축강도나 배합 설계 시 사용되는 배합강도와는 구분되며, 기온, 습도, 양생 등 시공적인 영향에 따른 보정값을 고려하여 주문한 강도를 말한다.

ⓐ 레디믹스트 콘크리트의 경우에는 배합강도(f_{cr})를 호칭강도(f_{cn})보다 크게 정한다.

ⓑ 레디믹스트 콘크리트 사용자는 다음 식에 따라 기온보정강도(T_n)를 더하여

생산자에게 호칭강도(f_{cn})로 주문하여야 한다.

$$f_{cn} = f_{cq} + T_n\,[\text{MPa}]$$ 여기서, T_n : 기온보정강도(MPa)

③ 내구성을 고려하여 정하는 경우
   ㉠ 콘크리트는 원칙적으로 공기연행 콘크리트(AE콘크리트)로 하여야 한다.
   ㉡ 콘크리트의 물-결합재비는 원칙적으로 60% 이하로 하며, 단위수량은 185kg/m³을 초과하지 않도록 하여야 한다.
   ㉢ 콘크리트는 침하균열, 소성수축균열, 건조수축균열, 자기수축균열 혹은 온도균열에 의한 균열폭이 허용균열폭 이내여야 한다.
   ㉣ 구조물에 사용되는 콘크리트는 적절한 내구성을 확보하기 위해 내구성에 영향을 미치는 환경조건에 대해 노출되는 정도를 고려하여 다음 표에 따른 노출등급을 정하여야 한다.

[노출범주 및 등급]

범주	등급	조건	예
일반	E0	물리적, 화학적 작용에 의한 콘크리트 손상의 우려가 없는 경우 철근이나 내부 금속의 부식 위험이 없는 경우	• 공기 중 습도가 매우 낮은 건물 내부의 콘크리트
EC (탄산화)	EC1	건조하거나 수분으로부터 보호되는 또는 영구적으로 습윤한 콘크리트	• 공기 중 습도가 낮은 건물 내부의 콘크리트 • 물에 계속 침지되어 있는 콘크리트
	EC2	습윤하고 드물게 건조되는 콘크리트로 탄산화의 위험이 보통인 경우	• 장기간 물과 접하는 콘크리트 표면 • 외기에 노출되는 기초
	EC3	보통 정도의 습도에 노출되는 콘크리트로 탄산화 위험이 비교적 높은 경우	• 공기 중 습도가 보통 이상으로 높은 건물 내부의 콘크리트[1] • 비를 맞지 않는 외부 콘크리트[2]
	EC4	건습이 반복되는 콘크리트로 매우 높은 탄산화 위험에 노출되는 경우	• EC2 등급에 해당하지 않고, 물과 접하는 콘크리트(예를 들어 비를 맞는 콘크리트 외벽[2], 난간 등)
ES (해양환경, 제설염 등 염화물)	ES1	보통 정도의 습도에서 대기 중의 염화물에 노출되지만 해수 또는 염화물을 함유한 물에 직접 접하지 않는 콘크리트	• 해안가 또는 해안 근처에 있는 구조물[3] • 도로 주변에 위치하여 공기 중의 제빙화학제에 노출되는 콘크리트
	ES2	습윤하고 드물게 건조되며 염화물에 노출되는 콘크리트	• 수영장 • 염화물을 함유한 공업용수에 노출되는 콘크리트
	ES3	항상 해수에 침지되는 콘크리트	• 해상 교각의 해수 중에 침지되는 부분
	ES4	건습이 반복되면서 해수 또는 염화물에 노출되는 콘크리트	• 해양 환경의 물보라 지역(비말대) 및 간만대에 위치한 콘크리트 • 염화물을 함유한 물보라에 직접 노출되는 교량 부위[4] • 도로 포장 • 주차장[5]

범주	등급	조건	예
EF (동결융해)	EF1	간혹 수분과 접촉하나 염화물에 노출되지 않고 동결융해의 반복작용에 노출되는 콘크리트	• 비와 동결에 노출되는 수직 콘크리트 표면
	EF2	간혹 수분과 접촉하고 염화물에 노출되며 동결융해의 반복작용에 노출되는 콘크리트	• 공기 중 제빙화학제와 동결에 노출되는 도로 구조물의 수직 콘크리트 표면
	EF3	지속적으로 수분과 접촉하나 염화물에 노출되지 않고 동결융해의 반복작용에 노출되는 콘크리트	• 비와 동결에 노출되는 수평 콘크리트 표면
	EF4	지속적으로 수분과 접촉하고 염화물에 노출되며 동결융해의 반복작용에 노출되는 콘크리트	• 제빙화학제에 노출되는 도로와 교량 바닥판 • 제빙화학제가 포함된 물과 동결에 노출되는 콘크리트 표면 • 동결에 노출되는 물보라 지역(비말대) 및 간만대에 위치한 해양 콘크리트
EA (황산염)	EA1	보통 수준의 황산염 이온에 노출되는 콘크리트(표 1.9-2)	• 토양과 지하수에 노출되는 콘크리트 • 해수에 노출되는 콘크리트
	EA2	유해한 수준의 황산염 이온에 노출되는 콘크리트(표 1.9-2)	• 토양과 지하수에 노출되는 콘크리트
	EA3	매우 유해한 수준의 황산염 이온에 노출되는 콘크리트(표 1.9-2)	• 토양과 지하수에 노출되는 콘크리트 • 하수, 오·폐수에 노출되는 콘크리트

[주]
1) 중공 구조물의 내부는 노출등급 EC3로 간주할 수 있다. 다만, 외부로부터 물이 침투하거나 노출되어 영향을 받을 수 있는 표면은 EC4로 간주하여야 한다.
2) 비를 맞는 외부 콘크리트라 하더라도 규정에 따라 방수처리된 표면은 노출등급 EC3로 간주할 수 있다.
3) 비래 염분의 영향을 받는 콘크리트로 해양환경의 경우 해안가로부터 거리에 따른 비래염분량은 지역마다 큰 차이가 있으므로 측정결과 등을 바탕으로 한계 영향 거리를 정해야 한다. 또한 공기 중의 제빙화학제에 영향을 받는 거리도 지역에 따라 편차가 크게 나타나므로 기존 구조물의 염화물 측정결과 등으로부터 한계 영향 거리를 정하는 것이 바람직하다.
4) 차도로부터 수평방향 10m, 수직방향 5m 이내에 있는 모든 콘크리트 노출면은 제빙화학제에 직접 노출되는 것으로 간주해야 한다. 또한 도로로부터 배출되는 물에 노출되기 쉬운 신축이음(expansion joints) 아래에 있는 교각 상부도 제빙화학제에 직접 노출되는 것으로 간주해야 한다.
5) 염화물이 포함된 물에 노출되는 주차장의 바닥, 벽체, 기둥 등에 적용한다.

㉥ 콘크리트 배합은 구조물의 노출범주 및 등급에 따라 다음 표의 내구성 확보를 위한 요구조건에서 규정된 내구성 기준압축강도, 물-결합재비, 결합재량, 결합재 종류, 연행공기량, 염화물함유량 등에 대한 요구조건을 만족하여야 한다.

[내구성 확보를 위한 요구조건]

항목	일반	EC (탄산화)				ES (해양환경, 제설염 등 염화물)				EF (동결융해)				EA (황산염)		
	E0	EC1	EC2	EC3	EC4	ES1	ES2	ES3	ES4	EF1	EF2	EF3	EF4	EA1	EA2	EA3
내구성 기준압축강도 f_{cd}(MPa)	21	21	24	27	30	30	30	35	35	24	27	30	30	27	30	30
최대 물-결합재비[1]	-	0.60	0.55	0.50	0.45	0.45	0.45	0.40	0.40	0.55	0.50	0.45	0.45	0.50	0.45	0.45
최소 단위 결합재량 (kg/m³)	-	-	-	-	-	해양콘크리트 최소단위결합재량				-	-	-	-	-	-	-
최소 공기량(%)	-	-	-	-	-	-	-	-	-	공기연행콘크리트 공기량 표준값				-	-	-
수용성 염소이온량 (결합재 중량비 %)[2] 무근콘크리트	-	-				-				-				-		
수용성 염소이온량 (결합재 중량비 %)[2] 철근콘크리트	1.00	0.30				0.15				0.30				0.30		
수용성 염소이온량 (결합재 중량비 %)[2] 프리스트레스트콘크리트	0.06	0.06				0.06				0.06				0.06		
추가 요구조건	-	KDS 14 20 50 (4.3)의 피복두께 규정을 만족할 것								결합재 종류 및 결합재 중 혼화재 사용비율 제한 (표 2.2-7)				결합재 종류 및 염화칼슘 혼화제 사용 제한 (표 1.9-4)		

[주] 1) 경량골재 콘크리트에는 적용하지 않음. 실적, 연구성과 등에 의하여 확증이 있을 때는 5% 더한 값으로 할 수 있음
2) KS F 2715 적용, 재령 28일~42일 사이

[내구성으로 정해지는 해양콘크리트 최소단위결합재량(kg/m³)]

환경구분 \ 굵은 골재의 최대 치수 (mm)	20	25	40
물보라 지역, 간만대 및 해양대기중 (노출등급 ES1, ES4)[1]	340	330	300
해중 (노출등급 ES3)[1]	310	300	280

[주] 1) 일반콘크리트 배합강도 규정의 노출등급

ⓑ AE제, AE감수제 또는 고성능AE감수제를 사용한 콘크리트의 공기량은 굵은 골재 최대 치수와 노출등급을 고려하여 다음 표와 같이 정하며, 운반 후 공기량은 이 값에서 ±1.5% 이내이어야 한다.

[공기연행콘크리트 공기량의 표준값]

굵은 골재의 최대 치수(mm)	공기량(%)	
	심한 노출[1]	일반 노출[2]
10	7.5	6.0
15	7.0	5.5
20	6.0	5.0
25	6.0	4.5
40	5.5	4.5

[주] 1) 노출등급 EF2, EF3, EF4
     2) 노출등급 EF1

③ 공기연행콘크리트의 공기량은 같은 단위 AE제량을 사용하는 경우라도 여러 조건에 따라 상당히 변화하므로 공기연행콘크리트 시공에서는 반드시 KS F 2409 또는 KS F 2421에 따라 공기량 시험을 실시하여야 한다.

④ 위의 내동해성에 의한 기준과 황산염에 의한 기준을 동시에 고려하여야 할 때는 보다 엄격한 기준을 따라야 한다.

⑤ 수밀성을 고려하여 정하는 경우
   수밀을 요하는 콘크리트의 물-결합재비는 50% 이하를 표준으로 한다.

⑥ 탄산화 저항성을 고려해야 하는 경우
   콘크리트의 탄산화 저항성을 고려해야 하는 경우 물-결합재비는 55% 이하를 표준으로 한다.

(4) 단위수량

소요 워커빌리티를 범위 내에서 가능한 한 적게 되도록 시험에 의해 정하며, 혼화제를 녹이는 데 사용하는 물이나 혼화제를 묽게 하는 데 사용하는 물은 단위수량의 일부로 보아야 한다.

(5) 단위 시멘트량

단위 시멘트량은 단위수량과 물-결합재비로부터 정한다.

(6) 잔골재율(S/a)

잔골재율은 소요의 워커빌리티를 얻을 수 있는 범위 내에서 단위수량이 최소가 되도록 시험에 의해 정하여야 하며, 잔골재율은 사용하는 잔골재의 입도, 콘크리트의 공기량, 단위 시멘트량, 혼화재료의 종류에 따라 다르므로 시험에 의해 정하여야 한다.

$$\text{잔골재율}(S/a) = \frac{\text{잔골재의 절대용적}}{\text{전체골재의 절대용적}} \times 100(\%)$$

① 잔골재율을 작게 하면 소요의 워커빌리티를 가지는 콘크리트를 얻기 위하여 필요한 단위수량 및 단위시멘트량이 감소되어 경제적으로 된다.
② 잔골재율이 너무 작으면 콘크리트가 거칠고 재료분리 발생 및 워커블한 콘크리트를 얻기 어렵다.
③ 공사 중에 잔골재의 입도가 변하여 조립률이 ±0.20 이상 차이가 있을 경우에는 워커빌리티가 변화하므로 배합을 수정할 필요가 있다. 이 때 잔골재율에 대해서도 그 적합 여부를 시험에 의해 확인해 놓을 필요가 있다.
④ 콘크리트 펌프시공의 경우에는 펌프의 성능, 배관, 압송거리 등에 따라 적절한 잔골재율을 결정하여야 한다.
⑤ 유동화 콘크리트의 경우, 유동화 후 콘크리트의 워커빌리티를 고려하여 잔골재율을 결정할 필요가 있다.
⑥ 고성능공기연행감수제를 사용한 콘크리트의 경우로서 물-결합재비 및 슬럼프가 같으면, 일반적인 공기연행감수제를 사용한 콘크리트와 비교하여 잔골재율을 1~2% 정도 크게 하는 것이 좋다.

(7) 혼화 재료의 단위량

① 공기연행제, 공기연행감수제 및 고성능공기연행감수제 등의 단위량은 소요의 슬럼프 및 공기량을 얻을 수 있도록 시험에 의해 정하여야 한다.
② 상기 ① 이외의 혼화 재료의 단위량은 시험 결과나 기존의 경험 등을 바탕으로 효과를 얻을 수 있도록 정하여야 한다.
③ 제빙화학제에 노출된 콘크리트에 있어서 플라이 애쉬, 고로 슬래그 미분말 또는 실리카 퓸을 시멘트 재료의 일부로 치환하여 사용하는 경우 이들 혼화재의 사용량은 다음 표 값을 초과하지 않도록 한다.

[제빙화학제[1])에 노출된 콘크리트 최대 혼화재 비율]

혼화재의 종류	시멘트와 혼화재 전체에 대한 혼화재의 질량 백분율(%)
KS L 5405에 따르는 플라이애쉬 또는 기타 포졸란	25
KS F 2563에 따르는 고로슬래그 미분말	50
실리카 퓸	10
플라이애쉬 또는 기타 포조란, 고로슬래그 미분말 및 실리카퓸의 합	50[2]
플라이애쉬 또는 기타 포졸란과 실리카퓸의 합	35[2]

[주] 1) 노출등급 EF4에 해당한다.
　　 2) 플라이애쉬 또는 기타 포졸란의 합은 25% 이하, 실리카퓸은 10% 이하여야 한다.

3. 콘크리트 배합 변경(시방배합 보정)

구 분	S/a[%] 보정	단위수량[kg] 보정
모래 조립률이 0.1 만큼 클(작을) 때마다	0.5 만큼 크게(작게)	×
슬럼프 값이 1cm 만큼 클(작을) 때마다	×	1.2% 만큼 크게(작게)
공기량이 1% 만큼 클(작을) 때마다	0.5~1 만큼 작게(크게)	3% 만큼 작게(크게)
물-결합재비가 0.05 만큼 클(작을) 때마다	1 만큼 크게(작게)	×

Part 2
콘크리트의 제조, 시험 및 품질관리

Chapter 1 콘크리트의 제조
Chapter 2 콘크리트 시험
Chapter 3 콘크리트의 품질
Chapter 4 콘크리트의 성질

제 2 편 콘크리트의 제조, 시험 및 품질관리

Chapter 1 콘크리트의 제조

1-1 콘크리트 제조의 일반사항

1. 콘크리트의 제조 일반

(1) 콘크리트 제조상 분류
① 현장 비비기 콘크리트
② 레디믹스트 콘크리트
③ 공장제품용 콘크리트

(2) 콘크리트 강도

구 분	콘크리트 강도
공장제품	재령 14일 압축강도
일반	재령 28일 압축강도
댐	재령 91일 압축강도
포장	재령 28일 휨강도

(3) 콘크리트 내구성
① 콘크리트는 구조물의 사용기간 중에 받는 여러 가지 화학적, 물리적 작용에 대하여 충분한 내구성을 가져야 한다.
② 콘크리트의 물-결합재비는 원칙적으로 60% 이하여야 한다.
③ 콘크리트는 원칙적으로 공기연행 콘크리트로 하여야 한다.

(4) 콘크리트 중의 염화물 함유량 한도

① 콘크리트 중에 함유된 염화물 이온의 총량으로 표시한다.
② 굳지 않은 콘크리트 중의 전 염화물 이온량은 원칙적으로 $0.30 kg/m^3$ 이하로 한다.
③ 상수도 물을 혼합수로 사용할 때 여기에 함유되어 있는 염화물 이온량이 불분명한 경우에는 혼합수로부터 콘크리트 중에 공급되는 염화물 이온량을 $0.04 kg/m^3$로 가정할 수 있다. 다만, 시험에 의한 경우 그 값을 사용한다.
④ 외부로부터 염소이온의 침입이 우려되지 않는 철근 콘크리트나 포스트텐션 방식의 프리스트레스트 콘크리트 및 최소 철근비 미만의 철근을 갖는 무근 콘크리트 등의 구조물을 시공할 때, 염소이온량이 적은 재료의 입수가 매우 곤란한 경우에는 방청에 유효한 조치를 취한 후 책임 기술자의 승인을 얻어 콘크리트 중의 전 염소이온량의 허용 상한값을 $0.60 kg/m^3$로 할 수 있다.
⑤ 재령 28일이 경과한 굳은 콘크리트의 수용성 염화물 이온량은 다음 표의 값을 초과하지 않도록 하여야 한다.

[굳은 콘크리트의 최대 수용성 염소이온 비율]

부재의 종류	콘크리트속의 최대 수용성 염소이온량 (시멘트 질량에 대한 비율(%))
프리스트레스트 콘크리트	0.06
염화물에 노출된 철근콘크리트	0.15
건조한 상태이거나 습기로부터 차단된 철근 콘크리트[1]	1.00
기타 철근 콘크리트	0.30

[주] 1) 외부 대기조건에 노출되지 않고 습기로부터 차단된 건조한 상태의 실내 구조체의 콘크리트

(5) 슬럼프

구조물의 종류		슬럼프[mm]
철근 콘크리트	일반적인 경우	80~150
	단면이 큰 경우	60~120
무근 콘크리트	일반적인 경우	50~150
	단면이 큰 경우	50~100

(6) 콘크리트의 알칼리성

콘크리트의 알칼리는 pH 12~13 정도인 강 알칼리성으로 철근의 부식을 억제한다.

1-2 콘크리트 제조설비

1. 저장설비

① 시멘트, 골재, 혼화재료의 저장설비는 콘크리트의 품질이 떨어지지 않도록 적절한 시설을 갖추어야 한다.
② 시멘트 및 혼화재의 경우 종류별로 구분하여 풍화를 방지할 수 있는 방습적인 구조로 저장할 수 있어야 하며, 하절기에는 시멘트 온도가 상승하는 것을 방지할 수 있어야 한다.
③ 골재의 경우는 종류, 품종별로 칸을 막아 따로 저장할 수 있어야 하며, 크고 작은 골재가 분리되지 않는 구조여야 한다. 바닥은 배수시설을 해야 하며, 눈, 비 및 이물질이 혼입되지 않도록 보호시설을 갖추어야 한다.
④ 혼화제의 저장설비는 종류가 서로 다른 혼화제를 따로 따로 저장할 수 있으며, 불순물의 혼입, 변질, 액상 혼화제의 분리 등을 방지할 수 있는 시설이어야 한다.

(1) 시멘트 저장

① 시멘트는 방습적인 구조로 된 사일로 또는 창고에 품종별로 구분하여 저장해야 한다.
② 시멘트를 저장하는 사일로는 시멘트가 바닥에 쌓여서 나오지 않는 부분이 생기지 않도록 한다.
③ 포대시멘트가 저장 중에 지면으로부터 습기를 받지 않도록 하기 위해서는 창고의 마룻바닥과 지면 사이에 어느 정도의 거리가 필요하며, 현장에서의 목조창고를 표준으로 할 때, 그 거리를 0.3m로 하면 좋다.
④ 포대시멘트를 쌓아서 저장하면 그 질량으로 인해 하부의 시멘트가 고결할 염려가 있으므로 시멘트를 쌓아올리는 높이는 13포대 이하로 하는 것이 바람직하다. 저장기간이 길어질 우려가 있는 경우에는 7포대 이상 쌓아 올리지 않는 것이 좋다.
⑤ 저장 중에 약간이라도 굳은 시멘트는 공사에 사용하지 않아야 한다. 3개월 이상 장기간 저장한 시멘트는 사용하기에 앞서 재시험을 실시하여 그 품질을 확인한다.
⑥ 시멘트의 온도가 너무 높을 때는 그 온도를 낮춘 다음 사용한다. 시멘트의 온도는 일반적으로 50℃ 정도 이하를 사용하는 것이 좋다.

(2) 골재 저장

① 잔골재 및 굵은골재에 있어 종류와 입도가 다른 골재는 각각 구분하여 따로 따로 저장한다. 특히, 원석의 종류나 제조 방법이 다른 부순모래는 분리하여 저장한다.

② 겨울에 동결되어 있는 골재나 빙설이 혼입되어 있는 골재를 그대로 사용하지 않도록 적절한 방지대책을 수립하고 골재를 저장한다.
③ 여름철에는 적당한 상옥시설을 하거나 살수를 하는 등 고온 상승 방지를 위한 적절한 시설을 하여 저장한다.
④ 골재의 받아들이기, 저장 및 취급에 있어서는 대소의 알이 분리하지 않도록, 먼지, 잡물 등이 혼입되지 않도록, 또 굵은 골재의 경우에는 골재 알이 부서지지 않도록 설비를 정비하고 취급작업에 주의한다.
⑤ 골재의 저장설비에는 적당한 배수시설을 설치하고, 그 용량을 적절히 하여 표면수가 균일한 골재를 사용할 수 있도록, 또 받아들인 골재를 시험한 후에 사용할 수 있도록 한다.
⑥ 레디믹스트 콘크리트의 경우 다음 사항을 지켜야 한다.
　㉠ 골재의 저장 설비는 종류, 품종별로 서로 혼합되지 않도록 한다. 바닥은 콘크리트 등으로 하고 배수 시설을 하며, 이물질이 혼입되지 않는 것으로 한다. 또한 골재 저장 설비는 콘크리트 최대 출하량의 1일분 이상에 상당하는 골재량을 저장할 수 있는 크기로 한다.
　㉡ 골재의 저장 설비 및 저장 설비에서 배치 플랜트까지의 운반 설비는 균등한 골재를 공급할 수 있는 것이어야 한다.

(3) 혼화재료의 저장

레디믹스트 콘크리트에 있어서 혼화 재료의 저장 설비는 종류, 품종별로 구분하고, 혼화 재료의 품질에 변화가 생기지 않도록 한다.
① 혼화재의 저장
　㉠ 혼화재는 방습적인 사일로 또는 창고 등에 품종별로 구분하여 저장하고, 입하된 순서대로 사용하여야 한다.
　㉡ 장기간 저장한 혼화재는 사용하기 전에 시험을 실시하여 품질을 확인하여야 하며, 시험결과 규정된 성질을 얻지 못할 때는 그 혼화재료는 사용하여서는 안된다.
　㉢ 혼화재는 취급시에 비산하지 않도록 주의한다.
② 혼화제의 저장
　㉠ 혼화제는 먼지, 기타의 불순물이 혼입되지 않도록, 액상의 혼화제는 분리되거나 변질되거나 동결되지 않도록, 또 분말상의 혼화제는 습기를 흡수하거나 굳어지는 일이 없도록 저장하여야 한다.
　㉡ 장기간 저장한 혼화제나 품질에 이상이 인정된 혼화제는 이것을 사용하기 전에 시험을 실시하여 그 성능이 저하되어 있지 않다는 것을 확인한 후 사용하여야 한다.

2. 계량설비

(1) 재료의 계량

① 계량은 현장배합에 의해 실시하는 것으로 한다.

② 각 재료는 1배치씩 질량으로 계량하여야 한다. 다만, 물과 혼화제 용액은 용적으로 계량해도 좋다.

③ 계량오차(m_o)

$$m_o = \frac{m_2 - m_1}{m_1} \times 100$$

여기서, m_o : 계량오차[%]
m_1 : 목표 1회 계량 분량
m_2 : 저울에 의한 계측값

④ 재료의 계량오차는 1회 계량분에 대하여 다음 표값 이하여야 한다.

[재료 계량오차]

재료의 종류	측정단위 원칙	1회 계량 분량의 한계오차
시멘트	질량	±1% 이내
골재	질량	±3% 이내
물	질량 또는 부피	±1% 이내
혼화재	질량	±2% 이내
혼화제	질량 또는 부피	±3% 이내

※ 고로 슬래그 미분말 계량오차의 최대치는 1%로 한다.

⑤ 레디믹스트콘크리트의 경우 재료의 계량오차는 1회 계량분에 대하여 다음 표값 이하여야 한다.

[레디믹스트 콘크리트의 재료 계량오차]

재료의 종류	측정단위 원칙	1회 계량 분량의 한계오차
시멘트	질량	−1%+2% 이내
골재	질량	±3% 이내
물	질량 또는 부피	−2%+1% 이내
혼화재	질량	±2% 이내
혼화제	질량 또는 부피	±3% 이내

3. 콘크리트 비비기

(1) 비비기 일반사항
① 콘크리트의 재료는 반죽된 콘크리트가 균질하게 될 때까지 충분히 비벼야 한다.
② 재료를 믹서에 투입하는 순서는 믹서의 형식, 비비기 시간, 골재의 종류 및 입도, 단위수량, 단위 시멘트량, 혼화재료의 종류 등에 따라 다르므로 KS F 2455에 의한 시험, 강도 시험, 블리딩 시험 등의 결과 또는 실적을 참고로 해서 정해야 한다.
③ 비비기 시간은 시험에 의해 정하는 것을 원칙으로 한다.
④ 비비기는 미리 정해둔 비비기 시간의 3배 이상 계속하지 않아야 한다.
⑤ 비비기를 시작하기 전에 미리 믹서 내부를 모르타르로 부착시켜야 한다.
⑥ 믹서 안의 콘크리트를 전부 꺼낸 후가 아니면 믹서 안에 다음 재료를 넣지 않아야 한다.
⑦ 믹서는 사용 전후에 잘 청소하여야 한다.
⑧ 연속믹서를 사용할 경우, 비비기 시작 후 최초에 배출되는 콘크리트는 사용하지 않아야 한다.

(2) 믹서의 종류
① **배치믹서** : 질량계량 원칙
  ㉠ 중력식(회전 드럼형)
    ⓐ 부경식 : 드럼이 수직회전, 소규모 공사, RC, 무른 비비기
    ⓑ 가경식 : 드럼이 수평회전, 대규모 공사, 포장 콘크리트 또는 댐공사, 굳은 비비기
  ㉡ 강제식(고정 드럼형) : 드럼은 고정, 내부의 날개가 회전
    ⓐ 팬형 믹서(Pan type mixer)
    ⓑ 1축 믹서(One shaft mixer)
    ⓒ 2축 믹서(Twin shaft mixer)
② **연속믹서** : 용적계량 원칙
  연속믹서에서는 재료를 1배치씩 계량하는 것이 어렵기 때문에 일반적으로 용적계량이 채용되고 있다.

(3) 시험을 하지 않는 경우의 최소 비비기 시간
① 가경식 믹서 : 1분 30초 이상
② 강제식 믹서 : 1분 이상

(4) 믹서 용량

$$믹서\ 용량 = \frac{1일\ 콘크리트\ 사용량}{1일\ 작업시간 \times 작업효율/1회\ 비벼내기시간}$$

1-3 레디믹스트 콘크리트의 제조 및 운반

1. 일반사항

레디믹스트 콘크리트란 정비된 콘크리트 제조설비를 갖춘 공장으로부터 구입자에게 배달되는 지점에 있어서의 품질을 지시하여 구입할 수 있는 굳지 않은 콘크리트를 말한다.

(1) 재 료

① **시멘트** : 표준에 적합한 것 또는 이와 동등 이상의 것을 사용한다.
② **골재** : 골재는 깨끗하고 단단하며 내구적인 것으로 적당한 입도를 가지며 점토덩어리, 유기물, 가늘고 긴 돌조각 등의 해로운 양을 포함해서는 안되며, KS F 2527에 적합한 것 또는 이와 동등 이상의 것을 사용한다.
  ㉠ 천연 골재(잔골재)는 염분의 한도가 시험하였을 때, 0.04% 이하이어야 한다. 0.04%를 초과한 것에 대해서는 주문자의 승인을 얻어야 한다. 다만, 그 한도는 0.1%를 초과할 수 없다.
  ㉡ 2종 이상의 골재를 혼합해서 사용하는 경우는 KS F 2527의 품질 규정을 만족하여야 한다.
③ **물** : 물은 규정에 적합한 것을 사용한다. 단, 고강도 콘크리트의 경우 회수수를 사용하여서는 안 된다.
④ **혼화 재료** : 혼화 재료는 표준에 적합한 것 또는 이와 동등 이상의 것으로 콘크리트 및 강재에 해로운 영향을 주지 않는 것이어야 한다. 또한, 혼화 재료를 사용하는 경우에는 종류 및 사용량에 대하여 구입자의 승인을 얻어야 한다.
⑤ **생산자 표시** : 레디믹스트 콘크리트에 사용하는 시멘트, 골재, 혼화 재료는 그 산지를 표시하여 배합표 또는 기타의 적절한 방법으로 구입자에게 알려야 한다.

(2) 종 류

① 재료 혼합방식에 따른 종류
  ㉠ 센트럴 믹스트 콘크리트(Central Mixed Concrete) : 플랜트에서 콘크리트를 완전 혼합(반죽된 콘크리트)한 후 애지테이터 트럭 혹은 트럭 믹스로 운반하는 방법
  ㉡ 쉬링크 믹스트 콘크리트(Shrink Mixed Concrete) : 플랜트에서 1/2 정도 혼합한 후 애지테이터 트럭으로 운반하면서 1/2 혼합하는 방법
  ㉢ 트랜싯 믹스트 콘크리트(Transit Mixed Concrete) : 플랜트에서 재료만 실은 후 운반하면서 애지테이터 트럭으로 완전 혼합하는 방법으로 먼 거리 이동에 적합하다.

(3) 슬럼프 및 슬럼프 플로

① KS F 2402의 규정에 따라 시험한 슬럼프값과 호칭 슬럼프의 허용오차

슬럼프[mm]	슬럼프 허용오차[mm]
25	±10mm
50 및 65	±15mm
80 이상	±25mm

② KS F 2594의 규정에 따라 시험한 슬럼프 플로값과 허용오차

슬럼프 플로[mm]	슬럼프 허용오차[mm]
500	±75mm
600	±100mm
700[1]	±100mm

[주] 1) 굵은골재의 최대치수가 13mm인 경우에 한하여 적용한다.
   2) 이 기준은 설계기준압축강도 40 MPa 이하의 보통콘크리트에 한하여 적용한다.

(4) 공기량

콘크리트 종류	공기량	공기량 허용오차
보통 콘크리트	4.5%	±1.5%
경량골재 콘크리트	5.5%	
포장 콘크리트	4.5%	
고강도 콘크리트	3.5%	

(5) 콘크리트 운반시간

① 트럭 믹서, 트럭 에지테이터 : 혼합하기 시작하고 나서 90분 이내에 공사지점에 배출할 수 있도록 운반한다. 다만, 주문자의 지시가 있을 때에는 운반시간의 한도를 단축 또는 연장할 수 있다.

② 덤프트럭 : 혼합하기 시작하고 나서 80분 이내에 공사지점에 배출 할 수 있도록 운반한다.

(6) 콘크리트 비빔 시작부터 타설 종료까지의 시간 한도
① 외기 기온 25℃ 미만 : 120분 이하
② 외기 기온 25℃ 이상 : 90분 이하

(7) 배처 플랜트(Batcher Plant)
재료 저장, 계량 장치, 믹서, 혼합한 콘크리트의 배출장치 등을 기능적으로 결합하여 구성한 콘크리트의 제조 설비이며, 믹서의 시간당 혼합능력은 배치 플랜트에서 콘크리트의 생산능력을 표시하는 기준이다.

(8) 레디믹스트 콘크리트 종류
① 레디믹스트 콘크리트의 종류는 보통콘크리트, 경량골재 콘크리트, 포장 콘크리트, 고강도콘크리트로 하고, 굵은 골재의 최대 치수, 호칭 강도, 슬럼프 또는 슬럼프 플로를 조합한 다음 표에 표시한 것으로 한다.
② 구입자는 굵은 골재의 최대 치수, 슬럼프 및 호칭강도를 조합한 다음 표에 표시한 ○표를 한 범위 내에서 종류를 지정하는 것을 원칙으로 한다.

[레디믹스트 콘크리트의 종류]

콘크리트 종류	굵은 골재의 최대 치수[mm]	슬럼프 또는 슬럼프 플로[mm]	호칭강도 [MPa(=N/mm^2)][1]											휨 4.0[2]	휨 4.5[2]
			18	21	24	27	30	35	40	45	50	55	60		
보통 콘크리트	20, 25	80, 120, 150, 180	○	○	○	○	○	○	–	–	–	–	–	–	–
		210	–	○	○	○	○	○	–	–	–	–	–	–	–
		500*, 600*	–	–	–	○	○	○	○	–	–	–	–	–	–
	40	50, 80, 120, 150	○	○	○	○	○	–	–	–	–	–	–	–	–
경량골재 콘크리트	15, 20	80, 120, 150, 180, 210	○	○	○	○	○	○	–	–	–	–	–	–	–
포장 콘크리트	20, 25, 40	25, 65	–	–	–	–	–	–	–	–	–	–	–	○	○
고강도 콘크리트	20, 25	80	–	–	–	–	–	–	–	○	○	○	○	–	–
		120, 150, 180, 210	–	–	–	–	–	–	–	○	○	○	○	–	–
		500*, 600*, 700*	–	–	–	–	–	–	–	○	○	○	○	–	–

* 슬럼프 플로값을 의미함

[주] 1) 종례 단위의 시험기를 사용하여 시험할 경우 국제 단위계(SI)에 따른 수치의 환산은 1kgf = 9.8N으로 환산한다. 즉, 1MPa = 10.2kgf/cm^{2}가 된다.
2) 휨 4.0, 휨 4.5는 포장용 콘크리트에서 휨 호칭강도를 의미한다.

③ 또한 다음 사항은 구입자와 생산자가 협의하여 지정한다.
　㉠ 시멘트의 종류
　㉡ 골재의 종류 및 사용량
　㉢ 굵은 골재의 최대 치수
　㉣ 규정에 의한 염화물 함유량의 상한 값과 다른 경우는 그 상한값
　　규정 : 레디믹스트 콘크리트의 염화물 함유량은 염소 이온(Cl^-)량으로서 $0.30kg/m^3$ 이하로 한다. 다만, 구입자의 승인을 얻은 경우에는 $0.60kg/m^3$ 이하로 할 수 있다.
　㉤ 호칭 강도를 보증하는 재령
　㉥ 규정에서 정한 공기량과 다른 경우는 그 값
　㉦ 경량 콘크리트의 경우는 콘크리트의 단위 용적 질량
　㉧ 콘크리트의 최고 또는 최저 온도
　㉨ 물-결합재비의 상한값
　㉩ 단위 수량의 상한값
　㉪ 단위 결합재량의 하한값 또는 상한값
　㉫ 유동화 콘크리트인 경우 유동화 이전의 베이스 콘크리트에서 슬럼프 증대량

Chapter 2 콘크리트 시험

2-1 굳지 않은 콘크리트 관련 시험

1. 굳지 않은 콘크리트 관련 시험 목적과 시험기구 및 재료

(1) 워커빌리티 시험(콘크리트 반죽질기 시험)

굳지 않은 콘크리트의 유동성 정도나 콘크리트를 다루는 작업들의 난이도를 측정하는 시험으로, 워커빌리티를 측정하는 실용적인 방법은 아직까지 없는 실정이며 따라서 워커빌리티의 적부는 반죽질기(consistency)의 정도와 숙련기술자의 판단에 따르게 된다. 된비빔 콘크리트의 컨시스턴시는 슬럼프 시험만으로는 적절하게 평가할 수 없고 진동식 시험에 따르는 것이 바람직하다.

① 슬럼프(Slump) 시험 : 콘에 콘크리트를 3층으로 분할하여 채우고 각 층을 25회씩 다진 후 콘을 들어올려 낙하한 거리를 측정함으로써 워커빌리티를 평가하는 시험이다.

② 켈리볼(Kellyball) 시험 : 켈리볼을 콘크리트에 적재하여 낙하한 양을 측정함으로써 워커빌리티를 평가하는 시험이다.

③ 플로(Flow) 시험

④ 구관입 시험

⑤ 비비 시험(Vee-Bee test) : 콘의 좌측에도 원통형 용기를 거치하여 콘을 들어올린 후 진동을 가해 콘크리트가 수평이 되어 외측의 용기를 채우기까지의 시간을 측정함으로써 워커빌리티를 평가하는 시험이다.

⑥ 다짐계수 시험

⑦ 진동대식 컨시스턴시 시험

⑧ 리몰딩 시험 : 비비 시험과 마찬가지로 콘의 좌측에도 원통형 용기를 거치하여 콘을

들어올린 후 시험하는데, 플로우 시험과 마찬가지로 받침대(플로우 테이블)를 사용하며, 받침대를 상하로 진동시켜 콘크리트가 수평이 되어 외측의 용기를 채우기까지의 받침대를 상하진동 시킨 횟수를 측정함으로써, 콘크리트의 형상이 변화하는데 필요한 일량을 측정함으로써 워커빌리티를 평가하는 시험이다.

(2) 공기함유량 시험(압력법)

(3) 콘크리트의 블리딩 시험

(4) 콘크리트의 응결 시험

(5) 염화물 측정시험

고유동 콘크리트의 컨시스턴시(연경도) 평가 시험방법
① 유하 시험　　② L형 플로 시험　　③ 슬럼프 플로 시험

된비빔 콘크리트 시험방법
① 비빔 시험　　② 다짐계수 시험　　③ 진동대식 컨시스턴시 시험

2. 슬럼프 시험

(1) 슬럼프 일반적 성질

① 콘크리트의 컨시스턴시(연경도)를 알기 위해 실시한다.
② 굵은 골재의 최대치수가 작아지면 재료분리가 적어지고 슬럼프가 작아진다.
③ 콘크리트 배합온도가 높아지면 슬럼프값이 감소한다.
④ 조립률이 큰 잔골재일 수록 슬럼프는 커진다.
⑤ 슬럼프가 클 수록 응결이 지연된다.

(2) 시험방법 및 순서

① 콘크리트 시료를 슬럼프 콘 용적의 약 1/3씩 되도록 3층으로 나누어 채운다. 이 때 슬럼프 콘 용적의 처음 1/3은 바닥에서 7cm, 다음 1/3은 바닥에서 16cm까지 채운다.
② 각 층을 다짐대로 25회씩 단면 전체에 골고루 다진다. 이때 다짐대가 콘크리트 속으로 들어가는 깊이는 약 9cm로 한다.
　㉠ 최하층은 전 깊이를 다진다.
　㉡ 둘째층과 최상층은 그 아래를 약간 관입할 정도로 다진다.

③ 최상층을 다 다졌으면 슬럼프 콘에 채운 콘크리트의 윗면을 슬럼프콘의 상단에 맞춰 고르게 한 후 즉시 슬럼프콘을 가만히 연직방향으로 들어 올린다.

㉠ 슬럼프 콘을 들어올리는 시간은 높이 300mm에서 2~3초로 한다. 그리고 콘크리트가 슬럼프콘의 중심축에 대하여 치우치거나 무너지거나 해서 모양이 불균형이 된 경우는 다른 시료에 의해 재시험을 한다.

㉡ 슬럼프콘에 콘크리트를 채우기 시작하고 나서 슬럼프콘을 들어 올리기를 종료할 때까지의 시간은 3분 이내로 한다.

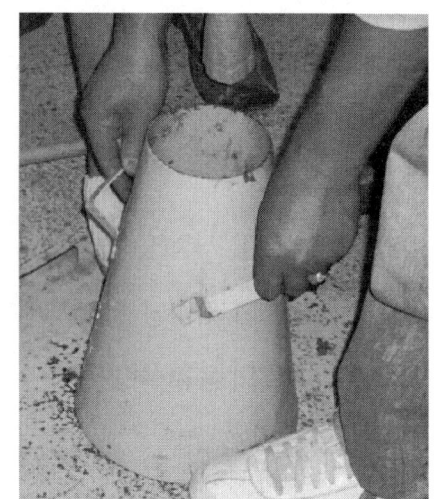

④ 공시체가 충분히 주저앉은 다음 슬럼프 콘의 높이와 공시체 밑면의 원 중심에서의 공시체 높이와의 차를 측정하여 슬럼프 값으로 한다.

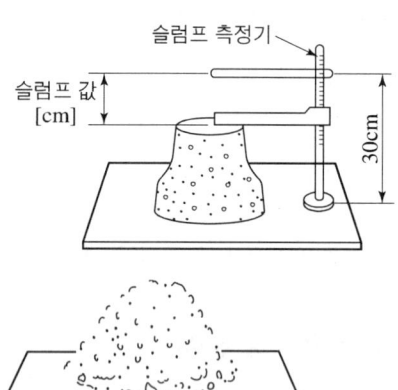

(3) 결과 계산

슬럼프 값은 5mm의 정밀도로 측정하여 결정한다.

3. 비비 시험(Vee-Bee Test)

고유동 콘크리트의 컨시스턴시를 평가하기에 가장 좋은 방법으로 비교적 된 비빔 콘크리트에 적용하는 반죽질기시험이다.

4. 공기량 시험(압력법)

① 굵은 골재 최대 치수 40mm 이하의 보통의 골재를 사용한 콘크리트에 대해서는 적당하지만, 골재 수정 계수가 정확히 구해지지 않는 인공 경량 골재와 다공질의 골재를 사용한 콘크리트에 대해서는 적당하지 않다.
② 보일의 법칙 원리를 이용한 워싱턴형 공기량 측정기를 이용하여 공기량을 측정한다.
③ 보일의 법칙이란 외부 압력에 의해 내부 공기의 부피 관계를 추정 할 수 있는 법칙을 말한다.
④ 용기는 플랜지가 붙은 원통 모양 용기로, 그 재질은 시멘트 페이스트에 쉽게 침식되지 않는 것으로 하고 수밀하며 견고한 것으로 한다. 또한 용기의 지름은 높이의 0.75~1.25배와 같게 하고, 그 용적은 물을 붓고 시험하는 경우(주수법) 적어도 5L로 하고, 물을 붓지 않고 시험하는 경우(무주수법)는 7L이상으로 한다.
또한 용기는 플랜지가 붙은 덮개와 고압 아래에서 밀봉되는 구조로 되어 있는 것으로 하고, 내면 및 플랜지의 윗면을 평평하게 기계 다듬질한 것으로 한다.

(1) 용기의 최소용량

굵은골재의 최대치수[mm]	용기의 최소용량[*l*]
50 이하	6
80 이하	12

(2) 시험방법 및 순서

① 콘크리트 시료를 용기에 3층으로 나누어 채운다.

② 콘크리트를 고르게 분포시키며 각 층을 25회씩 다진다.
　㉠ 콘크리트는 단면 전체를 균일하게 다져야 한다.
　㉡ 다짐대가 그 밑층의 표면에 도달할 정도로 다진다.

③ 다짐대에 의해서 생긴 빈틈은 용기의 측면을 두들겨서 없어지도록 한다.

④ 최상층을 다진 후 목재 정규로 콘크리트의 표면을 긁어내어 용기의 윗면과 일치시킨다.

⑤ 진동기로 다진 콘크리트의 공기량을 측정하는데 진동기를 사용할 수 있다.
  ㉠ 시료를 2층으로 나누어 넣고 다진다.
  ㉡ 위층을 다질 때는 용기에 시료가 넘치도록 넣고, 진동기가 밑층에 2.5cm 이상 들어가지 않도록 한다.
  ㉢ 진동시간은 콘크리트의 표면에 큰 기포가 일어나지 않을 때까지 필요한 최소시간으로 한다.
⑥ 용기 플랜지의 윗면과 뚜껑 플랜지의 밑면을 완전히 닦아낸 다음 뚜껑을 공기가 통하도록 가만히 용기에 얹어 공기가 새지 않도록 잘 잠근다. 이 때 공기실의 주밸브는 잠그고 배기구 밸브와 주수구 밸브를 열어 둔다. 물을 넣을 경우에는 배기구에서 물이 나올 때까지 주수구에 물을 넣고, 배기구에서 기포가 나오지 않을 때까지 압력계를 가볍게 두들긴 다음 배기구와 주수구의 밸브를 잠근다.

⑦ 공기실 내의 기압을 초압력에 일치시킨다.
⑧ 약 5초가 지난 뒤 주밸브를 충분히 연다.
⑨ 콘크리트 각 부에 압력이 잘 전달되도록 용기의 측면을 망치로 두들긴다.
⑩ 주밸브를 충분히 열고 바늘이 안정되었을 때, 압력계의 눈금을 측정하여 이 읽음 값을 콘크리트의 겉보기 공기량(A_1)으로 한다.

(3) 골재수정계수의 측정

① 사용하는 잔골재량(kg, F_s) 및 굵은골재량(kg, C_s)을 계산한다.

$$F_s = \frac{S}{B} \times F_b \qquad C_s = \frac{S}{B} \times C_b$$

여기서, S : 공기량 시험기 용적[l]　　B : 1배치량[l]
　　　　F_b : 잔골재 1배치량[kg]　　C_b : 굵은골재 1배치량[kg]

② 잔골재 및 굵은골재의 대표적 시료를 각각 F_s 및 C_s 만큼 채취하여, 별도로 약 5분간 물에 담가 둔 다음, 거의 1/3까지 물을 채운 용기에 넣는다.
　㉠ 골재를 용기에 넣을 때는 잔골재를 한 삽 넣은 다음
　㉡ 굵은골재를 2삽 넣도록 하여 골재가 완전히 물에 잠기도록 한다.
　㉢ 공기를 추출하기 위해서 용기의 측면을 고무망치로 두들기고, 또한 잔골재를 넣을 때마다 다짐대로 약 10회 다진다.

③ 골재 모두를 넣은 후 수면의 거품을 모두 없애고 뚜껑을 용기에 얹고 잠근다. 압력계 공기량의 눈금을 읽어 이것을 골재수정계수(G)로 한다.

(4) 결과 계산

$$A(\%) = A_l - G$$

여기서, A : 콘크리트의 공기량[%]　　A_l : 콘크리트의 겉보기 공기량
　　　　G : 골재수정계수

굳지 않은 콘크리트 공기량 측정법
① 수주 압력법
② 공기실 압력법
③ 질량법
④ 용적법

5. 콘크리트의 블리딩 시험

(1) 시험방법 및 순서

① 시험하는 동안 온도를 20±3℃로 유지한다.
② 콘크리트를 용기에 3층으로 채우고 각 층을 다짐봉으로 25회씩 균등하게 다진 다음 용기 주위를 10~15회 고무망치로 두드린다. 여기서, 콘크리트를 채워 넣을 때 콘크

리트의 표면이 용기의 가장자리에서 $3\pm0.3cm$ 낮아지도록 고른다.
③ 콘크리트 윗부분의 표면이 평탄하게 되도록 흙손으로 고른다.
④ 시료 표면을 흙손으로 고른 후 즉시 시간을 기록하고, 용기와 시료의 무게를 단다.
⑤ 시료와 용기를 진동이 없는 수평한 시험대 위에 놓고 뚜껑을 덮는다. 처음 60분 동안은 10분 간격으로, 그 후는 블리딩이 정지할 때까지 30분 간격으로 표면에 생긴 블리딩 물을 빨아낸다.
⑥ 물을 빨아낼 때 외에는 뚜껑을 열어서는 안 된다.
   ㉠ 블리딩 물을 쉽게 모으기 위해서 물을 빨아내기 2분 전에 약 50mm 두께의 나무 받침을 용기의 한쪽 밑에 고여, 용기를 조심스럽게 기울인다.
   ㉡ 물을 빨아낸 후 용기가 흔들리지 않도록 하여 수평으로 되돌려 놓는다.
⑦ 빨아낸 물을 메스실린더에 옮긴 후 물의 양을 기록한다.

(2) 결과 계산

① 단위표면적당 블리딩량

$$\text{블리딩량}[cm^3/cm^2] = \frac{V}{A}$$

여기서, V : 측정시간 동안 생긴 블리딩 물의 양[cm^3]
       A : 콘크리트 윗면의 면적[cm^2]

② 블리딩률

$$\text{블리딩률}[\%] = \frac{B}{C} \times 100 \qquad C = \frac{w}{W} \times S$$

여기서, B : 시료의 블리딩 물 총량
       C : 시료에 함유된 물의 총 무게
       w : 콘크리트 1m^3에 사용된 물의 총 무게
       W : 콘크리트 1m^3의 단위중량
       S : 시료의 중량

6. 콘크리트의 응결 시험

(1) 일반사항

① 콘크리트의 응결시간은 콘크리트를 5mm의 체로 쳐서 얻은 모르타르의 Proctor 관입저항 시험으로 구한다.
② 시료의 위 표면적 645mm^2당 1회 비율로 다진다.
③ 보통의 배합인 경우 20~25℃ 온도의 실험실에서 시험한다.

(2) 관입침 선택

콘크리트 응결시간 시험에서 관입침은 100mm², 50mm², 25mm², 12.5mm²의 단면적을 가지므로, 시료의 경화상태에 적당한 단면적을 갖는 관입침을 선택한다.

(3) 콘크리트의 초결시간

① 콘크리트의 초결은 재진동다짐이 가능한 시간의 한도를 판단하는 기준으로 사용된다.
② 관입저항이 3.5N/mm²(3.5MPa)가 되기까지의 경과시간을 초결시간으로 한다.
③ 초결시간에 가까운 경우는 단면적이 큰 침을 사용한다.

(4) 콘크리트의 종결시간

① 관입저항이 28.0N/mm²(28MPa)가 되기까지의 경과시간을 종결시간으로 한다.
② 종결시간에 가까운 경우는 단면적이 작은 침을 사용한다.
③ 관입저항값은 침의 관입길이가 25mm 될 때까지 소요된 힘을 침의 지지면으로 나누어 계산한다.

2-2 굳은 콘크리트 관련 시험

1. 콘크리트 압축강도 시험

(1) 공시체의 형상과 치수

공시체의 형상과 치수에 따라 콘크리트 압축강도에 영향을 미친다.
① KS F 2401에 따라 채취하여 KS F 2403에 의해서 공시체를 제조하고 양생하되, 28일 동안 21~25℃로 습윤양생한다.
② 표준공시체는 높이가 지름의 두 배인 원주형이며, 굵은골재 최대치수가 50mm 이하인 경우에는 지름 15cm, 높이 30cm의 치수(ø150×300mm 원주형 공시체)를 원칙으로 한다. 단, 공시체의 지름은 굵은골재 최대치수의 3배 이상 10cm 이상으로 한다.
③ 현장 또는 실험실에서는 지름 10cm, 높이 20cm의 원주형 공시체도 많이 사용하며, 이 경우에는 표준공시체에 비해 약 3% 정도 압축강도가 크게 나온다. 따라서 이를 보정하기 위한 강도보정계수 0.97를 곱하여 사용한다.

④ 표준공시체 이외의 공시체를 사용하는 경우에는 적절한 강도보정이 되어야 하는데 150mm의 입방체 공시체의 경우는 보정계수 0.8을, 그리고 200mm의 입방체 공시체의 경우에는 0.83의 보정계수를 사용하여야 한다.

⑤ 공시체의 높이를 지름의 두 배로 규정하는 이유는 압축시험시 가압판이 공시체의 양단부에 밀착되기 때문에, 이러한 단부의 밀착에 의한 마찰력이 횡압과 같이 공시체에 작용하여 실험결과가 실제 압축강도보다 크게 나타날 수 있으므로 이를 방지하기 위함이다.(가압판 사이에 쿠션제 등을 넣어서는 안된다.)

⑥ 공시체 지름(D)에 대한 높이(H)의 비 $\frac{H}{D}$가 작을 수록 압축강도가 커지며, 표준공시체에 비해 높이가 지름의 1.5배인 공시체는 4%, 높이가 지름과 같은 공시체는 12%의 강도 증가를 보인다.

⑦ 공시체의 압축강도 크기순 : 정육면체 > 원주형 > 각주형

(2) 공시체 제작 순서

① 몰드의 이음부와 안쪽에 광물성 기름이나 그리스를 엷게 바른다.
② 몰드에 3회로 나누어 시료를 넣고 각 층을 다짐봉으로 25회씩 다진다.
③ 다짐봉은 밑층의 윗부분까지 관입시켜 다진 후 몰드의 측면을 가볍게 두드려 공극이 남지 않도록 한다.
④ 맨 위층을 다진 후 흙손으로 고른 다음 수분이 증발하지 않도록 콘크리트 표면을 유리판으로 덮는 등의 조치를 하여야 한다.

(3) 표면처리

① 공시체 표면의 요철을 없애기 위해 캐핑(capping)을 하거나 전용 연마기로 연마하여 표면을 평면으로 만든 다음 강도시험을 한다.
② 캐핑을 하는 경우 그 두께는 2~3mm 정도가 적당하며, 6mm를 넘으면 강도의 저하가 커지는 경향이 있다.
③ 가압판이 맞닿는 공시체면이 평탄하지 않거나 요철이 있는 경우에는 응력집중현상이 생겨 실제 압축강도보다 낮은 강도에서 파괴되기 때문에 KS F 2403에서는 마무리한 면의 평면도를 0.05mm 이내가 되도록 규정하고 있다.

(4) 양 생

20±3℃의 습윤상태에서 강도시험을 할 때까지 양생을 한다.

(5) 하중 재하

① 공시체가 건조되면 강도가 보다 크게 나타나기 때문에 수조에서 꺼낸 공시체는 시험을 할 때까지 젖은 헝겊으로 덮어둔다.
② 압축강도 실험시 가력속도는 콘크리트의 압축강도에 크게 영향을 미치는데, 초당 1cm²의 면적에 가해지는 힘이 커질수록(하중 재하속도가 빠를 수록) 압축강도는 증가하며, 반대로 가력을 천천히 하는 경우에는 공시체의 강도가 낮아진다.
③ KS F 2405에 따라 매초 0.6±0.4MPa의 재하속도로 시험한다.

(6) 압축강도 계산(f)

$$f = \frac{P}{A}$$

여기서, P : 최대 압축강도 A : 공시체 단면적

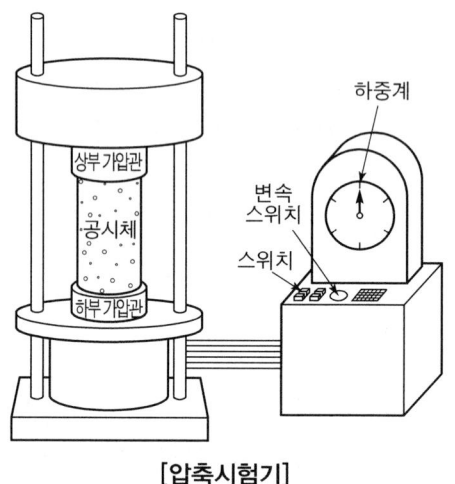

[압축시험기]

(7) 레디믹스트 콘크리트 강도

① 레디믹스트 콘크리트의 강도는 강도 시험을 한 경우 다음 규정을 만족하여야 한다.
　㉠ 1회의 시험 결과는 구입자가 지정한 호칭 강도 값의 85% 이상이어야 한다.
　㉡ 3회의 시험 결과 평균값은 구입자가 지정한 호칭 강도 값 이상이어야 한다.
　　레디믹스트 콘크리트의 평균 강도는 시험 횟수를 많이 할수록 높은 정밀도로 판정할 수 있지만 경제성을 고려하여 3회로 한다.
② 콘크리트의 강도 시험 횟수
　㉠ 콘크리트의 강도 시험 횟수는 450m³를 1로트로 하여 150m³당 1회의 비율로 한

다. 다만, 인수·인도 당사자 간의 협정에 따라 검사 로트의 크기를 조정할 수 있으며 시험을 하여 위 ①의 규정에 적합하면 합격으로 한다.
ⓒ 1회의 시험 결과는 임의의 1개 운반차로부터 채취한 시료로 3개의 공시체를 제작하여 시험한 평균값으로 한다.

2. 콘크리트 인장강도 시험

(1) 시험방법

① 직접인장 시험
조임장치에서의 오차나 응력집중 때문에 부정확한 결과를 얻게 되기 쉬우므로 잘 사용하지 않는다.
② 간접인장 시험
쪼갬인장 시험이 일반적으로 사용된다.

(2) 쪼갬인장시험(Splitting Tensile Test)

① 공시체 제작
㉠ 몰드에 시료를 거의 같은 높이의 3층으로 나누고 각각의 층을 다짐봉으로 25회씩 다진다.
ⓒ 지름 15cm, 길이 30cm 크기의 원주형 공시체를 양생하여 만든다.
② 공시체를 옆으로 놓은 다음 상하 방향에서 가압하여 공시체를 쪼개어 쪼개질 때의 파괴하중 P 로부터 인장강도를 구한다.

$$f_t = \frac{2P}{\pi dl}$$

여기서, f_t : 인장강도[MPa, N/mm^2]
　　　　P : 시험기에 측정된 최대하중[N]
　　　　d : 공시체 지름[mm]
　　　　l : 공시체 길이[mm]

(3) 하중 재하

매초 0.06±0.04MPa의 속도로 하중을 가한다.

(4) 푸아송비(ν)

$$\nu = \frac{\beta}{\epsilon} = \frac{1}{m}$$

여기서, β : 횡방향 변형률(가로 변형률)
ϵ : 축방향 변형률(세로 변형률, 종방향 변형률)
m : 푸아송수

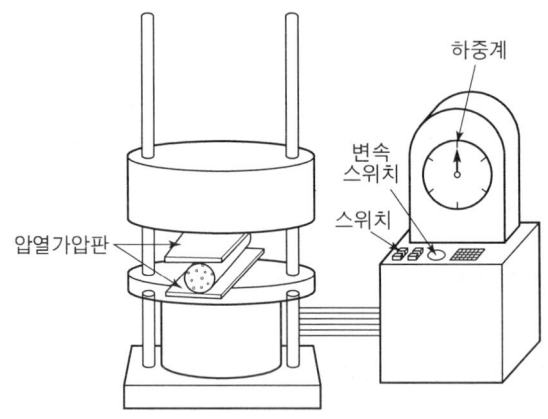

3. 콘크리트 휨강도 시험

휨강도는 파괴계수라고도 불리며 압축강도의 1/5~1/8 정도이다. 휨강도 시험용 롤러는 모두 강재로 하며, 지름 20~40mm의 원형 단면을 가지고 공시체의 너비보다 적어도 10mm 긴 것으로 한다. 그리고 1개를 제외한 모든 롤러는 그 축을 중심으로 회전할 수 있는 것으로 한다. 공시체는 KS F 2403에 따라서 제작한다. 그리고 공시체는 소정의 양생을 끝낸 직후의 상태에서 시험한다.

(1) 시험 종류
① 4점 재하방법 : 휨강도 시험결과가 중앙점 재하방법보다 더 작게 나온다.
② 중앙점 재하방법 : 휨강도 시험결과가 4점 재하방법보다 더 크게 나온다.

(2) 시험 방법
① 시험기는 시험 시의 최대 하중이 용량의 1/5에서 최대 용량까지의 범위에서 사용한다. 같은 시험기에서 용량을 바꿀 수 있는 경우는 각각의 용량을 별개의 용량으로 간주한다.
② 지간은 공시체 높이의 3배로 한다. 공시체의 높이는 공칭값을 사용한다.

③ 공시체는 콘크리트를 몰드에 채웠을 때의 옆면을 상하면으로 하며, 베어링 너비의 중앙에 놓고 지간의 4점에 상부 재하 장치를 접촉시킨다. 이 경우, 재하 장치의 접촉면과 공시체 면과의 사이 어디에도 틈새가 없도록 한다.
④ 공시체에 충격을 가하지 않도록 일정한 속도로 하중을 가한다. 하중을 가하는 속도는 가장자리 응력도의 증가율이 매초 0.06±0.04 MPa이 되도록 조정하고, 최대 하중이 될 때까지 그 증가율을 유지하도록 한다.
⑤ 공시체가 파괴될 때까지 시험기가 나타내는 최대 하중을 유효 숫자 3자리까지 읽는다.
⑥ 파괴 단면의 너비는 3곳에서 0.1mm까지 측정하고, 그 평균값을 소수점 이하 첫째 자리에서 끝맺음한다.
⑦ 파괴 단면의 높이는 2곳에서 0.1mm까지 측정하고, 그 평균값을 소수점 이하 첫째 자리에서 끝맺음한다.

(3) 결과 계산

① 4점 재하법
  ㉠ 공시체가 인장쪽 표면 지간 방향 중심선의 4점 사이에서 파괴되었을 때는 휨강도를 다음 식으로 산출하여, 유효 숫자 3자리에서 끝맺음한다.

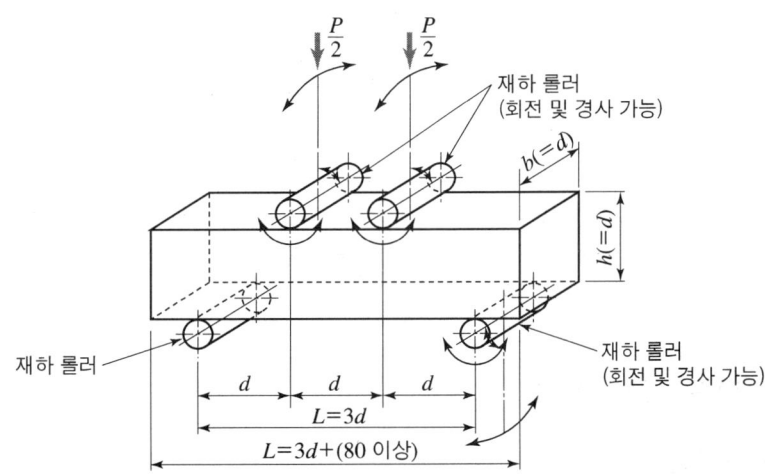

$$f_b = \frac{M}{Z} = \frac{\frac{Pl}{6}}{\frac{bd^2}{6}} = \frac{Pl}{bd^2}$$

여기서, f_b : 휨 강도(MPa) P : 시험기가 나타내는 최대 하중(N)
       l : 지간(mm) b : 파괴 단면의 너비(mm)
       h : 파괴 단면의 높이(mm)

ⓒ 공시체가 인장쪽 표면의 지간 방향 중심선의 4점의 바깥쪽에서 파괴되는 경우는 그 시험 결과를 무효로 한다.

② 중앙점 재하방법

중앙점 재하법에 따라 경화 콘크리트 공시체의 휨 강도 시험을 하는 경우의 표준을 나타내는 것으로 규정의 일부는 아니다.

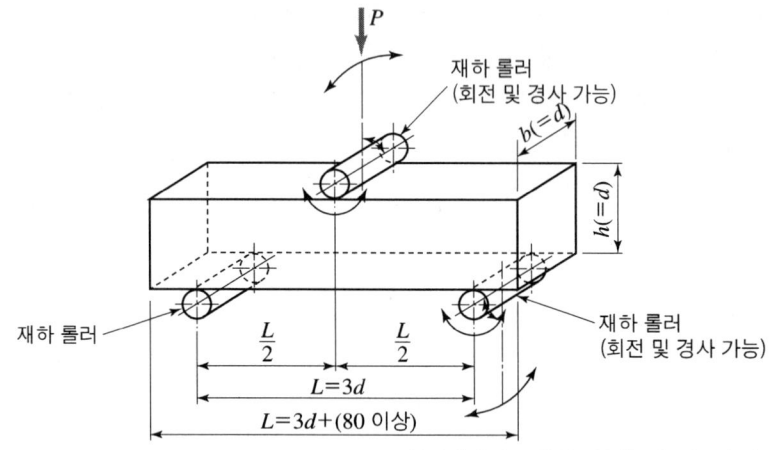

$$f_b = \frac{M}{Z} = \frac{\frac{Pl}{4}}{\frac{bd^2}{6}} = \frac{3Pl}{2bd^2}$$

여기서, f_b : 휨 강도(MPa)　　　P : 시험기가 나타내는 최대 하중(N)
　　　　l : 지간(mm)　　　　　　b : 파괴 단면의 너비(mm)
　　　　h : 파괴 단면의 높이(mm)

4. 콘크리트 강도 종합

(1) 강도 크기순

압축 강도 > 전단 강도 > 휨 강도 > 인장 강도

(2) 강도 시험용 공시체 제작 방법

① 콘크리트의 압축강도 시험용 공시체 지름
　　㉠ 골재 최대치수의 3배 이상
　　㉡ 10cm 이상

② 쪼갬 인장강도 시험용 공시체 지름
  ㉠ 골재 최대치수의 4배 이상
  ㉡ 15cm 이상
③ 휨강도 시험용 공시체
  ㉠ 공시체 한변의 길이
    ⓐ 골재 최대치수의 4배 이상
    ⓑ 10cm 이상
  ㉡ 공시체 길이 : 단면의 한 변의 길이 3배 보다 8cm 이상 긴 것

5. 콘크리트 피로강도 시험

콘크리트는 반복하중을 받으면 피로 때문에 정적 파괴하중보다 작은 하중에서 파괴되며, 피로에 의한 파괴강도는 주로 작용하는 응력의 상한치와 하한치의 범위와 반복횟수에 의하여 변화한다. 일반적으로 콘크리트의 피로한계는 200만회 피로강도로 나타낸다.

(1) S-N 곡선

S-N 곡선이란 반복응력(S)과 파괴까지의 반복횟수(N)의 관계 곡선을 말하는 것으로 피로 성질을 나타낸다.

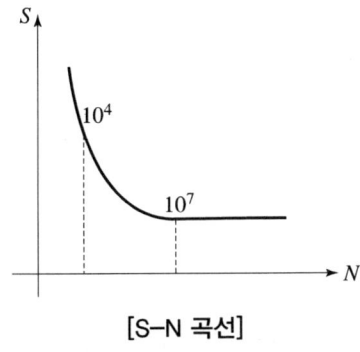

[S-N 곡선]

6. 콘크리트 코어 채취와 압축강도 시험

(1) 특 성

① 코어 강도가 작아지는 경우
  ㉠ 코어 채취 시 절단 토크(Torque)가 클수록
  ㉡ 드릴링 속도가 빠를수록

ⓒ 철근 콘크리트 구조물에서 철근을 절단하지 않고 코어를 채취하였을 경우 매입된 철근이 재하축과 수직인 방향으로 있는 경우에는 묻힌 철근의 직경이 클수록 강도의 저하는 현저하다.
② 코어 공시체의 높이/직경비가 작을수록 압축강도가 커지므로 원주형 코어 공시체의 높이가 직경의 2배보다 작을 경우에는 보정계수를 곱하여 보정한다.

[높이/직경비에 따른 보정계수]

높이/직경비	보정계수
2.00	1.00
1.75	0.98
1.50	0.96
1.25	0.93
1.00	0.89

③ 코어의 길이는 10cm 이상이어야 하며 직경의 2배 정도로 하는 것이 좋다.
④ 코어의 지름은 굵은골재 최대치수의 3배 이상이 바람직하며, 부득이한 경우 최소 2배까지 허용될 수 있다.

7. 콘크리트의 비파괴 시험

(1) 비파괴 시험 종류

① 반발도법(반발경도법)
② 초음파 속도법(초음파법)
③ 인발법
④ 음향방출법
⑤ 조합법

콘크리트 압축강도를 평가하기 위한 비파괴 시험 종류
① 슈미트 해머법(반발경도법)
② 초음파 속도법(초음파법)
③ 회전식 해머법

(2) 슈미트 해머에 의한 비파괴 시험

슈미트 해머로 콘크리트 표면을 타격하여 반발경도의 측정에 의해 압축강도를 추정하는 방법이다.

8. 모르타르 및 콘크리트의 길이 변화 시험

(1) 시험 종류

① 공시체의 측면 길이 변화를 측정하는 방법
  ㉠ 콤퍼레이터 방법 : 현미경을 부착한 콤퍼레이터를 이용하는 방법
  ㉡ 콘택트 게이지 방법 : 콘택트 스트레인 게이지를 이용하는 방법
② 공시체의 중심축의 길이 변화를 측정하는 방법
  ㉠ 다이얼 게이지 방법 : 다이얼 게이지를 부착한 측정기를 이용하는 방법

(2) 공시체

① 공시체의 치수는 원칙적으로 모르타르인 경우 40mm×40mm×160mm, 콘크리트의 경우 너비는 높이와 같이 하되, 굵은 골재의 최대 치수의 3배 이상이며, 길이는 너비 또는 높이의 3.5배 이상으로 한다.
② 굵은 골재의 최대 치수가 25mm 이하인 경우는 원칙적으로 100mm×100mm×400mm(또는 500mm)로 한다.
③ 공시체의 개수는 동일 조건의 시험에 대해 3개 이상으로 한다.

(3) 길이변화율의 산출

$$길이\ 변화율(\%) = \frac{(x_{01} - x_{02}) - (x_{i1} - x_{i2})}{L_0} \times 100$$

여기서, L_0 : 기준길이
  x_{01}, x_{02} : 기준 시점에서의 측정치
  x_{i1}, x_{i2} : 측정 시점 i에서의 측정치

2-3 내구성 관련 시험

1. 탄산화(중성화) 판정 시험

(1) 시험방법

① 콘크리트의 파쇄면에 페놀프탈레인 1%의 알콜 용액을 뿌리는 방법
  ㉠ 가장 간단하고 결과도 정확하다.

ⓒ 지시약(페놀프탈레인 1%의 알콜 용액)은 pH 9.0 또는 10 이하에서 착색되지 않으며 그보다 높은 pH에서는 붉은 색을 나타낸다.
ⓒ 탄산화(중성화)되지 않은 부분은 붉은 보라색으로 착색되며 탄산화(중성화)된 부분은 색의 변화가 없다.

② 코어 공시체 채취에 의한 방법
㉠ 코어 공시체를 채취할 때 표면에 미립분이 붙어 있으면 탄산화(중성화) 부분의 판별이 어려워진다.
㉡ 콘크리트 공시체는 압축강도기 등을 이용하여 쪼갠 뒤 그 파단면에 시험용액을 분무하는 것이 좋다.
㉢ 코어 지름은 굵은 골재 최대 치수의 3배 이상으로 하고, 코어 길이는 철근의 피복 두께 정도로 한다.

(2) 탄산화(중성화) 특성

① 탄산화(중성화)란 경화한 콘크리트의 표면에서 공기 중의 탄산가스의 작용을 받아 다음과 같은 반응에 의해 서서히 수산화칼슘이 탄산칼슘으로 바뀌어 알칼리성을 잃어가는 현상을 말하며, 탄산화(중성화)는 1% 페놀프탈레인용액 변색법을 이용하여 측정한다.

$$Ca(OH)_2 + CO_2 \rightarrow CaCO_3 + H_2O$$

② 콘크리트가 알칼리성을 잃는 탄산화(중성화)가 철근의 위치까지 도달하면 수분과 탄산가스에 의해 철근은 부식된다.
③ 철근에 녹이 슬면 체적이 늘어나며, 콘크리트에 균열이 발생하고 표면부분이 탈락하게 된다.
④ 물-결합재비가 크면 탄산화(중성화)는 빠르게 진행된다.

2. 동결융해 시험

(1) 동결융해 시험 일반사항

① 동결융해 1사이클의 소요시간은 2시간 이상 4시간 이하로 한다.
② 공시체의 중심과 표면의 온도차는 항상 28℃를 초과해서는 안된다.
③ 융해시간은 A방법에서는 총 시간의 25%, B방법에서는 총 시간의 20%보다 적게 하여서는 안된다.

(2) 동결융해 시험의 종류

① 수중동결 · 수중융해법
② 기중동결 · 수중융해법

(3) 결과 계산

① 상대 동탄성계수(P)

$$P = \frac{f_n^2}{f_o^2} \times 100 (\%)$$

여기서, f_n : 동결융해 100사이클 후의 변형 진동의 1차 공명진동수
f_o : 동결융해 0사이클에서 변형 진동의 1차 공명진동수

㉠ 동탄성계수는 정탄성계수(할선탄성계수)와 다르게 큰 응력을 가해서 측정하는 것이 아니기 때문에 초기접선계수와 가까운 값이 되며 정탄성계수의 1.1~1.3배 정도이다.
㉡ 동탄성계수는 정탄성계수의 경우와 같이 콘크리트 압축강도 및 단위중량이 클수록 커진다.
㉢ 동탄성계수는 콘크리트 공극이 많은 경우와 마이크로 균열이 생기거나 열화가 발생한 때는 작은 값이 나타나기 때문에 동탄성계수의 대소는 콘크리트의 품질 판정과 열화정도를 나타내는 지수가 된다.
㉣ 동탄성계수는 내동해성, 내약품성 등의 공시체의 비파괴시험과 구조물의 비파괴 검사에 사용된다.

② 내구성지수(DF)

내구성지수가 크다는 것은 저항성이 우수하다는 것을 말한다.

$$DF = \frac{PN}{M}$$

여기서, P : 동결융해 N사이클일 때의 상대동탄성계수[%]
N : P가 사전에 결정된 값(60%)에서의 동결융해 사이클 수
M : 동결융해 노출이 끝날 때의 사이클 수(300)

3. 경화한 콘크리트 속에 함유된 염화물량 시험(이온 색층분석법)

코어 채취시 코어의 지름은 굵은골재 최대치수의 3배 이상으로 하고, 1개 구조물에서 여러 개소를 시험한다.

① 염화물 이온(Cl⁻)에 규정된 흡광광도법, 질산은 적정법, 이온전극법 또는 KS M 0013에 준한 염소이온 선택 전극을 사용한 전위차적정법에 따른다.
② 분석 방법에 따라서는 방해이온이 존재하기 때문에 그 영향에 대하여 고려할 필요가 있다. 또, 질산은 적정법에 따를 경우 그 지시약에 크롬산칼륨을 사용해도 좋다.

(1) 측정방법의 종류

① 흡광광도법
② 질산은 적정법
③ 염화물 이온 선택성 전극을 이용한 전위차 적정법에 의한 간이분석법
④ 전량 적정법
⑤ 이온 크로마토그래피 : 분석 결과에 대한 신뢰성이 높다.
⑥ 간이 발색법

4. 전기저항법

철근부식을 측정하는 방법이다.

5. 콘크리트 시료의 산-가용성 염소이온 함유량 시험

(1) 콘크리트 중에 함유된 염소이온량

$$\text{콘크리트 중에 함유된 염소이온량} = \text{염화물량} \times \frac{U}{100}$$

여기서, U : 콘크리트의 단위용적 질량[kg/m³]

(2) 콘크리트의 질량에 대한 염화물량[%]

$$\text{염화물량 } Cl^-[\%] = \frac{3.545[(V_1 - V_2)N]}{W}$$

여기서, V_1 : 적정시험에 사용된 질산은 용액의 부피[mL]
       V_2 : 바탕 적정에 사용된 질산은 용액의 부피[mL]
       N : 질산은 용액의 농도[N]
       W : 콘크리트 시료의 질량[g]

Chapter 3 콘크리트의 품질

 ## 3-1 콘크리트 공사의 품질관리

1. 공사관리

(1) 공사관리 목표

① 3대 목표
　㉠ 원가관리　　㉡ 품질관리　　㉢ 공정관리
② 4대 목표
　㉠ 원가관리　　㉡ 품질관리　　㉢ 공정관리　　㉣ 안전관리

(2) 관리 사이클 4단계

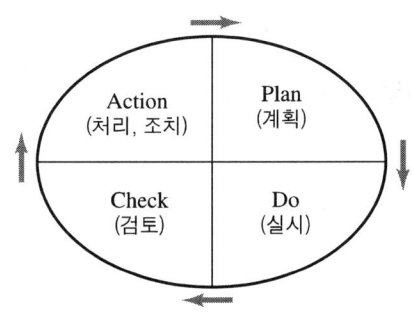

2. 품질관리(QC)

품질관리란 수요자의 요구에 맞는 품질의 제품을 경제적으로 만들어 내기 위한 모든 수단의 체계로서 처음부터 끝까지 관리하는 것을 말한다.

(1) 품질관리의 발전과정

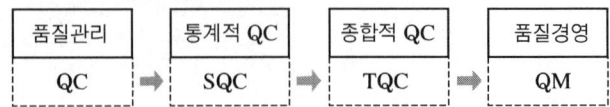

(2) 품질관리 순서

가장 먼저 관리하고자 하는 제품을 선정한다.
① 품질관리 항목(특성) 결정
② 품질표준 설정
③ 작업표준 설정
④ 작업 실시
⑤ 히스토그램(막대 그래프) 작성
⑥ 관리한계 설정
⑦ 관리도 작성
⑧ 관리한계 재설정

3. 통계적 품질관리

(1) 정 의

통계적 품질관리(SQC ; Statistical Quality Control)란 보다 유용하고 시장성 있는 제품을 보다 경제적으로 생산하기 위하여 생산의 모든 단계에서 통계적인 수법을 응용한 것을 말한다.

(2) 통계적 품질관리 방법

① 관리도법
② 발취검사법
③ 표본조사

(3) 데이터 분석

① 평균치($\bar{x}$) : 데이터의 평균 산술값

$$\bar{x} = \frac{\sum \bar{x_i}}{n}$$

② 중위수(메디안, 중앙값 : $\tilde{x}$) : 데이터를 크기 순으로 배열하였을 때 중앙에 위치한 값이다(단, 짝수 데이터에서는 중앙에 위치한 2개의 데이터를 평균한 값을 중위수로 한다).

③ 범위(R) : 데이터의 최대값과 최소값의 차

$$R = x_{\max} - x_{\min}$$

④ 편차 : 측정 데이터와 평균치와의 차

$$x_i - \overline{x}$$

⑤ 편차의 제곱합(S) : 측정 데이터와 평균치와의 차를 제곱하여 더한 값

$$S = \sum (x_i - \overline{x})^2$$

⑥ 분산(σ^2) : 편차의 제곱합을 데이터수로 나눈 값

$$\sigma^2 = \frac{S}{n}$$

⑦ 불편분산(V) : 편차 제곱합을 n대신에 $(n-1)$로 나눈 값

$$V = \frac{S}{n-1}$$

⑧ 표준편차(σ) : 분산의 제곱근

$$\sigma = \sqrt{\frac{S}{n}}$$

⑨ 불편분산의 제곱근(σ_e ; 불편분산에 의한 표준편차)

$$\sigma_e = \sqrt{\frac{S}{n-1}}$$

⑩ 변동계수(C_V) : 표준편차를 평균치로 나눈 값

$$C_V = \frac{\sigma}{\overline{x}} \times 100\%$$

변동계수	품질관리 상태
10% 이하	매우 우수
10~15%	우수
15~20%	보통
20% 이상	관리 불량

⑪ 배합강도(f_r)

$$f_r = \frac{f_{ck}}{1 - k \cdot C_V}$$

여기서, f_{ck} : 설계기준강도　　　k : 정규편차의 정수　　　C_V : 변동계수

4. 종합적 품질관리

(1) 정 의

종합적 품질관리(TQC ; Total Quality Control)란 소비자가 충분히 만족할 수 있도록 좋은 품질의 제품을 보다 경제적인 수준에서 생산하기 위해 사내의 각 부분에서 품질유지와 개선 노력을 종합적으로 조정하는 효과적인 시스템을 말한다.

(2) TQC의 7도구

① 히스토그램 : 데이터가 어떤 분포(모집단의 분포상태, 분포의 중심위치, 분포의 산포 등)를 하고 있는가를 알아보기 위해 작성하는 그림을 말한다.

히스토그램 작성 순서
① 데이터 수집
② 범위(데이터 최대값-최소값)를 구한다.
③ 구간 폭을 구한다.
④ 도수분포도 작성
⑤ 히스토그램 작성
⑥ 안정상태 여부 검토(히스토그램과 규격값을 대조하여 검토)

② 파레트도 : 불량 등의 발생건수를 분류 항목별로 나누어 한눈에 알 수 있도록 작성한 그림을 말한다.
③ 특성요인도(생선뼈그림) : 어느 특성에 영향을 주는 요인을 열거하여 정리하고 상호 관련성을 도표화한 것으로 결과에 원인이 어떻게 관계하고 있는가를 한눈에 알 수 있도록 작성한 그림을 말한다.
④ 체크시트 : 계수치의 데이터가 분류 항목의 어디에 집중되어 있는가를 알아보기 쉽게 나타낸 그림이나 표를 말한다.
⑤ 각종 그래프 : 한눈에 파악되도록 한 각종 그래프를 말한다.
⑥ 산점도 : 대응되는 두 개의 짝으로 된 데이터를 그래프용지 위에 점으로 나타낸 그림을 말한다.

⑦ **층별** : 집단을 구성하고 있는 데이터를 특징에 따라 몇 개의 부분집단으로 나누는 것을 말한다.

5. 관 리 도

관리도란 공정의 상태를 나타내는 특성치에 대하여 작성된 그래프로서 공정을 관리상태로 유지하기 위하여 사용하며, 공정에 관한 데이터를 해석하여 필요한 정보를 얻고 공정을 효과적으로 관리하는데 목적이 있다.

(1) 관리도의 종류

종류	데이터의 종류	관리도	적용 이론
계량값 관리도	길이, 중량, 강도, 화학성분, 압력, 슬럼프, 공기량, 생산량	• $\bar{x} - R$ 관리도 　－평균값과 범위(데이터 변화)의 관리도 　－관리도의 가장 기본이 되는 관리 • $\bar{x} - \sigma$ 관리도(평균값과 표준편차의 관리도) • X 관리도(측정값 자체의 관리도)	정규 분포
계수값 관리도	제품의 불량률	P 관리도(불량률 관리도)	이항 분포
	불량 개수	Pn 관리도(불량 개수 관리도)	
	결점수(시료 크기가 같을 때)	C 관리도(결점수 관리도)	푸아송 분포
	단위당 결점수(단위가 다를 때)	U 관리도(단위당 결점수 관리도)	

(2) $\bar{x} - R$ 관리도

① 평균($\bar{x}$)과 범위(R)를 계산한다.
② 전체평균($\bar{\bar{x}}$)을 계산한다.

$$\bar{\bar{x}} = \frac{\sum \bar{x}}{n}$$

③ 범위의 평균($\bar{R}$)을 계산한다.

$$\bar{R} = \frac{\sum R}{n}$$

④ 관리한계선을 구한다.
　㉠ $\bar{x}$ 관리도의 관리한계선
　　ⓐ 중심선 $CL = \bar{\bar{x}}$

ⓑ 상한 관리한계 $UCL = \bar{x} + A_2 \cdot R$
ⓒ 하한 관리한계 $LCL = \bar{x} - A_2 \cdot R$ (A_2 : 각 조의 측정값의 수에 따라 정하는 계수)
ⓒ R 관리도의 관리 한계선
　ⓐ 중심선 $CL = \bar{x}$
　ⓑ 상한 관리한계 $UCL = D_4 \cdot \bar{R}$
　ⓒ 하한 관리한계 $LCL = D_3 \cdot \bar{R}$ (D_3, D_4 : 각 조의 측정값의 수에 따라 정하는 계수)

(3) 관리도 보는 방법
① 안정 상태
　㉠ 연속 25점 이상이 관리한계 내에 있는 경우
　㉡ 연속 35점 중 관리한계 밖으로 나가는 것이 1점 이내인 경우
　㉢ 연속 100점 중 관리한계 밖으로 나가는 것이 2점 이내인 경우
② 이상 상태
　㉠ 관리한계 밖으로 점이 벗어난 경우
　　ⓐ 연속 25점 중 1점 이상
　　ⓑ 연속 35점 중 2점 이상
　　ⓒ 연속 100점 중 3점 이상
　㉡ 타점이 중심선의 한 쪽에 연속되는 경우
　　ⓐ 연속하여 7점 이상
　　ⓑ 연속하여 6점 : 조사
　　ⓒ 연속하여 5점 : 주의
　㉢ 타점이 중심선의 한 쪽에 많이 나타난 경우
　　ⓐ 연속 11점 중 10점 이상
　　ⓑ 연속 14점 중 12점 이상
　　ⓒ 연속 17점 중 14점 이상
　　ⓓ 연속 20점 중 16점 이상
　㉣ 점이 계속하여 상승 또는 하강할 때
　　ⓐ 연속하여 7점이 상승 : 원인 조사
　　ⓑ 연속하여 7점이 하강 : 원인 조사
　　ⓒ 7점이 연속되지 않지만 점이 점점 한계선에 가까워지는 경우 : 원인 조사
　㉤ 점이 주기적으로 변동하는 경우

ⓑ 관리한계선에 접근하여 점이 나타나는 경우
ⓐ 연속 3점 중 2점
ⓑ 연속 7점 중 3점
ⓒ 연속 10점 중 5점
ⓐ 중심선 근처에 모든 점이 모이는 경우
③ 관리한계선 밖이라도 점을 제외하지 않고 계산하는 경우
㉠ 우연적 원인 : 원인을 알 수 없는 경우
㉡ 묵과할 수 없는 원인 : 원인을 알아도 그 원인을 제거할 수 없는 경우
㉢ 다시 계산한 관리한계를 벗어나는 점은 제거하지 않는다.

 3-2 공사 전반의 품질관리

1. 재료의 품질관리

(1) 시멘트의 품질관리

종류	항목	시험 · 검사 방법	시기 및 횟수	판정기준
KS에 규정되어 있는 시멘트	해당 시멘트의 KS에 규정되어 있는 항목	제조회사의 시험성적표에 의한 확인 또는 KS L 5201 (포틀랜드시멘트)의 방법	공사 시작 전, 공사 중, 1회/월 이상 및 장기간 저장한 경우	해당 시멘트의 KS에 합격한 것
KS에 규정되어 있지 않은 시멘트	필요로 하는 항목			사용목적을 달성하기 위해 정한 규격에 적합한 것

(2) 혼합수의 품질관리

종류	항목	시험 · 검사 방법	시기 및 횟수	판정기준
상수돗물	-	상수돗물을 사용하고 있다는 것을 나타내는 자료로 확인	공사시작 전	상수돗물일 것
상수돗물 이외의 물	KS F 4009(레디믹스트 콘크리트) 부속서 B의 항목	KS F 4009(레디믹스트 콘크리트) 부속서의 방법	공사시작 전, 공사 중 1회/년 이상 및 수질이 변한 경우	KS F 4009 부속서에 적합한 것

(3) 잔골재의 품질관리

종류	항목	시험 및 검사 방법	시기 및 횟수[2]	판정기준
천연 잔골재 부순 잔골재 그 외 종류의 골재	KS F 2527(콘크리트용 골재)의 품질 항목	제조회사의 시험성적서[1]에 의한 확인 또는 KS F 2527 (콘크리트용 골재)의 방법	공사시작 전, 공사 중 1회/월[3] 이상 및 산지가 바뀐 경우	KS F 2527(콘크리트용 골재)에 적합할 것

[주] 1) 여기서 시험성적서는 KS F 2527에 대한 KS표시인증을 받은 업체의 것을 말한다.
　　2) 시기와 횟수는 골재의 종류와 시험항목의 특성을 고려하여 정할 수 있다. 산모래의 경우 0.08mm체 통과량 시험은 1회/주 이상 실시한다. 바닷모래의 경우 단독 또는 다른 종류의 잔골재와 혼합하여 사용하는 경우 염화물 함유량은 1회/주 이상 실시한다.
　　3) 다만, 알칼리 실리카 반응성 및 안정성의 경우 1회/년 이상 실시하는 것으로 한다.

(4) 굵은골재의 품질관리

종류	항목	시험 및 검사 방법	시기 및 횟수[2]	판정기준
천연 굵은 골재 부순 굵은 골재 그 외 종류의 골재	KS F 2527(콘크리트용 골재)의 품질 항목	제조회사의 시험성적서[1]에 의한 확인 또는 KS F 2527(콘크리트용 골재)의 방법	공사시작 전, 공사 중 1회/월[3] 이상 및 산지가 바뀐 경우	KS F 2527(콘크리트용 골재)에 적합할 것

[주] 1) 여기서 시험성적서는 KS F 2527에 대한 KS표시인증을 받은 업체의 것을 말한다.
　　2) 시기와 횟수는 골재의 종류와 시험항목의 특성을 고려하여 정할 수 있다.
　　3) 다만, 알칼리 실리카 반응성 및 안정성의 경우 1회/년 이상 실시하는 것으로 한다.

(5) 혼화재료의 품질관리

① 혼화재의 품질관리

종류	항목	시험 및 검사 방법	시기 및 횟수	판정기준
플라이 애시	KS L 5405 (플라이 애시)의 품질 항목	제조회사의 시험성적서에 의한 확인 또는 KS L 5405(플라이 애시)의 방법	공사시작 전, 공사 중 1회/월 이상 및 장기간 저장한 경우	KS L 5405 (플라이 애시)에 적합할 것
콘크리트용 팽창재	KS F 2562 (콘크리트용 팽창재)의 품질 항목	제조회사의 시험성적서에 의한 확인 또는 KS F 2562 (콘크리트용 팽창재)의 방법		KS F 2562 (콘크리트용 팽창재)에 적합할 것
고로 슬래그 미분말	KS F 2563 (콘크리트용 고로슬래그 미분말)의 품질 항목	제조회사의 시험성적서에 의한 확인 또는 KS F 2563(콘크리트용 고로슬래그 미분말)의 방법		KS F 2563 (콘크리트용 고로슬래그 미분말)에 적합할 것
실리카 품 그 밖의 혼화재	필요로 하는 항목	제조회사의 시험성적서에 의한 확인 또는 일반콘크리트 혼화재 규정의 내용을 참조하여 필요로 하는 항목		일반콘크리트 혼화재 규정의 내용을 참조하여 사용목적을 달성하기 위해 정한 규격에 적합할 것

② 혼화제의 품질관리

종류	항목	시험 및 검사 방법	시기 및 횟수	판정기준
AE제, 감수제, AE감수제, 고성능AE 감수제	KS F 2560 (콘크리트용 화학혼화제)의 품질 항목	제조회사의 시험성적서에 의한 확인 또는 KS F 2560(콘크리트용 화학혼화제)의 방법	공사시작 전, 공사 중 1회/월 이상 및 장기간 저장한 경우	KS F 2560(콘크리트용 화학혼화제)에 적합할 것
유동화제	KCI-AD101(콘크리트용 유동화제 품질 규격)에서 필요로 하는 항목	제조회사의 시험성적서에 의한 확인 또는 KCI-AD101(콘크리트용 유동화제 품질 규격)의 방법		KCI-AD101(콘크리트용 유동화제 품질 규격)에 적합할 것
수중불분리성 혼화제	KCI-AD102(콘크리트용 수중 불분리성 혼화제 품질 규격)에서 필요로 하는 항목	제조회사의 시험성적서에 의한 확인 또는 KCI-AD102(콘크리트용 수중 불분리성 혼화제 품질 규격)의 방법		KCI-AD102(콘크리트용 수중 불분리성 혼화제 품질 규격)에 적합할 것
철근콘크리트용 방청제	KS F 2561(철근 콘크리트용 방청제)의 품질 항목	제조회사의 시험 성적서에 의한 확인 또는 KS F 2561(철근 콘크리트용 방청제)의 방법		KS F 2561(철근 콘크리트용 방청제)에 적합할 것
그 밖의 혼화재	필요로 하는 항목	제조회사의 시험성적서에 의한 확인 또는 KS F 2560(콘크리트용 화학혼화제) 등에 규정된 시험 및 검사 방법 등을 참조하여 필요로 하는 항목		

2. 콘크리트 제조의 품질관리

(1) 제조설비 검사

종류		항목	시기 및 횟수
재료 저장설비		필요한 항목	• 공사 시작 전 • 공사 중
계량설비	계량기	계량 정밀도	• 공사 시작 전 • 공사 중 1회/6개월 이상
	계량제어장치	계량 정밀도	
믹서	가경식	성능	• 공사 시작 전 • 공사 중 1회/6개월 이상
	중력식	성능	

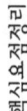

(2) 제조공정 검사

종 류	항 목	시기 및 횟수
배합	시방배합	• 공사 중 적절히 실시
	잔골재 조립률	• 1회/일 이상
	잔골재 표면수율	• 2회/일 이상
	굵은골재 조립률	• 1회/일 이상
	굵은골재 표면수율	
계량	계량설비의 계량 정밀도	• 공사시작 전 • 공사 중 1회/6개월 이상
비비기	재료 투입 순서	공사 중 적절히 실시
	비비기 시간	
	비비기량	

3. 현장 품질관리

(1) 일반사항

① 완성된 구조물이 소요성능을 가지고 있다는 것을 확인할 수 있도록 합리적이고 경제적인 검사계획을 정하여 공사 각 단계에서 필요한 검사를 실시하여야 한다.
② 검사는 미리 정한 판단기준에 적합한 지의 여부를 필요한 측정이나 시험을 실시한 결과에 바탕을 두어 판정하는 것에 의해 실시한다.
③ 시험을 실시하는 경우는, 객관적인 판정이 가능한 수법을 사용하며, 이 표준시방서에 정해진 방법에 따라 실시하는 것을 원칙으로 한다.
④ 시험 결과 불합격되는 경우에는 적절한 조치를 강구하여 소정의 성능을 만족하도록 하여야 한다.

(2) 검사계획

① 검사계획의 설정은 시공계획에 대응하여 검사할 항목의 선정, 필요한 인원의 배치, 시험 및 검사 방법의 선택, 시험 및 검사의 시기나 빈도, 시험 및 검사의 적용방법 등에 대하여 실시한다.
② 검사는 구조물의 중요도, 공사의 종류 및 규모, 공사기간, 재료나 적용 시공법의 신뢰성 및 숙련도, 시공의 시기, 그 후의 시공 공정에 대한 영향도, 효율 등을 고려하여 계획한다.
③ 검사계획은 콘크리트 제조에 관한 검사, 시공공정에 있어서의 검사, 완성된 콘크리트 구조물에 대하여 입안한다.

④ 검사계획은 통상 예상할 수 있는 상황 변화에 유연하게 대처할 수 있도록 한다. 다만, 예상을 초과한 상황의 변화가 생겼을 때에는 검사계획 자체를 수정할 필요가 있다.

4. 콘크리트의 품질관리

(1) 콘크리트 받아들이기 품질검사

① 콘크리트의 운반 검사

항목	시험·검사 방법	시기 및 횟수	판정기준
운반설비 및 인원배치	외관 관찰	콘크리트 타설 전 및 운반 중	시공계획서와 일치할 것
운반 방법	외관 관찰		시공계획서와 일치할 것
운반량	양의 확인		소정의 양일 것
운반 시간	출하 및 도착시간의 확인		일반콘크리트 시공 시 운반 규정에 적합할 것

② 콘크리트의 받아들이기 품질관리는 콘크리트를 타설하기 전에 실시하여야 한다.

항목	시험·검사 방법	시기 및 횟수	판정기준
굳지 않은 콘크리트의 상태	외관 관찰	콘크리트 타설 개시 및 타설 중 수시로 함	워커빌리티가 좋고, 품질이 균질하며 안정할 것
슬럼프	KS F 2402(콘크리트의 슬럼프 시험 방법)의 방법	최초 1회 시험을 실시하고, 이후 압축강도 시험용 공시체 채취 시 및 타설 중에 품질변화가 인정될 때 실시	KS F 4009(레디믹스트 콘크리트)의 슬럼프 허용오차 이내
슬럼프 플로	KS F 2594(굳지 않는 콘크리트의 슬럼프 플로우 시험 방법)의 방법		KS F 4009(레디믹스트 콘크리트)의 슬럼프 플로 허용오차 이내
공기량	KS F 2409(굳지 않은 콘크리트의 단위용적 질량 및 공기량 시험방법(질량방법))의 방법 KS F 2421(압력법에 의한 굳지 않은 콘크리트의 공기량 시험방법)의 방법 KS F 2449(굳지 않은 콘크리트의 용적에 의한 공기량 시험 방법)의 방법		허용오차 : ±1.5%
온도	온도측정		정해진 조건에 적합할 것
단위용적질량	KS F 2409(굳지 않은 콘크리트의 단위용적 질량 및 공기량 시험방법(질량방법))의 방법	필요한 경우 별도로 정함	정해진 조건에 적합할 것

제 2 편 콘크리트의 제조, 시험 및 품질관리

항목		시험·검사 방법	시기 및 횟수	판정기준
염화물 함유량		KS F 4009(레디믹스트 콘크리트) 부속서 A의 방법	바닷모래를 사용할 경우 2회/일	KS F 4009(레디믹스트 콘크리트)에 따름
배합	단위수량1)	굳지 않은 콘크리트의 단위수량시험으로부터 구하는 방법	필요한 경우 별도로 정함	참고 자료로 활용함
		골재의 표면수율과 단위수량의 계량치로부터 구하는 방법	전 배치	KS F 4009(레디믹스트 콘크리트)의 재료 계량 오차 이내
	단위 결합재량	결합재의 계량치	전 배치	KS F 4009(레디믹스트 콘크리트)의 재료 계량 오차 이내
	물-결합재비	굳지 않은 콘크리트의 단위수량과 단위결합재의 계량치로부터 구하는 방법	필요한 경우 별도로 정함	참고 자료로 활용함
		골재의 표면수율과 콘크리트 재료의 계량치로부터 구하는 방법	전 배치	KS F 4009(레디믹스트 콘크리트)의 재료 계량 오차 이내
	기타, 콘크리트 재료의 단위량	콘크리트 재료의 계량치	전 배치	KS F 4009(레디믹스트 콘크리트)의 재료 계량 오차 이내
펌퍼빌리티		펌프에 걸리는 최대 압송 부하의 확인	펌프 압송 시	콘크리트 펌프의 최대 이론 토출압력에 대한 최대 압송부하의 비율이 80 % 이하

[주] 1) 단위수량의 시험은 도입된 지 얼마 되지 않았고 시험 방법의 적합성이나 시험 결과의 신뢰성 등이 평가되지 않아 현재는 참고자료로만 활용하는 것이 좋다.

③ 워커빌리티 검사는 굵은골재 최대치수 및 슬럼프가 설정치를 만족하는지의 여부를 확인함과 동시에 재료분리 저항성을 외관 관찰에 의해 확인하여야 한다.
④ 강도검사는 압축강도시험에 의한 검사를 실시한다. 이 검사에서 불합격된 경우에는 구조물에 대한 콘크리트 강도검사를 실시하여야 한다.
⑤ 내구성 검사는 공기량, 염화물 함유량을 측정하는 것으로 한다. 내구성으로부터 정한 물-결합재비에 대해서는 배합검사를 실시하거나 강도시험에 의해 확인할 수 있다.
⑥ 검사 결과 불합격으로 판정된 콘크리트는 사용할 수 없다.

(2) 압축강도에 의한 콘크리트의 품질검사

① 압축강도의 제한
압축강도에 의한 콘크리트의 품질관리는 일반적인 경우 조기재령에 있어서의 압축강도에 의해 실시하며, 시험체는 구조물에 사용되는 콘크리트를 대표할 수 있도록 채취하여야 한다.

종류	항목	시험·검사방법	시기 및 횟수	판정기준 $f_{cn} \leq 35\text{MPa}$	판정기준 $f_{cn} > 35\text{MPa}$
호칭강도로부터 배합을 정한 경우	압축강도 (일반적인 경우 재령 28일 표준양생 공시체)	KS F 2405의 방법[1]	1회/일 또는 구조물의 중요도와 공사의 규모에 따라 120m³마다 1회, 배합이 변경될 때마다	① 연속 3회 시험값의 평균이 호칭강도 이상 ② 1회 시험값이 호칭강도 −3.5MPa 이상	① 연속 3회 시험값의 평균이 호칭강도 이상 ② 1회 시험값이 호칭강도 90% 이상
그 밖의 경우				압축강도의 평균치가 품질기준강도[2] 이상일 것	

[주] 1) 1회의 시험값은 공시체 3개의 압축강도 시험값의 평균값임
 2) 현장 배치플랜트를 구비하여 생산·시공하는 경우에는 설계기준압축강도와 내구성 설계에 따른 내구성 기준압축강도 중에서 큰 값으로 결정된 품질기준강도를 기준으로 검사

② 콘크리트 배합강도 규정(f_{cr})

콘크리트의 배합강도(f_{cr})를 호칭강도(f_{cn})보다 크게 정하도록 규정함으로써 콘크리트의 강도가 설계기준강도 이하로 될 확률을 제한한다.

㉠ $f_{cn} \leq 35\,[\text{MPa}]$인 경우

ⓐ $f_{cr} = f_{cn} + 1.34s\,[\text{MPa}]$

ⓑ $f_{cr} = (f_{cn} - 3.5) + 2.33s\,[\text{MPa}]$

이 두 식에 의한 값 중 큰 값으로 정한다.

㉡ $f_{cn} > 35\,\text{MPa}$인 경우

ⓐ $f_{cr} = f_{cn} + 1.34s\,[\text{MPa}]$

ⓑ $f_{cr} = 0.9f_{cn} + 2.33s\,[\text{MPa}]$

이 두 식에 의한 값 중 큰 값으로 정한다.

① $f_{cr} = f_{cn} + 1.34s\,(\text{MPa})$의 식
 3회 연속한 시험값의 평균이 콘크리트 호칭강도(f_{cn}) 이하로 내려갈 확률을 1/100로 하여 정한 것이다.
② $f_{cr} = (f_{cn} - 3.5) + 2.33s\,(\text{MPa})$의 식
 각 시험값이 콘크리트 호칭강도(f_{cn})보다 3.5MPa 이하로 내려갈 확률을 1/100로 하여 정한 것이다.
③ $f_{cr} = 0.9f_{cn} + 2.33s\,(\text{MPa})$의 식
 콘크리트 호칭강도(f_{cn})가 35MPa를 초과하는 경우 배합강도(f_{cr})가 호칭강도(f_{cn})의 90% 이하로 되는 일이 1/100 이상의 확률로 일어나지 않도록 정한 것이다.

③ 레디믹스트 콘크리트(KS F 4009)
　㉠ 호칭강도
　　ⓐ 호칭강도란 구입자가 지정하는 콘크리트의 강도를 나타내는 말이다.
　　ⓑ 호칭강도는 구조물 설계에서의 설계기준강도와 구별하고, 또 내구성 등의 조건으로 배합을 결정하는 경우 등에 있어서는 콘크리트의 실제강도와 설계기준강도가 달라지게 되기 쉬운 점 등을 고려하여 정한 것이다.
　　ⓒ 호칭강도에는(MPa) 18, 21, 24, 27, 30, 35, 40, 45, 50, 55, 60이 있다.
　㉡ 콘크리트의 강도
　　다음의 두 가지 규정을 만족시키는 것이어야 한다.
　　ⓐ 1회 시험결과는 구입자가 지정한 호칭강도 값의 85% 이상이어야 한다.
　　ⓑ 3회 시험결과의 평균치는 구입자가 지정하는 호칭강도의 값 이상이어야 한다.
　㉢ 콘크리트의 강도 시험 횟수
　　ⓐ 콘크리트의 강도 시험 횟수는 $450m^3$를 1로트로 하여 $150m^3$당 1회의 비율로 한다. 다만, 인수·인도 당사자 간의 협정에 따라 검사 로트의 크기를 조정할 수 있으며 강도시험(압축강도시험, 휨강도시험)을 하여 1회 시험결과는 구입자가 지정한 호칭강도 값의 85% 이상이어야 하며, 3회 시험결과의 평균값은 구입자가 지정한 호칭 강도 값 이상이면 합격으로 한다.
　　ⓑ 1회의 시험 결과는 임의의 1개 운반차로부터 채취한 시료로 3개의 공시체를 제작하여 시험한 평균값으로 한다.

(3) 콘크리트 타설 검사

항목	시험·검사 방법	시기 및 횟수	판정기준
타설설비 및 인원배치	외관 관찰	콘크리트 타설 전 및 타설 중	시공계획서와 일치할 것
타설방법	외관 관찰		시공계획서와 일치할 것
타설량	타설 개소의 형상치수로부터 양의 확인		소정의 양일 것

(4) 콘크리트의 양생 검사

항목	시험·검사 방법	시기 및 횟수	판정기준
양생설비 및 인원배치	외관 관찰	콘크리트 양생 중	시공계획서와 일치할 것
양생방법	외관 관찰		시공계획서와 일치할 것
양생기간	일수, 시간의 확인		정해진 조건에 적합할 것

(5) 콘크리트 구조물 검사

① 콘크리트 구조물을 완성한 후, 적당한 방법에 의해 표면의 상태가 양호한가, 구조물의 위치, 형상, 치수 등이 허용오차 이내로 만들어졌는가, 구조물 중의 콘크리트 품질이 소요의 품질인가, 구조물의 각 부위가 충분히 그 기능을 발휘할 수 있도록 만들어져 있는가 등에 관한 검사를 실시하여야 한다.
② 검사결과 불합격이 되었을 경우 또는 비파괴검사 등의 결과로부터 상세 검사의 필요성이 생긴 경우의 조치는 책임기술자의 지시에 따라야 한다.

(6) 콘크리트의 표면상태 검사

항목	검사 방법	판정기준
노출면의 상태	외관 관찰	평탄하고 허니컴, 자국, 기포 등에 의한 결함, 철근피복두께 부족의 징후 등이 없으며, 외관이 정상일 것.
균열	스케일에 의한 관찰	균열폭은 KDS 14 20 30(4.1)에 따르되, 구조물의 성능, 내구성, 미관 등 그의 사용목적을 손상시키지 않는 허용값의 범위 내에 있을 것
시공이음	외관 및 스케일에 의한 관찰	신·구콘크리트의 일체성이 확보되어 있다고 판단되는 것

제 2 편 콘크리트의 제조, 시험 및 품질관리

Chapter 4 콘크리트의 성질

 **4-1 굳지 않은 콘크리트**

1. 관련 용어

(1) 컨시스턴시(Consistency ; 반죽질기)

반죽이 되고 진 정도를 나타내는 굳지 않은 콘크리트의 성질

(2) 워커빌리티(Workability)

반죽질기 여하에 따르는 작업의 난이도 및 재료분리에 저항하는 정도를 나타내는 굳지 않은 콘크리트의 성질

(3) 성형성(Plasticity)

거푸집에 쉽게 다져 넣을 수 있고 거푸집을 제거하면 천천히 형상이 변하기는 하지만 허물어지거나 재료가 분리하는 일이 없는 굳지 않은 콘크리트의 성질

(4) 피니셔빌리티(Finishability ; 마감성)

굵은골재의 최대치수, 잔골재율, 잔골재의 입도, 반죽질기 등에 따르는 마무리하기 쉬운 정도를 나타내는 굳지 않은 콘크리트의 성질

(5) 펌퍼빌리티(Pumpability ; 압송성)

펌프압송에 대한 정도를 나타내는 굳지 않은 콘크리트의 성질
① 굳지 않은 콘크리트의 펌퍼빌리티는 펌프 압송 작업에 적합한 것이어야 한다.

② 펌퍼빌리티는 수평관 1m당 관내의 압력손실로 정하여도 좋으며, 일반적으로 수평관 1m당 관련압력손실에 수평환산거리를 곱한 값이 콘크리트 펌프의 최대 이론 토출압력의 80% 이하가 되도록 한다.

2. 워커빌리티 및 반죽질기의 영향

(1) 골재가 미치는 영향

① 둥근 모양의 골재는 모가 난 골재보다 워커빌리티를 좋게 한다.
② 잔골재율(S/a)이 너무 작으면 워커빌리티가 나빠진다.
③ 골재의 입도가 불연속이면 워커빌리티가 나빠진다.
④ 잔골재의 표면수±1%의 변화에 대하여 슬럼프는 2~4cm 정도 변화한다.
⑤ 굵은골재는 잔골재에 비해 야적장에서 물이 빠지기 쉽기 때문에 굵은골재의 표면수 변동은 그다지 크지 않다.
⑥ 동일 배합의 경우 조립률이 작을수록 슬럼프는 작게 된다.
⑦ 골재가 원형에 가까울수록 슬럼프가 커지므로 단위수량이 감소된다.

(2) 시멘트가 미치는 영향

① 일반적으로 단위 시멘트량이 많을수록 콘크리트는 워커블하며, 시멘트량이 적으면 재료가 분리되는 경향이 있다.
② 혼합 시멘트는 일반적으로 보통 포틀랜드 시멘트와 비교하여 워커빌리티를 개선시킨다.
③ 비표면적이 큰 시멘트는 워커빌리티를 좋게 한다. 비표면적 $2800cm^2/g$ 이하인 시멘트를 사용하면 워커빌리티가 나빠지고, 블리딩(Bleeding)이 커진다.

(3) 혼화재료가 미치는 영향

① AE제, 감수제, 플라이애시 등의 혼화재료는 콘크리트의 워커빌리티를 크게 개선시킨다.
② 포졸란 재료는 잔입자가 부족한 잔골재를 사용한 콘크리트의 워커빌리티 개선에 유효하다.

(4) 시간과 온도에 따른 영향

① 온도가 높을수록 슬럼프는 작아진다.
② 온도가 높을 때 수송시간에 따른 슬럼프 저하는 보다 현저하다.

(5) 콘크리트 배합이 미치는 영향
① 콘크리트의 배합비는 워커빌리티에 큰 영향을 미친다.
② 단위수량이 너무 많으면 재료분리가 발생하며 워커빌리티가 나빠진다.

(6) 물과 골재의 계량정밀도가 슬럼프에 미치는 영향
① 슬럼프 값이 적당하여야 워커빌리티가 좋아진다.
② 물의 계량오차 1%에 대해 슬럼프는 0.4~1cm 변동한다.
③ 잔골재의 계량오차 2%에 대해 슬럼프는 0.5~1cm 변동한다.

3. 공기량의 영향과 AE콘크리트의 성질

공기연행제, 공기연행감수제 또는 고성능공기연행감수제를 사용한 콘크리트의 공기량은 굵은 골재 최대 치수와 내동해성을 고려하여 다음 표와 같이 정하며, 운반 후 공기량은 이 값에서 ±1.5퍼센트 이내이어야 한다.

[공기연행콘크리트 공기량의 표준값]

굵은 골재의 최대 치수(mm)	공기량(%)	
	심한 노출[1]	보통 노출[2]
10	7.5	6.0
15	7.0	5.5
20	6.0	5.0
25	6.0	4.5
40	5.5	4.5

[주] 1) 동절기에 수분과 지속적인 접촉이 이루어져 결빙이 되거나, 제빙화학제를 사용하는 경우
2) 간혹 수분과 접촉하여 결빙이 되면서 제빙화학제를 사용하지 않는 경우

(1) 공기량에 영향을 미치는 요인
① 사용재료
  ㉠ AE제
    ⓐ 공기량은 AE제의 사용량과 대체로 비례하여 증가한다.
    ⓑ AE제의 종류에 따라 공기 연행효과가 다르다.
  ㉡ 시멘트의 종류 : 시멘트의 분말도가 클수록 공기량은 감소하므로 동일한 공기량을 얻는데 공기연행제량이 증가한다.
  ㉢ 골재
    ⓐ 단위 잔골재량이 많으면 공기량은 증가한다.
    ⓑ 잔골재 입자가 가는 것이 많을 수록 공극이 커지고 공기량이 증가한다.

② 플라이애시

플라이애시 속의 미연소 탄소가 AE제를 흡착하기 때문에 AE제가 많이 소요된다.

② 콘크리트 온도 및 배합 등
  ㉠ 콘크리트의 온도는 낮을수록 공기량이 증가한다.
  ㉡ 일반적으로 콘크리트의 슬럼프가 크면 공기량이 증가되는 경향이 있으며 슬럼프 15cm 이상의 매우 묽은 반죽에서는 오히려 공기량이 감소된다.
  ㉢ 잔골재율이 작으면 공기량은 감소한다.
  ㉣ 물-시멘트비가 클 수록 연행되는 공기량이 많게 된다.

③ 혼합시간

혼합시간이 너무 짧거나 길면 공기량은 감소되며 3~5분 정도 혼합을 할 때 공기량이 최대가 된다.

④ 운반시간

레디믹스트 콘크리트는 운반시간에 따라 0.5~1% 정도 공기량이 저하된다.

⑤ 다지는 시간

진동기를 사용하여 다지면 진동시간에 따라 콘크리트 속의 비교적 큰 기포가 주로 소멸되어 공기량이 감소된다.

4. 콘크리트의 재료분리

(1) 재료분리(Segregation)

① 주로 운반 및 치기작업 중에 생기는 재료분리는 콘크리트의 균일성을 잃는 현상이 있다.
② 치기작업 후에 생기는 재료분리 : 굵은골재가 국부적으로 집중되거나 수분이 콘크리트 윗면으로 보이는 현상(블리딩, Bleeding)이다.

(2) 재료분리의 원인

① 최대치수가 너무 큰 굵은골재를 사용하거나 단위골재량이 너무 크면 콘크리트는 분리되기 쉽다.
② 단위수량이 크고 슬럼프가 큰 콘크리트는 분리되기 쉽다.
③ 단위수량이 작은 매우 된 반죽의 콘크리트에서도 모르타르의 점착성이 부족하여 분리 경향이 커진다.
④ 중량골재에서는 굵은골재의 침강이 현저하며 반대로 경량골재는 떠올라 분리되는 경향이 있으며, 입경이 큰 골재일수록 이 현상이 보다 현저하다.

5. 블리딩이 콘크리트에 미치는 영향

(1) 블리딩에 영향을 미치는 요인

① 물-시멘트비가 클수록, 또 반죽질기가 클수록 블리딩과 침하는 커진다.
② 골재 상호간의 가교작용이 클수록 블리딩이 적어진다.
③ AE제의 사용은 블리딩량 및 침하량을 감소시키는 데 효과적이다.
④ 잔골재율이 크면 블리딩이 감소한다.
⑤ 잔골재의 조립률이 클 수록 블리딩이 커진다.
⑥ 블리딩이 커지면 물-결합재비가 커져 강도가 작아진다.

(2) 블리딩이 콘크리트의 성질에 미치는 영향

① 블리딩에 의해 떠오른 미립분이 콘크리트 표면에 만드는 얇은 층인 레이턴스(Laitance)를 제거하지 않으면 신·구 콘크리트의 부착력이 크게 저하된다.
② 수평철근과 굵은골재의 밑쪽에 수막과 공극을 형성하여 철근과 콘크리트 또는 골재와 시멘트 풀과의 부착력을 저하시키며 콘크리트의 수밀성을 저하시킨다.
③ 블리딩에 의한 침하가 철근 등에 의해 구속되면 그 윗면에 균열이 발생하며, 이를 침하균열이라 하는데 블리딩이 큰 콘크리트일수록 발생하기 쉽다.

레이턴스(Laitance) : 블리딩(Bleeding)으로 인하여 콘크리트나 모르타르의 표면에 가라앉은 백색 침전물을 말한다.

6. 초기 균열

(1) 초기 균열의 종류

① 침하에 의한 균열(침하 수축 균열)
② 플라스틱 수축 균열(소성 수축 균열)
③ 거푸집의 변형에 의한 균열
④ 진동, 재하에 의한 균열
⑤ 수화열에 의한 균열

콘크리트 타설 후부터 응결이 종료될 때까지 발생하는 균열
① 침하에 의한 균열(침하 수축 균열) ② 플라스틱 수축 균열(소성 수축 균열, 초기 건조 균열)
③ 거푸집의 변형에 의한 균열   ④ 시멘트의 이상응결에 의한 균열
⑤ 수화열에 의한 균열   ⑥ 잔골재에 함유된 미립분에 의한 균열

(2) 침하에 의한 균열

콘크리트는 크기와 비중이 다른 재료의 혼합물이기 때문에 거푸집에 타설한 직후부터 분리현상을 일으키며 콘크리트 전체에서 침하현상을 일으킨다. 이 때 철근이나 크기가 큰 골재입자 등이 침하를 막음에 따라 콘크리트 표면에 전단력이 작용하여 균열이 발생하는 것을 침하에 의한 균열이라 하며, 침하균열은 지반·성토 등이 하중을 받아 하향으로 변위를 일으켜 균열이 생기는 것이므로 거푸집이나 지보공의 강성과는 무관한 균열이다.

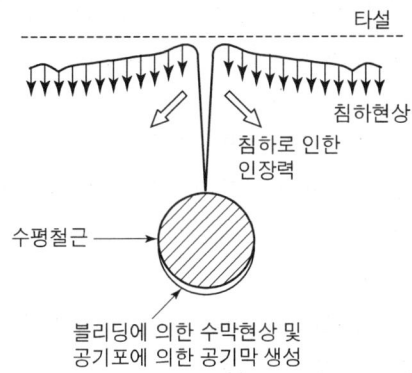

① 침하균열의 특성
  ㉠ 침하균열은 철근 직경이 클수록 증가한다.
  ㉡ 침하균열은 슬럼프가 클수록 증가한다.
  ㉢ 침하균열은 콘크리트 피복두께가 작을수록 증가한다.
  ㉣ 침하균열은 충분한 다짐을 못한 경우나 튼튼하지 못한 거푸집을 사용했을 경우에 더욱 증가된다.

② 침하균열 대책
  ㉠ 단위수량을 될 수 있는 한 작게하여 지나치게 묽은 반죽의 콘크리트는 피하는 것이 좋다.
  ㉡ 충분한 다짐
  ㉢ 기둥과 슬래브 및 보의 콘크리트 타설에 있어서 충분한 시간 간격을 둠으로써 침하균열을 감소시킬 수 있다.
  ㉣ 1회의 타설높이를 작게 하고 불균등한 침하를 줄이기 위하여 동일한 반죽질기로 치는 것이 바람직하다.
  ㉤ 기초나 기층이 콘크리트의 수분을 흡수하지 않도록 미리 물을 뿌려 습한 상태를 유지하는 등의 주의도 필요하다.

ⓗ 침하균열이 발생하였을 때는 침하 종료단계에서 다시 표면 마무리를 하여 균열을 제거하는 것이 효과적이다.

(3) 플라스틱 수축에 의한 균열(소성 수축 균열)

콘크리트 타설시 또는 타설 직후 표면에서 급속한 수분증발이 일어나 그 증발속도가 블리딩 속도보다 빨라 급속한 건조가 이루어져 콘크리트 표면에 미세한 균열이 생기는데 이를 플라스틱 수축(Plastic Shrinkage)에 의한 균열이라 한다.

① 콘크리트 표면의 급격한 수분 손실로 인한 균열을 방지하기 위한 방법
  ㉠ 기온이 높을 경우 콘크리트의 온도를 낮춘다.
    ⓐ 혼합수의 온도를 낮춘다.
    ⓑ 골재를 시트 등으로 덮어 직사광선을 막고 물을 뿌린다.
    ⓒ 거푸집과, 타설하는 콘크리트 아래의 기층 부분을 그늘지게 하며 선선한 시간을 선택하여 콘크리트 치기를 한다.
  ㉡ 콘크리트 표면에서의 풍속을 줄인다.
    바람막이 벽을 설치하고 가능하다면 벽이 축조된 후 바닥 콘크리트를 친다.
  ㉢ 콘크리트 표면의 습도를 높인다.
    콘크리트 표면에 분무 또는 덮개를 씌우거나 콘크리트 표면에 양생제를 살포한다.

4-2 굳은 콘크리트

1. 콘크리트의 강도

(1) 콘크리트 강도

구 분	콘크리트 강도
공장제품	재령 14일 압축강도
일반	재령 28일 압축강도
댐	재령 91일 압축강도
포장	재령 28일 휨강도

(2) 콘크리트 압축강도에 영향을 미치는 요인

① **골재의 품질** : 골재의 강도가 시멘트 풀의 강도보다도 크면 콘크리트의 강도는 시멘트 풀의 강도에 좌우된다.

② **공기량**
  ㉠ 물-시멘트비가 일정할 때 공기량 1% 증가에 따라 콘크리트 강도가 작아진다. (압축강도 4~6% 감소)
  ㉡ 공기량으로 인해 단위수량을 감소시킬 수 있기 때문에 슬럼프, 단위 시멘트량을 일정하게 한 경우에는 AE제를 사용하지 않는 경우와 거의 같은 강도가 얻어진다.

③ **시공 방법**
  ㉠ 표준 비비기 시간
    ⓐ 가경식 믹서(통이 회전) : 1분 30초 이상
    ⓑ 강제식 믹서(통은 고정되어 있고 안의 날개가 회전) : 1분 이상
    ⓒ 빈배합은 된반죽 또는 골재치수가 작은 경우에는 보다 길게 혼합하는 것이 강도 면에서 유리하다.
  ㉡ 진동기에 의한 다짐효과는 묽은 반죽의 콘크리트보다 된 반죽의 콘크리트에서 크다.
  ㉢ 콘크리트는 성형시 원심력법, 진공법, 기계적 가압, 전압 등의 방법으로 가압하여 경화시키면 강도가 커진다.

④ **양생방법** : 콘크리트가 경화하기까지 보호하는 방법을 말한다.
  ㉠ 수분
    수분이 충분히 공급될 때 강도발현이 커진다.
  ㉡ 온도
    양생온도는 너무 낮거나 높아도 좋지 않으며 보통 4~40℃ 범위에서는 높을수록 초기강도는 높다.

⑤ **시험방법**
  ㉠ 공시체의 모양
    원주형 공시체보다는 입방체 공시체의 강도가 크게 나타나며 공시체의 크기가 클수록 강도시험값은 작게 나타난다.
  ㉡ 공시체의 치수
    원주공시체의 높이와 지름의 비 또는 입방체 1변의 길이가 클수록 강도는 낮아진다.
  ㉢ 재하속도
    재하속도를 빠르게 하면 강도는 크게 나타난다.

② 기타

공시체 제작시의 균일성과 다짐정도, 캐핑(Capping)의 적절성 여부도 강도에 영향을 미친다. 압축강도시험용 공시체의 뒷면 다듬질을 캐핑(Capping)에 의하는 경우 캐핑층의 두께는 공시체 지름의 2%를 넘어서는 안된다.

(3) 콘크리트의 여러 강도

압축강도(f_c) > 전단강도 > 휨강도 > 인장강도(f_t)

(4) 콘크리트의 충격강도

① 콘크리트의 충격 강도는 말뚝의 항타, 충격 하중을 받는 기계기초, 폭발하중을 받는 방호 구조 등과 같은 경우에 매우 중요하며, 콘크리트 구조물은 필요에 따라 예측 가능한 폭발 또는 충격 등에 의해 손상되지 않도록 설계하여야 한다.
② 일반 사항
  ㉠ 부피, 탄성계수, 힘의 분포, 항복강도가 충격강도에 영향을 끼친다.
  ㉡ 굵은 골재 최대치수가 작은 경우 충격 강도에 유리하다.
  ㉢ 충격 강도를 높이기 위해서는 응력이 고루 분포하도록 하고, 부피가 크며, 탄성계수가 낮고, 재료의 항복 강도가 높아야 한다.
  ㉣ 동일한 압축강도의 콘크리트일지라도 부순골재처럼 골재 표면이 거칠수록 충격 강도는 높다.
  ㉤ 콘크리트의 충격 강도는 압축강도보다는 인장강도와 더 밀접한 관계가 있다.

3. 콘크리트의 응력-변형률 곡선(Stress-Strain Curve)의 특성

① 최대 압축응력에 대응하는 변형률은 대략 0.002 정도로 나타나 있다.
② 응력-변형률 곡선은 최대응력 이후 하강곡선을 그리는데, 그 이유는 시험체 내부의 균열파급이 현저하게 진행되어 재료입자간의 결속이 파괴되기 때문이며 이를 변형률 연화역(變形率軟化域)이라고 한다.
③ 강도설계법에서 파괴시 극한 변형률을 0.003으로 하는데, 이는 변형률 연화역의 일부까지 극한강도의 일부로 하는 셈이 된다.
④ 콘크리트가 고강도화됨에 따라 취성파괴(Brittle Failure)를 나타낸다.

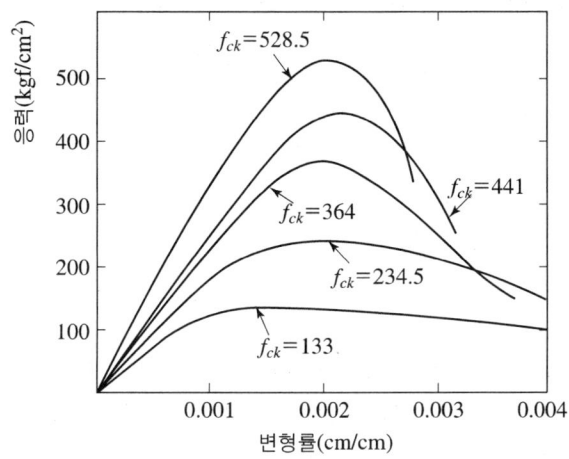

[콘크리트의 응력-변형률 곡선]

4. 콘크리트의 탄성계수 ; E_c

(1) 탄성계수의 종류

① 초기 접선탄성계수(Initial Tangent Modulus)
   응력-변형률 곡선에서 초기 선형상태의 기울기를 초기 접선탄성계수라 한다.
② 할선계수(시컨트계수 ; Secant Modulus)
   콘크리트 압축강도의 $0.5f_{ck}$에 해당하는 압축응력점과 원점을 연결한 직선의 기울기를 할선계수라고 하며 일반적으로 콘크리트의 탄성계수라고 하면 이 할선계수를 말한다.
③ 접선계수 : $0.5f_{ck}$에 해당하는 압축응력점의 접선 기울기를 말한다.

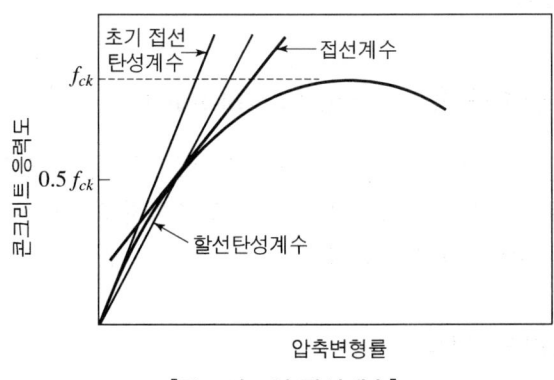

[콘크리트의 탄성계수]

(2) 콘크리트구조설계기준에 따른 콘크리트 탄성계수

구분 조건	E_c [MPa]	m_c =2,300kg/m³일 경우
$m_c = 1.45 \sim 2.5 \text{t/m}^3$	$E_c = 0.077 m_c^{1.5} \sqrt[3]{f_{cu}}$	$E_c = 8,500 \sqrt[3]{f_{cu}}$ (MPa)
	$E_c = 0.85 E_{ci} \quad E_{ci} = 1.18 E_c$	

여기서, f_{cu} : 콘크리트의 압축강도
$$f_{cu} = f_{ck} + \Delta f \text{[MPa]}$$
m_c : 콘크리트의 단위중량[kg/m³]
E_c : 콘크리트의 할선탄성계수[MPa]
E_{ci} : 콘크리트의 초기 접선탄성계수[MPa] → 크리프 계산에 사용된다.
Δf : f_{ck}가 40MPa 이하이면 4MPa, 60MPa 이상이면 6MPa
그 사이는 직선보간으로 구한다.

5. 콘크리트의 크리프

시간의 증가에 따라 일정하중 하(지속하중)에서 서서히 발생되는 소성변형으로 반드시 하중이 작용해야 발생한다.

(1) 크리프의 일반적 성질

① 크리프 변형의 증가비율이 시간의 경과와 더불어 감소하는데 하중 재하 후 28일 동안 총 크리프 변형률의 50%가 진행되고, 4개월 이내에 전체 크리프 양의 80%, 2년 이내에 90%가 생기며, 4~5년 후면 크리프의 발생이 거의 완료(최종변형률)된다.
② 콘크리트의 크리프 변형률은 f_{ck}의 1/2 이하의 응력 하에서는 가해진 응력에 비례한다. 콘크리트의 압축응력이 설계기준강도의 50% 이내인 경우 크리프는 응력에 비례한다($\epsilon \propto f$).

6. 콘크리트의 건조수축(Drying Shrinkage)

건조수축은 굳은 콘크리트 성질로서 습윤상태에 있는 콘크리트가 건조하여 수축하는 체적변형 현상으로 자연수축이라고도 하며, 건조하지 않으면 일어나지 않고, 콘크리트 타설 후에 바로 일어나기 시작한다.

(1) 건조수축의 일반적 성질

① 콘크리트의 강도 확보, 즉 수화반응은 W/C비가 25%면 충분하나 작업성을 위하여 15~20% 정도 물을 넣어 주어 W/C비는 40~45% 정도로 하게 된다.

② 여기서 수화반응을 위해 필요한 W/C비 25%를 제외한 나머지는 전부 공극수를 형성하게 된다.
③ 공극수가 얼면 동해되며, 동해되면 강도는 30% 정도 감소하게 된다. 또한 공극수가 건조수축의 원인이 된다.
④ 콘크리트는 고온에서 수화속도가 빨라진다.

(2) 크리프 및 건조수축에 영향을 주는 인자

크리프	건조수축
① 하중이 처음 재하되는 시기의 콘크리트 재령이 클수록 크리프는 적다.	① 단위수량이 적으면 건조수축은 적다.
② 물-결합재비가 적으면 크리프는 적다.	② 물-결합재비가 적으면 건조수축은 적다.
③ 단위 시멘트량이 적으면 크리프는 적다.	③ 단위 시멘트량이 적으면 건조수축은 적다.
④ 콘크리트 체적이 크면 클수록 크리프는 감소한다.	④ 상대습도가 증가하면 건조수축은 줄어든다.
⑤ 상대습도가 크면 클수록 크리프는 적게 생긴다.	⑤ 철근이 많을수록 건조수축은 적다.
⑥ 많은 철근량이 효과적으로 배근되면 크리프는 감소한다.	⑥ 골재가 연질일수록 건조수축이 크다. 흡수율이 큰 골재를 사용하면 건조수축이 커진다.
⑦ 입도가 좋은 골재를 사용하면 크리프는 감소한다.	⑦ 고온에서는 물의 증발이 빨라지므로 건조수축이 증가한다.
⑧ 고온증기양생을 한 콘크리트나 고강도 콘크리트는 크리프가 적다.	⑧ 습윤양생하면 건조수축은 적다.
⑨ 콘크리트에 작용하는 응력이 적을수록 크리프는 감소한다.	⑨ 잘 다지면 공극수가 방출되므로 건조수축이 적다.
⑩ 조직이 치밀한 콘크리트일 수록 크리프가 작아진다.	⑩ 시멘트 종류와 품질에 따라 달라지는데 분말도가 큰 시멘트는 수축률이 크므로 건조수축이 많이 생긴다.
⑪ 조강시멘트 사용 시 콘크리트의 조기강도가 커지므로 보통 시멘트를 사용한 콘크리트보다 크리프가 작다.	

7. 탄산화(중성화)

(1) 탄산화(중성화)의 정의

① 콘크리트 중의 수산화칼슘(pH 12~13)이 공기 중의 탄산가스와 반응하여 탄산칼슘으로 변화한 부분의 pH가 8.5~10 정도로 낮아지는 현상으로 물리적, 환경적 요인보다는 화학적 요인에 의해 더 큰 영향을 받는다.
② 탄산화(중성화, Carbonization)란 공기 중의 탄산가스(이산화탄소)의 작용을 받아 콘크리트 중의 수산화칼슘(pH 12~13)이 서서히 탄산칼슘으로 바뀌어 알칼리성을 잃는 것을 말한다.

$$Ca(OH)_2 + CO_2 \rightarrow CaCO_3 + H_2O$$

(2) 탄산화(중성화)의 결과

① 콘크리트의 수소이온농도(pH)가 10 또는 12보다 크면 강재 위에 산화막을 생성하여 부식을 막지만 탄산화로 인해 pH가 10 또는 12 이하로 되면 산화막은 안정성을 잃고 파괴되어 철근을 녹슬게 한다.
② 철근은 녹슬면 그 부피가 약 2.5배로 팽창하게 된다.

(3) 탄산화(중성화)에 영향을 미치는 요인

① 치밀한 콘크리트일수록 탄산화(중성화) 속도는 느리다.
② 탄산가스의 농도가 높을수록 탄산화(중성화) 속도는 빨라진다.
③ 온도가 높을수록 탄산화(중성화) 속도는 빨라진다.
④ 습도가 낮을수록 탄산화(중성화) 속도는 빨라진다.
⑤ 물-결합재비가 큰 콘크리트일수록 탄산화(중성화) 속도가 빠르다.
⑥ 타일, 돌붙임 등의 표면마감을 하고, 시공이 양호하면 탄산화(중성화)를 크게 지연시킨다.

(4) 탄산화(중성화) 판정방법

① 탄산화(중성화)의 판정에는 페놀프탈레인 1%의 알콜 용액을 콘크리트 표면에 분무하여 조사하는 방법이 일반적이다.
② pH 10 또는 12 이하에서 무색이 되며 탄산화(중성화)가 진행된 것으로 판단되며, pH가 10 또는 12보다 높은 곳은 자적색(紫赤色)을 나타내게 된다. 그러나 pH를 정확히 알 수 있는 것은 아니다.

(5) 탄산화(중성화) 속도

① 탄산화(중성화) 깊이(X, mm)와 경과한 기간(t, 년)

$$X = A\sqrt{t}$$

여기서, A : 탄산화(중성화) 속도계수

② 탄산화(중성화) 방지대책
  ㉠ 충분한 다짐
  ㉡ 콘크리트의 피복두께를 가능한 한 크게 한다.
  ㉢ 물-결합재비를 가능한 낮게 한다.
  ㉣ 충분한 초기 양생을 한다.

◎ 콘크리트를 부배합으로 한다.
ⓗ 투기성 및 투수성이 작은 마감재를 사용한다.
ⓢ 양질의 골재를 사용한다.
ⓞ 밀실한 콘크리트로 타설한다.

8. 동결융해에 대한 저항성

(1) 동결융해 작용

콘크리트에 포함되어 있는 수분이 동결하면 물이 약 9% 팽창하여 콘크리트에 팽창압을 가하게 되며, 동결융해가 반복될 경우 콘크리트 파괴를 가져올 수 있다.

(2) 콘크리트가 동해를 받으면 발생될 수 있는 직접적인 열화현상

① 미세균열
② 박리(Scaling) : 콘크리트 표면의 모르타르가 점진적으로 손실되는 현상이다.
③ 박락(Spalling) : 콘크리트가 균열을 따라 원형으로 떨어져 나가는 현상으로 동결융해의 반복작용에 의해 나타나는 손상형태 중 가장 쉽게 볼 수 있는 현상이다.
④ 팝아웃(Pop-out) : 골재가 팽창하여 파괴되어 떨어져 나가거나 그 위치의 콘크리트 표면이 떨어져 나가는 현상이다.

(3) 동해 대책

① 공기연행제(AE제)를 사용하여 적당량의 공기를 연행시킨다.
② 같은 공기량인 경우 기포간격계수(Spacing Factor)가 작아지는 AE제는 보다 동결융해에 대한 저항성을 증가시킨다.
③ 기포의 특성이 동일한 경우 물-결합재비를 작게 하여 치밀한 조직의 콘크리트로 만들면 동결융해에 대한 저항성이 커진다.

9. 알칼리 골재반응

(1) 정 의

알칼리 골재반응(Alkali Aggregate Reaction)이란 시멘트 중의 알칼리와의 반응성을 가지는 골재가 시멘트, 그 밖의 알칼리와 장기간에 걸쳐 반응하여 콘크리트에 팽창균열, 불규칙한 거북등균열을 일으키는 것을 말하며, 알칼리와 반응하는 광물의 종류에 따라 알칼리 실리카 반응, 알칼리 탄산염 반응, 알칼리 게이트 반응으로 대별된다.

(2) 알칼리 골재반응의 3조건

① 시멘트 중의 알칼리[산화나트륨(Na_2O), 산화칼슘(칼륨, K_2O)]
② 알칼리와의 반응성 골재
③ 반응을 촉진하는 수분

(3) 알칼리 실리카 반응의 시험방법

① 화학법
   화학적 시험은 비교적 신속히 결과를 얻을 수 있으나 실제적으로 해가 없는 골재가 유해(有害)로 판정되는 경우가 있다.
② 모르타르 바(Mortar Bar)법
   실제적인 결과를 얻을 수 있으나 시험에 6개월 정도의 오랜 기간이 소요되는 결점이 있다.

(4) 알칼리 골재반응 억제 방법

① 낮은 알칼리량의 시멘트 사용 : 시멘트 중의 알칼리량이 0.6% 이하이면 억제효과가 있다.
② 혼합 시멘트 사용 : 고로 슬래그 및 플라이애시를 사용하면 억제효과가 있다.
③ 콘크리트 중의 알칼리 총량의 규제 : 콘크리트 중의 알칼리 총량은 $3.0kg/m^3$ 이하가 되도록 할 필요가 있다.

(5) 알칼리 주요 공급원

① 시멘트에 합유된 Na_2O성분
② 시멘트에 합유된 K_2O성분
③ 바닷모래에 부착된 염분(NaCl)
④ 콘크리트가 경화한 후에 외부에서 침투하는 염분
⑤ 혼화제 성분

(6) 콘크리트의 알칼리성

① 강알칼리성으로 철근의 부식을 억제한다.
② 콘크리트의 알칼리는 pH 12~13 정도이다.

10. 염해에 의한 철근 부식

콘크리트는 강알칼리성(pH 12~13)으로 콘크리트 내에 매입된 철근의 표면은 알칼리성 환경 하에서 수화반응에 의해 생성되는 20~60Å 정도 두께의 산화피막인 $\gamma-Fe_2O_3 \cdot nH_2O$의 부동태막이 형성되어 부식으로부터 보호를 받는다. 그러나 콘크리트 중의 알칼리가 저하되어 탄산화(중성화)가 되거나 또는 콘크리트 중에 염화물이 과다하게 함유되어 있으면 염소 이온의 화학작용으로 산화피막이 파괴되어 부식을 일으키는 원인이 된다.

무료 동영상과 함께하는 콘크리트 필기

Part 3
콘크리트의 시공

Chapter 1   일반 콘크리트
Chapter 2   특수 콘크리트

제 3 편 콘크리트의 시공

Chapter 1 일반 콘크리트

 1-1 일반 콘크리트 시공

1. 시공 일반사항

① 콘크리트 구조물의 시공은 시공계획에 따르는 것을 원칙으로 한다.
② 현장에서는 콘크리트 구조물의 시공에 관하여 충분한 지식이 있는 기술자를 배치해 놓아야 한다.

(1) 콘크리트 시공 성능

① 워커빌리티 : 굳지 않은 콘크리트의 워커빌리티는 운반, 타설, 다지기, 마무리 등의 작업에 적합한 것이어야 한다.
② 슬럼프 표준값

[슬럼프의 표준값]

종 류		슬럼프값[mm]
철근 콘크리트	일반적인 경우	80~150
	단면이 큰 경우	60~120
무근 콘크리트	일반적인 경우	50~150
	단면이 큰 경우	50~100

③ 유동화 콘크리트의 슬럼프
  ㉠ 베이스 콘크리트의 배합 및 유동화제 첨가량은 유동화 콘크리트가 소요의 워커빌리티, 강도, 탄성적 성질, 내구성, 수밀성 및 강재를 보호하는 성능 등을 가지며, 품질변동이 적어지도록 정하여야 한다.
  ㉡ 유동화 콘크리트의 슬럼프 증가량은 100mm 이하를 원칙으로 하며, 50~80mm를 표준으로 한다. 일반 콘크리트 및 경량 콘크리트의 슬럼프 최대치는 아래 표

에 나타낸 바와 같다.
ⓒ 베이스 콘크리트의 슬럼프는 콘크리트의 유동화에 지장이 없는 범위의 것이어야 한다.
ⓔ 구조물별 유동화 콘크리트의 일반적인 슬럼프의 표준범위

[유동화 콘크리트의 슬럼프(mm)]

콘크리트의 종류	베이스 콘크리트	유동화 콘크리트
일반 콘크리트	150 이하	210 이하
경량 콘크리트	180 이하	210 이하

2. 계량 및 비비기

(1) 재료의 계량

① 계량은 현장배합에 의해 실시하는 것이 원칙이다.
② 골재의 표면수율 시험방법은 KS F 2550 및 KS F 2509에 따르며, 골재가 건조되어 있을 때의 유효흡수율 값은 골재를 적절한 시간 흡수시켜서 구한다.
③ 유효흡수율 시험에서 골재에 흡수시키는 시간은 공사현장의 사정에 따라 다르나 실용상으로 보통 15~30분간의 흡수율을 유효흡수율로 보아도 좋다.
④ 혼화제를 녹이는 데 사용하는 물이나 혼화제를 묽게 하는 데 사용하는 물은 단위수량의 일부로 보아야 한다.
⑤ 1 배치량은 콘크리트의 종류, 비비기 설비의 성능, 운반방법, 공사의 종류, 콘크리트의 타설량 등을 고려하여 정하여야 한다.
⑥ 각 재료는 1 배치씩 질량으로 계량하여야 한다. 다만, 물과 혼화제 용액은 용적으로 계량해도 좋다.
⑦ 연속믹서를 사용할 경우, 각 재료는 용적으로 계량해도 좋다.
⑧ 계량오차는 믹서의 용량에 따라 정해지는 소정의 시간당 계량분을 질량으로 환산한 다. 이 경우 소정의 시간당 계량분은 믹서의 종류, 비비기 시간 등을 고려하여 적절히 정하여야 한다.

(2) 비비기

콘크리트의 재료는 반죽된 콘크리트가 균등하게 될 때까지 충분히 비벼야 한다.

① 비비기 종류
ⓐ 배치믹서 : 일반적으로 사용되는 비비기이다.
ⓑ 삽비빔 : 소규모나 중요하지 않은 공사에 사용된다.

② 비비기 시간
　㉠ 비비기 시간은 시험에 의해 정하는 것을 원칙으로 한다.
　㉡ 비비기 시간에 대한 시험을 실시하지 않은 경우의 최소시간 표준
　　　ⓐ 가경식 믹서 : 1분 30초 이상
　　　ⓑ 강제식 믹서 : 1분 이상
　㉢ 비비기는 미리 정해 둔 시간의 3배 이상 계속해서는 안 된다.

(3) 믹서 내부
① 비비기를 시작하기 전에 미리 믹서 내부를 모르타르로 부착시켜야 한다.
② 믹서 안의 콘크리트를 전부 꺼낸 후가 아니면 믹서 안에 다음 재료를 넣어서는 안 된다.
③ 믹서는 사용 전후에 잘 청소하여야 한다.

(4) 재료 투입 순서
재료를 믹서에 투입하는 순서는 믹서의 형식, 비비기 시간, 골재의 종류 및 입도, 단위수량, 단위 시멘트량, 혼화재료의 종류 등에 따라 다르므로 KS F 2455에 의한 시험, 강도시험, 블리딩 시험 등의 결과 또는 실적을 참고로 해서 정한다.

(5) 최초 배출 콘크리트
비비기 시작 후 최초에 배출되는 콘크리트는 사용해서는 안 된다. 또한 비벼놓아 굳기 시작한 콘크리트는 되비벼서 사용하지 않는다.

3. 운반, 타설(치기) 및 다지기, 양생

(1) 콘크리트 운반
① 콘크리트 운반 일반
　㉠ 공사를 시작하기 전에 콘크리트의 운반에 대해 미리 충분한 계획을 세워 놓아야 한다.
　㉡ 구체적인 계획 수립 내용(검토사항)
　　　ⓐ 1일 콘크리트량　　　ⓑ 운반방법, 타설방법 결정
　　　ⓒ 인원 배치 등　　　　ⓓ 타설 구획
　　　ⓔ 시공이음 위치　　　　ⓕ 시공이음 처치 방법
　　　ⓖ 콘크리트 타설 순서(처짐이 큰 곳부터 타설) 및 기상 조건

② 주의사항
  ㉠ 운반거리는 가급적 짧아야 한다.
  ㉡ 콘크리트는 신속하게 운반하여 즉시 타설하고, 충분히 다져야 한다.
  ㉢ 비비기로부터 타설이 끝날 때까지의 시간
    ⓐ 외기온도가 25℃ 이상 : 1.5시간 이내
    ⓑ 외기온도가 25℃ 미만 : 2.0시간 이내
    ⓒ 다만, 양질의 지연제 등을 사용하여 응결을 지연시키는 등의 특별한 조치를 강구한 경우에는 콘크리트의 품질 변동이 없는 범위 내에서 책임기술자의 승인을 받아 이 시간제한을 변경할 수 있다.
  ㉣ 운반할 때는 콘크리트의 재료분리가 가능한 한 적게 일어나도록 하여야 한다.
  ㉤ 슬럼프, 공기량 등의 품질 변화가 적어야 한다.

③ 콘크리트 운반방법
  ㉠ 손수레 : 소규모 공사에 운반거리가 10~50m인 경우 사용한다.
  ㉡ 버킷 운반 : 버킷으로 받아 즉시 콘크리트를 칠 장소로 운반하는 방법이다.
    ⓐ 버킷의 배출구는 개폐가 쉽고, 닫았을 때 콘크리트나 모르타르가 새지 않아야 한다.
    ⓑ 배출할 때에 재료분리를 일으키지 않기 위해서 중앙에 있는 것이 좋다.
  ㉢ 벨트 컨베이어
    ⓐ 콘크리트를 연속적으로 운반하는 데 편리하다.
    ⓑ 끝 부분에 조절판 및 깔때기를 설치해서 재료분리를 방지하여야 한다.
    ⓒ 운반거리가 길면 덮개를 설치하는 등의 조치를 강구하여야 한다.
    ⓓ 경사는 운반 중에 재료분리가 없도록 결정하여야 한다.

④ 슈트(Chute)
  ㉠ 원칙적으로 연직 슈트를 사용한다.
  ㉡ 콘크리트가 한 장소에 모이지 않도록 콘크리트의 투입구 간격, 투입 순서 등에 대하여 검토하여야 한다.
  ㉢ 경사 슈트는 일정한 경사를 가져야 하며, 경사 슈트의 출구에서 조절판 및 깔때기를 설치해서 재료분리를 방지하여야 한다.

⑤ 트럭 믹서(레미콘 트럭)
  운반시간 한도는 1시간 30분 이내가 원칙이다.

⑥ 콘크리트 펌프차
  ㉠ 사용량이 대량이고 고층건물 작업시 사용한다.
  ㉡ 관 내에 콘크리트가 막히는 일이 없도록 한다.
  ㉢ 굴곡을 적게 하고, 수평 또는 수직으로 해서 압송 중에 콘크리트가 막히지 않도록

한다.
ㄹ. 굵은골재 최대치수는 40mm 이하로 한다.
ㅁ. 슬럼프는 10~18cm의 범위가 적절하다.
ㅂ. 펌프의 호퍼(Hopper)에 콘크리트 투입시 슬럼프를 12cm 이상으로 할 경우에는 유동화 콘크리트를 원칙으로 한다.
ㅅ. 덤프트럭으로 운반할 수 있는 경우는 슬럼프 50mm 이하의 된반죽 콘크리트를 10km 이하 거리 또는 1시간 이내에 운반이 가능한 경우이다.

(2) 운반차

① 콘크리트 운반차는 트럭 믹서나 트럭 애지테이터를 사용한다. 운반차는 혼합한 콘크리트를 충분히 균일하게 유지하여 재료 분리를 일으키지 않고, 쉽고도 완전하게 배출할 수 있는 것이어야 하며, 콘크리트의 1/4과 3/4의 부분에서 각각 시료를 채취하여 슬럼프 시험을 하였을 경우, 양쪽의 슬럼프 차가 30mm 이내가 되어야 한다. 이 경우에는 출하되는 콘크리트 흐름의 개개 부분의 절단면을 끊도록 하여 시료를 채취한다.

② 덤프 트럭은 포장 콘크리트 중 슬럼프 25mm의 콘크리트를 운반하는 경우에 한하여 사용할 수 있다. 덤프트럭의 적재함 바닥은 평활하고 방수가 되어야 하며, 필요에 따라 비바람 등에 대한 보호를 위해 방수 덮개를 갖춘 것으로 한다. 또한, 콘크리트 표면의 1/3과 2/3인 부분에서 각각 시료를 채취하여 슬럼프 시험을 하였을 경우 그 양쪽의 슬럼프 차가 20mm 이내가 되어야 한다.

(3) 거푸집 및 동바리

① 거푸집 및 동바리 설계
   ㄱ. 거푸집은 그 형상 및 위치가 정확히 유지되도록 설계되어야 한다.
   ㄴ. 거푸집은 조립 및 해체가 용이해야 하며, 거푸집널 또는 패널의 이음은 가능한한 부재 축에 직각 또는 평행으로 하고, 모르타르가 새어나오지 않는 구조이어야 한다.
   ㄷ. 특별히 지정하지 않은 경우라도 콘크리트의 모서리는 모따기가 될 수 있는 구조이어야 한다.
   ㄹ. 필요한 경우에는 거푸집의 청소, 검사 및 콘크리트 타설에 편리하도록 적당한 위치에 일시적인 개구부를 만들어야 한다.
   ㅁ. 구조물의 거푸집에 대해서 책임기술자가 요구하는 경우 구조설계도서를 제출하여 승인을 받아야 한다.
   ㅂ. 동바리는 설계 및 시공 등을 고려하여 알맞은 형식과 재료를 선택하고, 하중을

안전하게 지지부에 전달하도록 하여야 한다.
- ⓐ 동바리는 조립이나 해체가 편리한 구조로서, 그 이음이나 접속부에서 하중을 확실하게 전달할 수 있는 것이어야 한다.
- ⓞ 동바리의 지지부는 콘크리트의 타설 중 및 타설 후에도 침하나 부등침하가 일어나지 않도록 하여야 한다.
- ⓩ 동바리의 설계에 있어서 시공 중 및 시공 후의 콘크리트 자중에 따른 침하와 변형을 고려하여야 한다.
- ⓒ 구조물 동바리에 대해서 책임기술자가 요구하는 경우 구조설계도서를 제출하여 승인을 받아야 한다.

② **거푸집 및 동바리 구조계산**
- ㉠ 거푸집 및 동바리는 구조물의 종류, 규모, 중요도, 시공 조건 및 환경조건 등을 고려하여 연직하중, 수평하중 및 콘크리트의 측압 등에 대해 설계해야 하며, 동바리의 설계는 강도뿐만이 아니라 변형에 대해서도 고려하여야 한다.
- ㉡ 연직하중은 고정하중 및 공사 중 발생하는 활하중으로 다음의 값을 적용하여야 한다.
  - ⓐ 고정하중은 철근콘크리트와 거푸집의 중량을 고려하여 합한 하중이며, 콘크리트의 단위 중량은 철근의 중량을 포함하여 보통 콘크리트 $24kN/m^3$, 제1종 경량 골재 콘크리트 $20kN/m^3$ 그리고 2종 경량골재 콘크리트 $17kN/m^3$를 적용하여야 한다. 거푸집 하중은 최소 $0.4kN/m^2$ 이상을 적용하며, 특수 거푸집의 경우에는 그 실제의 중량을 적용하여 설계하여야 한다.
  - ⓑ 활하중은 구조물의 수평투영면적(연직방향으로 투영시킨 수평면적)당 최소 $2.5kN/m^2$ 이상으로 하여야 하며, 진동식 카트 장비를 이용하여 콘크리트를 타설할 경우에는 $3.75kN/m^2$의 활하중을 고려하여 설계하여야 한다. 단, 콘크리트 분배기 등의 특수장비를 이용할 경우에는 실제 장비하중을 적용하고, 거푸집 및 동바리에 대한 안전 여부를 확인하여야 한다.
  - ⓒ 상기의 고정하중과 활하중을 합한 연직하중은 슬래브두께에 관계없이 최소 $5.0kN/m^2$ 이상, 전동식 카트를 사용할 경우에는 최소 $6.25kN/m^2$ 이상을 고려하여 거푸집 및 동바리를 설계하여야 한다.
- ㉢ 수평하중은 고정하중 및 공사 중 발생하는 활하중으로 다음의 값을 적용하여야 한다.
  - ⓐ 동바리에 작용하는 수평하중으로는 고정하중의 2퍼센트 이상 또는 동바리 상단의 수평방향 단위 길이 당 $1.5kN/m$ 이상 중에서 큰 쪽의 하중이 동바리 머리 부분에 수평방향으로 작용하는 것으로 가정하여야 한다.
  - ⓑ 벽체 거푸집의 경우에는 거푸집 측면에 대하여 $0.5kN/m^2$ 이상의 수평방향

하중이 작용하는 것으로 볼 수 있다.
ⓒ 그 밖에 풍압, 유수압, 지진 등의 영향을 크게 받을 때에는 별도로 이들 하중을 고려하여야 한다.
㉣ 거푸집 설계에서는 굳지 않은 콘크리트의 측압을 고려하여야 한다.

② 콘크리트 압축강도를 시험할 경우 거푸집널의 해체시기
기초, 보의 측면, 기둥, 벽의 거푸집널의 해체는 시험에 의해 아래 표의 값을 만족할 때 시행하여야 한다. 특히, 내구성이 중요한 구조물에서는 콘크리트의 압축강도가 10MPa 이상일 때 거푸집널을 해체할 수 있다.

부재		콘크리트 압축강도(f_{cu})
확대기초, 보, 기둥 등의 측면		5MPa 이상
슬래브 및 보의 밑면, 아치 내면	단층구조의 경우	설계기준 압축강도의 2/3 배 이상 또한, 최소 14MPa 이상
	다층구조의 경우	설계기준 압축강도 이상(필러 동바리 구조를 이용할 경우는 구조계산에 의해 기간을 단축할 수 있음. 단, 이 경우라도 최소강도는 14MPa 이상으로 함)

③ 콘크리트 압축강도를 시험하지 않을 경우 거푸집널의 해체시기(기초, 보, 기둥 및 벽의 측면)
거푸집널 존치기간 중 평균기온이 10℃ 이상인 경우는 콘크리트 재령이 아래 표의 재령이상 경과하면 압축강도시험을 하지 않고도 해체할 수 있다.

시멘트의 종류 평균기온	조강 포틀랜드 시멘트	보통 포틀랜드 시멘트 고로 슬래그 시멘트(1종) 포틀랜드 포졸란 시멘트(1종) 플라이애시 시멘트(1종)	고로 슬래그 시멘트(2종) 포틀랜드 포졸란 시멘트(2종) 플라이애시 시멘트(2종)
20℃ 이상	2일	4일	5일
20℃ 미만 10℃ 미만	3일	6일	8일

④ 보, 슬래브 및 아치 하부의 거푸집널은 원칙적으로 동바리를 해체한 후에 해체한다. 그러나 구조계산으로 안전성이 확보된 양의 동바리를 현 상태대로 유지하도록 설계, 시공된 경우 콘크리트를 10℃ 이상 온도에서 4일 이상 양생한 후 사전에 책임기술자의 승인을 받아 해체할 수 있다.

⑤ 거푸집에 작용하는 콘크리트의 측압
㉠ 거푸집 속의 콘크리트 온도가 높을수록 측압이 작아진다.
㉡ 콘크리트의 슬럼프가 클수록 측압은 커진다.
㉢ 단면이 작은 벽보다 단면이 큰 기둥에서 측압이 크다.
㉣ 응결시간이 빠른 시멘트를 사용할수록 측압이 크다.
㉤ 콘크리트의 타설 속도가 빠르면 측압은 커지게 된다.

ⓑ 생콘크리트의 단위중량이 클수록 측압은 커지게 된다.
ⓢ 콘크리트의 타설 높이가 높으면 측압은 커지게 된다.
ⓞ 지연제를 사용하면 지연제를 사용하지 않은 경우보다 측압이 커지게 된다.
ⓩ 부재의 수평단면이 작을수록 측압은 작다.

(4) 콘크리트 타설(치기)

① 타설 준비
  ㉠ 배치 및 계획서 확인
    ⓐ 콘크리트 타설 전에 철근, 거푸집 및 그 밖의 것이 설계에서 정해진 대로 배치되어 있는지 확인한다.
    ⓑ 운반 및 타설 설비 등이 시공계획서와 일치하는지 확인한다.
  ㉡ 콘크리트를 타설하기 전에 운반장치, 타설설비 및 거푸집 안을 청소하여 콘크리트 속에 잡물의 혼입되는 것을 방지하여야 한다.
  ㉢ 콘크리트가 닿았을 때 흡수할 우려가 있는 곳은 미리 습하게 해두어야 하며, 이때 물이 고이지 않도록 주의한다.
  ㉣ 콘크리트를 직접 지면에 칠 경우 버림콘크리트(바닥콘크리트)를 까는 것이 좋다.
  ㉤ 터파기 안의 물은 타설 전에 제거하여야 한다. 또한, 터파기 안에 흘러 들어온 물에 이미 친 콘크리트가 씻기지 않도록 적당한 조치를 취하여야 한다.

② 타설작업의 유의사항
  ㉠ 콘크리트의 타설은 원칙적으로 시공계획서에 따라야 한다.
  ㉡ 콘크리트의 타설작업은 철근 및 매설물의 배치나 거푸집이 변형 및 손상되지 않도록 주의하여야 한다.
  ㉢ 타설한 콘크리트를 거푸집 안에서 횡방향으로 이동시켜서는 안 된다.
  ㉣ 타설 도중에 심한 재료분리가 생겼을 때에는 재료분리를 방지할 방법을 강구하여야 한다.

> **타설 도중에 심한 재료분리가 생겼을 경우**
> ① 사용을 중지(타설작업에 사용하지 않는다)한다. : 거듭비비기 후 사용금지
> ② 원인을 조사하여 조치를 강구한다.
> 타설한 후 콘크리트의 굵은골재가 분리되어 모르타르가 부족한 부분이 생길 경우 분리된 굵은골재를 긁어 올려서 모르타르가 많은 콘크리트 속에 묻어 넣어야 한다.

  ㉤ 한 구획 내의 콘크리트는 타설이 완료될 때까지 연속해서 타설하여야 하며, 콘크리트는 그 표면이 한 구획 내에서는 거의 수평이 되도록 타설하는 것을 원칙

으로 한다.
ⓑ 콘크리트 타설 1층 높이는 다짐능력을 고려하여 결정하여야 한다. 또한 콘크리트를 2층 이상으로 나누어 타설할 경우, 상층의 콘크리트 타설은 원칙적으로 하층의 콘크리트가 굳기 시작하기 전에 타설하여야 하며, 상층과 하층이 일체가 되도록 시공하여야 한다.
ⓢ 콜드 조인트가 발생하지 않도록 하나의 시공구획의 면적, 콘크리트의 공급능력, 이어치기 허용시간 간격 등을 정하여야 한다.
ⓞ 이어치기 허용시간 간격 : 콘크리트를 비비기 시작하면서부터 하층 콘크리트 타설을 완료한 후, 정치시간을 포함하여 상층 콘크리트가 타설되기까지의 시간을 말한다.

외기온도	이어치기 허용시간 간격
25℃ 초과	2.0 시간
25℃ 이하	2.5 시간

ⓩ 거푸집의 높이가 높을 경우
재료분리를 막고 상부의 철근 또는 거푸집에 콘크리트가 부착하여 경화하는 것을 방지하기 위해 거푸집에 투입구를 설치하거나, 연직슈트 또는 펌프배관의 배출구를 타설면 가까운 곳까지 내려서 콘크리트를 타설하여야 한다. 이 경우 슈트, 펌프배관, 버킷, 호퍼 등의 배출구와 타설면까지의 높이는 1.5m 이하를 원칙으로 한다.
ⓒ 콘크리트 타설 도중 표면에 떠올라 고인 블리딩수가 있을 경우에는 적당한 방법으로 이 물을 제거한 후가 아니면 그 위에 콘크리트를 쳐서는 안 되며, 고인 물을 제거하기 위하여 콘크리트 표면에 홈을 만들어 흐르게 해서는 안 된다.
ⓚ 벽 또는 기둥과 같이 높이가 높은 콘크리트를 연속해서 타설할 경우에는 타설 및 다질 때 재료분리가 가능한 한 적게 되도록 콘크리트의 반죽질기 및 타설 속도를 조정하여야 한다.(벽 또는 기둥의 콘크리트 타설속도는 30분에 1~1.5m가 적당하다.)
ⓣ 경사면으로 된 콘크리트를 타설할 경우 낮은 곳에서 높은 곳으로 타설하며, 콘크리트의 타설 속도는 가급적 느린 속도가 좋다.
ⓟ 넓은 장소에서는 콘크리트의 공급원으로부터 먼 쪽에서 시작하여 가까운 쪽으로 끝내야 타설이 끝난 후 콘크리트 운반로의 철거도 쉽게 할 수 있고 콘크리트에 해를 끼치는 일도 없다.

③ 기상조건과 콘크리트 타설
㉠ 태풍 등의 폭풍우에서는 콘크리트 타설을 하지 않는다.
㉡ 평균 1일 기온(1일의 최고와 최저온도의 평균)이 4℃ 이하, 특히 0℃ 이하로 될 때는 한중 콘크리트로 시공한다.

ⓒ 콘크리트 작업시에 기온이 30℃ 이상이(매스 콘크리트의 경우는 20℃ 이상) 될 우려가 있을 때는 서중 콘크리트로 시공한다.
ⓔ 1일 강우량이 10mm를 넘을 때는 옥외작업은 일반적으로 곤란하다.
ⓜ 콘크리트의 표면을 시트 등으로 보호할 경우
1시간에 4mm 정도의 우량이면 일반적으로 콘크리트 타설이 가능하다.
④ 높이가 높은 콘크리트를 급속하게 연속 타설하는 경우 나타나는 현상
㉠ 재료분리 발생
㉡ 블리딩 발생
㉢ 상부 콘크리트의 품질 저하
㉣ 수평철근의 부착강도 저하

(5) 콘크리트 다지기

① 다지기 일반
㉠ 콘크리트 강도, 내구성, 수밀성 등이 개선된다.
㉡ 콘크리트 다지기에는 내부진동기 사용을 원칙으로 하나, 얇은 벽 등 내부진동기 사용이 곤란한 장소에서는 거푸집 진동기를 사용해도 좋다.
㉢ 콘크리트는 타설 직후 바로 충분히 다져서 콘크리트가 철근 및 매설물 등의 주위와 거푸집 구석구석까지 잘 채워져 밀실한 콘크리트가 되도록 하여야 한다.
㉣ 거푸집 판에 접하는 콘크리트는 되도록 평탄한 표면이 얻어지도록 타설하고 다져야 한다.
㉤ 내부진동기 사용방법은 다음을 표준으로 한다.
  ⓐ 진동다지기를 할 때에는 내부진동기를 하층의 콘크리트 속으로 0.1m 정도 찔러 넣는다.
  ⓑ 내부진동기는 연직으로 찔러 넣으며, 그 간격은 진동이 유효하다고 인정되는 범위의 지름 이하로서 일정한 간격으로 한다. 삽입간격은 일반적으로 0.5m 이하로 하는 것이 좋다.
  ⓒ 1개소당 진동시간은 다짐할 때 시멘트 페이스트가 표면 상부로 약간 부상하기까지 한다.
  ⓓ 내부진동기는 콘크리트로부터 천천히 빼내어 구멍이 남지 않도록 한다.
  ⓔ 내부진동기는 콘크리트를 횡방향으로 이동시킬 목적으로 사용해서는 안 된다.
  ⓕ 진동기의 형식, 크기 및 대수는 1회에 다짐하는 콘크리트의 전 용적을 충분히 다지는데 적합하도록 부재 단면의 두께 및 면적, 1시간당 최대 타설량, 굵은 골재 최대치수, 배합, 특히 잔골재율, 콘크리트의 슬럼프 등을 고려하여 선정한다.

ⓖ 거푸집 진동기는 거푸집의 적절한 위치에 단단히 설치하여야 한다.
ⓗ 재진동을 할 경우에는 콘크리트에 나쁜 영향이 생기지 않도록 초결이 일어나기 전에 실시하여야 한다.

② 콘크리트 다지기 방법의 종류
  ㉠ 봉다지기
    ⓐ 묽은 반죽 콘크리트에 사용한다.
    ⓑ 가벼운 공구로 많은 횟수를 다지는 것이 효과적이다.
  ㉡ 진동다짐 효과
    ⓐ 철근 사이 및 거푸집 사이에 잘 채워질 수 있다.
    ⓑ 콘크리트에 기포가 없어지고 철근이나 기타 매설물과 부착이 양호해진다.
    ⓒ 콘크리트 속의 공극 감소
    ⓓ 철근과의 부착력 증대
    ⓔ 균질한 콘크리트 생산
    ⓕ 수밀한 콘크리트 생산
    ⓖ 재료 분리 방지
  ㉢ 원심력 다짐 : 속이 빈 중공형 콘크리트 말뚝과 같이 원통형 제품을 만드는데 주로 이용된다.

1-2 콘크리트 양생

1. 콘크리트 양생(Curing)

(1) 정 의
양생(Curing)이란 콘크리트를 타설한 후 소요기간까지 경화에 필요한 온도, 습도조건을 유지하며, 유해한 작용의 영향을 받지 않도록 충분히 보호하는 작업을 말한다.

(2) 양생의 목적
① 습윤상태를 유지하여 장기강도의 증진과 내구성 등의 품질 향상을 도모한다.
② 직사 일광 및 바람을 방지하고 습윤을 유지한다.
③ 양생온도가 높을수록 초기강도가 크므로 양생온도가 낮을 경우에는 양생기간을 길게 하여 필요한 강도를 얻을 수 있도록 한다.

(3) 양생의 종류
일반적으로 습윤양생과 막양생 방법을 사용한다.
① **습윤양생**
  ㉠ 콘크리트는 타설 후 경화가 시작될 때까지 직사광선이나 바람에 의해 수분이 증발하지 않도록 보호한다.
  ㉡ 타설 후 콘크리트 상부는 시트 등으로 햇빛막이나 바람막이를 설치한다.
  ㉢ 콘크리트 타설 후 콘크리트의 수화열에 의해 콘크리트 속 수분이 증발하여 건조수축이 발생하고 콘크리트 표면에 균열 발생이 예상될 때 실시한다.
  ㉣ 콘크리트의 표면을 해치지 않고 작업이 가능할 정도로 경화하면 콘크리트의 노출면은 양생용 매트, 모포 등을 적셔서 덮거나 또는 살수를 하여 습윤상태로 보호하여야 한다.
  ㉤ 습윤양생 표준 기간 : 조기강도가 클 수록 양생기간이 짧으므로, 고로 슬래그나 플라이애시 시멘트 등의 혼합시멘트는 양생기간이 길다.

일평균기온	보통 포틀랜드 시멘트	고로 슬래그 시멘트 플라이애시 시멘트 B종	조강 포틀랜드 시멘트
15℃ 이상	5일	7일	3일
10℃ 이상	7일	9일	4일
5℃ 이상	9일	12일	5일

  ㉥ 습윤양생시 주의사항
    ⓐ 콘크리트 타설 후 3일 간은 보행 및 진동을 금지한다.
    ⓑ 콘크리트 타설 후 시트 등으로 덮은 후에는 5일 동안 5℃ 이상의 온도를 유지하여야 한다.
    ⓒ 콘크리트 타설 후 시트 등으로 덮은 후 7일 이상 습윤상태로 유지한다.
② **막양생**(Membrane Curing) : 피막양생이라고도 하며 콘크리트 표면에 막을 형성하여 콘크리트 속의 수분 증발을 억제하는 방법이다.
③ **증기양생**
  ㉠ 개요
    빠른 시간 내에 소요 강도를 발현시키기 위해 고온의 증기를 콘크리트 주변에 보내 습윤상태로 가열하여 콘크리트의 경화를 촉진시키는 양생방법이다.
  ㉡ 증기양생의 종류
    ⓐ 저압 증기양생(상압 증기양생)
    ⓑ 고압 증기양생
  ㉢ 저압 증기양생(상압 증기양생)
    ⓐ 양생 방법(증기양생 사이클 단계별 내용)

- 대기압 상태로 콘크리트를 증기양생실에 넣는다.
- 1단계 : 2~3시간 경과 후 증기양생을 시작한다.(3시간 정도의 전양생 기간)
- 2단계 : 온도상승 속도는 1시간에 20℃ 이하로 하고 최고온도는 95℃로 한다.
- 3단계 : 최고 온도 65℃ 이후 등온양생기간
- 4단계 : 양생이 끝난 후 양생실의 온도를 서서히 낮추어 외기와의 온도차가 없도록 한다.(외기와의 온도차가 없을 때까지의 온도저하 기간)

ⓑ 콘크리트의 초기강도는 매우 크나, 장기강도는 작다.
ⓒ 적정 양생온도는 55~75℃이며, 95℃ 이상이 될 경우에는 효과가 없다.

㉣ 증기양생의 특징
ⓐ 강도발현이 빠르다.
- 거푸집 탈형이 빠르고, 소요의 양생과 보관 공간을 작게 할 수 있어 주로 프리캐스트 제품에 이용한다.

ⓑ 각종 포틀랜드 시멘트에 이용하면 좋은 결과를 얻을 수 있다.
ⓒ 알루미나 시멘트에서는 강도에 불리한 영향을 미치므로 이용해서는 안 된다.

④ **고온고압 증기양생**(오토클레이브 양생 ; Autoclaved Curing)
㉠ 오토클래이브(Autoclave, 고온고압의 용기) 내에서 180℃ 전후의 고온과 7~15기압(평균 1MPa)의 고압을 이용하여 양생하는 방법으로 단시간 내에 높은 강도의 콘크리트를 얻기 위한 양생 방법이다.
㉡ 고압증기 양생한 콘크리트는 표준온도로 양생한 콘크리트와 비교하여 수축률은 약 1/6~1/3 감소하는 경향이 있다.

1-3 이음 및 마무리

1. 이 음(줄눈)

(1) 시공이음(Construction Joint)

콘크리트 타설시 경화한 콘크리트에 새로운 콘크리트를 이어 칠 때 구 콘크리트와 신 콘크리트 사이에 발생하는 이음을 말한다.

① 시공이음을 하는 경우
㉠ 시공 중 장비 또는 일기의 변화로 인해 콘크리트 타설을 계속할 수 없는 경우

ⓛ 1일 콘크리트 타설의 마무리
　　　ⓒ 시공 상 불가피한 마무리
　② 시공이음 일반
　　　㉠ 시공이음은 가능한 한 전단력이 작은 위치에 설치한다.
　　　ⓛ 시공이음은 부재의 압축력이 작용하는 방향과 직각으로 위치시키는 것이 원칙이다(시공이음은 현장 형편에 따라 임의 변경이 불가하다).
　　　ⓒ 수평이음은 미관상 일직선으로 설치한다.
　③ 연직 시공이음은 거푸집을 사용한다.
　④ 구 콘크리트면의 처리 방법
　　　㉠ 경화 전의 처리 방법
　　　　ⓐ 구 콘크리트가 굳기 전에 고압 공기 또는 물로 콘크리트 표면을 제거하고 굵은 골재를 노출시키는 방법
　　　　ⓑ 지연제를 사용하여 처리하는 방법
　　　ⓛ 경화 후의 처리 방법
　　　　표면에 모래를 뿌리거나 Chipping 후 물로 씻어낸다.

> **Chipping**
> 갈라진 틈이나 표면의 결점, 그 밖의 군더더기 따위를 제거하는 것을 말한다.

　⑤ 부득이 전단이 큰 위치에 시공이음을 설치할 경우
　　　㉠ 시공이음에 장부(요철) 또는 홈을 둔다.
　　　ⓛ 적절한 강재를 배치하여 보강하여야 한다.
　　　ⓒ 철근 정착길이는 콘크리트와 철근의 부착강도가 충분히 확보되도록 철근 지름의 20배 이상(20d 이상)으로 하고, 원형철근의 경우에는 갈고리를 붙여야 한다.
　⑥ 외부의 염분에 의해 피해를 받을 우려가 있는 해양 및 항만콘크리트 구조물 등에 있어서는 시공이음부를 되도록 두지 않는 것이 좋다. 부득이 시공이음부를 설치할 경우에는 만조위로부터 위로 0.6m, 간조위로부터 아래로 0.6m 사이인 감조부 부분을 피하여야 한다.
　⑦ 수밀을 요하는 콘크리트에 있어서는 소요의 수밀성이 얻어지도록 적절한 간격으로 시공이음부를 두어야 한다.

(2) 방향에 따른 시공이음 종류

　① 수평시공이음
　　　㉠ 수평시공이음이 거푸집에 접하는 선은 가능한 한 수평한 직선이 되도록 하여야

한다.
　　ⓒ 경화가 시작되면 되도록 빨리 쇠솔이나 모래분사 등으로 면을 거칠게 하며 충분히 습윤상태로 양생하여야 한다.
　　ⓒ 역방향 타설 콘크리트 시공시에는 콘크리트의 침하를 고려하여 시공이음이 일체가 되도록 콘크리트의 재료, 배합 및 시공 방법을 선정하여야 한다.
　　ⓔ 수평시공이음 역방향 타설 콘크리트 이음방법
　　　ⓐ 직접법 : 경사지게 하여 기포와 블리딩수가 배출되기 쉽도록 한 이음방법
　　　ⓑ 충전법 : 팽창계의 모르타르를 충전
　　　ⓒ 주입법 : 주입관을 붙여 두고 시멘트 풀이나 수지(Resin) 등을 주입하는 방법

② 연직시공이음
　　⊙ 연직시공이음 시공에서는 시공이음면의 거푸집을 견고하게 지지하고 이음부분의 콘크리트는 진동기를 써서 충분히 다져야 한다.
　　ⓒ 구 콘크리트의 시공이음면은 쇠솔이나 쪼아내기 등에 의하여 거칠게 하고, 충분히 흡수시킨 후에 시멘트 풀, 모르타르 또는 습윤면용 에폭시수지 등을 바른 후 새 콘크리트를 타설하여 이어나가야 한다.
　　ⓒ 새 콘크리트를 타설할 때는 신ㆍ구 콘크리트가 충분히 밀착되도록 잘 다져야 한다. 또, 새 콘크리트를 타설한 후 적당한 시기에 재진동 다지기를 하는 것이 좋다.
　　ⓔ 시공이음면의 거푸집 철거는 콘크리트가 굳은 후 되도록 빠른 시기에 한다. 다만, 거푸집 제거시기를 너무 빨리하면 콘크리트에 유해한 영향을 주기 때문에 주의하여야 한다. 일반적으로 연직시공이음부의 거푸집 제거시기는 콘크리트를 타설하고 난 후 여름에는 4~6시간 정도, 겨울에는 10~15시간 정도로 한다.

③ 바닥틀과 일체로 된 기둥, 벽의 시공이음
　　⊙ 바닥틀과 일체로 된 기둥 또는 벽의 시공이음은 바닥틀과의 경계부근에 설치하는 것이 좋다.
　　ⓒ 헌치는 바닥틀과 연속해서 콘크리트를 타설하여야 한다.
　　ⓒ 내민부분을 가진 구조물의 경우에도 마찬가지로 시공하여야 한다.
　　ⓔ 헌치부 콘크리트는 다짐이 불량하기 쉬우므로 다짐에 각별히 주의하여 조밀한 콘크리트가 얻어지도록 하여야 한다.

④ 바닥틀의 시공이음
　　⊙ 바닥틀의 시공이음은 슬래브 또는 보의 경간 중앙부 부근에 두어야 한다.
　　ⓒ 다음 그림과 같이 보가 그 경간 내에서 작은 보와 교차할 경우에는 작은 보의 폭의 약 2배 거리만큼 떨어진 곳에 보의 시공이음을 설치하고, 시공이음을 통하는 경사진 인장철근을 배치하여 전단력에 대하여 보강하여야 한다.

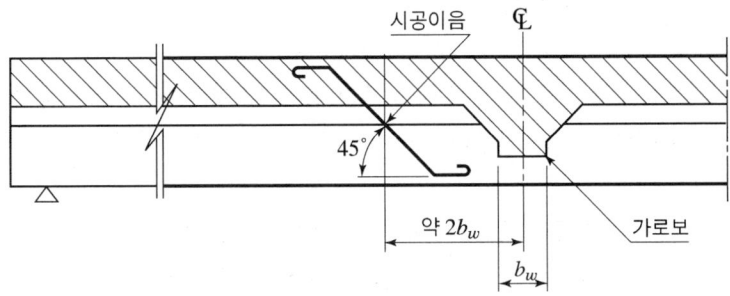

[철근에 의한 시공이음의 보강]

⑤ 아치의 시공이음
㉠ 아치의 시공이음은 아치축에 직각방향이 되도록 설치하여야 한다.
㉡ 아치축에 평행한 방향으로 연직시공이음을 부득이 설치할 경우에는 시공이음부의 위치, 보강방법 등에 대하여 충분히 검토한 후 이것을 설치하여야 한다.

(3) 신축이음(Expansion Joint)

구조물의 온도변화에 따른 수축 및 팽창, 부등침하, 지진 등의 진동에 의해 발생하는 응력에 의해 구조물이 파괴되지 않도록 구속을 완화시키고 구조물의 거동이 일체가 되도록 설치하는 이음을 말한다.

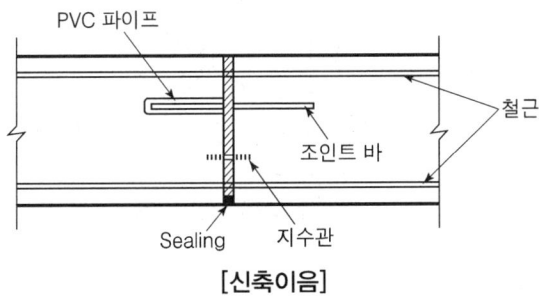

[신축이음]

① 신축이음 일반
㉠ 신축이음은 양쪽의 구조물 혹은 부재가 구속되지 않는 구조이어야 한다.
㉡ 신축이음에는 필요에 따라 줄눈재, 지수판 등을 배치하여야 한다. 특히 수밀이 필요한 구조물에서는 적당한 신축성을 가지는 지수판을 사용한다.
㉢ 신축이음의 단차를 피할 필요가 있는 경우에는 장부나 홈을 두거나 전단 연결재를 사용하는 것이 좋다.
㉣ 서로 접하는 구조물의 양쪽 부분을 구조적으로 완전히 절연시켜야 한다.(철근은 끊는 것이 원칙이다.)

ⓜ 구조물의 종류나 설치장소에 따라 콘크리트만 절연시키고 철근은 연속시키는 경우가 있으나, 반드시 보강하는 것은 아니다.
ⓗ 신축이음의 줄눈에 흙이 들어갈 우려가 있는 경우 이음 채움재를 사용하여야 하며, 채움재는 탄성 실링(Sealing)제를 사용하고 내후성이 우수한 것을 사용한다.
ⓢ 온도에 의한 팽창량을 고려해 이음 폭을 설정한다.
ⓞ 슬립바(Slip Bar)는 부식되지 않게 방청 처리한다.
ⓙ 방수가 요구되는 곳은 지수판을 설치한다.

② **지수판 재료**
  ㉠ 동판   ㉡ 스테인리스판
  ㉢ 염화비닐 수지   ㉣ 고무제품

(4) 수축이음(Control Joint, 균열유발 이음, 수축줄눈)

콘크리트의 건조수축 균열 또는 온도 균열 등이 쉽게 발생하도록 미리 적당한 간격으로 이음(줄눈)을 설치해 두어 이음 이외의 장소에 균열 발생이 어렵도록 하는 이음을 말한다.

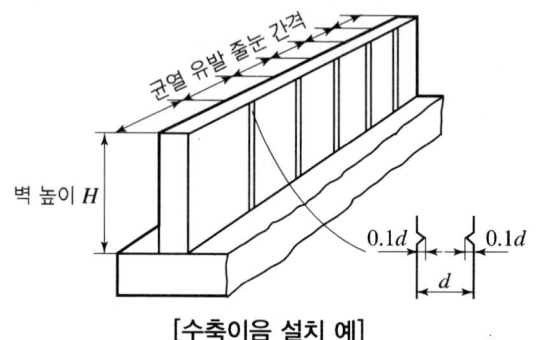

[수축이음 설치 예]

① **수축이음 일반**
  ㉠ 균열 제어를 목적으로 균열유발 줄눈을 설치할 경우 구조물의 강도 및 기능을 해치지 않도록 그 구조 및 위치를 정하여야 한다.
  ㉡ 미리 정해진 장소에 균열을 집중시키기 위해 소정의 간격으로 단면 결손부를 설치한다.
  ㉢ 콘크리트 구조물에 어느 정도 균열이 발생하면 균열과 균열 사이에는 구속이 완화되어 균열 발생이 어려워지는 성질을 이용한 것이다.
  ㉣ 균열유발 이음의 간격은 부재높이의 1배 이상에서 2배 이내로 한다.
  ㉤ 단면의 결손율은 20%를 약간 넘는 정도가 좋다.

ⓑ 이음부의 철근부식을 방지하기 위한 조치를 강구하여야 한다.
② 시공 방법
  ㉠ 콘크리트 타설 전에는 미리 가삽입물을 넣는다.
  ㉡ 콘크리트 경화 후에는 커터로 잘라 홈을 만든다.
③ 시공시 주의사항
  ㉠ 균열이 충분히 유발될 수 있도록 홈을 만든다.
  ㉡ 콘크리트 경화 후 최대한 빨리 홈을 만든다.
  ㉢ 필요시 줄눈에는 줄눈재를 주입한다.
④ 콘크리트 포장의 줄눈 설치 목적
  ㉠ 콘크리트 포장의 표층 슬래브 신축 결함 보완
  ㉡ 콘크리트 포장의 국부적 응력균열 발생 제어
  ㉢ 콘크리트 포장의 건조수축균열 제어
  ㉣ 온도변화 및 건조수축 등에 의한 2차 응력 균열을 규칙적으로 한 장소로 유도

(5) 콜드 조인트(Cold Joint)

응결하기 시작한 구 콘크리트에 새로운 콘크리트를 이어 칠 경우 먼저 타설한 구 콘크리트와 나중에 타설한 신 콘크리트 사이가 완전한 일체가 되지 않아 시공 불량에 의해 발생한 이음을 말한다.

2. 표면 마무리

(1) 콘크리트 마무리의 평탄성 표준값

[콘크리트 마무리의 평탄성 표준값]

콘크리트 면의 마무리	평탄성	참고	
		기둥, 벽의 경우	바닥의 경우
마무리 두께 7mm 이상 또는 바탕의 영향을 많이 받지 않는 마무리의 경우	1m당 10mm 이하	• 바름 바탕 • 띠장 바탕	• 바름 바탕 • 이중마감 바탕
마무리 두께 7mm 이하 또는 양호한 평탄함이 필요한 경우	3m당 10mm 이하	• 뿜칠 바탕 • 타일 압착 바탕	• 타일 바탕 • 융단깔기 바탕 • 방수 바탕
제물치장 마무리 또는 마무리 두께가 얇은 경우	3m당 7mm 이하	• 제물치장 콘크리트 • 도장 바탕 • 천붙임 바탕	• 수지 바름 바탕 • 내마모 마감 바탕 • 쇠손 마감 마무리

(2) 거푸집에 접하지 않은 면의 마무리

① 다지기를 끝내고 거의 소정의 높이와 형상으로 된 콘크리트의 윗면은 스며 올라온 물이 없어진 후나 또는 물을 처리한 후가 아니면 마무리해서는 안 된다. 마무리에는 나무흙손이나 적절한 마무리기계를 사용해야 하고, 마무리 작업은 과도하지 않게 하여야 한다.
② 마무리 작업 후 콘크리트가 굳기 시작할 때까지의 사이에 일어나는 균열은 다짐 또는 재마무리에 의해서 제거하여야 하며, 필요에 따라 재진동을 해도 좋다.
③ 매끄럽고 치밀한 표면이 필요할 때는 작업이 가능한 범위에서 가능한 한 늦은 시기에 쇠손으로 강하게 힘을 주어 콘크리트 윗면을 마무리하여야 한다.

(3) 거푸집판에 접하는 면의 마무리

① 노출면이 되는 콘크리트는 평활한 모르타르의 표면이 얻어지도록 치고 다져야 하며, 최종 마무리된 면은 설계 허용오차의 범위를 벗어나지 않아야 한다.
② 콘크리트 표면에 혹이나 줄이 생긴 경우에는 이를 매끈하게 따내야 하고, 곰보와 홈이 생긴 경우에는 그 부근의 불완전한 부분을 쪼아내고 물로 적신 후, 적당한 배합의 콘크리트 또는 모르타르로 땜질을 하여 매끈하게 마무리하여야 한다.
③ 거푸집을 떼어낸 후 온도응력, 건조수축 등에 의하여 표면에 발생한 균열은 필요에 따라 적절히 보수하여야 한다.

(4) 마모를 받는 면의 마무리

① 마모를 받는 면의 경우에는 콘크리트의 마모에 대한 저항성을 높이기 위해 강경하고 마모저항이 큰 양질의 골재를 사용하고 물-결합재비를 작게 하여야 한다. 또 밀실하고 균등질의 콘크리트로 되게 하기 위하여 꼼꼼하게 다지는 동시에 충분히 양생하여야 한다.
② 마모에 대한 저항성을 크게 할 목적으로 철분이나 철립골재(鐵粒骨材)를 사용하거나 수지 콘크리트, 폴리머 콘크리트, 섬유보강 콘크리트, 폴리머함침 콘크리트 등의 특수 콘크리트를 사용할 경우에는 각각의 특별한 주의사항에 따라 시공하여야 한다.

(5) 매끄러운 표면 마무리

매끄러운 표면은 콘크리트가 경화되기 전에 마무리 하여야 한다.

(6) 특수 마무리

특수한 마무리를 할 경우에는 단면손상, 조직의 느슨함 등 구조물 전체에 나쁜 영향을 주지 않도록 하여야 한다.

(7) 콘크리트 부재의 표면에 발행하는 기포

콘크리트 부재의 표면에 발생하는 기포의 특징은 다음과 같다.
① 단위 시멘트량이 증가하면 콘크리트 부재 표면의 기포는 감소하는 경향이 있다.
② 경사면의 윗면은 수직면의 경우보다 더 많은 기포가 발생하는 경향이 있다.
③ 거푸집 표면 부근의 진동다짐은 부재 표면의 기포를 증가시킬 수도 있다.
④ 콘크리트의 점성이 증가하면 기포가 많이 나타난다.
⑤ 고성능 감수제를 사용하여 한꺼번에 높이 타설할 경우 발생하기 쉬우며, 고성능 감수제의 양이 증가하면 기포가 많이 나타난다.
⑥ 물-시멘트비가 낮아지면 기포가 많이 나타난다.
⑦ 거푸집(형틀) 외부의 추가 진동 및 거푸집 표면 부근의 진동은 기포층을 증가시킨다.
⑧ 거푸집(형틀)이 건조해 있으면 기포가 증가 한다.
⑨ 강재 거푸집의 경우 거푸집의 온도가 높으면(여름철) 감소하고, 낮으면(겨울철) 증가한다.
⑩ 경사면의 경우 수직면의 경우보다 기포가 많이 발생한다.
⑪ 슬럼프가 증가할수록 기포는 감소한다.
⑫ 잔골재율이 감소할수록 기포가 적어진다.
⑬ 유성 성분이 적은 것일수록 기포는 감소한다.
⑭ 잔골재의 입도 분포나 사용한 물에 따라 달라진다.

Chapter 2 특수 콘크리트

 2-1 한중 콘크리트

1. 개 요

하루 평균기온(일평균기온)이 4℃ 이하가 될 것으로 예상되는 기상조건 하에서는 응결 경화반응이 몹시 지연되어, 밤이나 새벽뿐만 아니라 낮에도 콘크리트가 동결할 염려가 있으므로 한중 콘크리트로 시공한다.

2. 재 료

(1) 시멘트

① 시멘트는 KS에 규정되어 있는 포틀랜드 시멘트를 사용하는 것을 표준으로 한다.
② 매시브한 콘크리트는 중용열 포틀랜드 시멘트 혹은 혼합 시멘트를 사용할 수 있다.
③ 조강 포틀랜드 시멘트 사용이 효과적인 경우는 보통 포틀랜드 시멘트로는 소요의 양생온도 확보와 초기강도 확보가 어려운 경우이며, 이때 수화열에 의한 균열의 문제가 없어야 한다.
④ 긴급공사용 시멘트
　㉠ 초속경 시멘트를 사용할 경우 양생기간이 매우 짧아 수 시간 후 구조물을 사용할 수 있다.
　㉡ 알루미나 시멘트를 사용할 수 있다.
　㉢ 경화시간 조정제의 사용량 및 사용온도 등에 대해 주의한다.
⑤ 시멘트는 절대로 직접 가열해서는 안 된다.
⑥ 물-결합재비는 원칙적으로 60% 이하로 해야 한다.

(2) 골재와 혼합수

① 골재를 그대로 사용해서는 안 되는 경우
  ㉠ 골재가 동결되어 있는 경우 : 콘크리트 동결 우려가 커진다.
  ㉡ 빙설이 혼입되어 있는 골재 : 콘크리트 온도가 낮아지며 단위수량 유지가 어렵다.
② 골재는 시트 등으로 덮어 저장하는 것이 좋다.
③ 적정 온도
  골재를 65℃ 이상 가열하면 취급이 곤란하며, 시멘트를 급결시킬 염려가 있다.
④ 재료의 가열
  ㉠ 물은 가열이 용이하고 열용량이 크므로 물의 가열이 가장 유리하다.
  ㉡ 단위수량은 가능한 한 적게 한다.
  ㉢ 골재의 가열은 증기를 사용하는데, 관리는 쉽지만 설비적으로는 용이하지 않다.

(3) 혼화재료

① 한중 콘크리트는 AE제 및 AE감수제를 사용하는 것이 원칙이다.
② 한중 콘크리트는 AE콘크리트 사용이 원칙이다.
③ 고성능 감수제나 고성능 AE감수제를 사용하면 동결에 대한 저항성이 향상된다.
④ 방동제 또는 내한제를 사용할 수 있다.

(4) 재료의 가열

① 시멘트는 어떠한 경우라도 직접 가열하지 않아야 한다.
② 재료의 가열은 가열의 용이함과 열용량이 큰 점을 감안한다면 물의 가열이 유리하다.
③ 재료의 가열은 재료가 균일하게 가열되어 항상 소요 온도의 재료가 얻어지도록, 또 콘크리트의 비비기 작업에 대응할 수 있도록 충분한 능력을 가진 것이어야 한다.
④ 골재는 60℃ 이내로 간접 가열한다.
⑤ 시멘트 투입 전 물 온도는 40℃ 이내로 한다.

3. 시공 방법 및 대책

① 운반 및 타설은 열량의 손실이 가능한 한 적게 되도록 한다.
② 콘크리트 타설시 온도는 일반적으로 5~20℃ 범위에서 정한다.
③ 기상조건이 가혹한 경우나 부재두께가 얇은 경우는 10℃ 이상으로 한다.
④ 콘크리트를 타설할 때 철근이나 거푸집에 빙설이 부착되어 있어서는 안 된다.
⑤ 거푸집 혹은 지반이 동결되었을 때는 녹인 후 콘크리트를 타설한다.
⑥ 콘크리트 타설이 종료된 후 초기동해를 받지 않도록 초기양생을 실시한다.

4. 배 합

(1) 일반사항

① 한중 콘크리트에는 공기연행 콘크리트(AE콘크리트)를 사용하는 것을 원칙으로 한다.
② 단위수량은 초기동해를 줄이기 위해 소요의 워커빌리티를 유지할 수 있는 범위 내에서 되도록 작게 정하여야 한다.

공기연행(AE) 콘크리트 장점
① 워커빌리티 증가   ② 동결융해에 대한 저항성 증가
③ 단위수량이 감소한다.   ④ 재료분리 적게하고 블리딩이 적어진다.
⑤ 수밀성이 향상된다.

(2) 배 합

① 한중 콘크리트의 배합은 초기 동해의 방지에 필요한 압축강도가 초기 양생기간 내에 얻어지도록 하고, 또한 콘크리트의 설계기준강도가 소정의 재령에서 얻어지도록 정하여야 한다.
② 물-결합재비는 원칙적으로 60% 이하로 하여야 한다.
③ 배합강도 및 물-결합재비는 일반 콘크리트의 배합강도 규정 및 물-결합재비 규정에 의하여 결정하여야 한다.
④ 적산온도
    적산온도는 콘크리트의 강도를 콘크리트 온도와 시간의 함수로서 일반적으로는 다음 식으로 나타낸다.

$$M = \sum_{0}^{t}(\theta + A)\Delta t$$

여기서, M : 적산온도(°D · D(일(day))과 ℃ · D)
θ : Δt시간 중의 콘크리트의 일평균 양생온도(℃)
다만, θ는 가열보온양생 혹은 단열보온양생을 하는 기간에서는 콘크리트의 예상 일평균 양생온도로 하며, 위의 보온양생을 하지 않는 기간에는 예상 일평균기온으로 한다.
A : 정수로서 일반적으로 10℃가 사용된다.
Δt : 시간(일(day))

(3) 내구성을 고려하여 정하는 경우

① 기상작용에 대한 내동해성을 위해서는 공기연행 콘크리트(AE콘크리트)가 원칙이다.
② 제빙화학제가 사용되는 콘크리트의 물-시멘트비는 45% 이하로 한다.
③ 내동해성을 고려한 공기연행콘크리트의 최대 물-시멘트비[%]

기상 조건		기상작용이 심한 경우 또는 동결융해가 종종 반복되는 경우		기상작용이 심하지 않은 경우, 빙점이하의 기온으로 되는 일이 드문 경우	
	단 면	얇은 경우	보통 경우	얇은 경우	보통 경우
구조물의 노출	(1) 계속해서 또는 종종 물로 포화 되는 부분	45	50	50	55
	(2) 보통의 노출상태에 있으며 (1)에 해당하지 않는 경우	50	55	55	60

5. 비 비 기

① 동결되어 있는 골재나 빙설이 혼입되어 있는 골재는 그대로 사용해서는 안 된다.
② 재료를 가열할 경우, 물 또는 골재를 가열하도록 하며, 시멘트는 어떠한 경우라도 직접 가열해서는 안 된다. 골재의 가열은 온도가 균등하게 되고 또 건조되지 않는 방법을 적용하여야 한다.
③ 타설 종료 후 콘크리트 온도

$$T_2 = T_1 - 0.15(T_1 - T_0)t$$

여기서, T_2 : 타설 종료 후 콘크리트 온도(℃)
 T_1 : 믹싱시의 콘크리트 온도(℃)
 T_0 : 주위 기온(℃)
 t : 비빈 후부터 타설 종료 때까지 시간(hr)
 0.15 : 타설이 끝났을 때 콘크리트의 온도는 운반, 타설 도중의 열손실 때문에 믹서에서 비볐을 때의 온도보다 저하하는데, 이 저하의 정도는 일반적으로 운반 및 타설시간 1시간에 대하여 콘크리트 온도와 주위 기온과의 차이는 15% 정도로 본다.

④ 가열한 재료를 믹서에 투입하는 순서는 시멘트가 급결하지 않도록 정하여야 한다.
⑤ 가열한 물과 시멘트가 접촉하면 시멘트가 급결할 우려가 있으므로 먼저 가열한 물과 굵은골재, 다음에 잔골재를 넣어서 믹서 안의 재료온도가 40℃ 이하가 된 후 최후에 시멘트를 넣는 것이 좋다.

6. 자재 품질관리

한중 콘크리트의 자재 품질관리는 일반 콘크리트의 자재 품질관리 규정에 따른다.

7. 시 공(운반 및 타설)

① 콘크리트의 운반 및 타설은 열량의 손실을 가능한 한 줄이도록 하여야 한다.
② 콘크리트 펌프를 사용할 경우 수송관이 너무 냉각되어 있으면, 관의 내벽에 모르타르의 동결로 인한 부착으로 예기치 않은 고장이 생기는 수가 있다. 이것을 방지하기 위해서는 관로의 보온, 타설 전 온수에 의한 예열, 타설 종료시의 청소 등을 철저히 하여야 한다.
③ 타설할 때의 콘크리트 온도는 구조물의 단면치수, 기상조건 등을 고려하여 5~20℃의 범위에서 정한다. 기상조건이 가혹한 경우나 부재두께가 얇을 경우 타설할 때의 콘크리트 최저온도는 10℃를 확보하도록 한다.
④ 콘크리트를 타설할 때에는 철근이나, 거푸집 등에 빙설이 부착되어 있어서는 안 된다.
⑤ 동결된 지반 위에 콘크리트를 타설하면 급격한 온도저하를 일으키며, 또 동결한 지반이 녹았을 때 콘크리트가 침하한다. 따라서 마무리된 지반은 콘크리트 타설까지의 사이에 동결하지 않도록 시트 등으로 덮어놓아야 한다. 이미 지반이 동결되어 있는 경우에는 적당한 방법으로 이것을 녹인 후 콘크리트를 쳐야 한다.
⑥ 시공이음부의 콘크리트가 동결되어 있는 경우는 적당한 방법으로 이것을 녹여 일반 콘크리트의 일반사항 및 수평시공이음, 연직시공이음 규정 등에서 제시한 방법으로 콘크리트를 이어 쳐야 한다.
⑦ 타설이 끝난 콘크리트는 양생을 시작할 때까지 콘크리트 표면의 온도가 급랭할 가능성이 있으므로, 콘크리트를 친 후 즉시 시트나 기타 적당한 재료로 표면을 덮고 특히, 바람을 막는다.

8. 양 생

(1) 초기 양생

① 콘크리트 타설이 종료된 후 초기 동해를 받지 않도록 초기 양생을 실시한다.
② 바람은 콘크리트 표면으로부터 수분의 증발을 촉진시켜서 표면 근처의 콘크리트 온도를 저하시키므로, 콘크리트를 친 직후에 찬바람이 콘크리트 표면에 닿는 것을 방지하여야 한다.

③ 심한 기상작용을 받는 콘크리트는 다음 페이지 표에서 나타낸 압축강도가 얻어질 때까지 콘크리트의 온도를 5℃ 이상으로 유지하여야 하며, 특히 2일간은 구조물의 어느 부분이라도 0℃ 이상이 되도록 유지하여야 한다.

④ 초기 동해 방지의 관점에서 콘크리트의 최저온도를 5℃로 하였지만, 추위가 심한 경우 또는 부재두께가 얇은 경우에는 10℃ 정도로 하는 것이 바람직하다.

⑤ 심한 기상작용을 받는 콘크리트 양생 종료시의 소요 압축강도를 얻기에 필요한 양생 일수는 시험에 의해 정하는 것이 원칙이나 5℃ 및 10℃에서 양생할 경우의 일반적인 표준은 다음 표 값과 같다.

[심한 기상작용을 받는 콘크리트 양생 종료시의 소요 압축강도의 표준(MPa)]

구조물의 노출 \ 단면	얇은 경우	보통의 경우	두꺼운 경우
① 계속해서 또는 자주 물로 포화되는 부분	15	12	10
② 보통의 노출상태에 있고 ①에 속하지 않는 부분	5	5	5

[소요 압축강도를 얻는 양생일수의 표준(보통의 단면)]

구조물의 노출상태	시멘트의 종류	보통 포틀랜드 시멘트	조강 포틀랜드 + 보통 포틀랜드 + 촉진제	혼합 시멘트 B종
① 계속해서 또는 자주 물로 포화되는 부분	5℃	9일	5일	12일
	10℃	7일	4일	9일
② 보통의 노출상태에 있고 ①에 속하지 않는 부분	5℃	4일	3일	5일
	10℃	3일	2일	4일

⑥ 단면의 두께가 얇고 보통의 노출상태에 있는 콘크리트는 초기 양생 종료 후 계속 특별한 보온양생을 하지 않는 경우 콘크리트 노출면은 시트, 기타 적절한 재료로 덮어서 초기 양생 완료 후 2일간 이상은 콘크리트의 온도를 0℃ 이상으로 보존하여야 한다.

(2) 보온양생

① 한중 콘크리트의 보온양생 방법은 다음 중 한 가지 방법을 선택하여 보온양생한다.
  ㉠ 급열양생
  ㉡ 단열양생
  ㉢ 피복양생
  ㉣ 이들을 복합한 방법

② 보온양생 일반사항
　㉠ 보온양생 또는 급열양생을 끝마친 후에는 콘크리트의 온도를 급격히 저하시켜서는 안된다.
　㉡ 보온양생이 끝난 후에는 양생을 계속하여 관리재령에서 예상되는 하중에 필요한 강도를 얻을 수 있게 실시하여야 한다.
　㉢ 가열보온 양생 중 가장 널리 사용되는 방법은 공간가열법이다.

급열양생(Heat Curing)이란 양생기간 중 어떤 열원을 이용하여 콘크리트를 가열하는 양생을 말한다.

 2-2 서중 콘크리트(Hot Weather Concrete)

1. 개 요

① 높은 외부기온으로 콘크리트의 슬럼프 저하나 수분의 급격한 증발 등의 염려가 있을 경우에 시공되는 콘크리트로서 하루 평균기온이 25℃(최고 온도 30℃ 초과)를 초과하는 경우 서중 콘크리트로 시공한다.
② 서중 콘크리트의 시공에 있어서는 기온이 높으면 그에 따라 콘크리트의 온도가 높아져서
　㉠ 운반중의 슬럼프 저하
　㉡ 연행공기량의 감소
　㉢ 콜드 조인트의 발생
　㉣ 표면 수분의 급격한 증발에 의한 균열의 발생
　㉤ 온도균열의 발생 등 위험성이 증가한다.
그러므로 콘크리트를 타설할 때와 타설 직후에는 가능한 한 콘크리트의 온도가 낮아지도록 재료의 취급, 비비기, 운반, 타설 및 양생 등에 대하여 적절한 조치를 취하여야 한다.

2. 서중 콘크리트의 문제점

(1) 과대 팽창

① 내부구속에 의한 균열
  콘크리트 타설 후 중앙부와 표면부의 변형률이 다르기 때문에 응력(내부구속)이 발생하여 표면균열이 발생한다.
② 외부구속에 의한 균열
  ㉠ 냉각과정에서 콘크리트의 체적은 수축하지만 이것이 기초에 구속되어 콘크리트의 하부가 응력을 받아 균열이 발생한다.
  ㉡ 구조물을 관통하는 균열로 구조적인 문제가 발생한다.
③ 대책 : 수화열을 저하시켜 응결을 지연시켜야 한다.

(2) 유동성 저하

① 다짐 불량
② 채움 불량
③ 대책 : 응결을 지연시켜 유동성을 증가시켜야 한다.

3. 재료의 배합

① 서중 콘크리트에 사용하는 재료는 일반 콘크리트의 재료규정 사항에 따른다.
② 콘크리트의 배합은 소요의 강도 및 워커빌리티를 얻을 수 있는 범위 내에서 단위수량 및 단위 시멘트량을 가능한 한 적게 하여야 한다.
③ 일반적으로는 기온 10℃의 상승에 대하여 단위수량은 2~5% 증가하므로 소요의 압축강도를 확보하기 위해서는 단위수량에 비례하여 단위 시멘트량의 증가를 검토하여야 한다.
④ 단위 시멘트량이 커지면 수화발열량이 증대하므로 온도균열이 발생하게 되어 장기강도의 증가를 기대할 수 없는 경우가 있으므로 되도록 단위수량을 작게 하는 동시에 단위 시멘트량이 너무 많아지지 않도록 적절한 조치를 취하여야 한다.

4. 시공 일반

① 콘크리트 온도는 운반이 끝난 시점에서 35℃를 넘지 않아야 한다.
② 서중 콘크리트 시공시 기온이 높으면 발생되는 현상
  ㉠ 콘크리트 온도가 상승되어 운반중 슬럼프 저하

ⓒ 연행공기량 감소
ⓒ 콜드 조인트 발생
ⓔ 표면수분의 급격한 증발에 의한 균열 발생 : 콘크리트 표층부 밀실성 저하
ⓜ 온도 균열의 발생
ⓗ 장기강도 저하
③ 비빈 콘크리트는 1.5시간 이내에 쳐야 한다.
④ 콘크리트 타설에 앞서 지반이나 거푸집 등은 습윤상태로 유지한다.
⑤ 콘크리트 타설은 콜드 조인트가 생기지 않도록 신속하게 실시한다.

5. 비 비 기

① 콘크리트 재료는 온도가 되도록 낮아지도록 하여 사용하여야 한다.
② 비빈 직후의 콘크리트 온도는 기상조건, 운반시간 등의 영향을 고려하여 타설할 때 소요의 콘크리트 온도가 얻어지도록 하여야 한다.

6. 자재 품질관리

서중 콘크리트의 자재 품질관리는 「보통 콘크리트의 자재 품질관리」의 해당 규정에 따른다.

7. 시 공

(1) 운 반

① 비빈 콘크리트는 가열되거나 건조해져서 슬럼프가 저하하지 않도록 적당한 장치를 사용하여 되도록 빨리 운송하여 쳐야 한다.
② 덤프트럭 등을 사용하여 운반할 경우에는 콘크리트의 표면을 덮어서 일광의 직사나 바람으로부터 보호하는 것이 바람직하며, 펌프로 수송할 경우에는 수송관을 젖은 천으로 덮는 것이 좋다.

(2) 타 설

① 콘크리트를 타설하기 전에는 지반, 거푸집 등 콘크리트로부터 물을 흡수할 우려가 있는 부분을 습윤상태로 유지하여야 한다.
② 거푸집, 철근 등이 직사일광을 받아서 고온이 될 우려가 있는 경우에는 살수, 덮개

등의 적절한 조치를 하여야 한다.
③ 콘크리트는 비빈 후 되도록 빨리 타설하는 것이 바람직하며, KS F 2560의 지연형 감수제를 사용하는 등의 일반적인 대책을 강구한 경우라도 1.5시간 이내에 타설하여야 한다.
④ 콘크리트를 타설할 때의 콘크리트 온도는 35℃ 이하이어야 한다.
⑤ 콘크리트 타설은 콜드 조인트가 생기지 않도록 적절한 계획에 따라 실시하여야 한다.

(3) 양 생

① 콘크리트 타설을 끝냈을 때에는 즉시 양생을 시작하여 콘크리트 표면이 건조하지 않도록 보호하여야 한다. 특히 타설 후 적어도 24시간은 노출면이 건조하는 일이 없도록 습윤상태로 유지해야 하며, 양생은 적어도 5일 이상 실시하는 것이 바람직하다.
② 목재거푸집의 경우처럼 거푸집판에 따라서 건조가 일어날 우려가 있는 경우에는 거푸집까지 습윤상태로 유지하여야 한다. 특히 거푸집을 떼어낸 후에도 양생기간 동안은 노출면을 습윤상태로 유지하여야 한다.

8. 현장 품질관리

서중 콘크리트의현장 품질관리는 콘크리트 시공 검사 규정 외에 다음 표 값에 의한다.

[서중 콘크리트의 품질검사]

항목	시험 · 검사 방법	시기 · 횟수	판단기준
외기온도	온도측정	공사 시작 전 및 공사중	일평균기온 25℃를 초과하는 경우
타설시 온도		공사중	• 35℃ 이하 및 계획한 온도의 범위 내, 계획하는 온도 범위는 일반 콘크리트의 타설 규정에 적합할 것 • 매스 콘크리트의 경우는 매스 콘크리트 시공 규정에 준할 것
운반시간	시간 확인	공사시작 전 및 공사중	비비기로부터 타설 종료까지의 시간은 1.5시간 이내 및 계획한 시간 이내일 것

2-3 매스 콘크리트(Mass Concrete)

1. 매스 콘크리트 일반

(1) 개 요
매스 콘크리트로 다루어야 하는 구조물의 부재치수는 일반적인 표준으로서 넓이가 넓은 평판구조에서는 두께 0.8m 이상, 하단이 구속된 벽체에서는 두께 0.5m 이상으로 한다.

(2) 일반사항
① 매스 콘크리트로 다루어야 하는 구조물의 부재치수
  ㉠ 넓이가 넓은 평판구조에서는 두께 0.8m 이상
  ㉡ 하단이 구속된 벽체에서는 두께 0.5m 이상
② 내부구속에 의한 균열(Internal Restrained Stress)
   콘크리트 단면 내의 온도차에 의해 발생하는 내부구속 작용에 의한 응력으로 콘크리트 타설 후 중앙부와 표면부의 변형률이 다르기 때문에 응력(내부구속)이 발생하여 표면균열이 발생한다.

부재 내 온도분포

내부구 속에 의한 응력

③ 외부구속에 의한 균열(External Restricted Stress)
   새로 타설된 콘크리트 블록의 자유로운 열변형이 외부로부터 구속되는 경우에 발생하는 응력으로 냉각과정에서 콘크리트의 체적은 수축하지만 이것이 기초에 구속되어 콘크리트의 하부가 응력을 받아 균열이 발생한다.

(3) 매스 콘크리트의 온도균열 제어방법
① 초기 양생시 콘크리트의 온도상승이 급격히 발생하지 않도록 한다.
② 거푸집 탈형 후에 콘크리트 표면의 급냉을 방지한다.
③ 콘크리트 내부와 표면의 온도차를 크지 않도록 한다.
④ 콘크리트의 타설 온도는 가능한 한 낮게 한다.

⑤ 매스 콘크리트에서는 구조물에 필요한 기능 및 품질을 손상시키지 않도록 온도균열을 제어하기 위해 적절한 콘크리트의 품질 및 시공 방법의 선정, 균열 제어철근의 배치 등의 조치를 취하여야 한다.

⑥ 매스 콘크리트의 설계 및 시공상의 유의사항은 온도균열의 제어에 있다. 이를 위해서는 건설되는 구조물의 용도, 필요한 기능 및 품질에 대응하도록 균열 발생 방지대책이나 혹은 균열폭, 간격, 발생위치에 대한 제어를 실시하여야 한다.

⑦ 매스 콘크리트에 대하여는 시멘트, 혼화재료, 골재 등의 재료 및 배합의 적절한 선정, 블록분할과 이음위치, 콘크리트 타설의 시간간격의 선정, 거푸집 재료 및 종류와 구조, 콘크리트의 냉각 및 양생방법의 선정 등 시공 전반에 걸친 검토를 하여야 한다.

⑧ 구조물을 설계할 때에 신축이음이나 수축이음을 계획하여 균열 발생을 제어할 수도 있으며, 이때 구조물의 기능을 고려하여 위치 및 구조를 정하고 필요에 따라서 배근, 지수판, 충전재를 설계한다. 특히, 외부 구속을 많이 받는 벽체 구조물의 경우에는 수축이음을 설치하여 균열 발생 위치를 제어하는 것이 효과적이므로 이를 검토하여야 한다.

⑨ 그 밖의 균열 방지 및 제어방법

균열 방지 및 제어방법은 그 효과와 경제성을 종합적으로 판단하여 결정한다.

　㉠ 온도저하 또는 제어방법

　　ⓐ 콘크리트의 프리쿨링(Pre-cooling) : 콘크리트의 선행냉각
　　　콘크리트에 사용되는 재료의 일부 또는 전부를 냉각시켜 콘크리트의 온도를 낮추는 방법이다.

　　ⓑ 콘크리트의 파이프 쿨링(Pipe cooling) : 콘크리트의 관로식 냉각
　　　매스 콘크리트의 시공에서 콘크리트를 타설한 후 콘크리트의 온도를 제어하기 위해 미리 콘크리트 속에 묻은 파이프 내부에 냉수 또는 공기를 보내 콘크리트를 냉각하는 방법이다.

　㉡ 팽창 콘크리트의 사용에 의한 균열 방지방법

　㉢ 온도 제어 철근의 배치에 의한 방법

(4) 수축이음(균열유발 이음)

① 벽체구조물의 경우 온도균열을 제어하기 위해서는 구조물의 길이 방향에 일정 간격으로 단면 감소 부분을 만들어 그 부분에 균열이 집중되도록 하고 나머지 부분에서는 균열이 발생하지 않도록 함과 동시에 균열이 발생한 위치에 대한 사후 조치를 쉽게 하기 위해 수축이음을 설치할 수 있다.

② 수축이음의 단면 감소율
계획된 위치에서의 균열 발생을 확실히 유도하기 위해서 수축이음의 단면 감소율을 35% 이상으로 하여야 한다.
③ 수축이음의 위치는 구조물의 내력에 영향을 미치지 않는 곳에 설치한다.
④ 수축이음의 간격
구조물의 치수, 철근량, 타설 온도, 타설 방법 등에 의해 큰 영향을 받으므로 이들을 고려하여 정하여야 하며, 일반적으로 4~5m로 한다.

(5) 온도균열 발생 검토
① 실적에 의한 평가
② 온도균열지수에 의한 평가
㉠ 균열 발생에 대한 안정성의 척도가 되는 것으로 매스 콘크리트의 온도균열 발생에 대한 검토는 온도균열지수에 의해 평가하는 것을 원칙으로 한다.
㉡ 정밀한 해석방법에 의한 온도균열지수는 아래 식과 같이 임의의 재령에서의 콘크리트 인장강도와 수화열에 의한 온도응력의 비로서 구한다.

$$I_{cr}(t) = f_t(t)/f_x(t)$$

여기서, $I_{cr}(t)$: 온도균열 지수
$f_x(t)$: 재령 t 일에서의 수화열에 의하여 생긴 부재 내부의 온도응력 최대값[MPa]
$f_t(t)$: 재령 t 일에서의 콘크리트의 쪼갬 인장강도로서, 재령 및 양생온도를 고려하여 구하여야 한다[MPa].

③ 온도균열지수의 산정
㉠ 정밀한 방법
필요한 임의의 재령에서의 온도응력 해석은 유한요소법 등과 같은 정밀한 방법을 사용하는 것이 좋다.
㉡ 간이적인 방법
수화열에 의한 균열 발생 우려가 크지 않다고 판단되는 구조물의 경우에는 온도해석만을 실시하여 다음과 같은 간이적인 방법으로 온도균열지수를 구해 안전성을 평가할 수도 있다.
ⓐ 연질의 지반 위에 친 평판 등과 같이 내부구속응력이 큰 경우

$$온도균열지수 = \frac{15}{\Delta T_i}$$

여기서, ΔT_i : 내부온도가 최고일 때의 내부와 표면과의 온도차(℃)

ⓑ 암반이나 매시브한 콘크리트 위에 친 평판 등과 같이 외부구속응력이 큰 경우

$$온도균열지수 = \frac{10}{R \Delta T_0}$$

여기서, R : 외부구속의 정도를 표시하는 계수
ΔT_0 : 부재 평균 최고온도와 외기온도와의 균형시의 온도차(℃)

조건	외부구속의 정도를 표시하는 계수(R)
비교적 연한 암반 위에 콘크리트를 타설할 때	0.50
중간 정도의 단단한 암반 위에 콘크리트를 타설할 때	0.65
경암 위에 콘크리트를 타설할 때	0.80
이미 경화된 콘크리트 위에 타설할 때	0.60

ⓒ 온도균열지수는 구조물의 중요도, 기능, 환경조건 등에 대응할 수 있도록 선정하여야 한다.
ⓓ 철근이 배치된 일반적인 구조물에서의 표준적인 온도균열지수 값
　ⓐ 균열 발생을 방지하여야 할 경우 : 1.5 이상
　ⓑ 균열 발생을 제한할 경우 : 1.2 이상 1.5 미만
　ⓒ 유해한 균열 발생을 제한할 경우 : 0.7 이상 1.2 미만

(6) 매스 콘크리트의 온도균열 방지대책

① 적절한 콘크리트의 품질 및 시공 방법의 선정, 균열제어철근의 배치 등의 조치를 강구한다.
② 온도균열지수를 높인다.
③ 균열발생 방지대책 혹은 균열폭, 간격, 발생 위치에 대한 제어를 실시한다.
④ 유동화 콘크리트 공법을 도입한다.
⑤ 발열량이 적은 시멘트를 사용한다.
⑥ 단위 시멘트량을 줄인다.
⑦ 외부구속을 받는 벽체구조물의 경우에는 균열유발 줄눈을 설치하는 것이 효과적이다.
⑧ 프리쿨링, 파이프쿨링 등에 의한 온도저하 또는 제어방법을 활용한다.
⑨ 균열제어철근의 배치에 의한 방법을 활용한다.

2. 재 료

(1) 시멘트

매스 콘크리트에서는 수화열 저감을 위해 다음과 같은 시멘트를 사용하는 것이 바람직하다.

① 사용할 수 있는 포틀랜드 시멘트
 ㉠ 저열 포틀랜드 시멘트 : KS L 5201의 저발열형 시멘트
 ㉡ 중용열 포틀랜드 시멘트

② 혼합 시멘트
 ㉠ 2성분계 혼합형 시멘트 : 고로 슬래그 미분말, 플라이애시 등이 혼합된 것
  ⓐ 고로 슬래그 시멘트(KS L 5210)
  ⓑ 플라이애시 시멘트(KS L 5411)
 ㉡ 3성분계 혼합형 시멘트
  KS L 5405의 플라이애시와 KS F 2563의 고로 슬래그 미분말이 동시에 혼합된 것

(2) 혼화재료

고로 슬래그 미분말을 혼입하거나 저발열 시멘트를 사용하는 등 수화열을 저감시켜야 하므로 촉진형 혼화제는 사용해서는 안된다.

(3) 배 합

① 매스 콘크리트의 재료 및 배합을 결정할 때에는 설계기준강도와 소정의 워커빌리티를 만족하는 범위 내에서 콘크리트의 온도상승이 최소가 되도록 하여야 한다.
② 콘크리트의 발열량은 대체적으로 단위 시멘트량에 비례하므로 콘크리트의 온도상승을 감소시키는 데에는 소요의 품질을 만족시키는 범위 내에서 단위 시멘트량이 적어지도록 배합을 선정하여야 한다.

3. 시 공

(1) 콘크리트 타설 온도

① 매스 콘크리트의 타설 온도는 온도균열을 제어하기 위한 관점에서 가능한 한 낮게 하여야 한다.
② 콘크리트의 타설 온도를 낮추는 것은 부재 내외부의 온도차와 최고 온도를 줄여 줌으로써 온도균열을 제어하는 데 매우 효과가 있다.

③ 콘크리트 타설 온도를 낮추는 방법에는 물, 골재 등의 재료를 미리 냉각시키는 방법인 프리쿨링 방법(선행냉각 방법 ; Pre-cooling)이 있다.
　㉠ 냉수나 얼음을 따로따로 혹은 조합해서 사용하는 방법
　㉡ 냉각한 골재를 사용하는 방법
　㉢ 액체질소를 사용하는 방법

(2) 양생시의 온도제어
① 매스 콘크리트의 양생은 콘크리트의 온도변화를 제어하기 위하여 적절한 방법에 따라 실시하여야 한다.
② 콘크리트 온도를 가능한 한 천천히 외기온도에 가까워지도록 하기 위해 필요에 따라 콘크리트 표면의 보온 및 보호조치 등을 강구하여야 한다.
③ 매스 콘크리트 타설 후의 온도제어 대책으로서 파이프 쿨링은 유효한 방법이다.
④ 관로식 냉각(파이프 쿨링)을 할 때에는 소정의 효과를 거둘 수 있도록 파이프의 지름, 간격, 쿨링 수의 온도와 양 및 기간 등을 조절하여야 한다.
⑤ 온도제어양생
　㉠ 콘크리트를 친 후 일정 기간 콘크리트의 온도를 제어하는 양생을 말한다.
　㉡ 주로 한중, 서중 및 매스콘크리트가 대상이다.
　㉢ 초기 재령에서의 급격한 건조는 강도발현을 지연시킬 뿐만 아니라 표면균열의 원인이 된다.
　㉣ 양생온도가 낮을 경우에는 양생기간을 길게 한다.
　㉤ 고로 슬래그 시멘트나 플라이애시 시멘트를 사용할 경우에는 천천히 경화되기 때문에 보통 포틀랜드 시멘트 사용 시보다 양생기간을 길게 해야 한다.

(3) 운반, 타설 및 양생
① 매스 콘크리트의 시공에서는 사전 검토에 의한 온도균열 제어대책의 효과가 얻어지도록 또, 대량의 콘크리트를 연속적으로 시공하기 위한 모든 조건을 만족하도록 운반, 타설, 양생 등에 대하여 적절한 조치를 취하여야 한다.
② 넓은 면적에 걸쳐 콘크리트를 타설할 경우에는 콜드 조인트가 생기지 않도록 한 시공구간의 면적, 콘크리트의 공급능력, 이어치기의 허용시간 등을 고려하여 시공 순서를 정하여야 한다.
③ 콘크리트의 이어치기 허용시간
　㉠ 시멘트의 종류, 혼화제의 종류 및 사용량, 콘크리트의 온도, 외기온도 등에 따라 다르다.

ⓒ 일반적인 타설 시간간격
  ⓐ 외기온이 25℃ 미만일 때 : 120분
  ⓑ 외기온이 25℃ 이상일 때 : 90분
ⓒ 기온이 높을 경우에는 콜드 조인트가 생기기 쉬우므로 응결지연제의 사용, 1층의 타설 높이의 저감 등에 대해 주의하여야 한다.
④ 매스 콘크리트에서는 콘크리트를 친 후에 침강이 커서 침강균열이 생길 경우도 있다. 침강균열 자체는 구조물에 미치는 영향은 작지만, 온도균열 발생의 원인이 되므로 침강 발생이 우려되는 경우에는 재진동다짐이나 다짐(Tamping) 등을 실시하여야 한다.

(4) 현장 품질관리

① 매스 콘크리트의 현장 품질관리는 일반 콘크리트의 현장 품질관리 규정의 해당요건 외에 다음 표에 따른다.

[매스 콘크리트의 온도관리 및 검사]

항목	시험·검사방법	시기·횟수	판정기준
콘크리트 타설온도	온도 측정	공사중	계획온도에 적합할 것
양생중의 콘크리트 온도 폭은 보온양생된 공간의 온도			
균열	외관 관찰		계획된 온도균열에 적합할 것

② 거푸집을 떼어낸 후에 통상의 검사에 추가하여 콘크리트의 온도균열 검사를 실시하여 유해한 온도균열이 발생한 것으로 판단된 경우에는 균열보수 등의 적절한 조치를 취하여야 한다.
③ 매스 콘크리트를 타설한 후 양생기간 중에는 콘크리트의 온도상승 속도, 최대온도, 강하속도, 온도분포 등 온도의 발현 특성이 사전의 예측값과 비교하여 큰 차이가 없는지 확인해야 한다. 만약 예측값과 큰 차이가 발생한 경우에는 그 원인을 규명하고 책임 기술자는 적절한 조치를 취해야 한다.

2-4 유동화 콘크리트

1. 개요

유동화 콘크리트(Plasticized Concrete)는 증점제나 분체 또는 고성능 감수제 등을 첨가하여 시멘트 풀의 소성 점도를 증대시키고 항복치를 저하시킴으로써 콘크리트의 유동성을 향상시킨 콘크리트를 말한다.

(1) 베이스 콘크리트(Base Concrete)
① 유동화 콘크리트 제조시 유동화제를 첨가하기 전의 기본 배합 콘크리트로서 믹서로 일단 비비기를 완료한 콘크리트를 말한다.
② 숏크리트의 습식 방식에서 사용하는 급결제를 첨가하기 전의 콘크리트를 말한다.

(2) 유동화 콘크리트(Plasticized Concrete)
미리 비빈 콘크리트(베이스 콘크리트)에 유동화제를 첨가한 후 이를 적당한 교반장치로 혼합하여 유동성을 증대시킨 콘크리트를 말하는 것으로 유동화 콘크리트의 품질은 베이스 콘크리트의 품질에 따라 좌우된다.

(3) 유동화제(Superplasticizer)
배합이나 굳은 후의 콘크리트 품질에 큰 영향을 미치지 않고 미리 혼합된 베이스 콘크리트에 첨가하여 콘크리트의 유동성을 증대시키기 위해 사용하는 혼화제

2. 재료

(1) 시멘트
시멘트는 일반 콘크리트의 재료 규정에 따른다.

(2) 골재
골재는 일반 콘크리트의 재료 규정에 따른다.

(3) 유동화제
① 유동화제 일반
   ㉠ 유동화제는 콘크리트학회 규준 KCI-AD101의 품질에 적합한 것으로 한다.

© AE제, 감수제, AE감수제 및 고성능 AE감수제는 KS F 2560에 적합하고, 또한 유동화제와 병용한 경우에는 유동화 콘크리트에 나쁜 영향을 미치지 않아야 한다.

② 유동화제의 종류 : 표준형, 지연형

③ 유동화제의 주성분
㉠ 나프탈린계　㉡ 멜라민계　㉢ 리그닌계　㉣ 폴리칼본계 등

(4) 재료의 배합

① 유동화 콘크리트의 슬럼프 증가량은 100mm 이하로 하는 것이 원칙으로 하며, 50~80mm를 표준으로 한다.

② 일반 콘크리트 및 경량 콘크리트의 슬럼프 최대값은 다음 표와 같다.

[유동화 콘크리트의 슬럼프]

콘크리트 종류	베이스 콘크리트	유동화 콘크리트
일반 콘크리트	150mm 이하	210mm 이하
경량골재 콘크리트	180mm 이하	210mm 이하

(5) 자재 품질관리

① 베이스 콘크리트 및 유동화 콘크리트의 슬럼프 및 공기량 시험은 $50m^3$마다 1회씩 실시하는 것을 표준으로 한다.

② 유동화 콘크리트의 시공에서 특히 필요한 품질관리 및 검사는 다음 표에 따른다. 그 밖의 항목은 일반콘크리트의 자재 품질관리 규정에 준한다.

종류	항목	시험·검사 방법	시기·횟수	판단기준
유동화제	항목	시험성적표에 의한 균일성 확인	시기	최초 제출한 제조사 시험 성적서의 관리 기준 및 KCI-AD 101에 적합할 것
	밀도, 고형분, 적외선 분광분석	KCI-AD 101의 방법	승인 때 또는 반입 후 6개월 경과 때	
베이스 콘크리트	슬럼프	KS F 2402의 방법	$50m^3$마다 1회의 빈도를 표준으로 한다. 타설 초기는 시험빈도를 높인다.	계획한 범위 내에 있을 것. 위 (4) 재료의 배합 규정에 적합할 것
	공기량	KS F 2409의 방법 KS F 2421의 방법 KS F 2449의 방법		정해진 조건에 적합할 것
유동화 콘크리트	슬럼프 슬럼프 공기량	KS F 2402의 방법		계획한 범위 내에 있을 것. 위 (4) 재료의 배합 규정에 적합할 것
	공기량	KS F 2409의 방법 KS F 2421의 방법 KS F 2449의 방법		정해진 조건에 적합할 것

3. 시　공

(1) 콘크리트의 유동화

① 콘크리트의 유동화 방법

　콘크리트의 유동화는 다음 중 한 가지 방법에 의한다.

　㉠ 현장 첨가 + 현장 유동화 : 가장 효과적인 방법이다.

　　콘크리트 플랜트에서 운반한 콘크리트에 공사현장에서 유동화제를 첨가하여 균일하게 될 때까지 휘저어 유동화시킨다.

　㉡ 공장 첨가 + 공장 유동화

　　콘크리트 플랜트에서 트럭 애지테이터 내의 콘크리트에 유동화제를 첨가하여 즉시 고속으로 휘저어 유동화시킨다.

　㉢ 공장 첨가 + 현장 유동화

　　콘크리트 플랜트에서 트럭 애지테이터 내의 콘크리트에 유동화제를 첨가하여 저속으로 휘저으면서 운반하고 공사현장 도착 후에 고속으로 휘저어 유동화시킨다.

② 유동화 콘크리트의 재유동화는 원칙적으로 하지 않는다.

　㉠ 부득이한 경우 책임기술자의 승인을 받아 1회에 한하여 재유동화할 수 있다.

　㉡ 재유동화시에 있어서 처음 비비기로부터 타설이 끝날 때까지의 시간은 원칙적으로 일반 콘크리트의 규정에 따른다.

③ 유동화제는 원액으로 사용하고, 미리 정한 소정량을 한꺼번에 첨가한다.

④ 유동화제의 계량

　㉠ 계량은 질량 또는 용적 계량으로 한다.

　㉡ 유동화제의 계량오차는 1회에 3% 이내로 한다.

(2) 유동화 콘크리트의 이점 및 효과

① 단위수량 저감

② 건조수축 감소

③ 콘크리트 압송성 향상

④ 수화 발열량 감소

2-5 해양 콘크리트(Offshore Concrete)

1. 해양 콘크리트 일반

① 해양 콘크리트 구조물에 쓰이는 콘크리트의 설계기준강도는 30MPa 이상으로 한다.
② 해양 콘크리트 구조물은 염해를 받기 쉬운 환경이기 때문에 콘크리트의 열화 및 강재의 부식에 의해 그 기능이 손상되지 않도록 하여야 한다.
③ 강재의 방식 방법
  ㉠ 피복두께를 크게 하는 방법
  ㉡ 균열폭을 적게 하는 방법
  ㉢ 물-결합재비를 작게하는 방법
  ㉣ 플라이애시 시멘트를 적용하는 방법
  ㉤ 장기 내구성을 요하는 중요한 구조물의 경우 콘크리트의 성능 저하 방지와 강재의 부식을 방지할 수 있는 추가적인 조치를 취해야 한다.

2. 재 료

(1) 시멘트

시멘트는 해수의 작용에 대하여 특히 내구성을 키우기 위해 다음과 같은 시멘트를 사용하는 것이 좋다.
① 혼합 시멘트계
  ㉠ 고로 슬래그 시멘트(KS L 5210)
  ㉡ 플라이애시 시멘트(KS L 5411)
② 중용열 포틀랜드 시멘트(KS L 5201)
③ 혼합 시멘트계는
  ㉠ 내해수성 이외에도
  ㉡ 장기재령 강도가 크고,
  ㉢ 수화열이 적은 이점이 있어 해양 콘크리트에 적합하지만
  ㉣ 초기강도가 작은 결점이 있어 초기 습윤양생에 주의하여야 한다.

(2) 물-결합재비

① 해양 콘크리트 구조물에서 내구성으로부터 정하여지는 물-결합재비는 일반콘크리트 규정에 따른다.

② 내구성으로 정해지는 최소 단위결합재량[kg/m³]

환경 구분 \ 굵은 골재최대치수[mm]	20	25	40
물보라 지역, 간만대 및 해양 대기 중 (노출등급 ES1, ES4)	340	330	300
해중(노출등급 ES3)	310	300	280

㉠ 간만대 지역(Tidal Zone)이란 평균 간조면에서 평균 만조면까지의 범위를 말한다.
㉡ 물보라 지역(Splash Zone)이란 평균 만조면에서 파고의 범위를 말한다.
㉢ 해양대기중(Marine Atmospheree)이란 물보라의 위쪽에서 항상 해풍을 받는 열악한 환경을 말한다.

③ 공기연행콘크리트의 공기량은 일반콘크리트 규정에 따라 정해야 한다.

3. 시   공

(1) 콘크리트의 시공

① 해양구조물에서는 시공이음부를 둘 경우 성능 저하가 생기기 쉬우므로 가능한 한 피하여야 한다. 다음의 감조 부분에는 시공이음이 생기지 않도록 시공계획을 세워야 한다.
  ㉠ 최고 조위(만조위)로부터 위로 0.6m 사이
  ㉡ 최저 조위(간조위)로부터 아래로 0.6m 사이

② 간만의 차가 너무 커서 콘크리트를 1회 타설하는 높이가 매우 높은 경우나 기타 부득이한 사정으로 시공이음을 피할 수 없는 경우에는 일반 콘크리트의 이음 규정에 따르며 내구성에서 결점이 되지 않도록 충분한 조치를 강구하여야 한다.

③ 콘크리트가 충분히 경화되기 전에 해수에 씻기면 모르타르 부분이 유실되는 등 피해를 받을 우려가 있으므로 직접 해수에 닿지 않도록 보호하여야 한다.
  ㉠ 이 기간은 보통 포틀랜드 시멘트를 사용할 경우 대개 5일간이다.
  ㉡ 고로 슬래그 시멘트 등 혼합시멘트를 사용할 경우에는 이 기간을 설계기준압축강도의 75% 이상의 강도가 확보될 때까지 연장하여야 한다.

④ 강재와 거푸집판과의 간격은 소정의 피복을 확보하도록 하여야 한다. 간격재의 개수는 기초, 기둥, 벽 및 난간 등에는 2개/m² 이상, 보 및 슬래브 등에는 4개/m² 이상을 표준으로 한다.

2-6 수밀 콘크리트(Watertight Concrete)

1. 수밀 콘크리트 일반

(1) 개 요

① 각종 저장시설, 지하구조물, 수리구조물과 같이 수밀을 요구하는 구조물에서 균열이 발생하지 않도록 수밀성을 높인 콘크리트(또는 투수성이 작은 콘크리트)를 말한다.

② 공극률을 가능한 한 작게 하거나 방수성 물질을 사용하여 콘크리트 표면에 방수도막 층을 형성하여 방수성을 높인 콘크리트를 말한다.

③ 수밀 콘크리트는 방수성이 뛰어나며 전류 등에 강하고 내화학성을 가지고 있어, 염해 및 동결융해, 탄산화(중성화), 알칼리 골재반응 등에 강한 저항성을 갖으며 투수성도 낮다.

④ 수밀을 요하는 콘크리트 구조물은 투수, 투습에 의해 구조물의 안전성, 내구성, 기능성, 유지관리 및 외관 등이 영향을 받는 구조물로서 각종 저장시설, 지하구조물, 수리구조물, 저수조, 수영장, 상하수도시설, 터널 등 압력수가 작용하는 구조물을 말한다.

⑤ 수밀콘크리트 구조물의 시공은 설계 내용을 충분히 검토하여 균열, 콜드조인트, 이어치기부, 신축이음, 허니컴, 재료 분리 등 외부로부터 물의 침입이나, 내부로부터 유출의 원인이 되는 결함이 생기지 않도록 하여야 한다.

⑥ 수밀을 요하는 콘크리트 구조물은 이음부 및 거푸집 긴결재 설치 위치에서의 수밀성이 확보되도록 필요에 따라 방수를 하여야 한다.

⑦ 수밀콘크리트 구조물을 설계할 때 반드시 시공이음, 신축이음 등을 두어야 할 경우에는, 이음부를 대상으로 별도의 방수공 또는 충진재를 계획하여 책임기술자의 승인을 얻어 시공 후 누수문제가 발생하지 않도록 관리하여야 한다.

2. 재 료

(1) 재료 일반

① 수밀 콘크리트에 사용하는 재료는 일반 콘크리트의 재료규정에 따른다.

② 수밀 콘크리트는 일반 콘크리트의 혼화재료 규정에 적합한 다음의 혼화재료를 사용하는 것을 원칙으로 한다.

    ㉠ 혼화제 : ⓐ 공기연행제(AE제)　　　ⓑ 감수제
              ⓒ 공기연행 감수제(AE감수제)　ⓓ 고성능 공기연행 감수제 등
    ㉡ 혼화재료 : ⓐ 포졸란　ⓑ 팽창재　ⓒ 방수제 등

③ 혼화재료로서 팽창재, 방수제 등을 사용할 경우에는 그 효과를 확인한 뒤 사용방법을 충분히 검토하여야 한다.

(2) 재료 배합

① 배합 요령(콘크리트의 소요 품질이 얻어지는 범위 내에서)
  ㉠ 단위수량은 되도록 적게 한다.
  ㉡ 물-결합재비는 되도록 적게 한다.
  ㉢ 단위 굵은골재량은 되도록 크게 한다.
② 콘크리트의 소요 슬럼프
  ㉠ 되도록 적게 한다.
  ㉡ 180mm를 넘지 않도록 한다.
  ㉢ 콘크리트 타설이 용이할 때에는 120mm 이하로 한다.
③ 콘크리트의 워커빌리티를 개선시키기 위해 공기연행제, 공기연행 감수제 또는 고성능 공기연행 감수제를 사용하는 경우라도 공기량은 4% 이하가 되게 한다.
④ 물-결합재비는 50% 이하를 표준으로 한다.

3. 시 공

(1) 일반사항

① 적절한 간격으로 시공이음을 만든다.
② 일반적인 경우보다 잔골재율을 일정범위내에서 크게 하는 것이 좋다.
③ 콘크리트는 가능한 연속으로 타설하여 콜드조인트가 발생하지 않도록 하여야 한다.
④ 연직시공이음에는 지수판을 설치한다.
⑤ 수밀콘크리트는 누수 원인이 되는 건조수축 균열의 발생이 없도록 시공하여야 하며, 0.1 mm 이상의 균열 발생이 예상되는 경우 누수를 방지하기 위한 방수를 검토하여야 한다.

(2) 연속 타설 시간 간격

① 외기 온도가 25℃를 넘었을 경우 : 1.5시간을 넘어서는 안 된다.
② 외기 온도가 25℃ 이하일 경우 : 2시간을 넘어서는 안 된다.
  다만, 특별한 방법을 강구한 경우에는 책임 기술자의 지시에 다르거나 승인을 받아 이 시간의 한도를 변경할 수 있다.

(3) 양 생

수밀 콘크리트는 충분한 습윤양생을 해야 한다.

2-7 수중 콘크리트(Underwater Concrete)

1. 수중 콘크리트 일반

(1) 개 요

콘크리트는 공기 중에서 타설하는 것이 원칙이나 부득이 수중에서 시공해야 할 경우 사용하는 콘크리트를 수중 콘크리트라 하며, 타설 상태가 확인되지 않으므로 품질관리가 어렵기 때문에 타설 방법이 매우 중요하다.

(2) 일반사항

① 일반 수중 콘크리트, 수중불분리성 콘크리트, 현장 타설말뚝 및 지하연속벽에 사용하는 수중 콘크리트에 대하여 공사의 요건 및 구조물의 요구 성능 등을 만족시키기 위해 특히 필요한 성능을 설정하여 그 성능을 검사하여야 한다.
② 수중 콘크리트에 프리플레이스트 콘크리트 공법을 적용할 경우에는 프리플레이스트 콘크리트 규정에 따라야 한다.

2. 재 료

(1) 시멘트

일반 콘크리트의 재료 규정에 따른다.
① 굵은 골재의 최대 치수는 수중불분리성콘크리트의 경우 40mm 이하를 표준으로 하며, 부재 최소 치수의 1/5 및 철근의 최소순간격의 1/2를 초과해서는 안 되며, 현장 타설말뚝 및 지하연속벽에 사용하는 콘크리트의 경우는 25mm 이하, 철근 순간격의 1/2 이하를 표준으로 하여야 한다.
② 수중불분리성콘크리트는 타설할 때 수중불분리성을 가지며 다지지 않아도 시공이 될 정도의 유동성을 유지하고 경화 후에는 소정의 강도 및 내구성을 가져야 한다. 수중불분리성혼화제의 품질은 한국 콘크리트 학회 규준에 적합한 것이어야 한다.
③ 수중불분리성콘크리트는 혼화제의 증점효과와 소정의 유동성을 확보하기 위하여 일반 수중콘크리트보다도 단위수량이 크게 요구되므로 감수제, 공기연행감수제 또는 고성능 감수제를 사용하여야 한다. 그러나 혼화제 중에는 수중불분리성 혼화제와 병용할 경우 상호작용으로 나쁜 영향을 미치는 경우가 있기 때문에 품질을 반드시 확인하여야 한다.

④ 수중불분리성콘크리트의 수중분리 저항성은 수중분리도 혹은 수중·공기중 강도비로 설정하며, 일반적으로 수중분리도는 KCI-AD102 부속서 2에 준하여 실시한 경우 현탁 물질량은 50mg/L 이하, pH는 12.0 이하, 또 수중·공기중 강도비는 수중분리 저항성의 요구가 비교적 높은 경우 0.8 이상, 일반적인 경우에는 0.7 이상으로 설정하여야 한다.

(2) 골 재

일반 콘크리트의 재료 규정에 따른다.

(3) 혼화재료

① 수중불분리성 혼화제의 품질은 콘크리트학회 규준 KCI-AD 102에 적합한 것이어야 한다.
② 수중불분리성 콘크리트는 타설할 때 수중불분리성을 가지며 다지지 않아도 시공이 될 정도의 유동성을 유지하여야 한다.
③ 수중불분리성 콘크리트는 경화 후에 소정의 강도 및 내구성을 가져야 한다.
④ 수중불분리성 콘크리트는 혼화제의 증점효과와 소정의 유동성을 확보하기 위하여 일반 수중 콘크리트보다도 단위수량이 크게 요구되므로 감수제, 공기연행 감수제 또는 고성능 감수제를 사용하여야 한다.
⑤ 혼화제 중에는 수중불분리성 혼화제와 병용할 경우 상호작용으로 나쁜 영향을 미치는 경우가 있기 때문에 품질을 반드시 확인하여야 한다.
⑥ 수중불분리성 콘크리트의 수중분리 저항성은 수중분리도 혹은 수중·공기중 강도비로 설정한다.
⑦ 수중분리도 설정기준
　일반적으로 수중분리도는 KCI-CT102 부속서 2에 준하여 실시한 경우 다음 값 이상으로 설정해야 한다.
　㉠ 현탁 물질량은 50m/l 이하
　㉡ pH는 12.0 이하
　㉢ 수중·공기중 강도비는 수중분리 저항성의 요구가 비교적 높은 경우 0.8 이상
　㉣ 일반적인 경우에는 0.7 이상

(4) 재료의 배합

① 배합강도
　㉠ 일반 수중 콘크리트는 수중 시공시의 강도가 표준공시체 강도의 0.6~0.8배가

되도록 배합강도를 설정하여야 한다.
ⓒ 수중불분리성 콘크리트는 콘크리트학회 규준 KCI-CT 102에 따라서 제작한 수중제작 공시체의 재령 28일에서의 압축강도를 배합강도로서 설정한다.
ⓒ 현장타설 콘크리트말뚝 및 지하연속벽 콘크리트는 수중 시공시의 강도가 대기중 시공시 강도의 0.8배, 안정액 중 시공시 강도가 대기 중 시공시 강도의 0.7배로 하여 배합강도를 설정하여야 한다.

② 물-결합재비 및 단위 시멘트량

수중분리 저항성은 점성에 영향을 받으므로 물-결합재비와 단위 시멘트량으로 설정하며, 다음 표의 값을 표준으로 해야 한다.

[수중 콘크리트의 물-결합재비 및 단위 시멘트량(%)]

종류	일반 수중 콘크리트	현장 타설말뚝 및 지하연속벽에 사용하는 수중 콘크리트
물-결합재비	50% 이하	55% 이하
단위 시멘트량	370kg/m³ 이상	350kg/m³ 이상

지하연속벽에 사용하는 수중 콘크리트의 경우, 지하연속벽을 가설만으로 이용할 경우 단위 시멘트량은 300kg/m³ 이상으로 하여야 한다.

[내구성으로부터 정해진 수중 불분리성 콘크리트의 최대 물-결합재비(%)]

환경 \ 콘크리트의 종류	무근콘크리트	철근콘크리트
담수중·해수중	55	50

③ 유동성

㉠ 일반 수중 콘크리트나 현장 타설말뚝 및 지하연속벽에 사용하는 수중 콘크리트의 유동성은 일반적으로 다음 표에 나타낸 슬럼프로 설정해야 한다.

[일반 수중 콘크리트의 슬럼프 표준값(mm)]

시공방법	일반 수중 콘크리트	현장 타설말뚝 및 지하연속벽에 사용하는 수중 콘크리트
트레미	130~180	180~210
콘크리트 펌프	130~180	-
밑열림 상자, 밑열림 포대	100~150	-

㉡ 현장 타설 콘크리트 말뚝 및 지하연속벽의 콘크리트는 일반적으로 트레미를 사용하여 수중에서 타설하기 때문에 슬럼프값은 180~210mm를 표준으로 해야 한다. 특히, 철근간격이 좁은 경우 등 슬럼프가 큰 콘크리트를 타설할 필요가 있을 때는 유동화제를 사용한 부배합 콘크리트로서 시공해야 하나 슬럼프가 240mm를 넘지 않아야 한다.

(5) 비비기

① 수중불분리성 콘크리트의 비비기는 제조설비가 갖추어진 플랜트에서 물을 투입하기 전 건식으로 20~30초를 비빈 후 전 재료를 투입하여 비비기를 하여야 한다.
② 가경식 믹서를 이용하는 경우 콘크리트가 드럼 내부에 부착되어 충분히 비벼지지 않을 경우가 있기 때문에 믹서는 강제식 배치믹서를 사용하여야 한다.
③ 수중불분리성 콘크리트는 보통 콘크리트에 비하여 믹서에 걸리는 부하가 크기 때문에 소요 품질의 콘크리트를 얻기 위하여 1회 비비기 양은 믹서 공칭용량의 80% 이하로 하여야 한다.
④ 비비는 시간은 시험에 의해 콘크리트 소요의 품질을 확인하여 정해야 하며, 강제식 믹서의 경우 비비기 시간은 90~180초를 표준으로 한다.

3. 시 공

(1) 일반적인 수중 콘크리트

① 콘크리트 타설 원칙
  ㉠ 수중 콘크리트에서 시멘트의 유실, 레이턴스의 발생을 방지하기 위해 물막이를 설치하여 물을 정지시킨 정수중에 타설하는 것이 좋다. 완전히 물막이를 할 수 없는 경우에도 유속은 1초간 50mm 이하로 하여야 한다.
  ㉡ 콘크리트를 수중에 낙하시키면 재료분리가 일어나고 시멘트가 유실되기 때문에 콘크리트는 수중에 낙하시켜서는 안 된다.
  ㉢ 콘크리트면을 가능한 한 수평하게 유지하면서 소정의 높이 또는 수면상에 이를 때까지 연속해서 타설해야 한다.
  ㉣ 수중 타설시에 1회 연속해서 타설해 올라가는 높이가 너무 클 경우 거푸집에 작용하는 측압에 의해 거푸집이 변형되고 모르타르가 누출할 염려가 있으므로 거푸집의 강도 및 조립에 주의하여야 한다.
  ㉤ 물과 접촉하는 부분의 콘크리트 재료분리를 적게 하기 위하여 타설하는 도중에 가능한 콘크리트가 흐트러지지 않도록 물을 휘젓거나 펌프의 선단부분을 이동시키지 않아야 하며, 콘크리트가 경화될 때까지 물의 유동을 방지하여야 한다.
  ㉥ 한 구획의 콘크리트 타설을 완료한 후 레이턴스를 모두 제거하고 다시 타설해야 한다.
  ㉦ 수중 콘크리트 시공시 시멘트가 물에 씻겨서 흘러나오지 않도록 트레미나 콘크리트 펌프를 사용해서 타설해야 한다. 그러나 부득이한 경우 및 소규모 공사의 경우 밑열림 상자나 밑열림 포대를 사용할 수 있다.

② 수중콘크리트 시공법 종류

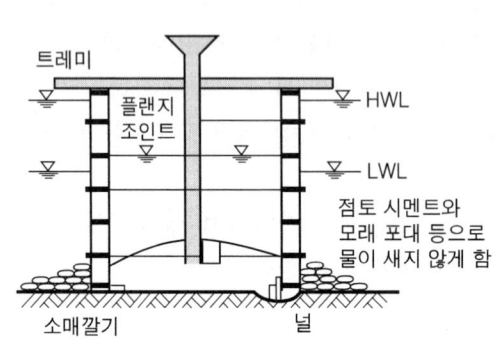

[트레미]

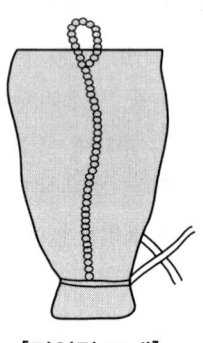

[콘크리트 펌프]

[밑열림 상자]   [밑열림 포대]

③ 트레미(Tremie)에 의한 타설
　㉠ 트레미의 안지름
　　ⓐ 트레미는 수밀성을 가지며 콘크리트가 자유롭게 낙하할 수 있는 크기를 가져야 한다.
　　ⓑ 수심 3m 이내 : 250mm 정도가 좋다.
　　ⓒ 수심 3~5m : 300mm 정도가 좋다.
　　ⓓ 수심 5m 이상 : 300~500mm 정도가 좋다.
　　ⓔ 굵은골재 최대치수의 8배 정도가 필요하다.
　㉡ 트레미 1개로 타설할 수 있는 면적
　　ⓐ 트레미의 하단에서 유출되는 콘크리트를 수중에서 멀리 유동시키면 품질이 저하되므로 트레미 1개로 타설할 수 있는 면적이 지나치게 커서는 안 된다.

ⓑ 30m² 이하로 해야 한다.
ⓒ 트레미에 의한 콘크리트 타설시 주의사항
   ⓐ 트레미는 콘크리트를 타설하는 동안 하반부가 항상 콘크리트로 채워져 트레미 속으로 물이 침입하지 않도록 해야 한다.
   ⓑ 트레미는 콘크리트를 타설하는 동안 수평 이동시켜서는 안 된다.
   ⓒ 콘크리트를 수중 낙하시키면 재료분리가 심하게 생기기 때문에 콘크리트를 타설할 때에는 트레미의 선단부분에 밑뚜껑이 있는 것을 사용하거나 플랜저를 설치하는 등의 대책을 취하여야 한다.
   ⓓ 콘크리트를 타설하는 동안 트레미의 하단을 타설된 콘크리트면보다 0.3~0.4m 아래로 유지하면서 가볍게 상하로 움직여야 한다.

④ 수중불분리성 콘크리트의 타설
   ㉠ 타설은 유속이 50mm/s 정도 이하의 정수 중에서 수중낙하높이 0.5m 이하이어야 한다.
   ㉡ 타설은 콘크리트 펌프 또는 트레미 사용을 원칙으로 한다.
   ㉢ 수중불분리성 콘크리트를 콘크리트 펌프로 압송할 경우, 압송압력은 보통 콘크리트의 2~3배, 타설속도는 1/2~1/3 정도이므로 품질을 저하시키지 않도록 시공계획을 세워야 한다.
   ㉣ 수중불분리성 콘크리트는 유동성이 크고 유동에 따른 품질변화가 적기 때문에 일반 수중 콘크리트보다 트레미 1개 및 콘크리트 펌프 배관 1개당 콘크리트를 타설하는 면적을 크게 해도 좋다. 그러나 콘크리트를 과도히 유동시키는 것은 품질저하 및 불균일성을 발생시킬 위험이 있으므로 수중 유동거리는 5m 이하로 하여야 한다.

(2) 현장 타설말뚝 및 지하연속벽에 사용하는 수중 콘크리트

① **철근망태** : 철근망태는 보관, 운반, 설치할 때 유해한 변형이 생기지 않도록 견고한 것으로 하여야 한다.
② **타설**
   ㉠ 트레미의 안지름
      ⓐ 굵은골재 최대치수의 8배 정도가 적당하다.
      ⓑ 굵은골재 최대치수가 25mm인 경우 관지름이 0.20~0.25m인 트레미를 사용하여야 한다.
   ㉡ 트레미 삽입깊이
      ⓐ 콘크리트를 타설하는 도중 트레미의 삽입깊이가 너무 적으면 콘크리트가 분

출하여 분리되므로 콘크리트를 타설하는 도중에는 콘크리트 속의 트레미 삽입깊이는 2m 이상으로 하여야 한다.

ⓑ 타설 완료 직전에 콘크리트면을 확인하기 쉬운 경우에는 삽입깊이를 2m 이하로 할 수 있다.

2-8 프리플레이스트 콘크리트(Preplaced Concrete)

1. 프리플레이스트 콘크리트 일반

(1) 개 요

① 프리플레이스트(프리팩트) 콘크리트란 특정한 입도를 가진 굵은골재를 미리 거푸집에 채워 넣고, 그 간극에 특수한 모르타르를 적당한 압력으로 주입하여 만든 콘크리트를 말한다.

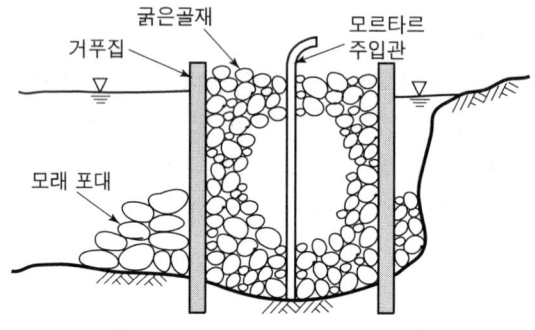

[프리플레이스트 콘크리트 예]

② 고강도 프리플레이스트 콘크리트라 함은 고성능 감수제에 의하여 주입 모르타르의 물-결합재비를 40% 이하로 낮추어 재령 91일에서 압축강도 40MPa 이상이 얻어지는 프리플레이스트 콘크리트를 말한다.

2. 프리플레이스트 콘크리트의 강도

① 프리플레이스트 콘크리트의 강도는 원칙적으로 재령 28일 또는 재령 91일의 압축강도를 기준으로 한다.

② 프리플레이스트 콘크리트의 압축강도 시험은 KS F 2431에 따라야 한다.

3. 주입 모르타르의 품질

(1) 유동성
① 주입 모르타르의 유동성은 KS F 2432에 의해 구한 유하시간에 의해 설정한다.
② 유하시간
  ㉠ 유하시간의 설정값은 16~20초를 표준으로 한다.
  ㉡ 고강도 프리플레이스트 콘크리트는 유하시간 25~50초를 표준으로 한다.
③ 물-결합재비가 일정한 경우 잔골재의 조립률이 크면 전체 공극이 작아져서 같은 유동성을 얻기 위한 단위수량이 감소한다.

(2) 재료분리 저항성
① 표준적인 시공 방법으로 시공할 경우, 재료분리 저항성은 KS F 2433에 준하여 구한 블리딩률에 의해 설정한다.
② 블리딩률
  ㉠ 블리딩률의 설정값은 시험 시작 후 3시간에서의 값이 3% 이하가 되는 것으로 한다.
  ㉡ 고강도 프리플레이스트 콘크리트의 경우에는 1% 이하로 한다(이 값보다 커지게 되면 주입 모르타르와 굵은골재의 부착을 저해하여 콘크리트의 강도저하를 일으킬 수 있다).

(3) 팽창성
① 표준적인 시공 방법으로 시공할 경우, 팽창성은 KS F 2433에 준하여 구한 팽창률에 의해 설정한다.
② 팽창률
  ㉠ 팽창률의 설정값은 시험 시작 후 3시간이 흐른 후의 값이 5~10%를 표준으로 한다.
  ㉡ 고강도 프리플레이스트 콘크리트의 경우는 2~5%를 표준으로 한다.

4. 재 료

(1) 골 재
① 잔골재의 입도는 주입 모르타르의 유동성과 보수성을 좋게 하기 위한 표준입도기준을 따라야 하며, 조립률은 1.4~2.2 범위가 좋다.

② 굵은골재의 최소치수는 15mm 이상으로 하여야 한다.
③ 굵은골재의 최대치수
  ㉠ 부재 단면 최소치수의 1/4 이하
  ㉡ 철근 콘크리트의 경우 철근 순간격의 2/3 이하로 하여야 한다.
④ 굵은골재의 최대치수와 최소치수의 차
  ㉠ 굵은골재의 최대치수와 최소치수의 차를 적게 하면 굵은골재의 실적률이 작아지고, 주입 모르타르의 소요량이 많아지므로 적절한 입도분포를 선정할 필요가 있다.
  ㉡ 일반적으로 굵은골재의 최대치수는 최소치수의 2~4배 정도가 좋다.
⑤ 대규모 프리플레이스트 콘크리트를 대상으로 할 경우, 굵은골재의 최소치수를 크게 하는 것이 효과적이며, 굵은골재의 최소치수가 클수록 주입 모르타르의 주입성이 현저하게 개선되므로 굵은골재의 최소치수는 40mm 이상이어야 한다.

굵은골재의 최소치수(Minimum Size Of Coarse Aggregate)
프리플레이스트 콘크리트에 사용되는 굵은골재에 있어서 질량이 적어도 95% 이상 남는 체 중에서 최대치수 의 체눈의 호칭치수로 나타낸 굵은골재의 치수

(2) 비비기

① 모르타르 믹서
  ㉠ 모르타르 믹서는 5분 이내에 소요 품질의 주입 모르타르를 비빌 수 있는 것이어야 한다.
  ㉡ 모르타르 믹서는 1배치가 0.2~1.5m³ 정도의 용량이고, 1조, 2조, 3조식이 보통 쓰인다.
② 믹서에 재료 투입
  ㉠ 믹서에 재료를 투입할 때는 물, 혼화제, 플라이애시, 시멘트, 잔골재의 순으로 한다.
  ㉡ 믹서는 이들 재료 전체를 균일하게 비비며, 시멘트나 혼화재 등의 입자를 강력히 분산시키는 구조이어야 한다.
  ㉢ 일반적으로 애지테이터 날개의 회전수는 125~500rpm 정도여야 하며, 비비기 시간은 2~5분 정도로 소정의 유동성과 품질의 주입 모르타르가 얻어지는 모르타르 믹서이어야 한다.

5. 배 합

(1) 주입모르타르의 일반 사항
① 주입모르타르는 공사의 규모 등을 고려하여 유동성 및 유동성 유지시간을 갖는 것이어야 한다.

(2) 거푸집의 설계
① 프리플레이스트콘크리트의 거푸집은 측압과 시공할 때의 외력에 충분히 견딜 수 있는 것이라야 한다.
② 굵은 골재를 투입할 때 충격의 영향과 프리플레이스트콘크리트의 측압산정
  ㉠ 굵은 골재를 투입할 때 충격의 영향
    굵은 골재를 거푸집 안에 채워 넣을 때 낙하 충격이 가해지고 충격의 크기는 낙하 높이에 따라 다르며, 수중에 투입할 경우는 물의 저항에 의하여 완화되므로 굵은 골재를 투입할 때의 압력은 다음 식과 같다.

$$P = (1+i)10^{-3} W_a h_a$$

여기서, P : 굵은 골재를 투입할 때 거푸집에 작용하는 압력(MPa)
  i : 굵은 골재를 투입할 때의 충격계수 0.6~0.7
  h_a : 굵은 골재층 상면으로부터의 깊이(m)
  W_a : 굵은 골재의 단위질량(t/m^3)

  ㉡ 프리플레이스트콘크리트의 측압
    프리플레이스트콘크리트의 측압은 주입모르타르의 배합, 모르타르의 온도, 모르타르의 상승속도, 타설 높이, 굵은 골재의 공극률 및 거푸집의 강성 등에 따라 서로 다르나 프리플레이스트콘크리트의 최대 측압은 굵은 골재의 압력과 모르타르의 압력의 합으로 생각하여 다음 식을 사용할 수 있다.

$$P_{\max} = \left(K_a W_a h_a + \frac{2 W_m R t V}{100}\right) \times 10^{-3}$$

여기서, $P_{\max}$: 프리플레이스트콘크리트의 최대 측압(MPa)
  K_a : 굵은 골재의 측압계수, 보통의 경우 $K_a = 1$
  h_a : 굵은 골재층 상면으로부터의 깊이(m)
  W_a : 굵은 골재의 단위질량(t/m^3)
  W_m : 모르타르의 단위질량(t/m^3)
  R : 모르타르의 상승속도(m/h)
  t : 모르타르의 초결시간(h)
  V : 굵은 골재의 공극률(%), 보통의 경우 40~48%
    응결의 영향이 없을 경우 $2Rt$를 모르타르의 상면으로부터의 깊이(m)로 한다.

6. 시 공

(1) 주입 및 압송 작업준비

① 주입기기의 배치 : 모르타르의 주입용 기기는 시공조건, 시공방법을 고려하여 여유 있게 준비해야 한다.

② 주입관과 배치
  ㉠ 주입관은 확실하고 원활하게 주입작업이 될 수 있는 구조로서 그 안지름은 수송관과 같거나 그 이하로 하여야 한다.
  ㉡ 주입관과 수송관의 안지름을 동일하게 하는 것이 좋으나, 부득이 주입관의 안지름을 작게 할 경우에는 관 내 압력의 증가에 의하여 모르타르의 분리가 생기지 않도록 테이퍼관을 거쳐서 수송관과 주입관을 접속시켜야 한다.
  ㉢ 연직주입관
    수평간격은 2m 정도를 표준으로 한다.
  ㉣ 수평주입관
    ⓐ 수평간격은 2m 정도를 표준으로 한다.
    ⓑ 연직간격은 1.5m 정도를 표준으로 한다.
    ⓒ 수평주입관에는 역류를 방지하는 장치를 구비하여야 한다.

③ 압송
  ㉠ 수송관은 모르타르 펌프에서 토출되는 주입 모르타르를 주입관까지 원활하게 수송할 수 있는 것이어야 한다.
  ㉡ 모르타르 펌프의 압송능력은 수송관의 압송저항에 의해 정해지고, 그 압송저항은 수송관 지름, 관 내 유속, 모르타르의 유동성, 이음의 형상 및 수송관의 재질 등에 따라 변화하므로 압력손실이 적게 되도록 다음과 같은 사항에 대해 주의하여야 한다.
    ⓐ 수송관의 연장을 짧게 한다.
    ⓑ 수송관의 연장이 100m를 넘을 때는 중계용 애지테이터와 펌프를 사용한다.
    ⓒ 수송관의 급격한 곡률과 단면의 급변을 피한다.
    ⓓ 압송압력에 의하여 이음부분에서 모르타르가 탈수되어 막히지 않도록 이음은 수밀하며 깨끗하고 점검이 쉬운 구조이어야 한다.
    ⓔ 수송관의 지름은 펌프의 토출구 지름에 맞추어야 하며, 관 내 유속이 너무 작으면 모르타르의 재료분리에 의한 침강이 생기기 쉽고, 관 내 유속이 크면 압력손실이 커지므로 모르타르의 평균 유속은 0.5~2.0m/s 정도가 되도록 정한다.

(2) 주 입

① **주입작업** : 모르타르의 주입을 중단하여 설계나 시공계획에 없는 시공이음을 두는 것은 중대한 약점이 되므로 이는 절대로 피해야 하며, 모르타르의 주입은 설계와 시공계획에서 정한 시공면까지 계속하여야 한다.

2-9 경량골재 콘크리트(Lightweight Aggregate Concrete)

1. 경량골재 콘크리트 일반

(1) 개 요

① **경량골재**(Lightweight Aggregate)
  일반 골재보다 낮은 밀도를 가지는 골재로서 발생원에 따라 천연경량골재, 인공경량골재, 바텀애시경량골재로 분류한다.
  ㉠ 천연경량골재(natural lightweight aggregate) : 경석, 화산암, 응회암 등과 같은 천연재료를 가공한 골재로, KS F 2527에서는 천연경량잔골재(NLS, natural lightweight sand)와 천연경량굵은골재(NLG, natural lightweight gravel)로 구분한다.
  ㉡ 인공경량골재(artificial lightweight aggregate) : 고로슬래그, 점토, 규조토암, 석탄회, 점판암과 같은 원료를 팽창, 소성, 소괴하여 생산되는 골재로, 인공경량잔골재(ALS, artificial lightweight sand)와 인공경량굵은골재(ALG, artificial lightweight gravel)로 구분한다.
  ㉢ 바텀애시경량골재(bottom ash lightweight aggregate) : 화력발전소에서 발생되는 바텀애시(Bottom Ash, 석탄재)를 가공한 골재로 잔골재(BLS, bottom ash lightweight sand)의 형태인 것을 말한다.

② **경량골재 콘크리트**(Lightweight Aggregate Concrete)
  ㉠ 골재의 전부 또는 일부를 인공 경량골재를 써서 만든 콘크리트로서 기건 단위질량이 2,100kg/m³ 미만인 콘크리트를 말한다.
  ㉡ 설계기준강도가 15MPa 이상으로 기건단위질량이 2,100kg/m³ 이하의 범위에 해당한 것으로 한다.

ⓒ 경량골재 콘크리트의 강도가 27MPa 이상인 경우 고강도 경량골재 콘크리트로 구분한다.
ⓔ 경량골재는 다공질로서 물 흡수율이 커 건조수축도 커진다.

[경량골재 콘크리트의 종류]

사용한 골재에 의한 콘크리트의 종류	사용골재	기건 단위질량 (kg/m³)	레디믹스트 콘크리트로 발주 시 호칭강도[1] (MPa)
경량골재 콘크리트 1종	굵은골재를 경량골재로 사용하여 제조	1,800~2,100	18, 21, 24, 27, 30, 35, 40
경량골재 콘크리트 2종	굵은골재와 잔골재를 주로 경량골재로 사용하여 제조	1,400~1,800	18, 21, 24, 27

[주] 1) 레디믹스트 경량골재 콘크리트의 굵은골재 최대치수는 15 mm 또는 20 mm로 지정

2. 재료

(1) 경량골재

① 일반사항

경량골재는 천연경량골재(잔골재 및 굵은골재), 인공경량골재(잔골재 및 굵은골재), 바텀애시경량골재(잔골재)로 분류한다. 천연경량골재는 경석, 화산암, 응회암과 같은 천연재료를 가공한 골재이고, 인공경량골재는 고로슬래그, 점토, 규조토암, 석탄회, 점판암과 같은 원료를 팽창, 소성, 소괴하여 생산되는 골재이다. 또한 바텀애시경량골재는 화력발전소에서 부산되는 바텀애시를 파쇄·선별한 골재이다.

② 입도
ⓐ 경량골재의 입도는 KS F 2502 체가름시험에 따라 측정하며, KS F 2527의 표준 입도를 만족해야한다.
ⓑ 레디믹스트 경량골재 콘크리트의 굵은골재 최대치수는 15mm 또는 20mm로 지정한다.
ⓒ 경량골재에 포함된 잔 입자(0.08mm체 통과량)는 KS F 2511 씻기 시험에 따라 측정하며, 굵은골재는 1% 이하, 잔골재는 5% 이하이어야 한다.

③ 경량골재의 단위용적질량은 KS F 2505에 따라 기건 상태에서 측정하여, KS F 2527 표준에 적합한 소요의 단위용적질량을 가져야 한다. 천연경량골재와 인공경량골재는 아래 표에서 제시된 단위용적질량 이하이어야 하고, 바텀애시경량골재는 1,200kg/m³ 이하이어야 한다.

[경량골재의 단위 용적 질량]

종류	단위용적질량의 최댓값(kg/m³)	
	인공 · 천연 경량골재	바텀 애시 경량골재
잔골재	1,120 이하	1,200 이하
굵은골재	880 이하	
잔골재와 굵은골재의 혼합물	1,040 이하	

④ 경량골재의 단위용적질량은 변동 폭이 작아야 하며, 골재 납품서 또는 골재 시험 성적서에 제시된 값과의 차이가 ±10% 미만이어야 한다.

⑤ 경량골재 중 굵은골재의 부립률은 KS F 2531에 따라 측정하고, 질량 백분율로 10% 이하이어야 한다.

⑥ 경량골재의 흡수율은 KS F 2529 또는 KS F 2533에 따라 측정하여, 사전에 제시된 범위에 들어야 한다.

⑦ 경량골재 콘크리트의 건조 수축은 KS F 2527에 따르며, 골재의 최대 치수가 13mm 이하인 때에는 50mm×50mm×280mm의 강제몰드를 이용한다. KS F 2462에 따라 7일간 습윤실에서 양생 후 공시체를 꺼낸 후 곧 초기 길이를 측정한다. 7일간 습윤실에서 양생 후 꺼냈을 때의 초기 길이와 재령 100일에서의 측정길이의 차를 0.01% 정밀도로 각 공시체에서 측정하고, 그 평균값을 건조수축으로 기록한다.

(2) 배 합

① 물-결합재비

  ⊙ 경량골재 콘크리트의 압축강도를 기준으로 하여 물-결합재비를 정할 경우, 압축강도와 물-결합재비와의 관계는 동일한 경량골재를 사용한 시험에 의하여 정한다. 이때 공시체는 재령 28일을 표준으로 하고, 압축강도는 3회 강도 시험 값의 평균값으로 한다.

  ⓒ 경량골재 콘크리트의 최대 물-결합재비는 60%를 원칙으로 한다.

  ⓒ 콘크리트의 내동해성 또는 황산염에 대한 내구성을 기준으로 물-결합재비를 정할 경우, 노출상태에 따라 최소 설계기준압축강도를 27MPa, 30MPa, 또는 35MPa로 설정한다. 노출상태에 대한 정의 및 구체적인 요구사항은 일반콘크리트의 배합 규정에 따른다.

② 단위 결합재량

단위 결합재량은 원칙적으로 단위수량과 물-결합재비로부터 정하여야 한다. 이때, 경량골재 콘크리트의 단위 결합재량의 최솟값은 300kg/m³ 이상이어야 한다.

③ 슬럼프

  ⊙ 콘크리트의 슬럼프는 작업에 알맞은 범위 내에서 가능한 한 작게 해야 한다.

ⓛ 슬럼프는 일반적인 경우 대체로 80~210mm를 표준으로 한다.

 경량골재 콘크리트는 가벼워서 슬럼프가 일반적으로 작게 나오는 경향이 있다.

④ 공기량

ⓞ 경량골재 콘크리트의 공기량은 KS F 2449에 따른 용적법으로 측정하며, 경량골재의 흡수율이 적으면 KS F 2421(압력법)의 방법으로 할 수 있다. 공기량은 5.5%를 기준으로 그 허용오차는 ± 1.5 %로 한다.

ⓛ 경량골재 콘크리트의 공기량은 골재수정계수를 사전에 측정하여 적용하여야 한다.

 경량골재 콘크리트의 공기량은 일반 골재를 사용한 콘크리트보다 1% 정도 크게 하는 것이 좋다. 또한, 기상조건이 나쁘고 또 물로 포화되는 경우가 많은 환경조건 하에서 경량골재 콘크리트의 내동해성은 보통골재 콘크리트에 비해 떨어지는 경우가 많으므로 이것을 개선하기 위해서는 공기량을 증대시키는 것이 좋다.

(3) 비비기

① 경량골재 콘크리트는 믹서의 비비기 효율, 믹서 안에서 골재가 흡수하는 정도 등을 고려하여 슬럼프, 강도 등 소정의 품질과 성질을 갖도록 제조해야 한다.

② 경량골재 콘크리트의 비비기 시간은 믹서의 형식 및 사용 방법, 비비기 성능을 고려하여 KS F 2455에 의해 정하는 것을 원칙으로 한다. 표준 비비기 시간은 믹서에 재료를 전부 투입한 후 강제식 믹서일 때는 1분 이상, 가경식 믹서일 때는 2분 이상으로 하여야 한다.

③ 현장에서 소형의 가경식 믹서를 사용할 경우에는 믹서의 내벽에 콘크리트가 부착하여 비비기 효율이 저하하는 경우가 있으므로 시험에 의해 재료의 투입 순서, 비비기 시간을 정해야 한다.

3. 시 공

(1) 운 반

① 경량골재 콘크리트 운반은 하차가 쉽고, 재료분리가 적은 운반차를 사용해야 한다.
② 경량골재 콘크리트는 고유동 콘크리트에 대해 콘크리트 펌프를 사용할 수 있다.

(2) 레디믹스트 콘크리트

경량골재 콘크리트는 KS 표시인증 공장 또는 경량골재 콘크리트에 대한 경험이 풍부한 기술자가 있는 공장에서 콘크리트를 제조하여야 한다.

(3) 콘크리트 타설, 다지기 및 표면마무리

① 타설

경량골재 콘크리트를 타설할 때 모르타르가 침하하고, 굵은골재가 위로 떠오르는 재료분리 현상이 적게 일어나도록 해야 한다.

② 다지기

㉠ 경량골재 콘크리트를 보통골재 콘크리트에 비해 진동기를 찔러 넣는 간격을 작게 하거나 진동시간을 약간 길게 하여 충분히 다져야 한다.

㉡ 진동기로 다지는 표준적인 찔러 넣기 간격, 진동시간은 다음 표의 값을 적용한다.

[찔러 넣기 간격 및 시간의 표준]

콘크리트의 종류	찔러 넣기 간격[m]	진동시간[초]
유동화되지 않은 것	0.3	30
유동화된 것	0.4	10

㉢ 고유동 콘크리트 등과 같이 슬럼프 및 플로가 커서 다짐이 필요 없다고 판단되는 경우에는 책임기술자와 협의하여 다짐을 생략할 수 있다.

③ 거푸집에 접하지 않는 면의 마무리

㉠ 상부로 떠오른 밀도가 작은 굵은골재는 콘크리트 내부로 눌러 넣어 표면을 마무리해야 한다. 이때 블리딩 현상이 증가하지 않도록 해야 한다.

㉡ 표면을 마무리한 지 1시간 정도 경과한 후에 다짐기 등으로 표면을 가볍게 두들겨서 재마무리하여 균열을 없애야 한다.

④ 현장 품질관리

경량골재 콘크리트의 현장 품질관리는 일반 콘크리트의 현장 품질관리 규정에 따른다.

① 경량골재 콘크리트는 건조균열을 일으키기 쉬우므로 양생중 습윤상태를 유지하도록 주의한다.
② 경량골재가 떠오르는 부립현상 방지를 위하여 점증제 등을 사용하여 골재분리가 일어나지 않도록 한다.

2-10 고강도 콘크리트(High Strength Concrete)

1. 고강도 콘크리트 일반

(1) 개 요

고강도 콘크리트란 설계기준강도가 일반 콘크리트에서 40MPa 이상, 경량골재 콘크리트에서 27MPa 이상인 경우의 콘크리트를 말한다.

고성능 콘크리트
① 고강도 콘크리트　　② 고유동성 콘크리트　　③ 고내구성 콘크리트

2. 재 료

(1) 잔골재

잔골재의 품질은 다음 표의 기준을 만족하여야 한다.

[골재의 품질]

항목 종류	절건밀도 [g/mm³]	흡수율 [%]	실적률 [%]	점토량 [%]	씻기 시험에 의한 손실량[%]	유기 불순물	염화물 이온량[%]	안정성 [%]
굵은골재	0.0025 이상	2.0 이하	59 이상	0.25 이하	1.0 이하	—	—	12 이하
잔골재	0.0025 이상	3.0 이하	—	1.0 이하	2.0 이하	표준색 이하	0.02 이하	10 이하

(2) 굵은골재

① 위 표(골재의 품질)의 값을 만족하여야 한다.
② 고강도 콘크리트에 사용되는 굵은골재의 최대치수
　㉠ 굵은골재의 최대치수는 40mm 이하로서
　㉡ 가능한 한 25mm 이하로 하며,
　㉢ 철근 최소 수평순간격의 3/4 이내의 것을 사용하도록 한다.
다만, 콘크리트를 공극 없이 타설할 수 있는 반죽질기나 다짐방법을 사용할 경우에는 책임기술자의 판단에 따라 적용하지 않을 수도 있다.

(3) 재료의 배합
① 배합강도

고강도 콘크리트의 배합강도는 일반 콘크리트의 배합강도 규정에 의하여 정한다.

② 물-결합재비

고강도 콘크리트의 물-결합재비는 소요 강도와 내구성을 고려하여 정한다.

③ 단위 시멘트량

단위 시멘트량은 소요의 워커빌리티 및 강도를 얻을 수 있는 범위 내에서 가능한 한 적게 되도록 시험에 의해 정하여야 한다.

④ 단위수량

단위수량은 소요의 워커빌리티를 얻을 수 있는 범위 내에서 가능한 한 적게 하여야 한다.

⑤ 잔골재율

잔골재율은 소요의 워커빌리티를 얻도록 시험에 의하여 결정하여야 하며, 가능한 한 작게 하도록 한다.

⑥ 고성능 감수제

고성능 감수제의 단위량은 소요 강도 및 작업에 적합한 워커빌리티를 얻도록 시험에 의해서 결정하여야 하며, 고성능 감수제는 워커빌리티 개선에 가장 크게 기여한다.

⑦ 슬럼프 값

슬럼프는 작업이 가능한 범위 내에서 되도록 적게 하여야 한다.

⑧ 유동화 콘크리트로 할 경우 슬럼프 플로의 유동값
㉠ 설계기준 압축강도 40MPa 이상 60MPa 이하의 경우 구조물의 작업조건에 따라 500mm, 600mm, 700mm로 구분하여 정한다.
㉡ 60MPa 이상의 고강도 콘크리트의 경우 책임 기술자의 지시에 따라야 한다.

⑨ 공기연행제

공기연행 콘크리트를 사용하지 않는 것을 원칙이다. 단, 기상의 변화가 심하거나 동결융해에 대한 대책이 필요한 경우에는 공기연행 콘크리트를 사용할 수 있다.

(4) 비비기
① 비비기는 성능이 우수한 믹서로 비빈다.
② 믹서에 재료를 투입하는 순서
㉠ 책임기술자의 승인을 얻어야 한다.
㉡ 재료는 제조된 콘크리트의 물성이 사용하고자 하는 구조물에 가장 적합하도록 투입 순서를 정하여야 한다.
④ 비비기 시간은 시험에 의해서 정하는 것을 원칙으로 한다.
⑤ 가경식 믹서보다는 강제식 믹서를 사용하는 것이 효과적이다.

⑥ 고성능 감수제는 혼합수와 동시에 투입해서는 안된다.
⑦ 콘크리트의 낙하고는 1m 이하로 한다.
⑧ 고강도 콘크리트는 수분이 작기 때문에 반드시 습윤양생을 실시하여야 한다.
⑨ 부재두께가 0.8m 이상인 경우의 양생은 매스 콘크리트에 따른다.

3. 시 공

(1) 운 반

① 콘크리트는 재료의 분리 및 슬럼프 값의 손실이 적은 방법으로 신속하게 운반하여야 한다.
② 콘크리트 운반차량은 운반지연으로 인한 급격한 슬럼프값 저하 가능성에 대비하여 고성능 감수제 투여장치 등의 보조장치를 준비하여야 한다.

(2) 타설 및 양생

① 타설

㉠ 타설 순서는 구조물의 형상, 콘크리트의 공급 상태, 거푸집 등의 변형을 고려하여 결정하여야 한다. 기둥과 벽체 콘크리트, 보와 슬래브 콘크리트를 일체로 하여 타설할 경우에는 보 아래면에서 타설을 중지한 다음, 기둥과 벽에 타설한 콘크리트가 침하한 후 보, 슬래브의 콘크리트를 타설하여야 한다.

㉡ 타설 전 확인사항 : 타설 전에 철근, 거푸집, 기타에 관해서는 시공상세도에 따라 시공되는지 여부와 타설 설비 및 장치가 제대로 되어 있는가를 확인하여야 한다. 또한 거푸집 내에 이물질이 없는가를 확인하여야 한다.

㉢ 콘크리트 타설의 높이는 콘크리트 재료 분리가 일어나지 않는 범위에서 책임 기술자의 승인을 얻어야 한다.

㉣ 콘크리트는 운반 후 신속하게 타설하여야 한다. 타설할 때는 받침 또는 투입구를 설치하며, 타설 간격은 콘크리트 면이 거의 수평을 이루는 때로 정한다.

㉤ 다짐에 사용되는 다짐기의 기종은 고강도 콘크리트의 높은 점성 등을 고려하여 선정해야 하며 다짐 시간과 다짐 방법을 사전에 검토해야 한다.

㉥ 수직부재에 타설하는 콘크리트의 강도와 수평부재에 타설하는 콘크리트 강도의 차가 1.4배 이상일 경우에는 수직부재에 타설한 고강도 콘크리트는 수직-수평 부재의 접합면으로부터 수평부재 쪽으로 안전한 내민길이를 확보하도록 하여야 한다. 그러나 수직부재와 수평부재의 접합부에 기계적인 보강을 통해 안정성 확보를 입증할 경우 내민 길이를 확보하지 않을 수 있다.

ⓢ 수직부재에 타설하는 콘크리트의 강도와 수평부재에 타설하는 콘크리트 강도의 차가 1.4배 이상일 경우에는 수직부재에 타설한 고강도 콘크리트는 수직-수평부재의 접합면으로부터 수평부재 쪽으로 안전한 내민길이를 확보하도록 하여야 한다. 그러나 수직부재와 수평부재의 접합부에 기계적인 보강을 통해 안정성 확보를 입증할 경우 내민 길이를 확보하지 않을 수 있다.

② 양생
㉠ 고강도 콘크리트는 낮은 물-결합재를 가지므로 습윤양생을 하여야 하며, 부득이한 경우 현장 봉함양생 등을 실시할 수 있다.
㉡ 콘크리트를 타설한 후 경화할 때까지 직사광선이나 바람에 의해 수분이 증발하지 않도록 하여야 한다.

(3) 거푸집 및 동바리

① 고강도 콘크리트용 거푸집 및 동바리는 높은 측압과 유동성 증가에 대하여 소정의 강도와 강성을 가지는 동시에 완성된 구조물의 위치, 형상 및 치수가 정확하게 확보될 수 있도록 세심하게 설계하고 시공하여야 한다.
② 동바리는 작용하중을 안전하게 기초에 전달할 수 있는 형식의 것을 사용하여야 한다.
③ 거푸집 및 동바리는 콘크리트를 타설하기 전과 타설하는 도중에 책임기술자의 검사를 받아야 한다.
④ 고강도 콘크리트용 거푸집은 콘크리트가 자중과 시공할 때 가해지는 하중에 충분히 견딜 만한 강도를 가질 때까지 해체할 수 없으며, 높은 수화열로 인한 균열 발생 가능성이 크므로 제거시기를 신중히 결정하여야 한다.
⑤ 거푸집판이 건조할 우려가 있을 때에는 살수를 하여야 한다.

2-11 숏크리트(Shotcrete, Sprayed Concrete)

1. 숏크리트 일반

(1) 개 요

숏크리트란 컴프레서 혹은 펌프를 이용하여 노즐 위치까지 호스 속으로 운반한 콘크리트를 압축공기에 의해 시공면에 뿜어서 만든 콘크리트를 말한다.

(2) 숏크리트 공법의 종류

숏크리트의 시공에서 매우 중요한 숏크리트 방식은 건식과 습식으로 대별된다.

① 건식공법

물을 가하지 않은 채 골재, 급결제, 시멘트 등을 혼합한 후 압력수와 함께 고속 분사하여 뿜어 붙이는 공법이다.

㉠ 장점
  ⓐ 기계설비가 간단하다.
  ⓑ 가격이 저렴하다.
  ⓒ 장거리 수송이 가능하다(수평거리 500m 까지).
  ⓓ 재료 공급이나 운반에 제한이 적다.
  ⓔ 청소가 용이하다.

㉡ 단점
  ⓐ 작업원 숙련도에 따라 품질이 다르다.
  ⓑ 리바운드(Rebound)량이 많다.
  ⓒ 분진 발생이 많다.
  ⓓ 잔골재의 표면수 관리가 필요하다.
  ⓔ 품질관리면에서 변화가 크다.
  ⓕ 물−시멘트비의 변동이 크다.

② 습식공법(Wet Mixed Type)

믹서에 물을 포함한 각 재료를 혼합한 후 압축공기로 뿜어 붙이는 공법이다.

㉠ 장점
  ⓐ 품질관리가 쉽고 품질 변동이 적다.
  ⓑ 분진 발생이 적다.
  ⓒ 리바운드량이 적다.
  ⓓ 배합 및 혼합관리가 용이하다.

㉡ 단점
  ⓐ 장비가 고가이다.
  ⓑ 슬럼프가 낮을 경우(80mm 이하) 수송이 곤란하다.
  ⓒ 믹서에서 응결이 시작되므로 수송시간에 제한을 받는다.
  ⓓ 수송거리가 짧다(수평거리 100m 이내).
  ⓔ 청소하기가 어렵다.

③ 일반적으로 용수가 있는 경우에는 건식이 우수하지만, 시공능력이 탁월한 습식은 대단면으로서 장대화되는 산악터널의 급열양생 시공에 적합하다.

④ 숏크리트 방식의 선정에 있어서는 숏크리트 두께, 터널의 연장, 단면의 크기, 굴착 공법 및 용수의 유무를 충분히 검토하여 정하여야 한다.

(3) 성능의 설정

① 뿜어붙이기 성능

㉠ 숏크리트의 뿜어붙이기 성능은 반반률, 분진농도 및 초기강도로 설정할 수 있다.

㉡ 유사한 시공사례가 있거나 반발률과 분진농도의 관계가 분명하게 되어 있는 경우 숏크리트의 뿜어붙이기 성능은 분진농도와 숏크리트의 초기강도로 설정하며 다음 표의 값을 표준으로 한다.

[분진농도의 표준값]

환기 및 측정 조건	분진농도[mg/m^3]
• 환기 조건 : 갱내 환기를 정지한 환경 • 측정 방법 : 뿜어붙이기 작업 개시 5분 후로부터 원칙으로 2회 측정 • 측정 위치 : 뿜어붙이기 작업 개소로부터 5m 지점	5 이하

[숏크리트의 초기강도 표준값]

재령	숏크리트의 초기강도[MPa]
24시간	5.0~10.0
3시간	1.0~3.0

[주] 영구 지보재 개념으로 숏크리트를 적용할 경우의 초기강도는 3시간 1.0~3.0MPa, 24시간 강도 5.0~10.0MPa 이상으로 하며, 장기강도의 감소를 최소화하여야 하며, 1.7.2(2) 장기강도를 만족하도록 해야 한다(28일 재령 설계기준 압축강도는 35MPa 이상).

㉢ 분진농도와 콘크리트의 초기강도 이외에 뿜어붙이기 성능의 하나로서 리바운드 율의 상한치를 설정하여야 하는 다음의 경우에는 분진농도와 초기강도 외에 뿜어붙이기 성능의 하나로서 반발률의 상한치를 설정해야 하는데 일반적으로 20~30%의 값을 표준으로 한다.

ⓐ 유사한 시공사례가 없으며, 반발률과 분진농도의 관계가 분명하게 되어 있지 않은 경우

ⓑ 특히 새로운 재료를 사용한 숏크리트를 시공하려고 할 경우

② 숏크리트의 장기강도

㉠ 일반 숏크리트의 장기 설계기준 압축강도는 재령 28일로 설정하며, 그 값은 21MPa 이상으로 한다. 단, 영구 지보재 개념으로 숏크리트를 타설할 경우에는 설계기준 압축강도를 35MPa 이상으로 한다.

㉡ 영구 지보재로 숏크리트를 적용할 경우 구조적 안정성과 박락에 대한 저항성을

확보하기 위해 암반 및 숏크리트 각 층의 부착강도를 높일 필요가 있으며 재령 28일 부착강도는 1.0MPa 이상이 되도록 관리해야 한다.
ⓒ 영구 지보재로 숏크리트를 적용할 경우 절리와 균열의 거동에 저항하기 위해 휨인성 및 전단강도가 우수해야 한다.

(4) 숏크리트의 장단점

① 장점
㉠ 급결제를 첨가하면 조기강도가 발현된다.
㉡ 급속 시공이 가능하다.
㉢ 소규모 시공이 가능하다.
㉣ 임의방향 시공이 가능하다.
㉤ 협소한 장소에서 시공이 가능하다.
㉥ 급경사면 등 나쁜 작업조건에서도 시공이 가능하다.
㉦ 거푸집이 필요없다.

② 단점
㉠ 리바운드량과 분진이 많이 생긴다.
㉡ 매끄러운 마무리면을 얻기 어렵다.
㉢ 물이 나오는 면은 뿜어붙이기가 곤란하다.
㉣ 시공조건, 시공자의 숙련도에 따라 품질 변동이 생긴다.
㉤ 수밀성이 좋지 않다.

2. 재 료

(1) 시멘트

시멘트는 KS L 5201에 적합한 보통 포틀랜드 시멘트를 사용하는 것을 표준으로 한다.

(2) 배합수

배합수는 상수도물 또는 KS F4009 부속서 2의 기준에 적합한 것을 사용하여야 한다.

(3) 골 재

① 노즐의 막힘 현상이나 반발량을 최소화할 수 있도록 굵은골재의 최대치수를 결정해야 한다.
② 숏크리트에 적용되는 골재는 알칼리 골재반응에 무해한 골재를 사용해야 한다.

(4) 혼화재료

① 급결제는 KCI-SC102와 KS L 5108의 규정에 적합한 것이어야 한다.
② 급결제의 첨가량은 시공 조건, 사용 재료, 조기강도 발현 효과, 장기강도의 저하 정도 등을 고려하여 결정되어야 한다.
③ 숏크리트의 조기강도 발현 효과가 좋고 장기강도의 감소를 최소화할 수 있으며, 인체에 유해한 영향이 없는 급결제를 사용해야 한다.

(5) 보강재

① 철망을 사용할 경우에는 원칙적으로 용접철망으로 하고, KS D 7017에 적합하며 숏크리트 공법에 적합한 것으로 하여야 한다.
② 강섬유는 KS F 2564에 적합한 것 가운데 숏크리트 공법에 적합한 것을 사용하여야 한다.
③ ② 이외의 섬유에 대해서는 소요의 품질을 얻는데 적합하다는 사실을 확인한 후 사용하여야 한다.
④ 강섬유 혼입률(부피기준)

$$강섬유\ 혼입률 = \frac{코어공시체\ 강섬유부피}{코어공시체\ 체적}$$

$$코어\ 공시체\ 강섬유\ 부피 = \frac{코어공시체로부터\ 채취한\ 질량}{강섬유\ 단위질량}$$

보수 · 보강 재료
보수 · 보강 재료는 모르타르, 콘크리트, 섬유보강 콘크리트, 폴리머 모르타르 및 콘크리트 등이 있으며 소요의 품질을 얻는데 적합하다는 사실을 확인한 후 사용해야 한다.

(6) 재료의 배합

① 숏크리트의 배합은 다음과 같은 내용을 고려하여 결정해야 한다.
  ㉠ 숏크리트 적용 목적(터널 및 지하공간의 지보재, 법면 보호 및 보수 · 보강)
  ㉡ 터널 및 지하공간에 적용할 때 숏크리트 역할(영구 지보재 또는 임시 지보재)
  ㉢ 숏크리트의 타설 방법(건식 또는 습식)
② 섬유를 혼합할 경우에는 섬유가 숏크리트에 균일하게 분포될 수 있도록 혼합해야 하며, 섬유의 뭉침현상과 노즐막힘 현상이 발생되지 않도록 해야 한다.
③ 굵은골재의 최대치수가 커질 수록 섬유뭉침현상이 증가한다.

3. 시 공

(1) 일반사항

① 건식 숏크리트는 배치 후 45분 이내에 뿜어붙이기를 실시해야 하며, 습식 숏크리트는 배치 후 60분 이내에 뿜어붙이기를 실시해야 한다.
② 숏크리트는 타설되는 장소의 대기 온도가 32℃ 이상이 되면 건식 및 습식 숏크리트 모두 뿜어붙이기를 할 수 없으며, 적절한 온도 대책을 세운 후 타설하여야 한다. 또한 보강재 및 뿜어붙일 면의 온도 역시 38℃보다 낮은 온도로 사전처리를 한 후 뿜어붙이기를 실시하여야 한다.
③ 숏크리트는 대기 온도가 10℃ 이상일 때 뿜어붙이기를 실시하며 그 이하의 온도일 때는 적절한 온도 대책을 세운 후 실시한다.
④ 숏크리트 재료의 온도가 10℃보다 낮거나 32℃보다 높을 경우 적절한 온도 대책을 세워 재료의 온도가 10℃~32℃ 범위에 있도록 한 후 뿜어붙이기를 실시하여야 한다.
⑤ 숏크리트의 타설은 기술적 숙련도가 높은 숏크리트 타설 전문가에 의해서 실시하여야 한다.
⑥ 뿜어붙일 면의 사전처리
  ㉠ 작업 중 낙하할 위험이 있는 들뜬 돌, 풀, 나무 등은 제거해야 한다.
  ㉡ 뿜어붙일 면에 용수가 있을 경우에는 배수파이프나 배수필터를 설치하는 등 적절한 배수처리를 하여야 한다.
  ㉢ 뿜어붙일 면이 흡수성인 경우에는 뿜어붙인 재료로부터 과도한 수분이 흡수되지 않도록 미리 붙일 면에 물을 부리는 등 적절한 처리를 해야 한다.
  ㉣ 비탈면이 동결하였거나 빙설이 있는 경우에는 녹여서 표면의 물을 없앤 다음 뿜어붙여야 한다.
  ㉤ 절취면이 비교적 평활하고 넓은 벽면은 수축에 의한 균열 발생이 많으므로 세로 방향의 적당한 간격으로 신축이음을 설치해야 한다.
  ㉥ 숏크리트의 층간을 작업할 때 1차 숏크리트면에 부착된 이물질을 완전히 제거해야 한다.
  ㉦ 숏크리트에 의한 보수, 보강을 할 때는 미리 콘크리트의 손상부를 충분히 제거해야 한다.
⑦ 뿜어붙일 면이 흡수성인 경우에는 뿜어붙인 재료로부터 과도한 수분이 흡수되지 않도록 미리 붙일 면에 물을 뿌리는 등 적절한 처리를 하여야 한다.
⑧ 비탈면이 동결하였거나 빙설이 있는 경우에는 녹여서 표면의 물을 없앤 다음 뿜어붙여야 한다.

⑨ 절취면이 비교적 평활하고 넓은 법면에 대해서는 수축에 의한 균열 발생이 많으므로 세로방향으로 적당한 간격으로 신축줄눈을 설치하여야 한다.

4. 숏크리트 작업

(1) 숏크리트 일반

① 숏크리트는 빠르게 운반하고, 급결제를 첨가한 후에는 바로 뿜어붙이기 작업을 실시하여야 한다.
② 숏크리트는 뿜어붙인 콘크리트가 흘러내리지 않는 범위의 적당한 두께를 뿜어붙이고 소정의 두께가 될 때까지 반복해서 뿜어붙여야 한다.
③ 강재 지보재를 설치한 곳에 숏크리트를 실시할 경우에는 뿜어붙일 면과 강재 지보재와의 사이에 공극이 생기지 않도록 뿜어붙이고, 또한 숏크리트와 강재 지보재가 일체가 되도록 주의해서 실시해야 한다.
④ 숏크리트 작업에서 반발량이 최소가 되도록 하고 동시에 리바운드된 재료가 다시 혼합되지 않도록 해야 한다.

(2) 아치 및 측벽부의 숏크리트 작업

노즐은 항상 뿜어붙일 면에 직각이 되도록 유지하고, 적절한 뿜어붙이는 거리와 뿜는 압력을 유지하여야 한다.

(3) 용수지역의 숏크리트 작업

① 뿜어붙일 면에 용수가 있을 경우에는 배수 파이프나 배수 필터를 설치하는 등 적절한 배수처리를 해야 한다.
② 이미 타설한 숏크리트면에 용수가 있을 경우에는 용수 대책을 강구한 후 숏크리트를 타설해야 한다.
③ 영구 지보재로 숏크리트를 적용할 경우에는 기본적으로 수압이 걸리지 않도록 해야 하며, 2층 이상의 경우 기능면에서 확실한 용수 처리(도수공, 유도 배수공)를 해야 한다.
④ 사면에 용수가 있을 경우에는 필터재, 시트를 부착하여 용수의 배수처리를 한다.
⑤ 부분적으로 용수가 있을 때는 염화비닐 파이프, 비닐호스 등으로 용수를 처리한다.
⑥ 암반의 젤리 등에 용수가 있을 때는 배수구 등으로 용수를 처리한다.
⑦ 뿜어붙일 면에서 소량의 침출수가 있을 때는 건식 숏크리트 공법을 사용하며, 급결제를 혼입한 건비빔재료를 뿜어 붙이고 천천히 물을 가하여 지수를 하도록 한다.

(4) 리바운드량 저감대책(분진대책)

① 분진 발생원 억제대책
  ㉠ 잔골재의 표면수율 관리 : 가장 대표적인 분진 발생원 억제대책이다.
  ㉡ 단위 시멘트량을 크게 하는 것이 좋다.
  ㉢ 단위수량을 크게한다.(물시멘트비는 40~60%)
  ㉣ 잔골재율을 크게 한다.(55~75%)
  ㉤ 굵은골재 최대치수를 작게 한다.(10~15mm)
  ㉥ 노즐을 뿜어붙일면에 직각이 되도록 유지한다.
  ㉦ 건식 보다는 습식법을 사용한다.
  ㉧ 숙련된 노즐맨이 작업한다.
  ㉨ 뿜는 압력을 일정하게 유지한다.

② 발생된 분진대책
  ㉠ 환기에 의한 배출·희석
  ㉡ 집진장치 설치
  ㉢ 양호한 작업환경 확보

5. 현장 품질관리

(1) 콘크리트의 검사

콘크리트의 품질검사는 일반 콘크리트의 품질관리 규정에 따른다.

(2) 콘크리트공의 검사

① 뿜어붙이기 작업의 검사는 다음 사항에 따라 실시하여야 한다.
② 숏크리트 작업을 실시하는 갱 내 환경 검사는 다음 표에 따른다.

[숏크리트 작업 환경 검사]

항목	시험·검사방법	시기·횟수	판정기준
갱 내 환기를 실시한 경우의 분진농도	별도로 정하는 방법[1]	터널 굴착거리가 50m 이상인 시점 및 그 이후의 시공 중의 소정의 빈도	$3mg/m^3$ 이하

[주] 1) 갱 내 환기를 실시한 경우의 분진농도 검사방법에 대하여는 콘크리트표준시방서 해설편을 참고하는 것으로 한다.

2-12 고유동(High Fluidity) 콘크리트

1. 일 반

굳지 않은 상태에서 재료 분리 없이 높은 유동성을 가지면서 다짐작업 없이 자기충전성이 가능한 콘크리트를 말한다.

(1) 일반사항

① 고유동 콘크리트의 제조 방법은 분체계, 증점제계, 병용계 등으로서 적용현장 여건에 따라 적합한 방법을 선정해야 한다.

② 고유동 콘크리트는 일반적으로 다음과 같은 효과가 기대되는 곳에 사용한다.
　㉠ 보통 콘크리트는 충전이 곤란한 구조체인 경우
　㉡ 균질하고 정밀도가 높은 구조체를 요구하는 경우
　㉢ 타설 작업의 합리화로 시간 단축이 요구되는 경우
　㉣ 다짐 작업에 따르는 소음, 진동의 발생을 피해야 하는 경우

(2) 고유동 콘크리트의 자기 충전성 등급

① 1등급 : 최소 철근 순간격 35~60mm 정도의 복잡한 단면형상, 단면치수가 적은 부재 또는 부위에서 자기 충전성을 가지는 성능
② 2등급 : 최소 철근 순간격 60~200mm 정도의 철근 콘크리트 구조물 또는 부재에서 자기 충전성을 가지는 성능
③ 3등급 : 최소 철근 순간격 200mm 정도 이상으로 단면치수가 크고 철근량이 적은 부재 또는 부위, 무근 콘크리트 구조물에서 자기 충전성을 가지는 성능

2-13 섬유보강 콘크리트(Steel Fiber Reinforced Concrete)

1. 섬유보강 콘크리트 일반

(1) 개 요

① 보강용 섬유를 혼입하여 주로 인성, 균열억제, 내충격성 및 내마모성 등을 높인 콘크리트를 말한다.

② 인성을 대폭 개선하여 인장응력과 균열에 대한 저항성을 높인 콘크리트이다.
③ 모르타르 및 콘크리트 속에 강섬유, 유리섬유, 탄소섬유, 폴리머섬유, 석면 등과 같이 길고 짧은 섬유를 고르게 분산시킨 콘크리트이다.

(2) 일반사항

① 강섬유, 내알칼리성 유리섬유, 폴리프로필렌섬유, 탄소섬유, 비닐론섬유 등 콘크리트 보강용 섬유는 사용할 섬유보강 콘크리트의 물리적 및 역학적 성능시험과 구조성능에 미치는 영향에 대한 확인 시험 후 책임기술자의 승인을 받아 사용하여야 한다.
② 강섬유 일반
  ㉠ 휨인성 증가효과가 가장 크며, 압축강도 향상이 주목적은 아니다.
  ㉡ 아스펙트비(형상비)
    아스펙트비(형상비)란 지름에 대한 길이의 비로서 50~100의 섬유가 많이 사용되며, 강섬유의 길이는 굵은골재 최대치수의 1.5배 이상으로 할 필요가 있다.

$$아스펙트비(형상비) = \frac{l}{d}$$

  여기서, l : 길이 d : 직경

  ㉢ 강섬유의 평균 인장 강도는 700MPa 이상이 되어야 하며, 각각의 인장 강도 또한 650MPa 이상이어야 한다.
  ㉣ 강섬유는 16℃ 이상의 온도에서 지름 안쪽 90°(곡선 반지름 3mm) 방향으로 구부렸을 때, 부러지지 않아야 한다.
③ 섬유혼입률
  ㉠ 섬유혼입률이란 섬유보강 콘크리트 $1m^3$ 중에 점유하는 섬유의 용적백분율[%]을 말한다.
  ㉡ 강섬유 혼입률은 일반적으로 0.5~2%정도(용적 백분율)이다.
④ 보강효과는 강섬유가 길수록 크다.
⑤ 비비기에 사용하는 믹서는 강제식 믹서를 사용하는 것을 원칙으로 한다.
⑥ 보강용 섬유의 탄성계수는 시멘트 결합재탄성계수의 1/5 이상이며, 형상비가 50 이상이어야 한다.

(3) 종 류

① 강섬유 보강 콘크리트(SFRC : Steel Fiber Reinforced Concrete)
② 합성섬유 보강 콘크리트(PFRC : Plastic Fiber Reinforced Concrete)
③ 유리섬유 보강 콘크리트(GFRC : Glass Fiber Reinforced Concrete)

2. 재　료

(1) 사용 섬유

① 강섬유는 KS F 2564의 규준에 적합한 것이어야 한다.
② 시멘트계 복합재료용 섬유
　　㉠ 무기계 섬유　ⓐ 강섬유
　　　　　　　　　ⓑ 유리섬유
　　　　　　　　　ⓒ 탄소섬유
　　㉡ 유기계 섬유　ⓐ 아라미드섬유
　　　　　　　　　ⓑ 폴리프로필렌섬유
　　　　　　　　　ⓒ 비닐론섬유
　　　　　　　　　ⓓ 나일론
③ 이들 섬유는 섬유와 시멘트 결합재 사이의 부착성이 양호해야 하고, 섬유의 인장강도가 크며, 내구성, 내열성 및 내후성이 우수하여야 하고, 시공성도 좋고 가격도 저렴해야 한다.
④ ① 이외의 강섬유를 사용하는 경우에는 그 품질을 확인하여 사용방법을 충분히 검토하여야 한다.

(2) 강섬유 품질관리

① 강섬유 이외의 재료에 대한 품질검사는 일반 콘크리트의 자재 품질관리 규정에 따른다.
② 강섬유의 품질검사는 다음 표에 따른다.

[강섬유의 품질검사]

종류	항목	시험·검사방법	시기·횟수	판정기준
강섬유	품질	KS F 2564의 규준	공사 착수 전, 공사 중 및 종류가 변했을 때	KS F 2564에 적합할 것

③ 강섬유는 표면에 녹이 있어서는 안된다.
④ 강섬유의 평균인장강도는 500MPa 이상이어야 한다.
⑤ 강섬유는 콘크리트 내에서 분산이 잘 되어야 한다.
⑥ 강섬유의 굽힘정도는 16℃ 이상의 온도에서 지름 안쪽 90°방향으로 구부렸을 때 부러지지 않아야 한다.

(3) 강섬유 혼입률

$$강섬유 혼입률 = \frac{강섬유\ 체적}{채취된\ 공시체체적}$$

$$강섬유 체적 = \frac{강섬유\ 질량}{강섬유\ 단위질량}$$

3. 시 공

(1) 현장 품질관리

① 굳지 않은 콘크리트의 품질 검사
  ㉠ 강섬유 혼입률에 대한 품질 검사는 다음 표에 따른다.

[강섬유 혼입률에 대한 관리 및 검사]

항목	시험·검사방법	시기·횟수	판정기준
강섬유 혼입률	KCI-SF 102의 규준	강도용 시험체 채취할 때와 품질변화를 보였을 때	허용차[%] ±0.5
강섬유 혼입률 (숏크리트)	KCI-SF 103의 규준	강도용 시험체 채취할 때와 품질변화를 보였을 때	허용차[%] ±0.5

② 굳은 콘크리트의 품질 검사
  ㉠ 휨강도 및 인성에 대한 품질 검사는 다음 표에 따른다.

[휨강도 및 인성에 대한 품질 검사]

항목	시험·검사방법	시기·횟수	판정기준
휨강도 및 휨인성계수	KS F 2566의 규준	강도용 시험체를 채취할 때와 품질변화를 보였을 때	설계할 때에 고려된 휨인성지수 값에 미달할 확률이 5% 이하일 것
압축인성	KCI-SF 105의 규준	강도용 시험체 채취할 때와 품질변화를 보였을 때	설계할 때에 고려된 압축인성 값에 미달할 확률이 5% 이하일 것

무료 동영상과 함께하는 콘크리트 필기

Part 4
콘크리트 구조 및 유지관리

Chapter 1   개 론
Chapter 2   설계 일반
Chapter 3   강도설계법
Chapter 4   전 단
Chapter 5   철근 상세
Chapter 6   철근의 정착과 이음
Chapter 7   사용성 검토
Chapter 8   기 둥
Chapter 9   슬 래 브
Chapter 10 옹 벽
Chapter 11 구조물의 진단 및 유지관리
Chapter 12 보수공법과 보강공법

Chapter 1 개론

1-1 철근 콘크리트

1. 구조물의 형태

(1) 콘크리트 구조

① 무근 콘크리트
  강재로 보강하지 않은 콘크리트를 말하며 중력식 댐 등에서 사용된다.
② 철근 콘크리트
  콘크리트는 압축에는 강하나 인장은 압축강도의 1/10 정도로 매우 약하므로 이를 보완하기 위해 인장부를 중심으로 철근을 배치한 것으로서 압축응력은 콘크리트가 부담하고 인장응력은 철근이 부담하며, 일반적으로 가장 많이 사용된다.
③ 프리스트레스트 콘크리트
  철근 콘크리트에는 최외단 인장철근의 하단부에 발생되는 인장균열을 막을 수 없는 단점이 있으며 이를 보완하기 위해 콘크리트 인장부에 압축응력을 미리 주어 균열을 방지한 콘크리트를 말하며, 시공비가 고가이다.

(2) 강구조

① 강재로 이루어진 구조
② 재료 강도가 커 부재 치수를 작게 할 수 있어 장대지간 교량에 유리하다.
③ 콘크리트에 비해 재료의 품질관리가 쉽고 공사기간이 단축된다.

(3) 합성구조

2. 철근 콘크리트

(1) 철근 콘크리트가 일체식 구조체로 성립되는 이유
① 콘크리트와 철근의 부착강도가 크다(부착력이 크다).
② 콘크리트 속에 묻힌 철근은 부식하지 않는다(방청효과).
③ 콘크리트와 철근(강재)은 열에 대한 팽창계수과 거의 같다.
　㉠ 콘크리트의 열팽창계수 : 0.000010~0.000013/℃
　㉡ 철근의 열팽창계수 : 0.000012/℃

(2) 피복두께
피복두께란 콘크리트 표면에 가장 가까운 철근의 표면에서 콘크리트 표면까지의 최단 거리를 말한다.

① 철근콘크리트의 피복두께 역할
　㉠ 철근 부식 및 산화 방지
　㉡ 내화성 확보
　㉢ 부착강도 확보
② 철근다발의 덮개
　㉠ 일반적인 경우에는 50mm를 초과하지 않아도 된다.
　㉡ 영구적으로 흙에 접하는 경우에는 80mm 이상으로 한다.
③ 콘크리트 구조설계기준에 의한 철근의 최소 피복두께
　㉠ 수중에서 타설하는 콘크리트 : 100mm
　㉡ 흙에 접하여 콘크리트를 친 후 영구히 흙에 묻혀 있는 콘크리트 : 80mm
　㉢ 흙에 접하거나 옥외의 공기에 직접 노출되는 콘크리트
　　ⓐ D29 이상의 철근 : 60mm
　　ⓑ D25 이하의 철근 : 50mm
　　ⓒ D16 이하의 철근, 지름 16mm 이하의 철선 : 40mm
　㉣ 옥외의 공기나 흙에 직접 접하지 않는 콘크리트
　　ⓐ 슬래브, 벽체, 장선
　　　• D35 초과하는 철근 : 40mm
　　　• D35 이하인 철근 : 20mm
　　ⓑ 보, 기둥 : 40mm
　　　이 경우 콘크리트의 설계기준강도 f_{ck}가 40MPa 이상인 경우 규정된 값에서 10mm 저감시킬 수 있다.
　　ⓒ 쉘, 절판부재 : 20mm

(3) 콘크리트의 응력-변형률 곡선과 탄성계수

① 콘크리트의 응력-변형률 곡선(Stress-Strain Curve)
  ㉠ 최대 압축응력에 대응하는 변형률 : 대략 0.002
  ㉡ 파괴시 극한 변형률 : 0.003
  ㉢ 콘크리트가 고강도화됨에 따라 취성파괴(Brittle Failure)를 나타낸다.

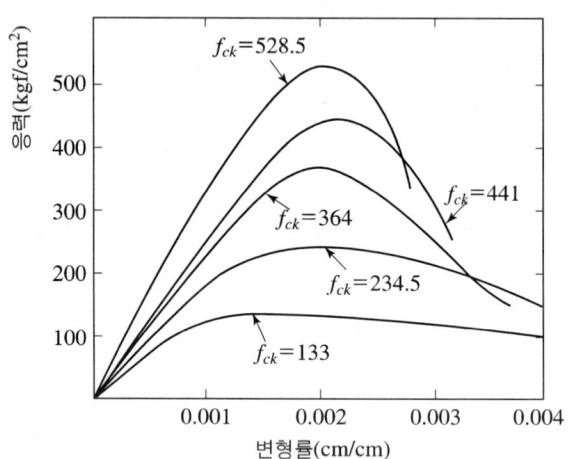

[콘크리트의 응력-변형률 곡선]

② 콘크리트의 탄성계수 : Ec
  ㉠ Hook의 법칙 성립

$$E_c = \frac{f_c}{\epsilon_c}$$

  ㉡ 탄성계수의 종류
    ⓐ 초기 접선탄성계수 : 콘크리트의 응력-변형률 곡선에서 초기 선형상태의 기울기를 말한다.
    ⓑ 할선계수(시컨트계수) : 일반적인 콘크리트의 탄성계수로서 콘크리트의 응력-변형률 곡선에서 콘크리트의 압축강도 $0.5f_{ck}$에 해당하는 압축응력점과 원점을 연결한 직선의 기울기를 말한다.
    ⓒ 접선계수 : 콘크리트의 응력-변형률 곡선에서 $0.5f_{ck}$에 해당하는 압축응력점의 접선 기울기를 말한다.
  ㉢ 콘크리트구조설계기준에 따른 콘크리트 탄성계수

구분 조건	E_c [MPa]	m_c=2,300kg/m³일 경우
$m_c = 1.45 \sim 2.5 \text{t/m}^3$	$E_c = 0.077 m_c^{1.5} \sqrt[3]{f_{cu}}$	$E_c = 8,500 \sqrt[3]{f_{cu}}$ (MPa)
	$E_c = 0.85 E_{ci}$ $E_{ci} = 1.18 E_c$	

여기서, f_{cu} : 콘크리트의 압축강도 $f_{cu} = f_{ck} + \Delta f \text{(MPa)}$
m_c : 콘크리트의 단위중량[kg/m³]
E_c : 콘크리트의 할선탄성계수[MPa]
E_{ci} : 콘크리트의 초기 접선탄성계수[MPa] → 크리프 계산에 사용된다.
Δf : f_{ck}가 40MPa 이하이면 4MPa, 60MPa 이상이면 6MPa
그 사이는 직선보간으로 구한다.

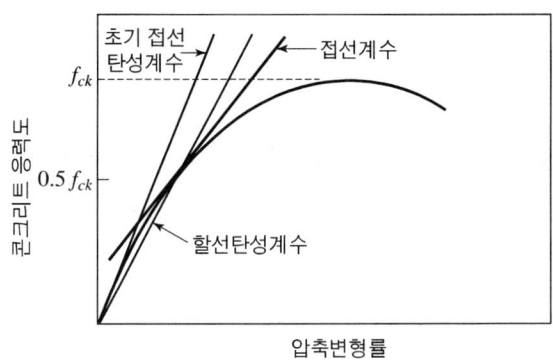

[콘크리트의 탄성계수]

(4) 철근의 응력-변형률 곡선

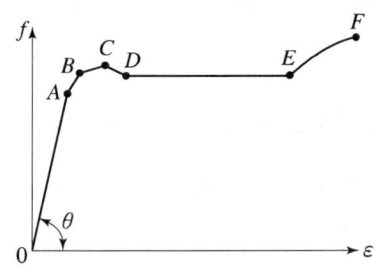

[구조용 강재를 인장시험했을 때의 응력-변형률 선도]

① 철근 응력-변형률 곡선의 특성
  ㉠ 비례한도(Proportional Limit ; A점) : 응력과 변형률이 정비례
  ㉡ 탄성한도(Elasticity Limit ; B점) : 0.02%의 영구변형이 생기는 응력
  ㉢ 항복구간(CD구간) : 하중을 제거해도 변형이 계속 커지는 구간
  ㉣ 상항복점(Upper Yielding Point ; C점)
  ㉤ 하항복점(Lower Yielding Point ; D점)
  ㉥ 극한강도(Ultimate Strength ; E점)
  ㉦ 파괴강도(Breaking Strength ; F점)

② 철근의 탄성계수

$$E_s = 2.0 \times 10^5 \, \text{MPa}$$

프리스트레싱 긴장재의 탄성계수 : $E_{ps} = 2.0 \times 10^5 \text{MPa}$
형강의 탄성계수 : $E_{ss} = 2.05 \times 10^5 \text{MPa}$

(5) 탄성계수비

① 콘크리트의 탄성계수에 대한 철근의 탄성계수의 비를 말하며 반올림 정수로 나타낸다.
② 보통 콘크리트의 탄성계수비 ; n

$$n = \frac{E_s}{E_c}$$

1-2 콘크리트 제품

1. 프리스트레스트 콘크리트(PSC ; Pre Stressed Concrete)

외력에 의해 콘크리트에 발생되는 인장응력을 상쇄시키기 위해 콘크리트 단면에 사전에 압축응력을 준 콘크리트를 말한다.

2. FRP 콘크리트(섬유강화 폴리머 콘크리트)

신소재 콘크리트로 철근 대신 FRP(Fiber Reinforced Polymer, 섬유강화 폴리머) 보강근을 사용하여 콘크리트의 인장력을 보강한 콘크리트를 말한다.

3. 프리캐스트 콘크리트의 제조

(1) 다짐방법

① 진동다짐

콘크리트를 거푸집에 투입한 후 내부진동기(봉형 진동기), 외부진동기(거푸집 진동기), 평면식 진동기 및 진동대 등으로 다짐하는 방법이다.
② 원심력다짐
말뚝, 폴, 관 등과 같은 중공 원통형 제품을 성형하기 위하여 원심력을 이용하는 다짐방법이다.
③ 가압다짐(가압성형 다짐)
거푸집에 진동으로 다져 넣은 콘크리트에 기계적인 압력을 가하여 물을 짜내고 공극이 적은 콘크리트를 만드는 가압성형 방법이다.

(2) 양생방법

① 습윤양생
비교적 수화작용이 활발한 초기에 외부 기상조건에 의해서 콘크리트 표면이 빨리 건조되는 것을 방지하기 위해 살수, 습사, 습포 등을 이용하여 콘크리트 표면을 습윤상태로 유지하는 방법이다.

② 피막양생
양생제를 살포하여 콘크리트 표면에 방수막을 형성하여 콘크리트의 표면수분 증발을 막는 방법이다.

(3) 촉진양생 종류

① 상압증기양생
콘크리트 타설 후 거푸집체로 양생실에 넣고 2시간 이상 지난 후, 상승온도 20℃/h 이하, 최고온도 65℃(ACI 83℃)로 4~10시간 유지한 후, 15~20℃/h로 서서히 냉각하여 제품을 만드는 방법이다.

② 고온고압(Auto Clave) 양생
고온고압 용기에 제품을 넣고 180℃ 전후, 공기압 7~15기압으로 고온고압 처리하는 방법이다.

③ 전기양생
거푸집에서 전극판을 붙여 콘크리트에 저교류를 통과시킴으로써, 콘크리트가 도체가 되어 가열되며 경화가 촉진되는 방법이다.

1-3 공장 제품(Factory Product)

1. 개 요

(1) 일반사항

공장 제품은 대량 생산이 가능하고 범용성이 가능하다.

(2) 용어의 정의

① 공작 도면(Shop Drawing)
   공장 제품 부재와 부속 연결철물, 공장 제품의 생산과 현장 조립에 나타내는 도면
② 공장 제품(Factory Product)
   관리된 공장에서 계속적으로 제조되는 프리캐스트(PC) 및 프리스트레스트(PSC) 콘크리트 제품
③ 성형(Molding)
   굳지 않은 콘크리트를 거푸집에 채워 넣고 다져서 공장 제품의 모양을 만드는 것

(3) 공장제품의 특성

① 조립 구조에 주로 사용되므로 공사기간이 단축된다.
② 현장에서 거푸집이나 동바리 등의 준비가 필요 없다.
③ 기후상황에 좌우되지 않고 시공을 할 수 있다.
④ 규격품을 제조하므로 숙련공을 필요로 한다.

2. 재 료

(1) 콘크리트 재료

프리스트레스트 콘크리트 공장 제품의 경우 순환골재를 사용할 수 없다.

(2) 공장제품의 굵은골재 최대치수

① 40mm 이하
② 공장제품 최소두께의 2/5 이하
③ 강재의 최소 간격의 4/5 이하

(3) 배 합

① 공장 제품에 사용하는 콘크리트의 배합은 성형 및 양생 방법을 고려하여 공장 제품이 소요의 강도, 내구성, 수밀성 및 적정한 표면의 마무리 등을 갖도록 정해야 한다.
② 공장 제품에 사용하는 콘크리트의 비비기는 소요 성능의 발현에 적합한 믹서를 사용해야 한다.
③ 콘크리트의 반죽질기는 공장 제품의 형상, 치수, 성형 방법 등을 고려하여 정해야 한다.
④ 슬럼프가 20mm 이상인 콘크리트의 배합은 슬럼프 시험을 원칙으로 하며, 슬럼프 20mm 미만인 콘크리트의 배합은 제조 방법에 적합한 시험 방법에 의한다.

(4) 콘크리트 강도

① 공장 제품에 사용하는 콘크리트는 소요의 강도, 내구성, 수밀성, 강재를 보호하는 성능 등을 가져야 하며, 품질의 변동이 적은 것이어야 한다.
② 공장 제품에 사용하는 콘크리트의 강도 시험은 KS F 2405에 따라 실시하며 다음 중 어느 하나의 방법에 의해 구한 압축강도로 나타내는 것을 원칙으로 한다.
　㉠ 일반적인 공장 제품은 재령 14일에서의 압축강도 시험값
　㉡ 오토클레이브 양생 등의 특수한 촉진 양생을 하는 공장 제품은 14일 이전의 적절한 재령에서 압축강도 시험값
　㉢ 촉진양생을 하지 않은 공장 제품이나 비교적 부재 두께가 큰 공장 제품은 재령 28일에서 압축강도 시험값
③ 공장 제품의 탈형, 긴장력 도입, 출하할 때의 콘크리트 압축강도는 단계별 소요 강도를 만족시켜야 한다.

(5) 공장제품 양생방법

① **증기양생**(Steam Curing)
　높은 온도의 수증기 속에서 실시하는 촉진 양생으로 일반적으로 비빈 후 2~3시간 이상 경과된 후에 실시한다.
② **오토클레이브 양생**(Autoclave Curing)
　고온·고압의 증기솥(용기) 속에 제품을 넣고 상압보다 높은 압력으로 고온(180℃ 전후)의 수증기를 사용하여 실시하는 양생으로 PSC 말뚝 등에 주로 사용한다.
③ **가압양생**
　성형된 콘크리트에 0.5~1MPa의 압력을 가한 후 고온으로 양생한다.

④ 촉진양생(Accelerate Curing)
보다 빠른 콘크리트의 경화나 강도 발현을 촉진하기 위해 실시하는 양생으로 증기양생, 고온고압양생(오토클레이브 양생 ; Auto Clave), 전기양생 등이 해당한다.

⑤ 적외선 양생

[공장제품용 콘크리트 품질 검사]

항목	시험·검사 방법	시기·횟수	판정 기준
양생온도	온도 상승률, 온도 강하율, 최고온도와 지속시간	재료·배합 등을 변경한 경우 또는 수시	KS 또는 생산 계획서에 정해진 조건에 적합할 것
탈형할 때의 강도	제25장 「2.7 콘크리트의 강도」에 의한다.	재료·배합·양생 방법 등을 변경한 경우 또는 수시	
프리스트레스 도입 시의 강도			

(6) 공장 제품의 품질관리 및 검사

① 공장 제품의 균열 하중, 파괴 하중 및 기타 필요한 성질에 대한 품질관리 및 검사는 실물을 직접 시험하는 것을 원칙으로 한다. 실물을 직접 시험하는 것이 곤란한 경우에는 소요 품질을 판정할 수 있는 시험체를 사용하여 시험을 하여야 한다.
② 공장 제품은 해로운 균열, 파손, 비틀림, 휨 등이 없어야 한다.
③ 공장 제품의 치수에 대한 오차는 소정의 값 이하이어야 한다.
④ 공장 제품은 생산 순서별로 생산 번호를 부여하고 생산 날짜를 표시하여야 하며, 로트별 품질관리를 계속하고 그 내용을 기록하여야 한다.

Chapter 2 설계 일반

 ## 2-1 설계 방법

1. 설계 방법의 종류

① 허용응력 설계법
② 강도 설계법
③ 한계상태 설계법

2. 허용응력 설계법

철근 콘크리트를 탄성체로 보고 탄성이론에 의해 구한 콘크리트 및 철근의 응력이 각각 그 허용응력을 넘지 않도록 설계하는 방법이다.

$$f_{ca} \geqq f_c \qquad f_{sa} \geqq f_s$$

여기서, f_{ca}, f_{sa} : 콘크리트 및 철근의 허용응력
 f_c, f_s : 사용하중에 의한 콘크리트 및 철근의 응력

(1) 설계 가정

① 보 축에 직각인 단면은 휨을 받아 변형된 후에도 평면을 유지한다(베르누이의 가정).
② 응력과 변형도는 정비례한다(Hooke's Law).
③ 단면 내의 철근과 콘크리트의 응력은 중립축으로부터의 거리에 비례한다.
④ 콘크리트의 인장응력은 무시한다.
⑤ 철근과 콘크리트의 탄성계수비는 정수이다.
⑥ 변형은 중립축으로부터의 거리에 비례한다.

3. 강도설계법

(1) 설계 가정

① 변형률은 중립축으로부터의 거리에 비례한다. 깊은보 설계시 비선형 변형률 분포를 고려하여야 하며, 이때 대신 스트럿-타이 모델을 적용할 수도 있다.

② 휨모멘트 또는 휨모멘트와 축력을 동시에 받는 부재의 콘크리트 압축연단의 극한변형률은 콘크리트의 설계기준압축강도가 40MPa 이하인 경우에는 0.0033으로 가정하며, 40MPa을 초과할 경우에는 매 10MPa의 강도 증가에 대하여 0.0001씩 감소시킨다. 콘크리트의 설계기준압축강도가 90MPa을 초과하는 경우에는 성능실험을 통한 조사연구에 의하여 콘크리트 압축연단의 극한변형률을 선정하고 근거를 명시하여야 한다.

③ 콘크리트의 인장강도는 철근콘크리트 부재 단면의 축강도와 휨강도 계산에서 무시할 수 있다.

④ 항복강도 f_y 이하에서 철근의 응력은 그 변형률의 E_s배로 본다. 항복강도에 해당하는 변형률보다 더 큰 변형률에 대하여도 철근의 응력은 변형률에 관계없이 항복강도와 같다고 가정한다.
- $f_s \leq f_y$일 때 $f_s = \epsilon_s E_s$
- $f_s > f_y$일 때 $f_s = f_y$

⑤ 콘크리트의 압축응력 분포와 콘크리트의 변형률 사이의 관계는 직사각형, 사다리꼴, 포물선형 또는 강도의 예측에서 광범위한 실험의 결과와 실질적으로 일치하는 어떤 형상으로도 가정할 수 있다.

⑥ 포물선-직선 형상의 응력-변형률 관계에 의하여 콘크리트에 작용하는 압축응력의 평균값은 $\alpha(0.85f_{ck})$로, 압축연단으로부터 합력의 작용위치는 중립축 깊이 c에 대한 β의 비율로 나타내며, 응력분포의 각 변수 및 계수는 다음 표 값을 적용한다.

f_{ck}(MPa)	≤40	50	60	70	80	90
n	2.0	1.92	1.50	1.29	1.22	1.20
ε_{co}	0.002	0.0021	0.0022	0.0023	0.0024	0.0025
ε_{cu}	0.0033	0.0032	0.0031	0.003	0.0029	0.0028
α	0.80	0.78	0.72	0.67	0.63	0.59
β	0.40	0.40	0.38	0.37	0.36	0.35

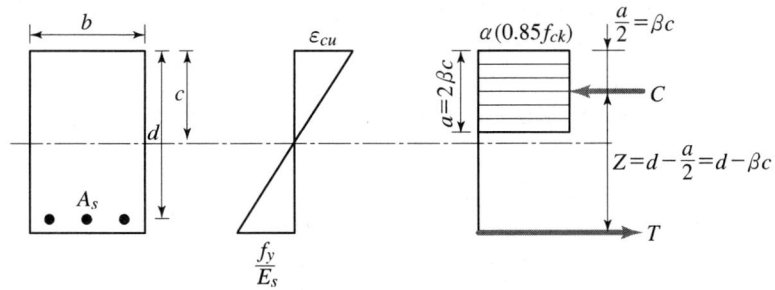

[강도설계법에 의한 보의 변형률과 응력]

(2) 설계 개념

$$S_d = \phi\, S_n \geqq S_u = r\, S_i$$

여기서, S_d : 설계강도＝설계휨강도, 설계전단강도, 설계축강도
　　　S_n : 공칭강도＝공칭휨강도, 공칭전단강도, 공칭축강도
　　　S_u : 계수하중(소요하중＝극한하중), 계수 휨모멘트, 계수 전단력, 계수 축방향력
　　　S_i : 사용하중＝사용 휨모멘트, 사용 전단력, 사용 축방향력
　　　ϕ : 강도감소계수
　　　r : 하중증가계수

(3) 강도

설계강도＝강도감소계수×공칭강도

① 강도감소계수를 사용하는 이유
　㉠ 재료품질의 변동
　㉡ 구조 및 부재의 중요도
　㉢ 설계 계산의 불확실량
　㉣ 시공상 단면치수 오차(시공 기술 등에 관련된 다소 불리한 오차)
　㉤ 시험 오차에서 오는 재료차

② 강도감소계수(ϕ)

부재 또는 하중의 종류		ϕ
① 인장지배 단면		0.85
② 전단력과 비틀림 모멘트		0.75
③ 압축지배 단면	나선철근으로 보강된 철근 콘크리트 부재	0.70
	그 외의 철근 콘크리트 부재	0.65
④ 콘크리트의 지압력(포스트텐션 정착부나 스트럿-타이 모델은 제외)		0.65
⑤ 포스트텐션 정착구역		0.85
⑥ 스트럿-타이 모델에서 스트럿, 절점부 및 지압부		0.75

부재 또는 하중의 종류		ϕ
⑦ 스트럿-타이 모델에서 타이		0.85
⑧ 긴장재 묻힘길이가 정착 길이 보다 작은 프리텐션 부재의 휨 단면	부재의 단부부터 전달길이 단부까지	0.75
⑨ 무근 콘크리트의 휨모멘트, 압축력, 전단력, 지압력		0.55

- 인장지배단면 : $\epsilon_t \geq 0.005$인 경우. 단, $f_y > 400\text{MPa}$일 때는 $\epsilon_t \geq 2.5\epsilon_y$인 경우
- 압축지배단면 : $\epsilon_t \leq \epsilon_y$인 경우
- 위 ③항은 공칭강도에서 최외단 인장 철근의 순인장 변형률 ϵ_t가 압축지배와 인장지배단면 사이일 경우에는, ϵ_t가 압축지배 변형률 한계에서 0.005로 증가함에 따라 ϕ값을 압축지배 단면에 대한 값에서 0.85까지 증가시킨다.
- 위 ⑦항은 전달길이 단부에서 정착길이 단부사이의 ϕ값은 0.75에서 0.85까지 선형적으로 증가시킨다. 다만, 긴장재가 부재 단부까지 부착되지 않은 경우에는, 부착력 저하 길이의 끝에서부터 긴장재가 매입된다고 가정하여야 한다.

여기서, ϵ_t : 공칭축강도에서 최외단 인장철근의 순인장변형률 : 유효 프리스트레스 힘, 크리프, 건조수축 및 온도에 의한 변형률은 제외함
ϵ_y : 철근의 설계기준 항복변형률

ρ/ρ_b로 나타내는 인장지배단면에 대한 순인장변형률 한계

f_y= 400MPa 철근을 사용한 직사각형 단면에 대하여 순인장변형률 0.005는 ρ/ρ_b 비율로 0.625에 해당한다.

f_y= 400MPa인 철근 및 긴장재에 대한 c/d_t에 따른 ϕ값의 변화

(단, c : 공칭강도에서 중립축의 깊이
  d_t : 최외단 압축연단에서 최외단 인장철근까지 거리
  c/d_t 한계는 f_y= 400MPa 철근을 사용한 경우와
       프리스트레스된 단면인 경우 압축지배단면 0.6, 인장지배단면 0.375)

① 나선 : $\phi = 0.70 + 0.15\left[\left(\dfrac{1}{(c/d_t)} - \dfrac{5}{3}\right)\right]$

② 기타 : $\phi = 0.65 + 0.2\left[\left(\dfrac{1}{(c/d_t)} - \dfrac{5}{3}\right)\right]$

(4) 하 중

계수하중(극한하중, 소요 하중) = 하중증가계수 × 사용하중(Service Load)

① 하중증가계수를 사용하는 이유
   ㉠ 사용중에 추가되는 초과 사하중
   ㉡ 예기치 못한 초과 활하중
   ㉢ 차량의 대형화·중량화에 따른 활하중 증가 등의 영향을 반영한 계수이다.

② 하중증가계수(r)

구분	계수하중(하중조합)
①	$U = 1.4(D+F)$
②	$U = 1.2(D+F+T) + 1.6(L + \alpha_H H_v + H_h) + 0.5(L_r$ 또는 S 또는 $R)$
③	$U = 1.2D + 1.6(L_r$ 또는 S 또는 $R) + (1.0L$ 또는 $0.65W)$
④	$U = 1.2D + 1.3W + 1.0L + 0.5(L_r$ 또는 S 또는 $R)$
⑤	$U = 1.2(D + H_v) + 1.0E + 1.0L + 0.2S + (1.0H_h$ 또는 $0.5H_h)$
⑥	$U = 1.2(D + F + T) + 1.6(L + \alpha_H H_v) + 0.8H_h + 0.5(L_r$ 또는 S 또는 $R)$
⑦	$U = 0.9(D + H_v) + 1.3W + (1.6H_h$ 또는 $0.8H_h)$
⑧	$U = 0.9(D + H_v) + 1.0E + (1.0H_h$ 또는 $H_h)$

여기서, α_H는 연직방향 하중 H_v에 대한 보정계수로서, $h \leq 2m$에 대해서 $\alpha_H = 1.0$이며, $h > 2m$에 대해서 $\alpha_H = 1.05 - 0.025h \geq 0.875$이다. 단, h는 토피 두께이다.

4. 한계상태 설계법

구조물의 파괴 확률 또는 신뢰성 이론에 근거하여 안전성과 사용성을 하나의 설계체제 안에서 합리적으로 다루려는 설계법으로 한계상태란 구조물 전체나 부분적 요소가 당초의 목적을 달성하기에 적합하지 못하게 되거나 구조적 기능을 상실한 상태를 말한다.

Chapter 3 강도설계법

3-1 단철근 직사각형 보

1. 설계 개념

(1) 설계 기본식

$$M_d = \phi M_n \geq M_u = rM_i$$

여기서, M_d : 설계강도＝설계휨강도, 설계전단강도, 설계축강도
  M_n : 공칭강도＝공칭휨강도, 공칭전단강도, 공칭축강도
  M_u : 계수하중(소요하중＝극한하중), 계수 휨모멘트, 계수 전단력, 계수 축방향력
  M_i : 사용하중＝사용 휨모멘트, 사용 전단력, 사용 축방향력
  ϕ : 강도감소계수
  r : 하중증가계수

(2) 강도감소계수(ϕ)

부재 또는 하중의 종류		ϕ
인장지배 단면		0.85
전단력과 비틀림 모멘트		0.75
압축지배 단면	나선철근으로 보강된 철근 콘크리트 부재	0.70
	그 외의 철근 콘크리트 부재	0.65
콘크리트의 지압력(포스트텐션 정착부나 스트럿-타이 모델은 제외)		0.65
포스트텐션 정착구역		0.85
스트럿-타이 모델과 그 모델에서 스트럿, 절점부 및 지압부		0.75
스트럿-타이 모델에서 타이		0.85
긴장재 묻힘길이가 정착 길이보다 작은 프리텐션 부재의 휨 단면	부재의 단부부터 전달길이 단부까지	0.75
무근 콘크리트의 휨모멘트, 압축력, 전단력, 지압력		0.55

① 인장지배 단면 : $\epsilon_t \geq 0.005$인 경우. 단, $f_y > 400\text{MPa}$일 때는 $\epsilon_t \geq 2.5\epsilon_y$인 경우
② 압축지배 단면 : $\epsilon_t \leq \epsilon_y$인 경우

(3) 하중증가계수(γ)

$$U = 1.2D + 1.6L \text{와 } U = 1.4D \text{ 둘 중 큰 값}$$

여기서, D : 고정하중
L : 활하중

2. 단철근 직사각형 보의 설계휨강도

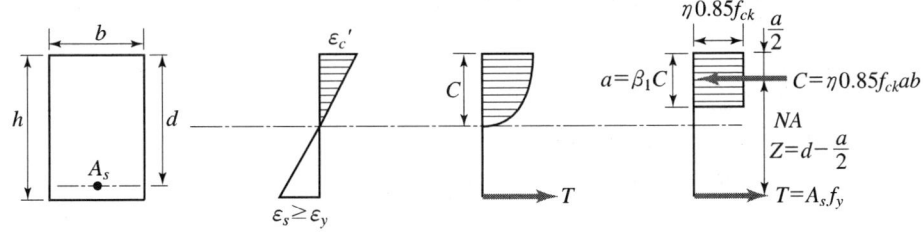

(a) 단철근 직사각형 보   (b) 변형률   (c) 실제 응력분포   (d) 등가 응력분포

[등가직사각형 응력분포 변수 값]

f_{ck}(MPa)	≤40	50	60	70	80	90
ε_{cu}	0.0033	0.0032	0.0031	0.003	0.0029	0.0028
η	1.00	0.97	0.95	0.91	0.87	0.84
β_1	0.80	0.80	0.76	0.74	0.72	0.70

※ 일반적인($f_{ck} < 40\text{MPa}$)인 경우에는 $\eta = 1$이므로 기존과 동일하다.

[단철근 직사각형 보]

(1) 등가 직사각형 응력분포의 깊이 ; a

① 우력

$$C = T$$
$$\eta 0.85 f_{ck}\, ab = A_s f_y$$
$$\therefore a = \frac{A_s f_y}{\eta 0.85 f_{ck}\, b}$$
$$\therefore A_s = \frac{\eta 0.85 f_{ck}\, a\, b}{f_y} = \frac{\eta 0.85 f_{ck}\, \beta_1\, C_b\, b}{f_y}$$

② $a = \beta_1 c$

여기서, a : 등가 직사각형 깊이
c : 중립축 깊이

(2) 단면의 공칭휨강도(단면저항모멘트 : 주어진 단면에서 저항할 수 있는 모멘트)

① $M_n = M_{rc} = M_{rs} = T \cdot z = C \cdot z = A_s f_y \left(d - \dfrac{a}{2}\right)$
$\quad = \eta 0.85 f_{ck} ab \left(d - \dfrac{a}{2}\right)$

② $M_n = f_y \rho b d^2 (1 - 0.59 q) = \eta f_{ck} q b d^2 (1 - 0.59 q)$
$q = \rho \dfrac{f_y}{\eta f_{ck}}$

여기서, a : 등가 직사각형 깊이 $\quad b$: 폭
c : 중립축 깊이 $\quad d$: 유효깊이

(3) 설계휨강도

① $M_d = \phi M_n = \phi M_{rc} = \phi M_{rs} = \phi T \cdot z = \phi C \cdot z$
$\quad = \phi A_s f_y \left(d - \dfrac{a}{2}\right) = \phi \eta 0.85 f_{ck} ab \left(d - \dfrac{a}{2}\right)$

② $M_d = \phi M_n = \phi f_y \rho b d^2 (1 - 0.59 q)$
$\quad = \phi \eta f_{ck} q b d^2 (1 - 0.59 q)$

(4) 검 토

$$M_d = \phi M_n \geq M_u = r M_i$$

여기서, M_d : 설계휨강도 $\qquad M_n$: 공칭휨강도
M_u : 계수 휨모멘트 $\qquad M_i$: 사용 휨모멘트
ϕ : 강도감소계수 $\qquad r$: 하중증가계수

3. 균형보 개념

압축측 연단 콘크리트의 최대 변형이 ϵ_{cu}에 도달할 때 인장철근의 최대 변형이 항복점 변형($\epsilon_s = \epsilon_y = f_y/E_s$)에 도달하는 보를 말한다.

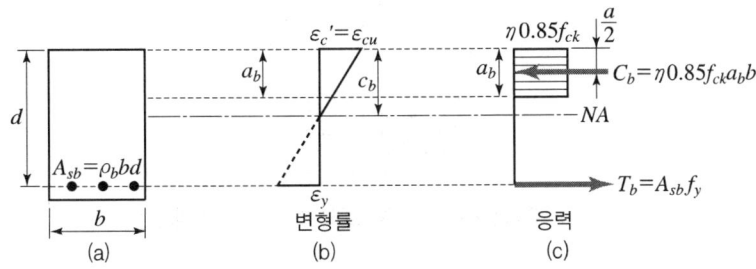

[단철근 직사각형 보의 균형보 개념]

(1) 균형단면이 되기 위한 중립축 위치(c)

$$\epsilon_c : \epsilon_c + \epsilon_s = c : d$$

$$\epsilon_{cu} : \epsilon_{cu} + \frac{f_y}{E_s} = c : d$$

$$\therefore c = \frac{\epsilon_c}{\epsilon_c + \epsilon_s}d = \frac{\epsilon_{cu}}{\epsilon_{cu} + \frac{f_y}{E_s}}d = \frac{\epsilon_{cu}}{\epsilon_{cu} + \frac{f_y}{200,000}}d = \frac{a}{\beta_1}$$

(2) 단철근 직사각형 보의 균형철근비(ρ_b)

$$\rho_b = \eta 0.85 \frac{f_{ck}}{f_y} \beta_1 \frac{c}{d} = \eta 0.85 \frac{f_{ck}}{f_y} \beta_1 \frac{\epsilon_{cu}}{\epsilon_{cu} + \frac{f_y}{200,000}}$$

4. 단철근 직사각형 보의 휨철근량 제한

(1) 철근비(ρ)

$$\rho = \frac{A_s}{bd}$$

(2) 최외단 인장철근

순인장 변형률 ε_t는 공칭강도에서 최외단 인장철근 또는 긴장재의 인장 변형률에서 프리스트레스, 크리프, 건조수축, 온도변화에 의한 변형률을 제외한 인장 변형률이다.

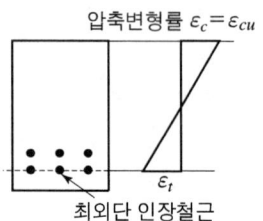

[단철근 직사각형 보의 최외단 인장철근]

(3) 지배 단면

① 지배 단면 종류와 강도감소계수

구분	순인장 변형률(ϵ_t) 조건	강도감소계수
압축지배 단면	ϵ_y 이하	0.65
변화구간 단면	$\epsilon_y \sim 0.005$(또는 $2.5\epsilon_y$)	0.65~0.85
인장지배 단면	0.005 이상 ($f_y > 400$MPa인 경우 $2.5\epsilon_y$ 이상)	0.85

② 지배 단면 변형률 한계 및 해당 철근비

철근의 설계기준 항복강도	압축지배 변형률 한계(ϵ_y)	인장지배 변형률 한계
300MPa	0.0015	0.005
350MPa	0.00175	0.005
400MPa	0.002	0.005
500MPa	0.0025	0.00625($2.5\epsilon_y$)
600MPa	0.003	0.0075($2.5\epsilon_y$)

③ 압축지배 단면
  ㉠ 압축 콘크리트가 가정된 극한 변형률인 ϵ_{cu}에 도달할 때 최외단 인장철근의 순인장 변형률 ϵ_t가 압축지배 변형률 한계 이하인 단면을 압축지배 단면이라 한다.
  ㉡ 파괴 징후가 없이 급격히 파괴되는 취성파괴가 발생할 수 있다.

④ 변화구간 단면
  ㉠ 순인장 변형률 ϵ_t가 압축지배 변형률 한계와 인장지배 변형률 한계 사이인 단면을 변화구간 단면이라 한다.

ⓒ 철근의 항복강도가 400MPa을 초과하는 경우에는 인장지배 변형률의 한계를 철근 항복 변형률의 2.5배로 한다.

⑤ **인장지배 단면**
㉠ 압축 콘크리트가 가정된 극한 변형률인 ϵ_{cu}에 도달할 때 최외단 인장철근의 순인장 변형률 ϵ_t가 0.005의 인장지배 변형률 한계 이상인 단면을 인장지배 단면이라 한다.
ⓒ 파괴 징후를 쉽게 알 수 있는 단면을 말한다.

⑥ **최소 허용변형률**

철근의 설계기준 항복강도	휨부재 허용값	
	최소 허용변형률($\epsilon_{a,\min}$)	해당 철근비($\rho_{\max}$)
300MPa	0.004	$0.658\rho_b$
350MPa	0.004	$0.692\rho_b$
400MPa	0.004	$0.726\rho_b$
500MPa	$0.005(2\epsilon_y)$	$0.699\rho_b$
600MPa	$0.006(2\epsilon_y)$	$0.677\rho_b$

(4) 최소철근

철근비가 매우 작은 경우에는 인장 측 콘크리트가 취성파괴될 우려가 있어 이를 피하기 위해 정철근의 하한치를 제한하고 있다.

① **최소철근비($\rho_{\min}$)**
㉠ 해석에 의하여 인장철근 보강이 요구되는 휨부재의 모든 단면에 대하여 설계휨강도가 다음 조건을 만족하도록 인장철근을 배치하여야 한다.

$$\phi M_n \geq 1.2 M_{cr}$$

여기서, M_{cr} : 휨부재의 균열휨모멘트

ⓒ 부재의 모든 단면에서 해석에 의해 필요한 철근량보다 1/3 이상 인장철근이 더 배치되어 다음 식의 조건을 만족하는 경우는 상기 ㉠의 규정을 적용하지 않을 수 있다.

$$\phi M_n \geq \frac{4}{3} M_u$$

(5) 보의 파괴 형태

① **균형파괴(평형파괴)**
㉠ 균형 보에서 일어난다.

ⓒ 균형철근 보
ⓒ 설계의 기준을 제시해 준다.
ⓔ 콘크리트와 철근이 동시에 파괴되는 이상적인 파괴이다($\rho = \rho_b$).

② **연성파괴(인장파괴)**
㉠ 저보강 보에서 일어난다.
㉡ 과소철근 보
ⓐ 철근비가 평형철근비보다 작은 보
ⓑ 과소철근 보에서는 인장력 부족으로 중립축은 위로 이용하면서 연성파괴된다.
ⓒ 콘크리트 압축연단의 변형률이 ϵ_{cu}에 도달하기 전에 철근의 인장응력이 f_y에 도달한 보
㉢ 사전 붕괴 징후를 보이며 점진적으로 콘크리트가 파괴되는 형태이다.
㉣ 압축 콘크리트가 가정된 극한 변형률인 ϵ_{cu}에 도달할 때 $\epsilon_t \geq$ 인장지배 변형률 한계(0.005)
㉤ 가장 바람직한 파괴 형태이다.

③ **취성파괴(압축파괴)**
㉠ 과보강 보에서 일어난다.
㉡ 과다철근 보
ⓐ 철근량(철근비)이 평형철근량보다 큰 보
ⓑ 과다철근 보에서는 압축력 부족으로 중립축은 아래로 이용하면서 폭발적으로 파괴된다.
ⓒ 취성파괴가 일어나며 파괴예측이 불가하기 때문에 매우 위험하다.
㉢ 사전 징후 없이 갑자기 파괴되는 형태이다.
㉣ 압축 콘크리트가 가정된 극한 변형률인 ϵ_{cu}에 도달할 때
$\epsilon_t \leq$ 압축지배 변형률 한계
㉤ $\rho < \rho_{\min}$: 인장 측 콘크리트의 취성파괴가 일어난다.

3-2 복철근 직사각형 보

1. 개 요

(1) 복철근 보를 사용하는 이유
① 단면의 치수(특히 유효높이)가 제한되어 설계모멘트가 외력에 의한 작용모멘트를 견딜 수 없는 경우($M_d < M_u$)
  ㉠ 복철근 보로 함으로써 저항모멘트를 증가시켜 보강성을 증대시킨다.
  ㉡ 취성을 줄인다.
  ㉢ 연성을 키워준다.
② 정(+)·부(-)의 휨모멘트를 교대로 받는 경우
  ㉠ 정모멘트는 단철근 보로도 충분하다.
  ㉡ 부의 휨모멘트 작용시 복철근 보로 하여 압축철근이 인장철근의 역할을 하도록 하여야 한다.
  ㉢ 보의 강성을 증대시키기 위해
  ㉣ 연성을 키우기 위해(압축철근 배근으로 파괴모드를 압축파괴에서 인장파괴로 변화시킨다.)
  ㉤ 처짐을 작게 해야 하는 경우
  ㉥ 건조수축과 크리프의 영향을 감소시키기 위해
  ㉦ 비틀림 모멘트를 받을 때

(2) 압축철근 사용 효과
① 지속하중에 의한 장기처짐(총처짐)을 감소시킨다.
② 연성을 증가시켜 모멘트 재분배가 가능하게 한다.
③ 철근의 조립을 쉽게 할 수 있다.

2. 복철근 직사각형 보의 설계휨강도(압축철근이 항복할 경우 $f_s' = f_y$)

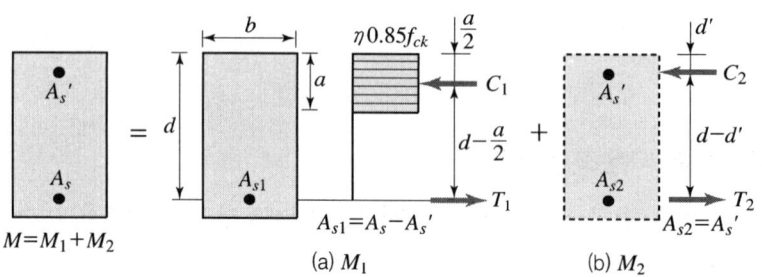

[복철근 직사각형 보]

(1) 등가 직사각형 응력분포의 깊이 ; a

$$C_1 = T_1 \qquad \eta 0.85 f_{ck} ab = (A_s - A_s')f_y$$

$$\therefore a = \frac{(A_s - A_s')f_y}{\eta 0.85 f_{ck} b} = \frac{(\rho - \rho')d f_y}{\eta 0.85 f_{ck}}$$

$$A_s = \rho bd$$

$$A_s' = \rho' bd$$

 **콘크리트의 압축력 및 인장철근의 인장력**

$$C = C_1 + C_2 = \eta 0.85 f_{ck} ab + A_s' f_y$$
$$T = T_1 + T_2 = (A_s - A_s')f_y + A_s' f_y$$

(2) 단면의 공칭휨강도 ; M_n

$$M_n = M_{n1} + M_{n2} = C_1 \cdot z_1 + C_2 \cdot z_2 = T_1 \cdot z_1 + T_2 \cdot z_2$$
$$= (A_s - A_s')f_y \left(d - \frac{a}{2}\right) + A_s' f_y (d - d')$$

(3) 설계휨강도 ; M_d

$$M_d = M_{d1} + M_{d2} = \phi(A_s - A_s')f_y \left(d - \frac{a}{2}\right) + \phi A_s' f_y (d - d')$$
$$= \phi \left\{ (A_s - A_s')f_y \left(d - \frac{a}{2}\right) + A_s' f_y (d - d') \right\}$$

(4) 검 토

$$M_d = \phi M_n \geq M_u = rM_i$$

여기서, M_d : 설계휨강도 $\quad M_n$: 공칭휨강도
M_u : 계수 휨모멘트 $\quad M_i$: 사용 휨모멘트
ϕ : 강도감소계수 $\quad r$: 하중증가계수

3. 균 형 보

인장철근의 최대 변형이 항복점 변형($\epsilon_s = \epsilon_y = f_y/E_s$)에 도달할 때 압축철근의 변형도 항복점 변형에 도달하고 콘크리트 변형률이 ϵ_{cu}에 도달하는 보를 말한다.

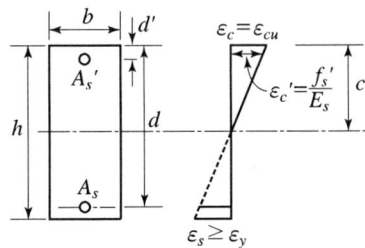

(1) 균형 단면이 되기 위한 압축철근의 변형률($\epsilon_s{'}$)

$$\epsilon_c : \epsilon_s{'} = c : c - d{'}$$
$$\epsilon_{cu} : \epsilon_s{'} = c : c - d{'}$$
$$\epsilon_s{'} = \epsilon_{cu} \frac{c - d{'}}{c} = \epsilon_{cu} - \epsilon_{cu} \frac{d{'}}{c}$$

(2) 균형 단면이 되기 위한 중립축 위치(c)

$\epsilon_s{'} = \dfrac{f_y}{E_s}$이면 압축철근이 항복하므로

$\epsilon_{cu} \dfrac{c - d{'}}{c} \geq \dfrac{f_y}{E_s}$에서

$$c = \frac{\epsilon_{cu}}{\epsilon_{cu} - \dfrac{f_y}{E_s}} d{'} = \frac{\epsilon_{cu}}{\epsilon_{cu} - \dfrac{f_y}{200,000}} d{'} = \frac{\epsilon_{cu} E_s}{\epsilon_{cu} E_s - f_y} d{'}$$

(3) 복철근 직사각형보의 균형철근비($\rho_b{'}$)

$$\rho_b{'} = \rho_b + \rho{'} = \eta 0.85 \frac{f_{ck}}{f_y} \beta_1 \frac{c}{d} + \rho{'} = \eta 0.85 \frac{f_{ck}}{f_y} \beta_1 \frac{\epsilon_{cu}}{\epsilon_{cu} + \frac{f_y}{200,000}} + \rho{'}$$

4. 복철근 직사각형 보의 휨철근량 제한

(1) 철근비

① 인장철근비 $\rho = \dfrac{A_s}{bd}$

② 압축철근비 $\rho{'} = \dfrac{A_s{'}}{bd}$

(2) 최대 인장철근

① 최대 인장철근비($\rho{'}_{\max}$)

$$\rho{'}_{\max} = \eta 0.85 \frac{f_{ck}}{f_y} \beta_1 \frac{\epsilon_{cu}}{\epsilon_{cu} + \epsilon_{a,\min}} + \rho{'} \frac{f_s{'}}{f_y} = \frac{\epsilon_{cu} + \epsilon_y}{\epsilon_{cu} + \epsilon_{a,\min}} \rho_b + \rho{'} \frac{f_s{'}}{f_y}$$

압축철근이 항복하는 경우 $f_s{'} = f_y$를 대입하여 구할 수 있다.

② 최대 인장철근량($A{'}_{\max}$)

$$A_s{'}_{\max} = \rho{'}_{\max} bd$$

(3) 보의 파괴 형태

① 균형파괴(평형파괴)

$$\rho = \rho{'}_b$$

② 연성파괴(인장파괴)
압축 측 콘크리트가 가정된 극한 변형률인 ϵ_{cu}에 도달할 때
$\epsilon_t \geq$ 인장지배 변형률 한계(0.005)

③ 취성파괴(압축파괴)
㉠ 압축 콘크리트가 가정된 극한 변형률인 ϵ_{cu}에 도달할 때
압축지배 변형률 한계 $\geq e_t$
㉡ $\rho < \rho{'}_{\min}$: 인장 측 콘크리트의 취성파괴가 일어난다.

3-3 단철근 T형 보

1. 개 요

단철근 직사각형 보에서 중립축 하단의 인장부 콘크리트를 인장철근의 배치에 필요한 넓이의 콘크리트만을 남겨두고 나머지는 도려낸 구조로 다음과 같은 장점이 있다.
① 자중을 줄일 수 있다.
② 재료가 절약된다.
③ 경제적인 단면 만들 수 있다.

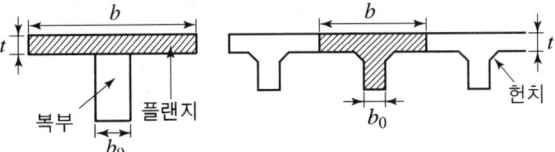

[T형 보의 단면]

(1) T형 보의 명칭

T형 보는 플랜지와 복부로 구성된다.
① 플랜지
  ㉠ 플랜지는 휨에 저항하며, 플랜지 폭은 적당해야 한다.
  ㉡ 플랜지 폭이 너무 길면 유용성이 떨어진다.
  ㉢ 플랜지 폭이 너무 짧으면 휨 저항에 불리하다.
② 복부(웨브)
  ㉠ 복부는 전단에 저항한다.
  ㉡ 복부가 전단에 부족한 경우에는 플랜지와 복부의 연결부에 헌치를 둔다.

(2) T형 보의 유효폭

① 전단 지연(전단 뒤짐)

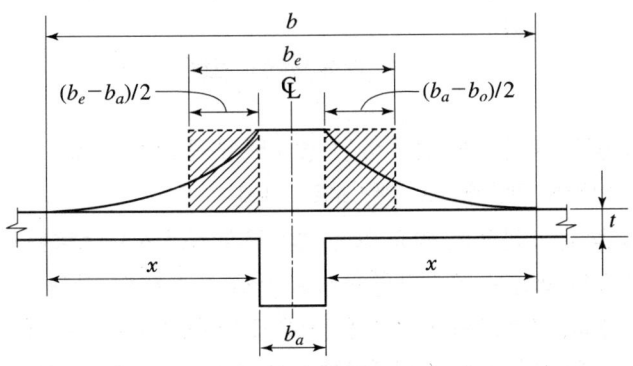

[T형 보의 전단지연]

② T형 보의 유효폭 결정
  ㉠ 대칭 T형 보는 다음 중 가장 작은 값을 유효폭으로 결정한다.
    ⓐ $8t_1 + 8t_2 + b_w$
    ⓑ 보경간의 1/4
    ⓒ 양슬래브 중심 간 거리
  ㉡ 비대칭 T형 단면은 다음 중 가장 작은 값을 유효폭으로 결정한다.
    ⓐ $6t + b_w$
    ⓑ 보경간의 $1/12 + b_w$
    ⓒ 인접보와의 내측거리(ι_o)의 $1/2 + b_w$

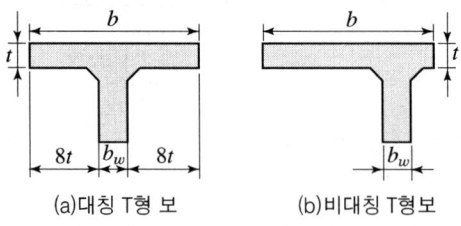

[플랜지의 유효폭]

2. T형 보의 판별

(1) T형 보 해석 여부 결정(판별법)

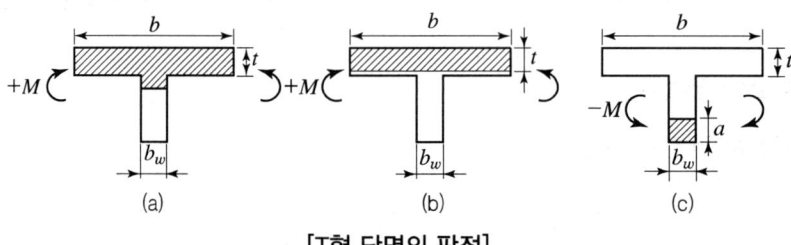

[T형 단면의 판정]

- 그림 (a) : 정의 모멘트를 받고 있는 경우로서 중립축이 복부에 있으므로 압축 측 콘크리트의 모양이 T형이므로 T형 보로 설계
- 그림 (b) : 정의 모멘트를 받고 있는 경우로서 중립축이 플랜지 내에 있으므로 압축 측 콘크리트의 모양이 직사각형이므로 폭을 b로 하는 직사각형 보로 설계
- 그림 (c) : 부의 모멘트를 받고 있는 경우로서 중립축이 복부에 있으므로 압축 측 콘크리트의 모양이 아래쪽 직사각형이므로 폭을 b_w로 하는 직사각형 보로 설계

(2) T형 보 판별식

등가 직사각형 깊이 a를 이용하는 방법(강도설계법의 개념)

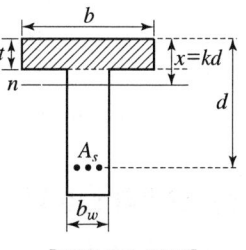

[T형보의 판별]

㉠ 폭을 b로 하는 단철근 직사각형 보의 등가 직사각형 깊이 ; a

$$a = \frac{A_s f_y}{\eta 0.85 f_{ck} b} = \frac{\rho f_y d}{\eta 0.85 f_{ck}}$$

㉡ 해석방법 결정

$a \leqq t$	$a > t$
• 폭을 b로 하는 직사각형보로 설계 • 중립축이 플랜지로 올라간다.	• T형보로 설계 • 중립축이 복부로 내려온다.

여기서, t : 플랜지 두께

3. 단철근 T형 보의 설계휨강도

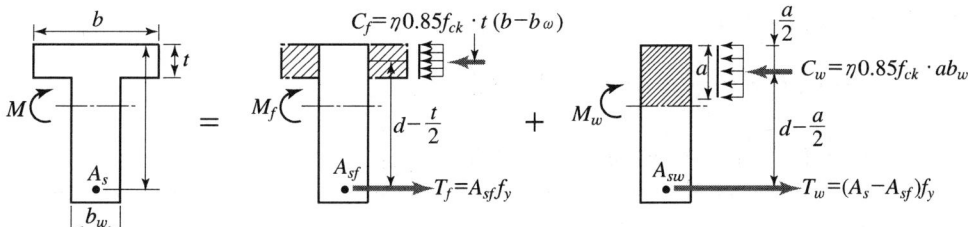

[T형 단면 보의 해석]

(1) 플랜지의 내민 부분 콘크리트 압축력(C_f)과 비기는 철근 단면적 ; A_{sf}

우력(플랜지 내민 부분)

$C_f = T_f$

$\eta 0.85 f_{ck} t(b - b_w) = A_{sf} f_y$ 에서

$$\therefore A_{sf} = \frac{\eta 0.85 f_{ck} t(b - b_w)}{f_y}$$

(2) 복부 콘크리트 압축력(C_w)과 비길 수 있는 철근과 비교한 등가 직사각형 응력깊이 ; a

우력(복부 부분)

$C_w = T_w$

$$\eta 0.85 f_{ck} a b_w = (A_s - A_{sf}) f_y \text{에서}$$

$$\therefore a = \frac{(A_s - A_{sf}) f_y}{\eta 0.85 f_{ck} b_w}$$

(3) 단면의 공칭휨강도 ; M_n

단면저항모멘트란 주어진 단면에서 저항할 수 있는 모멘트를 말한다.

$$M_n = M_{nf} + M_{nw} = T_f \cdot z_f + T_w \cdot z_w = A_{sf} f_y \left(d - \frac{t}{2} \right) + (A_s - A_{sf}) f_y \left(d - \frac{a}{2} \right)$$

여기서, M_{nf} : 내민 플랜지 콘크리트의 설계휨강도
M_{nw} : T단면에서 내민 플랜지 콘크리트 부분을 뺀 복부만의 콘크리트의 설계휨강도

(4) 설계모멘트

$$M_d = \phi M_{nf} + \phi M_{nw} = \phi T_f \cdot z_f + \phi T_w \cdot z_w$$
$$= \phi A_{sf} f_y \left(d - \frac{t}{2} \right) + \phi (A_s - A_{sf}) f_y \left(d - \frac{a}{2} \right)$$
$$= \phi \left\{ A_{sf} f_y \left(d - \frac{t}{2} \right) + (A_s - A_{sf}) f_y \left(d - \frac{a}{2} \right) \right\}$$

(5) 검 토

$$M_d = \phi M_n \geq M_u = r M_i$$

여기서, M_d : 설계휨강도 M_n : 공칭휨강도
M_u : 계수 휨모멘트 M_i : 사용 휨모멘트
ϕ : 강도감소계수 r : 하중증가계수

Chapter 4 전단

 4-1 전단응력

1. 개 요

(1) 전단철근 설계저항분

① 전단응력(v)이 허용전단응력(v_a)을 초과할 때는 그 초과분의 응력($v' = v - v_a$)을 사인장철근이 저항하도록 설계한다.
② 전단보강 철근은 그 단면이 균열하기 전에는 보강 역할을 하지 않는다.
③ 단면에 균열이 생기면 전단보강 철근은 전단력의 거의 모두를 받고 콘크리트는 전단 일부만 저항한다.

(2) 최대 설계강도(설계항복강도)

① 전단철근 : $f_y \leq f_{\max} = 500\,\mathrm{MPa}$
② 휨철근 : $f_y \leq f_{\max} = 600\,\mathrm{MPa}$

① 전단철근의 설계항복강도 f_y는 500MPa을 초과할 수 없다.
② 용접이형철망을 사용한 경우 f_y는 600MPa을 초과할 수 없다.

2. 전단응력

(1) 보의 전단응력

① 철근 콘크리트 보의 전단응력(합성재로 된 보)
  ㉠ 부재의 유효높이 d가 일정한 경우

  ⓐ 최대 전단응력 $v_{\max} = \dfrac{V}{b\left(d - \dfrac{x}{3}\right)}$

  ⓑ 평균 전단응력 $v_{aver} = \dfrac{V}{bd} = \dfrac{V}{b_w d}$

  여기서, V : 전단력
  b : 폭
  b_w : T형 보의 복부 폭
  x : 압축 측 콘크리트 상단으로부터 도심까지의 거리
  d : 유효깊이

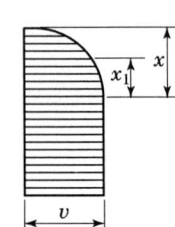

[직사각형 보의 전단응력]

(2) 전단에 대한 위험단면

① 1방향 : 기둥의 전면에서 d만큼 떨어진 곳
② 2방향 : 기둥의 전면에서 $d/2$만큼 떨어진 곳

4-2 전단철근

1. 전단철근의 종류

전단철근은 전단보강 철근 또는 사인장철근, 복부철근이라고 부르며, 사인장응력에 저항하고 사인장균열 또는 전단균열을 제어하기 위하여 사용한다.

(1) 전단철근의 종류

① 스터럽
  ㉠ 수직 스터럽 : 주철근에 직각 방향으로 배치한 스터럽
  ㉡ 경사 스터럽 : 주철근에 45° 이상의 경사로 배치한 스터럽
② 굽힘철근(절곡철근) : 주철근을 30° 이상의 경사로 구부린 철근

③ 전단철근의 병용
  ㉠ 전단응력이 크게 작용되는 지점 부근에서 전단철근을 병용한다.
  ㉡ 수직 스터럽과 굽힘철근의 병용
  ㉢ 경사 스터럽과 굽힘철근의 병용
  ㉣ 수직 스터럽과 경사 스터럽을 굽힘철근과 병용

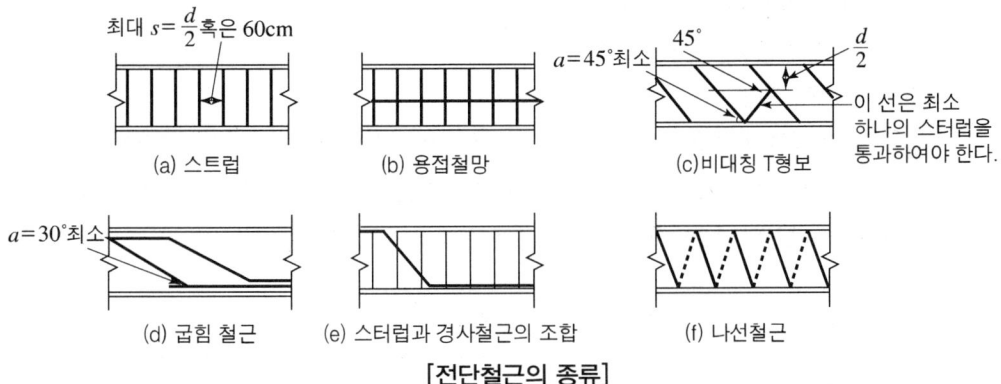

[전단철근의 종류]

④ 용접철망 : 부재의 축에 직각으로 배치
⑤ 나선철근
⑥ 원형 띠철근
⑦ 후프철근

 **전단철근의 배근 방법(전단력의 크기와 관련이 크다)**
① 지점 부근 : 전단철근의 병용 배근
② 지점에서 약간 중심부 : 스터럽만 배근
③ 중앙 부근 : 전단철근은 배근하지 않는다.
종방향 철근을 구부려 전단철근으로 사용할 때는 그 경사길이의 중앙 3/4만이 굽힘철근으로서 유효하다.

(2) 형상에 따른 스터럽의 분류

① 형상에 따른 분류
  ㉠ U형 스터럽
  ㉡ W형 스터럽(복U형 스터럽)
  ㉢ 폐합 스터럽
    ⓐ 압축철근이 있는 곳에 설치
    ⓑ 부모멘트를 받는 곳에 설치
    ⓒ 비틀림을 받는 곳에 설치
② 소요 단면적 계산
  ㉠ U형 스터럽의 소요 단면적 = $2A_s$ (U형 스터럽 단면적은 철근이 2가닥으로 되므로)
  ㉡ W형 스터럽의 소요 단면적 = $4A_s$ (W형 스터럽 단면적은 철근이 4가닥으로 되므로)
  ㉢ 폐합 스터럽의 소요 단면적 = $2A_s$ (폐합 스터럽 단면적은 철근이 2가닥으로 되므로)

$$A_s = \frac{\pi d^2}{4}$$

여기서, A_s : 스터럽의 단면적
       d : 스터럽의 직경

4-3 전단설계(강도설계법)

1. 설계 원칙

(1) 설계 일반식

$$V_d = \phi V_n \geqq V_u$$

여기서, V_d : 설계전단강도 V_n : 공칭전단강도
       V_u : 계수전단력 ϕ : 강도감소계수

(2) 설계 규정

① 콘크리트가 부담하는 전단강도 ; V_c
  ㉠ 전단력과 휨모멘트 만을 받는 부재

$$V_c = \frac{1}{6}\lambda\sqrt{f_{ck}}\,b_w d\,[\text{N}]$$

ⓛ 축방향 압축력을 받는 부재

$$V_c = \frac{1}{6}\left(1 + \frac{Nu}{14Ag}\right)\lambda\sqrt{f_{ck}}\,b_w d$$

여기서, λ : 경량 콘크리트 계수
Nu/Ag의 단위는 N/mm^2

설계기준강도(f_{ck})의 제한
① 전단과 정착 및 이음에서는 고강도 콘크리트의 사용으로 콘크리트의 강도가 과대평가되는 것을 방지하기 위하여 설계기준강도(f_{ck})를 제한한다.
② $f_{ck} \leq$ 70MPa(700kgf/cm^2), $\sqrt{f_{ck}} \leq$ 8.37MPa(26.5kgf/cm^2)

② 전단철근이 부담하는 전단강도 ; V_s
  ⓘ 수직 스터럽을 배치한 경우

$$V_s = nA_v f_{yt} = \frac{d}{s}A_v f_{yt}$$

여기서, n : 균열선과 교차하는 수직 스터럽의 수 $n = \frac{d}{s}$
  d : 보의 유효깊이 $\geq 0.8h$
  s : 전단철근의 간격
  A_v : 거리 s 내의 스터럽의 전체 단면적
  f_{yt} : 스터럽의 설계기준 항복강도

ⓛ 원형 띠철근, 후프철근 또는 나선철근을 배치한 경우

$$V_s = nA_v f_{yt} = \frac{d}{s}A_v f_{yt}$$

여기서, n : 균열선과 교차하는 수직 스터럽의 수 $n = \frac{d}{s}$
  d : 보의 유효깊이 $= 0.8 \times D$(부재 단면 지름)
  s : 전단철근의 간격
  A_v : 종방향 철근과 평행하게 잰 간격 s내에 배치된 나선철근, 후프철근 또는 원형 띠철근의 두 가닥 면적
  f_{yt} : 전단철근의 항복응력

ⓒ 여러 개의 경사 스터럽 또는 여러 개의 굽힘철근을 배치한 경우

$$V_s = \frac{d(\sin\alpha + \cos\alpha)}{s}A_v f_y$$

② 한 개의 경사 스터럽 또는 한 개의 굽힘철근을 배치한 경우

$$V_s = A_v f_y \sin\alpha \leq 0.25\sqrt{f_{ck}}\,b_w d\,[N]$$

⑩ 전단철근의 최대 전단강도

$$V_s \leq 0.2\left(1 - \frac{f_{ck}}{250}\right)f_{ck}\,b_w d\,[N]$$

③ 공칭전단강도 ; V_n

$$V_n = V_c + V_s$$

④ 설계전단강도 ; V_d

$$V_d = \phi V_n = \phi(V_c + V_s)$$

여러 종류의 전단철근이 사용된 경우 전단강도 V_s는 각 종류별로 구한 V_s를 합한 값으로 한다.
  V_s =스터럽의 V_s +굽힘철근의 V_s
보의 전단에 대한 위험단면은 받침부 내면에서 경간 중앙쪽으로 유효깊이 d만큼 떨어진 단면으로서 V_u는 이 위험단면의 전단력을 사용한다.

2. 전단철근의 설계

(1) 이론상 전단철근이 필요 없는 경우

① $V_u \leq \phi V_c = \phi \frac{1}{6}\lambda\sqrt{f_{ck}}\,b_w d\,[N]$ 인 경우

② 그러나 이러한 경우에도 실제로는 V_u가 ϕV_c의 $\frac{1}{2}$ 보다 작지 않으면 최소량의 전단철근을 배치해야 한다.

(2) 최소 전단철근

$\frac{1}{2}\phi V_c < V_u \leq \phi V_c$ 인 경우 최소 전단철근을 배치한다.

① 전단철근의 최소 단면적

$$A_{v\min} = 0.0625\sqrt{f_{ck}}\,\frac{b_w s}{f_{yt}} \geq 0.35\frac{b_w s}{f_{yt}}$$

여기서, A_{vmin} : 최소 전단철근 단면적, 단위 mm^2
b_w : 폭, 단위 mm
s : 전단철근 간격, 단위 mm

② **최소 전단철근을 적용하지 않아도 되는 예외규정**
  ㉠ 보의 총 높이가 250mm 이하일 때
  ㉡ I형 보, T형 보에 있어서 플랜지 두께의 2.5배 또는 복부 폭의 1/2 중 큰 값보다 높이가 작은 보
  ㉢ 슬래브
  ㉣ 확대기초 : 기초판, 바닥판이라고도 하며 폭이 넓고 깊이가 얕은 구조
  ㉤ 장선구조
  ㉥ 순단면의 깊이가 315mm를 초과하지 않는 속빈 부재에 작용하는 계수 전단력이 $0.5\phi V_{cw}$를 초과하지 않는 경우
  ㉦ 보의 깊이가 600mm를 초과하지 않고 설계기준 압축강도가 40MPa을 초과하지 않는 강섬유콘크리트 보에 작용하는 계수전단력이 $\phi\sqrt{\dfrac{f_{ck}}{6}}\,b_w d$를 초과하지 않는 경우
  ㉧ 전단철근이 없어도 계수 휨모멘트와 전단력에 저항할 수 있다는 것을 실험에 의해 확인할 수 있는 경우

③ **전단철근 배근**
$V_u > \phi V_c = \phi \dfrac{1}{6}\lambda \sqrt{f_{ck}}\,b_w d\,[N]$인 경우

㉠ 수직 스터럽을 사용할 경우

$$V_n = V_c + V_s$$

여기서, V_n : 공칭전단강도
V_s : 전단철근이 부담하는 전단강도

$$V_n = V_c + \dfrac{A_v f_y d}{s}$$
$$V_u = \phi V_n = \phi\left(V_c + \dfrac{A_v f_y d}{s}\right)$$

㉡ 경사 스터럽을 사용할 경우

$$V_u = \phi V_n$$
$$V_n = V_c + \dfrac{A_v f_y d}{s}(\sin\alpha + \cos\alpha)$$

 전단철근의 설계항복강도 f_y는 500MPa을 초과할 수 없으며, 용접이형 철망을 사용한 경우 f_y는 600MPa을 초과할 수 없다.

3. 전단철근의 간격

본 규정보다 큰 간격으로 철근을 배치하면 균열을 방지하는 효과가 없다.

(1) 수직 스터럽의 간격 ; s

① $V_s \leq \dfrac{1}{3}\lambda\sqrt{f_{ck}}\,b_w d$ [N]인 경우

㉠ 철근 콘크리트

수직 스터럽의 간격은 $0.5d$ 이하, 600mm 이하($s \leq \dfrac{d}{2}$, $s \leq 600\text{mm}$)

㉡ 프리스트레스트 부재

수직 스터럽의 간격은 $0.75h$ 이하, 600mm 이하($s \leq \dfrac{3h}{4}$, $s \leq 600\text{mm}$)

② $0.2\left(1-\dfrac{f_{ck}}{250}\right)f_{ck}b_w d$ [N] $\geq V_s > \dfrac{1}{3}\lambda\sqrt{f_{ck}}\,b_w d$ [N]인 경우

$V_s \leq \dfrac{1}{3}\lambda\sqrt{f_{ck}}\,b_w d$ [N]인 경우의 규정된 최대 간격을 $\dfrac{1}{2}$로 감소시켜야 한다.

(2) 경사 스터럽과 굽힘철근의 간격 ; s

① $V_s \leq \dfrac{1}{3}\lambda\sqrt{f_{ck}}\,b_w d$ [N]인 경우

부재의 중간높이 $0.5d$에서 반력점 방향으로 주인장철근까지 연장된 45°선과 한 번 이상 교차되도록 배치해야 한다. 따라서 간격은 $0.75d$ 이하라야 한다.

② $0.2\left(1-\dfrac{f_{ck}}{250}\right)f_{ck}b_w d$ [N] $\geq V_s > \dfrac{1}{3}\lambda\sqrt{f_{ck}}\,b_w d$ [N]인 경우

부재의 중간높이 $0.5d$에서 반력점 방향으로 주인장철근까지 연장된 45°선과 두 번 이상 교차되도록 배치해야 한다. 따라서 간격은 $0.375d$ 이하라야 한다.

(3) 어떠한 경우라도 $V_s \leq 0.2\left(1-\dfrac{f_{ck}}{250}\right)f_{ck}b_w d$ [N]이어야 한다.

$V_s > 0.2\left(1-\dfrac{f_{ck}}{250}\right)f_{ck}b_w d$ [N]인 경우

① 사인장응력과 사압축응력이 동시에 커지게 된다.
② 사인장응력에 의한 파괴는 연성파괴이나 사압축응력에 의한 파괴는 콘크리트가 파괴되는 취성파괴이다.
③ 결국 취성파괴를 피하고 연성파괴로 유도하기 위해 $V_s \leq 0.2\left(1-\dfrac{f_{ck}}{250}\right)f_{ck}b_w d\,[\text{N}]$의 규정을 둔 것이다.
④ **대책** : 단면치수(b와 d)를 크게 만들어 $V_s \leq 0.2\left(1-\dfrac{f_{ck}}{250}\right)f_{ck}b_w d\,[\text{N}]$가 되도록 만들어야 한다.

4-4 깊은 보(Deep Beam)

깊은보는 한쪽 면이 하중을 받고 반대쪽 면이 지지되어 하중과 받침부 사이에 압축대가 형성되는 구조요소로서 다음 중 하나에 해당하는 부재를 말한다.
① 순경간 l_n이 부재 깊이의 4배 이하인 부재
② 받침부 내면에서(받침부로부터) 부재 깊이의 2배 이하인 위치에 집중하중이 작용하는 경우는 집중하중과 받침부 사이의 구간

4-5 전단마찰

1. 전단마찰의 발생 단면

① 서로 다른 시기에 친 두 콘크리트 사이의 접합면
② 서로 다른 재료 사이의 접합면
③ 균열이 발생하거나 발생할 가능성이 있는 단면
④ 프리캐스트 보와 슬래브 사이의 접합면
⑤ 콘크리트와 강재 사이의 접합면
⑥ 기둥과 브라켓(Bracket) 또는 내민 받침(Corbel) 사이의 접합면
⑦ 프리캐스트 구조에서 부재요소의 접합면

Chapter 5 철근 상세

 5-1 철근 가공

1. 표준 갈고리 연장 길이

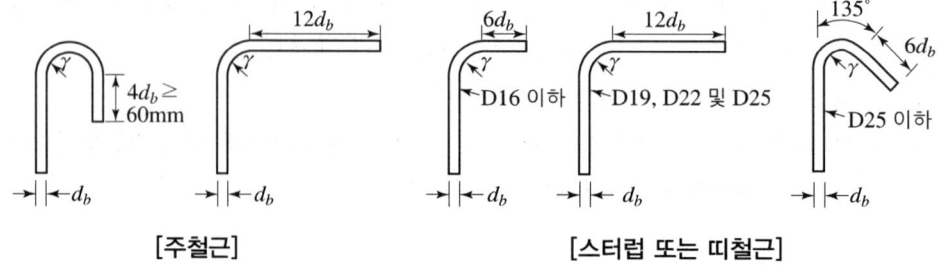

[주철근]　　　　　　　　　　[스터럽 또는 띠철근]

① 주철근의 연장 길이(d_b : 갈고리 공칭지름, mm)
　㉠ 180° 표준 갈고리 : 구부린 반원 끝에서 $4d_b$ 이상, 또한 60mm 이상 더 연장
　㉡ 90° 표준 갈고리 : 구부린 끝에서 $12d_b$ 이상 더 연장

② 스터럽과 띠철근의 연장 길이(d_b : 갈고리 공칭지름, mm)
　㉠ 90° 표준 갈고리
　　ⓐ D16 이하인 철근 : 구부린 끝에서 $6d_b$ 이상 더 연장
　　ⓑ D19, D22와 D25인 철근 : 구부린 끝에서 $12d_b$ 이상 더 연장
　㉡ 135° 표준 갈고리 : D25 이하의 철근 : 구부린 끝에서 $6d_b$ 이상 더 연장

5-2 간격 제한

1. 보의 주철근

① 수평 순간격 : 동일 평면에서 평행하는 철근 사이의 수평 순간격
  ㉠ 25mm 이상
  ㉡ 철근의 공칭지름 이상
  ㉢ 굵은골재 최대치수의 4/3배 이상

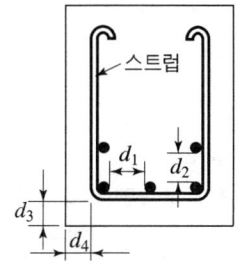

d_1 : 수평 순간격
d_2 : 수직 순간격
d_3, d_4 : 덮개

> **굵은골재의 공칭 최대치수**
> ① 거푸집 양 측면 사이 최소거리의 1/5 이하
> ② 슬래브 두께의 1/3 이하
> ③ 개별 철근, 다발 철근, PS 긴장재 또는 덕트 사이 최소 순간격의 3/4 이하

② 연직 순간격 : 상단과 하단에 2단 이상으로 배근된 경우
  ㉠ 상하 철근은 동일 연직면 내에 배근
  ㉡ 25mm 이상

2. 기 둥(나선철근, 띠철근)

① 나선철근과 띠철근 기둥에서 종방향 철근의 순간격
  ㉠ 40mm 이상
  ㉡ 굵은골재 최대치수의 4/3배 이상(개정 전 : 굵은골재 최대치수의 1.5배 이상)
  ㉢ 철근 지름의 1.5배 이상
② 나선철근의 최소 순간격
  ㉠ 25mm 이상
  ㉡ 75mm 이하

> 철근의 순간격에 대한 규정은 서로 접촉된 겹침이음 철근과 인접된 이음철근 또는 연속철근 사이의 순간격에도 적용하여야 한다.

3. 벽체 또는 슬래브에서 휨주철근의 간격

① 벽체나 슬래브 두께의 3배 이하
② 450mm 이하(개정 전 : 400mm 이하)
   다만, 콘크리트 장선 구조의 경우 이 규정이 적용되지 않는다.

슬래브
① 주철근
   • 최대 휨모멘트 발생 단면 : 슬래브 두께의 2배 이하, 300mm 이하
   • 기타 단면 : 슬래브 두께의 3배 이하, 450mm 이하
② 수축 및 온도철근(배력철근) : 슬래브 두께의 5배 이하, 450mm 이하

4. 다발철근

① 2개 이상의 철근을 묶어서 사용하는 다발철근은 이형철근으로, 그 개수는 4개 이하이어야 한다.
② 스터럽이나 띠철근으로 둘러싸여져야 한다.
③ 휨부재의 경간 내에서 끝나는 한 다발철근 내의 개개 철근은 $40d_b$ 이상 서로 엇갈리게 끝나야 한다.
④ 다발철근의 간격과 최소 피복두께를 철근 지름으로 나타낼 경우, 다발철근의 지름은 등가 단면적으로 환산된 한 개의 철근 지름으로 보아야 한다.
⑤ 보에서 D35를 초과하는 철근은 다발로 사용할 수 없다.

5. 철근배치 허용오차

① 유효깊이 d에 대한 허용오차
   휨부재, 벽체, 압축부재, 철근, 프리스트레싱 긴장재 및 덕트 등에 적용되는 허용오차

구 분	유효 깊이(d)	콘크리트 최소 피복두께
$d \leq 200$mm	± 10mm	−10mm
$d > 200$mm	± 13mm	−13mm

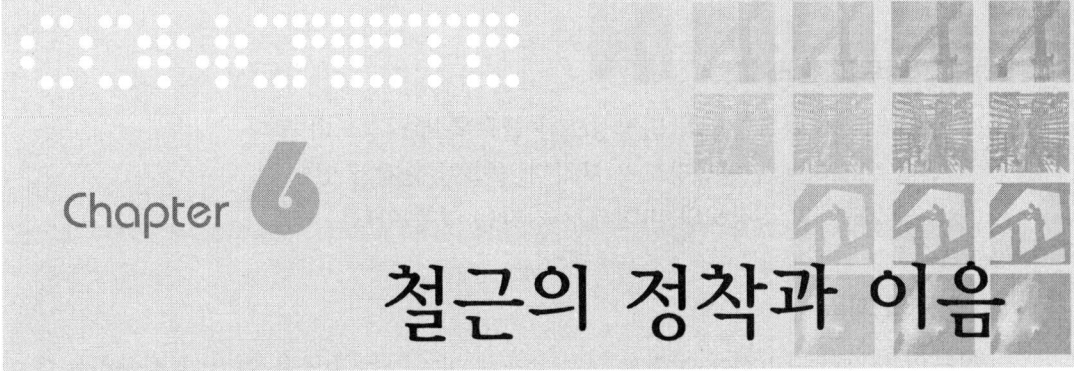

Chapter 6 철근의 정착과 이음

 6-1 철근의 부착

1. 부착과 정착

(1) 부 착(Bond)
부착이란 철근과 콘크리트와의 경계면에서 활동(미끄러짐)에 대한 저항성을 말한다.

(2) 정 착(Anchorage)
정착이란 철근의 끝부분이 콘크리트 속에서 빠져 나오지 않도록 고정하는 것을 말한다.

2. 부착 효과를 일으키는 작용

① 교착 작용 : 시멘트 풀과 철근 표면의 교착 작용
② 마찰 작용 : 철근 표면과 콘크리트의 마찰 작용
③ 역학 작용 : 이형철근 표면의 굴곡에 의한 기계적 작용

3. 부착에 영향을 미치는 요인

(1) 철근의 표면 상태
① 원형철근보다 이형철근이 부착강도가 좋다.
② 직각 마디의 이형철근이 경사 마디의 이형철근보다 부착강도가 크다.
③ 약간 슨 녹은 부착강도를 높인다.

(2) 콘크리트의 강도

① 콘크리트의 압축강도와 인장강도가 클수록 부착강도가 크다.
② 특히 콘크리트의 인장강도가 부착과 밀접한 관계가 있다.
③ 부착강도가 압축강도와 비례해서 커지는 것은 아니다.

(3) 철근의 지름

철근의 동일한 단면적에 대해서 굵은 철근보다는 가는 철근을 여러 개 사용하는 것이 부착에 좋다.

(4) 철근이 묻힌 위치 및 방향

① 수평철근의 부착강도는 연직철근 부착강도의 $\frac{1}{2} \sim \frac{1}{4}$ 정도로 작다.
② 수평철근의 경우 상부철근의 부착강도는 하부철근의 부착강도보다 작다.

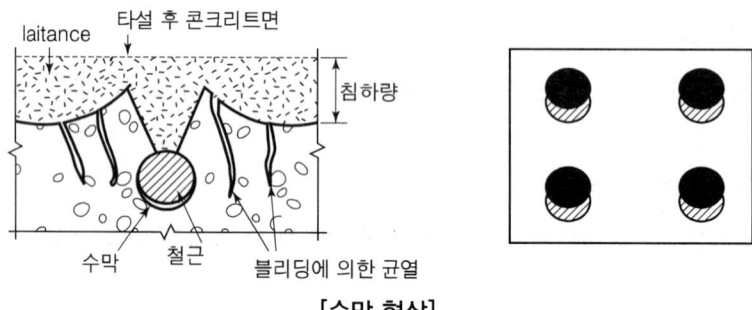

[수막 현상]

(5) 덮 개(피복두께)

부착강도를 충분히 발휘하기 위해서는 충분한 두께의 콘크리트가 필요하다.

(6) 다지기

적절한 다짐은 부착강도를 증가시킨다.

6-2 철근의 정착

1. 정착 방법

(1) 묻힘길이(매입길이)에 의한 방법

(2) 표준 갈고리에 의한 방법

    압축철근의 정착에는 유효하지 않다.

(3) 확대머리 이형철근 및 기계적 인장 정착

    이형 철근에서 콘크리트 힘의 전달이 확대머리의 지압력과 정착길이의 부착력의 조합으로 이루어진다.

(4) 이들을 조합하는 방법

2. 묻힘길이(매입길이)에 의한 방법

(1) 인장 이형철근 및 이형철선의 정착

  ① 상세 계산을 하지 않는 경우

    ㉠ 인장 이형철근 및 이형철선의 기본 정착길이 ; l_{db}

$$l_{db} = \frac{0.6\ d_b f_y}{\lambda \sqrt{f_{ck}}}$$

    ㉡ 인장 이형철근 및 이형철선의 정착길이 ; l_d

$$l_d = l_{db} \times \sum 보정계수 = \frac{0.6\ d_b f_y}{\lambda \sqrt{f_{ck}}} \times \sum 보정계수 \geq 300\text{mm}$$

    ㉢ 보정계수

      ⓐ 보정계수는 일반적으로 1보다 큰 값이다.

      ⓑ 초과 철근량에 대한 보정계수 $\left(\dfrac{소요\ A_s}{배근\ A_s}\right)$은 유일하게 1보다 작은 값이다.

      ⓒ 보정계수에 사용되는 여러 계수(보정계수 산정요인)

        • 철근배근 위치계수(α) : 상부철근의 위치에 따른 불리한 영향을 반영한 계수

- 철근 도막계수(β) : 도막을 하는 경우 도막의 영향을 반영한 계수
- 경량 콘크리트계수(λ) : 지름이 작은 철근이 정착에 대해 유리하다는 영향을 반영한 계수

(2) 압축 이형철근의 정착

① 압축 이형철근의 기본 정착길이 ; l_{db}

$$l_{db} = \frac{0.25\, d_b f_y}{\lambda \sqrt{f_{ck}}} \geq 0.043\, d_b f_y$$

② 압축 이형철근의 정착길이 ; l_d

$$l_d = l_{db} \times 보정계수(보정계수를 여러 개 고려하여야 할 경우 모두 곱한다)$$
$$= \frac{0.25\, d_b f_y}{\lambda \sqrt{f_{ck}}} \times 보정계수 \geq 200\text{mm}$$

③ 압축에 대한 보정계수

초과 철근량에 대한 보정계수 $\left(\dfrac{소요\ A_s}{배근\ A_s}\right)$를 포함하여 1보다 작은 값이다.

(3) 다발철근의 정착

① 인장 또는 압축을 받는 하나의 다발철근 내에 있는 개개 철근의 정착길이
  ㉠ 3개의 철근으로 구성된 다발철근
     다발이 아닌 경우의 각 철근의 정착길이에 20%를 증가시킨다.
  ㉡ 4개의 철근으로 구성된 다발철근
     다발이 아닌 경우의 각 철근의 정착길이에 33%를 증가시킨다.
② 다발철근의 정착길이 계산시 순간격, 피복두께 및 도막계수, 그리고 구속 효과 관련 항을 계산할 경우에는 다발 철근 전체와 동등한 단면적과 도심을 가지는 하나의 철근으로 취급한다.

3. 표준 갈고리를 갖는 인장 이형철근의 정착

(1) 표준 갈고리의 기본 정착길이 ; l_{hb}

$$l_{hb} = \frac{0.24\beta d_b f_y}{\lambda \sqrt{f_{ck}}}$$

(2) 단부에 표준 갈고리가 있는 인장 이형철근의 정착길이 ; l_{dh}

$$l_{dh} = l_{hb} \times 보정계수(보정계수를 여러 개 고려하여야 할 경우 모두 곱한다)$$
$$= \frac{0.24\beta d_b f_y}{\lambda \sqrt{f_{ck}}} \times 보정계수 \geq 8d_b \text{ 또한 } 150\text{mm}$$

(3) 표준 갈고리를 갖는 인장철근의 정착길이 l_d에 대한 보정계수

보정계수는 1보다 큰 값도 있고 1보다 작은 값도 있다.

6-3 철근의 이음

철근의 이음은 휨응력이 가장 작은 곳에서 이음하여야 한다.

1. 철근 이음 방법

① 겹침이음 : D35 이하의 철근에서 사용, 보편적으로 가장 많이 사용한다.
② 맞댐이음(용접이음) : D35 이상의 철근에서 사용한다.
③ 기계적 이음
④ 가스압접이음

2. 이음 일반

(1) 겹침이음

① D35를 초과하는 철근은 겹침이음을 하지 않아야 하며, 겹침이음을 허용하는 경우는 다음과 같다.
  ㉠ D35 이하의 철근
  ㉡ 서로 다른 크기의 철근을 압축부에서 겹침이음하는 경우 D35 이하의 철근과 D35를 초과하는 철근
② 다발철근의 겹침이음
  ㉠ 다발 내의 개개 철근에 대한 겹침이음 길이를 기본으로 하여 결정되어야 한다.
  ㉡ 겹침이음 길이는 다음과 같이 증가시켜야 한다.

다발철근 개수	이음 길이 증가량
3개	20%
4개	33%

ⓒ 한 다발 내에서 각 철근의 이음은 한 군데에서 중복하지 않아야 한다.
ⓓ 두 다발철근을 개개 철근처럼 겹침이음하지 않아야 한다.

③ 휨부재에서 서로 직접 접촉되지 않게 겹침이음된 철근
   횡 방향으로 소요 겹침이음 길이의 1/5 또는 150mm 중 작은 값 이상 떨어지지 않아야 한다.

(2) 용접이음과 기계적 이음

용접이음과 기계적 이음은 모두 철근의 설계기준 항복강도 f_y의 125% 이상을 발휘할 수 있는 완전한 용접이나 연결이어야 한다.

3. 인장 이형철근 및 이형철선의 이음

① 등급에 따른 인장 이형철근 및 이형철선의 겹침이음 길이

구분	이음 길이	비고
A급 이음	$1.0l_d$	① 300mm 이상이어야 한다. ② l_d는 인장 이형철근의 정착길이이다. $$l_d = l_{db} \times 보정계수 = \frac{0.6\ d_b f_y}{\lambda \sqrt{f_{ck}}} \times 보정계수$$
B급 이음	$1.3l_d$	㉠ 초과 철근량에 대한 보정계수는 $\left(\dfrac{소요\ A_s}{배근\ A_s}\right)$를 적용하지 않아야 한다. ㉡ 상부철근, 경량 콘크리트, 에폭시 도막철근에 대한 기준의 보정계수는 적용하여야 한다. ㉢ 순간격, 피복두께 및 횡철근의 효과를 고려하는 보정계수도 적용하여야 한다. ㉣ l_d는 300mm 최소값은 적용하지 않는다.

초과 철근량에 대한 보정계수를 적용하지 않는 이유는 이음 등급의 분류에서 이음 위치에서의 초과 철근을 이미 반영했기 때문이다.

② 인장 겹침이음에 대한 요구조건

배근A_s / 소요A_s	소요 겹침이음 길이 내의 이음된 철근 As의 최대[%]	
	50 이하	50 초과
2 이상	A급	B급
2 미만	B급	B급

③ 서로 다른 크기의 철근을 인장 겹침이음하는 경우, 이음길이는 크기가 큰 철근의 정착길이와 크기가 작은 철근의 겹침이음 길이 중 큰 값 이상이어야 한다.

4. 압축 이형철근의 이음

(1) 압축철근의 겹침이음길이

$$l_s = \left(\frac{1.4 f_y}{\lambda \sqrt{f_{ck}}} - 52 \right) d_b$$

구분	이음 길이	비고
$f_y \leq 400\text{MPa}$	$0.072 f_y d_b$ 보다 길 필요 없다.	어느 경우에나 300mm 이상이어야 한다. 이 때 콘크리트의 설계기준강도가 21MPa 미만인 경우는 겹침이음 길이를 1/3 증가시켜야 한다. 압축철근의 겹침이음 길이는 인장철근의 겹침이음 길이보다 길 필요는 없다.
$f_y > 400\text{MPa}$	$(0.13 f_y - 24) d_b$ 보다 길 필요 없다.	

(2) 서로 다른 크기의 철근을 압축부에서 겹침이음하는 경우

① 이음길이는 크기가 큰 철근의 정착길이와 크기가 작은 철근의 겹침이음길이 중 큰 값 이상이어야 한다.
② D41과 D51 철근은 D35 이하 철근과의 겹침이음이 허용된다.
  겹침이음은 D35보다 큰 철근에 대해서 일반적으로 금지되지만, 압축측에서만은 D35 이하의 철근과 이보다 큰 철근과 겹침이음하는 것을 허용한다.

Chapter 7 사용성 검토

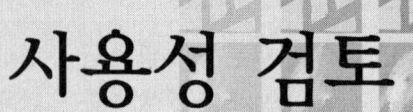

 7-1 일반사항

1. 반드시 검토해야 할 3항목

① **사용성**(Serviceability)
사용하기에 불편함 또는 불안감 등을 해소할 수 있는 정도를 말하는 것으로 균열, 처짐, 피로, 진동 등으로 검토할 수 있다.

② **내구성**(Durability)
구조물의 본래 기능을 지속적으로 유지할 수 있는 정도를 말하는 것으로 복합적인 요소에 의해 결정된다.

③ **안전성**(Safety)
구조물의 파괴에 대한 안전을 확보하는 것으로 극한하중(계수하중)을 사용하여 검토한다.

 7-2 균 열

콘크리트에 발생하는 균열은 구조물의 사용성, 내구성 및 미관 등 사용 목적에 손상을 주지 않도록 제한하여야 하며, 철근콘크리트 구조에서 철근의 부식은 균열 수 보다 균열 폭에 의해서 좌우된다.

1. 예상 최대 균열폭

콘크리트구조기준의 모든 규정을 만족하는 경우 균열에 대한 검토가 이루어진 것으로 간주할 수 있으며, 이 경우 예상되는 최대 균열폭은 0.3mm 이하이다.

2. 깊은 휨부재의 복부 균열 제어

상대적으로 깊은 휨부재에서 복부의 균열을 제어하기 위하여 인장 영역의 수직 표면 가까이에 철근(표피철근)을 배치해야 한다.

① 보나 장선의 깊이 h가 900mm를 초과하면, 종방향 표피철근을 인장연단으로부터 h/2 지점까지 부재 양쪽 측면을 따라 균일하게 배치하여야 한다.
② 개개의 철근이나 철망의 응력을 결정하기 위하여 변형률 적합조건에 따라 해석을 하는 경우, 이러한 철근은 강도계산에 포함될 수 있다.

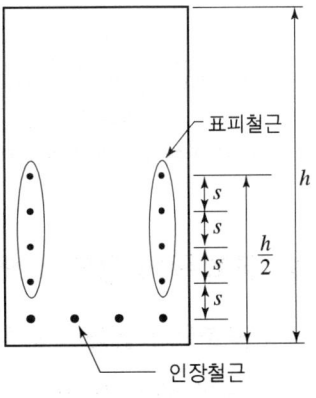

[보 또는 장선의 표피철근]

3. 균열의 검증

(1) 일반사항

철근 콘크리트 구조물의 내구성, 사용성 및 미관 등에 대한 균열폭 검증이 필요한 경우로서 0.3mm보다 작은 허용 균열폭을 설정하여 균열폭을 제어할 필요가 있을 때에 적용한다.

(2) 노출 환경(강재의 부식에 대한 환경 조건의 구분)

내구성에 관한 균열폭을 검토할 경우 구조물이 놓이는 환경조건을 고려한다.
① 콘크리트에 침투하는 염화물의 양이 많을 수록 강재부식의 우려가 커진다.
② 콘크리트의 침투성이 클 수록 강재부식의 우려가 커진다.
③ 습기와 산소의 양이 많을 수록 강재부식의 우려가 커진다.

(3) 허용 균열폭

$$w_d \leq w_a$$

여기서, w_d : 지속하중이 작용할 때 계산된 균열폭(설계 균열폭)
w_a : 내구성, 사용성(누수) 및 미관에 관련하여 허용되는 균열폭

[철근 콘크리트 구조물의 내구성 확보를 위하여 허용되는 균열폭 w_a(mm)]

강재의 종류	강재의 부식에 대한 환경조건			
	건조 환경	습윤 환경	부식성 환경	고부식성 환경
철근	0.4mm와 0.006c_c 중 큰 값	0.3mm와 0.005c_c 중 큰 값	0.3mm와 0.004c_c 중 큰 값	0.3mm와 0.0035c_c 중 큰 값
긴장재	0.2mm와 0.005c_c 중 큰 값	0.2mm와 0.004c_c 중 큰 값	—	—

[수처리 구조물의 허용 균열폭 w_a(mm)]

	휨인장 균열	전단면 인장 균열
오염되지 않은 물 : 음용수(상수도) 시설물	0.25	0.20
오염된 액체 : 오염이 매우 심한 경우 발주자와 협의하여 결정	0.20	0.15

4. 균열폭의 영향 요인

(1) 균열폭에 영향을 미치는 요인

① 균열폭은 철근의 응력에 비례한다.
② 균열폭은 철근의 지름에 비례한다.
③ 균열폭은 철근비에 반비례한다.

(2) 균열 제어 방법(균열폭을 작게 할 수 있는 방법)

① 원형철근보다 이형철근을 사용한다.
② 저강도의 철근을 사용한다.
③ 인장 측에 철근을 잘 분포시킨다.
④ 피복두께를 작게 한다.
⑤ 적은 수의 굵은 철근보다 많은 수의 가는 철근을 사용한다.

7-3 처 짐

1. 처짐의 종류

처짐은 즉시 처짐과 장기 처짐으로 구분한다.

(1) 즉시 처짐(탄성 처짐, 순간 처짐 ; Short-term Deflection)

탄성 상태에서 즉시 처짐값을 계산한다.

(2) 장기 처짐

장기 처짐은 주로 콘크리트의 크리프와 건조수축으로 인하여 시간이 경과됨에 따라 진행되어 증가하다가 5년에서 7년 정도에 정지한다고 본다.

① 장기 처짐의 계산

$$\text{장기 처짐} = \text{즉시 처짐} \times \lambda_\Delta$$

여기서, λ_Δ : 실험에 근거한 계수, 장기 처짐 계수

$$\lambda_\Delta = \frac{\xi}{1+50\rho'}$$

ξ : 지속하중 재하기간에 따른 계수

구분	3개월	6개월	12개월	5년 이상
ξ	1.0	1.2	1.4	2.0

ρ' : 압축철근비
→ 단순보와 연속보는 중앙부, 캔틸레버 보는 받침부의 압축철근비를 사용

$$\rho' = \frac{A_s'}{b_w d}$$

(3) 총처짐(최종 처짐)

총처짐 = 즉시 처짐 + 장기 처짐

콘크리트구조설계기준에 의하면 일반적으로 즉시 처짐이 장기 처짐보다 더 크게 발생되는데 그 이유는 장기 처짐은 압축철근에 의해 처짐이 구속되기 때문이다.

2. 1방향 구조

(1) 최소 두께

[처짐을 계산하지 않는 경우의 보 또는 1방향 슬래브의 최소 두께]

부 재	최소 두께(h)			
	단순 지지	1단 연속	양단 연속	캔틸레버
	큰 처짐에 의해 손상되기 쉬운 칸막이벽이나 기타 구조물을 지지 또는 부착하지 않은 부재			
• 1방향 슬래브	$l/20$	$l/24$	$l/28$	$l/10$
• 보 • 리브가 있는 1방향 슬래브	$l/16$	$l/18.5$	$l/21$	$l/8$

이 표의 값은 보통 콘크리트($w_c = 2{,}300\text{kg/m}^3$)와 설계기준항복강도 400MPa 철근을 사용한 부재에 대한 값이다.

① 다른 조건에 대한 값의 수정

㉠ 1,500~2,000kg/m³ 범위의 단위질량을 갖는 구조용 경량 콘크리트

$h(1.65 - 0.00031 w_c) \geq 1.09$

여기서, h : 처짐을 계산하지 않아도 되는 보 또는 1방향 슬래브의 최소 두께

㉡ f_y가 400MPa 이외인 경우

$h(0.43 + f_y/700)$

7-4 피 로

1. 구조 세목

① 보 및 슬래브의 피로는 휨 및 전단에 대하여 검토하여야 한다.
② 기둥의 피로는 검토하지 않아도 좋다. 다만 휨모멘트나 축인장력의 영향이 특히 큰 경우 보에 준하여 검토하여야 한다.
③ 피로의 검토가 필요한 구조부재는 높은 응력을 받는 부분에서 철근을 구부리지 않도록 하여야 한다.
④ 피로에 대한 안전성을 검토하지 않아도 되는 철근의 응력 범위(철근의 응력 범위 = 최대응력 $f_{s,\max}$ - 최소응력 $f_{s,\max}$)는 130~150MPa이다.

⑤ 반복하중에 의한 철근의 응력 범위가 130~150MPa을 초과하여 피로의 검토가 필요할 경우는 합리적 방법으로 피로에 대한 안전을 검토하여야 한다.

[피로를 고려하지 않아도 되는 철근과 프리스트레싱 긴장재의 응력 범위(MPa)]

강재의 종류와 위치		철근의 인장 및 압축응력 범위 또는 프리스트레싱 긴장재의 인장응력 변동 범위
이형철근	300MPa	130
	350MPa	140
	400MPa 이상	150
프리스트레싱 긴장재	연결부 또는 정착부	140
	기타 부위	160

제 4 편 콘크리트 구조 및 유지관리

Chapter 8 기 둥

 **8-1 서 론**

1. 기둥(Column)

(1) 정 의

압축력을 받는 연직 또는 연직에 가까운 부재로서 그 높이가 단면 최소치수의 3배 이상인 것을 말하며, 3배 미만의 것은 받침대(Pedestal)라고 한다.

(2) 기둥의 종류

① 횡보강근 형태에 따른 종류

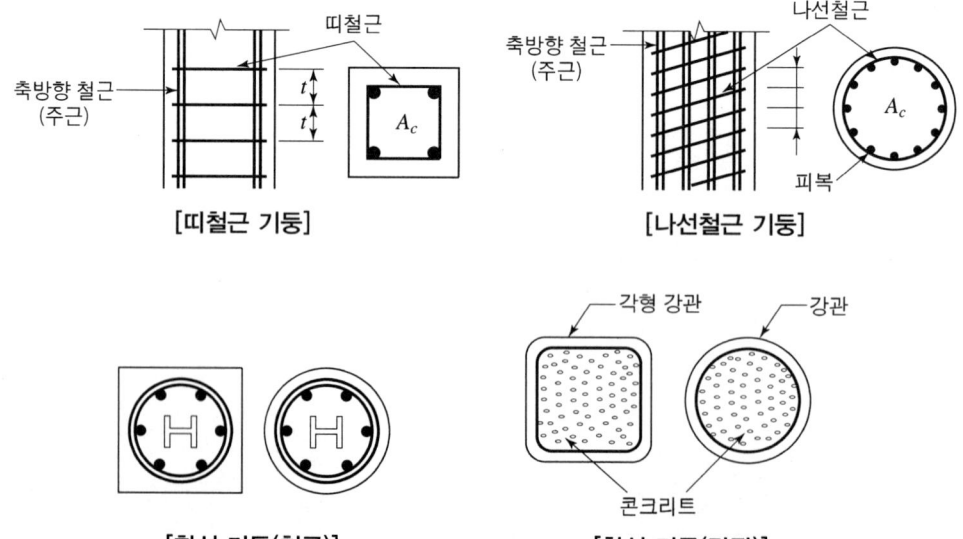

[띠철근 기둥]   [나선철근 기둥]

[합성 기둥(철골)]   [합성 기둥(강관)]

② 단부 구속 조건 및 세장비에 따른 종류
　㉠ 단주(Short Column)
　　ⓐ 좌굴이 발생하지 않으며, 축응력 또는 편심하중에 의한 응력과 휨에 의하여 파괴되는 기둥이다.
　　ⓑ 압축력에 의해 지배를 받는다.
　㉡ 장주(Long Column)
　　ⓐ 좌굴이 발생하여 주로 좌굴에 의하여 파괴되는 기둥이다.
　　ⓑ 좌굴은 압축에서만 발생한다.
　　ⓒ 인장에서는 좌굴이 발생하지 않는다.

(3) 단주와 장주의 구별

① 세장비

$$\text{유효 세장비} = \frac{kl_u}{r}$$

여기서, k : 압축부재에서 유효 좌굴길이 계수
　　　　l_u : 압축부재의 비지지 길이
　　　　r : 압축부재의 단면 회전반경
　　　　kl_u : 기둥의 유효길이-변곡점 사이의 길이

$$r = \sqrt{\frac{I}{A}}$$

직사각형 압축부재 : $r = 0.3t$
원형 압축부재 : $r = 0.25t$
I : 부재 단면의 단면 2차 모멘트
A : 단면적
t : 직사각형 압축부재의 경우 t는 단면의 짧은 변의 길이
t : 원형 압축부재의 경우 t는 단면의 지름

② 횡방향 상대변위가 방지된(구속된) 경우 : 횡구속 골조의 압축부재

$$\frac{kl_u}{r} \leq 34 - 12\left(\frac{M_1}{M_2}\right) : \text{단주로 간주할 수 있는 조건(장주효과 무시)}$$

여기서, M_1 : 재래적인 라멘 해석에 의해 구한 압축부재의 계수 단모멘트 중 작은 값
　　　　　[단일 곡률이면 양(+), 이중 곡률이면 음(-)]
　　　　M_2 : 재래적인 라멘 해석에 의해 구한 압축부재의 계수 단모멘트 중 큰 값
　　　　　[항상 양(+)]
　　　　$34 - 12\left(\frac{M_1}{M_2}\right) \leq 40$

횡 변위에 저항하는 구조요소 중 기둥을 제외한 구조요소의 전체 총 강성이 해당 층에 있는 기둥 전체 강성의 12배 보다 큰 골조는 횡구속 골조로 간주할 수 있다.

③ 횡방향 상대변위가 방지되지 않은 경우 : 비횡구속 골조의 압축부재

$$\frac{kl_u}{r} \leq 22 : 단주로 간주할 수 있는 조건(장주효과 무시)$$

④ 유효길이계수(k)
  ㉠ 일단 자유, 타단 고정인 경우 : $k = 2$
  ㉡ 양단 힌지인 장주 : $k = 1$
  ㉢ 일단 힌지, 타단 고정 : $k = 0.7$
  ㉣ 양단 고정 : $k = 0.5$

2. 구조세목

(1) 압축부재 설계의 제한 사항

① 압축부재의 설계단면
2007년도 개정 콘크리트구조설계기준에서 삭제되었으나 중요한 사항으로 언급한다.

구분	띠철근 압축부재	나선철근 압축부재
단면치수	단면의 최소치수는 200mm 이상	단면의 심부 지름은 200mm 이상
단면적	60,000mm² 이상	-
콘크리트 설계기준강도	-	21MPa 이상

※ 심부 지름 : 나선철근의 중심선이 그리는 원의 지름

② 등가 원형 단면
정사각형, 8각형 또는 다른 형상의 단면을 가진 압축부재 설계에서 전체 단면적을 사용하는 대신에 실제 형상의 최소치수에 해당하는 지름을 가진 원형 단면을 사용할 수 있다.

(2) 철 근

① 압축부재의 철근량 제한

구분	띠철근 기둥	나선철근 기둥
축방향 철근비 ρ_g	1~8% (0.01~0.08)	
축방향 철근의 최소 개수	직사각형 단면 : 4개 원형 단면 : 4개 삼각형 단면 : 3개	6개 (원형)
축방향 철근 지름	16mm 이상	

비합성 압축부재의 축방향 주철근 단면적은 전체 단면적 A_g의 0.01배 이상, 0.08배 이하($A_{smin} = 0.01A_g$, $A_{smax} = 0.08A_g$)로 하여야 한다. 축방향 주철근이 겹침이음되는 경우의 철근비는 0.04를 초과하지 않도록 하여야 한다.

② **축방향 철근비 ; ρ_g**

$$\rho_g = \frac{\text{축 방향 철근 단면적}(A_{st})}{\text{기둥 총 단면적}(A_g)} = 0.01 \sim 0.08$$

㉠ 최소 축방향 철근비를 제한하는 이유
  ⓐ 예상치 못한 편심에 따른 휨에 저항하기 위해
  ⓑ 콘크리트의 부분적 결함을 철근으로 보완하기 위해
  ⓒ 콘크리트의 크리프나 건조수축의 영향을 감소시키기 위해
  ⓓ 콘크리트 시공시 저하되기 쉬운 콘크리트의 강도를 철근으로 보충하기 위해

㉡ 최대 축방향 철근비를 제한하는 이유
  ⓐ 철근이 너무 많으면 시공에 지장을 초래하기 때문에
  ⓑ 철근이 너무 많으면 비경제적이기 때문에
  ⓒ 철근 간의 적절한 간격 유지로 철근과 콘크리트 간의 부착력을 확보하기 위해

㉢ 축방향 철근의 순간격
  ⓐ 40mm 이상
  ⓑ 축방향 철근 지름의 1.5배 이상
  ⓒ 굵은골재 최대치수의 4/3배 이상

㉣ 띠철근 및 나선철근
  ⓐ 띠철근
    • 띠철근의 지름

축방향 철근의 직경	띠철근의 직경
D32 이하	D10 이상
D35 이상	D13 이상

    • 띠철근의 수직 간격
      – 단면 최소치수 이하
      – 축방향 철근 지름의 16배 이하
      – 띠철근 지름의 48배 이하

  ⓑ 나선철근
    • 나선철근의 지름
    현장치기 콘크리트인 경우, 나선철근의 지름은 10mm 이상인 것을 사용해야 한다.

- 나선철근의 수직 순간격
  - 25mm 이상
  - 75mm 이하
- 나선철근의 항복강도 f_{yt}는 700MPa 이하로 하여야 하며, 400MPa을 초과하는 경우에는 겹침이음을 할 수 없다.
- 나선철근은 정착을 위해서 나선철근 끝에서 추가로 1.5회전 이상 더 연장해야 한다.
- 나선철근의 이음은 철근의 설계 기준 항복강도 f_y의 125% 이상을 발휘할 수 있는 완전 기계적 이음이나 완전 용접이음으로 한다.
- 나선철근의 겹침이음시 겹침이음 길이
  - 이형철근 또는 철선인 경우 : 지름의 48배 이상, 300mm 이상
  - 원형철근 또는 철선인 경우 : 지름의 72배 이상, 300mm 이상
- 나선철근비 ; ρ_s

$$\frac{\text{나선 철근의 전 체적}}{\text{심부 체적}} = \frac{\left(\frac{\pi d_b^2}{4}\right) \cdot (\pi D_s)}{\left(\frac{\pi D_s^2}{4}\right) \cdot s} = \frac{\pi d_b^2}{D_s \cdot s}$$

$$\rho_s \geqq 0.45\left(\frac{A_g}{A_c} - 1\right)\frac{f_{ck}}{f_y}$$

여기서, D_s : 심부 지름(200mm 이상)
  s : 나선철근의 간격(25~75mm)
  d_b : 나선철근의 지름(10mm 이상)
  A_c : 심부 단면적
  A_g : 총 단면적
  f_{ck} : 콘크리트의 설계기준강도
  f_y : 나선철근의 항복강도(700MPa 이하)

8-2 단주의 설계

1. 설계 원칙

(1) P-M 상관도(축하중-모멘트 상관도)

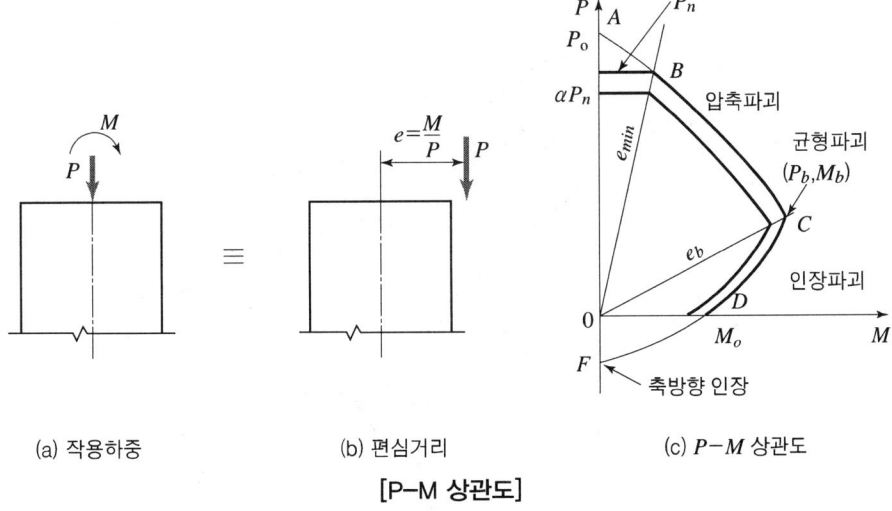

[P-M 상관도]

① P-M 상관도의 특성
  ㉠ A점 : 중심축 압축강도 P_o만 있고 $M=0$인 점
  ㉡ B점 : 최소 편심거리($e_{\min}$)에 해당하는 점
    ⓐ 최대 허용축하중($P_{n\max}$) 발생
    ⓑ 편심거리 e가 최소 편심거리 $e_{\min}$보다 작을 경우 축방향 압축력만 작용하는 것으로 본다.
      • 나선철근 기둥 : $e_{\min} = 0.05t$
      • 띠철근 기둥 : $e_{\min} = 0.10t$
      • t : 부재 전체의 두께(단면의 가로치수)
  ㉢ 시공오차 및 예상치 않은 편심하중에 대비하여 수정계수 α를 곱하여 구한다.
    ($P_{n\max} = \alpha P_n = \alpha P_o$)
    여기서, α : 나선철근 기둥 0.85, 띠철근 기둥 0.80
  ㉣ C점 : 균형편심(e_b)에 해당하는 점
    평형 축하중(P_b) 발생

ⓜ D점 : $P=0$이고 휨강도 M_o만 있는 점
ⓑ F점 : 축방향 인장력이 작용하는 점으로 $M=0$이다.

② 기둥의 파괴 상태

구간	파괴 상태	편심 거리	축하중	내용
AC 구간	압축파괴	$e < e_b$	$P > P_b$	축하중의 영향을 많이 받는다.
C점	균형파괴	$e = e_b$	$P = P_b$	
CD 구간	인장파괴	$e > e_b$	$P < P_b$	휨모멘트의 영향을 많이 받는다.

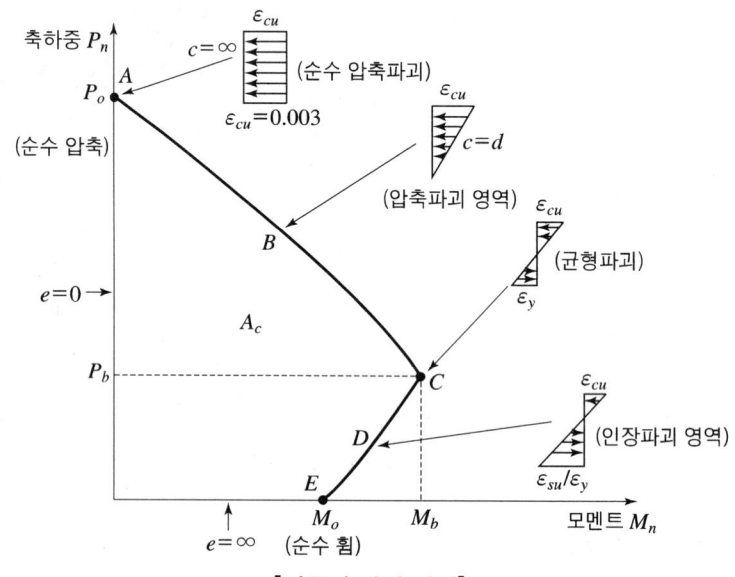

[기둥의 파괴 상태]

2. 단주의 설계(강도설계법)

(1) 합성 부재(철근 콘크리트)

$$P_u \leqq P_{d\max} = \alpha P_d = \alpha \phi P_n = \phi P_{n\max}$$

여기서, P_u : 계수 축강도
  $P_{d\max}$: 최대 설계축강도
  P_d : 설계축강도
  α : 수정계수(시공상의 오차, 예상치 못한 편심하중 등을 고려)
    나선철근 : $\alpha = 0.85$, 띠철근 : $\alpha = 0.80$
  ϕ : 강도감소계수(나선철근 : $\phi = 0.70$, 띠철근 : $\phi = 0.65$)
  P_n : 공칭 축강도
  $P_{n\max}$: 최대 축강도

① 중심 축하중을 받는 경우

$$P_u \leq P_{dmax} = \phi P_{nmax} = \alpha\,\phi\,[0.85\,f_{ck}(A_g - A_{st}) + f_y A_{st}]$$
$$= \alpha\,\phi\,[0.85\,f_{ck} A_c + f_y A_{st}]$$

 같은 양의 축방향 철근 배근시 나선철근 기둥이 띠철근 기둥보다 14% 정도 더 강하다.
$0.85 \times 0.70 \times P_n\,/\,0.80 \times 0.65 \times P_n = 1.144$

② 편심 축하중을 받는 경우

$$P_n = C_c + C_s - T_s$$
$$P_u \leq P_d = \phi P_n = \phi(C_c + C_s - T_s)$$

㉠ 인장철근이 항복하는 경우

$$P_u \leq P_d = \phi P_n = \phi(C_c + C_s - T_s)$$
$$= \phi\,[0.85\,f_{ck}\,ab + f_y A_s' - f_y A_s]$$

㉡ 인장철근이 항복하지 않는 경우

$$P_u \leq P_d = \phi P_n = \phi(C_c + C_s - T_s)$$
$$= \phi\,[0.85\,f_{ck}\,ab + f_y A_s' - f_s A_s]$$

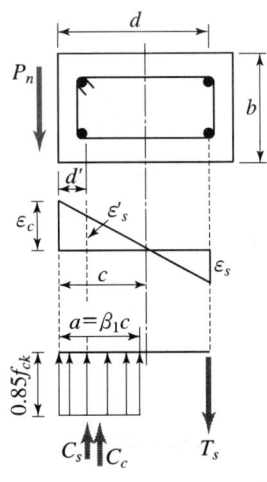

[편심 축하중을 받는 단주]

8-3 장주의 설계

1. 좌굴 방향

① 최대 주축방향(I_{max} 축방향)
② 최소 주축과 직각방향(I_{min} 축과 직각 방향)
③ 단변방향
④ 장변방향과 직각방향

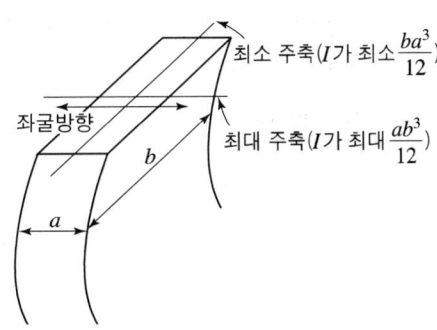

[좌굴 방향]

2. 오일러의 좌굴 공식

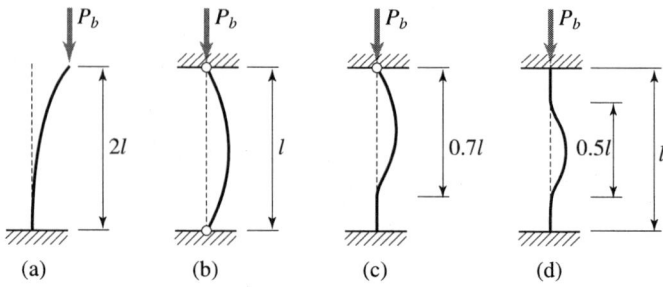

[오일러의 장주 유형]

종류	(a)	(b)	(c)	(d)
① 좌굴길이(유효길이, kl)	$2l$	l	$0.7l$	$0.5l$
② 내력(n)	1/4	1	2	4
내력 계산	$n = \dfrac{l^2}{(kl)^2} = \dfrac{1}{k^2}$ (a) : $n = \dfrac{l^2}{(2l)^2} = \dfrac{1}{4}$ (b) : $n = \dfrac{l^2}{l^2} = 1$ (c) : $n = \dfrac{l^2}{(0.7l)^2} ≒ 2$ (d) : $n = \dfrac{l^2}{(0.5l)^2} = 4$			

① 좌굴하중(P_b)

$$P_b = \frac{\pi^2 EI}{l_k^2} = \frac{n\pi^2 EI}{l^2}$$

여기서, $l_k(k_l)$: 좌굴 길이
       n : 지지조건에 따른 강도
       $I = I_{\min}$(구형에서는 $\dfrac{bh^3}{12}$, h = 안전이 고려되는 방향, 일반적으로 단변)

단면이 약한 쪽으로 좌굴되기 때문에 h를 좌굴방향으로 하여야 하며, 일반적인 경우에는 단변이 h가 된다.

② 좌굴응력(f_b)

$$f_b = \frac{P_b}{A} = \frac{\pi^2 E}{\lambda_k^2} = \frac{n\pi^2 E}{\lambda^2}$$

3. 좌굴하중에 의한 안전율(S)

$$S = \frac{P_b}{P}$$

여기서, P_b : 좌굴하중(이 하중 이상의 하중을 받으면 좌굴된다)
$\quad\quad P_b = \sigma_b A$
$\quad\quad P$: 하중

4. 기둥의 길이

기둥의 길이는 비지지 길이를 말하는 것으로 변형 없이 균일한 부분의 길이로 계산한다.

(1) 압축부재의 비지지 길이

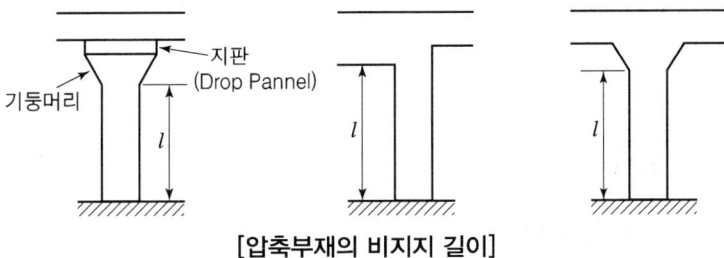

[압축부재의 비지지 길이]

5. 확대계수 휨모멘트

(1) 확대계수 휨모멘트 : M_c

$$M_c = \delta_{ns} M_2$$

① 횡구속 골조에 대한 휨모멘트 확대계수

압축부재 양단 사이의 부재 곡률의 영향을 반영하기 위한 계수

$$\delta_{ns} = \frac{C_m}{1 - \frac{P_u}{0.75 P_c}} \geq 1.0$$

$$C_m = 0.6 + 0.4 \frac{M_1}{M_2}$$

Chapter 9 슬래브

9-1 일반사항

1. 정 의

슬래브(Slab)는 일반적으로 두께에 비하여 폭이나 길이가 매우 큰 판 모양의 구조물을 말한다.

2. 슬래브의 종류

(1) 하중 경로에 따른 분류

$$\text{변장비}(\lambda,\ \text{지간비}) = \frac{\text{장변 경간 길이}(L)}{\text{단변 경간 길기}(B)}$$

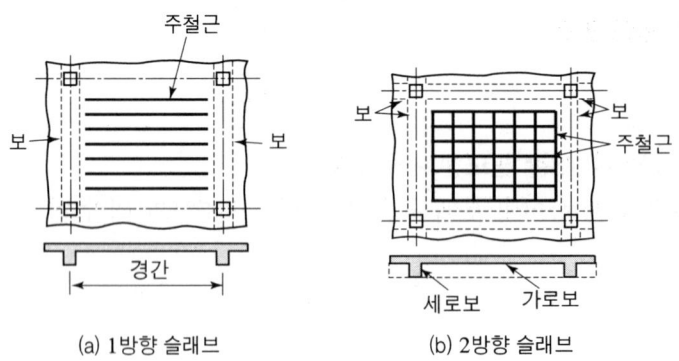

(a) 1방향 슬래브   (b) 2방향 슬래브

[슬래브 종류]

① 1방향 슬래브(One-way Slab)
1방향 슬래브의 두께는 최소 100mm 이상으로 하여야 한다.

$$\lambda = \frac{장변\ 경간\ 길이(L)}{단변\ 경간\ 길기(B)} > 2$$

㉠ 슬래브 하중의 90% 정도가 단변 방향으로 전달되는 구조로 하중이 단변 방향으로만 전달되는 것으로 보고 설계한다.
㉡ 주철근을 단변에 평행하게 배근하고 장변 방향으로는 온도조절 철근을 배근한다.

② 2방향 슬래브(Two-way Slab)

$$\lambda = \frac{장변\ 경간\ 길이(L)}{단변\ 경간\ 길기(B)} \leq 2$$

㉠ 슬래브 하중이 단변과 장변 2방향으로 전달된다.
㉡ 슬래브 평면이 직사각형인 경우 장변 방향보다 단변 방향에 더 많은 주철근을 배근한다.
㉢ 2방향 슬래브에서 단변의 하중 분담률이 장변에 비해 크므로 단변 방향의 철근을 슬래브 표면 가까이에 배치한다.

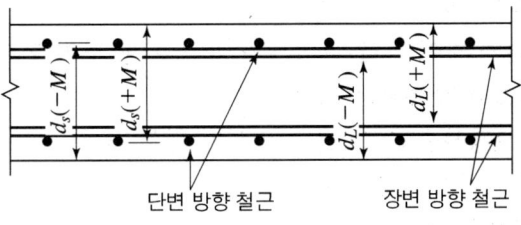

[슬래브의 철근 배치]

3. 슬래브 일반사항

(1) 설계대

① 주열대(Column Strip)
기둥과 기둥을 연결한 단부를 말한다.
② 주간대(중간대, Middle Strip)
슬래브의 중앙 부분을 말한다.

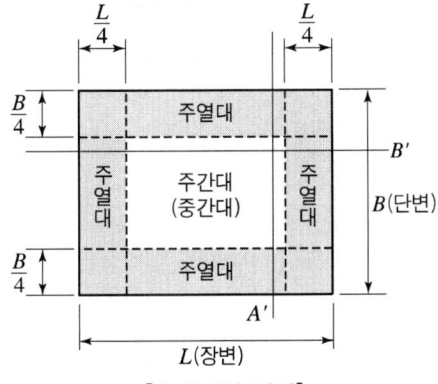

[슬래브의 경간]

9-2 1방향 슬래브의 설계

$$\frac{L}{B} > 2, \quad \frac{B}{L} \leq 0.5$$

여기서, L : 장변 경간 길이
B : 단변 경간 길이

1. 설계 방법

단변을 경간으로 하는 단위 폭($b = 1\text{m}$)의 직사각형 보로 보고 설계한다.

(1) 정밀 해석

(2) 근사해법

① 근사해법 적용 조건
  ㉠ 2경간 이상인 경우
  ㉡ 인접 2경간의 차이가 짧은 경간의 20% 이상 차이가 나지 않는 경우
  ㉢ 등분포 하중이 작용하는 경우
  ㉣ 활하중이 고정하중의 3배를 초과하지 않는 경우
  ㉤ 부재 단면 크기가 일정한 경우

② 단부 및 중앙부의 휨모멘트의 계산

$$M = (휨모멘트\ 계수) \times w_n l_n^2$$

여기서, w_n : 계수 고정하중과 계수 활하중의 합
l_n : 부재 양쪽 받침면 사이의 순경간

9-3 2방향 슬래브의 설계

1. 2방향 슬래브의 일반

(1) 2방향 슬래브의 종류
① 2방향 슬래브는 장변 경간이 단변 경간의 2배 이하인 4변이 지지된 직사각형 슬래브

$$1 \leq \frac{L}{B} \leq 2 \qquad 0.5 < \frac{B}{L} \leq 1$$

여기서, L : 장변 경간 길이
B : 단변 경간 길이

② 슬래브가 직접 기둥에 지지되는 플랫 슬래브 : 기둥머리 및 지판이 없다.
③ 플랫 플레이트 슬래브(평판 슬래브) : 기둥머리 및 지판이 있다.

(2) 2방향 슬래브의 설계 방법
① 직접 설계법
② 등가 골조법(등가 뼈대법)

2. 직접 설계법(Direct Design Method)

(1) 적용 조건 · 범위 검토
직접 설계법을 사용하여 슬래브 시스템을 설계하려면 다음의 규정을 만족하여야 한다.
① 각 방향으로 3경간 이상이 연속되어야 한다.
② 슬래브판들은 단변 경간에 대한 장변 경간의 비가 2 이하인 직사각형이어야 한다.
③ 각 방향으로 연속한 받침부 중심간 경간 길이의 차이는 긴 경간의 1/3 이하이어야 한다.
④ 연속한 기둥 중심선으로부터 기둥의 어긋남은 그 방향 경간의 최대 10% 이하이어야 한다.
⑤ 모든 하중은 슬래브판 전체에 등분포된 연직하중이어야 하며, 활하중은 고정하중의 2배 이하여야 한다.
⑥ 모든 변에서 보가 슬래브판을 지지할 경우, 직교하는 두 방향에서 다음 식에 해당하는 보의 상대강성은 다음 식을 만족하여야 한다.

$$0.2 \leq \frac{\alpha_1 l_2^{\,2}}{\alpha_2 l_1^{\,2}} \leq 0.5$$

여기서, l_1 : 휨모멘트 계산 방향의 경간
l_2 : 휨모멘트 계산 방향에 수직한 방향의 경간
α_1, α_2 : 각각 l_1, l_2 방향으로의 α
α : 보의 양측 또는 한 측에 인접하여 있는 슬래브판의 중심선에 의해 구획된 폭으로 이루어진 슬래브의 휨강성에 대한 보의 휨강성의 비

⑦ 직접 설계법으로 설계된 슬래브 시스템은 연속 휨부재의 부휨모멘트 재분배 규정에서 허용된 모멘트 재분배를 적용할 수 없다. 휨모멘트 재분배는 고려하는 방향에서 슬래브판에 대한 전체 정적계수 휨모멘트가 $\dfrac{w_u l_2 l_n^2}{8}$ 식에 의해 요구된 휨모멘트보다 작지 않은 범위 내에서 정·부계수 휨모멘트는 10%까지 수정할 수 있다.

⑧ 2방향 슬래브의 여러 역학적 해석조건을 만족하는 해석으로 입증한다면 위의 ①에서부터 ⑦까지의 제한 규정을 다소 벗어나도 직접 설계법을 적용할 수 있다.

(2) 설계 모멘트

① 전체 정적 계수 모멘트
② 정(+) 및 부(−)계수 휨모멘트
   ㉠ 일반
      ⓐ 부계수 휨모멘트는 직사각형 받침부의 내면에 위치하는 것으로 한다.
      ⓑ 원형이나 정다각형 받침부는 같은 면적의 정사각형 받침부로 환산하여 취급할 수 있다.
   ㉡ 내부 경간에서의 분배율
      전체 정적계수 휨모멘트 M_0를 다음과 같은 비율로 분배하여야 한다.
      ⓐ 내부 패널의 양단 부계수 휨모멘트 : 0.65
      ⓑ 내부 패널의 중앙 정계수 휨모멘트 : 0.35

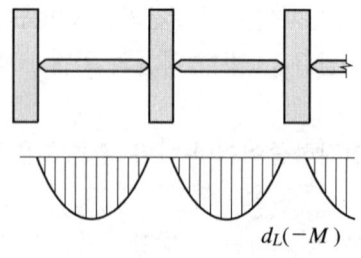

[Span의 연속성이 없을 때]

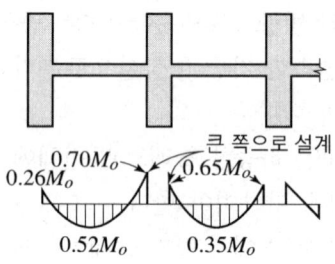

[Span의 연속성이 있을 때]

(3) 2방향 슬래브의 전단

[전단에 대한 위험 단면]

① 보 또는 벽체에 지지되는 경우

전단응력이 작아서 보의 경우에 준하며, 전단보강이 거의 필요 없다.

② 4변이 지지된 슬래브

전단보강이 거의 필요하지 않다.

③ 전단에 대한 위험단면

지지면 둘레에서 $d/2$만큼 떨어진 주변 단면을 전단에 대한 위험단면으로 보고 전단을 고려한다. 여기서 d는 유효깊이

3. 2방향 슬래브의 하중 분담

2방향 슬래브의 중앙에서의 처짐값은 단변과 장변이 모두 동일하다는 것을 이용하여 하중을 분배한다.

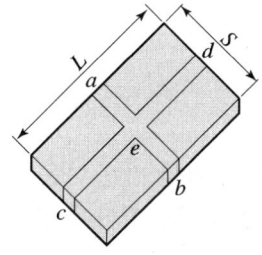
[2방향 슬래브]

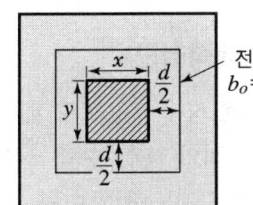
전단에 대한 위험단면
$b_o = 2(x+y+2d)$
[2방향 슬래브의 위험단면]

(1) 등분포 하중이 작용하는 경우

① 장변 방향이 부담하는 하중 : L 방향 부담 하중, cd 방향 부담 하중

$$w_L = \frac{S^4}{L^4 + S^4} w$$

② 단변 방향이 부담하는 하중 : S 방향 부담 하중, ab 방향 부담 하중

$$w_s = \frac{L^4}{L^4 + S^4} w$$

(2) 집중 하중이 작용하는 경우

① 장변 방향이 부담하는 하중 : L 방향 부담 하중, cd 방향 부담 하중

$$P_L = \frac{S^3}{L^3 + S^3} P$$

② 단변 방향이 부담하는 하중 : S 방향 부담 하중, ab 방향 부담 하중

$$P_s = \frac{L^3}{L^3 + S^3} P$$

4. 2방향 슬래브의 구조세목

(1) 주철근(정철근, 부철근)의 간격

① 최대 휨모멘트가 일어나는 단면 : 슬래브 두께의 2배 이하, 300mm 이하
② 그 밖의 단면 : 슬래브 두께의 3배 이하, 450mm 이하

(2) 수축 및 온도 철근(배력철근)

① 정철근 및 부철근에 직각방향으로 배치한다.
② 콘크리트 전체 단면적에 대한 수축 · 온도 철근 단면적의 비는 다음 값 이상으로 하여야 하며, 어떤 경우라도 철근비는 $\rho_{\min} = 0.0014$ 이상이어야 한다.
　㉠ $f_y \leq 400\,\mathrm{MPa}$인 이형철근을 사용한 1방향 슬래브 : $\rho_{\min} = 0.002$
　㉡ 0.0035의 항복 변형률에서 측정한 철근의 설계기준 항복강도 $f_y > 400\,\mathrm{MPa}$인 1방향 슬래브 : $\rho_{\min} = 0.002 \times 400/f_y$
　㉢ 슬래브의 최소 수축 · 온도철근량
　　$A_{smin} = \rho_{\min} bd$
③ 수축 · 온도 철근의 간격 : 슬래브 두께의 5배 이하, 또한 450mm 이하
④ 수축 · 온도 철근비에 전체 콘크리트 단면적을 곱하여 계산한 수축 · 온도 철근 단면적을 단위 m당 1,800㎟ 보다 크게 취할 필요는 없다.

Chapter 10 옹 벽

 10-1 일반사항

1. 옹벽의 정의

① 배면토사의 붕괴를 방지할 목적으로 만들어지는 구조물
② 배면토사의 토압에 대하여 옹벽의 자중으로 안정을 유지하는 구조물
③ 옹벽 구조물의 설계 방법은 옹벽과 유사한 거동을 갖는 호안이나 방조제 또는 흙채움을 지지해야 하는 교량의 교대 및 기초벽에 적용할 수 있다.
④ 지진하중의 영향을 배제한 상시하중(자중, 토압, 수압 및 상재하중 등)들의 조합의 경우에만 적용할 수 있다.

2. 옹벽의 종류

중력식 옹벽   역T형 옹벽   L형 옹벽   뒷부벽식 옹벽   앞부벽식 옹벽

3. 옹벽의 설계

(1) 옹벽의 구조해석

① 캔틸레버식 옹벽(역T형 옹벽)
  ㉠ 저판 : 추가 철근(전면벽)과의 접합부를 고정단으로 간주한 캔틸레버로 가정하여 단면을 설계

ⓒ 추가 철근(전면벽) : 저판에 의해 지지된 캔틸레버로 설계
② 부벽식 옹벽
㉠ 앞부벽 : 직사각형 보로 설계
㉡ 뒷부벽 : T형 보의 복부로 설계
㉢ 앞부벽식 옹벽과 뒷부벽식 옹벽의 전면벽과 저판
　ⓐ 추가 철근(전면벽) : 3변 지지된 2방향 슬래브로 설계할 수 있다.
　ⓑ 저판 : 정확한 방법이 사용되지 않는 한 뒷부벽 또는 앞부벽 간의 거리를 경간으로 가정하여 고정보 또는 연속보로 설계할 수 있다.
③ 설계 검토시 공통사항
㉠ 뒷굽판 : 활동에 대해 안정하도록 길이를 정하여야 한다.
㉡ 벽체 : 토압에 안정하도록 정하여야 한다.
㉢ 앞굽판 : 지반 반력에 안정하도록 정하여야 한다.

(2) 철근 배근 위치

역T형 옹벽의 인장 측인 벽체의 후면, 앞굽판의 하면, 뒷굽판의 상면에 인장 철근을 배근한다.

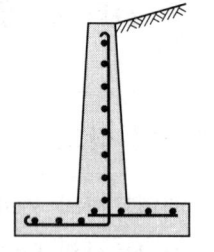

[역T형 옹벽의 철근 배치]

10-2 옹벽의 외적 안정 조건

1. 옹벽의 안정 일반

① 옹벽의 안정에 대한 계산은 사용하중에 의한다.
② 전도, 활동, 지지력 등에 대한 안정을 검토해야 한다.

2. 전도에 대한 안정 조건

(1) 안정 조건

① 반드시 옹벽에 작용하는 모든 외력의 합력이 저판의 중앙 1/3 안에 들어와야 옹벽에 대해 안정 검토를 실시할 수 있다.
② 합력이 중앙 1/3 이내에 들어오지 않을 경우 전도에 대해 불안정하게 된다.

(2) 안정 검토

전도에 대한 저항모멘트는 횡토압에 의한 전도모멘트의 2.0배 이상이어야 한다.

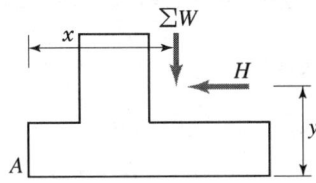

$$\text{안전율 } F_s = \frac{M_r}{M_o} = \frac{\sum Wx}{Hy} \geq 2.0$$

여기서, $\sum W$: 수직력의 총합(옹벽의 자중 + 저판상부 흙 무게)
  H : 수평력

3. 활동에 대한 안정 조건

활동에 대한 저항력은 옹벽에 작용하는 수평력의 1.5배 이상이어야 한다.

$$\text{안전율 } F_S = \frac{H_r}{H} = \frac{f(\sum W)}{H} \geq 1.5$$

여기서, H_r : 수평저항력(마찰력 + 점착력 + 수동토압)
  마찰력 = 마찰계수 × 수직력의 총화(옹벽 자중 + 뒷굽판 위의 흙 무게)
  점착력 = 점착계수 × 저판폭
  수동토압 = 수동토압계수 × 수직토압의 총합
  H : 수평력(주동토압)
  f : 콘크리트 저판과 기초지반과의 마찰계수
  $\sum W$: 수직력의 총합

4. 지반 지지력(침하)에 대한 안정 조건

(1) 일반사항

① 지지 지반에 작용하는 최대 압력이 지반의 허용지지력을 초과하지 않아야 한다.(안전율 1.0)
② 다음 두 가지 중 어느 하나의 방법으로 지반의 지지력을 검토한다.
  ㉠ 지지반력의 분포경사가 비교적 작은 경우에는 최대 지지반력 q_{max}이 지반의 허용지지력 q_a 이하가 되도록 하여야 한다.

ⓒ 옹벽기초 지반의 지지력의 추정은 지반공학적 문제로서 여러 방법 중 선택 적용할 수 있으며 지지 지반의 재료 특성(내부마찰각, 점착력)으로부터 지반의 극한지지력을 추정할 수 있다. 다만, 이 경우에 안전율 3을 적용하여 허용지지력 q_a는 $\dfrac{q_u}{3}$로 취하여야 한다.

$$q_a = \dfrac{q_u}{3}$$

여기서, q_a : 지반의 허용지지력
q_{max} : 최대 지지반력
q_u : 지반의 극한지지력

(2) 안정 검토

$e = 0 : q = \dfrac{P}{A} = \dfrac{P}{B}$

$e < \dfrac{B}{6}$ (핵 안) : $q_{max} = \dfrac{P}{B}\left(1 + \dfrac{6e}{B}\right)$

$\qquad\qquad\qquad q_{min} = \dfrac{P}{B}\left(1 - \dfrac{6e}{B}\right)$

$e = \dfrac{B}{6}$ (중앙 1/3 핵점) : $q = \dfrac{2P}{A} = \dfrac{2P}{B}$

$e > \dfrac{B}{6}$ (핵 밖) : $q = \dfrac{2P}{3a}$

※ 하중과 먼 곳이 하중 분포의 꼭지점 또는 적은 쪽이 된다.

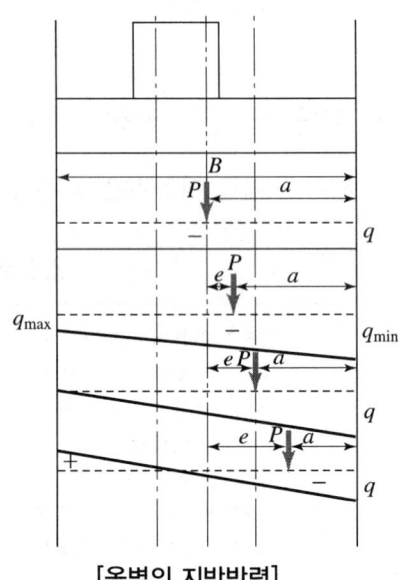

[옹벽의 지반반력]

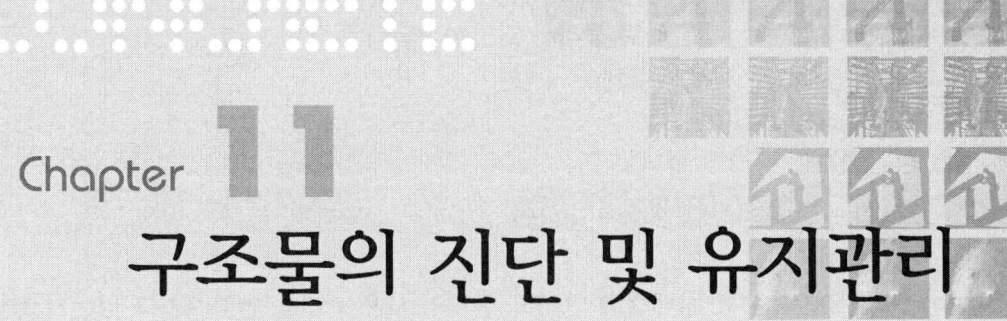

Chapter 11 구조물의 진단 및 유지관리

11-1 진단 및 유지관리의 목적

1. 구조물의 진단 목적

구조물의 진단 목적은 구조물의 안전성이 확보되어 있는지, 기능의 열화·저하가 없는 지를 판단하는 것으로 유지 보전과 개량 보전으로 나눌 수 있다.

(1) 유지 보전(Maintenance)

구조물의 보유 기능을 유지하려는 행위를 말하는 것으로 손상 감시 및 정비, 점검, 손질, 수선 갱신 등이 해당된다.

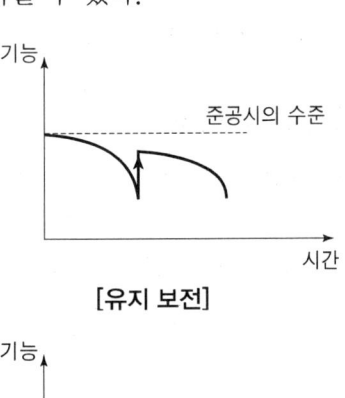

[유지 보전]

(2) 개량 보전(Modernization)

열화·저하된 기능을 준공 당시의 수준 이상으로 향상시키려고 하는 행위 또는 설계 당시의 기능 이상으로 향상시키거나 새로운 기능을 부가하려는 행위를 말하는 것으로 개선 및 용도 변경, 기능 개선, 기능 향상 등이 해당된다.

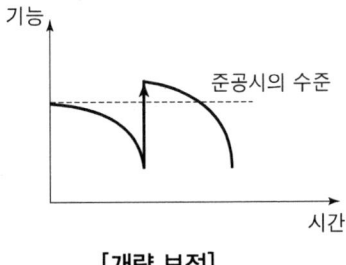

[개량 보전]

2. 시설물의 안전성 평가방법

(1) 안전점검(시설물의 안전관리에 관한 특별법)

시설물의 안전관리에 관한 특별법에서는 점검과 진단으로 구분하고 있고 정기점검, 초기점검, 정밀점검, 긴급점검 등과 정밀안전진단이 있으며, 긴급점검은 다시 손상점검과 특별점검으로 세부 분류하고 있다.

(2) 정기점검
① 육안 관찰이 가능한 개소에 대하여 성능저하나 열화 및 하자의 발생 부위 파악을 위해 실시한다.
② 구조물의 기능적 상태를 판단하고 현재의 사용 요건을 만족시키고 있는지 확인한다. 1종 및 2종 시설물은 반기별로 1회 실시한다.

(3) 정밀점검
① 면밀한 육안 검사와 함께 간단한 측정 기구를 사용하여 구조물의 현재 상태를 정확히 판단한다.
② 건축물은 3년에 1회 실시한다.
③ 1종 및 2종 시설물은 반기별 2회 실시한다.

(4) 긴급점검
관리 주체가 필요할 때 실시한다.

(5) 정밀안전진단
① 구조물의 결함 유무 및 범위를 파악하고 구조물 성능 또는 잔존수명을 평가하여 필요시 보수 · 보강 방법을 제시한다.
② 안전점검을 실시한 결과 시설물의 재해 및 재난예방과 안전성 확보 등을 위하여 필요하다고 인정하는 경우에는 정밀안전진단을 실시하여야 한다.

[1종 시설물 2종 시설물의 범위]

구분	1종 시설물	2종 시설물
1. 도로		
① 교량	• 특수 교량(현수교, 사장교, 아치교, 최대 경간장 50미터 이상의 교량) • 연장 500미터 이상의 교량	연장 100미터 이상의 교량으로서 1종 시설물에 해당하지 아니하는 교량
② 터널	• 연장 1천미터 이상의 터널 • 3차선 이상의 터널	• 고속국도 · 일반국도 및 특별시도 · 광역시도의 터널로서 1종 시설물에 해당하지 아니하는 터널 • 연장 500미터 이상의 지방도 · 시도 · 군도 · 구도의 터널

구분	1종 시설물	2종 시설물
③ 지하차도	연장 500미터 이상의 지하차도	연장 100미터 이상의 지하차도로서 1종 시설물에 해당하지 아니하는 지하차도
④ 복개구조물	폭 6미터 이상으로서 연장 500미터 이상인 복개구조물	폭 6미터 이상이고 연장 100미터 이상인 복개구조물로서 1종 시설물에 해당하지 아니하는 복개구조물
2. 철도		
① 고속철도	• 교량·터널 및 역사	
② 도시철도	• 교량·고가교 및 터널	• 역사(제5호의 건축물에 해당하는 시설물을 제외한다)
③ 일반철도	• 트러스교량 • 연장 500미터 이상의 교량 • 연장 1천미터 이상의 터널	• 연장 100미터 이상의 교량으로서 1종 시설물에 해당하지 아니하는 교량 • 특별시 또는 광역시 안에 있는 터널로서 1종 시설물에 해당하지 아니하는 터널 • 광역전철 역사(제5호의 건축물에 해당하는 시설물을 제외한다)
3. 항만		
① 갑문시설	20만톤급 이상 선박의 하역시설로서 원유부이(BUOY)식 계류시설 및 그 부대시설인 해저	1만톤급 이상의 계류시설로서 1종 시설물에 해당하지 아니하는 계류시설
② 송유관시설	말뚝구조의 계류시설(5만톤급 이상)	
4. 댐	다목적댐·발전용댐 및 총저수용량 1천만톤 이상의 용수 전용	1종 시설물에 해당하지 아니하는 댐으로서 지방상수도 전용댐 및 총저수용량 1백만톤 이상의 용수 전용댐
5. 건축물	• 21층 이상의 공동주택 • 공동주택 외의 건축물로서 21층 이상 또는 연면적 5만제곱미터 이상의 건축물(고속철도의 역사를 제외한다)	• 16층 이상 20층 이하의 공동주택 • 1종 시설물에 해당하지 아니하는 공동주택 외의 건축물로서 16층 이상 또는 연면적 3만 제곱미터 이상의 건축물 • 1종 시설물에 해당하지 아니하는 건축물로서 연면적 5천제곱미터 이상의 문화 및 집회시설(전시장 및 동·식물원을 제외한다), 판매시설, 운수시설(고속철도의 역사 및 집배송시설을 제외한다), 종교시설, 의료시설 중 종합병원 또는 숙박시설 중 관광숙박시설
• 지하도상가	연면적 1만제곱미터 이상의 지하도상가	연면적 5천제곱미터 이상의 지하도상가로서 1종 시설물에 해당하지 아니하는 지하도상가

구분	1종 시설물	2종 시설물
6. 하천	• 하구둑 • 국가하천의 수문 및 통문(通門)	• 국가하천 및 지방 1급 하천의 제방 및 그 부속시설 • 지방 1·2급 하천의 수문 및 통문
7. 상하수도·폐기물 매립 시설	• 광역상수도(수원지시설을 포함한다) • 공업용수도(수원지시설을 포함한다) • 1일 공급능력 3만톤 이상의 지방상수도(수원지시설을 포함한다) • 폐기물매립시설(매립면적 40만제곱미터 이상인 것에 한한다)	• 1종 시설물에 해당하지 아니하는 지방상수도 • 하수처리장 • 매립면적 20만제곱미터 이상의 폐기물매립시설로서 1종 시설물에 해당하지 아니하는 폐기물매립시설
8. 도로·철도·항만·댐 또는 건축물의 부대시설로서 옹벽 및 절토사면		• 지면으로부터 노출된 높이가 5미터 이상으로서 연장 100미터 이상인 옹벽 • 연직높이 50미터 이상(옹벽이 있는 경우 옹벽상단으로부터의 높이)을 포함한 절토부로서 단일 수평연장 200미터 이상인 절토사면

1. 위 표의 건축물에는 건축설비·소방설비·승강기설비 및 전기설비를 포함하지 아니한다.
2. 교량의 '최대경간장'이라 함은 한 경간에 대하여 교대와 교대 사이(교대와 교각 사이)에 대하여는 상부구조의 단부와 단부 사이 거리를, 교각과 교각 사이에 대하여는 교각과 교각의 중심선간 거리를 경간장으로 정의할 때, 교량의 경간장 중에서 최대값을 말한다.
2의 2. 도로라 함은 「도로법」제11조에 따른 도로를 말한다.
3. 도로의 '복개구조물'이라 함은 하천 등을 복개하여 도로 용도로 사용하는 일체의 구조물을 말한다.
4. 건축물의 연면적은 지하층을 포함한 동별로 산정한다.
5. 건축물의 지하도상가의 경우 2 이상의 지하도상가가 연속되어 있는 경우에는 연면적의 합계를 말한다.
6. 건축물 중 주상복합건축물은 공동주택 외의 건축물로 본다.
6의 2. 제방의 부속시설은 통관(通管)과 호안(護岸)을 포함한다.
6의 3. 하천의 통문은 제방을 관통하여 설치한 사각형 단면의 문짝을 가진 구조물을 말한다.
7. 제4호의 용수 전용댐과 지방상수도 전용댐이 제7호의 1종 시설물 중 광역상수도·공업용수도 또는 지방상수도의 수원지시설에 해당하는 때에는 제7호의 상하수도·폐기물매립시설로 본다.
8. 제7호의 상하수도·폐기물매립시설의 1종 시설물 중 지방상수도는 배수관로 및 급수시설을 제외한다.

 **11-2 열화조사 및 진단**

1. 외관조사

(1) 개 요
외관조사는 구조물의 표면에 나타나는 열화 등을 조사하는 방법으로 육안조사, 균열폭 측정기를 활용 방법, 사진·비디오·쌍안경 등을 활용하는 방법이 있다.

(2) 외관조사의 종류
외관조사의 종류로는 균열, 표면 열화, 누수, 변형, 강재부식, 막이나 코팅의 부풀음, 변색, Pop-out 현상(골재가 뽑혀 나오는 정도) 등을 평가한다.

2. 강도평가

(1) 개 요
여러 가지 환경조건 등으로 인해 구조물의 구조적 손상이 예상될 경우 강도평가를 실시하여야 한다.

(2) 강도평가 방법
① 코어 압축강도(코어 테스트) : 콘크리트 코어를 채취하여 KS 기준에 따라 압축강도를 측정하는 것으로 콘크리트 압축강도 평가법 중 가장 신뢰성이 높다.
② 반발경도법 : 슈미트 해머를 이용하여 경화된 콘크리트 표면을 타격시 반발경도로서 콘크리트 압축강도를 추정하는 방법이다.
③ 초음파법(초음파 속도법) : 콘크리트의 밀도와 탄성적 성질에 따라 초음파의 투과속도가 달라지는 것을 이용하여 콘크리트 강도를 평가하는 방법이다.
④ 관입저항법 : 화약을 사용하여 소정의 핀을 콘크리트 표면에 관입시켜 측정한 관입 깊이를 가지고 콘크리트를 평가하는 방법이다.
⑤ 인발법(Pull-out법, Pull-out Test) : 콘크리트 표면에 매립된 앵커를 인발하여 인발할 때의 하중을 측정하여 콘크리트의 강도를 평가하는 방법으로, 콘크리트 중에 파묻힌 가력 Head를 지닌 Insert와 반력 Ring을 사용하여 원추대상의 콘크리트 덩어리를 뽑아낼 때의 최대 내력에서 콘크리트의 압축강도를 추정하는 방법이다.
⑥ Maturity법(성숙도법) : 시멘트의 수화반응시 발생하는 수화열을 누적한 적산온도

를 측정하여 콘크리트의 강도를 평가하는 방법이다. 콘크리트 양생조건에 따라 적산온도가 달라지는 점에 주의하여야 한다.
⑦ Pull-off법 : 원주시험체에 인장하중을 가하고, 그 때의 인장강도로부터 압축강도를 평가하는 방법이다.
⑧ **복합법** : 두 가지 이상의 비파괴 시험값을 병용하여 강도평가의 정확도를 높이기 위한 방법이다.
⑨ **부착강도시험**
⑩ Break-off법 : 휨강도가 압축강도와 양호한 상관관계가 있다는고 가정을 바탕으로, 원주 시험체에 휨하중을 가하여 콘크리트의 압축강도를 추정하는 방법이다.(노르웨이나 스웨덴에서 표준화되어 있는 시험방법임)
⑪ **조합법** : 반발경도법과 초음파 속도법을 조합하여 압축강도 추정에 대한 정밀도를 향상시키기 위해 실시한다.

11-3 콘크리트 결함조사

1. 콘크리트 구조물의 결함

(1) 종 류
① 콘크리트의 균열　　② 구조물의 변위 및 변형
③ 콘크리트 노후　　　④ 구조물의 내력 부족
⑤ 철근 부식　　　　　⑥ 프리스트레스 부족

(2) 결함조사 방법
콘크리트 내부의 공동, 균열 등과 같은 결함을 조사하는 방법이다.
① **초음파법**
　　㉠ 콘크리트의 강도평가
　　㉡ 균열깊이
　　㉢ 내부 결함
② **충격탄성파법** : 충격파 그 자체를 측정하여 콘크리트의 품질 및 강도를 측정하는 방법이다.

③ 어코스틱 에미션(AE) 방법 : 균열 등의 결함 부위에서 방출되는 에너지 중 소리를 평가하여 콘크리트의 내부 결함을 측정하는 방법이다.
④ 방사선법 : X-ray 또는 γ선이 물질을 투과하는 성질을 분석 그 특성을 이용하여 콘크리트 내부 결함을 평가하는 방법이다.
⑤ 전자파법 : 철근이나 공동의 경계에서 반사파가 생기는 전자파의 전기적 특성을 이용하여 그 반사파의 영상을 해석함으로써 콘크리트의 내부 결함을 검사하는 방법이다.

11-4 콘크리트의 열화현상

구조물 본래의 제 기능을 발휘하지 못하고 성능 면에서 안전상에 문제가 되는 상태를 열화라고 한다.

1. 열화의 구분

토목구조물의 상태평가는 열화 수준(손상의 범위 및 정도)에 따라 분류된다.

2. 열화 메커니즘

(1) 탄산화

탄산화는 대기 중의 이산화탄소가 콘크리트 내로 침입하여 탄산화반응을 일으킴으로써 세공용액의 pH가 저하하는 현상이다.
① 콘크리트 내부의 강재에 부식 가능성이 커진다.
② 강재부식 진행에 따른 균열 발생, 피복 콘크리트의 박리·박락, 강재의 단면결손에 의한 내하력 저하 등 구조물 혹은 부재의 성능저하가 발생한다.
③ 콘크리트의 강도 변화 등을 일으킬 가능성이 있다.

(2) 염 해

① 개요
콘크리트 중의 강재부식이 염화물 이온에 의해 촉진되어 부식생성물의 체적팽창이 콘크리트에 균열이나 박리를 일으키고, 강재의 단면감소에 의한 구조물의 성능 저하 등이 발생하여 구조물이 소정의 기능을 다할 수 없게 되는 현상을 콘크리트 구조

물의 염해라 한다.
② 염해 열화의 진행 과정

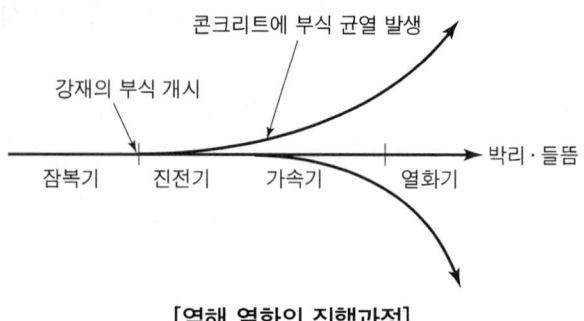

[염해 열화의 진행과정]

(3) 알칼리 골재반응

반응성 광물을 포함하는 반응성 골재가 콘크리트 중의 고알칼리성을 나타내는 수용액과 반응하여 콘크리트에 이상팽창 및 이에 따른 균열을 발생하는 것으로 주로 알칼리 실리카반응과 알칼리 탄산염반응이 있다.

알칼리 탄산염 반응은 돌로마이트 석회암이 알칼리 이온과 반응하여 그 생성물이 팽창하거나 암석 중에 존재하는 점토광물이 수분을 흡수, 팽창하여 콘크리트에 균열을 일으키는 반응이다.

① 알칼리 골재반응 3조건
 ㉠ 골재 중의 유해물질
 ㉡ 시멘트 중의 알칼리
 ㉢ 반응을 촉진하는 수분
② 알칼리 골재반응에 의한 균열
 ㉠ 철근 구속이 적은 경우에는 망상 균열로 발생한다.
 ㉡ 구속이 큰 기둥이나 보에서는 축방향 균열로 발생한다.

(4) 동 해

① 개요
   콘크리트 중의 수분이 0℃ 이하로 된 때의 동결팽창에 의해 발생하는 것을 동해라고 하며, 장기간에 걸쳐 동결과 융해의 반복에 의해 콘크리트가 서서히 열화되는 현상을 말한다.
② 동해를 받은 콘크리트 구조물의 현상
 ㉠ 일반적으로 콘크리트 표면에 스케일링(Scaling)이 생긴다.
 ㉡ 미세균열 및 박리, 박락(들 뜸), 팝 아웃(Pop Out) 등의 형태로 열화가 현저해진다.

ⓒ 균열 진전에 따라 콘크리트 내부의 취약화와 강도저하를 초래하며, 심하면 조직이 붕괴될 수도 있다.
ⓓ 기둥이나 보에서는 축방향 균열을 일으킨다.

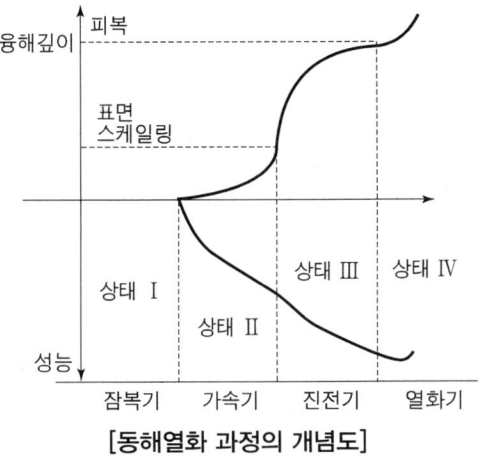

[동해열화 과정의 개념도]

③ 스켈링 깊이의 진행예측의 상태
  ㉠ 잠복기 : 동해깊이율이 작고, 강성이 거의 변화가 없으며, 철근의 부식이 없는 단계
  ㉡ 진전기 : 동해깊이율이 크게 되고, 미관 등에 의한 주변환경으로의 영향이 일어나고, 철근부식이 발생하는 단계
  ㉢ 가속기 : 동해깊이율이 1.0까지 도달하며, 변형과 철근의 부식이 심해지는 단계
  ㉣ 열화기 : 동해깊이율이 1.0 이상이 되며, 급속한 변형이 크게 되는 동시에 부재로의 내하력에 영향을 미치는 단계

(5) 화학적 부식

① 개요
  화학적 부식이란 콘크리트가 외부에서 화학작용을 받아 그 결과 시멘트 경화체를 구성하는 수화생성물이 변질 혹은 분해되어 결합능력을 잃어가는 현상을 총칭하는 것으로 콘크리트의 침식작용은 농도가 일정한 경우에는 무기산은 유기산 보다 심하다.

② 영향 요인별 화학적 부식
  ㉠ 산에 의한 화학적 부식
  ㉡ 알칼리에 의한 화학적 부식
  ㉢ 염류에 의한 화학적 부식
  ㉣ 유류(기름)에 의한 화학적 부식
  ㉤ 부식성 가스에 의한 화학적 부식

(6) 피 로

반복하중을 받아 그로 인해 파괴에 이르는 현상을 피로 또는 피로파괴라고 한다.

(7) 풍화 및 노화

풍화 및 노화는 해양환경, 강산이나 고농도의 황산은과의 접촉 혹은 동결융해 작용을 받는 환경 등의 특별한 열화촉진 인자 환경을 제외하고 일반적인 사용조건에서 경년적으로 콘크리트가 변질·열화해가는 현상을 말한다.

(8) 화 재

① 콘크리트가 화재에 의해 열을 받으면 시멘트 경화물과 골재와는 각각 다른 팽창과 수축거동을 함으로써 콘크리트의 조직이 약해지고 단부의 구속 등에 의해 발생한 열응력에 의해 균열이 발생하면서 콘크리트가 열화·박락한다.
② 콘크리트는 약 300℃부터 강도가 저하(주요구조부의 치명적인 영향 및 철근의 부착강도 저하)되며, 약 500℃ 이상부터 콘크리트 내의 수산화칼슘($Ca(OH)_2$)가 열분해되어 탄산화(중성화)가 되기 쉽다.
③ 안산암질 골재와 경량골재는 석영질이나 석회암질 골재에 비해 고온까지 안정한 성상을 유지한다.

3. 콘크리트 진단

(1) 화학적 성질을 알아보는 시험

① 탄산화(중성화) 깊이 측정
② 알칼리 골재반응시험
③ 염화물 함유량 시험

(2) 물리적 성질을 알아보는 시험

① 초음파시험
② 코어 채취 시험
③ 반발경도 시험
④ 투수성 시험

11-5 철근 조사와 부식 조사

1. 철근 조사

(1) 자기법

자기의 변화에 따라 철근의 위치를 찾아내는 방법이다.

(2) 방사선법

① X선 및 γ선 투과시험 방법으로 철근의 형태를 직접 관찰할 수 있다.
② 방사선에 대한 위험이 따른다.

(3) 전자파법

전자파 펄스에 의해 측정된다.

2. 부식 조사

(1) 전기화학적 방법

① 자연전위법
  ㉠ 부식환경 하에서 전위변화를 계측하여 철근의 부식 상태를 판정하는 방법이다.
  ㉡ 대기 중에 있는 콘크리트 구조물의 철근 등 강재가 부식환경에 있는 지의 여부
  ㉢ 조사 시점에서의 부식 가능성에 대하여 진단하는 것
  ㉣ 구조물 내에서 부식 가능성이 높은 위치를 찾아내는 것을 목적으로 한다.
② 표면전위차법 : 전위 기울기를 측정하여 철근의 부식 상태를 판정하는 방법이다.
③ 전기저항법 : 콘크리트 중의 비저항을 측정하여 철근의 부식성을 판정하는 방법이다. 피복콘크리트의 전기저항을 측정함으로써 그 부식성 및 철근의 부식속도에 관계하는 정보를 얻을 수 있으며, 일반적으로 4점 전극을 사용한다.
④ 분극저항법 : 미소 직류 인가시의 분극저항을 측정하여 철근의 부식속도를 측정하는 방법이다.
⑤ 교류 임피던스 : 미소 교류 인가시의 임피던스 특성을 이용한 분극 저항의 측정으로 철근의 부식속도를 측정하는 방법이다.
⑥ 와류탐사법 : 여자 전류와 철근에 발생하는 2차 전류의 위상차를 측정하여 철근의 부식 상태를 평가하는 방법이다.

(2) 물리적 방법
① 육안관찰 : 균열, 박리 및 녹으로 인한 변색 등을 눈으로 직접 관찰하여 철근의 부식 상태를 추정하는 방법이다.
② 해머 타음법, 초음파법, 적외선법 : 철근 부식으로 인한 균열 및 박리를 측정·진단하여 콘크리트 중의 철근 부식 상태를 추정하는 방법이다.
③ X선 투과시험법 : 방사선 투과사진을 촬영하여 철근의 부식 상태를 직접 관찰하는 방법이다.

11-6 내하력 평가

1. 내하력 일반사항

내하력 평가에는 해석적인 방법과 재하시험 방법이 있다.

(1) 해석적인 방법
① 강도 부족에 대한 요인을 잘 알 수 있거나 해석에서 요구되는 부재 크기 및 단면의 특성을 측정할 수 있다면 해석적 평가가 가능하다.
② 해석적인 방법은 가장 위험한 단면에서 확인해야 한다.

(2) 재하시험 방법
① 일반사항
  ㉠ 재하시험을 실시하는 경우
    ⓐ 강도 부족에 대한 원인을 알 수 없을 때
    ⓑ 해석적 평가가 불가능한 경우(해석적인 평가를 수행할 수 있는 경우에는 수행하는 것이 좋다.)
    ⓒ 구조물이나 부재의 안전도에 대한 우려가 있을 때
    ⓓ 정밀한 부재의 내력 평가가 필요한 경우
  ㉡ 최종 잔류 측정값을 시험하중이 제거된 후 24시간 경과하였을 때 읽어야 한다.
  ㉢ 재하할 시험하중은 고정하중을 포함하여 설계하중의 85% 이상, 즉 다음 중 가장 큰 값 이상이어야 한다.
    ⓐ $0.85(1.2D+1.6L)$
    ⓑ $0.85(1.4D)$

ⓔ 재하시험은 하중을 받는 구조부분의 재령이 최소 56일 이상 지난 후에 실시하여야 한다.
ⓜ 건물에서 부재의 안전성을 재하시험 결과에 근거하여 직접 평가할 경우에는 보, 슬래브 등과 같은 휨부재의 안전성 검토에만 적용할 수 있다.
② 정적 및 동적 재하시험 일반
  ㉠ 휨 모멘트, 전단력에 의한 변형 및 처짐이 최대가 되는 지점에서 정적 및 동적 재하시험을 실시한다.
  ㉡ 모든 응답이 허용규정을 만족하면 사용이 가능하다.

2. 재하시험에 의한 구조물의 성능시험을 실시하여야 하는 경우

① 공사 중에 콘크리트가 동해를 받았을 우려가 있는 경우
② 공사 중 현장에서 취한 콘크리트의 압축강도시험 결과로부터 판단하여 강도에 문제가 있다고 판단되는 경우
③ 구조물 또는 부재의 안전에 어떠한 근거 있는 의심이 생긴 경우
④ 그 밖의 공사 중 구조물 또는 부재의 안전에 어떠한 근거 있는 의심이 생긴 경우

3. 구조 안정성 평가를 위한 재하시험시 재하 기준

① 시험하중은 4회 이상 균등하게 나누어 증가시켜야 한다.
② 등분포 시험하중은 재하되는 구조물이나 구조부재에 등분포 하중의 전달을 확실하게 하는 방법으로 적재하여야 한다. 보통은 물, 모래, 시멘트, 벽돌 등을 이용한다.
③ 응답측정 값은 각 하중 단계에 따라 하중이 가해진 직후 그리고 시험 하중이 적어도 24시간 동안 구조물에 작용된 후에 측정값을 읽어야 한다.
④ 전체 시험 하중은 위에서 정의된 모든 측정값이 얻어진 직후에 제거하여야 한다.
⑤ 최종 잔류측정값은 시험하중이 제거된 후 24시간이 경과 하였을 때 읽어야 한다.

4. 교량 검토

(1) 교량의 재하 시험

① 정적재하 시험
 표준 트럭을 휨모멘트 및 전단력에 의한 변형 및 처짐이 최대가 되는 지점에 재하하여 다음의 항목을 측정한다.
  ㉠ 콘크리트의 변형률

ⓒ 주형과 슬래브 철근의 변형률
ⓒ 주형의 처짐
ⓔ 슬래브의 처짐

② 동적재하 시험
㉠ 휨모멘트 및 전단력에 의한 변형 및 처짐이 최대가 되는 지점에서 주행속도를 15~60km/hr까지 15km/hr씩 변화시키면서 상행시와 하행시에 동적 가속도, 동적 변형률, 동적 처짐 등의 항목을 측정한다.
㉡ 동적 재하시험 측정 결과를 이용하여 교량의 충격계수, 동적증폭률, 고유진동수, 진동의 크기, 진동 주기, 여진동, 가속도 등을 분석한다.

(2) 교량의 내하력 평가방법

교량은 충격하중이 가장 큰 문제이며, 활하중은 충격을 일으키므로 이러한 활하중의 지지능력을 평가하기 위하여 교량의 내하력을 평가한다.
① 균열폭을 토대로 철근의 응력을 산출하는 방법
② 결함에 의한 결손단면을 고려하여 철근, PS강재, 콘크리트의 응력을 검토하는 방법
③ 재하시험에 의한 내하력 평가
④ 코어 채취에 의하여 콘크리트의 강도를 측정하는 방법

11-7 콘크리트의 압축강도 측정

1. 반발경도법(표면경도법)

(1) 일반사항

① 콘크리트 표면을 테스트 해머에 의해 타격하고, 그 반발경도로부터 충격을 가하여 움푹 패거나 또는 되밀어치는 크기를 측정하여 압축강도를 구하는 방법이다.
② 코어 채취에 의한 콘크리트 강도 측정보다 비교적 시험방법이 간편하다.
③ 굳은 콘크리트의 비파괴강도시험이다.

(2) 시험 방법

① 시험 부위의 결정
시험할 콘크리트 부재는 두께가 100mm 이상이어야 하며, 하나의 구조체에 고정되

어야 한다. 시험면은 다공질의 조악한 면은 피하고 평활한 면을 선택해야 한다. 사용된 거푸집의 재질이 다르거나 미장 및 도장이 되어 있는 면은 평활한 콘크리트의 반발 경도와 크게 차이가 있으므로 마감면을 완전히 제거한 후 시험을 해야 한다.

② 시험 준비

시험 영역의 지름은 150mm 이상이 되어야 한다. 거친 콘크리트면 및 푸석푸석한 콘크리트면은 연삭 숫돌로 평활하게 연마한다.

③ 시험 절차

㉠ 타격봉이 시험면에 수직으로 위치할 수 있도록 하며, 한 위치에서 시험 기구를 움직이지 않게 고정한다.

㉡ 타격봉이 중추에 부딪힐 때까지 타격봉에 대한 압력을 서서히 증가시킨다.

㉢ 타격봉이 중추에 부딪힌 후, 지침상의 값을 읽고 이 값을 기록한다.

㉣ 타격 위치는 가장자리로부터 100mm 이상 떨어지고, 서로 30mm 이내로 근접해서는 안 된다.

㉤ 각 시험 영역으로부터 20개의 시험값을 취한다.

㉥ 타격 후 표면의 흔적을 검사한 다음 타격에 의해 시험면이 파손되었거나 균열이 발생하는 경우 해당 시험값을 버린다.

① 전체 구조물 또는 단위 부재에 대한 랜덤 시험보다는 300mm×300mm를 넘지 않는 한 지점을 정하는 것이 효과적이다. 또한 30mm에서 50mm의 규칙적인 격자를 그려서 그 선들의 교차점을 타격 지점으로 정하는 것이 바람직하다.

② 반발 경도 시험을 행한 피타격부는 충격 에너지에 의해 만입되며, 미세한 균열이 발생할 수 있다. 따라서 동일한 위치에서 한 번 이상의 충격을 가해서는 안 된다.

(2) 시험값 결정

① 시험값 20개의 평균으로부터 오차가 20% 이상이 되는 경우의 시험값은 버리고 나머지 시험값의 평균을 구한다.

② 이 때 범위를 벗어나는 시험값이 4개 이상인 경우에는 전체 시험 값군을 버리고, 동일한 시험 절차를 통해 시험 범위 내의 새로운 위치에서 20개의 반발 경도를 구한다.

(3) 테스트 앤빌(Test Anvil)

① 슈미트 해머 사용 전에 검교정을 위해 사용하는 기구이다.

② 테스트 해머의 반발경도(R)는 80으로 기준하여 될 수 있는한 80±1의 범위로 한다.

(4) 슈미트 해머시험에 의한 압축강도 보정방법

① 타격방법에 따른 보정
② 콘크리트 건조 수축에 따른 보정
③ 재령일에 따른 보정

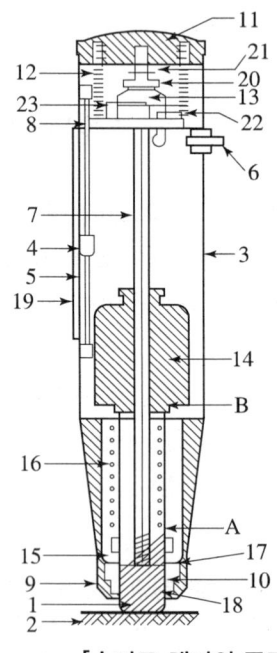

[명칭]
A. 가이드 슬리브 측 스프링 설치 구멍
B. 해머 측 스프링 설치 구멍

1. 플랜지	11. 커버
2. 콘크리트 표면	12. 압축 스프링
3. 하우징	13. 이고정
4. 지침	14. 해머
5. 스케일	15. 소 스프링
6. 푸시버튼	16. 임팩트 스프링
7. 해머 가이드바	17. 가이드 슬리브
8. 디스크	18. 펠트 위치
9. 갭	19. 스케일 커버
10. 링	20. 조정나사
	21. 록너트
	22. 핀
	23. 이고정 스프링

[슈미트 해머의 구조]

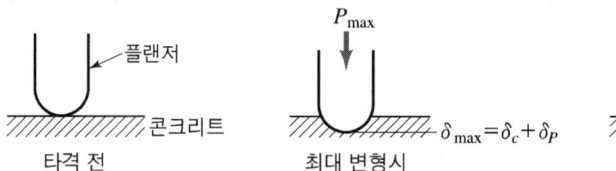

[타격에 의한 플랜저와 콘크리트의 접촉]

2. 초음파속도법

콘크리트 비파괴 시험법으로 음속법이라고도 하며, 콘크리트의 균질성·내구성 등의 판정 및 강도의 추정 등에 이용되나 강도 추정은 정도가 그다지 높지 않다.

(1) 측정법

초음파 센서의 배치 형태에 따라 다음과 같이 분류된다.

① **대칭법(직접법)** : 직접투과법으로 콘크리트 중의 초음파투과를 대항하는 면에서 측정하는 방법이다. 측정의 명쾌함과 측정 정도의 관점에서 가장 우수하다고 할 수 있다.
② **사각법(간접법)** : 간접 투과법으로 초음파의 지향성 때문에 일반적으로는 수신이 곤란하며, 또한 발·수신자의 크기와의 관계에서 측정대상거리를 정하기 곤란하므로 정확한 측정값을 얻기는 어렵다.

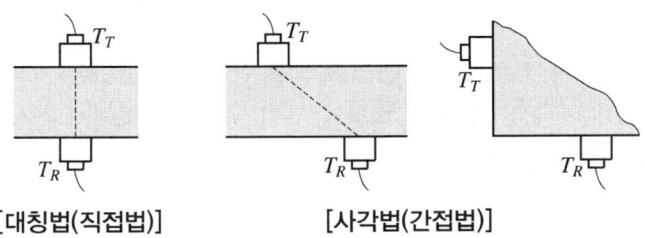

[대칭법(직접법)] [사각법(간접법)]

③ **표면법(표면주사법)**

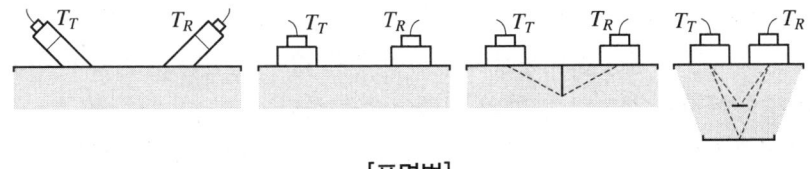

[표면법]

(2) 영향 인자

① **측정 부위의 상태에 따른 영향**
  ㉠ 콘크리트 표면에 모래 입자나 먼지 등이 있는 경우 음파의 감쇠가 현저하며 수신 펄스의 오독 또는 측정 불능의 원인이 된다.
  ㉡ 콘크리트 중의 함유 수분은 음속에 큰 영향을 미치며, 습윤상태일수록 음속은 커지게 된다.
  ㉢ 콘크리트 중에 큰 균열이나 공극이 있을 때, 초음파는 이들을 우회하여 전달되므로 겉보기 음속은 작아지게 된다.

② **내부 철근의 영향**
  ㉠ 강재 중의 음속은 약 5.1km/s이며, 콘크리트의 음속보다 크다.
  ㉡ 철골철근 콘크리트 구조부재와 같이 음파의 전달경로 중에 다량의 강재가 포함된 경우의 음속은 커지게 된다. 그러므로 일반적으로 철근콘크리트가 무근콘크리트보다 펄스속도가 빠르다.
  ㉢ 통상적인 철근 콘크리트 부재와 같이 음파의 전달경로 중에 포함된 강재량이 적은 경우에는 철근의 영향은 무시될 수 있다.

③ **측정기기 및 측정 요령에 따른 영향**

11-8 콘크리트 내의 결함 탐지 (균열 및 박리, 공동(매설물), 철근 측정)

1. 탄성파법

(1) 개 요

탄성파를 이용하여 콘크리트 내의 결함을 탐지하는 방법은 기본적으로 콘크리트 내의 균열, 박리개소, 공동 등에 존재하는 공기층과의 경계에서 탄성파의 대부분이 반사되는 성질을 이용하고 있다.

(2) 탄성파에 의해 결함을 탐지하는 원리

① 초음파법

투과파와 반사파, 회절파의 전파시간 측정에 의한 방법으로 탄성파가 공동이나 균열을 우회하는 성질을 이용하여 결함이 있을 경우 건전한 경우보다 탄성파의 도달시간이 늦어지는 정도로 결함의 검출이 가능하다.

㉠ 콘크리트의 초음파 전파 특성 : 콘크리트는 금속과 같은 균일 물질이 아니므로 금속 재료에 사용되는 고주파수대의 분해능이 좋은 음파를 사용하기 곤란하다.

㉡ 직각 회절파법 : 초음파 탐촉자(센서)는 균열을 사이에 두고 같은 간격으로 접촉시켜 균열을 중심으로 탐촉자의 간격을 점차 확대하여 접촉시켜 균열깊이를 측정하는 것으로 콘크리트의 전파시간을 필요로 하지는 않는다.

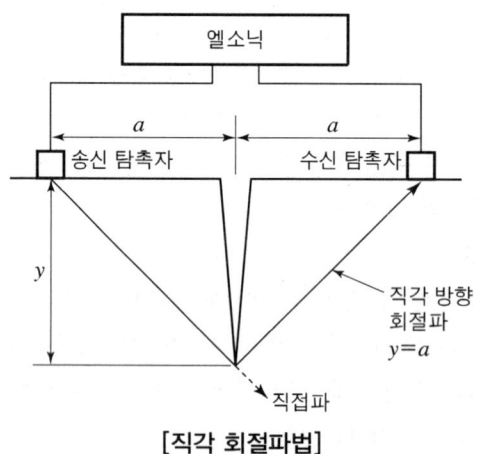

[직각 회절파법]

② 전파시간법 : $T_c - T_o$ 법

㉠ 1진동자 종파 탐촉자를 2개 사용하여 송신한 종파에 의해 균열 끝에서 산란하는

종파를 수신했을 때의 전파시간으로부터 균열깊이로 환산하는 방법으로 균열깊이는 다음과 같이 구한다.
ⓒ 기준 음속은 건전부에서 표면법에 의해 구한다. 즉, 그림과 같은 시험체의 건전부 표면에서 탐촉자 2개를 간격 2a로 배치하여 전파시간 $t_c[\mu s]$를 구한다.
ⓒ 다음 식에 의해서 균열깊이 d를 구한다.

$$d = a\sqrt{\left(\frac{t_c}{t_o}\right)^2 - 1}$$

여기서, d : 균열깊이[mm]
   a : 송·수 양 탐촉자의 거리[mm]
   t_c : 균열을 사이에 두고 측정한 전파시간[μs]
   t_o : 건전부 표면에서의 전파시간[μs]

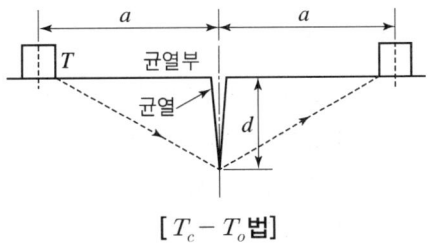

[$T_c - T_o$법]

③ BS법 : 영국 BS 4408에서 추천되고 있는 방법으로 송·수 탐촉자를 균열에서 같은 거리로 배치하여 $x_1 = 150$mm인 경우와 $x_2 = 300$mm인 경우의 전파시간 t_1과 t_2를 측정하여 균열깊이를 구한다.
④ T법 : 송·수 탐촉자(T)를 고정하여 수신 탐촉자(R)를 일정 간격으로 이동했을 때의 전파시간과 탐촉자간 거리 관계곡선으로부터 균열위치에서의 불연속 시간 t_i를 구하여 균열깊이를 계산한다.
⑤ 근거리 우회파법 : 송·수 양 탐촉자를 균열을 사이에 두고 근접하여 접촉시켜 균열 끝까지의 왕복 전파시간 t를 측정하여 균열깊이를 계산한다.
⑥ R-S법 : 1진동자 표면파 탐촉자로부터 송신한 표면파 R에 의해 균열 선단에서 산란되는 횡파 S를 1진동자 횡파 탐촉자로 수신하였을 때의 전파시간으로부터 균열깊이로 환산하는 방법으로 미리 균열깊이 d와 전파시간 t의 관계를 구해 놓으면 전파시간 t를 측정함으로써 균열깊이 d를 구할 수 있다.
⑦ 레슬리(Leslie)법 : 레슬리가 창안한 방법으로 종파 탐촉자를 사용해서 사각법과 표면법을 병용하여 각 측정점간의 전파시간으로부터 표면개구의 균열깊이를 측정하는 방법이다.

(3) 공진주파수 측정에 의한 방법

내부에 공동이나 콘크리트 표면에 수평 균열이 발생하는 경우에는 그 사이에서 공진이 발생하기 때문에 공진주파수가 변화되며 이 공진주파수의 변화를 잡아내어 공동 등의 존재를 탐지할 수 있다.

(4) 진폭 등의 공간분포 측정에 의한 방법

콘크리트 표면에 박리가 있는 경우에는 표면을 타격하면 박리면에서의 반사에 의해 탄성파가 흐트러지기 어려운 상황이 되기 때문에 큰 진폭의 파가 얻어진다. 이로부터 일정 에너지로 콘크리트 표면을 타격하여 그 표면 진동의 진폭 분포를 측정하여 박리 위치를 탐지하는 방법이다.

2. 음향방출(어코스틱 에미션 ; Acoustic Emission)법

(1) 개 념

① 하중에 의해 물체가 변형되면서 발생하는 에너지가 재료 내부를 전파하는 탄성파의 형태로 주변에 전달되는 것을 전기 음향학적 방법을 이용하여 센서로 계측(검출)하는 비파괴 시험법의 일종인 AE법이다.
② 콘크리트 결함평가방법으로 결함부위에서 방출되는 에너지 중 청각적인 효과를 평가하여 콘크리트 내부결함을 측정하는 방법이다.

(2) AE파를 검출함으로써 알 수 있는 것

① AE파를 검출함으로써 재료 내부의 거동을 파악한다.
② 콘크리트에 대한 과거의 재하이력을 추적할 수 있다.
③ 재하에 따른 콘크리트의 균열 발생음을 계측한다.
④ 이미 존재하고 있는 성장이 멈춰진 결함은 검출할 수 없다.

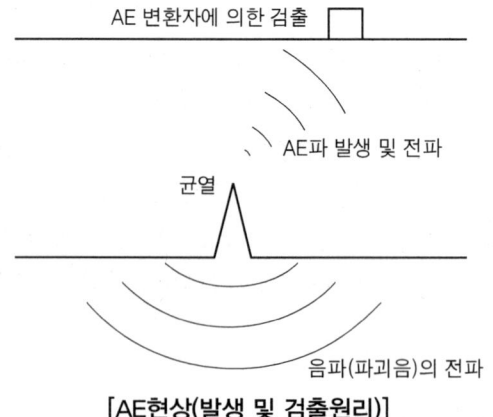

[AE현상(발생 및 검출원리)]

3. 전자파 레이더법

(1) 개 념

콘크리트 표면에서 내부로 전자파를 방사하여 대상물로부터 반사되는 신호를 받고 철근의 배근상태나 공동 등의 위치 및 깊이를 화상으로 표시한다.

(2) 반사물체까지의 거리(D)

$$D = \frac{VT}{2}$$

여기서, V : 콘크리트 내의 전파속도
T : 입사파와 반사파의 왕복전파시간

4. 적외선법

적외선 영상장치에 의한 콘크리트 구조물의 이상부 검출은 어느 정도의 거리에서 비접촉으로 실시할 수 있기 때문에 넓은 면적을 빠른 시간 내에 검사할 수 있는 유효한 방법이다.

5. 균열폭 측정 방법

① 균열 스케일
② 균열 게이지
③ 균열 현미경

6. 와이어 스트레인 게이지

콘크리트의 탄성계수 및 포와송의 실험을 할 때 공시체 표면에 접착시켜 변형을 측정하는 기구이다.

11-9 철근부식 측정

1. 탄산화(중성화) 깊이 조사(페놀프탈레인법)

(1) 개 념

탄산화(중성화)의 진행에 의하여 콘크리트 조직 그 자체에 직접 열화가 진행되는 것은 아니지만 철근 콘크리트 구조물에서는 철근의 부동태 피막의 파괴(부동태 피막 파괴시 철근 부식의 우려가 커짐)·발청, 표면 콘크리트의 균열, 박리, 박락 문제가 발생하게 되므로 콘크리트 구조물의 노화 예측을 위해 탄산화(중성화) 깊이의 측정이 필요하다.

(2) 탄산화(중성화) 깊이 조사 방법

① 쪼아내기에 의한 방법   ② 코어 채취에 의한 방법
③ 드릴에 의한 방법   ④ 시차열 중량분석에 의한 방법
⑤ X선 이용 방법

2. 화학분석에 의한 염화물이온 함유량 측정방법

염해와 알칼리 골재반응의 열화 예측에 대한 콘크리트 중의 함유된 염화물이온량을 파악하는 것이 매우 중요하다.

① 중량법 : 염화은 침전법
② 용적법 : 모아법, 질산 제2수은법
③ 흡광광도법 : 티오시안산 제2수은법, 크롬산은법
④ 전기화학적방법
   ㉠ 전위차 적정법   ㉡ 이온전극법
   ㉢ 전도도 적정법   ㉣ 전량 적정법

3. 철근부식량 측정방법

(1) 직접법

콘크리트 중의 철근부식량을 직접 조사함으로써 철근의 부식 상태를 파악하고 콘크리트 구조물의 내하 성능이나 내구성을 평가하기 위한 자료로 사용하는 방법으로 철근을 채취할 필요가 있다.

(2) 자연전위법

대기 중에 있는 콘크리트 구조물의 강재가 부식 환경에 있는지의 여부 조사 시점에서의 부식 가능성에 대하여 진단하는 방법이다. 이 방법은 구조물 내에서 부식 가능성이 높은 위치를 찾아내기 위해 실시하는 방법으로 열화 초기 단계 진단에 유효하다.

(3) 분극저항법

분극저항법은 자연전위법과는 달리 콘크리트 구조물 중 철근의 부식 속도에 관계하는 정보를 얻을 수 있어 부식의 가능성은 물론 연속 측정을 함으로써 그 시간 적분값으로 부식량을 추정할 수 있는 방법이다. 이 방법은 부식에 의해 피복 콘크리트에 균열이 발생하는 시기까지의 초기 단계 진단에 유효하다.

(4) 전기저항법

대기 중에 있는 콘크리트 구조물을 대상으로 철근 등의 강재를 감싼 콘크리트의 부식 환경 인자 상황에 관하여 진단하는 방법이다.

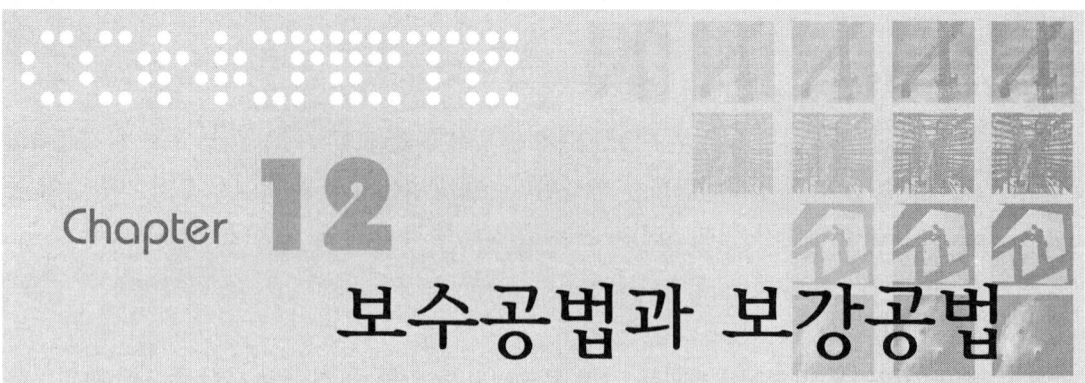

Chapter 12 보수공법과 보강공법

12-1 보수공법 일반

1. 개 요

① 보수란 열화된 부재나 구조물의 성능과 기능을 원상복구시키거나 사용상 지장이 없는 상태까지 회복시키는 것을 말한다.

② 철근부식에 의해서 생긴 부재의 변형과 내하력의 저하를 개선하여 초기 상태로 회복시키는 것을 말한다.

2. 목 적

균열이나 박리 등 콘크리트 구조물의 손상을 복구하여 내부 철근의 부식이나 균열 주위부 콘크리트의 열화 진행을 억제하는 것을 목적으로 한다.

3. 종 류

① 균열보수공법 : 표면도포공법, 주입공법, 충전공법
② 단면복구공법
③ 침투재 도포공법
④ 표면피복공법
⑤ 외벽 복합 개수공법
⑥ 전기화학적 보수공법 : 탈염공법, 재알칼리화공법
⑦ 전기방식공법
⑧ 기타 공법 : 핀그라우트공법, 부식된 콘크리트의 보수공법, 기초 부등침하시의 보수공법

4. 동해 입은 콘크리트에 대한 보수

① 동해 입은 콘크리트에 대한 보수 방침
  ㉠ 열화한 콘크리트의 제거
  ㉡ 보수 후의 수분침입억제
  ㉢ 콘크리트의 동결융해 저항성의 향상
② 동해 입은 콘크리트에 대한 보수 방법
  ㉠ 단면복구
  ㉡ 균열주입
  ㉢ 표면보호

 12-2 보강공법 일반

1. 개 요

① 보강은 부재 혹은 구조물의 내하력이나 강성 등의 역학적인 열화를 회복 또는 향상시킬 목적으로 실시하는 대책이다.
② 역학적인 성능저하는 주로 재료의 손상이나 과대한 하중의 재하에 의해서 일어난다.

2. 종 류

(1) 토목 구조물의 보강공법

① 상면두께 증설공법
② 하면두께 증설공법
③ 강판 접착공법
④ 연속 섬유시트 접착공법
⑤ 라이닝공법(뿜어붙이기공법)
  ㉠ 강판 라이닝공법
  ㉡ 연속섬유를 이용한 라이닝공법
  ㉢ 콘크리트 라이닝공법
⑥ 외부 케이블 공법

(2) 건축구조물의 보강공법

① 바닥 슬래브 보강공법
  ㉠ 증설공법
  ㉡ 강판 접착공법
  ㉢ 증타공법
  ㉣ 철근 보강공법
  ㉤ 탄소섬유시트 접착공법
② 보의 보강공법
  ㉠ 강판 접착공법
  ㉡ 증타공법
  ㉢ 탄소섬유시트 접착공법
③ 기둥의 보강공법
  ㉠ 강판 라이닝공법
  ㉡ 탄소섬유시트 접착공법
  ㉢ RC 라이닝공법
④ 기초의 보강공법 : 강관말뚝 공법

12-3 공법의 선정

구조물 결함에 따른 보수·보강은 보수 재료와 공법 선정시 공법의 적용성, 구조적 안전성, 경제성 등을 검토하여 결정한다.

1. 일반적인 콘크리트 건물의 보수

(1) 표면처리 공법

폭 0.2mm 이하의 균열에 대한 내구성 및 방수성을 확보하기 위하여 손상된 부분을 보수재로 도포하여 처리하는 공법으로 균열의 성장이 정지된 상태나 미세한 균열 시에 주로 적용되는 공법이다.

(2) 충전공법과 주입공법

일반적으로 균열폭이 0.2mm를 초과하고 누수의 자국이 있는 균열에 대한 보수공법이며, 균열로부터의 누수, 철근부식 및 탄산화(중성화) 방지 등을 목적으로 하는 균열 보수재료를 충전 및 주입하는 공법이다.

① 충전공법

균열에 따라 콘크리트를 V자형 또는 U자형으로 쪼아내고 이곳에 에폭시 등의 충전재를 충전하는 공법을 말한다. 충전재가 수지 모르타르인 경우는 V자형도 무방하나 V자형보다 오히려 U자형이 바람직하다.

② 주입공법

콘크리트의 표면에서 균열이나 틈 부분의 내부에 주입재를 압입하는 공법이다.

(3) 강판 보강공법 및 탄소섬유 보강공법

각종 형태의 강재를 사용하여 균열폭의 확대를 방지하고 균열이 보이지 않게 하는 공법이다.

탄소 섬유 보강공법의 시공 순서는 다음과 같다.

① 균열 보수 및 패칭 처리
② 프라이머 및 수지 도포
③ 섬유시트 부착
④ 보호 코팅

보수재료 선정 시 주요 고려 항목(유기질계, 무기질계)
① 노출 철근을 보수하는 경우 전도(傳導)성을 갖는 것이 좋다.
② 기존 콘크리트와 유사한 탄성계수를 갖는 재료가 좋다.
③ 기존 콘크리트와 열팽창계수가 유사한 재료가 좋다.

12-4 각종 보수공법

1. 개요

① 콘크리트는 균열, 곰보, 탄산화(중성화), 화재, 동해, 화학적 침식 등의 결함 때문에 보수를 필요로 하게 된다.
② 공사 중인 구조물에서부터 준공 후 장기간 경과한 후의 구조물까지 다양한 형태의 결함이 여러 원인으로 발생한다.

콘크리트 균열에 대한 보수공법

① 콘크리트 구조물의 균열 보수공법 : 표면처리공법, 주입공법, 충전공법 등
② 콘크리트에 발생한 균열 자체 보수기법 : 에폭시 침투, 폴리머 침투, 짜깁기법, 드라이 패킹, 그라우팅, 보강철근이용방법 등
③ 에폭시 주입 : 0.05mm 정도의 균열폭에 사용하며, 균열을 따라 적당한 간격으로 구멍을 뚫고 에폭시를 주입하여 보수하는 공법이다.
④ 봉합법 : 발생된 균열이 멈추어 있거나 구조적으로 중요하지 않을 경우에 균열에 봉합재(sealant)를 채워 넣어 보수하는 방법이다. 비교적 간단하게 시행할 수 있으나 계속 진전되고 있는 균열에는 효과를 발휘하기가 어렵다.
⑤ 짜깁기법 : 균열의 양측에 어느 정도 간격을 두고 구멍을 뚫어 철쇠를 박아 넣는 방법으로, 균열 직각 방향의 인장강도를 증강시키기 위한 구조물 보강공법이다.
⑥ 드라이 패킹 : 물-시멘트비가 아주 작은 모르타르를 손으로 채워 넣는 균열 보수기법으로 계속 진전하고 있는 균열에는 적합하지 않고 정지하고 있는 균열에 효과적이다.
⑦ 보강철근 이용법 : 교량의 거더 등에 발생한 균열에서 구멍을 뚫고 에폭시를 주입하여 철근을 끼워 넣어서 보강하는 공법이다.
⑧ 그라우팅법 : 폭이 넓은 균열에 사용한다.
⑨ 오버레이법 : 건조수축 등에 의한 미세균열에 사용하는 보수공법이다.
⑩ 폴리머침투법 : Monomer systems을 콘크리트에 주입하여 내부 공극을 채우는 공법이다.

2. 표면처리공법

균열이 발생한 부위에 에폭시수지 등의 피복재료 도막을 형성하는 공법으로 균열의 폭이 좁고 경미한 잔균열 보수에 적용한다.

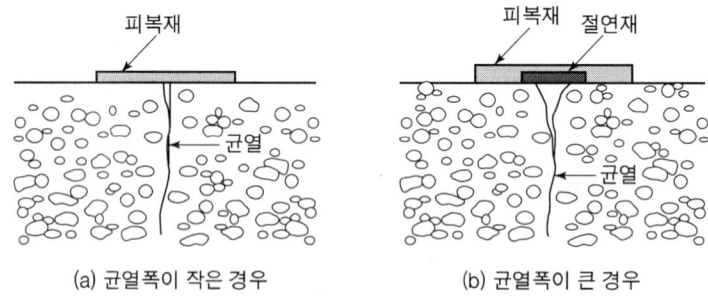

[표면처리공법]

(1) 보수재료

① 균열의 수축팽창이 비교적 큰 경우 : 폴리우레탄, 폴리설파이드, 실리콘, 타르에폭시
② 균열의 수축팽창이 비교적 작은 경우 : 에폭시계 재료, 폴리머 시멘트, 아스팔트, 시

멘트 모르타르
③ 폴리머계 시멘트 혼화재(각각에 폴리머를 첨가한 복합형 재료)
④ 레진 콘크리트용 수지 : 결합재로서 시멘트를 전혀 사용하지 않고 폴리머만을 결합재로 이용한 것을 레진 콘크리트라 한다.
⑤ 콘크리트 도장 수지 : 함침재
⑥ 폴리머 시멘트 모르타르의 부착강도
 ㉠ 표준조건 : 1MPa 이상
 ㉡ 습윤시 : 0.8MPa 이상
 ㉢ 저온시 : 0.5MPa 이상

(2) 균열부 표면처리공법

비교적 간단한 보수공법으로 균열폭의 변동 유무에 따른 처리공법의 종류는 다음과 같다.
① 균열폭 변동이 적은 경우 : 에폭시수지
② 균열폭 변동이 큰 경우 : 타르에폭시, 폴리우레탄
③ 간단한 보수 : 시멘트 모르타르, 아스팔트
④ 에폭시수지 모르타르 도포공법
  구체 콘크리트면에서의 결함부와 콘크리트 표면의 박리·박락이 발생한 비교적 큰 결손 부위에 에폭시수지 모르타르를 도포하는 경우에 적용된다.
⑤ 에폭시수지 실(Seal)공법
  표면의 균열폭이 0.2mm 정도 미만으로서 균열 부위의 표면을 Seal하는 경우 적용한다.
 ㉠ 퍼티(Putty)상의 에폭시수지 : 균열이 거동하지 않는 경우에 사용한다.
 ㉡ 가용성(Flexible) 에폭시수지 : 균열이 거동하는 경우에 사용한다.

(3) 전면처리공법

본질적으로 마감공법과 유사하며, 콘크리트 구체의 내구성과 방수성을 향상시키는 효과가 큰 마감재료공법의 일부로 보수효과를 위한 것이다.
① 작은 균열이 콘크리트의 표층 전 부위에 걸쳐서 생길 때 실시한다.
② 별도의 보수공법을 시공한 후 미관상의 이유에서 실시하는 경우도 많다.
③ 내구성, 방수성 특히 미관성 향상을 위해 실시한다.

3. 주입공법

(1) 개 요

① 균열폭이 0.2mm 이상의 경우에 사용되며 균열 내부에 점성이 낮은 수지계 또는 시멘트계의 재료를 주입하여 방수성과 내수성을 향상시키는 공법으로 비교적 단기간에 접착강도가 발현된다.
② 마감재가 콘크리트의 구체에서 들떠 있는 경우의 보수에도 사용된다.
③ 균열주입공법은 알칼리골재반응에 의한 거북등과 같은 균열이나 철근 배근 방향의 균열은 보수에 적합하다.
④ 발생된 균열의 변위를 최소화하고, 균열 발생 후 철근의 부식 진행을 방지하며 균열폭의 증대를 방지하는 것을 목적으로 한다.
⑤ 주입공법의 주류는 에폭시수지 주입공법이며 과거에는 수동 및 기계주입방법으로 행하여졌다.

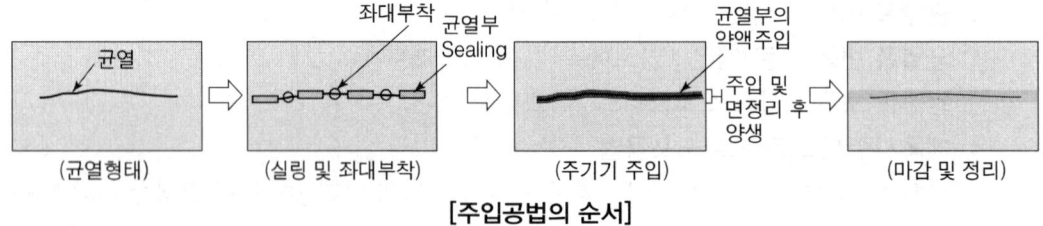

[주입공법의 순서]

(2) 주입방법

① 압에 의한 분류
  ㉠ 고압 주입법
  ㉡ 중압 주입법
    ⓐ 주입구에 작은 금속 파이프를 사용하는 경우
       작은 금속 파이프를 사용한 경우에는 균열폭이 일반적으로 0.1mm 정도의 경우에 사용된다.
    ⓑ 균열을 V컷하여 파이프를 매립하는 경우
       V컷 방식은 균열폭이 0.3mm 이상의 비교적 큰 경우에 사용한다.
  ㉢ 저압·지속식 주입법
     균열 위에 주입수지가 들어 있는 용기를 설치하여 고무, 용수철, 공기압 등으로 서서히 수지를 주입하는 방식이다.
    ⓐ 저압이므로 주입기에 여분의 주입재료가 남아 재료의 손실이 크다.
    ⓑ 저압이므로 실(seal)부의 파손도 작고 정확성이 높아 시공관리가 용이하다.

ⓒ 주입되는 수지는 다양한 점도의 것을 사용할 수 있다.
ⓓ 주입되는 수지의 양을 관찰하기 용이하므로 주입상황을 비교적 정확하게 파악할 수 있다.
ⓔ 주입되는 수지는 동심원상으로 확산되므로 주입 압력에 의한 균열이나 들뜸이 확대되지 않는다.
ⓕ 주입재는 균열의 보수에 사용되는 주요한 보수재료로 합성수지(열가소성 수지, 열경화성 수지)가 사용된다.

② **주입 방식에 의한 분류**
㉠ 압식
ⓐ 수동식 인력 주입
ⓑ 기계식 주입 : 공기압식, 유압식, 기어식
ⓒ 저압 · 지속식 주입 : 고무, 용수철, 공기 등의 압력
㉡ 흡입식(흡입펌프식 주입)
균열의 양단에 흡입구와 충전제 주입구를 설치하고 흡입 펌프로 흡입함으로써 충전제가 주입된다.
㉢ 수동식 주입법
소형 펌프를 사용하여 비교적 다량의 수지를 단시간에 주입할 수 있는 방식으로 균열폭 0.2mm 이상의 경우에 주입한다.
ⓐ 장점
- 다량의 수지를 단시간에 주입할 수 있다.
- 주입용 수지의 점도에 제약을 받지 않는다.
- 주입압이나 속도를 조절할 수 있다.
- 주입구 1개소에서 넓은 면적을 주입할 수 있다.
- 벽, 바닥, 천장 등의 부위에 따른 제약이 없다.(주입용 수치의 정도에 제약을 받지 않는다.)
- 주입량을 정확히 알 수 있다.
- 들뜸이 매우 적은 부위나 모재와 접착되어 있지 않은 부위, 박리 직전의 부위에도 주입이 가능하다.

ⓑ 단점
- 균열폭 0.5mm 이하의 경우에는 주입이 매우 곤란하다.
- 공극부에 압력이 가해진다.
- 주입시 압력 펌프를 필요로 한다.
- 압착 양생을 필요로 하는 경우도 있다.
- 주입조작 및 기기 취급시 숙련도가 요구되며, 관리상의 문제점이 있다.

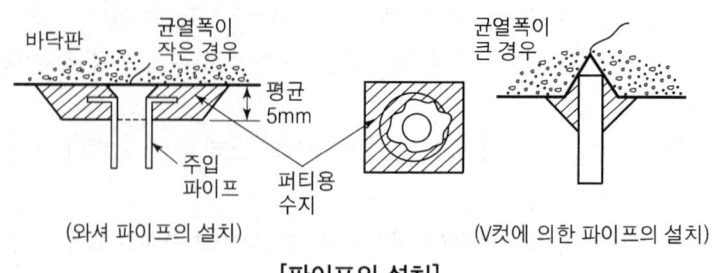

[파이프의 설치]

(3) 보수재료

① 주입재 : 균열의 보수에 사용되는 주요한 보수재료이다.
  ㉠ 합성수지 : 수축이 적고 조기에 강도가 발휘되어 접착력이 우수하여 균열의 보수 및 타일의 접착에 가장 적합한 재료이다.
  ㉡ 합성수지의 열에 의한 성상에 따른 구분
    ⓐ 열가소성 수지(Thermo Plastic Resin) : 일반적으로 주제와 경화제로 성형된다.
    ⓑ 열경화성 수지

4. 충전공법

(1) 개 요

① 0.5mm 이상의 비교적 큰 폭을 가진 균열의 보수에 적용하는 공법으로 균열을 따라서 약 10mm 폭으로 콘크리트를 V형 또는 U형으로 잘라낸 후 그 부분에 가요성 에폭시수지 또는 폴리머 시멘트 모르타르 등의 보수재를 충전하는 공법이다.
② 폴리머 시멘트계 재료는 내화성과 내열성이 일반 콘크리트 재료보다 우수하지 못하므로 주의를 요하므로 취급이 용이하지 못하다.

(2) 보수재료

① 에폭시수지계 줄눈 충전재
② 에폭시계 경량 모르타르
③ 경량 에폭시수지 모르타르
④ 에폭시수지 모르타르
⑤ 수지프리팩트계 단면 복구재
⑥ 수중 및 지수용 충전재
⑦ 실런트계 충전재

⑧ 합성수지계 프리팩트 콘크리트
⑨ 우레탄계 충전재
⑩ 에폭시계 단면복구재
⑪ 팽창성·무수축 그라우트(팽창시멘트계) : 시멘트계 보수재료로서 초기재령에서 팽창하여 그 후의 건조수축을 제거하고 균열 발생을 방지하는 역할을 하므로 공극 및 균열 충전용으로 가장 적절하다.

(3) 전기방식에 의한 공법(콘크리트 구조물의 보수)

자연환경에 놓여 있는 강재는 전기화학 반응으로 인해 부식하게 된다. 이 경우 부식강재면에 직류를 흐르게 하면 전류는 우선적으로 양극부에 들어가고 전류량에 따라 양극의 전위는 높아지고 결국 음극의 전위와 같아져 당초 강재면에 발생하고 있던 부식전지의 전위차가 소멸되며 그 결과 부식이 억제된다.

① 주로 염해에 의해 성능이 저하된 구조물을 대상으로 하며 열화단계에 관계없이 적용이 가능하다.
② 열화가 예상되는 구조물에 대해서는 보호적인 차원에서 적용할 수도 있다.
③ 콘크리트 속의 철근 부식 반응을 정지시킬 목적으로 실시한다.
④ 외부 전원방식
  외부 전원방식에는 콘크리트 표면에 부착하는 형식인 티탄 메시방식, 도전성 도료방식과 콘크리트 내부에 설치하는 형식인 내부 양극법이 있다.

외부 전원방식의 전극계 종류
① 백금피복 티탄
② 도전성 폴리머
③ 도전성 도료
④ 산화물 피복 티탄
⑤ 그라파이트 페이스트(Graphit Paste)의 백필(Back Fill)재

㉠ 티탄 메시방식
  고순도의 티탄을 판상으로 가공하여 리타늄 등의 희귀금속 산화물을 녹여 붙여 코팅한 메시를 전극으로 하는 방식으로 티탄 메시를 콘크리트 표면에 고정한 다음 폴리머 모르타르 또는 시멘트 모르타르를 20~25mm 두께로 바르고, 철근과 메시 사이로 외부에서 설치한 직류 전원에 의해 방식 전류를 공급한다.
㉡ 도전성 도료방식
  외부 전원에서 방식전류를 1차전극인 백금피복 티탄선으로 전달하고, 1차전극

과 접촉하는 2차전극인 도전성 도료에 전달하여 2차전극에서 콘크리트를 통해 철근에 방식전류를 공급한다.
ⓒ 내부 양극방식
콘크리트면에 뚫은 직경 12mm의 구멍에 백필재와 전극봉을 삽입하고 별도의 폴리머 모르타르 또는 시멘트 모르타르층을 필요로 하지 않으므로 전위 측정시 영향을 받지 않는다.

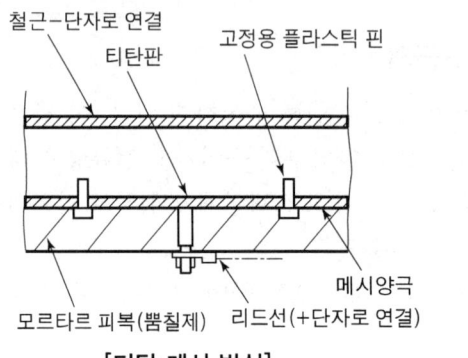

[티탄 메시 방식] / [도전성 도료방식]

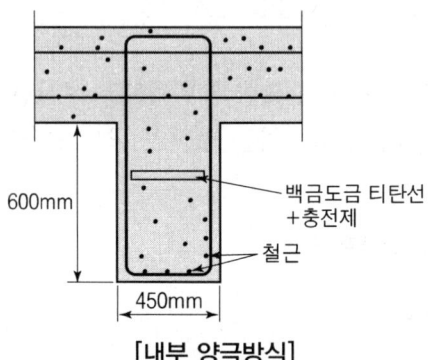

[내부 양극방식]

⑤ 유전 양극방식
전극으로는 주로 아연이 사용되며 아연판과 콘크리트면에 보수성의 뒤채움재를 채워 넣어 계면의 틈을 없애서 접촉저항을 낮추고 아연의 양분극도 낮추는 방식으로 외부 전원을 필요로 하지 않는다.

(4) 구체 손상부의 일반 보수공법

① 손상부의 제거 및 바탕처리
콘크리트의 성능저하 상황에 맞추어 깨어내기, 정리, 철근의 녹 제거, 세정 등을 통해 구체에 손상을 주지 않는다.

② 콘크리트 깨어내기

구조내력에 영향을 주지 않는 범위에서 손상부를 모두 제거한다.

③ 정리

콘크리트 표면에 부착하여 있거나 남아있는 열화도막 및 이물질, 취약층 등은 와이어 브러시 등의 수공구 또는 디스크 센터, 전동 와이어 브러시, 진공청소기 등의 전동 공구를 사용하여 제거한다.

④ 철근의 녹제거

철근에 발생한 녹을 완전히 제거하기는 어렵지만 적어도 들뜬 녹은 제거하여야 한다.

⑤ 세정

보수면의 이물질 및 깨어내기 작업시의 파편 등을 제거하기 위하여 세정은 충분히 행할 필요가 있다.

⑥ 철근의 방청처리

방청시 스프레이가 처리하기 쉬우므로 가능하면 스프레이로를 사용한다. 철근의 방청처리재 종류에는 폴리머 시멘트계와 합성수지계 등이 있다.

⑦ 콘크리트의 단면복구처리

　㉠ 단면복구 규모가 비교적 작은 경우

　　ⓐ 미장공법 : 폴리머 시멘트 모르타르 혹은 경량 에폭시수지 모르타르가 사용된다.

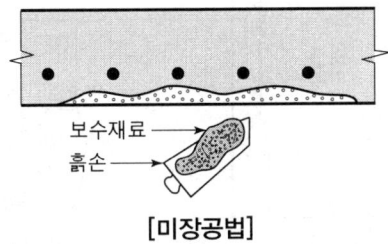

[미장공법]

　㉡ 단면복구 규모가 비교적 큰 경우

　　ⓐ 콘크리트 재타설 공법
　　ⓑ 드라이 팩트 콘크리트 공법
　　ⓒ 콘크리트 이어치기 공법
　　ⓓ 프리팩트 콘크리트 공법
　　ⓔ 콘크리트 또는 모르타르의 습식뿜칠 공법
　　ⓕ 콘크리트 또는 모르타르의 건식뿜칠 공법
　　ⓖ 일반적으로 폴리머 시멘트 모르타르, 무수축 모르타르, 보통 콘크리트, 폴리머 시멘트 콘크리트가 사용된다.

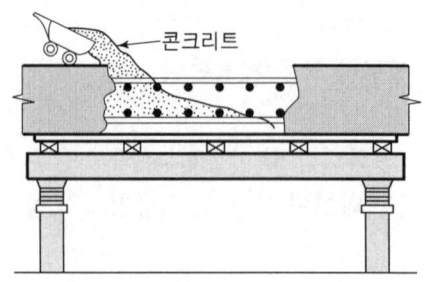

[콘크리트 재타설 공법]

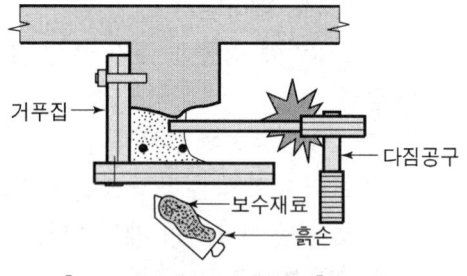

[드라이팩 콘크리트 방법]

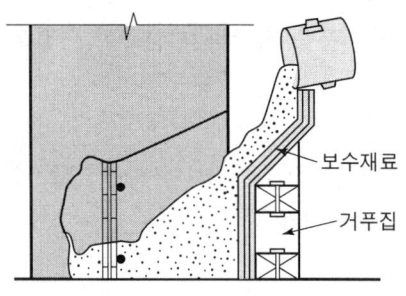

[콘크리트 이어치기 공법]

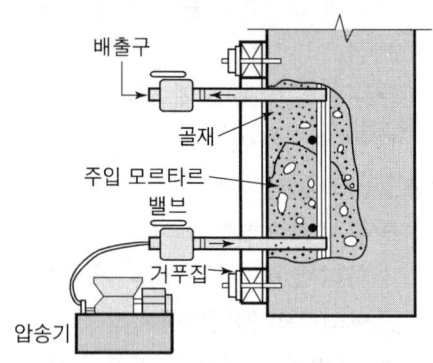

[프리팩트 공법(워트믹스 숏크리트)]

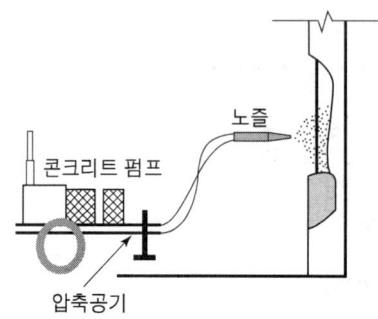

[습식 뿜어붙이기 공법 단면복구]

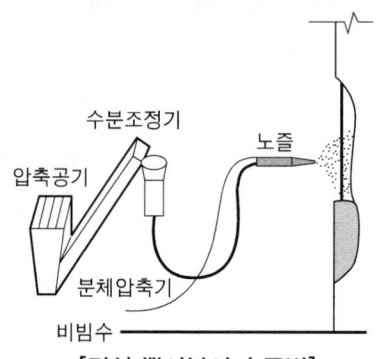

[건식 뿜어붙이기 공법]

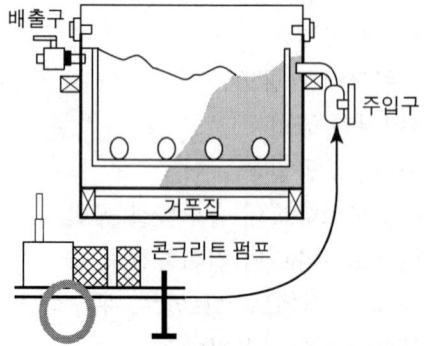

[모르타르 주입공법에 의한 단면복구]

(5) 침투재 도포공법

철근 콘크리트 구조물의 열화 요인이 콘크리트 표면에서 어떤 열화요인 물질의 침투·확산에 크게 관계될 경우 콘크리트 표면에 침투재를 도포함으로써 열화 요인 물질의 침입을 방지하고 철근의 부식작용을 제어하는 공법이다.

(6) 표면 피복공법

기존 콘크리트 표면에 피복재를 도포하여 새로운 보호층을 형성시킴으로써 콘크리트 내부로 철근 부식인자가 침입하는 것을 억제하여 내구성을 향상시키는 공법이다.

(7) 외벽 복합 개수공법

주로 건축물의 외벽에 적용하는 공법으로 모르타르 마무리 외벽이나 타일 마무리에 의한 층이 들뜸·박리를 일으키는 경우에 마무리층을 앵커핀과 망으로 보강하여 들뜸과 박리를 방지하는 공법이다.

(8) 전기화학적 보수공법

① 탈염공법

염해에 의해 성능이 저하된 구조물에 적용하는 공법으로 콘크리트 중의 염화물이온(Cl^-) 제거 및 강재의 부식방지 처리를 위해 실시하며, 열화단계에 관계없이 적용 가능하다.

② 재알칼리화공법

탄산화(중성화)에 의해 성능이 저하된 구조물에 적용하는 공법으로 중성화된 콘크리트의 재알칼리화 및 강재의 부식방지처리를 위해 실시하며, 열화단계에 관계없이 적용 가능하다.

(9) 핀그라우트 공법

일본에서 개발된 콘크리트 지수공법으로 친수성 일액형 폴리우레탄 수지가 물과 반응하여 체적팽창을 일으켜 균열부를 충전하는 방식이며, 기존의 방법으로 충전이 불가능한 미세균열의 보수에 적용된다.

12-5 각종 보강공법

1. 콘크리트 변상 중 보강이 필요한 요인

① 내구성 저하
② 과대한 균열
③ 과대한 변형
④ 진동피해 등의 발생
⑤ 초과 하중

2. 열화 요인(환경적 요인)과 보강 방법

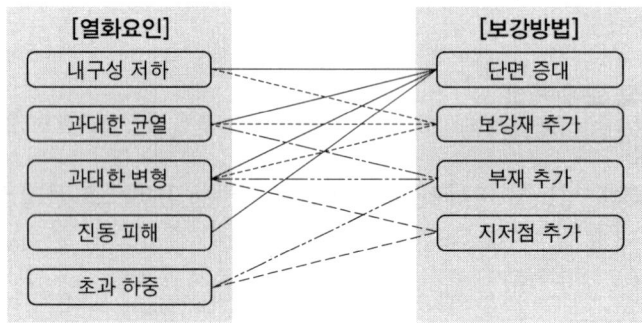

① 탄산화(중성화) : 단면복구공, 표면보호공
② 염해 : 단면복구공, 표면보호공
③ 알칼리 골재반응 : 균열주입공, 표면보호공
④ 동해 : 단면복구공, 균열주입공, 표면보호공

3. 토목구조물의 보강

(1) 두께증설공법

부재 강성을 증가시키는데 가장 효과적인 방법이다.
① 상판상면 두께증설공법
  ㉠ 상판 콘크리트 상면을 절삭·연마한 후 강섬유 보강 콘크리트를 타설하여 상판을 증설하는 공법

ⓒ 주로 RC 상판의 전단력에 대한 성능 향상을 목적으로 실시하며, 이 때 중립축의 상승에 따른 휨내력의 향상도 기대할 수 있다.

② **철근보강 상면 증설공법**
  ㉠ 보강철근을 배치하여 보강하는 공법
  ㉡ 단면 중에 보강철근을 배치하는 것으로서, 연속교 중앙지지부의 주형, 주판(Main Plate)이나 장출한 상판부 등의 부휨모멘트에 대한 내하성능의 향상을 목적으로 하고 있다.

③ **장점**
  ㉠ 일반 포장용 기계로 시공이 가능하고, 공기가 짧다.
  ㉡ 상판 상면에서의 작업이므로 비계 등을 구성할 필요가 없고 공비가 저렴하다.
  ㉢ 상판의 유효두께가 커져서 휨, 전단 및 비틀림 등에 대해서도 보강효과가 얻어진다.
  ㉣ 상판의 강성이 증가하고, 균열에 대한 저항성이 크게 증가한다.
  ㉤ 철근을 사용하면 한층 더 신뢰성 있는 상판 보강이 이루어진다.

④ **단점**
  ㉠ 공종 항목이 많고, 동시에 고도의 시공기술이 요구된다.
  ㉡ 보강시공시 교량의 교통통제를 필요로 한다.
  ㉢ 일반적으로 섬유보강 제트콘크리트(FJRC)가 이용되지만 고가이고 취급도 간단하지가 않다.
  ㉣ 사하중의 증대가 따르므로 증가되는 상판의 두께가 제한된다.

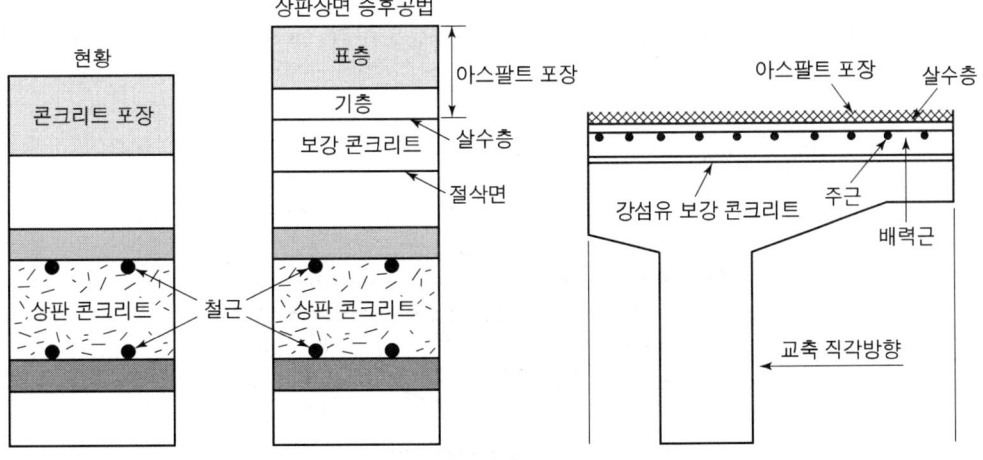

[상판상면 두께증설공법]　　　　　[철근보강 상면 두께증설공법]

② 하면 두께증설공법

주로 상판 하면에 철근 등의 보강재를 배치하여 증설 재료에 부착성이 높은 모르타르를 타설하거나 뿜어붙이기로 단면을 증가시켜 일체화시킴으로써 성능의 향상을 꾀하는 공법이다.

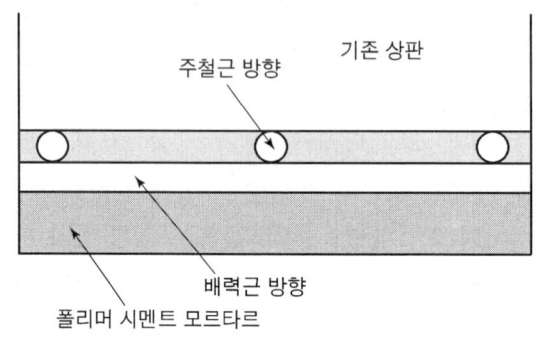

[하면 두께증설공법]

(2) 접착공법

① 강판접착공법

㉠ 콘크리트 부재의 주인장응력 작용면에 강판을 근접시키고, 강판과 콘크리트의 공간에 주입용 접착제를 주입하여 콘크리트와 접착시켜 필요한 성능의 향상을 꾀하는 공법이다.

㉡ 강판접착공법은 노후화 또는 부실시공된 콘크리트 구조물에 내하력을 향상시킬 목적으로 개발된 공법이다.

㉢ 시공순서 : 표면조정 → 앵커장착 → 강판부착 → 실링 → 주입 → 마감

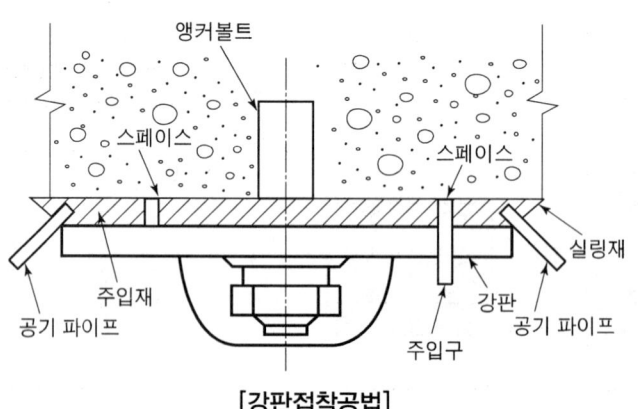

[강판접착공법]

㉣ 장점

ⓐ 강판을 사용하고 있으므로 모든 방향의 인장력에 대응할 수 있다.

ⓑ 강판의 분포, 배치를 똑같이 할 수 있으므로 균열 특성도 좋다.
ⓒ 시공이 간단하고, 강판의 제작·조립도 쉬워서 현장작업에는 복잡하지 않다.
ⓓ 현장타설 콘크리트, 프리캐스트 부재 모두에 적용할 수 있으므로 응용범위가 넓다.

ⓗ 단점
ⓐ 방청, 방화상의 문제가 충분히 검토되어 있지 않다.
ⓑ 접착제의 내구성, 내피로성이 불분명하다.

② **연속섬유 시트접착공법**
주로 콘크리트 부재의 인장응력이나 사인장응력 작용면에 연속섬유를 1방향 혹은 2방향으로 배치하여 시트 모양으로 직조된 보강재 혹은 현장에서 함침 접착제로 함침·경화시킨 FRP의 연속섬유 시트를 접착하여 기 타설부재와 일체화시킴으로써 필요한 성능의 향상을 꾀하는 공법

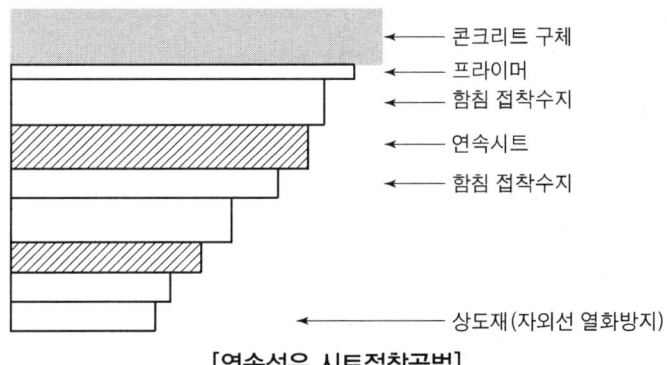

[연속섬유 시트접착공법]

㉠ 특징
ⓐ 섬유시트는 현장성형이 용이하기 때문에 작업 공간이 한정된 장소에서는 작업이 편리하다.
ⓑ 내식성이 우수하고, 염해지역의 콘크리트 구조물 보강에도 적용할 수 있다.
ⓒ 보강효과로서 균열의 구속효과, 내하성능의 향상효과도 기대되며, 적층되는 섬유의 개수를 조절함으로써 적정보강량을 선정하는 것이 가능하다.
ⓓ 일정한 격자 모양으로 부착함으로써 발생된 균열의 진전 상태 관찰이 가능하다.
ⓔ 단면강성의 증가가 적다.(콘크리트 압축강도 증진 효과가 적다.)
ⓕ 연속섬유 시트접착공법은 섬유시트의 박리 또는 부분 박리가 발생하는 경우에는 보강효과가 손실되므로 손상이 현저할 경우 보강효과에 관해서는 별도 검사가 필요하다.
ⓖ 응력을 분산시키는 효과가 있다.

ⓗ T형 교나 박스거더 교 복부면에 적용함으로써 부재의 전단보강효과가 있다.
ⓘ 연속섬유 시트접착공법에 사용하는 폴리머 및 함침 접착수지는 에폭시수지가 일반적으로 이용되고 있다.
ⓛ 섬유시트의 종류
  ⓐ 탄소섬유 : 실적이 좋고, 품질이 안정적이며, 고강도, 고탄성의 탄소섬유가 현장에서는 많이 사용된다.
  ⓑ 유리섬유
  ⓒ 아라미드섬유

(3) 라이닝공법
기 타설콘크리트 부재의 주위에 보강재를 배치하여 기 타설부재와의 일체화에 의해 필요한 성능의 향상을 꾀하는 공법으로 내진보강 대책으로서 이용되는 경우가 많다.
① 라이닝공법의 종류
  ㉠ 강판 라이닝공법
  ㉡ 연속섬유 시트 라이닝공법
  ㉢ RC 라이닝공법
  ㉣ 모르타르 뿜어붙이기공법
  ㉤ 프리캐스트 패널 라이닝공법
② 강판 라이닝공법
  원래 원형 단면의 교각에 대해서 개발된 것으로, 단면에서 12.5mm~25mm의 큰 반지름으로 강판을 쉘(Shell) 모양으로 형성하여 세로로 절반을 쪼갠 강판을 교각과의 사이에 틈을 조금 내서 배치하고, 세로 방향의 이음매를 용접한다.
  ㉠ 틈은 물로 씻은 다음 가운데에 시멘트 그라우트를 주입한다.
  ㉡ 강판과 푸팅이나 가로보가 접촉하여 강판에 압축력이 작용하지 않도록 하기 위해서이다. 이로써 소성힌지 영역의 휨내력이 과대하게 증대하여 푸팅이나 가로보의 휨모멘트 및 전단력이 증대하는 것을 막을 수 있다.
③ 연속섬유 시트 라이닝공법
  유리섬유, 탄소섬유, 케블라섬유(Kevlar Fiber) 등과 에폭시수지로 구성된 복합재를 교각 내진보강에 적용하기 위해서 여러 가지 연구가 행해지고 있다.
  ㉠ 직사각형 단면을 구속하기 위해서는 콘크리트의 구속재를 설치하든지 단면 형상을 바꾸어 연속적인 곡면을 얻을 수 있도록 해야 한다.
  ㉡ 원형 단면에서는 직사각형 단면과 같은 대책이 필요 없기 때문에 이 보강법은 원형 단면에 적합하다.
  ㉢ 직사각형 단면의 경우에도 탄소섬유나 유리섬유를 철근 콘크리트에 감아 붙이면

인성이 향상된다고 알려져 있다.
④ 콘크리트 라이닝공법
   교각의 휨내력, 인성, 전단내력을 향상시키기 위해 교각 주위에 철근 콘크리트를 라이닝하는 공법이다.

(4) 외부 케이블공법

긴장재를 콘크리트의 외부에 배치하여 정착부 혹은 편향부를 끼워서 부재의 긴장력을 미리 도입하는 것에 의해 필요한 성능의 향상을 꾀하는 공법으로, 프리스트레스를 도입함으로써 콘크리트 교량의 휨 및 전단 보강을 목적으로 하는 보강공법이다.

① 특징
   ㉠ 보강효과가 역학적으로 명확하다.
   ㉡ 편향부를 전단보강부에 설치하고, 외부 케이블의 연직분력을 고려함으로써 설계전단력을 크게 감소시킬 수 있다.
   ㉢ 보강 후의 유지·관리가 비교적 용이하다.
   ㉣ 기본적으로 교통 통제를 필요로 하지 않는다.
   ㉤ 케이블 수가 적어 크리프 관리를 실시하지 않기 때문에 콘크리트의 강도 부족이나 열화에 대해서는 효과를 기대할 수 없다.
   ㉥ 외부 케이블에 의해 프리스트레스를 도입해도 강성은 향상되지 않는다.

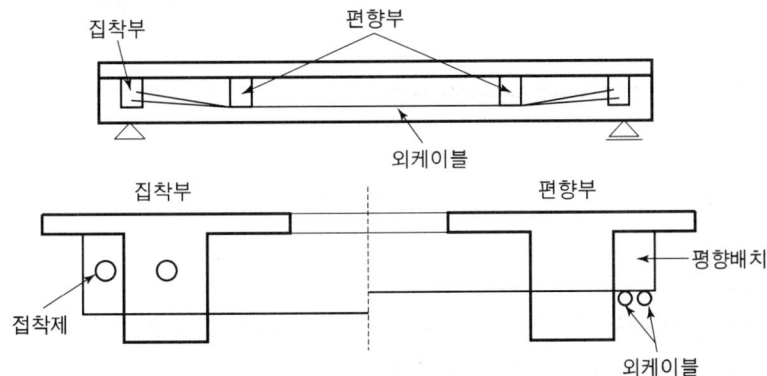

4. 건축구조물의 보강

(1) 바닥 슬래브의 보강

슬래브를 보수, 보강하는 목적은 슬래브의 균열로 인하여 발생하는 처짐이나 진동장애를 고치기 위한 것이다.

① 보의 증설

과대한 균열이 발생하여 큰 처짐이 발생한 바닥 슬래브 및 설계하중을 초과하는 하중이 작용하고 있는 바닥 슬래브는 철골조 보를 신설하여 보강하면 큰 보강효과를 기대할 수 있다.

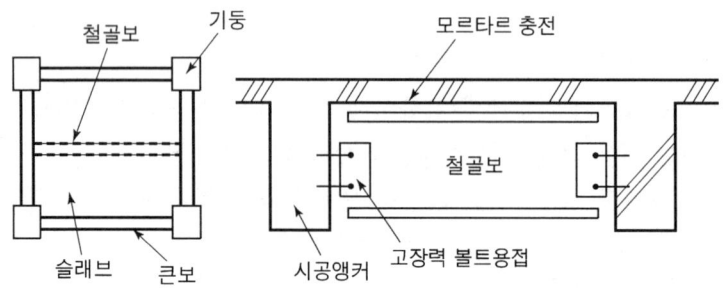

[철골조 보 증설에 의한 앵커 슬래브 보강]

② 강판접착에 의한 보강

과대한 균열이 발생하여 내하 성능의 부족이 우려되는 슬래브 및 열화가 진행되어 철근의 부식으로 인해 콘크리트의 박락이 나타난 바닥 슬래브 등에서는 얇은 강판을 접착하여 보강하면 효과적이다.

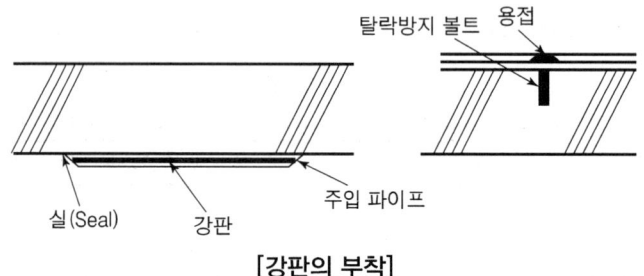

[강판의 부착]

③ 증타 보강

열화가 심한 바닥 슬래브 및 설계하중을 상회하는 과대한 하중이 작용하고 있는 바닥 슬래브는 증타 보강에 의해 보강하면 효과적이다.

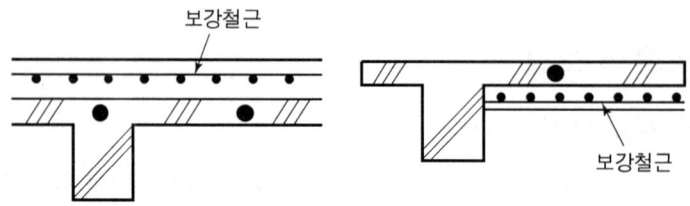

[바닥 슬래브 증타 보강]

④ 철근접착공법

슬래브의 열화 및 균열의 발생이 국부적인 경우에는 이형철근을 수지접착하여 보강하는 방법이다.

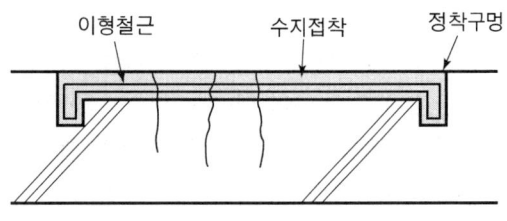

[철근접착에 의한 슬래브 보강]

⑤ 탄소섬유 시트에 의한 보강

㉠ 슬래브의 열화가 경미한 경우에는 균열에 직교하는 방향으로 탄소섬유 시트 등의 연속섬유를 수지접착하여 보강한다.

㉡ 연속섬유의 강도는 극히 높지만 강성은 상대적으로 작기 때문에 시트의 강도에 상응하는 정도의 큰 보강효과는 기대할 수 없다.

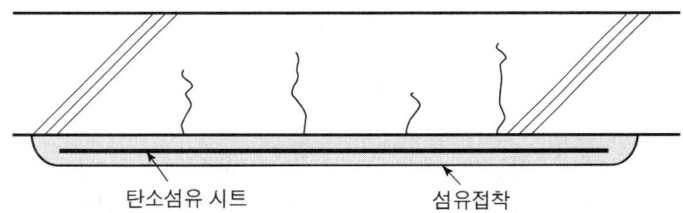

[탄소섬유 시트에 의한 슬래브 보강]

⑥ 철근 혹은 강판매입공법

철근의 배근량이 부족하여 추가로 철근을 배근할 필요가 있을 때 사용하는 방법으로 보강해야 할 범위가 넓지 않은 경우에 적용할 수 있다.

⑦ 강판보강공법

강판보강공법은 콘크리트 부재의 인장 측 외면에 강판을 에폭시 계통의 접착제로 접착하여 기존의 콘크리트와 강판을 일체화시킴으로써 강판에 의한 단면보강효과는 물론이고, 콘크리트의 열화와 철근의 부식방지 효과를 기대하는 보수·보강공법이다.

㉠ 사용 재료

ⓐ 4.5~6mm 두께의 강판이 일반적으로 쓰인다.

ⓑ 접착제로는 에폭시수지가 이용된다.

ⓛ 강판 접착 방법에 따른 강판보강공법의 종류
   ⓐ 압착공법
   ⓑ 주입공법
ⓒ 장점
   ⓐ 강판을 사용하고 있으므로 모든 방향의 인장력에 대응할 수 있다.
   ⓑ 강판의 분포, 배치를 똑같이 할 수 있어서 균열 특성도 좋다.
   ⓒ 시공이 간단하고 강판의 제작, 조립이 쉬워 현장 작업이 복잡하지 않다.
   ⓓ 현장타설 콘크리트, 프리캐스트 부재 등에 모두 적용할 수 있어 응용범위가 넓다.
   ⓔ 철근에 상당하는 강판을 접착시켜 내하력을 증강시킨다.
   ⓕ 강력한 접착력을 가지며 경화 후 수축이 없다.
   ⓖ 교통개방 또는 건물 공용 중에도 시공이 된다.
ⓡ 단점
   ⓐ 방청, 방화상의 문제가 충분히 검토되어 있지 않다.
   ⓑ 접착제의 내구성, 내피로성이 불분명하다.
   ⓒ 전단에 대한 보강에 의문이 있다.

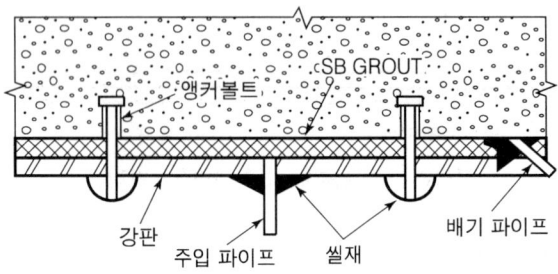

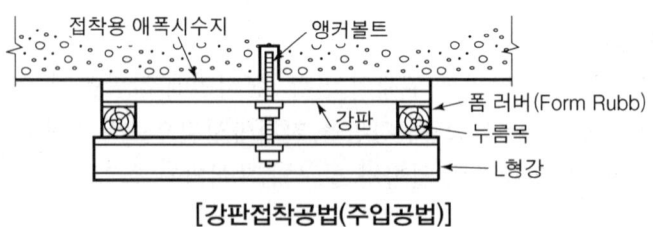

[강판접착공법(주입공법)]

⑧ 증설보공법

증설보공법에는 합성단면 증설공법, 강형단면 증설공법이 있다.

(2) 보의 보강

① 강판접착에 의한 보강

열화가 진행되어 철근의 부식에 의한 콘크리트의 박락이 발견되거나 설계하중을 상회하는 과하중이 작용해서 과대한 균열이 발생하고 있는 보는 강판을 수지접착해서 보강하는 것이 가능하다.

② 증타 보강

열화가 심한 큰 보 및 설계하중을 상회하는 과대한 하중이 작용하고 있는 보는 증타에 의한 보의 단면을 증대시켜서 보강하면 효과적이다.

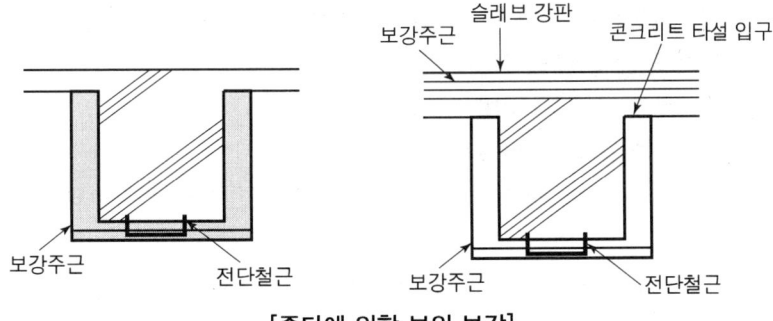

[증타에 의한 보의 보강]

③ 탄소섬유 시트에 의한 보강

열화나 균열의 발생이 현저하게 크지 않은 보에서는 탄소섬유 시트 등의 연속섬유 시트로 보강하는 것이 가능하다.

(3) 기둥의 보강

① 강판 라이닝보강

열화가 진행되어 철근의 부식에 의한 콘크리트 박락이 발생한 기둥이나 설계하중을 초과하는 축력이 작용하고 있는 기둥은 강판에 의한 라이닝이 가능하다.

㉠ 모르타르 충진 방법

㉡ 띠보강법

② 탄소섬유 시트에 의한 보강

열화상황이나 균열의 발생상황이 크지 않은 기둥에서 사용 가능하다.

③ RC 라이닝 보강

기존 기둥의 둘레를 10~15cm 정도의 두께로 철근 콘크리트를 감싸서 보강하는 방법

(4) 벽체의 보강

벽체의 보강에서는 다른 부위의 보강과 달리 건물 전체의 성능회복을 추구하는 관점에서 보강 방법을 선정할 필요가 있는 경우가 있다.

(5) 기초의 보강

① 기초 보강의 종류
  ㉠ 새로운 기초를 보강하는 방법
  ㉡ 기존의 기초에 덧붙여 타설하는 방법(기존 기초 콘크리트 증타 방법)
  ㉢ 기반을 개량하여 기초의 지지력을 개선하는 방법
② 부등침하에 의한 건물의 기울어짐 보수공법
  ㉠ 건물을 바로 세우는 방법
  ㉡ 건물의 상부만 수평 위치까지 세우는 방법
  ㉢ 독립기초와 줄기초의 경우 바닥판의 너비를 넓게 하여 지지력을 증가시킬 수 있다.
  ㉣ 강관말뚝의 증설로 지지력 부족을 보강하는 방법

Part 5
콘크리트산업기사 기출문제

콘크리트산업기사

2019년 3월 3일 시행

출제기준에 의거하여 불필요한 문제는 삭제함

제1과목 콘크리트 재료 및 배합

01 콘크리트용 잔골재의 밀도 및 흡수율 시험은 2회 시험의 평균값을 잔골재의 밀도 및 흡수율 값으로 하고 있다. 이때 시험의 정밀도에 대한 설명으로 옳은 것은?

① 시험값은 평균과의 차이가 밀도의 경우가 $0.02g/cm^3$ 이하, 흡수율의 경우는 0.01% 이하이어야 한다.
② 시험값은 평균과의 차이가 밀도의 경우가 $0.02g/cm^3$ 이하, 흡수율의 경우는 0.05% 이하이어야 한다.
③ 시험값은 평균과의 차이가 밀도의 경우가 $0.01g/cm^3$ 이하, 흡수율의 경우는 0.01% 이하이어야 한다.
④ 시험값은 평균과의 차이가 밀도의 경우가 $0.01g/cm^3$ 이하, 흡수율의 경우는 0.05% 이하이어야 한다.

해설 시험값은 평균과의 차이가 밀도의 경우 $0.01g/cm^3$ 이하, 흡수율의 경우는 0.05% 이하여야 한다.

해답 ④

02 혼화재의 저장방법으로 틀린 것은?

① 방습적인 사일로 또는 창고 등에 품종별로 구분하여 보관한다.
② 장기저장이 가능하므로 입하하는 순서와 상관없이 사용한다.
③ 장기간 저장한 혼화재는 사용 전에 시험을 실시하여 품질을 확인해야 한다.
④ 혼화재는 취급시에 비산하지 않도록 주의한다.

해설 ① 혼화재는 방습적인 사일로 또는 창고 등에 품종별로 구분하여 저장하고, 입하된 순서대로 사용하여야 한다.
② 장기간 저장한 혼화재는 사용하기 전에 시험을 실시하여 품질을 확인하여야 하며, 시험결과 규정된 성질을 얻지 못할 때는 그 혼화재료는 사용하여서는 안 된다.
③ 혼화재는 취급시에 비산하지 않도록 주의한다.

해답 ②

03 혼화제의 종류 및 특성에 대한 설명 중 잘못된 것은?

① AE제 : 콘크리트의 작업성을 개선하고 동결융해 저항성을 향상시킨다.
② 유동화제 : 콘크리트의 현장타설 전 콘크리트의 일시적인 슬럼프 증대효과를 갖는다.
③ 중점제 : 소성(Plasticity)이 증가하고 재료분리 저감효과를 갖는다.
④ 지연제 : 콘크리트에 콜드조인트를 방지하기 위한 것으로 한중콘크리트에 사용된다.

해설 ① 지연제(retarder, retarding admixture)는 혼화제의 일종으로 시멘트의 응결시간을 늦추기 위하여 사용하는 재료이다.
② 한중콘크리트의 배합은 초기동해에 필요한 압축강도가 초기양생 기간 내에 얻어지고, 콘크리트의 설계기준압축강도가 소정의 재령에서 얻어지도록 정하여야 하므로, 지연제를 사용해서는 안 된다.
③ 초기동해 방지를 위해 한중콘크리트에는 공기연행콘크리트를 사용하는 것을 원칙으로 한다.

해답 ④

04 아래 표와 같은 조건에서 단위굵은 골재량은 얼마인가?

- 단위수량 : 175kg
- 시멘트 밀도 : 0.00315g/mm^3
- 잔골재의 표건밀도 0.0026g/mm^3
- 굵은 골재의 표건밀도 : 0.00265g/mm^3
- 잔골재율 : 41.0%
- 단위잔골재량 : 720.0kg

① 956kg
② 1,004kg
③ 1,656kg
④ 1,156kg

해설 ① 잔골재 체적
$$V_s = \frac{720,000}{0.0026} = 276,923,076.9 \text{mm}^3 = 0.277\text{m}^3$$

② 단위골재량 절대체적
$$V_a = \frac{V_s}{S/a} = \frac{0.277}{0.41} = 0.676\text{m}^3$$

③ 단위 굵은골재량 절대체적
$$V_G = V_a - V_s = 0.676 - 0.277 = 0.399\text{m}^3$$

④ 단위 굵은골재량
$V_G \times$ 굵은골재 비중 $\times 1000\text{kg/m}^3 = 0.399 \times 2.65 \times 1000 = 1,057.35\text{kg}$

해답 ③

05

콘크리트용 혼화제인 감수제의 종류 중 응결, 초기경화의 속도에 따라 분류되는 형태가 아닌 것은?

① 촉진형 ② 조강형
③ 지연형 ④ 표준형

해설 ① 감수제 및 AE감수제의 종류
  ㉠ 촉진형 : 콘크리트의 응결속도를 촉진시키는 것. 사용시 초기강도발현 및 거푸집 존치기간 단축 가능
  ㉡ 표준형 : 콘크리트의 응결속도를 변경시키지 않는 것
  ㉢ 지연형 : 콘크리트의 응결속도를 지연시키며, 콜드 조인트 방지 및 서중 콘크리트의 시공에 사용
② 고성능 AE감수제
  ㉠ 표준형
  ㉡ 지연형

해답 ②

06

17회의 압축강도시험 실적으로부터 구한 압축강도의 표준편차가 5MPa인 경우 배합강도를 구할 때 적용해야 할 압축강도의 표준편차(s)로서 옳은 것은? (단, 보정계수를 고려하여야 하며, 시험횟수가 15회, 20회인 경우의 표준편차의 보정계수는 각각 1.16, 1.08이다.)

① 5.4MPa ② 5.64MPa
③ 5.72MPa ④ 5.8MPa

해설 ① 시험횟수 15회에 표준편차 보정계수 1.16, 시험횟수 20회에 표준편차 보정계수 1.08이므로 17회에 대한 보정계수는 보간법에 의해
$(20-15) : (1.16-1.08) = (17-15) : (1.16-x)$
$\therefore x = 1.16 - \dfrac{(1.16-1.08) \times (17-15)}{(20-15)} = 1.128$
② 표준편차 $= 5 \times 1.128 = 5.64$MPa

해답 ②

07

혼화재로 실리카퓸을 사용한 콘크리트의 특성에 대한 설명으로 틀린 것은?

① 단위수량 및 건조수축이 감소된다.
② 투수성이 작아 수밀성이 향상되며, 재료분리 저항성이 향상된다.
③ 수화열이 작고, 화학저항성이 향상된다.
④ 마이크로필러 효과로 압축강도 발현성이 크다.

해설 실리카퓸은 비표면적이 매우 큰 초미립 분말이므로 혼합률이 증가하면 단위수량이 크게 요구되므로 고성능 감수제를 사용한다.

해답 ①

08 각종 골재에 대한 설명으로 틀린 것은?
① 콘크리트용 부순골재는 일반콘크리트용 골재와는 달리 입지모양 판정 실적률을 검토하여야 한다.
② 고로슬래그 잔골재는 고온하에서 장기간 저장해 두면 굳어질 우려가 있기 때문에 동결방지제를 살포함과 동시에 가능한 한 1개월 이내에 사용하는 것이 좋다.
③ 부순 잔골재의 경우 다량의 미분말을 함유하는 경우가 많아 콘크리트의 성능에 영향을 미치기 때문에 미립분 함유량을 검토할 필요가 있다.
④ 인공경량골재를 사용할 콘크리트의 경우 하천 골재를 사용한 경우보다 압축강도는 떨어지지만 동결융해 저항성은 향상된다.

해설 기상 조건이 나쁘고 또 물로 포화되는 경우가 많은 환경조건에서 경량골재 콘크리트의 내동해성은 보통 콘크리트에 비해 떨어지므로, 이를 개선하기 위해서는 공기량을 증대시켜야 한다.

해답 ④

09 콘크리트용 고로슬래그 미분말의 품질에 관한 특성 중 알맞지 않은 것은?
① 장기강도를 증진시킨다.
② 수화열의 발생속도를 늦춘다.
③ 수밀성은 다소 저하되는 경향이 있다.
④ 알칼리 골재반응을 억제시킨다.

해설 고로 슬래그 미분말을 사용한 콘크리트는 수밀성이 향상된다.

해답 ③

10 다음의 시험방법 중 시멘트 시험과 관계없는 것은?
① 비중
② 안정도
③ 블리딩
④ 압축강도

해설 블리딩(Bleeding)은 굵은골재가 국부적으로 집중되거나 수분이 콘크리트 윗면으로 보이는 현상으로 콘크리트 치기작업 후에 생기는 재료분리 현상의 일종이며, 시멘트 시험과 관계없다.

해답 ③

11 시멘트 비중시험에 관한 다음 설명 중 옳지 않은 것은?

① 포틀랜드시멘트의 경우 약 64g을 사용한다.
② 르샤틀리에 플라스크를 사용한다.
③ 비중병에 시멘트를 투입하기 전에 물 또는 광유를 투입하여야 한다.
④ 시멘트를 넣은 후 기포를 제거해 주어야 한다.

해설 르샤틀리에 비중병 0~1mL 눈금 사이에 광유를 채우는데 광유를 사용하면 시멘트의 수화반응을 억제하여 정확한 측정이 가능하기 때문이다.

해답 ③

12 굵은 골재의 체가름 시험결과가 아래 표와 같을 때 이 골재의 조립률은?

체의 크기(mm)	40	20	10	5	2.5
각체 잔량누계(%)	8	39	68	95	100

① 7.10 ② 2.10
③ 6.71 ④ 7.02

해설 ① 사용하는 체(총 10개) : 80mm, 40mm, 20mm, 10mm, 5mm, 2.5mm, 1.2mm, 0.6mm, 0.3mm, 0.15mm
② 조립률(FM)

$$조립률 = \frac{각\ 체에\ 남는\ 누가중량\ 백분율\ 합}{100}$$

$$= \frac{0+8+39+68+95+100+100\times 4}{100} = 7.1$$

해답 ①

13 흡수율이 2.4%인 젖은 모래 568.3g을 110℃에서 21시간 건조하여 525.6g으로 일정 질량이 되었다. 이 젖은 모래의 표면수율은?

① 4.2% ② 5.5%
③ 6.7% ④ 8.1%

해설 ① 흡수율(%) $= \frac{B-D}{D} \times 100 = \frac{B-525.6}{525.6} \times 100 = 2.48\%$ 에서 $B = 538.6g$

② 표면수율(%) $= \frac{A-B}{B} \times 100 = \frac{568.3-538.6}{538.6} \times 100 = 5.5\%$

여기서, A : 습윤상태, B : 표건상태, D : 노건상태

해답 ②

14
콘크리트용 골재에 관한 설명으로 틀린 것은?

① 골재 중의 0.15~0.6mm의 골재가 많으면 공기연행성을 감소시킨다.
② 골재 중에 석탄, 갈탄의 양이 많으면 콘크리트의 강도가 낮아지며 외관을 해친다.
③ 콘크리트표준시방서에서는 잔골재에 함유된 염화물(NaCl환산량)량을 질량 백분율로 0.04% 이하로 규정하고 있다.
④ 내화적이면서 강도, 내구성 등을 필요로 하는 콘크리트에서는 고로슬래그 굵은 골재나 내구적인 안산암, 현무암 등을 사용하는 것이 좋다.

해설 0.15~0.6mm 범위의 입자인 골재에서 대부분의 공기량이 얻어지므로 골재 중의 0.15~0.6mm 의 골재가 많으면 공기연행성이 증가한다.

해답 ①

15
콘크리트 배합에서 단위시멘트량을 증가시킬 경우에 대한 설명으로 옳은 것은?

① 점성이 감소된다.
② 재료분리가 감소된다.
③ 내구성, 수밀성이 감소된다.
④ 워커빌리티가 나빠진다.

해설 단위시멘트량을 증가하여 된 반죽의 콘크리트가 되면 모르타르의 점착성이 부족하여 재료분리 경향이 커진다.

해답 ②

16
콘크리트의 배합설계에 관한 내용으로 틀린 것은?

① 배합강도는 호칭강도보다 커야 한다.
② 슬럼프는 작업이 가능한 범위 내에서 최소가 되도록 하는 것이 원칙이다.
③ 배합설계의 기준이 되는 강도는 압축강도이며, 휨강도나 인장강도가 기준이 되는 경우는 없다.
④ 콘크리트의 배합은 소요의 품질 및 작업에 적합한 워커빌리티를 갖는 범위 내에서 가능한 한 단위수량이 적게 되도록 정한다.

해설 포장용 콘크리트의 경우 휨강도를 기준으로 한다.

해답 ③

17 콘크리트의 압축강도를 알지 못할 때, 또는 압축강도의 시험횟수가 14회 이하인 경우 콘크리트의 배합강도를 구한 것으로 틀린 것은?

① 호칭강도 $f_{cn}=20$MPa일 때, 배합강도 $f_y=27$MPa이다.
② 호칭강도 $f_{cn}=25$MPa일 때, 배합강도 $f_y=33$MPa이다.
③ 호칭강도 $f_{cn}=30$MPa일 때, 배합강도 $f_y=38.5$MPa이다.
④ 호칭강도 $f_{cn}=50$MPa일 때, 배합강도 $f_y=60$MPa이다.

해설 시험횟수가 14회 이하인 경우 콘크리트의 배합강도
① $f_{cr}=f_{cn}+7=21+7=27$MPa
② $f_{cr}=f_{cn}+8.5=25+8.5=33.5$MPa
③ $f_{cr}=f_{cn}+8.5=30+8.5=38.5$MPa
④ $f_{cr}=1.1f_{cn}+5.0=1.1\times50+5=60$MPa

[참고] 시험횟수가 14회 이하인 경우 콘크리트의 배합강도

호칭강도 f_{cn}[MPa]	배합강도 f_{cr}[MPa]
21 미만	$f_{cn}+7$
21 이상 35 이하	$f_{cn}+8.5$
35 초과	$1.1f_{cn}+5.0$

해답 ②

18 시멘트의 강도시험(KS L ISO 679)에서 3개의 시험체를 한 조합된 시료로 할 경우 필요한 시멘트, 표준사, 물의 양으로 옳은 것은?

① 시멘트 450g, 표준사 1,350g, 물 225g
② 시멘트 450g, 표준사 1,215g, 물 180g
③ 시멘트 450g, 표준사 1,080g, 물 225g
④ 시멘트 450g, 표준사 1,350g, 물 180g

해설 ① 시멘트의 강도 시험(KS L ISO 679)의 모르타르 제작 시 질량에 의한 비율로 시멘트와 표준사를 1 : 3의 비율로 하며, 혼합수의 양은 1/2 분량이다(물-시멘트비=0.5). 3개의 시험체를 한 조합된 시료로 할 경우의 각 1회분 재료의 양은 시멘트 450g±2g, 모래 1350g±5g과 물 225g±1g이다.
② 시멘트 : 표준사=1 : 3=450g : S에서
$S=1,350$g
③ W/C=$\dfrac{W}{450}=0.5$에서 $W=225$g

해답 ①

19 동해에 의한 골재의 붕괴작용에 대한 저항성을 측정하기 위한 시험방법은?

① 안정성 시험
② 유기불순물 시험
③ 오토클레이브 시험
④ 마모시험

> **해설** 골재의 안정성 시험은 골재의 내구성을 알기 위해 황산나트륨 포화용액으로 인한 골재의 부서짐 작용에 대한 저항성을 시험하는 것으로, 동해 등의 기상작용에 의한 골재의 붕괴작용에 대한 저항성 측정방법이다.

해답 ①

20 굵은 골재의 체가름 시험에서 사용되는 굵은 골재의 최대치수가 40mm 정도의 경우 시료의 최소건조질량의 옳은 것은? (단, 보통중량의 골재를 사용하는 경우)

① 2kg
② 4kg
③ 6kg
④ 8kg

> **해설** 시료의 최소질량
> ① 잔골재 1.18mm체를 95%(질량비) 이상 통과하는 것 : 100g
> ② 잔골재 1.18mm체를 5%(질량비) 이상 남는 것 : 500g
> ③ 굵은골재 최대치수 9.5mm 정도인 것 : 2kg
> ④ 굵은골재 최대치수 13.2mm 정도인 것 : 2.6kg
> ⑤ 굵은골재 최대치수 16mm 정도인 것 : 3kg
> ⑥ 굵은골재 최대치수 19mm 정도인 것 : 4kg
> ⑦ 굵은골재 최대치수 26.5mm 정도인 것 : 5kg
> ⑧ 굵은골재 최대치수 31.5mm 정도인 것 : 6kg
> ⑨ 굵은골재 최대치수 37.5mm 정도인 것 : 8kg
> ⑩ 굵은골재 최대치수 53mm 정도인 것 : 10kg
> ⑪ 굵은골재 최대치수 63mm 정도인 것 : 12kg
> ⑫ 굵은골재 최대치수 75mm 정도인 것 : 16kg
> ⑬ 굵은골재 최대치수 106mm 정도인 것 : 20kg

해답 ④

제2과목 콘크리트의 제조, 시험 및 품질관리

21 공시체 규격이 150mm×150mm×530mm로 지간길이가 450mm인 단순보의 4점 재하법의 휨강도 시험을 한 결과, 최대하중이 24,500N일 때 공시체가 인장쪽 표면 지간방향 중심선의 4점 사이에서 파괴가 되었다. 이 공시체의 휨강도는?
① 2.9MPa ② 3.3MPa
③ 4.9MPa ④ 5.3MPa

해설 3등분점 중앙 부근에서 파괴되는 경우이므로

$$f = \frac{M}{Z} = \frac{\frac{Pl}{6}}{\frac{bd^2}{6}} = \frac{Pl}{bd^2} = \frac{24,500 \times 450}{150 \times 150^2} = 3.3\text{MPa}$$

해답 ②

22 콘크리트의 탄성계수가 2.5×10^4MPa이고 포아송비가 0.2일 때 전단탄성계수는?
① 1.04×10^4MPa ② 5.05×10^4MPa
③ 7.27×10^4MPa ④ 12.43×10^4MPa

해설 $G = \dfrac{E}{2(1+\nu)} = \dfrac{2.5 \times 10^4}{2 \times (1+0.2)} = 10,416.7\text{MPa} = 1.04 \times 10^4\text{MPa}$

해답 ①

23 압축강도에 의한 일반콘크리트의 품질검사에 관한 설명 중 옳지 않은 것은? (단, 콘크리트표준시방서의 규정에 의한다.)
① 호칭강도로부터 배합을 정한 경우 각각의 압축강도시험값이 설계기준 압축강도보다 5.0MPa에 미달하는 확률이 1% 이하이어야 한다.
② 호칭강도로부터 배합을 정한 경우 연속 3회 시험값의 평균이 설계기준 압축강도 이상이어야 한다.
③ 품질검사는 호칭강도로부터 배합을 정한 경우와 그 밖의 경우로 구분하여 시행한다.
④ 압축강도에 의한 콘크리트 품질관리는 일반적인 경우 조기재령에 있어서의 압축강도에 의해 실시한다.

[해설] 압축강도 근거로 물-결합재비를 정한 경우는 3회 연속한 압축강도에 미달하는 확률이 1% 이하라야 하고, 또한 호칭강도보다 3.5MPa를 미달하는 확률이 1% 이하이어야 한다.

[해답 ①]

24. 굳지 않은 콘크리트의 소성수축균열에 대한 설명으로 틀린 것은?

① 콘크리트 마무리면에 가늘고 얇은 균열형태로 나타난다.
② 콘크리트 블리딩속도가 표면수의 증발속도보다 빠른 경우에 일어난다.
③ 균열을 방지하기 위해서는 표면에 급격한 온도변화가 일어나지 않도록 하여야 한다.
④ 균열을 방지하기 위해서는 수분의 증발을 방지하고 마무리를 지나치게 하지 않아야 한다.

[해설] 플라스틱 수축에 의한 균열(소성 수축 균열)이란 콘크리트 타설시 또는 타설 직후 표면에서 급속한 수분증발이 일어나 그 증발속도가 블리딩 속도보다 빨라 급속한 건조가 이루어져 콘크리트 표면에 미세한 균열이 생기는 것을 말한다.

[해답 ②]

25. 콘크리트 구조물의 검사 중 표면상태의 검사항목에 해당되지 않는 것은?

① 시공이음   ② 균열
③ 양생방법   ④ 노출면의 상태

[해설] **콘크리트의 표면상태 검사 항목**
① 노출면의 검사
② 균열
③ 시공이음

[해답 ③]

26. 콘크리트의 건조수축에 영향을 미치는 요인에 대한 설명으로 틀린 것은?

① 시멘트의 분말도가 클수록 습윤상태에서 팽창이 커진다.
② 물-시멘트비가 클수록 건조수축은 작아진다.
③ 골재의 함량이 많을수록 건조수축은 작아진다.
④ 온도가 높은 경우 건조수축은 증가한다.

[해설] 물-결합재비가 적을수록 건조수축은 작아진다.

[해답 ②]

27 콘크리트의 슬럼프 시험에서 몰드에 콘크리트를 3층으로 채우고 각각 다진 후 슬럼프콘을 들어올리는데, 이때 들어올리는 시간의 표준은?

① 2~3초
② 4~5초
③ 6~7초
④ 8~9초

해설 ① 슬럼프 콘을 벗기는 작업은 2~3초 정도로 끝낸다.
② 콘크리트의 슬럼프 시험 방법(KS F2402)에서 슬럼프콘에 콘크리트를 채우기 시작하고 나서 슬럼프콘의 들어올리기를 종료할 때까지의 시간은 3분 이내로 한다.

해답 ①

28 콘크리트 압축강도시험에 관한 설명으로 옳지 않은 것은?

① 공시체의 지름은 0.1mm, 높이는 1mm까지 측정한다.
② 일반적으로 사용하는 공시체는 원통형 공시체로 직경에 대한 길이의 비가 1:3인 것을 많이 사용한다.
③ 공시체의 제작에서 몰드를 떼는 시기는 채우기가 끝나고 나서 16시간 이상 3일 이내로 한다.
④ 콘크리트의 압축강도의 표준은 특별한 경우를 제외하고는 일반적으로 재령 28일을 설계의 표준으로 한다.

해설 표준공시체는 높이가 지름의 두 배인 원주형이며, 굵은골재 최대치수가 50mm 이하인 경우에는 지름 15cm, 높이 30cm의 치수(ϕ150×300mm 원주형 공시체)를 원칙으로 한다. 단, 공시체의 지름은 굵은골재 최대치수의 3배 이상 10cm 이상으로 한다.

해답 ②

29 콘크리트 재료의 계량에 대한 일반적인 설명으로 틀린 것은?

① 계량은 현장배합에 의해 실시하는 것으로 한다.
② 혼화제를 녹이는 데 사용하는 물이나 혼화제를 묽게 하는 데 사용하는 물은 단위수량의 일부로 보아야 한다.
③ 각 재료는 1배치씩 질량으로 계량하여야 하나, 물과 혼화제 용액은 용적으로 계량해도 좋다.
④ 연속믹서를 사용할 경우 각 재료는 질량으로만 계량하여야 한다.

해설 연속믹서를 사용할 경우, 각 재료는 용적으로 계량해도 좋다.

해답 ④

30
콘크리트의 탄산화 깊이를 측정할 때 사용되는 시약은?

① 페놀프탈레인 용액　② 무수황산나트륨 용액
③ 염화바륨　④ 수산화나트륨

해설 콘크리트의 파쇄면에 페놀프탈레인 1%의 알코올 용액을 뿌리는 방법으로 탄산화(중성화)를 조사할 수 있다.

해답 ①

31
일정량의 AE제를 사용한 경우에 연행되는 공기량에 대한 내용 중 옳지 않은 것은?

① 물-시멘트비가 클수록 공기량이 많게 된다.
② 슬럼프가 클수록 공기량이 많게 된다.
③ 단위잔골재량이 많을수록 공기량이 많게 된다.
④ 콘크리트의 온도가 높을수록 공기량이 많게 된다.

해설 콘크리트의 온도는 낮을수록 공기량이 증가한다.

해답 ④

32
콘크리트의 워커빌리티 및 반죽질기에 대한 설명으로 틀린 것은?

① 단위 시멘트량이 많아질수록 성형성이 좋아지고 워커블해진다.
② 단위 수량이 많을수록 반죽질기가 질게 되어 유동성이 증가하지만 재료분리가 발생하기 쉬워진다.
③ 잔골재율을 증가시키면 동일 워커빌리티를 얻기 위한 단위수량을 줄여야 한다.
④ 일반적으로 콘크리트의 비빔온도가 높을수록 반죽질기는 저하하는 경향이 있다.

해설 ① 잔골재율을 작게하면 소요의 워커빌리티를 가지는 콘크리트를 얻기 위하여 필요한 단위수량 및 단위시멘트량이 감소되어 경제적으로 된다.
② 잔골재율이 너무 작으면 콘크리트가 거칠고 재료분리 발생 및 워커블한 콘크리트를 얻기 어렵다.

해답 ③

33
콘크리트의 비비기에 대한 설명으로 옳은 것은?

① 강제식 믹서의 최소 비비기 시간은 30초 이상으로 하여야 한다.
② 비비기는 미리 정해 둔 비비기 시간의 3배 이상 계속하여야 한다.
③ 비비기를 시작하기 전에 미리 믹서 내부를 모르타르로 부착하여야 한다.
④ 가경식 믹서의 최소 비비기 시간은 1분 이상으로 하여야 한다.

해설
① 비비기는 미리 정해둔 비비기 시간의 3배 이상 계속하지 않아야 한다.
② 비비기를 시작하기 전에 미리 믹서 내부를 모르타르로 부착시켜야 한다.
③ 시험을 하지 않는 경우의 최소 비비기 시간
  ㉠ 가경식 믹서 : 1분 30초 이상
  ㉡ 강제식 믹서 : 1분 이상

해답 ③

34

다음 관리도 중 적용이론이 정규분포 이론이 아닌 것은?

① $\bar{x} - R$ 관리도
② $\bar{x} - \sigma$ 관리도
③ x 관리도
④ u 관리도

해설 **관리도 종류**

종류	데이터의 종류	관리도	적용이론
계량값 관리도	길이, 중량, 강도, 화학성분, 압력, 슬럼프, 공기량, 생산량	• $\bar{x} - R$ 관리도(평균값과 범위의 관리도, 관리도의 가장 기본이 되는 관리) • $\bar{x} - \sigma$ 관리도(평균값과 표준편차의 관리도) • X 관리도(측정값 자체의 관리도)	정규분포
계수값 관리도	제품의 불량률	P 관리도(불량률 관리도)	이항분포
	불량 개수	Pn 관리도(불량 개수 관리도)	
	결점수(시료크기가 같을 때)	C 관리도(결점수 관리도)	푸아송 분포
	단위당 결점수 (단위가 다를 때)	U 관리도(단위당 결점수 관리도)	

해답 ④

35

콘크리트의 굵은 골재 계량값이 아래 표와 같을 때 계량 오차와 허용치 만족여부를 순서대로 옳게 나열한 것은?

굵은 골재 목표 1회 분량 : 2,000kg
굵은 골재 저울에 의한 계측치 ; 2,040kg

① 계량오차 : 1%, 허용치 만족여부 : 합격
② 계량오차 : 2%, 허용치 만족여부 : 합격
③ 계량오차 : 1%, 허용치 만족여부 : 불합격
④ 계량오차 : 2%, 허용치 만족여부 : 불합격

해설 ① 재료의 계량 허용오차

재료의 종류	측정단위 원칙	1회 계량 분량의 한계오차
시멘트	질량	±1% 이내
골재	질량	±3% 이내
물	질량 또는 부피	±1% 이내
혼화재	질량	±2% 이내
혼화제	질량 또는 부피	±3% 이내

※ 고로 슬래그 미분말 계량오차의 최대치는 1%로 한다.

② 계량오차

$$m_o = \frac{m_2 - m_1}{m_1} \times 100 = \frac{2,040 - 2,000}{2,000} \times 100 = 2\% < \pm 3\% \text{ 합격}$$

여기서, m_o : 계량오차(%)
m_1 : 목표 1회 계량 분량
m_2 : 저울에 의한 계측값

해답 ②

36
레디믹스트 콘크리트의 공기량은 보통콘크리트의 경우 (A)%이며, 그 허용오차는 ±(B)%로 한다. 여기서 빈칸에 알맞은 것은?

① A : 2.5, B : 1.0
② A : 3.0, B : 1.5
③ A : 4.0, B : 1.0
④ A : 4.5, B : 1.5

해설 공기량

콘크리트 종류	공기량	공기량 허용오차
보통 콘크리트	4.5%	±1.5%
경량골재 콘크리트	5.5%	
포장 콘크리트	4.5%	
고강도 콘크리트	3.5%	

해답 ④

37
시방배합을 현장배합으로 수정할 때 고려해야 하는 보정은?

① 입도보정 및 표면수보정
② 잔골재율보정 및 입도보정
③ 물-결합재비보정 및 표면수보정
④ 잔골재율보정 및 물-결합재비보정

해설 콘크리트의 시방배합을 현장배합으로 수정할 때는 현장골재의 입도상태와 표면수 즉 입도보정과 표면수 보정을 한다. 그리고 혼화제의 희석수량을 고려하여 수정하며, 희석수량도 단위수량에 포함된다.

해답 ①

38 콘크리트의 수밀성을 향상시키기 위한 방법으로 적합하지 않는 것은?

① 배합시 콘크리트의 물-결합재비를 저감시킴
② 혼합재로 플라이애시를 사용
③ 습윤양생기간을 충분히 함
④ 경량골재를 사용

해설 경량 골재의 내부는 다공질이고 표면은 유리질의 피막으로 덮인 구조로 되어 있으므로 수밀성 향상에 도움이 되지 않는다.

해답 ④

39 품질관리의 순서로 적당한 것은?

① 계획-조치-검토-실시   ② 계획-검토-조치-실시
③ 계획-실시-검토-조치   ④ 계획-검토-실시-조치

해설 품질관리 사이클 4단계

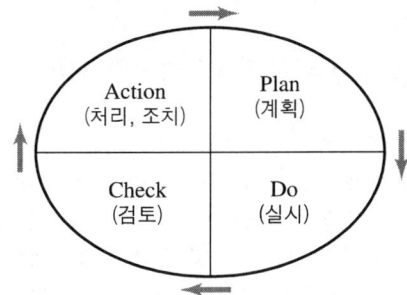

해답 ③

40 φ150mm×300mm인 콘크리트 표준공시체에 대한 압축강도 시험결과, 300kN의 하중에서 파괴되었다. 이 공시체의 압축강도는?

① 6.7MPa   ② 13.3MPa
③ 17.0MPa   ④ 34.0MPa

해설 $f = \dfrac{P}{A} = \dfrac{300,000}{\dfrac{\pi \times 150^2}{4}} = 17\text{MPa}$

해답 ③

제3과목 콘크리트의 시공

41 한중콘크리트 시공시 사용 시멘트로서 가장 적합한 것은?
① 플라이애시시멘트 ② 포틀랜드시멘트
③ 실리카시멘트   ④ 고로시멘트

해설 한중 콘크리트의 시멘트는 KS에 규정되어 있는 포틀랜드 시멘트를 사용하는 것을 표준으로 한다.

해답 ②

42 콘크리트의 운반에 관한 설명으로 틀린 것은?
① 공사 시작 전에 콘크리트의 운반에 관해 미리 충분한 계획을 세워 놓아야 한다.
② 콘크리트은 신속하게 운반하여 즉시 타설하고, 충분히 다져야 한다.
③ 비비기로부터 타설 완공시까지의 시간은 원칙적으로 외기온도가 25℃ 이상일 때는 1.5시간을 넘어서는 안 된다.
④ 외기온도가 25℃ 미만일 때 비비기로부터 타설 완료시까지의 시간은 원칙적으로 3시간 이내이다.

해설 비비기로부터 타설이 끝날 때까지의 시간은 원칙적으로 외기온도가 25℃ 이상일 때는 1.5시간, 25℃ 미만일 때에는 2시간을 넘어서는 안 된다. 다만, 양질의 지연제 등을 사용하여 응결을 지연시키는 등의 특별한 조치를 강구한 경우에는 콘크리트의 품질변동이 없는 범위 내에서 책임기술자의 승인을 받아 이 시간제한을 변경할 수 있다.

해답 ④

43 콘크리트 시공이음에 대한 설명으로 틀린 것은?
① 시공이음은 될 수 있는 대로 전단력이 작은 위치에 설치하는 것이 원칙이다.
② 부재의 압축력이 작용하는 방향과 평행하도록 설치하여야 한다.
③ 외부의 염분에 의한 피해를 받을 우려가 있는 해양 및 항만 콘크리트 구조물 등에 있어서는 시공이음부를 되도록 두지 않는 것이 좋다.
④ 수일을 요하는 콘크리트 있어서는 소묘의 수밀성이 얻어지도록 적절한 간격으로 시공이음부를 두어야 한다.

해설 시공이음은 될 수 있는 대로 전단력이 작은 위치에 설치하고, 부재의 압축력이 작용하는 방향과 직각이 되도록 하는 것이 원칙이다.

해답 ②

44 콘크리트 공장제품에 대한 설명으로 틀린 것은?

① 충분한 품질관리로 신뢰성 높은 제품의 제조가 가능하다.
② 공사기간의 단축이 가능하다.
③ 공장제품의 특성상 대량생산이 어려우며, 범용성이 떨어진다.
④ 기후에 좌우되지 않고 제조가 가능하다.

해설 공장제품은 특성상 대량생산이 쉽고 범용성이 우수하다.

해답 ③

45 출제기준에 의거하여 이 문제는 삭제됨

46 출제기준에 의거하여 이 문제는 삭제됨

47 섬유보강콘크리트의 품질검사 항목 및 판정기준을 설명한 것으로 틀린 것은?

① 휨인성계수 : 설계시 고려된 휨인성계수값에 미달할 확률이 5% 이하일 것
② 굳지 않은 강섬유보강콘크리트의 강섬유 혼입률 : 허용차 ±1.0%
③ 압축인성 : 설계시 고려된 압축인성값에 미달할 확률이 5% 이하일 것
④ 휨강도 : 설계시 고려된 휨강도계수값에 미달할 확률이 5% 이하일 것

해설 ① 굳지 않은 콘크리트의 품질검사
  ㉠ 섬유 혼입률 이외의 품질검사는 일반 콘크리트의 현장 품질관리 규정에 따른다.
  ㉡ 강섬유 혼입률에 대한 품질검사는 다음 표에 따른다.

항목	시험·검사방법	시기·횟수	판정기준
강섬유 혼입률	KCI-SF 102의 규준	강도용 시험체를 채취할 때와 품질변화를 보였을 때	허용차(%) ±0.5
강섬유 혼입률 (숏크리트)	KCI-SF 103의 규준	강도용 시험체를 채취할 때와 품질변화를 보였을 때	허용차(%) ±0.5

② 굳은 콘크리트의 품질검사
  ㉠ 휨강도 및 인성 이외에 품질검사는 일반 콘크리트의 현장 품질관리 규정에 따른다.
  ㉡ 휨강도 및 인성에 대한 품질검사는 다음 표에 따른다.

항목	시험·검사방법	시기·횟수	판정기준
휨강도 및 휨인성계수	KCI-SF 104의 규준	강도용 시험체를 채취할 때와 품질변화를 보였을 때	설계할 때에 고려된 휨인성지수 값에 미달할 확률이 5% 이하일 것
압축인성	KCI-SF 105의 규준	강도용 시험체를 채취할 때와 품질변화를 보였을 때	설계할 때에 고려된 압축인성 값에 미달할 확률이 5% 이하일 것

해답 ②

48
일평균기온이 25°C를 초과하여 콘크리트를 배합하는 경우 일반적으로 기온 10°C 상승에 대해 소요의 단위수량은 어느 정도 증가하는가?

① 2~5%
② 6~10%
③ 12~15%
④ 16~20%

해설 일반적으로는 기온 10°C의 상승에 대하여 단위수량은 2~5% 증가하므로 소요의 압축강도를 확보하기 위해서는 단위수량에 비례하여 단위 시멘트량의 증가를 검토하여야 한다.

해답 ①

49
다음은 고강도콘크리트의 재료 및 제조에 대한 설명이다. 옳지 않은 것은?

① 강제식 믹서보다는 가경식 믹서의 사용이 효과적이다.
② 단위수량은 최대 180kg/m³ 이하로 한다.
③ 잔골재율은 소요의 워커빌리티를 얻도록 시험에 의하여 결정하여야 하며, 가능한 작게 하여야 한다.
④ 굵은 골재 최대치수는 가능한 25mm 이하를 사용하도록 한다.

해설 고강도 콘크리트의 비비기 시 가경식 믹서보다는 강제식 믹서를 사용하는 것이 효과적이다.

해답 ①

50
트레미로 시공하는 일반 수중콘크리트의 슬럼프의 표준값으로 옳은 것은?

① 40~80mm
② 80~130mm
③ 130~180mm
④ 180~210mm

해설 일반 수중 콘크리트 슬럼프의 표준값

시공 방법	일반 수중 콘크리트	현장타설 말뚝 및 지하연속벽에 사용하는 수중 콘크리트
트레미	130~180mm	180~210mm
콘크리트 펌프	130~180mm	–
밑열림 상자, 밑열림 포대	100~150mm	–

해답 ③

51 유동화콘크리트의 슬럼프 증가량에 대한 설명으로 옳은 것은?

① 슬럼프 증가량은 50mm 이하를 원칙으로 하며, 20~40mm를 표준으로 한다.
② 슬럼프 증가량은 100mm 이하를 원칙으로 하며, 20~40mm를 표준으로 한다.
③ 슬럼프 증가량은 100mm 이하를 원칙으로 하며, 50~80mm를 표준으로 한다.
④ 슬럼프 증가량은 150mm 이하를 원칙으로 하며, 80~100mm를 표준으로 한다.

해설 유동화 콘크리트의 슬럼프 증가량은 100mm 이하를 원칙으로 하며, 50~80mm를 표준으로 한다.

해답 ③

52 전단력이 큰 위치에 시공이음을 설치할 경우 전단력에 대한 보강방법으로 적절하지 않은 것은?

① 장부(요철)를 만드는 방법
② 홈을 만드는 방법
③ 철근으로 보강하는 방법
④ 레이턴스를 많이 발생시키는 방법

해설
① 시공이음은 될 수 있는 대로 전단력이 작은 위치에 설치하고, 부재의 압축력이 작용하는 방향과 직각이 되도록 하는 것이 원칙이다.
② 부득이 전단이 큰 위치에 시공이음을 설치할 경우에는 시공이음에 장부 또는 홈을 두거나 적절한 강재를 배치하여 보강하여야 한다.

해답 ④

53 숏크리트의 시공에 대한 설명으로 옳은 것은?

① 습식 숏크리트는 배치 후 90분 이내에 뿜어붙이기를 완료하여야 한다.
② 습식 숏크리트는 배치 후 30분 이내에 뿜어붙이기를 실시하여야 한다.
③ 건식 숏크리트는 배치 후 1시간 이내에 뿜어붙이기를 완료하여야 한다.
④ 건식 숏크리트는 배치 후 45분 이내에 뿜어붙이기를 실시하여야 한다.

해설 건식 숏크리트는 배치 후 45분 이내에 뿜어붙이기를 실시하여야 하며, 습식 숏크리트는 배치 후 60분 이내에 뿜어붙이기를 실시하여야 한다.

해답 ④

54 수중불분리성 콘크리트르르 타설할 때 적정한 수중 낙하 높이는?

① 0.5m 이하
② 0.8m 이하
③ 1.0m 이하
④ 1.5m 이하

해설 수중불분리성 콘크리트의 타설은 유속이 50mm/s 정도 이하의 정수 중에서 수중 낙하높이 0.5m 이하이어야 한다.

55 미리 거푸집 속에 특정한 입도를 가지는 굵은 골재를 투입한 후 골재와 골재 사이 빈틈에 시멘트모르타르를 주입하여 제작하는 방식의 콘크리트는?

① 진공콘크리트
② P.S 콘크리트
③ 수밀콘크리트
④ 프리플레이스트 콘크리트

해설 프리플레이스트콘크리트(preplaced concrete)란 미리 거푸집 속에 특정한 입도를 가지는 굵은 골재를 채워놓고, 그 간극에 모르타르를 주입하여 제조한 콘크리트를 말한다.

해답 ④

56 아래의 표에서 설명하는 고유동콘크리트의 자기충전성 등급은?

> 최소철근순간격 60~200mm 정도의 철근콘크리트 구조물 또는 부재에서 자기충전성을 가지는 성능

① 1등급
② 2등급
③ 3등급
④ 4등급

해설 **고유동 콘크리트의 자기 충전성**은 다음과 같이 3가지 등급으로 한다.
① 1등급 : 최소 철근 순간격 35~60mm 정도의 복잡한 단면 형상, 단면 치수가 작은 부재 또는 부위에서 자기충전성을 가지는 성능
② 2등급 : 최소 철근 순간격 60~200mm 정도의 철근콘크리트구조물 또는 부재에서 자기 충전성을 가지는 성능
③ 3등급 : 최소 철근 순간격 200mm 정도 이상으로 단면 치수가 크고 철근량이 적은 부재 또는 부위, 무근콘크리트 구조물에서 자기 충전성을 가지는 성능

해답 ②

57 콘크리트 타설 중 내부진동기의 사용방법에 대한 설명 중 틀린 것은?

① 내부진동기 다짐 작업시 하층의 콘크리트 속으로 0.5m 정도 찔러 넣어야 한다.
② 내부진동기 삽입간격은 0.5m 이하로 한다.
③ 1개소당 진동시간은 다짐할 때 시멘트 페이스트가 표면 상부로 약간 부상하기까지 한다.
④ 내부진동기는 콘크리트를 횡방향으로 이동시킬 목적으로 사용해서는 안된다.

해설 진동다지기를 할 때에는 내부진동기를 하층의 콘크리트 속으로 0.1m 정도 찔러 넣는다.

해답 ①

58 아래 표와 같은 조건에서 한중콘크리트의 타설이 종료되었을 때 온도를 구하면?

- 비빔 직후 온도 : 20℃
- 주위의 온도 : 5℃
- 비빔 후부터 타설 종료시까지의 시간 : 2시간
- 운반 및 타설 시간 1시간에 대하여 콘크리트 온도와 주위의 기온과의 차이 : 15%

① 10.5℃
② 12.5℃
③ 15.5℃
④ 17.75℃

해설 타설 종료 후 콘크리트 온도

$T_2 = T_1 - 0.15(T_1 - T_0)t = 20 - 0.15 \times (20 - 5) \times 2 = 15.5℃$

여기서, T_2 : 타설 종료 후 콘크리트 온도(℃)
T_1 : 믹싱시의 콘크리트 온도(℃)
T_0 : 주위 기온(℃)
t : 비빔 후부터 타설 종료 때까지 시간(hr)
0.15 : 타설이 끝났을 때 콘크리트의 온도는 운반, 타설 도중의 열손실 때문에 믹서에서 비볐을 때의 온도보다 저하하는데, 이 저하의 정도는 일반적으로 운반 및 타설시간 1시간에 대하여 콘크리트 온도와 주위 기온과의 차이는 15% 정도로 본다.

해답 ③

59 고강도콘크리트의 시공에 대한 설명으로 옳지 않은 것은?
① 운반차량에는 고성능 감수제 투여장치와 같은 보조장치를 준비하여야 한다.
② 낮은 물-결합재비를 가지므로 기건양생을 실시해야 한다.
③ 다짐에 사용되는 다짐기의 기종은 높은 점성 등을 고려하여 선정하여야 한다.
④ 콘크리트 타설의 낙하고는 1m 이하로 하는 것이 좋다.

해설 고강도 콘크리트는 낮은 물-결합재비를 가지므로 철저히 습윤 양생을 하여야 하며, 부득이한 경우 현장 봉함 양생 등을 실시할 수 있다.

해답 ②

60 다음 중 촉진양생의 종류가 아닌 것은?
① 오토클레이브 양생
② 전기양생
③ 증기양생
④ 습윤양생

해설 **습윤양생**은 일반적으로 사용되는 양생이다.
① 콘크리트는 타설 후 경화가 시작될 때까지 직사광선이나 바람에 의해 수분이 증발하지 않도록 보호한다.
② 타설 후 콘크리트 상부는 시트 등으로 햇빛막이나 바람막이를 설치한다.
③ 콘크리트 타설 후 콘크리트의 수화열에 의해 콘크리트 속 수분이 증발하여 건조수축이 발생하고 콘크리트 표면에 균열 발생이 예상될 때 실시한다.

해답 ④

제4과목 콘크리트 구조 및 유지관리

61. 다음 중 부재에 따른 강도감소계수가 틀린 것은?

① 인장지배 단면 : 0.85
② 압축지배 단면 중 띠철근으로 보강된 철근콘크리트 부재 : 0.70
③ 포스트텐션 정착구역 : 0.85
④ 무근콘크리트의 휨모멘트 : 0.55

해설 강도감소계수(ϕ)

부재 또는 하중의 종류		ϕ
① 인장지배단면		0.85
② 전단력과 비틀림모멘트		0.75
③ 압축지배단면	나선철근으로 보강된 철근콘크리트 부재	0.70
	그 외의 철근콘크리트 부재	0.65
④ 콘크리트의 지압력(포스트텐션 정착부나 스트럿-타이 모델은 제외)		0.65
⑤ 포스트텐션 정착구역		0.85
⑥ 스트럿-타이 모델에서	스트럿, 절점부 및 지압부	0.75
	타이	0.85
⑦ 긴장재 묻힘길이가 정착길이보다 작은 프리텐션 부재의 휨 단면	부재의 단부부터 전달길이 단부까지	0.75
⑧ 무근 콘크리트의 휨모멘트, 압축력, 전단력, 지압력		0.55

해답 ②

62. 다음 중 콘크리트 타설 후 가장 빨리 발생되는 균열의 종류는?

① 온도균열
② 소성수축균열
③ 건조수축균열
④ 알칼리골재반응

해설 초기 균열의 종류
① 침하에 의한 균열(침하 수축 균열)
② 플라스틱 수축 균열(소성 수축 균열)
③ 거푸집의 변형에 의한 균열
④ 진동, 재하에 의한 균열
⑤ 수화열에 의한 균열

해답 ②

63
콘크리트의 건조수축으로 인한 균열을 제거하기 위한 대책으로 틀린 것은?
① 강도증진을 위하여 가능하면 배합수량을 적게 한다.
② 단위골재량을 증가시킨다.
③ 양생단계에서 수분을 적게 공급하여 증발할 여지를 줄인다.
④ 가급적 흡수율이 적고 입도가 양호한 골재를 사용한다.

해설 양생 단계에서는 수분을 충분히 공급하여야 건조수축에 의한 균열을 방지할 수 있다.

해답 ③

64
비파괴 시험방법 중 철근부식 평가를 위한 시험이 아닌 것은?
① 자연전위법   ② 전기저항법
③ 전자파 레이더법   ④ 분극저항법

해설 전자파 레이더법은 콘크리트 표면에서 내부로 전자파를 방사하여 대상물로부터 반사되는 신호를 받고 철근의 배근상태나 공동 등의 위치 및 깊이를 화상으로 표시하는 시험법이다.

해답 ③

65
강도설계법에 의한 전단설계에서, 전단보강철근을 사용하지 않고 계수하중에 의한 전단력 V_u = 100kN을 지지하려고 한다. 보의 폭이 1,000mm일 경우 보의 유효깊이의 최소값은? (단, f_{ck} = 25MPa이다.)

① 120mm   ② 160mm
③ 240mm   ④ 320mm

해설 $V_u = \frac{1}{2}\phi V_c = \frac{1}{2}\phi \frac{1}{6}\lambda\sqrt{f_{ck}}\,b_w d$ 에서
유효깊이 최소값
$$d = \frac{V_d}{\frac{1}{2}\phi\frac{1}{6}\lambda\sqrt{f_{ck}}\,b_w} = \frac{100,000}{\frac{1}{2}\times 0.75 \times \frac{1}{6}\times 1 \times \sqrt{25}\times 1,000} = 320\text{mm}$$

해답 ④

66 1방향 슬래브에 대한 설명으로 틀린 것은?

① 4변에 의해 지지되는 2방향 슬래브 중에서 단변에 대한 장변의 비가 2배를 넘으면 1방향 슬래브로 해석한다.
② 슬래브의 정모멘트 철근 및 부모멘트 철근의 중심간격은 위험단면에서는 슬래브 두께의 3배 이하이어야 하고, 또한 450mm 이하로 하여야 한다.
③ 1방향 슬래브의 두께는 최소 100mm 이상으로 하여야 한다.
④ 1방향 슬래브에서는 정모멘트 철근 및 부모멘트 철근에 직각방향으로 수축·온도 철근을 배치하여야 한다.

해설 주철근(정철근, 부철근)의 간격
① 최대 휨모멘트가 일어나는 단면 : 슬래브 두께의 2배 이하, 300mm 이하
② 그 밖의 단면 : 슬래브 두께의 3배 이하, 450mm 이하

해답 ②

67 콘크리트의 탄산화로 인한 철근부식을 방지하여 균열발생을 억제하려고 할 때 취하여야 할 조치로서 적절하지 못한 것은?

① 재료 중의 염분량 축소
② 충분한 피복두께 확보
③ 탄산가스 농도의 저감
④ 수밀성의 확보

해설 ① 탄산화(중성화)에 영향을 미치는 요인
㉠ 치밀한 콘크리트일수록 탄산화(중성화) 속도는 느리다.
㉡ 탄산가스의 농도가 높을수록 탄산화(중성화) 속도는 빨라진다.
㉢ 온도가 높을수록 탄산화(중성화) 속도는 빨라진다.
㉣ 습도가 낮을수록 탄산화(중성화) 속도는 빨라진다.
㉤ 물-결합재비가 큰 콘크리트일 수록 탄산화(중성화) 속도가 빠르다.
㉥ 타일, 돌붙임 등의 표면마감을 하고, 시공이 양호하면 탄산화(중성화)를 크게 지연시킨다.

② 중성화 방지대책
㉠ 충분한 다짐
㉡ 콘크리트의 피복두께를 크게 한다.
㉢ 물-결합재비를 가능한 낮게 한다.
㉣ 충분한 초기 양생을 한다.
㉤ 콘크리트를 부배합으로 한다.

해답 ①

68 다음 중 철근콘크리트 구조물의 장기처짐에 가장 큰 영향을 미치는 요소는?

① 최대철근비
② 균형철근비
③ 인장철근비
④ 압축철근비

해설 ① 장기 처짐=즉시 처짐×λ_Δ
여기서, λ_Δ : 실험에 근거된 계수, 장기 처짐 계수
② 실험에 근거된 계수, 장기 처짐 계수
$$\lambda_\Delta = \frac{\xi}{1+50\rho'}$$
여기서, ξ : 지속 하중 재하 기간에 따른 계수, ρ' : 압축 철근비
③ 장기처짐에 영향을 미치는 것은 압축철근비이다.

해답 ④

69
콘크리트구조 내부의 공동이나 균열과 같은 결함을 조사하는 방법으로 적당하지 않은 것은?
① 반발경도법
② 초음파법
③ 어쿠스틱 에미션(AE)법
④ 충격탄성파법

해설 반발경도법은 슈미트 해머를 이용하여 경화된 콘크리트 표면을 타격시 반발경도로서 콘크리트 압축강도를 추정하는 방법이다.

해답 ①

70
다음 중 규정에 의한 최소전단철근을 배치하여야 하는 구조물은?
① 계수전단력(V_u)이 콘크리트에 의한 설계전단강도(ϕV_c) 이하인 철근콘크리트 보
② 기초판
③ 깊이가 플랜지 두께의 3배인 T형보
④ 전체 깊이가 200mm인 철근콘크리트 보

해설 **최소전단철근을 적용하지 않아도 되는 예외규정**
① 보의 총높이가 250mm 이하일 때
② I형보, T형보에 있어서 플랜지 두께의 2.5배 또는 복부폭의 1/2 중 큰 값보다 높이가 작은 보
③ 슬래브
④ 확대기초 : 기초판, 바닥판이라고도 하며 폭이 넓고 깊이가 얕은 구조
⑤ 전단철근이 없어도 계수 휨모멘트와 전단력에 저항할 수 있다는 것을 실험에 의해 확인할 수 있는 경우
⑥ 장선구조
⑦ 순 단면의 깊이가 315mm 초과하지 않는 속빈 부재에 작용하는 계수전단력이 $0.5\phi V_{cw}$를 초과하지 않는 경우
⑧ 보의 깊이가 600mm를 초과하지 않고 설계기준압축강도가 40MPa을 초과하지 않는 강섬유콘크리트 보에 작용하는 계수 전단력이 $\phi\sqrt{f_{ck}/6}\,b_w d$를 초과하지 않는 경우
⑨ 교대 벽체 및 날개벽, 옹벽의 벽체, 암거 등과 같이 휨이 주거동인 판 부재

해답 ③

71

그림과 같은 단철근 직사각형 단면의 공칭휨강도(M_n)는? (단, $A_s = 2,540\text{mm}^2$, $f_{ck} = 24\text{MPa}$, $f_y = 300\text{MPa}$)

① 295.5kN·m
② 272.9kN·m
③ 251.1kN·m
④ 228.5kN·m

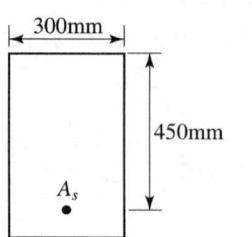

해설 ① 등가직사각형응력 깊이
$$a = \frac{A_s f_y}{\eta 0.85 f_{ck} b} = \frac{2,540 \times 300}{1 \times 0.85 \times 24 \times 300} = 124.5\text{mm}$$
② 공칭휨강도
$$M_n = A_s f_y \left(d - \frac{a}{2}\right) = 2,540 \times 300 \times \left(450 - \frac{124.5}{2}\right)$$
$$= 295,465,500\text{N·mm} = 295.5\text{kN·m}$$

해답 ①

72

1방향 슬래브에서 처짐을 계산하지 않는 경우 부재의 길이가 2.5m일 때 캔틸레버 부재의 슬래브 최소두께는 얼마인가? (단, 보통콘크리트($m_c = 2,300\text{kg/m}^2$)와 $f_y = 400\text{MPa}$인 철근을 사용한 부재)

① 89mm
② 104mm
③ 125mm
④ 250mm

해설 ① 보통콘크리트($m_c = 2,300\text{kg/m}^3$)와 설계기준항복강도 400MPa 철근을 사용한 부재에 있어서 처짐을 계산하지 않는 경우의 보 또는 1방향 슬래브의 최소 두께

부재	최소두께 h			
	단순 지지	1단 연속	양단 연속	캔틸레버
	큰 처짐에 의해 손상되기 쉬운 칸막이벽이나 기타 구조물을 지지 또는 부착하지 않은 부재			
• 1방향 슬래브	$l/20$	$l/24$	$l/28$	$l/10$
• 보 • 리브가 있는 1방향 슬래브	$l/16$	$l/18.5$	$l/21$	$l/8$

② $h_{\min} = \dfrac{l}{10} = \dfrac{2,500}{10} = 250\text{mm}$

해답 ④

73 휨부재에서 $f_{ck}=24$MPa, $f_y=300$MPa일 때 D25(공칭직경 25.4mm)인 인장철근의 기본정착길이는?

① 822mm ② 934mm
③ 1,024mm ④ 1,143mm

해설 인장 이형철근 및 이형철선의 기본정착길이
$$l_{db} = \frac{0.6\,d_b f_y}{\lambda\sqrt{f_{ck}}} = \frac{0.6 \times 25.4 \times 300}{1 \times \sqrt{24}} = 933.26\text{MPa}$$

해답 ②

74 단철근 직사각형보를 강도설계법으로 설계를 할 때 항복응력 $f_y=400$MPa, $d=500$mm라면 균형단면의 중립축거리(c_b)는? (단, 설계기준강도는 40MPa 이하인 경우로 한다.)

① 200mm ② 250mm
③ 311mm ④ 350mm

해설 ① 설계기준강도가 40MPa 이하인 경우이므로 $\epsilon_{cu} = 0.0033$
② $c = \dfrac{\epsilon_{cu}}{\epsilon_{cu} + \dfrac{f_y}{200,000}}d = \dfrac{0.0033}{0.0033 + \dfrac{400}{200,000}} \times 500 = 311.321\text{mm}$

해답 ③

75 다음 중 구조물의 외관조사 항목이 아닌 것은?

① 철근 배근조사 ② 균열조사
③ 강재부식 변형조사 ④ 기초세굴 변형조사

해설 ① 외관조사는 구조물의 표면에 나타나는 열화 등을 조사하는 방법으로 육안조사, 균열폭 측정기를 활용 방법, 사진·비디오·쌍안경 등을 활용하는 방법이 있다.
② 외관조사의 종류로는 균열, 표면 열화, 누수, 변형, 강재부식, 막이나 코팅의 부풀음, 변색, Pop-out 현상(골재가 뽑혀 나오는 정도) 등을 평가한다.

해답 ①

콘크리트산업기사 기출문제

76 콘크리트 구조물의 보수에 관한 설명 중 틀린 것은?
① 보수는 시설물의 내구성 등 주로 내력 이외의 기능을 회복시키기 위한 것이다.
② 보수에 있어서의 요구조건은 구조물의 준공상태 이상으로 하여야 한다.
③ 보수의 수준은 위험도, 경제성, 시공성 등을 고려하여 실시한다.
④ 보수공사는 더 이상의 열화를 방지하기 위한 수단이기도 하다.

해설 ① 보수란 열화된 부재나 구조물의 성능과 기능을 원상복구시키거나 사용상 지장이 없는 상태까지 회복시키는 것을 말한다.
② 철근부식에 의해서 생긴 부재의 변형과 내하력의 저하를 개선하여 초기 상태로 회복시키는 것을 말한다.

해답 ②

77 수동식 주입법은 주입 건(gun)이나 소형펌프를 사용하여 주입제를 비교적 다량으로 주입할 경우 사용되는 방법이다. 이 공법의 장점으로 거리가 먼 것은?
① 다량의 수지를 단시간에 주입할 수 있다.
② 균열폭 0.2mm 이하의 미세한 균열부위에 주입하기가 용이하다.
③ 주입압이나 속도를 조절할 수 있다.
④ 벽, 바닥, 천장 등의 부위에 따른 제약이 없다.

해설 수동식 주입법은 균열폭 0.5mm 이하의 경우에는 주입이 매우 곤란하다.

해답 ②

78 다음은 크리프의 특성에 대한 설명이다. 옳지 않은 것은?
① 물-시멘트비가 큰 콘크리트는 물-시멘트비가 작은 콘크리트보다 크리프가 크게 일어난다.
② 재하시 콘크리트 구조물의 재령이 클수록 크리프는 작게 일어난다.
③ 하중을 제거하면 크리프 변형도 없어지고 콘크리트 구조물은 원상태로 돌아온다.
④ 부재치수가 작을수록 크리프는 크게 일어난다.

해설 크리프 변형은 시간의 증가에 따라 일정하중 하(지속하중)에서 서서히 발생되는 소성변형이다.

해답 ③

79 구조물의 보수공법 중 주입공법의 특징으로 틀린 것은?

① 내력 복원의 안전성을 기대할 수 있다.
② 내구성 저하방지 및 누수방지를 기대할 수 있다.
③ 마관의 유지가 용이하다.
④ 소요의 접착강도가 발현되기 위해 장기간이 소요된다.

해설 주입재는 균열의 보수에 사용되는 주요한 보수재료로서 일반적으로 사용되는 재료(합성수지)는 수축이 적고 조기에 강도가 발휘되어 접착력이 우수하여 균열의 보수 및 타일의 접착에 가장 적합한 재료이다.

해답 ④

80 다음 중 콘크리트구조물 보강공법이 아닌 것은?

① 두께증설공법　　② 외부케이블공법
③ 강판접착공법　　④ 균열주입공법

해설 ※ 주입공법은 보수공법의 일종이다.

보강공법의 종류
① 토목 구조물의 보강공법
　㉠ 상면두께 증설공법
　㉡ 하면두께 증설공법
　㉢ 강판 접착공법
　㉣ 연속 섬유시트 접착공법
　㉤ 라이닝공법 : 강판 라이닝공법, 연속섬유를 이용한 라이닝공법, 콘크리트 라이닝공법
　㉥ 외부 케이블 공법
② 건축구조물의 보강공법
　㉠ 바닥 슬래브 보강공법 : 증설공법, 강판 접착공법, 증타공법, 철근 보강공법, 탄소섬유시트 접착공법
　㉡ 보의 보강공법 : 강판 접착공법, 증타공법, 탄소섬유시트 접착공법
　㉢ 기둥의 보강공법 : 강판 라이닝공법, 탄소섬유시트 접착공법, RC 라이닝공법
　㉣ 기초의 보강공법 : 강관말뚝 공법

해답 ④

콘크리트산업기사

2019년 4월 27일 시행

출제기준에 의거하여 불필요한 문제는 삭제함

제1과목 콘크리트 재료 및 배합

01 콘크리트의 배합에 있어서 물-결합재비를 낮게 하였을 경우에 관한 설명으로 옳지 않은 것은?

① 수밀성은 증가한다.
② 압축강도는 증가한다.
③ 내마모성은 증가한다.
④ 탄산화에 대한 저항성은 감소한다.

해설 물-결합재비를 가능한 낮게하면, 콘크리트 수밀성과 압축강도 및 내마모성이 증가하며, 탄산화(중성화) 저항성도 커진다.

해답 ④

02 각종 골재에 대한 설명으로 틀린 것은?

① 콘크리트용 부순 골재는 일반 콘크리트용 골재와는 달리 입자 모양 판정 실적률을 검토하여야 한다.
② 인공경량 골재를 사용한 콘크리트의 경우 하천 골재를 사용한 경우보다 압축강도는 떨어지지만 동결융해 저항성은 향상된다.
③ 부순 잔골재의 경우 다량의 미분말을 함유하는 경우가 많아 콘크리트의 성능에 영향을 미치기 때문에 미립분 함유량을 검토할 필요가 있다.
④ 고로 슬래그 잔골재는 고온 하에서 장기간 저장해 두면 굳어질 우려가 있는 때문에 동결 방지제를 살포함과 동시에 가능 한 1개월 이내에 사용하는 것이 좋다.

해설 인공경량 골재를 사용하면 동결융해 저항성이 떨어진다.

해답 ②

03 굵은 골재의 유해물 함유량의 한도에 대한 설명 중 틀린 것은?

① 순환골재의 점토덩어리 함유량은 1.0% 이하이어야 한다.
② 교통량이 많은 슬래브의 연한 석편 함유량은 5.0% 이하이어야 한다.
③ 점토덩어리와 연한석편의 함유량 합은 5.0% 이하이어야 한다.
④ 0.08mm체 통과향의 시험을 실시한 후 체에 남은 점토덩어리는 0.25% 이하이어야 한다.

해설 점토덩어리 함유량은 0.25%, 연한 석편은 5.0% 이하이어야 하며, 그 합은 5%를 초과하지 않아야 한다. 다만, 순환골재의 점토덩어리 함유량은 0.2% 이하로 한다. 그러나, 무근콘크리트에 사용할 경우에는 적용하지 않는다.

해답 ①

04 콘크리트의 내구성을 고려하여 항상 해수에 침지되는 콘크리트에 사용되는 해양 콘크리트의 물-결합재비를 정할 경우 그 최댓값은?

① 40%   ② 55%
③ 50%   ④ 45%

해설 ① 항상 해수에 침지되는 콘크리트의 경우 노출범주 및 등급은 ES3에 해당한다. ES3의 경우 최대 물-결합재비는 40%이다.
② 내구성(동결융해) 확보를 위한 요구조건

| 항목 | 노출범주 및 등급 ||||
| | ES(해양환경, 제설염 등 염화물) ||||
	ES1	ES2	ES3	ES4
내구성 기준압축강도 f_{cd}(MPa)	30	30	35	35
최대 물-결합재비[1]	0.45	0.45	0.40	0.40

1) 경량골재 콘크리트에는 적용하지 않음. 실적, 연구성과 등에 의하여 확증이 있을 때는 5% 더한 값으로 할 수 있음.

해답 ①

05 레디믹스트 콘크리트의 혼합에 사용되는 물 중 상수돗물 이외의 물의 품질에 관한 설명으로 옳지 않은 것은?

① 염소이온(Cl^-)양은 250mg/L 이하이어야 한다.
② 현탁 물질과 용해성 증발 잔류물은 1g/L 이하로 관리하여야 한다.
③ 모르타르의 압축강도 비는 재령 7일 및 28일에서 90% 이상 나와야 한다.
④ 시멘트 응결 시간의 차이가 초결은 30분 이내, 종결은 60분 이내이어야 한다.

해설 현탁 물질의 양은 2g/L 이하로, 용해성 증발 잔류물의 양은 1g/L 이하로 관리하여야 한다.

해답 ②

06

콘크리트용 골재로서 요구되는 성질로 적합하지 않은 것은?

① 잔골재는 유기 불순물 시험에 합격한 것
② 골재의 입형은 편평하고 긴 모양을 가질 것
③ 잔골재의 염화물(NaCl 환산량) 허용한도는 0.04% 이하일 것
④ 골재의 강도는 콘크리트 중 경화시멘트 페이스트의 강도 이상일 것

해설 골재의 입자는 둥근 것 또는 정육면체에 가까운 것이 좋다.

해답 ②

07

콘크리트의 배합에 대한 일반사항을 설명한 것으로 틀린 것은?

① 물-결합재비는 소요의 강도, 내구성, 수밀성 및 균열저항성 들을 고려하여 정한다.
② 단위수량은 작업에 적합한 워커빌리티를 갖는 범위 내에서 될 수 있는 대로 적게 한다.
③ 현장 콘크리트의 품질변동을 고려하여 콘크리트의 배합강도는 설계기준강도보다 작게 정한다.
④ 잔골재율은 소요의 워커빌리티를 얻을수 있는 범위 내에서 단위수량이 최소가 되도록 시험에 의해 정한다.

해설 현장 콘크리트의 품질변동을 고려하여 콘크리트의 배합강도는 설계기준강도보다 크게 정한다.

해답 ③

08

철근콘크리트에 이용되는 길이가 300mm, 지름이 20mm인 강봉에 50kN의 인장력을 가한 결과 2.34×10^{-1}mm가 신장되었을 때 강봉의 변형률은? (단, 강봉의 탄성 계수=$2.04 \times 10^5 \text{N/mm}^2$)

① 6.2×10^{-4} ② 6.8×10^{-4}
③ 7.2×10^{-4} ④ 7.8×10^{-4}

해설 ① 강봉의 변형량
$$\Delta l = \frac{Pl}{AE} = \frac{50,000 \times 300}{\frac{\pi \times 20^2}{4} \times 2.04 \times 10^5} = 0.234 \text{mm}$$

② 강봉의 변형률
$$\frac{\Delta l}{l} = \frac{0.234}{300} = 7.8 \times 10^{-4}$$

해답 ④

09

공기 투과 장치를 이용한 분말도 시험방법에 따라 보통 포틀랜드 시멘트의 분말도를 측정하여 다음과 같은 시험 결과를 얻었을 때 보통 포틀랜드 시멘트의 비표 면적은?

측정항목	측정값
S_o : 고정용 표준시료의 표면적(cm^2/g)	3315
t : 시료를 베드로서 사용했을 때의 마노미터액이 B표선에서 C표선까지 내려오는 시간(s)	68.2
t_o : 교정용 표준시료를 베드로 사용했을 때의 마노미터액이 B표선에서 C표선까지 내려오는 시간(s)	60.5

① $3304.27 cm^2/g$
② $3454.65 cm^2/g$
③ $3519.64 cm^2/g$
④ $3557.38 cm^2/g$

해설

$$S = \frac{S_s\sqrt{T}}{\sqrt{T_s}} = \frac{S_o\sqrt{t}}{\sqrt{t_o}} = \frac{3315 \times \sqrt{68.2}}{\sqrt{60.5}} = 3519.64 cm^2/g$$

여기서, S : 시험 시료의 비표면적[cm^2/g]

S_s : 보정 시험에 사용한 표준 시료의 비표면적[cm^2/g]

T : 시험 시료에 대한 마노미터액의 제2눈금과 3눈금 사이의 낙하시간 [sec]

T_s : 보정 시험에 사용한 표준 시료에 대한 마노미터액의 제2눈금과 3눈금 사이의 낙하시간[sec]

해답 ③

10

콘크리트의 배합강도를 결정할 때 사용 하는 압축강도의 표준편차는 30회 이상의 시험실적으로부터 구하는 것을 원칙으로 하며, 그 이하일 경우 보정계수를 곱하여 그 값을 표준편차로 사용한다. 다음 중 시험횟수가 20회일 때 표준편차의 보정계수로 옳은 것은?

① 1.03
② 1.08
③ 1.16
④ 1.24

해설 시험 횟수 20회 일 때의 표준편차의 보정계수는 1.08이다.

[참고] 압축강도의 시험횟수가 29회 이하이고 15회 이상인 경우는 시험에서 구한 표준편차에 보정계수를 곱한 값을 표준편차로 하고, 명시되지 않은 경우에는 보간법으로 보정계수를 구한다.

시험 횟수	표준편차의 보정계수
15	1.16
20	1.08
25	1.03
30 이상	1.00

해답 ②

11 콘크리트용 실리카 퓸의 품질규정으로 부적절한 것은?

① 슬러리형 실리카 퓸의 강열 감량 측정시 가열 온도는 105±5℃로 한다.
② 분말상 및 과립상인 실리카 퓸의 이산화 규소 함량은 85% 이상이어야 한다.
③ 제품 형태별로 분말상인 실리카 퓸의 단위질량은 450kg/m³ 이하이어야 한다.
④ 제품 형태별로 과립상인 실리카 퓸의 단위질량은 700kg/m³ 이하이어야 한다.

해설 실리카 퓸의 강열 감량의 정량 방법은 KS L 5120 또는 이에 대응되는 표준화된 국제표준 시험에 따르며, 가열 온도는 750℃~950℃로 한다.

해답 ①

12 콘크리트 배합설계에서 단위골재량의 절대 용적을 계산하는 데 반드시 필요한 항목이 아닌 것은?

① 공기량　　　　　　　　② 단위수량
③ 시멘트의 밀도　　　　　④ 굵은 골재의 최대 치수

해설 단위골재량 절대체적(V_a)

$$V_a = 1 - \left(\frac{\text{단위수량}}{1000\text{kg/m}^3} + \frac{\text{단위 시멘트량}}{\text{시멘트 비중} \times 1000} + \frac{\text{공기량}}{100} \right)$$

해답 ④

13 잔골재의 밀도 및 흡수율시험에서 결과의 정밀도에 대한 설명으로 옳은 것은?

① 시험값은 평균과의 차이가 밀도의 경우 0.1g/cm³ 이하, 흡수율의 경우는 0.5%이하이어야 한다.
② 시험값은 평균과의 차이가 밀도의 경우 0.5g/cm³ 이하, 흡수율의 경우는 0.1%이하이어야 한다.
③ 시험값은 평균과의 차이가 밀도의 경우 0.05g/cm³ 이하, 흡수율의 경우는 0.01%이하이어야 한다.
④ 시험값은 평균과의 차이가 밀도의 경우 0.01g/cm³ 이하, 흡수율의 경우는 0.05%이하이어야 한다.

해설 시험값의 결과는 평균과의 차이가 밀도의 경우 0.01g/cm³ 이하, 흡수율의 경우는 0.05% 이하이어야 한다.

해답 ④

14 다음 재료를 계량할 때 허용되는 오차값으로 옳은 것은?

재료의 종류	허용오차(%)
골재	㉠
혼화재	㉡
혼화제	㉢

① ㉠ : ±3, ㉡ : ±2, ㉢ : ±3
② ㉠ : ±1, ㉡ : ±2, ㉢ : ±3
③ ㉠ : ±3, ㉡ : ±2, ㉢ : ±1
④ ㉠ : ±2, ㉡ : ±3, ㉢ : ±2

해설 1회 계량분에 대한 재료의 계량오차

재료의 종류	측정단위 원칙	1회 계량 분량의 한계오차
시멘트	질량	±1% 이내
골재	질량	±3% 이내
물	질량 또는 부피	±1% 이내
혼화재	질량	±2% 이내
혼화제	질량 또는 부피	±3% 이내

※ 고로 슬래그 미분말 계량오차의 최대치는 1%로 한다.

해답 ①

---

15 시멘트의 비중이 작아지는 경우에 대한 설명으로 틀린 것은?

① 시멘트가 풍화한 경우
② 시멘트의 저장기간이 짧은 경우
③ 시멘트에 혼합물이 섞여 있는 경우
④ 시멘트의 클링커의 소성이 불충분한 경우

해설 시멘트를 장기간 저장할 때 시멘트 비중이 작아진다.

해답 ②

---

16 포틀랜드 시멘트의 성질에 대한 설명으로 옳지 않은 것은?

① 시멘트의 비표면적이 클수록 초기강도는 작다.
② 혼합시멘트의 비중은 혼합재의 종류에 따라서 다를 수 있다.
③ 강도발현성이 좋을수록 초기재령에서 시멘트의 수화열은 크다.
④ 온도가 높을수록 응결이 빠르며, 풍화가 진행될수록 응결이 낮다.

해설 분말도가 높은 시멘트는 비표면적(물과의 접촉 면적)이 커져 수화작용이 빨라 초기강도가 높아진다.

해답 ①

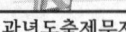

17 다음의 표는 콘크리트용 골재의 체가름 시험결과를 나타낸 것이다. 이 골재의 조립률로 옳은 것은?

[표] 체가름 시험결과

체의 호칭 치수(mm)	누적 잔류량(kg)	각 체의 통과율(%)	누적 잔류율(%)
100	0	100	0
80	0	100	0
40	0	100	0
25	300	97	3
20	2000	80	20
15	3200	68	32
13	4300	57	43
10	6000	40	60
5	8600	14	86
2.5	9800	2	98
1.2	10000	0	100
0.6	10000	0	100
0.3	10000	0	100
0.15	10000	0	100
0.08	10000	0	100

① 6.58　② 6.64
③ 6.98　④ 8.42

해설 ① 사용하는 체(총 10개)
80mm, 40mm, 20mm, 10mm, 5mm, 2.5mm, 1.2mm, 0.6mm, 0.3mm, 0.15mm

② 조립률 = $\dfrac{\text{각 체에 남는 누가중량 백분율 합}}{100}$

$= \dfrac{0+0+20+60+86+98+100+100+100+100}{100}$

$= 6.64$

해답 ②

18 플라이애시의 품질규격에서 물리적 성질의 항목이 아닌 것은?

① 밀도(g/cm³)　② 강열 감량(%)
③ 분말도(cm²/g)　④ 활성도 지수(%)

해설 강열 감량은 고열을 가했을 때의 무게 감량을 말하는 것으로, 물리적 성질에 해당하지 아니한다.

해답 ②

19 굵은 골재에 관한 시험을 통해 아래와 같은 결과를 얻었다. 이 골재의 흡수율은?

- 표면건조포화상태 시료의 질량 : 4100g
- 절대건조상태 시료의 질량 : 3950g
- 수중에서 시료의 질량 : 2250g

① 3.48% ② 3.52%
③ 3.80% ④ 3.91%

해설 흡수율 $= \dfrac{B-D}{D} \times 100 = \dfrac{4,100-3,950}{3,950} \times 100 = 3.80\%$

여기서, B : 표건상태 시료의 질량
C : 기건상태 시료의 질량

해답 ③

20 다음 포틀랜드 시멘트 중 C_3A 함량이 가장 적은 것은?
① 보통 포틀랜드 시멘트 ② 조강 포틀랜드 시멘트
③ 중용열 포틀랜드 시멘트 ④ 초조강 포틀랜드 시멘트

해설 중용열 포틀랜드 시멘트(2종, Medium Heat Portland Cement)는 수화작용시 발열량을 줄이기 위해 규산삼석회(C_3S)와 알루민산삼석회(C_3A)의 양을 제한하고 규산이석회(C_2S)의 양을 크게 한 시멘트이다.

해답 ③

제2과목 콘크리트 제조, 시험 및 품질관리

21 일반 콘크리트의 받아들이기 품질검사에서 염화물 함유량은 염소이온량으로 몇 kg/m³ 이하이어야 하는가?

① 0.1kg/m³ ② 0.2kg/m³
③ 0.3kg/m³ ④ 0.4kg/m³

해설 일반 콘크리트의 받아들이기 품질검사에서 염화물 함유량은 염소이온량으로 0.3kg/m³ 이하이어야 한다.

해답 ③

22 콘크리트 압축강도 시험에서 지름 150mm, 높이 300mm인 원주형 공시체를 사용한 경우, 최대 압축하중 430kN에서 공시체가 파괴되었다면 압축강도는?

① 24.3MPa ② 26.5MPa
③ 28.1MPa ④ 30.4MPa

해설 $f = \dfrac{P}{A} = \dfrac{430,000}{\dfrac{\pi \times 150^2}{4}} = 24.3\text{MPa}$

해답 ①

23 강도 시험용 공시체 제작에 대한 설명으로 틀린 것은?

① 공시체의 양생 온도는 (20±2)℃로 한다.
② 쪼갬 인장 강도 시험용 공시체는 원기둥 모양으로 그 지름은 굵은 골재의 최대치수의 4배 이상이며 150mm 이상으로 한다.
③ 캐핑용 재료를 사용하여 압축강도 시험용 공시체를 캐핑하는 경우 캐핑층의 두께는 공시체 지름이 5% 정도로 한다.
④ 캐핑용 재료를 사용하여 압축강도 시험용 공시체를 캐핑하는 경우 캐핑층의 압축강도는 콘크리트의 예상되는 강도보다 작아서는 안 된다.

해설 압축강도시험용 공시체의 뒷면 다듬질을 캐핑(Capping)에 의하는 경우 캐핑층의 두께는 공시체 지름의 2%를 넘어서는 안된다.

해답 ③

24 레디믹스트 콘크리트의 품질 기준 중 고강도 콘크리트의 공기량 및 공기량의 허용 오차로 옳은 것은?

① 공기량 : 5.5%, 허용 오차 : ±1.5%
② 공기량 : 5.5%, 허용 오차 : ±2%
③ 공기량 : 3.5%, 허용 오차 : ±2%
④ 공기량 : 3.5%, 허용 오차 : ±1.5%

해설 **공기량**

콘크리트 종류	공기량	공기량 허용오차
보통 콘크리트	4.5%	±1.5%
경량골재 콘크리트	5.5%	
포장 콘크리트	4.5%	
고강도 콘크리트	3.5%	

해답 ④

25
콘크리트의 크리프에 영향을 미치는 요소에 대한 설명으로 틀린 것은?

① 습도가 높을수록 크리프가 크다.
② 재하응력이 클수록 크리프가 크다.
③ 부재의 치수가 작을수록 크리프가 크다.
④ 물-결합재비가 높을수록 크리프가 크다.

해설 상대습도가 크면 클수록 크리프는 적게 생긴다.

해답 ①

26
시멘트의 저장에 대한 일반적인 설명으로 틀린 것은?

① 저장 중에 약간이라도 굳은 시멘트는 공사에 사용하지 않아야 한다.
② 시멘트는 방습적인 구조로 된 사일로 또는 창고에 품종별로 구분하여 저장하여야 한다.
③ 포대시멘트로서 저장기간이 길어질 우려가 있는 경우에는 13포대 이상 쌓아 올리지 않는 것이 좋다.
④ 시멘트의 온도가 너무 높을 때는 그 온도를 낮춘 다음 사용하여야 하며, 시멘트의 온도는 일반적으로 50℃ 이하를 사용하는 것이 좋다.

해설 포대시멘트를 쌓아서 저장하면 그 질량으로 인해 하부의 시멘트가 고결할 염려가 있으므로 시멘트를 쌓아올리는 높이는 13포대 이하로 하는 것이 바람직하다. 저장기간이 길어질 우려가 있는 경우에는 7포대 이상 쌓아 올리지 않는 것이 좋다.

해답 ③

27
다음 중 콘크리트 타설 후부터 응결이 종료할 때까지 발생하는 균열이 원인이 아닌 것은?

① 하중에 의한 휨 균열
② 콘크리트의 침하에 의한 균열
③ 시멘트의 이상응결에 의한 균열
④ 잔골재에 함유된 미립분에 의한 균열

해설 콘크리트 타설 후부터 응결이 종료될 때까지 발생하는 균열
① 침하에 의한 균열(침하 수축 균열)
② 플라스틱 수축 균열(소성 수축 균열, 초기 건조 균열)
③ 거푸집의 변형에 의한 균열
④ 시멘트의 이상응결에 의한 균열
⑤ 수화열에 의한 균열
⑥ 잔골재에 함유된 미립분에 의한 균열

해답 ①

28 모르타르 및 콘크리트의 길이변화 시험(KS F 2424)에서 규정하는 시험방법이 아닌 것은?

① 콤퍼레이터 방법
② 크랙 게이지 방법
③ 다이얼 게이지 방법
④ 콘택트 게이지 방법

해설 모르타르 및 콘크리트의 길이 변화 시험 종류
① 콤퍼레이터 방법
② 콘택트 게이지 방법
③ 다이얼 게이지 방법

해답 ②

29 콘크리트 비비기는 미리 정해둔 비비기 시간의 몇 배 이상 계속해서는 안 되는가?

① 2배
② 3배
③ 4배
④ 5배

해설 비비기는 미리 정해둔 비비기 시간의 3배 이상 계속하지 않아야 한다.

해답 ②

30 콘크리트의 동해 및 내동해성에 관한 설명 중 잘못된 것은?

① 흡수율이 큰 골재를 사용하면 동해를 일으키기 쉽다.
② AE제를 사용하면 내동해성을 향상시키는데 큰 효과가 있다.
③ 물-결합재비가 큰 콘크리트를 사용하면 동해를 작게 할 수 있다.
④ 건습 반복을 받는 부재가 건조상태로 유지되는 부재에 비해 동해를 일으키기 쉽다.

해설 기포의 특성이 동일한 경우 물-결합재비를 작게 하여 치밀한 조직의 콘크리트로 만들면 동결융해에 대한 저항성이 커진다.

해답 ③

31 지름 150mm, 높이 300mm인 원주형 공시체의 인장 강도를 측정하기 위해 쪼갬 인장 강도 시험으로 콘크리트에 하중을 가하여 공시체가 100kN에 파괴되었다면, 이 콘크리트의 쪼갬 인장 강도는?

① 1.4MPa
② 1.7MPa
③ 2.0MPa
④ 2.3MPa

해설 $f_t = \dfrac{2P}{\pi dl} = \dfrac{2 \times 100,000}{\pi \times 150 \times 300} = 1.4\text{MPa}$

해답 ①

32
레디믹스크 콘크리트(KS F 4009)의 품질 중 슬럼프가 80mm일 때 슬럼프의 허용오차로 옳은 것은?

① ±10mm
② ±15mm
③ ±20mm
④ ±25mm

해설 KS F 2402의 규정에 따라 시험한 슬럼프값과 호칭 슬럼프의 허용오차

슬럼프[mm]	슬럼프 허용오차[mm]
25	±10mm
50 및 65	±15mm
80 이상	±25mm

해답 ④

33
콘크리트의 슬럼프 시험에 대한 설명으로 틀린 것은?

① 슬럼프콘을 들어 올리는 시간은 높이 300mm에서 10~15초로 한다.
② 슬럼프콘은 윗면의 안지름 100mm, 밑면의 안지름 200mm, 높이 300mm 및 두께 1.5mm 이상인 금속제를 사용한다.
③ 슬럼프콘에 콘크리트를 채우기 시작하고나서 슬럼프콘의 들어 올리기를 종료할 때까지의 시간은 3분 이내로 한다.
④ 슬럼프콘에 시료를 넣고 봉다짐할 때 분리를 일으킬 염려가 있을 때는 분리를 일으키지않을 정도로 다짐수를 줄인다.

해설 슬럼프 콘을 들어올리는 시간은 높이 300mm에서 2~3초로 한다. 그리고 콘크리트가 슬럼프콘의 중심축에 대하여 치우치거나 무너지거나 해서 모양이 불균형이 된 경우는 다른 시료에 의해 재시험을 한다.

해답 ①

34
다음 중 품질관리 4단계 사이클의 순서가 옳은 것은?

① 계획 → 검토 → 조치 → 실시
② 계획 → 실시 → 검토 → 조치
③ 검토 → 실시 → 계획 → 조치
④ 검토 → 계획 → 실시 → 조치

해설 관리 사이클 4단계

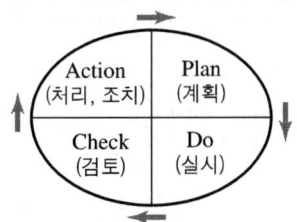

해답 ②

35

5회의 압축강도시험을 실시하여 아래와 같은 측정값을 얻었다. 범위 R은?

> 30.5, 29.4, 29.8, 31.5, 33.5 (단위 : MPa)

① 3.1MPa
② 4.1MPa
③ 5.1MPa
④ 6.1MPa

해설 범위(R)는 데이터의 최대값과 최소값의 차이므로
$R = x_{max} - x_{min} = 33.5 - 29.4 = 4.1 \text{MPa}$

해답 ②

36

콘크리트 비비기에 대한 설명으로 틀린 것은?

① 비비기는 미리 정해둔 비비기 시간의 3배 이상 계속하지 않아야 한다.
② 믹서 안의 콘크리트를 전부 재료를 넣지 말아야 한다.
③ 재료를 믹서에 투입하는 순서로서 물은 다른 재료의 투입이 끝난 후 주입하는 것을 원칙으로 한다.
④ 가경식 믹서를 사용하고 비비기 시간에 대한 시험을 실시하지 않은 경우 그 최소 시간은 1분 30초 이상을 표준으로 한다.

해설 ① 재료를 믹서에 투입하는 순서는 믹서의 형식, 비비기 시간, 골재의 종류 및 입도, 단위수량, 단위 시멘트량, 혼화재료의 종류 등에 따라 다르므로 KS F 2455에 의한 시험, 강도시험, 블리딩 시험 등의 결과 또는 실적을 참고로 해서 정한다.
② 프리플레이스트 콘크리트에서 믹서에 재료를 투입할 때는 물, 혼화제, 플라이애시, 시멘트, 잔골재의 순으로 한다.

해답 ③

37

블리딩 시험용기의 안지름의 25cm이고, 안높이는 28.5cm이다. 이 용기에 30kg의 콘크리트를 채우고 측정한 블리딩에 따른 물의 총 용적은 200cm³ 이었다면 블리딩양은?

① $0.27 \text{cm}^3/\text{cm}^2$
② $0.32 \text{cm}^3/\text{cm}^2$
③ $0.41 \text{cm}^3/\text{cm}^2$
④ $0.53 \text{cm}^3/\text{cm}^2$

해설 단위표면적당 블리딩량
$$\text{블리딩량}[\text{cm}^3/\text{cm}^2] = \frac{V}{A} = \frac{200}{\frac{\pi \times 25^2}{4}} = 0.41 \text{cm}^3/\text{cm}^2$$

해답 ③

38

블리딩에 대한 설명 중 틀린 것은?

① 블리딩이 많은 콘크리트는 침하량도 많다.
② 블리딩은 굵은 골재와 모르타르, 철근과 콘크리트의 부착력을 저하시킨다.
③ 블리딩은 일종의 재료 분리이므로 블리딩이 크면 상부의 콘크리트가 다공질이 된다.
④ 블리딩이 많으면, 모르타르 부분의 물-결합재비가 작게 되어 강도가 크게 된다.

해설 블리딩이 커지면 물-결합재비가 커져 강도가 작아진다.

해답 ④

39

콘크리트의 휨 강도 시험에서 공시체에 하중을 가하는 속도로 옳은 것은?

① 가장자리 응력도의 증가율이 매초 0.06±0.04MPa이 되도록 한다.
② 가장자리 응력도의 증가율이 매초 0.06±0.4MPa이 되도록 한다.
③ 가장자리 응력도의 증가율이 매초 0.6±0.04MPa이 되도록 한다.
④ 가장자리 응력도의 증가율이 매초 0.6±0.4MPa이 되도록 한다.

해설 공시체에 충격을 가하지 않도록 일정한 속도로 하중을 가한다. 하중을 가하는 속도는 가장자리 응력도의 증가율이 매초 0.06±0.04 MPa이 되도록 조정하고, 최대 하중이 될 때까지 그 증가율을 유지하도록 한다.

해답 ①

40

압력법에 의한 공기량 시험에서 콘크리트의 겉보기 공기량이 4.6%, 골재 수정 계수가 0.3%이면 콘크리트의 공기량은?

① 4.0%
② 4.3%
③ 4.6%
④ 4.9%

 $A(\%) = A_l - G = 4.6 - 0.3 = 4.3\%$
여기서, A : 콘크리트의 공기량[%]
A_l : 콘크리트의 겉보기 공기량
G : 골재수정계수

해답 ②

제3과목 콘크리트의 시공

41 출제기준에 의거하여 이 문제는 삭제됨

42 아래 표와 같은 조건에서 한중콘크리트의 타설이 종료되었을 때 온도는?

- 비빈직후 온도 : 20℃
- 주위의 기온 : 5℃
- 비빈 후부터 타설 종료 시까지의 시간 : 2시간
- 운반 및 타설 시간 1시간에 대하여 콘크리트 온도와 주위의 기온과의 차이 : 15%

① 10.5℃
② 12.5℃
③ 15.5℃
④ 17.75℃

해설 타설 종료 후 콘크리트 온도
$T_2 = T_1 - 0.15(T_1 - T_0)t = 20 - 0.15 \times (20 - 5) \times 2 = 15.5℃$

여기서, T_2 : 타설 종료 후 콘크리트 온도(℃)
T_1 : 믹싱시의 콘크리트 온도(℃)
T_0 : 주위 기온(℃)
t : 비빈 후부터 타설 종료 때까지 시간(hr)
0.15 : 타설이 끝났을 때 콘크리트의 온도는 운반, 타설 도중의 열손실 때문에 믹서에서 비볐을 때의 온도보다 저하하는데, 이 저하의 정도는 일반적으로 운반 및 타설시간 1시간에 대하여 콘크리트 온도와 주위 기온과의 차이는 15% 정도로 본다.

해답 ③

43 숏크리트 시공에 대한 일반적인 설명으로 틀린 것은?

① 건식 숏크리트는 배치 후 45분 이내에 뿜어붙이기를 실시하여야 한다.
② 습식 숏크리는 배치 후 60분 이내에 뿜어붙이기를 실시하여야 한다.
③ 숏크리트는 타설되는 장소의 대기 온도가 30℃ 이상이 되면 건식 및 습식 숏크리트 모두 뿜어붙이기를 할 수 없다.
④ 숏크리트는 대기 온도가 10℃ 이상일 때 뿜어붙이기를 실시하며, 그 이하의 온도 일 때는 적절한 온도대책을 세운 후 실시한다.

해설 숏크리트는 타설되는 장소의 대기 온도가 32℃ 이상이 되면 건식 및 습식 숏크리트 모두 뿜어붙이기를 할 수 없으며, 적절한 온도 대책을 세운 후 타설하여야 한다. 또한 보강재 및 뿜어붙일 면의 온도 역시 38℃보다 낮은 온도로 사전처리를 한 후 뿜어붙이기를 실시하여야 한다.

해답 ③

44 경량골재 콘크리트의 배합에 대한 일반적인 설명으로 틀린 것은?

① 경량골재 콘크리트는 공기연행 콘크리트로 하는 것은 원칙으로 한다.
② 슬럼프는 일반적으로 경우 대체로 50~180mm를 표준으로 한다.
③ 수밀성을 기중으로 물-결합재비를 정할 경우에는 50% 이하를 표준으로 한다.
④ 경량골재 콘크리트의 공기량은 5%를 기준으로 한다.

해설 경량골재 콘크리트의 공기량은 5.5 %를 기준으로 그 허용오차는 ±1.5%로 한다.

해답 ④

45 특정한 입도를 가지는 굵은 골재를 거푸집에 채워 넣고, 그 간극에 모르타르를 적당한 압력으로 주입하여 만드는 콘크리트의 배합에 사용되는 잔골재의 조립률의 범위로 적당한 것은?

① 1.4~2.2
② 2.3~3.1
③ 2.5~3.5
④ 6.0~8.0

해설 프리플레이스트 콘크리트의 경우, 잔골재의 입도는 주입 모르타르의 유동성과 보수성을 좋게 하기 위한 표준입도기준을 따라야 하며, 조립률은 1.4~2.2 범위가 좋다.

해답 ①

46 콘크리트의 이음에 대한 일반적인 설명으로 틀린 것은?

① 시공이음은 될 수 있는 대로 전달력이 작은 위치에 설치한다.
② 신축이음은 양쪽의 구조물 혹은 부재가 완전히 구속되도록 하여야 한다.
③ 바닥틀의 시공이음은 슬래브 또는 보의 경간 중간부 부근에 두어야 한다.
④ 시공이음면의 거푸집 철거는 콘크리트가 굳은 후 되도록 빠른 시기에 한다.

해설 신축이음은 양쪽의 구조물 혹은 부재가 구속되지 않는 구조이어야 한다.

해답 ②

47 아래의 표에서 설명하는 양생방법은?

> 고온·고압의 증기솥 속에서 상압보다 높은 압력으로 고온의 수증기를 사용하여 실시하는 양생

① 온수양생 ② 증기양생
③ 적외선 양생 ④ 오토클레이브 양생

해설 고온고압 증기양생(오토클레이브 양생 ; Autoclaved Curing)은 오토클레이브(Autoclave, 고온고압의 용기) 내에서 180℃ 전후의 고온과 7~15기압(평균 1MPa)의 고압을 이용하여 양생하는 방법으로 단시간 내에 높은 강도의 콘크리트를 얻기 위한 양생 방법이다.

해답 ④

48 콘크리트의 운반 및 타설에 대한 설명으로 적합하지 않은 것은?

① 콘크리트의 재료분리가 될 수 있는대로 적게 일어나도록 해야 한다.
② 사전에 충분한 운반계획을 세우고, 신속하게 운반하여 즉시 타설해야 한다.
③ 비비기에서 타설이 끝날 때까지의 시간은 외기온도가 25℃ 이상일 때는 2시간 이내로 하여야 한다.
④ 넓은 장소에서는 일반적으로 콘크리트의 공급원으로부터 먼 쪽에서 타설하여 가까운 쪽으로 끝내도록 하는 것은 좋다.

해설 비비기로부터 타설이 끝날 때까지의 시간
① 외기온도가 25℃ 이상 : 1.5시간 이내
② 외기온도가 25℃ 미만 : 2.0시간 이내
③ 다만, 양질의 지연제 등을 사용하여 응결을 지연시키는 등의 특별한 조치를 강구한 경우에는 콘크리트의 품질 변동이 없는 범위 내에서 책임기술자의 승인을 받아 이 시간제한을 변경할 수 있다.

해답 ③

49 일반 수중 콘크리트의 배합에서 단위 결합재비량은 표준으로 옳은 것은?

① 300kg/m³ 이하 ② 350kg/m³ 이상
③ 360kg/m³ 이하 ④ 370kg/m³ 이상

해설 수중 콘크리트의 물-결합재비 및 단위 시멘트량(%)

종류	일반 수중 콘크리트	현장 타설말뚝 및 지하연속벽에 사용하는 수중 콘크리트
물-결합재비	50% 이하	55% 이하
단위 시멘트량	370kg/m³ 이상	350kg/m³ 이상

해답 ④

50 터널 등의 숏크리트에 첨가하여 뿜어붙이는 콘크리트의 응결 및 조기의 강도를 증진시키기 위해 사용되는 혼화제는?

① 감수제 ② 급결제
③ 지연제 ④ AE제

해설 **급결제**는 응결시간을 매우 빨리 하여 순간적인 응결과 경화가 요구되는 숏크리트 공법 및 그라우트에 의한 지수공법 등에 사용된다.

해답 ②

51 콘크리트의 압축강도 시험을 통하여 거푸집을 해체하고자 한다. 설계기준압축 강도가 24MPa, 단층구조의 보의 밑면인 경우 거푸집을 해체할 때 콘크리트 압축강도는 얼마 이상이어야 하는가?

① 5MPa ② 8MPa
③ 12MPa ④ 16MPa

해설 **콘크리트 압축강도를 시험할 경우** 단층구조의 보의 밑면의 거푸집널의 해체 시기는 설계기준 압축강도의 2/3 배 이상 또한, 최소 14MPa 이상이므로
① 설계기준 압축강도의 2/3 배 이상 = 24 × 2/3 = 16MPa
② 최소 14MPa 이상
③ 콘크리트 압축강도는 둘 중 큰 값인 16MPa 이상이어야 한다.

[참고] 콘크리트 압축강도를 시험할 경우 거푸집널의 해체시기

부재		콘크리트 압축강도(f_{cu})
확대기초, 보, 기둥 등의 측면		5MPa 이상
슬래브 및 보의 밑면, 아치 내면	단층구조의 경우	설계기준 압축강도의 2/3 배 이상 또한, 최소 14MPa 이상
	다층구조의 경우	설계기준 압축강도 이상(필러 동바리 구조를 이용할 경우는 구조계산에 의해 기간을 단축할 수 있음. 단, 이 경우라도 최소강도는 14MPa 이상으로 함)

해답 ④

52 출제기준에 의거하여 이 문제는 삭제됨

53

한중콘크리트의 시공에 대한 아래 표의 설명에서 ( )안에 들어갈 알맞은 숫자는?

> 타설할 때의 콘크리트 온도는 구조물의 단면치수, 기상조건 등을 고려하여 5~20℃의 범위에서 정하여야 한다. 기상조건이 가혹한 경우나 부재 두께가 얇을 경우에는 칠 때의 콘크리트의 최저온도는 ( ) 정도를 확보하여야 한다.

① 5℃
② 10℃
③ 15℃
④ 20℃

해설 타설할 때의 콘크리트 온도는 구조물의 단면치수, 기상조건 등을 고려하여 5~20℃의 범위에서 정한다. 기상조건이 가혹한 경우나 부재두께가 얇을 경우 타설할 때의 콘크리트 최저온도는 10℃를 확보하도록 한다.

해답 ②

54

콘크리트가 굳지 않은 상태일 때 콘크리트 표면의 수분 증발속도가 블리딩(bleeding) 수의 상승속도를 상회하는 경우에 표면 부근이 급격하게 건조되면서 발생하는 균열을 무엇이라고 하는가?

① 건조수축균열
② 수화수축균열
③ 소성수축균열
④ 자기수축균열

해설 콘크리트 타설시 또는 타설 직후 표면에서 급속한 수분증발이 일어나 그 증발속도가 블리딩 속도보다 빨라 급속한 건조가 이루어져 콘크리트 표면에 미세한 균열이 생기는데 이를 플라스틱 수축에 의한 균열(소성 수축 균열, 초기 건조 균열)이라 한다.

해답 ③

55

고강도 콘크리트에 대한 설명으로 틀린 것은?

① 고강도 콘크리트를 시공할 때 거푸집판이 건조할 우려가 있는 경우라도 절대 살수하여서는 안 된다.
② 고강도 콘크리트의 설계기준압축강도는 일반적으로 40MPa 이상으로 하며, 고강도 경량골재 콘크리트는 27MPa 이상으로 한다.
③ 기상의 변화가 심하거나 동결융해에 대한 대책이 필요한 경우를 제외하고는 공기 연행제를 사용하지 않는 것을 원칙으로 한다.
④ 운반시간 및 거리가 긴 경우에 사용하는 운반차는 트럭믹서, 트럭 애지테이터 혹은 건비빔 믹서로 하여야 하며, 고성능 감수제 등을 추가로 투여하는 등의 조치를 하여야 한다.

해설 거푸집판이 건조할 우려가 있을 때에는 살수를 하여야 한다.

해답 ①

56 출제기준에 의거하여 이 문제는 삭제됨

57 서중 콘크리트에 대한 일반적인 설명으로 틀린 것은?

① 서중 콘크리트의 배합온도는 낮게 관리하여야 한다.
② 콘크리트를 타설할 때의 콘크리트 온도는 50℃ 이하이어야 한다.
③ 하루 평균기온이 25℃를 초과하는 것이 예상되는 경우 서중 콘크리트로 시공하여야 한다.
④ 콘크리트를 타설하기 전에는 지반, 거푸집 등 콘크리트로부터 물을 흡수할 우려가 있는 부분을 습윤상태로 유지하여야 한다.

해설 콘크리트를 타설할 때의 콘크리트 온도는 35℃ 이하이어야 한다.

해답 ②

58 유동화 콘크리트에서 베이스 콘크리트의 정의를 가장 잘 설명한 것은?

① 수밀성이 큰 콘크리트 또는 투수성이 적은 콘크리트
② 미리 비빈 콘크리트에 유동화제를 첨가하여 유동성을 증대시킨 콘크리트
③ 유동화 콘크리트를 제조할 때 유동화제를 첨가하기 전의 기본 배합의 콘크리트
④ 굳지 않은 상태에서 재료 분리 없이 높은 유동성을 가지면서 다짐작업 없이 자기 충전성이 가능한 콘크리트

해설 베이스 콘크리트(Base Concrete)
① 유동화 콘크리트 제조시 유동화제를 첨가하기 전의 기본 배합 콘크리트로서 믹서로 일단 비비기를 완료한 콘크리트를 말한다.
② 숏크리트의 습식 방식에서 사용하는 급결제를 첨가하기 전의 콘크리트를 말한다.

해답 ③

59 콘크리트의 시공에서 슈트를 사용할 경우에 대한 설명으로 틀린 것은?

① 슈트를 사용하는 경우에는 원칙적으로 경사슈트를 사용하여야 한다.
② 경사슈트의 토출구에서 조절판 및 깔때기를 설치해서 재료 분리를 방지하여야 한다.
③ 경사슈트를 사용할 경우 일반적으로 경사는 수평 2에 대하여 연직 1정도가 적당하다.
④ 연직슈트는 깔때기 등을 이어대서 만들어 콘크리트의 재료 분리가 적게 일어나도록 하여야 한다.

해설 원칙적으로 연직 슈트를 사용한다.

해답 ①

60 출제기준에 의거하여 이 문제는 삭제됨

제4과목 콘크리트 구조 및 유지관리

61 콘크리트 구조물의 보강공법이 아닌 것은?
① 충전공법
② 강판접착공법
③ 단면 증설공법
④ 탄소섬유시트 접착공법

해설 **충전공법**은 일반적으로 균열폭이 0.2mm를 초과하고 누수의 자국이 있는 균열에 대한 보수공법이다.

해답 ①

62 콘크리트 압축강도 추정을 위한 반발경도 시험(KS F 2730)에 대한 설명으로 옳은 것은?
① 시험 영역의 지름은 150mm 이상이 되어야 한다.
② 도장이 되어 있는 평활한 면은 그대로 시험할 수 있다.
③ 시험할 콘크리트 부재는 두께가 50mm 이상이어야 한다.
④ 각 측정치마다 슈미트해머에 의한 측정점은 10점을 표준으로 한다.

해설 시험 영역의 지름은 150mm 이상이 되어야 한다. 거친 콘크리트면 및 푸석푸석한 콘크리트면은 연삭 숫돌로 평활하게 연마한다.

해답 ①

63 출제기준에 의거하여 이 문제는 삭제됨

64 콘크리트의 탄산화에 관한 설명으로 틀린 것은?
① 탄산화 깊이는 경과시간에 반비례한다.
② 공기 중의 탄산가스 농도가 높을수록 탄산화 속도가 빨라진다.
③ 콘크리트의 물-결합재비가 낮으면 탄산화 속도가 느려진다.
④ 탄산화 깊이가 철근 위치에 도달하면 철근 피복의 박리가 일어난다.

해설 탄산화(중성화) 깊이(X, mm)와 경과한 기간(t, 년)의 제곱근에 비례한다.
$X = A\sqrt{t}$ 여기서, A : 탄산화(중성화) 속도계수

해답 ①

65

압축부재의 축방향 철근의 D35 이상일 때 사용할 수 있는 띠철근의 규정으로 옳은 것은?

① D10 이상의 띠철근으로 둘러싸야 한다.
② D13 이상의 띠철근으로 둘러싸야 한다.
③ D15 이상의 띠철근으로 둘러싸야 한다.
④ D16 이상의 띠철근으로 둘러싸야 한다.

해설 띠철근의 지름

축방향 철근의 직경	띠철근의 직경
D32 이하	D10 이상
D35 이상	D13 이상

해답 ②

66

강도설계법에서 띠철근 기중의 강도가 인장으로 지배되는 경우로 옳은 것은? (단, 단주이며, e : 편심거리, e_b : 균형편심, P_u : 편심축강도, P_b : 균형축강도이다.)

① $e < e_b$, $P < P_b$인 경우
② $e < e_b$, $P > P_b$인 경우
③ $e > e_b$, $P < P_b$인 경우
④ $e > e_b$, $P > P_b$인 경우

해설 기둥의 파괴 상태

구간	파괴 상태	편심 거리	축하중	내용
AC 구간	압축파괴	$e < e_b$	$P > P_b$	축하중의 영향을 많이 받는다.
C점	균형파괴	$e = e_b$	$P = P_b$	
CD 구간	인장파괴	$e > e_b$	$P < P_b$	휨모멘트의 영향을 많이 받는다.

해답 ③

67

옹벽의 안정조건에 대한 아래 설명에서 ( )안에 적합한 수치는?

> 활동에 대한 저항력은 옹벽에 작용하는 수평력의 ( )배 이상이어야 한다.

① 1
② 1.5
③ 2
④ 2.5

해설 활동에 대한 저항력은 옹벽에 작용하는 수평력의 1.5배 이상이어야 한다.

해답 ②

68 철근의 단면적 $A_s=3000mm^2$, $f_{ck}=30MPa$, $f_y=400MPa$인 단철근 직사각형 보의 전압축력(C)은? (단, 과소철근보이다.)

① 400kN ② 900kN
③ 1200kN ④ 12000kN

해설 $C=T=\eta 0.85 f_{ck} ab = A_s f_y = 3,000 \times 400 = 1,200,000N = 1,200kN$

해답 ③

69 아래에서 설명하는 균열의 보수기법은?

> 물-시멘트비가 아주 작은 모르타르를 손으로 채워 넣는 방법으로, 정지하고 있는 균열에 효과적이다. 따라서 계속 진전하고 있는 균열에는 적합하지 않다.

① 짜깁기법 ② 드라이 패킹
③ 폴리머 침투 ④ 에폭시주입법

해설 **드라이 패킹**은 물-시멘트비가 아주 작은 모르타르를 손으로 채워 넣는 균열 보수 기법으로 계속 진전하고 있는 균열에는 적합하지 않고 정지하고 있는 균열에 효과적이다.

해답 ②

70 콘크리트 구조물의 외관조사 중 육안조사에 의한 조사항목에 속하지 않는 것은?

① 균열 ② 침하
③ 철근노출 ④ 부재의 응력

해설 **외관조사의 종류**로는 균열, 표면 열화, 누수, 변형, 강재부식, 막이나 코팅의 부풀음, 변색, Pop-out 현상(골재가 뽑혀 나오는 정도) 등을 평가한다.

해답 ④

71 구조물의 보수공법 중 주입공법의 특징으로 틀린 것은?

① 미관의 유지가 용이하다.
② 내력 복원의 안전성을 기대할 수 있다.
③ 내구성 저하방지 및 누수방지를 기대할 수 있다.
④ 소요의 접착강도가 발현되기 위해 장기간이 소요된다.

해설 **주입공법**은 균열폭이 0.2mm 이상의 경우에 사용되며 균열 내부에 점성이 낮은 수지계 또는 시멘트계의 재료를 주입하여 방수성과 내수성을 향상시키는 공법으로 비교적 단기간에 접착강도가 발현된다.

해답 ④

72 콘크리트 구조물의 외관조사 시 외관조사망도에 기입하지 않는 것은?

① 균열 폭
② 균열 길이
③ 균열 깊이
④ 균열 형태

해설 외관조사의 종류로는 균열, 표면 열화, 누수, 변형, 강재부식, 막이나 코팅의 부풀음, 변색, Pop-out 현상(골재가 뽑혀 나오는 정도) 등을 평가하는 것으로 균열 깊이는 외관 상 측정할 수 없다.

해답 ③

73 350kN·m의 계수휨모멘트(M_u)가 작용하는 단철근 직사각형 보의 유효깊이 d는? (단, 철근비 $\rho=0.0135$, $b=200$mm, $f_{ck}=24$MPa, $f_y=300$MPa, $\phi=0.85$이다.)

① 701.4mm
② 751.4mm
③ 801.4mm
④ 851.4mm

해설 $M_d = \phi M_n \geq M_u = rM_i$이어야 하므로
$M_d \leq \phi M_n = \phi f_y \rho b d^2 (1 - 0.59 q)$
$q = \rho \dfrac{f_y}{\eta f_{ck}}$ 이므로
$\phi M_n = \phi f_y \rho b d^2 \left(1 - 0.59 \rho \dfrac{f_y}{\eta f_{ck}}\right)$

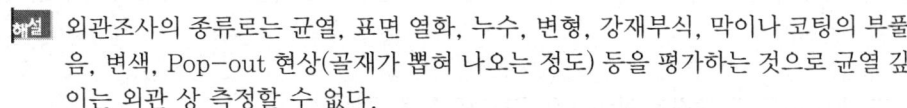

$d = \sqrt{\dfrac{350,000,000}{0.85 \times 300 \times 0.0135 \times 200 \times \left(1 - 0.59 \times 0.0135 \times \dfrac{300}{1 \times 24}\right)}}$

$= 751.4$mm

해답 ②

74 그림과 같은 T형 보에서 빗금 친 부분의 압축강도와 같은 크기의 힘을 발휘하는 인장철근의 단면적(A_{sf})은? (단, $f_{ck}=18$MPa, $f_y=300$MPa이다.)

① 1530mm²
② 2040mm²
③ 3570mm²
④ 4335mm²

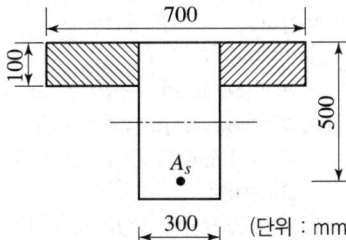

해설 $A_{sf} = \dfrac{\eta 0.85 f_{ck} t(b-b_w)}{f_y} = \dfrac{1 \times 0.85 \times 18 \times 100 \times (700-300)}{300} = 2,040 \text{mm}^2$

해답 ②

75
출제기준에 의거하여 이 문제는 삭제됨

76
조건에 따른 강도감소계수 ϕ의 값으로 틀린 것은?

① 인장지배단면 : 0.85
② 포스트텐션 정착구역 : 0.85
③ 무근콘크리트의 휨모멘트 : 0.55
④ 압축지배단면으로서 띠철근으로 보강된 철근콘크리트 부재 : 0.70

해설 압축지배 단면 강도감소계수
① 나선철근으로 보강된 철근 콘크리트 부재 : 0.70
② 그 외의 철근 콘크리트 부재 : 0.65

해답 ④

77
아래의 표에서 설명하는 동해의 형태는?

콘크리트 표면에서 시멘트 페이스트 내부의 공극수가 동결할 때에 공극수의 수압이 상승하여 페이스트의 조직을 파괴함으로써 표면이 조그만 덩어리나 입자가 되어 조직의 붕괴, 탈락되는 현상으로서, 이것은 동결융해의 반복작용에 의해 나타나는 손상형태 중 가장 쉽게 볼 수 있는 현상

① Spalling   ② Pop-out
③ Scaling   ④ Cracking

해설 박락(Spalling)은 콘크리트가 균열을 따라 원형으로 떨어져 나가는 현상으로 동결융해의 반복작용에 의해 나타나는 손상형태 중 가장 쉽게 볼 수 있는 현상이다.

[참고] 콘크리트가 동해를 받으면 발생될 수 있는 직접적인 열화현상
콘크리트 표면에서 시멘트 페이스트 내부의 공극수가 동결할 때에 공극수의 수압이 상승하여 페이스트의 조직을 파괴함으로써 다음과 같은 열화현상이 발생한다.
① 미세균열
② 박리(Scaling) : 콘크리트 표면의 모르타르가 점진적으로 손실되는 현상이다.
③ 박락(Spalling) : 콘크리트가 균열을 따라 원형으로 떨어져 나가는 현상으로 동결융해의 반복작용에 의해 나타나는 손상형태 중 가장 쉽게 볼 수 있는 현상이다.
④ 팝아웃(Pop-out) : 골재가 팽창하여 파괴되어 떨어져 나가거나 그 위치의 콘크리트 표면이 떨어져 나가는 현상이다.

해답 ①

78 강도설계법에 따른 프리스트레스를 가하지 않은 나선철근 압축부재 설계 시 설계축강도(ϕP_n)는? (단, 기둥의 총 단면적 A_g=300000mm², A_{st}=6-D35=5700mm², f_{ck}=21MPa, f_y=300MPa)

① 3758kN
② 4057kN
③ 4143kN
④ 4439kN

해설 나선철근 압축부재 설계 시 설계축강도
$$P_u \leq P_{d\max} = \phi P_{n\max} = \alpha \phi [0.85 f_{ck}(A_g - A_{st}) + f_y A_{st}]$$
$$= 0.85 \times 0.70 \times [0.85 \times 21 \times (300,000 - 5,700) + 300 \times 5,700]$$
$$= 4,143,137N = 4,143kN$$

해답 ③

79 굳지 않은 콘크리트 상태에서 총량을 규제를 하고 있는 전 염소이온량의 한도로 옳은 것은?

① 0.03kg/m³ 이하
② 0.04kg/m³ 이하
③ 0.10kg/m³ 이하
④ 0.30kg/m³ 이하

해설 굳지 않은 콘크리트 중의 전 염화물 이온량은 원칙적으로 0.30kg/m³ 이하로 한다.

해답 ④

80 콘크리트를 타설하고 다짐하여 마감작업을 한 이후에도 콘크리트는 계속하여 압밀되는 경향이 있다. 이러한 현상으로 발생하는 균열을 침하균열이라고 한다. 다음 중 침하균열이 증가되는 경우가 아닌 것은?

① 철근 직경이 클수록 침하균열은 증가한다.
② 충분한 다짐을 못한 경우 침하균열은 증가한다.
③ 콘크리트의 슬럼프가 작을수록 침하균열은 증가한다.
④ 누수되는 거푸집을 사용한 경우 침하균열은 증가한다.

해설 침하균열은 슬럼프가 클수록 증가한다.

해답 ③

콘크리트산업기사

2019년 8월 4일 시행

출제기준에 의거하여 불필요한 문제는 삭제함

제1과목 콘크리트 재료 및 배합

01 분말도가 높은 시멘트를 사용하여 콘크리트를 제조하는 경우 발생되는 특성으로 옳지 않은 것은?

① 수화작용이 빠르다.
② 건조수축이 감소한다.
③ 블리딩량이 감소한다.
④ 초기강도가 증가한다.

해설 분말도가 높은 시멘트는 수축이 크고 균열발생의 가능성이 크다.

해답 ②

02 레디믹스트 콘크리트에 사용하는 혼합수에 대한 설명으로 틀린 것은?

① 상수돗물은 시험을 하지 않아도 사용할수 있다.
② 고강도 콘크리트에는 회수수를 사용해서는 안된다.
③ 회수수의 품질기준으로 염소 이온(Cl^-)량은 350mg/L 이하이어야 한다.
④ 콘크리트의 회수수에서 상징수를 일부 활용하고 남은 슬러지를 포함한 물을 슬러지수라고 한다.

해설 회수수의 염소이온(Cl^-)량은 250ppm 이하이어야 한다.

해답 ③

03 콘크리트용 화학 혼화제 중 AE제의 성능 기준으로 블리딩양의 비는 몇 % 이하로 규정하고 있는가?

① 70% 이하
② 75% 이하
③ 80% 이하
④ 85% 이하

해설 AE제의 성능 기준으로 블리딩양의 비는 75% 이하로 규정하고 있다.

해답 ②

04 일반 콘크리트용으로 사용되는 굵은 골재의 유해물 함유량 한도 최대값을 기준으로 다음 현장적용 사례 중 잘못된 경우는?

① 점토덩어리가 약 0.3% 함유되었으나 그대로 사용하였다.
② 연한 석편이 약 4.6% 섞여 있었으나 그대로 사용하였다.
③ 0.08mm체 통과량 시험을 실시한 결과 통과량이 0.8%서 그래도 사용하였다.
④ 외관이 중요한 구조물을 제작하기 위한 콘크리트용 굵은 골재에 석탄, 갈탄 등으로 밀도 $0.002g/mm^3$의 액체애 뜨는 것이 0.4% 함유되었으나 그대로 사용하였다.

해설 굵은 골재의 점토덩어리 함유량은 0.25% 이하이어야 하므로, 점토덩어리가 약 0.3% 함유되었으나 그대로 사용한 것은 잘못한 것이다.

해답 ①

05 시멘트풀의 응결에 대한 설명으로 틀린 것은?

① 분말도가 크면 응결은 빨라진다.
② 습도가 낮으면 응결은 빨라진다.
③ 온도가 높을수록 응결은 지연된다.
④ 물-시멘트비가 많을수록 응결은 지연된다.

해설 온도가 높을수록 응결은 빨라진다.

해답 ③

06 시방배합결과가 아래와 같을 때, 잔골재의 표면수율이 3%, 굵은 골재의 표면수율이 1%라면 이를 보정하여 현장배합으로 바꾼 단위 수량은? (단, 입도에 의한 보정은 무시한다.)

- 단위수량 : $180kg/m^3$
- 단위 잔골재량 : $750kg/m^3$
- 단위 굵은골재량 : $980kg/m^3$

① $132.4kg/m^3$ ② $140.8kg/m^3$
③ $147.7kg/m^3$ ④ $162.3kg/m^3$

해설 ① 표면수 보정
  ㉠ 잔골재 표면수량 = 750 × 0.03 = 22.5kg
  ㉡ 굵은골재 표면수량 = 980 × 0.01 = 9.8kg
② 현장배합량
  단위수량 = 180 − (22.5 + 9.8) = 147.7kg

해답 ③

07 조립률 2.4인 잔골재와 조립률 7.4인 굵은 골재를 1:1.5의 비율로 혼합할 때 혼합골재의 조립률은?

① 4.5 ② 5.4
③ 5.7 ④ 6.2

해설 혼합골재 조립률
$$b = \frac{mp+nq}{m+n} = \frac{1 \times 2.4 + 1.5 \times 7.4}{1+1.5} = 5.4$$
여기서, p : 잔골재 조립률
q : 굵은골재 조립률
$m:n$ = 잔골재 중량 : 굵은골재 중량

해답 ②

08 잔골재의 안정성 시험에서 황산 나트륨을 사용할 경우 손실 질량 백분율은 몇 %이하이어야 하는가?

① 8% ② 10%
③ 12% ④ 15%

해설 잔골재의 안정성은 황산나트륨으로 5회 시험으로 평가하며, 그 손실질량은 10% 이하를 표준으로 한다. 손실질량이 10%를 넘는 잔골재는 이를 사용한 콘크리트가 유사한 기상 작용에 대하여 만족스러운 내동해성이 얻어진 실례가 있거나 시험 결과가 있을 경우 책임기술자의 승인을 받아 사용할 수 있다.

해답 ②

09 골재의 성질이 콘크리트에 미치는 영향에 대한 설명 중 틀린 것은?

① 콘크리트용 부순자갈 및 부순모래 시험결과 실적률이 큰 골재를 사용하면 콘크리트의 단위수량이 감소시킬 수 있다.
② 잔골재의 유기불순물 시험결과 표준용액과 비교하여 색이 짙어진 골재는 콘크리트의 응결 및 경화를 저해할 우려가 있다.
③ 골재 중에 함유된 점토덩어리를 측정한 시험결과 점토덩어리량이 큰 골재는 콘크리트의 강도 및 내구성을 저하시킨다.
④ 황산나트륨에 의한 골재 안정성시험결과 손실질량백분율이 작은 골재를 사용하면 콘크리트의 워커빌리티 및 내열성이 향상된다.

해설 황산나트륨에 의한 골재 안정성시험결과 손실질량백분율이 작은 골재를 사용하면 콘크리트의 내구성이 향상된다.

해답 ④

10 일반 콘크리트의 배합에서 공기연행제, 공기연행감수제, 고성능 공기연행감수제를 사용한 콘크리트의 공기량에 대한 설명으로 옳은 것은?

① 잔골재를 실적률과 단위시멘트량을 고려하여 정하여야 한다.
② 굵은 골재의 입도와 단위수량을 고려하여 정하여야 한다.
③ 잔골재의 조립률과 워커빌리티를 고려하여 정하여야 한다.
④ 굵은 골재 최대 치수와 내동해성을 고려하여 정하여야 한다.

해설 공기연행제, 공기연행감수제 또는 고성능공기연행감수제를 사용한 콘크리트의 공기량은 굵은 골재 최대 치수와 내동해성을 고려하여 다음 표와 같이 정하며, 운반 후 공기량은 이 값에서 ±1.5퍼센트 이내이어야 한다.

• 공기연행콘크리트 공기량의 표준값

굵은 골재의 최대 치수(mm)	공기량(%)	
	심한 노출[1]	보통 노출[2]
10	7.5	6.0
15	7.0	5.5
20	6.0	5.0
25	6.0	4.5
40	5.5	4.5

[주] 1) 동절기에 수분과 지속적인 접촉이 이루어져 결빙이 되거나, 제빙화학제를 사용하는 경우
2) 간혹 수분과 접촉하여 결빙이 되면서 제빙화학제를 사용하지 않는 경우

해답 ④

11 콘크리트 배합에 대한 일반적인 설명으로 틀린 것은?

① 작업에 적합한 워커빌리티를 갖는 범위 내에서 단위수량은 될 수 있는 대로 적게 한다.
② 물-결합재비는 소요의 강도, 내구성, 수밀성 및 균열저항성 등을 고려하여 정하여 한다.
③ 잔골재율은 소요의 워커빌리티를 얻을 수 있는 범위 내에서 단위수량이 최소가 되도록 시험에 의해 정하여야 한다.
④ 콘크리트를 경제적으로 제조한다는 관점에서 될 수 있는 대로 굵은 골재의 최대 치수가 작은 것을 사용하는 것이 유리하다.

해설 경제적인 콘크리트를 얻을 수 있으므로 적정한 범위 내에서 굵은골재 최대치수를 크게 하는 것이 배합의 기본이며, 계속 커질 경우에는 오히려 콘크리트에 좋지 않은 영향을 미치므로 주의하여야 한다.

해답 ④

12
고로 시멘트의 특성에 대한 설명으로 틀린 것은?

① 내열성이 크고 수밀성이 좋다.
② 건조수축은 약간 커지는 경향이 있다.
③ 초기강도는 크나, 장기강도는 보통시멘트와 거의 비슷하거나 약간 작다.
④ 내화학약품성이 좋으므로 해수, 공장폐수, 하수 등에 접하는 콘크리트에 적당하다.

해설 고로슬래그 시멘트는 초기강도는 작으나 장기강도는 보통 포틀랜드 시멘트와 같거나 크다.

해답 ③

13
압축강도의 시험횟수가 14회 이하이고, 콘크리트의 호칭강도(f_{cn})가 24MPa인 콘크리트의 배합강도는?

① 28.9MPa   ② 31.0MPa
③ 32.5MPa   ④ 34.0MPa

해설 콘크리트 압축강도의 표준편차를 알지 못할 때, 또는 압축강도의 시험횟수가 14회 이하인 경우 콘크리트의 배합강도는 콘크리트의 호칭강도가 24MPa로 21 이상 35 이하이므로
$f_{cr} = f_{cn} + 8.5 = 24 + 8.5 = 32.5\text{MPa}$

해답 ③

14
콘크리트 배합설계에 대한 일반적인 설명으로 옳은 것은?

① 콘크리트 품질변동은 공기량의 증감과는 관련이 없다.
② 일반적인 구조물에서 굵은골재의 최대치수는 40mm 이하로 한다.
③ 잔골재율이 작으면 소요 워커빌리티를 얻기 위한 단위 수량이 감소한다.
④ 콘크리트의 수밀성을 기준으로 물-결합 재비를 정할 경우 그 값은 45% 이하로 한다.

해설 ① 잔골재율을 작게하면 소요의 워커빌리티를 가지는 콘크리트를 얻기 위하여 필요한 단위수량 및 단위시멘트량이 감소되어 경제적으로 된다.
② 잔골재율이 너무 작으면 콘크리트가 거칠고 재료분리 발생 및 워커블한 콘크리트를 얻기 어렵다.

해답 ③

15 단위 골재량의 절대용적이 0.80L, 단위 굵은 골재량의 절대용적이 0.55L일 경우 잔골재율은?

① 31.3% ② 34.2%
③ 38.2% ④ 41.8%

해설 잔골재율(S/a) = $\dfrac{\text{잔골재의 절대용적}}{\text{전체골재의 절대용적}} \times 100(\%)$

$= \dfrac{0.80 - 0.55}{0.80} \times 100 = 31.25\%$

해답 ①

---

16 골재의 체가름 시험으로부터 알 수 없는 골재의 성질은?

① 골재의 입도 ② 골재의 실적률
③ 골재의 조립률 ④ 굵은 골재의 최대치수

해설 골재의 체가름 시험을 통해 골재의 입도분포, 조립률, 굵은골재의 최대치수 등을 얻는다.

해답 ②

---

17 기존 콘크리트 구조물의 철거로 인해 발생되는 폐콘크리트 등과 같이 이미 경화된 콘크리트를 파쇄하여 가공한 골재를 무엇이라 하는가?

① 순환골재 ② 부순골재
③ 고로 슬래그 골재 ④ 페로니켈 슬래그 골재

해설 순환골재(recycled aggregate)란 건설폐기물을 물리적 또는 화학적 처리과정 등을 거쳐 이 장에서 규정하고 있는 품질기준에 적합한 골재를 말한다.

해답 ①

---

18 터널 등의 숏크리트에 첨가하여 뿜어 붙인 콘크리트의 응결 및 조기의 강도를 증진시키기 위해 사용되는 혼화재료는?

① AE제 ② 감수제
③ 포졸란 ④ 급결제

해설 급결제는 응결시간을 매우 빨리 하여 순간적인 응결과 경화가 요구되는 숏크리트 공법 및 그라우트에 의한 지수공법 등에 사용된다.

해답 ④

19 콘크리트용 플라이애시의 품질은 평가하기 위한 시험 항목으로 적합하지 않은 것은?

① 밀도
② 염기도
③ 활동도 지수
④ 비표면적(브레인 방법)

해설 ① 플라이애시 품질규정 항목으로는 이산화규소(SiO_2), 수분[%], 강열감량[%], 밀도[g/cm^3], 유리 CaO[%][a], 반응성 CaO[%][a, b], SO_3[%][a], MgO[%], 총 인산염(P_2O_5)[%], 수용성 인산염(P_2O_5)[mg/kg], 염화물(Cl^-)[%], 총 알칼리[%], 안정도[a, c](오토클레이브 팽창도[%], 르샤틀리에(Lechatelier)[mm]), 분말도 (45μm체 잔분(망체방법)[d][%], 비표면적(브레인 방법)[cm^2/g]), 플로값 비[%], 활성도 지수[%](재령 28일, 재령 91일) 등이 있다.
② 염기도는 콘크리트용 플라이애시의 품질은 평가하기 위한 시험 항목에 없다.

해답 ②

20 시멘트의 강도시험(KS L ISO 679)을 실시하기 위하여 공시체를 제작하고자 한다. 표준모래가 1350g이 소요되었다면, 필요한 물의 양은?

① 175g
② 200g
③ 225g
④ 250g

해설 시멘트의 강도시험(KS L ISO 679)
① 시멘트 질량 : 표준모래 질량 = 1 : 3이므로
시멘트 질량 : 1,350 = 1 : 3
시멘트 질량 = 450g
② 물-시멘트비는 50%이므로
$\dfrac{W}{C} = \dfrac{W}{450} = 0.5$에서 물의 양 $W = 225g$

해답 ③

제2과목 콘크리트 제조, 시험 및 품질관리

21 구속되어 있지 않은 무근 콘크리트 부재의 건조수축률이 200×10^{-6}일 때 콘크리트에 작용하는 응력의 종류와 크기는? (단, 콘크리트의 탄성계수는 25GPa이다.)
① 압축응력 5MPa
② 인장응력 5MPa
③ 인장응력 2.5MPa
④ 응력이 발생하지 않음

해설 구속되어 있지 않으므로 건조수축으로 인한 변형이 일어나면서 부재 자체에 응력이 발생하지 않는다.
[참고] 구속되어 있는 경우
$f = \epsilon_{sh} E_c = 200 \times 10^{-6} \times 25{,}000 = 5\text{MPa}$(인장응력)

해답 ④

22 일반콘크리트의 현장 품질관리에 관한 설명으로 옳지 않은 것은?
① 합리적이고 경계적인 검사계획을 정하여 공사 각 단계에서 필요한 검사를 실시하여야 한다.
② 시험 결과 불합격되는 경우에는 적절한 조치를 강구하여 소정의 성능을 만족하도록 하여야 한다.
③ 일반적인 품질관리 시험을 실시하는 경우, 판정이 가능한 수법을 모두 사용하여 측정을 실시한다.
④ 검사는 미리 정한 판단기준에 적합한 지의 여부를 필요한 측정이나 시험을 실시한 결과에 바탕을 두어 판정하는 것에 의해 실시한다.

해설 시험을 실시하는 경우는, 객관적인 판정이 가능한 수법을 사용하며, 이 표준시방서에 정해진 방법에 따라 실시하는 것을 원칙으로 한다.

해답 ③

23 일반콘크리트에 대한 설명으로 옳지 않은 것은?
① 굳지 않은 콘크리트 중의 전 염소이온량은 원칙적으로 0.3kg/m^3 이하로 한다.
② 보통콘크리트의 공기량은 4.5% 이하로 하되, 그 허용오차는 ±1.5%로 한다.
③ 굵은 골재로서 사용할 자갈의 흡수율은 3.0% 이상의 값을 표준으로 한다.
④ 내구성을 갖는 콘크리트는 원칙적으로 AE콘크리트로 하고, 물-시멘트비는 60% 이하이어야 한다.

해설 굵은 골재의 흡수율은 3% 이하를 표준으로 한다.

해답 ③

24
레디믹스트 콘크리트의 품질 중 슬럼프 플로에 따른 허용오차로서 옳은 것은?

① 슬럼프 플로 500mm인 경우 허용오차는 ±50mm이다.
② 슬럼프 플로 600mm인 경우 허용오차는 ±100mm이다.
③ 슬럼프 플로 700mm인 경우 허용오차는 ±125mm이다.
④ 슬럼프 플로 800mm인 경우 허용오차는 ±150mm이다.

해설 슬럼프 플로값과 허용오차

슬럼프 플로[mm]	슬럼프 허용오차[mm]
500	±75mm
600	±100mm
700[1]	±100mm

[주] 1) 굵은골재의 최대치수가 13mm인 경우에 한하여 적용한다.

해답 ②

25
굳지 않은 콘크리트의 성질에 관한 설명으로 옳지 않은 것은?

① 콘크리트의 온도가 높을수록 반죽 질기도 커지며, 공기량에 비례하여 슬럼프 값이 커진다.
② 단위 수량이 많을수록 반죽 질기는 커지고, 작업성은 용이해지나 재료분리를 일으키기 쉽다.
③ 워커빌리티(Workability)는 작업의 난이도 및 재료분리에 저항하는 정도를 나타내며, 골재의 입도와 밀접한 관계가 있다.
④ 피니셔빌리티(Finishability)란 굵은 골재의 최대 치수, 잔골재율, 골재입도, 반죽질기 등에 의한 마무리하기 쉬운 정도를 나타내는 성질이다.

해설 콘크리트의 온도가 높을수록 반죽 질기는 작아진다. 또한 콘크리트의 슬럼프가 크면 공기량이 증가되는 경향이 있다.

해답 ①

26
관입 저항침에 의한 콘크리트의 응결시간 측정 시 초결시간으로 정의하는 관입 저항값은?

① 2.5MPa
② 2.8MPa
③ 3.0MPa
④ 3.5MPa

해설 관입저항이 $3.5N/mm^2$(3.5MPa)가 되기까지의 경과시간을 초결시간으로 한다.

해답 ④

27

일반콘크리트의 비비기에 대한 설명으로 틀린 것은?

① 비비기 시간은 시험에 의해 정하는 것을 원칙으로 한다.
② 비비기는 미리 정해 둔 비비기 시간의 3배 이상 계속해서는 안된다.
③ 연속믹서를 사용할 경우, 비비기 시작 후 최초에 배출되는 콘크리트는 사용할 수 있다.
④ 믹서 안의 콘크리트를 전부 꺼낸 후가 아니면 믹서 안에 다음 재료를 넣지 않아야 한다.

해설 연속믹서를 사용할 경우, 비비기 시작 후 최초에 배출되는 콘크리트는 사용하지 않아야 한다.

해답 ③

28

굳지 않은 콘크리트의 워커빌리티에 미치는 영향에 관한 내용으로 옳지 않은 것은?

① AE제나 감수제를 사용하면 워커빌리티가 개선된다.
② 일반적으로 혼합시멘트가 보통 포틀랜드 시멘트보다 워커빌리티에 유리하다.
③ 일반적으로 부배합 콘크리트가 빈배합 콘크리트에 비해 워커빌리티가 좋다.
④ 가능한 한 같은 크기의 입자로 이루어진 골재를 사용하면 워커빌리티에 유리하다.

해설 골재의 입도(골재의 굵은 알과 잔 알이 섞여 있는 정도)가 좋을수록 워커빌리티에 좋다.

해답 ④

29

레디믹스트 콘크리트의 품질에 관한 사항으로 틀린 것은?

① 공기량의 허용오차는 ±1.5% 이하이다.
② 슬럼프 값이 80mm 이상인 경우 허용오차는 ±15mm 이상이다.
③ 1회 강도시험 결과는 구입자가 지정한 호칭 강도 값의 85% 이상이어야 한다.
④ 3회 강도시험 결과의 평균값은 구입자가 지정한 호칭 강도 값 이상이어야 한다.

해설 **슬럼프값과 호칭 슬럼프의 허용오차**

슬럼프[mm]	슬럼프 허용오차[mm]
25	±10mm
50 및 65	±15mm
80 이상	±25mm

해답 ②

30

콘크리트의 28일 압축 강도 시험 데이터가 다음 표와 같을 때 표준편차는? (단, 단위 : MPa)

> 27.3, 27.1, 25.9, 26.6, 25.6, 28.4, 26.2, 26.1, 25.8

① 0.2MPa   ② 0.9MPa
③ 1.8MPa   ④ 2.7MPa

해설

① 평균치
$$\bar{x} = \frac{\sum x}{n} = \frac{27.3+27.1+25.9+26.6+25.6+28.4+26.2+26.1+25.8}{9}$$
$$= 26.6\text{MPa}$$

② 잔차의 제곱합(편차)
$$S = \sum(x-\bar{x})^2 = (27.3-26.6)^2 + (27.1-26.6)^2 + (25.9-26.6)^2$$
$$+ (26.6-26.6)^2 + (25.6-26.6)^2 + (28.4-26.6)^2$$
$$+ (26.2-26.6)^2 + (26.1-26.6)^2 + (25.8-26.6)^2$$
$$= 6.52$$

③ 배합강도 결정을 위한 압축강도의 표준편차
$$\sigma = \sqrt{\frac{S}{n-1}} = \sqrt{\frac{6.52}{9-1}} = 0.9\text{MPa}$$

해답 ②

31

150mm×150mm×530mm인 공시체(지간 450mm)로 휨 강도 시험을 실시한 결과 중심선의 4점 사이에서 파괴되었으며 파괴 시 최대 하중이 35kN이었다면, 이 콘크리트의 휨 강도는?

① 3.48MPa   ② 3.92MPa
③ 4.14MPa   ④ 4.67MPa

해설
$$f_b = \frac{Pl}{bd^2} = \frac{35{,}000 \times 450}{150 \times 150^2} = 4.67\text{MPa}$$

해답 ④

32

안지름 25cm, 안 높이 28.5cm의 용기로 블리딩 시험을 한 결과 블리딩수가 78.5cm³이었다면 블리딩량은?

① 0.16cm³/cm²   ② 0.20cm³/cm²
③ 0.26cm³/cm²   ④ 0.30cm³/cm²

해설
$$\text{블리딩량}[\text{cm}^3/\text{cm}^2] = \frac{V}{A} = \frac{78.5}{\frac{\pi \times 25^2}{4}} = 0.16\text{cm}^3/\text{cm}^2$$

해답 ①

33 콘크리트의 압축 강도 시험방법에 대한 설명으로 틀린 것은?

① 공시체에 충격을 주지 않도록 똑같은 속도로 하중을 가한다.
② 하중을 가하는 속도는 압축 응력도의 증가율이 매초 (0.06±0.04)MPa이 되도록 한다.
③ 공시체를 공시체 지름의 1% 이내의 오차에서 그 중심축이 가압판의 중심과 일치하도록 놓는다.
④ 시험기의 가압판과 공시체의 끝 면의 직접 밀착시키고 그 사이에 쿠션재를 넣어서는 안 된다. 다만, 언본드 캐핑에 의한 경우는 제외한다.

해설 매초 0.6±0.4MPa의 재하속도로 시험한다.

해답 ②

34 부착강도에 대한 설명으로 틀린 것은?

① 이형철근의 부착강도가 원형철근의 부착 강도보다 크다.
② 조건이 일정한 경우 콘크리트의 압축강도나 인장강도가 커질수록 부착강도는 감소한다.
③ 부착강도는 철근의 종류 및 지름, 콘크리트 속에 묻힌 철금의 위치와 방향, 묻힌길이, 콘크리트의 피복두께 및 콘크리트 품질 등에 따라 달라진다.
④ 철근을 콘크리트 속에 수평으로 매입하면 콘크리트 중의 입자의 침하나 블리딩에 의하여 철근 하부에 수막 및 공극이 생겨 부착강도가 저하한다.

해설 콘크리트의 압축강도와 인장강도가 클수록 부착강도가 크다.

해답 ②

35 일반적인 콘크리트 강도의 비파괴 시험 방법에 해당하지 않는 것은?

① 초음파법　　　　　　　　② 음향방출법
③ 반발 경도에 의한 방법　　④ 평판재하시험에 의한 방법

해설 비파괴 시험 종류
① 반발도법(반발경도법)
② 초음파 속도법(초음파법)
③ 인발법
④ 음향방출법

해답 ④

36
굳지 않은 콘크리트의 공기량 시험방법의 종류가 아닌 것은?
① 압력법
② 용적법
③ 증기법
④ 질량법

해설 굳지 않은 콘크리트 공기량 측정법
① 수주 압력법
② 공기실 압력법
③ 질량법
④ 용적법

해답 ③

37
검사 로트의 1회 타설량이 300m³이고, 동일강도 및 동일재료로의 주문자가 없을 경우의 강도 시험 횟수는? (단, KS F 4009에서 규정하는 내용으로, 1회의 시험 결과는 3개 공시체 시험치의 평균값을 말한다.)
① 1회
② 2회
③ 3회
④ 4회

해설 레디믹스트 콘크리트의 평균 강도는 시험 횟수를 많이 할수록 높은 정밀도로 판정할 수 있지만 경제성을 고려하여 3회로 한다.

해답 ③

38
콘크리트의 받아들이기 품질 검사에 관한 사항으로 옳지 않은 것은?
① 내구성 검사는 단위질량을 측정하는 것으로 한다.
② 강도검사는 압축강도시험에 의한 검사를 실시 한다. 이 검사에서 불합격된 경우에는 구조물에 대한 콘크리트 강도검사를 실시하여야 한다.
③ 콘크리트의 받아들이기 품질관리는 콘크리트를 타설하기 전에 실시하여야 한다.
④ 워커빌리티의 검사는 굵은 골재 최대 치수 및 슬럼프가 설정치를 만족하는지의 여부를 확인함과 동시에 재료 분리 저항성을 외관 관찰에 의해 확인하여야 한다.

해설 내구성 검사는 공기량, 염화물함유량(염소이온량)을 측정하는 것으로 한다. 내구성으로부터 정한 물-결합재비는 배합검사를 실시하거나, 강도시험에 의해 확인할 수 있다.

해답 ①

39 결합재(binder)가 함유하고 있는 것이 아닌 것은?

① AE제 ② 시멘트
③ 실리카 품 ④ 플라이애시

> [해설] 물과 반응하여 콘크리트 강도 발현에 기여하는 물질을 생성하는 것의 총칭으로 시멘트, 고로 슬래그 미분말, 플라이 애쉬, 실리카 품, 팽창재 등을 함유하는 것을 결합재(binder)라 한다.
>
> **해답** ①

40 콘크리트의 탄산화 측정에 사용되는 페놀프탈레인용액의 농도는?

① 1% ② 2%
③ 3% ④ 4%

> [해설] **탄산화(중성화) 판정 시험방법**
> ① 콘크리트의 파쇄면에 페놀프탈레인 1%의 알콜 용액을 뿌리는 방법으로 가장 간단하고 결과도 정확하다.
> ② 지시약(페놀프탈레인 1%의 알콜 용액)은 pH 9.0 또는 10 이하에서 착색되지 않으며 그보다 높은 pH에서는 붉은 색을 나타낸다.
> ③ 탄산화(중성화)되지 않은 부분은 붉은 보라색으로 착색되며 탄산화(중성화)된 부분은 색의 변화가 없다.
>
> **해답** ①

제3과목 콘크리트의 시공

41 수밀 콘크리트의 시공에 관한 설명으로 옳은 것은?

① 수밀 콘크리트는 시공이음이 필요하지 않다.
② 가능한 한 콘크리트를 연속타설 하지 않아야 한다.
③ 수밀 콘크리트는 건조수축 균열이 발생하지 않는다.
④ 수밀 콘크리트는 콜드조인트가 발생하지 않도록 하여야 한다.

> [해설] ① 수밀 콘크리트는 적절한 간격으로 시공이음을 만든다.
> ② 콘크리트는 가능한 연속으로 타설하여 콜드조인트가 발생하지 않도록 하여야 한다.
> ③ 수밀 콘크리트는 콜드조인트(먼저 타설된 콘크리트와 나중에 타설되는 콘크리트 사이에 완전히 일체화가 되어있지 않은 이음)가 발생하지 않도록 하여야 한다.
>
> **해답** ④

42 일반 콘크리트의 타설에 대한 설명으로 틀린 것은?

① 콘크리트의 타설은 원칙적으로 시공계획서에 따라야 한다.
② 한 구획 내의 콘크리트는 타설이 완료될 때까지 연속해서 타설하여야 한다.
③ 타설한 콘크리트를 거푸집 안에서 횡방향으로 이동시켜서는 안 된다.
④ 콘크리트를 2층 이상으로 나누어 타설할 경우, 상층의 콘크리트 타설은 원칙적으로 하층의 콘크리트가 굳은 후에 해야 한다.

해설 ① 콘크리트 타설 1층 높이는 다짐능력을 고려하여 결정하여야 한다.
② 콘크리트를 2층 이상으로 나누어 타설할 경우, 상층의 콘크리트 타설은 원칙적으로 하층의 콘크리트가 굳기 시작하기 전에 타설하여야 하며, 상층과 하층이 일체가 되도록 시공하여야 한다.

해답 ④

43 지하수위가 높은 조건에서 지하연속벽에 사용하는 수중 콘크리트를 타설 할 경우 물-결합재비(㉠)와 단위 시멘트량(㉡)의 표준은?

① ㉠ : 45% 이하, ㉡ : 350kg/m³ 이상
② ㉠ : 50% 이하, ㉡ : 370kg/m³ 이상
③ ㉠ : 55% 이하, ㉡ : 350kg/m³ 이상
④ ㉠ : 60% 이하, ㉡ : 370kg/m³ 이상

해설 수중 콘크리트의 물-결합재비 및 단위 시멘트량(%)

종류	일반 수중 콘크리트	현장 타설말뚝 및 지하연속벽에 사용하는 수중 콘크리트
물-결합재비	50% 이하	55% 이하
단위 시멘트량	370kg/m³ 이상	350kg/m³ 이상

해답 ③

44 물-시멘트비(W/C)가 55%이고, 단위수량이 165kg/m³일 때 단위 시멘트량은?

① 200kg/m³
② 250kg/m³
③ 300kg/m³
④ 350kg/m³

해설 $\dfrac{W}{C} = \dfrac{165}{C} = 0.55$에서 $C = \dfrac{165}{0.55} = 300 \text{kg/m}^3$

해답 ③

45 한중콘크리트의 보온양생 방법이 아닌 것은?

① 급열양생 ② 기건양생
③ 단열양생 ④ 피복양생

해설 한중콘크리트의 보온양생 방법은 다음 중 한 가지 방법을 선택하여 보온양생한다.
① 급열양생
② 단열양생
③ 피복양생
④ 이들을 복합한 방법

해답 ②

46 숏크리트의 시공에 대한 설명으로 틀린 것은?

① 비탈면이 동결하였거나 빙설이 있는 경우 표면에 물을 뿌려 시공한다.
② 숏크리트는 빠르게 운반하고, 급결제를 첨가한 후는 바로 뿜어 붙이기 작업을 실시하여야 한다.
③ 뿜어 붙인 콘크리트가 흘러내리지 않는 범위의 적당한 두께를 뿜어 붙이고 소정의 두께가 될 때까지 반복해서 뿜어 붙여야 한다.
④ 절취면이 비교적 평활하고 넓은 벽면은 수축에 의한 균열 발생이 많으므로 세로 방향의 적당한 간격으로 신축이음을 설치하여야 한다.

해설 비탈면이 동결하였거나 빙설이 있는 경우에는 녹여서 표면의 물을 없앤 다음 뿜어 붙여야 한다.

해답 ①

47 고강도 콘크리트에 대한 설명으로 틀린 것은?

① 경량골재 콘크리트에서 설계기준압축강도가 20MPa 이상인 콘크리트를 말한다.
② 보통(중량)콘크리트에서 설계기준압축강도가 40MPa 이상인 콘크리트를 말한다.
③ 고강도 콘크리트에 사용되는 굵은 골재의 최대 치수는 40mm 이하로서 가능한 25mm 이하로 한다.
④ 기상의 변화가 심하거나 동결융해에 대한 대책이 필요한 경우를 제외하고는 공기연행제를 사용하지 않는 것을 원칙으로 한다.

해설 고강도 콘크리트란 설계기준강도가 일반 콘크리트에서 40MPa 이상, 경량골재 콘크리트에서 27MPa 이상인 경우의 콘크리트를 말한다.

해답 ①

48 출제기준에 의거하여 이 문제는 삭제됨

49 수평시공이음 중 역방향 타설 콘크리트의 이음방법으로 틀린 것은?
① 격자법　　　　　　　② 주입법
③ 직접법　　　　　　　④ 충전법

해설 수평시공이음 역방향 타설 콘크리트 이음방법
① 직접법 : 경사지게 하여 기포와 블리딩수가 배출되기 쉽도록 한 이음방법
② 충전법 : 팽창계의 모르타르를 충전
③ 주입법 : 주입관을 붙여 두고 시멘트 풀이나 수지(Resin) 등을 주입하는 방법

해답 ①

50 고강도 콘크리트의 타설에 대한 아래 설명에서 ( )안에 알맞은 수치는?

> 수직부재에 타설하는 콘크리트의 강도와 수평부재에 타설하는 콘크리트 강도의 차가 ( )배 이상일 경우에는 수직부재에 타설한 고강도 콘크리트는 수직-수평부재의 접합면으로부터 수평부재 쪽으로 안전한 내민 길이를 확보하도록 하여야 한다.

① 1.4　　　　　　　② 1.7
③ 2.0　　　　　　　④ 2.3

해설 수직부재에 타설하는 콘크리트의 강도와 수평부재에 타설하는 콘크리트 강도의 차가 1.4배 이상일 경우에는 수직부재에 타설한 고강도 콘크리트는 수직-수평부재의 접합면으로부터 수평부재 쪽으로 안전한 내민길이를 확보하도록 하여야 한다. 그러나 수직부재와 수평부재의 접합부에 기계적인 보강을 통해 안정성 확보를 입증할 경우 내민 길이를 확보하지 않을 수 있다.

해답 ①

51 특정한 입도(일반적으로 15mm)를 가진 굵은 골재를 거푸집에 채워 넣고 그 공극 속에 특수한 모르타르를 적당한 압력으로 주입하여 만든 콘크리트는?
① 수중 콘크리트　　　　　② 유동화 콘크리트
③ 프리팩트 콘크리트　　　④ 프리스트레스트 콘크리트

해설 프리플레이스트(프리팩트) 콘크리트란 특정한 입도를 가진 굵은골재를 미리 거푸집에 채워 넣고, 그 간극에 특수한 모르타르를 적당한 압력으로 주입하여 만든 콘크리트를 말한다.

해답 ③

52

콘크리트 타설 시 온도균열을 제어하기 위해 타설 온도를 낮게 유지하고 양생시 온도제어를 위해 관로식 냉각 등의 조치를 취할 수 있는 콘크리트는?

① 매스콘크리트
② 수중콘크리트
③ 한중콘크리트
④ 해양콘크리트

해설 매스콘크리트의 온도균열 방지대책
① 적절한 콘크리트의 품질 및 시공 방법의 선정, 균열제어철근의 배치 등의 조치를 강구한다.
② 온도균열지수를 높인다.
③ 균열발생 방지대책 혹은 균열폭, 간격, 발생 위치에 대한 제어를 실시한다.
④ 유동화 콘크리트 공법을 도입한다.
⑤ 발열량이 적은 시멘트를 사용한다.
⑥ 단위 시멘트량을 줄인다.
⑦ 외부구속을 받는 벽체구조물의 경우에는 균열유발 줄눈을 설치하는 것이 효과적이다.
⑧ 프리쿨링, 파이프쿨링 등에 의한 온도저하 또는 제어방법을 활용한다.
⑨ 균열제어철근의 배치에 의한 방법을 활용한다.

해답 ①

53

출제기준에 의거하여 이 문제는 삭제됨

54

수중 불분리성 콘크리트에 대한 아래 설면 중 ( )안에 알맞은 것은?

굵은골재의 최대치수는 수중 불분리성 콘크리트의 경우 40mm 이하를 표준으로 하며, 부재 최소치수의 (①) 및 철근의 최소 순간격의 (②)를 초과해서는 안 된다.

① ① : 1/5, ② : 1/2
② ① : 1/4, ② : 1/2
③ ① : 1/4, ② : 1/3
④ ① : 1/5, ② : 1/3

해설 굵은 골재의 최대 치수는 수중불분리성콘크리트의 경우 40mm 이하를 표준으로 하며, 부재 최소 치수의 1/5 및 철근의 최소순간격의 1/2를 초과해서는 안 되며, 현장 타설말뚝 및 지하연속벽에 사용하는 콘크리트의 경우는 25mm 이하, 철근 순간격의 1/2 이하를 표준으로 하여야 한다.

해답 ①

55. 일반적인 경우 무근 콘크리트를 타설할 때의 슬럼프 표준값은?

① 50~100mm ② 50~150mm
③ 60~120mm ④ 80~150mm

해설 슬럼프 표준값

종 류		슬럼프값[mm]
철근 콘크리트	일반적인 경우	80~150
	단면이 큰 경우	60~120
무근 콘크리트	일반적인 경우	50~150
	단면이 큰 경우	50~100

해답 ②

56. 유동화 콘크리트를 제조할 때 유동화제를 첨가하기 전의 기본 배합의 콘크리트를 나타내는 용어는?

① 고성능 콘크리트 ② 고유동 콘크리트
③ 베이스 콘크리트 ④ 유동화 콘크리트

해설 베이스 콘크리트(Base Concrete)
① 유동화 콘크리트 제조시 유동화제를 첨가하기 전의 기본 배합 콘크리트로서 믹서로 일단 비비기를 완료한 콘크리트를 말한다.
② 숏크리트의 습식 방식에서 사용하는 급결제를 첨가하기 전의 콘크리트를 말한다.

해답 ③

57. 콘크리트의 시공이음에 대한 설명으로 틀린 것은?

① 시공이음은 될 수 있는 대로 전단력이 작은 위치에 설치한다.
② 신축이음은 양쪽의 구조물 혹은 부재가 구속되지 않는 구조이어야 한다.
③ 시공이음은 부재의 압축력이 작용하는 방향과 평행하게 설치하는 것이 원칙이다.
④ 바닥틀과 일체로 된 기둥이나 벽의 시공이음은 바닥틀과의 경계부근에 설치하는 것이 좋다.

해설 시공이음은 부재의 압축력이 작용하는 방향과 직각으로 위치시키는 것이 원칙이다(시공이음은 현장 형편에 따라 임의 변경이 불가하다).

해답 ③

58. 콘크리트의 양생에 관한 내용으로 틀린 것은?

① 재령 5일이 될 때까지는 해수에 씻기지 않도록 보호한다.
② 습윤 양생 시 거푸집판이 건조될 우려가 있는 경우에는 살수하여야 한다.
③ 촉진 양생을 실시하는 경우에는 양생 시작 시기, 온도상승속도 등을 정하여야 한다.
④ 일평균 기온이 15℃ 이상일 때 보통 포틀랜드 시멘트의 습윤 양생 기간의 표준은 3일이다.

해설 일평균 기온이 15℃ 이상일 때 보통 포틀랜드 시멘트의 습윤 양생 기간의 표준은 5일이다.

[참고] 습윤양생 표준 기간 : 조기강도가 클 수록 양생기간이 짧으므로, 고로 슬래그나 플라이애시 시멘트 등의 혼합시멘트는 양생기간이 길다.

일평균기온	보통 포틀랜드 시멘트	고로 슬래그 시멘트 플라이애시 시멘트 B종	조강 포틀랜드 시멘트
15℃ 이상	5일	7일	3일
10℃ 이상	7일	9일	4일
5℃ 이상	9일	12일	5일

해답 ④

59. 출제기준에 의거하여 이 문제는 삭제됨

60. 한중 및 서중 콘크리트의 설명으로 틀린 것은?

① 하루의 평균기온이 25℃를 초과하는 경우 서중 콘크리트로 시공해야 한다.
② 하루의 평균기온이 4℃ 이하가 예상되는 기상조건일 때 한중콘크리트로 시공해야 한다.
③ 서중콘크리트 배합 시 일반적으로 기온 10℃의 상승에 대하여 단위수량은 2~5% 증가시켜야 한다.
④ 한중콘크리트 시공방법은 0~4℃에서는 물과 골재를 65℃ 이상으로 가열하고 어느 정도 보온이 필요하다.

해설 ① 한중콘크리트에서 골재를 65℃ 이상 가열하면 취급이 곤란하며, 시멘트를 급결시킬 염려가 있다.
② 한중콘크리트에서 골재는 60℃ 이내로 간접 가열한다.
③ 한중콘크리트에서 시멘트 투입 전 물 온도는 40℃ 이내로 한다.

해답 ④

제4과목 콘크리트 구조 및 유지관리

61 표준갈고리를 갖는 인장 이형철근 D25(공칭직경 25.4mm)의 기본정착길이(l_{hb})는? (단, f_{ck}=24MPa, f_y=400MPa이며, 보통 중량콘크리트 및 도막되지 않은 철근을 사용한다.)

① 약 498mm   ② 약 582mm
③ 약 674mm   ④ 약 845mm

해설 표준 갈고리를 갖는 인장 이형철근의 기본 정착길이
$$l_{hb} = \frac{0.24\beta d_b f_y}{\lambda \sqrt{f_{ck}}} = \frac{0.24 \times 1 \times 25.4 \times 400}{1 \times \sqrt{24}} = 497.7\mathrm{mm}$$

해답 ①

62 압축부재의 축방향 주철근의 최소 개수로 틀린 것은?

① 나선철근으로 둘러싸인 경우 6개
② 원형 띠철근으로 둘러싸인 경우 5개
③ 사각형 띠철근으로 둘러싸인 경우 4개
④ 삼각형 띠철근으로 둘러싸인 경우 3개

해설 압축부재의 철근량 제한

구분	띠철근 기둥	나선철근 기둥
축방향 철근의 최소 개수	직사각형 단면 : 4개 원형 단면 : 4개 삼각형 단면 : 3개	6개 (원형)

해답 ②

63 아래와 같은 조건으로 설계된 띠철근 기둥에서 띠철근의 수직간격으로 적합한 것은?

- 기둥 단면 : 400300mm인 직사각형 단면
- 사용한 띠철근 : D10(공칭지름 9.5mm)
- 사용한 축방향 철근 : D32(공칭지름 31.8mm)

① 300mm   ② 400mm
③ 456mm   ④ 508mm

해설 **띠철근의 수직 간격**
① 단면 최소치수 이하 = 300mm 이하
② 축방향 철근 지름의 16배 이하 = 31.8 × 16 = 508.8mm 이하
③ 띠철근 지름의 48배 이하 = 9.5 × 48 = 456mm 이하
④ 셋 중 가장 작은 값인 300mm 이하가 적합하다.

해답 ①

64
콘크리트 타설 작업에서 표면 마감 전이나 마감 후에 급속히 건조가 이루어져 표면에 생긴 균열은?

① 침하균열
② 소성수축균열
③ 온도응력균열
④ 크리프변형균열

해설 콘크리트 타설시 또는 타설 직후 표면에서 급속한 수분증발이 일어나 그 증발속도가 블리딩 속도보다 빨라 급속한 건조가 이루어져 콘크리트 표면에 미세한 균열이 생기는데 이를 플라스틱 수축에 의한 균열(소성 수축 균열, 초기 건조 균열)이라 한다.

해답 ②

65
콘크리트 구조물 진단을 위해 콘크리트의 강도를 평가하고자 할 때 적합한 시험방법이 아닌 것은?

① 인발법
② 분극저항법
③ 코어 강도시험
④ 슈미트해머에 의한 반발경도법

해설 ① **인발법**(Pull-out법, Pull-out Test) : 콘크리트 표면에 매립된 앵커를 인발하여 인발할 때의 하중을 측정하여 콘크리트의 강도를 평가하는 방법
② **분극저항법** : 미소 직류 인가시의 분극저항을 측정하여 철근의 부식속도를 측정하는 방법이다.
③ **코어 압축강도**(코어 테스트) : 콘크리트 코어를 채취하여 KS 기준에 따라 압축강도를 측정하는 것으로 콘크리트 압축강도 평가법 중 가장 신뢰성이 높다.
④ **슈미트 해머에 의한 반발경도법** : 슈미트 해머로 콘크리트 표면을 타격하여 반발경도의 측정에 의해 압축강도를 추정하는 방법이다.

해답 ②

66
전단철근으로 사용할 수 없는 것은?

① 스트럽과 굽힘철근의 조합
② 부재축에 직각으로 배치한 용접철망
③ 주인장 철근에 30°의 각도로 구부린 굽힘철근
④ 주인장 철근에 30°의 각도로 설치되는 스터럽

해설 전단철근의 종류
① 스터럽
　㉠ 수직 스터럽 : 주철근에 직각 방향으로 배치한 스터럽
　㉡ 경사 스터럽 : 주철근에 45° 이상의 경사로 배치한 스터럽
② 굽힘철근(절곡철근) : 주철근을 30° 이상의 경사로 구부린 철근
③ 전단철근의 병용
④ 용접철망 : 부재의 축에 직각으로 배치
⑤ 나선철근
⑥ 원형 띠철근
⑦ 후프철근

해답 ④

67
균열의 성장이 정지된 상태나 미세한 균열 시에 주로 적용되는 공법으로서, 손상된 부분을 보수재로 도포하여 처리하는 공법은?

① 단면보강공법　　② 단면복구공법
③ 전기방식공법　　④ 표면처리공법

해설 표면처리 공법은 폭 0.2mm 이하의 균열에 대한 내구성 및 방수성을 확보하기 위하여 손상된 부분을 보수재로 도포하여 처리하는 공법으로 균열의 성장이 정지된 상태나 미세한 균열 시에 주로 적용되는 공법이다.

해답 ④

68
콘크리트 내의 철근은 외부로부터의 염화물 침투에 의해서 부식할 수 있다. 다음 중 철근의 부식에 미치는 영향이 가장 적은 것은?

① 습기와 산소의 양　　② 콘크리트의 침투성
③ 콘크리트의 설계기준강도　　④ 콘크리트에 침투하는 염화물의 양

해설 ① 콘크리트 속에 배치되는 철근이 혼입되는 염화물에 의해 부식되는 것을 억제하기 위해 사용되는 혼화제로서 콘크리트 속 철근의 부동태막(산화막)을 파괴시키는 이온 반응을 억제시켜 철근의 부식을 방지한다.
② 콘크리트의 설계기준강도와 철근의 부식과는 큰 연관관계가 없다.

해답 ③

69
보 및 슬래브의 휨 보강방법으로 적합하지 않은 것은?

① 강판보강재 배치　　② 경간길이의 증대
③ 외부 긴장재 배치　　④ 콘크리트의 단면증대

해설 보 및 슬래브의 경간길이를 증대시킬 경우 처짐이 증가하며 휨균열이 발생될 우려가 있다.

해답 ②

70 폭 300mm, 유효깊이 445mm인 단철근 직사각형 단면의 단순보에 인장철근 3-D32(A_s=2382mm²)가 배치되어 있다. 이 단면의 공칭휨강도(M_n)는? (단, f_{ck}=27MPa, f_y=400MPa)

① 312kN·m ② 358kN·m
③ 397kN·m ④ 436kN·m

해설 ① 등가 직사각형 응력분포의 깊이

$$a = \frac{A_s f_y}{\eta 0.85 f_{ck} b} = \frac{2,382 \times 400}{1 \times 0.85 \times 27 \times 300} = 138.39\text{mm}$$

② 단면의 공칭휨강도(단면저항모멘트 : 주어진 단면에서 저항할 수 있는 모멘트)

$$M_n = A_s f_y \left(d - \frac{a}{2}\right) = 2,382 \times 400 \times \left(445 - \frac{138.39}{2}\right)$$
$$= 358,067,004\text{N} \cdot \text{mm} = 358\text{kN} \cdot \text{m}$$

해답 ②

71 강도설계법에 의한 콘크리트 구조 설계에 사용되는 강도감소계수(ϕ)에 대한 설명으로 틀린 것은?

① 인잔디배단면인 경우는 ϕ는 0.85를 적용한다.
② 전단력을 받는 부대인 경우는 ϕ는 0.75를 적용한다.
③ 비틀림모멘트를 받는 부재인 경우 ϕ는 0.70을 적용한다.
④ 무근콘크리트로서 휨모멘트를 받는 부재인 경우 ϕ는 0.55를 적용한다.

해설 전단력과 비틀림 모멘트를 받는 부재의 경우 강도감소계수 ϕ는 0.75를 적용한다.

해답 ③

72 현장에서 콘크리트 배합 시 원칙적으로 규정한 전체 염소이온량 총량의 허용차는?

① 0.3kg/m³ 이하 ② 0.6kg/m³ 이하
③ 0.9kg/m³ 이하 ④ 1.2kg/m³ 이하

해설 굳지 않은 콘크리트 중의 전 염화물 이온량은 원칙적으로 0.30kg/m³ 이하로 한다.

해답 ①

73

폭 400mm, 유효깊이 500mm인 직사각형 단면 보의 최대 휨철근량($A_{s,\max}$)은?
(단, f_{ck} = 21MPa, f_y = 400MPa)

① 3098mm² ② 3158mm²
③ 3228mm² ④ 3298mm²

해설 ① 콘크리트의 등가 압축응력 깊이의 비
f_{ck} = 21MPa로 40MPa 이하이므로 $\beta_1 = 0.80$
② 최소허용변형률
f_y = 400MPa 이하이므로 $\epsilon_{a,\min} = 0.004$
③ 최대철근비
$$\rho_{\max} = 0.85\frac{f_{ck}}{f_y}\beta_1\frac{0.0033}{0.0033+\epsilon_{a,\min}} = 0.85 \times \frac{21}{400} \times 0.80 \times \frac{0.0033}{0.0033+0.004}$$
$= 0.016138$
④ **최대철근량**($A_{s\max}$)
$A_{s\max} = \rho_{\max}bd = 0.016138 \times 400 \times 500 = 3,227.6\text{mm}^2$

해답 ③

74

구조물의 내화성을 증대시키기 위한 대책으로 틀린 것은?

① 콘크리트 표면에 내화재료로 피복을 한다.
② 콘크리트 표면에 단열재료로 피복을 한다.
③ 석영질 골재를 사용하여 콘크리트를 제작한다.
④ 내화성능이 약한 강재는 보호하여 피복두께를 충분히 취한다.

해설 안산암질 골재와 경량골재는 석영질이나 석회암질 골재에 비해 고온까지 안정한 성상을 유지한다.

해답 ③

75

경간 10m인 단순보에 계수하중 36kN/m가 등분포하중으로 작용할 때 계수휨모멘트는?

① 350kN·m ② 400kN·m
③ 450kN·m ④ 500kN·m

해설 $M_u = \dfrac{w_u l^2}{8} = \dfrac{36 \times 10^2}{8} = 450\text{kN}\cdot\text{m}$

해답 ③

76

옹벽의 안정조건에 대한 아래의 설명에서 ( )안에 적합한 수치는?

> 전도에 대한 저항휨모멘트는 횡토압에 의한 전도모멘트의 ( )배 이상이어야 한다.

① 1　　　　　　② 1.5
③ 2　　　　　　④ 2.5

해설 전도에 대한 저항모멘트는 횡토압에 의한 전도모멘트의 2.0배 이상이어야 한다.

해답 ③

77

균열의 폭을 측정할 수 있는 방법이 아닌 것은?

① 균열스케일　　　　② 균열게이지
③ 균열현미경　　　　④ 와이어스트레인 게이지

해설 **균열폭 측정 방법**
① 균열 스케일
② 균열 게이지
③ 균열 현미경

해답 ④

78

강도설계법의 특징에 관한 내용으로 틀린 것은?

① 강도감수 계수를 반영한 설계법이다.
② 허용응력 설계법이 가지는 문제점을 개선한 설계법이다.
③ 서로 상이한 재료의 특성을 설계에 합리적으로 반영할 수 있다.
④ 허용응력 설계법에 비하여 파괴에 대한 안전도의 확보가 확실하다.

해설 ① 각 부재의 응력이 재료의 항복응력 또는 극한강도를 안전률로 나눈 허용 응력 값을 초과하지 않도록 부재를 설계하는 방법은 허용응력 설계법이다.
② 강도설계법은 허용응력 설계법이 가지는 작용하중의 특성에 관계없이 획일적인 안전율을 사용하는 문제와 파괴 안전도가 명확하지 않다는 문제점을 개선한 설계법으로, 서로 상이한 재료의 특성을 설계에 합리적으로 반영할 수 없다.

해답 ③

79. 콘크리트의 탄산화 방지대책이 아닌 것은?

① 충분한 초기양생을 한다.
② 물–시멘트를 많게 한다.
③ 콘크리트의 피복두께를 크게 한다.
④ 콘크리트를 충분히 다짐하여 타설하고 결함을 발생시키지 않도록 한다.

해설 **탄산화(중성화) 방지대책**
① 충분한 다짐
② 콘크리트의 피복두께를 가능한한 크게 한다.
③ 물–결합재비를 가능한 낮게 한다.
④ 충분한 초기 양생을 한다.
⑤ 콘크리트를 부배합으로 한다.
⑥ 투기성 및 투수성이 작은 마감재를 사용한다.
⑦ 양질의 골재를 사용한다.
⑧ 밀실한 콘크리트로 타설한다.

해답 ②

80. 철근콘크리트 구조물에 사용하는 보수재료의 선정에 대한 설명으로 틀린 것은?

① 기존 콘크리트보다 큰 탄성계수를 갖는 재료를 선정하여야 한다.
② 기존 콘크리트와 가능한 한 열팽창계수가 비슷한 재료를 선정하여야 한다.
③ 노출 철근을 보수하는 경우는 전도성을 갖는 재료로 수복하는 것이 바람직하다.
④ 기존 콘크리트구조물과 확실하게 일체화시키기 위해서는 경화 시나 경화 후에 수축을 일으키지 않는 재료가 필요하다.

해설 보수재료는 기존 콘크리트와 유사한 탄성계수를 갖는 재료가 좋다.

해답 ①

콘크리트산업기사

2020년 6월 6일 시행

출제기준에 의거하여 불필요한 문제는 삭제함

제1과목 콘크리트 재료 및 배합

01 콘크리트용 팽창재(KS F 2562) 품질 규정 시 적용하는 시험이 아닌 것은?

① 비표면적 시험
② 내흡수 성능 시험
③ 산화마그네슘 시험
④ 팽창성(길이변화율) 시험

[해설] 팽창재 품질규정

항목			규정값
화학 성분	산화마그네슘	%	5.0 이하
	강열 감량	%	3.0 이하
물리적 성질	비표면적	cm²/g	2,000 이상
	1.2mm체 잔유율[a]	%	0.5 이하
	응결 초결	분	60 이후
	응결 종결	시간	10 이내
	팽창성(길이 변화율) % 7일		0.025 이상
	팽창성(길이 변화율) % 28일		-0.015 이상
	압축 강도 MPa 3일		12.5 이상
	압축 강도 MPa 7일		22.5 이상
	압축 강도 MPa 28일		42.5 이상

(a) 1.2mm체는 KS A 5101-1에 규정하는 시험용 체 1.18mm이다.

 해답 ②

02 레디믹스트 콘크리트의 혼합에 사용되는 물로서 적합하지 않은 것은?

① 품질시험을 행하지 않은 회수수
② 품질시험을 행하지 않은 상수돗물
③ 모르타르의 압축 강도비가 재령 7일 및 28일에서 100%인 지하수
④ 시멘트 응결시간의 차가 초결은 30분 이내, 종결은 60분 이내인 하천수

[해설] 회수수의 품질은 부속서에 표시한 기준에 적합하여야 한다.

해답 ①

03 콘크리트 배합설계의 물-결합재비에 대한 설명으로 틀린 것은?

① 제빙화학제가 사용되는 콘크리트의 물-결합재비는 45% 이하로 한다.
② 소요의 강도, 내구성, 수밀성 및 균열저항성 등을 고려하여 정한다.
③ 모르타르 또는 콘크리트에 포함된 시멘트 페이스트 중의 결합재에 대한 물의 체적 백분율이다.
④ 콘크리트의 압축강도를 기준으로 물-결합재비를 정하는 경우 시험용 공시체는 재령 28일을 표준으로 한다.

해설 물-결합재비 $= \dfrac{W}{C+F}$

여기서, W : 단위 수량
C : 단위 시멘트량
F : 단위 혼화재료량

해답 ③

04 다음과 같은 상태의 잔골재의 유효 흡수율은?

- 습윤 상태 시료의 질량 : 500g
- 표면 건조 포화 상태 시료의 질량 : 485g
- 공기 중 건조 상태 시료의 질량 : 470g
- 절대 건조 상태 시료의 질량 : 440g

① 3.09% ② 3.19%
③ 6.38% ④ 6.82%

해설 유효 흡수율 $= \dfrac{B-C}{C} \times 100 = \dfrac{485-470}{470} \times 100 = 3.19\%$

여기서, B : 표건상태 질량
C : 기건상태 질량

해답 ②

05 콘크리트의 일반적인 혼화제가 아닌 것은?

① 감수제 ② 지연제
③ 착색제 ④ 유동화제

해설 착색제는 색을 바꿀 목적으로 첨가하는 것으로 콘크리트의 일반적인 혼화제가 아니다.

해답 ③

06 콘크리트의 압축강도 시험 횟수가 30회이며, 호칭강도(f_{cn})가 40MPa이고 표준편차(s)가 4.5MPa일 때 배합강도(f_{cr})는?

① 45.0MPa
② 45.5MPa
③ 46.0MPa
④ 46.5MPa

해설 $f_{cn} = 40 > 35$MPa인 경우이므로
① $f_{cr} = f_{cn} + 1.34s = 40 + 1.34 \times 4.5 = 46.0$MPa
② $f_{cr} = 0.9 f_{cn} + 2.33s = 0.9 \times 40 + 2.33 \times 4.5 = 46.5$MPa
③ 배합강도는 둘 중 큰 값인 46.5MPa로 정한다.

해답 ④

07 운반시간이 길어짐에 따라 반죽질기의 저하를 억제하여 시공성과 작업성을 확보할 수 있으며, 서중 콘크리트 타설 시 첨가하는 혼화제는?

① 지연제
② 유동화제
③ AE감수제
④ 분리저감제

해설 **지연제**는 시멘트의 수화반응을 늦추어 응결과 경화 시간을 길게 할 목적으로 사용되는 혼화제로서 조기 경화현상을 보이는 서중 콘크리트나 장거리 수송 레미콘의 워커빌리티 저하방지용으로 사용된다.

해답 ①

08 KS L 5110에 의하여 시멘트 비중시험을 실시한 결과, 르샤틀리에 비중병에 광유를 주입하고 측정한 눈금이 0.6mL이었다. 이 비중병에 시멘트 64g을 넣고 광유가 올라온 눈금을 측정한 결과 21.25mL를 얻었다. 시멘트의 비중은?

① 3.0
② 3.05
③ 3.10
④ 3.15

해설 시멘트 비중 = $\dfrac{\text{시료의 중량(g)}}{\text{비중병의 눈금차(ml 또는 cc)}}$
$= \dfrac{64}{21.25 - 0.6} = 3.10$

해답 ③

콘크리트산업기사 기출문제

09 골재의 체가름 시험에 대한 설명으로 틀린 것은?

① 시료는 사분법 또는 시료 채취기로 채취한다.
② 잔골재와 굵은 골재를 혼합하여 체가름 시험을 한다.
③ 분취한 시료는 (105±5)℃의 온도로 일정 질량이 될 때까지 건조한다.
④ 각 체에 남은 시료를 전 시료 질량의 0.1% 이상까지 정확히 측정한다.

해설 골재의 체가름 시험은 잔골재와 굵은 골재를 나누어 하는 것이 좋다. 만일 골재가 혼합되어 있을 경우에는 5mm 체로 쳐서 잔골재와 굵은 골재를 따로 나누어 시험하는 것이 좋다.

해답 ②

10 시멘트의 분말도에 대한 설명으로 틀린 것은?

① 분말도가 큰 시멘트는 블리딩이 적고, 워커블한 콘크리트가 얻어진다.
② 분말도가 큰 시멘트는 조기강도가 작지만 장기강도가 큰 경향을 나타낸다.
③ 분말도가 큰 시멘트는 풍화하기 쉽고 건조수축이 커져서 균열이 발생하기 쉽다.
④ 시멘트 입자의 크기정도를 분말도 또는 비표면적으로 나타내며, 시멘트 입자가 미세할수록 분말도가 크다고 말한다.

해설 ① 분말도란 시멘트 입자의 굵고 가는 정도를 나타내는 것으로, 비표면적[cm^2/g] 또는 표준체 88μ의 잔분[%]으로 표시한다.
② 분말도가 높은 시멘트의 특징
  ㉠ 물과의 접촉 면적(비표면적)이 커져 수화작용이 빨라 초기강도가 높아진다.
  ㉡ 워커블한 콘크리트가 얻어지며 블리딩도 작게 된다.
  ㉢ 수축이 크고 균열발생의 가능성이 크다.
  ㉣ 시멘트가 풍화되기 쉽다.

해답 ②

11 배합설계에서 잔골재의 절대용적이 320L, 굵은 골재의 절대용적이 560L일 때 잔골재율은?

① 36.4% ② 42.5%
③ 57.1% ④ 63.6%

해설 잔골재율(S/a) = $\dfrac{\text{잔골재의 절대용적}}{\text{전체골재의 절대용적}} \times 100$

$= \dfrac{320}{320+560} \times 100 = 36.4\%$

해답 ①

12 동해 저항 콘크리트에 요구되는 공기량에 대한 설명으로 틀린 것은?

① 연행되는 공기량의 허용 편차는 ±1.5%이다.
② 굵은 골재 최대 치수가 40mm인 경우, 일반 노출 조건에서 필요 공기량은 5.5%이다.
③ 굵은 골재 최대 치수가 20mm인 경우, 심한 노출 조건에서 필요 공기량은 6.0%이다.
④ 굵은 골재 최대 치수가 25, 40mm인 경우, 보통 노출 조건에서 필요 공기량은 동일하다.

해설 공기연행콘크리트 공기량의 표준값

굵은 골재의 최대 치수(mm)	공기량(%)	
	심한 노출[1]	일반 노출[2]
10	7.5	6.0
15	7.0	5.5
20	6.0	5.0
25	6.0	4.5
40	5.5	4.5

[주] 1) 노출등급 EF2, EF3, EF4
    2) 노출등급 EF1

해답 ②

13 콘크리트 압축강도를 6회 측정한 시험결과가 아래와 같을 때 표준편차를 구하면?

22, 17, 19, 20, 23 (단위 : MPa)

① 1.05MPa ② 1.54MPa
③ 1.69MPa ④ 2.19MPa

해설 ① 평균치
$$\bar{x} = \frac{\sum x}{n} = \frac{22+17+19+19+20+23}{6} = 20\text{MPa}$$

② 잔차의 제곱합(편차)
$$S = \sum(x-\bar{x})^2 = (22-20)^2 + (17-20)^2 + (19-20)^2$$
$$+ (19-20)^2 + (20-20)^2 + (23-20)^2$$
$$= 24$$

③ 배합강도 결정을 위한 압축강도의 표준편차
$$\sigma = \sqrt{\frac{S}{n-1}} = \sqrt{\frac{24}{6-1}} = 2.19\text{MPa}$$

해답 ④

14 골재에 대한 설명으로 옳지 않은 것은?

① 골재의 평균입경이 클수록 조립률은 커진다.
② 골재의 입형이 양호하고 입도분포가 적당하면 실적률은 큰 값을 가진다.
③ 골재의 표면건조 포화상태란 골재입자의 표면에 물은 없으나 내부에는 물이 꽉 차있는 상태이다.
④ 굵은 골재의 최대 치수란 질량비로 90% 이상을 통과시키는 체중에서 최대 치수의 체눈의 호칭치수로 나타낸 굵은 골재의 치수를 말한다.

해설 굵은골재 최대치수란 통과 중량 백분율이 90% 이상이 되는 체 중에서 가장 최소치수의 체 눈금을 의미한다.

해답 ④

15 시멘트의 응결시험 장치로 짝지어진 것은?

① 흐름 시험기, 비중병
② 비중용기, LA 마모시험기
③ 길모어 장치, 비카트 장치
④ 오토클레이브 장치, 길이변화 몰드

해설 시멘트 응결시간 시험 종류
① 비카트 장치에 의한 응결시간 측정
② 길모어 침에 의한 응결시간 측정

해답 ③

16 콘크리트 $1m^3$를 만드는 배합설계에서 필요한 골재의 절대용적이 720L이었다. 잔골재율이 34%, 잔골재 밀도가 $2.7g/cm^3$, 굵은 골재 밀도가 $2.6g/cm^3$일 때, 단위 잔골재량(S)과 단위 굵은 골재량(G)을 구하면?

① $S=636kg$, $G=1283kg$
② $S=661kg$, $G=1236kg$
③ $S=1236kg$, $G=661kg$
④ $S=1283kg$, $G=636kg$

해설 ① 단위 잔골재량 절대체적(V_s)
$V_s = V_a \times S/a = 0.720 \times 0.34 = 0.2448m^3$
② 단위 잔골재량
$V_s \times 잔골재\ 비중 \times 1000kg/m^3 = 0.2448 \times 2.7 \times 1000 = 660.96kg$
③ 단위 굵은골재량 절대체적
$V_G = V_a - V_s = 0.720 - 0.2448 = 0.4752m^3$
④ 단위 굵은 골재량
$V_s \times 굵은 골재\ 비중 \times 1000kg/m^3 = 0.4752 \times 2.6 \times 1000 = 1,235.52kg$

해답 ②

17

굵은 골재의 체가름 시험 결과가 아래의 표와 같을 때 조립률은?

체의 크기	80	40	20	10	5	2.5	1.2	0.6
각 체의 통과 백분율(%)	100	100	72	23	12	7	1	0

① 3.15
② 3.85
③ 6.15
④ 6.85

해설

① 사용하는 체(총 10개)
  80mm, 40mm, 20mm, 10mm, 5mm, 2.5mm, 1.2mm, 0.6mm, 0.3mm, 0.15mm

② 각 체에 남는 누가중량 백분율

체의 크기	각 체의 통과 백분율(%)	각 체에 남는 누가중량 백분율(%)
80	100	0
40	100	0
20	72	28
10	23	77
5	12	88
2.5	7	93
1.2	1	99
0.6	0	100

③ 조립률 = $\dfrac{\text{각 체에 남는 누가중량 백분율 합}}{100}$

$= \dfrac{0+0+28+77+88+93+99+100+100+100}{100}$

$= 6.85$

해답 ④

18

시멘트의 강도는 수소결합과 같은 약한 결합작용이나 경화가 진행되면서 C–S–C(Ⅱ)와 같은 섬유상 수화물이 Si–O–Si의 강한 결합으로 전환되어 강도가 증진되는데 이러한 강도발현의 영향과 관계가 없는 것은?

① 믹서의 성능
② 물–결합재비
③ 수화온도(양생조건)
④ 시멘트 조성 및 분말도

해설 강도는 시멘트 조성 및 분말도, 물–결합재비, 수화조건 등 여러 요소가 영향을 끼치는데, 믹성의 성능은 강도 발현에 영향을 끼치지 않는다.

해답 ①

19 혼화재의 품질시험에서 아래의 내용을 무엇이라고 하는가?

> 기준 모르타르의 압축강도에 대한 시험 모르타르의 압축강도의 비를 백분율로 나타낸 것

① 활렬강도 ② 플로값 비
③ 길이변화비 ④ 활성도 지수

해설 **활성도 지수**란 기준 모르타르의 압축강도에 대한 시험 모르타르의 압축강도의 비를 백분율로 나타낸 것을 말한다.

해답 ④

20 다음 시멘트 클링커의 조성광물 중 건조수축이 가장 큰 것은?

① $3CaO \cdot SiO_2$ ② $2CaO \cdot SiO_2$
③ $3CaO \cdot Al_2O_3$ ④ $4CaO \cdot Al_2O_3 \cdot Fe_2O_3$

해설 C_3A(알민산삼석회, 알루미네이트(aluminate), $3CaO \cdot Al_2O_3$) : 수화속도가 대단히 빠르고 발열량과 수축이 크다.

해답 ③

제2과목 콘크리트 제조, 시험 및 품질관리

21 레디믹스트 콘크리트의 지정 슬럼프 값이 50mm일 때 슬럼프의 허용오차로 옳은 것은?

① ±10mm ② ±15mm
③ ±20mm ④ ±25mm

해설 **슬럼프값과 호칭 슬럼프의 허용오차**

슬럼프[mm]	슬럼프 허용오차[mm]
25	±10mm
50 및 65	±15mm
80 이상	±25mm

해답 ②

22
원기둥 콘크리트 공시체(지름 150mm, 길이 300mm)의 쪼갬 인장 강도 시험으로 얻어진 최대 하중이 150kN일 때, 이 콘크리트의 쪼갬 인장강도는?

① 2.1MPa ② 2.4MPa
③ 3.0MPa ④ 3.1MPa

해설 $f_t = \dfrac{2P}{\pi dl} = \dfrac{2 \times 150,000}{\pi \times 150 \times 300} = 2.1\text{MPa}$

해답 ①

23
콘크리트의 압축 강도 시험에 관한 일반적인 설명으로 틀린 것은?

① 재하속도는 0.6±0.4MPa 범위 내에서 한다.
② 공시체는 지름의 2배의 높이를 가진 원기둥형으로 한다.
③ 시험기의 가압판과 공시체의 끝면은 직접 밀착시키면 위험하므로 쿠션재를 넣어서 보호한다.
④ 콘크리트의 압축 강도의 표준은 특별한 경우를 제외하고는 일반적으로 재령 28일을 설계의 표준으로 한다.

해설 공시체의 높이를 지름의 두 배로 규정하고 있는데 이는 압축시험시 가압판이 공시체의 양단부에 밀착되기 때문에, 이러한 단부의 밀착에 의한 마찰력이 횡압과 같이 공시체에 작용하여 실험결과가 실제 압축강도보다 크게 나타날 수 있으므로 이를 방지하기 위함이다.(가압판 사이에 쿠션제 등을 넣어서는 안된다.)

해답 ③

24
일정량의 AE제를 사용한 콘크리트에서 연행되는 공기량에 영향을 주는 요소에 대한 설명으로 틀린 것은?

① 슬럼프가 클수록 공기량은 많게 된다.
② 물-결합재비가 클수록 공기량은 많게 된다.
③ 단위 잔골재량이 적을수록 공기량은 많게 된다.
④ 콘크리트의 온도가 낮을수록 공기량은 많게 된다.

해설 잔골재의 입도에 의한 영향이 크며 잔골재 중에 0.3~0.6mm의 잔입자량이 많으면 공기량은 증가하며 잔골재율이 작으면 공기량은 감소한다.

해답 ③

25 콘크리트의 성능과 관련된 지표를 정리한 것으로 틀린 것은?

① 투수계수 – 슬럼프, 블리딩
② 응결특성 – 시멘트의 품질, 혼화재료 품질, 타설 시 온도
③ 단열온도상승특성 – 결합재의 품질, 단위 결합재량, 타설 시 온도
④ 펌퍼빌리티 – 골재의 품질, 굵은 골재의 최대 치수, 슬럼프, 블리딩

해설 투수계수는 콘크리트의 수밀성과 관련이 있다.

해답 ①

26 무근 콘크리트의 단면이 큰 경우 슬럼프 값(㉠)과 굵은 골재의 최대 치수(㉡)로 옳은 것은?

① ㉠ 60~120mm, ㉡ 20mm 또는 25mm
② ㉠ 50~100mm, ㉡ 40mm
③ ㉠ 60~120mm, ㉡ 40mm
④ ㉠ 50~100mm, ㉡ 20mm 또는 25mm

해설 ① 슬럼프

종 류		슬럼프값[mm]
철근 콘크리트	일반적인 경우	80~150
	단면이 큰 경우	60~120
무근 콘크리트	일반적인 경우	50~150
	단면이 큰 경우	50~100

② 무근 콘크리트의 굵은골재 최대치수 : 40mm가 표준, 부재 최소치수의 1/4 이하

해답 ②

27 레디믹스트 콘크리트를 오후 2시부터 비비기 시작하였다면 타설 종료 시간으로 옳은 것은? (단, 외기기온이 27℃인 경우)

① 오후 3시
② 오후 3시 30분
③ 오후 4시
④ 오후 4시 30분

해설 **외기 기온 25℃ 이상인 경우** 콘크리트 비빔 시작부터 타설 종료까지의 시간 한도는 90분 이하이므로, 오후 2시에 비비기 시작하였다면 타설 종료 시간은 오후 3시 30분 이내여야 한다.

[참고] 콘크리트 비빔 시작부터 타설 종료까지의 시간 한도
① 외기 기온 25℃ 미만 : 120분 이하
② 외기 기온 25℃ 이상 : 90분 이하

해답 ②

28. 다음 중 워커빌리티 측정 시험이 아닌 것은?

① 비비시험
② L플로시험
③ 리몰딩 시험
④ 다짐계수시험

해설 워커빌리티 시험(콘크리트 반죽질기 시험)은 슬럼프(Slump) 시험, 켈리볼(Kellyball) 시험, 플로(Flow) 시험, 구관입시험, 비비 시험(Vee-Bee test), 다짐계수 시험, 진동대식 컨시스턴시 시험, 리몰딩 시험 등이 있다.

해답 ②

29. 자재 품질관리에서 시멘트의 품질관리를 수행하는 시기 및 횟수로 옳지 않은 것은?

① 공사 시작 전
② 공사 중 1회/월 이상
③ 장기간 저장한 경우
④ 공사 후

해설 시멘트의 품질관리

종류	항목	시기 및 횟수
KS 규정 시멘트	KS에 규정되어 있는 항목	• 공사 시작 전
KS에 규정되어 있지 않은 시멘트	필요로 하는 항목	• 공사 중 1회/월 이상 • 장기간 저장한 경우

해답 ④

30. 시멘트의 저장에 대한 설명으로 틀린 것은?

① 시멘트의 온도가 너무 높을 때는 그 온도를 낮춘 다음에 사용한다.
② 포대시멘트를 쌓아 올리는 높이는 13포대 이하로 하며, 저장기간이 길어질 우려가 있는 경우에는 7포대 이상 쌓아 올리지 않는 것이 좋다.
③ 장기간 저장한 시멘트도 저장관리가 잘 되었으면 사용 전에 시험을 통한 품질 확인을 하지 않아도 상관없으며 사용여부나 배합의 조정 등도 하지 않아도 무방하다.
④ 시멘트는 공기 중의 수분과 접촉하면 풍화하므로 방습에 주의하고 시멘트창고는 되도록 공기의 유통이 없게 하며 포대의 경우 지상으로부터 0.3m 이상 떨어져서 쌓아 놓아야 한다.

해설 저장 중에 약간이라도 굳은 시멘트는 공사에 사용하지 않아야 한다. 3개월 이상 장기간 저장한 시멘트는 사용하기에 앞서 재시험을 실시하여 그 품질을 확인한다.

해답 ③

31
콘크리트의 비파괴시험 방법 중 분극저항법으로 알 수 있는 것은?
① 철근의 부식유무
② 콘크리트의 압축강도
③ 콘크리트의 동해 정도
④ 콘크리트의 탄산화 정도

해설 분극저항법은 미소 직류 인가시의 분극저항을 측정하여 철근의 부식속도를 측정하는 방법이다.

해답 ①

32
침하균열의 방지 대책으로 옳지 않은 것은?
① 타설 속도를 늦게 하고 1회 타설 높이를 작게 한다.
② 침하 종료 이전에 급격하게 굳어져 점착력을 잃지 않은 시멘트, 혼화제를 선정한다.
③ 단위수량을 될 수 있는 한 크게 하고, 슬럼프가 작은 콘크리트를 잘 다짐해서 시공한다.
④ 균열을 조기에 발견하고, 각재 등으로 두드리거나 흙손으로 눌러서 균열을 폐색시킨다.

해설 단위수량을 될 수 있는 한 작게 하여 지나치게 묽은 반죽의 콘크리트는 피하는 것이 좋다.

해답 ③

33
콘크리트의 압축 강도 시험에 관한 설명으로 옳지 않은 것은?
① 공시체의 지름은 0.1mm, 높이는 1mm까지 측정한다.
② 공시체의 제작에서 몰드를 떼는 시기는 콘크리트 채우기가 끝나고 나서 16시간 이상 3일 이내로 한다.
③ 일반적으로 사용하는 공시체는 원통형 공시체로 지름에 대한 길이의 비가 1:3인 것을 많이 사용한다.
④ 콘크리트의 압축강도는 공시체의 건조상태나 온도에 따라 상당히 변화하는 경우도 있으므로, 양생을 끝낸 직후 상태에서 시험을 하여야 한다.

해설 표준공시체는 높이가 지름의 두 배인 원주형이다.

해답 ③

34 콘크리트의 수밀성을 향상시키기 위한 방법으로 적합하지 않은 것은?

① 경량골재를 사용한다.
② 습윤양생 기간을 충분히 한다.
③ 혼화재로 플라이애시를 사용한다.
④ 배합 시 콘크리트의 물-결합재비를 저감시킨다.

해설 수밀성을 향상시키기 위해서는 경량골재보다는 양질의 골재를 사용하는 것이 좋다.

해답 ①

35 슬럼프 시험방법에 관한 내용으로 옳지 않은 것은?

① 슬럼프 시험기의 높이는 30cm이다.
② 슬럼프 시험은 굳지 않은 콘크리트 품질 관리의 필수 항목이다.
③ 무너져 내린 콘크리트의 바닥에서 정상부까지의 높이를 슬럼프 값이라 한다.
④ 슬럼프 시험은 3층으로 나누어 콘크리트를 부어넣고 매 층마다 25회 다짐을 하여야 한다.

해설 공시체가 충분히 주저앉은 다음 슬럼프 콘의 높이와 공시체 밑면의 원 중심에서의 공시체 높이와의 차를 측정하여 슬럼프 값으로 한다.

해답 ③

36 히스토그램(histogram)의 작성순서를 보기에서 골라 올바르게 나열한 것은?

㉠ 히스토그램과 규격값을 대조하여 안정상태인지 검토한다.
㉡ 히스토그램을 작성한다.
㉢ 도수분포도를 만든다.
㉣ 데이터에서 최솟값과 최댓값을 구하여 전 범위를 구한다.
㉤ 구간 폭을 구한다.
㉥ 데이터를 수집한다.

① ㉥-㉣-㉤-㉢-㉡-㉠
② ㉥-㉤-㉣-㉢-㉡-㉠
③ ㉥-㉣-㉢-㉤-㉡-㉠
④ ㉥-㉡-㉤-㉣-㉢-㉠

해설 히스토그램 작성 순서
① 데이터 수집
② 범위(데이터 최대값-최소값)를 구한다.
③ 구간 폭을 구한다.
④ 도수분포도 작성
⑤ 히스토그램 작성
⑥ 안정상태 여부 검토(히스토그램과 규격값을 대조하여 검토)

해답 ①

37 콘크리트의 내구성을 향상시키는 방법에 대한 설명으로 틀린 것은?

① 습윤양생을 충분히 할 것
② 철저한 다짐을 통하여 시공할 것
③ 물-결합재비를 가능한 한 작게 할 것
④ 체적변화가 많은 콘크리트를 만들 것

해설 체적변화가 적은 콘크리트를 만들어야 한다.

해답 ④

38 AE제를 사용한 콘크리트에서 물-결합재비가 일정하고 공기량만 증가시킬 경우, 공기량이 1% 증가함에 따라 변화하는 내용으로 틀린 것은?

① 슬럼프가 약 25mm 증가한다.
② 휨강도가 약 4~6% 감소한다.
③ 압축강도가 약 4~6% 증가한다.
④ 탄성계수가 약 $7~8 \times 10^2$MPa 감소한다.

해설 공기량이 1% 증가함에 따라 압축강도는 약 4~6% 감소하게 되며, 휨강도는 2~3% (또는 4~6%)감소하고 탄성계수는 $7~8 \times 10^3$kg/cm^2 정도 감소하게 한다. 또한 철근 주변에서의 부착강도도 감소하게 되며, 슬럼프는 약 2.5cm 증가하게 된다.

해답 ③

39 콘크리트의 각종 강도에 관한 설명으로 틀린 것은?

① 인장 강도/압축 강도의 비는 고강도 콘크리트일수록 작아진다.
② 콘크리트의 인장 강도 시험은 쪼갬 인장강도 시험방법을 주로 이용한다.
③ 콘크리트의 압축 강도가 일반 콘크리트의 품질관리에 가장 대표적으로 이용된다.
④ 압축 강도 시험에서 재하속도를 빠르게 하면 강도값이 실제보다 작아지는 경향이 있다.

해설 압축강도 실험시 가력속도는 콘크리트의 압축강도에 크게 영향을 미치는데, 초당 1cm^{2}의 면적에 가해지는 힘이 커질수록(하중 재하속도가 빠를 수록) 압축강도는 증가하며, 반대로 가력을 천천히 하는 경우에는 공시체의 강도가 낮아진다.

해답 ④

40 콘크리트의 굵은 골재 계량값이 아래와 같을 때, 계량오차와 허용치 만족여부를 순서대로 올바르게 나열한 것은?

- 굵은골재 목표 1회 분량 : 2000kg
- 굵은골재 저울에 의한 계측치 : 2040kg

① 계량오차 : 1%, 허용치 만족여부 : 합격
② 계량오차 : 2%, 허용치 만족여부 : 합격
③ 계량오차 : 1%, 허용치 만족여부 : 불합격
④ 계량오차 : 2%, 허용치 만족여부 : 불합격

해설 ① 계량오차

$$m_o = \frac{m_2 - m_1}{m_1} \times 100 = \frac{2,040 - 2,000}{2,000} \times 100 = 2\%$$

여기서, m_o : 계량오차[%]
m_1 : 목표 1회 계량 분량
m_2 : 저울에 의한 계측값

② 골재의 1회 계량 분량의 한계오차는 ±3% 이내여야 하므로, 계량오차 2%는 합격이다.

[참고] 재료의 계량오차

재료의 종류	측정단위 원칙	1회 계량 분량의 한계오차
시멘트	질량	±1% 이내
골재	질량	±3% 이내
물	질량 또는 부피	±1% 이내
혼화재	질량	±2% 이내
혼화제	질량 또는 부피	±3% 이내

※ 고로 슬래그 미분말 계량오차의 최대치는 1%로 한다.

해답 ②

제3과목 콘크리트의 시공

41 다음은 프리플레이스트 콘크리트의 압송에 대한 설명이다. ( )안에 들어가는 기준값으로 옳은 것은?

> 수송관의 연장이 ( )m를 넘을 때는 중계용 애지테이터와 펌프를 사용한다.

① 40
② 70
③ 100
④ 130

해설 수송관의 연장을 짧게 하여야 하며, 수송관의 연장이 100m를 넘을 때는 중계용 애지테이터와 펌프를 사용한다.

해답 ③

42 콘크리트 공장제품의 양생에 대한 설명으로 틀린 것은?

① PSC 말뚝 등은 주로 오토클레이브 양생으로 제작한다.
② 가압양생은 성형된 콘크리트에 10MPa 정도의 압력을 가한 후 고온으로 양생한다.
③ 증기양생을 할 때는 일반적으로 비빈 후 2~3시간 이상 경과된 후에 증기양생을 실시한다.
④ 오토클레이브 양생 등의 고압증기양생을 실시한 공장제품에는 양생 후 재령에 따른 콘크리트 강도의 증가는 거의 기대할 수 없다.

해설 성형된 콘크리트에 0.5~1MPa의 압력을 가한 후 고온으로 양생한다.

해답 ②

43 출제기준에 의거하여 이 문제는 삭제됨

44 콘크리트 타설 과정에서 이어치기면(Cold Joint)의 품질관리에 관련된 사항으로 틀린 것은?

① 콘크리트 타설 시 이어치기 한계시간을 준수한다.
② 외기온도가 25℃ 초과인 경우, 2시간 이내에 콘크리트의 이어치기를 한다.
③ 외기온도가 25℃ 이하인 경우, 3시간 이내에 콘크리트의 이어치기를 한다.
④ 콘크리트를 2층 이상으로 나누어 타설할 경우, 상층의 콘크리트 타설은 하층의 콘크리트가 굳기 시작하기 전에 하여야 한다.

해설 이어치기 허용시간 간격 : 콘크리트를 비비기 시작하면서부터 하층 콘크리트 타설을 완료한 후, 정치시간을 포함하여 상층 콘크리트가 타설되기까지의 시간을 말한다.

외기온도	이어치기 허용시간 간격
25℃ 초과	2.0 시간
25℃ 이하	2.5 시간

해답 ③

45
일반적인 상황에서 트레미를 사용한 현장 타설 콘크리트말뚝을 수중 콘크리트로 타설할 경우 슬럼프의 표준값은?

① 100~150mm ② 130~180mm
③ 150~190mm ④ 180~210mm

해설 일반 수중 콘크리트의 슬럼프 표준값(mm)

시공방법	일반 수중 콘크리트	현장 타설말뚝 및 지하연속벽에 사용하는 수중 콘크리트
트레미	130~180	180~210
콘크리트 펌프	130~180	–
밑열림 상자, 밑열림 포대	100~150	–

해답 ④

46
물-결합재비(W/B)를 결정할 때 고려할 사항이 아닌 것은?

① 강도 ② 입도
③ 내구성 ④ 수밀성

해설 물-결합재비 결정법
① 압축강도를 기준으로 해서 정하는 경우
② 내구성을 고려하여 정하는 경우
③ 수밀성을 고려하여 정하는 경우
④ 탄산화(중성화) 저항성을 고려해야 하는 경우

해답 ②

47
콘크리트의 이음부 시공에 대한 설명으로 틀린 것은?

① 아치의 시공이음은 아치축에 직각이 되도록 설치하여야 한다.
② 신축이음은 양쪽의 구조물 혹은 부재가 구속되어 있는 구조이어야 한다.
③ 바닥틀의 시공이음은 슬래브 또는 보의 경간 중앙부 부근에 두어야 한다.
④ 바닥틀과 일체로 된 기둥 또는 벽의 시공이음은 바닥틀과의 경계 부근에 설치하는 것이 좋다.

해설 신축이음은 양쪽의 구조물 혹은 부재가 구속되지 않는 구조이어야 한다.

해답 ②

48
한중콘크리트의 강도를 예측하는데 이용되는 적산 온도의 개념을 나타낸 식으로 옳은 것은? (단, θ : Δt시간 중의 콘크리트의 평균 양생온도(℃), A : 정수로서 일반적으로 10℃를 사용, Δt : 시간(일))

① $\sum_{0}^{t} \theta A \Delta t$
② $\sum_{0}^{t} (\theta + A) \Delta t$
③ $\sum_{0}^{t} (\theta + A + \Delta t)$
④ $\sum_{0}^{t} (\theta + \Delta t) A$

해설 $M = \sum_{0}^{t} (\theta + A) \Delta t$

여기서, M : 적산온도(°D · D(일(day))과 ℃ · D)
θ : Δt시간 중의 콘크리트의 일평균 양생온도(℃)
 다만, θ는 가열보온양생 혹은 단열보온양생을 하는 기간에서는 콘크리트의 예상 일평균 양생온도로 하며, 위의 보온양생을 하지 않는 기간에는 예상 일평균기온으로 한다.
A : 정수로서 일반적으로 10℃가 사용된다.
Δt : 시간(일(day))

해답 ②

49
다음 시멘트 중 댐과 같이 큰 단면의 콘크리트에 적합하지 않은 것은?
① 실리카 시멘트
② 고로 슬래그 시멘트
③ 플라이애시 시멘트
④ 조강 포틀랜드 시멘트

해설 **조강 포틀랜드 시멘트**는 큰 구조물에는 부적합하며, 긴급을 요하는 공사나 혹한기 공사에 적합하다.

해답 ④

50
고강도 콘크리트에 대한 설명으로 틀린 것은?
① 콘크리트의 수밀성을 높이기 위하여 공기연행제를 사용하는 것을 원칙으로 한다.
② 고강도 콘크리트에 사용되는 굵은 골재의 최대 치수는 40mm 이하로서 가능한 25mm이하로 한다.
③ 설계기준압축강도가 보통(중량) 콘크리트에서 40MPa 이상인 콘크리트를 고강도 콘크리트라 한다.
④ 설계기준압축강도가 경량골재 콘크리트에서 27MPa 이상인 콘크리트를 고강도 콘크리트라 한다.

해설 **고강도 콘크리트**는 공기연행 콘크리트를 사용하지 않는 것을 원칙이다. 단, 기상의 변화가 심하거나 동결융해에 대한 대책이 필요한 경우에는 공기연행 콘크리트를 사용할 수 있다.

해답 ①

51. 일반적으로 겨울철 연직시공이음부의 거푸집제거 시기는 콘크리트 타설 후 얼마 정도로 하는가?

① 4~6시간
② 7~9시간
③ 10~15시간
④ 15~20시간

해설
① 시공이음면의 거푸집 철거는 콘크리트가 굳은 후 되도록 빠른 시기에 한다.
② 다만, 거푸집 제거시기를 너무 빨리하면 콘크리트에 유해한 영향을 주기 때문에 주의하여야 한다.
③ 일반적으로 연직시공이음부의 거푸집 제거시기는 콘크리트를 타설하고 난 후 여름에는 4~6시간 정도, 겨울에는 10~15시간 정도로 한다.

해답 ③

52. 수중 콘크리트의 타설 방법이 아닌 것은?

① 트레미에 의한 타설
② 단면증대에 의한 타설
③ 밑열림 상자에 의한 타설
④ 콘크리트 펌프에 의한 타설

해설 **수중 콘크리트의 타설 방법**
① 트레미에 의한 타설
② 콘크리트 펌프에 의한 타설
③ 밑열림 상자 및 밑열림 포대에 의한 타설

해답 ②

53. 재령 24시간에서의 숏크리트의 초기강도 표준값은?

① 0.5~1.0MPa
② 1.0~3.0MPa
③ 3.0~5.0MPa
④ 5.0~10.0MPa

해설 **숏크리트의 초기강도 표준값**

재령	숏크리트의 초기강도[MPa]
24시간	5.0~10.0
3시간	1.0~3.0

[주] 영구 지보재 개념으로 숏크리트를 적용할 경우의 초기강도는 3시간 1.0~3.0MPa, 24시간 강도 5.0~10.0MPa 이상으로 하며, 장기강도의 감소를 최소화하여야 하며, 장기강도 기준을 만족하도록 해야 한다(28일 재령 설계기준 압축강도는 35MPa 이상).

해답 ④

54. 콘크리트의 습윤양생이 충분하지 못한 경우 발생하는 현상으로 틀린 것은?

① 강도감소
② 수밀성 저하
③ 건조수축 증가
④ 침하수축 감소

해설 콘크리트의 습윤양생이 충분하지 못한 경우 침하수축은 증가한다.

해답 ④

55. 고강도 콘크리트의 제조에 필수적으로 필요한 혼화제로서 물-결합재비가 낮은 콘크리트 배합의 워커빌리티를 개선하는데 가장 크게 기여하는 것은?

① 촉진제
② 실리카 퓸
③ 플라이애시
④ 고성능 감수제

해설 고성능 감수제의 뛰어난 시멘트 분산효과를 이용하여 보통 콘크리트와 동일한 작업 성능을 가지면서 물-결합재비 저감과 고강도화를 주목적으로 사용되는 경우에는 고성능 감수제라고 부른다.

해답 ④

56. 수축이음(Contraction Joint)의 기능 또는 역할로 옳지 않은 것은?

① 콘크리트의 균열유도
② 콘크리트의 건조수축제어
③ 콘크리트의 구조균열제어
④ 콘크리트의 온도변화에 대응

해설 **수축이음**(Control Joint, 균열유발 이음, 수축줄눈)은 콘크리트의 건조수축 균열 또는 온도 균열 등이 쉽게 발생하도록 미리 적당한 간격으로 이음(줄눈)을 설치해 두어 이음 이외의 장소에 균열 발생이 어렵도록 하는 이음을 말한다.

해답 ③

57. 매스콘크리트의 타설온도를 낮추는 방법으로 물, 골재 등의 재료를 미리 냉각 시키는 방법을 무엇이라 하는가?

① 프리 쿨링
② 콜드 조인트
③ 트래미 방법
④ 파이프 쿨링

해설 ① 콘크리트 타설 온도를 낮추는 방법에는 물, 골재 등의 재료를 미리 냉각시키는 방법인 프리쿨링 방법(선행냉각 방법 ; Pre-cooling)이 있다.
② 관로식 냉각(파이프 쿨링)을 할 때에는 소정의 효과를 거둘 수 있도록 파이프의 지름, 간격, 쿨링 수의 온도와 양 및 기간 등을 조절하여야 한다.

해답 ①

58 콘크리트의 펌프 압송부하에 관한 설명으로 틀린 것은?

① 콘크리트 슬럼프가 클수록 작다.
② 배관길이가 짧을수록 압송부하는 작다.
③ 콘크리트 토출량(m^3/h)이 같은 경우 수송관 지름이 클수록 크다.
④ 콘크리트 토출량(m^3/h)이 클수록 관내압력 손실이 커지고 펌프의 압송부하는 증가한다.

해설 콘크리트의 펌프 압송부하는 콘크리트 토출량(m^3/h)이 같은 경우 수송관 지름이 클수록 작다.

해답 ③

59 한중콘크리트에 대한 일반적인 설명으로 틀린 것은?

① 물-결합재비는 원칙적으로 60% 이하로 하여야 한다.
② 한중콘크리트에는 공기연행 콘크리트를 사용하는 것을 원칙으로 한다.
③ 하루의 평균기온이 4℃ 이하가 예상되는 조건일 때는 한중콘크리트로 시공하여야 한다.
④ 재료를 가열할 경우, 물 또는 시멘트를 가열하는 것으로 하며, 골재는 어떠한 경우라도 직접 가열하면 안된다.

해설 시멘트는 어떠한 경우라도 직접 가열하지 않아야 한다.

해답 ④

60 출제기준에 의거하여 이 문제는 삭제됨

제4과목 콘크리트 구조 및 유지관리

61 구조물의 안전성 평가에서 안전성을 좌우하는 가장 중요한 사항으로, 안전성 조사 시 우선적으로 파악하여야 하는 것은?

① 균열
② 부재변형
③ 철근부식
④ 하중 및 단면

해설 ① 구조물의 안전성 평가에서 균열은 안전성을 좌우하는 가장 중요한 사항으로, 안전성 조사 시 우선적으로 파악하여야 한다.
② 수화열에 의한 균열 발생 우려가 크지 않다고 판단되는 구조물의 경우에는 온도해석만을 실시하여 다음과 같은 간이적인 방법으로 온도균열지수를 구해 안전성을 평가할 수도 있다.

해답 ①

62 콘크리트의 강도평가에 대한 설명으로 옳은 것은?

① 초음파 속도법에 의한 콘크리트 추정강도에 대한 정밀도가 매우 높다.
② 조합법은 반발경도법과 초음파 속도법을 조합하여 압축강도 추정에 대한 정밀도를 향상시키기 위해 실시한다.
③ 반발경도법은 측정부위를 10cm 간격으로 격자망을 구성하고 교차점 10개소 이상을 해머로 타격하여 평균 반발경도R을 구한다.
④ 인발법은 가력 헤드를 지닌 앵커볼트와 원뿔형의 콘크리트를 뽑아내는 반력링을 사용하여 소요되는 최대 인발력으로 인장강도를 추정한다.

해설 ① **초음파 속도법** : 콘크리트의 밀도와 탄성적 성질에 따라 초음파의 투과속도가 달라지는 것을 이용하여 콘크리트 강도를 평가하는 방법이다.
② **조합법** : 반발경도법과 초음파 속도법을 조합하여 압축강도 추정에 대한 정밀도를 향상시키기 위해 실시한다.
③ **반발경도법** : 슈미트 해머를 이용하여 경화된 콘크리트 표면을 타격시 반발경도로서 콘크리트 압축강도를 추정하는 방법이다.
④ **인발법**(Pull-out법, Pull-out Test) : 콘크리트 표면에 매립된 앵커를 인발하여 인발할 때의 하중을 측정하여 콘크리트의 강도를 평가하는 방법이다.

해답 ②

63 콘크리트구조설계에서 피로를 고려하지 않아도 되는 강재의 종류별 응력범위로 틀린 것은?

① 긴장재(기타부위) : 160MPa
② 이형철근(f_y=300MPa) : 130MPa
③ 이형철근(f_y=400MPa) : 140MPa
④ 긴장재(연결부 또는 정착부) : 140MPa

해설 피로를 고려하지 않아도 되는 철근과 프리스트레싱 긴장재의 응력 범위(MPa)

강재의 종류와 위치		철근의 인장 및 압축응력 범위 또는 프리스트레싱 긴장재의 인장응력 변동 범위
이형철근	300MPa	130
	350MPa	140
	400MPa 이상	150
프리스트레싱 긴장재	연결부 또는 정착부	140
	기타 부위	160

해답 ③

64 보강의 시공 및 검사 내용 중 적합하지 않은 것은?

① 사용할 재료는 현장의 상황에 따라 시험을 실시하지 않아도 된다.
② 기존 시설물에 대한 바탕처리는 설계조건을 만족시키도록 적절히 실시하여야 한다.
③ 보강 완료 후 설계에 정해진 조건에 부합된 시공이 되었는가의 여부를 검사하여야 한다.
④ 보강에 대한 시공을 할 경우에는 기존 시설물을 손상시키는 일이 없도록 세심한 주의를 기울여야 한다.

해설 보강 시공에 사용할 재료는 시험을 실시하여야 한다.

해답 ①

65 강도설계법에 의한 전단설계에서 전단보강철근을 사용하지 않고 계수하중에 의한 전단력 V_u=100kN을 지지하려고 한다. 보의 폭이 1000mm일 경우 보의 유효깊이의 최솟값은? (단, f_{ck}=25MPa이다.)

① 120mm
② 160mm
③ 240mm
④ 320mm

해설 $\frac{1}{2}\phi V_c \geq V_u$ 인 경우 최소 전단철근도 배치할 필요가 없으므로,

$\frac{1}{2}\phi V_c = \frac{1}{2}\phi \frac{1}{6}\lambda \sqrt{f_{ck}} b_w d \geq V_u$

$\frac{1}{2} \times 0.75 \times \frac{1}{6} \times 1 \times \sqrt{25} \times 1,000 \times d \geq 100,000$ 에서

$d = \dfrac{100,000}{\frac{1}{2} \times 0.75 \times \frac{1}{6} \times 1 \times \sqrt{25} \times 1,000} = 320\text{mm}$

해답 ④

66. 동결융해에 의해 콘크리트의 열화를 증대시키는 요인에 해당하지 않는 것은?

① 빈번한 동결융해 주기
② 흡수성이 큰 골재의 사용
③ AE제와 같은 공기연행제 사용
④ 콘크리트 내부의 많은 수분 함유

해설 공기연행제(AE제)를 사용하여 적당량의 공기를 연행시키면 동결융해 저항성이 향상된다.

해답 ③

67. 철근의 정착에 대한 설명으로 틀린 것은?

① 압축철근 정착길이는 인장철근 정착길이보다 길 필요는 없다.
② 압축철근의 정착에는 갈고리를 두는 것이 매우 유효하다.
③ 정착 방법에는 묻힘길이에 의한 정착, 갈고리에 의한 정착, 기계적 정착 등이 있다.
④ 위험단면에서 철근의 설계기준항복강도를 발휘하는 데 필요한 최소 묻힘 길이를 정착길이라고 한다.

해설 표준 갈고리에 의한 방법은 압축철근의 정착에 유효하지 않다.

해답 ②

68. 아래 그림과 같은 단철근 직사각형 보에서 압축연단에서 중립축까지의 거리는?
(단, $A_s = 3000\text{mm}^2$, $f_{ck} = 24\text{MPa}$, $f_y = 400\text{MPa}$)

① 162mm
② 173mm
③ 184mm
④ 195mm

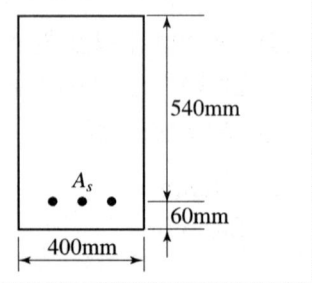

해설 ① 등가 직사각형 응력분포의 깊이

$$a = \frac{A_s f_y}{\eta 0.85 f_{ck} b} = \frac{3{,}000 \times 400}{1 \times 0.85 \times 24 \times 400} = 147.06\text{mm}$$

② 콘크리트의 등가 압축응력 깊이의 비
$f_{ck} = 24\text{MPa}$로 40MPa 이하이므로 $\beta_1 = 0.80$

③ 중립축 깊이
$$c = \frac{a}{\beta_1} = \frac{147.06}{0.80} = 183.825\text{mm}$$

해답 ③

69
균열폭 0.2mm 이하의 미세한 결함에 대해 탄성실링제를 이용하여 도막을 형성, 방수성 및 내화성을 확보할 목적으로 사용하는 구조물 보수공법은?

① 단면증설공법　　　　　② 표면처리공법
③ 탄소섬유시트 접착공법　④ 침투성 방수제 도포공법

해설 **표면처리 공법**은 폭 0.2mm 이하의 균열에 대한 내구성 및 방수성을 확보하기 위하여 손상된 부분을 보수재로 도포하여 처리하는 공법으로 균열의 성장이 정지된 상태나 미세한 균열 시에 주로 적용되는 공법이다.

해답 ②

70
시설물 상태에 따른 안전등급에 대한 내용으로 틀린 것은?

① A : 문제점이 없는 최상의 상태
② B : 보조부재에 경미한 결함이 발생하였으나 기능 발휘에는 지장이 없으며 내구성 증진을 위하여 보수가 필요한 상태
③ C : 주요부재에 경미한 결함이나 보조부재에 광범위한 결함이 있으나 전체적인 안전에는 지장이 없는 상태
④ D : 주요부재에 심각한 결함으로 인하여 시설물의 안전에 위험이 있어 즉각 사용을 금지해야하는 상태

해설 **토목구조물의 상태평가는 열화 수준**(손상의 범위 및 정도)에 따라 다음과 같이 5가지 등급으로 분류된다.
① A등급 : 문제점이 없는 상태
② B등급 : 보조 부재에 경미한 결함이 발생하였으나 기능 발휘에는 지장이 없으며 경미한 보수가 필요한 상태(경미한 열화로 양호한 상태)
③ C등급 : 주요 부재에 경미한 결함이나 보조부재에 광범위한 결함이 있으나 전체적인 안전에는 지장이 없는 상태(보조 부재에 열화가 있는 보통의 상태)
④ D등급 : 주요 부재의 노후화로 긴급한 보수·보강이 필요한 상태
⑤ E등급 : 주요 부재의 심각한 노후화 또는 단면 손실이 발생하였거나 안전성에 위험이 있어 시설물을 즉각 사용금지하고 개축이 필요한 상태

해답 ④

71
하중 재하기간이 60개월 이상 된 철근 콘크리트 부재가 있다. 하중 재하 시 탄성 처짐량이 20mm 발생했다고 하면 부재의 총 처짐량은? (단, 압축철근비는 0.02이다.)

① 20mm
② 30mm
③ 40mm
④ 50mm

해설 ① 즉시 처짐(탄성 처짐, 순간 처짐) = 20mm
② 장기 처짐
  ㉠ 압축철근비 $\rho' = 0.02$
  ㉡ 지속하중 재하기간에 따른 계수
  60개월(5년) 이상이므로 $\xi = 2.0$

구분	3개월	6개월	12개월	5년 이상
ξ	1.0	1.2	1.4	2.0

  ㉢ 실험에 근거한 계수, 장기 처짐 계수
  $$\lambda_\Delta = \frac{\xi}{1+50\rho'} = \frac{2.0}{1+50 \times 0.02} = 1$$
  ㉣ 장기 처짐 = 즉시 처짐 × λ_Δ = 20 × 1 = 20mm
③ 총 처짐(최종 처짐) = 즉시 처짐 + 장기 처짐 = 20 + 20 = 40mm

해답 ③

72
보강공사를 위한 업무의 진행 순서로 옳은 것은?
① 보강방침의 결정 → 손상원인의 평가 → 목표성능의 설정 → 보강방법의 결정
② 목표성능의 설정 → 손상원인의 평가 → 보강방침의 결정 → 보강방법의 결정
③ 보강방침의 결정 → 목표성능의 설정 → 손상원인의 평가 → 보강방법의 결정
④ 손상원인의 평가 → 보강방침의 결정 → 목표성능의 설정 → 보강방법의 결정

해설 보강공사의 업무 진행 순서 : 손상원인 평가 → 보강 방침 결정 → 목표 성능 설정 → 보강 방법 결정

해답 ④

73
복철근 직사각형 보에서 다음 주어진 조건에 대한 등가압축 응력의 깊이(a)는? (단, b_w = 300mm, d = 600mm, A_s = 1935mm², A_s' = 860mm², f_{ck} = 21MPa, f_y = 400MPa, 이 보는 인장철근과 압축 철근이 모두 항복한다고 가정한다.)

① 65.7mm
② 80.3mm
③ 145.2mm
④ 160.8mm

해설 등가 직사각형 응력분포의 깊이
$$a = \frac{(A_s - A_s')f_y}{\eta 0.85 f_{ck} b} = \frac{(1,935 - 860) \times 400}{1 \times 0.85 \times 21 \times 300} = 80.3\text{mm}$$

해답 ②

74

내동해성이 작은 골재를 콘크리트에 사용하는 경우 동결융해작용에 의해 골재가 팽창하여 파괴되어 떨어져 나가거나 그 위치의 콘크리트 표면이 떨어져 나가는 현상을 무엇이라 하는가?

① 백화
② 침식
③ 팝아웃
④ 스케일링

해설 골재가 팽창하여 파괴되어 떨어져 나가거나 그 위치의 콘크리트 표면이 떨어져 나가는 현상을 팝아웃(Pop-out)이라 한다.

해답 ③

75

출제기준에 의거하여 이 문제는 삭제됨

76

전기방식 공법에서 외부 전원을 필요로 하지 않는 공법은?

① 티탄 메시방식
② 유전 양극방식
③ 내부 양극방식
④ 도전성 도료방식

해설 **유전 양극방식**은 전극으로는 주로 아연이 사용되며 아연판과 콘크리트면에 보수성의 뒤채움재를 채워 넣어 계면의 틈을 없애서 접촉저항을 낮추고 아연의 양분극도 낮추는 방식으로 외부 전원을 필요로 하지 않는다.

해답 ②

77

다음 중 1방향 슬래브에 대한 설명으로 틀린 것은?

① 1방향 슬래브의 두께는 최소 50mm 이상으로 하여야 한다.
② 마주보는 두 변에만 지지되는 슬래브는 1방향 슬래브로 설계하여야 한다.
③ 4변에 의해 지지되는 2방향 슬래브 중에서 단변에 대한 장변의 비가 2배를 넘으면 1방향 슬래브로 해석한다.
④ 1방향 슬래브에서는 정모멘트 철근 및 부모멘트 철근에 직각방향으로 수축·온도철근을 배치하여야 한다.

해설 1방향 슬래브의 두께는 최소 100mm 이상으로 하여야 한다.

해답 ①

78 300mm×400mm단면을 가진 띠철근 기둥의 설계축강도(ϕP_n)는? (단, $f_{ck}=$ 24MPa, $f_y=$300MPa, 종방향철근 전체의 단면적(A_{st})=5700mm², $\phi=$0.65)

① 2102kN　　② 2829kN
③ 3233kN　　④ 4042kN

해설　$\phi P_n = \alpha \phi [0.85 f_{ck}(A_g - A_{st}) + f_y A_{st}]$
$= 0.65 \times 0.80 \times [0.85 \times 24 \times (300 \times 400 - 5,700) + 300 \times 5,700]$
$= 2,101,694.4\text{N} = 2102\text{kN}$

해답 ①

79 다음 중 옹벽을 설계할 때 고려해야 하는 안정조건이 아닌 것은?

① 전도에 대한 안정　　② 활동에 대한 안정
③ 벽체 좌굴에 대한 안정　　④ 지반지지력에 대한 안정

해설　옹벽의 안정에 대한 계산은 사용하중에 의하여야 하며, 전도, 활동, 지지력 등에 대한 안정을 검토해야 한다.

해답 ③

80 기존 콘크리트 구조물의 탄산화 깊이측정 시험에 필요한 시약은?

① 벤젠　　② 수산화칼슘
③ 페놀프탈레인　　④ 완전 탈수한 등유

해설　**탄산화(중성화) 판정 시험**
① 콘크리트의 파쇄면에 페놀프탈레인 1%의 알콜 용액을 뿌리는 방법
② 코어 공시체 채취에 의한 방법

해답 ③

콘크리트산업기사

2020년 8월 22일 시행

출제기준에 의거하여 불필요한 문제는 삭제함

제1과목 콘크리트 재료 및 배합

01 굵은 골재 체가름 시험을 실시한 결과 다음과 같은 성과표를 얻었다. 굵은 골재의 최대 치수는?

체 크기(mm)	40	30	25	20	15	10
통과질량백분율(%)	98	91	86	74	35	5

① 15mm ② 20mm
③ 25mm ④ 30mm

해설 굵은골재 최대치수는 통과 중량 백분율이 90% 이상이 되는 체 중에서 가장 최소치수의 체 눈금을 의미하므로, 30mm이다.

해답 ④

02 시멘트 종류별 특성에 대한 설명으로 틀린 것은?

① 고로 슬래그 시멘트 중의 고로 슬래그는 잠재수경성을 갖는다.
② 백색 포틀랜드 시멘트에서는 Fe_2O_3양이 보통 포틀랜드 시멘트보다 적다.
③ 조강 포틀랜드 시멘트는 조강성을 얻기 위하여 보통 포틀랜드 시멘트보다 분말도를 작게 한다.
④ 중용열 포틀랜드 시멘트는 일반적으로 조성광물 중 C_2S양이 보통 폴틀랜드 시멘트 보다 많다.

해설 조강 포틀랜드 시멘트는 C_3S를 많게 하고 C_2S를 적게 하여 분말도를 보통 포틀랜드 시멘트보다 더 크게 미분쇄하여 조기에 강도를 발현할 수 있도록 한 시멘트이다.

해답 ③

03 상수돗물 이외의 물을 혼합수로 사용할 경우에 대한 물의 품질 기준을 나타낸 것으로 틀린 것은?

① 현탁 물질의 양 : 2g/L 이하
② 염소 이온(Cl^-)량 : 250mg/L 이하
③ 용해성 증발 잔류물의 양 : 5g/L 이하
④ 모르티르의 압축 강도비 : 재령 7일 및 재령 28일에서 90% 이상

해설 상수도 이외의 물

항목	품질
현탁물질의 양	2g/L 이하
용해성 증발 잔류물의 양	1g/L 이하
염소이온량	250ppm 이하
시멘트 응결시간의 차	초결은 30분 이내, 종결은 60분 이내
모르타르의 압축강도비	재령 7일 및 재령 28일에서 90% 이상

해답 ③

04 질량이 580g인 표면 건조 포화 상태의 잔골재를 절대 건조시킨 결과 555g이 되었다면, 흡수율은?

① 3.5%   ② 4.2%
③ 4.5%   ④ 5.1%

해설 흡수율 = $\dfrac{B-D}{D} \times 100 = \dfrac{580-555}{555} \times 100 = 4.5\%$

여기서, B : 표건상태 질량
D : 노건상태 질량

해답 ③

05 콘크리트의 배합설계에서 물 결합재비의 결정을 위하여 고려하는 사항으로 거리가 먼 것은?

① 강도   ② 내구성
③ 수밀성   ④ 시공성

해설 물-결합재비 결정법
① 압축강도를 기준으로 해서 정하는 경우
② 내구성을 고려하여 정하는 경우
③ 수밀성을 고려하여 정하는 경우
④ 탄산화(중성화) 저항성을 고려해야 하는 경우

해답 ④

06 시멘트 비중시험의 목적이 아닌 것은?
① 시멘트의 종류를 알 수 있다.　② 시멘트의 응결시간을 예측한다.
③ 콘크리트 배합설계 시 필요하다.　④ 시멘트의 풍화 정도를 알 수 있다.

해설 **시멘트 비중 시험의 목적**
① 배합설계시 시멘트가 차지하는 절대 용적을 계산하는 데 필요하다.
② 비중값을 비교하여 시멘트의 풍화 정도를 판단할 수 있다.
③ 혼합시멘트 등의 시멘트 종류를 추정할 수 있다.

해답 ②

07 시멘트의 응결시간 시험 방법으로 옳은 것은?
① 비비시험　　　　　　　　② 블레인시험
③ 오토클레이브 시험　　　　④ 길모어 침에 의한 시험

해설 **시멘트 응결시간 시험 종류**
① 비카트 장치에 의한 응결시간 측정
② 길모어 침에 의한 응결시간 측정

해답 ④

08 콘크리트 1m³을 제조하는데 물-시멘트비가 48.5%이고 단위수량이 178kg, 공기량이 4.5%일 때 이 콘크리트의 배합에서 골재 절대용적은? (단, 시멘트 밀도는 3.15g/cm³이다.)
① 0.66m³　　　　　　　　② 0.68m³
③ 0.70m³　　　　　　　　④ 0.72m³

해설 ① 단위시멘트량

$\dfrac{W}{C} = 0.485$에서 $C = \dfrac{178}{0.485} = 367\text{kg}$

② 단위골재량 절대체적(V_a)

$V_a = 1 - \left(\dfrac{\text{단위수량}}{1000\text{kg}/m^3} + \dfrac{\text{단위 시멘트량}}{\text{시멘트 비중} \times 1000} + \dfrac{\text{공기량}}{100}\right)$

$= 1 - \left(\dfrac{178\text{kg}}{1000\text{kg}/m^3} + \dfrac{367}{3.15 \times 1000\text{kg}/m^3} + \dfrac{4.5}{100}\right) = 0.66\text{m}^3$

해답 ①

09 실제 사용한 콘크리트의 40회 압축강도 시험으로부터 압축강도(MPa) 잔차의 제곱을 구하여 합한 값이 624이었다. 콘크리트의 배합강도를 결정하기 위한 압축강도의 표준편차는?

① 3.0MPa ② 3.5MPa
③ 4.0MPa ④ 4.5MPa

해설 ① 잔차의 제곱합(편차)
$S = \sum(x - \overline{x})^2 = 624$
② 배합강도 결정을 위한 압축강도의 표준편차
$\sigma = \sqrt{\dfrac{S}{n-1}} = \sqrt{\dfrac{624}{40-1}} = 4\text{MPa}$

해답 ③

10 콘크리트용 잔골재의 물리적 특성을 평가하기 위한 시험으로 거리가 먼 것은?

① 마모율 ② 흡수율
③ 안정성 ④ 절대건조밀도

해설 마모율은 굵은 골재의 경우 40% 이하로 규정하고 있지만, 잔골재의 경우에는 규정이 없다.

해답 ①

11 압축강도의 시험기록이 없는 현장에서 호칭강도가 20MPa인 경우 배합 강도는?

① 25MPa ② 27MPa
③ 28.5MPa ④ 30MPa

해설 콘크리트 압축강도의 표준편차를 알지 못할 때, 또는 압축강도의 시험횟수가 14회 이하인 경우 호칭강도가 21MPa 미만인 콘크리트의 배합강도는 $f_{cr} = f_{cn} + 7$
$f_{cr} = f_{cn} + 7 = 20 + 7 = 27\text{MPa}$

[참고] 콘크리트 압축강도의 표준편차를 알지 못할 때, 또는 압축강도의 시험횟수가 14회 이하인 경우 콘크리트의 배합강도는 다음과 같이 정할 수 있다.

호칭강도 f_{cn}(MPa)	배합강도 f_{cr}(MPa)
21 미만	$f_{cn} + 7$
21 이상 35 이하	$f_{cn} + 8.5$
35 초과	$1.1f_{cn} + 5$

해답 ②

12 철근의 인장시험에 의하여 구할 수 있는 기계적 특성 값이 아닌 것은?

① 내력
② 연신율
③ 단면수축률
④ 취성파면율

해설 철근의 인장시험을 통해 내력, 항복점, 인장강도, 파단 연신율, 단면 수축률 등을 측정한다.

해답 ④

13 플라이애시(KS L 5405)의 품질시험항목 중 아래에서 설명하는 것은?

> 기준 모르타르의 압축강도에 대한 시험 모르타르의 압축강도의 비를 백분율로 나타낸 것

① 안정도
② 팽창도
③ 플로값 비
④ 활성도 지수

해설 **활성도 지수**란 기준 모르타르의 압축강도에 대한 시험 모르타르의 압축강도의 비를 백분율로 나타낸 것을 말한다.

해답 ④

14 굵은 골재의 최대 치수가 20mm인 시료로 밀도 및 흡수율 시험(KS F 2503)을 실시하고자 한다. 1회 시험에 사용하는 시료의 최소 질량으로 옳은 것은? (단, 보통 골재를 사용한다.)

① 1kg
② 2kg
③ 4kg
④ 8kg

해설 사용 시료의 최소 질량에 있어서는 굵은 골재 최대 치수(mm 표시)의 0.1배를 kg 으로 나타낸 양으로 한다.
굵은 골재 최대 치수 20mm = 2kg

해답 ②

15 콘크리트의 혼합에 사용되는 물 중 시험을 실시하지 않아도 사용할 수 있는 것은?

① 지하수
② 호숫물
③ 상수돗물
④ 슬러지수

해설 상수도물은 시험하지 않고 사용할 수 있다.

해답 ③

16
공기연행제의 사용 목적과 효과에 대한 설명으로 틀린 것은?

① 굳은 콘크리트의 동결 융해 저항성을 증대시키기 위해 사용한다.
② 유효공기량의 6% 이상이 되면 강도발현이 현저히 증가한다.
③ 유효공기량은 2% 이하에서 동결 융해의 저항성이 개선되지 않는다.
④ 굳지 않은 콘크리트의 작업성을 개량하여 콘크리트의 시공성을 좋게 한다.

해설 공기량이 1% 증가함에 따라 압축강도는 약 4~6% 감소한다.

해답 ②

17
콘크리트 배합에 사용되는 물-결합재비에 관한 설명으로 틀린 것은?

① 내구성을 고려하는 경우 콘크리트의 물-결합재비는 원칙적으로 60% 이하로 한다.
② 콘크리트의 수밀성을 기준으로 물-결합재비를 정할 경우 그 값은 50% 이하로 한다.
③ 콘크리트의 탄산화 저항성을 고려하여 물-결합재비를 정할 경우 45% 이하로 한다.
④ 일반적인 콘크리트의 물-결합재비는 60%이하를 원칙으로 한다.

해설 콘크리트의 탄산화 저항성을 고려해야 하는 경우 물-결합재비는 55% 이하를 표준으로 한다.

해답 ③

18
시멘트의 수화에 영향을 주는 인자들에 관한 설명으로 옳은 것은?

① 온도가 높을수록 응결이 지연된다.
② 단위수량이 클수록 응결이 빠르게 진행된다.
③ 시멘트의 분말도가 높을수록 수화반응속도가 빨라져서 응결이 빨리 진행된다.
④ 포졸란계 혼화재료가 사용된 경우 CaO성분이 줄어들므로 수화반응이 촉진된다.

해설 분말도가 높은 시멘트는 물과의 접촉 면적(비표면적)이 커져 수화작용이 빨라 초기강도가 높아진다.

해답 ③

19 콘크리트용 잔골재의 특징에 관한 설명으로 옳지 않은 것은?

① 잔골재에 함유될 수 있는 점토덩어리의 최댓값은 1.5%이다.
② 잔골재의 잔성성은 황산나트륨을 사용한 시험으로 평가한다.
③ 부순 골재의 씻기 시험에서 0.08mm체통과량은 7% 이하이어야 한다.
④ 유기불순물 시험결과 잔골재 위에 있는 용액의 색깔은 표준색보다 엷어야 한다.

해설 잔골재의 휴해물 함유량 한도(질량백분율)에서 점토 덩어리의 최대값은 1.0%이다.   **해답** ①

20 콘크리트 배합설계의 기본원칙에 대한 설명으로 틀린 것은?

① 경제성 있는 배합일 것
② 충분한 내구성을 확보할 것
③ 가능한 한 단위수량을 적게 할 것
④ 최대 치수가 작은 굵은 골재를 사용할 것

해설 경제적인 콘크리트를 얻을 수 있으므로 적정한 범위 내에서 굵은골재 최대치수를 크게 하는 것이 배합의 기본이며, 계속 커질 경우에는 오히려 콘크리트에 좋지 않은 영향을 미치므로 주의하여야 한다.   **해답** ④

제2과목 콘크리트 제조, 시험 및 품질관리

21 믹서의 효율을 시험하기 위하여 믹서로 비빈 굳지 않은 콘크리트 중의 모르타르와 굵은 골재량의 변화율 시험을 수행하고자 한다. 굵은 골재의 최대 치수가 25mm인 경우 시료의 양으로서 가장 적합한 것은?

① 10L   ② 20L
③ 25L   ④ 50L

해설 각 부분의 콘크리트에서 채취하는 시료의 양은 굵은 골재 최대 치수를 mm로 나타낸 수를 리터(L)로 나타내고, 굵은 골재의 최대치수가 20mm 이하일 때는 시료의 양을 20L로 나타내는 양으로 한다.
고로, 굵은 골재의 최대 치수가 25mm인 경우 시료의 양은 25L이다.   **해답** ③

22
강제식 믹서로 콘크리트의 비비기를 할 경우 최소 비비기 시간은 얼마를 표준으로 하는가? (단, 비비기 시간에 대한 시험을 실시하지 않을 경우)

① 30초 ② 1분
③ 1분 30초 ④ 2분

해설 시험을 하지 않는 경우의 최소 비비기 시간
① 가경식 믹서 : 1분 30초 이상
② 강제식 믹서 : 1분 이상

해답 ②

23
지름 150mm, 높이 300mm인 공시체의 쪼갬 인장 강도 시험을 실시한 결과 공시체가 100kN의 하중에 파괴되었다면 콘크리트의 쪼갬 인장 강도는?

① 1.0MPa ② 1.2MPa
③ 1.4MPa ④ 1.6MPa

해설 $f_t = \dfrac{2P}{\pi dl} = \dfrac{2 \times 100{,}000}{\pi \times 150 \times 300} = 1.4\text{MPa}$

해답 ③

24
압력법에 의한 굳지 않은 콘크리트의 공기량 시험(KS F 2421)에 대한 설명으로 틀린 것은?

① 물을 붓고 시험하는 경우(주수법) 공기량 측정기의 용적은 적어도 7L 이상으로 한다.
② 공기량 측정 종료 후에는 덮개를 떼기 전에 주수구와 배수구를 양쪽으로 열고 압력을 푼다.
③ 콘크리트의 공기량은 측정한 콘크리트의 겉보기 공기량에서 골재 수정 계수를 뺀값으로 구한다.
④ 시료를 용기에 채울 때 거의 같은 양으로 3층으로 채우고, 각 층은 다짐봉으로 25회씩 균등하게 다져야 한다.

해설 용기는 플랜지가 붙은 원통 모양 용기로, 그 재질은 시멘트 페이스트에 쉽게 침식되지 않는 것으로 하고 수밀하며 견고한 것으로 한다. 또한 용기의 지름은 높이의 0.75~1.25배와 같게 하고, 그 용적은 물을 붓고 시험하는 경우(주수법) 적어도 5L로 하고, 물을 붓지 않고 시험하는 경우(무주수법)는 7L 이상으로 한다.

해답 ①

25

굵은 골재의 최대 치수, 잔골재율, 잔골재의 입도, 반죽질기 등에 따르는 마무리하기 쉬운정도를 나타내는 굳지 않은 콘크리트의 성질을 나타내는 용어는?

① 성형성(plasticity)
② 마감성(finishability)
③ 시공연도(workability)
④ 반죽질기(consistency)

해설 **피니셔빌리티**(Finishability ; 마감성)는 굵은골재의 최대치수, 잔골재율, 잔골재의 입도, 반죽질기 등에 따르는 마무리하기 쉬운 정도를 나타내는 굳지 않은 콘크리트의 성질을 말한다.

해답 ②

26

굳지 않은 콘크리트의 단위용적 질량 및 공기량 시험(질량방법, KS F 2409)에 대한 설명으로 틀린 것은?

① 시료를 용기의 약 1/5까지 넣고 다짐봉으로 균등하게 다진다.
② 다짐봉의 다짐 깊이는 거의 그 앞 층에 이르는 정도로 한다.
③ 용기 중 시료의 질량은 시험 전 미리 측정한 용기의 질량을 이용한다.
④ 다짐 구멍이 없어지고 콘크리트 표면에 큰 기포가 보이지 않을 때까지 용기의 바깥쪽을 10~15회 고무망치로 두들긴다.

해설 ① 콘크리트 시료를 용기에 3층으로 나누어 채운다.
② 콘크리트를 고르게 분포시키며 각 층을 25회씩 다진다.

해답 ①

27

콘크리트 재료 중 혼화제의 계량에 대한 허용오차로 옳은 것은?

① ±1%
② ±2%
③ ±3%
④ ±4%

해설 **1회 계량분에 대한 재료의 계량오차**

재료의 종류	측정단위 원칙	1회 계량 분량의 한계오차
시멘트	질량	±1% 이내
골재	질량	±3% 이내
물	질량 또는 부피	±1% 이내
혼화재	질량	±2% 이내
혼화제	질량 또는 부피	±3% 이내

※ 고로 슬래그 미분말 계량오차의 최대치는 1%로 한다.

해답 ③

28
레디믹스트 콘크리트 공장의 회수수를 혼합수로서 사용하는 경우의 주의사항에 관한 설명으로 틀린 것은?

① 슬러지 고형분은 단위수량의 3% 이하로 한다.
② 슬러지 고형분이 많은 경우에는 AE제의 사용량을 증가시킨다.
③ 슬러지 고형분이 많은 경우에는 잔골재율을 감소시킨다.
④ 슬러지 고형분이 많은 경우에는 단위수량과 단위 시멘트량을 증가시킨다.

해설 ① 슬러지 고형분이란 슬러지를 105~110℃에서 건조시켜 얻어진 것을 말하며, 특히 $1m^3$의 콘크리트 배합에 사용되는 슬러지 고형분량을 단위결합재량으로 나눠 질량 백분율로 표시한 것을 단위 슬러지 고형분율이라 한다.
② 슬러지수를 사용하였을 경우, 슬러지 고형분율이 3%를 초과하면 안된다.

해답 ①

29
동결융해 작용에 대한 내구성에 관한 내용을 틀린 것은?

① 동결되지 않은 물의 압력이 높아져서 콘크리트 속에 미세균열이 발생한다.
② 물-결합재비가 큰 콘크리트는 동결융해에 대한 저항성이 증가한다.
③ AE 콘크리트는 수압이 공기포로 완화되기 때문에 동결융해 작용에 대한 저항성이 증가한다.
④ 인공경량골재를 사용한 콘크리트의 동결융해 작용에 대한 내구성은 보통콘크리트보다 좋지 않다.

해설 물-결합재비가 적은 콘크리트가 동결융해에 대한 저항성이 증가한다.

해답 ②

30
굳은 콘크리트의 역학적 성질에 관한 설명으로 가장 거리가 먼 것은?

① 압축강도와 인장강도는 어느 정도 비례한다.
② 탄성계수는 일반적으로 압축강도가 클수록 크게 된다.
③ 압축강도용 공시체 표면에 요철이 있는 경우 실제 강도보다 강도가 저하한다.
④ 굳은 콘크리트에 재하하면서 응력 변형률 곡선을 그리면 선형으로 나타난다.

해설 굳은 콘크리트의 응력 변형률 곡선은 곡선을 나타내며 초기부터 상승곡선을 그리다가 최대응력 이후에는 하강곡선을 그린다.

해답 ④

31 통계적 품질관리 방법이 아닌 것은?

① 관리도법　　　　② 표본조사
③ 현장검사　　　　④ 발취검사법

해설 통계적 품질관리 방법
① 관리도법
② 발취검사법
③ 표본조사

해답 ③

32 비파괴시험을 이용하여 측정하거나 추정하지 않는 재료 성질은?

① 압축 강도　　　　② 동탄성계수
③ 크리프 변형률　　④ 동결 융해 저항성

해설 크리프 변형률은 콘크리트의 역학적 성질 중 하나이다.

해답 ③

33 압축강도에 의한 일반 콘크리트의 품질검사에 관한 설명으로 옳지 않은 것은?

① 품질 검사는 호칭강도로부터 배합을 정한 경우와 그 밖의 경우로 구분하여 시행한다.
② 압축강도에 의한 콘크리트 품질관리는 일반적인 경우 조기 재령에 있어서의 압축강도에 의해 실시한다.
③ 호칭강도로부터 배합을 정한 경우 연속 3회 시험값의 평균이 호칭강도 이상이어야 한다.
④ 호칭강도로부터 배합을 정한 경우 각각의 압축강도 시험값이 호칭강도보다 5.0MPa 미달하는 확률이 1% 이하이어야 한다.

해설 호칭강도보다 3.5MPa를 미달하는 확률이 1% 이하여야 한다.

해답 ④

34 단면적이 10000mm²인 콘크리트 공시체가 압축 강도 시험에 의해서 270kN에서 파괴되었다면, 이 콘크리트의 압축 강도는?

① 21.0MPa　　　　② 24.0MPa
③ 27.0MPa　　　　④ 30.0MPa

해설 $f = \dfrac{P}{A} = \dfrac{270{,}000}{10{,}000} = 27.0\text{MPa}$

해답 ③

35

외기기온이 25℃ 미만의 경우 레디믹스트 콘크리트의 비빔 시작부터 타설 종료까지의 시간한도는?

① 60분 ② 90분
③ 120분 ④ 150분

해설 콘크리트 비빔 시작부터 타설 종료까지의 시간 한도
① 외기 기온 25℃ 미만 : 120분 이하
② 외기 기온 25℃ 이상 : 90분 이하

해답 ③

36

콘크리트 타설 후 응결 및 경화과정에서 나타나는 초기 소성수축 균열에 대한 설명으로 옳은 것은?

① 균열이 발생하여 커지는 정도는 블리딩이 큰 콘크리트 일수록 높아진다.
② 콘크리트 작업 시 시공이음부의 레이턴스를 제거하지 않았을 때 나타난다.
③ 콘크리트 표면의 물의 증발속도가 블리딩 속도보다 빠른 경우 발생되는 균열이다.
④ 콘크리트 표면 가까이에 있는 철근, 매설 물 또는 입자가 큰 골재 등이 침하를 방해하기 때문에 나타난다.

해설 콘크리트 타설시 또는 타설 직후 표면에서 급속한 수분증발이 일어나 그 증발속도가 블리딩 속도보다 빨라 급속한 건조가 이루어져 콘크리트 표면에 미세한 균열이 생기는데 이를 플라스틱 수축에 의한 균열(소성 수축 균열, 초기 건조 균열)이라 한다.

해답 ③

37

동결 융해 150사이클에서 상대 동 탄성계수가 60%일 때 동결 융해에 대한 내구성 지수는? (단, 시험의 종료는 300사이클로 한다.)

① 15 ② 30
③ 60 ④ 100

해설 내구성지수

$$DF = \frac{PN}{M} = \frac{60 \times 150}{300} = 30$$

여기서, P : 동결융해 N사이클일 때의 상대동탄성계수[%]
N : P가 사전에 결정된 값(60%)에서의 동결융해 사이클 수
M : 동결융해 노출이 끝날 때의 사이클 수(300)

해답 ②

38

콘크리트의 골재에 관한 설명으로 틀린 것은?

① 모래 및 자갈의 비중은 2.65~2.70 정도이다.
② 골재의 형태는 구형이면서 표면이 매끈한 것이 좋다.
③ 바다모래를 씻어서 사용하면 콘크리트의 강도에는 큰 영향이 없다.
④ 골재의 표면수의 영향은 굵은 골재에 의한 것보다 잔골재에 의한 것이 크다.

해설
① 보통골재의 비중은 2.5~2.7정도이다.
② 골재의 입자는 둥근 것 또는 정육면체에 가까운 것이 좋으며, 모양이 둥글고 얇은 조각이나 가늘고 긴 조각 등이 없어야 하며, 표면은 매끈한 것 보다 거친 것이 좋다.
③ 염분으로 인해 콘크리트 경화 촉진, 장기강도 증진 저해, 철근부식 촉진을 일으킬 우려가 크며, 바다모래를 다른 잔골재와 혼합하여 사용하면 염화물 함유량의 허용한도가 낮아지나, 씻어서 염분을 제거하여 사용하면 콘크리트의 강도에는 큰 영향이 없다.
④ 표면수는 배합시 콘크리트의 수량을 증가시키는 원인이 되고 또한 시공성이나 강도에 영향을 미치므로, 보정하여야 하며, 표면수는 비표면적이 큰 잔골재가 굵은 골재보다 영향이 크다.

해답 ②

39

레디믹스트 콘크리트의 발주에 있어 구입자가 생산자와 협의하여 지정할 수 있는 사항이 아닌 것은?

① 골재의 종류
② 시멘트의 종류
③ 단위 수량의 하한치
④ 굵은 골재의 최대 치수

해설 다음 사항은 구입자와 생산자가 협의하여 지정한다.
① 시멘트의 종류
② 골재의 종류 및 사용량
③ 굵은 골재의 최대 치수
④ 규정에 의한 염화물 함유량의 상한 값과 다른 경우는 그 상한값
⑤ 호칭 강도를 보증하는 재령
⑥ 규정에서 정한 공기량과 다른 경우는 그 값
⑦ 경량 콘크리트의 경우는 콘크리트의 단위 용적 질량
⑧ 콘크리트의 최고 또는 최저 온도
⑨ 물-결합재비의 상한값
⑩ 단위 수량의 상한값
⑪ 단위 결합재량의 하한값 또는 상한값
⑫ 유동화 콘크리트인 경우 유동화 이전의 베이스 콘크리트에서 슬럼프 증대량

해답 ③

콘크리트산업기사 기출문제

40 4점 재하법에 의한 콘크리트의 휨 강도 시험방법에 관한 사항 중 틀린 것은?

① 지간은 공시체 높이(공칭값)의 3배로 한다.
② 시험기는 시험 시 최대 하중이 용량의 1/3에서 최대 용량까지의 범위에서 사용한다.
③ 파괴 단면의 너비는 3곳에서 0.1mm까지 측정하며, 그 평균값을 소수점 이하 첫째 자리에서 끝맺음한다.
④ 공시체가 인장쪽 표면의 지간 방향 중심선의 4점의 바깥쪽에서 파괴된 경우는 그 시험 결과를 무효로 한다.

[해설] 시험기는 시험 시의 최대 하중이 용량의 1/5에서 최대 용량까지의 범위에서 사용한다. 같은 시험기에서 용량을 바꿀 수 있는 경우는 각각의 용량을 별개의 용량으로 간주한다.

[해답] ②

제3과목 콘크리트의 시공

41 다음의 시방배합을 현장배합으로 환산할 때 잔골재량은?

- 단위 잔골재량 : 350kg
- 단위 굵은골재량 : 350kg
- No.4체에 남는 잔골재량 : 10%
- No.4체를 통과하는 굵은골재량 : 10%

① 312.5kg
② 387.5kg
③ 612.5kg
④ 687.5kg

[해설] 입도 보정

잔골재량을 x[kg], 굵은골재량을 y[kg]라 하면

골재량 $= x + y = 350 + 650 = 1,000$ ················· ①식
굵은골재량 $= 0.1x + (1-0.1)y = 650$ ················· ②식

①식에서 y값을 구하여 ②식에 대입하면
$y = 1,000 - x$

y값을 ②식에 대입하여 잔골재량(x)을 구하면,
$0.1x + (1-0.1)(1,000 - x) = 650$
$0.1x + 900 - 0.9x = 650$
$x = \dfrac{900 - 650}{0.8} = 312.5\text{kg}$

[해답] ①

42 수밀 콘크리트의 배합 및 시공에 관한 일반적인 설명으로 틀린 것은?

① 팽창재를 사용하여 수축균열을 방지한다.
② 일반 콘크리트보다 잔골재율 및 단위 굵은 골재량을 되도록 작게 한다.
③ 콘크리트의 워커빌리티를 개선시키기 위해 공기연행제를 사용하는 경우라도 공기량은 4% 이하가 되도록 한다.
④ 누수 원인이 되는 건조수축 균열의 발생이 없도록 시공하여야 하며, 0.1mm 이상의 균열 발생이 예상되는 경우 누수를 방지하기 위한 방수를 검토하여야 한다.

해설 배합 요령(콘크리트의 소요 품질이 얻어지는 범위 내에서)
① 단위수량은 되도록 적게 한다.
② 물-결합재비는 되도록 적게 한다.
③ 단위 굵은골재량은 되도록 크게 한다.

해답 ②

43 서중 콘크리트에 대한 설명으로 틀린 것은?

① 콘크리트는 비빈 후 1.5시간 이내에 타설하여야 한다.
② 콘크리트 타설할 때의 콘크리트 온도는 40℃ 이하이어야 한다.
③ 콘크리트 타설 전에는 지반, 거푸집 등을 습윤상태로 유지하여야 한다.
④ 콘크리트 타설은 콜드 조인트가 생기지 않도록 적절한 계획에 따라 실시하여야 한다.

해설 콘크리트를 타설할 때의 콘크리트 온도는 35℃ 이하이어야 한다.

해답 ②

44 한중콘크리트의 초기양생에 관한 내용 중 ㉠, ㉡에 적정한 숫자는?

한중콘크리트는 소정의 소요 압축강도가 얻어질 때까지 콘크리트의 온도를 (㉠)℃ 이상으로 유지하여야 하며, 또한 소요 압축강도에 도달한 후 2일간은 구조물의 어느 부분이라도 (㉡)℃ 이상이 되도록 유지하여야 한다.

① ㉠ : 4, ㉡ : 1   ② ㉠ : 4, ㉡ : 0
③ ㉠ : 5, ㉡ : 1   ④ ㉠ : 5, ㉡ : 0

해설 심한 기상작용을 받는 콘크리트는 다음 페이지 표에서 나타낸 압축강도가 얻어질 때까지 콘크리트의 온도를 5℃ 이상으로 유지하여야 하며, 특히 2일간은 구조물의 어느 부분이라도 0℃ 이상이 되도록 유지하여야 한다.

해답 ④

45. 일반적인 매스콘크리트 시공에 바람직한 시멘트가 아닌 것은?

① 중용열시멘트 ② 알루미나시멘트
③ 고로슬래그시멘트 ④ 플라이애시시멘트

해설 알루미나 시멘트는 발열량이 커 초기강도를 나타내므로 매스콘크리트에 적합하지 않으며, 동절기 공사나 긴급 공사에 적합하다. 매스콘크리트는 발열량이 적은 시멘트를 사용해야 한다.

해답 ②

46. 일반 콘크리트의 경우, 대기 중 온도가 25℃미만일 때 비비기로부터 타설이 끝날 때까지의 최대 소요시간은?

① 30분 이내 ② 60분 이내
③ 90분 이내 ④ 120분 이내

해설 콘크리트 비빔 시작부터 타설 종료까지의 시간 한도
① 외기 기온 25℃ 미만 : 120분 이하
② 외기 기온 25℃ 이상 : 90분 이하

해답 ④

47. 콘크리트 다지기에 대한 설명으로 틀린 것은?

① 콘크리트 다지기에는 내부진동기의 사용을 원칙으로 한다.
② 재진동을 실시할 경우에는 초결이 일어난 후에 하여야 한다.
③ 내부진동기는 천천히 빼내어 구멍이 남지 않도록 사용해야 한다.
④ 내부진동기는 연직으로 찔러 넣으며, 삽입간격은 일반적으로 0.5m 이하로 하는 것이 좋다.

해설 재진동을 할 경우에는 콘크리트에 나쁜 영향이 생기지 않도록 초결이 일어나기 전에 실시하여야 한다.

해답 ②

48. 출제기준에 의거하여 이 문제는 삭제됨

49. 출제기준에 의거하여 이 문제는 삭제됨

50
고강도 콘크리트의 일반사항에 대한 아래의 설명에서 ( )안에 알맞은 수치는?

> 고강도 콘크리트의 설계기준압축강도는 일반적으로 40MPa 이상으로 하며, 고강도 경량골재 콘크리트는 ( )MPa 이상으로 한다.

① 27 ② 30
③ 33 ④ 35

해설 고강도 콘크리트란 설계기준강도가 일반 콘크리트에서 40MPa 이상, 경량골재 콘크리트에서 27MPa 이상인 경우의 콘크리트를 말한다.

해답 ①

51
콘크리트의 탄산화 대책으로 적절하지 않은 것은?

① 양질의 골재를 사용한다.
② 철근피복두께를 확보한다.
③ 물-결합재비를 작게 한다.
④ 투기성이 큰 마감재를 사용한다.

해설 **탄산화(중성화) 방지대책**
① 충분한 다짐
② 콘크리트의 피복두께를 가능한한 크게 한다.
③ 물-결합재비를 가능한 낮게 한다.
④ 충분한 초기 양생을 한다.
⑤ 콘크리트를 부배합으로 한다.
⑥ 투기성 및 투수성이 작은 마감재를 사용한다.
⑦ 양질의 골재를 사용한다.
⑧ 밀실한 콘크리트로 타설한다.

해답 ④

52
일반적으로 수중 콘크리트를 시공할 때 시멘트가 물에 씻겨서 흘러나오지 않도록 사용하는 기계·기구는?

① 트레미
② 밑열림 상자
③ 밑열림 포대
④ 벨트컨베이어

해설 수중 콘크리트 시공시 시멘트가 물에 씻겨서 흘러나오지 않도록 트레미나 콘크리트 펌프를 사용해서 타설해야 한다. 그러나 부득이한 경우 및 소규모 공사의 경우 밑열림 상자나 밑열림 포대를 사용할 수 있다.

해답 ①

53 거푸집 설계 시 고려사항으로 틀린 것은?

① 콘크리트의 모서리는 미관을 고려하여 가급적 직각을 유지해야 한다.
② 거푸집은 조립 및 해체가 용이해야하며 모르타르가 새어나오지 않는 구조이어야 한다.
③ 구조물의 거푸집에 대해서는 책임기술자가 요구하는 경우 구조설계도서를 제출하여 승인받아야 한다.
④ 필요한 경우에는 거푸집의 청소, 검사 및 콘크리트 타설에 편리하도록 적당한 위치에 일시적인 개구부를 만들어야 한다.

해설 특별히 지정하지 않은 경우라도 콘크리트의 모서리는 모따기가 될 수 있는 구조이어야 한다.

해답 ①

54 콘크리트 시공이음에 대한 설명으로 틀린 것은?

① 전단력이 작은 위치에 설치한다.
② 부재의 압축력이 작용하는 방향과 같은 방향으로 설치한다.
③ 설계에 정해져 있는 이음의 위치와 구조를 지켜 설치한다.
④ 해양 콘크리트 구조물에 부득이하게 시공 이음을 설치할 경우 만조위로부터 위로 0.6m와 간조위로부터 아래로 0.6m 사이인 감조부는 피하여 설치한다.

해설 시공이음은 부재의 압축력이 작용하는 방향과 직각으로 위치시키는 것이 원칙이다(시공이음은 현장 형편에 따라 임의 변경이 불가하다).

해답 ②

55 출제기준에 의거하여 이 문제는 삭제됨

56 유동화 콘크리트에 대한 내용으로 틀린 것은?

① 배합 시 슬럼프 및 공기량은 유동화 전후의 것으로 한다.
② 슬럼프 증가량은 100mm 이하를 원칙으로 하며, 50~80mm를 표준으로 한다.
③ 유동화제 등을 이용하여 유동화 콘크리트를 재유동화 시키는 것은 매우 효율적이다.
④ 배치플랜트에서 트럭 교반기 내의 콘크리트에 유동화제를 첨가하여 즉시 고속으로 교반하여 유동화시는 방법도 있다.

해설 유동화 콘크리트의 재유동화는 원칙적으로 하지 않는다.
① 부득이한 경우 책임기술자의 승인을 받아 1회에 한하여 재유동화할 수 있다.
② 재유동화시에 있어서 처음 비비기로부터 타설이 끝날 때까지의 시간은 원칙적으로 일반 콘크리트의 규정에 따른다.

해답 ③

57

수밀 콘크리트의 연속타설 시간 간격은 외기온도가 25℃ 이하일 때 몇 시간 이내로 하여야 하는가?

① 1시간
② 1시간 30분
③ 2시간
④ 2시간 30분

해설 수밀 콘크리트의 연속 타설 시간 간격
① 외기 온도가 25℃를 넘었을 경우 : 1.5시간을 넘어서는 안 된다.
② 외기 온도가 25℃ 이하일 경우 : 2시간을 넘어서는 안 된다.
   다만, 특별한 방법을 강구한 경우에는 책임 기술자의 지시에 다르거나 승인을 받아 이 시간의 한도를 변경할 수 있다.

해답 ③

58

일반 콘크리트의 표면 마무리에 대한 설명으로 틀린 것은?

① 미리 정해진 구획의 콘크리트 타설은 연속해서 일괄작업으로 끝마쳐야 한다.
② 시공이음이 미리 정해져 있지 않을 경우에는 직선상의 이음이 얻어지도록 시공하여야 한다.
③ 제물치장 마무리 또는 마무리 두께가 얇은 경우에는 1m 당 7mm 이하의 평탄성을 유지하여야 한다.
④ 콘크리트 면의 마무리 두께가 7mm이상 또는 바탕의 영향을 많이 받지 않은 마무리의 경우 평탄성은 1m 당 10mm 이하를 유지하여야 한다.

해설 콘크리트 마무리의 평탄성 표준값

콘크리트 면의 마무리	평탄성
마무리 두께 7mm 이상 또는 바탕의 영향을 많이 받지 않는 마무리의 경우	1m당 10mm 이하
마무리 두께 7mm 이하 또는 양호한 평탄함이 필요한 경우	3m당 10mm 이하
제물치장 마무리 또는 마무리 두께가 얇은 경우	3m당 7mm 이하

해답 ③

제4과목 콘크리트 구조 및 유지관리

59 숏크리트 코어 공시체(ϕ10cm×10cm)로 부터 채취한 강섬유의 질량이 30.8g이었다. 강섬유 혼입률(부피기준)은? (단, 강섬유의 단위질량은 7.85g/cm³이다.)

① 0.5% ② 1%
③ 3% ④ 5%

해설 ① 코어 공시체 강섬유 부피 = $\dfrac{\text{코어공시체로부터 채취한 질량}}{\text{강섬유 단위질량}} = \dfrac{30.8}{7.85}$

② 강섬유 혼입률 = $\dfrac{\text{코어공시체 강섬유부피}}{\text{코어공시체 체적}} = \dfrac{\frac{30.8}{7.85}}{\frac{\pi \times 10^2}{4} \times 10}$

$= 0.005 = 0.5\%$

해답 ①

60 숏크리트의 시공에서 건식 숏크리트는 배치 후 몇 분 이내에 뿜어붙이기를 실시하여야 하는가?

① 15분 ② 30분
③ 45분 ④ 60분

해설 건식 숏크리트는 배치 후 45분 이내에 뿜어붙이기를 실시해야 하며, 습식 숏크리트는 배치 후 60분 이내에 뿜어붙이기를 실시해야 한다.

해답 ③

제4과목 콘크리트 구조 및 유지관리

61 b=300mm, d=500mm인 복철근 직사각형 보 단면의 압축부에 3-D22(A_s'=1161mm²)의 철근과 인장부에 6-D32(A_s=4765mm²)의 철근을 갖고 있을 때, 등가응력의 깊이(a)는? (단, f_{ck}=28MPa, f_y=300MPa이다.)

① 151.4mm ② 168.6mm
③ 175.9mm ④ 184.7mm

해설 $a = \dfrac{(A_s - A_s')f_y}{\eta 0.85 f_{ck} b} = \dfrac{(4,765 - 1,161) \times 300}{1 \times 0.85 \times 28 \times 300} = 151.4\text{mm}$

해답 ①

62 그림과 같은 보에 최소 전단철근을 배근하려고 할 때 최소 전단철근량은? (단, $f_{ck}=24$MPa, $f_y=350$MPa이며, 전단철근의 간격은 200mm이다.)

① 52.5mm²
② 56.8mm²
③ 60.0mm²
④ 64.7mm²

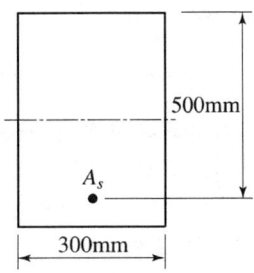

해설 전단철근의 최소 단면적

$$A_{v\min} = 0.0625\sqrt{f_{ck}}\frac{b_w s}{f_{yt}} \geqq 0.35\frac{b_w s}{f_{yt}}$$

① $0.0625\sqrt{f_{ck}}\dfrac{b_w s}{f_{yt}} = 0.0625 \times \sqrt{24} \times \dfrac{300 \times 200}{350} = 52.5\text{mm}^2$

② $0.35\dfrac{b_w s}{f_{yt}} = 0.35 \times \dfrac{300 \times 200}{350} = 60\text{mm}^2$

③ 두 값 중 큰 값인 60mm²이 최소전단철근량이다.

해답 ③

63 그림과 같은 단면의 보에서 $f_{ck}=28$MPa일 때, 보통 중량 콘크리트가 분담하는 설계전단강도(ϕV_c)는? (단, 경량콘크리트 계수 $\lambda = 1$)

① 약 151kN
② 약 162kN
③ 약 173kN
④ 약 185kN

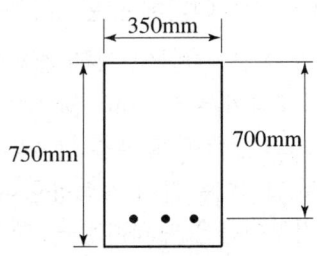

해설 설계전단강도

$$\phi V_c = \phi\frac{1}{6}\lambda\sqrt{f_{ck}}\,b_w d = 0.75 \times \frac{1}{6} \times 1 \times \sqrt{28} \times 350 \times 700$$
$$= 162,052\text{N} = 162\text{kN}$$

해답 ②

64
일반적으로 정사각형 확대 기초에서 전단에 대한 위험단면은? (단, d는 확대기초의 유효깊이이고, 1방향 전단이 발생하는 경우)

① 기둥의 전면
② 기둥의 전면에서 $\frac{d}{2}$만큼 떨어진 면
③ 기둥의 전면에서 d만큼 떨어진 면
④ 기둥의 전면에서 기둥 두께만큼 안쪽으로 떨어진 면

해설 전단에 대한 위험단면
① 1방향 : 기둥의 전면에서 d만큼 떨어진 곳
② 2방향 : 기둥의 전면에서 $d/2$만큼 떨어진 곳

해답 ③

65
기존 콘크리트의 압축강도 평가방법 중 가장 신뢰성이 높은 것은?

① 인발시험
② 반발경도방법
③ 초음파속도법
④ 코어 압축강도시험

해설 코어 압축강도(코어 테스트)시험은 콘크리트 코어를 채취하여 KS 기준에 따라 압축강도를 측정하는 것으로 콘크리트 압축강도 평가법 중 가장 신뢰성이 높다.

해답 ④

66
압축이형 철근의 이음에 관한 규정으로 틀린 것은?

① f_{ck}가 21MPa 미만인 경우 겹침이음길이를 1/3 증가시켜야 한다.
② 겹침이음길이는 f_y가 400MPa 이하인 경우 $0.072f_y d_b$보다 길 필요가 없다.
③ 서로 다른 크기의 철근을 압축부에서 겹침이음하는 경우, 이음길이는 굵은 철근의 겹침이음길이를 적용한다.
④ 단부 지압이음은 폐쇄띠철근, 폐쇄스터럽 또는 나선철근을 배치한 압축부재에서만 사용하여야 한다.

해설 서로 다른 크기의 철근을 압축부에서 겹침이음하는 경우
① 이음길이는 크기가 큰 철근의 정착길이와 크기가 작은 철근의 겹침이음길이 중 큰 값 이상이어야 한다.
② D41과 D51 철근은 D35 이하 철근과의 겹침이음이 허용된다.
겹침이음은 D35보다 큰 철근에 대해서 일반적으로 금지되지만, 압축측에서만은 D35 이하의 철근과 이보다 큰 철근과 겹침이음하는 것을 허용한다.

해답 ③

67 강도설계법의 기본가정으로 틀린 것은?

① 철근 및 콘크리트의 변형률은 중립축으로 부터의 거리에 비례한다.
② 압축측 연단에서 콘크리트의 최대 변형률은 0.003으로 가정한다.
③ 항복강도 f_y 이내에서 철근의 응력은 그 변형률의 E_s 배로 본다.
④ 콘크리트의 인장강도는 휨 계산에서 $0.25\sqrt{f_{ck}}$ 로 계산한다.

해설 콘크리트의 인장강도는 무시한다. **해답 ④**

---

68 옹벽의 전도에 대한 안정조건으로 옳은 것은?

① 저항휨모멘트는 전도휨모멘트의 2.0배 이상이어야 한다.
② 저항휨모멘트는 전도휨모멘트의 1.5배 이상이어야 한다.
③ 전도휨모멘트는 저항휨모멘트의 2.0배 이상이어야 한다.
④ 전도휨모멘트는 저항휨모멘트의 1.5배 이상이어야 한다.

해설 전도에 대한 저항모멘트는 횡토압에 의한 전도모멘트의 2.0배 이상이어야 한다. **해답 ①**

---

69 재하시험에 의해 기존 구조물의 안전성 평가를 하고자 할 때 재하 하중에 대한 아래 설명에서 ( )에 적합한 수치는?

> 건물의 휨 부재에 대한 재하시설에서 재하할 시험하중은 해당 구조 부분에 작용하고 있는 고정하중을 포함하여 설계하중의 ( )% 이상이어야 한다.

① 65 ② 75
③ 85 ④ 95

해설 건물의 휨부재에 대한 재하시험에서 재하할 시험하중은 해당 구조 부분에 작용하고 있는 고정하중을 포함하여 설계하중의 85% 이상, 즉 다음 중 가장 큰 값 이상이어야 한다.
① 0.85(1.2D+1.6L)
② 0.85(1.4D)

해답 ③

70

콘크리트 균열에 대한 보수재료 또는 보수공법이 아닌 것은?

① 에폭시 ② 주입공법
③ 증설공법 ④ 실리카 품

해설 증설공법은 보강공법의 일종이다.

해답 ③

71

콘크리트의 동결융해에 대한 저항성을 설명한 내용으로 틀린 것은?

① 콘크리트 표면으로부터 서서히 열화가 진행된다.
② AE콘크리트에서는 기포의 직경이 클수록 동결융해에 대한 저항성이 크게 된다.
③ 다공질 골재를 사용하는 등 골재의 흡수성이 큰 경우에는 동결융해에 대한 저항성이 작게 된다.
④ 밀실하고 균질한 콘크리트가 얻어지도록 필요한 워커빌리티를 확보하고 충분히 다짐하면 동결융해에 대한 저항성이 높아진다.

해설 같은 공기량인 경우 기포간격계수(Spacing Factor)가 작아지는 AE제는 보다 동결융해에 대한 저항성을 증가시킨다.

해답 ②

72

출제기준에 의거하여 이 문제는 삭제됨

73

실제 탄산화 속도계수가 $9\text{mm}\sqrt{\text{년}}$ 인 콘크리트 구조물이 16년 경과한 시점의 탄산화 깊이는? (단, 예측식의 변동성을 고려한 안전계수는 1로 가정한다.)

① 12mm ② 36mm
③ 48mm ④ 144mm

해설 탄산화(중성화) 깊이(X, mm)와 경과한 기간(t, 년)
$X = A\sqrt{t} = 9\sqrt{16} = 36\text{mm}$
여기서, A : 탄산화(중성화) 속도계수

해답 ②

74

아래 그림과 같이 PS콘크리트 보에서 하중평형개념을 고려할 때 등분포의 상향력 (u)은? (단, $P=2000$kN, $s=0.2$m이다.)

① 22.2kN/m
② 27.2kN/m
③ 31.2kN/m
④ 35.2kN/m

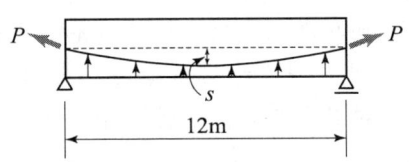

해설 프리스트레스에 의한 등분포 상향력

$$u = \frac{8Ps}{l^2} = \frac{8 \times 2,000 \times 0.2}{12^2} = 22.2 \text{kN/m}$$

해답 ①

75

탄소 섬유 보강공법의 일반적인 시공 순서로 옳은 것은?

① 균열 보수 및 패칭 처리 → 프라이머 및 수지도포 → 보호 코팅 → 섬유시트 부착
② 프라이머 및 수지도포 → 균열 보수 및 패칭 처리 → 섬유시트 부착 → 보호 코팅
③ 균열 보수 및 패칭 처리 → 프라이머 및 수지 도포 → 섬유시트 부착 → 보호 코팅
④ 섬유시트 부착 → 균열 보수 및 패칭 처리 → 프라이머 및 수지 도포 → 보호 코팅

해설 **탄소 섬유 보강공법의 시공 순서**는 다음과 같다.
① 균열 보수 및 패칭 처리
② 프라이머 및 수지 도포
③ 섬유시트 부착
④ 보호 코팅

해답 ③

76

콘크리트의 강도를 평가할 수 있는 시험 방법이 아닌 것은?

① 반발경도법
② 투수성시험
③ 코어테스트
④ 부착강도시험

해설 투수성시험은 물이 통과하는 투수계수를 측정하는 시험이다.

해답 ②

77 콘크리트 염해에 대한 설명으로 틀린 것은?

① 해안에 가까울수록 염해가 발생한 가능성은 커진다.
② 부식반응은 애노드반응과 캐소드반응이 조합된 반응이다.
③ 콘크리트 내 함수율이 높을수록 염화물이온의 확산계수비는 커진다.
④ 염화물이온에 의한 철근부식은 산소와 수분, 중성화가 동반되어야만 발생한다.

해설 콘크리트 중의 알칼리가 저하되어 탄산화(중성화)가 되거나 또는 콘크리트 중에 염화물이 과다하게 함유되어 있으면 염소 이온의 화학작용으로 산화피막이 파괴되어 부식을 일으키는 원인이 된다.

해답 ④

78 출제기준에 의거하여 이 문제는 삭제됨

79 콘크리트 타설 후 가장 빨리 발생되는 균열의 종류는?

① 온도균열
② 소성수축균열
③ 건조수축균열
④ 알칼리 골재반응

해설 초기 균열의 종류
① 침하에 의한 균열(침하 수축 균열)
② 플라스틱 수축 균열(소성 수축 균열, 초기 건조 균열)
③ 거푸집의 변형에 의한 균열
④ 진동, 재하에 의한 균열
⑤ 수화열에 의한 균열

해답 ②

80 아래에서 설명하는 균열의 보수기법은?

발생이 균열이 멈추어 있거나 구조적으로 중요하지 않을 경우에는 균열에 sealant를 채워 넣음으로써 보수할 수 있다. 이 보수 방법은 비교적 간단하게 시행될 수 있으나 계속 진전되고 있는 균열에는 효과를 발휘하기 어렵다.

① 봉합법
② 짜깁기법
③ 에폭시 주입법
④ 보강철근 이용방법

해설 **봉합법**은 발생된 균열이 멈추어 있거나 구조적으로 중요하지 않을 경우에 균열에 봉합재(sealant)를 채워 넣어 보수하는 방법이다. 비교적 간단하게 시행할 수 있으나 계속 진전되고 있는 균열에는 효과를 발휘하기가 어렵다.

해답 ①

콘크리트산업기사

2020년 9월 CBT 시행

복원기출문제입니다. 실제 문제와 다를 수 있습니다(출제기준에 의거하여 불필요한 문제는 삭제)

제1과목 콘크리트 재료 및 배합

01 골재의 체가름 시험으로부터 알 수 없는 골재의 성질은?

① 골재의 입도
② 골재의 조립률
③ 굵은 골재의 최대치수
④ 골재의 실적률

해설 ① 골재의 입도란 골재의 굵은 알과 잔 알이 섞여 있는 정도를 말하며, 골재의 체가름 시험결과를 곡선으로 나타낸 것이 입도곡선이다.
② 골재의 조립률은 골재의 입도를 간단히 표시하는 계수로서 골재의 입도 크기를 숫자로 나타낸 것으로 골재의 체가름 시험에 의해 구할 수 있다.
③ 굵은골재 최대치수란 통과 중량 백분율이 90% 이상이 되는 체 중에서 가장 최소치수의 체 눈금을 의미하는 것으로 체가름 시험을 통해 구할 수 있다.
④ 실적률이란 일정 용기 내에서 골재 입자가 차지하는 실적의 백분율을 말하며, 골재 입형의 좋고 나쁨을 판정하는데 적용하는 것으로 체가름 시험에서 구할 수 없다.

해답 ④

02 철근콘크리트에 이용되는 길이가 300mm이고 직경이 20mm인 강봉에 50kN의 인장력을 가한 결과 2.34×10^{-1}mm가 신장되었을 때 강봉의 변형률은? (단, 강봉의 탄성계수=2.04×10^5N/mm²)

① 6.2×10^{-4}
② 6.8×10^{-4}
③ 7.2×10^{-4}
④ 7.8×10^{-4}

해설 $E = \dfrac{Pl}{A \Delta l}$ 에서

$\dfrac{\Delta l}{l} = \dfrac{P}{EA} = \dfrac{50,000}{2.04 \times 10^5 \times \dfrac{\pi \times 20^2}{4}} = 7.8 \times 10^{-4}$

해답 ④

03

배합강도를 구하기 위해 23회의 압축강도시험을 실시한 경우 표준편차를 보정계수는? (단, 시험횟수가 20회 및 25회인 경우 표준편차의 보정계수는 각각 1.08, 1.03이다.)

① 1.07
② 1.08
③ 1.05
④ 1.04

해설 $\dfrac{\epsilon - 1.03}{1.08 - 1.03} = \dfrac{23 - 20}{25 - 20}$ 에서 $\epsilon = \dfrac{23-20}{25-20} \times (1.08 - 1.03) + 1.03 = 1.05$

해답 ③

04

흡수율이 8%인 경량잔골재와 습윤상태 무게가 600g이었고, 이 경량잔골재를 건조로에서 노건조 상태까지 건조시켰을 때 520g이 되었을 때 표면수율은?

① 4.59%
② 5.32%
③ 6.84%
④ 7.92%

해설 ① 흡수율(%) $= \dfrac{B-D}{D} \times 100 = \dfrac{B-520}{520} \times 100 = 8\%$ 에서 $B = 561.6\text{g}$

② 표면수율(%) $= \dfrac{A-B}{B} \times 100 = \dfrac{600 - 561.6}{561.6} \times 100 = 6.84\%$

여기서, A : 습윤상태, B : 표건상태, C : 기건상태, D : 노건상태

해답 ③

05

아래 표는 공기량 5%의 AE콘크리트의 시방배합표를 나타낸 것이다. 콘크리트배합의 잔골재율은? (단, 잔골재 표건밀도 : 2.57g/cm³, 굵은 골재 표건밀도 : 2.67g/cm³, 시멘트 밀도 : 3.16g/cm³)

단위량(kg/cm³)			
단위수량	단위시멘트량	단위잔골재량	단위굵은 골재량
180	383	766	951

① 45.6%
② 46.6%
③ 47.6%
④ 48.6%

해설 ① 잔골재 체적 $= \dfrac{766,000}{2.57} = 298.054\text{cm}^3$

② 굵은골재 체적 $= \dfrac{951,000}{2.67} = 356,179.8\text{cm}^3$

③ $S/a = \dfrac{298,054.5}{298,054.5 + 356,179.8} = 0.456 = 45.6\%$

해답 ①

06

콘크리트의 물-결합재비에 대한 아래 표의 설명에서 빈칸에 옳은 것은?

기준	물-결합재비
콘크리트의 수밀성을 기준으로 할 때	A
콘크리트의 탄산화 저항성을 고려할 때	B

① A : 50% 이하, B : 50% 이하
② A : 50% 이하, B : 55% 이하
③ A : 55% 이하, B : 50% 이하
④ A : 55% 이하, B : 55% 이하

해설 ① 수밀성을 고려하여 정하는 경우 수밀을 요하는 콘크리트의 물-결합재비는 50% 이하를 표준으로 한다.
② 탄산화 저항성을 고려해야 하는 경우 콘크리트의 탄산화 저항성을 고려해야 하는 경우 물-결합재비는 55% 이하를 표준으로 한다.

해답 ②

07

고로시멘트의 특징으로 옳지 않은 것은?

① 보통포틀랜드시멘트에 비해 화학저항성은 크나 수밀성이 작다.
② 고로시멘트는 보통포틀랜드시멘트에 슬래그 분말을 혼합한 것이다.
③ 보통포틀랜드시멘트와 비교해 초기강도는 약간 작아지나 장기강도는 비슷하거나 약간 커진다.
④ 슬래그의 함유량이 적당하면 수화열의 발생을 억제할 수 있다.

해설 ① 내화학약품성이 좋다.
② 수화열이 적어 내열성이 크고 수밀성이 크다.

해답 ①

08

골재에 대한 설명으로 옳지 않은 것은?

① 5mm체에 거의 다 남은 골재 또는 5mm체에 다 남은 골재를 굵은 골재라 한다.
② 공사 중에 잔골재의 입도가 변하여 조립률이 최소 ±0.50 이상 차이가 있을 경우에는 배합을 수정하여야 한다.
③ 굵은 골재는 견고하고, 밀도가 크고, 내구성이 커야 한다.
④ 질량비로 90% 이상 통과시키는 체 중에서 최소수치의 체눈의 호칭치수로 나타낸 것을 굵은 골재의 최대치수라 한다.

해설 공사 중에 잔골재의 입도가 변하여 조립률이 최소 ±0.20 이상 차이가 있을 경우에는 배합을 수정하여야 한다.

해답 ②

09

호칭강도가 21MPa이고, 30회 이상의 시험실적으로부터 구한 표준편차가 1.0MPa인 경우 이 콘크리트의 배합강도는?

① 19.83MPa
② 21.09MPa
③ 22.34MPa
④ 23.33MPa

해설 $f_{cn} = 21\text{MPa} < 35\text{MPa}$ 이므로

① $f_{cr} = f_{cn} + 1.34s = 21 + 1.34 \times 1.0 = 22.34\text{MPa}$
② $f_{cr} = (f_{cn} - 3.5) + 2.33s = (21 - 3.5) + 2.33 \times 1.0 = 19.83\text{MPa}$
③ 이 두 식에 의한 값 중 큰 값인 22.34MPa로 정한다.

해답 ③

10

골재의 잔입자 시험결과 씻기 전 건조시료의 질량은 500g, 씻은 후 시료의 건조질량은 488.5g이었다. 이 골재의 잔입자 비율은?

① 1.2%
② 1.8%
③ 2.3%
④ 3.5%

해설 씻겨 나간 양이 잔입자이므로

$$\text{잔입자 비율} = \frac{500 - 488.5}{500} = 0.023 = 2.3\%$$

해답 ③

11

아래 표는 시멘트의 오토클레이브 팽창도 시험방법의 일부를 순서에 따라 나열한 것이다. 이 중 틀린 것은?

ⓐ 시험하는 동안 오토클에이브 안에 오토클레이브 용적의 7~10% 정도의 물을 넣어 항상 포화증기로 차 있도록 한다.
ⓑ 가열기간의 초기에는 오토클레이브로부터 공기가 빠져나가도록 통기밸브를 수증기가 나오기 시작할 때까지 열어 놓는다.
ⓒ 통기밸브를 다고 가열하기 시작하여 45~75분에 증기압이 (2±0.07)MPa이 되도록 오토클레이브의 온도를 올리며 (2±0.07)MPa의 압력으로 3시간 동안 유지한다.
ⓓ 3시간이 경과한 뒤 가열을 중지하고, 다시 1시간 뒤에는 압력이 0.7MPa 이하가 되도록 오토클레이브를 냉각시킨다.

① ⓐ
② ⓑ
③ ⓒ
④ ⓓ

해설 3시간이 경과한 뒤 가열을 중지하고, 다시 1시간 30분 뒤에는 압력이 0.7MPa 이하가 되도록 오토클레이브를 냉각시킨다.

해답 ④

12
포틀랜드시멘트 제조시 석고를 참가하는 주된 이유는?
① 시멘트의 조기강도 증진을 위해
② 시멘트의 급격한 응결을 방지하기 위해
③ 콘크리트 제조시 유동성 증진을 위해
④ 시멘트의 수화열을 조절하기 위해

해설 석고는 시멘트의 굳는 속도를 늦추기 위한 응결조절용(응결지연제 역할)으로 넣는다.

해답 ②

13
콘크리트 배합에 대한 일반적인 설명으로 틀린 것은?
① 콘크리트를 경제적으로 제조한다는 관점에서 될 수 있는 대로 굵은 골재의 최대치수가 작은 것을 사용하는 것이 유리하다.
② 작업에 적합한 워커빌리티를 갖는 범위 내에서 단위수량은 될 수 있는 대로 적게 한다.
③ 물-결합재비는 소요의 강도, 내구성, 수밀성 및 균열저항성 등을 고려하여 정하여야 한다.
④ 잔골재율은 소용의 워커빌리티를 얻을 수 있는 범위 내에서 단위수량이 최소가 되도록 시험에 의해 정하여야 한다.

해설 경제적인 콘크리트를 얻을 수 있으므로 적정한 범위 내에서 굵은골재 최대치수를 크게 하는 것이 배합의 기본이며, 계속 커질 경우에는 오히려 콘크리트에 좋지 않은 영향을 미치므로 주의하여야 한다.

해답 ①

14
단위수량 175kg, 단위잔골재량 750kg 및 단위굵은 골재량이 900kg의 콘크리트에서 잔골재 및 굵은 골재의 표면수가 각각 4% 및 1%이면 보정된 단위수량은?
① 214kg
② 166kg
③ 145kg
④ 136kg

해설 ① 입도보정 안함
② 표면수량 수정 : 잔골재 표면수량 = 750 × 0.04 = 30kg
굵은골재 표면수량 = 900 × 0.01 = 9kg
③ 현장배합 : 단위수량 = 175 − (30+9) = 136kg

해답 ④

15 콘크리트용 골재에 대한 시험이 아닌 것은?
① 체가름시험 ② 공기량시험
③ 안정성시험 ④ 유기불순물시험

[해설] 공기량 시험은 굳지않은 콘크리트 시험의 일종이며 콘크리트 속에 포함된 공기량을 측정하는 시험이다.

해답 ②

16 골재의 흡수율에 대한 설명으로 옳은 것은?
① 골재의 표면 및 내부에 있는 물 전체 질량의 절건상태 골재질량에 대한 백분율
② 골재의 표면에 붙어있는 수량의 표면건조 포화상태 골재질량에 대한 백분율
③ 표면건조 포화상태의 골재에 함유되어 있는 전체 수량의 절건상태 골재질량에 대한 백분율
④ 용기에 채운 골재 절대용적의 그 용기용적에 대한 백분율

[해설] 흡수율(%) = $\dfrac{B-D}{D} \times 100$ = $\dfrac{\text{표면건조 포화상태 골재에 함유된전체 수량}}{\text{절건상태 골재질량}} \times 100$

여기서, B : 표건상태, D : 노건상태

해답 ③

17 시멘트의 강도시험(KS L ISO 679)의 공시체 제작을 위해 모르타르를 제작하고자 한다. 사용하는 시멘트가 450g인 경우 필요한 표준사의 양으로 옳은 것은?
① 900g ② 1,103g
③ 1,215g ④ 1350g

[해설] ① 시멘트의 강도 시험(KS L ISO 679)의 모르타르 제작 시 질량에 의한 비율로 시멘트와 표준사를 1 : 3의 비율로 하며, 혼합수의 양은 1/2 분량이다(물-시멘트비=0.5). 3개의 시험체를 한 조합된 시료로 할 경우의 각 1회분 재료의 양은 시멘트 450g±2g, 모래 1350g±5g과 물 225g±1g이다.
② 시멘트 : 표준사=1 : 3=450g : S에서
 $S = 1,350$g

해답 ④

18 일반적인 시멘트의 강도에 대한 설명으로 적절하지 않은 것은?

① 시멘트 페이스트의 강도를 말한다.
② 시멘트의 조성에 영향을 받는다.
③ 물-시멘트비에 따라 변한다.
④ 재령 및 양생조건에 따라 영향을 받는다.

해설 시멘트의 강도는 시멘트 페이스트(풀)가 아닌 시멘트 모르타르의 강도를 말한다.

해답 ①

19 혼화재료의 품질시험 항목으로 옳지 않은 것은?

① 고성능AE감수제-고형분
② 플라이애시-감열감량
③ 고로슬래그 미분말-염기도
④ 방청제-방청률

해설 고성능AE감수제의 품질시험 항목은 감수율(%)이다.

해답 ①

20 골재가 필요로 하는 성질에 대한 설명으로 틀린 것은?

① 물리·화학적으로 인정하고 내구성이 클 것
② 모양이 입방체 또는 공 모양에 가깝고 시멘트풀과 부착력이 큰 약간 거친 표면을 가질 것
③ 낱말의 크기가 차이 없이 균등할 것
④ 소요의 중량을 가질 것

해설 골재의 입도는 크고 작은 낱알을 골고루 가져야 공극이 작아 양질의 콘크리트가 되며, 낱알의 크기가 차이 없이 균등할 경우 공극이 커져 좋지 않다.

해답 ③

제2과목 콘크리트 제조, 시험 및 품질관리

21 콘크리트 정탄성계수는 콘크리트의 어떤 특성에서 얻어지는가?
① 포아송비
② 크리프
③ S-N 곡선(반복하중 횟수-응력 곡선)
④ 응력-변형율 곡선

해설 정하중 작용시 얻어진 응력-변형률 곡선에서 구해진 탄성계수가 정탄성계수이다.

해답 ④

22 콘크리트 휨강도 시험에 사용되는 공시체의 치수로 알맞은 것은?
① 150×150×450mm
② 100×100×300mm
③ 100×100×350mm
④ 150×150×530mm

해설 휨강도 시험용 몰드는 굵은골재 최치수가 50mm 이하인 경우 단면 15×15cm, 길이 53cm의 정방형(각주 체)을 사용하며 10×10cm, 길이 38cm의 각주형도 사용된다.

해답 ④

23 콘크리트의 내구성을 향상시키는 방법에 대한 설명이 잘못된 것은?
① 물-시멘트비를 가능한 한 작게 할 것
② 철저한 다짐을 통하여 시공할 것
③ 습윤양생을 충분히 할 것
④ 체적변화가 많은 콘크리트를 만들 것

해설 콘크리트의 내구성을 향상시키기 위해서는 체적변화가 적은 콘크리트를 만들어야 한다.

해답 ④

24
콘크리트의 인장강도에 대한 설명으로 틀린 것은?

① 콘크리트의 인장강도는 쪼갬인장시험에 의하여 간접적으로 구할 수 있다.
② 콘크리트의 휨부재의 설계에서는 콘크리트의 인장강도를 무시하는 경우가 일반적이다.
③ 일반적으로 파괴계수로 정의되는 인장강도는 압축강도의 50% 정도이다.
④ 휨부재의 처짐 및 균열과 같은 사용성 설계에서 인장강도는 매우 중요한 역할을 한다.

 콘크리트의 인장강도는 압축강의도 약 $\frac{1}{10}\left(\frac{1}{13} \sim \frac{1}{8}\right)$ 정도이다.   해답 ③

25
콘크리트이 압축강도시험 데이터 5개를 보고 표준편차를 구한 것으로 옳은 것은?
(단, 불편분산에 의한 표준편차로서 콘크리트표준시방서의 개념에 의함)

| 41. 43. 42. 44. 46(MPa) |

① 1.9MPa ② 2.31MPa
③ 2.45MPa ④ 2.56MPa

 ① 평균치($\overline{x}$) : 데이터의 평균 산술값
$$\overline{x} = \frac{\sum \overline{x_i}}{n} = \frac{41+43+42+44+46}{5} = 43.2\text{MPa}$$
② 편차의 제곱합(S) : 측정 데이터와 평균치와의 차를 제곱하여 더한 값
$$S = \sum(x_i - \overline{x})^2$$
$$= (41-43.2)^2 + (43-43.2)^2 + (42-43.2)^2 + (44-43.2)^2 + (46-43.2)^2$$
$$= 14.8$$
③ 불편분산의 제곱근(σ_e)
$$\sigma_e = \sqrt{\frac{S}{n-1}} = \sqrt{\frac{14.8}{5-1}} = 1.92\text{MPa}$$

해답 ①

26
굳지 않은 콘크리트의 슬럼프 시험을 할 때 콘크리트 시료를 몇 층으로 나누어 채우는가?

① 슬럼프콘 용적의 약 1/2씩 되도록 2층
② 슬럼프콘 용적의 약 1/3씩 되도록 3층
③ 슬럼프콘 용적의 약 1/4씩 되도록 4층
④ 슬럼프콘 용적의 약 1/5씩 되도록 5층

해설 콘크리트 시료를 슬럼프 콘 용적의 약 1/3씩 되도록 3층으로 나누어 채운다.

해답 ②

27 콘크리트 강도 시험용 원주공시체(ϕ150mm×300mm)를 할렬에 의한 간접인장강도 시험을 실시한 결과 160kN에서 파괴되었다. 콘크리트 인장강도로 옳은 것은?

① 1.54MPa
② 2.26MPa
③ 2.96MPa
④ 4.57MPa

해설 $f_t = \dfrac{2P}{\pi dl} = \dfrac{2 \times 160{,}000}{\pi \times 150 \times 300} = 2.26\text{MPa}$

해답 ②

28 레디믹스트 콘크리트 제조설비에 대한 설명으로 틀린 것은?

① 골재에 대한 1회 계량분량의 한계오차는 ±3% 이내이다.
② 혼화재에 대한 1회 계량분량의 한계오차는 ±2% 이내이다.
③ 골재 저장설비는 콘크리트 최대출하량이 1주일분 이상에 상당하는 골재량을 저장할 수 있는 크기는 한다.
④ 믹서는 고정식 믹서로 한다.

해설 골재 저장 설비는 콘크리트 최대 출하량의 1일분 이상에 상당하는 골재량을 저장할 수 있는 크기로 한다.

해답 ③

29 콘크리트의 비비기 시간에 대한 시험을 실시하지 않은 경우, 비비는 시간의 표준으로 옳은 것은?

① 가경식 믹서 : 1분 30초 이상, 강제식 믹서 : 1분 이상
② 가경식 믹서 : 2분 30초 이상, 강제식 믹서 : 2분 이상
③ 가경식 믹서 : 1분 이상, 강제식 믹서 : 1분 30초 이상
④ 가경식 믹서 : 2분 이상, 강제식 믹서 : 2분 30초 이상

해설 **표준 비비기 시간**
① 가경식 믹서(통이 회전) 1분 30초 이상
② 강제식 믹서(통은 고정되어 있고 안의 날개가 회전) 1분 이상
③ 빈배합은 된반죽 또는 골재치수가 작은 경우에는 보다 길게 혼합하는 것이 강도 면에서 유리하다.

해답 ①

30 콘크리트의 균열 중 경화 후에 발생하는 균열의 종류에 속하지 않는 것은?

① 건조수축균열　　② 온도균열
③ 소성수축균열　　④ 휨균열

해설 초기 균열의 종류
　① 침하에 의한 균열(침하 수축 균열)
　② 플라스틱 수축 균열(소성 수축 균열)
　③ 거푸집의 변형에 의한 균열 진동
　④ 재하에 의한 균열
　⑤ 수화열에 의한 균열

해답 ③

31 아래의 표에서 설명하는 시험은?

- 이 시험은 굳지 않은 콘크리트의 반죽질기를 측정하기 위해 실시한다.
- 리몰딩 시험에서 발전한 것으로 리몰딩 시험 장치 내의 링을 생략하고, 낙하 대신에 진동으로 다짐을 실시한다.
- 이 시험은 단위수량이 매우 작은 배합의 콘크리트에 적용하는 실험실용 시험이다.

① 비비(VB)의 시험　　② 슬럼프 시험
③ 볼(kely Ball) 관입 시험　　④ 플로우 시험

해설 비교적 된 비빔 콘크리트에 적용하는 반죽질기시험인 비비 시험(Vee-Bee Test)에 대한 설명이다.

해답 ①

32 콘크리트의 품질관리에 사용하는 관리도에 관한 설명으로 틀린 것은?

① 관리도로 콘크리트의 제조공정의 안정여부를 판정할 수 있다.
② 관리도를 사용하면 우연한 변동과 이상원인에 의한 변동을 구분할 수 있다.
③ 압축강도와 같은 데이터는 계수값 관리도에 의해 관리하는 것이 효과적이다.
④ 관리도는 관리특성의 중심적 특성을 나타내는 중심선과 이것의 상하에 허용되는 범위의 폭을 나타내는 관리한계로 구성된다.

해설 강도와 같은 데이터는 계량값 관리도에 의해 관리한다.

[참고] 관리도 종류

종류	데이터의 종류	관리도	적용이론
계량값 관리도	길이, 중량, 강도, 화학성분, 압력, 슬럼프, 공기량, 생산량	• $\bar{x}-R$관리도(평균값과 범위의 관리도, 관리도의 가장 기본이 되는 관리) • $\bar{x}-\sigma$관리도(평균값과 표준편차의 관리도) • X관리도(측정값 자체의 관리도)	정규분포
계수값 관리도	제품의 불량률	P 관리도(불량률 관리도)	이항분포
	불량 개수	Pn 관리도(불량 개수 관리도)	
	결점수(시료크기가 같을 때)	C 관리도(결점수 관리도)	푸아송 분포
	단위당 결점수 (단위가 다를 때)	U 관리도(단위당 결점수 관리도)	

해답 ③

33
콘크리트의 품질관리 도구 중 결과에 원인을 어떻게 관리하고 있는지를 한눈으로 알 수 있도록 작성한 것으로 일명 생선뼈 그림이라고도 하는 것은?
① 히스토그램　　② 특성요인도
③ 파레토그림　　④ 체크시트

해설 특성요인도는 결과에 원인이 어떻게 관계하고 있는가를 한눈에 알 수 있도록 작성한 그림을 말하며 생선뼈 그림이라고도 한다.

해답 ②

34
콘크리트의 품질관리에 사용하는 관리도 중 계량값 관리도가 아닌 것은?
① p관리도　　② x관리도
③ $\bar{x}-R$관리도　　④ $\bar{x}-\sigma$관리도

해설 관리도 종류

종류	데이터의 종류	관리도	적용이론
계량값 관리도	길이, 중량, 강도, 화학성분, 압력, 슬럼프, 공기량, 생산량	• $\bar{x}-R$관리도(평균값과 범위의 관리도, 관리도의 가장 기본이 되는 관리) • $\bar{x}-\sigma$관리도(평균값과 표준편차의 관리도) • X관리도(측정값 자체의 관리도)	정규분포
계수값 관리도	제품의 불량률	P 관리도(불량률 관리도)	이항분포
	불량 개수	Pn 관리도(불량 개수 관리도)	
	결점수(시료크기가 같을 때)	C 관리도(결점수 관리도)	푸아송 분포
	단위당 결점수 (단위가 다를 때)	U 관리도(단위당 결점수 관리도)	

해답 ①

35 일반콘크리트의 비비기에 대한 설명으로 틀린 것은?

① 믹서 안의 콘크리트를 전부 꺼낸 후가 아니면 믹서 안에 다음 재료를 넣지 않아야 한다.
② 연속믹서를 사용할 경우, 비비기 시작 후 최초에 배출되는 콘크리트는 사용할 수 있다.
③ 비비기 시간은 시험에 의해 정하는 것을 원칙으로 한다.
④ 비비기는 미리 정해 둔 비비기 시간의 3배 이상 계속해서는 안 된다.

해설 비비기 시작 후 최초에 배출되는 콘크리트는 사용해서는 안 된다.

해답 ②

36 콘크리트의 압축강도 시험방법에 대한 설명으로 틀린 것은?

① 공시체를 공시체 지름의 1% 이내의 오차에서 그 중심축이 가입판의 중심과 일치하도록 놓은다.
② 시험기의 가입판과 공시체의 끝면은 직접 밀착시키고 그 사이에 쿠션재를 넣어서는 안 된다. 다만, 언본드 캐핑에 의한 경우는 제외한다.
③ 공시체에 충격을 주지 않도록 똑같은 속도로 하중을 가한다.
④ 하중을 가하는 속도는 압축응력도의 증가율이 매초(0.06 ± 0.04)MPa이 되도록 한다.

해설 ① 콘크리트의 압축강도 시험에서는 매초 0.6 ± 0.4MPa의 재하속도로 시험한다.
② 콘크리트의 인장강도 시험에서는 매초 0.06 ± 0.04MPa의 재하속도로 시험한다.

해답 ④

37 KSF 4009 레디믹스트 콘크리트에서 규정한 콘크리트의 품질 중 슬럼프 25mm인 콘크리트의 슬럼프 허용오차로서 옳은 것은?

① ±5mm ② ±10mm
③ ±15mm ④ ±20mm

해설 슬럼프의 허용오차

슬럼프(mm)	슬럼프 허용오차(mm)
25	±10
50 및 65	±15
80 이상	±25

해답 ②

38
콘크리트 재료의 계량에 관한 설명으로 틀린 것은?
① 계량은 현장배합에 의해 실시하는 것으로 한다.
② 각 재료는 1배치씩 용적으로 계량하여야 한다.
③ 혼화제를 녹이는 데 사용하는 물이나 혼화제를 묽게 하는 데 사용하는 물은 단위수량의 일부로 보아야 한다.
④ 유효흡수율 시험에서 실용상으로 15~30분간의 흡수율을 유효흡수율로 보아도 좋다.

해설 각 재료는 1 배치씩 질량으로 계량하여야 한다. 다만, 물과 혼화제 용액은 용적으로 계량해도 좋다.

해답 ②

39
비파괴시험을 이용하여 측정하거나 추정하지 않는 재료 성질은?
① 동결융해저항성
② 동탄성계수
③ 압축강도
④ 크리프변형률

해설 크리프 변형은 시간의 증가에 따라 일정하중 하(지속하중)에서 서서히 발생되는 소성변형으로 비파괴 시험으로 측정할 수 없는 역학적 특성 중 하나이다.

해답 ④

40
AE제의 품질 및 AE공기량에 미치는 영향인자 용인에 대한 설명으로 틀린 것은?
① 온도가 높으면 공기량은 자연적으로 증가한다.
② 시멘트의 분말도가 증가하면 공기량은 감소한다.
③ 비빔시간 3~5분만에 공기량은 최대가 된다.
④ 펌프시공 및 지나친 다짐 등에서 공기량은 저하한다.

해설 콘크리트의 온도는 낮을수록 공기량이 증가한다.

해답 ①

제3과목 콘크리트의 시공

41 표면마무리에 대한 설명으로 옳은 것은?
① 표면마무리는 내구성, 수밀성에 영향을 주지 않는다.
② 마모를 받는 면의 경우에는 물-결합재비를 크게 한다.
③ 표면마무리는 콘크리트 윗면으로 스며 올라온 물을 처리한 후에 한다.
④ 거푸집 제거 후 발생한 콘크리트 표면균열은 방치해도 좋다.

> **해설** ① 콘크리트의 표면 마무리는 외관뿐만 아니라 콘크리트의 내구성과 수밀성 확보에도 중요하다.
> ② 마모를 받는 면의 경우에는 콘크리트의 마모에 대한 저항성을 높이기 위해 강경하고 마모저항이 큰 양질의 골재를 사용하고 물-결합재비를 작게 하여야 한다.
> ③ 다지기를 끝내고 거의 소정의 높이와 형상으로 된 콘크리트의 윗면은 스며 올라온 물이 없어진 후나 또는 물을 처리한 후가 아니면 마무리 해서는 안 된다. 마무리에는 나무 흙손이나 적절한 마무리 기계를 사용해야 하고, 마무리 작업은 과도하지 않게 하여야 한다.
> ④ 거푸집을 떼어낸 후 온도응력, 건조수축 등에 의하여 표면에 발생한 균열은 필요에 따라 적절히 보수하여야 한다.

해답 ③

42 프리플레이스트 콘크리트에서 모르타르의 주입에 관한 설명으로 옳지 않은 것은?
① 모르타르 펌프는 충분한 압송능력을 보유하고 주입 모르타르를 연속적 타설하기 위해서 일정량의 공기를 혼입할 수 있는 구조이어야 한다.
② 수송관의 연장이 100m를 넘을 때 중계용 애지데이터와 펌프를 사용한다.
③ 수송관의 급격한 곡률과 단면의 급변을 피한다.
④ 관내 유속이 크면 압력손실이 커지므로 모르타르의 평균유속은 0.5~2.0m/s 정도가 되도록 한다.

> **해설** 모르타르 펌프는 충분한 압송능력을 보유하고 주입모르타르를 연속적이며 공기가 혼입하지 않도록 주입할 수 있는 구조이어야 하고, 굵은 골재의 치수, 주입면적, 주입관 및 수송관의 지름 등을 종합적으로 검토하여 정하여야 한다.

해답 ①

43 연질지반 위에 친 슬래브 등(내부 구속응력이 큰 경우)에서 내부온도가 최고일 때 내부와 표면과의 온도차가 30℃ 발생하였다. 간이적인 방법에 의한 온도균열지수를 구하면?

① 0.5　　　　　　　　② 1.0
③ 1.5　　　　　　　　④ 2.0

해설 연질의 지반 위에 친 평판 등과 같이 내부구속응력이 큰 경우이므로

온도균열지수 $= \dfrac{15}{\Delta T_i} = \dfrac{15}{30} = 0.5$

여기서, ΔT_i : 내부온도가 최고일 때의 내부와 표면과의 온도차(℃)

해답 ①

44 고강도콘크리트에 대한 일반적인 설명으로 틀린 것은?

① 고강도콘크리트의 설계기준강도는 일반콘크리트에서는 40MPa 이상, 경량 골재콘크리트에서는 25MPa 이상으로 규정하고 있다.
② 거푸집판이 건조될 우려가 있을 때에는 살수를 하여야 한다.
③ 잔골재율은 소요의 워커빌리티를 얻도록 시험에 의하여 결정하여야 하며, 가능한 한 작게 하도록 한다.
④ 콘크리트 타설시 낙하고는 1m 이하로 하는 것이 좋다. 또한 콘크리트는 재료분리가 일어나지 않는 방법으로 취급하여야 한다.

해설 고강도 콘크리트의 설계기준압축강도는 일반적으로 40 MPa 이상으로 하며, 고강도경량골재 콘크리트는 27MPa 이상으로 한다.

해답 ①

45 콘크리트의 이음에 대한 설명으로 틀린 것은?

① 수평시공이음이 거푸집에 접하는 선은 될 수 있는 대로 수평한 직선이 되도록 한다.
② 연직시공이음부의 거푸집 제거 시기는 콘크리트를 타설하고 난 후 3일 이상이 경과하여야 한다.
③ 시공이음은 될 수 있는 대로 전단력이 작은 위치에 설치하고 부재의 압축력이 작용하는 방향과 직각이 되도록 하는 것이 원칙이다.
④ 역방향 타설 콘크리트의 시공시에는 콘크리트의 침하를 고려하여 시공이음이 일체가 되도록 시공방법을 결정하여야 한다.

해설 시공이음면의 거푸집 철거는 콘크리트가 굳은 후 되도록 빠른 시기에 한다. 다만, 거푸집의 제거시기를 너무 빨리하면 콘크리트에 유해한 영향을 주기 때문에 주의하여야 한다. 일반적으로 연직시공이음부의 거푸집 제거 시기는 콘크리트를 타설하고 난 후 여름에는 4~6시간 정도, 겨울에는 10~15시간 정도로 한다.

해답 ②

46 콘크리트의 공장제품의 특징으로 옳지 않은 것은?
① 제품이 다양하고 동일규격의 제품이 사용 가능하다.
② 현장에서의 양생이 필요하지 않아 공사기간이 단축된다.
③ 충분한 품질관리로 신뢰성이 높은 제품의 생산이 가능하다.
④ 제품의 제조는 날씨에 좌우되지 않지만 동해를 방지하기 위해 한랭지에는 시공이 불가능하다.

해설 공장제품은 일반적으로 기후상황에 좌우되지 않고 시공을 할 수 있다.

해답 ④

47 출제기준에 의거하여 이 문제는 삭제됨

48 매스콘크리트에 대한 설명으로 옳은 것은?
① 콘크리트의 발열량은 단위시멘트량과는 무관하다.
② 타설기간 간격은 외기온 25℃ 이상에서는 180분 이내로 하여야 한다.
③ 겨울철에는 발열성이 높은 거푸집을 사용한다.
④ 매스콘크리트로 다루어야 하는 구조물의 부재치수는 일반적인 표준으로서 넓이가 넓은 평면구조의 경우 두께 0.8m 이상으로 한다.

해설 ① 시멘트는 콘크리트의 강도 및 내구성을 만족시키고, 되도록이면 콘크리트 부재의 내부온도상승이 작은 것을 택하며, 구조물의 종류, 사용 환경, 시공 조건 등을 고려하여 적절히 선정하여야 한다.
② 매스콘크리트의 타설 시간 간격은 균열제어의 관점으로부터 구조물의 형상과 구속조건에 따라 적절히 정하여야 한다.
③ 매스콘크리트의 온도균열은 콘크리트 내부와 표면부의 온도차이가 커지는 경우에 많이 발생하므로, 거푸집은 온도차이를 줄일 수 있도록 보온성이 좋은 것을 사용하고 존치기간을 길게 하여야 하며, 탈형 후 콘크리트 표면의 급랭을 방지하기 위해서는 양생포 등으로 콘크리트 표면을 소정의 기간 동안 보온해 주어야 한다.
④ 매스콘크리트로 다루어야 하는 구조물의 부재치수는 일반적인 표준으로서 넓이가 넓은 평판구조의 경우 두께 0.8m 이상, 하단이 구속된 벽조의 경우 두께 0.5m 이상으로 한다.

해답 ④

49. 일반 수중콘크리트 타설의 원칙을 설명한 것으로 틀린 것은?

① 시멘트의 유실, 레이턴스의 발생을 방지하기 위하여 정수 중에 타설하는 것이 좋으며 완전히 물막이를 할 수 없는 경우에도 유속은 1초간 50mm 이하로 하여야 한다.
② 트레미로 타설하는 경우 트레미의 안지름은 수심 5m 이상에서 300~500mm 정도가 좋으며 굵은 골재 최대치수의 8배 정도가 필요하다.
③ 한 구획의 콘크리트를 빠른 시간 내에 타설할 수 있도록 시공계획을 세우고 수중에 낙하시켜 시간을 단축시킨다.
④ 콘크리트 펌프 안지름은 0.1~0.15m 정도가 좋으며, 수송관 1개로 타설할 수 있는 면적은 5m² 정도이다.

[해설] 콘크리트를 수중 낙하시키면 재료 분리가 심하게 생기기 때문에 콘크리트를 타설할 때에 트레미의 선단부분에 밑뚜껑이 있는 것을 사용하거나 플랜저를 설치하는 등의 대책을 취하여야 한다.

[해답] ③

50. 숏크리트 코어공시체(φ10×10cm)로부터 채취한 강섬유의 질량이 30.8g이었다. 강섬유 혼입률(부피기준)을 구하면? (단, 강섬유의 단위질량은 7.85g/cm² 이다.)

① 0.5%   ② 1%
③ 3%   ④ 5%

[해설]
① 코어 공시체 강섬유부피 $= \dfrac{30.8}{7.85} = 3.92 \text{cm}^3$

② 강섬유 혼입률(부피기준) $= \dfrac{\text{코어 공시체 강섬유 부피}}{\text{코어 공시체 체적}}$

$= \dfrac{3.92}{\dfrac{3.14 \times 10^2}{4} \times 10} \times 100 \fallingdotseq 0.5\%$

[해답] ①

51. 경량골재콘크리트에 대한 설명으로 틀린 것은?

① 경량골재콘크리트는 공기연행콘크리트로 하는 것을 원칙으로 한다.
② 일반적으로 인공경량골재콘크리트는 동결융해의 반복에 대한 저항성능이 우수하다.
③ 단위결합재량의 최소값은 300kg/m², 물-결합재비의 최대값은 60%로 한다.
④ 슬럼프는 작업에 알맞은 범위 내에서 작게 하여야 하며 일반적인 경우 대체로 80~120mm를 표준으로 한다.

해설 기상 조건이 나쁘고 또 물로 포화되는 경우가 많은 환경조건에서 경량골재 콘크리트의 내동해성은 보통 콘크리트에 비해 떨어지므로, 이를 개선하기 위해서는 공기량을 증대시켜야 한다.

해답 ②

52 콘크리트의 일반적인 양생방법이 아닌 것은?

① 습윤양생　　　　　② 건조양생
③ 증기양생　　　　　④ 급열양생

해설 **양생의 종류** : 일반적으로 습윤양생과 막양생 방법을 사용한다.
① 습윤양생
② 막양생(Membrane Curing) : 피막양생이라고도 하며 콘크리트 표면에 막을 형성하여 콘크리트 속의 수분 증발을 억제하는 방법이다.
③ 증기양생
④ 고온고압 증기양생(오토클레이브 양생 ; Autoclaved Curing)
이외에도 전기양생, 급열양생 등이 있다.

해답 ②

53 온도균열지수에 대한 설명으로 틀린 것은?

① 온도균열지수는 재령에 상관없이 일정한 값을 가진다.
② 온도균열지수가 클수록 생기기 어렵다.
③ 온도균열지수는 콘크리트 인장강도와 온도응력의 비이다.
④ 온도균열지수는 사용 시멘트량의 영향을 받는다.

해설 ① **온도균열지수에 의한 평가**
　㉠ 균열 발생에 대한 안정성의 척도가 되는 것으로 매스 콘크리트의 온도균열 발생에 대한 검토는 온도균열지수에 의해 평가하는 것을 원칙으로 한다.
　㉡ 정밀한 해석방법에 의한 온도균열지수는 아래 식과 같이 임의의 재령에서의 콘크리트 인장강도와 수화열에 의한 온도응력의 비로서 구한다.

$$I_{cr}(t) = \frac{f_t(t)}{f_x(t)}$$

여기서, $I_{cr}(t)$: 온도균열 지수
　　　　$f_x(t)$: 재령 t 일에서의 수화열에 의하여 생긴 부재 내부의 온도응력 최대값
　　　　$f_t(t)$: 재령 t 일에서의 콘크리트의 인장강도로서, 재령 및 양생온도를 고려하여 구하여야 한다.
② 위 식과 같이 온도균열지수는 재령에 따라 그 값이 변한다.

해답 ①

54 한중콘크리트에 대한 일반적인 설명으로 틀린 것은?

① 하루의 평균기온이 4℃ 이하가 예상되는 조건일 때는 한중콘크리트로 시공하여야 한다.
② 재료를 가열할 경우, 물 또는 시멘트를 가열하는 것으로 하여, 골재는 어떠한 경우라도 직접 가열하면 안 된다.
③ 한중콘크리트에는 공기연행콘크리트를 사용하는 것을 원칙으로 한다.
④ 물-결합재비는 원칙적으로 60% 이하로 하여야 한다.

해설 재료를 가열할 경우, 물 또는 골재를 가열하는 것으로 하며, 시멘트는 어떠한 경우라도 직접 가열할 수 없다. 골재의 가열은 온도가 균등하게 되고 또 건조되지 않는 방법을 적용하여야 한다.

해답 ②

55 섬유보강콘크리트의 특성에 대한 설명으로 틀린 것은?

① 인장강도와 균열에 대한 저항성이 높다.
② 피로강도 개선으로 포장의 두께나 터널 라이닝 두께를 감소시킬 수 있다.
③ 부재의 전단내력을 증대시킬 수 있다.
④ 유동성이 좋아 작업성이 개선된다.

해설 ① 보강용 섬유를 혼입하여 주로 인성, 균열억제, 내충격성 및 내마모성 등을 높인 콘크리트를 말한다.
② 인성을 대폭 개선하여 인장응력과 균열에 대한 저항성을 높인 콘크리트이다.
③ 철근콘크리트와 병용하면 부재의 전단내력을 증대시킬 수 있어 내진성이 요구되는 철근콘크리트구조물에 효과적이다.

해답 ④

56 공장제품용 콘크리트의 일반사항에 대한 설명으로 잘못된 것은?

① 슬럼프가 20mm 이상인 콘크리트의 배합은 슬럼프 시험을 원칙으로 한다.
② 프리스트레스트 콘크리트 공장제품의 경우 순환골재를 사용할 수 없다.
③ 일반적인 공장제품은 재령 7일에서의 압축강도시험값을 콘크리트의 압축강도로 나타낸다.
④ 프리스트레스 긴장재는 스터럽이나 온도철근 등 다른 철근과 용접할 수 없다.

해설 일반적인 공장 제품은 재령 14일에서의 압축강도 시험값으로 한다.

해답 ③

57 수밀콘크리트의 연속타설 시간간격은 외기온이 25℃ 이하일 때 몇 시간 이내로 하여야 하는가?

① 1시간   ② 1시간 30분
③ 2시간   ④ 2시간 30분

해설 연속 타설 시간 간격은 외기온도가 25℃를 넘었을 경우에는 1.5시간, 25℃ 이하일 경우에는 2시간을 넘어서는 안 된다. 다만, 특별한 방법을 강구한 경우에는 책임기술자의 지시에 따르거나 승인을 받아 이 시간의 한도를 변경할 수 있다.

해답 ③

58 경량콘크리트의 종류에 해당하지 않은 것은?

① 무잔골재콘크리트   ② 경량기포콘크리트
③ 경량골재콘크리트   ④ 폴리머시멘트콘크리트

해설 경량 콘크리트의 종류
① 무잔골재콘크리트 ② 경량기포콘크리트 ③ 경량골재콘크리트

해답 ④

59 숏크리트의 제조에 대한 설명으로 틀린 것은?

① 분말 급결제의 저장설비는 분말 급결제의 습기흡수를 방지할 수 있는 것이어야 한다.
② 건식방식의 경우 잔골재는 절대건조상태의 것을 사용하여야 한다.
③ 섬유를 사용할 경우 배치플랜트에는 섬유를 계량하기 위한 호퍼 및 자동계량 기록장치를 설치하여야 하며, 계량오차는 ±3% 이내이어야 한다.
④ 숏크리트 장비는 소정의 배합재료를 연속하여 압송하면서 뿜어붙일 수 있는 것이어야 한다.

해설 건식 방식의 경우 잔골재는 적정량의 표면수율을 가지는 것을 사용하여야 한다.

해답 ②

60 시공이음면의 거푸집 철거는 콘크리트가 굳은 후 되도록 빠른 시기에 하는 것이 좋다. 일반적으로 겨울철에 연직시공이음부의 거푸집 제거시기는 콘크리트 타설 후 얼마 정도로 하는 것이 좋은가?

① 4~6시간   ② 7~9시간
③ 10~15시간   ④ 15~20시간

해설 시공이음면의 거푸집 철거는 콘크리트가 굳은 후 되도록 빠른 시기에 한다. 다만, 거푸집의 제거시기를 너무 빨리하면 콘크리트에 유해한 영향을 주기 때문에 주의하여야 한다. 일반적으로 연직시공이음부의 거푸집 제거시기는 콘크리트를 타설하고 난 후 여름에는 4~6시간 정도, 겨울에는 10~15시간 정도로 한다.

해답 ③

제4과목 콘크리트 구조 및 유지관리

61 옹벽의 활동을 일으키는 수평하중에 충분히 저항할 만큼 큰 수동토압을 일으키기 위해 저판 아래에 만드는 벽체를 무엇이라고 하는가?
① 활동방지벽 ② 플랫 플레이트
③ 확대기초판 ④ 주각

해설 활동에 대한 효과적인 저항을 위하여 저판의 하면에 활동방지벽을 설치하며, 이 경우 활동방지벽과 저판을 일체로 만들어야 한다.

해답 ①

62 부재두께가 300mm인 콘크리트에 대해 두께방향으로 초음파전파시간을 측정한 결과, 150μs의 전파시간이 얻어졌다. 본 콘크리트에 대한 초음파속도로서 옳은 것은?
① 20,000m/s ② 2,000m/s
③ 50,000m/s ④ 5,000m/s

해설 속도 $= \dfrac{거리}{시간} = \dfrac{300}{150 \times 10^{-3}} = 2{,}000 \mathrm{m/s}$

해답 ②

63 인장철근 D32(d_b=31.8mm)를 정착시키는데 필요한 기본정착길이(l_{ab})는? (단, f_{ck}=24MPa, f_y=400MPa)
① 1,324mm ② 1,558mm
③ 1,672mm ④ 1,762mm

해설 인장 이형철근 및 이형철선의 기본정착길이
$$l_{db} = \dfrac{0.6\ d_b f_y}{\lambda \sqrt{f_{ck}}} = \dfrac{0.6 \times 31.8 \times 400}{1 \times \sqrt{24}} = 1{,}558 \mathrm{mm}$$

해답 ②

64 돌로마이트 석회암이 알칼리 이온과 반응하여 그 생성물이 팽창하거나 암석 중에 존재하는 점토광물이 수분을 흡수, 팽창하여 콘크리트에 균열을 일으키는 반응은?

① 알칼리 탄산염 반응
② 알칼리 실리카 반응
③ 알칼리 실리케이트 반응
④ 알칼리 수산화 반응

해설 반응성 광물을 포함하는 반응성 골재가 콘크리트 중의 고알칼리성을 나타내는 수용액과 반응하여 콘크리트에 이상팽창 및 이에 따른 균열을 발생하는 것으로 주로 알칼리 실리카반응과 알칼리 탄산염반응이 있으며, 문제는 알칼리 탄산염 반응에 대한 설명이다.

해답 ①

65 유효깊이는 600mm이고 폭이 300mm인 보의 전단보강 철근이 부담하는 전단력이 $\frac{1}{3}\sqrt{f_{ck}}b_w d < V_3 \leq 0.2\left(1 - \frac{f_{ck}}{250}\right)f_{ck}b_w d$ 라면, 수직스터럽의 최대간격은? (단, 강도설계법에 따라 설계한다.)

① 600mm
② 300mm
③ 150mm
④ 125mm

해설 $0.2\left(1 - \frac{f_{ck}}{250}\right)f_{ck}b_w d \geq V_s > \frac{1}{3}\lambda\sqrt{f_{ck}}b_w d$ [N]인 경우 수직스터럽의 간격은 $0.25d$ 이하, 300mm 이하이므로
① $s \leq \frac{d}{4} = \frac{600}{4} = 150\text{mm}$
② $s \leq 300\text{mm}$
③ 둘 중 작은 값인 150mm 이하로 한다.

해답 ③

66 콘크리트 외관을 육안조사할 때, 추를 이용한 조사방법은 다음 중 어떤 종류의 손상에 적합한가?

① 균열
② 박리
③ 이상진동
④ 경사

해설 추를 내려보는 방법을 사용하면 경사 손상을 조사하는데 적합하다.

해답 ④

67 하중 재하기간이 60개월 이상 된 아래 그림과 같은 철근콘크리트 보가 있다. 하중 재하시 탄성처짐량이 20mm 발생했다고 하면 부재의 총처짐량은?
(단, A_s=3,000mm², A_x=1,500mm², f_{ck}=28MPa, f_y=400MPa이다.)

① 40mm
② 46.6mm
③ 54.4mm
④ 60mm

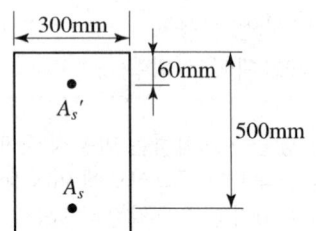

해설 ① $\rho' = \dfrac{A_s'}{b_w d} = \dfrac{1,500}{300 \times 500} = 0.01$

② 지속 하중 재하 기간에 따른 계수
60개월(5년) 이상이므로 $\xi = 2.0$

구분	3개월	6개월	12개월	5년 이상
ξ	1.0	1.2	1.4	2.0

③ 장기 처짐 = 즉시 처짐 × λ = 즉시 처짐 × $\dfrac{\xi}{1+50\rho'}$

$= 20 \times \dfrac{2.0}{1+50 \times 0.01} = 26.7\text{mm}$

④ 총 처짐 = 즉시 처짐 + 장기 처짐 = 20 + 26.7 = 46.7mm

해답 ②

68 보의 보강공법으로 적합하지 않은 것은?

① 강판감기공법
② 강판접착공법
③ 증타보강공법
④ 탄소섬유시트 보강공법

해설 보강공법의 종류
① 토목 구조물의 보강공법
  ㉠ 상면두께 증설공법
  ㉡ 하면두께 증설공법
  ㉢ 강판 접착공법
  ㉣ 연속 섬유시트 접착공법
  ㉤ 라이닝공법 : 강판 라이닝공법, 연속섬유를 이용한 라이닝공법, 콘크리트 라이닝공법
  ㉥ 외부 케이블 공법
② 건축구조물의 보강공법
  ㉠ 바닥 슬래브 보강공법 : 증설공법, 강판 접착공법, 증타공법, 철근 보강공법, 탄소섬유시트 접착공법

   ⓒ 보의 보강공법 : 강판 접착공법, 증타공법, 탄소섬유시트 접착공법
   ⓒ 기둥의 보강공법 : 강판 라이닝공법, 탄소섬유시트 접착공법, RC 라이닝공법
   ⓔ 기초의 보강공법 : 강관말뚝 공법

해답 ①

69. 다음 중 콘크리트 구조물의 보수공법을 선택하는 데 있어 중요하게 고려하지 않아도 되는 것은?

① 손상원인
② 진단방법
③ 재발가능성
④ 보수의 목적

해설 콘크리트 구조물의 보수방법은 손상원인을 규명하고 재발가능성은 물론 보수의 목적에 따라 선택하여야 하며, 진단방법과 보수방법의 연관성은 없다.

해답 ②

70. 구조물에 미세한 균열(일반적으로 폭 0.2mm 이하)이 발생시 철근콘크리트의 방수성과 내구성을 향상시키기 위해 실시하는 보수공법은?

① 두께증설공법
② 프리스트레스 도입공법
③ 표면처리공법
④ 강판정착공법

해설 ① 표면처리공법은 폭 0.2mm 이하의 균열에 대한 내구성 및 방수성을 확보하기 위한 방법이다.
② 표면처리공법은 균열이 발생한 부위에 에폭시수지 등의 피복재료 도막을 형성하는 공법으로 균열의 폭이 좁고 경미한 잔균열 보수에 적용한다.

해답 ③

71. 강도설계법에서 고정하중(D)과 활하중(L)만 작용하는 휨부재에서 계수하중을 구하기 위한 하중조합은?

① $U = 1.2D + 1.6L$
② $U = 1.7D + 1.4L$
③ $U = 0.4D + 0.5L$
④ $U = 1.4D + 1.4L$

해설 하중증가계수는 $U = 1.2D + 1.6L$와 $U = 1.4D$ 중 큰 값으로 한다.

해답 ①

72

그림과 같은 단철근 직사각형보에서 $f_y=400\text{MPa}$, $f_{ck}=30\text{MPa}$일 때 강도설계법에 의한 등가응력의 깊이 a는?

① 49.2mm
② 94.1mm
③ 13.8mm
④ 21.7mm

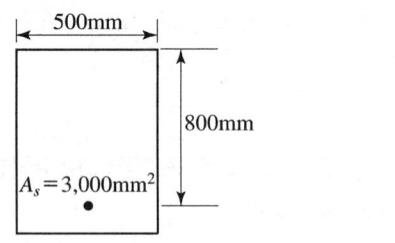

해설 등가직사각형 응력 깊이
$$a=\frac{A_sf_y}{\eta 0.85f_{ck}b}=\frac{3{,}000\times400}{1\times0.85\times30\times500}=94.1\text{mm}$$

해답 ②

73

SD 400 철근을 최외단 인장철근으로 사용한 압축부재에서 순인장변형률(ϵ_1)이 0.002와 0.005 사이인 단면의 경우, 나선철근으로 보강된 철근콘크리트 부재의 강도감소계수를 구하는 식으로 맞는 것은?

① $\phi=0.65+(\epsilon_t-0.002)\times\dfrac{200}{3}$
② $\phi=0.65+(\epsilon_t-0.002)\times50$
③ $\phi=0.70+(\epsilon_t-0.002)\times\dfrac{200}{3}$
④ $\phi=0.70+(\epsilon_t-0.002)\times50$

해설 강도감소계수
① 나선철근일 경우 : $\phi=0.70+(\epsilon_t-0.002)\times50$
② 나선철근 외 기타인 경우 : $\phi=0.65+(\epsilon_t-0.002)\times\dfrac{200}{3}$

해답 ④

74

페놀프탈레인 시약을 사용하여 조사할 수 있는 열화현상은?

① 중성화
② 염해
③ 알칼리-실리카 반응
④ 동해

해설 콘크리트의 파쇄면에 페놀프탈레인 1%의 알코올 용액을 뿌리는 방법으로 탄산화(중성화)를 조사할 수 있다.

해답 ①

75 철근의 부식 여부를 조사하는 비파괴 시험방법은?

① 초음파 속도법   ② 전자유도법
③ 분극저항법   ④ 전자파 레이더법

해설 분극저항법은 미소 직류 인가시의 분극저항을 측정하여 철근의 부식속도를 측정하는 방법이다.

해답 ③

76 철근콘크리트 구조물의 장점이 아닌 것은?

① 구조물의 형상과 치수에 제약받지 않고 구조물을 만들 수 있다.
② 구조물을 처음부터 일체적으로 만들 수 있다.
③ 강구조물에 비하여 개조하거나 보강하기가 쉽다.
④ 내구성과 내화성이 비교적 좋으며 소음과 진동도 적다.

해설 철근 콘크리트 구조물은 강구조물에 비하여 개조하거나 보강하기가 어렵다.

해답 ③

77 단철근 직사각형보를 강도설계법으로 설계할 때 철근의 항복강도 $f_y = 400\text{MPa}$, 유효깊이 $d = 500\text{mm}$라면 균형단면의 압축연단에서 중립축까지의 거리(c)는? (단, 설계기준강도는 40MPa 이하인 경우로 한다.)

① 200mm   ② 250mm
③ 311mm   ④ 350mm

해설 ① 설계기준강도가 40MPa 이하인 경우이므로 $\epsilon_{cu} = 0.0033$

② $c = \dfrac{\epsilon_{cu}}{\epsilon_{cu} + \dfrac{f_y}{200,000}} d = \dfrac{0.0033}{0.0033 + \dfrac{400}{200,000}} \times 500 = 311.321\text{mm}$

해답 ③

78 출제기준에 의거하여 이 문제는 삭제됨

79

콘크리트를 타설 후 양생기간 동안에 발생하는 수화열로 인한 열화를 감소시킬 수 있는 방법으로 알맞은 것은?

① 단면의 치수를 크게 한다.
② 거푸집의 탈형을 천천히 한다.
③ 강제거푸집 대신에 목재거푸집을 사용한다.
④ 습윤양생을 한다.

해설 습윤 양생(moist curing)은 콘크리트를 친 후 일정 기간을 습윤 상태로 유지시키는 양생으로 수화열로 인한 열화를 감소시킬 수 있다.

해답 ④

80

콘크리트 압축강도 추정을 위한 반발경도시험(KS F 2730)에 대한 설명으로 옳은 것은?

① 시험영역의 지름은 150mm 이상이 되어야 한다.
② 시험할 콘크리트 부재는 두께가 50mm 이상이어야 한다.
③ 도장이 되어 있는 평활한 면은 그대로 시험할 수 있다.
④ 각 측정위치마다 슈미트해머에 의한 측정점은 10점을 표준으로 한다.

해설
① 시험 영역의 지름은 150mm 이상이 되어야 한다. 거친 콘크리트면 및 푸석푸석한 콘크리트면은 연삭 숫돌로 평활하게 연마한다.
② 시험할 콘크리트 부재는 두께가 100mm 이상이어야 하며, 하나의 구조체에 고정되어야 한다.
③ 시험면은 다공질의 조악한 면은 피하고 평활한 면을 선택해야 한다. 사용된 거푸집의 재질이 다르거나 미장 및 도장이 되어 있는 면은 평활한 콘크리트의 반발 경도와 크게 차이가 있으므로 마감면을 완전히 제거한 후 시험을 해야 한다.
④ 타격 위치는 가장자리로부터 100mm 이상 떨어지고, 서로 30mm 이내로 근접해서는 안 된다. 각 시험 영역으로부터 20개의 시험값을 취한다.
⑤ 타격 후 표면의 흔적을 검사한 다음 타격에 의해 시험면이 파손되었거나 균열이 발생하는 경우 해당 시험값을 버린다.

해답 ①

콘크리트산업기사

2021년 3월 CBT 시행

복원기출문제입니다. 실제 문제와 다를 수 있습니다(출제기준에 의거하여 불필요한 문제는 삭제)

제1과목 콘크리트 재료 및 배합

01 조립률 2.4인 잔골재와 7.4인 굵은골재를 1:1.5의 비율로 혼합할 때 혼합골재의 조립률은?

① 4.5　　② 5.4
③ 5.7　　④ 6.2

해설 혼합골재 조립률

$$b = \frac{mp + nq}{m + n} = \frac{1 \times 2.4 + 1.5 \times 7.4}{1 + 1.5} = 5.4$$

해답 ②

02 콘크리트용 모래에 포함되어 있는 유기 불순물 시험(KS F 2510)에 대한 설명으로 틀린 것은?

① 시료는 대표적인 것을 취하고 공기 중 건조 상태로 건조시켜서 4분법 또는 시료 분취기를 사용하여 약 450g을 채취한다.
② 표준색 용액 및 시험용액에는 1%의 수산화나트륨 용액을 사용한다.
③ 시료에 수산화나트륨 용액을 가한 유리 용기와 표준색 용액을 넣은 유리 용기를 넣은 유리 용기를 24시간 정치한 후 잔골재 상부의 용액색이 표준색 용액보다 연한지, 진한지를 육안으로 비교한다.
④ 모래의 사용 여부를 결정함에 앞서 보다 더 정밀한 모래에 대한 시험의 필요성 유무를 미리 알기 위해 실시한다.

해설 유기불순물 시험은 3%의 수산화나트륨 용액을 사용한다.

해답 ②

03

공기투과 장치에 의한 포틀랜드시멘트 분말도 시험에서 시험기구 및 재료로 적당하지 않은 것은?

① 마노미터액
② 거름종이
③ 스톱워치
④ 다짐봉

해설 공기투과 장치에 의한 분말도 시험 시험기구 및 재료
① 블레인 공기투과장치
② 마노미터액 : 점도나 비중이 낮고, 비휘발성, 비흡수성인 액체
③ 스톱 워치
④ 거름종이
⑤ 저울
⑥ 숟가락
⑦ 솔
⑧ 시료병(50ml 정도)

해답 ④

04

KS F 2527(콘크리트용 부순 골재)에서 규정하고 있는 품질기준 중 부순 굵은골재의 흡수율과 마모율에 대한 규정으로 옳은 것은?

① 흡수율 1% 이하, 마모율 30% 이하
② 흡수율 3% 이하, 마모율 40% 이하
③ 흡수율 5% 이하, 마모율 50% 이하
④ 흡수율 12% 이하, 마모율 60% 이하

해설 ① 굵은골재 흡수율 : 3% 이하
② 굵은골재 마모율 : 40% 이하

해답 ②

05

콘크리트의 단위잔골재량과 단위굵은골재량이 각각 700kg/m³과 1090kg/m³이며, 잔골재의 밀도는 2.62g/cm³, 굵은골재의 밀도는 2.64g/cm³일 때 잔골재율(S/a)은 얼마인가?

① 39%
② 41%
③ 43%
④ 45%

해설 ① 잔골재 체적
  ㉠ $2.62\text{g/cm}^3 = 2.62\text{t/m}^3 = 2,620\text{kg/m}^3$
  ㉡ $2,620 = \dfrac{700}{V_s}$ 에서 $V_s = \dfrac{700}{2,620} = 0.267\text{m}^3$

② 굵은골재 체적
  ㉠ $2.64 \text{g/cm}^3 = 2.64 \text{t/m}^3 = 2,640 \text{kg/m}^3$
  ㉡ $2,640 = \dfrac{1,090}{V_s}$ 에서 $V_s = \dfrac{1,090}{2,640} = 0.413 \text{m}^3$

③ 잔골재율(S/a) = $\dfrac{\text{잔골재의 절대용적}}{\text{전체골재의 절대용적}} \times 100(\%)$
  = $\dfrac{0.267}{0.267 + 0.413} \times 100(\%) = 39\%$

해답 ①

06 시멘트의 수화열에 대한 설명으로 옳지 않은 것은?

① 수화열은 시멘트가 응결, 경화하는 과정에서 발생한다.
② 수화열은 내부의 온도를 상승시키므로 한중콘크리트에 유효하다.
③ 댐과 같이 단면이 큰 콘크리트에서는 내외의 온도차에 의해 초기균열의 원인이 된다.
④ 수화열을 적게 하기 위해서는 조강포틀랜드시멘트를 사용한다.

해설 ① 수화열은 시멘트의 수화반응으로 응결 경화하는 과정 중에 재령까지 발생한 열량의 합계를 말한다.
② 조강포틀랜드시멘트는 수화속도가 빠르고 수화열이 커 조기강도가 크므로, 초기양생에 충분히 주의하여야 한다.

해답 ④

07 콘크리트 배합시 슬럼프에 대한 다음 설명 중 옳지 않은 것은?

① 슬럼프값이 너무 작으면 타설이 곤란하다.
② 콘크리트의 배합온도가 높아지면 슬럼프값이 증가하는 경향이 있다.
③ 슬럼프값은 진동기 사용 등 다짐방법에 의해서도 변하게 된다.
④ 슬럼프값은 타설장소에서의 값이 중요하므로 운반거리와 시간을 고려하여야 한다.

해설 ① 콘크리트의 배합온도가 높아지면 슬럼프값이 감소하는 경향이 있다.
② 운반시간이 길어지면 길어질수록 슬럼프 로스가 커져 슬럼프 값이 줄어든다.

해답 ②

08 아래의 시방배합표로 현장배합으로 수정할 경우 단위수량(W), 단위잔골재량(S) 및 단위굵은골재량(G)은? (단, 표면수에 의한 수정만 실시하며, 현장에서 잔골재의 표면수율 4.5%, 굵은골재의 표면수율 0.6%이다.)

물-시멘트비 (%)	잔골재율 (%)	단위량(kg/m³)			
		물	시멘트	잔골재	굵은골재
55	41.5	165	300	764	1076

① $W=121\text{kg/m}^3$, $S=816\text{kg/m}^3$, $G=1097\text{kg/m}^3$
② $W=124\text{kg/m}^3$, $S=798\text{kg/m}^3$, $G=1082\text{kg/m}^3$
③ $W=127\text{kg/m}^3$, $S=784\text{kg/m}^3$, $G=1074\text{kg/m}^3$
④ $W=130\text{kg/m}^3$, $S=772\text{kg/m}^3$, $G=1062\text{kg/m}^3$

해설 ① 표면수량 수정
  ㉠ 잔골재 표면수량 = 764 × 0.045 = 34.38kg
  ㉡ 굵은골재 표면수량 = 1,076 × 0.006 = 6.456kg
② 현장배합
  ㉠ 단위수량 = 165 − (34.38 + 6.456) = 124.164kg
  ㉡ 잔골재량 = 764 + 34.38 = 798.38kg
  ㉢ 굵은골재량 = 1,076 + 6.456 = 1,082.456kg

해답 ②

09 보통포틀랜드시멘트의 응결에 대한 일반적인 설명으로 틀린 것은?

① C_3A가 많을수록 응결은 빨라진다.
② 시멘트 응결시험은 기구로 비카트장치와 길모아장치가 사용된다.
③ 석고의 첨가량이 많을수록 응결은 지연된다.
④ 시멘트의 응결시간은 초결이 2.5~5시간, 종결이 10~20시간 정도이다.

해설 포틀랜드시멘트(1종보통)의 KS규격에 따르면 응결은 초결 60분 이상, 종결 10시간 이하이다.

해답 ④

10

동일 시험자가 동일재료로 2회 측정한 시멘트 비중시험 결과가 아래의 표와 같다. 이 시멘트의 비중을 판별하면?

시멘트의 비중 시험		
측정 번호	1	2
처음의 광유의 눈금 읽음(mL)	0.20	0.30
시료의 무게(g)	64.30	64.05
시료와 광유의 눈금 읽기(mL)	20.60	20.65

① 3.10 ② 3.12
③ 3.14 ④ 3.15

해설
① 시멘트 비중(밀도) = $\dfrac{\text{시료의 중량(g)}}{\text{비중병의 눈금차(ml 또는 cc)}} = \dfrac{64.30}{20.60 - 0.20} = 3.152$

② 시멘트 비중(밀도) = $\dfrac{\text{시료의 중량(g)}}{\text{비중병의 눈금차(ml 또는 cc)}} = \dfrac{64.05}{20.65 - 0.30} = 3.147$

③ 평균 시멘트 비중(밀도) = $\dfrac{3.152 + 3.147}{2} = 3.15$

해답 ④

11

부순골재에 포함된 미세한 미분말이 콘크리트에 미치는 영향을 설명한 것으로 옳은 것은?

① 미립분량이 많으면 응결시간이 짧아진다.
② 미립분량이 많으면 잔골재율이 증가된다.
③ 미립분량이 많으면 공기량이 증가된다.
④ 미립분량이 적으면 건조수축이 증가한다.

해설 분말도가 클수록(미분말 일수록) 응결시간이 짧아진다(응결이 빨라진다).

해답 ①

12

KS F 2563에서 제시한 고로슬래그 미분말의 품질규정치에 대한 다음 값 중 틀린 것은?

① 밀도 : $2.8\,g/cm^3$ 이상
② 삼산화황(SO_3) : 4% 이상
③ 산화마그네슘(MgO) : 3% 이하
④ 강열감량 : 3% 이하

해설 고로슬래그 미분말 품질규정
① 밀도 : $2.8\,g/cm^3$ 이상

② 삼산화황(SO₃) : 4% 이하
③ 산화마그네슘(MgO) : 10% 이하
④ 강열감량 : 3% 이하
⑤ 염화물 이온 : 0.02% 이하

해답 ③

13 포틀랜드시멘트의 성질에 대한 다음 설명 중 옳지 않은 것은?

① 온도가 높을수록 응결이 빠르며, 풍화가 진행될수록 응결이 늦다.
② 강도발현성이 좋을수록 초기재령에서 시멘트의 수화열은 크다.
③ 시멘트의 비표면적이 클수록 초기강도는 작다.
④ 혼합시멘트의 비중은 혼합재의 종류에 따라서 다를 수 있다.

해설 분말도가 높은 시멘트는 물과의 접촉 면적(비표면적)이 커져 수화작용이 빨라 초기강도가 커진다.

해답 ③

14 KS L 5201에 규정된 포틀랜드시멘트의 종류가 아닌 것은?

① 보통포틀랜드시멘트
② 조강포틀랜드시멘트
③ 포틀랜드포졸란시멘트
④ 중용열포틀랜드시멘트

해설 시멘트 종류

구분	종류
포틀랜드 시멘트 (KS L 5201 규정)	• 1종 : 보통 포틀랜드 시멘트 • 2종 : 중용열 포틀랜드 시멘트 • 3종 : 조강 포틀랜드 시멘트 • 4종 : 저열 포틀랜드 시멘트 • 5종 : 내황산염 포틀랜드 시멘트 • 기타 : 백색 포틀랜드 시멘트
혼합 시멘트	• 고로 슬래그 시멘트 • 플라이애시 시멘트 • 포틀랜드 포졸란 시멘트(실리카 시멘트)
특수 시멘트	• 알루미나 시멘트 • 팽창 시멘트 • 초속경 시멘트 • 유정 시멘트 • 콜로이드 시멘트(초미분말 시멘트)

해답 ③

15 콘크리트 배합에서 단위 시멘트량을 증가시킬 경우에 대한 설명으로 옳은 것은?
① 점성이 감소된다.
② 재료분리가 감소된다.
③ 내구성, 수밀성이 감소된다.
④ 워커빌리티가 나빠진다.

해설 단위시멘트량이 증가하면
① 워커빌리티가 좋고 점성이 증대되므로 재료 분리가 감소한다.
② 공기량이 감소하는 경향이 있다.
③ 내구성과 수밀성이 증대되는 경향이 있다.

해답 ②

16 초기의 강도 발현이 크며, 분말도가 높은 시멘트는?
① 백색포틀랜드시멘트
② 보통포틀랜드시멘트
③ 조강포틀랜드시멘트
④ 중용열포틀랜드시멘트

해설 조강포틀랜드 시멘트 특징
① 조기강도가 크다.
② 수화속도가 빠르고 수화열이 크다.
③ 초기양생에 충분히 주의하여야 한다.
④ 균열이 발생하기 쉽다.
⑤ 저온 시에도 강도발현이 크고 강도 저하가 적다.
⑥ Slump의 Loss가 크다.
⑦ 분말도가 높다.
⑧ 보통 포틀랜드 시멘트에 비해 1일 강도는 3배, 7일 강도는 1.5배, 28일 강도는 1.1배 정도 나타내며 이를 통해 장기강도는 큰 차이가 없다는 것을 알 수 있다.

해답 ③

17 콘크리트의 배합설계에 관하여 옳지 않은 것은?
① 물-결합재비는 소요의 강도, 내구성, 수밀성 및 균열저항성 등을 고려하여 정하여야 한다.
② 단위수량은 되도록 작게 한다.
③ 잔골재율은 되도록 작게 한다.
④ 공기량은 되도록 작게 한다.

해설 일반적인 콘크리트의 공기량은 4~7% 정도가 표준이다.

해답 ④

18 콘크리트의 배합조건을 변경할 경우, 슬럼프의 변화에 관한 일반적인 경향에 대한 설명으로 틀린 것은?

① 조립률이 큰 잔골재로 변경하면, 슬럼프는 작아진다.
② 최대치수가 큰 굵은골재로 변경하면, 슬럼프는 커진다.
③ 잔골재율을 크게 하면, 슬럼프는 작아진다.
④ 공기량을 증가시키면, 슬럼프는 커진다.

해설 잔골재의 조립률이 작아지면 콘크리트의 슬럼프는 작아진다.

해답 ①

19 혼화재로 실리카 퓸을 사용한 콘크리트의 특성에 대한 설명으로 틀린 것은?

① 단위수량 및 건조수축이 감소된다.
② 투수성이 작아 수밀성이 향상되며, 슬럼프는 커진다.
③ 잔골재율을 크게 하면, 슬럼프는 작아진다.
④ 공기량을 증가시키면, 슬럼프는 커진다.

해설 ① 실리카 퓸은 비표면적이 매우 큰 초미립 분말이므로 혼합률이 증가하면 단위수량이 크게 요구되므로 고성능 감수제를 사용한다.
② 실리카 퓸의 장점
  ㉠ 강도증진 효과가 뛰어나서 고강도용으로 사용한다.
  ㉡ 투수성이 작아 수밀성이 향상된다.
  ㉢ 수화 초기의 발열량이 작아 콘크리트의 온도상승 억제에 효과가 있다.
  ㉣ 염화물 이온 침투 억제에 효과가 있다.

해답 ①

20 절대건조 상태에서 350g의 잔골재 시료가 표면건조포화 상태에서 364g, 공기중 건조상태에서는 357g이 되었다. 이 시료의 흡수율은?

① 2% ② 3%
③ 4% ④ 5%

해설 흡수율(%) = $\dfrac{B-D}{D} \times 100 = \dfrac{364-350}{350} \times 100 = 4\%$

여기서, B : 표건상태, D : 노건상태

해답 ③

제2과목 콘크리트 제조, 시험 및 품질관리

21 품질관리의 사이클에 대한 순서로 올바른 것은?

① 계획 → 실시 → 확인 → 검토 ② 계획 → 검토 → 실시 → 확인
③ 계획 → 실시 → 검토 → 조치 ④ 계획 → 확인 → 검토 → 보정

해설 관리 사이클 4단계

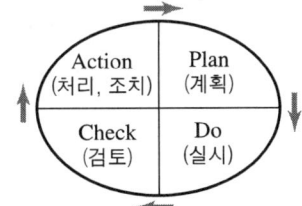

해답 ③

22 레디믹스트 콘크리트의 배합에서 각 재료의 1회 계량분량의 허용오차로 옳은 것은?

① 시멘트 : −3%, +2% 이내 ② 혼화제 : ±3% 이내
③ 물 : ±2% 이내 ④ 골재 : ±2% 이내

해설 1회 계량 허용오차

재료의 종류	허용오차	측정단위
물	1% 이하	질량 또는 부피
시멘트	1% 이하	질량
골재	3% 이하	질량
혼화재[1]	2% 이하	질량
혼화제	3% 이하	질량 또는 부피

1) 고로 슬래그 미분말 계량오차의 최대치는 1%로 한다.

해답 ②

23 콘크리트 비비기는 미리 정해 둔 비비기 시간의 몇 배 이상 계속해서는 안 되는가? (단, 콘크리트 표준시방서의 규정)

① 2배 ② 3배
③ 4배 ④ 5배

해설 콘크리트 비비기는 미리 정해둔 비비기 시간의 3배 이상 계속하지 않아야 한다.

해답 ②

24

아래 그림과 같은 4점 재하 장치에 의한 휨강도 시험용 공시체에서 지지 롤러 사이의 거리(지간(L))의 크기로 옳은 것은?

① $3d$
② $3.5d$
③ $4d$
④ $4.5d$

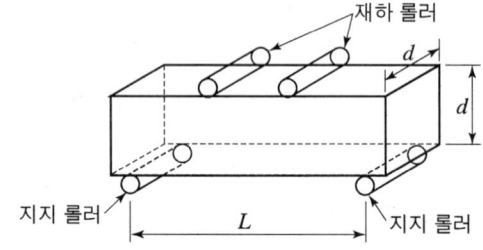

해설 4점 재하시험에서 지지 롤러 사이의 거리(지간)은 단변 길이의 3배이다.

해답 ①

25

계수값 관리도에 의해 품질관리를 할 때 결점수 관리도에 적용되는 이론은?

① 정규 분포이론
② 이항 분포이론
③ 카이자승 분포이론
④ 포아송 분포이론

해설 관리도 종류

종류	데이터의 종류	관리도	적용 이론
계량값 관리도	길이, 중량, 강도, 화학성분, 압력, 슬럼프, 공기량, 생산량	$\bar{x}-R$ 관리도(평균값과 범위의 관리도) $\bar{x}-\sigma$ 관리도(평균값과 표준편차의 관리도) X 관리도(측정값 자체의 관리도)	정규분포
계수값 관리도	제품의 불량률	P 관리도(불량률 관리도)	이항분포
	불량개수	Pn 관리도(불량개수 관리도)	
	결점수(시료크기가 같을 때)	C 관리도(결점수 관리도)	푸아송분포
	단위당 결점수 (단위가 다를 때)	U 관리도(단위당 결점수 관리도)	

해답 ④

26

동결융해 150사이클에서 상대동탄계수가 60%일 때 동결융해에 대한 내구성 지수는 얼마인가? (단, 시험의 종료는 300사이클로 한다.)

① 100
② 60
③ 30
④ 15

해설
$$DF = \frac{PN}{M} = \frac{60\% \times 150}{300} = 30\%$$
여기서, P : 동탄성계수
N : P 결정시 사이클
M : 동결융해 노출이 끝날 때의 사이클

해답 ③

27

굵은 골재의 최대치수, 잔골재율, 잔골재의 입도, 반죽질기 등에 따르는 마무리하기 쉬운 정도를 나타내는 굳지 않은 콘크리트의 성질을 나타내는 용어는?

① 시공연도(workability) ② 반죽질기(consistency)
③ 성형성(plasticity) ④ 마감성(finishability)

해설 피니셔빌리티(Finishability, 마감성)는 굵은골재의 최대치수, 잔골재율, 잔골재의 입도, 반죽질기 등에 따르는 마무리하기 쉬운 정도를 나타내는 굳지 않은 콘크리트의 성질이다.

해답 ④

28

골재의 알칼리-실리카 반응을 검토하기 위하여 적합한 시험은 어느 것인가?

① 질산은 적정법 ② 전자파 레이더법
③ 모르타르봉 방법 ④ 변색법

해설 콘크리트의 탄산화(중성화) 진행 시험방법
① 화학적 방법(KS F 2545) : NaOH용액의 알칼리농도 감소량 및 골재에서의 실리카 용출량을 측정하여 판정한다.
② 모르타르봉 시험방법(KS F 2546) : 시멘트와 골재의 배합에 따른 알칼리 반응 시험이다.
③ 암석분류 시험방법(KS F 2548) : 암석의 물리적·화학적 시험방법으로 암석·분류식 검사를 하여 알칼리-실리카반응 및 알칼리-탄산염 반응이 일어날 수 있는 성분을 정량적으로 결정하는 방법이다.

해답 ③

29

강제식 믹서를 사용하여 일반콘크리트를 제조할 때 비비기 시간의 표준으로 옳은 것은? (단, 비비기 시간에 대한 시험을 실시하지 않은 경우)

① 1분 ② 1분 30초
③ 2분 ④ 2분 30초

해설 시험을 하지 않는 경우의 최소 비비기 시간
① 가경식 믹서 : 1분 30초 이상
② 강제식 믹서 : 1분 이상

해답 ①

30 관입저항침에 의한 콘크리트 응결시간을 측정한 결과 관입침 직경 1.43cm를 사용하여 관입저항은 562N이었다. 현재 상태의 관입저항 및 응결상태(초결 또는 종결)를 결정하면?

① 관입저항 3.5MPa, 초결
② 관입저항 3.5MPa, 종결
③ 관입저항 280MPa, 초결
④ 관입저항 280MPa, 종결

해설 콘크리트의 응결 시험
① 콘크리트의 초결시간
  ㉠ 관입저항이 3.5MPa가 되기까지의 경과시간을 초결시간으로 한다.
  ㉡ 초결시간에 가까운 경우는 단면적이 큰 침을 사용한다.
② 콘크리트의 종결시간
  ㉠ 관입저항이 28.0MPa가 되기까지의 경과시간을 종결시간으로 한다.
  ㉡ 종결시간에 가까운 경우는 단면적이 작은 침을 사용한다.

해답 ①

31 콘크리트의 내구성을 확보하기 위한 염화물 함유량의 한도와 관련한 설명으로 틀린 것은?

① 콘크리트 중의 염화물 함유량은 콘크리트 중에 함유된 염소 이온의 총량으로 표시한다.
② 굳지 않은 콘크리트 중의 전 염소이온량은 원칙적으로 $0.30kg/m^3$ 이하로 하여야 한다.
③ 책임기술자의 승인을 얻어 콘크리트 중의 전 염소이온량의 허용상한치를 $0.60kg/m^3$으로 할 수 있다.
④ 철근이 배치되지 않은 무근 콘크리트의 경우 콘크리트 중의 전 염소이온량은 $0.60kg/m^3$ 이하로 하여야 한다.

해설 콘크리트 중의 염화물 함유량 한도
① 굳지 않은 콘크리트 중의 전 염화물 이온량은 원칙적으로 $0.30kg/m^3$ 이하로 한다.
② 상수도 물을 혼합수로 사용할 때 여기에 함유되어 있는 염화물 이온량이 불분명한 경우에는 혼합수로부터 콘크리트 중에 공급되는 염화물 이온량을 $0.04kg/m^3$로 가정할 수 있다. 다만, 시험에 의한 경우 그 값을 사용한다.
③ 외부로부터 염소이온의 침입이 우려되지 않는 철근 콘크리트나 포스트텐션 방식의 프리스트레스트 콘크리트 및 최소 철근비 미만의 철근을 갖는 콘크리트 등의 구조물을 시공할 때, 염소이온량이 적은 재료의 입수가 매우 곤란한 경우에는 방청에 유효한 조치를 취한 후 책임 기술자의 승인을 얻어 콘크리트 중의 전 염소이온량의 허용 상한값을 $0.60kg/m^3$로 할 수 있다.

해답 ④

32 굳지 않은 콘크리트의 슬럼프시험(KS F 2402)에 관한 설명 중 옳지 않은 것은?

① 슬럼프시험에는 밑면 안지름 200mm, 윗면 안지름 100mm, 높이 300mm 인 슬럼프콘을 사용한다.
② 슬럼프콘 속에 콘크리트를 거의 같은 양으로 3회 나누어 채우고 다짐봉으로 각각 25회씩 균일하게 다진 다음 슬럼프콘을 조용히 수직으로 들어올린다.
③ 슬럼프시험에 사용하는 다짐봉의 형상과 크기는 제한이 없다.
④ 굵은 골재의 최대 치수가 40mm를 넘는 콘크리트의 경우에는 40mm를 넘는 굵은골재를 제거한다.

해설 슬럼프 시험에서 다짐봉은 지름 16mm, 길이 500~600mm의 강 또는 금속제 원형봉(환강봉)으로 그 앞 끝을 반구 모양으로 한다.

해답 ③

33 콘크리트 압축강도 시험에서 직경 150mm, 높이 300mm인 원주형 공시체를 사용한 경우, 최대 압축하중 430kN에서 공시체가 파괴되었다면 압축강도는 얼마인가?

① 21.2MPa
② 24.3MPa
③ 26.5MPa
④ 28.1MPa

해설 $f = \dfrac{P}{A} = \dfrac{P}{\dfrac{\pi D^2}{4}} = \dfrac{430,000}{\dfrac{\pi \times 150^2}{4}} = 24.3\text{MPa}$

해답 ②

34 슬럼프콘에 콘크리트를 채우기 시작하여 슬럼프콘을 들어올려 종료할 때까지 시간의 기준으로 옳은 것은?

① 1분 이내
② 1분 30초 이내
③ 2분 이내
④ 3분 이내

해설 슬럼프 콘에 재료를 넣고 빼 올릴 때까지의 전 작업시간은 3분 이내로 한다.

해답 ④

35 굳은 콘크리트에서 발생하는 건조수축으로 인한 균열에 대한 설명으로 틀린 것은?

① 초기에 표면에서 얇게 발생한 건조수축 균열은 시간이 흐를수록 깊이가 깊어진다.
② 배합설계시 굵은골재량을 증가시키면 건조수축 균열을 줄일 수 있다.
③ 배합설계시 단위수량을 크게 하면 건조수축 균열을 줄일 수 있다.
④ 팽창시멘트를 사용하여 만든 건조수축 보상 콘크리트는 건조수축 균열을 최소화 시키거나 제거할 수 있다.

해설 단위수량이 적으면 건조수축은 적다.

해답 ③

---

36 보통중량골재를 사용한 콘크리트(m_c=2300kg/m³)로서 설계기준압축강도(f_{ck})가 30MPa일 때 콘크리트의 탄성계수는 약 얼마인가?

① 27536MPa　　② 26722MPa
③ 24356MPa　　④ 23982MPa

해설
① f_{ck}가 30MPa로 40MPa 이하이므로 Δf는 4MPa이다.
② $f_{cu} = f_{ck} + \Delta f = 30 + 4 = 34$MPa
③ $E_c = 8,500 \sqrt[3]{f_{cu}} = 8,500 \sqrt[3]{34} = 27,536$MPa

해답 ①

---

37 레디믹스트 콘크리트의 품질검사 항목 중 슬럼프의 허용오차에 대한 설명으로 틀린 것은?

① 슬럼프 25mm인 경우 허용오차는 ±10mm이다.
② 슬럼프 50mm인 경우 허용오차는 ±15mm이다.
③ 슬럼프 65mm인 경우 허용오차는 ±20mm이다.
④ 슬럼프 80mm인 경우 허용오차는 ±25mm이다.

해설 슬럼프는 KS F 2402의 규정에 따라 시험한 후 그 결과값과 호칭 슬럼프의 허용오차는 다음과 같다.

슬럼프(mm)	슬럼프 허용오차(mm)
25	±10mm
50 및 65	±15mm
80 이상	±25mm

해답 ③

38 결과에 원인이 어떻게 관계하고 있는가를 한 눈에 알 수 있도록 작성하는 품질관리 도구는?

① 히스토그램 ② 특성요인도
③ 산점도   ④ 파레토도

해설 TQC의 7도구
① 히스토그램 : 데이터가 어떤 분포를 하고 있는가를 알아보기 위해 작성하는 그림을 말한다.
② 파레트도 : 불량 등의 발생건수를 분류 항목별로 나누어 한눈에 알 수 있도록 작성한 그림을 말한다.
③ 특성요인도 : 결과에 원인이 어떻게 관계하고 있는가를 한눈에 알 수 있도록 작성한 그림을 말한다.
④ 체크시트 : 계수치의 데이터가 분류 항목의 어디에 집중되어 있는가를 알아보기 쉽게 나타낸 그림이나 표를 말한다.
⑤ 각종 그래프 : 한눈에 파악되도록 한 각종 그래프를 말한다.
⑥ 산점도 : 대응되는 두 개의 짝으로 된 데이터를 그래프용지 위에 점으로 나타낸 그림을 말한다.
⑦ 층별 : 집단을 구성하고 있는 데이터를 특징에 따라 몇 개의 부분집단으로 나누는 것을 말한다.

해답 ②

39 콘크리트의 타설시에 생기는 재료분리현상을 증가시키는 요인에 대한 설명으로 틀린 것은?

① 단위수량이 지나치게 많을 때
② 단위시멘트량이 많을 때
③ 굵은골재의 최대치수가 지나치게 클 때
④ 콘크리트의 슬럼프값이 클 때

해설 재료분리의 원인
① 최대치수가 너무 큰 굵은골재를 사용하거나 단위골재량이 너무 크면 콘크리트는 분리되기 쉽다.
② 단위수량이 크고 슬럼프가 큰 콘크리트는 분리되기 쉽다.
③ 단위수량이 작은 매우 된 반죽의 콘크리트에서도 모르타르의 점착성이 부족하여 분리 경향이 커진다.
④ 중량골재에서는 굵은골재의 침강이 현저하며 반대로 경량골재는 떠올라 분리되는 경향이 있으며, 입경이 큰 골재일수록 이 현상이 보다 현저하다.

해답 ②

40. 굳은 콘크리트의 성질에 대한 설명 중 틀린 것은?

① 콘크리트의 마모저항성은 물-시멘트비와 골재와 품질에 크게 좌우된다.
② 방사선 차폐를 목적으로 콘크리트를 시공하는 경우에는 콘크리트의 단위용적질량이 큰 것이 유리하다.
③ 물-시멘트가 큰 콘크리트일수록 백화현상이 발생할 가능성이 높다.
④ 물-시멘트가 큰 콘크리트일수록 탄산화(중성화) 속도가 느리다.

해설 물-결합재비가 크면 탄산화(중성화)는 빠르게 진행된다.

해답 ④

제3과목 콘크리트의 시공

41. 내부진동기를 사용하여 콘크리트 다지기를 할 경우의 표준으로 틀린 것은?

① 진동다기기를 할 때에는 내부진동기를 하층의 콘크리트 속으로 0.1m 정도 찔러 넣는다.
② 진동기의 삽입간격은 일반적으로 0.5m 이하로 하는 것이 좋다.
③ 1개소당 진동시간은 다짐할 때 블리딩 수 및 레이턴스가 표면 상부로 부상할 때까지 실시한다.
④ 내부진동기는 콘크리트를 횡방향으로 이동시킬 목적으로 사용하지 않아야 한다.

해설 1개소당 진동시간은 다짐할 때 시멘트 페이스트가 표면 상부로 약간 부상하기까지 한다.

해답 ③

42. 서중콘크리트에 대한 설명으로 옳은 것은?

① 하루 최고기온이 25℃를 초과하는 경우 서중콘크리트로서 시공한다.
② 기온 10℃의 상승에 대해 단위수량은 1%정도 감소한다.
③ 목재거푸집의 경우에는 거푸집까지 습윤상태로 하지 않아도 된다.
④ 콘크리트를 타설할 때의 콘크리트 온도는 35℃ 이하여야 한다.

해설 ① 높은 외부기온으로 콘크리트의 슬럼프 저하나 수분의 급격한 증발 등의 염려가 있을 경우에 시공되는 콘크리트로서 하루 평균기온이 25℃(최고 온도 30℃ 초과)를 초과하는 경우 서중 콘크리트로 시공한다.
② 일반적으로는 기온 10℃의 상승에 대하여 단위수량은 2~5% 증가하므로 소요의 압축강도를 확보하기 위해서는 단위수량에 비례하여 단위 시멘트량의 증가를 검토하여야 한다.
③ 콘크리트 타설에 앞서 지반이나 거푸집 등은 습윤상태로 유지한다.
④ 콘크리트를 타설할 때의 콘크리트 온도는 35℃ 이하이어야 한다.

해답 ④

43 섬유보강 콘크리트에 대한 설명으로 틀린 것은?

① 섬유 혼입률은 섬유보강 콘크리트 $1m^3$ 중에 점유하는 섬유의 용적백분율(%)로 나타낸다.
② 믹서는 가경식 믹서를 사용하는 것을 원칙으로 한다.
③ 섬유의 형상, 치수 및 혼입률은 섬유보강 콘크리트의 소요 압축강도, 휨강도 및 인성을 고려하여 결정하는 것을 원칙으로 한다.
④ 섬유를 믹서에 투입할 때에는 섬유를 콘크리트 속에 균일하게 분산시킬 수 있는 방법으로 하여야 한다.

해설 섬유보강 콘크리트에서 믹서는 강제식 믹서를 사용하는 것을 원칙으로 한다.

해답 ②

44 숏크리트 작업에 대한 일반적인 사항을 설명한 것으로 틀린 것은?

① 천단부 시공시에 노즐은 뿜어붙일 면과 45°의 각도를 유지하여 뿜어붙이는 면적을 증가시켜야 한다.
② 숏크리트는 빠르게 운반하고, 급결제를 첨가한 후는 바로 뿜어붙이기 작업을 실시하여야 한다.
③ 뿜어붙일 면에 용수가 있을 경우에는 배수 파이프나 배수 필터를 설치하는 등 적절한 배수처리를 하여야 한다.
④ 숏크리트는 뿜어붙인 콘크리트가 흘러내리지 않는 범위의 적당한 두께로 뿜어붙인다.

해설 노즐은 항상 뿜어 붙일 면에 직각이 되도록 유지하고, 적절한 뿜어붙이는 거리와 뿜는 압력을 유지하여야 한다.

해답 ①

45 벽 또는 기둥과 같이 높이가 높은 콘크리트를 연속해서 타설할 경우 콘크리트의 쳐 올라가는 속도를 너무 빨리 하면 재료분리가 일어나기 쉽다. 따라서 쳐 올라가는 속도를 조정할 필요가 있는데, 일반적인 속도로서 가장 적당한 것은?

① 30분에 0.5~1m 정도
② 30분에 1~1.5m 정도
③ 30분에 1.5~2m 정도
④ 30분에 2~2.5m 정도

해설 일반적으로 타설속도는 30분에 1~1.5m 정도가 바람직하다.

해답 ②

46 연직시공이음의 시공에 대한 설명으로 틀린 것은?

① 이음부분의 콘크리트는 진동기를 써서 충분히 다져야 한다.
② 구 콘크리트의 시공이음 면은 쇠슬이나 쪼아내기 등에 의하여 거칠게 하고, 수분을 충분히 흡수시킨 후에 시멘트페이스트 등을 바른 후 새 콘크리트를 타설해야 한다.
③ 새 콘크리트를 타설할 때는 신·구 콘크리트가 충분히 밀착되도록 하여야 하며, 특히 새 콘크리트를 타설한 후에는 재진동 다지기를 하지 않는 것이 원칙이다.
④ 시공이음면의 거푸집 철거는 콘크리트가 굳은 후 되도록 빠른 시기에 한다.

해설 새 콘크리트를 타설할 때는 신·구 콘크리트가 충분히 밀착되도록 잘 다져야 한다. 또, 새 콘크리트를 타설한 후 적당한 시기에 재진동 다지기를 하는 것이 좋다.

해답 ③

47 트레미로 시공하는 일반 수중 콘크리트의 슬럼프의 표준값으로 옳은 것은?

① 40~80mm
② 80~130mm
③ 130~180mm
④ 180~210mm

해설 **일반 수중 콘크리트의 슬럼프 표준값**(mm)

시공방법	일반 수중 콘크리트	현장 타설말뚝 및 지하연속벽에 사용하는 수중 콘크리트
트레미	130~180	180~210
콘크리트 펌프	130~180	–
밑열림 상자, 밑열림 포대	100~150	–

해답 ③

48
재령 24시간에서의 숏크리트의 초기강도 표준값은?

① 0.5~1.0MPa   ② 1.0~3.0MPa
③ 3.0~5.0MPa   ④ 5.0~10.0MPa

해설 숏크리트의 초기강도 표준값

재령	숏크리트의 초기강도(MPa)
24시간	5.0~10.0
3시간	1.0~3.0

해답 ④

49
출제기준에 의거하여 이 문제는 삭제됨

50
다음 중 서중콘크리트에서 발생하는 균열에 대한 대책으로 옳은 것은?

① 단위 시멘트량을 가능한 한 많게 한다.
② 지연형 감수제의 사용을 고려한다.
③ 현장에서 물을 첨가한다.
④ 양생 중 보온대책을 수립한다.

해설 ① 단위 시멘트량이 커지면 수화발열량이 증대하므로 온도균열이 발생하게 되어 장기강도의 증가를 기대할 수 없는 경우가 있으므로 되도록 단위수량을 작게 하는 동시에 단위 시멘트량이 너무 많아지지 않도록 적절한 조치를 취하여야 한다.
② 서중 콘크리트는 경과시간에 따른 워커빌리티 손실이 크게 발생하기 때문에 단위수량을 감소시키기 위한 방안으로 다음의 혼화제 사용을 검토한다.
    ㉠ 감수제   ㉡ AE감수제
    ㉢ 고성능 감수제   ㉣ 유동화제
    ㉤ 표준형 대신 지연형을 사용하는 것이 효과적

해답 ②

51
한중콘크리트의 배합에 대한 설명으로 틀린 것은?

① 물-결합재비는 원칙적으로 45% 이하로 하여야 한다.
② 단위수량은 소요의 워커빌리티를 유지할 수 있는 범위내에서 되도록 적게 정하여야 한다.
③ 초기동해에 필요한 압축강도가 초기양생 기간 내에 얻어지도록 배합하여야 한다.
④ 공기연행 콘크리트를 사용하는 것을 원칙으로 한다.

해설 물-결합재비는 60% 이하로 해야 한다.

해답 ①

52 고강도 콘크리트에 대한 설명으로 옳은 것은?

① 고강도 콘크리트는 설계기준강도만 높은 것이 아니라 높은 내구성을 필요로 하는 철근 콘크리트 공사에도 적용될 수 있다.
② 고강도 콘크리트를 얻기 위해서는 소요의 워커빌리티를 얻을 수 있는 범위 내에서 단위수량은 가능한 크게 하여야 한다.
③ AE제(공기연행제)의 적용은 고강도 콘크리트의 제조에 필수적이며 콘크리트의 강도 증진에 크게 기여한다.
④ 고강도 콘크리트는 빈배합이며, 시멘트 대체 재료인 플라이애시나 실리카퓸 등의 적용은 적절하지 않다.

해설 ① 고강도 콘크리트는 설계기준만 높은 것이 아니라 높은 내구성을 필요로 하는 철근 콘크리트 공사에도 적용될 수 있다.
② 고강도 콘크리트를 얻기 위해서는 소요의 워커빌리티를 얻을 수 있는 범위 내에서 단위수량은 가능한 한 작게 하여야 한다.
③ 고강도 콘크리트는 기상의 변화가 심하거나 동결융해 대책이 필요한 경우를 제외하고는 AE제(공기연행제)를 사용하지 않는 것이 원칙이다.
④ 고강도 콘크리트는 부배합이며, 플라이애시나 실리카 퓸, 고로 슬래그 미분말 등을 사용한다.

해답 ①

53 경량골재콘크리트에 대한 설명으로 틀린 것은?

① 경량골재콘크리트는 보통콘크리트에 비해 진동시간을 약간 길게 해 충분히 다져야 한다.
② 경량골재콘크리트는 보통콘크리트에 비해 진동기를 찔러 놓는 간격을 작게 하는 것이 좋다.
③ 진동 다지기를 하면 굵은 골재가 침하하고 모르타르가 위로 떠오르는 재료분리현상이 발생한다.
④ 고유동 콘크리트의 경우 책임기술자와 협의하여 다짐을 생략할 수 있다.

해설 **다지기**
① 경량골재 콘크리트를 보통골재 콘크리트에 비해 진동기를 찔러 넣는 간격을 작게 하거나 진동시간을 약간 길게 하여 충분히 다져야 한다.
② 진동기로 다지는 표준적인 찔러 넣기 간격, 진동시간은 다음 표의 값을 적용한다.

콘크리트의 종류	찔러 넣기 간격(m)	진동시간(초)
유동화되지 않은 것	0.3	30
유동화된 것	0.4	10

③ 콘크리트를 타설할 때에는 경량골재 콘크리트의 모르타르가 침하하고, 굵은골

재가 위로 떠오르는 경향에 따라 재료분리가 발생한다.
④ 고유동 콘크리트 등과 같이 슬럼프 및 플로가 커서 다짐이 필요 없다고 판단되는 경우에는 책임기술자와 협의하여 다짐을 생략할 수 있다.

해답 ③

54 유동화콘크리트에 관한 다음의 설명 중 틀린 것은?

① 비비기를 완료한 베이스 콘크리트에 유동화제를 첨가하여 유동성을 증대시킨 콘크리트이다.
② 유동화콘크리트의 압축강도는 베이스콘크리트와 거의 동일하다.
③ 유동화콘크리트의 잔골재율은 보통의 된비빔콘크리트보다 작게 할 필요가 있다.
④ 슬럼프를 증가시키기 위한 유동화제의 사용량은 콘크리트의 온도에 의해서 변화한다.

해설 ① 잔골재율 결정시 베이스 콘크리트의 슬럼프에 적합하도록 증가시킨다.
② 잔골재율이 너무 작으면 재료분리 발생 우려가 있으므로 주의해야 한다.

해답 ③

55 숏크리트용 급결제에 대한 설명 중 틀린 것은?

① 실리케이트계 급결제는 장기강도 확보에 불리하다.
② 알루미네이트계는 인체에 유해하므로 취급에 유의한다.
③ 일반적으로 액상형 급결제는 분말형 급결제에 비하여 반응성, 혼합성이 우수하고 분진발생량이 적은 장점이 있다.
④ 우리나라에서 가장 많이 사용되는 급결제는 시멘트 분말계이다.

해설 우리나라에서 가장 많이 사용되는 급결제는 액상형 급결제이다.

해답 ④

56 일반콘크리트의 시공에서 외기온도가 25℃ 미만인 경우 비비기로부터 타설이 끝날때까지의 시간은 원칙적으로 얼마를 넘어서는 안되는가?

① 60분
② 90분
③ 120분
④ 150분

해설 비비기로부터 타설이 끝날 때까지의 시간
① 외기온도가 25℃ 이상 : 1.5시간 이내
② 외기온도가 25℃ 미만 : 2.0시간 이내

해답 ③

57. 다음 중 촉진 양생의 종류가 아닌 것은?

① 오토클레이브 양생
② 습윤양생
③ 전기양생
④ 증기양생

해설 양생의 종류
① 습윤양생 : 습윤상태를 유지하는 양생으로 보통 수중양생 또는 살수 양생이라고 한다.
② 전기양생 : 콘트리트속에 저압교류를 통하여 콘크리트의 전기저항에 의하여 생기는 열을 이용하여 보온하는 양생이다.
③ 피막양생 : 표면에 피막보양제를 뿌려 수분증발을 방지하는 것으로 포장 콘크리트 보양에 쓰이며, 습윤양생을 할 수 없는 경우나 습윤양생이 끝난후 장기간의 양생이 필요한 경우에 많이 사용한다.
④ 촉진양생 : 단시일 내에 소요강도를 내기 위하여 고온 또는 고온고압증기로 양생하는 방법으로 오토클레이브양생, 가압양생(기계적 가압 및 고온), 증기양생 등이 있다.

해답 ②

58. 콘크리트 공장제품에 관한 설명으로 옳지 않은 것은?

① 증기양생은 보통 비빈 후 2~3시간 이상 경과한 후에 실시한다.
② 공장제품의 성형에서 일반적으로 사용되고 있는 다지기 방법에는 진동다지기, 원심력다지기, 가압다지기, 진공다지기 및 이들을 병용하는 방법이 있다.
③ PS강재에는 스트럽 또는 가외철근 등을 용접하지 않는 것을 원칙으로 한다.
④ 프리스트레스트콘크리트 제품에는 재생골재를 사용함을 원칙으로 한다.

해설 프리스트레스트 콘크리트 제품의 경우 재생골재를 사용해서는 안 된다.

해답 ④

59. 일반 수중 콘크리트의 시공 상 유의사항으로 틀린 것은?

① 물-결합재비는 50% 이하로 한다.
② 워커빌리티(workability)와 점성이 작아야 한다.
③ 단위시멘트량은 370kg/m³ 이상으로 한다.
④ 타설시 물을 정지시킨 정수 중에서 타설하는 것이 좋다.

해설 ① 수중 콘크리트는 다짐이 불가능하기 때문에 유동성이 커야 한다.
② 재료분리를 적게하기 위하여 단위 시멘트량을 많게 하고 잔골재율을 크게 한 점성이 풍부한 콘크리트를 사용해야 한다.

해답 ②

60 매스 콘크리트로 다루어야 하는 구조물의 부재치수의 일반적인 표준으로 옳은 것은?

① 넓이가 넓은 평판구조의 경우 두께 0.5m 이상, 하단이 구속된 벽조의 경우 두께 0.3m 이상으로 한다.
② 넓이가 넓은 평판구조의 경우 두께 0.5m 이상, 하단이 구속된 벽조의 경우 두께 0.8m 이상으로 한다.
③ 넓이가 넓은 평판구조의 경우 두께 0.3m 이상, 하단이 구속된 벽조의 경우 두께 0.5m 이상으로 한다.
④ 넓이가 넓은 평판구조의 경우 두께 0.8m 이상, 하단이 구속된 벽조의 경우 두께 0.5m 이상으로 한다.

해설 매스 콘크리트로 다루어야 하는 구조물의 부재치수는 일반적인 표준으로서 넓이가 넓은 평판구조에서는 두께 0.8m 이상, 하단이 구속된 벽체에서는 두께 0.5m 이상으로 한다.

해답 ④

제4과목 콘크리트 구조 및 유지관리

61 외부 케이블을 설치하여 프리스트레스를 도입하는 공법의 특징으로 틀린 것은?

① 보강 효과가 역학적으로 명확하다.
② 보강 후 유지관리가 비교적 쉽다.
③ 콘크리트의 강도 부족이나 열화에 비효율적이다.
④ 부재의 강성을 향상시키는데 효율적이다.

해설 외부 케이블공법은 긴장재를 콘크리트의 외부에 배치하여 정착부 혹은 편향부를 끼워서 부재의 긴장력을 미리 도입하는 것에 의해 필요한 성능의 향상을 꾀하는 공법으로, 프리스트레스를 도입함으로써 콘크리트 교량의 휨 및 전단 보강을 목적으로 하는 보강공법으로 다음과 같은 특징이 있다.
① 보강효과가 역학적으로 명확하다.
② 편향부를 전단보강부에 설치하고, 외부 케이블의 연직분력을 고려함으로써 설계전단력을 크게 감소시킬 수 있다.
③ 보강 후의 유지·관리가 비교적 용이하다.
④ 기본적으로 교통 통제를 필요로 하지 않는다.
⑤ 콘크리트의 강도 부족이나 열화에 대해서는 효과를 기대할 수 없다.
⑥ 외부 케이블에 의해 프리스트레스를 도입해도 강성은 향상되지 않는다.

해답 ④

62
콘크리트 탄산화(중성화) 방지대책이 아닌 것은?

① 콘크리트를 충분히 다짐하여 타설하고 결함을 발생시키지 않는다.
② 콘크리트의 피복두께를 크게 한다.
③ 물-시멘트비를 높게 한다.
④ 충분한 초기양생을 한다.

해설 콘크리트의 탄산화 방지를 위해서는 물-시멘트비를 가능한 낮게 하여야 한다.

해답 ③

63
그림과 같은 단면의 보에서 $f_{ck}=28\text{MPa}$일 때, 보통 중량콘크리트가 분담하는 설계 전단강도(ϕV_c)는?

① 185kN
② 173kN
③ 162kN
④ 151kN

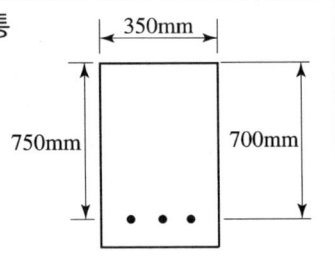

해설 $\phi V_c = \phi \dfrac{1}{6}\sqrt{f_{ck}}\,b_w d = 0.75 \times \dfrac{1}{6} \times \sqrt{28} \times 350 \times 700 = 162,052\text{N} = 162\text{kN}$

해답 ③

64
다음 중 옵셋 굽힘철근(offset bent bar)에 대한 설명 중 맞는 것은?

① 전체 깊이가 500mm를 초과하는 휨부재 복부의 양 측면에 부재 축방향으로 배치하는 철근
② 구부려 올리거나 또는 구부려 내린 부재길이방향으로 배치된 철근
③ 하중을 분포하거나 균열을 제어할 목적으로 주철근과 직각에 가까운 방향으로 배치한 보조철근
④ 상하 기둥 연결부에서 단면치수가 변하는 경우에 구부린 주철근

해설 옵셋 굽힘철근은 기둥 연결부에서 단면치수가 변하는 경우에 배치되는 주 철근이다.

해답 ④

65
$f_{ck}=27\text{MPa}$, $f_y=400\text{MPa}$로 설계된 지간이 3.2m인 단순지지 1방향슬래브가 있다. 처짐을 계산하지 않는 경우의 보의 최소두께는?

① 133mm
② 160mm
③ 200mm
④ 267mm

해설 ① 처짐을 계산하지 않는 경우의 보 또는 1방향 슬래브의 최소 두께

부재	최소 두께(h)			
	단순 지지	1단 연속	양단 연속	캔틸레버
	큰 처짐에 의해 손상되기 쉬운 칸막이벽이나 기타 구조물을 지지 또는 부착하지 않은 부재			
• 1방향 슬래브	$l/20$	$l/24$	$l/28$	$l/10$
• 보 • 리브가 있는 1방향 슬래브	$l/16$	$l/18.5$	$l/21$	$l/8$

이 표의 값은 보통 콘크리트(w_c=2,300kg/m³)와 설계기준항복강도 400MPa 철근을 사용한 부재에 대한 값이다.

② 단순지지 1방향 슬래브이므로

최소 두께 $h = \dfrac{l}{20} = \dfrac{3,200}{20} = 160\text{mm}$

해답 ②

66
콘크리트 치기 작업에서 표면 마감 전이나 마감 후에 급속히 건조가 이루어져 표면에 균열이 생겼다면 이 균열을 무엇이라 부르는가?

① 플라스틱수축균열 ② 침하균열
③ 온도응력균열 ④ 크리프변형균열

해설 ① 초기 균열의 종류
　　㉠ 침하에 의한 균열
　　㉡ 플라스틱 수축 균열
　　㉢ 거푸집의 변형에 의한 균열
　　㉣ 진동, 재하에 의한 균열
② 콘크리트 타설시 또는 타설 직후 표면에서 급속한 수분증발이 일어나 그 증발속도가 블리딩 속도보다 빨라질 때 콘크리트 표면에 미세한 균열이 생기는데 이를 플라스틱 수축(Plastic Shrinkage)에 의한 균열이라 한다.

해답 ①

67
출제기준에 의거하여 이 문제는 삭제됨

68
구조물 결함에 따른 보수보강공법 선정 기준으로 가장 거리가 먼 것은?

① 구조물 크기 ② 시공성
③ 구조물 안전성 ④ 경제성

해설 구조물 결함에 따른 보수·보강은 보수 재료와 공법 선정시 공법의 적용성, 구조적 안전성, 경제성 등을 검토하여 결정한다.

해답 ①

69
활하중 70kN/m, 고정하중 30kN/m의 등분포 하중을 받는 지간 7m의 직사각형 단순보에서 소요강도 U는?

① 113kN/m ② 132kN/m
③ 148kN/m ④ 165kN/m

해설 소요강도
$U = 1.2D + 1.6L$ 와 $U = 1.4D$ 둘 중 큰 값
여기서, D : 고정하중, L : 활하중
① $U = 1.2D + 1.6L = 1.2 \times 30 + 1.6 \times 70 = 148$kN/m
② $U = 1.4D = 1.4 \times 30 = 42$kN/m
③ 소요강도는 둘 중 큰 값인 148kN/m이다.

해답 ③

70
구조물의 안전성을 평가하기 위하여 재하시험을 실시하고자 할 때 하중을 받는 구조부분의 재령이 최소한 얼마 이상이 지난 후에 실시하는 것이 좋은가? (단, 구조물의 소유주, 시공자 및 관계자들이 상호 동의하는 경우는 제외)

① 28일 ② 56일
③ 91일 ④ 180일

해설 구조물 안정성 평가를 위한 재하시험
① 하중을 받는 구조부분의 재령이 최소한 56일 이상이 지난 후 실시하여야 한다. 다만, 구조물의 소유주, 시공자 및 관계자들이 상호 동의하는 경우는 예외로 한다.
② 시험하중은 4회 이상으로 균등하게 나누어 증가시켜야 한다.
③ 최종 잔류 측정값은 시험하중이 제거된 후 24시간 경과하였을 때 읽어야 한다.

해답 ②

71
초음파법에 의해 콘크리트 구조를 평가하고자 할 때의 설명으로 틀린 것은?

① 초음파 투과속도로 어느 정도의 콘크리트 강도추정은 가능하다.
② 일반적으로 철근 콘크리트가 무근 콘크리트보다 펄스 속도가 느리다.
③ 금속은 균질한 재료로 신뢰성이 매우 높지만 콘크리트의 경우는 재료의 비균질성으로 인해 신뢰성이 상대적으로 낮다.
④ 초음파 투과속도로 균열의 깊이를 추정할 수 있다.

해설 영향 인자
① 측정 부위의 상태에 따른 영향
  ㉠ 콘크리트 표면에 모래 입자나 먼지 등이 있는 경우 음파의 감쇠가 현저하며 수신 펄스의 오독 또는 측정 불능의 원인이 된다.

ⓒ 콘크리트 중의 함유 수분은 음속에 큰 영향을 미치며, 습윤상태일수록 음속은 커지게 된다.
ⓒ 콘크리트 중에 큰 균열이나 공극이 있을 때, 초음파는 이들을 우회하여 전달되므로 겉보기 음속은 작아지게 된다.
② 내부 철근의 영향
㉠ 강재 중의 음속은 약 5.1km/s이며, 콘크리트의 음속보다 크다.
ⓒ 철골철근 콘크리트 구조부재와 같이 음파의 전달경로 중에 다량의 강재가 포함된 경우의 음속은 커지게 된다.
ⓒ 통상적인 철근 콘크리트 부재와 같이 음파의 전달경로 중에 포함된 강재량이 적은 경우에는 철근의 영향은 무시될 수 있다.
③ 측정기기 및 측정 요령에 따른 영향

해답 ②

72
현행 콘크리트구조기준에 의거 강도감소계수 ϕ의 값으로 틀린 것은?

① 압축지배단면으로서 띠철근으로 보강된 철근콘크리트 부재 : 0.70
② 포스트텐션 정착구역 : 0.85
③ 인장지배단면 : 0.85
④ 무근콘크리트의 휨모멘트 : 0.55

해설 강도감소계수(ϕ)

부재 또는 하중의 종류		ϕ
인장지배 단면		0.85
전단력과 비틀림 모멘트		0.75
압축지배 단면	나선철근으로 보강된 철근 콘크리트 부재	0.70
	그 외의 철근 콘크리트 부재	0.65
콘크리트의 지압력(포스트텐션 정착부나 스트럿-타이 모델은 제외)		0.65
포스트텐션 정착구역		0.85
스트럿-타이 모델과 그 모델에서 스트럿-타이, 절점부 및 지압부		0.75
긴장재 묻힘길이가 정착 길이보다 작은 프리텐션 부재의 휨 단면	부재의 단부에서 전달길이 단부까지	0.75
무근 콘크리트의 휨부재		0.55

해답 ①

73
다음 중에서 동결융해에 의해 콘크리트의 열화를 증대시키는 요인에 해당되지 않는 것은?

① 콘크리트 내부의 많은 수분 함유
② 빈번한 동결융해 주기
③ 흡수성이 큰 골재의 사용
④ AE제와 같은 공기연행제 사용

해설 공기연행량의 저하가 동결융해에 열화를 증가시키는 원인이 된다.

해답 ④

74
시멘트계 보수재료 중 플리머의 특성에 대한 설명으로 틀린 것은?

① 부착성이 크다.
② 투수・투기성이 크다.
③ 내화학 저항성이 크다.
④ 양생일수가 1일 이내이다.

해설 폴리머 콘크리트의 특징
① 조기 고강도발현에 따른 부재 단면 감소로 경량화 가능
② 골재에 대한 부착성이 우수
③ 탄성계수가 작다.
④ 크리프는 상온에서 시멘트 콘크리트와 큰 차이가 없다.
⑤ 흡수 및 투수에 대한 저항성이 우수
⑥ 동결융해 저항성이 양호
⑦ 내약품성이 우수
⑧ 내화성이 좋지 않다.

해답 ②

75
다음 중 철근 부식에 따른 2차적 손상이 아닌 것은?

① 박리
② 박락
③ 재료분리
④ 균열

해설 주로 염화물이온(소금, 염화칼슘 등)에 의하여 발생되는 철근 부식은 팽창을 일으켜 철근의 상부 또는 하부에서 콘크리트가 층을 이루며 분리되는 층분리 현상이 발생하며, 층분리 현상이 진전되면 콘크리트가 균열을 따라서 원형으로 떨어져 나가는 박락(Spalling)과 콘크리트 표면의 모르타르가 점진적으로 손실되는 박리(Scaling)를 일으키게 된다.

해답 ③

76
콘크리트에 함유된 염화물 이온량의 측정 방법으로 맞지 않는 것은?

① 염화은 침전법
② 크롬산은법
③ 전위차 적정법
④ 시차열 중량분석법

해설 ① 콘크리트에 함유된 염화물 이온량 측정방법
  ㉠ 염화은 침전법
  ㉡ 전위차 적정법
  ㉢ 크롬산은법
  ㉣ 모아법
② 시차열 중량분석에 의한 방법은 시차열 중량분석 장치를 이용하여 콘크리트 미분말 시료가 상온에서 1,000℃ 정도까지 일정한 속도로 온도가 상승하는 데에 따르는 수산화칼슘량 및 탄산칼슘량을 파악하는 방법이며, 장비가 고가이다.

해답 ④

77. 강도설계법의 특징에 관한 내용으로 틀린 것은?

① 허용응력 설계법에 비하여 파괴에 대한 안전도의 확보가 확실하다.
② 허용응력 설계법이 가지는 문제점을 개선한 설계법이다.
③ 서로 상이한 재료의 특성을 설계에 합리적으로 반영할 수 있다.
④ 강도감소계수를 반영한 설계법이다.

해설 각 설계법의 비교

종류	장점	단점
허용응력 설계법	• 설계법의 편리성 • 설계법의 단순성	• 파괴에 대한 두 재료의 안전도를 일정하게 하기 곤란하다. • 성질이 다른 하중의 영향을 설계에 반영할 수 없다.
강도 설계법	• 파괴에 대한 안전도 확보가 확실 • 하중계수에 의해 각하중의 특성을 설계에 반영	• 서로 다른 재료의 특징을 설계에 합리적으로 반영하기 어렵다. • 사용성 확보를 위해 별개의 검토가 필요
한계상태 설계법	• 하중과 재료에 대해 각각 부분 안전계수를 사용하여 특성을 설계에 반영 • 안전성은 극한 한계상태, 사용성은 사용 한계상태로 검토하여 강도 설계법의 단점을 개선	• 재료 절감 등의 경제적인 면에서의 동기유발이 아직 부족하다. • 이론에 치중하여 실무 설계반영이 불충분하다.

해답 ③

78. 경간 10m의 대칭 T형보를 설계하려고 한다. 플랜지의 유효폭은? (단, 양쪽의 슬래브의 중심간 거리 3m, 플랜지 두께 150mm, 복부의 폭 300mm)

① 2500mm
② 2700mm
③ 2800mm
④ 3000mm

해설 대칭 T형 보의 유효폭 결정

① $8t_1 + 8t_2 + b_w = 8 \times 150 + 8 \times 150 + 300 = 2,700 \text{mm}$
② 보경간의 $\frac{1}{4} = 10,000 \times \frac{1}{4} = 2,500 \text{mm}$
③ 양슬래브 중심 간 거리 = 3,000mm
④ 셋 중 작은 값인 2,500mm가 유효폭이다.

해답 ①

79 균형 철근량이 배근된 단철근 직사각형보에서 등가압축응력의 깊이(a)는 얼마인가? (단, $b=300mm$, $d=500mm$, $A_s=1700mm^2$, $f_{ck}=30MPa$, $f_y=350MPa$)

① 68mm
② 78mm
③ 88mm
④ 98mm

해설 등가 직사각형 응력분포의 깊이

$$a = \frac{A_s f_y}{\eta 0.85 f_{ck} b} = \frac{1,700 \times 350}{1 \times 0.85 \times 30 \times 300} = 78mm$$

해답 ②

80 옹벽의 안정조건에 대한 설명으로 틀린 것은?

① 활동에 대한 저항력은 옹벽에 작용하는 수평력의 2.0배 이상이어야 한다.
② 전도에 대한 저항휨모멘트는 횡토압에 의한 의한 전도모멘트의 2.0배 이상이어야 한다.
③ 지반에 유발되는 최대 지반반력이 지반의 허용지지력을 초과하지 않아야 한다.
④ 전도 및 지반지지력에 대한 안정조건은 만족하지만, 활동에 대한 안정조건만을 만족하지 못할 경우 활동방지벽 등을 설치할 수 있다.

해설 옹벽의 안정 조건

① 전도에 대한 안정 조건
  ㉠ 옹벽에 작용하는 모든 외력의 합력이 저판의 중앙 1/3 안에 들어와야 한다.
  ㉡ 안전율 $F_s = \dfrac{M_r}{M_o} = \dfrac{\sum Wx}{Hy} \geq 2.0$
  여기서, $\sum W$: 수직력의 총합(옹벽의 자중+저판상부 흙 무게)
    H : 수평력

② 활동에 대한 안정 조건
  안전율 $F_S = \dfrac{H_r}{H} = \dfrac{f(\sum W)}{H} \geq 1.5$
  여기서, H_r : 수평저항력(마찰력+점착력+수동토압)
    마찰력=마찰계수×수직력의 총화(옹벽 자중+뒷굽판 위의 흙 무게)
    점착력=점착계수×저판폭
    수동토압=수동토압계수×수직토압의 총합
  H : 수평력(주동토압)
  f : 콘크리트 저판과 기초지반과의 마찰계수
  $\sum W$: 수직력의 총합

③ 지반 지지력(침하)에 대한 안정 조건
  지지반력의 분포경사가 비교적 작은 경우에는 최대 지지반력 q_{max}이 지반의 허용지지력 q_a 이하가 되도록 하여야 한다.

해답 ①

콘크리트산업기사

2021년 5월 CBT 시행

복원기출문제입니다. 실제 문제와 다를 수 있습니다(출제기준에 의거하여 불필요한 문제는 삭제)

제1과목 콘크리트 재료 및 배합

01 플라이애시를 사용한 콘크리트의 성질에 관한 다음의 일반적인 설명 중 적당하지 않은 것은?

① 플라이애시 중의 미연탄소분에 의해 제 등이 분산되 AE는 효과가 있어 소요의 공기량을 연행하기 위한 제의 AE 사용량을 줄일 수 있다.
② 시멘트 질량의 정도 이상을 플라이애시로 치환하면 20% 알칼리골재반응이 억제된다.
③ 습윤양생이 충분하지 못하면 초기강도의 저하 및 동해에 대한 표면열화가 발생하기 쉽다.
④ 수화가 충분히 진행되면 치밀한 조직이 가능하기 때문에 해수에 대한 저항성이 커진다.

해설 플라이애시를 사용하면 소요 공기량을 얻기 위한 AE제 소요량이 크게 증가하는데 이는 플라이애시의 미연소탄소에 AE제가 흡착되기 때문이다.

해답 ①

02 콘크리트용 굵은 골재에 대한 설명으로 틀린 것은?

① 굵은골재의 절건밀도는 $2.5g/cm^3$ 이상의 값을 표준으로 한다.
② 굵은 골재 중 점토덩어리와 연한 석편의 합은 5%를 초과하지 않아야 한다.
③ 필요한 경우 굵은 골재에 대한 내동해성 시험을 수행하여 사용하여야 한다.
④ 굵은 골재의 안정성은 황산나트륨으로 3회 시험을 하여 평가하며, 그 손실질량은 10% 이하를 표준으로 한다.

해설 굵은골재로서 사용할 굵은골재의 안정성은 황산나트륨으로 5회 시험을 하여 평가하는데, 그 손실질량은 12% 이하를 표준으로 한다.

해답 ④

03 콘크리트용 고로슬래그 미분말의 품질을 평가하기 위한 시험으로 적합하지 않은 것은?

① 밀도
② 비표면적(블레인)
③ 활성도지수
④ 전알칼리량

해설 고로슬래그 미분말 품질평가 항목에는 밀도, 비표면적, 활성도지수, 플로값비, 강열감량, 염화물 이온, 산화마그네슘, 삼산화황 등이 있다.

해답 ④

04 잔골재 표건밀도 2.60g/cm³ 굵은골재 표건밀도 , 2.65g/cm³인 재료를 이용하여 잔골재율 40%인 콘크리트의 배합설계를 할 때 단위 잔골재량이 624kg인 경우 단위 굵은골재량을 구하면?

① 954kg
② 1017kg
③ 1087kg
④ 1128kg

해설 ① 단위 잔골재량 절대체적(V_s)

$V_s \times$ 잔골재 비중 $\times 1000 \text{kg/m}^3 = V_s \times 2.6 \times 1000 = 624 \text{kg}$에서 $V_s = 0.24 \text{m}^3$

② 단위 골재량 절대체적(V_a)

$V_s = V_a \times S/a = V_a \times 0.4 = 0.24 \text{m}^3$에서 $V_a = 0.6 \text{m}^3$

③ 단위 굵은골재량 절대체적(V_G)

$V_G = V_a - V_s = 0.6 - 0.24 = 0.36 \text{m}^3$

④ 단위 굵은골재량

$V_G \times$ 굵은골재 비중 $\times 1000 \text{kg/m}^3 = 0.36 \times 2.65 \times 1000 = 954 \text{kg}$

해답 ①

05 감수제의 사용 효과에 대한 설명으로 옳은 것은?

① 시멘트 입자를 분산시켜 단위수량을 감소시킨다.
② 콘크리트 흡수성과 투수성을 줄일 목적으로 사용한다.
③ 응결을 늦추기 위한 목적으로 사용한다.
④ 사용량이 비교적 많아서 배합 계산시 고려한다.

해설 감수제는 계면활성제의 일종으로 기포작용은 하지 않으나 분산 및 습윤작용에 의해 시멘트 입자를 분산시켜 시멘트 풀의 유동성을 증가시킴으로써 콘크리트의 워커빌리티를 개선하여 단위수량을 감소시킬 목적으로 사용되는 혼화제이다.

해답 ①

06 굵은 골재 체가름 시험을 실시한 결과 다음과 같은 성과표를 얻었다. 굵은 골재 최대치수는?

체크기(mm)	40	30	25	20	15	10
통과질량백분율(%)	98	91	86	74	35	5

① 15mm ② 20mm
③ 25mm ④ 30mm

해설 굵은골재 최대치수는 통과 중량 백분율이 90% 이상이 되는 체 중에서 가장 최소치수의 체 눈금을 의미하므로 30mm이다.

해답 ④

07 콘크리트 배합시 물-결합재비에 대한 설명으로 틀린 것은?

① 물-결합재비는 소요의 강도 내구성 수밀성 및 균열저항성 등을 고려하여 정한다.
② 내구성을 고려한 콘크리트의 물-결합재비는 원칙적으로 45% 이하로 한다.
③ 콘크리트의 수밀성을 기준으로 물-결합재비를 정할 경우 그 값은 50% 이하로 하여야 한다.
④ 콘크리트 탄산화 저항성을 고려해야 하는 경우 물-결합재비는 55% 이하로 하여야 한다.

해설 내구성을 고려한 콘크리트의 물-결합재비는 원칙적으로 60% 이하로 한다.

해답 ②

08 콘크리트 압축강도의 기록이 없는 현장에서 호칭강도가 30MPa인 경우 배합강도는?

① 40MPa ② 38.5MPa
③ 37MPa ④ 35.5MPa

해설 ① 콘크리트 압축강도의 표준편차를 알지 못할 때, 또는 압축강도의 시험횟수가 14회 이하인 경우 콘크리트의 배합강도는 다음과 같이 정할 수 있다.

호칭강도 f_{cn}[MPa]	배합강도 f_{cr}[MPa]
21 미만	$f_{cn}+7$
21 이상 35 이하	$f_{cn}+8.5$
35 초과	$1.1f_{cn}+5.0$

② 배합강도 $f_{cr} = f_{cn}+8.5 = 30+8.5 = 38.5$MPa

해답 ②

09 콘크리트용 골재로서 요구되는 성질로 적합하지 않는 것은?

① 골재의 강도는 콘크리트 중의 경화시멘트 페이스트의 강도 이상일 것
② 잔골재는 유기불순물시험에 합격한 것
③ 골재의 입형은 편평하고 긴 모양을 가질 것
④ 잔골재의 염분허용한도는 0.04%(NaCl 환산량) 이하일 것

해설 골재가 갖추어야 할 성질
① 강도 및 내구성이 크고, 물리 화학적으로 안정할 것
② 깨끗하고 이물질 등이 혼합되지 않을 것
③ 알맞은 입도를 가질 것
④ 유기불순물, 반응성 물질 등은 허용한도 이내일 것
⑤ 마모(닳음)에 대한 저항성이 클 것
⑥ 필요한 무게를 가질 것
⑦ 모양이 둥글고 얇은 조각, 가늘고 긴 조각 등이 없을 것

해답 ③

10 고로슬래그시멘트에 대한 설명으로 틀린 것은?

① 고로슬래그시멘트를 사용한 콘크리트는 해수에 대한 저항성이 우수하다.
② 고로슬래그시멘트의 경우 수화열이 높기 때문에 급격한 온도 상승에 유의해야한다.
③ 고로슬래그시멘트의 조기강도 발현은 완만하지만 장기 강도는 증가한다.
④ 고로슬래그시멘트는 매스콘크리트, 해양구조물 등에 사용하는 것이 적합하다.

해설 고로 슬래그 시멘트는 수화열이 적어 내열성이 크고 수밀성이 크다.

해답 ②

11 시멘트풀의 응결에 대한 설명으로 틀린 것은?

① 온도가 높을수록 응결은 지연된다.
② 습도가 낮으면 응결은 빨라진다.
③ 물-시멘트비가 많을수록 응결은 지연된다.
④ 분말도가 크면 응결은 빨라진다.

해설 ① 응결이 빨라지는 경우
㉠ 분말도가 클수록　　㉡ 온도가 높을수록
㉢ 습도가 낮을수록

② 응결이 지연되는 경우
ⓐ 분말도가 적을수록
ⓑ 온도가 낮을수록
ⓒ 습도가 높을수록
ⓓ 석고 첨가량이 많을수록
ⓔ 물-결합재비가 클수록
ⓕ 시멘트가 풍화될수록

해답 ①

12 같은 슬럼프를 얻기 위해 필요한 콘크리트의 배합 조정에 관한 다음의 일반적인 설명 중 틀린 것은?

① 굵은골재의 최대크기를 크게 할 경우, 단위수량은 작게 한다.
② 굵은골재의 실적률이 적을 경우, 단위수량은 작게 한다.
③ 굵은골재를 쇄석에서 강자갈로 대체할 경우, 잔골재율은 작게 한다.
④ 잔골재의 조립률이 적을 경우, 잔골재율은 작게 한다.

해설 실적률이 작으면 워커빌리티가 저하되므로 동일 슬럼프를 얻기 위해서는 단위수량이 많아진다.

해답 ②

13 시멘트의 응결시험 장치로 짝지워진 것은?

① 오토클레이브 장치, 길이변화 몰드
② 길모어침 장치, 비카트침 장치
③ 흐름 시험기, 비중병
④ 비중용기, LA 마모시험기

해설 시멘트 응결시간 시험 장치로는 길모어침과 비카트침이 있다.

해답 ②

14 콘크리트 배합계산에 고려해야 하며 시멘트 질량의 5% 이상 사용하는 재료가 아닌 것은?

① 화산재
② 플라이애시
③ 규산질 미분말
④ 방수제

해설 ① 혼화재료의 분류
ⓐ 혼화재(Additive) : 사용량이 비교적 많아서(5% 이상) 그 자체의 부피가 콘크리트의 배합 계산에 영향을 미치는 재료
ⓑ 혼화제(Agent) : 사용량이 비교적 적어서(1% 내외) 그 자체의 부피가 콘크리트의 배합 계산에서 무시되는 재료
② 방수제는 혼화제의 일종이다.

해답 ④

15 KS F 2508 로스앤젤레스 시험기에 의한 굵은골재의 마모시험에서 사용시료의 등급이 A인 경우 사용 철구 수와 철구의 총 질량(g)이 맞는 것은?

① 12개, 5000±25(g)   ② 11개, 5000±25(g)
③ 12개, 4580±25(g)   ④ 11개, 4580±25(g)

해설

입도구분	구의 수	구의 전체 질량(g)	회전수 30~33/min
A	12	5000±25	500회
B	11	4580±25	
C	8	3330±25	
D	6	2500±25	
H	10	4160±25	
E	12	5000±25	1,000회
F	12	5000±25	
G	12	5000±25	

해답 ①

16 시멘트에 관한 일반적인 설명으로 틀린 것은?

① 시멘트의 풍화는 대기 중의 수분과 탄산가스와의 반응에 의해 일어난다.
② 비표면적이 큰 시멘트일수록 수화반응이 빨라진다.
③ C_3A 성분이 많은 포틀랜드시멘트일수록 화학저항성이 크다.
④ 조강성(早强性) 포틀랜드시멘트는 일반적으로 C_3S의 양이 많고 C_2S의 양이 적다.

해설 클링커 광물조성 주요 화합물
① C_3S(규산삼석회) : 알라이트(alite)
  수화열이 비교적 크고, 조기발열성을 나타내며 함유량이 비교적 많아 초기강도에 가장 영향을 많이 준다.
② C_2S(규산이석회) : 벨라이트(belite)
  수화열이 작아서 강도발현은 늦지만 장기강도발현성과 화학저항성이 우수하다.
③ C_3A(알민산삼석회) : 알루미네이트(aluminate)
  수화속도가 대단히 빠르고 발열량과 수축이 크며, 시멘트의 좋지 않은 성질이 C_3A에서 기인하는 경우가 많아 함유량이 가장 적다.
④ C_4AF(알민산철사석회) : 페라이트(ferrite)
  수화열이 적고, 수축도 적으며 화학저항성이 양호하나 강도 증진에는 큰 효과가 없다.

해답 ③

17 콘크리트 1m³을 제조하는데 물-시멘트비가 48.5%이고 단위수량이 178kg, 공기량이 4.5%일 때 이 콘크리트의 배합에서 골재 절대용적은 얼마인가? (단, 시멘트 밀도는 3.15g/cm³이다.)

① 0.66m³   ② 0.68m³
③ 0.70m³   ④ 0.72m³

해설
① 단위수량(W)
$W/C = 0.485$에서 $C = W/0.485 = 178/0.485 = 367kg$

② $V_a = 1 - \left(\dfrac{단위수량}{1000kg/m^3} + \dfrac{단위\ 시멘트량}{시멘트\ 비중 \times 1000} + \dfrac{공기량}{100} \right)$

$= 1 - \left(\dfrac{178kg}{1000kg/m^3} + \dfrac{367kg}{3.15 \times 1000kg/m^3} + \dfrac{4.5}{100} \right) = 0.660m^3$

해답 ①

18 철근의 인장시험에 의하여 구할 수 있는 기계적 특성값이 아닌 것은?

① 연신율   ② 단면수축률
③ 내력   ④ 취성파면율

해설 철근의 인장시험에서 구할 수 있는 기계적 특성으로는 파단 연신율, 단면수축률, 내력, 항복점, 인장강도 등이 있다.

해답 ④

19 배합수내의 불순물 영향을 올바르게 나타낸 것은?

① 염화나트륨 : 장기강도 촉진   ② 염화암모늄 : 응결지연
③ 황산칼슘 : 응결촉진   ④ 질산아연 : 초기강도 증가

해설 **배합수내 불순물 영향**
① 염화나트륨은 초기강도를 증가시킨다.
② 염화암모늄은 응결을 촉진시킨다.
③ 황산칼슘은 응결을 촉진시킨다.
④ 질산아연은 장기강도를 증가시킨다.

해답 ③

20 시멘트의 강도시험 방법(KS L ISO 679)에 의해 모르타르를 제작할 때 시멘트 450g을 사용할 경우 필요한 표준사의 양으로 옳은 것은?

① 1050g
② 1220g
③ 1350g
④ 1530g

해설 KS L ISO 679를 인용하면 '질량에 대한 비율로 시멘트와 표준사를 1 : 3의 비율로 하며, 혼합수의 양은 1/2 분량(물/시멘트 비 = 0.5)'이므로
시멘트 : 표준사 = 1 : 3 = 450 : 표준사
표준사 = 3 × 450 = 1,350g

해답 ③

제2과목 콘크리트 제조, 시험 및 품질관리

21 콘크리트 탄산화에 대한 대책으로 틀린 것은?

① 콘크리트의 다지기를 충분히 하여 결함을 발생시키지 않도록 한 후 습윤양생을 한다.
② 양질의 골재를 사용하고 물-시멘트비를 크게 한다.
③ 철근 피복두께를 확보한다.
④ 탄산화 억제효과가 큰 투기성이 낮은 마감재를 사용한다.

해설 **탄산화(중성화) 방지대책**
① 충분한 다짐
② 콘크리트의 피복두께를 크게 한다.
③ 물-결합재비를 가능한 낮게 한다.
④ 충분한 초기 양생을 한다.
⑤ 콘크리트를 부배합으로 한다.

해답 ②

22 콘크리트의 알칼리 골재반응을 유발시키는 요인으로 거리가 먼 것은?

① 골재 중에 유해한 반응광물이 있을 경우
② 시멘트 및 그밖의 재료에서 공급되는 알칼리량이 일정량 이상 있을 경우
③ 구조적 구속이 크고, 비교적 온도가 낮을 경우
④ 반응을 촉진하는 수분이 있을 경우

해설 알칼리 골재반응은 실리카질의 반응성 골재가 시멘트 속의(콘크리트 중의) 알칼리 성분과 반응하여 이상 팽창을 발생시켜 균열을 일으키는 것으로 주요 원인은 다음과 같다.
① 알칼리 반응 골재를 사용할 경우
② 콘크리트 속의 알칼리량이 증대되는 경우
  ㉠ 단위 시멘트량이 증대되는 경우
  ㉡ 해사를 사용하는 경우
③ 콘크리트 속의 수분 공급이 용이한 경우
④ 콘크리트의 다짐이 불량한 경우

해답 ③

23
현장 품질관리에 있어 관리도를 사용하려할 때 가장 먼저 행해야 할 것은?
① 관리할 항목을 선정한다.
② 관리도의 종류를 선정한다.
③ 이상원인을 발견하면 이를 규명하고 조치한다.
④ 관리하고자 하는 제품을 선정한다.

해설 품질관리 순서 : 가장 먼저 관리하고자 하는 제품을 선정한다.
① 품질관리 항목(특성) 결정 ② 품질표준 설정
③ 작업표준 설정   ④ 작업 실시
⑤ 히스토그램(막대 그래프) 작성 ⑥ 관리한계 설정
⑦ 관리도 작성   ⑧ 관리한계 재설정

해답 ④

24
콘크리트의 받아들이기 품질검사 항목이 아닌 것은?
① 염소이온량   ② 슬럼프
③ 공기량   ④ 타설검사

해설 콘크리트의 받아들이기 품질관리는 콘크리트를 타설하기 전에 실시하여야 한다.

항목	시험·검사방법	시기 및 횟수
굳지 않은 콘크리트의 상태	외관 관찰	• 콘크리트 타설 개시 • 타설 중 수시
슬럼프	KS의 방법	압축강도 시험용 공시체 채취 시 타설 중에 품질변화가 인정될 때
공기량	KS의 방법	
온도	온도측정	
단위질량	KS의 방법	
염화물 함유량	KS F 4009 부속서 1의 방법	바닷모래를 사용할 경우 2회/일

해답 ④

25. 콘크리트의 제조공정에 있어서의 검사에 관한 설명으로 틀린 것은?

① 시방배합은 공사 중 적절히 실시하는 것이 원칙이다.
② 잔골재의 조립률은 1일 1회 이상 실시한다.
③ 잔골재의 표면수율은 1일 2회 이상 실시한다.
④ 굵은 골재의 표면수율은 1일 2회 이상 실시한다.

해설 제조공정 검사

종류	항목	시기 및 횟수
배합	시방배합	• 공사 중 적절히 실시
	잔골재 조립률	• 1회/일 이상
	잔골재 표면수율	• 2회/일 이상
	굵은골재 조립률	• 1회/일 이상
	굵은골재 표면수율	
계량	계량설비의 계량 정밀도	• 공사시작 전 • 공사 중 1회/6개월 이상
비비기	재료 투입 순서	공사 중 적절히 실시
	비비기 시간	
	비비기량	

해답 ④

26. 굳지 않은 콘크리트 중의 전 염소이온량은 원칙적으로 얼마 이하로 규정하고 있는가?

① 0.3kg/m^3
② 0.5kg/m^3
③ 0.7kg/m^3
④ 0.9kg/m^3

해설 콘크리트 중의 염화물 함유량 한도

① 굳지 않은 콘크리트 중의 전 염화물 이온량은 원칙적으로 0.30kg/m^3 이하로 한다.
② 상수도 물을 혼합수로 사용할 때 여기에 함유되어 있는 염화물 이온량이 불분명한 경우에는 혼합수로부터 콘크리트 중에 공급되는 염화물 이온량을 0.04kg/m^3로 가정할 수 있다. 다만, 시험에 의한 경우 그 값을 사용한다.
③ 외부로부터 염소이온의 침입이 우려되지 않는 철근 콘크리트나 포스트텐션 방식의 프리스트레스트 콘크리트 및 최소 철근비 미만의 철근을 갖는 무근 콘크리트 등의 구조물을 시공할 때, 염소이온량이 적은 재료의 입수가 매우 곤란한 경우에는 방청에 유효한 조치를 취한 후 책임 기술자의 승인을 얻어 콘크리트 중의 전 염소이온량의 허용 상한값을 0.60kg/m^3로 할 수 있다.

해답 ①

27 굳지 않은 콘크리트의 블리딩에 대한 설명으로 틀린 것은?

① 분말도가 미세한 시멘트를 사용하면 블리딩은 적게 된다.
② 일반적으로 골재가 클수록 표면적이 크게 되기 때문에 블리딩은 감소한다.
③ 부순골재 콘크리트는 보통콘크리트에 비해 블리딩이 크다.
④ AE제를 사용하면 블리딩을 작게 할 수 있다.

해설 잔골재율이 크면 블리딩이 감소하고 잔골재의 조립률이 클수록 블리딩이 커진다. 해답 ②

28 압축강도 시험의 일반적인 사항 중 적합하지 않은 것은?

① 공시체는 지름의 2배의 높이를 가진 원기둥형으로 한다.
② 재하속도는 0.06±0.04MPa 범위 내에서 한다.
③ 공시체의 지름의 표준은 100mm, 125m, 150mm이다.
④ 시멘트 캐핑을 할 경우에는 물-시멘트비가 27~30%인 시멘트 페이스트가 적당하다.

해설 압축강도 실험시 가력속도는 콘크리트의 압축강도에 크게 영향을 미치는데, 초당 1cm²의 면적에 가해지는 힘이 커질수록(하중 재하속도가 빠를수록) 압축강도는 증가하며, 반대로 가력을 천천히 하는 경우에는 공시체의 강도가 낮아진다. 재하속도는 매초 0.6±0.4MPa의 범위 내에서 한다. 해답 ②

29 레디믹스트 콘크리트 공장에서 회수수를 배합수로서 사용할 경우에 대한 설명으로 틀린 것은?

① 슬러지수를 사용하였을 경우 단위 슬러지 고형분율이 3%를 초과하면 안 된다.
② 회수수의 염소 이온량은 250mg/L 이하로 관리한다.
③ 회수수를 사용한 경우 모르타르의 압축강도비는 재령 7일 및 28일에서 80% 이상이어야 한다.
④ 레디믹스트 콘크리트를 배합할 때 슬러지수 중에 포함된 슬러지 고형분은 물의 질량에는 포함되지 않는다.

해설 상수도 이외의 물(하천수, 지하수 등)의 품질은 부속서의 기준에 적합해야 하며, 상수도 기준을 충족시키는 경우 상수도에 준한다.

항 목	품 질
현탁물질의 양	2g/L 이하
용해성 증발 잔류물의 양	1g/L 이하
염소이온량	250ppm 이하
시멘트 응결시간의 차	초결은 30분 이내, 종결은 60분 이내
모르타르의 압축강도비	재령 7일 및 재령 28일에서 90% 이상

해답 ③

30 굳은 콘크리트의 역학적 성질에 관한 설명으로 가장 거리가 먼 것은?

① 굳은 콘크리트에 재하하면서 응력-변형률 곡선을 그리면 거의 선형으로 나타난다.
② 탄성계수는 일반적으로 압축강도가 클수록 크게 된다.
③ 압축강도용 공시체 표면에 요철이 있는 경우 실제 강도보다 강도가 저하한다.
④ 압축강도와 인장강도는 어느 정도 비례한다.

해설 ① 응력이 생기기 전에도 미세균열이 콘크리트 내에 존재하며 하중 작용시 응력-변형률 곡선은 실제로 선형이 아니다.
② 콘크리트의 탄성계수는 압축강도에 따라 값을 달리하는데 그 이유는 콘크리트를 구성하고 있는 골재와 시멘트 페이스트의 탄성계수에 의해서 좌우되기 때문이다. 일반적으로 탄성계수는 압축강도가 클수록 크게 된다.

구분 조건	E_c[kg/cm^2]	$m_c = 2,300$[kg/m^3]일 경우
$m_c = 1.45 \sim 2.5 \text{t/m}^3$	$E_c = 0.077\, m_c^{1.5} \sqrt[3]{f_{cu}}$	$E_c = 8,500 \sqrt[3]{f_{cu}}$ [MPa]
$E_c = 0.85 E_{ci}$		$E_{ci} = 1.18 E_c$

여기서, f_{cu} : 콘크리트의 압축강도($f_{cu} = f_{ck} + \Delta f$ MPa)
m_c : 콘크리트의 단위중량
E_c : 콘크리트의 할선탄성계수(MPa)
E_{ci} : 콘크리트의 초기 접선탄성계수(MPa)
Δf : f_{ck}가 40MPa이면 4MPa, 60MPa 이상이면 6MPa 그 사이는 직선보간으로 구한다.

③ 가압판이 맞닿은 공시체면이 평탄하지 않거나 요철이 있는 경우에는 응력집중현상이 생겨 실제 압축강도보다 낮은 강도에서 파괴되기 때문에 마무리한 면의 평면도를 0.05mm 이내가 되도록 규정하고 있다.
④ 콘크리트의 인장강도는 압축강도의 1/10 정도로 비교적 비례한다.

해답 ①

31 모집단에 대한 품질특성을 알기 위하여 모집단의 분포상태, 분포의 중심위치, 분포의 산포 등을 쉽게 파악할 수 있도록 막대그래프 형식으로 작성한 도수분포도를 무엇이라고 하는가?

① 산포도
② 히스토그램
③ 층별
④ 파레토도

해설 ① TQC의 7도구
㉠ 히스토그램 : 데이터가 어떤 분포(모집단의 분포상태, 분포의 중심위치, 분포의 산포 등)를 하고 있는가를 알아보기 위해 작성하는 그림을 말한다.
㉡ 파레토도 : 불량 등의 발생건수를 분류 항목별로 나누어 한눈에 알 수 있도록 작성한 그림을 말한다.
㉢ 특성요인도 : 결과에 원인이 어떻게 관계하고 있는가를 한눈에 알 수 있도록 작성한 그림을 말한다.
㉣ 체크시트 : 계수치의 데이터가 분류 항목의 어디에 집중되어 있는가를 알아보기 쉽게 나타낸 그림이나 표를 말한다.
㉤ 각종 그래프 : 한눈에 파악되도록 한 각종 그래프를 말한다.
㉥ 산점도 : 대응되는 두 개의 짝으로 된 데이터를 그래프용지 위에 점으로 나타낸 그림을 말한다.
㉦ 층별 : 집단을 구성하고 있는 데이터를 특징에 따라 몇 개의 부분집단으로 나누는 것을 말한다.
② 산포도(statistical dispersion)는 자료의 수치가 얼마나 떨어져있는지를 나타내는 값으로 분산, 표준편차, 평균편차등이 있다. 산포도는 분산도라고도 하며, 변량이 분포된 중심값에서 멀리 흩어져 있을수록 산포도는 높다.

해답 ②

32 콘크리트 내의 철근부식 유무를 평가하기 위하여 실시하는 비파괴시험이 아닌 것은?

① 질산은적정법
② 분극저항법
③ 전기저항법
④ 자연전위법

해설 ① 철근 부식 조사 방법
㉠ 전기화학적 방법 : 자연전위법, 표면전위차법, 전기저항법, 분극저항법, 교류 임피던스, 와류탐사법
㉡ 물리적 방법 : 육안관찰, 해머 타음법(초음파법, 적외선법), X선 투과시험법
② 질산은 적정법은 염소이온과 질산은이 정량적으로 반응한 다음 과잉의 질산은이 크롬산과 반응하여 크롬산은의 침전으로 나타나는 점을 적정의 종말점으로 하여 염소이온의 농도를 측정하는 방법이며, 정량범위는 0.7mg/L 이상이다.

해답 ①

33
콘크리트의 휨 강도 시험용 공시체에 대한 설명으로 틀린 것은?

① 공시체는 단면이 정사각형인 각주로 한다.
② 공시체 한 변의 길이는 굵은 골재의 최대 치수의 4배 이상이며 100mm 이상으로 한다.
③ 공시체의 표준 단면 치수는 100mm×100mm 또는 150mm×150mm 이다.
④ 공시체의 길이는 단면의 한 변의 길이의 4배보다 30mm 이상 긴 것으로 한다.

해설 휨강도 시험시 공시체 길이는 단변 길이의 3배보다 8cm 더 커야 한다.

해답 ④

34
레디믹스트콘크리트(KS F 4009)의 품질규정 중 콘크리트의 종류에 따른 공기량에 대한 설명으로 옳은 것은?

① 보통 콘크리트의 경우 공기량은 4.5%이고, 공기량의 허용 오차는 ±1.5%이다.
② 경량 콘크리트의 경우 공기량은 6.5%이고, 공기량의 허용 오차는 ±2.0%이다.
③ 포장 콘크리트의 경우 공기량은 3.5%이고, 공기량의 허용 오차는 ±1.5%이다.
④ 고강도 콘크리트의 경우 공기량은 5.5%이고, 공기량의 허용 오차는 ±2.0%이다.

해설 레디믹스트 콘크리트 공기량 품질규정
㉠ 보통 콘크리트 : 4.5%   ㉡ 경량골재 콘크리트 : 5.5%
㉢ 포장 콘크리트 : 4.5%   ㉣ 고강도 콘크리트 : 3.5%
㉤ 허용오차 : ±1.5%

해답 ①

35
100×200mm인 원주형 공시체를 사용한 쪼갬인장강도시험에서 파괴하중이 120kN이면 콘크리트의 쪼갬인장강도는?

① 1.91MPa
② 2.32MPa
③ 3.82MPa
④ 4.64MPa

해설 $f_t = \dfrac{2P}{\pi dl} = \dfrac{2 \times 120,000}{\pi \times 100 \times 200} = 3.82\text{MPa}$

해답 ③

36 굳지않은 콘크리트의 성질에 관한 설명 중 틀린 것은?

① 워커빌리티(Workability)는 작업의 난이도 및 재료분리에 저항하는 정도를 나타내며, 골재의 입도와 밀접한 관계가 있다.
② 피니셔빌리티(Finishability)란 굵은골재의 최대치수, 잔골재율, 골재입도, 반죽질기 등에 의한 마감성의 난이를 표시하는 성질이다.
③ 단위수량이 많을수록 반죽질기는 커지고, 작업성은 용이해지나 재료분리를 일으키기가 쉽다.
④ 콘크리트의 온도가 높을수록 반죽질기도 커지며, 공기량에 비례하여 슬럼프 값이 커진다.

해설 온도가 높을수록 슬럼프는 작아지며, 콘크리트의 온도가 낮을수록 공기량이 증가한다.

해답 ④

37 콘크리트용 재료의 계량에 관한 설명으로 틀린 것은?

① 계량은 현장배합에 의해 실시하는 것으로 한다.
② 각 재료는 1 배치씩 용적으로 계량하는 것이 원칙이다.
③ 1 배치량은 콘크리트의 종류, 비비기 설비의 성능, 운반방법, 공사의 종류, 콘크리트의 타설량 등을 고려하여 정하여야 한다.
④ 골재의 경우 1회 계량분에 대한 계량오차의 허용한계는 ±3%이다.

해설 ① 계량은 현장배합에 의해 실시하는 것으로 한다.
② 각 재료는 1배치씩 질량으로 계량하여야 한다. 다만, 물과 혼화제 용액은 용적으로 계량해도 좋다.

해답 ②

38 블리딩 시험용기의 안지름이 25cm이고, 안높이는 28.5cm이다. 이 용기에 30kg의 콘크리트를 채우고 측정한 블리딩에 따른 물의 총 용적은 200cm³이었다면 블리딩량은 얼마인가?

① 0.27cm³/cm²
② 0.32cm³/cm²
③ 0.41cm³/cm²
④ 0.53cm³/cm²

해설 단위표면적당 블리딩량

$$블리딩량(cm^3/cm^2) = \frac{V}{A} = \frac{200}{\frac{\pi \times 25^2}{4}} = 0.41 cm^3/cm^2$$

여기서, V : 측정시간 동안 생긴 블리딩 물의 양(cm³)
A : 콘크리트 윗면의 면적(cm²)

해답 ③

39. 콘크리트 비비기 시간에 대한 설명으로 틀린 것은?

① 비비기 시간은 시험에 의해 정하는 것을 원칙으로 한다.
② 비비기 시간에 대한 시험을 실시하지 않은 경우 그 최소 시간은 가경식 믹서일 경우 1분 30초 이상을 표준으로 한다.
③ 비비기 시간에 대한 시험을 실시하지 않은 경우 그 최소 시간은 강제식 믹서일 경우 2분 이상을 표준으로 한다.
④ 비비기는 미리 정해둔 비비기 시간의 3배 이상 계속하지 않아야 한다.

해설 시험을 하지 않는 경우의 최소 비비기 시간
① 가경식 믹서 : 1분 30초 이상
② 강제식 믹서 : 1분 이상

해답 ③

40. 슬럼프 시험의 방법에 대한 설명으로 옳은 것은?

① 슬럼프 콘을 기름 걸레로 닦은 후 평평하고 습한 비흡수성의 평판위에 놓는다.
② 빠른 시간 안에 슬럼프 콘에 시료를 한 번에 가득 채운 뒤 다짐을 한다.
③ 다짐은 재료분리를 감안하여 10회 안에 끝낸다.
④ 슬럼프값은 공시체가 충분히 주저앉은 다음 측정한다.

해설 시험방법 및 순서
① 콘크리트 시료를 슬럼프 콘 용적의 약 1/3씩 되도록 3층으로 나누어 채운다. 이 때 슬럼프 콘 용적의 처음 1/3은 바닥에서 7cm, 다음 1/3은 바닥에서 16cm까지 채운다.
② 각 층을 다짐대로 25회씩 단면 전체에 골고루 다진다. 이때 다짐대가 콘크리트 속으로 들어가는 깊이는 약 9cm로 한다.
  ㉠ 최하층은 전 깊이를 다진다.
  ㉡ 둘째층과 최상층은 그 아래를 약간 관입할 정도로 다진다.
③ 최상층을 다 다졌으면 슬럼프 콘을 콘크리트로부터 조심하여 수직방향으로 벗긴다.
  ㉠ 슬럼프 콘을 벗기는 작업은 2~3초 정도로 끝낸다.
  ㉡ 몰드에 채우기 시작해서 벗길 때까지 전 작업을 중단 없이 3분 내로 끝낸다.
④ 공시체가 충분히 주저앉은 다음 슬럼프 콘의 높이와 공시체 밑면의 원 중심에서의 공시체 높이와의 차를 측정하여 슬럼프 값으로 한다.

해답 ④

제3과목 콘크리트의 시공

41 콘크리트의 고강도화 방법에 대한 설명으로 틀린 것은?
① 시멘트풀의 강도개선
② 양질의 골재이용
③ 골재와 시멘트풀의 부착성 개선
④ 단위수량의 증가

해설 단위수량이 감소되어야 콘크리트 강도 증진 효과가 있다.

해답 ④

42 온도제어양생에 대한 설명으로 틀린 것은?
① 양생온도가 낮을 경우에는 양생기간을 길게 한다.
② 주로 한중 서중 및 매스콘크리트가 대상이다.
③ 플라이애시 시멘트나 고로슬래그 시멘트 등을 사용할 때는 보통 포틀랜드 시멘트 사용시보다 양생기간을 짧게 한다.
④ 콘크리트를 친 후 일정 기간 콘크리트의 온도를 제어하는 양생을 온도제어양생이라고 한다.

해설 고로 슬래그 시멘트나 플라이애시 시멘트를 사용할 경우에는 천천히 경화되기 때문에 보통 포틀랜드 시멘트 사용 시보다 양생기간을 길게 해야 한다.

해답 ③

43 터널 등의 숏크리트에 첨가하여 뿜어 붙이는 콘크리트의 응결 및 조기의 강도를 증진시키기 위해 사용되는 혼화제는?
① 감수제
② 급결제
③ 지연제
④ AE제

해설 급결제
① 응결시간을 매우 빨리 하여 순간적인 응결과 경화가 요구되는 숏크리트 공법 및 그라우트에 의한 지수공법 등에 사용된다.
② 숏크리트의 조기강도 발현 효과가 좋고 장기강도의 감소를 최소화할 수 있으며, 인체에 유해한 영향이 없는 급결제를 사용해야 한다.

해답 ②

44
다음 중 공장에서 콘크리트 제품의 양생 시에 주로 이용하는 촉진양생방법에 해당되지 않는 것은?

① 증기양생
② 습윤양생
③ 전기양생
④ 오토클레이브(autoclave) 양생

해설 공장제품 양생방법 종류
① 증기양생(Steam Curing)
② 오토클레이브 양생(Autoclave Curing)
③ 가압양생
④ 촉진양생(Accelerate Curing)
⑤ 전기양생
⑥ 적외선 양생

해답 ②

45
한중 및 서중콘크리트에 관한 설명으로 틀린 것은?

① 콘크리트의 배합온도가 높을수록 응결시간이 짧아져 수화반응이 촉진되기 때문에 장기강도가 증가하게 된다.
② 일반적으로 배합온도가 높으면 공기연행이 어렵기 때문에 AE제 사용량이 증가하게 된다.
③ 콘크리트의 배합온도가 높으면 동일한 슬럼프를 얻기 위한 단위수량이 증가하게 된다.
④ 서중콘크리트는 한중콘크리트에 비하여 콜드조인트(cold joint)가 발생하기 쉽다.

해설 콘크리트의 배합온도가 높을수록 응결시간이 짧아져 수화반응이 촉진되므로 조기강도가 증가하게 된다.

해답 ①

46
숏크리트 작업에서 발생하는 분진대책은 분진발생원 억제 대책과 발생된 분진대책으로 구분할 수 있다. 이중 분진발생원의 억제대책으로 옳은 것은?

① 환기에 의한 배출·희석
② 잔골재의 표면수율의 관리
③ 집진장치의 설치
④ 양호한 작업환경의 확보

해설 ① 분진 발생원 억제대책
㉠ 잔골재의 표면수율 관리 : 가장 대표적인 분진 발생원 억제대책이다.
㉡ 단위 시멘트량을 크게 하는 것이 좋다.

ⓒ 단위수량을 크게한다.(물시멘트비는 40~60%)
ⓓ 잔골재율을 크게 한다.(55~75%)
ⓔ 굵은골재 최대치수를 작게 한다.(10~15mm)
ⓕ 노즐을 뿜어붙일면에 직각이 되도록 유지한다.
ⓖ 건식 보다는 습식법을 사용한다.
ⓗ 숙련된 노즐맨이 작업한다.
ⓘ 뿜는 압력을 일정하게 유지한다.
② **발생된 분진대책**
   ㉠ 환기에 의한 배출·희석
   ㉡ 집진장치 설치
   ㉢ 양호한 작업환경 확보

해답 ②

47

연직시공 이음부의 거푸집 제거시기는 콘크리트 타설 후 어느 정도 경과한 시점에서 실시하는 것이 좋은가?

① 하절기 4~6시간 동절기 10~15시간
② 하절기 7~9시간 동절기 8~10시간
③ 하절기 2~3시간 동절기 7~10시간
④ 하절기 1~2시간 동절기 6~8시간

해설 시공이음면의 거푸집 철거는 콘크리트가 굳은 후 되도록 빠른 시기에 한다. 다만, 거푸집 제거시기를 너무 빨리하면 콘크리트에 유해한 영향을 주기 때문에 주의하여야 한다. 일반적으로 연직시공이음부의 거푸집 제거 시기는 콘크리트를 타설하고 난 후 여름에는 4~6시간 정도, 겨울에는 10~15시간 정도로 한다.

해답 ①

48

고강도 콘크리트에 대한 설명으로 틀린 것은?

① 보통(중량) 콘크리트에서 설계기준압축강도가 40MPa 이상인 경우의 콘크리트를 고강도 콘크리트라고 한다.
② 경량골재 콘크리트에서 설계기준압축강도가 24MPa 이상인 경우의 콘크리트를 고강도 콘크리트라고 한다.
③ 고강도 콘크리트에 사용되는 굵은 골재의 최대 치수는 40mm 이하로서 가능한 25mm 이하로 한다.
④ 기상의 변화가 심하거나 동결융해에 대한 대책이 필요한 경우를 제외하고는 공기연행제를 사용하지 않는 것을 원칙으로 한다.

해설 고강도 콘크리트란 설계기준강도가 일반 콘크리트에서 40MPa 이상, 경량골재 콘크리트에서 27MPa 이상인 경우의 콘크리트를 말한다.

해답 ②

49 숏크리트 작업의 일반적인 사항으로 틀린 것은?

① 숏크리트는 빠르게 운반하고 혼화제를 첨가한 후에는 바로 뿜어붙이기 작업을 실시하여야 한다.
② 노즐은 뿜어붙일 면에 직각을 유지하며, 적절한 뿜어 붙이는 거리와 뿜는 압력을 유지하여야 한다.
③ 뿜어붙인 콘크리트가 적당한 두께로 되도록 한 번에 뿜어 붙여야 한다.
④ 리바운드 된 재료가 다시 혼입되지 않도록 하여야 한다.

해설 숏크리트는 뿜어붙인 콘크리트가 흘러내리지 않는 범위의 적당한 두께를 뿜어붙이고 소정의 두께가 될 때까지 반복해서 뿜어붙여야 한다.

해답 ③

50 특정한 입도를 가진 굵은 골재를 거푸집에 채워 넣고, 그 공극속에 특수한 모르터를 적당한 압력으로 주입하여 만든 콘크리트는?

① 프리플레이스트 콘크리트
② 프리캐스트 콘크리트
③ 프리스트레스트 콘크리트
④ 콘크리트 AE

해설 프리플레이스트 콘크리트란 특정한 입도를 가진 굵은골재를 미리 거푸집에 채워 넣고, 그 간극에 특수한 모르타르를 적당한 압력으로 주입하여 만든 콘크리트를 말한다.

해답 ①

51 다음 중 대규모 혹은 중요한 구조물의 수중콘크리트 타설시 가장 적당한 기계·기구는?

① 밑열림 상자
② 밑열림 포대
③ 트레미
④ 벨트컨베이어

해설 수중 콘크리트 시공시 시멘트가 물에 씻겨서 흘러나오지 않도록 트레미나 콘크리트 펌프를 사용해서 타설해야 한다. 그러나 부득이한 경우 및 소규모 공사의 경우 밑열림 상자나 밑열림 포대를 사용할 수 있다.

해답 ③

52 바닥틀의 시공이음의 위치로 적당한 것은?

① 슬래브나 보의 지점 부분
② 슬래브나 보의 경간 중앙부 부근
③ 슬래브나 보의 경간 1/4 지점
④ 슬래브나 보의 경간 3/4 지점

해설 바닥틀의 시공이음은 슬래브 또는 보의 경간 중앙부 부근에 두어야 한다.

해답 ②

53
유동화콘크리트 제조시 유동화제를 첨가하기 전의 기본배합의 콘크리트를 나타낸 용어로 적합한 것은?

① 유동화콘크리트
② 고성능콘크리트
③ 베이스콘크리트
④ 고유동콘크리트

해설 ① 베이스 콘크리트(Base Concrete)
  ㉠ 유동화 콘크리트 제조시 유동화제를 첨가하기 전의 기본 배합 콘크리트로서 믹서로 일단 비비기를 완료한 콘크리트를 말한다.
  ㉡ 숏크리트의 습식 방식에서 사용하는 급결제를 첨가하기 전의 콘크리트를 말한다.
② 유동화 콘크리트(Plasticized Concrete)
  미리 비빈 콘크리트(베이스 콘크리트)에 유동화제를 첨가한 후 이를 적당한 교반장치로 혼합하여 유동성을 증대시킨 콘크리트를 말하는 것으로 유동화 콘크리트의 품질은 베이스 콘크리트의 품질에 따라 좌우된다.

해답 ③

54
수밀콘크리트의 배합 및 시공에 관한 다음의 일반적인 설명 중 틀린 것은?

① 일반 콘크리트보다 잔골재율 및 단위굵은 골재량을 되도록 작게 한다.
② 팽창재를 사용하여 수축균열을 방지한다.
③ 콘크리트의 워커빌리티를 개선시키기 위해 공기연행제를 사용하는 경우라도 공기량은 4% 이하가 되도록 한다.
④ 수직 이어치기 면은 누수의 원인으로 되기 쉽기 때문에 지수판을 사용한다.

해설 수밀 콘크리트 재료 배합 요령(콘크리트의 소요 품질이 얻어지는 범위 내에서)
① 단위수량은 되도록 적게 한다.
② 물-결합재비는 되도록 적게 한다.
③ 단위 굵은골재량은 되도록 크게 한다.

해답 ①

55
공사를 시작하기 전에 콘크리트의 운반에 대해 미리 충분한 계획을 수립하여야 하는데, 다음 중 계획수립의 검토사항으로 거리가 먼 것은?

① 콘크리트 타설 순서
② 기상조건
③ 시공이음의 위치
④ 콘크리트의 강도

해설 콘크리트 운반 일반
① 공사를 시작하기 전에 콘크리트의 운반에 대해 미리 충분한 계획을 세워 놓아야 한다.

② 구체적인 계획 수립 내용(검토사항)
 ㉠ 1일 콘크리트량
 ㉡ 운반방법, 타설방법 결정
 ㉢ 인원 배치 등
 ㉣ 타설 구획
 ㉤ 시공이음 위치
 ㉥ 시공이음 처치 방법
 ㉦ 콘크리트 타설 순서(처짐이 큰 곳부터 타설) 및 기상 조건

해답 ④

56
공장 제품에 사용하는 콘크리트의 강도는 재령 몇 일에서의 압축강도 시험값으로 나타내는 것을 원칙으로 하는가? (단, 일반적인 공장 제품의 경우)

① 7일 ② 14일
③ 28일 ④ 91일

해설 공장 제품에 사용하는 콘크리트의 강도 시험은 KS F 2405에 따라 실시하며 다음 중 어느 하나의 방법에 의해 구한 압축강도로 나타내는 것을 원칙으로 한다.
① 일반적인 공장 제품은 재령 14일에서의 압축강도 시험값
② 오토클레이브 양생 등의 특수한 촉진 양생을 하는 공장 제품은 14일 이전의 적절한 재령에서 압축강도 시험값
③ 촉진양생을 하지 않은 공장 제품이나 비교적 부재 두께가 큰 공장 제품은 재령 28일에서 압축강도 시험값

해답 ②

57
일반콘크리트의 시공이음부를 철근으로 보강한 경우에 이형철근의 정착 길이는 철근직경의 몇 배로 하는가?

① 5배 이상 ② 10배 이상
③ 15배 이상 ④ 20배 이상

해설 부득이 전단이 큰 위치에 시공이음을 설치할 경우
① 시공이음에 장부(요철) 또는 홈을 둔다.
② 적절한 강재를 배치하여 보강하여야 한다.
③ 철근 정착길이는 콘크리트와 철근의 부착강도가 충분히 확보되도록 철근 지름의 20배 이상(20d 이상)으로 하고, 원형철근의 경우에는 갈고리를 붙여야 한다.

해답 ④

58
한중콘크리트 시공 시 비빈 직후 콘크리트의 온도 및 주위 기온 등이 아래의 표와 같을 때, 타설이 완료된 후 콘크리트의 온도는?

- 비볐을 때의 콘크리트의 온도 : 27℃
- 비빈 후부터 타설이 끝났을 때까지의 시간 : 1시간 30분
- 주위의 기온 : 5℃
- 운반 타설 중의 열손실은 시간당 콘크리트 온도와 주위의 온도와의 차의 15%로 가정한다.

① 20.05℃
② 21.05℃
③ 22.05℃
④ 23.05℃

해설 타설 종료 후 콘크리트 온도
$$T_2 = T_1 - 0.15(T_1 - T_0)t = 27 - 0.15 \times (27 - 5) \times 1.5 = 22.05℃$$
여기서, T_2 : 타설 종료 후 콘크리트 온도(℃)
T_1 : 믹싱시의 콘크리트 온도(℃)
T_0 : 주위 기온(℃)
t : 비빈 후부터 타설 종료 때까지 시간(hr)

해답 ③

59
출제기준에 의거하여 이 문제는 삭제됨

60
출제기준에 의거하여 이 문제는 삭제됨

제4과목 콘크리트 구조 및 유지관리

61
다음 중 인장 이형철근의 정착길이에 영향을 주지 않는 것은?

① 콘크리트의 설계기준압축강도
② 철근의 설계기준항복강도
③ 부재의 단면적
④ 피복두께

해설 ① 인장 이형철근 및 이형철선의 정착길이 ; l_d
$$l_d = l_{db} \times \sum 보정계수 = \frac{0.6 \, d_b f_y}{\sqrt{f_{ck}}} \times \sum 보정계수 \geq 300mm$$
② 보정계수는 피복두께에 영향을 받는다.

해답 ③

62

전기방식 공법에서 외부 전원을 필요로 하지 않는 공법은 어느 것인가?

① 티탄 메시방식
② 유전 양극방식
③ 내부 양극방식
④ 도전성 도료방식

해설 유전 양극방식은 전극으로는 주로 아연이 사용되며 아연판과 콘크리트면에 보수성의 뒤채움재를 채워 넣어 계면의 틈을 없애서 접촉저항을 낮추고 아연의 양분극도 낮추는 방식으로 외부 전원을 필요로 하지 않는다.

해답 ②

63

반발경도법에 의한 콘크리트 압축강도 추정에서 주로 슈미트 해머를 많이 사용한다. 이 해머 사용 전에 검교정을 위해 사용하는 기구의 명칭은?

① 캘리브레이션 바(calibration bar)
② 스트레인 게이지(strain gauge)
③ 테스트 앤빌(test anvil)
④ 변위계(displacement transducer)

해설 테스트 앤빌(Test Anvil)
① 슈미트 해머 사용 전에 검교정을 위해 사용하는 기구이다.
② 테스트 해머의 반발경도(R)는 80으로 기준하여 될 수 있는 한 80±1의 범위로 한다.

해답 ③

64

보강공법 중 연속섬유 시트접착공법의 특징에 대한 설명으로 틀린 것은?

① 섬유시트는 현장성형이 용이하기 때문에 작업공간이 한정된 장소에서는 작업이 편리하다.
② 섬유시트의 박리 또는 부분박리가 발생하는 경우에도 보강효과의 손실이 발생하지 않는다.
③ 내식성이 우수하고, 염해지역의 콘크리트구조물 보강에도 적용할 수 있다.
④ 일정한 격자모양으로 부착함으로써 발생된 균열의 진전상태 관찰이 가능하다.

해설 연속섬유 시트접착공법은 섬유시트의 박리 또는 부분 박리가 발생하는 경우에는 보강효과가 손실되므로 손상이 현저할 경우 보강효과에 관해서는 별도 검사가 필요하다.

해답 ②

65

현행 콘크리트구조기준에서 고정하중(D)과 활하중(L)이 작용하는 경우의 기본적인 하중조합으로 옳은 것은?

① $U = 1.5D + 1.5L$
② $U = 1.4D + 1.7L$
③ $U = 1.3D + 1.8L$
④ $U = 1.2D + 1.6L$

해설 하중증가계수(U)
$U = 1.2D + 1.6L$ 와 $U = 1.4D$ 둘 중 큰 값
여기서, D : 고정하중, L : 활하중

해답 ④

66

아래 그림과 같은 단면의 단철근 직사각형 보에서 이단면의 공칭 휨강도(M_n)는?
(단, $A_s = 3000\text{mm}^2$, $f_{ck} = 27\text{MPa}$, $f_y = 400\text{MPa}$)

① 450kN·m
② 465kN·m
③ 480kN·m
④ 495kN·m

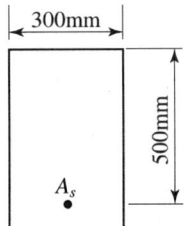

해설 ① 등가 직사각형 응력분포의 깊이 : a
$$a = \frac{A_s f_y}{\eta \, 0.85 f_{ck} b} = \frac{3000 \times 400}{1 \times 0.85 \times 27 \times 300} = 174.29\text{mm}$$
② 단면의 공칭휨강도(단면저항모멘트 : 주어진 단면에서 저항할 수 있는 모멘트)
$$M_n = A_s f_y \left(d - \frac{a}{2}\right) = 3000 \times 400 \times \left(500 - \frac{174.29}{2}\right)$$
$$= 495,426,000\text{N·mm} = 495.426\text{kN·mm}$$

해답 ④

67

철근의 정착에 대한 설명으로 틀린 것은?

① 위험단면에서 철근의 설계기준항복강도를 발휘하는데 필요한 최소 묻힘 길이를 정착길이라고 한다.
② 압축철근의 정착에는 갈고리를 두는 것이 매우 유리하다.
③ 압축철근 정착길이는 인장철근 정착길이보다 길 필요는 없다.
④ 정착 방법에는 묻힘길이에 의한 정착, 갈고리에 의한 정착 기계적 정착 등이 있다.

해설 표준 갈고리에 의한 방법은 압축철근의 정착에는 유효하지 않다.

해답 ②

68 경간이 20m인 거더에 단면적이 557mm²인 PS강재를 사용하여 양단에 500kN을 긴장하여 보강하고자 할 때, 강재에 발생하는 늘음량은? (단, PS강재의 탄성계수는 2×10⁵MPa,이며 긴장재의 마찰과 콘크리트의 탄성수축은 무시한다.)

① 71.8mm ② 76.2mm
③ 80.7mm ④ 89.8mm

해설
① $\Delta f_{Pe} = \dfrac{P}{A} = \dfrac{500,000}{557} = 897.666 \text{MPa}$

② $\Delta f_{Pe} = \epsilon \cdot E_P = \dfrac{\Delta l}{l} \cdot E_P$ 에서

$\Delta l = \dfrac{\Delta f_{Pe} \cdot l}{E_P} = \dfrac{897.666 \times 20000}{2 \times 10^5} = 89.8 \text{mm}$

해답 ④

69 콘크리트가 동해를 받았을 때, 직접적으로 나타나는 열화현상이 아닌 것은?

① 탄산화(중성화) ② 미세균열
③ 박리·박락 ④ 팝아웃(pop-out)

해설 동해를 받은 콘크리트 구조물의 현상
① 일반적으로 콘크리트 표면에 스케일링(Scaling)이 생긴다.
② 미세균열 및 박리, 박락(들 뜸), 팝 아웃(Pop Out) 등의 형태로 열화가 현저해진다.
③ 균열 진전에 따라 콘크리트 내부의 취약화와 강도저하를 초래하며, 심하면 조직이 붕괴될 수도 있다.
④ 기둥이나 보에서는 축방향 균열을 일으킨다.

해답 ①

70 폭(b)=500mm, 유효깊이(d)=600mm, 인장철근량(A_s)=2026.8mm² 단철근 직사각형보의 등가직사각형 응력블록의 깊이(a)를 구하면? (단, f_{ck}=24MPa, f_y=350MPa이다.)

① 50mm ② 55mm
③ 60mm ④ 70mm

해설 $a = \dfrac{A_s f_y}{\eta\, 0.85 f_{ck}\, b} = \dfrac{2026.8 \times 350}{1 \times 0.85 \times 24 \times 500} = 69.547 \fallingdotseq 70\text{mm}$

해답 ④

71 콘크리트의 내화성에 관한 설명으로 가장 부적당한 것은?

① 콘크리트는 내화성이 우수하여 600℃ 정도의 화열을 받아도 압축강도의 저하는 거의 없다.
② 석회석이나 화강암 골재는 특히 내화성을 필요로 하는 장소의 콘크리트에 사용하지 않도록 한다.
③ 화재피해를 받은 콘크리트의 탄산화(중성화) 속도는 화재피해를 받지 않은 것과 비교하여 크다.
④ 화재발생시 급격한 가열, 부재단면이 얇거나 콘크리트의 함수율이 높은 경우는 피복콘크리트의 폭렬이 발생하기 쉽다.

해설
① 콘크리트는 110℃ 전후에서는 팽창하지만 그 이상의 온도에서는 수축이 일어나며 온도가 상승함에 따라 계속 수축이 진행되어서 260℃ 이상이면 결정수가 없어지므로 콘크리트 강도가 점점 저하된다.
② 보통 콘크리트의 경우 300~350℃ 이상이 되면 강도가 현저하게 저하하며, 500℃에서는 상온 강도의 35% 정도로 저하한다. 이때 서서히 식히면 강도가 어느 정도 회복되지만 급격히 냉각되면 큰 균열이 발생한다. 그러나 700℃ 이상의 화열을 받은 경우에는 강도가 크게 저하하며 회복도 불가능하다.

해답 ①

72 콘크리트 초기균열 중 침하균열을 방지하기 위한 대책으로서 틀린 것은?

① 타설속도를 빠르게 한다.
② 단위수량을 될 수 있는 한 적게 한다.
③ 슬럼프가 작은 콘크리트를 잘 다짐해서 시공한다.
④ 1회의 타설높이를 작게 한다.

해설 **침하균열 대책**
① 단위수량을 될 수 있는 한 작게 하여 지나치게 묽은 반죽의 콘크리트는 피하는 것이 좋다.
② 충분한 다짐을 한다.
③ 기둥과 슬래브 및 보의 콘크리트 타설에 있어서 충분한 시간 간격을 둠으로써 침하균열을 감소시킬 수 있다.
④ 1회의 타설 높이를 작게 하고 불균등한 침하를 줄이기 위하여 동일한 반죽질기로 치는 것이 바람직하다.
⑤ 기초나 기층이 콘크리트의 수분을 흡수하지 않도록 미리 물을 뿌려 습한 상태를 유지하는 등의 주의도 필요하다.
⑥ 침하균열이 발생하였을 때는 침하 종료단계에서 다시 표면 마무리를 하여 균열을 제거하는 것이 효과적이다.

해답 ①

73. 다음 중 콘크리트구조물의 보강 방법으로 거리가 먼 것은?

① 수지주입공법
② 강판접착공법
③ 세로보 증설공법
④ 탄소섬유 접착공법

해설 ① **보수공법의 종류**
  ㉠ 균열보수공법 : 표면도포공법, 주입공법, 충전공법
  ㉡ 단면복구공법
  ㉢ 침투재 도포공법
  ㉣ 표면피복공법
  ㉤ 외벽 복합 개수공법
  ㉥ 전기화학적 보수공법 : 탈염공법, 재알칼리화공법
  ㉦ 전기방식공법
  ㉧ 기타 공법 : 핀그라우트공법, 부식된 콘크리트의 보수공법, 기초 부등침하 시의 보수공법

② **보강공법의 종류**
  ㉠ 토목 구조물의 보강공법
    ⓐ 상면두께 증설공법
    ⓑ 하면두께 증설공법
    ⓒ 강판 접착공법
    ⓓ 연속 섬유시트 접착공법
    ⓔ 라이닝공법(뿜어붙이기공법) : 강판 라이닝공법, 연속섬유를 이용한 라이닝공법, 콘크리트 라이닝공법
    ⓕ 외부 케이블 공법
  ㉡ 건축구조물의 보강공법
    ⓐ 바닥 슬래브 보강공법 : 증설공법, 강판 접착공법, 증타공법, 철근 보강공법, 탄소섬유시트 접착공법
    ⓑ 보의 보강공법 : 강판 접착공법, 증타공법, 탄소섬유시트 접착공법
    ⓒ 기둥의 보강공법 : 강판 라이닝공법, 탄소섬유시트 접착공법, RC 라이닝공법
    ⓓ 기초의 보강공법 : 강관말뚝 공법

해답 ①

74. 다음 중 철근 피복두께의 역할이 아닌 것은?

① 철근 부식 방지
② 단면의 내하력 증대
③ 부착 강도 증진
④ 내화성 증진

해설 **철근콘크리트의 피복두께 역할**
① 철근 부식 및 산화 방지
② 내화성 확보
③ 부착강도 확보

해답 ②

75

콘크리트 구조물의 외관조사시 외관조사망도에 기입하지 않는 것은?

① 균열 형태　　② 균열 깊이
③ 균열 길이　　④ 균열 폭

해설 콘크리트 구조물의 외관조사로는 균열의 깊이를 측정할 수는 없다.

해답 ②

76

보의 폭이 400mm, 보의 유효깊이가 500mm인 직사각형 단면을 가지고, 지간이 4m인 단순보에 자중을 포함한 고정하중 15kN/m와 활하중 20kN/m가 작용하고 있다. 이 보의 위험단면에 작용하는 계수전단력은 얼마인가?

① 52.5kN　　② 70.0kN
③ 75.0kN　　④ 100.0kN

해설 ① 하중증가계수(U)
　　$U = 1.2D + 1.6L$ 와 $U = 1.4D$ 둘 중 큰 값
　　여기서, D : 고정하중, L : 활하중
　　㉠ $w_U = 1.2w_D + 1.6w_L = 1.2 \times 15 + 1.6 \times 20 = 50\text{kN/m}$
　　㉡ $w_U = 1.4w_D = 1.4 \times 15 = 21\text{kN/m}$
　　㉢ w_U는 둘 중 큰 값인 50kN/m로 한다.
② 계수 전단력
$$V_u = \frac{w_U \cdot l}{2} - w_U \cdot d = \frac{50 \times 4}{2} - 50 \times 0.5 = 75\text{kN}$$

해답 ③

77

단면폭 400mm, 유효깊이 700mm인 직사각형 단순보에서 콘크리트가 부담하는 전단강도(V_c)는? (단, $f_{ck} = 30\text{MPa}$, $f_y = 400\text{MPa}$)

① 762kN　　② 564kN
③ 394kN　　④ 256kN

 $V_c = \frac{1}{6}\sqrt{f_{ck}}\,b_w d = \frac{1}{6} \times \sqrt{30} \times 400 \times 700 = 255,603\text{N} \fallingdotseq 256\text{kN}$

해답 ④

78 콘크리트 표면에 발생한 미세한 균열은 봉합재료를 주입하여 실(seal, 봉합)할 수 있는데, 이때 콘크리트 내부의 수분을 확인할 수 있을 경우 가장 많이 사용되는 봉합재료는 무엇인가?

① 멜라민수지　　　　② 폴리에스테르수지
③ 에폭시수지　　　　④ 페놀수지

해설 에폭시수지 실(Seal)공법은 표면의 균열폭이 0.2mm 정도 미만으로서 균열 부위의 표면을 Seal하는 경우 적용한다.
① 퍼티(Putty)상의 에폭시수지 : 균열이 거동하지 않는 경우에 사용한다.
② 가용성(Flexible) 에폭시수지 : 균열이 거동하는 경우에 사용한다.

해답 ③

79 다음 중 옹벽을 설계할 때 고려해야 하는 안정조건이 아닌 것은?

① 전도에 대한 안정　　　　② 활동에 대한 안정
③ 지반지지력에 대한 안정　　④ 벽체 좌굴에 대한 안정

해설 옹벽의 안정조건
① 전도에 대한 안정
② 활동에 대한 안정
③ 지반지지력(침하)에 대한 안정

해답 ④

80 콘크리트 구조물의 외관조사 중 육안조사에 의한 조사항목에 속하지 않는 것은?

① 균열　　　　② 철근노출
③ 부재의 응력　④ 침하

해설 부재의 응력을 육안조사로 측정할 수 없다.

해답 ③

콘크리트산업기사

2021년 8월 CBT 시행

복원기출문제입니다. 실제 문제와 다를 수 있습니다(출제기준에 의거하여 불필요한 문제는 삭제)

제1과목 콘크리트 재료 및 배합

01 굵은골재에 관한 시험을 통해 아래 표와 같은 결과를 얻었다. 이 골재의 흡수율은?

- 표면건조 포화상태 시료의 질량 : 4,100g
- 절대건조상태 시료의 질량 : 3,950g
- 수중에서 시료의 질량 : 2,250g

① 3.48% ② 3.52%
③ 3.80% ④ 3.91%

해설 흡수율(%) $= \dfrac{B-D}{D} \times 100 = \dfrac{4100-3950}{3950} \times 100 = 3.8\%$

여기서, B : 표건상태 시료 질량
         D : 노건상태 시료 질량

해답 ③

02 콘크리트의 품질을 개선하기 위해 사용되는 혼화 재료는 일반적으로 혼화제와 혼화재로 분류하는데, 분류하는 기준으로 옳은 것은?

① 사용방법   ② 사용량
③ 혼화재료의 비중   ④ 사용 목적

해설 ① **혼화재**(Additive) : 사용량이 비교적 많아서(5% 이상) 그 자체의 부피가 콘크리트의 배합 계산에 영향을 미치는 재료
② **혼화제**(Agent) : 사용량이 비교적 적어서(1% 내외) 그 자체의 부피가 콘크리트의 배합 계산에서 무시되는 재료

해답 ②

03 부순골재의 단위용적중량이 1.60kg/L이고, 밀도가 2.65g/cm³일 때 이 골재의 공극률(%)은?

① 29.7%   ② 34.2%
③ 39.6%   ④ 43.5%

해설 공극률(%) = $100 - 실적률 = 100 - \dfrac{W}{G_s} \times 100$

$= \left(1 - \dfrac{W}{G_s}\right) \times 100 = \left(1 - \dfrac{1.60}{2.65}\right) \times 100 = 39.6\%$

여기서, W : 골재 단위중량(t/m³, 공기중 건조상태에서 골재 1m³의 무게)
G_s : 골재 비중

해답 ③

04 콘크리트의 배합에서 단위수량의 보정에 대한 내용으로 옳지 않은 것은?

① 모래 조립률이 0.1만큼 클 때마다 1%만큼 크게한다.
② 슬럼프 값이 1cm 클 때마다 1.2%만큼 크게 한다.
③ 공기량이 1%만큼 작을 때마다 3%만큼 크게 한다.
④ 물-시멘트 비가 0.05 클 때에는 보정하지 않는다.

해설 **콘크리트 배합 변경**(시방배합 보정)

구분	S/a(%) 보정	단위수량(kg) 보정
모래 조립률이 0.1 만큼 클(작을) 때마다	0.5 만큼 크게(작게)	×
슬럼프 값이 1cm 만큼 클(작을) 때마다	×	1.2% 만큼 크게(작게)
공기량이 1% 만큼 클(작을) 때마다	0.5~1 만큼 작게(크게)	3% 만큼 작게(크게)
W/C가 0.05 만큼 클(작을) 때마다	1 만큼 크게(작게)	×

해답 ①

05 다음은 플라이애시 시멘트에 관한 설명으로 옳지 않은 것은?

① 수화열이 작고 건조수축도 작다.
② 동결융해에 대한 저항성이 좋다.
③ 포졸란 반응으로 장기강도가 증가한다.
④ 초기재령의 강도는 보통포틀랜드시멘트보다 크다.

해설 **플라이애시 시멘트 특징**
① 수화열이 작다.

② 건조수축이 작다.
③ 수밀성이 양호하다.
④ 장기강도가 증가한다.
⑤ 워커빌리티를 증대시킨다.
⑥ 단위수량을 감소시킨다.
⑦ 해수에 대한 화학적 저항성이 크다.
⑧ 알칼리 골재반응을 억제한다.
⑨ 재령 28일까지의 콘크리트 강도는 보통 포틀랜드 시멘트를 사용한 경우보다 다소 작지만 장기재령에서는 비슷하거나 오히려 크다.
⑩ 댐 등의 수리구조물에 적합하다.

해답 ④

06 AE제를 콘크리트 배합에 사용시 주의사항으로 옳은 것은?

① 운반 및 진동다짐에 의해 공기량이 증가하므로 비비기를 할 때 소요 공기량보다 다소 적게 한다.
② 깨끗한 물에 희석시켜서 사용하여야 하며, 계량오차는 3% 이하여야 한다.
③ 잔골재의 입도를 일정하게 하며, 조립률 변동은 ±0.5 이하로 한다.
④ 비빔시간과 온도는 공기량에 영향을 미치지 않는다.

해설 재료의 계량 허용오차

재료의 종류	측정단위 원칙	1회 계량분량의 한계오차
시멘트	질량	1% 이내
골재	질량	3% 이내
물	질량 또는 부피	1% 이내
혼화재	질량	2% 이내
혼화제	질량 또는 부피	3% 이내

※ 고로 슬래그 미분말의 계량오차의 최대치는 1%로 한다.

해답 ②

07 콘크리트의 압축강도를 알지 못할 때 또는 압축강도의 시험횟수가 14회 이하인 경우 콘크리트의 배합 강도를 구한 것으로 틀린 것은?

① 호칭강도 $f_{cn}=20$MPa일 때, 배합강도 $f_{cr}=27$MPa이다.
② 호칭강도 $f_{cn}=25$MPa일 때, 배합강도 $f_{cr}=33$MPa이다.
③ 호칭강도 $f_{cn}=30$MPa일 때, 배합강도 $f_{cr}=38.5$MPa이다.
④ 호칭강도 $f_{cn}=40$MPa일 때, 배합강도 $f_{cr}=49$MPa이다.

해설 콘크리트 압축강도의 표준편차를 알지 못할 때, 또는 압축강도의 시험횟수가 14회 이하인 경우 콘크리트의 배합강도는 다음과 같이 정할 수 있다.

호칭강도 f_{cn}[MPa]	배합강도 f_{cr}[MPa]
21 미만	$f_{cn}+7$
21 이상 35 이하	$f_{cn}+8.5$
35 초과	$1.1f_{cn}+5$

① $f_{cr} = f_{cn}+7 = 20+7 = 27\text{MPa}$
② $f_{cr} = f_{cn}+8.5 = 25+8.5 = 33.5\text{MPa}$
③ $f_{cr} = f_{cn}+8.5 = 30+8.5 = 38.5\text{MPa}$
④ $f_{cr} = 1.1f_{cn}+5 = 1.1 \times 40+5 = 49\text{MPa}$

해답 ②

08 콘크리트 제조시에 바닷모래를 사용하려면 철근의 방청대책을 세워야 한다. 방청대책으로서 옳지 않은 것은?

① 철근의 피복두께를 증가시킨다.
② 수밀성이 높게 되도록 표면마무리에 주의한다.
③ 콘크리트 배합시 물-시멘트비를 크게 하여 염분의 농도를 작게 한다.
④ 양질의 방청제를 사용한다.

해설 콘크리트 배합시 물-결합재비를 가능한 적게하여 양질의 콘크리트를 만들어야 한다.

해답 ③

09 동해에 의한 골재의 붕괴작용에 대한 저항성을 측정하기 위한 시험 방법은?

① 안정성 시험
② 유기불순물 시험
③ 오토클레이브 시험
④ 마모시험

해설 골재의 안정성 시험은 골재의 내구성을 알기 위해 황산나트륨 포화용액으로 인한 골재의 부서짐 작용에 대한 저항성을 시험하는 것으로, 동해 등의 기상작용에 의한 골재의 붕괴작용에 대한 저항성 측정방법이다.

해답 ①

10 단위수량이 186kg, 시멘트비중이 3.05, 물-시멘트비가 60%일 때 시멘트의 절대용적(L/m³)은?

① 102L/m³
② 113L/m³
③ 121L/m³
④ 139L/m³

해설 ① 단위시멘트량

$$\frac{w}{c} \times 100 = \frac{186}{c} \times 100 = 60\% \text{에서 } c = 310kg$$

② 단위 절대용적

$$절대용적 = \frac{0.31t}{3.05t/m^3} \times 1,000L/m^3 = 101.6 = 102L$$

해답 ①

11
콘크리트의 배합설계에서의 물-시멘트비에 대한 다음 설명 중 올바른 것은?
① 내구성을 고려하는 콘크리트의 물-시멘트비는 60% 이하로 한다.
② 탄산화 저항성을 고려하는 경우 물-시멘트비는 75% 이하로 한다.
③ 황산염 노출 정도가 보통인 경우 최대 물-시멘트비는 55%로 한다.
④ 기상작용이 심하며 물에 잠겨있는 얇은 단면의 경우 최대 물-시멘트비는 65%로 한다.

해설 ① 내구성을 고려하여 정하는 경우 콘크리트의 물-결합재비는 원칙적으로 60% 이하로 하며, 단위수량은 185kg/m³을 초과하지 않도록 하여야 한다.
② 콘크리트의 탄산화 저항성을 고려해야 하는 경우 물-결합재비는 55% 이하를 표준으로 한다.

해답 ①

12
전함수량이 12.5%인 잔골재가 절대건조 상태에서 300g일 때 이 골재의 습윤상태 중량(g)은?
① 399.7g ② 312.9g
③ 337.5g ④ 348.6g

 함수율(%) $= \frac{A-D}{D} \times 100 = \frac{A-300}{300} \times 100 = 12.5\%$에서 $A = 337.5g$

여기서, A : 습윤상태 시료 중량
D : 노건상태 시료 중량

해답 ③

13
한국산업규격 KS L 5105 모르타르 압축강도 시험방법에 대한 설명 중 틀린 것은?
① 시멘트의 품질관리 및 콘크리트의 배합설계에서 필요하다.
② 시멘트 경화체의 역학적 성질을 예측할 수 있다.
③ 시멘트와 표준사의 비율은 무게비로 1 : 2.45로 한다.
④ 혼합수의 양은 포틀랜드 시멘트는 사용시 시멘트 무게의 55%로 한다.

해설 혼합수의 양은 포틀랜드 시멘트 사용 시멘트 무게의 48.5%로 한다.

해답 ④

14
다음의 시멘트 중에서 일반적으로 강도발현이 가장 빠른 것은?

① 보통포틀랜드시멘트　　② 조강포틀랜드시멘트
③ 고로슬래그시멘트　　　④ 알루미나시멘트

해설 강도발현 빠른 순서
알루미나시멘트 > 조강포틀랜드시멘트 > 보통포틀랜드시멘트 > 고로슬래그시멘트

해답 ④

15
재료 자체에는 수경성이 없으나 콘크리트 중의 수산화칼슘과 서서히 반응하여 불용성의 화합물을 만드는 혼화재는?

① 실리카 퓸　　② 무수석고
③ 포졸란　　　 ④ 동결방지제

해설 포졸란 반응이란 규산 물질 자체에는 수경성이 없으나 시멘트의 수화반응시 생기는 $Ca(OH)_2$와 화합하여 안정된 규산칼슘을 생성하는 반응을 말한다.

해답 ③

16
분말도가 높은 시멘트를 사용하여 콘크리트를 제조하는 경우 발생되는 특성으로 옳지 않은 것은?

① 건조수축이 감소한다.　　② 초기강도가 증가한다.
③ 블리딩량이 감소한다.　　④ 수화작용이 빠르다.

해설 분말도가 높은 시멘트는 다음과 같은 특징이 있다.
① 물과의 접촉 면적(비표면적)이 커져 수화작용이 빨라 초기강도가 높아진다.
② 워커블한 콘크리트가 얻어지며 블리딩도 작게 된다.
③ 수축이 크고 균열발생의 가능성이 크다.
④ 시멘트가 풍화되기 쉽다.

해답 ①

17
다음 중 수경성 시멘트모르타르의 인장강도 시험에 대한 내용으로 틀린 것은?

① 공시체 6개를 만들기 위한 표준모르타르의 배합에는 시멘트 150g, 표준모래 368g이 필요하다.
② 공시체 성형시 각 공시체마다 두 손의 엄지손가락으로 78.4~98N의 힘으로 12번씩 전 면적에 걸쳐 힘이 미치도록 힘껏 모르타르를 밀어 넣는다.
③ 공시체의 수는 각 재령마다 3개 이상씩 만들어야 한다.
④ 인장강도 시험시 하중의 재하는 270±10kg/min의 속도로 계속해서 부하한다.

해설 시멘트 모르타르 인장강도 시험에서 모르타르 제조는 시멘트 : 표준사＝1 : 2.7 (무게비)의 비율로 하므로
시멘트 : 표준사＝1 : 2.7＝150g : 405g

해답 ①

18 다음은 골재 15,000g에 대하여 체가름 시험을 수행한 결과 중의 일부이다. 이 골재의 조립률은?

체의 호칭치수(mm)	남는 양(g)	남는 양(%)
80	0	0
40	600	4
20	7,200	48
10	3,600	24
5	3,000	20
2.5	600	4
1.2	0	

① 1.0 ② 3.28
③ 7.28 ④ 8.09

해설 ① 사용하는 체(총 10개) : 80mm, 40mm, 20mm, 10mm, 5mm, 2.5mm, 1.2mm, 0.6mm, 0.3mm, 0.15mm
② 각 체에 남은 누가중량 백분율합

체의 호칭치수(mm)	남는 양(g)	남는 양(%)	남은 누가중량 백분율
80	0	0	0
40	600	4	4
20	7,200	48	52
10	3,600	24	76
5	3,000	20	96
2.5	600	4	100
1.2	0	0	100
0.6	0	0	100
0.3	0	0	100
0.15	0	0	100

10개 체에 대한 남은 누가중량 백분율 합＝0+4+52+76+96+100×5＝728

③ **조립률**(FM)＝$\dfrac{각\ 체에\ 남는\ 누가중량\ 백분율\ 합}{100}$＝$\dfrac{728}{100}$＝7.28

해답 ③

19 콘크리트의 배합에서 잔골재율에 관한 설명으로 틀린 것은?

① 잔골재율이 증가하면 점성이 증가한다.
② 잔골재율이 증가하면 슬럼프가 감소한다.
③ 잔골재율이 증가하면 공기량이 증가한다.
④ 잔골재율을 크게 하면 단위수량 및 단위시멘트량을 절약할 수 있어 경제적으로 유리하다.

해설 ① 잔골재율을 작게하면 소요의 워커빌리티를 가지는 콘크리트를 얻기 위하여 필요한 단위수량 및 단위시멘트량이 감소되어 경제적으로 된다.
② 잔골재율이 너무 작으면 콘크리트가 거칠고 재료분리 발생 및 워커블한 콘크리트를 얻기 어렵다.

해답 ④

20 잔골재율의 밀도 및 흡수율시험에서 결과의 정밀도에 대한 설명으로 옳은 것은?

① 시험값은 평균과의 차이가 밀도의 경우 $0.1g/cm^3$ 이하, 흡수율의 경우는 0.5% 이하이어야 한다.
② 시험값은 평균과의 차이가 밀도의 경우 $0.01g/cm^3$ 이하, 흡수율의 경우는 0.5% 이하이어야 한다.
③ 시험값은 평균과의 차이가 밀도의 경우 $0.05g/cm^3$ 이하, 흡수율의 경우는 0.01% 이하이어야 한다.
④ 시험값은 평균과의 차이가 밀도의 경우 $0.5g/cm^3$ 이하, 흡수율의 경우는 0.1% 이하이어야 한다.

해설 잔골재의 밀도 및 흡수율 시험(KS F 2504) 값의 정밀도는 시험값과 평균값의 차이가 밀도의 경우 $0.01g/cm^3$ 이하, 흡수율의 경우는 0.05%이하이어야 한다.

해답 ①

제2과목 콘크리트 제조, 시험 및 품질관리

21 원기둥 콘크리트 공시체(지름 150mm, 길이 300mm)를 할렬 인장강도시험하여 얻어진 최대 하중이 150kN일 때, 이 콘크리트의 인장강도로 알맞은 것은?

① 3.1MPa
② 3.0MPa
③ 2.4MPa
④ 2.1MPa

해설 $f_t = \dfrac{2P}{\pi dl} = \dfrac{2 \times 150,000}{\pi \times 150 \times 300} = 2.1\text{MPa}$

해답 ④

22
안지름 250mm의 용기로 블리딩 시험을 한 결과 총 블리딩 수가 73.6cm³이었다면, 블리딩량은 얼마인가?

① 0.15cm³/cm²
② 1.88cm³/cm²
③ 0.04cm³/cm²
④ 0.93cm³/cm²

해설 **단위표면적당 블리딩량**

블리딩량(cm³/cm²) = $\dfrac{V}{A} = \dfrac{73.6}{\dfrac{\pi \times 25^2}{4}} = 0.15\text{cm}^3/\text{cm}^2$

여기서, V : 측정시간 동안 생긴 블리딩 물의 양(cm³)
 A : 콘크리트 윗면의 면적(cm²)

해답 ①

23
콘크리트용 혼화제의 계량 허용오차는 몇 %인가?

① ±1%
② ±2%
③ ±3%
④ ±4%

해설 **재료의 계량 허용오차**

재료의 종류	측정단위 원칙	1회 계량분량의 한계오차
시멘트	질량	1% 이내
골재	질량	3% 이내
물	질량 또는 부피	1% 이내
혼화재	질량	2% 이내
혼화제	질량 또는 부피	3% 이내

※ 고로 슬래그 미분말의 계량오차의 최대치는 1%로 한다.

해답 ③

24
레디믹스트 콘크리트는 비비기 시작하여 타설이 완료되는 시점까지 운반시간으로 규정하고 있다. 외기온이 25°C 미만의 경우 이 운반시간의 한계시간은?

① 60분
② 90분
③ 120분
④ 150분

해설 비비기로부터 타설이 끝날 때까지의 시간
① 외기온도가 25℃ 이상 : 1.5시간 이내
② 외기온도가 25℃ 미만 : 2.0시간 이내

해답 ③

25 다음은 레디믹스트 콘크리트의 품질에 관한 사항이다. 틀린 것은?
① 1회 강도시험 결과는 구입자가 지정한 호칭 강도값의 85% 이상이어야 한다.
② 3회 강도시험 결과의 평균값은 구입자가 지정한 호칭 강도값 이상이어야 한다.
③ 공기량의 허용오차는 ±1.5% 이하이다.
④ 슬럼프 값이 80mm 이상인 경우 허용오차는 ±15mm 이하이다.

해설 레디믹스트 콘크리트의 KS F 2402의 규정에 따라 시험한 슬럼프값과 호칭 슬럼프의 허용오차

슬럼프(mm)	슬럼프 허용오차(mm)
25	±10mm
50 및 65	±15mm
80 이상	±25mm

해답 ④

26 동일한 슬럼프에서 물-시멘트비가 작은 경우에 대한 설명 중 올바른 것은?
① 단위시멘트 사용량이 많다.
② 단위시멘트 사용량이 적다.
③ 단위시멘트 사용량이 일정하다.
④ 위의 어느 것도 아니다.

해설 ① 동일한 슬럼프의 경우 물-시멘트비가 작을수록 사용하는 시멘트양이 많아진다.
② 동일한 물-시멘트비의 경우 슬럼프가 클수록 사용하는 시멘트양이 많아진다.

해답 ①

27 콘크리트 재료의 비비기에 대한 설명으로 틀린 것은?
① 재료는 반죽된 콘크리트가 균등하게 될 때까지 충분히 비벼야 한다.
② 연속믹서를 사용할 경우, 비비기 시작 후 최초에 배출되는 콘크리트는 사용해서는 안된다.
③ 비비기 시간은 시험에 의해 정하는 것이 원칙이며, 가경식 믹서의 경우 1분 이상이 표준이다.
④ 비비기를 시작하기 전에 미리 믹서 내부를 모르타르로 부착시켜야 한다.

해설 시험을 하지 않는 경우의 최소 비비기 시간
① 가경식 믹서 : 1분 30초 이상
② 강제식 믹서 : 1분 이상

해답 ③

28 럼프시험방법에 관한 내용으로 옳지 않은 것은?

① 슬럼프 시험기의 높이는 30cm이다.
② 무너져 내린 콘크리트의 바닥에서 정상부까지의 높이를 슬럼프 값이라 한다.
③ 슬럼프 시험은 3층으로 나누어 콘크리트를 부어넣고 매층마다 25회 다짐을 하여야 한다.
④ 슬럼프시험은 경화 전 콘크리트 품질관리의 필수 항목이다.

해설 공시체가 충분히 주저앉은 다음 슬럼프 콘의 높이와 공시체 밑면의 원 중심에서의 공시체 높이와의 차를 측정하여 슬럼프 값으로 한다.

해답 ②

29 레디믹스트 콘크리트의 종류를 지정함에 있어 발주자가 지정해야 하는 사항이 아닌 것은?

① 굵은골재 최대치수 ② 호칭강도
③ 슬럼프 ④ 잔골재율

해설 레디믹스트 콘크리트의 종류는 보통 콘크리트, 경량 콘크리트로 하고 굵은 골재의 최대치수, 슬럼프 및 호칭강도를 구입자가 지정하며, 다음 사항은 구입자의 요구에 따라 구입자와 생산자가 협의하여 지정한다.
① 시멘트의 종류
② 골재의 종류
③ 굵은 골재의 최대치수
④ 혼화재료의 종류
⑤ 4.2에 정한 염화물 함유량의 상한치와 다른 경우는 그 상한치
⑥ 호칭 강도를 보증하는 재령
⑦ 표 3에 정한 공기량과 다른 경우는 그 값
⑧ 경량 콘크리트의 경우는 콘크리트의 단위 용적 중량
⑨ 콘크리트의 최고 또는 최저온도
⑩ 물-시멘트비의 상한치
⑪ 단위수량의 상한치
⑫ 단위 시멘트량의 하한치 또는 상한치
⑬ 유동화 콘크리트의 경우는 유동화하기 전 레디믹스트 콘크리트에서 슬럼프의 중대량

⑭ 그외 필요한 사항
위 ①~⑥의 항목에 대하여는 이 규격에 정하고 있는 범위로 지정한다.

해답 ③

30 콘크리트의 균열에 대한 설명으로 틀린 것은?

① 이형철근을 사용하면 균열폭을 줄일 수 있다.
② 인장측에 철근을 잘 배분하면 균열폭을 최소화할 수 있다.
③ 철근의 부식 정도는 균열 폭이 문제가 아니라 균열의 수가 문제이다.
④ 철근위치의 균열폭은 콘크리트 피복두께에 비례한다.

해설 균열은 수 보다는 폭이 문제가 되며 균열 폭이 넓으면 부식이나 누수 등 많은 문제가 발생된다.

해답 ③

31 콘크리트의 휨강도 시험방법에서 공시체가 지간의 4점 사이 중앙부에 파괴되었을 때의 휨강도를 구하는 식은? (단, P : 파괴하중, L : 지간, b : 파괴단면의 폭, h : 파괴단면의 높이)

① $\dfrac{PL}{bh^2}$ 　　② $\dfrac{PL}{b^2h}$

③ $\dfrac{2PL}{bh}$ 　　④ $\dfrac{2PL}{bh^2}$

해설 4점 사이 중앙 부근에서 파괴되는 경우

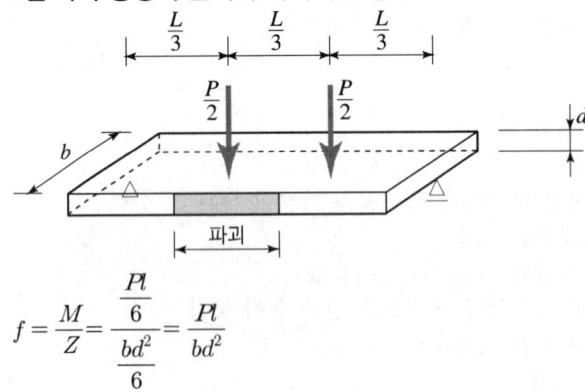

$$f = \frac{M}{Z} = \frac{\frac{Pl}{6}}{\frac{bd^2}{6}} = \frac{Pl}{bd^2}$$

해답 ①

32 콘크리트의 압축강도 시험 결과 최대 하중이 190000N에서 공시체가 파괴되었다. 이 공시체의 압축강도는 얼마인가? (단, 공시체의 지름은 100mm이다.)

① 24.2MPa ② 25.3MPa
③ 26.0MPa ④ 30.0MPa

해설 압축강도 $= \dfrac{P}{A} = \dfrac{190,000}{\dfrac{\pi \times 100^2}{4}} = 24.2\text{MPa}$

해답 ①

33 일반 콘크리트의 현장 품질관리에 관한 설명 중 옳지 않은 것은?

① 합리적이고 경제적인 검사계획을 정하여 공사 각 단계에서 필요한 검사를 실시하여야 한다.
② 검사는 미리 정한 판단기준에 적합한 지의 여부를 필요한 측정이나 시험을 실시한 결과에 바탕을 두어 판정하는 것에 의해 실시한다.
③ 일반적인 품질관리 시험을 실시하는 경우, 판정이 가능한 수법을 모두 사용하여 측정을 실시한다.
④ 시험결과 불합격되는 경우에는 적절한 조치를 강구하여 소정의 성능을 만족하도록 하여야 한다.

해설 건설기술관리법 시행령 제42조 제2항에 따라 품질 시험 및 검사는 산업표준화법에 의한 한국산업규격, 법 제34조 제1항 각 호의 규정에 의한 설계 및 시공기준 또는 국토교통부령이 정하는 품질시험기준에 의하여 품질 시험 및 검사를 실시하여야 한다.

해답 ③

34 굳지 않은 콘크리트의 슬럼프 시험은 궁극적으로 무엇을 알기 위해 실시하는가?

① 콘크리트의 강도 ② 콘크리트의 컨시스턴시
③ 콘크리트 중의 잔골재율(S/a) ④ 물-시멘트비

해설 슬럼프 시험은 콘크리트의 컨시스턴시(연경도)를 알기 위해 실시한다.

해답 ②

35
블리딩에 영향을 미치는 인자에 관한 설명 중 옳지 않은 것은?
① 시멘트의 분말도가 클수록 블리딩은 작아진다.
② 시멘트의 응결시간이 짧을수록 블리딩은 감소한다.
③ 잔골재의 조립률이 크고 잔골재율이 크면 블리딩이 증가한다.
④ 과도한 진동다짐을 하거나 치기속도가 빠르면 블리딩이 증가한다.

해설 블리딩에 영향을 미치는 요인
① 물-시멘트비가 클수록, 또 반죽질기가 클수록 블리딩과 침하는 커진다.
② 골재 상호간의 가교작용이 클수록 블리딩이 적어진다.
③ AE제의 사용은 블리딩량 및 침하량을 감소시키는 데 효과적이다.
④ 잔골재율이 크면 블리딩이 감소한다.
⑤ 잔골재의 조립률이 클 수록 블리딩이 커진다.
⑥ 블리딩이 커지면 물-결합재비가 커져 강도가 작아진다.

해답 ③

36
일반 콘크리트에 사용되는 재료의 계량에 대한 설명으로 옳지 않은 것은?
① 사용재료는 시방배합을 현장배합으로 고친 다음 현장배합으로 계량하여야 한다.
② 골재가 건조되어 있을 때의 유효흡수율 값은 골재를 적절한 시간 동안 흡수시켜 구하여야 한다.
③ 혼화재료를 녹이거나 묽게 희석시키기 위해 사용하는 물은 단위수량에서 제외한다.
④ 각 재료는 1배치씩 질량으로 계량하여야 한다.

해설 레디믹스트 콘크리트용 배합수 종류 : KS F 4009의 부속서 2의 규정
① 상수도물
② 상수도 이외의 물 : 상수도 이외의 물이란 하천수, 호숫물, 저수지수, 지하수 등으로서 상수돗물로서의 처리가 되어 있지 않은 물 및 공업용수를 말하며 회수수는 제외한다.
③ 회수수
  ㉠ 레디믹스트 콘크리트 공장에서 운반차, 플랜트의 믹서, 호퍼 등에 부착된 콘크리트 및 현장에서 되돌아오는 레디믹스트 콘크리트를 세척하여 잔골재, 굵은 골재를 분리한 세척 배수로서 슬러지수 및 상징수를 총칭한다.
  ㉡ 슬러지수란 콘크리트의 회수수에서 상징수를 일부 활용하고 남은 슬러지를 포함한 물을 말하는 것으로 슬러지란 슬러지수가 농축되어 유동성을 잃어 버린 상태의 것을 말한다.
  ㉢ 상징수란 슬러지수에서 슬러지 고형분을 침강 또는 기타 방법으로 제거한 물을 말한다.

해답 ③

37

실제로 시공된 콘크리트 자체의 품질을 구조물에 손상을 주지 않고, 콘크리트의 반발경도를 측정하여 압축강도를 추정하는 비파괴시험은 무엇인가?

① 슈미트 해머법 ② 공진법
③ 음속법 ④ 방사선법

해설 반발경도법(표면경도법, 슈미트 해머법)이란 콘크리트 표면을 테스트 해머에 의해 타격하고, 그 반발경도로부터 충격을 가하여 움푹 패거나 또는 되밀어치는 크기를 측정하여 압축강도를 구하는 방법을 말한다.

해답 ①

38

압축강도에 의한 콘크리트의 품질검사에 관한 다음 설명 중 옳지 않은 것은?

① 일반적인 경우 조기재령에 있어서의 압축강도에 의해 실시한다.
② 시험횟수는 콘크리트 200~300m³마다 1회로 정하고 있다.
③ 1회의 시험치는 현장에서 채취한 3개의 연속한 압축강도 시험값의 평균치로 한다.
④ 시험체는 구조물에 사용되는 콘크리트를 대표할 수 있도록 채취하여야 한다.

해설 압축강도에 의한 콘크리트의 품질검사
① 1회/일
② 또는 구조물의 중요도와 공사의 규모에 따라 100m³마다 1회
③ 배합이 변경될 때마다 실시한다.

해답 ②

39

히스토그램(histogram)의 작성순서를 보기에서 골라 옳게 나열한 것은?

[보기] (1) 히스토그램과 규격값을 대조하여 안정상태인지 검토한다.
(2) 히스토그램을 작성한다.
(3) 도수분포도를 만든다.
(4) 데이터에서 최소값과 최대값을 구하여 전 범위를 구한다.
(5) 구간 폭을 구한다.
(6) 데이터를 수집한다.

① (6)-(4)-(5)-(3)-(2)-(1) ② (6)-(5)-(4)-(3)-(2)-(1)
③ (6)-(4)-(3)-(5)-(2)-(1) ④ (6)-(2)-(5)-(4)-(3)-(1)

해설 히스토그램 작성 순서
① 데이터를 모은다.
② 데이터 중 최대치와 최소치를 구한 다음 범위(R)를 구한다.
③ 구간 폭을 구한다.

④ 경계치를 결정한다(폭의 경계치는 측정치의 1/2 정도 취한다).
⑤ 데이터를 기초로 도수분포도를 작성한다.
⑥ 히스토그램을 작성한다.
⑦ 히스토그램과 규격값을 대조하여 안정상태 여부를 검토한다.

해답 ①

40 콘크리트의 워커빌리티에 관한 설명 중 옳지 않은 것은?
① 일반적인 경우 시멘트량이 많을수록 콘크리트는 워커블하게 된다.
② 온도가 높을수록 슬럼프는 증가되고 슬럼프감소는 줄어든다.
③ 플라이애시를 사용하면 워커빌리티가 개선된다.
④ 천연모래가 부순 모래에 비하여 워커블한 콘크리트를 얻기 쉽다.

해설 온도가 높을수록 슬럼프는 작아진다.

해답 ②

제3과목 콘크리트의 시공

41 출제기준에 의거하여 이 문제는 삭제됨

42 콘크리트 타설 후 소요기간까지 경화에 필요한 온도, 습도조건을 유지하며, 유해한 작용의 영향을 받지 않도록 하는 작업은?
① 진동다짐　　　　　　　② 습윤양생
③ 초기응결　　　　　　　④ 포졸란 반응

해설 습윤양생은 비교적 수화작용이 활발한 초기에 외부 기상조건에 의해서 콘크리트 표면이 빨리 건조되는 것을 방지하기 위해 살수, 습사, 습포 등을 이용하여 콘크리트 표면을 습윤상태로 유지하는 방법이다.

43 다음 중 콘크리트 공장제품 제조에 많이 사용되지 않는 시멘트는?
① 중용열 포틀랜드 시멘트　　② 조강 포틀랜드 시멘트
③ 고로슬래그 시멘트　　　　　④ 플라이애시 시멘트

[해설] 중용열 포틀랜드 시멘트는 다음과 같은 용도로 사용되며, 품질관리가 철저한 공장의 경우 제품을 만들 때 중용열을 포틀랜드 시멘트 보다는 초기강도를 키우는 조강 포틀랜드 시멘트나 성질을 개선하기 위한 혼합시멘트를 사용한다.
① 댐 등의 단면이 큰 매스 콘크리트에 적용된다.
② 방사선 차폐용으로도 사용될 수 있다.
③ 지하 구조물, 도로포장용, 서중 콘크리트 공사에 사용된다.

[해답] ①

44 섬유보강콘크리트의 특성에 대한 설명으로 틀린 것은?

① 인장강도와 균열에 대한 저항성이 높다.
② 피로강도 개선으로 포장의 두께나 터널 라이닝 두께를 감소시킬 수 있다.
③ 부재의 전단내력을 증대시킬 수 있다.
④ 유동성이 좋아 작업성이 개선된다.

[해설] 섬유의 길이 또는 혼입율이 크게 되면 비빌 때 강섬유가 뭉쳐 화이버볼(fiber ball)이나 강섬유 가 균일하게 분포되어 있지 못하는 수가 많기 때문에 콘크리트중에 강섬유의 분산이 나쁘게 되어 굳지 않은 콘크리트의 유동성을 저하하고 양호한 워커빌리티를 얻을 수 없다.

[해답] ④

45 특별한 조치를 취하지 않는 경우, 콘크리트의 비비기로부터 타설이 끝날 때까지의 제한시간으로 맞게 기술된 것은?

① 외기온도가 25℃ 이상일 때는 1.5시간, 25℃ 미만일 때에는 2시간을 넘어서는 안 된다.
② 외기온도가 25℃ 이상일 때는 2시간, 25℃ 미만일 때에는 3시간을 넘어서는 안 된다.
③ 외기온도가 25℃ 이상일 때는 2시간, 25℃ 미만일 때에는 1.5시간을 넘어서는 안 된다.
④ 외기온도가 25℃ 이상일 때는 3시간, 25℃ 미만일 때에는 2시간을 넘어서는 안 된다.

[해설] **일반적인 타설 시간간격**
① 외기온이 25℃ 미만일 때 : 120분
② 외기온이 25℃ 이상일 때 : 90분

[해답] ①

46 신축이음의 구조에 대한 설명으로 옳지 않은 것은?

① 신축이음은 양쪽 구조물 혹은 부재가 구속되지 않는 구조이어야 한다.
② 신축이음 부근에서는 반드시 배력철근을 보강해야 한다.
③ 수밀을 요하는 경우에는 신축성 지수판을 사용한다.
④ 단차를 피할 필요가 있는 경우에는 전단 연결재를 사용한다.

해설 신축이음의 경우 서로 접하는 구조물의 양쪽 부분을 구조적으로 완전히 절연시켜야 한다.(철근은 끊는 것이 원칙이다.)

해답 ②

47 고강도콘크리트의 시공에 관한 설명으로 옳지 않은 것은?

① AE제를 사용하는 것이 필수적이며, 예외적인 경우에 한해서 AE제를 사용하지 않을 수 있다.
② 타설에 사용되는 펌프의 기종은 고강도콘크리트의 높은 점성 등을 고려하여 선정한다.
③ 고강도콘크리트의 슬럼프값은 150mm 이하로하며, 유동화콘크리트를 할 경우에 한해서 210mm 이하로 한다.
④ 고강도콘크리트의 타설 낙하고는 1m 이하로 한다.

해설 고강도 콘크리트는 공기연행(AE제) 콘크리트를 사용하지 않는 것을 원칙이다. 단, 기상의 변화가 심하거나 동결융해에 대한 대책이 필요한 경우에는 공기연행 콘크리트를 사용할 수 있다.

해답 ①

48 경량골재 콘크리트에 대한 설명으로 틀린 것은?

① 경량골재 콘크리트는 공기연행 콘크리트로 하는 것을 원칙으로 한다.
② 일반적으로 인공경량골재 콘크리트는 동결융해의 반복에 대한 저항성능이 우수한다.
③ 단위 결합재량의 최소값은 300kg/m³, 물-결합재비의 최댓값은 60%로 한다.
④ 슬럼프는 작업에 알맞은 범위 내에서 작게 하여야 하며, 일반적인 경우 대체로 80~210mm를 표준으로 한다.

해설 기상조건이 나쁘고 또 물로 포화되는 경우가 많은 환경조건 하에서 경량골재 콘크리트의 내동해성은 보통골재 콘크리트에 비해 떨어지는 경우가 많으므로 이것을 개선하기 위해서는 공기량을 증대시키는 것이 좋다.

해답 ②

49 일반적인 수중 콘크리트에 대한 설명으로 옳지 않은 것은?

① 트레미나 콘크리트 펌프에 의해 시공하는 경우 슬럼프는 130~180mm 범위를 표준으로 한다.
② 대규모 수중 콘크리트를 타설하는 경우 원칙적으로 밑열림 상자나 밑열림 포대를 사용한다.
③ 일반 수중 콘크리트에서는 재료분리를 적게 하기 위하여 점성이 풍부한 배합으로 할 필요가 있다.
④ 수중불분리성 콘크리트에서는 다짐이 불충분한 경우가 대부분이기 때문에 철근의 최소간격 조건이 엄격할 필요가 있다.

해설 수중 콘크리트 시공시 시멘트가 물에 씻겨서 흘러나오지 않도록 트레미나 콘크리트 펌프를 사용해서 타설해야 한다. 그러나 부득이한 경우 및 소규모 공사의 경우 밑열림 상자나 밑열림 포대를 사용할 수 있다.

해답 ②

50 부재 혹은 구조물의 치수가 커서 시멘트의 수화열에 의한 온도상승을 고려하여 설계, 시공해야 하는 콘크리트는?

① 고강도 콘크리트   ② 매스 콘크리트
③ 한중 콘크리트   ④ 서중 콘크리트

해설 ① 매스 콘크리트로 다루어야 하는 구조물의 부재치수는 일반적인 표준으로서 넓이가 넓은 평판구조에서는 두께 0.8m 이상, 하단이 구속된 벽체에서는 두께 0.5m 이상으로 한다.
② 매스 콘크리트의 설계 및 시공상의 유의사항은 온도균열의 제어에 있다. 이를 위해서는 건설되는 구조물의 용도, 필요한 기능 및 품질에 대응하도록 균열 발생 방지대책이나 혹은 균열폭, 간격, 발생위치에 대한 제어를 실시하여야 한다.

해답 ②

51 출제기준에 의거하여 이 문제는 삭제됨

52 출제기준에 의거하여 이 문제는 삭제됨

53 프리플레이스트 콘크리트에 대한 설명으로 옳은 것은?

① 프리플레이스트 콘크리트의 강도는 원칙적으로 재령 14일의 압축강도를 기준으로 한다.
② 거푸집 속에 잔골재와 굵은골재를 채워 넣고 시멘트 풀을 주입하여 완성한다.
③ 굵은골재의 최소 치수는 15mm 이상으로 하여야 한다.
④ 수중 콘크리트 시공에는 적합하지 않다.

해설 ① 프리플레이스트 콘크리트의 강도는 원칙적으로 재령 28일 또는 재령 91일의 압축강도를 기준으로 한다.
② 프리플레이스트 콘크리트란 특정한 입도를 가진 굵은골재를 미리 거푸집에 채워 넣고, 그 간극에 특수한 모르타르를 적당한 압력으로 주입하여 만든 콘크리트를 말한다.
③ 굵은골재의 최소치수는 15mm 이상으로 하여야 한다.
④ 일반 수중 콘크리트, 수중불분리성 콘크리트, 현장 타설말뚝 및 지하연속벽에 사용하는 수중 콘크리트에 대하여 공사의 요건 및 구조물의 요구 성능 등을 만족시키기 위해 특히 필요한 성능을 설정하여 그 성능을 검사하여야 하며, 수중 콘크리트에 프리플레이스트 콘크리트 공법을 적용할 경우에는 프리플레이스트 콘크리트 규정에 따라야 한다.

해답 ③

54 서중콘크리트에 대한 설명 중 옳지 않은 것은?

① 콘크리트 타설 전에는 지반, 거푸집 등을 습윤상태로 유지하여야 한다.
② 비빈 후 1.5시간 이내에 타설하여야 한다.
③ 콘크리트 타설할 때의 콘크리트 온도는 30℃ 이하이어야 한다.
④ 콘크리트 타설은 콜드조인트가 생기지 않도록 적절한 계획에 따라 실시하여야 한다.

해설 서중 콘크리트의 경우 콘크리트를 타설할 때의 콘크리트 온도는 35℃ 이하이어야 한다.

해답 ③

55 굵은골재 최대치수가 25mm인 골재를 사용한 해양콘크리트 환경조건이 물보라지역 및 해상 대기중에 위치할 때 콘크리트의 내구성 확보를 위하여 정해지는 최소 단위시멘트량은?

① 280kg/m³
② 300kg/m³
③ 330kg/m³
④ 350kg/m³

해설 내구성으로 정해지는 최소 단위결합재량(kg/m³)

환경구분	굵은골재의 최대치수(mm) 20	25	40
물보라 지역 및 해상 대기 중 해양 대기 중 (노출등급 ES1, ES4)	340	330	300
해 중 (노출등급 ES3)	310	300	280

해답 ③

56. 콘크리트 공장제품의 양생에 대한 설명으로 틀린 것은?

① 증기양생을 할 때는 일반적으로 비빈 후 2~3시간 이상 경과된 후에 증기양생을 실시한다.
② PSC 말뚝 등은 주로 오토클레이브양생으로 제작한다.
③ 오토클레이브양생 등의 고압증기양생을 실시한 공장제품에는 양생 후 재령에 따른 콘크리트 강도의 증가는 거의 기대할 수 없다.
④ 가압양생은 성형된 콘크리트에 10MPa 정도의 압력을 가한 후 고온으로 양생한다.

해설 가압양생은 성형된 콘크리트에 0.5~1MPa의 압력을 가한 후 고온으로 양생한다.

해답 ④

57. 아래 표와 같은 조건에서 한중 콘크리트의 타설이 종료되었을 때 온도를 구하면?

- 비빈 직후 온도 : 20℃
- 주위의 기온 : 5℃
- 비빈 후부터 타설 종료시까지의 시간 : 2시간
- 운반 및 타설시간 1시간에 대하여 콘크리트 온도와 주위의 기온과의 차이 : 15%

① 10.5℃ ② 12.5℃
③ 15.5℃ ④ 17.75℃

해설 한중 콘크리트 타설 종료 후 콘크리트 온도
$T_2 = T_1 - 0.15(T_1 - T_0)t = 20 - 0.15 \times (20-5) \times 2 = 15.5℃$

여기서, T_2 : 타설 종료 후 콘크리트 온도(℃)
T_1 : 믹싱시의 콘크리트 온도(℃)
T_0 : 주위 기온(℃)
t : 비빈 후부터 타설 종료 때까지 시간(hr)
0.15 : 타설이 끝났을 때 콘크리트의 온도는 운반, 타설 도중의 열손실 때문에 믹서에서 비볐을 때의 온도보다 저하하는데, 이 저하의 정도는 일반적으로 운반 및 타설시간 1시간에 대하여 콘크리트 온도와 주위 기온과의 차이는 15% 정도로 본다.

해답 ③

58 일반 콘크리트 타설에 대한 설명으로 옳지 않은 것은?

① 타설한 콘크리트를 거푸집 안에서 횡방향으로 이동시켜서는 안된다.
② 한 구획 내의 콘크리트는 타설이 완료될 때까지 연속해서 타설해야 한다.
③ 콘크리트를 2층 이상으로 나누어 타설할 경우 상층의 콘크리트 타설은 하층의 콘크리트가 굳은후 실시하여야 한다.
④ 콘크리트의 타설 도중 블리딩에 의해 표면에 떠올라 있는 물은 제거한 후 타설해야 한다.

해설 콘크리트 타설 1층 높이는 다짐능력을 고려하여 결정하여야 한다. 또한 콘크리트를 2층 이상으로 나누어 타설할 경우, 상층의 콘크리트 타설은 원칙적으로 하층의 콘크리트가 굳기 시작하기 전에 타설하여야 하며, 상층과 하층이 일체가 되도록 시공하여야 한다.

해답 ③

59 굴착 후 터널의 안정을 위하여 시공하는 터널용 지보재로서 숏크리트가 담당하는 효과가 아닌 것은?

① 낙반방지
② 내압효과
③ 풍화방지
④ 구조성능 증진

해설 숏크리트는 컴프레서 혹은 펌프를 이용하여 노즐 위치까지 호스 속으로 운반한 콘크리트를 압축공기에 의해 시공면에 뿜어서 만든 콘크리트로써 ① 터널 및 지하공간의 지보재, ② 법면 보호 및 보수·보강, ③ 터널 및 지하공간에서의 영구 지보재 또는 임시 지보재 등의 역할을 하면서, 낙반 방지, 내압효과, 풍화 방지 등의 효과가 있지만, 구조성능 자체를 증진시키지는 않는다.

해답 ④

60 벽과 같이 높이가 높은 콘크리트를 급속하게 연속타설하는 경우 나타나는 현상이 아닌 것은?

① 재료분리 발생
② 시공 이음 발생
③ 상부 콘크리트의 품질 저하
④ 수평철근의 부착강도 저하

해설 **높이가 높은 콘크리트를 급속하게 연속 타설하는 경우 나타나는 현상**
① 재료분리 발생
② 블리딩 발생
③ 상부 콘크리트의 품질 저하
④ 수평철근의 부착강도 저하

해답 ②

제4과목 콘크리트 구조 및 유지관리

61 그림과 같은 T형 단면에 3-D35($A_s = 2,870\text{mm}^2$)의 철근이 배근되었다면 공칭휨강도 M_n의 크기는? (단, f_{ck}=18MPa, f_y=350MPa)

① 455.1kN·m
② 386.9kN·m
③ 349.0kN·m
④ 333.5kN·m

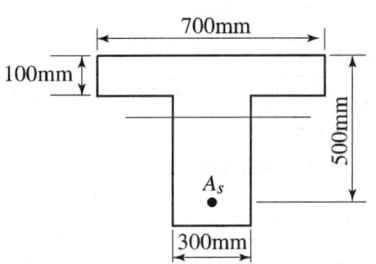

해설 ① T형보 판별

$$a = \frac{A_s \cdot f_y}{\eta 0.85 f_{ck} \cdot b} = \frac{2870 \times 350}{1 \times 0.85 \times 18 \times 700} = 93.8\text{mm} < t = 100\text{mm}$$ 이므로

폭이 700mm인 단철근 직사각형 보로 해석한다.

② $M_n = T \cdot z = A_s \cdot f_y \cdot \left(d - \dfrac{a}{2}\right)$

$= 2870 \times 350 \times \left(500 - \dfrac{93.8}{2}\right) = 455,138,950\text{N} \cdot \text{mm} = 455.1\text{kN} \cdot \text{m}$

해답 ①

62 콘크리트 비파괴시험의 종류인 음향방출법(acoustic emission)에 대한 설명으로 거리가 먼 것은?

① 콘크리트에 대한 과거에 재하이력을 추정할 수 있다.
② 재하에 따른 콘크리트의 균열 발생음을 계측할 수 있다.
③ 진행이 멈춘 균열도 검출할 수 있다.
④ 측정 부위는 콘크리트의 표층에 제한된다.

해설 음향방출(어코스틱 에미션 ; Acoustic Emission)법
① 재료 내부를 전파하는 탄성파는 다양한 주파수를 포함하고 있는데 이것을 전기 음향학적 방법을 이용하여 검출하는 것이 비파괴 시험법의 일종인 AE법이다.
② 콘크리트 결함평가방법으로 결함부위에서 방출되는 에너지 중 청각적인 효과를 평가하여 콘크리트 내부결함을 측정하는 방법이다.

해답 ④

63 다음 중 부재에 따른 강도감소계수가 틀린 것은?

① 인장지배 단면 : 0.85
② 압축지배 단면 중 띠철근으로 보강된 철근 콘크리트 부재 : 0.70
③ 포스트텐션 정착구역 : 0.85
④ 무근 콘크리트의 휨모멘트 : 0.55

해설 강도감소계수(ϕ)

부재 또는 하중의 종류		ϕ
① 인장지배단면		0.85
② 전단력과 비틀림모멘트		0.75
③ 압축지배단면	나선철근으로 보강된 철근콘크리트 부재	0.70
	그 외의 철근콘크리트 부재	0.65
④ 콘크리트의 지압력(포스트텐션 정착부나 스트럿-타이 모델은 제외)		0.65
⑤ 포스트텐션 정착구역		0.85
⑥ 스트럿-타이 모델과 그 모델에서	스트럿, 절점부 및 지압부	0.75
	타이	0.85
⑦ 긴장재 묻힘길이가 정착길이보다 작은 프리텐션 부재의 휨 단면	부재의 단부부터 전달길이 단부까지	0.75
⑧ 무근 콘크리트의 휨모멘트, 압축력, 전단력, 지압력		0.55

해답 ②

64 콘크리트를 보수할 때 기존 콘크리트 면과 보수재료가 부착이 잘 되게 하기 위한 조치로 잘못된 것은?

① 바탕 표면을 매끄럽게 고른다.
② 부착할 바탕 표면을 깨끗이 청소한다.
③ 바탕면의 미세한 구멍이 메워지지 않도록 한다.
④ 보수재료에 압력을 가해 충분히 압착한다.

해설 기존 콘크리트 표면을 매끄럽게 고르면 부착이 잘 되지 않는다. 시공시 콘크리트 표면을 와이어 브러쉬, 그라인더 등으로 문질러 거칠게 하며 표면이물질을 제거하고 물 등으로 청소한 후 잘 건조시킨다.

해답 ①

65 그림과 같은 단철근 직사각형보에서 등가응력사각형의 깊이(a)를 구하면? (단, f_{ck}=24MPa, f_y=400MPa이다.)

① 79.35mm
② 89.35mm
③ 99.35mm
④ 109.35mm

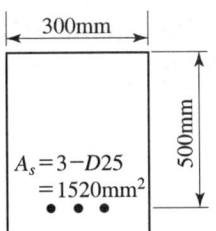

해설 $a = \dfrac{A_s \cdot f_y}{\eta 0.85 f_{ck} \cdot b} = \dfrac{3000 \times 400}{1 \times 0.85 \times 24 \times 300} = 99.35\text{mm}$

해답 ③

66 알칼리 골재반응이 원인으로 보이는 콘크리트 부재의 열화가 발견되었다. 이 부재의 장래 팽창량을 추정하기 위해 적합한 시험은?

① 배합비 추정시험
② 코어의 잔존 팽창량 시험
③ 탄산화(중성화) 시험
④ 콘크리트 코어 압축강도 시험

해설 코어의 잔존 팽창량 시험은 알칼리 골재반응의 원인으로 추정되고 있는 부재의 향후 팽창량을 예측하는데 사용하는 시험이다.

해답 ②

67 콘크리트 염해에 대한 설명 중 틀린 것은?

① 콘크리트 내 함수율이 높을수록 염화물 이온의 확산계수비는 커진다.
② 부식반응은 애노드 반응과 캐소드 반응이 조합된 반응이다.
③ 염화물 이온에 의한 철근 부식은 산소와 수분, 탄산화(중성화)가 동반되어야만 발생한다.
④ 해안에 가까울수록 염해가 발생할 가능성은 커진다.

해설 **염해에 의한 철근 부식** : 콘크리트는 강알칼리성(pH 12~13)으로 콘크리트 내에 매입된 철근의 표면은 알칼리성 환경 하에서 수화반응에 의해 생성되는 20~60Å 정도 두께의 산화피막인 $\gamma - Fe_2O_3 \cdot nH_2O$의 부동태막이 형성되어 부식으로부터 보호를 받는다. 그러나 콘크리트 중의 알칼리가 저하되어 탄산화(중성화)가 되거나 또는 콘크리트 중에 염화물이 과다하게 함유되어 있으면 염소 이온의 화학작용으로 산화피막이 파괴되어 부식을 일으키는 원인이 된다.

해답 ③

68. 아래와 같은 보에서 계수전단력(V_u)이 ϕV_c의 1/2을 초과하여 최소 단면적의 전단철근을 배근하려고 한다. 전단철근의 간격을 250mm로 할 때 전단철근에 대한 최소 단면적은? (단, f_{ck}=21MPa, f_y=400MPa이다.)

① 55.3mm²
② 65.7mm²
③ 76.2mm²
④ 82.3mm²

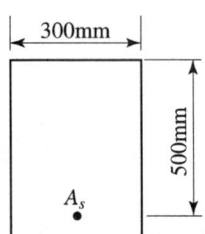

해설 $\frac{1}{2}\phi V_c < V_u \leq \phi V_c$인 경우 최소 전단철근을 배치한다.

전단철근의 최소 단면적

$$A_{v\min} = 0.0625\sqrt{f_{ck}}\frac{b_w s}{f_{yt}} \geq 0.35\frac{b_w s}{f_{yt}}$$

여기서, $A_{v\min}$: 최소 전단철근 단면적, 단위 mm²
b_w : 폭, 단위 mm
s : 전단철근 간격, 단위 mm

① $A_{v\min} = 0.0625\sqrt{f_{ck}}\frac{b_w s}{f_{yt}} = 0.0625\sqrt{21} \times \frac{300 \times 250}{400} = 53.7 \text{mm}^2$

② $A_{v\min} = 0.35\frac{b_w s}{f_{yt}} = 0.35 \times \frac{300 \times 250}{400} = 65.625 \text{mm}^2$

③ 둘 중 큰 값인 65.625mm² 이상이어야 하므로 65.7mm²로 하면 된다.

해답 ②

69. 강도설계법에서 콘크리트의 압축응력 분포를 어떠한 형상으로 가정하는가?

① 직사각형
② 포물선
③ 삼각형
④ 사다리꼴

해설 ① 콘크리트의 압축응력 분포와 콘크리트의 변형률 사이의 관계는 직사각형, 사다리꼴, 포물선형 또는 강도의 예측에서 광범위한 실험의 결과와 실질적으로 일치하는 어떤 형상으로도 가정할 수 있다.
② 다만, 콘크리트 구조설계기준에서는 직사각형으로 가정할 경우가 제시되어 있다.

해답 ①

70 다음 중 콘크리트의 건조수축에 대한 영향이 가장 적은 것은?

① 습윤양생 기간
② 물-시멘트비
③ 골재의 함량
④ 상대습도

해설 건조수축은 물-시멘트비, 습도, 온도, 재료의 성질 등에 큰 영향을 받으며, 습윤양생하면 건조수축이 적어지나 그 영향을 그리 크지 않다.

[참고] 건조수축 영향 요인
① 단위수량이 적으면 건조수축은 적다.
② 물-시멘트비가 적으면 건조수축은 적다.
③ 단위시멘트량이 적으면 건조수축은 적다.
④ 상대습도가 증가하면 건조수축은 줄어든다.
⑤ 철근이 많을수록 건조수축은 적다.
⑥ 골재가 연질일수록 건조수축이 크다. 흡수율이 큰 골재를 사용하면 건조수축이 커진다.
⑦ 고온에서는 물의 증발이 빨라지므로 건조수축이 증가된다.
⑧ 습윤양생하면 건조수축은 적다.
⑨ 잘 다지면 공극수가 방출되므로 건조수축이 적다.
⑩ 시멘트 종류와 품질에 따라 달라지는데 분말도가 큰 시멘트는 수축률이 크므로 건조수축이 많이 생긴다.

해답 ①

71 수동식 주입법은 주입 건(gun)이나 소형 펌프를 사용하여 주입제를 비교적 다량으로 주입할 경우 사용되는 방법이다. 이 공법의 장점으로 거리가 먼 것은?

① 다량의 수지를 단시간에 주입할 수 있다.
② 균열폭 0.2mm 이하의 미세한 균열 부위에 주입하기가 용이하다.
③ 주입압이나 속도를 조절할 수 있다.
④ 벽, 바닥, 천장 등의 부위에 따른 제약이 없다.

해설 수동식 주입법은 소형 펌프를 사용하여 비교적 다량의 수지를 단시간에 주입할 수 있는 방식으로 균열폭 0.2mm 이상의 경우에 주입한다.
① **수동식 주입법의 장점**
  ㉠ 다량의 수지를 단시간에 주입할 수 있다.
  ㉡ 주입용 수지의 점도에 제약을 받지 않는다.
  ㉢ 주입압이나 속도를 조절할 수 있다.
  ㉣ 주입구 1개소에서 넓은 면적을 주입할 수 있다.
  ㉤ 벽, 바닥, 천장 등의 부위에 따른 제약이 없다.(주입용 수치의 정도에 제약을 받지 않는다.)
  ㉥ 주입량을 정확히 알 수 있다.
  ㉦ 들뜸이 매우 적은 부위나 모재와 접착되어 있지 않은 부위, 박리 직전의 부위

에도 주입이 가능하다.
② **수동식 주입법의 단점**
  ㉠ 균열폭 0.5mm 이하의 경우에는 주입이 매우 곤란하다.
  ㉡ 공극부에 압력이 가해진다.
  ㉢ 주입시 압력 펌프를 필요로 한다.
  ㉣ 압착 양생을 필요로 하는 경우도 있다.
  ㉤ 주입조작 및 기기 취급시 숙련도가 요구되며, 관리상의 문제점이 있다.

해답 ②

72
콘크리트의 동해로 인한 열화발생시의 보수 공법과 거리가 먼 것은?
① 표면보호 공법
② 균열주입 공법
③ 단면복구 공법
④ 전기방식법

해설 동해 입은 콘크리트에 대한 보수
① 동해 입은 콘크리트에 대한 보수 방침
  ㉠ 열화한 콘크리트의 제거
  ㉡ 보수 후의 수분침입억제
  ㉢ 콘크리트의 동결융해 저항성의 향상
② 동해 입은 콘크리트에 대한 보수 방법
  ㉠ 단면복구 ㉡ 균열주입 ㉢ 표면보호

해답 ④

73
다음 중 콘크리트의 외관을 관찰하여 알아낼 수 없는 것은?
① 균열
② 박리
③ 경도
④ 변색

해설 경도는 단단한 정도를 말하는 것으로 콘크리트의 외관을 관찰하는 것으로 알 수 없고, 강도평가에 의해서 알 수 있다.

해답 ③

74
다음에서 콘크리트의 열화기구가 아닌 것은?
① 탄산화(중성화)
② 동해
③ 알칼리
④ 염소이온 침투

해설 열화 메커니즘
① 탄산화 : 탄산화는 대기 중의 이산화탄소가 콘크리트 내로 침입하여 탄산화반응을 일으킴으로써 세공용액의 pH가 저하하는 현상이다.

② 염해 : 콘크리트 중의 강재부식이 염화물 이온에 의해 촉진되어 부식생성물의 체적팽창이 콘크리트에 균열이나 박리를 일으키고, 강재의 단면감소에 의한 구조물의 성능 저하 등이 발생하여 구조물이 소정의 기능을 다할 수 없게 되는 현상을 콘크리트 구조물의 염해라 한다.

③ 알칼리 골재반응 : 반응성 광물을 포함하는 반응성 골재가 콘크리트 중의 고알칼리성을 나타내는 수용액과 반응하여 콘크리트에 이상팽창 및 이에 따른 균열을 발생하는 것으로 주로 알칼리 실리카반응과 알칼리 탄산염반응이 있다.

④ 동해 : 콘크리트 중의 수분이 0℃ 이하로 된 때의 동결팽창에 의해 발생하는 것을 동해라고 하며, 장기간에 걸쳐 동결과 융해의 반복에 의해 콘크리트가 서서히 열화되는 현상을 말한다.

⑤ 화학적 부식 : 화학적 부식이란 콘크리트가 외부에서 화학작용을 받아 그 결과 시멘트 경화체를 구성하는 수화생성물이 변질 혹은 분해되어 결합능력을 잃어가는 현상을 총칭하는 것으로 콘크리트의 침식작용은 농도가 일정한 경우에는 무기산은 유기산 보다 심하다.

⑥ 피로 : 반복하중을 받아 그로 인해 파괴에 이르는 현상을 피로 또는 피로파괴라고 한다.

⑦ 풍화 및 노화 : 풍화 및 노화는 해양환경, 강산이나 고농도의 황산은과의 접촉 혹은 동결융해 작용을 받는 환경 등의 특별한 열화촉진 인자 환경을 제외하고 일반적인 사용조건에서 경년적으로 콘크리트가 변질·열화해가는 현상을 말한다.

⑧ 화재 : 콘크리트가 화재에 의해 열을 받으면 시멘트 경화물과 골재와는 각각 다른 팽창과 수축거동을 함으로써 콘크리트의 조직이 약해지고 단부의 구속 등에 의해 발생한 열응력에 의해 균열이 발생하면서 콘크리트가 열화·박락한다.

⑨ 중성화 : 중성화란 경화한 콘크리트의 표면에서 공기 중의 탄산가스의 작용을 받아 다음과 같은 반응에 의해 서서히 수산화칼슘이 탄산칼슘으로 바뀌어 알칼리성을 잃어가는 현상을 말한다.

⑩ 염소이온 침투 : 염소 이온의 화학작용으로 산화피막이 파괴되어 부식을 일으키는 원인이 된다.

해답 ③

75 D13의 전단철근(단면적 126.7mm²)을 U형의 스터럽으로 가공하여 300mm 간격을 두고 부재축에 직각으로 설치한 경우 전단철근의 전단강도(V_s)는 얼마인가? (단, d=600mm, f_y=400MPa)

① 101.4kN ② 153.7kN
③ 202.7kN ④ 267.1kN

해설 수직 스터럽을 배치한 경우 전단 철근의 전단 강도

$$V_s = nA_v f_y = \frac{d}{s}A_v f_y = \frac{600}{300}\times(2\times126.7)\times400 = 202,720\text{N} = 202.7\text{kN}$$

해답 ③

76. 처짐에 관한 설명 중 틀린 것은?

① 구조물의 순간 및 장기 처짐량은 허용 처짐량 이하이어야 한다.
② 장기 처짐은 시간이 지남에 따라 증가율이 증가한다.
③ 하중이 재하되는 순간 발생되는 처짐을 탄성처짐이라 한다.
④ 장기 처짐은 주로 건조수축과 크리프에 의해 일어난다.

해설 장기 처짐은 주로 콘크리트의 크리프와 건조수축으로 인하여 시간이 경과됨에 따라 진행되는 처짐으로 시간의 경과에 따라 증가하지만, 보통 5년 이후에는 정지하는 것으로 본다.

해답 ②

77. 콘크리트 크리프에 대한 설명으로 틀린 것은?

① 콘크리트에 일정한 하중을 지속적으로 재하하면 응력은 늘지 않았는데 변형이 계속 진행되는 현상을 말한다.
② 재하응력이 클수록 크리프가 크다.
③ 조직이 치밀한 콘크리트일수록 크리프가 크다.
④ 조강시멘트는 보통시멘트보다 크리프가 작다.

해설 크리프 특징
① 하중이 처음 재하되는 시기의 콘크리트 재령이 클수록 크리프는 적다.
② 물-시멘트비가 적으면 크리프는 적다.
③ 단위시멘트량이 적으면 크리프는 적다.
④ 상대습도가 크면 클수록 크리프는 적게 생긴다.
⑤ 많은 철근량이 효과적으로 배근되면 크리프는 감소된다.
⑥ 입도가 좋은 골재를 사용하면 크리프는 감소된다.
⑦ 고온증기양생을 한 콘크리트는 크리프가 적다.
⑧ 콘크리트에 작용하는 응력이 적을수록 크리프는 감소된다.

해답 ③

78. 폭은 30cm, 유효깊이는 50cm, A_s는 20cm², f_{ck}는 28MPa, f_y는 400MPa인 단철근 직사각형 보에서 철근비는?

① 0.0343
② 0.0295
③ 0.0205
④ 0.0133

해설 철근비

$$\rho = \frac{A_s}{bd} = \frac{20}{30 \times 50} = 0.0133$$

해답 ④

79 안전점검의 종류 중 육안관찰이 가능한 개소에 대하여 성능저하나 열화 및 하자의 발생부위 파악을 위해 실시하는 점검은?

① 초기점검　　② 정기점검
③ 정밀점검　　④ 긴급점검

해설 정기점검
① 육안 관찰이 가능한 개소에 대하여 성능저하나 열화 및 하자의 발생 부위 파악을 위해 실시한다.
② 구조물의 기능적 상태를 판단하고 현재의 사용 요건을 만족시키고 있는지 확인한다. 1종 및 2종 시설물은 반기별로 1회 실시한다.

해답 ②

80 굳지 않는 콘크리트 상태에서 총량을 규제하고 있는 염화물 혼입량 한도로 옳은 것은?

① $0.03 kg/m^3$ 이하　　② $0.04 kg/m^3$ 이하
③ $0.1 kg/m^3$ 이하　　④ $0.3 kg/m^3$ 이하

해설 콘크리트 중의 염화물 함유량 한도
① 콘크리트 중에 함유된 염화물 이온의 총량으로 표시한다.
② 굳지 않은 콘크리트 중의 전 염화물 이온량은 원칙적으로 $0.30 kg/m^3$ 이하로 한다.
③ 상수도 물을 혼합수로 사용할 때 여기에 함유되어 있는 염화물 이온량이 불분명한 경우에는 혼합수로부터 콘크리트 중에 공급되는 염화물 이온량을 $0.04 kg/m^3$로 가정할 수 있다. 다만, 시험에 의한 경우 그 값을 사용한다.
④ 외부로부터 염소이온의 침입이 우려되지 않는 철근 콘크리트나 포스트텐션 방식의 프리스트레스트 콘크리트 및 최소 철근비 미만의 철근을 갖는 무근 콘크리트 등의 구조물을 시공할 때, 염소이온량이 적은 재료의 입수가 매우 곤란한 경우에는 방청에 유효한 조치를 취한 후 책임 기술자의 승인을 얻어 콘크리트 중의 전 염소이온량의 허용 상한값을 $0.60 kg/m^3$로 할 수 있다.

해답 ④

콘크리트산업기사

2022년 3월 CBT 시행

본 문제는 복원 기출문제입니다. 실제 문제와 다를 수 있으니 양해바랍니다.

제1과목 콘크리트 재료 및 배합

01 잔골재의 함수상태를 계량한 값이 다음과 같을 때 흡수율을 구하면?

노건조상태	공기 중 건조상태	표면건조포화상태	습윤상태
1,100g	1,125g	1,149g	1,167g

① 4.40% ② 4.45%
③ 4.50% ④ 4.55%

해설 흡수율 = $\dfrac{\text{표면건조 포화상태} - \text{노건조 상태}}{\text{노건조 상태}} \times 100$

$= \dfrac{1,149 - 1,100}{1,100} \times 100 = 4.45\%$

해답 ②

02 골재에 포함되어 있는 유해물질에 대한 설명으로 옳은 것은?

① 후민산이나 탄닌산은 주로 바닷모래에 많이 포함되어 있으며 수화반응을 방해한다.
② 이분이 많이 포함되어 있는 골재를 사용하면 타설 후 강도저하가 발생한다.
③ 골재에 포함된 염분은 수화반응을 지연시키며 철근을 부식시킨다.
④ 골재에 포함된 조개껍질을 콘크리트의 유동성을 저하시키지만 강도에는 큰 영향을 주지 않는다.

해설 ① 잔골재 중의 유기불순물로서는 부식된 식물을 함유한 부식토 등에 후민산이나 탄닌산 등이 함유되어 있는 경우가 있는데, 이들 유기불순물을 함유한 모래를 콘크리트에 사용하면 시멘트 중의 석회분과 화합하여 유기석회염이 생성되고 이것이 시멘트의 응결을 방해해서 콘크리트의 강도와 내구성 등을 저하시킨다.
② 이분이 많이 포함되어 있는 골재를 사용하면 타설 후 강도저하가 발생한다. 산 모래는 생성이 오래되어 풍화작용으로 이분이 포함되어 있으므로 충분히 물로 씻어 사용하여야 한다.

③ 염분으로 인해 수화반응이 촉진되어 콘크리트 경화를 촉진하여 장기강도 증진에 저해가 되고 철근의 부식을 촉진시킨다.
④ 하천골재 사용시 세척사를 사용하여야 하는데, 조개껍질이 함유될 경우 콘크리트 강도를 저하시키므로 5mm 이상의 조개껍질 함유와 그 함유량에 유의하여야 하며, 세척사가 5mm이하의 조개껍질만을 가지고 있어도 그 함량이 높을 경우에는 단위수량이 급격히 증가하므로 조개껍질을 함유하지 않은 잔골재와 혼합사용하여 조개껍질 함량을 낮추거나, 고성능 감수제 등을 사용하여 단위수량을 저감시켜야 한다.

해답 ②

03 시멘트의 응결시간시험 방법으로 옳은 것은?
① 오토클레이브 방법
② 비비시험
③ 블레인시험
④ 길모어 침에 의한 시험

해설
① 시멘트의 응결시간시험은 바카트 침에 의한 시험과 길모어 침에 의한 시험이 있다.
② 시멘트 안정도 시험(오토클레이브 팽창도)은 시멘트 풀의 건조균열로부터 시멘트의 안정성을 알 수 있다.
③ 비비시험은 콘크리트의 워커빌리티 측정 시험 방법의 일종이다.
④ 블레인 시험은 비표면적 시험방법이다.

해답 ④

04 시험실에서 콘크리트 시방배합 설계 시 잔골재 및 굵은 골재의 함수 상태로 적합한 것은?
① 표면건조포화상태
② 공기중건조상태
③ 절대건조상태
④ 습윤상태

해설 시방배합은 시방서 또는 책임 감리원이 지시한 배합으로, 골재는 표면건조 포화상태의 것을 사용한다.

해답 ①

05 콘크리트의 배합강도를 결정할 때 사용하는 압축강도의 표준편차는 30회 이상의 시험실적으로부터 구하는 것을 원칙으로 하며, 그 이하일 경우 보정계수를 곱하여 그 값을 표준편차로 사용한다. 다음 중 시험횟수 20회일 때 표준편차의 보정계수로 옳은 것은?
① 1.24
② 1.16
③ 1.08
④ 1.03

해설 시험횟수가 29회 이하일 때 표준편차의 보정계수

시험횟수	표준편차의 보정계수
15	1.16
20	1.08
25	1.03
30 또는 이상	1.00

해답 ③

06 강도 및 내구성을 고려하여 물-결합재비를 결정할 때, 고려해야 할 사항으로 옳지 않은 것은?

① 콘크리트의 압축강도를 기준으로 해서 물-결합재비를 결정할 경우, 공시체의 재령은 28일을 표준으로 한다.
② 내구성을 고려하는 콘크리트의 물-결합재비는 60% 이하로 한다.
③ 콘크리트의 수밀성을 기준으로 물-결합재비를 결정할 경우, 그 값은 50% 이하로 한다.
④ 콘크리트의 탄산화 저항성을 고려하여 물-결합재비를 결정할 경우, 그 값은 50% 이하로 한다.

해설 콘크리트의 탄산화 저항성을 고려하는 경우 물-시멘트비는 55% 이하로 한다.

해답 ④

07 잔골재를 여러 종류의 체로 체가름하였더니 각 체에 남는 누계량의 질량백분율이 아래의 표와 같이 나타났다. 이 잔골재의 조립율(F, M)은?

체의 호칭(mm)	5	2.5	1.2	0.6	0.3	0.15
체에 남은 양의 누계(%)	3	15	26	63	76	97

① 2.27
② 2.45
③ 2.73
④ 2.80

해설 ① **사용하는 체**(총 10개)
80mm, 40mm, 20mm, 10mm, 5mm, 2.5mm, 1.2mm, 0.6mm, 0.3mm, 0.15mm

② **조립률**(FM) = $\dfrac{\text{각 체에 남는 누가중량 백분율 합}}{100}$

$= \dfrac{3+15+26+63+76+97}{100} = 2.80$

해답 ④

08

콘크리트 배합설계에 대한 일반적인 설명으로 옳은 것은?

① 콘크리트의 수밀성을 기준으로 물-결합재비를 정할 경우 그 값은 45% 이하로 한다.
② 일반적인 구조물에서 굵은 골재의 최대치수는 40mm 이하로 한다.
③ 잔골재율이 작으면 소요 워커빌리티를 얻기 위한 단위수량이 감소한다.
④ 콘크리트 품질변동은 공기량의 증감과는 관련이 없다.

해설 ① 수밀을 요하는 콘크리트의 물-결합재비는 50% 이하를 표준으로 한다.
② 굵은골재 최대치수
  ㉠ 일반 : 20mm 또는 25mm
  ㉡ 단면이 큰 경우, 도로 : 40mm
  ㉢ 공항 : 50mm
  ㉣ 댐 : 150mm
③ 잔골재율을 작게 하면 소요의 워커빌리티를 가지는 콘크리트를 얻기 위하여 필요한 단위수량 및 단위시멘트량이 감소되어 경제적으로 된다.
④ AE제를 사용하면 워커빌리티가 향상되어(공기량이 1% 증가하면 슬럼프가 약 2.5cm 증가한다) 단위수량이 감소하며, 블리딩도 줄어든다.

해답 ③

09

압축강도의 시험기록이 없고 호칭강도가 21MPa인 경우 배합강도는?

① 28MPa
② 29.5MPa
③ 31MPa
④ 33.5MPa

해설 $f_{cr} = f_{cn} + 8.5 = 21 + 8.5 = 29.5\text{MPa}$

호칭강도 f_{cn}[MPa]	배합강도 f_{cr}[MPa]
21 미만	$f_{cn} + 7$
21 이상 35 이하	$f_{cn} + 8.5$
35 초과	$1.1f_{cn} + 5.0$

해답 ②

10

순간적인 응결과 경화가 요구되는 숏크리트 공법과 그라우트에 의한 지수공법에 사용되는 혼화제는?

① 촉진제
② 팽창제
③ 급결제
④ 감수제

해설 급결제는 응결시간을 매우 빨리 하여 순간적인 응결과 경화가 요구되는 숏크리트 공법 및 그라우트에 의한 지수공법 등에 사용된다.

해답 ③

11
KS L 5110에 의하여 시멘트 비중시험을 실시한 결과, 르샤틀리에 비중병에 광유를 주입하고 측정한 눈금이 0.3mL였다. 이 비중병에 시멘트 64g을 넣고 광유가 올라온 눈금을 측정한 결과 21.25mL를 얻었다. 시멘트의 비중은 얼마인가?

① 3.05　　② 3.10
③ 3.15　　④ 3.20

해설 시멘트 비중 $= \dfrac{\text{시멘트의 무게(g)}}{\text{비중병의 눈금의(mL)}} = \dfrac{64}{21.25 - 0.6} = 3.10$

해답 ②

12
콘크리트 배합수에 대한 일반적인 설명으로 틀린 것은?

① 지하수에 의한 염소이온의 허용한도는 5,000ppm이다.
② 해수에 존재하는 이온 중 가장 많은 것은 Cl^-이다.
③ 콘크리트 운반차 및 믹서를 청소한 물은 pH가 12정도의 높은 알칼리성이다.
④ 철근콘크리트에 해수를 배합수로 사용할 수 없다.

해설 상수도 이외의 물은 하천수, 호숫물, 저수지수, 지하수 등으로서 상수돗물로서 처리가 되어 있지 않은 물 및 공업용수를 말하며 회수수는 제외하며, 다음의 품질기준을 만족하여야 한다.

항 목	품 질
현탁물질의 양	2g/L 이하
용해성 증발 잔류물의 양	1g/L 이하
염소이온량	250ppm 이하
시멘트 응결시간의 차	초결은 30분 이내, 종결은 60분 이내
모르타르의 압축강도비	재령 7일 및 재령 28일에서 90% 이상

해답 ①

13
화학 혼화제의 품질시험 항목으로 옳지 않은 것은?

① 블리딩양의 비　　② 길이 변화비
③ 동결용해에 대한 저항비　　④ 휨강도 비

해설 화학혼화제 품질시험 항목
① 감수율(%)
② 블리딩량의 비(%)
③ 응결 시간의 차(mm)
④ 압축강도의 비(%)
⑤ 길이 변화비(%)
⑥ 동결융해에 대한 저항성(상대동탄성계수 %)

해답 ④

14 로스앤젤레스 시험기에 의한 굵은 골재의 마모시험 결과가 아래 표와 같을 때 마모 감량은?

시험 전 시료의 질량(g)	5,000
시험 후 1.7mm체에 남은 시료의 질량(g)	3,790

① 18.5%   ② 24.2%
③ 27.3%   ④ 31.9%

해설 골재의 마모율

$$R = \frac{m_1 - m_2}{m_1} \times 100 = \frac{5,000 - 3,790}{5,000} \times 100 = 24.2\%$$

해답 ②

15 다음 중 일반적인 콘크리트 시방배합표에 표시되지 않는 사항은?

① 슬럼프의 범위   ② 물-결합재비
③ 잔골재율   ④ 골재의 조립률

해설 배합표 목록
① 굵은골재 최대치수
② 슬럼프
③ 공기량
④ 물-결합재비
⑤ 잔골재율
⑥ 단위량 : 물, 시멘트, 잔골재, 굵은골재, 혼화재료

굵은골재의 최대치수 (mm)	슬럼프 (mm)	w/c (%)	잔골재율 S/a(%)	공기량 (%)	단위량(kg/m²)			
					물 (W)	시멘트 (C)	잔골재 (S)	굵은골재 (C)

해답 ④

16 다음 중 일반 콘크리트용 잔골재로서 적합하지 않은 것은?

① 절대건조 밀도가 $2.45g/cm^3$인 잔골재
② 흡수율이 1.2%인 골재
③ 염화율(NaCl 환산량) 함유량이 0.02%인 골재
④ 안정성시험 결과 손실질량이 8%인 골재

[해설] 잔골재의 물리적 성질

시험 항목	천연 잔골재	부순 잔골재
절대건조밀도(g/cm³)	2.50 이상	2.50 이상
흡수율(%)	3.0 이하	3.0 이하
안정성(%)	10 이하	10 이하
0.08mm체 통과량(%)	아래에 설명	7.0 이하

※ 천연 잔골재의 0.08mm체 통과량(%)
 ① 콘크리트 표면이 마모작용을 받는 경우 : 3.0% 이하
 ② 기타 : 5.0% 이하

해답 ①

17. 콘크리트의 배합에 대한 일반사항을 설명한 것으로 틀린 것은?

① 현장 콘크리트의 품질변동을 고려하여 콘크리트의 배합강도는 호칭강도보다 적게 정한다.
② 잔골재율은 소요 워커빌리티를 얻을 수 있는 범위 내에서 단위수량이 최소 되도록 시험에 의해 정한다.
③ 단위수량은 작업에 적합한 워커빌리티를 갖는 범위 내에서 될 수 있는 대로 적게 한다.
④ 물-결합재비는 소요의 강도, 내구성, 수밀성 및 균열저항성 등을 고려하여 정한다.

[해설] 현장 콘크리트의 품질변동을 고려하여 콘크리트 배합강도는 호칭강도보다 크게 정한다.

해답 ①

18. 질량법에 의해 잔골재의 표면수를 측정할 경우, 시료에서 치환된 물의 질량(m)을 구하는 식으로 옳은 것은? (단, m_1 : 시료의 질량(g), m_2 : 용기와 물의 질량(g), m_3 : 용기, 시료 및 물의 질량(g))

① $m_1 = m_1 + m_2 + m_3$
② $m_1 = m_1 - m_2 + m_3$
③ $m_1 = m_1 + m_2 - m_3$
④ $m_1 = m_1 - m_2 - m_3$

[해설] $m_1 = m_1 + m_2 - m_3$

해답 ③

19 시멘트의 강도시험(KS L ISO 679)에 대한 설명으로 틀린 것은?

① 모래로 인한 편차를 줄이기 위해 표준사를 사용하도록 규정한다.
② 공시체는 질량으로 시멘트1에 대해서 물/시멘트 비 0.5 및 잔골재 3의 비율로 모르타르를 형성한다.
③ 시험체는 치수 40mm×40mm×160mm인 각주형 공시체를 사용한다.
④ 시멘트 모르타르의 압축 강도 및 인장 강도 시험 방법에 대하여 규정한다.

해설 시멘트의 강도 시험 방법(Methods of testing cements-Determination of strength, KS L ISO 679 : 2006-2009.1.1.부터 적용)은 시멘트 모르타르의 압축 강도 및 휨 강도의 시험 방법에 대하여 규정한다.

해답 ④

20 시멘트 1g당 발생하는 수화열은 어느 정도인가? (단, 시멘트가 물과 완전히 반응할 경우)

① 85cal/g
② 125cal/g
③ 185cal/g
④ 225cal/g

해설 경화과정에서 화학반응에 의해 시멘트 1g 당 125cal(125cal/g) 정도의 열이 발생하며, 이를 수화열이라 한다.

해답 ②

제2과목 콘크리트 제조, 시험 및 품질 관리

21 동결융해 저항성을 알아보기 위한 급속동결융해에 따른 콘크리트의 저항시험방법에 대한 설명으로 틀린 것은?

① 동결융해 1사이클의 소용시간은 4시간 이상, 8시간 이하로 한다.
② 동결융해 1사이클은 공시체 중심부의 온도를 원칙으로 하며, 원칙적으로 4℃에서 -18℃로 떨어지고, 다음에 -18℃에서 4℃로 상승되는 것으로 한다.
③ 시험의 종료는 300사이클로 하며, 그때까지 상대 동탄성 계수가 60% 이하가 되는 사이클이 있으면 그 사이클에서 시험을 종료한다.
④ 특별히 다른 재령으로 규정되어 있지 않는 한 공시체는 14일간 양생한 후 동결융해 시험을 시작한다.

해설 동결융해 1사이클의 소요시간은 2시간 이상, 4시간 이하로 한다.

해답 ①

22 콘크리트의 비비기에 대한 설명으로 틀린 것은?

① 가경식 믹서를 사용하고 비비기 시간에 대한 시험을 실시하지 않은 경우 그 최소 시간은 1분30초 이상을 표준으로 한다.
② 재료를 믹서에 투입하는 순서로서 물을 다른 재료의 투입이 끝난 후 주입하는 것을 원칙으로 한다.
③ 비비기는 미리 정해둔 비비기 시간의 3배 이상 계속하지 않아야 한다.
④ 믹서 안의 콘크리트를 전부 꺼낸 후가 아니면 믹서 안에 다른 재료를 넣지 않아야 한다.

해설 ① 재료를 믹서에 투입하는 순서는 믹서의 형식, 비비기 시간, 골재의 종류 및 입도, 단위수량, 단위 시멘트량, 혼화재료의 종류 등에 따라 다르므로 KS F 2455에 의한 시험, 강도 시험, 블리딩 시험 등의 결과 또는 실적을 참고로 해서 정해야 한다. 예를 들면, 가열한 재료를 믹서에 투입하는 순서는 시멘트가 급결하지 않도록 정하여야 하는데 가열한 물과 시멘트가 접촉하면 시멘트가 급결할 우려가 있으므로 먼저 가열한 물과 굵은골재, 다음에 잔골재를 넣어서 믹서 안의 재료온도가 40℃ 이하가 된 후 최후에 시멘트를 넣는 것이 좋다.
② 재료를 믹서에 투입할 때 물은 수화반응과 밀접한 관계가 있으므로, 처음부터 끝까지 일정한 속도로 주입하고 다른 재료의 투입이 끝난 후 조금 지난 뒤에 물의 주입을 끝내는 것이 좋다.

해답 ②

23 레디믹스트 콘크리트의 발주에 있어 구입자가 생산자와 협의하여 지정할 수 있는 사항이 아닌 것은?

① 시멘트의 종류
② 골재의 종류
③ 굵은골재의 최대 치수
④ 단위수량의 하한치

해설 ① 구입자와 생산자 간에 단위수량의 상한치, 물-결합재비의 상한치, 단위시멘트의 하한치 또는 상한치 등을 지정한다.
② 시공성을 위해 단위수량을 증대하려 하기 때문에 단위수량의 상한치를 지정하며, 단위수량의 하한치를 지정할 필요는 없다.

해답 ④

24 다음 중 레디믹스트 콘크리트의 종류가 아닌 것은?

① 보통 콘크리트
② 중량골재 콘크리트
③ 포장 콘크리트
④ 고강도 콘크리트

해설 레디믹스트 콘크리트 종류
① 보통 콘크리트
② 경량골재 콘크리트
③ 포장 콘크리트
④ 고강도 콘크리트

[참고] 레디믹스트 콘크리트 종류별 공기량

콘크리트의 종류	공기량	공기량 허용 오차
보통 콘크리트	4.5%	±1.5%
경량 콘크리트	5.5%	
포장 콘크리트	4.5%	
고강도 콘크리트	3.5%	

해답 ②

25
콘크리트의 공시체가 압축 혹은 인장을 받을 때, 공시체 축의 직각 방향(횡방향)의 변형률을 축 방향 변형률로 나눈 값을 무엇이라고 하는가?

① 탄성계수 ② 포아송 수
③ 포아송 비 ④ 크리프 계수

해설 포아송비
$$v = \frac{횡방향\ 변형률}{종방향\ 변형률} = \frac{1}{포와송수}$$

해답 ③

26
블리딩에 대한 설명 중 틀린 것은?

① 블리딩이 많은 콘크리트는 침하량도 많다.
② 블리딩은 굵은 골재와 모르타르, 철근과 콘크리트의 부착력을 저하시킨다.
③ 블리딩은 일종의 재료분리이므로 블리딩이 크면 상부의 콘크리트가 다공질이 된다.
④ 블리딩이 많으면, 모르타르 부분의 물-시멘트가 작게 되어 강도가 크게 된다.

해설 블리딩이 많으면, 모르타르 부분의 물-결합재비가 커져 강도가 작아진다.

해답 ④

27
콘크리트의 탄산화 측정에 사용되는 페놀프탈레인용액의 농도는?

① 1% ② 2%
③ 3% ④ 4%

해설 탄산화란 경화한 콘크리트의 표면에서 공기 중의 탄산가스의 작용을 받아 서서히 수산화칼슘이 탄산칼슘으로 바뀌어 알칼리성을 잃어가는 현상을 말하며, 탄산화는 1% 페놀프탈레인용액 변색법을 이용하여 측정한다.

해답 ①

28 AE콘크리트에 관한 다음 사항 중 옳지 않은 것은?
① AE 공기량은 온도가 높을수록 감소한다.
② 단위 잔골재량이 많을수록 공기량은 감소한다.
③ AE제를 적절하게 사용하면 콘크리트의 동결융해 저항성이 향상된다.
④ 공기량 1% 증가에 대하여 압축강도가 소정의 비율로 감소한다.

해설 잔골재의 입도에 의한 영향이 크며 잔골재 중에 0.3~0.6mm의 잔입자량이 많으면 공기량은 증가한다.

해답 ②

29 10mm×150mm×530mm인 직사각형보 시험체에 4점 재하를 하여 휨강도 실험을 하였다. 실험 시 지간을 450mm로 하였으며, 최대하중이 112.5kN에서 파괴되었다. 이 콘크리트의 휨강도는?
① 15.0MPa
② 16.7MPa
③ 22.5MPa
④ 33.8MPa

해설 휨강도
$$f_b = \frac{P \cdot l}{b \cdot h^2} = \frac{112,500 \times 450}{150 \times 150^2} = 15.0 \text{N/mm}^2 = 15.0 \text{MPa}$$

해답 ①

30 콘크리트 타설 후 응결 및 경화과정에서 나타나는 초기소성 수축 균열에 대한 설명으로 옳은 것은?
① 콘크리트 표면의 물의 증발속도가 블리딩 속도보다 빠른 경우 발생되는 균열이다.
② 콘크리트 표면 가까이에 있는 철근, 매설물 또는 입자가 큰 골재 등이 침하를 방해하기 때문에 나타난다.
③ 균열이 발생하여 커지는 정도는 블리딩이 큰 콘크리트 일수록 높아진다.
④ 콘크리트 작업시 시공이음부의 레이턴스를 제거하지 않았을 때 나타난다.

해설 콘크리트 타설시 또는 타설 직후 표면에서 급속한 수분증발이 일어나 그 증발속도가 블리딩 속도보다 빨라 급속한 건조가 이루어져 콘크리트 표면에 미세한 균열이 생기는데 이를 소성수축 균열이라 한다.

해답 ①

31
플랜트에 고정믹서가 설치되어 있어 각 재료를 계량하고 혼합하여 완전히 비벼진 콘크리트를 트럭 믹서 또는 트럭 애지테이터에 투입하여 운반 중에 교반하면서 지정된 공사 현장까지 배달, 공급하는 레디믹스트 콘크리트는?

① 쉬링트 믹스트 콘크리트
② 트랜싯 믹스트 콘크리트
③ 센트럴 믹스트 콘크리트
④ 프리 믹스트 콘크리트

해설 레디믹스트 콘크리트 종류
① 센트럴 믹스트 콘크리트 : 플랜트에서 콘크리트를 완전 혼합(반죽된 콘크리트)한 후 애지테이터 트럭으로 운반하는 방법
② 쉬링크 믹스트 콘크리트 : 프랜트에서 1/2 정도 혼합한 후 애지테이터 트럭으로 운반하면서 1/2 혼합하는 방법
③ 트랜싯 믹스트 콘크리트 : 플랜트에서 재료만 실은 후 운반하면서 애지테이터 트럭으로 완전 혼합하는 방법

해답 ③

32
콘크리트의 알칼리 골재반응에 대한 설명으로 옳은 것은?

① 고로슬래그나 플라이애시 시멘트와 같은 혼합시멘트를 사용하면 알칼리 골재반응의 억제에 효과가 있다.
② 골재를 세척하여 사용하면 알칼리 골재반응을 현저히 억제할 수 있다.
③ 알칼리 골재반응을 억제하기 위해서는 나트륨이나 칼륨이온의 함량이 높은 시멘트를 사용하는 것이 좋다.
④ 화강암 계열의 골재를 골재원으로 쓰는 경우 알칼리 골재반응이 진행될 가능성이 매우 높다.

해설 알칼리 골재반응을 충분히 억제할 수 있는 방법
① 알칼리 함유량을 $3kg/m^3$ 이하로 규제한다.
② 저알칼리형 시멘트(전체 알칼리량 0.6% 이하)를 사용한다.
③ 고로 슬래그 미분말을 사용한다.
④ 플라이애시 등 포졸란 물질을 혼합한 시멘트를 사용한다.
⑤ AE제를 사용한다.
⑥ 단위 시멘트량을 가능한 한 최소화하는 것이 좋다.
⑦ 단위수량을 저감한다.
⑧ 양질의 골재를 사용한다.
⑨ 염화물 혼입을 억제한다.

해답 ①

33. 다음 중 된비빔 콘크리트용 시험이 아닌 것은?

① 비비시험
② 다짐계수시험
③ L플로시험
④ 진동대식 컨스턴스시험

해설 된비빔 콘크리트 시험방법
① 비빔 시험
② 다짐계수 시험
③ 진동대식 컨시스턴시 시험

해답 ③

34. 콘크리트 재료 계량시 혼화제의 허용오차로 옳은 것은?

① ±1%
② ±2%
③ ±3%
④ ±4%

해설 1회 계량 허용오차

재료의 종류	허용오차	측정단위
물	1% 이하	질량 또는 부피
시멘트	1% 이하	질량
골재	3% 이하	질량
혼화재[1]	2% 이하	질량
혼화제	3% 이하	질량 또는 부피

주1) 고로 슬래그 미분말 계량오차의 최대치는 1%로 한다.

해답 ③

35. 품질관리의 진행순서로 옳은 것은?

① 계획→검토→실시→조치
② 계획→실시→검토→조치
③ 계획→실시→조치→검토
④ 계획→검토→조치→실시

해설 관리사이클 4단계

해답 ②

36 품질관리를 위하여 사용하는 관리도 중 아래의 표에서 설명하는 것은?

- 계량값 관리도에 속한다.
- 정규분포 이론이 적용된다.
- 콘크리트의 압축강도, 슬럼프, 공기량 등의 특성을 관리하는데 쓰인다.

① $\bar{x}-R$ 관리도
② p 관리도
③ p_a 관리도
④ c 관리도

해설 관리도 종류

종류	데이터의 종류	관리도	적용 이론
계량값 관리도	길이, 중량, 강도, 화학성분, 압력, 슬럼프, 공기량, 생산량	$\bar{x}-R$ 관리도(평균값과 범위의 관리도) $\bar{x}-\sigma$ 관리도(평균값과 표준편차의 관리도) X 관리도(측정값 자체의 관리도)	정규분포
계수값 관리도	제품의 불량률	P 관리도(불량률 관리도)	이항분포
	불량개수	Pn 관리도(불량개수 관리도)	
	결점수(시료크기가 같을 때)	C 관리도(결점수 관리도)	푸아송분포
	단위당 결점수 (단위가 다를 때)	U 관리도(단위당 결점수 관리도)	

해답 ①

37 레디믹스트 콘크리트의 품질에 대한 항목 중 슬럼프 플로가 600mm인 경우 슬럼프 플로의 허용 오차로서 옳은 것은?

① ±25mm
② ±50mm
③ ±75mm
④ ±100mm

해설 슬럼프 플로값과 허용오차

슬럼프 플로	슬럼프 플로의 허용차
500mm	±75mm
600mm	±100mm
700mm[1]	±100mm

주1) 굵은골재의 최대치수가 13mm인 경우에 한하여 적용한다.

해답 ④

38. 품질관리의 7가지 도구 중 아래의 표에서 설명하는 것은?

> 데이터(계산치)를 일정한 폭으로 구분하고 막대그래프로 표현하여 중심, 편차, 모양의 문제점을 발견하기 위한 그래프

① 파레토도 ② 히스토그램
③ 층별   ④ 산포도

해설 TQC의 7도구
① 히스토그램 : 데이터가 어떤 분포(모집단의 분포상태, 분포의 중심위치, 분포의 산포 등)를 하고 있는가를 알아보기 위해 작성하는 그림을 말한다.
② 파레토도 : 불량 등의 발생건수를 분류 항목별로 나누어 한눈에 알 수 있도록 작성한 그림을 말한다.
③ 특성요인도 : 결과에 원인이 어떻게 관계하고 있는가를 한눈에 알 수 있도록 작성한 그림을 말한다.
④ 체크시트 : 계수치의 데이터가 분류 항목의 어디에 집중되어 있는가를 알아보기 쉽게 나타낸 그림이나 표를 말한다.
⑤ 각종 그래프 : 한눈에 파악되도록 한 각종 그래프를 말한다.
⑥ 산점도 : 대응되는 두 개의 짝으로 된 데이터를 그래프용지 위에 점으로 나타낸 그림을 말한다.
⑦ 층별 : 집단을 구성하고 있는 데이터를 특징에 따라 몇 개의 부분집단으로 나누는 것을 말한다.

해답 ②

39. 콘크리트 압축강도 시험용 공시체의 제작에 관한 설명으로 틀린 것은?

① 공시체는 지름의 2배의 높이를 가진 원기둥형으로 하며, 그 지름은 굵은 골재의 최대 치수 3배 이상, 100mm 이상으로 한다.
② 공시체를 제작할 때 콘크리트는 몰드에 2층 이상으로 거리의 동일한 두께로 나눠서 채우며, 각 층의 두께는 160mm를 초과해서는 안 된다.
③ 공시체의 캐핑을 하는 경우 캐핑층의 압축강도는 콘크리트의 예상되는 강도보다 작아야 하며, 캐핑층의 두께는 공시체의 지름의 5%를 넘어서는 안 된다.
④ 다짐봉을 사용하여 콘크리트 다지기를 할 경우, 각 층은 적어도 1,000m²에 1회의 비율로 다지도록 하고 바로 아래 층까지 다짐봉이 닿도록 한다.

해설 캐핑을 하는 경우 그 두께는 2~3mm 정도가 적당하며, 6mm를 넘으면 강도의 저하가 커지는 경향이 있다. 또한 캐핑층의 압축강도는 콘크리트의 예상되는 강도보다 작아서는 안 된다.

해답 ③

40 ϕ100mm×200mm인 콘크리트 표준공시체에 대하여 할렬인장강도 시험 결과, 하중 62.8kN에서 파괴되었다. 이 공시체의 인장강도는?

① 0.1MPa ② 0.2MPa
③ 1.0MPa ④ 2.0MPa

해설) $f_{sp} = \dfrac{2P}{\pi dl} = \dfrac{2 \times 62.8 \times 10^3}{\pi \times 100 \times 200} = 2.0 N/mm^2 = 2.0 MPa$

해답 ④

제3과목 콘크리트의 시공

41 아래의 표에서 설명하는 콘크리트의 이음은?

> 콘크리트 구조물의 경우는 화열이나 외기온도 등에 의해 온도 변화, 건조수축, 외력 등 변형을 생기게 하는 요인이 많다. 이와 같은 변형이 구속되면 균열이 발생한다. 그래서 미리 어느 정해진 장소에 균열을 집중시킬 목적으로 소정의 간격으로 단면 결손부를 설치하여 균열을 강제적으로 생기게 하는 이음을 설치하는 것이 좋다.

① 균열유발이음 ② 수평시공이음
③ 연직시공이음 ④ 신축이음

해설) **수축이음**(Control Joint, 균열유발 이음, 수축줄눈)은 콘크리트의 건조수축 균열 또는 온도 균열 등이 쉽게 발생하도록 미리 적당한 간격으로 이음(줄눈)을 설치해 두어 이음 이외의 장소에 균열 발생이 어렵도록 하는 이음을 말한다.

해답 ①

42 해양콘크리트 구조물에서 노출등급 EF1에 해당하는 경우, 굵은 골재의 최대치수가 25mm일 때, 사용하는 AE 콘크리트의 공기량의 표준은 몇 %인가?

① 4.5% ② 5.0%
③ 5.5% ④ 6.0%

해설) AE제, AE감수제 또는 고성능AE감수제를 사용한 콘크리트의 공기량은 굵은 골재 최대 치수와 노출등급을 고려하여 다음 표와 같이 정하며, 운반 후 공기량은 이 값에서 ±1.5% 이내이어야 한다.

공기연행콘크리트 공기량의 표준값

굵은 골재의 최대 치수(mm)	공기량(%)	
	심한 노출[1]	일반 노출[2]
10	7.5	6.0
15	7.0	5.5
20	6.0	5.0
25	6.0	4.5
40	5.5	4.5

[주] 1) 노출등급 EF2, EF3, EF4
2) 노출등급 EF1

해답 ①

43
매스콘크리트의 수화열 저감을 위하여 사용되는 시멘트가 아닌 것은?

① 중용열포클랜드시멘트
② 고로슬래그시멘트
③ 플라이애시시멘트
④ 알루미나시멘트

해설 알루미나 시멘트는 발열량이 크므로 수화열을 저감시킬 수 없다.

해답 ④

44
서중콘크리트에 대한 설명 중 틀린 것은?

① 콘크리트를 타설할 때 콘크리트의 온도가 25℃를 초과하는 것이 예상되는 경우에는 서중콘크리트로서 시공하여야 한다.
② 펌프로 수송할 경우에는 수송관을 젖은 천으로 덮는 것이 좋다.
③ 양생할 때 목재거푸집의 경우처럼 거푸집판에 따라서 건조가 일어날 염려가 있는 경우에는 거푸집까지 습윤상태로 유지하여야 한다.
④ 콘크리트를 타설할 때 콘크리트의 온도는 35℃ 이하이어야 한다.

해설 높은 외부기온으로 콘크리트의 슬럼프 저하나 수분의 급격한 증발 등의 염려가 있을 경우에 시공되는 콘크리트로서 하루 평균기온이 25℃(최고 온도 30℃초과)를 초과하는 경우 서중 콘크리트로 시공한다.

해답 ①

45
수중불분리성 콘크리트의 타설에 대한 설명으로 틀린 것은?

① 유속이 50mm/s 정도 이하의 정수 중에서 타설하여야 한다.
② 수중 낙하높이는 0.5m 이하이어야 한다.
③ 수중 유동거리는 10m 이하로 하여야 한다.
④ 콘크리트 펌프로 압송할 경우, 압송압력은 보통콘크리트의 2~3배로 하여야 한다.

해설 콘크리트를 과도히 유동시키는 것은 품질저하 및 불균일성을 발생시킬 위험이 있으므로 수중 유동거리는 5m 이하로 하여야 한다.

해답 ③

46
바닥틀의 시공이음에 대한 아래 표의 설명에서 ( )안에 알맞은 수치는?

> 바닥틀의 시공이음은 슬래브 또는 보의 경간 중앙부 부근에 두어야 한다. 다만, 보가 그 경간 중에서 작은 보와 교차할 경우에는 작은 보의 폭의 약 ( )배 거리만큼 떨어진 곳에 보의 시공이음을 설치하고, 시공이음을 통하는 경사진 인장철근을 배치하여 전단력에 대하여 하여야 한다.

① 1　　② 2
③ 3　　④ 4

해설 바닥틀의 시공이음은 슬래브 또는 보의 경간 중앙부 부근에 두어야 한다. 다만, 보가 그 경간 중에서 작은 보와 교차할 경우에는 작은 보의 폭의 약 2배 거리만큼 떨어진 곳에 보의 시공이음을 설치하고, 시공이음을 통하는 경사진 인장철근을 배치하여 전단력에 대하여 하여야 한다.

해답 ②

47
숏크리트에서 리바운드율을 저감하기 위한 대책이다. 옳지 않은 것은?

① 분사 부착면을 거칠게 한다.
② 건식공법을 사용한다.
③ 숙련된 노즐맨(nozzle man)이 작업토록 한다.
④ 뿜는 압력을 일정하게 한다.

해설 습식공법이 리바운드량이 적다.

해답 ②

48
콘크리트 공장제품의 재료에 대한 설명으로 틀린 것은?

① 프리스트레스트 콘크리트 공장 제품의 경우 순환골재를 사용할 수 없다.
② 일반적으로 혼화제를 사용하지 않는다.
③ 잔골재의 경우 크고 작은 입자가 적절히 혼합되어 있는 것을 쓰는 것이 좋다.
④ 철근으로 사용할 강재는 KS 규격에 적합한 것을 사용한다.

해설 콘크리트 공장제품의 경우 품질 개선을 위해 혼화제를 사용하기도 한다. 공장제품에 많이 사용하는 혼화제로는 공기연행제, 감수제, 고성능 감수제, 공기연행 감수제, 고성능 공기연행 감수제 등과 증점제, 방청제 등이 있다.

해답 ②

49 콘크리트가 굳지 않은 상태일 때 콘크리트 표면의 수분 증발속도가 블리딩(bleeding) 수의 상승속도를 상회하는 경우 표면 부근이 급격하게 건조되면서 발생하는 균열을 무엇이라고 하는가?

① 건조수축균열 ② 수화구축균열
③ 소성수축균열 ④ 자가수축균열

해설 콘크리트 타설시 또는 타설 직후 표면에서 급속한 수분증발이 일어나 그 증발속도가 블리딩 속도보다 빨라 급속한 건조가 이루어져 콘크리트 표면에 미세한 균열이 생기는데 이를 소성수축 균열이라 한다.

해답 ③

50 한중콘크리트로 시공해야 하는 기준이 되는 기상조건에 대한 설명으로 옳은 것은?

① 하루의 최고기온이 4℃ 이하인 조건일 때
② 하루의 평균기온이 4℃ 이하인 예상되는 조건일 때
③ 한주의 평균기온이 4℃ 이하인 예상되는 조건일 때
④ 하루의 최저기온이 4℃ 이하인 조건일 때

해설 하루의 평균기온이 4℃ 이하가 예상되는 조건일 때는 한중 콘크리트로서 시공하여야 한다.

해답 ②

51 아래 표의 ( )안에 공통적으로 들어갈 적합한 수치는?

해양콘크리트 구조물에 부득이 시공이음부를 설치할 경우 만조위로부터 위로 ( )m, 간조위보부터 아래로 ( )m 사이의 감조부분에는 시공이음이 생기지 않도록 시공계획을 세워야 한다.

① 0.2 ② 0.4
③ 0.6 ④ 0.8

해설 시공이음이 있어서는 안 되는 구간
① 만조위로부터 위로 0.6m 사이
② 간조위로부터 아래로 0.6m 사이

해답 ③

52
아래 표와 같은 경우 콘크리트의 강도는 재령 며칠의 압축강도 시험값을 기준으로 하는가?

> 촉진양생을 하지 않은 공장 제품이나 비교적 부재 두께가 큰 공장 제품

① 7일
② 14일
③ 28일
④ 91일

해설 공장 제품에 사용하는 콘크리트의 강도 시험은 KS F 2405에 따라 실시하며 다음 중 어느 하나의 방법에 의해 구한 압축강도로 나타내는 것을 원칙으로 한다.
① 일반적인 공장 제품은 재령 14일에서의 압축강도 시험값
② 오토클레이브 양생 등의 특수한 촉진 양생을 하는 공장 제품은 14일 이전의 적절한 재령에서 압축강도 시험값
③ 촉진양생을 하지 않은 공장 제품이나 비교적 부재 두께가 큰 공장 제품은 재령 28일에서 압축강도 시험값

해답 ③

53
숏크리트 시공에 대한 일반적인 설명으로 틀린 것은?

① 숏크리트는 타설되는 장소의 대기 온도가 30℃ 이상이 되면 건식 및 습식 숏크리트 모두 뿜어붙이기를 할 수 없다.
② 숏크리트는 대기 온도가 10℃ 이상일 때 뿜어붙이기를 실시하며, 그 이하의 온도일 때는 적절한 온도대책을 세운 후 실시한다.
③ 건식 숏크리트는 배치 후 45분 이내에 뿜어붙이기를 실시하여야 한다.
④ 습식 숏크리트는 배치 후 60분 이내에 뿜어붙이기를 실시하여야 한다.

해설 숏크리트는 타설되는 장소의 대기 온도가 38℃ 이상이 되면 건식 및 습식 숏크리트 모두 뿜어붙이기를 할 수 없으며, 적절한 온도 대책을 세운 후 타설하여야 한다. 또한 보강재 및 뿜어붙일 면의 온도 역시 38℃보다 낮은 온도로 사전처리를 한 후 뿜어붙이기를 실시하여야 한다.

해답 ①

54
경량골재콘크리트의 장점으로 적합하지 않은 것은?

① 자중이 가벼워서 구조체 부재의 치수를 줄일 수 있다.
② 열전도율 및 선팽창률이 작다.
③ 건조수축과 수중팽창이 작다.
④ 질량이 작아 콘크리트의 운반과 타설이 용이하다.

해설 경량골재는 다공질로서 물 흡수율이 커 건조수축도 커진다.

해답 ③

55 매스 콘크리트에서 철근이 배치된 일반적인 구조물 중 균열 발생을 제한할 경우 표준적인 온도균열지수의 값으로 옳은 것은?

① 1.5~2.3
② 1.2~1.5
③ 0.7~1.2
④ 0.3~0.7

해설 철근이 배치된 일반적인 구조물에서의 표준적인 온도균열지수 값
① 균열 발생을 방지하여야 할 경우 : 1.5 이상
② 균열 발생을 제한할 경우 : 1.2 이상 1.5 미만
③ 유해한 균열 발생을 제한할 경우 : 0.7 이상 1.2 미만

해답 ②

56 고강도 콘크리트에 대한 설명으로 틀린 것은?

① 설계기준 압축강도가 보통(중량) 콘크리트에서 40MPa 이상인 콘크리트를 고강도 콘크리트라 한다.
② 설계기준 압축강도가 경량골재 콘크리트에서 27MPa 이상인 콘크리트를 고강도 콘크리트라 한다.
③ 고강도 콘크리트에 사용되는 굵은 골재의 최대 치수는 40mm 이하로서 가능한 25mm 이하로 한다.
④ 콘크리트의 수밀성을 높이기 위하여 공기연행제를 사용하는 것을 원칙으로 한다.

해설 고강도 콘크리트란 설계기준강도가 일반 콘크리트에서 40MPa 이상, 경량골재 콘크리트에서 27MPa 이상인 경우의 콘크리트를 말하며, 공기연행 콘크리트를 사용하지 않는 것을 원칙으로 한다. 단, 기상의 변화가 심하거나 동결융해에 대한 대책이 필요한 경우에는 공기연행 콘크리트를 사용할 수 있다.

해답 ④

57 오토클레이브 양생의 특징으로 틀린 것은?

① 오토클레이브 양생을 한 콘크리트의 외관은 보통양생한 포틀랜드시멘트 콘크리트 색의 특징과 다르며, 흰 색을 띤다.
② 내구성이 좋고, 황산염 반응에 대한 저항성이 크다.
③ 용해성의 유리 석회가 없기 때문에 백태현상을 감소시킨다.
④ 보통양생한 콘크리트에 비해 철근의 부착강도가 약 2배 정도가 된다.

해설 오토클레이브 양생의 경우 철근과의 부착강도가 표준양생에 비해 1/2 정도로 작다.

해답 ④

58
콘크리트의 타설에 관한 설명으로 옳지 않은 것은?

① 원칙적으로 시공계획서를 따른다.
② 한 구획내의 콘크리트는 타설이 완료될 때까지 연속해서 타설한다.
③ 타설한 콘크리트는 거푸집 안에서 횡방향으로 이동시켜서는 안된다.
④ 2층 이상으로 나누어 타설할 경우, 상층의 콘크리트는 하층의 콘크리트가 경화한 다음 타설한다.

해설 콘크리트 타설 1층 높이는 다짐능력을 고려하여 결정하여야 한다. 또한 콘크리트를 2층 이상으로 나누어 타설할 경우, 상층의 콘크리트 타설은 원칙적으로 하층의 콘크리트가 굳기 시작하기 전에 타설하여야 하며, 상층과 하층이 일체가 되도록 시공하여야 한다.

해답 ④

59
일반적인 섬유보강 콘크리트에서 콘크리트에 대한 강섬유의 혼합비율은 용적백분율(%)로 대략 얼마 정도인가?

① 0.1~0.5
② 0.5~2.0
③ 2.0~4.0
④ 4.0~7.0

해설 **섬유보강 콘크리트의 섬유혼입률**
① 섬유혼입률이란 섬유보강 콘크리트 $1m^3$ 중에 점유하는 섬유의 용적백분율(%)을 말한다.
② 강섬유 혼입률은 일반적으로 0.5~2%정도(용적 백분율)이다.

해답 ②

60
콘크리트를 2층 이상으로 나누어 타설할 경우 각 층의 콘크리트가 일체화되도록 아래층 콘크리트가 경화되기 전 위층 콘크리트를 쳐야 한다. 외기기온은 25℃ 이하인 경우 허용 이어치기 시간간격의 표준은?

① 1시간
② 1.5시간
③ 2시간
④ 2.5시간

해설 ① 외기온도 25℃ 초과의 경우 이어치기 허용시간 간격 : 2.0시간
② 외기온도 25℃ 이하의 경우 이어치기 허용시간 간격 : 2.5시간

해답 ④

제4과목 콘크리트 구조 및 유지관리

61 내동해성이 작은 골재를 콘크리트에 사용하는 경우 동결융해작용에 의해 골재가 팽창하여 파괴되어 떨어져 나가거나 그 위치의 콘크리트 표면이 떨어져 나가는 현상을 무엇이라 하는가?

① 침식   ② 백화
③ 스케일링   ④ 팝아웃

해설 골재가 팽창하여 파괴되어 떨어져 나가거나 그 위치의 콘크리트 표면이 떨어져 나가는 현상을 팝아웃(Pop-out)이라 한다.

해답 ④

62 콘크리트 보수를 위해 각종 섬유를 사용할 경우 섬유가 갖추어야 할 조건으로 맞지 않는 것은?

① 작업에서 시공성이 우수해야 한다.
② 섬유의 인성과 연성이 풍부해야 한다.
③ 섬유의 압축강도가 커야 한다.
④ 섬유와 결합재의 부착이 좋아야 한다.

해설 섬유의 경우 단면강성의 증가가 적어 콘크리트 압축강도 증진에 효과적이지 못하다.

해답 ③

63 강도설계법에 의해 설계된 폭 300mm, 유효깊이 500mm인 직사각형보에서 콘크리트가 부담하는 전단강도(V_c)는? (단, f_{ck}=28MPa이다.)

① 132.3kN   ② 168.9kN
③ 204.5kN   ④ 268.2kN

해설 콘크리트가 부담하는 전단강도
$$V_c = \frac{1}{6}\lambda\sqrt{f_{ck}}\,b_w d = \frac{1}{6}\times 1 \times \sqrt{28}\times 300 \times 500 = 132{,}287\text{N} = 132.3\text{kN}$$

해답 ①

64 기본 정착길이의 계산값이 650mm이고, 고려해야 할 보정계수가 1.3인 부재에서 인장 이형철근의 소요 정착길이는?

① 500mm ② 627mm
③ 845mm ④ 942mm

해설 정착길이
l_d = 기본정착길이(l_{db}) × 보정계수 = 650 × 1.3 = 845mm

해답 ③

65 콘크리트 구조물의 보수공법 중 에폭시계 수지 주입공법의 효과에 대한 설명으로 틀린 것은?

① 에폭시 수지재의 탄성계수가 일반콘크리트에 비해 일반적으로 상당히 높아서 구조물의 직접적인 내력증진 효과가 있다.
② 콘크리트 균열부분을 수지로 채움으로서 콘크리트 바닥판의 수밀성을 증대시킨다.
③ 콘크리트 및 철근의 열화를 방지한다.
④ 균열부의 수지주입은 보강과 병용하면 보다 효과적이다.

해설 에폭시계 수지는 강도는 높아도 탄성계수가 낮아 완전한 구조물의 일체를 도모하기에 어려움이 있다.

해답 ①

66 콘크리트내의 철근은 외부로부터의 염화물 침투에 의해서 부식할 수 있다. 다음 중 철근의 부식에 미치는 영향이 가장 적은 것은?

① 콘크리트에 침투하는 염화물의 양
② 콘크리트의 침투성
③ 콘크리트의 설계기준강도
④ 습기와 산소의 양

해설 콘크리트의 설계기준강도와 철근의 부식과는 직접적인 연관성이 없다.

해답 ③

67

아래 그림과 같은 단철근 직사각형보의 등가 응력사각형의 깊이(a)는? (단, $f_{ck}=$ 28MPa, $f_y=$ 400MPa)

① 252.3mm
② 268.9mm
③ 275.4mm
④ 284.7mm

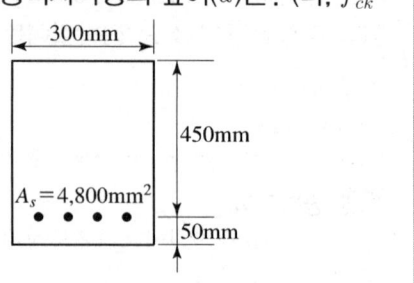

해설 등가 응력사각형의 깊이

$$a = \frac{A_s f_y}{\eta 0.85 f_{ck} b} = \frac{4,800 \times 400}{1 \times 0.85 \times 28 \times 300} = 268.9 \text{mm}$$

해답 ②

68

아래 그림과 같은 단면을 가지는 단순보에서 지속하중에 의해 생긴 순간처짐이 25mm이었다. 5년이 경과한 후의 총 처짐량은?

① 58.3mm
② 47.8mm
③ 47.8mm
④ 42.4mm

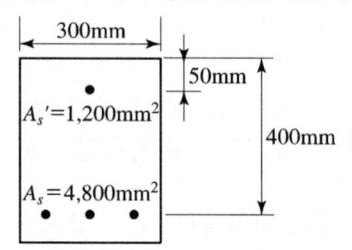

해설
① 압축철근비 $\rho' = \dfrac{A'}{bd} = \dfrac{1,200}{300 \times 400} = 0.01$
② 시간경과 계수 ϵ
  5년이 경과하였으므로 $\epsilon = 2.0$
  (5년 이상 : 2.0, 12개월 : 1.4, 6개월 1.2, 3개월 : 1.0)
③ 처짐계수 $\lambda = \dfrac{\epsilon}{1+50\rho'} = \dfrac{20}{1+50 \times 0.01} = 1.33$
④ 장기처짐 = 순간처짐(탄성침하) × 장기처짐계수(λ) = 25 × 1.33 = 33.3mm
⑤ 총처짐량 = 순간처짐 + 장기처짐 = 25 + 33.3 = 58.3mm

해답 ①

69

단철근 직사각형보에서 $f_y=$ 400Mpa, 유효깊이는 700mm일 때 압축연단에서 중립축까지의 거리(c)는? (단, 강도설계법으로 균형단면으로 계산하며, 설계기준강도는 40MPa 이하인 경우로 한다.)

① 400mm   ② 436mm
③ 434mm   ④ 472mm

해설 ① 설계기준강도가 40MPa 이하인 경우이므로 $\epsilon_{cu} = 0.0033$

② $c = \dfrac{\epsilon_{cu}}{\epsilon_{cu} + \dfrac{f_y}{200,000}} d = \dfrac{0.0033}{0.0033 + \dfrac{400}{200,000}} \times 700 = 435.849\text{mm}$

해답 ②

70
탄산화(중성화) 속도계수가 9mm/$\sqrt{년}$ 인 콘크리트 구조물이 16년 경과한 시점의 탄산화(중성화) 깊이는? (단, 예측식의 변동성을 고려한 안전계수는 1로 가정한다.)

① 14mm ② 36mm
③ 48mm ④ 144mm

해설 탄산화(중성화) 깊이
$X = A\sqrt{t} = 9\sqrt{16} = 36\text{mm}$

해답 ②

71
길이 6m의 단순 철근콘크리트보에서 처짐을 계산하지 않아도 되는 보의 최소두께는 얼마인가? (단, $f_{ck} = 24\text{MPa}$, $f_y = 400\text{MPa}$)

① 375mm ② 324mm
③ 300mm ④ 250mm

해설 설계기준항복강도가 400MPa인 단순지지 보이므로
처짐을 계산하지 않아도 되는 최소두께는 $\dfrac{l}{16}$

$t = \dfrac{l}{16} = \dfrac{6,000}{16} = 375\text{mm}$

해답 ①

72
알칼리 골재반응이 일어나기 위해서는 일반적으로 반응이 3조건이 충족되어야 한다. 여기에 해당되지 않는 것은?

① 골재 중의 유해 물질 ② 대기 중의 이산화탄소
③ 시멘트 중의 알칼리 ④ 반응을 촉진하는 수분

해설 알칼리 골재반응 3조건
① 골재 중의 유해물질
② 시멘트 중의 알칼리
③ 반응을 촉진하는 수분

해답 ②

73 콘크리트 구조물에 0.1mm 정도의 미세한 균열이 발생할 경우 내구성이 저하하게 된다. 따라서 구조물의 방수성이 내구성을 향상시키기 위해 균열 발생 부위에 도막을 형성하여 보수하는 방법은?

① 라이닝공법 ② 재알칼리화공법
③ 강판접착공법 ④ 표면처리공법

해설 표면처리 공법은 폭 0.2mm 이하의 균열에 대한 내구성 및 방수성을 확보하기 위한 방법이다.

해답 ④

74 콘크리트 구조물의 압축강도를 조사하는 방법으로 거리가 먼 것은?

① 반발경도법 ② 초음파속도법
③ 자연전위법 ④ 인발법

해설 ① 강도평가 방법
 ㉠ 코어 압축강도(코어 테스트) ㉡ 반발경도법
 ㉢ 초음파법 ㉣ 관입저항법
 ㉤ 인발법(Pull-out법) ㉥ Maturity법(성숙도법)
 ㉦ Pull-off법 ㉧ 복합법
 ㉨ 부착강도시험
② 부식 조사
 ㉠ 전기화학적 방법
  ⓐ 자연전위법 ⓑ 표면전위차법 ⓒ 전기저항법
  ⓓ 분극저항법 ⓔ 교류 임피던스 ⓕ 와류탐사법
 ㉡ 물리적 방법
  ⓐ 육안관찰 ⓑ 해머 타음법, 초음파법, 적외선법
  ⓒ X선 투과시험

해답 ③

75 강도설계법의 기본가정에 대한 설명 중 옳지 않은 것은?

① 철근 및 콘크리트의 변형률은 중립축으로부터의 거리에 비례한다.
② 압축측 연단에서 콘크리트의 최대변형률은 0.003으로 가정한다.
③ 항복강도 f_y 이내에서 철근의 응력은 그 변형률의 E_s배로 본다.
④ 콘크리트의 인장강도는 휨계산에서 $0.25\sqrt{f_{ck}}$로 계산한다.

해설 콘크리트의 인장강도는 무시한다.

해답 ④

76 압축부재의 축방향 주철근의 최소 개수에 대한 설명으로 틀린 것은?

① 사각형 띠철근으로 둘러싸인 경우 4개
② 원형 띠철근으로 둘러싸인 경우 5개
③ 삼각형 띠철근으로 둘러싸인 경우 3개
④ 나선철근으로 둘러싸인 경우 6개

해설 축방향 철근의 최소 개수

띠철근 기둥	나선철근 기둥
직사각형 단면 : 4개 원형 단면 : 4개 삼각형 단면 : 3개	6개 (원형)

해답 ②

77 현행 콘크리트 구조설계기중에서 고정하중(D)과 활하중(L)이 작용하는 경우의 하중조합으로 옳은 것은?

① $1.4(D+L)$
② $0.75(1.4D+1.7L)$
③ $1.4D+1.7L$
④ $1.2D+1.6L$

해설 $U=1.2D+1.6L$와 $U=1.4D$ 중 큰 값을 사용하며, 일반적으로 $U=1.2D+1.6L$의 식이 사용된다.

해답 ④

78 옹벽의 전도에 대한 안정조건으로 옳은 것은?

① 전도휨모멘트는 저항휨모멘트의 2.0배 이상이어야 한다.
② 저항휨모멘트는 전도휨모멘트의 2.0배 이상이어야 한다.
③ 전도휨모멘트는 저항휨모멘트의 1.5배 이상이어야 한다.
④ 저항휨모멘트는 전도휨모멘트의 1.5배 이상이어야 한다.

해설 전도에 대한 저항모멘트는 횡토압에 의한 전도모멘트의 2.0배 이상이어야 한다.
$$F_s = \frac{\text{저항모멘트 } M_r}{\text{전도 휨 모멘트 } M_o} \geq 2.0$$

해답 ②

79 다음 중 경화 후 발생하는 콘크리트 균열발생 유형이 아닌 것은?

① 소성수축 및 침하
② 동결융해의 반복
③ 알칼리 골재반응
④ 탄산화

> **해설** 콘크리트 경화 전 초기 균열의 종류
> ① 침하에 의한 균열(침하 수축 균열)
> ② 플라스틱 수축 균열(소성 수축 균열)
> ③ 거푸집의 변형에 의한 균열
> ④ 진동, 재하에 의한 균열
> ⑤ 수화열에 의한 균열
>
> **해답** ①

80 섬유보강 접착 공법에 사용하는 보강 재료로써 가장 부적합한 것은?
① 탄소섬유
② 유리섬유
③ 아라미드섬유
④ 폴리에스테르섬유

> **해설** 섬유시트의 종류
> ① 탄소섬유 : 실적이 좋고, 품질이 안정적이며, 고강도, 고탄성의 탄소섬유가 현장에서는 많이 사용된다.
> ② 유리섬유
> ③ 아라미드섬유
>
> **해답** ④

콘크리트산업기사

2022년 5월 CBT 시행

본 문제는 복원 기출문제입니다. 실제 문제와 다를 수 있으니 양해바랍니다.

제1과목 콘크리트 재료 및 배합

01 콘크리트에 사용되는 혼화제에 관하여 옳지 않은 것은?

① AE제는 공기연행제로 동결융해에 대한 저항성을 향상시킨다.
② 고성능 AE감수제는 공기연행 작용 및 시멘트 분산작용을 대폭적으로 증대시켜 우수한 유동성과 슬럼프 유지능력을 가진 혼화제이다.
③ 유동화제는 분산효과가 크고 슬럼프 경사변화가 적은 특성이 있다.
④ 수축저감제는 모세관수의 표면장력을 저하시켜 건조수축을 저감하는 특성이 있다.

해설 유동화제는 분산효과가 크고 슬럼프 변화가 큰 특성이 있다.

해답 ③

02 골재의 단위용적질량 시험에 대한 설명으로 틀린 것은?

① 시료를 채우는 방법은 충격에 의한 방법을 사용함을 원칙으로 하지만, 시료 손상의 우려가 있는 경우에 한하여 봉다지기 방법을 사용한다.
② 시료는 절건 상태로 하여야 하나, 굵은 골재의 경우는 기건 상태이어도 좋다.
③ 단위 용적 질량의 측정은 규정된 방법으로 용기에 시료를 채우고 골재의 표면을 고른 후, 용기 안의 시료의 질량을 측정한다.
④ 시험은 동시에 채취한 시료에 대하여 2회 실시한다.

해설 골재의 단위용적질량 시험(KS F 2505)은 시험방법을 골재의 최대치수에 따라 3가지로 나누며, 일반적인 경우 봉다짐방법을 사용한다.
① 다짐대를 사용하는 방법
② 충격을 이용하는 방법
③ 삽을 이용하는 방법

해답 ①

03 콘크리트 배합에 관한 일반적인 내용에 대한 설명으로 옳은 것은?
① 잔골재율을 크게 하면 소요의 공기량을 확보하기 위한 AE제의 사용량은 많아진다.
② 강자갈과 부순자갈을 혼합한 굵은골재에서 부순자갈의 혼합률을 크게 하면 소요의 슬럼프를 얻기 위한 단위수량은 작아진다.
③ 잔골재를 조립률이 큰 것으로 바꾸어 사용하면 동등의 워커빌리티를 확보하기 위한 잔골재율은 커진다.
④ 굵은골재를 실적률이 작은 것으로 바꾸어 사용하면 동등의 워커빌리티를 확보하기 위한 잔골재율은 작아진다.

해설 ① 잔골재율이 작으면 공기량은 감소하고, 잔골재율을 크게 할 경우 공기량이 일반적으로 증가하므로 AE제 사용량이 적어지는 경향이 있다.
② 강자갈과 부순자갈을 혼합한 굵은골재에서 부순자갈의 혼합률을 크게 하면 소요의 슬럼프를 얻기 위한 단위수량은 증가한다.
③ 모래 조립률이 0.1 만큼 클(작을) 때마다 잔골재율은 0.5 만큼 크게(작게) 한다.
④ 굵은골재를 실적률이 작은 것으로 바꾸어 사용하면 공극이 많아져 동등의 워커빌리티를 확보하기 위한 잔골재율은 증가하게 된다.

해답 ③

04 콘크리트용 혼화재료 중 실리카 퓸에 대한 설명으로 틀린 것은?
① 실리카 퓸을 사용하면 단위수량을 감소시킬 수 있고, 건조수축이 줄어든다.
② 실리카 퓸을 사용하면 재료분리 저항성, 수밀성 등이 향상된다.
③ 실리카 퓸을 사용하면 알칼리 골재반응의 억제효과 및 강도증가 등을 기대할 수 있다.
④ 각종 실리콘이나 훼로 실리콘 등의 규소합금을 전기아크식 노에서 제조할 때 배출되는 가스에 부유하여 발생하는 부산물의 총칭이다.

해설 실리카 퓸을 사용한 콘크리트의 일반적 특성
① 굳지 않은 콘크리트의 재료분리가 감소된다.
② 투수성이 작아 수밀성이 향상된다.
③ 수화 초기의 발열량이 작아 콘크리트의 온도상승 억제에 효과가 있다.
④ 동일한 슬럼프를 얻기 위한 단위수량이 증가된다.

해답 ①

05
실제 사용한 콘크리트의 40회 압축강도 시험으로부터 압축강도(MPa) 잔차의 제곱을 구하여 합한 값이 624이었다. 콘크리트의 배합강도를 결정하기 위한 압축강도의 표준편차를 구하면?

① 3.0MPa
② 3.5MPa
③ 4.0MPa
④ 4.5MPa

해설
① 잔차의 제곱합(편차) $s = 624$
② 시료 개수 $n = 40$
③ 배합강도 결정을 위한 압축강도의 표준편차
$$\sigma = \sqrt{\frac{S}{n-1}} = \sqrt{\frac{624}{40-1}} = 4.0\text{MPa}$$

해답 ③

06
굵은 골재의 최대치수가 20mm인 시료로 밀도 및 흡수율 시험(KS F 2503)을 실시하고자 한다. 1회 시험에 사용하는 시료의 최소 질량으로 옳은 것은? (단, 보통 골재를 사용한다.)

① 1kg
② 2kg
③ 3kg
④ 4kg

해설 보통 골재를 사용하는 최소 질량은 굵은 골재의 최대치수(mm표시)의 0.1배를 kg으로 나타내는 양으로 한다.
$m_{\min} = 0.1 \times 20 = 2\text{kg}$

해답 ②

07
잔골재의 밀도 및 흡수율시험에서 다음과 같은 데이터를 얻었을 때 흡수율(%)은?

- 절대건조 상태의 시료 질량(g) : 495
- 표면건조 포화상태의 시료 질량(g) : 500

① 1.01%
② 1.54%
③ 2.50%
④ 3.84%

해설 흡수율 $= \dfrac{B-D}{D} \times 100 = \dfrac{500-495}{495} \times 100 = 1.01\%$
여기서, B : 표면건조포화상태 시료 질량
D : 절대건조상태 시료 질량

해답 ①

08
다음의 시멘트 중에서 해안가 혹은 해수와 접하는 곳의 철근콘크리트구조물 공사에 가장 적합한 것은?

① 보통 포틀랜드 시멘트
② 저발열 시멘트
③ 중용열 포틀랜드 시멘트
④ 조강 포틀랜드 시멘트

해설 내황산염 시멘트가 공장폐수 및 해수 중의 황산염의 침식작용에 대한 화학저항성을 높인 시멘트로 적합하나, 중용열 포틀랜드 시멘트 또한 화학저항성이 크고 내산성이 우수하여 해수에 접하는 철근 콘크리트 구조물 공사에 적합하다.

해답 ③

09
잔골재율(S/a)이 47.5%, 단위골재의 절대용적이 700l, 잔골재의 표건밀도가 2.62g/cm^3 일 때 단위잔골재량은?

① 325kg/m^3
② 534kg/m^3
③ 725kg/m^3
④ 871kg/m^3

해설 ① 단위 잔골재량 절대체적(V_s)
$V_s = V_a \times S/a = 0.7 \times 0.475 = 0.3325 \text{m}^3$
② 단위 잔골재량
$V_s \times$ 잔골재 비중 $\times 1000 \text{kg/m}^3 = 0.3325 \times 2.62 \times 1000 = 871.15 \text{kg/m}^3$

해답 ④

10
다음 중 시멘트의 분말도를 구하기 위한 시험은?

① 모르타르 바 시험
② 블레인 공기 투과 장치에 의한 시험
③ 오토클레이브 시험
④ 비카트 침에 의한 시험

해설 분말도 시험의 기구 및 재료
① 블레인 공기투과 장치 ② 마노미터액 ③ 스톱워치
④ 거름종이 ⑤ 저울 ⑥ 숟가락
⑦ 솔 ⑧ 시료병 ⑨ 45μm 표준체

해답 ②

11
체가름 시험결과 잔골재 조립률 2.65, 굵은 골재 조립률 7.38이며 잔골재 대 굵은 골재비를 1 : 1.6으로 할 때 혼합골재의 조립률은?

① 4.56
② 5.56
③ 6.56
④ 7.56

해설 혼합골재 조립률
$$b = \frac{mp+nq}{m+n} = \frac{1 \times 2.65 + 1.6 \times 7.38}{1+1.6} = 5.56$$
여기서, p : 잔골재 조립률, q : 굵은골재 조립률
잔골재 중량 : 굵은골재 중량 $= m : n$

해답 ②

12

호칭강도가 25MPa이고 30회 이상의 압축강도 시험실적으로부터 구한 표준편차가 3.5MPa이라면 배합강도는?

① 29.7MPa ② 31.6MPa
③ 33.9MPa ④ 35.0MPa

해설 $f_{cn} = 25\text{MPa} \leq 35\text{MPa}$이므로
① $f_{cr} = f_{cn} + 1.34s = 25 + 1.34 \times 3.5 = 29.7\text{MPa}$
② $f_{cr} = (f_{cn} - 3.5) + 2.33s = (25-3.5) + 2.33 \times 3.5 = 29.7\text{MPa}$
③ 둘 중 큰 값인 29.7MPa를 배합강도로 한다.

해답 ①

13

콘크리트용 플라이애시의 품질을 평가하기 위한 시험항목으로 적합하지 않은 것은?

① 밀도 ② 비표면적(브레인 방법)
③ 활성도 지수 ④ 염기도

해설 플라이애시 품질규정

항목		플라이애시 1종	플라이애시 2종
이산화규소(SiO_2)		45%이상	45%이상
수분		1.0% 이하	1.0% 이하
강열감량		3.0% 이하	5.0% 이하
밀도(g/cm³)		1.95 이상	1.95 이상
분말도	45μm체 망체방법(%)	10 이하	40 이하
	비표면적(cm²/g) (블레인 방법)	4,500 이상	3,000 이상
플로값 비(%)		105 이상	95 이상
활성도 지수(%)	재령 28일	90 이하	80 이상
	재령 91일	100 이상	90 이상

① 단위수량비는 102% 이하이어야 한다.
② 재령 28일의 압축강도비는 60% 이상이어야 한다.

해답 ④

14 알루미나 시멘트의 특성에 관한 다음 설명 중 옳지 않은 것은?
① 포틀랜드 시멘트에 비하여 빨리 응결하는 특성을 갖는다.
② 응결 및 경화시 발열량이 적다.
③ 화학적 저항성이 크고 내구성도 크나 가격이 고가이다.
④ 내화성이 우수하므로 내화물용으로 사용된다.

[해설] 알루미나 시멘트는 발열량이 커 초조기강도를 나타낸다.

[해답 ②]

15 다음 혼화제 중 콘크리트의 배합수량에 미치는 영향이 가장 적은 것은?
① 감수제 ② AE제
③ 유동화제 ④ 급결제

[해설]
① AE제, 감수제, 플라이애시 등의 혼화재료는 콘크리트의 워커빌리티를 크게 개선시키므로 단위수량을 감소시킨다.
② 유동화제는 동일한 물-결합재비의 콘크리트에 첨가하여 콘크리트의 품질은 변동 없이 작업성을 크게 향상시키므로 단위수량을 감소시킨다.
③ 급결제는 응결시간을 매우 빨리 하여 순간적인 응결과 경화가 요구되는 숏크리트 공법 및 그라우트에 의한 지수공법 등에 사용되는 것으로 배합수량에 큰 영향을 끼치지 않는다.

[해답 ④]

16 콘크리트 배합설계에서 단위시멘트량이 390kg, 단위수량이 185kg, 공기량이 3%라면, 단위골재량의 절대용적은? (단, 시멘트 밀도는 3.15g/cm²이다.)
① 523 l ② 612 l
③ 661 l ④ 705 l

[해설]
① 물의 절대용적 $V_w = \dfrac{185\text{kg}}{1\text{g/cm}^3 \times \dfrac{1\text{kg}}{1000\text{g}} \times \dfrac{1000\text{cm}^3}{1l}} = 185 l$

② 시멘트의 절대용적 $V_c = \dfrac{390\text{kg}}{3.15\text{g/cm}^3 \times \dfrac{1\text{kg}}{1000\text{g}} \times \dfrac{1000\text{cm}^3}{1l}} = 123.81 l$

③ 공기량 $1\text{m}^3 \times \dfrac{1000 l}{1\text{m}^3} \times \dfrac{3}{100} = 30 l$

④ 골재의 절대용적 $V_a = 1,000 l - (V_w + V_c + A)$
$= 1,000 - (185 + 123.81 + 30) = 661.19 l$

[해답 ③]

17 콘크리트의 배합에 있어서 단위시멘트량에 관한 일반적인 설명으로 옳지 않은 것은?

① 단위시멘트량이 증가하면 슬럼프가 저하한다.
② 단위시멘트량이 증가하면 수화열가 증가한다.
③ 단위시멘트량이 증가하면 강도가 증가한다.
④ 단위시멘트량이 증가하면 공기량이 증가한다.

해설 ① 단위시멘트량이 증가할수록 공기량이 감소한다.
② 이러한 성질을 이용하여 AE제의 사용량은 시멘트의 질량에 대한 비로써 나타낸다.

해답 ④

18 다음 중 골재의 모양으로 적합한 것은?

① 길고 가는 모양의 골재
② 둥글고 구형에 가까운 골재
③ 얇은 판상의 부스러지는 골재
④ 표면에 거칠고 모가난 골재

해설 골재의 모양은 모양이 둥글고 얇은 조각, 가늘고 긴 조각 등이 없어야 하며, 입형이 입방체 또는 원형에 가까운 것이 좋다.

해답 ②

19 포졸란 작용이 있는 혼화재가 아닌 것은?

① 규산질 미분말
② 규산백토
③ 규조토
④ 플라이애시

해설 ① 포졸란 반응이란 규산 물질 자체에는 수경성이 없으나 시멘트의 수화반응시 생기는 $Ca(OH)_2$와 화합하여 안정된 규산칼슘을 생성하는 반응을 말한다.
② 포졸란 활성 물질
  ㉠ 천연산 : 화산재, 규조토, 응회암, 규산백토
  ㉡ 인공산 : Fly Ash, 소성점토

해답 ①

20 콘크리트 배합설계시 물-결합재비를 결정할 때 고려하여야 할 사항으로 거리가 먼 것은?

① 소요의 강도
② 내구성
③ 균열저항성
④ 공기량

해설 물-결합재비 결정법
① 압축강도를 기준으로 해서 정하는 경우 ② 내구성을 고려하여 정하는 경우
③ 균열 저항성을 고려해야 하는 경우 ④ 수밀성을 고려하여 정하는 경우

해답 ④

제2과목 콘크리트 제조, 시험 및 품질관리

21 콘크리트의 휨강도 시험에서 공시체의 하중을 가하는 속도로 옳은 것은?
① 가장자리 응력도의 증가율이 매초 0.6±0.04MPa이 되도록 한다.
② 가장자리 응력도의 증가율이 매초 0.6±0.4MPa이 되도록 한다.
③ 가장자리 응력도의 증가율이 매초 0.06±0.04MPa이 되도록 한다.
④ 가장자리 응력도의 증가율이 매초 0.6±0.4MPa이 되도록 한다.

해설 공시체에 하중을 가하는 속도는 압축응력도의 증가율이 매초 0.06±0.04MPa이 되도록 한다.

해답 ③

22 레디믹스트 콘크리트 공장의 선정 시 고려사항으로 거리가 먼 것은?
① 배출시간 ② 콘크리트의 제조능력
③ 운반차의 수 ④ 다른 공장과의 거리

해설 레디믹스트 콘크리트 공장 선정 시 고려사항
① 현장까지의 운반시간 ② 레미콘 배출시간
③ 콘크리트의 제조능력 ④ 운반차의 수
⑤ 품질관리 상태 등

해답 ④

23 다음 용어에 대한 설명 중 그 내용이 잘못된 것은?
① 갇힌 공기 : 혼화제를 사용하지 않더라도 콘크리트 속에 자연적으로 포함되는 공기
② 골재의 실적률 : 단위질량을 밀도로 나눈 값의 백분율
③ 자기수축 : 콘크리트가 건조하면서 체적이 감소하여 수축하는 현상
④ 레이턴스 : 블리딩으로 인하여 콘크리트나 모르타르의 표면에 떠올라서 가라앉는 물질

해설 자기수축(autogenous shrinkage)이란 시멘트의 수화반응에 의해 응결시점(초결) 이후에 거시적으로 생기는 체적감소를 말하며, 자기수축은 고강도 콘크리트나 고성능 콘크리트의 경우에는 자기수축이 크게 증가되어 자기수축만을 균열이 발생할 수 있다.

해답 ③

24
초기재령 콘크리트에 발생하기 쉬운 균열의 원인 아닌 것은?

① 소성수축 ② 황산염반응
③ 수화열   ④ 소성침하

해설 초기 균열의 종류
① 침하에 의한 균열(침하 수축 균열)
② 플라스틱 수축 균열(소성 수축 균열)
③ 거푸집의 변형에 의한 균열
④ 진동, 재하에 의한 균열
⑤ 수화열에 의한 균열

해답 ②

25
KS F 4009(레디믹스트 콘크리트)에서 정한 레디믹스트 콘크리트의 호칭강도에 포함되지 않는 것은?

① 27MPa   ② 30MPa
③ 37MPa   ④ 40MPa

해설 ① 레디믹스트 콘크리트 호칭강도 : 18MPa, 21MPa, 24MPa, 27MPa, 30MPa, 35MPa, 40MPa, 45MPa, 50MPa, 55MPa, 60MPa
② 18MPa부터 30MPa까지는 3MPa씩 증가하고, 30MPa부터는 5MPa씩 증가함을 알 수 있다.

해답 ③

26
콘크리트의 블리딩 시험에 대한 설명으로 틀린 것은?

① 시험 중에는 실온 20±3℃로 한다.
② 콘크리트를 채워 넣을 때 콘크리트의 표면이 용기의 가장자리에서 2cm 정도 높아지도록 고른다.
③ 기록한 처음 사각에서 60분 동안은 10분마다 콘크리트 표면에 스며나온 물을 빨아낸다.
④ 물을 빨아내는 것을 쉽게 하기 위하여 2분 전에 두께 약 5cm의 블록을 용기의 한쪽 밑에 주의 깊게 괴어 용기를 기울이고, 물을 빨아낸 후 수평 위치로 되돌린다.

해설 콘크리트를 채워 넣을 때 콘크리트의 표면이 용기의 가장자리에서 3±0.3cm 낮아지도록 고른다.

해답 ②

27
콘크리트의 압축강도 시험결과에 대한 설명으로 틀린 것은?

① 재하속도가 빠르면 강도가 작아진다.
② 공시체의 단면에 요철이 있으면 강도가 실제보다 작아지는 경향이 있다.
③ 공시체의 치수가 클수록 강도는 작게 된다.
④ 시험 직전에 공시체를 건조시키면 일시적으로 강도가 증대한다.

해설 재하속도가 빠를수록 강도가 커진다.

해답 ①

28
다음 그림과 같은 콘크리트의 쪼갬 인장강도시험에서 인장강도(f_{sp})를 구하는 공식으로 옳은 것은? (단, 공시체의 직경은 d, 최대 하중은 P, 공시체의 길이 L, 원주율은 π이다.)

① $f_{sp} = \dfrac{2L}{\pi d}$

② $f_{sp} = \dfrac{2}{\pi L d}$

③ $f_{sp} = \dfrac{\pi L d}{2P}$

④ $f_{sp} = \dfrac{2P}{\pi L d}$

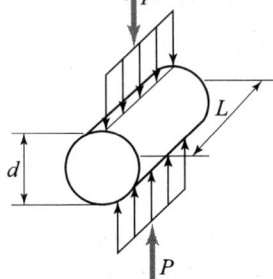

해설 $f_{sp} = \dfrac{2P}{\pi L d}$

여기서, f_{sp} : 인장강도(MPa, N/mm²)
P : 시험기에 측정된 최대하중(N)
L : 공시체 길이(mm)
d : 공시체 지름(mm)

해답 ④

29
콘크리트 재료의 계량에 대한 설명으로 틀린 것은?

① 계량은 시방 배합에 의해 실시하는 것으로 한다.
② 각 재료는 1배치씩 질량으로 계량하여야 한다. 단, 물과 혼화제 용액은 용적으로 계량해도 좋다.
③ 유효 흡수율의 시험에서 골재에 흡수시키는 시간은 실용상으로 보통 15~30분간의 흡수율을 유효 흡수율로 보아도 좋다.
④ 혼화제를 녹이는데 사용하는 물이나 혼화제를 묽게 하는데 사용하는 물은 단위수량의 일부로 보아야 한다.

해설 계량은 현장배합에 의해 실시하는 것으로 한다.

해답 ①

30
콘크리트의 워커빌리티 및 반죽질기에 영향을 주는 요인에 대한 설명으로 틀린 것은?

① AE제나 감수제에 의해 콘크리트 중에 연행된 미세한 기포는 볼베어링 작용을 하여 콘크리트의 워커빌리티를 개선시킨다.
② 비빔이 불충분하고 불균질한 상태의 콘크리트는 워커빌리티가 나쁘다.
③ 일반적으로 분말도가 높은 시멘트의 경우에는 시멘트 풀이 점성이 높아지므로 반죽질기는 작게 된다.
④ 일반적으로 콘크리트의 비빔온도가 높을수록 반죽질기는 향상되는 경향이 있다.

해설 일반적으로 콘크리트의 비빔온도가 높을수록 반죽질기는 저하하는 경향이 있다.

해답 ④

31
품질관리의 7가지 도구 중 아래의 표에서 설명하고 있는 것은?

데이터(계산치)를 일정한 폭으로 구분하고 막대그래프로 표현하여 중심, 편차, 모양의 문제점을 발견하기 위한 그래프

① 파레토도
② 산포도
③ 히스토그램
④ 층별

해설 **TQC의 7도구**
① 히스토그램 : 데이터가 어떤 분포(모집단의 분포상태, 분포의 중심위치, 분포의 산포 등)를 하고 있는가를 알아보기 위해 작성하는 그림을 말하는 것으로 데

이터(계산치)를 일정한 폭으로 구분하고 막대그래프로 표현하여 중심, 편차, 모양의 문제점을 발견하기 위한 그래프이다.
② 파레토도 : 불량 등의 발생건수를 분류 항목별로 나누어 한눈에 알 수 있도록 작성한 그림을 말한다.
③ 특성요인도 : 결과에 원인이 어떻게 관계하고 있는가를 한눈에 알 수 있도록 작성한 그림을 말한다.
④ 체크시트 : 계수치의 데이터가 분류 항목의 어디에 집중되어 있는가를 알아보기 쉽게 나타낸 그림이나 표를 말한다.
⑤ 각종 그래프 : 한눈에 파악되도록 한 각종 그래프를 말한다.
⑥ 산점도 : 대응되는 두 개의 짝으로 된 데이터를 그래프용지 위에 점으로 나타낸 그림을 말한다.
⑦ 층별 : 집단을 구성하고 있는 데이터를 특징에 따라 몇 개의 부분집단으로 나누는 것을 말한다.

해답 ③

32 굳지 않은 콘크리트의 워커빌리티측정법 중 포장콘크리트와 같이 평면으로 타설된 콘크리트의 반죽질기를 측정하는 데 편리한 측정법은?

① 구관입시험
② 비비시험
③ 리몰딩시험
④ 흐름시험

해설 구관입시험(ball penetration test, 켈리볼관입시험)은 구를 콘크리트 표면에 놓아 구가 자중에 의해 콘크리트 속으로 가라앉을 때 관입깊이를 측정하여 콘크리트의 반죽질기를 알아보는 시험방법이다.

해답 ①

33 다음 중 부착강도에 대한 설명으로 틀린 것은?

① 부착강도는 철근의 종류 및 지름, 콘크리트 속에 묻힌 철근의 위치와 방향, 묻힌 길이, 콘크리트의 피복두께 및 콘크리트 품질 등에 따라 달라진다.
② 조건이 일정한 경우 콘크리트의 압축강도나 인장강도가 커질수록 부착강도는 감소한다.
③ 이형철근의 부착강도가 원형철근의 부착강도보다 크다.
④ 철근을 콘크리트 속에 수평으로 매입하면 콘크리트 중의 입자나 침하나 블리딩에 의하여 철근 하부에 수막 및 공극이 생겨 부착강도가 저하한다.

해설 ① 콘크리트의 압축강도와 인장강도가 클수록 부착강도가 크다.
② 특히 콘크리트의 인장강도가 부착과 밀접한 관계가 있다.
③ 부착강도가 압축강도와 비례해서 커지는 것은 아니다.

해답 ②

34
관리도에서 데이터, 즉 측정값의 특성에 따라서 계량값 관리도와 계수값 관리도로 나눌 수 있다. 이 중 계량값 관리도의 적용이론은?

① 정규 분포이론
② 이항 분포이론
③ 카이자승 분포이론
④ 푸아송 분포이론

해설 관리도 종류

종류	데이터의 종류	관리도	적용 이론
계량값 관리도	길이, 중량, 강도, 화학성분, 압력, 슬럼프, 공기량, 생산량	$\bar{x}-R$ 관리도(평균값과 범위의 관리도) $\bar{x}-\sigma$ 관리도(평균값과 표준편차의 관리도) X 관리도(측정값 자체의 관리도)	정규분포
계수값 관리도	제품의 불량률	P 관리도(불량률 관리도)	이항분포
	불량개수	Pn 관리도(불량개수 관리도)	
	결점수(시료크기가 같을 때)	C 관리도(결점수 관리도)	푸아송분포
	단위당 결점수 (단위가 다를 때)	U 관리도(단위당 결점수 관리도)	

해답 ①

35
콘크리트의 크리프에 대한 설명으로 틀린 것은?

① 하중이 실릴 때의 콘크리트의 재령이 클수록 크리프는 작게 일어난다.
② 물-시멘트비가 큰 콘크리트는 물-시멘트비가 작은 콘크리트보다 크리프가 크게 일어난다.
③ 크리프 변형의 증가 비율은 시간의 경과와 더불어 급격히 증가한다.
④ 콘크리트가 놓이는 주위의 온도가 높을수록 크리프 변형은 커진다.

해설 크리프 변형의 증가 비율이 시간의 경과와 더불어 감소한다.

해답 ③

36
콘크리트 구조물의 비파괴시험법의 적용에 대한 설명으로 틀린 것은?

① 콘크리트의 탄산화(중성화) 깊이를 추정하기 위하여 중성자법을 이용한다.
② 콘크리트의 균열 깊이를 추정하기 위하여 초음파법을 이용한다.
③ 콘크리트의 중의 철근위치를 파악하기 위하여 전자유도법을 이용한다.
④ 콘크리트의 압축강도를 추정하기 위하여 반발경도법을 이용한다.

해설 콘크리트의 탄산화(중성화) 깊이를 추정하기 위해서 탄산화 속도계수를 이용한다. 탄산화(중성화) 깊이(X, mm)와 경과한 기간(t, 년)

$X = A\sqrt{t}$

여기서, A : 탄산화 속도계수

해답 ①

37. 콘크리트의 각 재료의 계량허용오차로 옳은 것은?

① 물 : ±2%
② 시멘트 : ±2%
③ 골재 : ±2%
④ 혼화재 : ±2%

해설 1회 계량 허용오차

재료의 종류	허용오차	측정단위
물	1% 이하	질량 또는 부피
시멘트	1% 이하	질량
골재	3% 이하	질량
혼화재[1]	2% 이하	질량
혼화제	3% 이하	질량 또는 부피

주1) 고로 슬래그 미분말 계량오차의 최대치는 1%로 한다.

해답 ④

38. 보통 포틀랜드 시멘트를 사용한 콘크리트의 압축강도(MPa)를 측정한 결과가 아래의 표와 같을 때 범위(R)을 구하면?

41, 45, 38, 40, 46, 44, 43, 42, 40, 45

① 42.4MPa
② 40MPa
③ 8MPa
④ 2.6MPa

해설 $R = x_{\max} - x_{\min} = 46 - 38 = 8\text{MPa}$

해답 ③

39. 콘크리트의 품질관리 계획을 작성할 때의 고려사항에 대한 설명으로 틀린 것은?

① 적합한 품질검사 방법을 선택
② 품질관리를 위한 체계적 교육 및 훈련 계획 수립
③ 품질관리를 행하기 위한 구체적 실행계획을 작성
④ 어느 공사에도 맞는 획일적인 품질관리 방침 작성

해설 각 공사에 적합한 종합적인 품질관리 방침을 작성하여야 하며, 획일적인 품질관리로는 적정한 품질관리를 할 수 없다.

해답 ④

40 비비기 시간에 대한 사전 실험을 실시하지 않은 경우 강제식 믹서를 사용할 때의 비비기 시간은 믹서 안에 재료를 투입한 후 몇 초 이상을 표준으로 하는가?

① 30초
② 60초
③ 90초
④ 120초

해설 ① 강제식 믹서 : 1분 이상
② 가경식 믹서 : 1분 30초 이상

해답 ②

제3과목 콘크리트의 시공

41 고강도 콘크리트의 시공에 대한 설명으로 틀린 것은?

① 고강도콘크리트는 높은 물-결합재비를 가지므로 오토클레이브 양생을 실시하여야 한다.
② 콘크리트 운반 차량은 운반 지연으로 인한 급격한 슬럼프 값 저하 가능성에 대비하여 고성능 감수제 투여장치등의 보조 장치를 준비하여야 한다.
③ 운반시간 및 거리가 긴 경우에 사용하는 운반차는 트럭믹서, 트럭 애지데이터 혹은 건비빔 믹서로 하여야 한다.
④ 기둥과 벽체콘크리트, 보와 슬래브 콘크리트를 일체로 하여 타설할 경우는 보 아래면에서 타설을 중지한 다음, 기둥과 벽에 타설한 콘크리트가 침하한 후 보, 슬래브의 콘크리트를 타설하여야 한다.

해설 고강도 콘크리트는 낮은 물-결합재비를 가지므로 습윤양생을 하여야 하며, 부득이한 경우 현장 봉함양생 등을 실시할 수 있다.

해답 ①

42 다음 중 습윤양생방법에 포함되지 않는 것은?

① 상압 증기양생
② 수중양생
③ 막양생
④ 젖은 포에 의한 양생

해설 ① 상압증기양생(저압증기양생)은 빠른 시간 내에 소요 강도를 발현시키기 위해 고온의 증기를 콘크리트 주변에 보내 습윤상태로 가열하여 콘크리트의 경화를 촉진시키는 양생방법의 일종이다.
② 습윤양생방법으로는 수중양생, 담수양생, 살수양생, 막양생, 젖은 포에 의한 양생 등이 있다.

해답 ①

43 수중 콘크리트의 배합에 대한 설명으로 틀린 것은?

① 일반 수중 콘크리트의 물-결합재비는 50% 이하를 표준으로 한다.
② 현장 타설말뚝 및 지하연속벽에 사용하는 수중 콘크리트의 물-결합재비는 45% 이하를 표준으로 한다.
③ 일반 수중 콘크리트의 단위 시멘트량은 370kg/m³ 이상을 표준으로 한다.
④ 현장 타설말뚝 및 지하연속벽에 사용하는 수중 콘크리트의 단위 시멘트량은 350kg/m³ 이상을 표준으로 한다.

해설 수중 콘크리트의 물-결합재비 및 단위 시멘트량

종류	일반 수중 콘크리트	현장 타설말뚝 및 지하연속벽에 사용하는 수중 콘크리트
물-결합재비	50% 이하	55% 이하
단위 시멘트량	370kg/m³ 이상	350kg/m³ 이상

해답 ②

44 매스콘크리트에 대한 설명 중 옳지 않은 것은?

① 온도균열방지 및 제어 방법으로 프리쿨링 및 파이프쿨링 방법 등이 이용되고 있다.
② 콘크리트의 온도상승을 감소시키기 위해 소요의 품질을 만족시키는 범위 내에서 단위 시멘트량이 적어지도록 배합을 선정하여야 한다.
③ 수축이음을 설치할 경우 계획된 위치에서 균열 발생을 확실히 유도하기 위해서 수축이음의 단면 감소율을 10% 이상으로 하여야 한다.
④ 매스콘크리트로 다루어야 하는 구조물의 부재치수는 일반적인 표준으로서 넓이가 넓은 평판구조에서는 두께 0.8m 이상으로 한다.

해설 계획된 위치에서의 균열 발생을 확실히 유도하기 위해서 수축이음의 단면 감소율을 35% 이상으로 하여야 한다.

해답 ③

45 수밀 콘크리트의 배합에 대한 설명으로 틀린 것은?

① 단위 굵은 골재량은 되도록 크게 한다.
② 콘크리트의 소요 슬럼프는 되도록 적게하여 180mm를 넘지 않도록 한다.
③ 공기연행감수제 또는 고성능 공기연행감수제를 사용하는 경우라도 공기량은 4% 이하가 되게 한다.
④ 물-결합재비는 55% 이하를 표준으로 한다.

해설 물-결합재비는 50% 이하를 표준으로 한다.

해답 ④

46 유동화 콘크리트에 대한 설명으로 틀린 것은?

① 유동화 콘크리트의 슬럼프 증대량은 10mm 이상으로 하는 것이 바람직하다.
② 유동화 콘크리트를 제조할 때 유동화제를 첨가하기 전의 기본 배합의 콘크리트를 베이스 콘크리트라 한다.
③ 품질관리를 위해 유동화 콘크리트의 슬럼프 시험은 50cm³마다 1회씩 실시하는 것을 표준으로 한다.
④ 유동화 콘크리트의 재유동화는 원칙적으로 할 수 없다.

해설 유동화 콘크리트의 슬럼프 증가량은 100mm 이하를 원칙으로 하며, 50~80mm를 표준으로 한다.

해답 ①

47 콘크리트 공장제품의 특징을 설명한 것으로 틀린 것은?

① 규격의 표준화가 되어있지 않아 실물 시험이 불가능하다.
② 숙련된 작업원에 의하여 안정된 품질에서 상시 제조가 가능하다.
③ 재료 선정에서 배합, 제조설비, 시공까지 전반적인 관리가 가능하다.
④ 형상이나 성형법에 따라 다양한 형상의 제품을 만들 수 있다.

해설 공장제품의 경우 규격을 표준화하기 쉽고 완제품을 통해 실물 시험을 할 수 있다.

해답 ①

48 일평균 기온이 10℃이상, 15℃ 미만인 경우 보통포틀랜드 시멘트를 사용한 콘크리트의 습윤양생 기간의 표준으로 옳은 것은?

① 3일
② 5일
③ 7일
④ 9일

해설 **습윤 양생기간의 표준**(보통 포틀랜드 시멘트)
① 일평균기온이 5℃ 이상 : 9일
② 일평균기온이 10℃ 이상 : 7일
③ 일평균기온이 15℃ 이상 : 5일

[참고] 각종 시멘트의 표준 습윤양생기간

일평균 기온	보통 포틀랜드 시멘트	고로 슬래그 시멘트 플라이애시 시멘트
15℃ 이상	5일	7일
10℃ 이상	7일	9일
5℃ 이상	9일	12일

해답 ③

49
속이 빈 원통형 콘크리트 제품의 제조에 사용하는 다짐 방법 중 가장 적합한 방법은?
① 봉다짐
② 진동다짐
③ 원심력다짐
④ 가압성형다짐

해설 원심력다짐은 말뚝, 폴, 관 등과 같은 중공 원통형 제품을 성형하기 위하여 원심력을 이용하는 다짐방법으로 속이 빈 원통형 콘크리트 제품의 제조에 적합하다.

해답 ③

50
경량골재 콘크리트의 제조 및 시공에 대한 설명으로 틀린 것은?
① 경량골재 콘크리트의 단위질량 시험은 일반적으로 굳지 않은 콘크리트에 대하여 시험한다.
② 굵은 골재의 최대치수는 원칙적으로 20mm로 한다.
③ 경량골재는 물을 흡수하기 쉬우므로 품질 변동을 막기 위하여 충분히 물을 흡수시킨 상태로 사용하는 것이 좋다.
④ 경량골재 콘크리트의 공기량은 일반 골재를 사용한 콘크리트보다 작게 하는 것을 원칙으로 한다.

해설 경량골재 콘크리트의 공기량은 일반 골재를 사용한 콘크리트보다 1% 크게 하는 것이 좋으며, 공기량은 5.5%를 기준으로 그 허용오차는 ±1.5%로 한다.

해답 ③

51
유동화 콘크리트에서 베이스 콘크리트를 유동화시키는 제조방식에 해당되지 않는 것은?
① 현장첨가 현장유동화 방식
② 공장첨가 현장유동화 방식
③ 공장첨가 공장유동화 방식
④ 배치플랜트첨가 유동화 방식

해설 **콘크리트의 유동화 방법**
① 현장 첨가+현장 유동화 : 콘크리트 플랜트에서 운반한 콘크리트에 공사현장에서 유동화제를 첨가하여 균일하게 될 때까지 휘저어 유동화시키는 방법으로 가장 효과적인 방법이다.
② 공장 첨가+공장 유동화 : 콘크리트 플랜트에서 트럭 애지테이터 내의 콘크리트에 유동화제를 첨가하여 즉시 고속으로 휘저어 유동화시킨다.
③ 공장 첨가+현장 유동화 : 콘크리트 플랜트에서 트럭 애지테이터 내의 콘크리트에 유동화제를 첨가하여 저속으로 휘저으면서 운반하고 공사현장 도착 후에 고속으로 휘저어 유동화시킨다.

해답 ④

52 고강도 콘크리트에 대한 설명으로 틀린 것은?

① 고강도 콘크리트는 수밀성 향상을 위하여 공기연행제를 사용하는 것을 원칙으로 한다.
② 고강도 콘크리트에 사용되는 굵은 골재의 최대 치수는 40mm 이하로서 가능한 25mm 이하로 한다.
③ 경량골재 콘크리트에서는 설계기준 압축강도가 27MPa 이상인 콘크리트를 고강도 콘크리트라고 한다.
④ 고강도 콘크리트의 비비기에는 가경식 믹서보다 강제식 팬 믹서가 좋다.

해설 고강도 콘크리트는 공기연행(AE제) 콘크리트를 사용하지 않는 것을 원칙이다. 단, 기상의 변화가 심하거나 동결융해에 대한 대책이 필요한 경우에는 공기연행 콘크리트를 사용할 수 있다.

해답 ①

53 콘크리트 구조물은 변형이 구속되면 균열이 발생한다. 그래서 미리 어느 정해진 장소에 균열을 집중시킬 목적으로 소정의 간격으로 단면 결손부를 설치하여 균열을 강제적으로 생기게 하는 균열유발 이음을 설치하는 것이 좋다. 이러한 균열유발 이음의 간격 및 단면의 결손율에 대한 설명으로 옳은 것은?

① 균열유발 이음의 간격은 부재높이의 1배 이상에서 2배 이내 정도로 하고 단면의 결손율은 10%를 약간 넘을 정도로 하는 것이 좋다.
② 균열유발 이음의 간격은 부재높이의 1배 이상에서 2배 이내 정도로 하고 단면의 결손율은 20%를 약간 넘을 정도로 하는 것이 좋다.
③ 균열유발 이음의 간격은 부재높이의 2배 이상에서 3배 이내 정도로 하고 단면의 결손율은 10%를 약간 넘을 정도로 하는 것이 좋다.
④ 균열유발 이음의 간격은 부재높이의 2배 이상에서 3배 이내 정도로 하고 단면의 결손율은 20%를 약간 넘을 정도로 하는 것이 좋다.

해설 **수축이음 일반**
① 균열 제어를 목적으로 균열유발 줄눈을 설치할 경우 구조물의 강도 및 기능을 해치지 않도록 그 구조 및 위치를 정하여야 한다.
② 미리 정해진 장소에 균열을 집중시키기 위해 소정의 간격으로 단면 결손부를 설치한다.
③ 콘크리트 구조물에 어느 정도 균열이 발생하면 균열과 균열 사이에는 구속이 완화되어 균열 발생이 어려워지는 성질을 이용한 것이다.
④ 균열유발 줄눈의 간격은 부재높이의 1배 이상에서 2배 이내로 한다.
⑤ 단면의 결손율은 20%를 약간 넘는 정도가 좋다.
⑥ 이음부의 철근부식을 방지하기 위한 조치를 강구하여야 한다.

해답 ②

54
콘크리트 타설시 내부진동기의 사용방법에 대한 설명으로 틀린 것은?

① 진동다지기를 할 때에는 내부진동기를 하층의 콘크리트 속으로 0.1m 정도 찔러 넣는다.
② 내부진동기는 연직으로 찔러 넣으며, 삽입간격은 일반적으로 0.5m 이하로 하는 것이 좋다.
③ 1개소당 진동시간 30~40초로 한다.
④ 내부진동기는 콘크리트로부터 천천히 빼내어 구멍이 남지 않도록 한다.

해설 1개소당 진동시간은 5~15초로 한다.

해답 ③

55
프리플레이스트 콘크리트에 사용하는 잔골재 조립률의 범위로 적합한 것은?

① 4.1~4.9
② 3.2~4.0
③ 2.3~3.1
④ 1.4~2.2

해설 프리플레이스트 콘크리트의 잔골재 입도는 주입모르타르의 유동성과 보수성을 좋게 하기 위하여 체의 호칭치수에 따라 체를 통과한 것의 질량 백분율(%)로 표준 범위를 정하고 있으며, 조립률은 1.4~2.2 범위로 한다.

해답 ④

56
해양 콘크리트 구조물에 쓰이는 콘크리트의 설계 기준 강도는 몇 MPa 이상으로 하여야 하는가? (단, 콘크리트 표준시방서의 규정을 따른다.)

① 20MPa
② 25MPa
③ 30MPa
④ 35MPa

해설 해양 콘크리트 구조물에 쓰이는 콘크리트의 설계기준강도는 30MPa 이상으로 한다.

해답 ③

57
숏크리트 작업에 대한 설명으로 틀린 것은?

① 노즐은 뿜어 붙일 면에 직각이 되도록 뿜어 붙이는 것이 좋다.
② 숏크리트는 급결제를 첨가한 후 바로 뿜어 붙이기 작업을 하지 않는 것이 좋다.
③ 소정의 두께가 될 때까지 반복해서 뿜어 붙여야 한다.
④ 강재 지보재를 설치한 곳에 숏크리트를 실시할 경우에는 숏크리트와 강재 지보재가 일체가 되도록 하여야 한다.

해설 숏크리트는 빠르게 운반하고, 급결제를 첨가한 후는 바로 뿜어 붙이기 작업을 실시하여야 한다.

해답 ②

58 매스콘크리트로 다루어야 하는 구조물 부재치수의 일반일 표준에 대한 아래 문장의 ( )에 알맞은 수치는?

> 넓이가 넓은 평판 구조에서는 두께 (㉠)m 이상, 하단이 구속된 벽조에서는 두께 (㉡)m 이상일 경우

① ㉠ 0.5, ㉡ 0.8
② ㉠ 0.8, ㉡ 0.5
③ ㉠ 0.5, ㉡ 1.0
④ ㉠ 1.0, ㉡ 0.5

해설 매스 콘크리트로 다루어야 하는 구조물의 부재치수는 일반적인 표준으로서 넓이가 넓은 평판구조에서는 두께 0.8m 이상, 하단이 구속된 벽체에서는 두께 0.5m 이상으로 한다.

해답 ②

59 재령 24시간에 숏크리트의 초기 압축강도 표준값은?

① 2~5MPa
② 5~10MPa
③ 10~15MPa
④ 15~20MPa

해설 숏크리트의 초기강도 표준값

재령	숏크리트의 초기강도(MPa)
24시간	5.0~10.0
3시간	1.0~3.0

해답 ②

60 시공이음에 대한 설명으로 틀린 것은?

① 바닥틀과 일체로 된 기둥 또는 벽의 시공이음은 바닥틀과의 경계 부근에 설치하는 것이 좋다.
② 시공이음은 될 수 있는 대로 전단력이 적은 위치에 설치한다.
③ 시공이음은 부재의 압축력이 작용하는 방향과 수평이 되게 설치한다.
④ 수평시공이음부가 될 콘크리트 면은 경화가 시작되면 되도록 빨리 쇠솔이나 잔골재 분사 등으로 면을 거칠게 하며 충분히 습윤상태로 양생하여야 한다.

해설 시공이음은 부재의 압축력이 작용하는 방향과 직각으로 위치시키는 것이 원칙이다.

해답 ③

제4과목 콘크리트 구조 및 유지관리

61 그림과 같은 콘크리트 보의 균열원인으로서 가장 관계가 깊은 것은?

① 과하중
② 수성균열
③ 콘크리트 충전불량
④ 부동침하

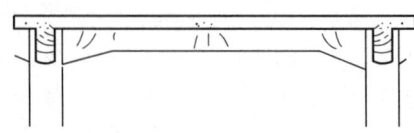

해설 그림의 균열은 설계하중을 초과하는 과하중이 작용되는 경우의 균열 형태로서 균열이 전반적으로 분포한다.

해답 ①

62 굳지 않은 콘크리트에 발생하는 균열 중 침하균열에 대한 설명으로 틀린 것은?

① 사용한 철근의 직경이 작을수록 침하균열은 증가한다.
② 슬럼프가 큰 콘크리트를 사용하면 침하균열은 증가한다.
③ 충분히 다짐을 하지 못한 콘크리트의 침하균열은 증가한다.
④ 누수되는 거푸집이나 변형이 일어나기 쉬운 거푸집을 사용한 경우 침하균열은 증가한다.

해설 침하균열의 특성
① 침하균열은 철근 직경이 클수록 증가한다.
② 침하균열은 슬럼프가 클수록 증가한다.
③ 침하균열은 콘크리트 피복두께가 작을수록 증가한다.
④ 침하균열은 충분한 다짐을 못한 경우나 튼튼하지 못한 거푸집을 사용했을 경우에 더욱 증가된다.

해답 ①

63 아래 그림과 같은 단철근직사각형 보의 공칭모멘트강도 (M_n)는? (단, f_{ck} = 24MPa, f_y = 400MPa)

① 264.3kN·m
② 281.6kN·m
③ 297.5kN·m
④ 326.1kN·m

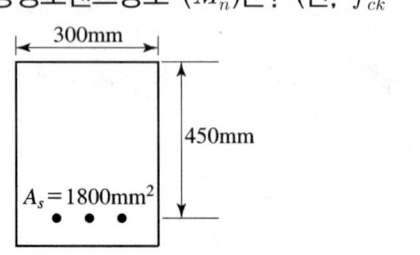

해설
① $a = \dfrac{A_s f_y}{\eta 0.85 f_{ck} b} = \dfrac{1,800 \times 400}{1 \times 0.85 \times 24 \times 300} = 117.65\,\text{mm}$

② $M_n = \phi f_y A_s \left(d - \dfrac{a}{2}\right) = 400 \times 1800 \times \left(450 - \dfrac{117.65}{2}\right)$
$= 2891,646,000\,\text{N}\cdot\text{mm} = 281.6\,\text{N}\cdot\text{m}$

해답 ②

64 탄소섬유 보강공법의 일반적인 시공 순서로 옳은 것은?

① 균열 보수 및 패칭 처리 → 프라이머 및 수지 도포 → 보호 코팅 → 섬유시트 부착
② 프라이머 및 수지 도포 → 균열 보수 및 패칭 처리 → 섬유시트 부착 → 보호 코팅
③ 균열 보수 및 패칭 처리 → 프라이머 및 수지 도포 → 섬유시트 부착 → 보호 코팅
④ 섬유시트 부착 → 균열보수 및 패칭 처리 → 프라이머 및 수지 도포 → 보호 코팅

해설 탄소섬유 보강공법 시공 순서
균열보수 및 패칭 처리(하지 그라인딩, 하지 처리) → 프라이머 도포 → 수지도포 → 탄소섬유시트 부착 → 보호 코팅(수지합침과 보충도포)

해답 ③

65 철근 콘크리트의 휨설계에 대한 기본 가정에 관한 내용으로 틀린 것은?

① 철근과 콘크리트의 변형률은 중립축으로부터 거리에 비례한다.
② 변형 전에 평면인 단면은 변형 후에도 평면이다.
③ 콘크리트 압축연단의 최대 변형률은 0.03으로 본다.
④ 콘크리트의 인장강도는 무시한다.

해설 콘크리트 압축측 상단의 극한 변형률은 0.003으로 가정한다.

해답 ③

66 철근콘크리트 보의 설계시 모멘트 강도 계산에서 일반적으로 사용되는 블록의 형태는?

① 삼각형
② 직사각형
③ 사다리꼴
④ 마름모꼴

해설 콘크리트의 압축응력 분포와 변형률의 관계는 적절한 시험에 의해 그 강도를 미리 알아낸 것이어야 하며 콘크리트의 압축응력 분포와 콘크리트 변형률 사이의 관계는 직사각형, 사다리꼴, 포물선형 또는 기타 어떤 형상으로도 가정이 가능하며 강도의 예측에서 광범위한 실험 결과와 실질적으로 일치하는 형상이어야 한다. 그러나 일반적으로는 콘크리트구조설계기준에서 제시하고 있는 직사각형을 사용한다.

해답 ②

67 구조물의 내화성을 증대시키기 위한 대책으로 틀린 것은?
① 내화성능이 약한 강재는 보호하여 피복두께를 충분히 취한다.
② 콘크리트 표면에 내화재료로 피복을 한다.
③ 콘크리트 표면에 단열재료로 피복을 한다.
④ 석영질 골재를 사용하여 콘크리트를 제작한다.

해설 골재는 화산암이나 슬래그 등을 사용하는 것이 내화성에 좋다.

해답 ④

68 다음과 같은 단철근 직사각형단면 보가 균형철근비를 가질 때 중립축까지의 거리 c는 얼마인가? (단, $f_{ck}=28\text{MPa}$, $f_y=400\text{MPa}$, $d=450\text{mm}$)
① 255mm
② 260mm
③ 265mm
④ 280mm

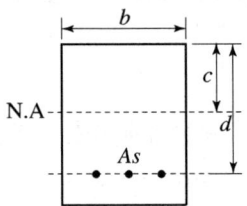

해설 ① $f_{ck}=28\text{MPa}$로 40MPa 이하이므로 $\epsilon_{cu}=0.0033$

② $c = \dfrac{\epsilon_{cu}}{\epsilon_{cu}+\dfrac{f_y}{200,000}} d = \dfrac{0.0033}{0.0033+\dfrac{400}{200,000}} \times 450 = 280.2\text{mm}$

해답 ④

69 콘크리트의 탄산화(중성화)에 관한 설명 중 틀린 것은?
① 공기 중의 탄산가스 농도가 높을수록 탄산화(중성화) 속도가 빨라진다.
② 콘크리트의 물-시멘트비가 낮으면 탄산화(중성화) 속도가 느려진다.
③ 탄산화(중성화) 깊이는 경과시간에 반비례한다.
④ 탄산화(중성화) 깊이는 철근 위치에 도달하면 철근 피복의 박리 일어난다.

해설 탄산화(중성화) 깊이는 탄산화 속도계수와 시간의 제곱근의 곱으로 나타낸다.
탄산화(중성화) 깊이(X, mm)와 경과한 기간(t, 년)
$X = A\sqrt{t}$
여기서, A : 탄산화 속도계수
고로 탄산화(중성화) 깊이 X는 $\sqrt{t}$ 에 비례한다.

해답 ③

70. 철근콘크리트의 알칼리골재반응에 의한 열화메커니즘 관한 설명으로 가장 적당한 것은?

① 알칼리골재반응은 콘크리트 중의 알칼리와 골재와의 반응으로 수분이 많으면 알칼리가 희석되어 반응이 작게 된다.
② 프리스트레스트 콘크리트 구조에서는 도입된 프리스트레스에 의해 알칼리골재반응에 의한 균열을 방지할 수 있다.
③ 알칼리골재반응은 타설 직후부터 팽창이 시작되어 재령에 따라 반응은 감소하고 거의 1년 정도에 멈춘다.
④ 알칼리골재반응에 의한 균열은 망상으로 나타나는 경우가 많다.

해설 철근 콘크리트의 알칼리 골재반응에 의한 균열은 망상으로 나타나는 경우가 많다.

해답 ④

71. 아래 그림과 같은 단면을 가지는 단철근 직사각형보에 요구되는 최대철근량(A_s)은? (f_{ck}=28MPa, f_y=400MPa)

① 4514mm²
② 4624mm²
③ 4734mm²
④ 4844mm²

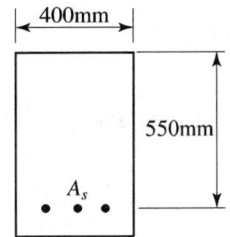

해설 ① 콘크리트의 등가 압축응력 깊이의 비
f_{ck} = 28MPa로 40MPa 이하이므로 $\beta_1 = 0.80$
② 최소허용변형률
f_y = 400MPa 이하이므로 $\epsilon_{a,\min} = 0.004$
③ 최대철근비
$$\rho_{\max} = 0.85 \frac{f_{ck}}{f_y} \beta_1 \frac{0.0033}{0.0033 + \epsilon_{a,\min}} = 0.85 \times \frac{28}{400} \times 0.80 \times \frac{0.0033}{0.0033 + 0.004}$$
$= 0.021518$
④ **최대철근량**($A_{s\max}$)
$A_{s\max} = \rho_{\max} bd = 0.021518 \times 400 \times 550 = 4,733.96 \text{mm}^2$

해답 ③

72

인장 이형철근 D32(d_b=31.8mm)를 정착시키는데 필요한 기본 정착길이(l_{db})는?
(단, 보통중량콘크리트로서 f_{ck}=28MPa, f_y=400MPa)

① 1,443mm   ② 1,497mm
③ 1,523mm   ④ 1,587mm

해설 인장 이형철근의 정착(D35 이하의 철근의 경우)
$$l_{db} = \frac{0.6 d_b f_y}{\lambda \sqrt{f_{ck}}} = \frac{0.6 \times 31.8 \times 400}{1 \times \sqrt{28}} = 1,442.3\text{mm}$$

해답 ①

73

콘크리트 구조설계에서 피로를 고려하지 않아도 되는 강재의 종류별 응력범위를 나타낸 것으로 틀린 것은?

① 이형철근(f_y=300MPa) : 130MPa
② 이형철근(f_y=400MPa) : 140MPa
③ 긴장재(연결부 또는 정착부) : 140MPa
④ 긴장재(기타부위) : 160MPa

해설 피로를 고려하지 않아도 되는 철근과 프리스트레싱 긴장재의 응력 범위(MPa)

철근의 종류와 위치		응력범위
이형철근	300MPa	130MPa
	350MPa	140MPa
	400MPa 이상	150MPa
프리스트레싱 긴장재	연결부 또는 정착부	140MPa
	기타 부위	160MPa

해답 ②

74

나선철근 기둥에서 축방향철근의 최소 개수로 옳은 것은?

① 5개   ② 6개
③ 7개   ④ 8개

해설 축방향 철근의 최소 개수

띠철근 기둥	나선철근 기둥
직사각형 단면 : 4개 원형 단면 : 4개 삼각형 단면 : 3개	6개 (원형)

해답 ②

75 발생된 손상이 안전성에 심각한 영향을 주지 않는다고 판단되면 보수 조치를 행한다. 다음의 공법 중 보수 공법이 아닌 것은?

① 에폭시 주입공법
② 모르터 충전공법
③ 표면피복공법
④ 강판 접착공법

[해설] 보수공법의 종류
① 균열보수공법 : 표면도포공법, 주입공법, 충전공법
② 단면복구공법
③ 침투재 도포공법
④ 표면피복공법
⑤ 외벽 복합 개수공법
⑥ 전기화학적 보수공법 : 탈염공법, 재알칼리화공법
⑦ 전기방식공법
⑧ 기타 공법 : 핀그라우트공법, 부식된 콘크리트의 보수공법, 기초 부등침하시의 보수공법

보강공법의 종류

① 토목구조물의 보강공법	㉠ 상면두께 증설공법	
	㉡ 하면두께 증설공법	
	㉢ 강판 접착공법	
	㉣ 연속 섬유시트 접착공법	
	㉤ 라이닝공법 (뿜어붙이기공법)	ⓐ 강판 라이닝공법 ⓑ 연속섬유를 이용한 라이닝공법 ⓒ 콘크리트 라이닝공법
	㉥ 외부 케이블 공법	
② 건축구조물의 보강공법	㉦ 바닥 슬래브 보강공법	ⓐ 증설공법 ⓑ 강판 접착공법 ⓒ 증타공법 ⓓ 철근 보강공법 ⓔ 탄소섬유시트 접착공법
	㉧ 보의 보강공법	ⓐ 강판 접착공법 ⓑ 증타공법 ⓒ 탄소섬유시트 접착공법
	㉨ 기둥의 보강공법	ⓐ 강판 라이닝공법 ⓑ 탄소섬유시트 접착공법 ⓒ RC 라이닝공법
	㉩ 기초의 보강공법	강관말뚝 공법

[해답] ④

76 콘크리트 부재에 외부 케이블공법을 사용하여 보강하고자 할 때 적용하기 가장 부적합한 부재는?

① 벽체
② 보
③ 기둥
④ 슬래브

해설 외부 케이블공법은 긴장재를 콘크리트의 외부에 배치하여 정착부 혹은 편향부를 끼워서 부재의 긴장력을 미리 도입하는 것에 의해 필요한 성능의 향상을 꾀하는 공법으로, 프리스트레스를 도입함으로써 콘크리트 교량의 휨 및 전단 보강을 목적으로 하는 보강공법으로, 벽체에 적용하는 것은 부적합하다.

해답 ①

77. 1방향 철근콘크리트 슬래브에서 수축·온도 철근의 간격에 대한 설명으로 옳은 것은?

① 슬래브 두께의 3배 이하, 또한 450mm 이하로 하여야 한다.
② 슬래브 두께의 3배 이하, 또한 650mm 이하로 하여야 한다.
③ 슬래브 두께의 5배 이하, 또한 450mm 이하로 하여야 한다.
④ 슬래브 두께의 2배 이하, 또한 650mm 이하로 하여야 한다.

해설 슬래브의 정철근 및 부철근의 중심간격
① 주철근
  ㉠ 최대 휨모멘트 발생 단면 : 슬래브 두께의 2배 이하, 300mm 이하
  ㉡ 기타 단면 : 슬래브 두께의 3배 이하, 450mm 이하
② 수축 및 온도철근(배력철근) : 슬래브 두께의 5배 이하, 450mm 이하

해답 ③

78. 콘크리트 구조설계에 사용되는 강도감소계수에 대한 설명으로 틀린 것은?

① 인장지배단면의 경우 0.85를 작용한다.
② 압축지배단면으로 나선철근으로 보강된 철근콘크리트 부재는 0.65를 적용한다.
③ 전단력과 비틀림모멘트를 받는 부재는 0.75를 적용한다.
④ 무근콘크리트의 휨모멘트를 받는 부재는 0.55를 적용한다.

해설 강도감소계수(ϕ)

부재 또는 하중의 종류		ϕ
인장지배 단면		0.85
전단력과 비틀림 모멘트		0.75
압축지배 단면	나선철근으로 보강된 철근 콘크리트 부재	0.70
	그 외의 철근 콘크리트 부재	0.65
콘크리트의 지압력(포스트텐션 정착부나 스트럿-타이 모델은 제외)		0.65
포스트텐션 정착구역		0.85
스트럿-타이 모델과 그 모델에서 스트럿, 타이, 절점부 및 지압부		0.75
긴장재 묻힘길이가 정착길이보다 작은 프리텐션 부재의 휨 단면	부재의 단부에서 전달길이 단부까지	0.75
무근 콘크리트의 휨부재		0.55

해답 ②

79 다음 비파괴시험법 중 철근부식평가를 위한 시험으로 거리가 먼 것은?

① 자연전위법　　② 전자파 레이더법
③ 전기저항법　　④ 분극저항법

해설 ① 전자파 레이더법은 콘크리트 표면에서 내부로 전자파를 방사하여 대상물로부터 반사되는 신호를 받고 철근의 배근상태나 공동 등의 위치 및 깊이를 화상으로 표시한다.
② 철근의 부식상태 조사 방법
　㉠ 자연전위법　　㉡ 표면전위차법
　㉢ 분극저항법　　㉣ 교류임피던스법
　㉤ 전기저항법　　㉥ 와류탐사법

해답 ②

80 균열의 폭을 측정할 수 있는 방법이 아닌 것은?

① 균열스케일　　② 균열게이지
③ 균열현미경　　④ 와이어스트레인 게이지

해설 ① 와이어 스트레인 게이지란 콘크리트의 탄성계수 및 포아송비 실험을 할 때 공시체 표면에 접착시켜 변형을 측정하는 기구를 말한다.
② 균열폭의 측정 방법
　㉠ 균열 측정기
　㉡ 균열 게이지
　㉢ 균열 현미경

해답 ④

콘크리트산업기사

2022년 8월 CBT 시행

본 문제는 복원 기출문제입니다. 실제 문제와 다를 수 있으니 양해바랍니다.

제1과목 콘크리트 재료 및 배합

01 풍화된 시멘트를 사용하면 시멘트 경화체의 강도 및 품질이 저하하게 되는데 시멘트의 풍화에 미치는 요인으로 틀린 것은?

① 대기 중 수분, 이산화탄소
② 시멘트의 분말도
③ 석고 및 MgO 성분
④ 소성이 불충분한 시멘트 클링커

해설 ① 풍화란 저장중인 시멘트가 공기 중의 수분과 이산화탄소를 흡수하여 수화반응을 일으켜 탄산염을 만들어 덩어리가 발생되는 현상으로, 풍화한 시멘트는 1개월에 압축강도가 3~5% 감소한다.
② 시멘트 분말도란 시멘트 입자의 굵고 가는 정도를 나타내는 것으로 분말도가 높은 시멘트는 물과의 접촉 면적(비표면적)이 커져 수화작용이 빨라 초기강도가 높아지나, 풍화되기 쉽다.
③ 클링커의 소성이 불충분한 시멘트는 비중이 작아져 풍화되기 쉽다.
④ 석고와 MgO(마그네시아)는 시멘트 풍화에 미치는 요인이라고 볼 수 없다.
 ㉠ 석고는 시멘트의 급격한 응결을 방지하는 응결조절용(응결지연제 역할)으로 시멘트 제조시 3% 정도 넣고 바수어 가루로 만든다.
 ㉡ MgO(마그네시아)는 수화반응 중에 팽창균열(이상팽창)을 발생시킬 염려가 있기 때문에 함량을 5% 이하로 제한한다.

해답 ③

02 압축강도 시험의 기록이 없는 현장에서 호칭강도(f_{cn})가 50MPa인 콘크리트의 배합강도(f_{cr})로 옳은 것은?

① 55.5MPa
② 57MPa
③ 58.5MPa
④ 60MPa

해설 $f_{cn} = 50\text{MPa} > 35\text{MPa}$ 이므로
$f_{cr} = 1.1 f_{cn} + 5.0 = 1.1 \times 50 + 5.0 = 60\,\text{MPa}$

[참고] 압축강도 시험회수가 14 이하이거나 기록이 없는 경우의 배합강도	
호칭강도 f_{cn}(MPa)	배합강도 f_{cr}(MPa)
21 미만	$f_{cn}+7$
21 이상 35 이하	$f_{cn}+8.5$
35 초과	$1.1f_{cn}+5.0$

해답 ④

03 단위수량 162kg, 물-시멘트비 55%, 슬럼프 80mm, 공기량 5% 및 잔골재율 45%의 조건으로 콘크리트의 배합 설계를 실시할 때 단위시멘트량(A) 및 단위굵은골재량(B)은 얼마인가? (단, 시멘트 밀도 : 3.14g/cm³, 잔골재의 표건 밀도 : 2.64g/cm³, 굵은골재의 표건 밀도 : 2.66g/cm³)

① $A=295$kg, $B=1,015$kg　　② $A=295$kg, $B=824$kg
③ $A=305$kg, $B=1,015$kg　　④ $A=305$kg, $B=824$kg

해설
① $\dfrac{W}{C}=0.55$에서 $C=\dfrac{W}{0.55}=\dfrac{162}{0.55}=295$kg

② 단위 골재량의 절대부피
$$V_a=1-\left(\dfrac{\text{단위수량}}{1,000}+\dfrac{\text{단위시멘트량}}{\text{시멘트 비중}\times 1,000}+\dfrac{\text{공기량}}{100}\right)$$
$$=1-\left(\dfrac{162}{1,000}+\dfrac{295}{3.14\times 1,000}+\dfrac{5}{100}\right)=0.694\text{m}^3$$

③ 단위 굵은골재의 절대부피
$$V_a=V_a\times \text{잔골재율}(S/a)=0.694\times\dfrac{45}{100}=0.312\text{m}^3$$

④ 단위 굵은 골재량
$$G=V_g\times\text{굵은골재 밀도}\times 1,000=(0.694-0.312)\times 2.66\times 1,000$$
$$=1,016\text{kg/m}^3$$

해답 ①

04 배합설계에서 잔골재의 절대용적이 320L, 굵은골재의 절대용적이 560L일 때, 잔골재율은 얼마인가?

① 36.4%　　② 42.5%
③ 57.1%　　④ 63.6%

해설 잔골재율$(S/a)=\dfrac{\text{단위 잔골재의 절대부피}}{\text{단위 골재량의 절대부피}}\times 100=\dfrac{S}{a}=\dfrac{S}{S+G}\times 100$
$$=\dfrac{320}{320+560}\times 100=36.4\%$$

해답 ①

05

아래 표는 굵은골재의 체가름 시험결과이다. 이 굵은 골재의 최대치수와 조립률은?

체크기(mm)	30	25	20	15	10	5	2.5	1.2
체를 통과한 것의 질량 백분율(%)	100	98	73	52	30	5	2	0

① 최대치수 : 30mm, 조립률 : 6.90
② 최대치수 : 25mm, 조립률 : 6.90
③ 최대치수 : 30mm, 조립률 : 7.40
④ 최대치수 : 25mm, 조립률 : 7.40

해설

체크기(mm)	30	25	20	15	10	5	2.5	1.2
체를 통과한 것의 질량 백분율(%)	100	98	73	52	30	5	2	0
가적잔유율(%)	0	2	27	48	70	95	98	100

① 굵은골재 최대치수
굵은 골재의 최대치수란 질량비로 90% 이상을 통과시키는 체중에서 최소치수의 체눈의 호칭치수를 말하므로 25mm이다.

② 조립률
조립률에 사용하는 체(총 10개)는 80mm, 40mm, 20mm, 10mm, 5mm, 2.5mm, 1.2mm, 0.6mm, 0.3mm, 0.15mm이므로

$$F.M = \frac{\text{각 체에 남는 누가중량 백분율 합}}{100}$$

$$= \frac{0+0+27+70+95+98+100+100+100+100}{100} = 6.9$$

해답 ②

06

콘크리트 공시체 7개에 대한 압축강도를 실험한 데이터가 다음과 같을 때 불편분산에 의한 표준편차는?

실험체	1	2	3	4	5	6	7
압축강도 실험값(MPa)	26.5	28.0	27.5	28.0	26.5	27.0	29.0

① 0.774MPa
② 0.812MPa
③ 0.913MPa
④ 0.985MPa

해설 ① 평균값

$$\bar{x} = \frac{26.5+28.0+27.5+28.0+26.5+27.0+29.0}{7} = 27.5 \text{MPa}$$

② 표준편제곱합
$$S = \sum (\overline{x} - x_i)^2$$
$$= (27.5-26.5)^2 + (27.5-28.0)^2 + (27.5-27.5)^2 + (27.5-28.0)^2$$
$$+ (27.5-26.5)^2 + (27.5-27.0)^2 + (27.5-29.0)^2$$
$$= 5.0$$

③ 표준편차
$$\sigma_e = \sqrt{\frac{S}{n-1}} = \sqrt{\frac{5.0}{7-1}} = 0.913 \text{MPa}$$

해답 ③

07 골재의 입형에 대한 설명중 옳지 않은 것은?

① 실적률이 작으면 시멘트페이스트량이 증가되어 비경제적인 콘크리트가 된다.
② 부순자갈은 입형이 나쁘기 때문에 콘크리트강도면에서 상당히 불리하다.
③ 골재의 실적률이 증가하면 콘크리트의 유동성도 증가한다.
④ 골재의 입형이 나쁘면 작업성을 좋게 하기 위하여 단위 수량 및 시멘트량이 증가된다.

해설 부순자갈은 표면이 거칠어 부착력이 좋아지므로 콘크리트 강도 면에서 불리하다고 할 수 없다.

해답 ②

08 시멘트의 강도시험(KS L ISO 679)에서 규정하고 있는 시멘트 모르타르 압축강도 시험에 사용되는 공시체에 대한 설명으로 옳은 것은?

① 부피로 시멘트 1에 대해서 물/시멘트 비 0.5 및 잔골재 2.7의 비율로 모르타르를 성형한다.
② 부피로 시멘트 1에 대해서 물/시멘트 비 0.4 및 잔골재 3의 비율로 모르타르를 성형한다.
③ 질량으로 시멘트 1에 대해서 물/시멘트 비 0.4 및 잔골재 2.7의 비율로 모르타르를 성형한다.
④ 질량으로 시멘트 1에 대해서 물/시멘트 비 0.5 및 잔골재 3의 비율로 모르타르를 성형한다.

해설 ① 시멘트와 표준모래를 1 : 3의 질량비로 한다.
② 물/시멘트 = 50%

해답 ④

09 잔골재의 유기불순물 시험(KS F 2510)의 목적으로 적당하지 않은 것은?

① 잔골재 중의 유기불순물은 콘크리트의 경화를 방해하고 콘크리트의 강도, 내구성, 안정성을 해친다.
② 잔골재 중에 함유되어 있는 유기불순물의 양을 알아 그 모래의 사용 적부를 개략적으로 판단하는데 필요하다.
③ 모래에 보통 부식된 형태로 유기물이 들어있으며, 육안으로 분별하기가 곤란하다.
④ 유기물은 콘크리트의 배합설계 시 잔골재율을 조정하기 위하여 필요하다.

해설 ① 잔골재의 유기불순물 시험
㉠ 유기불순물 양을 알아 모래의 사용 적부를 판단한다.
㉡ 시험기구 및 재료 : 시험용 유리병, 수산화나트륨 용액(3%), 식별용 표준색 용액(탄닌산 용액), 메스실린더, 피펫
② 잔골재의 유기불순물 시험은 시멘트 모르타르 또는 콘크리트에 사용되는 천연 사중에 함유되어 있는 유기화합물의 해로운 양을 대략 결정하는 것으로, 이 시험은 모래의 사용여부를 결정함에 앞서 보다 정밀한 모래에 대한 시험의 필요성의 유무를 아는데 있다.

해답 ④

10 최대 치수가 25mm인 굵은 골재로 체가름시험을 실시하려고 한다. 이 때 필요한 시료의 최소 건조 질량으로 옳은 것은?

① 500g ② 1kg
③ 2.5kg ④ 5kg

해설 골재의 체가름 시험에서 굵은 골재 최대치수 26.5mm 정도에서 최소 건조질량은 5kg이다.

[참고] 시료의 최소 건조 질량
① 잔골재 1.18mm체를 질량비로 95% 이상 통과하는 것 : 100g
② 잔골재 1.18mm체를 질량비로 5% 이상 남는 것 : 500g
③ 굵은골재 최대치수 9.5mm 정도 : 2kg
④ 굵은골재 최대치수 13.2mm 정도 : 2.6kg
⑤ 굵은골재 최대치수 16mm 정도 : 3kg
⑥ 굵은골재 최대치수 19mm 정도 : 4kg
⑦ 굵은골재 최대치수 26.5mm 정도 : 5kg
⑧ 굵은골재 최대치수 31.5mm 정도 : 6kg
⑨ 굵은골재 최대치수 37.5mm 정도 : 8kg
⑩ 굵은골재 최대치수 53mm 정도 : 10kg
⑪ 굵은골재 최대치수 63mm 정도 : 12kg
⑫ 굵은골재 최대치수 75mm 정도 : 16kg
⑬ 굵은골재 최대치수 106mm 정도 : 20kg

해답 ④

11 다음 혼화재중 잠재수경성인 것은?
① 고로슬래그
② 실리카 품
③ 플라이애시
④ 왕겨재

해설 고로 슬래그는 물과 접함으로써 자기 촉발적인 수화반응을 개시하지는 않지만, 자극제에 의해 수화반응을 일으키는 성질인 잠재 수경성이 있다.

해답 ①

12 KS L 5201에 규정되어 있는 포틀랜드시멘트에 속하지 않는 것은?
① 중용열 포틀랜드 시멘트
② 저열 포틀랜드 시멘트
③ 포틀랜드 포졸란 시멘트
④ 조강 포틀랜드 시멘트

해설 ① 포틀랜드 시멘트
  ㉠ 1종 : 보통 포틀랜드 시멘트
  ㉡ 2종 : 중용열 포틀랜드 시멘트
  ㉢ 3종 : 조강 포틀랜드 시멘트
  ㉣ 4종 : 저열 포틀랜드 시멘트
  ㉤ 5종 : 내황산염 포틀랜드 시멘트
  ㉥ 백색 포틀랜드 시멘트
② 포졸란 시멘트는 혼합 시멘트이다.

해답 ③

13 콘크리트 배합설계의 기본원칙에 대한 설명으로 틀린 것은?
① 적당한 강도와 내구성을 확보할 것
② 가능한 단위 수량을 적게 할 것
③ 경제성을 고려 할 것
④ 굵은골재 최대 치수가 작은 것을 사용 할 것

해설 굵은골재 최대치수가 큰 것을 사용하여 경제적인 콘크리트를 얻도록 해야 한다.

해답 ④

14 셀룰로오스계와 아크릴계 두 종류의 재료가 사용되며, 수중에서의 시멘트와 골재의 분리를 막아 수중공사를 용이하게 하는 혼화제는?
① 촉진제
② 급결제
③ 수중불분리성혼화제
④ 지연제

해설 수중불분리성 혼화제(분리 저감제)는 수중 콘크리트 타설시 물의 세척 작용에 의해 시멘트와 골재가 분리되는 것을 막아 신뢰성 높은 고품질의 콘크리트를 제조, 타설하기 위해 콘크리트에 첨가되는 수용성 고분자 혼화제이다.

해답 ③

15
다음 중 AE감수제의 사용으로 얻을 수 있는 효과가 아닌 것은?

① 단위수량을 감소시킨다.   ② 동결융해에 대한 저항성이 증대된다.
③ 투수성이 향상된다.   ④ 수밀성이 향상된다.

해설 양질의 감수제는 콘크리트의 압축강도를 증가시키고 수밀성을 증대시키므로 투수성이 감소한다.

해답 ③

16
그라우팅용 혼화제의 특징으로 적절하지 않은 것은?

① 블리딩을 적게 한다.   ② 그라우트를 수축시킨다.
③ 재료분리가 적어야 한다.   ④ 주입하기 용이하여야 한다.

해설 그라우트를 수축시키면 재료분리 및 부실시공을 초래할 수 있다.

해답 ②

17
시방배합결과 단위수량 185kg/m³, 단위골재량 750kg/m³, 단위굵은골재량 975kg/m³을 얻었다. 잔골재의 표면수율이 3%, 굵은골재의 표면수율이 2%라면 이를 보정하여 현장배합으로 바꾼 단위수량은?

① 143kg/m³   ② 157kg/m³
③ 182kg/m³   ④ 227kg/m³

해설 ① 표면수량
  ㉠ 잔골재의 표면 수량 = 750 × 0.03 = 22.5kg
  ㉡ 굵은골재의 표면 수량 = 975 × 0.02 = 19.5kg
② 보정한 현장배합
  단위수량 = 185 − (22.5 + 19.5) = 143kg/m³

[참고] 보정한 현장배합
  ① 잔골재량 = 750 + 22.5 = 772.5kg/m³
  ② 굵은골재량 = 975 + 19.5 = 994.5kg/m³

해답 ①

18 시멘트 비중시험(KS L 5110)의 정밀도 및 편차에 대한 아래 표의 내용에서 ( )안에 알맞은 수치는?

> 동일 시험자가 동일 재료에 대하여 (㉠)회 측정한 결과가 (㉡) 이내이어야 한다.

① ㉠ : 2, ㉡ : ±0.02   ② ㉠ : 2, ㉡ : ±0.03
③ ㉠ : 3, ㉡ : ±0.03   ④ ㉠ : 3, ㉡ : ±0.02

해설 동일 시험자가 동일 재료에 대하여 2회 측정한 결과 ±0.03이내이어야 한다.

해답 ②

19 아래의 표와 같은 원리를 이용하여 측정하는 시멘트관련 시험은?

> 르샤틀리에법에 의하여, 즉 두 바늘의 상대적 움직임을 표시하여 표준주도를 가진 시멘트페이스트의 체적팽창을 관찰하여 측정한다.

① 시멘트의 안정도 시험   ② 시멘트의 비중시험
③ 시멘트의 응결시험   ④ 시멘트의 분말도 시험

해설 시멘트의 안정도 시험(오토클레이브 팽창도 시험)은 시멘트에 있는 산화칼슘(CaO), 산화마그네슘(MgO) 또는 이 두 가지 성분으로 인한 잠재적으로 지연되어 있는 팽창(후기 팽창, potential delayed expansion)의 지표를 알아보기 위한 시험이다.

해답 ①

20 콘크리트용 굵은골재의 유해물 함유량의 한도 중 연한 석편의 최대값(질량백분율)은?

① 0.25%   ② 0.5%
③ 1%   ④ 5%

해설 골재의 유해물 함유량 한도
① 잔골재   ㉠ 점토 덩어리 : 1.0%
② 굵은골재 ㉠ 점토 덩어리 : 0.25%
          ㉡ 연한 석편 : 5%

해답 ④

제2과목 콘크리트 제조, 시험 및 품질 관리

21 관입 저항침에 의한 콘크리트의 응결시간 시험(KS F 2436)에서 초결시간에 대한 설명으로 옳은 것은?

① 관입 저항이 1.25MPa이 될 때의 시간을 초결시간으로 결정한다.
② 초입 저항이 3.5MPa이 될 때의 시간을 초결시간으로 결정한다.
③ 관입 저항이 7MPa이 될 때의 시간을 초결시간으로 결정한다.
④ 관입 저항이 28MPa이 될 때의 시간을 초결시간으로 결정한다.

해설 ① **초결시간** : 관입저항이 3.5MPa 되기까지의 경과시간
② **종결시간** : 관입저항이 28MPa 되기까지의 경과시간

해답 ②

22 콘크리트의 워커빌리티 측정방법 중 아래의 표에서 설명하는 방법은?

> 비교적 간단한 현장시험방법으로 직경 152mm, 중량 13.6kg 강재형 반구가 굳지 않은 콘크리트 안으로 자동적으로 침강하는 깊이를 측정하는 시험

① 리몰딩 시험   ② 플로우 시험
③ VB 시험   ④ 볼관입 시험

해설 켈리볼 관입 시험(Kelly Ball Test)은 구관입시험(Ball Penetration Test)이라고도 하며, 반구형 강재의 켈리볼 13.6kg을 콘크리트의 면상에 놓았을 때의 관입량을 측정하는 시험으로 슬럼프와의 상관관계가 좋고 조작이 간단하여 현장 콘크리트를 관리하는데 적합하다.

해답 ④

23 관리도의 가장 기본이 되는 것으로써 평균치와 데이터화를 관리할 수 있고 콘크리트이 압축강도, 슬럼프 공기등의 특성을 관리하는 데에 편리한 관리도의 명칭은?

① $\bar{x}-R$관리도   ② $\bar{x}-\sigma$관리도
③ x관리도   ④ p관리도

해설 계량값 관리도로 평균값과 범위의 관리도인 $\bar{x}-R$관리도가 쓰인다.

해답 ①

24

레디믹스트 콘크리트의 염화물 함유량(염소이온(Cl)량)은 구입자의 승인을 얻은 경우에는 최대 몇 kg/m³ 이하로 할 수 있는가?

① $0.1 kg/m^3$
② $0.2 kg/m^3$
③ $0.3 kg/m^3$
④ $0.6 kg/m^3$

해설 염화물 함유량은 염화물 이온량으로서 $0.30 kg/m^3$ 이하로 한다. 다만, 구입자의 승인을 얻은 경우에는 $0.60 kg/m^3$ 이하로 할 수 있다.

해답 ④

25

콘크리트의 응결 후에 발생하는 콘크리트의 균열의 종류가 아닌 것은?

① 건조수축균열
② 온도균열
③ 하중에 의한 휨균열
④ 소성수축균열

해설 초기균열의 종류
 ① 침하에 의한 균열
 ② 플라스틱 수축 균열(소성수축 균열)
 ③ 거푸집 변형에 의한 균열
 ④ 진동, 재하에 의한 균열

해답 ④

26

콘크리트의 워커빌리티에 관한 설명 중 옳지 않은 것은?

① 시멘트량이 많을수록 콘크리트는 워커블하게 된다.
② 온도가 높을수록 슬럼프는 증가되고, 수송에 의한 슬럼프 감소는 줄어든다.
③ 플라이애시를 사용하면 워커빌리티가 개선된다.
④ 둥근모양의 천연모래가 모가진 것이나 편평한 것이 많아 부순 모래에 비하여 워커블한 콘크리트를 얻기 쉽다.

해설 콘크리트 배합 온도가 높아지면 슬럼프는 감소한다.

해답 ②

27

건설된 콘크리트 구조물의 콘크리트 강도를 추정하는 방법으로 아래의 표에서 것은?

콘크리트 중에 파묻힌 가력 Head를 지니 Insert와 반력 Ring을 사용하여 원추 대상의 콘크리트 덩어리를 뽑아낼 때의 최대 내력에서 콘크리트 압축강도를 추정하는 방법

① 코어 강도시험법
② 반발경도법
③ 초음파 속도법
④ 인발법

해설 ① **코어 압축강도**(코어 테스트) : 콘크리트 코어를 채취하여 KS 기준에 따라 압축강도를 측정하는 것으로 콘크리트 압축강도 평가법 중 가장 신뢰성이 높다.
② **반발경도법** : 슈미트 해머를 이용하여 경화된 콘크리트 표면을 타격시 반발경도로서 콘크리트 압축강도를 추정하는 방법이다.
③ **초음파법** : 콘크리트의 밀도와 탄성적 성질에 따라 초음파의 투과속도가 달라지는 것을 이용하여 콘크리트 강도를 평가하는 방법이다.
④ **인발법**(Pull-out법) : 콘크리트 표면에 매립된 앵커를 인발하여 인발할 때의 하중을 측정하여 콘크리트의 강도를 평가하는 방법이다.

해답 ④

28
슬럼프가 25mm인 레디믹스트 콘크리트의 슬럼프 허용 오차로 옳은 것은?
① ±5mm
② ±10mm
③ ±15mm
④ ±20mm

해설 레디믹스트 콘크리트의 슬럼프 허용오차

슬럼프	슬럼프 허용차
25mm	±10mm
50mm 및 65mm	±15mm
80mm 이상	±25mm

해답 ②

29
레디믹스트 콘크리트에 사용하는 천연 골재(잔골재)는 염분(NaCl)의 한도가 몇% 이하이어야 하는가? (단, 주문자의 승인을 얻지 않는 경우)
① 0.04%
② 0.06%
③ 0.08%
④ 0.1%

해설 잔골재의 염화물 함유량 한도(질량백분율)는 0.02%이며, 염화물 이온량 0.02%를 염화나트륨으로 환산(NaCl 환산량)하면 0.04%이다. 0.04%를 초과한 것에 대해서는 주문자의 승인을 얻어야 한다.

해답 ①

30
통계적 품질관리 방법이 아닌 것은?
① 관리도법
② 발취검사법
③ 표본조사
④ 현장검사

해설 통계적 품질관리 방법
① 관리도법 ② 발취검사법 ③ 표본조사

해답 ④

31
일반적으로 콘크리트는 강 알칼리성 재료로써 철근의 부식을 억제하는데, 콘크리트의 알칼리 정도의 범위로 알맞은 것은?

① pH 12~13
② pH 9~16
③ pH 7~8
④ pH 5~6

해설 콘크리트의 알칼리는 pH 12~13 정도이다.

해답 ①

32
굳지 않은 콘크리트의 공기량에 대한 설명으로 틀린 것은?

① 일반적인 사용범위 내에서 AE제의 사용량이 증가하면 공기량도 증가한다.
② 콘크리트의 온도가 낮을수록 공기량은 증가한다.
③ 진동다짐을 실시하면 공기량은 증가한다.
④ 잔골재량이 많을수록 공기량은 증가한다.

해설 진동다짐을 오래하면 공기량이 감소하게 된다.

해답 ③

33
콘크리트의 쪼갬 인장강도 시험에서 직경 150mm, 길이 300mm인 원주형 공시체를 사용한 경우 최대하중이 200kN이었다면, 인장강도는?

① 2.8MPa
② 3.1MPa
③ 3.8MPa
④ 4.1MPa

해설 인장강도
$$f_{sp} = \frac{2P}{\pi dl} = \frac{2 \times 200 \times 10^3}{\pi \times 150 \times 300} = 2.8 \text{N/mm}^2 = 2.8\text{MPa}$$

해답 ①

34
콘크리트의 압축강도 시험을 위한 공시체 제작에 관한 설명 중 옳지 않은 것은?

① 몰드에 채울 때 콘크리트는 2층 이상의 거의 같은 층으로 나눠서 채운다.
② 공시체의 양생 온도는 (20±2)℃로 한다.
③ 공시체의 지름은 굵은 골재 최대치수의 3배 이하이어야 한다.
④ 몰드를 떼는 시기는 콘크리트 채우기가 끝나고 나서 16시간 3일 이내로 한다.

해설 공시체는 지름의 2배 높이인 원주형이며 지름은 굵은골재 최대치수의 3배 이상, 10cm 이상으로 한다.

해답 ③

35
1개마다 양, 불량으로 구별할 경우 사용하나 불량률을 계산하지 않고 불량 개수에 의해서 관리하는 경우에 사용하는 관리도는?

① U관리도
② C관리도
③ P관리도
④ P_n관리도

해설 ① U 관리도 : 단위당 결점수 관리도 ② C 관리도 : 결점수 관리도
③ P 관리도 : 불량률 관리도 ④ P_n 관리도 : 불량개수 관리도

해답 ④

36
압축강도 시험결과가 아래의 표와 같을 때 표준편차를 구하면? (단, 불편분산의 개념에 의한다.)

> 24, 21, 25, 24, 26(MPa)

① 1.87MPa
② 1.96MPa
③ 2.13MPa
④ 2.31MPa

해설 ① 평균값
$$\bar{x} = \frac{24+21+25+24+26}{5} = \frac{120}{5} = 24\text{MPa}$$
② 표준편제곱합
$$S = \sum (\bar{x} - x_1)^2 = (24-24)^2 + (24-21)^2 + (24-25)^2 + (24-26)^2 = 14$$
③ 불편분산
$$\sigma_e = \sqrt{\frac{(\bar{x}-x_i)^2}{n-1}} = \sqrt{\frac{14}{5-1}} = 1.87\text{MPa}$$

해답 ①

37
레디믹스트 콘크리트의 운반차로서 덤프트럭에 대한 설명으로 틀린 것은?

① 덤프트럭의 적재함 바닥은 평활하고 방수가 되어야 한다.
② 덤프트럭의 적재함은 필요에 따라 비바람 등에 대한 보호를 위해 방수 덮개를 갖춘 것으로 한다.
③ 포장 콘크리트 중 슬럼프 65mm의 콘크리트를 운반하는 경우에 한하여 사용할 수 있다.
④ 콘크리트 표면의 $\frac{1}{3}$과 $\frac{2}{3}$인 부분에서 각각 시료를 채취하여 슬럼프 시험을 하였을 경우 그 양쪽의 슬럼프 차가 20mm 이내가 되어야 한다.

해설 ① 덤프 트럭은 포장 콘크리트 중 슬럼프 25mm의 콘크리트를 운반하는 경우에 한하여 사용할 수 있다.
② 덤프트럭의 적재함 바닥은 평활하고 방수가 되어야 하며, 필요에 따라 비바람 등에 대한 보호를 위해 방수 덮개를 갖춘 것으로 한다.
③ 또한, 콘크리트 표면의 1/3과 2/3인 부분에서 각각 시료를 채취하여 슬럼프 시험을 하였을 경우 그 양쪽의 슬럼프 차가 20mm 이내가 되어야 한다.

해답 ③

38 콘크리트의 응결이 지연되는 경우에 대한 설명으로 틀린 것은?

① 지연형의 AE감수제 증가
② 플라이애시 증가
③ 시멘트의 분말도 증가
④ 슬럼프 증가

해설 분말도가 높은 시멘트는 물과의 접촉 면적(비표면적)이 커져 수화작용이 빨라 응결이 촉진되므로 초기강도가 높아진다.

해답 ③

39 콘크리트 재료로서 플라이애시를 사용할 때 1회 계량분에 대한 계량 허용오차로 옳은 것은?

① ±1%
② ±2%
③ ±3%
④ ±4%

해설 ① 1회 계량 허용오차

재료의 종류	허용오차	측정단위
물	1% 이하	질량 또는 부피
시멘트	1% 이하	질량
골재	3% 이하	질량
혼화재[1]	2% 이하	질량
혼화제	3% 이하	질량 또는 부피

주1) 고로 슬래그 미분말 계량오차의 최대치는 1%로 한다.
② 플라이애시는 혼화재이므로 계량 허용오차는 ±2% 이하이다.

해답 ②

40 보통 골재를 사용한 콘크리트의 단위 용적질량으로서 적당한 것은?

① $1.8t/m^3$
② $2.3t/m^3$
③ $2.9t/m^3$
④ $3.3t/m^3$

해설 보통 골재를 사용한 콘크리트의 단위용적질량은 $2,300kg/m^3$($2.3t/m^3$)이다.

해답 ②

제3과목 콘크리트의 시공

41 서중 콘크리트에 대한 설명으로 잘못된 것은?

① 콘크리트는 비빈 후 되도록 빨리 타설하는 것이 바람직하며, 지연형 감수제를 사용하는 경우라도 2.5시간 이내에 타설하여야 한다.
② 콘크리트를 타설할 때의 콘크리트 온도는 35℃ 이하이어야 한다.
③ 하루 평균기온이 25℃를 초과할 것으로 예상되는 경우 서중 콘크리트로 시공하여야 한다.
④ 일반적으로는 기온 10℃의 상승에 대하여 단위수량은 2~5% 증가하므로 소요의 압축강도를 확보하기 위해서는 단위수량에 비례하여 단위 시멘트량의 증가를 검토하여야 한다.

해설 콘크리트는 비빈 후 되도록 빨리 타설하는 것이 바람직하며, KS F 2560의 지연형 감수제를 사용하는 등의 일반적인 대책을 강구한 경우라도 1.5시간 이내에 타설하여야 한다.

해답 ①

42 매스콘크리트에서 균열발생을 제한할 경우에 적용하는 온도균열지수의 범위는? (단, 철근이 배치된 일반적인 구조물의 경우)

① 1.5 이상
② 1.2~1.5
③ 1.0~1.2
④ 0.7~1.0

해설 ① 균열 발생을 방지하여야 할 경우 : 1.5 이상
② 균열 발생을 제한할 경우 : 1.2 이상 1.5 미만
③ 유해한 균열 발생을 제한할 경우 : 0.7 이상 1.2 미만

해답 ②

43 콘크리트 제품을 제조할 때, 고온 고압 용기에 제품을 넣고 180℃ 전후, 공기압 7~15기압으로 고온고압 처리하는 양생법은?

① 오토클레이브양생
② 상압증기양생
③ 피막양생
④ 전기양생

해설 고온고압 증기양생(오토클레이브 양생 ; Autoclaved Curing)은 오토클레이브(Autoclave, 고온고압의 용기) 내에서 180℃ 전후의 고온과 7~15 기압(평균 1MPa)의 고압을 이용하여 양생하는 방법으로 단시간 내에 높은 강도의 콘크리트를 얻기 위한 양생 방법이다.

해답 ①

44 경사슈트에 대한 아래 표의 설명에서 ( )에 알맞은 것은?

> 경사슈트를 사용할 경우 슈트의 경사는 콘크리트가 재료 분리를 일으키지 않을 정도의 것이어야 한다. 일반적으로 경사는 ( )정도가 적당하다.

① 수평 2에 대하여 연직 1
② 수평 1에 대하여 연직 1
③ 수평 1에 대하여 연직 2
④ 수평 1에 대하여 연직 3

해설 슈트(Chute)
① 원칙적으로 연직 슈트를 사용한다.
② 콘크리트가 한 장소에 모이지 않도록 콘크리트의 투입구 간격, 투입 순서 등에 대하여 검토하여야 한다.
③ 경사 슈트는 일정한 경사를 가져야 하며, 경사 슈트의 출구에서 조절판 및 깔때기를 설치해서 재료분리를 방지하여야 한다.
④ 경사 슈트의 경사는 일반적으로 수평 2에 대하여 연직 1 정도가 적당하다.

해답 ①

45 콘크리트의 압축강도 시험을 통하여 거푸집을 해체하고자 한다. 설계기준 강도가 24MPa이고, 보의 밑면인 경우 거푸집을 해체할 때 콘크리트 압축강도는 얼마 이상이어야 하는가?

① 5MPa 이상
② 8MPa 이상
③ 12MPa 이상
④ 16MPa 이상

해설 ① 콘크리트의 압축강도 시험시 거푸집널의 해체시기
  ㉠ 확대기초, 보, 기둥 등의 측면 : 5MPa 이상
  ㉡ 슬래브 및 보의 밑면, 아치내면 : 설계기준 압축강도의 2/3이상 또한 최소 14MPa 이상
② 설계기준 압축강도의 2/3배 이상 또한 최소 14MPa 이상이므로
$\frac{2}{3} \times 24 = 16\text{MPa} \geq 14\text{MPa}$
∴ 16MPa 이상이어야 한다.

해답 ④

46 해양 콘크리트 구조물에 쓰이는 콘크리트의 설계기준강도 몇 MPa 이상으로 하여야 하는가?

① 21MPa
② 24MPa
③ 27MPa
④ 30MPa

해설 해양 콘크리트 구조물에 쓰이는 콘크리트의 설계기준강도는 30MPa 이상으로 한다.

해답 ④

47 수밀콘크리트이 배합에 대한 설명으로 틀린 것은?

① 콘크리트의 소요의 품질이 얻어지는 범위 내에서 단위수량은 되도록 적게 한다.
② 콘크리트의 소요의 품질이 얻어지는 범위 내에서 물-결합재비는 되도록 적게 한다.
③ 콘크리트의 소요의 품질이 얻어지는 범위 내에서 단위 굵은 골재량은 되도록 적게 한다.
④ 물-결합재비는 50% 이하를 표준으로 한다.

해설 **수밀 콘크리트 배합 요령**(콘크리트의 소요 품질이 얻어지는 범위 내에서)
① 단위수량은 되도록 적게 한다.
② 물-결합재비는 되도록 적게 한다.
③ 단위 굵은골재량은 되도록 크게 한다.

해답 ③

48 매스콘크리트에 관한 다음의 설명 중 틀린 것은?

① 암반 위에 매스콘크리트를 타설하면 외부구속에 의한 온도균열이 발생할 가능성이 있다.
② 온도균열의 발생은 콘크리트의 인장강도와 온도응력에 의해서 평가할 수 있다.
③ 시공계획에 있어서 온도균열지수가 되도록 작게 하는 재료, 배합 및 시공법을 채용하는 것으로 한다.
④ 굵은골재의 최대치수를 크게 하고 단위 수량을 저감시키는 것은 온도균열대책으로서 유효하다.

해설 온도균열지수는 구조물의 중요도, 기능, 환경조건 등에 대응할 수 있도록 선정하여야 하며, 온균열지수 값이 클수록 균열이 발생하기 어렵고 값이 적을수록 균열이 발생하기 쉽다.
① 균열 발생을 방지하여야 할 경우 : 1.5 이상
② 균열 발생을 제한할 경우 : 1.2 이상 1.5 미만
③ 유해한 균열 발생을 제한할 경우 : 0.7 이상 1.2 미만

해답 ③

49 콘크리트는 타설한 후 습윤상태로 노출면이 마르지 않도록 하아여 하며, 수분의 증발에 따라 살수를 하여 습윤상태로 보호하여야 한다. 일평균 기온이 10℃ 이상~15℃ 미만 이고, 보통포틀랜드시멘트를 사용한 경우 습윤양생 기간의 표준으로 옳은 것은?

① 3일 ② 5일
③ 7일 ④ 9일

해설 습윤양생기간의 표준

일평균 기온	보통 포틀랜드 시멘트	고로 슬래그 시멘트 플라이애시 시멘트	조강 포틀랜드 시멘트
15℃ 이상	5일	7일	3일
10℃ 이상	7일	9일	4일
5℃ 이상	9일	12일	5일

해답 ③

50

콘크리트의 운반 및 타설에 대한 설명으로 적합하지 않은 것은?

① 콘크리트의 재료분리가 될 수 있는 대로 적게 일어나도록 해야 한다.
② 넓은 장소에서는 일반적으로 콘크리트의 공급원으로부터 먼 쪽에서 타설하여 가까운 쪽으로 끝내도록 하는 것이 좋다.
③ 사전에 충분한 운반계획을 세우고, 신속하게 운반하여 즉시 타설한다.
④ 비비기에서 타설이 끝날 때까지의 시간은 외기온도 25℃ 이상일 때는 2시간 이내로 하여야 한다.

해설 비비기로부터 타설이 끝날 때까지의 시간
① 외기온도가 25℃ 이상 : 1.5시간 이내
② 외기온도가 25℃ 미만 : 2.0시간 이내
③ 다만, 양질의 지연제 등을 사용하여 응결을 지연시키는 등의 특별한 조치를 강구한 경우에는 콘크리트의 품질 변동이 없는 범위 내에서 책임기술자의 승인을 받아 이 시간제한을 변경할 수 있다.

해답 ④

51

콘크리트를 한 차례 다지기한 후 적절한 시기에 다시 진동을 가하는 것을 재진동이라고 한다. 이러한 재진동에 대한 일반적인 설명으로 틀린 것은?

① 콘크리트가 다시 유동화되어 콘크리트 중에 형성된 공극, 수극이 줄어든다.
② 콘크리트 강도 및 철근과의 부착강도가 증가된다.
③ 침하균열의 방지에 효과가 있다.
④ 재진동을 실시할 적절한 시기는 콘크리트가 유동할 수 있는 범위에서 될 수 있는 대로 늦은 시기가 좋으며, 일반적으로 초결이 일어난 직후에 실시하는 것이 좋다.

해설 재진동을 할 경우에는 콘크리트에 나쁜 영향이 생기지 않도록 초결이 일어나기 전에 실시하여야 한다.

해답 ④

52 숏크리트의 시공에 대한 설명으로 틀린 것은?

① 절취면이 비교적 평활하고 넓은 법면에 대해서는 세로방향으로 적당한 간격으로 신축줄눈을 설치하여 한다.
② 뿜어 붙인 콘크리트가 박리되거나 흘러내리지 않는 범위의 적당한 두께로 뿜어 붙여 소정의 두께가 될 때까지 반복해서 뿜어 붙여야 한다.
③ 숏크리트는 빠르게 운반하고, 급결제를 첨가한 후는 바로 뿜어 붙이기 작업을 실시하여야 한다. 비탈면이 동결하였거나 빙설이 있는 경우 표면에 물을 뿌려 시공한다.
④ 비탈면이 동결하였거나 빙설이 있는 경우 표면에 물을 뿌려 시공한다.

해설 비탈면이 동결하였거나 빙설이 있는 경우에는 녹여서 표면의 물을 없앤 다음 뿜어 붙여야 한다.

해답 ④

53 고강도 콘크리트의 정의에 대한 아래표의 설명에서 ( )의 알맞은 수치는?

설계기준 압축강도가 보통 중량 콘크리트에서 40MPa 이상, 경량골재 콘크리트에서 ( )MPa 이상인 경우의 콘크리트를 고강도 콘크리트라고 한다.

① 27
② 30
③ 33
④ 35

해설 고강도 콘크리트란 설계기준강도가 일반 콘크리트에서 40MPa 이상, 경량골재 콘크리트에서 27MPa 이상인 경우의 콘크리트를 말한다.

해답 ①

54 고강도 콘크리트의 배합에 대한 설명으로 틀린 것은?

① 단위수량은 소요의 워커빌리티를 얻을 수 있는 범위 내에서 가능한 적게 하여야 한다.
② 공기연행제를 사용하는 것을 원칙으로 한다.
③ 슬럼프는 작업이 가능한 범위 내에서 되도록 적게 한다.
④ 잔골재율은 소요의 워커빌리티를 얻도록 시험에 의하여 결정하여야 하며, 가능한 적게 하도록 한다.

해설 고강도 콘크리트는 공기연행 콘크리트를 사용하지 않는 것을 원칙이다. 단, 기상의 변화가 심하거나 동결융해에 대한 대책이 필요한 경우에는 공기연행 콘크리트를 사용할 수 있다.

해답 ②

55

아래의 표에서 설명하는 콘크리트는?

> 굳지 않은 상태에서 재료 분리 없이 높은 유동성을 가지면서 다짐작업 없이 자기 충전성이 가능한 콘크리트

① 프리플레이스트 콘크리트 ② 유동화 콘크리트
③ 고유동 콘크리트 ④ 베이스 콘크리트

해설 고유동(high fluidity) 콘크리트란 굳지 않은 상태에서 재료 분리 없이 높은 유동성을 가지면서 다짐작업 없이 자기충전성이 가능한 콘크리트를 말한다.

해답 ③

56

터널이나 큰 공동 구조물의 라이닝, 비탈면, 법면 또는 벽면의 풍화나 박리, 박락의 방지를 위하여 적용되는 것으로 뿜어 붙여서 시공하는 콘크리트는?

① 폴리머콘크리트 ② 숏크리트
③ 프리플레이스콘크리트 ④ 프리캐스트콘크리트

해설 숏크리트는 컴프레서 혹은 펌프를 이용하여 노즐 위치까지 호스 속으로 운반한 콘크리트를 압축공기에 의해 시공면에 뿜어서 만든 콘크리트로, 터널이나 큰 공동 구조물의 라이닝, 비탈면, 법면 또는 벽면의 풍화나 박리, 박락의 방지를 위하여 적용한다.

해답 ②

57

경량골재 콘크리트의 시공에 대한 설명으로 틀린 것은?

① 타설할 때 모르타르가 침하하고, 굵은 골재가 위로 떠오르는 재료 분리현상이 적게 일어나도록 하여야 한다.
② 슬럼프가 작은 경우에는 강제교반기가 있는 운반차를 이용하는 것이 좋다.
③ 콘크리트 펌프를 사용하여 경량골재 콘크리트를 운반하고자 할 경우 유동화 시키지 않는 것을 원칙으로 한다.
④ 보통 콘크리트에 비해 진동기를 찔러 넣는 간격을 작게하거나 진동시간을 약간 길게 해 충분히 다져야 한다.

해설 ① 경량골재 콘크리트 운반은 하차가 쉽고, 재료분리가 적은 운반차를 사용해야 한다.
② 경량골재 콘크리트는 고유동 콘크리트에 대해 콘크리트 펌프를 사용할 수 있다.

해답 ③

58 강섬유보강 숏크리트에서 강섬유 혼입에 따른 가장 큰 증가 효과는 다음 중 어느 것인가?
① 휨인성
② 쪼갬강도
③ 경도
④ 압축강도

해설 강섬유 혼입시 휨인성 증가효과가 가장 크다.

해답 ①

59 한중 콘크리트에 대한 설명으로 틀린 것은?
① 공기연행 콘크리트를 사용하는 것을 원칙으로 한다.
② 시멘트의 온도가 낮을 경우 40℃ 이하로 가열하여 사용한다.
③ 타설할 때의 콘크리트 온도는 구조물의 단면치수, 기상조건 등을 고려하여 5~20℃의 범위에서 정하여야 한다.
④ 단위수량은 초기 동해를 적게 하기 위하여 되도록 적게 정하여야 한다.

해설 시멘트는 절대로 직접 가열해서는 안 된다.

해답 ②

60 콘크리트 공장제품의 특징으로 틀린 것은?
① 품질이나 작업환경이 제작시 기후상황에 영향을 많이 받는다.
② 조립구조에 주로 사용되므로 일반적으로 공기가 빠르다.
③ 현장에서 거푸집이나 동바리 등의 준비가 필요 없다.
④ 규격품을 제조하므로 어느 정도 작업에 대한 숙련공이 필요하다.

해설 공장 제품은 실내에서 제작하기 때문에 기후영향을 거의 받지 않는다.

해답 ①

제4과목 콘크리트 구조 및 유지관리

61 지간이 4m인 직사각형 단면의 단순보가 있다. 이 보에 자중을 포함한 고정하중 10kN/m와 활하중 20kN/m가 작용하고 있을 때 계수휨모멘트는 얼마인가?

① 30kN · m ② 44kN · m
③ 60kN · m ④ 88kN · m

해설 ① 계수하중
$$w_u = 1.2w_D + 1.6w_L = 1.2 \times 10 + 1.6 \times 20 = 44\text{kN/m}$$
② 계수휨모멘트
$$M_u = \frac{w_u l^2}{8} = \frac{44 \times 4^2}{8} = 88\text{kN} \cdot \text{m}$$

해답 ④

62 보의 폭 $b_w = 250$mm, 유효깊이 $d = 450$mm, 높이 $h = 500$mm인 직사각형 보 단면의 균열모멘트 M_{cr}은? (단 $f_{ck} = 24$MPa, 콘크리트의 파괴계수 $f_r = 0.63\sqrt{f_{ck}}$ 이고, 보통 중량 콘크리트를 사용한 경우)

① 0.016kN · m ② 0.032kN · m
③ 16kN · m ④ 32kN · m

해설 ① 콘크리트 파괴계수
$$f_r = 0.63\lambda\sqrt{f_{ck}} = 0.63 \times 1 \times \sqrt{24} = 3.09\text{MPa}$$
② 총단면2차모멘트
$$I_g = \frac{bh^3}{12} = \frac{250 \times 500^3}{12} = 2.60 \times 10^9 \text{mm}^4$$
③ 균열모멘트
$$M_{cr} = \frac{f_r}{y_t} I_g = \frac{3.09}{500} \times 2.6 \times 10^9 = 32,136,000\text{N} \cdot \text{mm} = 32\text{kN} \cdot \text{m}$$

해답 ④

63 철근의 부식이 먼저 진행하여 철근주변의 체적팽창으로 인해 콘크리트에 균열 또는 박리를 발생시키는 열화현상은?

① 탄산화 ② 염해
③ 알칼리 실리카 반응(ASR) ④ 동해

해설 콘크리트 중의 강재부식이 염화물 이온에 의해 촉진되어 부식생성물의 체적팽창이 콘크리트에 균열이나 박리를 일으키고, 강재의 단면감소에 의한 구조물의 성능 저하 등이 발생하여 구조물이 소정의 기능을 다할 수 없게 되는 현상을 콘크리트 구조물의 염해라 한다.

해답 ②

64 전단철근이 필요하고 비틀림을 고려하지 않아도 되는 단철근 직사각형성보에서 최소 전단철근을 배치하려고 한다. 이때 전단철근의 최소 단면적은? (단 $b_w=350mm$, $d=500mm$, $f_{ck}=21MPa$, $f_{yt}=350MPa$ 부재축의 직각인 스터럽간격 $=250mm$)

① $87.5mm^2$
② $125mm^2$
③ $17.5mm^2$
④ $200mm^2$

해설
① $A_{v1min} = 0.0625\lambda \sqrt{f_{ck}} \dfrac{b_w s}{f_{yt}} = 0.0625 \times 1 \times \sqrt{21} \dfrac{350 \times 250}{350} = 71.60mm$

② $A_s = 0.35 \dfrac{b_w \cdot s}{f_y} = 0.35 \times \dfrac{350 \times 250}{350} = 87.5mm$

③ 둘 중 큰 값인 $87.5mm^2$이 전단철근의 최소 단면적이다.

해답 ①

65 콘크리트 부재의 처짐에 관한 설명으로 틀린 것은?

① 철근콘크리트 부재의 처짐은 탄성처짐과 장기처짐으로 구분된다.
② 크리프, 건조수축 등으로 인하여 시간의 경과와 더불어 진행되는 처짐이 탄성처짐이다.
③ 부철근(압박부의 압축철근 배근)을 배근하면 추가 처짐이 작아진다.
④ 처짐을 계산할 때 하중의 작용에 의한 순간처짐은 부재강성에 대한 균열과 철근의 영향을 고려하여 탄성처짐공식을 사용하여 계산하여야 한다.

해설 처짐은 즉시 처짐과 장기 처짐으로 구분한다.
① 즉시 처짐(탄성 처짐, 순간 처짐 ; Short-term Deflection)은 탄성 상태에서 즉시 처짐값을 계산한다.
② 장기 처짐은 주로 콘크리트의 크리프와 건조수축으로 인하여 시간이 경과됨에 따라 진행되는 처짐이다.

해답 ②

66 표면피복공법에 관한 설명으로 틀린 것은?

① 표면에 도포재를 발라 새로운 보호층을 형성 시키고, 철근 부식인자의 침입을 억제한다.
② 표면피복공법은 일반적으로 프라이머도포, 바탕조정, 바름 등의 공정으로 실시된다.
③ 도포제의 도장횟수를 늘리면 표면부의 공극을 없애고, 두터운 막을 늘리면 열화용인에 대한 저항성을 강화시킬 수 있다.
④ 보수 규모가 큰 경우에는 드라이 팩트 콘크리트 콘크리트공법, 뿜어붙이기공법 등이 사용된다.

해설 드라이 팩트 콘크리트공법 및 뿜어붙이기 공법은 단면복구공법의 일종이다.

해답 ④

67 다음 중 내하력 평가를 위한 시험으로 적합한 것은?

① 전위치 측정시험
② 재하 시험
③ 압축강도 시험
④ 물리탐사 시험

해설 내하력 평가에는 해석적인 방법과 재하시험 방법이 있다.
① 해석적인 방법은 가장 위험한 단면에서 확인해야 하며, 강도 부족에 대한 요인을 잘 알 수 있거나 해석에서 요구되는 부재 크기 및 단면의 특성을 측정할 수 있다면 해석적 평가가 가능하다.
② 재하시험은 강도 부족에 대한 원인을 알 수 없을 때나 해석적 평가가 불가능한 경우, 구조물이나 부재의 안전도에 대한 우려가 있을 때에 실시한다.

해답 ②

68 인장 철근 D29(공칭직경은 28.6mm, 공칭단면적=642mm²)를 정착시키는데 소요되는 기본 정착 길이는? (단, f_{ck}=24MPa, f_y=350MPa, 보통 중량 콘크리트를 사용한 경우)

① 987mm
② 1,138mm
③ 1,226mm
④ 1,372mm

해설 인장 이형철근의 정착(D35 이하의 철근의 경우)
$$l_{db} = \frac{0.6df_y}{\lambda\sqrt{f_{ck}}} = \frac{0.6 \times 28.6 \times 350}{1 \times \sqrt{24}} = 1,226\text{mm}$$

해답 ③

69 재하시험에 의해 기존구조물의 안전성 평가를 하고자 할 때 재하 하중에 대한 표의 설명에서 ( )에 적합한 수치는?

> 건물의 휨부재에 대한 재하시험에서 재하할 시험하중은 해당 구조 부분에 작용하고 있는 고정하중을 포함하여 설계하중의 ( )% 이상이어야 한다.

① 65　　② 75
③ 85　　④ 95

해설 건물의 휨부재에 대한 재하시험에서 재하할 시험하중은 해당 구조 부분에 작용하고 있는 고정하중을 포함하여 설계하중의 85% 이상이어야 한다.

해답 ③

70 아래의 표에서 설명하는 동해의 형태는?

> 콘크리트 표면에서 시멘트 페이스트 내부의 공극수가 동결할 때에 공극수의 수압이 상승하여 페이스트의 조직을 파괴함으로써 표면이 조그만 덩어리나 입자가 되어 조직의 붕괴, 탈락되는 현상으로서, 이것은 동결융해의 반복작용에 의해 나타나는 손상형태 중 가장 쉽게 볼 수 있는 현상이다.

① Spalling　　② Pop-out
③ Scaling　　④ Cracking

해설 ① 박리(Scaling) : 콘크리트 표면의 모르타르가 점진적으로 손실되는 현상
② 박락(Spalling) : 콘크리트가 균열을 따라 원형으로 떨어져 나가는 현상

해답 ①

71 $b_w=400\text{mm}$, $d=500\text{mm}$, $f_{ck}=27\text{MPa}$, $f_y=400\text{MPa}$인 단철근 직사각형보의 압축연단에서 중립축까지의 거리(c)를 구하면?

① 240mm　　② 311mm
③ 333mm　　④ 360mm

해설 ① $f_{ck}=27\text{MPa}$로 40MPa 이하이므로 $\epsilon_{cu}=0.0033$
② $c = \dfrac{\epsilon_{cu}}{\epsilon_{cu}+\dfrac{f_y}{200,000}}d = \dfrac{0.0033}{0.0033+\dfrac{400}{200,000}}\times 500 = 311.321\text{mm}$

해답 ②

72 콘크리트의 강도를 평가할 수 있는 시험 방법으로 거리가 먼 것은?

① 코아테스트 ② 반발경도법
③ 투수성시험 ④ 부착강도시험

해설 투수성은 콘크리트의 수밀성과 연관된다.

해답 ③

73 시멘트계 보수재료 중 공극 및 균열 충전용으로 사용할 경우 다음 중 어느 것이 가장 적절한가?

① 마이크로 실리카(실리카퓸)
② 마그네슘 인산염
③ 팽창성 · 무수축 그라우트(팽창시멘트계)
④ 초미립 시멘트

해설 팽창성 · 무수축 그라우트(팽창시멘트계)는 시멘트계 보수재료로서 초기재령에서 팽창하여 그 후의 건조수축을 제거하고 균열 발생을 방지하는 역할을 하므로 공극 및 균열충전용으로 가장 적절하다.

> [참고] 시멘트계 보수재료
> ① 마이크로 실리카(실리카퓸) : 고품질의 뿜어붙이기 콘크리트나 내마모성이 필요할 때 사용
> ② 마그네슘 인산염 : 저온하에서의 보수에 사용
> ③ 팽창성 · 무수축 그라우트(팽창시멘트계) : 공극충전과 균열충전에 사용
> ④ 초미립 시멘트 : 구조물의 그라우팅이나 지반이나 암반의 그라우팅에 사용

해답 ③

74 콘크리트 보강방법의 하나인 연속섬유 시트접착공법을 적용하는 경우 얻어지는 일반적인 개선효과에 해당되지 않는 것은?

① 콘크리트 압축강도 증진효과 ② 내식성 향상효과
③ 균열의 구속효과 ④ 내하성능의 향상효과

해설 ① 섬유 시트접착공법은 내식성이 우수하고, 염해지역의 콘크리트 구조물 보강에도 적용할 수 있으나, 단면강성의 증가가 적다.(콘크리트 압축강도 증진 효과가 적다.)
② 연속섬유 시트접착공법의 일반적인 개선효과
   ㉠ 내식성 향상효과   ㉡ 균열의 구속효과
   ㉢ 내하성능의 향상효과   ㉣ 단면강성의 증가가 적다.

해답 ①

75
철근콘크리트 구조물에서 균열을 허용균열폭 이하로 제어하기 위하여 사용하는 방법이 아닌 것은?

① 철근의 피복두께를 증가시킨다.
② 원형철근보다 이형철근을 사용한다.
③ 철근들을 콘크리트의 인장구역에 고르게 분포시킨다.
④ 적은 수의 굵은 철근보다 많은 수의 가는 철근을 사용한다.

해설 **균열 제어 방법**(균열폭을 작게 할 수 있는 방법)
① 원형철근보다 이형철근을 사용한다.
② 저강도의 철근을 사용한다.
③ 인장 측에 철근을 잘 분포시킨다.
④ 피복두께를 작게 한다.
⑤ 적은 수의 굵은 철근보다 많은 수의 가는 철근을 사용한다.

해답 ①

76
콘크리트 열화원인 중 환경적인 요인이 아닌 것은?

① 단면부족　　　② 염해
③ 탄산화　　　　④ 동해

해설 **열화 메커니즘**
① 탄산화 : 탄산화는 대기 중의 이산화탄소가 콘크리트 내로 침입하여 탄산화반응을 일으킴으로써 세공용액의 pH가 저하하는 현상이다.
② 염해 : 콘크리트 중의 강재부식이 염화물 이온에 의해 촉진되어 부식생성물의 체적팽창이 콘크리트에 균열이나 박리를 일으키고, 강재의 단면감소에 의한 구조물의 성능 저하 등이 발생하여 구조물이 소정의 기능을 다할 수 없게 되는 현상을 콘크리트 구조물의 염해라 한다.
③ 알칼리 골재반응 : 반응성 광물을 포함하는 반응성 골재가 콘크리트 중의 고알칼리성을 나타내는 수용액과 반응하여 콘크리트에 이상팽창 및 이에 따른 균열을 발생하는 것으로 주로 알칼리 실리카반응과 알칼리 탄산염반응이 있다.
④ 동해 : 콘크리트 중의 수분이 0℃ 이하로 된 때의 동결팽창에 의해 발생하는 것을 동해라고 하며, 장기간에 걸쳐 동결과 융해의 반복에 의해 콘크리트가 서서히 열화되는 현상을 말한다.
⑤ 화학적 부식 : 화학적 부식이란 콘크리트가 외부에서 화학작용을 받아 그 결과 시멘트 경화체를 구성하는 수화생성물이 변질 혹은 분해되어 결합능력을 잃어가는 현상을 총칭하는 것으로 콘크리트의 침식작용은 농도가 일정한 경우에는 무기산은 유기산 보다 심하다.
⑥ 피로 : 반복하중을 받아 그로 인해 파괴에 이르는 현상을 피로 또는 피로파괴라고 한다.
⑦ 풍화 및 노화 : 풍화 및 노화는 해양환경, 강산이나 고농도의 황산은과의 접촉 혹은

동결융해 작용을 받는 환경 등의 특별한 열화촉진 인자 환경을 제외하고 일반적인 사용조건에서 경년적으로 콘크리트가 변질·열화해가는 현상을 말한다.

⑧ 화재 : 콘크리트가 화재에 의해 열을 받으면 시멘트 경화물과 골재와는 각각 다른 팽창과 수축거동을 함으로써 콘크리트의 조직이 약해지고 단부의 구속 등에 의해 발생한 열응력에 의해 균열이 발생하면서 콘크리트가 열화·박락한다.

⑨ 중성화 : 중성화란 경화한 콘크리트의 표면에서 공기 중의 탄산가스의 작용을 받아 다음과 같은 반응에 의해 서서히 수산화칼슘이 탄산칼슘으로 바뀌어 알칼리성을 잃어가는 현상을 말한다.

⑩ 염소이온 침투 : 염소 이온의 화학작용으로 산화피막이 파괴되어 부식을 일으키는 원인이 된다.

해답 ①

77
철근의 부착강도에 영향을 미치는 요인이 아닌 것은?
① 콘크리트의 압축강도
② 철근의 간격
③ 철근의 표면상태
④ 철근의 강도

해설 부착에 영향을 미치는 요인
① 철근의 표면 상태
② 콘크리트의 강도
③ 철근의 지름
④ 철근이 묻힌 위치 및 방향
⑤ 덮개(피복두께)
⑥ 다지기

해답 ④

78
그림과 같은 직사각형 보 단면이 압축부에 3-D22($A_s{'}$ = 1,161mm²)의 철근과 인장부에 6-D32(A_s = 4,765mm²)의 철근을 갖고 있을 때의 등가 압축응력의 깊이 (a)는? (단, f_{ck} = 28MPa, f_y = 300MPa이다.)

① 124.7mm
② 151.4mm
③ 168.6mm
④ 175.9mm

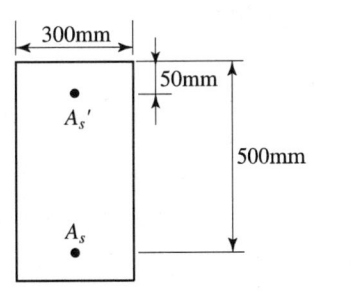

해설 등가 압축응력의 깊이
$$a = \frac{f_y(A_s - A_s{'})}{\eta 0.85 f_{ck} \cdot b} = \frac{300(4,765 - 1,161)}{1 \times 0.85 \times 28 \times 300} = 151.4\text{mm}$$

해답 ②

79 일반적으로 정사각형 확대기초에서 전단에 대한 위험단면은?

① 기둥의 전면
② 기둥의 전면에서 d만큼 떨어진 면
③ 기둥의 전면에서 $d/2$만큼 떨어진 면
④ 기둥의 전면에서 기둥 두께만큼 안쪽으로 떨어진 면

해설 ① 전단력에 대한 위험단면
 ㉠ 1방향 개념 : 기둥의 전면 또는 벽면에서 d만큼 떨어진 곳을 위험단면으로 본다.
 ㉡ 2방향 개념 : 기둥의 전면 또는 벽면에서 $d/2$만큼 떨어진 곳을 위험단면으로 보며, 펀칭전단의 우려가 있다.
② 정사각형 확대기초는 2방향 확대 기초에 해당하므로 기둥의 전면 또는 벽면에서 $d/2$만큼 떨어진 곳을 위험단면으로 본다.

해답 ③

80 콘크리트 구조물이 공기 중의 탄산가스의 영향을 받아 콘크리트 중의 수산화칼슘이 서서히 탄산칼슘으로 되어 콘크리트가 알칼리성을 상실하는 현상을 무엇이라 하는가?

① 알칼리골재반응 ② 염해
③ 탄산화 ④ 화학적 침식

해설 탄산화(중성화)란 콘크리트 중의 수산화칼슘이 공기 중의 탄산가스(이산화탄소)와 접촉하여 서서히 탄산칼슘으로 바뀌어 콘크리트가 알칼리성을 상실하는 것을 말한다.

해답 ③

콘크리트산업기사

2023년 3월 CBT 시행

본 문제는 복원 기출문제입니다. 실제 문제와 다를 수 있으니 양해바랍니다.

제1과목 콘크리트 재료 및 배합

01 최대치수가 20mm인 굵은골재를 사용하여 체가름시험을 하고자 한다. 시료의 최소건조 질량으로 옳은 것은?

① 500g
② 2kg
③ 5kg
④ 8kg

해설 골재의 체가름 시험 시료 준비
① 시료 채취는 4분법 또는 시료 분취기를 사용하여 준비한다.
② 건조시킨 후(105±5℃로 건조)에 다음의 양만큼 준비한다. 다만, 구조용 경량 골재의 경우 최소건조질량은 원칙적으로 다음 양의 1/2로 한다.
  ㉠ 잔골재 1.2mm체를 무게비로 95% 이상 통과하는 것 : 100g
  ㉡ 잔골재 1.2mm체를 무게비로 5% 이상 걸리는 것 : 500g
  ㉢ 굵은골재 최대치수 10mm 정도 : 1kg
  ㉣ 굵은골재 최대치수 15mm 정도 : 2.5kg
  ㉤ 굵은골재 최대치수 20mm 정도 : 5kg
  ㉥ 굵은골재 최대치수 25mm 정도 : 10kg
  ㉦ 굵은골재 최대치수 40mm 정도 : 15kg
  ㉧ 굵은골재 최대치수 50mm 정도 : 20kg
  ㉨ 굵은골재 최대치수 60mm 정도 : 25kg
  ㉩ 굵은골재 최대치수 80mm 정도 : 30kg
  ㉪ 굵은골재 최대치수 100mm 정도 : 35kg

해답 ③

02 콘크리트에 사용되는 혼화재의 종류와 특성에 관한 조합으로 옳지 않은 것은?

① 고로슬래그 미분말 - 잠재수경성
② 플라이애시 - 포졸란 반응
③ 실리카 품 - 저강도
④ 팽창재 - 균열 저감

해설 실리카 품은 강도증진 효과가 뛰어나서 고강도용으로 사용한다.

해답 ③

03 화학 혼화제의 품질시험 항목으로 옳지 않은 것은?

① 불리딩량의 비 ② 길이 변화비
③ 동결융해에 대한 저항성 ④ 휨강도 비

해설 화학혼화제 품질시험 항목
① 감수율(%) ② 블리딩량의 비(%)
③ 응결 시간의 차(mm) ④ 압축강도의 비(%)
⑤ 길이 변화비(%) ⑥ 동결융해에 대한 저항성(상대동탄성계수 %)

해답 ④

04 잔골재의 밀도 및 흡수율 시험방법에 대한 설명으로 잘못된 것은?

① 표면건조 포화상태의 잔골재를 500g 이상 채취하고, 그 질량을 0.1g까지 측정하여, 이것을 1회 시험량으로 한다.
② 시험용 플라스크의 검정된 용량을 나타내는 눈금까지의 용적은 시료를 넣는 데 필요한 용적의 1.5배 이상 3배 미만으로 한다.
③ 표면건조 포화상태의 시료를 확인할 때는 시료를 원뿔형 몰드에 2층으로 나누어 넣고 다짐봉으로 각 층을 25회씩 다진 뒤 몰드를 수직으로 빼 올린다.
④ 시험값은 평균과의 차이가 밀도의 경우 0.01g/cm^3 이하이어야 한다.

해설 잔골재를 원뿔형 몰드에 다지는 일이 없이 서서히 넣은 다음 표면에 다짐대를 대고 가볍게 25회 다지고 나서 몰드를 수직으로 빼 올린다.

해답 ③

05 콘크리트 배합에 있어서 단위수량이 170kg/m^3, 단위 시멘트량이 315kg/m^3, 공기량 4%일 때 단위 골재량의 절대 부피는? (단, 시멘트의 비중은 3.14이다.)

① 0.69m^3 ② 0.73m^3
③ 0.75m^3 ④ 0.77m^3

해설 단위골재량 절대체적(V_s)

$$V_a = 1 - \left(\frac{\text{단위수량}}{1000\text{kg/m}^3} + \frac{\text{단위 시멘트량}}{\text{시멘트 비중} \times 1000} + \frac{\text{공기량}}{100}\right)$$

$$= 1 - \left(\frac{170\text{kg}}{1000\text{kg/m}^3} + \frac{315\text{kg}}{3.15 \times 1000\text{kg/m}^3} + \frac{4}{100}\right) = 0.69\text{m}^3$$

해답 ①

06

잔골재의 절대건조상태 중량이 300g, 표면건조포화상태 중량이 330g, 습윤상태 중량이 350g일 때 흡수율과 표면수율은 각각 얼마인가?

① 흡수율 : 8%, 표면수율 : 8%
② 흡수율 : 10 표면수율 : 6%
③ 흡수율 : 12% 표면수율 : 4%
④ 흡수율 : 14%, 표면수율 : 2%

해설
① 표면수율(%) = $\frac{A-B}{B} \times 100 = \frac{330-300}{300 \times} 100 = 10\%$
② 흡수율(%) = $\frac{B-D}{D} \times 100 = \frac{350-330}{330 \times} 100 = 6\%$

해답 ②

07

콘크리트 표준시방서에 규정된 콘크리트용 부순 잔골재의 물리적 성질에 대한 품질기준에 해당하지 않는 항목은?

① 마모율
② 안정성
③ 절대건조밀도
④ 0.08mmcp 통과량

해설 잔골재의 품질관리

종류	항목	시기 및 횟수
천연잔골재	절대건조밀도, 흡수율, 입도, 점토덩어리, 0.08mm체 통과량, 염소이온량, 유기불순물	• 공사 시작 전 • 공사 중 1회/월 이상 • 산지가 바뀐 경우
천연잔골재	물리·화학적 안정성 (알칼리 실리카 반응성)	• 공사 시작 전 • 공사 중 1회/6개월 이상 • 산지가 바뀐 경우
천연잔골재	골재에 포함된 경량편, 내동해성 (안정성)	• 공사 시작 전 • 공사 중 1회/년 이상 • 산지가 바뀐 경우
부순모래	KS F 2527 품질항목	• 공사 시작 전 • 공사 중 1회/월 이상 • 산지가 바뀐 경우
고로 슬래그 잔골재	KS F 2544 품질항목	• 공사 시작 전 • 공사 중 1회/월 이상 • 산지가 바뀐 경우

① 산모래의 경우 0.08mm체 통과량 시험은 1회/주 이상 실시할 것
② 바닷모래의 경우 및 바닷모래를 다른 잔골재와 혼합하여 사용하는 경우 염소이온량은 1회/주 이상 실시할 것
③ 알칼리 실리카 반응성은 1회/6개월 이상, 안정성은 1회/년 이상 실시할 것

해답 ①

콘크리트산업기사 기출문제

08 시방배합 결과 단위수량 185kg/m³, 단위 잔골재량 750kg/m³, 단위 굵은골재량 975kg/m³을 얻었다. 잔골재의 표면수율이 3%, 굵은골재의 표면수율이 2%라면 이를 보정하여 현장배합으로 바꾼 단위수량은?

① 143kg/m³
② 157kg/m³
③ 182kg/m³
④ 227kg/m³

해설
① 잔골재 표면수량 = 750 × 0.03 = 22.5kg
② 굵은골재 표면수량 = 975 × 0.02 = 19.5kg
③ 단위수량 = 185 − 22.5 − 19.5 = 143kg/m³

해답 ①

09 KS L 5110에 의하여 시멘트 비중시험을 실시한 결과, 프샤틀리에 비중병에 광유를 주입하고 측정한 눈금이 0.6mL였다. 이 비중병에 시멘트 64g을 넣고 광유가 올라온 눈금을 측정한 결과 21.25mL를 얻었다. 시멘트의 비중은 얼마인가?

① 3.05
② 3.10
③ 3.15
④ 3.20

해설
시멘트 비중(밀도) = $\dfrac{\text{시료의 중량(g)}}{\text{비중병의 눈금차(ml 또는 cc)}}$
= $\dfrac{64(g)}{21.25 - 0.6(ml)}$ = 3.10

해답 ②

10 로스앤젤레스 시험기는 골재의 어떤 시험에 사용되는가?

① 안정성시험
② 마모시험
③ 유기불순물시험
④ 입도시험

해설 굵은골재의 마모 시험
① 도로용 콘크리트 및 댐 콘크리트와 같이 마모저항이 요구되는 콘크리트에 사용되는 굵은골재의 사용 적부를 판단하는데 필요하다.
② 부순돌, 부순광재, 자갈 등의 마모 저항성을 측정하는데 사용된다.
③ 시험기구 및 재료 : 로스앤젤레스 시험기, 구, 저울, 체, 건조기, 시료용기

해답 ②

11

단위용적질량이 1.8t/m³인 굵은골재의 밀도가 3.0t/m³일 때 이 골재의 공극률은 얼마인가?

① 40% ② 45%
③ 55% ④ 60%

해설 공극률(%) = 100 − 실적률 = $100 - \dfrac{1.8}{3.0} \times 100 = 40\%$

해답 ①

12

시멘트 성분 중에 Na₂O가 0.4%, K₂O가 0.35%였다면 이 콘크리트 중에 도입되는 전 알칼리의 양은?

① 0.51% ② 0.63%
③ 0.78% ④ 0.92%

해설 시멘트 중의 총 알칼리량
$Na_2O + 0.658 K_2O = 0.4 + 0.658 \times 0.35 = 0.63\%$

해답 ②

13

콘크리트 배합에서 단위 시멘트량을 증가시킬 경우에 대한 설명으로 옳은 것은?

① 점성이 감소된다. ② 재료분리가 감소된다.
③ 내구성, 수밀성이 감소된다. ④ 워커비리티가 나빠진다.

해설 단위 최소 시멘트량 이하시 골재와 골재간의 부착력 저하로 재료분리가 증대되므로 적정한 범위내에서 단위 시멘트량을 증가시키면 재료분리가 감소한다.

해답 ②

14

골재의 조립률 계산에 필요한 체가 아닌 것은?

① 0.15mm ② 0.5mm
③ 1.2mm ④ 2.5mm

해설 조립률에 사용하는 체(총 10개)
80mm, 40mm, 20mm, 10mm, 5mm, 2.5mm, 1.2mm, 0.6mm, 0.3mm, 0.15mm

해답 ②

15 시멘트의 제조원료 및 제조방법에 대한 설명으로 틀린 것은?

① 시멘트의 제조원료 중 석회질 원료와 점토질 원료의 혼합비율은 약 1 : 4이다.
② 시멘트 원료를 분쇄, 조합한 후 소성로에서 소성하여 얻어진 것을 클링커라고 한다.
③ 시멘트의 원료 중 석고는 시멘트의 응결 조절용으로 첨가된다.
④ 시멘트 제조공정은 크게 원료처리 공정, 소성 공정, 시멘트 제품 공정으로 나눌 수 있다.

해설 시멘트 주성분
① 석회질 원료 : 점토질 원료=약 4 : 1
② 석고 : 시멘트의 급격한 응결을 방지하는 응결조절용(응결지연제 역할)
③ 주성분 함유량 : 석회석(산화칼슘, CaO) > 실리카(이산화규소, SiO_2) > 알루미나(산화알루미늄, Al_2O_3) > 산화철(Fe_2O_3)

해답 ①

16 콘크리트의 배합강도를 결정할 때 사용하는 압축강도의 표준편차는 30회 이상의 시험실적으로부터 구하는 것을 원칙으로 하며, 그 이하일 경우 보정계수를 곱하여 그 값을 표준편차로 사용한다. 다음 중 시험횟수 15회일 때 표준편차의 보정계수로 옳은 것은?

① 1.16
② 1.13
③ 1.08
④ 1.03

해설 시험 횟수가 29회 이하일 때 표준편차의 보정계수

시험 횟수	표준편차의 보정계수
15	1.16
20	1.08
25	1.03
30 이상	1.00

해답 ①

17 콘크리트 표준시방서에 의해 다음 조건에서의 배합강도(MPa)로 가장 적합한 것은? (단, f_{ck}=27MPa, 30회 이상 압축강도시험에 의한 표준편차 s=2.7MPa이다.)

① 28.0
② 29.0
③ 30.0
④ 31.0

해설 $f_{ck} = 27\text{MPa} \leq 35\text{MPa}$인 경우이므로
$f_{cr} = f_{ck} + 1.34s \,[\text{MPa}]$
$f_{cr} = (f_{ck} - 3.5) + 2.33s \,[\text{MPa}]$
이 두 식에 의한 값 중 큰 값으로 정한다.
① $f_{cr} = f_{ck} + 1.34s \,[\text{MPa}] = 27 + 1.34 \times 2.7 = 31\text{MPa}$
② $f_{cr} = (f_{ck} - 3.5) + 2.33s \,[\text{MPa}] = (27 - 3.5) + 2.33 \times 2.7 = 30\text{MPa}$
③ 배합강도 f_{cr} 값은 둘 중 큰 값인 31MPa로 한다.

해답 ④

18 콘크리트 배합의 보정방법으로 잘못된 것은?

① 모래의 조립률이 클수록 잔골재율도 크게 한다.
② 공기량이 클수록 잔골재율도 크게 한다.
③ 물-결합재비가 클수록 잔골재율도 크게 한다.
④ 부순모래를 사용할 경우 잔골재율은 크게 한다.

해설 **콘크리트 배합 변경**(시방배합 보정)

구분	S/a(%) 보정	단위수량(kg) 보정
모래 조립률이 0.1 만큼 클(작을) 때마다	0.5 만큼 크게(작게)	×
슬럼프 값이 1cm 만큼 클(작을) 때마다	×	1.2% 만큼 크게(작게)
공기량이 1% 만큼 클(작을) 때마다	0.5~1 만큼 작게(크게)	3% 만큼 작게(크게)
W/C가 0.05 만큼 클(작을) 때마다	1 만큼 크게(작게)	×

해답 ②

19 시멘트 모르타르의 강도(압축 및 휨강도)를 측정하기 위하여 공시체를 제작하고자 할 때 시멘트 1,500g을 사용할 경우 표준사의 소요량은? (단, KS L ISO 679를 따른다.)

① 3,000g
② 3,750g
③ 4,050g
④ 4,500g

해설 **시멘트 모르타르 압축강도 시험**
시멘트 : 표준사 = 1 : 3(무게비) = 1500g : x
$x = 1500 \times 3 = 4500\,\text{g}$

해답 ④

20 터널 등의 숏크리트에 첨가하여 뿜어 붙인 콘크리트의 응결 및 조기의 강도를 증진시키기 위해 사용되는 혼화재료는?

① 감수제 ② 급결제
③ 포졸란 ④ 공기연행제

해설 급결제는 응결시간을 매우 빨리 하여 순간적인 응결과 경화가 요구되는 숏크리트 공법 및 그라우트에 의한 지수공법 등에 사용된다.

해답 ②

제2과목 콘크리트 제조, 시험 및 품질관리

21 품질관리의 진행 순서로 옳은 것은?

① 계획 → 실시 → 검토 → 조치
② 계획 → 검토 → 실시 → 조치
③ 계획 → 실시 → 조치 → 검토
④ 계획 → 검토 → 조치 → 실시

해설 품질관리의 사이클 진행순서 : 계획 → 실시 → 검사(검토) → 조치

해답 ①

22 콘크리트의 압축강도 시험에 대한 설명으로 틀린 것은?

① 공시체는 지름의 2배의 높이를 가진 원기둥형으로 한다.
② 공시체는 지름은 굵은골재의 최대치수의 2배 이상으로 하여야 한다.
③ 공시체가 충격을 주지 않도록 똑같은 속도로 하중을 가한다.
④ 공시체가 급격한 변형을 시작한 후에는 하중을 가하는 속도의 조정을 중지하고 하중을 계속 가한다.

해설 콘크리트의 압축강도 시험에서 표준공시체는 높이가 지름의 두 배인 원주형이며, 굵은골재 최대치수가 50mm 이하인 경우에는 지름 15cm, 높이 30cm의 치수(ϕ 150×300mm 원주형 공시체)를 원칙으로 한다. 단, 공시체의 지름은 굵은골재 최대치수의 3배 이상 10cm 이상으로 한다.

해답 ②

23 관입저항침에 의한 콘크리트의 응결시간 시험방법에 관한 설명으로 적합하지 않은 것은?

① 시료는 콘크리트를 체로 쳐서 모르타르로 시험한다.
② 시료의 위 표면적 1,000mm² 당 1회의 비율로 다진다.
③ 보통의 배합인 경우 20~25℃ 온도의 실험실에서 시험한다.
④ 관입저항이 3.5MPa, 28.0MPa이 될 때의 시간을 각각 초결시간과 종결시간으로 결정한다.

해설 콘크리트의 응결 시험 일반사항
① 콘크리트의 응결시간은 콘크리트를 5mm의 체로 쳐서 얻은 모르타르의 Proctor 관입저항 시험으로 구한다.
② 시료의 위 표면적 645mm² 당 1회 비율로 다진다.
③ 보통의 배합인 경우 20~25℃ 온도의 실험식에서 시험한다.

해답 ②

24 콘크리트 비비기에 대한 설명으로 틀린 것은?

① 비비기 시간에 대한 시험을 실시하지 않은 경우 그 최소 시간은 강제식 믹서일 경우 1분 30초 이상을 표준으로 한다.
② 비비기는 미리 정해둔 비비기 시간의 3배 이상 계속하지 않아야 한다.
③ 비비기를 시작하기 전에 미리 믹서 내부를 모르타르로 부착시켜야 한다.
④ 연속믹서를 사용할 경우, 비비기 시작 후 최초에 배출되는 콘크리트는 사용하지 않아야 한다.

해설 비비기 시간
① 비비기 시간은 시험에 의해 정하는 것을 원칙으로 한다.
② 비비기 시간에 대한 시험을 실시하지 않은 경우의 최소시간 표준
  ㉠ 가경식 믹서 : 1분 30초 이상
  ㉡ 강제식 믹서 : 1분 이상
③ 비비기는 미리 정해 둔 시간의 3배 이상 계속해서는 안 된다.

해답 ①

25

레디믹스트 콘크리트의 굵은골재 계량값이 아래 표와 같을 때 계량오차와 허용치 만족 여부를 순서대로 옳게 나열한 것은?

- 굵은골재 목표 1회 분량 = 2,000kg
- 굵은골재 저울에 의한 계측치 = 2,040kg

① 계량오차 : 1%, 허용치 만족 여부 : 합격
② 계량오차 : 2%, 허용치 만족 여부 : 합격
③ 계량오차 : 1%, 허용치 만족 여부 : 불합격
④ 계량오차 : 2%, 허용치 만족 여부 : 불합격

해설 ① 계량오차는 1회 계량분에 대하여 다음 표 값 이하여야 한다.

재료의 종류	측정단위 원칙	1회 계량 분량의 한계오차
시멘트	질량	±1% 이내
골재	질량	±3% 이내
물	질량 또는 부피	±1% 이내
혼화재	질량	±2% 이내
혼화제	질량 또는 부피	±3% 이내

※ 고로 슬래그 미분말 계량오차의 최대치는 1%로 한다.

② 계량오차 $= \dfrac{2040 - 2000}{2000 \times 100} = 2\%$

③ 굵은골재의 계량오차가 2%로 허용오차인 3% 이내이므로 합격이다.

해답 ②

26

단면적이 10,000mm²인 콘크리트 공시체가 압축강도 시험에 의해서 270kN에서 파괴되었을 때 콘크리트의 압축강도는 얼마인가?

① 21.0MPa
② 24.0MPa
③ 27.0MPa
④ 30.0MPa

해설 압축강도 $= \dfrac{270000}{10000} = 27\,\text{MPa}$

해답 ③

27

콘크리트의 품질관리 도구 중 결과에 원인이 어떻게 관여하고 있는지를 한눈으로 알 수 있도록 작성한 것으로, 일명 생선뼈 그림이라고도 하는 것은?

① 히스토그램
② 특성요인도
③ 파레토그림
④ 체크시트

해설 특성요인도란 결과에 원인이 어떻게 관계하고 있는가를 한눈에 알 수 있도록 작성한 그림을 말한다.

해답 ②

28 레디믹스트 콘크리트의 품질에서 슬럼프에 따른 슬럼프의 허용오차로 틀린 것은?
① 슬럼프 25mm일 때 허용오차는 ±10mm이다.
② 슬럼프 50mm일 때 허용오차는 ±15mm이다.
③ 슬럼프 65mm일 때 허용오차는 ±15mm이다.
④ 슬럼프 80mm일 때 허용오차는 ±20mm이다.

해설

슬럼프(mm)	슬럼프 허용오차(mm)
25	±10mm
50 및 65	±15mm
80 이상	±25mm

해답 ④

29 슬럼프 시험에 대한 설명으로 틀린 것은?
① 굵은골재의 최대치수가 40mm를 넘는 콘크리트의 경우에는 40mm를 넘는 굵은골재를 제거한다.
② 시험체를 만들 콘크리트 시료는 그 배치를 대표할 수 있어야 한다.
③ 슬럼프 콘에 콘크리트를 넣고 각 층을 다질 때 다짐봉의 다짐깊이는 그 앞 층에 거의 도달할 정도로 한다.
④ 슬럼프 콘을 들어올렸을 때 콘크리트의 모양이 불균형이 된 경우 같은 시료로 재시험을 한다.

해설 콘크리트가 충분히 주저 앉은 다음 슬럼프 콘의 높이와 공시체 밑면의 원중심부터 공시체 높이와의 차를 cm단위 (0.5cm의 정밀도)로 구하여 슬럼프를 정한다. 만일, 거의 다 무너져 버리거나 콘크리트의 한 면이나 부분이 전단되어 떨어지거나 하면 그 시험값은 버리고 시료의 다른 부분을 재시험한다.

해답 ④

30 콘크리트의 인장강도는 압축강도의 약 몇 % 정도인가?
① 10%   ② 20%
③ 30%   ④ 40%

해설 콘크리트의 인장강도는 압축강도의 10% 정도이다.

해답 ①

31

콘크리트의 제조 공정에 있어서의 검사에 관한 설명으로 틀린 것은?

① 시방배합은 공사 중 적절히 실시하는 것이 원칙이다.
② 잔골재의 조립률은 1일 1회 이상 실시한다.
③ 잔골재의 표면수율은 1일 2회 이상 실시한다.
④ 굵은골재의 표면수율은 1일 2회 이상 실시한다.

[해설] 제조공정 검사

종류	항목	시기 및 횟수
배합	시방배합	• 공사 중 적절히 실시
	잔골재 조립률	• 1회/일 이상
	잔골재 표면수율	• 2회/일 이상
	굵은골재 조립률	• 1회/일 이상
	굵은골재 표면수율	
계량	계량설비의 계량 정밀도	• 공사시작 전 • 공사 중 1회/6개월 이상
비비기	재료 투입 순서	공사 중 적절히 실시
	비비기 시간	
	비비기량	

[해답] ④

32

급속동결융해 시험에 의한 콘크리트의 저항성 시험 결과 동결융해 0사이클에서 변형 진동의 1차 공명 진동수가 24,000Hz, 동결융해 100사이클 후의 변형 진동의 1차 공명 진동수가 18,590Hz일 때 동결융해 100사이클 후의 상대동탄성계수를 구하면?

① 60% ② 70%
③ 77% ④ 84%

[해설] 상대 동탄성계수(P)

$$P = \frac{f_n^2}{f_o^2} \times 100[\%] = \frac{f_n^2}{f_o^2} \times 100 = \frac{18590^2}{24000^2} \times 100 = 60\%$$

여기서, f_n : 동결융해 100사이클 후의 변형 진동의 1차 공명진동수
  f_o : 동결융해 0사이클에서 변형 진동의 1차 공명진동수

[해답] ①

33 압력법에 의한 굳지 않은 콘크리트의 공기량 시험에 대한 설명으로 틀린 것은?

① 물을 붓고 시험하는 경우(주수법) 공기량 측정기의 용적은 적어도 7L 이상으로 한다.
② 시료를 용기에 채울 때 거의 같은 양으로 3층으로 채우고, 각 층은 다짐봉으로 25회씩 균등하게 다져야 한다.
③ 공기량 측정 종료 후에는 덮개를 떼기 전에 주수구와 배수루를 양쪽으로 열고 압력을 푼다.
④ 콘크리트의 공기량은 측정한 콘크리트의 겉보기 공기량에서 골재 수정계수를 뺀 값으로 구한다.

해설 용기는 플랜지가 붙은 원통형 용기로 재질은 시멘트에 쉽게 오염되지 않는 것으로 하고 수밀에 충분히 견고한 것으로 하며, 용기의 지름은 깊이와 거의 같게 하고 용적은 약7L로 한다. 또한 용기는 내면 및 플랜지 윗면을 평활하게 기계 가공 다듬질한 것으로 한다.

해답 ①

34 6회의 압축강도시험을 실시하여 아래 표와 같은 결과를 얻었다. 범위 R은 얼마인가?

28.7, 33.1, 29.0 31.7, 32.8 27.6MPa

① 5.1MPa ② 5.3MPa
③ 5.5MPa ④ 5.7MPa

해설 $R = x_{max} - x_{min} = 33.1 - 27.6 = 5.5\,\text{MPa}$

해답 ③

35 콘크리트의 일반적인 성질에 대한 설명으로 틀린 것은?

① 일반적으로 단위수량이 많을수록 콘크리트의 반죽질기는 크게 된다.
② 골재 중의 세립분은 콘크리트에 점성을 주고 성형성을 좋게 한다.
③ 콘크리트의 온도가 높을수록 반죽질기가 크게 된다.
④ 혼합 시멘트는 일반적으로 보통 포틀랜드 시멘트와 비교해서 워커빌리티를 좋게 한다.

해설 반죽질기를 시험하는 대표적인 방법이 슬럼프 시험이며, 온도가 높을수록 반죽질기는 되게 되어 슬럼프가 작아지므로 반죽질기도 작아진다.

해답 ③

36
압축강도에 의한 일반 콘크리트의 품질검사에 관한 설명 중 옳지 않은 것은? (단, 콘크리트 표준시방서의 규정에 의한다.)

① 설계기준압축강도로부터 배합을 정한 경우 각각의 압축강도 시험값이 설계기준압축강도보다 5.0MPa에 미달하는 확률이 1%이하이어야 한다.
② 설계기준압축강도로부터 배합을 정한 경우 연속 3회 시험값의 평균이 설계기준압축강도 이상이어야 한다.
③ 품질검사는 설계기준압축강도로부터 배합을 정한 경우와 그 밖의 경우로 구분하여 시행한다.
④ 압축강도에 의한 콘크리트 품질관리는 일반적인 경우 조기 재령에 있어서의 압축강도에 의해 실시한다.

해설 ① $f_{cr} = f_{ck} + 1.34s$ [MPa]의 식은 3회 연속한 시험값의 평균이 콘크리트 설계기준강도(f_{ck}) 이하로 내려갈 확률을 1/100로 하여 정한 것이다.
② $f_{cr} = (f_{ck} - 3.5) + 2.3s$ [MPa]의 식은 각 시험값이 콘크리트 설계기준강도(f_{ck})보다 3.5MPa 이하로 내려갈 확률을 1/100로 하여 정한 것이다.
③ $f_{cr} = 0.9f_{ck} + 2.3s$ [MPa]의 식은 콘크리트 설계기준강도(f_{ck})가 35MPa를 초과하는 경우 배합강도가 설계기준강도의 90% 이하로 되는 일이 1/100 이상의 확률로 일어나지 않도록 정한 것이다.

해답 ①

37
굳지 않은 콘크리트에 발생하는 초기 균열의 일종인 침하균열을 방지하기 위한 대책으로서 틀린 것은?

① 콘크리트의 단위수량을 될 수 있는 한 적게 한다.
② 침하 종료 이전에 급격하게 굳어져 점착력을 잃지 않는 시멘트나 혼화제를 선정한다.
③ 타설속도를 빠르게 하고, 1회의 타설높이를 크게 한다.
④ 균열을 조기에 발견하고, 각재 등으로 두드리는 재타법이나 흙손으로 눌러서 균열을 폐색시킨다.

해설 1회의 타설높이를 작게 하고 불균등한 침하를 줄이기 위하여 동일한 반죽질기로 치는 것이 바람직하다.

해답 ③

38
내구성이 양호한 콘크리트를 얻기 위한 방법으로 잘못된 것은?

① 워커빌리티를 높게
② 물-결합재비를 낮게
③ 최소한의 습도 손실
④ 완전한 혼합

> **[해설]** 워커빌리티가 낮은 경우 작업성이 좋지 않아 부실시공의 우려가 있으나, 워커빌리티를 너무 높이는 경우에도 묽은 반죽의 콘크리트가 되어 재료분리가 일어나기 쉽고, 물의 양이 많아져 강도 저하의 원인이 될 수 있으므로 내구성이 양호한 콘크리트를 얻기 어렵다.
>
> **[해답] ①**

39

> 탄산화(중성화)의 깊이가 6.4mm가 되려면 일반적인 경우에 있어서 소요되는 경과년수는 몇 년인가? (단, 탄산화 속도계수는 6이다.)
> ① 1.06년　　　② 1.14년
> ③ 1.22년　　　④ 1.30년

> **[해설]** 탄산화(중성화) 속도
> $X = R\sqrt{t}$
> $6.4 = 6\sqrt{t}$ 에서 $t = 1.14$년
> 여기서, X : 탄산화(중성화) 깊이[mm]
> 　　　　t : 경과한 기간[년]
> 　　　　R : 탄산화 속도계수
>
> **[해답] ②**

40

> 굳지 않은 콘크리트의 성질을 나타내는 용어에 대한 설명이다. 틀린 것은?
> ① 유동성이란 수량의 다소에 따라 반죽이 되고 진 정도를 나타내는 성질이다.
> ② 워커빌리티란 작업의 난이도, 재료분리에 저항하는 정도를 나타내는 성질이다.
> ③ 성형성이란 거푸집에 쉽게 다져넣을 수 있고, 거푸집을 제거하면 천천히 형성이 변하기는 하지만 허물어지거나 재료가 분리되지 않는 성질이다.
> ④ 피니셔빌리티란 굵은골재 최대치수, 잔골재율, 골재 입도 등에 따르는 마무리하기 쉬운 정도를 나타내는 성질이다.

> **[해설]** ① 컨시스턴시(Consistency ; 반죽질기)란 반죽이 되고 진 정도를 나타내는 굳지 않은 콘크리트의 성질이다.
> ② 유동성이란 흘러서 움직이는 성질이다.
>
> **[해답] ①**

제3과목 콘크리트의 시공

41 콘크리트 다지기에서 내부진동기의 사용방법에 대한 설명으로 틀린 것은?

① 2층 이상의 층에 대한 시공 시에 내부진동기는 하층의 콘크리트 속으로 찔러 넣으면 안 된다.
② 내부진동기는 연직으로 찔러 넣으며, 삽입간격은 일반적으로 0.5m 이하로 하는 것이 좋다.
③ 1개소당 진동시간은 다짐할 때 시멘트 페이스트가 표면 상부로 약간 부상하기까지 한다.
④ 내부진동기는 콘크리트를 횡방향으로 이동시킬 목적으로 사용하지 않아야 한다.

해설 진동다지기를 할 때에는 내부진동기를 하층의 콘크리트 속으로 0.1m 정도 찔러 넣는다.

해답 ①

42 콘크리트 공장제품의 특징을 설명한 것으로 틀린 것은?

① 규격의 표준화가 되어 있지 않아 실물 시험이 불가능하다.
② 숙련된 작업원에 의하여 안정된 품질에서 상시 제조가 가능하다.
③ 재료 선정에서 배합, 제조설비, 시공가지 전반적인 관리가 가능하다.
④ 형상이나 성형법에 따라 다양한 형상의 제품을 만들 수 있다.

해설 공장제품의 경우 규격을 표준화하기 쉽고 완제품을 통해 실물 시험을 할 수 있다.

해답 ①

43 경량골재 콘크리트에 대한 설명으로 틀린 것은?

① 경량골재 콘크리트는 가볍기 때문에 슬럼프가 작게 나오는 것이 일반적이다.
② 경량골재 콘크리트는 다짐효과가 떨어지는 경향이 있기 때문에 진동기를 이용하는 것이 좋다.
③ 결량골재 콘크리트의 공기량은 보통골재를 사용한 콘크리트보다 1% 작게 하여야 한다.
④ 운반 중의 재료분리는 보통골재를 사용한 콘크리트와는 반대로 골재가 위로 떠오르고 시멘트 페이스트가 가라앉는 경향이 있다.

해설 경량골재 콘크리트의 공기량은 일반 골재를 사용한 콘크리트보다 1% 크게 하여야 한다.

해답 ③

44 다음 중 수밀 콘크리트의 일반적인 사항으로 옳지 않은 것은?

① 수밀성이 큰 콘크리트 또는 투수성이 큰 콘크리트를 말한다.
② 물-결합재비는 50% 이하를 표준으로 한다.
③ 연속 타설 시간 간격은 외기온이 25℃를 넘었을 경우에는 1.5시간을 넘어서는 안 된다.
④ 소요의 품질을 갖는 수밀 콘크리트를 얻을 수 있도록 적당한 간격으로 시공이음을 둔다.

해설 수밀성이 큰 콘크리트는 투수성이 작다.

해답 ①

45 일반 콘크리트의 운반은 비비기에서 치기까지 신속하게 진행되어야 한다. 외기온도가 25℃ 이상인 경우 비비기에서 타설이 오나료될 때까지 몇 시간을 넘어서는 안되는가?

① 1.0시간
② 1.5시간
③ 2시간
④ 2.5시간

해설 비비기로부터 타설이 끝날 때까지의 시간
① 외기온도가 25℃ 이상 : 1.5시간 이내
② 외기온도가 25℃ 미만 : 2.0시간 이내
③ 다만, 양질의 지연제 등을 사용하여 응결을 지연시키는 등의 특별한 조치를 강구한 경우에는 콘크리트의 품질 변동이 없는 범위 내에서 책임기술자의 승인을 받아 이 시간제한을 변경할 수 있다.

해답 ②

46 콘크리트 표준시방서에서 정의하고 있는 고강도 콘크리트에 대한 설명으로 옳은 것은?

① 설계기준 압축강도가 보통(중량) 콘크리트에서 40MPa 이상, 경량골재 콘크리트에서 30MPa 이상인 경우의 콘크리트
② 설계기준 압축강도가 보통(중량) 콘크리트에서 40MPa 이상, 경량골재 콘크리트에서 27MPa 이상인 경우의 콘크리트
③ 설계기준 압축강도가 보통(중량) 콘크리트에서 45MPa 이상, 경량골재 콘크리트에서 30MPa 이상인 경우의 콘크리트
④ 설계기준 압축강도가 보통(중량) 콘크리트에서 45MPa 이상, 경량골재 콘크리트에서 27MPa 이상인 경우의 콘크리트

해설 고강도 콘크리트란 설계기준강도가 일반 콘크리트에서 40MPa 이상, 경량골재 콘크리트에서 27MPa 이상인 경우의 콘크리트를 말한다.

해답 ②

47 벽 또는 기둥과 같이 높이가 높은 콘크리트를 연속하여 칠 경우 쳐 올라가는 속도는 30분당 어느 정도가 적당한가?

① 1~1.5m
② 2~3m
③ 2.5~3.5m
④ 3~4.5m

해설 벽 또는 기둥과 같이 높이가 높은 콘크리트를 연속해서 타설할 경우에는 타설 및 다질 때 재료분리가 가능한 한 적게 되도록 콘크리트의 반죽질기 및 타설 속도를 조정하여야 한다. (벽 또는 기둥의 콘크리트 타설속도는 30분에 1~1.5m가 적당하다.)

해답 ①

48 콘크리트의 이음에 대한 설명으로 틀린 것은?

① 수평시공이음이 거푸집에 접하는 선은 될 수 있는 대로 수평한 직선이 되도록 한다.
② 역방향 타설 콘크리트의 시공 시에는 콘크리트의 침하를 고려하여 시공 이음이 일체가 되도록 시공방법을 결정하여야 한다.
③ 연직시공이음부의 거푸집 제거 시기는 콘크리트를 타설하고 난 후 3일 이상이 경과하여야 한다.
④ 시공이음은 될 수 있는 대로 전단력이 적은 위치에 설치하고, 부재의 압축력이 작용하는 방향과 직각이 되도록 하는 것이 원칙이다.

해설 시공이음면의 거푸집 철거는 콘크리트가 굳은 후 되도록 빠른 시기에 한다. 다만, 거푸집 제거시기를 너무 빨리하면 콘크리트에 유해한 영향을 주기 때문에 주의하여야 한다. 일반적으로 연직시공이음부의 거푸집 제거시기는 콘크리트를 타설하고 난 후 여름에는 4~6시간 정도, 겨울에는 10~15시간 정도로 한다.

해답 ③

49 레디믹스트 콘크리트의 종류 중 플랜트에는 고정믹서가 없어 계량한 재료를 직접 트럭믹서에 투입하여 공사현장에 도착하는 시간 동안 교반혼합하여 공사현장에 도착하였을 때 완전한 콘크리트로서 배달, 공급하는 방식은?

① 센트럴 믹스트 콘크리트
② 슈링크 믹스트 콘크리트
③ 트랜싯 믹스트 콘크리트
④ 플랜트 믹스트 콘크리트

해설 **재료 혼합방식에 따른 종류센트럴 믹스트 콘크리트**
① 센트럴 믹스트 콘크리트(Central Mixed Concrete) : 플랜트에서 콘크리트를 완전 혼합(반죽된 콘크리트)한 후 애지테이터 트럭으로 운반하는 방법
② 쉬링크 믹스트 콘크리트(Shrink Mixed Concrete) : 플랜트에서 1/2 정도 혼합한 후 애지테이터 트럭으로 운반하면서 1/2 혼합하는 방법
③ 트랜싯 믹스트 콘크리트(Transit Mixed Concrete) : 플랜트에서 재료만 실은 후 운반하면서 애지테이터 트럭으로 완전 혼합하는 방법

해답 ③

50 콘크리트 제품을 제조할 때, 고온 고압 용기에 제품을 넣고 180℃ 전후, 공기압 7~15기압으로 고온고압 처리하는 양생방법은?

① 오토클레이브 양생   ② 상압 증기 양생
③ 피막 양생   ④ 전기 양생

해설 **고온고압 증기양생**(오토클레이브 양생 ; Autoclaved Curing)
① 오토클래이브(Autoclave, 고온고압의 용기) 내에서 180℃ 전후의 고온과 7~15 기압(평균 1MPa)의 고압을 이용하여 양생하는 방법으로 단시간 내에 높은 강도의 콘크리트를 얻기 위한 양생 방법이다.
② 고압증기 양생한 콘크리트는 표준온도로 양생한 콘크리트와 비교하여 수축률은 약 1/6~1/3 감소하는 경향이 있다.

해답 ①

51 경량콘크리트의 제조 및 시공에 대한 다음의 설명 중 틀린 것은?

① 경량콘크리트는 경량골재콘크리트, 경량기포콘크리트, 무잔골재콘크리트 등으로 분류된다.
② 경량골재의 경량성을 보다 효과적으로 발휘시키기 위해서는 잔골재와 굵은 골재 모두 경량골재로 하는 것이 좋다.
③ 경량골재콘크리트의 공기량은 보통골재를 사용한 콘크리트에 비해 크게 하는 것을 원칙으로 한다.
④ 경량골재콘크리트를 내부진동기로 다질 때 보통골재콘크리트에 비해 진동기를 찔러 넣는 간격을 크게 하거나 진동시간을 짧게 해야 한다.

해설 경량골재 콘크리트는 보통골재 콘크리트에 비해 진동기를 찔러 넣는 간격을 작게 하거나 진동시간을 약간 길게 하여 충분히 다져야 한다.

해답 ④

52. 숏크리트 작업의 일반적인 사항으로 틀린 것은?

① 숏크리트는 빠르게 운반하고 급결제를 첨가한 후에는 바로 뿜어붙이기작업을 실시하여야 한다.
② 노즐은 뿜어붙일 면에 직각을 유지하며, 적절한 뿜어붙이는 거리와 뿜는 압력을 유지하여야 한다.
③ 뿜어붙인 콘크리트가 적당한 두께로 되도록 한번에 뿜어 붙여야 한다.
④ 리바운드된 재료가 다시 혼입되지 않도록 하여야 한다.

해설 숏크리트는 뿜어 붙인 콘크리트가 흘러내리지 않는 범위의 적당한 두께를 뿜어 붙이고 소정의 두께가 될 때까지 반복해서 뿜어붙여야 한다.

해답 ③

53. 한중 콘크리트에 대한 설명으로 틀린 것은?

① 한중 콘크리트는 공기연행 콘크리트로 시공하는 것을 원칙으로 한다.
② 가능한 한 단위수량을 적게 한다.
③ 물-결합재비는 원칙적으로 60% 이하로 한다.
④ 초기 양생 시 심한 기상작용을 받는 콘크리트는 소정의 압축강도가 얻어질 때까지 콘크리트의 온도를 0℃ 이상으로 유지하여야 한다.

해설 심한 기상작용을 받는 콘크리트는 다음 페이지 표에서 나타낸 압축강도가 얻어질 때까지 콘크리트의 온도를 5℃ 이상으로 유지하여야 하며, 특히 2일간은 구조물의 어느 부분이라도 0℃ 이상이 되도록 유지하여야 한다.

해답 ④

54. 숏크리트용 급결제에 대한 설명 중 틀린 것은?

① 실리케이트계 급결제는 장기강도 확보에 불리하다.
② 알루미네이트계는 인체에 유해하므로 취급에 유의한다.
③ 일반적으로 액상형 급결제는 분말형 급결제에 비하여 반응성, 혼합성이 우수하고 분진발생량이 적은 장점이 있다.
④ 우리나라에서 가장 많이 사용되는 급결제는 시멘트분말계이다.

해설 우리나라에서는 시멘트분말계보다 액상형 급결제를 많이 사용한다.

해답 ④

55 숏크리트에 대한 설명으로 틀린 것은?

① 건식 숏크리트는 배치 후 45분 이내에 뿜어붙이기를 실시하여야 한다.
② 일반 숏크리트의 장기 설계기준압축강도는 재령 28일로 설정하며 그 값은 24MPa 이상으로 한다.
③ 숏크리트의 휨강도 및 휨인성의 성능 목표는 재령 28일 값을 기준으로 설정하여야 한다.
④ 습식 숏크리트는 배치 후 60분 이내에 뿜어붙이기를 실시하여야 한다.

해설 일반 숏크리트의 장기 설계기준 압축강도는 재령 28일로 설정하며, 그 값은 21MPa 이상으로 한다. 단, 영구 지보재 개념으로 숏크리트를 타설할 경우에는 설계기준 압축강도를 35MPa 이상으로 한다.

해답 ②

56 해양 콘크리트 구조물에서 동결융해 작용을 받을 염려가 없는 경우, 사용하는 공기연행 콘크리트의 공기량의 표준은 몇 %인가?

① 4%   ② 4.5%
③ 5%   ④ 5.5%

해설 공기연행 콘크리트 공기량의 표준값(%)

환경조건		굵은골재의 최대치수(mm)		
		20	25	40
동결융해 작용을 받을 염려가 있는 경우	(a) 물보라, 간만대 지역	6	6	5.5
	(b) 해상 대기중	5	4.5	4.5
동결융해 작용을 받을 염려가 없는 경우[1]		4	4	4

해답 ①

57 섬유보강 콘크리트에 대한 설명으로 틀린 것은?

① 섬유 혼입률은 섬유보강 콘크리트 $1m^3$ 중에 점유하는 섬유의 용적백분율(%)로 나타낸다.
② 믹서는 가경식 믹서를 사용하는 것을 원칙으로 한다.
③ 섬유의 형상, 치수 및 혼입률은 섬유보강 콘크리트의 소요 압축강도, 휨강도 및 인성을 고려하여 결정하는 것을 원칙으로 한다.
④ 섬유를 믹서에 투입할 때에는 섬유를 콘크리트 속에 균일하게 분산시킬 수 있는 방법으로 하여야 한다.

해설 섬유보강 콘크리트의 믹서는 강제식 믹서를 사용하는 것을 원칙으로 한다.

해답 ②

58 특정한 입도를 가진 굵은골재를 거푸집에 채워 넣고, 그 공극 속에 특수한 모르타르를 적당한 압력으로 주입하여 제조한 콘크리트는?

① 프리플레이스트 콘크리트
② 프리스트레스트 콘크리트
③ 프리캐스트 콘크리트
④ 프리패브 콘크리트

해설 프리플레이스트 콘크리트란 특정한 입도를 가진 굵은골재를 미리 거푸집에 채워 넣고, 그 간극에 특수한 모르타르를 적당한 압력으로 주입하여 만든 콘크리트를 말한다.

해답 ①

59 한중 콘크리트의 시공에서 주의할 사항에 대한 다음의 서술 중 틀린 것은?

① 응결 경화의 초기에 동결되지 않도록 주의하며 양생종료 후 동결융해작용에 대하여 저항성을 가져야 한다.
② 재료를 가열할 경우, 물 또는 골재를 가열하는 것으로 하며, 시멘트는 어떠한 경우라도 직접 가열해서는 안된다.
③ 한중 콘크리트에는 AE제, AE감수제 그리고 고성능 AE감수제의 적용을 삼가야 한다.
④ 가열한 배합재료의 투입순서는 가열한 물과 굵은 골재를 넣은 후 시멘트를 넣는 것이 좋다.

해설 한중 콘크리트에는 공기연행 콘크리트(AE콘크리트)를 사용하는 것을 원칙으로 한다.

해답 ③

60 수중 콘크리트 시공 공법의 종류가 아닌 것은?

① 트레미 공법
② 밑열림 상자 공법
③ 콘크리트 펌프 공법
④ 단면 증대 공법

해설 수중콘크리트 시공법 종류
① 트레미
② 콘크리트 펌프
③ 밑열림 상자
④ 밑열림 포대

해답 ④

제4과목 콘크리트 구조 및 유지관리

61 활하중 70kN/m, 고정하중 30kN/m의 등분포 하중을 받는 지간 7m의 직사각형 단순보에서 소요강도 U는?

① 113kN/m ② 132kN/m
③ 148kN/m ④ 165kN/m

해설 ① $U = 1.2D + 1.6L = 1.2 \times 30 + 1.6 \times 70 = 148\,\text{kN/m}$
② $U = 1.4D = 1.4 \times 30 = 42\,\text{kN/m}$
③ 소요강도는 둘 중 큰 값인 148kN/m이다.

해답 ③

62 폭 300mm, 유효깊이 500mm, A_s는 2,000mm², f_{ck}는 28MPa, f_y는 400MPa인 단철근 직사각형 보가 있다. 등가 직사각형 응력블록의 깊이(a)는 얼마인가?

① 95mm   ② 112mm
③ 139mm ④ 141mm

해설 $a = \dfrac{A_s f_y}{0.85 f_{ck} b} = \dfrac{2000 \times 400}{0.85 \times 28 \times 300} = 112\,\text{mm}$

해답 ②

63 표준갈고리를 갖는 인장 이형철근 D25(공칭직경 25.4mm)의 기본정착길이(l_{hb})는 약 얼마인가? (단, $f_{ck} = 24\text{MPa}$, $f_y = 400\text{MPa}$, $\beta = 1$)

① 498mm   ② 782mm
③ 974mm   ④ 1,245mm

해설 표준 갈고리의 기본 정착길이 ; l_{hb}(철근의 설계기준 항복강도가 400MPa인 경우)

$l_{hb} = \dfrac{0.24 \beta d_b f_y}{\lambda \sqrt{f_{ck}}} = \dfrac{0.24 \times 1 \times 25.4 \times 400}{1 \times \sqrt{24}} = 498\,\text{mm}$

해답 ①

64 콘크리트 중 염화물 이온 함유량 측정방법으로 옳지 않은 것은?

① 페놀프탈레인법   ② 모아법
③ 전취차 적정법   ④ 염화은 침전법

해설 탄산화(중성화) 판정 시험 : 콘크리트의 파쇄면에 페놀프탈레인 1%의 알콜 용액을 뿌리는 방법
① 가장 간단하고 결과도 정확하다.
② 지시약(페놀프탈레인 1%의 알콜 용액)은 pH 9.0 또는 10 이하에서 착색되지 않으며 그보다 높은 pH에서는 붉은 색을 나타낸다.
③ 탄산화(중성화)되지 않은 부분은 붉은 보라색으로 착색되며 탄산화된 부분은 색의 변화가 없다.

해답 ①

65. 콘크리트 압축강도 추정을 위한 반발경도 시험(KS F 2730)에 대한 설명으로 옳은 것은?

① 시험할 콘크리트 부재는 두께가 50mm 이상이어야 한다.
② 시험영역의 지름은 150mm 이상이 되어야 한다.
③ 도장이 되어 있는 평활한 면은 그대로 시험할 수 있다.
④ 각 측정위치마다 슈미트 해머에 의한 측정점은 10점을 표준으로 한다.

해설
① 시험할 콘크리트 부재는 두께가 100mm 이상이어야 한다.
② 시험영역의 지름은 150mm 이상이 되어야 한다.
③ 미장 및 도장이 되어 있는 면은 평활한 콘크리트의 반발경도와 크게 차이가 있으므로 마감면을 완전히 제거한 후 시험을 한다.
④ 각 시험체마다 20개 이상의 반발경도를 측정한다.

해답 ②

66. 전단철근이 필요하고 비틀림을 고려하지 않아도 되는 단철근 직사각형 보에서 최소 전단철근을 배치하려고 한다. 이때 전단철근의 최소 단면적은? (단, b_w = 350mm, d = 500mm, f_{ck} = 21MPa, f_{yt} = 350MPa, 부재축에 직각인 스터럽간격 = 250mm)

① 87.5mm^2
② 125mm^2
③ 175.5mm^2
④ 200mm^2

해설 전단철근의 최소 단면적

$$A_{v\min} = 0.0625\sqrt{f_{ck}}\frac{b_w s}{f_{yt}} \geq 0.35\frac{b_w s}{f_{yt}}$$

① $0.0625\sqrt{f_{ck}}\dfrac{b_w s}{f_{yt}} = 0.0625 \times \sqrt{21} \times \dfrac{350 \times 250}{350} = 71.6\text{mm}^2$

② $0.35\dfrac{b_w s}{f_{yt}} = 0.35 \times \dfrac{350 \times 250}{350} = 87.5\text{mm}^2$

③ $71.6\text{mm}^2 \geq 87.5\text{mm}^2$ 이므로
전단철근의 최소 단면적은 87.5mm^2이다.

해답 ①

67 다음 중 교량의 현장재하시험 목적으로 거리가 먼 것은?

① 개통 전 현장재하시험을 통하여 완공 직후 교량의 내하력·건전도를 검증하고 구조응답의 초기값을 선정
② 차량의 주행을 통한 교량 노면의 요철도 평가
③ 교량의 물리적 변화를 반영한 교량의 손상도·건전도 평가와 실응답 산정
④ 교량에 구축된 유지관리시스템의 성능 평가

해설 평탄성은 종단 방향의 노면요철 정도를 평가하는 지표로서, 주행차량의 쾌적성에 큰 영향을 준다. 도로 공단은 고객만족(CS)을 감안하여 쾌적감을 느끼는 노면관리 지표를 평가하고, 평탄성에 대한 국제규격인 IRI(International Roughness Index)를 고속도로에 적용 검토하고 있다.

해답 ②

---

68 콘크리트의 내화성에 관한 설명으로 가장 부적당한 것은?

① 콘크리트는 내화성이 우수하여 600℃ 정도의 화열을 받아도 압축강도의 저하는 거의 없다.
② 석회석이나 화강암 골재는 특히 내화성을 필요로 하는 장소의 콘크리트에 사용하지 않도록 한다.
③ 화재 피해를 받은 콘크리트의 탄산화(중성화) 속도는 화재 피해를 받지 않은 것과 비교하여 크다.
④ 화재 발생시 급격한 가열, 부재 단면이 얇거나 콘크리트의 함수율이 높은 경우는 피복 콘크리트이 폭렬이 발생하기 쉽다.

해설 콘크리트는 750℃ 전후의 가열온도에서 탄산칼슘($CaCO_3$)의 분해가 되어 탄산화(중성화)가 되기 쉽다.

해답 ①

---

69 스터럽을 사용하는 이유로 가장 적합한 것은?

① 휨응력에 의한 균열 방지
② 보에 작용하는 사인장 응력에 의한 균열 방지
③ 주철근의 상호위치 확보
④ 압축을 받는 축방향 철근의 좌굴방지

해설 전단철근은 전단보강 철근 또는 사인장철근, 복부철근이라고 부르며, 사인장응력에 저항하고 사인장균열 또는 전단균열을 제어하기 위하여 사용한다.

해답 ②

70
균열의 폭을 측정할 수 있는 방법이 아닌 것은?
① 균열 스케일
② 균열 게이지
③ 균열 현미경
④ 와이어 스트레인 게이지

해설 와이어 스트레인 게이지란 콘크리트의 탄성계수 및 포아송비 실험을 할 때 공시체 표면에 접착시켜 변형을 측정하는 기구를 말한다.

해답 ④

71
철근 부식이 의심스러운 경우 실시하는 비파괴검사 방법은?
① 초음파법
② 반발경도법
③ 전자파 레이더법
④ 자연전위법

해설 자연전위법은 대기 중에 있는 콘크리트 구조물의 철근 등 강재가 부식환경에 있는 지의 여부에 대하여 진단하는 방법이다.

해답 ④

72
다음 중 철근 부식에 따른 2차적 손상이 아닌 것은?
① 박리
② 박락
③ 재료분리
④ 균열

해설 철근이 부식하여 생긴 녹은 체적이 약 2.5배로 팽창하여 그 팽창압에 의해 콘크리트에 균열이 발생하며 심할 경우 박리, 박락이 발생한다.

해답 ③

73
구조물의 안정성 평가를 위한 재하시험을 실시하고자 할 때 재하할 시험하중의 기준으로 옳은 것은?
① 해당 구조부분에 작용하고 있는 고정하중을 포함하여 설계하중의 80%이상 이어야 한다.
② 해당 구조부분에 작용하고 있는 고정하중을 포함하여 설계하중의 85%이상 이어야 한다.
③ 해당 구조부분에 작용하고 있는 고정하중을 포함하여 설계하중의 90%이상 이어야 한다.
④ 해당 구조부분에 작용하고 있는 고정하중을 포함하여 설계하중의 95%이상 이어야 한다.

해설 철근 콘크리트 구조물의 내하력 평가를 위한 재하시험시 시험하중은 해당 구조부분에 작용하고 있는 고정하중을 포함하여 설계하중의 95% 이상이어야 한다.

해답 ④

74
콘크리트를 타설하고 다짐하여 마감작업을 한 이후에는 콘크리트는 계속하여 압밀되는 경향을 보인다. 이러한 현상으로 발생하는 굳지 않은 콘크리트의 균열을 침하균열이라 한다. 이러한 침하균열에 영향을 미치는 요소에 대한 설명으로 틀린 것은?

① 콘크리트 피복두께가 클수록 침하균열은 증가한다.
② 슬럼프가 클수록 침하균열은 증가한다.
③ 배근한 철근의 직경이 클수록 침하균열은 증가한다.
④ 누수되는 거푸집을 사용한 경우 침하균열은 증가한다.

해설 침하균열의 특성
① 침하균열은 철근 직경이 클수록 증가한다.
② 침하균열은 슬럼프가 클수록 증가한다.
③ 침하균열은 콘크리트 피복두께가 작을수록 증가한다.
④ 침하균열은 충분한 다짐을 못한 경우나 튼튼하지 못한 거푸집을 사용했을 경우에 더욱 증가된다.

해답 ①

75
강도설계법에 의한 철근콘크리트 구조물 부재 설계시 사용되는 강도감소계수로 틀린 것은?

① 인장지배 단면 : 0.85
② 나선철근으로 보강된 철근콘크리트 부재의 압축지배단면 : 0.70
③ 전단과 비틀림 : 0.70
④ 콘크리트의 지압력 : 0.65

해설 전단과 비틀림의 강도감소계수는 0.75이다.

해답 ③

76
아래의 표에서 설명하는 균열보수공법은?

콘크리트 구조물의 균열을 따라 약 10mm 폭으로 콘크리트를 U형 또는 V형으로 절개한 후, 이 부위에 가요성 에폭시 수지 또는 폴리머 시멘트 모르타르 등을 채워넣어 보수한다.

① 표면처리공법
② 단면복구공법
③ 충전공법
④ 강판접착공법

해설 충전공법은 0.5mm 이상의 비교적 큰 폭을 가진 균열의 보수에 적용하는 공법이다.

해답 ③

77 구조물의 보수공법 중 주입공법의 특징으로 틀린 것은?

① 내력 복원의 안전성을 기대할 수 있다.
② 내구성 저하 방지 및 누수 방지를 기대할 수 있다.
③ 미관의 유지가 용이하다.
④ 소요의 접착강도가 발현되기 위해 장기간이 소요된다.

해설 주입공법은 비교적 단기간에 접착강도가 발현된다.

해답 ④

78 콘크리트 구조물의 외관조사 중 육안조사에 의한 조사항목에 속하지 않는 것은?

① 균열
② 부재의 응력
③ 철근 노출
④ 침하

해설 육안조사를 통해 부재 응력을 측정할 수 없으며 측정한다고 해도 정확한 값을 도저히 얻을 수 없다.

해답 ②

79 비합성 띠철근 기둥의 전체 단면적(A_g)이 60,000mm²인 경우 축방향 주철근의 최소 철근량은?

① 600mm²
② 1,200mm²
③ 2,400mm²
④ 4,800mm²

해설 비합성 압축부재의 축방향 주철근 단면적은 전체 단면적의 1~8%로 한다.
$As_{\min} = 0.01 A_g = 0.01 \times 60000 = 600\,mm^2$

해답 ①

80 폭 300mm, 유효깊이 500mm, A_s는 2,000mm², f_{ck}는 40MPa, f_y는 400MPa인 단철근 직사각형 보가 있다. 균형철근비는 얼마인가?

① 0.0372
② 0.0391
③ 0.0412
④ 0.0433

해설 ① $\beta_1 = 0.85 - (40 - 28) \times 0.007 = 0.766$
② $\rho_b = \dfrac{0.85 f_{ck} \cdot \beta_1}{f_y} \dfrac{600}{600 + f_y} = \dfrac{0.85 \times 40 \times 0.766}{400} \times \dfrac{600}{600 + 400} = 0.0391$

해답 ②

콘크리트산업기사

2023년 5월 CBT 시행

본 문제는 복원 기출문제입니다. 실제 문제와 다를 수 있으니 양해바랍니다.

제1과목 콘크리트 재료 및 배합

01 콘크리트 배합강도 결정시 고려하는 표준편차에 대한 설명으로 틀린 것은?

① 콘크리트 압축강도의 표준편차는 100회 이상의 시험결과로부터 추정한 표준편차를 사용하는 것이 바람직하다.
② 콘크리트 압축강도의 표준편차는 실제 사용한 콘크리트의 30회 이상의 실험실적으로 결정하는 것을 원칙으로 한다.
③ 콘크리트 압축강도의 표준편차는 해당 현장의 품질관리 수준에 따라 다르므로 반드시 공사착공 초기에 구하여 적용하는 것이 원칙이다.
④ 콘크리트 압축강도 시험횟수가 25인 경우 콘크리트 압축강도의 표준편차는 보정계수 1.16을 곱하여 수정하여야 한다.

해설 시험 횟수가 29회 이하일 때 표준편차의 보정계수

시험 횟수	표준편차의 보정계수
15	1.16
20	1.08
25	1.03
30 이상	1.00

 해답 ④

02 콘크리트용 골재에 관한 설명으로 틀린 것은?

① 골재 중의 0.15mm~0.6mm의 골재가 많으면 공기연행성을 감소시킨다.
② 골재 중에 석탄, 갈탄의 양이 많으면 콘크리트의 강도가 낮아지며 외관을 해친다.
③ 콘크리트 표준시방서에서는 잔골재에 함유된 염화물(NaCl 환산량)량을 질량백분율로 0.04%이하로 규정하고 있다.
④ 내화적이면서 강도, 내구성 등을 필요로 하는 콘크리트에서는 고로 슬래그 굵은골재나 내구적인 안산암, 현무암 등을 사용하는 것이 좋다.

해설 공기함량에 영향을 주는 요소
① 시멘트의 분말도가 크고 시멘트량이 많을수록 공기량이 적다.
② 석분이 많을 경우에는 플라이애시 등이 많을수록 공기량이 적다.
③ 온도가 높으면 공기량이 적다.
④ 잔골재율이 낮을 때는 잔골재의 입도가 크거나 아주 적을 때 공기량이 감소하며, 잔골재 입도가 0.15~0.6mm 일 때 대부분의 공기가 얻어진다.
⑤ 굵은 골재의 형상이 편평하거나 크기가 클 경우 공기량이 감소한다.
⑥ 물이 산성일수록, 불순물이 많을수록 감소한다.
⑦ 콘크리트의 슬럼프가 작은 경우와 배합시 온도가 높은 경우 공기량이 감소한다.

해답 ①

03 아래 표와 같은 조건에서 단위 굵은골재량은 얼마인가?

[조건]
- 단위 수량 : 175kg
- 시멘트 비중 : $0.00315 g/mm^3$
- 잔골재의 표건밀도 : $0.0026 g/mm^3$
- 굵은골재의 표건밀도 : $0.00265 g/mm^3$
- 잔골재율 : 41.0%
- 단위 잔골재량 : 720.0kg

① 956kg ② 1,004kg
③ 1,056kg ④ 1,104kg

해설 ① 잔골재 표건밀도 = $0.0026 g/mm^3 = 2.6 kg/m^3$
② 단위골재량 절대체적(V_a)
단위 잔골재량 = $V_s \times$ 잔골재 비중(밀도)$\times 1000 kg/m^3$
= $V_a \times S/a \times$ 잔골재 비중 $\times 1000 kg/m^3$
= $V_a \times 0.41 \times 2.6 \times 1000 kg/m^3 = 720 kg$에서 $V_a = 0.6754 m^3$
③ 굵은골재 표건밀도 = $0.00265 g/mm^3 = 2.65 kg/m^3$
④ 단위 굵은골재량 = $V_G \times$ 굵은골재 비중(밀도)$\times 1000 kg/m^3$
= $V_a(1-S/a) \times$ 굵은골재 비중(밀도)$\times 1000 kg/m^3$
= $0.6754 \times (1-0.41) \times 2.65 \times 1000 kg/m^3 = 1,056 kg$

해답 ③

04 콘크리트용 플라이애시의 품질을 평가하기 위한 시험항목으로 적합하지 않은 것은?

① 밀도 ② 비표면적(브레인 방법)
③ 활성도 지수 ④ 염기도

해설 플라이애시 품질규정

항목	종류	1종	2종
이산화탄소(SiO_2)		45 이상	45 이상
수분[%]		1 이하	1 이하
강열감량[%]		3 이하	5 이하
밀도[g/cm^3]		1.95 이상	1.95 이상
분말도	45μm체 잔분(망체방법)[%]	10 이하	40 이하
	비표면적(브레인 방법)[cm^2/g]	4,500 이상	3,000 이상
플로값 비[%]		105 이상	95 이상
활성도 지수[%]	재령 28일	90 이상	80 이하
	재령 91일	100 이상	90 이하

① 단위수량비는 102% 이하이어야 한다.
② 재령 28일의 압축강도비는 60% 이상이어야 한다.

해답 ④

05 다음 시멘트 클링커의 조성광물 중 건조수축이 가장 큰 것은?

① $3CaO \cdot SiO_2$
② $2CaO \cdot SiO_2$
③ $3CaO \cdot Al_2O_3$
④ $4CaO \cdot Al_2O_3 \cdot Fe_2O_3$

해설 알민산삼석회(C_3A) : 알루미네이트(aluminate)
① 분자식 : $3CaO \cdot Al_2O_3$
② 수화속도가 대단히 빠르고 발열량과 수축이 크다.
③ 시멘트의 좋지 않은 성질이 C_3A에서 기인하는 경우가 많아 함유량이 가장 적다.

해답 ③

06 시멘트의 일반적 성질에 대한 설명으로 옳지 않은 것은?

① 시멘트 풀이 시간이 경과함에 따라 유동성과 점성을 상실하고 고화하는 현상을 응결이라고 한다.
② 분말도란 시멘트 입자의 굵고 가는 정도를 나타내는 지수로서 단위는 g/cm^2이다.
③ 시멘트의 풍화는 공기 중의 수분과 이산화탄소의 영향으로 품질이 저하하는 것을 말한다.
④ 시멘트 강도시험은 모르터 강도시험으로 나타내며 골재는 표준사를 사용한다.

해설 시멘트 분말도
① 분말도란 시멘트 입자의 굵고 가는 정도를 나타내는 것으로, 비표면적(cm^2/g) 또는 표준체 88의 잔분(%)으로 표시하며, 시료 50g을 표준체(88m)에 넣고

1분간 150회 속도로 체를 흔들어 90% 이상 통과된 것을 측정하는 체가름 시험에 의해 산정한다.

② 비표면적 : 1g의 시멘트가 가지고 있는 전체 입자의 총 표면적(cm^2)을 비표면적이라 한다. 비표면적을 산정하는 방법으로는 일정 압력의 공기를 시료 내에 통과시켜 투과 정도에 따라서 산정하는 브레인 방법이 사용되기도 한다.

해답 ②

07 혼합 시멘트에 대한 설명으로 옳은 것은?

① 플라이애시 시멘트를 사용할 경우 플라이애시의 잠재수경성 반응에 의해 장기강도가 증가한다.
② 고로 시멘트를 사용할 경우 고로 슬래그 미분말의 포졸란 활성 반응에 의해 수화열이 커지고 장기강도가 증가한다.
③ 실리카 시멘트를 사용할 경우 실리카 성분의 포졸란 활성반응 효과에 의해 장기강도가 증가한다.
④ 고로 시멘트를 사용할 경우 고로 슬래그 미분말의 볼베어링 효과에 의해 굳지 않은 콘크리트의 워커빌리티를 크게 개선시킬 수 있다.

해설 실리카퓸은 마이크로 필러 효과 및 포졸란 반응이 동시에 작용하여 강도를 향상시킨다.

해답 ③

08 콘크리트용 혼합수에 대한 다음 설명 중 KS F 4009 레디믹스트 콘크리트 부속서에서 규정하고 있는 내용으로 옳은 것은?

① 하천수는 상수돗물 이외의 물에 대한 품질규정에 적합하지 않으면 사용할 수 없다.
② 상수돗물 이외의 물에 대한 품질기준으로 용해성 증발 잔류물의 양은 10g/L 이하로 규정하고 있다.
③ 상수돗물, 상수돗물 이외의 물 및 회수수를 혼합하여 사용하는 경우는 시험을 하지 않아도 사용할 수 있다.
④ 회수수는 배합보정을 실시하면 슬러지 고형분율에 관계없이 사용할 수 있다.

해설 배합수 종류
① 상수도물
② 상수도 이외의 물 : 품질은 부속서의 기준에 적합해야 한다.
③ 회수수

해답 ①

09 각종 골재에 대한 설명으로 틀린 것은?

① 콘크리트용 부순골재는 일반 콘크리트용 골재와는 달리 입자 모양 판정 실적률을 검토하여야 한다.
② 고로 슬래그 잔골재는 고온 하에서 장기간 저장해 두면 굳어질 우려가 있기 때문에 동결 방지제를 살포함과 동시에 가능한 한 1개월 이내에 사용하는 것이 좋다.
③ 부순 잔골재의 경우 다량의 미분말을 함유하는 경우가 많아 콘크리트의 성능에 영향을 미치기 때문에 미립분 함유량을 검토할 필요가 있다.
④ 인공경량골재를 사용한 콘크리트의 경우 하천 골재를 사용한 경우보다 압축강도는 떨어지지만 동결융해 저항성은 향상된다.

해설 경량골재 콘크리트는 내동해성이 보통 골재 콘크리트에 비해 떨어지는 경우가 많아 공기량을 증대시키는 것이 좋다.

해답 ④

10 혼화재료와 그 성능의 연결이 잘못된 것은?

① 공기연행제(AE제)-워커빌리티 개선
② 방청제-콘크리트 부식 방지
③ 감수제-단위수량 감소
④ 기포제-중량조절 및 충전성 개선

해설 **방청제**는 철근콘크리트의 철근 부식을 억제하기 위해 사용되는 혼화제이다.

해답 ②

11 다음의 시멘트 시험항목에 대한 관련장치로서 적절하게 연결된 것은?

① 비중시험-비카트 침
② 압축강도-르샤틀리에 프라스크
③ 분말도-45μm 표준체
④ 응결시간-블레인 공기투과장치

해설
① **비중시험** : 르샤틀리에 비중병
② **압축강도** : 압축강도시험기
③ **분말도** : 45μm 표준체
④ **응결시간** : 비카침, 길모어침

해답 ③

콘크리트산업기사 기출문제

12 잔골재의 체가름 시험을 실시한 결과가 아래 표와 같을 때 조립률은 얼마인가? (단, 10mm이상의 체 잔류량은 0이다.)

체 구분	5mm	2.5mm	1.2mm	0.6mm	0.3mm	0.15mm	pan
체 잔류량(%)	3	9	21	27	20	15	5

① 2.73
② 2.78
③ 2.83
④ 2.88

해설

체 구분	5mm	2.5mm	1.2mm	0.6mm	0.3mm	0.15mm	pan
체 잔류량(%)	3	9	21	27	20	15	5
누가중량백분율(%)	3	12	33	60	80	95	

① 사용체 : 80mm, 40mm, 20mm, 10mm, 5mm, 2.5mm, 1.2mm, 0.6mm, 0.3mm, 0.15mm

② 조립률 = $\dfrac{\text{각 체에 남는 누가중량 백분율 합}}{100}$

  = $\dfrac{3+12+33+60+80+95}{100} = 2.83$

해답 ③

13 굳지 않은 콘크리트의 품질을 개선시키기 위하여 사용되는 감수제에 대한 설명으로 옳은 것은?

① 시멘트 입자를 분산시켜 워커빌리티를 개선하는 계면활성제이다.
② 소요 워커빌리티를 얻는데 콘크리트의 단위수량이 10~15% 증가한다.
③ 단위수량이 증가하므로 콘크리트의 건조수축이 커지게 된다.
④ 동일한 워커빌리티를 얻는데 단위 시멘트량이 감소하므로 압축강도가 감소한다.

해설 감수제는 시멘트 입자를 분산시켜 시멘트풀의 유동성을 증가시킴으로써 콘크리트의 워커빌리티를 개선하여 단위수량을 감소시킬 목적으로 사용되는 혼화제이다.

해답 ①

14 콘크리트의 배합설계에서 물-결합재비의 결정을 위하여 고려하는 사항으로 거리가 먼 것은?

① 강도
② 시공성
③ 수밀성
④ 내구성

해설 물-결합재비 결정법
① 압축강도를 기준으로 해서 정하는 경우
② 내구성을 고려하여 정하는 경우
③ 수밀성을 고려하여 정하는 경우
④ 균열 저항성을 고려해야 하는 경우

해답 ②

15. 콘크리트용 잔골재의 특성을 평가하기 위한 시험으로 거리가 먼 것은?
① 절대건조밀도 ② 흡수율
③ 안정성 ④ 마모율

해설 잔골재의 품질관리

종류	항목	시기 및 횟수
천연잔골재	절대건조밀도, 흡수율, 입도, 점토덩어리, 0.08mm체 통과량, 염소이온량, 유기불순물	• 공사 시작 전 • 공사 중 1회/월 이상 • 산지가 바뀐 경우
	물리·화학적 안정성 (알칼리 실리카 반응성)	• 공사 시작 전 • 공사 중 1회/6개월 이상 • 산지가 바뀐 경우
	골재에 포함된 경량편, 내동해성 (안정성)	• 공사 시작 전 • 공사 중 1회/년 이상 • 산지가 바뀐 경우
부순모래	KS F 2527 품질항목	• 공사 시작 전 • 공사 중 1회/월 이상 • 산지가 바뀐 경우
고로 슬래그 잔골재	KS F 2544 품질항목	• 공사 시작 전 • 공사 중 1회/월 이상 • 산지가 바뀐 경우

① 산모래의 경우 0.08mm체 통과량 시험은 1회/주 이상 실시할 것
② 바닷모래의 경우 및 바닷모래를 다른 잔골재와 혼합하여 사용하는 경우 염소이온량은 1회/주 이상 실시할 것
③ 알칼리 실리카 반응성은 1회/6개월 이상, 안정성은 1회/년 이상 실시할 것

해답 ④

16. 콘크리트 배합설계에서 시방배합을 현장배합으로 고칠 때 고려해야 하는 사항이 아닌 것은?
① 현장의 잔골재 중에서 5mm 체에 남는 굵은골재량
② 현장골재의 함수 상태
③ 혼화제를 희석시킨 희석수량
④ 현장의 굵은골재 최대치수

해설 콘크리트의 시방배합을 현장배합으로 수정할 때는 입도보정과 표면수보정을 한다.

해답 ④

17 굵은골재의 밀도시험 결과가 아래 표와 같을 때 절대건조상태의 밀도를 구하면?

- 대기 중 시료의 절대건조상태의 질량 : 385g
- 대기 중 시료의 표면건조 포화상태의 질량 : 480g
- 물 속에서의 시료의 질량 : 325g
- 시험온도에서 물의 밀도 : $1g/cm^3$

① $2.25g/cm^3$ ② $2.48g/cm^3$
③ $2.61g/cm^3$ ④ $2.75g/cm^3$

해설 밀도 = $\dfrac{\text{노건상태 무게}}{\text{표건상태 무게} - \text{수중상태 무게}} = \dfrac{385}{480-325} = 2.48g/cm^3$

해답 ②

18 압축강도의 시험 기록이 없고 설계기준 압축강도가 21MPa인 경우 배합강도는?

① 28MPa ② 29.5MPa
③ 31MPa ④ 33.5MPa

해설 ① 콘크리트 압축강도의 표준편차를 알지 못할 때, 또는 압축강도의 시험횟수가 14회 이하인 경우 콘크리트의 배합강도는 다음과 같이 정할 수 있다.

설계기준 압축강도 f_{ck}[MPa]	배합강도 f_{cr}[MPa]
21 미만	$f_{ck}+7$
21 이상 35 이하	$f_{ck}+8.5$
35 초과	$1.1f_{ck}+5.0$

② f_{ck}[MPa] = $f_{ck}+8.5 = 21+8.5 = 29.5$MPa

해답 ②

19 콘크리트 배합설계에서 단위수량을 선정하는 내용 중 잘못된 것은?

① 공기연행제(AE제) 및 공기연행 감수제(AE감수제)를 사용하면 단위수량이 감소된다.
② 쇄석을 굵은골재로 사용하면 강자갈의 경우보다 단위수량이 증가된다.
③ 고로 슬래그의 굵은골재를 골재로 사용하면 강자갈의 경우보다 단위수량이 감소된다.
④ 소요의 워커빌리티 범위에서 가능한 한 단위수량이 적게 되도록 시험에 의해 정한다.

해설 고로 슬래그 골재의 특성
① 쇄석 표면과 내부에 공극이 많아 워커빌리티(Workability)가 저하된다.

② 배합시 세골재율이나 단위 수량을 약간 증가시킨다.
③ 건조수축이 약간 작아진다.
④ 압축강도는 하천 골재와 큰 차이가 없다.

해답 ③

20 단위 골재량의 절대용적이 0.8l 단위 굵은골재량의 절대용적이 0.55l일 경우 잔골재율은?

① 31.3% ② 34.2%
③ 38.2% ④ 41.8%

 $S/a = \dfrac{0.8 - 0.55}{0.8} \times 100 = 31.3\%$

해답 ①

제2과목 콘크리트 제조, 시험 및 품질관리

21 콘크리트 1배치 분량 재료를 계량하고자 한다. 시멘트 360kg을 목표로 계량한 결과 365kg이 계량되었다면, 계량오차에 대한 올바른 판정은?

① 계량오차가 허용오차 1% 내에 들어 합격
② 계량오차가 허용오차 2% 내에 들어 합격
③ 계량오차가 허용오차 1%를 벗어나 불합격
④ 계량오차가 허용오차 2%를 벗어나 불합격

 ① 시멘트 계량오차 = $\dfrac{365 - 360}{360} \times 100 = 1.39\% > 1\%$이므로 불합격

② 1회 계량분에 대한 계량오차

재료의 종류	측정단위 원칙	1회 계량 분량의 한계오차
시멘트	질량	±1% 이내
골재	질량	±3% 이내
물	질량 또는 부피	±1% 이내
혼화재	질량	±2% 이내
혼화제	질량 또는 부피	±3% 이내

※ 고로 슬래그 미분말 계량오차의 최대치는 1%로 한다.

해답 ③

22

콘크리트의 슬럼프 시험 방법에 대한 설명으로 틀린 것은?

① 슬럼프 콘은 상부 안지름 100mm, 하부 안지름 200mm, 높이 300mm의 강제 콘을 사용한다.
② 슬럼프 콘은 수평으로 설치한 강으로 수밀성이 있는 평판위에 놓고 누르고, 시료를 거의 같은 양의 3층으로 나눠서 채운다.
③ 각 층의 콘크리트를 채운 다음 다짐대로 고른 후 25회 균등하게 다진다.
④ 슬럼프 콘을 들어 올리는 시간은 높이 300mm에서 10초 정도로 한다.

해설 최상층을 다 다졌으면 슬럼프 콘을 콘크리트로부터 조심하여 수직방향으로 벗기는데 이 때 슬럼프 콘을 벗기는 작업은 2~3초 정도로 끝내며, 몰드에 채우기 시작해서 벗길 때까지 전 작업을 중단없이 3분 내로 끝낸다.

해답 ④

23

어떤 콘크리트 시료의 압축강도 시험결과 평균값이 24MPa이고, 표준편차가 4.8MPa이었다면 변동계수는?

① 14% ② 17%
③ 20% ④ 24%

해설 $C_V = \dfrac{\sigma}{x} \times 100\% = \dfrac{4.8}{24} \times 100\% = 20\%$

해답 ③

24

레디믹스트 콘크리트의 염화물 함유량(염소이온(Cl^-)량)은 구입자의 승인을 얻은 경우에는 최대 몇 kg/m³ 이하로 할 수 있는가?

① 0.1kg/m³ ② 0.2kg/m³
③ 0.3kg/m³ ④ 0.6kg/m³

해설 염화물 함유량은 염화물 이온량으로서 0.3kg/m³ 이하로 한다. 다만, 구입자의 승인을 얻은 경우에는 0.60kg/m³ 이하로 할 수 있다.

해답 ④

25 침하균열의 방지 대책으로 옳지 않은 것은?

① 단위수량을 될 수 있는 한 크게 하고, 슬럼프가 작은 콘크리트를 잘 다짐해서 시공한다.
② 침하 종료 이전에 급격하게 굳어져 점착력을 잃지 않는 시멘트, 혼화제를 선정한다.
③ 타설속도를 늦게 하고 1회 타설 높이를 작게 한다.
④ 균열을 조기에 발견하고, 각재 등으로 두드리거나 흙손으로 눌러서 균열을 폐색시킨다.

해설 침하균열의 방지를 위해서는 단위수량을 될 수 있는 한 적게 하여야 한다.

해답 ①

26 현장 품질관리에 있어 관리도를 사용하려 할 때 가장 먼저 행해야 할 것은?

① 관리할 항목을 선정한다.
② 관리도의 종류를 선정한다.
③ 이상원인을 발견하면 이를 규명하고 조치한다.
④ 관리하고자 하는 제품을 선정한다.

해설 현장 품질관리에 있어 관리도를 사용하려고 할 때는 가장 먼저 관리하고자 하는 제품을 선정하여야 한다.

해답 ④

27 콘크리트의 받아들이기 품질검사 항목이 아닌 것은?

① 염소이온량　　② 슬럼프
③ 공기량　　　　④ 타설검사

해설 ① 콘크리트의 받아들이기 품질관리는 콘크리트를 타설하기 전에 실시하여야 하므로 타설검사는 해당되지 않는다.
② 콘크리트 받아들이기 품질검사

항목	시험·검사방법	시기 및 횟수
굳지 않은 콘크리트의 상태	외관 관찰	• 콘크리트 타설 개시 • 타설 중 수시
슬럼프	KS의 방법	압축강도 시험용 공시체 채취 시 타설 중에 품질변화가 인정될 때
공기량	KS의 방법	
온도	온도측정	
단위질량	KS의 방법	

항목		시험·검사방법	시기 및 횟수
염소 이온량		KS F 4009 부속서 1의 방법	• 바닷모래를 사용할 경우 2회/일 • 그 밖의 경우 1회/주
배합	단위수량	굳지 않은 콘크리트의 단위수량 시험으로부터 구하는 방법	• 내릴 때 • 오전 2회 이상 • 오후 2회 이상
		골재의 표면수율과 단위수량의 계량치 로부터 구하는 방법	• 내릴 때 • 전체 배치
	단위 시멘트량	시멘트의 계량치	• 내릴 때 • 전체 배치
	물-결합재비	굳지 않은 콘크리트의 단위수량과 시멘트의 계량치로부터 구하는 방법	• 내릴 때 • 오전 2회 이상 • 오후 2회 이상
		골재의 표면수율과 콘크리트 재료의 계량치로부터 구하는 방법	• 내릴 때 • 전체 배치
	기타, 콘크리트 재료의 단위량	콘크리트 재료의 계량치	• 내릴 때 • 전체 배치
펌퍼빌리티		펌프에 걸리는 최대 압송부하의 확인	펌프 압송시

해답 ④

28 레디믹스트 콘크리트의 지정 슬럼프 값이 25mm일 때 슬럼프의 허용오차로 옳은 것은?

① ±5mm ② ±10mm
③ ±15mm ④ ±20mm

해설 슬럼프는 KS F 2402의 규정에 따라 시험한 후 그 결과값과 호칭 슬럼프의 허용오차는 다음과 같다.

슬럼프(mm)	슬럼프 허용오차(mm)
25	±10mm
50 및 65	±15mm
80 이상	±25mm

해답 ②

29 $\phi 100 \times 200$mm인 원주형 공시체를 사용한 쪼갬 인장강도 시험에서 파괴하중이 110kN이면 콘크리트의 쪼갬 인장강도는?

① 1.75MPa ② 2.75MPa
③ 3.50MPa ④ 5.50MPa

해설 $f_t = \dfrac{2P}{\pi dl} = \dfrac{2 \times 110000}{\pi \times 100 \times 200} = 3.5\text{MPa}$

해답 ③

30

다음 중 부착강도에 대한 설명으로 틀린 것은?

① 부착강도는 철근의 종류 및 지름, 콘크리트 속에 묻힌 철근의 위치와 방향, 묻힌 길이, 콘크리트의 피복두께 및 콘크리트 품질 등에 따라 달라진다.
② 조건이 일정한 경우 콘크리트의 압축강도나 인장강도가 커질수록 부착강도는 감소한다.
③ 이형철근의 부착강도가 원형철근의 부착강도 보다 크다.
④ 철근을 콘크리트 속에 수평으로 매입하면 콘크리트 중의 입자의 침하나 블리딩에 의하여 철근 하부에 수막 및 공극이 생겨 부착강도가 저하한다.

해설 ① 콘크리트의 압축강도와 인장강도가 클수록 부착강도가 크다.
② 특히 콘크리트의 인장강도가 부착과 밀접한 관계가 있다.
③ 부착강도가 압축강도와 비례해서 커지는 것은 아니다.

해답 ②

31

믹서의 효율을 시험하기 위하여 콘크리트 중의 모르타르의 단위용적질량의 차 및 단위 굵은골재량의 차의 시험을 수행하여야 한다. 굵은골재의 최대치수가 25mm 인 경우 각 부분에서 채취하는 시료의 양은 얼마인가?

① 10L
② 20L
③ 25L
④ 50L

해설 **채취하는 시료의 양** : 믹서로 비빈 콘크리트중의 모르타르와 굵은 골재량의 변화율(차) 시험방법(KS F 2455)에 의하면
① 굵은골재최대치수가 20mm 이하인 경우 : 각 부분에서 채취하는 시료의 양은 20L
② 굵은골재최대치수가 25mm 이하인 경우 : 각 부분에서 채취하는 시료의 양은 25L

해답 ③

32

콘크리트의 워커빌리티 측정방법으로 적합하지 않은 것은?

① 리몰딩 시험
② 구관입 시험
③ 비비 시험
④ 블리딩 시험

해설 ① 블리딩 시험은 콘크리트의 재료분리 정도를 알아보는 시험이다.
② **워커빌리티(Workability) 측정 방법**
　㉠ 슬럼프 시험　　㉡ 흐름 시험
　㉢ 리몰딩 시험　　㉣ 구관입 시험
　㉤ 비비 시험　　　㉥ 일리발렌 시험
　㉦ 다짐계수 시험

해답 ④

33 압축강도에 의한 콘크리트의 품질검사에서 합격판정 기준으로 옳은 것은? (단, 설계기준 압축강도로부터 배합을 정한 경우로서 $f_{ck} > 35\text{MPa}$인 경우이며, 콘크리트 표준시방서의 규정에 따른다.)

① ㉠ 연속 3회 시험값의 평균이 설계기준 압축강도 이상
　㉡ 1회 시험값이 설계기준 압축강도의 90% 이상
② ㉠ 연속 3회 시험값의 평균이 설계기준 압축강도 90% 이상
　㉡ 1회 시험값이 설계기준 압축강도의 80% 이상
③ ㉠ 연속 3회 시험값의 평균이 설계기준 압축강도 이상
　㉡ 1회 시험값이 (설계기준 압축강도−3.5MPa) 이상
④ ㉠ 연속 3회 시험값이 설계기준 압축강도 이상
　㉡ 1회 시험값이 설계기준 압축강도의 110% 이상

해설 압축강도에 의한 콘크리트의 품질검사

종류	항목	시험·검사방법	시기 및 횟수	판정기준	
				$f_{ck} \leq 35\text{MPa}$	$f_{ck} > 35\text{MPa}$
설계기준 강도로부터 배합을 정한 경우	압축강도 (일반적인 경우 재령 28일)	KS F 2405의 방법[1]	1회/일 또는 구조물의 중요도와 공사의 규모에 따라 100m³마다 1회, 배합이 변경될 때마다	① 연속 3회 시험값의 평균이 설계기준 압축강도 이상 ② 1회 시험값이 (설계기준 압축강도 −3.5MPa) 이상	① 연속 3회 시험값의 평균이 설계기준 압축강도 이상 ② 1회 시험값이 설계기준 압축강도 90% 이상
기타				압축강도의 평균치가 소요의 물−결합재비에 대응하는 압축강도 이상일 것	

해답 ①

34 초기 재령 콘크리트에 발생하기 쉬운 균열의 원인이 아닌 것은?
① 소성수축   ② 황산염반응
③ 수화열   ④ 소성침하

해설 초기 균열의 종류
① 침하에 의한 균열(침하 수축 균열)
② 플라스틱 수축 균열(소성 수축 균열)
③ 거푸집의 변형에 의한 균열
④ 진동, 재하에 의한 균열
⑤ 수화열에 의한 균열

해답 ②

35 콘크리트 재료인 천연 잔골재의 품질관리 항목 중 물리 화학적 안정성(알칼리 실리카 반응성)의 시험시기 및 횟수로 옳은 것은?
① 공사시작 전, 공사 중 1회/월 이상 및 산지가 바뀐 경우
② 공사시작 전, 공사 중 1회/년 이상
③ 공사시작 전, 공사 중 1회/6개월 이상 및 산지가 바뀐 경우
④ 공사 중 1회/월 이상

해설 물리·화학적 안정성(알칼리 실리카 반응성)
① 공사 시작 전
② 공사 중 1회/6개월 이상
③ 산지가 바뀐 경우

해답 ③

36 콘크리트의 비비기에 대한 설명으로 틀린 것은?
① 비비기 시간의 시험을 하지 않은 경우 그 최소 시간은 강제식 믹서일 때에는 1분 이상을 표준으로 한다.
② 비비기는 미리 정해 둔 비비기 시간의 3배 이상 계속해서는 안 된다.
③ 콘크리트를 오래 비비면 골재가 파쇄되어 미분의 양이 많아질 우려가 있다.
④ 콘크리트를 오래 비빌수록 공기연행(AE) 콘크리트의 경우는 공기량이 증가한다.

해설 혼합시간이 너무 짧거나 길면 공기량은 감소되며 3~5분 정도 혼합을 할 때 공기량이 최대가 된다.

해답 ④

37 콘크리트의 쪼갬 인장강도 측정시 하중을 가하는 속도에 대한 설명으로 옳은 것은?

① 압축 응력도의 증가율이 매초 (0.6±0.4)MPa이 되도록 조정하고, 공시체에 충격을 주지 않도록 똑같은 속도로 하중을 가한다.
② 가장자리 응력도의 증가율이 매초 (0.6±0.4)MPa이 되도록 조정하고, 최대 하중이 될 때까지 그 증가율을 유지하도록 한다.
③ 인장 응력도의 증가율이 매초 (0.06±0.04)MPa이 되도록 조정하고, 최대 하중이 도달할 때까지 그 증가율을 유지하도록 한다.
④ 압축 응력도의 증가율이 매분 (0.06±0.04)MPa이 되도록 조정하고, 최대 하중이 될 때까지 그 증가율을 유지하도록 한다.

해설 ① 압축강도 시험시 : 매초 0.6±0.4MPa 속도로 하중을 가한다.
② 인장강도 및 휨강도 시험시 : 매초 0.06±0.04MPa 속도로 하중을 가한다.

해답 ③

38 휨강도를 측정하기 위하여 150×150×530mm 각주형 공시체를 제작할 때 콘크리트는 2층으로 나누어 채우며 각 층에 대한 다짐봉의 다짐횟수는 몇 회인가?

① 10회　　　② 25회
③ 50회　　　④ 80회

해설 윗면적 10cm²에 대하여 1회 비율로 다지므로
① 공시체몰드가 15×15×53cm인 경우 윗면적이 795cm²이므로 약 80회 다짐
② 15×15×55cm인 경우 윗면적이 825cm²이므로 약 83회 다짐

해답 ④

39 콘크리트의 건조수축을 증가시키는 요인이 아닌 것은?

① 큰 물-시멘트비　　　② 낮은 온도
③ 많은 시멘트량　　　④ 작은 단면치수

해설 고온에서는 물의 증발이 빨라지므로 건조수축이 증가한다.

해답 ②

40 콘크리트의 워커빌리티에 관한 설명 중 옳지 않은 것은?

① 시멘트량이 많을수록 콘크리트는 워커블하게 된다.
② 온도가 높을수록 슬럼프는 증가되고, 수송에 의한 슬럼프 감소는 줄어든다.
③ 플라이애시를 사용하면 워커빌리티가 개선된다.
④ 둥근 모양의 천연 모래가 모가진 것이나 편평한 것이 많은 부순 모래에 비하여 워커블한 콘크리트를 얻기 쉽다.

해설 콘크리트 배합 온도가 높아지면 슬럼프는 감소한다. 해답 ②

제3과목 콘크리트의 시공

41 해양 콘크리트 구조물에 사용하기 위한 시멘트로서 특히 각종 해수의 작용에 대하여 내구성을 확보할 수 있는 것으로 적당하지 않은 것은?

① 조강시멘트
② 고로슬래그시멘트
③ 중용열포틀랜드시멘트
④ 플라이애시시멘트

해설 ① 조강 포틀랜드 시멘트는 수화속도가 빠르고 수화열이 커 조기강도가 크나, 해수의 작용에 대하여 내구성을 확보에는 적합하지 않다.
② 화학저항성이 좋은 고로 슬래그 시멘트, 플라이애시 시멘트, 포틀랜드 포졸라나 시멘트(실리카 시멘트) 등의 혼합시멘트는 해수의 작용에 대하여 내구성을 확보할 수 있다.
② 중용열 포틀랜드 시멘트는 수화작용시 발열량을 줄이기 위해 규산삼석회(C_3S)와 알루민산삼석회(C_3A)의 양을 제한하고 규산이석회(C_2S)의 양을 크게 한 시멘트로, 화학저항성이 커 해수의 작용에 대하여 내구성을 확보할 수 있다. 해답 ①

42 수밀 콘크리트의 배합 및 시공에 대한 설명 중 옳지 않은 것은?

① 콜드 조인트(cold joint)가 발생하지 않도록 연속적으로 타설한다.
② 연속타설 시간간격은 외기온이 25℃ 미만일 때는 150분 이내로 한다.
③ 연직 시공이음에는 지수판 등의 사용을 원칙으로 한다.
④ 공기량은 4% 이하가 되게 한다.

해설 수밀 콘크리트 연속 타설 시간 간격
① 외기 온도가 25℃를 넘었을 경우 : 1.5시간을 넘어서는 안 된다.
② 외기 온도가 25℃ 이하일 경우 : 2시간을 넘어서는 안 된다.
다만, 특별한 방법을 강구한 경우에는 책임 기술자의 지시에 다르거나 승인을 받아 이 시간의 한도를 변경할 수 있다.

해답 ②

43 경량골재 콘크리트의 제조 및 시공에 대한 설명으로 틀린 것은?

① 경량골재 콘크리트의 단위질량 시험은 일반적으로 굳지 않은 콘크리트에 대하여 시험한다.
② 굵은골재의 최대치수는 원칙적으로 20mm로 한다.
③ 경량골재는 물을 흡수하기 쉬우므로 품질변동을 막기 위하여 충분히 물을 흡수시킨 상태로 사용하는 것이 좋다.
④ 경량골재 콘크리트의 공기량은 일반 골재를 사용한 콘크리트보다 작게 하는 것을 원칙으로 한다.

해설 경량골재 콘크리트의 공기량은 보통골재를 사용한 콘크리트보다 1% 크게 해야 한다.

해답 ④

44 한중 콘크리트에 대한 설명으로 틀린 것은?

① 하루의 평균기온이 4℃ 이하가 예상되는 조건일 때는 한중 콘크리트로서 시공하여야 한다.
② 시멘트는 어떠한 경우라도 직접 가열하지 않는다.
③ 물-결합재비는 원칙적으로 65% 이하로 한다.
④ 타설할 때의 콘크리트 온도는 5~20℃ 범위에서 정하여야 한다.

해설 물-결합재비는 60% 이하로 해야 한다.

해답 ③

45 콘크리트 공장제품의 특징으로 틀린 것은?

① 품질이나 작업환경이 제작시 기후 상황에 영향을 많이 받는다.
② 조립구조에 주로 사용되므로 일반적으로 공기가 빠르다.
③ 현장에서 거푸집이나 동바리 등의 준비가 필요 없다.
④ 규격품을 제조하므로 어느 정도 작업에 대한 숙련공이 필요하다.

해설 공장 제품은 실내에서 제작하기 때문에 기후영향을 거의 받지 않는다.

해답 ①

46 숏크리트 작업에서 발생하는 분진대책은 분진발생원 억제 대책과 발생된 분진대책으로 구분할 수 있다. 이중 분진발생원의 억제대책으로 옳은 것은?

① 환기에 의한 배출·희석
② 잔골재의 표면수율의 관리
③ 집진장치의 설치
④ 양호한 작업환경의 확보

해설 환기에 의한 배출·희석 및 집진장치의 설치, 양호한 작업환경의 확보 등은 발생된 분진대책에 해당된다.

해답 ②

47 해양 콘크리트는 염해를 받기 쉬운 환경이므로 콘크리트 중의 강재 방식을 위한 대책을 수립할 필요가 있는데 다음 중 적당하지 않은 것은?

① 피복두께를 크게 한다.
② 물-결합재비를 크게 한다.
③ 균열 폭을 적게 한다.
④ 플라이애시 시멘트를 적용한다.

해설 물-결합재를 적게 하여야 한다.

해답 ②

48 수중 불분리성 콘크리트에 대한 아래 표의 ( )에 알맞은 것은?

굵은골재의 최대치수는 수중 불분리성 콘크리트의 경우 40mm 이하를 표준으로 하며, 부재 최소치수의 (㉠) 및 철근의 최소 순간격의 (㉡)를 초과해서는 안 된다.

① ㉠ : 1/5, ㉡ : 1/2
② ㉠ : 1/4, ㉡ : 1/2
③ ㉠ : 1/4, ㉡ : 1/3
④ ㉠ : 1/5, ㉡ : 1/3

해설 굵은 골재의 최대 치수는 수중불분리성콘크리트의 경우 40mm 이하를 표준으로 하며, 부재 최소 치수의 1/5 및 철근의 최소 순간격의 1/2를 초과해서는 안 되며, 현장 타설 말뚝 및 지하연속벽에 사용하는 콘크리트의 경우는 25mm 이하, 철근 순간격의 1/2 이하를 표준으로 하여야 한다.

해답 ①

49 매스 콘크리트에 대한 설명으로 옳은 것은?

① 콘크리트의 발열량은 단위 시멘트량과는 무관하다.
② 타설시간 간격은 외기온 25℃ 이상에서는 180분 이내로 하여야 한다.
③ 겨울철에는 방열성이 높은 거푸집을 사용한다.
④ 매스 콘크리트로 다루어야 하는 구조물의 부재치수는 일반적인 표준으로서 넓이가 넓은 평판구조의 경우 두께 0.8m 이상으로 한다.

해설 ① 매스 콘크리트로 다루어야 하는 구조물의 부재치수는 일반적인 표준으로서 넓이가 넓은 평판구조에서는 두께 0.8m 이상, 하단이 구속된 벽체에서는 두께 0.5m 이상으로 한다.
② 발열량이 적은 시멘트를 사용한다.
③ 일반적인 타설 시간간격
　㉠ 외기온이 25℃ 미만일 때 : 120분
　㉡ 외기온이 25℃ 이상일 때 : 90분

해답 ④

50. 콘크리트의 이음부 시공에 대한 설명으로 틀린 것은?

① 바닥틀의 시공이음은 슬래브 또는 보의 경간 중앙부 부근에 두어야 한다.
② 바닥틀과 일체로 된 기둥 또는 벽의 시공이음은 바닥틀과의 경계 부근에 설치하는 것이 좋다.
③ 아치의 시공이음은 아치축에 직각이 되도록 설치하여야 한다.
④ 신축이음은 양쪽의 구조물 혹은 부재가 구속되어 있는 구조이어야 한다.

해설 신축이음은 양쪽의 구조물 혹은 부재가 구속되지 않는 구조이어야 한다.

해답 ④

51. 서중 콘크리트에 대한 일반적인 설명으로 틀린 것은?

① 기온 10℃ 상승에 대하여 단위수량은 2~5% 증가한다.
② 콘크리트는 비빈 후 빨리 타설하여야 하지만 지연형 감수제를 사용한 경우에는 2시간 이내 타설이 가능하다.
③ 콘크리트를 타설할 때의 콘크리트 온도는 35℃ 이하이어야 한다.
④ 하루 평균기온이 25℃를 초과하는 것이 예상되는 경우 서중 콘크리트로 시공하여야 한다.

해설 콘크리트는 비빈 후 되도록 빨리 타설하는 것이 바람직하며, KS F 2560의 지연형 감수제를 사용하는 등의 일반적인 대책을 강구한 경우라도 1.5시간 이내에 타설하여야 한다.

해답 ②

52. 보통(중량) 콘크리트에서 고강도 콘크리트란 설계기준 압축강도가 몇 MPa의 콘크리트를 말하는가?

① 27MPa 이상　　② 40MPa 이상
③ 55MPa 이상　　④ 60MPa 이상

해설 고강도 콘크리트란 설계기준강도가 일반 콘크리트에서 40MPa 이상, 경량골재 콘크리트에서 27MPa 이상인 경우의 콘크리트를 말한다.

해답 ②

53 수중 콘크리트의 배합에 대한 설명으로 틀린 것은?

① 일반 수중 콘크리트의 물-결합재비는 50% 이하로 한다.
② 일반 수중 콘크리트의 단위 시멘트량은 370kg/m³ 이상으로 한다.
③ 현장 타설말뚝 및 지하연속벽에 사용하는 수중 콘크리트의 물-결합재비는 60%이하로 한다.
④ 현장 타설말뚝 및 지하연속벽에 사용하는 수중 콘크리트의 단위 시멘트량은 350kg/m³ 이상으로 한다.

해설 수중 콘크리트의 물-결합재비 및 단위 시멘트량(%)

종류	일반 수중 콘크리트	현장 타설말뚝 및 지하연속벽에 사용하는 수중 콘크리트
담수중	50% 이하	55% 이하
해수중	370kg/m³ 이상	350kg/m³ 이상

해답 ③

54 다음은 숏크리트에서 리바운드율의 저감하기 위한 대책이다. 옳지 않은 것은?

① 분사 부착면을 거칠게 한다.
② 건식공법을 사용한다.
③ 숙련된 노즐 맨(nozzle man)이 작업토록 한다.
④ 뿜는 압력을 일정하게 한다.

해설 습식공법이 리바운드량이 적다.

해답 ②

55 프리플레이스트 콘크리트에 대한 설명으로 옳지 않은 것은?

① 대규모 프리플레이스트 콘크리트를 대상으로 할 경우, 굵은골재의 최소치수를 크게 하는 것이 좋다.
② 일반적으로 굵은골재의 최대치수는 최소치수의 2~4배 정도로 한다.
③ 프리플레이스트 콘크리트의 강도는 원칙적으로 재령 28일 또는 재령 91일의 압축강도를 기준으로 한다.
④ 프리플레이스트 콘크리트에 사용되는 잔골재의 조립률은 2.0~2.5의 범위가 적당하다.

해설 프리플레이스트 콘크리트에 사용되는 잔골재의 조립률은 1.4~2.2 범위가 좋다.

해답 ④

56
속이 빈 원통형 콘크리트 제품의 제조에 사용하는 다짐방법 중 가장 적합한 방법은?

① 봉다짐
② 진동다짐
③ 원심력다짐
④ 가압성형다짐

해설 원심력다짐은 말뚝, 폴, 관 등과 같은 중공 원통형 제품을 성형하기 위하여 원심력을 이용하는 다짐방법으로 속이 빈 원통형 콘크리트 제품의 제조에 적합하다.

해답 ③

57
숏크리트 작업에 대한 설명으로 틀린 것은?

① 노즐은 뿜어 붙일 면에 직각이 되도록 뿜어 붙이는 것이 좋다.
② 숏크리트는 급결제를 첨가한 후 바로 뿜어 붙이기 작업을 하지 않는 것이 좋다.
③ 소정의 두께가 될 때까지 반복해서 뿜어 붙여야 한다.
④ 강재 지보재를 설치한 곳에 숏크리트를 실시할 경우에는 숏크리트와 강재 지보재가 일체가 되도록 하여야 한다.

해설 숏크리트는 빠르게 운반하고, 급결제를 첨가한 후는 바로 뿜어 붙이기 작업을 실시하여야 한다.

해답 ②

58
서중 콘크리트의 양생방법으로 옳은 것은?

① 콘크리트 타설 후 콘크리트 표면이 건조해지지 않도록 한다.
② 보온양생을 실시하여 국부적인 냉각을 방지한다.
③ 거푸집을 떼어낸 후의 양생기간 동안은 노출면을 습윤상태로 유지시키지 않아도 된다.
④ 콘크리트의 표면온도를 급격히 저하시킨다.

해설 ① 콘크리트 타설을 끝냈을 때에는 즉시 양생을 시작하여 콘크리트 표면이 건조하지 않도록 보호하여야 한다. 특히 타설 후 적어도 24시간은 노출면이 건조하는 일이 없도록 습윤상태로 유지해야 하며, 양생은 적어도 5일 이상 실시하는 것이 바람직하다.
② 목재거푸집의 경우처럼 거푸집판에 따라서 건조가 일어날 우려가 있는 경우에는 거푸집까지 습윤상태로 유지하여야 한다. 특히 거푸집을 떼어낸 후에도 양생기간 동안은 노출면을 습윤상태로 유지하여야 한다.
③ 콘크리트의 표면온도를 급격히 저하시켜서는 안된다.

해답 ①

59 팽창 콘크리트 중 수축보상용 콘크리트의 팽창률 표준으로 옳은 것은?

① 100×10^{-6} 이상, 250×10^{-6} 이하
② 150×10^{-6} 이상, 300×10^{-6} 이하
③ 150×10^{-6} 이상, 250×10^{-6} 이하
④ 100×10^{-6} 이상, 300×10^{-6} 이하

해설 팽창 콘크리트의 팽창률 표준값
① 수축보상용 콘크리트 : 150×10^{-6} 이상, 250×10^{-6} 이하
② 화학적 프리스트레스용 콘크리트 경우 : 200×10^{-6} 이상, 700×10^{-6} 이하
③ 공장 제품에 사용하는 화학적 프리스트레스용 콘크리트 : 200×10^{-6} 이상, $1,000 \times 10^{-6}$ 이하

해답 ③

60 콘크리트를 2층 이상으로 나누어 타설할 경우 각 층의 콘크리트가 일체화되도록 아래층 콘크리트가 경화되기 전에 위층 콘크리트를 쳐야 한다. 외기온도가 25℃이하인 경우 허용 이어치기 시간 간격의 표준은?

① 1시간
② 1.5시간
③ 2.0시간
④ 2.5시간

해설 ① 외기온도 25℃ 초과의 경우 이어치기 허용시간 간격 : 2.0시간
② 외기온도 25℃ 이하의 경우 이어치기 허용시간 간격 : 2.5시간

해답 ④

제4과목 콘크리트 구조 및 유지관리

61 콘크리트의 설계기준 압축강도와 철근의 항복강도가 각각 $f_{ck}=24\text{MPa}$, $f_y=400\text{MPa}$인 부재에서 인장을 받는 표준 갈고리를 둔다면 기본 정착길이로 가장 적합한 것은? (여기서, 철근의 공칭지름은 25.4mm, $\beta=1$이다.)

① 470mm
② 490mm
③ 498mm
④ 550mm

해설 표준 갈고리의 기본 정착길이 ; l_{hb} (철근의 설계기준 항복강도가 400MPa인 경우)

$$l_{hb} = \frac{0.24\beta d_b f_y}{\lambda \sqrt{f_{ck}}} = \frac{0.24 \times 1 \times 25.4 \times 400}{1 \times \sqrt{24}} = 498\text{mm}$$

해답 ③

62 표면 피복공법에 관한 설명으로 틀린 것은?

① 표면에 도포재를 발라 새로운 보호층을 형성시키고, 철근 부식인자의 침입을 억제한다.
② 표면 피복공법은 일반적으로 프라이머 도포, 바탕조정, 바름 등의 공정으로 실시된다.
③ 도포재의 도장횟수를 늘리면 표면부의 공극을 없애고, 두터운 막을 늘리면 열화요인에 대한 저항성을 강화시킬 수 있다.
④ 보수 규모가 큰 경우에는 드라이 팩트 콘크리트공법, 뿜어붙이기공법 등이 사용된다.

해설 드라이 팩트 콘크리트공법 및 뿜어붙이기 공법은 단면복구공법의 일종이다.

해답 ④

63 콘크리트 비파괴 시험방법 중 전자파 레이더법에 대한 설명으로 거리가 먼 것은?

① 철근 탐사 혹은 골재 노출, 허니콤 등의 결함부 파악에 이용되고 있다.
② 전자파 속도는 콘크리트의 비유전율에 영향을 받지 않아 피복두께 산정에 보정이 필요 없다.
③ 반사파의 관찰에서 측정자의 판단에 의존하는 부분이 매우 커서 개인차가 발생하기 쉽다.
④ 철근 배치가 밀실한 경우는 전자파가 철근 표면에서 반사되기 때문에 보다 깊은 위치의 상황을 파악하는 것이 곤란하다.

해설 전자파 레이더법은 콘크리트 표면에서 내부로 전자파를 방사하여 대상물로부터 반사되는 신호를 받고 철근의 배근상태나 공동 등의 위치 및 깊이를 화상으로 표시한다.

해답 ②

64 콘크리트의 설계기준 압축강도 f_{ck}는 35MPa, 철근의 항복강도 f_y는 400MPa인 단철근 직사각형 보를 강도설계법에 의해 설계할 때 균형 철근비는?

① 0.0327
② 0.0357
③ 0.0379
④ 0.0399

해설 ① $\beta_1 = 0.85 - (f_{ck} - 28) \times 0.007 = 0.85 - (35 - 28) \times 0.007 = 0.801$
② $\rho_b = \dfrac{0.85 f_{ck} \cdot \beta_1}{f_y} \times \dfrac{600}{600 + f_y} = \dfrac{0.85 \times 35 \times 0.801}{400} \times \dfrac{600}{600 + 400} = 0.0357$

해답 ②

65 콘크리트 보강방법의 하나인 연속섬유 시트접착공법을 적용하는 경우 얻어지는 일반적인 개선 효과에 해당되지 않는 것은?
① 콘크리트 압축강도 증진 효과
② 내식성 향상 효과
③ 균열의 구속 효과
④ 내하성능의 향상 효과

해설 **연속섬유 시트접착공법의 일반적인 개선효과**
① 내식성 향상효과
② 균열의 구속효과
③ 내하성능의 향상효과
④ 단면강성의 증가가 적다.

해답 ①

66 다음 중 콘크리트의 균열 폭을 줄일 수 있는 방법으로 가장 적합한 것은?
① 굵은 철근을 사용하기보다는 가는 철근을 많이 사용한다.
② 철근에 발생하는 응력이 커질 수 있도록 배근한다.
③ 철근이 배근되는 곳에서 피복두께를 크게 한다.
④ 콘크리트의 압축부분에 압축철근을 배치한다.

해설 **균열 제어 방법**(균열폭을 작게 할 수 있는 방법)
① 원형철근보다 이형철근을 사용한다.
② 저강도의 철근을 사용한다.
③ 인장 측에 철근을 잘 분포시킨다.
④ 피복두께를 작게 한다.
⑤ 적은 수의 굵은 철근보다 많은 수의 가는 철근을 사용한다.

해답 ①

67 콘크리트 구조물의 철근 부식 상황을 파악하는 데 적절하지 않은 방법은?
① 자연 전위법
② 분극 저항법
③ 자분 탐상법
④ 전기 저항법

해설 ① **철근 부식량 측정**
㉠ 직접법
㉡ 자연전위법
㉢ 분극저항법
㉣ 전기저항법
㉤ 표면전위차법
㉥ 교류 임피던스
㉦ 와류탐사법
② 자분탐상법은 용접 부위를 검사하는데 이용된다.

해답 ③

68 강도설계법으로 설계시 기본 가정에 어긋나는 것은?

① 철근과 콘크리트의 변형률은 중립축에서의 거리에 비례한다.
② 콘크리트 압축측 상단의 극한 변형률은 0.003으로 가정한다.
③ 철근 변형률이 항복 변형률(ϵ_y)이상일 때 철근의 응력은 변형률에 관계없이 f_y와 같다고 가정한다.
④ 휨응력 계산에서 콘크리트의 인장강도는 압축강도의 1/10로 계산한다.

해설 콘크리트의 인장강도는 무시한다.

해답 ④

69 콘크리트 구조물의 보수에 관한 내용으로 틀린 것은?

① 콘크리트가 탄산화(중성화)되어 강재부식이 나타나 재가설할 수 없는 경우는 재알칼리화 공법을 사용한다.
② 동해에 의한 열화는 진행 정도에 따라 보수공법이 다르지만 기본적으로는 콘크리트 내부에서 수분이동과 확산을 방지할 수 있어야 한다.
③ 손상에 의해 박락된 콘크리트나 보수를 위해 쪼아낸 콘크리트는 기존 콘크리트보다 높은 탄성계수의 단면 복구재를 사용하여 복구한다.
④ 균열보수공법은 방수성과 내구성을 향상하는 것을 목적으로 하는 공법이며, 표면처리공법, 주입공법, 충진공법 등이 있다.

해설 손상에 의해 박락된 콘크리트나 보수를 위해 쪼아낸 콘크리트는 기존 콘크리트와 동일한 탄성계수의 단면 복구재를 사용하여 복구한다.

해답 ③

70 콘크리트의 탄산화(중성화)에 관한 설명 중 틀린 것은?

① 공기 중의 탄산가스 농도가 높을수록 탄산화(중성화) 속도가 빨라진다.
② 콘크리트의 물-시멘트비가 낮으면 탄산화(중성화) 속도가 느려진다.
③ 탄산화(중성화) 깊이는 경과시간에 반비례한다.
④ 탄산화(중성화) 깊이가 철근 위치에 도달하면 철근 피복의 박리가 일어난다.

해설 탄산화(중성화) 깊이는 탄산화 속도계수와 시간의 제곱근의 곱으로 나타낸다.
$X = A\sqrt{t}$
고로 탄산화 깊이 X는 $\sqrt{t}$에 비례한다.

해답 ③

71 탄성 처짐이 20mm인 콘크리트 구조물에서 압축철근이 없다고 가정하면 재하기간이 5년 이상 지속된 구조물의 장기 처짐은 얼마인가?

① 22mm ② 30mm
③ 40mm ④ 50mm

해설 ① 실험에 근거한 계수, 장기 처짐 계수
$$\lambda = \frac{\xi}{1+50\rho'} = \frac{2.0}{1+50 \times 0} = 2$$
② 장기 처짐 = 즉시 처짐 × λ = 20 × 2 = 40mm

해답 ③

72 그림과 같은 T형 보에서 f_{ck} = 21MPa, f_y = 300MPa일 때 중립축의 위치 c는? (단, A_s = 3,000mm²이며, 강도설계법으로 계산하시오.)

① 63.1mm
② 59.3mm
③ 260.9mm
④ 286.5mm

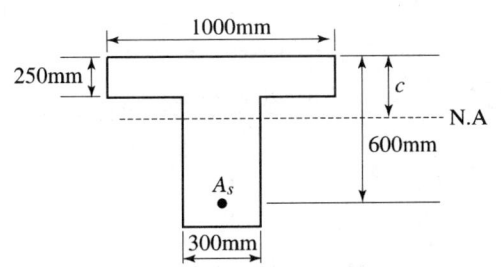

해설 ① $a = \dfrac{A_s f_y}{0.85 f_{ck} b} = \dfrac{3000 \times 300}{0.85 \times 21 \times 1000} = 50.4$mm < t = 250mm 이므로
직사각형보로 보고 해석하여야 하므로 등가직사각형 깊이 a = 50.4mm이다.
② 콘크리트의 등가 압축응력 깊이의 비(β_1)는 f_{ck}가 28MPa까지의 콘크리트에서는 0.85이므로 β_1 = 0.85
③ $a = \beta_1 c$에서 $c = \dfrac{a}{\beta_1} = \dfrac{50.4}{0.85} = 59.3$mm

해답 ②

73 시멘트계 보수재료 중에서 폴리머 재료의 장점으로 보기 어려운 것은?

① 부착성이 양호하다. ② 양생일수가 1일 이내이다.
③ 내화학 저항성이 크다. ④ 취급이 용이하다.

해설 시멘트계 보수재료 중에서 폴리머 재료는 취급이 용이하지 않다.

해답 ④

74 보의 보강공법으로 적합하지 않은 것은?

① 강판접착공법　　② 강판감기공법
③ 탄소섬유시트 보강공법　　④ 증타보강공법

해설 강판감기(압착)공법은 기둥에 적합한 보강공법이며, 벽에도 적용이 가능하다.　해답 ②

75 그림의 PS 콘크리트 보에서 하중평형개념을 고려할 때 등분포의 상향력 u는 얼마인가? (단, $P=2,000$kN, $s=0.2$m이다.)

① 35.2kN/m
② 31.2kN/m
③ 27.2kN/m
④ 22.2kN/m

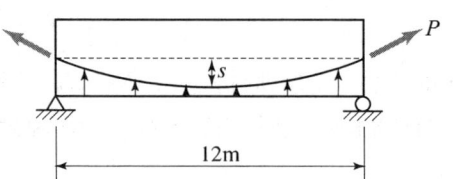

해설 $u = \dfrac{8Ps}{l^2} = \dfrac{8 \times 2000 \times 0.2}{12^2} = 22.2\text{kN/m}$　해답 ④

76 프리스트레스를 도입할 때 일어나는 즉시 손실의 원인으로 옳지 않은 것은?

① 정착장치의 활동　　② PS 강재와 쉬스 사이의 마찰
③ PS 강재의 릴랙세이션　　④ 콘크리트의 탄성변형

해설 프리스트레스 손실 원인
① 프리스트레스 도입시 : 즉시 손실
　㉠ 콘크리트의 탄성변형(수축)
　㉡ PS 강재와 시스 사이의 마찰(포스트텐션 방식에만 해당)
　㉢ 정착단의 활동
② 프리스트레스 도입 후 : 시간적 손실
　㉠ 콘크리트의 건조수축
　㉡ 콘크리트의 크리프
　㉢ PS 강재의 릴랙세이션(Relaxation)

해답 ③

77 균열보수공법 중에서 주입공법에 사용되는 에폭시 수지의 특징에 대한 설명 중 옳지 않은 것은?

① 접착강도가 크며, 경화시 수축이 거의 없다.
② 미세한 균열에도 주입이 가능하다.
③ 경화 후의 에폭시 수지는 안정된 화학적 성질을 얻을 수 있다.
④ 산소 및 수분의 차단이 어렵고, 특히 콘크리트의 탄산화(중성화)에 취약하다.

해설 에폭시 수지는 내수성이 우수하다.

해답 ④

78 강도설계법에서 고정하중(D)과 활하중(L)만 작용하는 휨부재에서 계수하중을 구하기 위한 하중조합은?

① $U = 1.2D + 1.6L$
② $U = 1.7D + 1.4L$
③ $U = 0.4D + 0.5L$
④ $U = 1.4D + 1.4L$

해설 $U = 1.2D + 1.6L$ 와 $U = 1.4D$ 둘 중 큰 값
여기서, D : 고정하중, L : 활하중

해답 ①

79 보의 폭은 300mm, 보의 유효깊이는 500mm인 단철근 직사각형 보에서 콘크리트가 부담하는 공칭 전단강도(V_c)를 구하면? (단, 콘크리트의 설계기준 압축강도 $f_{ck} = 28$MPa이다.)

① 91.9kN
② 102.5kN
③ 132.3kN
④ 244.9kN

해설 $V_c = \dfrac{1}{6}\sqrt{f_{ck}}\,b_w d = \dfrac{1}{6} \times \sqrt{28} \times 300 \times 500 = 132,287\text{N} = 132.3\text{kN}$

해답 ③

80 페놀프탈레인 시약을 사용하여 조사할 수 있는 열화현상은?

① 중화성
② 염해
③ 알칼리-실리카 반응
④ 동해

해설 콘크리트의 탄산화(중성화) 판정은 페놀프탈레인 1%의 알코올 용액을 뿌려서 측정하며 탄산화되지 않은 부분은 붉은 보라색으로 착색되며 탄산화된 부분은 색의 변화가 없다.

해답 ①

콘크리트산업기사

2023년 9월 CBT 시행

본 문제는 복원 기출문제입니다. 실제 문제와 다를 수 있으니 양해바랍니다.

제1과목 콘크리트 재료 및 배합

01 콘크리트 1m³를 만드는 배합설계에서 필요한 골재의 절대용적이 720L이었다. 잔골재율이 34%, 잔골재 밀도가 2.7g/cm³, 굵은골재 밀도가 2.6g/cm³일 때, 단위 잔골재량 S와 단위굵은골재량 G를 구하면?

① $S = 636$kg, $G = 1,283$kg
② $S = 661$kg, $G = 1,236$kg
③ $S = 1,236$kg, $G = 661$kg
④ $S = 1,283$kg, $G = 636$kg

해설 ① 골재의 절대용적
$V_a = 720L = 720,000 \text{cm}^3 = 0.72\text{m}^3$
② 단위 잔골재량 절대체적(V_s)
$V_s = V_a \times S/a = 0.72 \times 0.34 = 0.2448\text{m}^3$
③ 단위 잔골재량
$V_s \times$ 잔골재 비중 $\times 1000\text{kg/m}^3 = 0.2448 \times 2.7 \times 1000 = 661\text{kg}$
④ 단위 굵은골재량 절대체적
$V_G = V_a - V_s = 0.72 - 0.2448 = 0.4752\text{m}^3$
⑤ 단위 굵은골재량
$V_G \times$ 굵은골재 비중 $\times 1000\text{kg/m}^3 = 0.4752 \times 2.6 \times 1000 = 1,236\text{kg}$

해답 ②

02 잔골재의 체가름 시험에 대한 설명으로 틀린 것은?

① 조립률을 구하기 위해 80mm~0.08mm까지 전체 8개의 체가 필요하다.
② 잔골재의 체가름 시험결과를 가지고 입도분포 곡선을 그릴 수 있다.
③ 분취한 시료를 (105±5)℃에서 24시간, 일정 질량이 될 때까지 건조시키고, 건조 후 시료는 실온까지 냉각시킨다.
④ 1.2mm체를 5%(질량비)이상 남는 잔골재 시료의 최소 건조질량은 500g이다.

해설 골재의 조립률(Finess Modulus)에 사용하는 체(총 10개)
80mm, 40mm, 20mm, 10mm, 5mm, 2.5mm, 1.2mm, 0.6mm, 0.3mm, 0.15mm

해답 ①

03 혼화재의 저장방법으로 틀린 것은?

① 방습적인 사일로 또는 창고 등에 품종별로 구분하여 보관한다.
② 장기 저장이 가능하므로 입하하는 순서와 상관없이 사용한다.
③ 장기간 저장한 혼화재는 사용 전에 시험을 실시하여 품질을 확인해야 한다.
④ 혼화재는 취급 시에 비산하지 않도록 주의한다.

해설 혼화재는 방습적인 사일로 또는 창고 등에 품종별로 구분하여 저장하고 입하된 순서대로 사용하여야 한다.

해답 ②

04 골재의 성질 및 시험에 관한 설명으로 틀린 것은?

① 혼합한 골재의 조립률은 각각의 골재의 조립률과 배합비로부터 산정하는 것이 가능하다.
② 흡수율이 큰 골재일수록 안정성 시험의 손실량 백분율이 크다.
③ 굵은골재의 마모저항성 판정에서 로스앤젤레스 마소시험기가 사용된다.
④ 굵은골재의 최대치수가 클수록 단위수량 및 단위시멘트량이 일반적으로 증가하게 된다.

해설 굵은골재 최대치수가 클수록
① 경제적인 콘크리트를 얻을 수 있으므로 적정한 범위 내에서 굵은골재 최대치수를 크게 하는 것이 배합의 기본이며, 계속 커질 경우에는 오히려 콘크리트에 좋지 않은 영향을 미치므로 주의하여야 한다.
② 공극 감소   ③ 공극수 감소(단위수량 감소)
④ 워커빌리티 감소   ⑤ 콘크리트 강도 증대
⑥ 콘크리트 내구성 증대   ⑦ 재료분리 증대

해답 ④

05 골재의 체가름 시험으로부터 알 수 없는 골재의 성질은?

① 골재의 입도   ② 골재의 조립률
③ 굵은골재의 최대치수   ④ 골재의 실적률

해설 골재의 실적률은 골재의 단위용적중량을 밀도(비중)로 나눈 것을 백분율로 나타내며, 골재의 단위질량 및 실적률 시험에서 구할 수 있다.

해답 ④

06 다음 혼화제 중 경화촉진제는 어느 것인가?

① 시멘졸 ② 포졸리드
③ 리그널 ④ 염화칼슘

해설 촉진제로는 보통 염화칼슘 또는 염화칼슘을 포함한 감수제가 사용되고 있다.

해답 ④

07 포틀랜드 시멘트의 풍화에 대한 설명으로 옳지 않은 것은?

① 풍화된 시멘트는 비중이 감소한다.
② 분말도가 큰 시멘트는 풍화되기 쉽다.
③ 풍화된 시멘트를 사용한 콘크리트는 초기강도가 증가한다.
④ 풍화된 시멘트는 강열감량이 증가한다.

해설 풍화된 시멘트를 사용하면 비표면적의 감소로 수화반응이 원활하지 못해 초기강도 발현이 늦게 된다.

해답 ③

08 한국산업규격 KS L 5110 시멘트 비중시험방법에 대한 설명으로 틀린 것은?

① 포틀랜드 시멘트는 약 64g을 사용한다.
② 시멘트 비중병은 르샤틀리에 플라스크를 사용한다.
③ 시멘트 비중병에 시멘트를 넣기 전에 물을 투입하여야 한다.
④ 시멘트 비중시험시 시멘트를 넣은 비중병을 조금 기울여 굴리든가 또는 천천히 수평하게 돌려서 기포를 제거해야 한다.

해설 시멘트 비중시험은 물을 사용하지 않고 광유를 사용한다.

해답 ③

09 콘크리트용 혼화재료 중 실리카 퓸에 대한 설명으로 틀린 것은?

① 실리카 퓸을 사용하면 단위수량을 감소시킬 수 있고, 건조수축이 줄어든다.
② 실리카 퓸을 사용하면 재료분리 저항성, 수밀성 등이 향상된다.
③ 실리카 퓸을 사용하면 알칼리 골재반응의 억제효과 및 강도증가 등을 기대할 수 있다.
④ 각종 실리콘이나 훼로 실리콘 등의 규소합금을 전기아크식 노에서 제조할 때 배출되는 가스에 부유하여 발생하는 부산물의 총칭이다.

해설 실리카 퓸을 사용한 콘크리트의 일반적 특성
① 굳지 않은 콘크리트의 재료분리가 감소된다.
② 투수성이 작아 수밀성이 향상된다.
③ 수화 초기의 발열량이 작아 콘크리트의 온도상승 억제에 효과가 있다.
④ 동일한 슬럼프를 얻기 위한 단위수량이 증가된다.

해답 ①

10 콘크리트용 골재에 대한 시험이 아닌 것은?
① 체가름 시험
② 공기량 시험
③ 안정성 시험
④ 유기불순물 시험

해설 굳지 않은 콘크리트의 성질을 알아보는 시험 방법
① 염화물량 측정 시험
② 공기량 시험
③ 슬럼프 시험

해답 ②

11 콘크리트 배합설계에 대한 일반적인 설명으로 옳은 것은?
① 콘크리트의 수밀성을 기준으로 물-결합재비를 정할 경우 그 값은 45%이하로 한다.
② 일반적 구조물에서 굵은골재의 최대치수는 40mm이하로 한다.
③ 잔골재율이 작으면 소요 워커빌리티를 얻기 위한 단위수량이 감소된다.
④ 콘크리트 품질변동은 공기량의 증감과는 관련이 없다.

해설 ① 수밀을 요하는 콘크리트의 물-결합재비는 50% 이하를 표준으로 한다.
② 굵은골재 최대치수
  ㉠ 일반 : 20mm 또는 25mm
  ㉡ 단면이 큰 경우, 도로 : 40mm
  ㉢ 공항 : 50mm
  ㉣ 댐 : 150mm
③ 잔골재율을 작게하면 소요의 워커빌리티를 가지는 콘크리트를 얻기 위하여 필요한단위수량 및 단위시멘트량이 감소되어 경제적으로 된다.
④ AE제를 사용하면 워커빌리티가 향상되어(공기량이 1% 증가하면 슬럼프가 약 2.5cm 증가한다) 단위수량이 감소하며, 블리딩도 줄어든다.

해답 ③

12 혼화제(혼화제)에 대한 설명으로 틀린 것은?

① 공기연행(AE)제를 사용한 콘크리트는 작업성이 증가하므로 단위수량을 감소시킬 수 있다.
② 공기량은 콘크리트의 조건을 일정하게 하면 공기량 10%정도 내에서는 공기연행(AE)제의 첨가량에 거의 비례한다.
③ 물-시멘트비가 동일한 경우 공기량이 증가하면 압축강도는 감소한다.
④ 공기연행(AE)제에 의한 공기연행(AE) 콘크리트의 최적공기량은 3~5%이며 미세기포가 많을수록 동력용해 저항성이 크며 압축강도도 크다.

해설
① 일반적인 콘크리트의 공기량은 4~7% 정도가 표준이다.
② 공기연행제(AE제) 사용시 동결융해에 대한 저항력이 커진다.
③ 공기량이 1% 증가함에 따라 압축강도는 약 4~6% 감소하게 된다.

해답 ④

13 콘크리트용 골재의 물리적 성질에 대한 기준으로 틀린 것은?

① 잔골재의 절대건조 밀도는 $2.50 g/cm^3$ 이상이어야 한다.
② 굵은골재의 절대건조 밀도는 $2.50 g/cm^3$ 이상이어야 한다.
③ 굵은골재의 마모율은 30% 이하이어야 한다.
④ 잔골재의 흡수율은 3.0% 이하이어야 한다.

해설 굵은골재의 마모율은 40% 이하이어야 한다.

해답 ③

14 시멘트의 강도시험(KS L ISO 679)에 대한 설명으로 틀린 것은?

① 모래로 인한 편차를 줄이기 위해 표준사를 사용하도록 규정한다.
② 공시체는 질량으로 시멘트 1에 대해서 물/시멘트비 0.5 및 잔골재 3의 비율로 모르타르를 형성한다.
③ 시험체는 치수 40mm×40mm×160mm인 각주형 공시체를 사용한다.
④ 시멘트 모르타르의 압축강도 및 인장강도 시험방법에 대하여 규정한다.

해설 시멘트 강도 시험 방법 (KS L ISO679)은 시멘트 모르타르의 압축 강도 및 휨 강도의 시험 방법에 대하여 규정한다.

해답 ④

15 콘크리트의 배합에 대한 일반 사항을 설명한 것으로 틀린 것은?

① 현장 콘크리트의 품질변동을 고려하여 콘크리트의 배합강도는 설계기준 강도보다 적게 정한다.
② 잔골재율은 소요의 워커빌리티를 얻을 수 있는 범위 내에서 단위수량이 최소가 되도록 시험에 의해 정한다.
③ 단위수량은 작업에 적합한 워커빌리티를 갖는 범위 내에서 될 수 있는대로 적게 한다.
④ 물-결합재비는 소요의 강도, 내구성, 수밀성 및 균열저항성 등을 고려하여 정한다.

해설 현장 콘크리트의 품질변동을 고려하여 콘크리트 배합강도는 설계기준강도보다 크게 정한다.

해답 ①

---

16 시멘트의 응결에 대한 설명으로 옳은 것은?

① 분말도가 크면 응결은 빨라진다.
② 온도가 높을수록 응결은 늦어진다.
③ 석고 첨가량이 많을수록 응결은 빨라진다.
④ 물-시멘트비가 클수록 응결은 빨라진다.

해설 응결속도
① 응결이 빨라지는 경우
　㉠ 분말도가 클수록　　㉡ 온도가 높을수록
　㉢ 습도가 낮을수록
② 응결이 지연되는 경우
　㉠ 분말도가 적을수록　㉡ 온도가 낮을수록
　㉢ 습도가 높을수록　　㉣ 석고 첨가량이 많을수록
　㉤ 물-결합재비가 클수록　㉥ 시멘트가 풍화될수록

해답 ①

---

17 포졸란 작용이 있는 혼화재가 아닌 것은?

① 규산질 미분말　　② 규산백토
③ 규조토　　　　　④ 플라이애시

해설 포졸란 물질의 종류
① 천연 포졸란 : 화산재, 규산백토, 규조토, 응회암
② 인공 포졸란 : 플라이애시, 실리카퓸, 왕겨재, 소성 점토 등

해답 ①

18 시방배합 설계 결과 단위잔골재량이 600kg/m³, 단위 굵은골재량이 1,200kg/m³ 이었다. 골재의 체가름시험 결과, 현장의 잔골재는 5mm체에 남는 것을 2% 포함하며, 굵은골재는 5mm체를 통과하는 것을 4% 포함하고 있다. 이 경우 시방배합을 현장배합으로 수정하여 단위잔골재량 x와 단위굵은골재량 y를 구하면?

① $x = 562$kg/m³, $y = 1,238$kg/m³
② $x = 574$kg/m³, $y = 1,226$kg/m³
③ $x = 600$kg/m³, $y = 1,200$kg/m³
④ $x = 636$kg/m³, $y = 1,164$kg/m³

해설 ① 단위잔골재량
$$x = \frac{100S - b(S+G)}{100-(a+b)} = \frac{100 \times 600 - 4 \times (600+1200)}{100-(2+4)} = 562 \text{kg/m}^3$$
② 단위굵은골재량
$$y = \frac{100G - a(S+G)}{100-(a+b)} = \frac{100 \times 1200 - 2 \times (600+1200)}{100-(2+4)} = 1,238 \text{kg/m}^3$$

해답 ①

19 습윤상태에서 질량 580g의 모래를 건조시켜 표면건조 포화상태에서 500g, 공기 중 건조상태 545g, 절대건조상태에서 465g의 질량이 되었다. 이 모래의 흡수율은?

① 6.3%   ② 7.5%
③ 8.3%   ④ 9.2%

 흡수율(%) $= \dfrac{B-D}{D} \times 100 = \dfrac{500-465}{465} \times 100 = 7.5\%$
여기서, B : 표건상태, D : 노건상태

해답 ②

20 압축강도의 시험기록이 없는 현장에서 설계기준 압축강도가 20MPa인 경우 배합강도는?

① 25MPa   ② 27MPa
③ 28.5MPa   ④ 30MPa

해설 배합강도
$f_{cr} = f_{ck} + 7 = 20 + 7 = 27$MPa
※ 콘크리트 압축강도의 표준편차를 알지 못할 때, 또는 압축강도의 시험횟수가

14회 이하인 경우 콘크리트의 배합강도는 다음과 같이 정할 수 있다.

설계기준 압축강도 f_{ck}[MPa]	배합강도 f_{cr}[MPa]
21 미만	$f_{ck}+7$
21 이상 35 이하	$f_{ck}+8.5$
35 초과	$1.1f_{ck}+5.0$

해답 ②

제2과목 콘크리트 제조, 시험 및 품질관리

21 KS F 4009(레디믹스트 콘크리트)에서 정한 레디믹스트 콘크리트의 호칭강도에 포함되지 않는 것은?

① 27MPa ② 30MPa
③ 37MPa ④ 40MPa

해설 레디믹스트콘크리트의 종류

콘크리트의 종류	굵은골재의 최대치수(mm)	슬럼프(cm)	호칭강도(kgf/cm²)								
			160(16)	180(18)	210(21)	240(24)	270(27)	300(30)	350(35)	400(40)	40(휨4.0)	45(휨4.5)
보통 콘크리트	20, 25	8, 10, 12	O	O	O	O	O	O	O	—	—
		15, 18	—	O	O	O	O	O	O	—	—
		21	—	—	O	O	O	O	—	—	—
	40	2.5, 6.5	—	—	—	—	—	—	—	O	O
		5	O	O	O	O	O	—	—	—	—
		8	O	O	O	O	O	—	—	—	—
		12, 15	O	O	O	O	—	—	—	—	—
경량 콘크리트	15, 20	8, 12, 15, 18, 21	—	O	O	O	O	—	—	—	—

해답 ③

22 비파괴시험법 중 타격법에 해당되는 것은?

① 반발경도법 ② 초음파속도법
③ 전기저항법 ④ 자연전위법

해설 반발경도법은 슈미트 해머로 콘크리트 구조물의 반발경도로부터 되밀어 치는 크기를 추정하여 콘크리트의 압축강도를 구하는 방법으로 타격법에 해당한다.

해답 ①

23 일반적으로 콘크리트는 강알칼리성 재료로써 철근의 부식을 억제하는데, 콘크리트의 알칼리 정도의 범위로 알맞은 것은?

① pH 12~13　　② pH 9~10
③ pH 7~8　　　④ pH 5~6

해설 콘크리트의 알칼리는 pH 12~13 정도이다.

해답 ①

24 압력법에 의한 굳지 않은 콘크리트의 공기량 시험법에서 허용되는 최대 골재의 크기는?

① 75mm　　② 40mm
③ 35mm　　④ 30mm

해설 ※ 개정 전 규정 문제임

굵은골재 최대치수(mm)	용기의 최소용량(l)
50 이하	6
80 이하	12

해답 ②

25 콘크리트의 워커빌리티 및 반죽질기에 대한 설명으로 틀린 것은?

① 단위시멘트량이 많아질수록 성형성이 좋아지고 워커블해진다.
② 단위수량이 많을수록 반죽질기가 질게 되어 유동성이 증가하지만 재료 분리가 발생하기 쉬워진다.
③ 잔골재율을 증가시키면 동일 워커빌리티를 얻기 위한 단위수량을 줄여야 한다.
④ 일반적으로 콘크리트의 비빔온도가 높을수록 반죽질기는 저하하는 경향이 있다.

해설 잔골재율을 작게하면 소요의 워커빌리티를 가지는 콘크리트를 얻기 위하여 필요한 단위수량 및 단위시멘트량이 감소되어 경제적으로 된다.

해답 ③

26 자재 품질관리에서 굵은골재의 품질관리 항목에 속하지 않는 것은?

① 절대건조밀도　　② 흡수율
③ 물리 화학적 안정성　　④ 유기불순물

해설 유기불순물은 잔골재의 품질관리 항목에 속한다.

해답 ④

27 콘크리트의 수축에 대한 설명으로 틀린 것은?

① 소성수축은 콘크리트가 경화되고 난 후 외력에 의한 소성변형에 의해 수축하는 현상이다.
② 경화수축은 시멘트의 화학반응 결과물인 시멘트 수화물의 체적이 시멘트와 물의 체적 합보다 작기 때문에 발생하는 수축으로서 수분의 증발이 없어도 발생하는 수축현상이다.
③ 건조수축은 시멘트 수화물 내에 존재하는 수분이 장기간에 걸쳐 증발하면서 발생하는 수축현상이다.
④ 탄화수축은 시멘트 경화체 내의 수산화칼슘이 공기 중의 이산화탄소와 반응하여 분해되면서 수축하는 현상이다.

해설 플라스틱 수축에 의한 균열(소성 수축 균열)이란 콘크리트 타설시 또는 타설 직후 표면에서 급속한 수분증발이 일어나 그 증발속도가 블리딩 속도보다 빨라 급속한 건조가 이루어져 콘크리트 표면에 미세한 균열이 생기는 균열을 말한다.

해답 ①

28 콘크리트 표준시방서에 규정한 1회의 계량분에 대한 재료 계량오차의 허용범위로서 옳은 것은?

① 골재 : ±3%   ② 시멘트 : ±2%
③ 혼화제 : ±2%   ④ 혼화재 : ±3%

해설 계량오차

재료의 종류	측정단위 원칙	1회 계량 분량의 한계오차
시멘트	질량	±1% 이내
골재	질량	±3% 이내
물	질량 또는 부피	±1% 이내
혼화재	질량	±2% 이내
혼화제	질량 또는 부피	±3% 이내

※ 고로 슬래그 미분말 계량오차의 최대치는 1%로 한다.

해답 ①

29
레디믹스트 콘크리트의 운반차로서 덤프트럭에 대한 설명으로 틀린 것은?

① 덤프트럭의 적재함 바닥은 평활하고 방수가 되어야 한다.
② 포장 콘크리트 중 슬럼프 65mm의 콘크리트를 운반하는 경우에 한하여 사용할 수 있다.
③ 덤프트럭의 적재함은 필요에 따라 비, 바람 등에 대한 보호를 위해 방수 덮개를 갖춘 것으로 한다.
④ 콘크리트 표면의 1/3과 2/3인 부분에서 각각 시료를 채취하여 슬럼프 시험을 하였을 경우 그 양쪽의 슬럼프 차가 20mm이내가 되어야 한다.

해설 ① 콘크리트 운반차는 트럭 믹서나 트럭 애지테이터를 사용한다.
② 덤프 트럭은 포장 콘크리트 중 슬럼프 25mm의 콘크리트를 운반하는 경우에 한하여 사용할 수 있다.

해답 ②

30
$\phi 100 \times 200$mm 원주형 공시체로 압축강도 시험을 수행하여 재하하중 230kN에서 파괴되었다면 압축강도는?

① 2.9MPa ② 7.3MPa
③ 29.3MPa ④ 73.2MPa

해설 $f_{cu} = \dfrac{P}{A} = \dfrac{P}{\dfrac{\pi d^2}{4}} = \dfrac{230000}{\dfrac{\pi \times 100^2}{4}} = 29.3 \text{MPa}$

해답 ③

31
콘크리트 제조를 위한 콘크리트 공시체에 대한 압축강도 시험결과 5개의 시험값이 다음과 같다면, 이 콘크리트 공시체의 표준편차는? (단, 불편분산의 개념에 의함.)

> 34.1, 35.6, 36.1, 34.4, 35.8 (MPa)

① 1.15MPa ② 1.03MPa
③ 0.96MPa ④ 0.89MPa

해설 ① 평균치($\overline{x}$) : 데이터의 평균 산술값
$\overline{x} = \dfrac{\sum x_i}{n} = \dfrac{34.1 + 35.6 + 36.1 + 34.4 + 35.8}{5} = 35.2 \text{MPa}$

② 편차의 제곱합(S) : 측정 데이터와 평균치와의 차를 제곱하여 더한 값
$$S = \sum (x_i - \overline{x})^2$$
$$= (34.1-35.2)^2 + (35.6-35.2)^2 + (36.1-35.2)^2 + (34.4-35.2)^2 + (35.8-35.2)^2$$
$$= 3.18 \text{MPa}$$
③ 표준편차
불편분산의 제곱근(σ_e) = $\sqrt{\dfrac{S}{n-1}} = \sqrt{\dfrac{3.18}{5-1}} = 0.89$

해답 ④

32
콘크리트 타설현장에서 받아들이기 품질검사 항목 및 확인사항을 설명한 것으로 틀린 것은?

① 워커빌리티의 검사는 굵은골재 최대치수 및 슬럼프가 설정치를 만족하는지 여부를 확인함과 동시에 재료 분리 저항성을 외관 관찰에 의해 확인하여야 한다.
② 강도검사는 콘크리트의 배합검사를 실시하는 것을 표준으로 한다.
③ 내구성 검사는 탄산화(중성화) 속도계수, 염화물 이온량, 화학 저항성을 평가하여야 한다.
④ 내구성으로부터 정한 물-결합재비는 배합 검사를 실시하거나 강도 시험에 의해 확인할 수 있다.

해설 내구성 관련 시험
① 탄산화(중성화) 판정 시험
② 동결융해 시험
③ 경화한 콘크리트 속에 함유된 염화물량 시험

해답 ③

33
콘크리트의 슬럼프 시험에서 몰드에 콘크리트를 3층으로 채우고 각각 다진 후 슬럼프 콘을 들어 올리는데, 이 때 들어 올리는 시간의 표준은?

① 2~3초 ② 4~5초
③ 6~7초 ④ 8~9초

해설 ① 슬럼프콘에 3층 25회 다짐 후 2~3초 동안 슬럼프콘을 서서히 들어올린다.
② 슬럼프 시험은 3분 이내에 완료한다.

해답 ①

34 콘크리트 슬럼프 시험(KS F 2402)에 대한 설명으로 틀린 것은?

① 굵은골재의 최대치수가 40mm를 넘는 굵은골재를 제거한다.
② 슬럼프 콘에 콘크리트를 채울 때는 슬럼프 콘 높이의 1/3씩 3층으로 나누어 채운다.
③ 각 층에 채운 시료를 25회 비율로 다져서 재료의 분리를 일으킬 염려가 있을 때는 분리를 일으키지 않을 정도로 다짐수를 줄인다.
④ 각 층을 다질 때 다짐봉의 다짐 깊이는 그 앞 층에 거의 도달할 정도로 한다.

해설 시료를 슬럼프 콘 부피의 약 1/3(약 7cm)되게 넣고 다짐대로 25회 다지고, 다음 약 2/3(약 16cm)까지 넣고 다짐대로 25회 다진다. 이때 다짐대가 콘크리트 속으로 들어가는 약 9cm 정도 들어가게 다진다. 마지막으로 슬럼프 콘에 시료를 넘칠 정도로 넣은 다음 다짐대로 25회 다진다.

해답 ②

35 플랜트에 고정믹서가 설치되어 있어 각 재료를 계량하고 혼합하여 완전히 비벼진 콘크리트를 트럭 믹서 또는 트럭애지테이터에 투입하여 운반중에 교반하면서 지정된 공사현장까지 배달, 공급하는 레디믹스트 콘크리트는?

① 쉬링크 믹스트 콘크리트
② 트랜싯 믹스트 콘크리트
③ 센트럴 믹스트 콘크리트
④ 프리 믹스트 콘크리트

해설 레디믹스트 콘크리트 종류
① 센트럴 믹스트 콘크리트 : 플랜트에서 콘크리트를 완전 혼합(반죽된 콘크리트) 한 후 애지테이터 트럭으로 운반하는 방법
② 쉬링크 믹스트 콘크리트 : 프랜트에서 1/2 정도 혼합한 후 애지테이터 트럭으로 운반하면서 1/2 혼합하는 방법
③ 트랜싯 믹스트 콘크리트 : 플랜트에서 재료만 실은 후 운반하면서 애지테이터 트럭으로 완전 혼합하는 방법

해답 ③

36 압력법에 의한 공기함유량 시험에서 콘크리트의 겉보기 공기량이 4.6%이고 골재의 수정계수가 0.3%이면 콘크리트의 공기량은 얼마인가?

① 4.9%
② 4.6%
③ 4.3%
④ 4.0%

해설 $A = A_1 - G = 4.6 - 0.3 = 4.3\%$

해답 ③

37 다음 그림과 같은 콘크리트의 쪼갬 인장강도시험에서 인장강도(f_{sp})를 구하는 공식으로 올바른 것은? (단, 공시체의 직경은 d, 최대 하중은 P, 공시체의 길이는 L, 원주율은 π이다.)

① $f_{sp} = \dfrac{2L}{\pi d}$

② $f_{sp} = \dfrac{2}{\pi L d}$

③ $f_{sp} = \dfrac{\pi L d}{2P}$

④ $f_{sp} = \dfrac{2P}{\pi L d}$

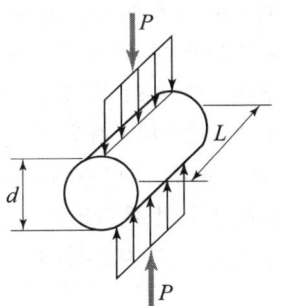

해설 $f_t = \dfrac{2P}{\pi d l}$

여기서, f_t : 인장강도[MPa, N/mm²]
　　　　P : 시험기에 측정된 최대하중[N]
　　　　d : 공시체 지름[mm]
　　　　l : 공시체 길이[mm]

해답 ④

38 품질관리의 진행 순서로 옳은 것은?

① 실시(do) → 계획(plan) → 검토(check) → 조치(action)
② 검토(check) → 계획(plan) → 조치(action) → 실시(do)
③ 검토(check) → 조치(action) → 계획(plan) → 실시(do)
④ 계획(plan) → 실시(do) → 검토(check) → 조치(action)

해설 관리사이클 4단계

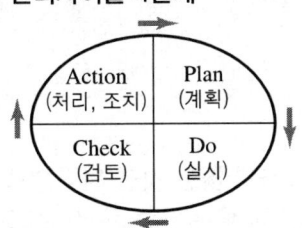

해답 ④

39 콘크리트 압축강도 시험용 공시체의 제작에 관한 설명으로 틀린 것은?

① 공시체는 지름의 2배의 높이를 가진 원기둥형으로 하며, 그 지름은 굵은 골재의 최대치수의 3배 이상, 100mm이상으로 한다.
② 공시체를 제작할 대 콘크리트는 몰드에 2층 이상으로 거의 동일한 두께로 나눠서 채우며, 각 층의 두께는 160mm를 초과해서는 안 된다.
③ 공시체의 캐핑을 하는 경우 캐핑층의 압축강도는 콘크리트의 예상되는 강도보다 작아야 하며, 캐핑층의 두께는 공시체 지름의 5%를 넘어서는 안 된다.
④ 다짐봉을 사용하여 콘크리트 다지기를 할 경우, 각 층은 적어도 $1,000mm^2$에 1회의 비율로 다지도록 하고 바로 아래층까지 다짐봉이 닿도록 한다.

해설 캐핑을 하는 경우 그 두께는 2~3mm 정도가 적당하며, 6mm를 넘으면 강도의 저하가 커지는 경향이 있다.

해답 ③

40 레디믹스트 콘크리트의 공기량은 보통 콘크리트의 경우 (㉠)%이며, 그 허용오차는 ±(㉡)%로 한다. 여기서 빈 칸에 알맞은 것은?

	㉠	㉡		㉠	㉡
①	2.5	1.0	②	3.0	1.5
③	4.0	1.0	④	4.5	1.5

해설 레디믹스트 콘크리트의 공기량은 보통 콘크리트의 경우 4.5%이며, 그 허용오차는 ±1.5%로 한다.

해답 ④

제3과목 콘크리트의 시공

41 한중 콘크리트에 대한 설명으로 틀린 것은?

① 한중 콘크리트에는 공기연행 콘크리트를 사용하지 않는 것을 원칙으로 한다.
② 하루의 평균 기온이 4℃이하가 예상되는 조건일 때는 한중 콘크리트로 시공한다.
③ 물-결합재비는 원칙적으로 60%이하로 하여야 한다.
④ 가열한 재료를 믹서에 투입하는 순서는 시멘트가 급결하지 않도록 정하여야 한다.

해설 한중 콘크리트는 공기연행 콘크리트를 사용하는 것을 원칙으로 한다.

해답 ①

42 롤러다짐 콘크리트의 시공에서 타설 이음면을 고압살수청소, 진공흡입청소 등을 실시하는 것을 무엇이라 하는가?
① 그린 컷
② 콜드 조인트
③ 수축이음
④ 리프트

해설 그린컷(green cut)이란 아직 충분히 굳지 않은 콘크리트의 상면을 압력수 등으로 얇게 벗겨 레이턴스를 제거하고 밀착이 잘 되도록 시공이음면을 준비하는 것을 말한다.

해답 ①

43 숏크리트 시공에 대한 일반적인 설명으로 틀린 것은?
① 숏크리트는 타설되는 장소의 대기 온도가 30℃이상이 되면 건식 및 습식 숏크리트 모두 뿜어붙이기를 할 수 없다.
② 숏크리트는 대기 온도가 10℃이상일 때 뿜어붙이기를 실시하며, 그 이하의 온도일 때는 적절한 온도대책을 세운 후 실시한다.
③ 건식 숏크리트는 배치 후 45분 이내에 뿜어붙이기를 실시하여야 한다.
④ 습식 숏크리트는 배치 후 60분 이내에 뿜어붙이기를 실시하여야 한다.

해설 숏크리트는 타설되는 장소의 대기 온도가 38℃ 이상이 되면 건식 및 습식 숏크리트 모두 뿜어붙이기를 할 수 없으며, 적절한 온도 대책을 세운 후 타설하여야 한다. 또한 보강재 및 뿜어붙일 면의 온도 역시 38℃보다 낮은 온도로 사전처리를 한 후 뿜어붙이기를 실시하여야 한다.

해답 ①

44 콘크리트 시공이음에 대한 설명으로 틀린 것은?
① 시공이음은 될 수 있는 대로 전단력이 적은 위치에 설치하는 것이 원칙이다.
② 부재의 압축력이 작용하는 방향과 평행하도록 설치하여야 한다.
③ 외부의 염분에 의한 피해를 받을 우려가 있는 해양 및 항만 콘크리트 구조물 등에 있어서는 시공이음부를 되도록 두지 않는 것이 좋다.
④ 수밀을 요하는 콘크리트에 있어서는 시공이음부를 되도록 두지 않는 것이 좋다.

> **해설** 시공이음 일반
> ① 시공이음은 가능한 한 전단력이 작은 위치에 설치한다.
> ② 시공이음은 부재의 압축력이 작용하는 방향과 직각으로 위치시키는 것이 원칙이다(시공이음은 현장 형편에 따라 임의 변경이 불가하다).
> ③ 수평이음은 미관상 일직선으로 설치한다.

해답 ②

45

매스 콘크리트로 다루어야 하는 구조물의 부재치수에 대한 일반적인 표준으로 옳은 것은?

① 하단이 구속된 벽조의 경우 두께 0.8m이상인 경우 매스 콘크리트로 다루어야 한다.
② 넓이가 넓은 평판구조의 경우 두께 1.0m이상인 경우 매스 콘크리트로 다루어야 한다.
③ 하단이 구속된 벽조의 경우 두께 1.0m이상인 경우 매스 콘크리트로 다루어야 한다.
④ 넓이가 넓은 평판구조의 경우 두께 0.8m이상인 경우 매스 콘크리트로 다루어야 한다.

> **해설** 매스 콘크리트로 다루어야 하는 구조물의 부재치수는 일반적인 표준으로서 넓이가 넓은 평판구조에서는 두께 0.8m 이상, 하단이 구속된 벽체에서는 두께 0.5m 이상으로 한다.

해답 ④

46

고유동 콘크리트의 사용이 필요한 경우에 대한 설명으로 잘못된 것은?

① 보통 콘크리트로는 충전이 곤란한 구조체인 경우
② 콘크리트의 자중을 감소시켜 지간의 증대, 보의 유효높이 감소가 요구되는 경우
③ 균질하고 정밀도가 높은 구조체를 요구하는 경우
④ 타설작업의 합리화로 시간 단축이 요구되는 경우

> **해설** **고유동 콘크리트**는 일반적으로 다음과 같은 효과가 기대되는 곳에 사용한다.
> ① 보통 콘크리트는 충전이 곤란한 구조체인 경우
> ② 균질하고 정밀도가 높은 구조체를 요구하는 경우
> ③ 타설 작업의 합리화로 시간 단축이 요구되는 경우
> ④ 다짐 작업에 따르는 소음, 진동의 발생을 피해야 하는 경우

해답 ②

47 아래 표와 같은 경우 콘크리트의 강도는 재령 몇 일의 압축강도 시험값을 기준으로 하는가?

> 촉진양생을 하지 않은 공장 제품이나 비교적 부재 두께가 큰 공장 제품

① 7일
② 14일
③ 28일
④ 91일

해설 공장제품 콘크리트 강도
① 일반적인 공장 제품은 재령 14일에서의 압축강도 시험값
② 오토클레이브 양생 등의 특수한 촉진 양생을 하는 공장 제품은 14일 이전의 적절한 재령에서 압축강도 시험값
③ 촉진양생을 하지 않은 공장 제품이나 비교적 부재 두께가 큰 공장 제품은 재령 28일에서 압축강도 시험값

해답 ③

48 서중 콘크리트로 시공하여야 하는 기준으로 옳은 것은?
① 하루 평균기온이 18°C를 초과하는 것이 예상되는 경우
② 하루 평균기온이 20°C를 초과하는 것이 예상되는 경우
③ 하루 평균기온이 25°C를 초과하는 것이 예상되는 경우
④ 하루 평균기온이 30°C를 초과하는 것이 예상되는 경우

해설 높은 외부기온으로 콘크리트의 슬럼프 저하나 수분의 급격한 증발 등의 염려가 있을 경우에 시공되는 콘크리트로서 하루 평균기온이 25°C(최고 온도 30°C 초과)를 초과하는 경우 서중 콘크리트로 시공한다.

해답 ③

49 일평균 기온이 10°C이상~15°C미만인 경우 보통 포틀랜드 시멘트를 사용한 일반 콘크리트의 습윤양생기간의 표준으로 옳은 것은?
① 3일
② 5일
③ 7일
④ 9일

해설 습윤 양생기간의 표준(보통 포틀랜드 시멘트)
① 일평균기온이 5°C 이상 : 9일
② 일평균기온이 10°C 이상 : 7일
③ 일평균기온이 15°C 이상 : 5일

해답 ③

50. 유동화 콘크리트에 대한 일반적인 설명으로 틀린 것은?

① 유동화 콘크리트의 슬럼프는 원칙적으로 180mm 이하로 한다.
② 유동화 콘크리트의 슬럼프 증가량은 100mm 이하를 원칙으로 한다.
③ 베이스 콘크리트의 슬럼프 최대값은 보통 콘크리트일 경우 150mm 이하로 하여야 한다.
④ 베이스 콘크리트의 슬럼프는 콘크리트의 유동화에 지장이 없는 범위의 것이어야 한다.

해설 유동화 콘크리트의 슬럼프(mm)

콘크리트의 종류	베이스 콘크리트	유동화 콘크리트
일반 콘크리트	150 이하	210 이하
경량 콘크리트	180 이하	210 이하

해답 ①

51. 콘크리트 표면의 마모에 대한 저항성을 크게 할 목적으로 사용하는 방법으로 틀린 것은?

① 강경하고 마모 저항이 큰 양질의 골재를 사용한다.
② 물-결합재비를 크게 하여야 한다.
③ 밀실하고 균등질의 콘크리트로 되게 하여야 한다.
④ 충분한 양생을 실시하여야 한다.

해설 물-결합재비를 작게하여야 강도와 마모 저항성이 커진다.

해답 ②

52. 숏크리트의 시공에 대한 설명으로 틀린 것은?

① 절취면이 비교적 평활하고 넓은 법면에 대해서는 세로방향으로 적당한 간격으로 신축줄눈을 설치하여야 한다.
② 뿜어 붙인 콘크리트가 박리되거나 흘러내리지 않는 범위의 적당한 두께로 뿜어 붙여 소정의 두께가 될 때까지 반복해서 뿜어 붙여야 한다.
③ 숏크리트는 빠르게 운반하고, 급결제를 첨가한 후는 바로 뿜어 붙이기 작업을 실시하여야 한다.
④ 비탈면이 동결하였거나 빙설이 있는 경우 표면에 물을 뿌려 시공한다.

해설 비탈면이 동결하였거나 빙설이 있는 경우에는 녹여서 표면의 물을 없앤 다음 뿜어 붙여야 한다.

해답 ④

53 일반 수중콘크리트의 품질검사에 대한 설명으로 틀린 것은?

① 압축강도는 1회/일 또는 구조물의 중요도와 공사의 규모에 따라 20~100m³마다 1회 실시한다.
② 물-결합재비의 판단기준은 규정치 이하, 규정치가 없는 경우는 50%이하로 한다.
③ 단위시멘트량의 판단기준은 규정치 이상, 규정치가 없는 경우는 370kg/m³ 이상으로 한다.
④ 슬럼프의 판단기준은 시공계획서의 값, 트레미, 콘크리트 펌프의 경우 80~120mm로 한다.

해설 유동성은 슬럼프로 판단하며 시공계획서의 값, 트레미, 콘크리트 펌프의 경우 130~180mm로 한다.

해답 ④

54 매스 콘크리트에서 벽체구조물의 경우 온도균열을 제어하기 위해서 구조물의 길이방향에 일정 간격으로 단면 감소분을 만들어 그 부분에 균열이 집중되도록 하고, 나머지 부분에서는 균열이 발생하지 않도록 하기 위해 수축이음을 설치한다. 이 때 수축이음의 단면감소율은 몇 % 이상으로 하여야 하는가?

① 20%   ② 25%
③ 30%   ④ 35%

해설 계획된 위치에서의 균열 발생을 확실히 유도하기 위해서 수축이음의 단면 감소율을 35% 이상으로 하여야 한다.

해답 ④

55 콘크리트 다지기에 대한 설명으로 틀린 것은?

① 콘크리트 다지기에는 내부진동기의 사용을 원칙으로 한다.
② 재진동을 실시할 경우에는 초결이 일어난 후에 하여야 한다.
③ 내부진동기는 천천히 빼내어 구멍이 나지 않도록 사용해야 한다.
④ 내부진동기는 연직으로 찔러 넣으며 삽입간격은 일반적으로 0.5m이하로 하는 것이 좋다.

해설 재진동을 할 경우에는 콘크리트에 나쁜 영향이 생기지 않도록 초결이 일어나기 전에 실시하여야 한다.

해답 ②

56
골재를 건조상태로 사용하면 콘크리트의 비비기 및 운반 중에 물을 흡수하여 콘크리트의 작업성을 감소시킨다. 특히 경량골재는 흡수율이 크기 때문에 흡수의 정도를 적게 하기 위하여 골재를 사용 전에 미리 흡수시키는 조작을 실시한다.

① 프리 쿨링 ② 프리 컷팅
③ 프리 믹싱 ④ 프리 웨팅

해설 프리웨팅(pre-wetting)은 경량골재를 사용하기 전에 미리 흡수시키는 작업이다.

해답 ④

57
굳지 않은 콘크리트의 측압에 관한 일반적인 설명으로 틀린 것은?

① 콘크리트의 타설속도가 빠르면 측압은 크다.
② 타설되는 콘크리트의 온도가 낮을수록 측압은 크다.
③ 부재의 수평단면이 작을수록 측압은 작다.
④ 콘크리트의 타설높이가 높을수록 측압은 작다.

해설 콘크리트의 타설높이가 높으면 측압은 커지게 된다.

해답 ④

58
철근이 배치된 일반적인 매스 콘크리트 구조물에서 균열 발생을 방지하여야 할 경우 표준적인 온도 균열지수는?

① 1.5 미만 ② 1.5 이상
③ 0.7~1.2 ④ 1.2~1.5

해설 표준적인 온도균열지수 값
① 균열 발생을 방지해야 할 경우 : 1.5 이상
② 균열 발생을 제한할 경우 : 1.2 이상 1.5 미만
③ 유해한 균열 발생을 제한할 경우 : 0.7 이상 1.2 미만

해답 ②

59
콘크리트 공장제품에 대한 설명으로 틀린 것은?

① 충분한 품질관리로 신뢰성 높은 제품의 제조가 가능하다.
② 공사기간의 단축이 가능하다.
③ 공장제품의 특성상 대량생산이 어려우며, 범용성이 떨어진다.
④ 기후에 좌우되지 않고 제조가 가능하다.

해설 공장제품의 경우 대량생산이 가능하며 범용성이 가능하다.

해답 ③

60 표면 마무리에 대한 설명으로 옳은 것은?

① 표면 마무리는 내구성, 수밀성에 영향을 주지 않는다.
② 마모를 받는 면의 경우에는 물-결합재비를 크게 한다.
③ 표면 마무리는 콘크리트 윗면으로 스며 올라온 물을 처리한 후에 한다.
④ 거푸집 제거 후 발생한 콘크리트 표면 균열은 방치해도 좋다.

해설 **거푸집에 접하지 않은 면의 마무리**
① 다지기를 끝내고 거의 소정의 높이와 형상으로 된 콘크리트의 윗면은 스며 올라온 물이 없어진 후나 또는 물을 처리한 후가 아니면 마무리해서는 안 된다. 마무리에는 나무흙손이나 적절한 마무리기계를 사용해야 하고, 마무리 작업은 과도하지 않게 하여야 한다.
② 마무리 작업 후 콘크리트가 굳기 시작할 때까지의 사이에 일어나는 균열은 다짐 또는 재마무리에 의해서 제거하여야 하며, 필요에 따라 재진동을 해도 좋다.
③ 매끄럽고 치밀한 표면이 필요할 때는 작업이 가능한 범위에서 가능한 한 늦은 시기에 쇠손으로 강하게 힘을 주어 콘크리트 윗면을 마무리하여야 한다.

해답 ③

제4과목 콘크리트 구조 및 유지관리

61 콘크리트의 압축강도 측정방법 중 반발경도법에 대한 설명으로 틀린 것은?

① 반발경도법에는 직접법, 간접법, 표면법 등이 있다.
② 측정 가능한 콘크리트 강도의 범위는 사용할 측정기기에 따라 다르지만 약 10~60MPa 정도이다.
③ 슈미트 해머에 의한 측정점의 수는 측정치의 신뢰도를 고려하여 20점을 표준으로 한다.
④ 공시체를 타격할 경우에는 공시체의 구속 정도에 따라 반발도는 달라진다.

해설 **반발경도법(표면경도법) 일반사항**
① 콘크리트 표면을 테스트 해머에 의해 타격하고, 그 반발경도로부터 충격을 가하여 움푹 패거나 또는 되밀어치는 크기를 측정하여 압축강도를 구하는 방법으로 간접법에 해당한다.
② 코어 채취에 의한 콘크리트 강도 측정보다 비교적 시험방법이 간편하다.
③ 굳은 콘크리트의 비파괴강도시험이다.
④ 타격 위치는 가장자리로부터 100mm 이상 떨어지고, 서로 30mm 이내로 근접해서는 안된다.

해답 ①

62. 구조물의 내화성을 증대시키기 위한 대책으로 틀린 것은?

① 내화 성능이 약한 강재는 보호하여 피복두께를 충분히 취한다.
② 콘크리트 표면에 내화재료로 피복을 한다.
③ 콘크리트 표면에 단열재료로 피복을 한다.
④ 석영질 골재를 사용하여 콘크리트를 제작한다.

해설 골재는 화산암이나 슬래그 등을 사용하는 것이 내화성에 좋다.

해답 ④

63. 콘크리트 보수공법 중 균열 폭이 0.5mm이상의 비교적 큰 폭의 보수 균열에 적용하는 공법으로 균열선을 따라 콘크리트를 U형 또는 V형으로 잘라내고 보수하는 공법으로서 철근의 부식 여부에 따라 보수 방법을 달리해야 하는 보수공법은?

① 표면처리공법　　② 치환공법
③ 주입공법　　　　④ 충전공법

해설 충전공법은 0.5mm 이상의 비교적 큰 폭을 가진 균열의 보수에 적용하는 공법이다.

해답 ④

64. 그림과 같은 보에 최소 전단철근을 배근하려고 한다. 전단철근의 간격을 200mm로 할 때 최소 전단철근량은? (단, f_{ck} = 24MPa, f_y = 350MPa이다.)

① 52.5mm²
② 56.8mm²
③ 60.0mm²
④ 64.7mm²

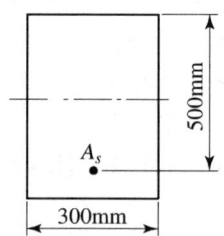

해설
$$A_{v\min} = 0.0625\sqrt{f_{ck}}\frac{b_w s}{f_{yt}} = 0.0625 \times \sqrt{24} \times \frac{300 \times 200}{350} = 52.489\,\mathrm{mm}^2$$
$$\geq 0.35\frac{b_w s}{f_{yt}} = 0.35 \times \frac{300 \times 200}{350} = 60\,\mathrm{mm}^2$$
$$A_{v\min} = 60\,\mathrm{mm}^2$$

해답 ③

65 그림과 같은 콘크리트 보의 균열 원인으로서 가장 관계가 깊은 것은?

① 과하중
② 소성균열
③ 콘크리트 충전불량
④ 부등침하

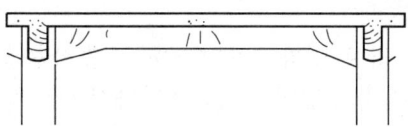

해설 그림의 균열은 설계하중을 초과하는 과하중이 작용되는 경우의 균열 형태로서 균열이 전반적으로 분포한다.

해답 ①

66 전기방식 보수공법은 콘크리트 속에 있는 철근의 부식반응을 정지시키는 것이다. 이러한 전기방식 보수공법에 대한 설명으로 틀린 것은?

① 콘크리트가 건전할 때 적용하면 시공이 용이하고 경제적이다.
② 방식전류를 얻는 방법에 따라 외부 전원방식과 유전양극방식으로 나뉜다.
③ 대규모 콘크리트의 떼어내기 작업이 필요 없고 부식반응을 확실하게 정지시킬 수 있다.
④ 방식전류의 공급은 시공 초기 1시간 정도만 필요하며 정기적인 점검 및 유지 관리가 필요 없다.

해설 ① 방식전류는 도장이 불가능한 환경이나 피방식체(철근)의 미세한 부분에 이르기까지 유입되므로 피방식체(철근) 전체에 대하여 완벽한 부식방지 효과를 얻을 수 있다.
② 부식이 진행된 기존 시설물에 전기방식법을 적용하면 더 이상 부식이 진행되지 않는다.
③ 도장, 도금 등 다른 형태의 부식방지 비용보다 훨씬 저렴한 비용으로 더욱 큰 효과를 얻을 수 있다.
④ 주기적인 유지보수가 필요하다.

해답 ④

67 인장철근 D29(공칭직경은 28.6mm, 공칭단면적=642mm²)를 정착시키는 데 소요되는 기본 정착길이는? (단, f_{ck}=24MPa, f_y=350MPa)

① 987mm   ② 1,138mm
③ 1,226mm   ④ 1,372mm

해설 인장 이형철근 및 이형철선의 기본 정착길이
$$l_{db} = \frac{0.6\ d_b f_y}{\sqrt{f_{ck}}} = \frac{0.6 \times 28.6 \times 350}{\sqrt{24}} = 1,226\text{mm}$$

해답 ③

68. 철근 콘크리트를 강도설계법으로 설계하고자 할 때 설계를 위한 가정에 대하여 틀린 것은?

① 철근 및 콘크리트의 변형률은 중립축으로부터 거리에 비례한다.
② 압축응력의 깊이는 압축연단에서 $a = \beta_1 c$로 계산되며, β_1은 설계기준 압축강도가 28MPa보다 클 때에는 1MPa 증가할 때마다 0.007씩 증가시켜야 한다.
③ 콘크리트의 인장강도는 휨계산에서 무시하며, 압축응력은 $0.85f_{ck}$로 일정한 등가직사각형 분포로 가정해도 좋다.
④ 압축측 연단에서 콘크리트의 극한 변형률은 0.003이며, 철근의 응력은 항복강도(f_y)에 해당하는 변형률 보다 더 큰 변형률에 대해서도 항복강도(f_y)를 사용한다.

해설 ① **강도설계법 설계 가정**
㉠ 변형률은 중립축으로부터의 거리에 비례한다.
㉡ 압축 측 연단에서의 콘크리트 최대 변형률은 0.003이다.
㉢ 콘크리트의 인장강도는 무시한다.
㉣ 항복강도 f_y 이하에서 철근의 응력은 그 변형률의 E_s배로 본다. 항복강도에 해당하는 변형률보다 더 큰 변형률에 대하여도 철근의 응력은 변형률에 관계없이 항복강도와 같다고 가정한다.
ⓐ $f_s \leq f_y$일 때 $f_s = \epsilon_s E_s$ ⓑ $f_s > f_y$일 때 $f_s = f_y$
㉤ 콘크리트의 압축응력 분포와 변형률의 관계는 적절한 시험에 의해 그 강도를 미리 알아낸 것이어야 하며 콘크리트의 압축응력 분포와 콘크리트 변형률 사이의 관계는 직사각형, 사다리꼴, 포물선형 또는 기타 어떤 형상으로도 가정이 가능하며 강도의 예측에서 광범위한 실험 결과와 실질적으로 일치하는 형상이어야 한다.
㉥ 직사각형으로 가정할 경우 구조설계기준에서는 $0.85f_{ck}$로 균등하게 압축연단으로부터 $a = \beta_1 c$까지 등분포된 형태로 가정해서 설계하고 있다.
② β_1(콘크리트의 등가 압축응력 깊이의 비) : f_{ck}가 28MPa까지의 콘크리트에서는 0.85이고, f_{ck}값이 1MPa씩 증가하는데 따라 0.85의 값에서 0.007씩 감소시킨다. 그러나 0.65보다 작아서는 안 된다.
$\beta_1 = 0.85 - (f_{ck} - 28)0.007 \geq 0.65$

해답 ②

69. 나선철근 기둥에서 축방향 철근의 최소 개수로 옳은 것은?

① 5개
② 6개
③ 7개
④ 8개

해설 나선철근 기둥의 축방향 철근의 최소 개수는 6개이다.

해답 ②

70 그림과 같은 단철근 직사각형 단면의 공칭 휨강도(M_n)는? (단, A_s=2,540mm², f_{ck}=24MPa, f_y=300MPa이다.)

① 295.5kN·m
② 272.9kN·m
③ 251.1kN·m
④ 228.5kN·m

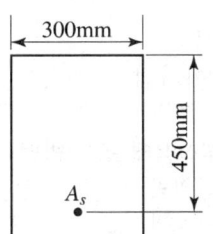

해설
① $a = \dfrac{A_s f_y}{0.85 f_{ck} b} = \dfrac{2540 \times 300}{0.85 \times 24 \times 300} = 124.5\text{mm}$
② 단면의 공칭휨강도(단면저항모멘트 : 주어진 단면에서 저항할 수 있는 모멘트)
$M_n = A_s f_y \left(d - \dfrac{a}{2} \right) = 2540 \times 300 \times \left(450 - \dfrac{124.5}{2} \right)$
$= 295,465,500\text{N}\cdot\text{mm} = 295.5\text{kN}\cdot\text{m}$

해답 ①

71 철근의 부식이 먼저 진행하여 철근 주변의 체적팽창으로 인해 콘크리트에 균열 또는 박리를 발생시키는 열화현상은?

① 탄산화(중성화) ② 염해
③ 알칼리 실리카 반응(ASR) ④ 동해

해설 콘크리트중의 강재부식이 염화물 이온에 의해 촉진되어 부식생성물의 체적팽창이 콘크리트에 균열이나 박리를 일으켜 구조물이 소정의 기능을 다 할 수 없게 되는 현상을 염해라 한다.

해답 ②

72 직접설계법을 사용하여 슬래브 시스템을 설계하고자 할 때 만족하여야 하는 조건에 대한 설명으로 틀린 것은?

① 각 방향으로 3경간 이상이 연속되어야 한다.
② 슬래브판들은 단변 경간에 대한 장변 경간의 비가 2 이하인 직사각형이어야 한다.
③ 모든 하중은 연직하중으로서 슬래브판 전체에 분포되어야 하며, 활하중은 고정하중의 3배 이하이어야 한다.
④ 각 방향으로 연속한 받침부 중심간 경간 길이의 차이는 긴 경간의 1/3이하이어야 한다.

해설 모든 하중은 연직하중으로서 슬래브판 전체에 등분포되는 것으로 간주한다. 활하중은 고정하중의 2배 이하여야 한다.

해답 ③

73

비파괴시험 방법 중 철근 부식 평가를 위한 시험이 아닌 것은?

① 자연전위법
② 전기저항법
③ 전자파 레이더법
④ 분극저항법

해설 철근의 부식상태 조사 방법
① 자연전위법
② 표면전위차법
③ 분극저항법
④ 교류임피던스법
⑤ 전기저항법
⑥ 와류탐사법

해답 ③

74

부재 단면에 작용하는 강도감소계수(ϕ)의 값으로 틀린 것은?

① 띠철근으로 보강된 철근 콘크리트 부재의 압축지배 단면 : 0.70
② 인장지배 단면 : 0.85
③ 포스트텐션 정착구역 : 0.85
④ 전단력과 비틀림 모멘트 : 0.75

해설 강도감소계수(ϕ)

부재 또는 하중의 종류		ϕ
인장지배 단면		0.85
전단력과 비틀림 모멘트		0.75
압축지배 단면	나선철근으로 보강된 철근 콘크리트 부재	0.70
	그 외의 철근 콘크리트 부재	0.65
콘크리트의 지압력(포스트텐션 정착부나 스트럿-타이 모델은 제외)		0.65
포스트텐션 정착구역		0.85
스트럿-타이 모델과 그 모델에서 스트럿-타이, 절점부 및 지압부		0.75
긴장재 묻힘길이가 정착길이보다 작은 프리텐션 부재의 휨 단면	부재의 단부에서 전달길이 단부까지	0.75
무근 콘크리트의 휨부재		0.55

해답 ①

75

폭 300mm, 유효깊이 500mm인 직사각형 보에서 콘크리트가 부담하는 전단강도(V_c)의 값으로 옳은 것은? (단, f_{ck}=24MPa, f_y=350MPa이다.)

① 95.3kN
② 104.7kN
③ 110.2kN
④ 122.5kN

해설 콘크리트가 부담하는 전단강도

$$V_c = \frac{1}{6}\sqrt{f_{ck}}\,b_w d = \frac{1}{6} \times \sqrt{24} \times 300 \times 500 = 122.5\text{kN}$$

해답 ④

76

그림과 같은 단면을 갖는 길이 3m의 Cantilever 보가 등분포 활하중(w_L) 15kN/m를 받고 있다. 고정하중으로는 콘크리트의 자중만을 고려할 때 위험단면에서의 계수전단력은 약 얼마인가? (단, 콘크리트의 단위중량은 25kN/m³, f_{ck}=21MPa, f_y=400MPa이고, 하중계수 및 하중조합을 적용하시오.)

① 86.9kN
② 72.4kN
③ 64.2kN
④ 56.3kN

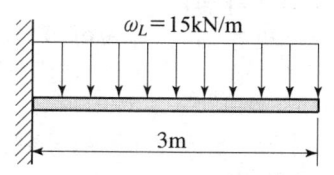
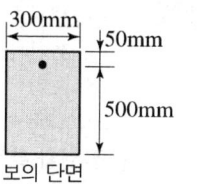
보의 단면

해설
① $w_D = 25 \times (0.3 \times 0.55) = 4.125$kN/m
② $w_u = 1.2w_D + 1.6w_L = 1.2 \times 4.125 + 1.6 \times 15 = 28.95$kN/m
　$w_u = 1.4w_D = 1.4 \times 4.125 = 5.775$kN/m
　둘 중 큰값인 $w_u = 28.95$kN/m
③ $V_u = w_u(l-d) = 28.95 \times (3-0.5) = 72.4$kN

해답 ②

77

1방향 철근 콘크리트 슬래브에서 수축·온도 철근의 간격에 대한 설명으로 옳은 것은?

① 슬래브 두께의 3배 이하, 또한 450mm 이하로 하여야 한다.
② 슬래브 두께의 3배 이하, 또한 650mm 이하로 하여야 한다.
③ 슬래브 두께의 5배 이하, 또한 450mm 이하로 하여야 한다.
④ 슬래브 두께의 5배 이하, 또한 650mm 이하로 하여야 한다.

해설 슬래브의 정철근 및 부철근의 중심간격
① 주철근
　㉠ 최대 휨모멘트 발생 단면 : 슬래브 두께의 2배 이하, 300mm 이하
　㉡ 기타 단면 : 슬래브 두께의 3배 이하, 450mm 이하
② 수축 및 온도철근(배력철근) : 슬래브 두께의 5배 이하, 450mm 이하

해답 ③

78

단면 복구재로서 폴리머 시멘트계 재료가 일반 콘크리트 재료보다 우수하지 않은 것은?

① 내화·내열성
② 염분 차단성
③ 부착성
④ 방수성

해설 폴리머 시멘트계 재료는 내화·내열성이 일반 콘크리트 재료보다 좋지 못하다.

해답 ①

79 다음 중 탄산화(중성화) 깊이 조사방법에 해당하지 않는 것은?

① 쪼아내기에 의한 방법　② 코어 채취에 의한 방법
③ 드릴에 의한 방법　　　④ 전위차 적정법

해설 ① 탄산화(중성화) 깊이 조사 방법
　㉠ 쪼아내기에 의한 방법　㉡ 코어 채취에 의한 방법
　㉢ 드릴에 의한 방법　　　㉣ 시차열 중량분석에 의한 방법
　㉤ X선 이용방법
② **전위차 측정법**은 철근의 부식 상태를 판정하는 방법의 일종이다.
③ 콘크리트 염화물 측정방법
　㉠ 염화은 침전법　　㉡ 전위차 적정법
　㉢ 크롬산은법 등이 있다.

해답 ④

80 콘크리트 공사 중에 플라스틱 수축균열이 발생할 가능성이 있다면 이를 방지할 수 있는 가장 좋은 방법은?

① 표면을 덮개로 보호한다.　　② 배합 시에 적합한 혼화제를 첨가한다.
③ 충분한 다짐을 실시한다.　　④ 배합비율을 조절한다.

해설 ① 콘크리트 타설시 또는 타설 직후 표면에서 급속한 수분증발이 일어나 그 증발속도가 블리딩 속도보다 빨라 급속한 건조가 이루어져 콘크리트 표면에 미세한 균열이 생기는데 이를 플라스틱 수축(Plastic Shrinkage)에 의한 균열이라 한다.
② 콘크리트 표면의 급격한 수분 손실로 인한 균열을 방지하기 위한 방법
　㉠ 기온이 높을 경우 콘크리트의 온도를 낮춘다.
　　ⓐ 혼합수의 온도를 낮춘다.
　　ⓑ 골재를 시트 등으로 덮어 직사광선을 막고 물을 뿌린다.
　　ⓒ 거푸집과, 타설하는 콘크리트 아래의 기층 부분을 그늘지게 하며 선선한 시간을 선택하여 콘크리트 치기를 한다.
　㉡ 콘크리트 표면에서의 풍속을 줄인다 : 바람막이 벽을 설치하고 가능하다면 벽이 축조된 후 바닥 콘크리트를 친다.
　㉢ 콘크리트 표면의 습도를 높인다 : 콘크리트 표면에 분무 또는 덮개를 씌우거나 콘크리트 표면에 양생제를 살포한다.

해답 ①

콘크리트산업기사

2024년 2월 CBT 시행

본 문제는 복원 기출문제입니다. 실제 문제와 다를 수 있으니 양해바랍니다.

제1과목 콘크리트 재료 및 배합

01 굳지않은 콘크리트에서 골재가 슬럼프에 미치는 영향을 설명한 것으로 틀린 것은?

① 굵은골재의 최대치수가 작아지면, 슬럼프는 커진다.
② 굵은골재의 실적률이 커지면, 슬럼프는 커진다.
③ 굵은골재의 단위용적 질량이 작아지면, 슬럼프는 작아진다.
④ 굵은골재의 조립률이 작아지면, 슬럼프는 작아진다.

해설 굵은골재의 최대치수가 작아지면 재료의 분리가 적어지고 슬럼프는 작아진다.

해답 ①

02 조립률 2.5, 표면건조포화상태 밀도 2.7g/cm³, 절대건조상태 밀도 2.6g/cm³, 단위용적질량 1,600kg/m³인 잔골재의 실적률은?

① 55.0%
② 59.3%
③ 61.5%
④ 64.0%

해설 실적률 $= \dfrac{W}{G_s} \times 100 = \dfrac{1.6}{2.6} \times 100 = 61.5\%$

여기서, G_s : 골재비중, 절대건조포화상태의 밀도

해답 ③

03 다음 혼화제 중 응결시간의 변화에 영향을 주지 않는 것은?

① 지연제
② 급결제
③ 방청제
④ 촉진형 AE감수제

해설 **방청제**는 콘크리트 중의 염화물에 의한 철근의 부식을 억제하기 위해 사용되는 혼화제이다.

해답 ③

04
다음에 설명하는 골재 중 콘크리트용 골재로 적합하지 않은 것은?

① 잔골재에 굵은 입자와 가는 입자가 고르게 혼합되어 있는 것
② 조립률이 2.3~3.1 범위의 잔골재
③ 흡수율이 3.0%이상인 굵은골재
④ 염화물 이온을 포함하지 않은 하천모래

해설 굵은골재 흡수율은 3% 이하를 표준으로 한다.

해답 ③

05
잔골재에 대한 체가름 시험을 실시한 결과 각 체의 잔류량은 다음과 같다. 조립률은 얼마인가?(단, 10mm 이상의 체잔유량은 0이다.)

체구분	5mm	2.5mm	1.2mm	0.6mm	0.3mm	0.15mm	PAN
체잔류량(%)	3	9	21	27	20	15	5

① 2.73
② 2.78
③ 2.83
④ 2.88

해설 ① **사용체** : 80mm, 40mm, 20mm, 10mm, 5mm, 2.5mm, 1.2mm, 0.6mm, 0.3mm, 0.15mm

② 조립률 = $\dfrac{3+12+33+60+80+95}{100}$ = 2.83

해답 ③

06
콘크리트의 내구성에 관한 기술 중 옳지 않은 것은?

① 알칼리 골재반응을 억제하기 위해서는 반응성 골재의사용을 억제하고 시멘트중의 알칼리 함유량을 높이는 것이 유효하다.
② 알칼리 골재반응을 일으키는 주요인은 반응성 골재, 알칼리성분 및 수분이다.
③ 콘크리트중의 연행기포가 많을수록 동결융해저항성은 높아지나 강도가 떨어질 수 있다.
④ 탄산화(중성화)현상은 경화 콘크리트 중의 알칼리성분이 탄산가스 등의 침입으로 중화되는 현상이다.

해설 **알칼리 골재반응**이란 시멘트 중의 알칼리 성분과 반응성 골재가 반응하여 콘크리트에 팽창균열, 박리(Pop Out) 등을 일으키는 것으로 알칼리 함유량을 높이면 알칼리 골재반응이 커진다.

해답 ①

07 시멘트의 응결시험 방법으로 옳은 것은?
① 오토클레이브 방법
② 비비시험
③ 블레인시험
④ 길모어 침에 의한 시험

해설 시멘트의 응결시험은 비카트침 및 길모어침에 의한 방법이 있다.

해답 ④

08 알루미나 시멘트의 특성에 관한 다음 사항 중에서 옳지 않은 것은?
① 포틀랜드 시멘트와 혼합하여 사용하면 빨리 응결하는 특성을 갖는다.
② 응결 및 경화시 발열량이 적으므로 양생시 별다른 주의를 요하지 않는다.
③ 석회분이 작기 때문에 화학적 저항성이 크고 내구성도 크나 가격이 고가이다.
④ 초조강성 시멘트로 초기강도가 커서 보통 포틀랜드시멘트의 28일 강도를 24시간에 낼 수 있다.

해설 알루미나 시멘트는 발열량이 커 초조기강도를 나타낸다.

해답 ②

09 분말도가 높은 시멘트를 사용하여 콘크리트를 제조하는 경우 발생되는 특성으로 옳지 않은 것은?
① 건조수축이 감소한다.
② 초기강도가 증가한다.
③ 블리딩량이 감소한다.
④ 수화작용이 빠르다.

해설 분말도가 높은 시멘트는 수축이 크고 균열발생의 가능성이 크다.

해답 ①

10 동해에 의한 골재의 붕괴작용에 대한 저항성을 측정하기위한 시험방법은?
① 안정성시험
② 유기불순물시험
③ 오토크레이브시험
④ 마모시험

해설 골재의 안정성 시험이란 골재의 내구성을 알기 위해 황산나트륨 용액으로 인한 골재의 부서짐 작용에 대한 저항성을 시험하는 것이다.

해답 ①

11 다음의 시멘트 중에서 해안가 혹은 해수와 접하는 곳의 공사에 가장 적합한 것은?
① 보통포틀랜드시멘트 ② 중용열시멘트
③ 저발열시멘트 ④ 내황산염시멘트

해설 **내황산염 시멘트**는 공장폐수 및 해수 중의 황산염의 침식작용에 대한 화학저항성을 높인 시멘트이다.

해답 ④

12 다음 혼화제 중 경화촉진제는 어느 것인가?
① 시멘졸 ② 포졸리스
③ 리그닐 ④ 염화칼슘

해설 촉진제로는 보통 염화칼슘 또는 염화칼슘을 포함한 감수제가 사용되고 있다.

해답 ④

13 골재의 유기불순물 시험 시 골재가 담긴 시약이 어떤 색일 때 가장 양호한 골재로 판정할 수 있는가?
① 암적갈색 ② 적황색
③ 녹황색 ④ 담황색

해설 시험 용액의 색이 표준색 용액의 색보다 연한 담황색의 경우 양호한 골재로 판정된다.

해답 ④

14 콘크리트 배합시 슬럼프에 대한 다음 설명 중 올바르지 않은 것은?
① 슬럼프값이 너무 작으면 타설이 곤란하다.
② 콘크리트의 배합온도가 높아지면 슬럼프값이 증가하는 경향이 있다.
③ 슬럼프값은 진동기 사용 등 다짐방법에 의해서도 변하게 된다.
④ 슬럼프값은 타설장소에서의 값이 중요하므로 운반거리와 시간을 고려하여야 한다.

해설 콘크리트의 배합온도가 높아지면 슬럼프값이 감소한다.

해답 ②

15 그라우팅용 혼화제에 적절하지 않은 특성은?

① 블리딩을 적게 한다. ② 그라우트를 수축시킨다.
③ 재료분리가 적어야 한다. ④ 주입하기 용이하여야 한다.

해설 그라우팅용 혼화제는 팽창력을 이용하여 충전효과를 높여야 한다.

해답 ②

16 골재에 대한 설명 중 옳지 않은 것은?

① 5mm체에 거의 다 남는 골재 또는 5mm체에 다 남는 골재를 굵은골재라 한다.
② 공사 중에 잔골재의 입도가 변하여 조립률이 ±0.50 이상 차이가 있을 경우에는 배합을 수정하여야 한다.
③ 굵은골재는 견고하고, 밀도가 크고, 내구성이 커야한다.
④ 질량비로 90% 이상을 통과시키는 체 중에서 최소치수의 체눈의 호칭치수로 나타낸 것을 굵은골재의 최대치수라 한다.

해설 잔골재의 조립률이 0.1 만큼 크거나 작을 때마다 잔골재율을 보정한다.

해답 ②

17 콘크리트 배합설계시 물-결합재비를 결정하는 요인이 아닌 것은?

① 압축강도 ② 내구성
③ 균열저항성 ④ 공기량

해설 물-결합재비는 압축강도, 내구성, 수밀성, 균열저항성 등을 고려하여 결정한다.

해답 ④

18 골재가 필요로 하는 성질 중 틀린 것은?

① 물리·화학적으로 안정하고 내구성이 클 것
② 모양이 입방체 또는 공 모양에 가깝고 시멘트풀과 부착력이 큰 약간 거친 표면을 가질 것
③ 낱알의 크기가 차이 없이 균등할 것
④ 소요의 중량을 가질 것

해설 골재는 크고 작은 낱알이 골고루 섞여 있는 것이 입도가 양호한 것이다.

해답 ③

19 화학혼화제에 관한 다음의 일반적인 설명 중 적당하지 않은 것은?

① AE제는 많은 독립된 공기포를 연행하는 혼화제로, 콘크리트의 워커빌리티 및 내동해성을 향상시키기 위해 사용된다.
② AE감수제는 시멘트의 분산작용과 공기연행 작용을 갖도록 하는 혼화제로 일반적인 콘크리트에 사용된다.
③ 고성능 AE감수제는 공기연행성이 있고, 응결지연도 약간 있기 때문에 고강도 콘크리트에 사용된다.
④ 유동화제는 슬럼프 유지성능이 크고, 장기간 강도 증진작용을 유지하기 때문에 고유동 콘크리트에 사용된다.

해설 유동화제는 물-시멘트비가 작아도 슬럼프 유지성능이 작아(슬럼프가 커) 고강도 콘크리트에 사용된다.

해답 ④

20 골재 품질에 관한 다음 설명 중 일반적인 경향으로서 적당하지 않은 것은?

① 둥근 골재는 평평한 골재보다 실적률이 크다.
② 입도가 미세한 골재는 큰 골재보다 조립률이 크다.
③ 밀도가 작은 골재는 큰 골재보다 흡수율이 크다.
④ 굵은골재의 최대치수가 클수록 단위수량 및 단위시멘트량이 감소한다.

해설 잔골재보다 굵은골재의 조립률이 더 크다.
① **잔골재 조립률** : 2.3~3.1
② **굵은골재 조립률** : 6~8

해답 ②

제2과목 콘크리트 제조, 시험 및 품질관리

21 콘크리트 제조시 사용되는 부순 잔골재의 물리적 성질에 대한 품질 기준으로 틀린 것은?

① 절대건조밀도는 $2.5g/cm^3$ 이상
② 안정성은 10% 이하
③ 흡수율은 5.0% 이하
④ 0.08mm체 통과량은 7.0% 이하

해설 천연 잔골재와 부순 잔골재의 흡수율은 모두 3% 이하이다.

해답 ③

22 콘크리트 강도특성으로 옳지 않은 것은?

① 압축강도가 크다.
② 취성재료이다.
③ 물-결합재비가 낮을수록 강도가 증가한다.
④ 양생시에 높은 온도를 유지할수록 강도가 좋다.

해설 양생온도는 너무 낮거나 높아도 좋지 않으며 보통 4~40℃ 범위에서는 높을수록 초기강도는 높다.

해답 ④

23 콘크리트 비비기는 미리 정해 둔 비비기시간의 최소 몇 배 이상 계속해서는 안되는가?

① 2배 ② 3배
③ 4배 ④ 5배

해설 비비기는 미리 정해둔 비비기 시간의 3배 이상 계속해서는 안된다.

해답 ②

24 굳지 않은 콘크리트의 슬럼프 시험은 궁극적으로 무엇을 알기 위해 실시하는가?

① 콘크리트의 강도
② 콘크리트의 컨시스턴시
③ 콘크리트 중의 잔골재율(S/a)
④ 물-결합재비

해설 슬럼프 시험은 콘크리트의 컨시스턴시를 알기 위해 실시한다.

해답 ②

25 현장 품질관리에 있어 관리도를 사용하려할 때 가장 먼저 행해야 할 것은 어느 것인가?

① 관리할 항목을 선정한다.
② 관리도의 종류를 선정한다.
③ 이상원인을 발견하면 이를 규명하고 조치한다.
④ 관리하고자 하는 제품을 선정한다.

해설 품질관리시 제일 먼저 관리하고자 하는 제품을 선정하여야 한다.

해답 ④

26

굳지 않은 콘크리트의 슬럼프 시험을 할 때 콘크리트 시료를 몇 층으로 나누어 채우는가?

① 슬럼프 콘 용적의 약 1/2씩 되도록 2층
② 슬럼프 콘 용적의 약 1/3씩 되도록 3층
③ 슬럼프 콘 용적의 약 1/4씩 되도록 4층
④ 슬럼프 콘 용적의 약 1/5씩 되도록 5층

해설 슬럼프 시험시 콘 용적의 1/3씩 되도록 3층으로 나누어 채우고 각 층을 다짐대로 25회씩 다진다.

해답 ②

27

콘크리트의 받아들이기 품질검사 중 판정기준이 옳지 않은 것은?

① 슬럼프 80mm 이상 : 허용오차 ±20mm
② 슬럼프 50mm 이상~65mm 미만 : 허용오차 ±15mm
③ 공기량 : 허용오차 ±1.5%
④ 염화물이온량 : 0.3kg/m³ 이하

해설 슬럼프의 허용오차

슬럼프	슬럼프 허용차(mm)
25	±10
50 및 65	±15
80 이상	±25

해답 ①

28

블리딩에 대한 설명 중 틀린 것은?

① 블리딩이 많은 콘크리트는 침하량도 많다.
② 블리딩은 굵은 골재와 모르터, 철근과 콘크리트의 부착을 나쁘게 한다.
③ 콘크리트의 강도저하나 구조물의 내력저하의 원인이 된다.
④ 블리딩이 많으면, 모르터 부분의 물-결합재비가 작게 되어 강도가 크게 된다.

해설 블리딩은 수평철근과 굵은골재의 밑쪽에 수막과 공극을 형성하여 철근과 콘크리트 또는 골재와 시멘트풀과의 부착력을 저하시키며 콘크리트의 수밀성을 저하시키므로 내구성과 강도가 저하된다.

해답 ④

29 압축강도에 의한 콘크리트의 품질검사에 관한 다음 기술 중 옳지 않은 것은?

① 굵은골재의 최대치수가 50mm 이하인 경우에는 지름 15cm, 높이 30cm의 원주형 콘크리트를 사용한다.
② 시험횟수는 콘크리트 200~300m³마다 1회로 정하고 있다.
③ 시험체는 1회 3개로 하고 믹서에 혼합한 것을 임의로 채취해 제작한다.
④ 시험체는 구조물에 사용되는 콘크리트를 대표할 수 있도록 채취하여야 한다.

해설 콘크리트의 강도시험은 100m³마다 1회 한다.

해답 ②

30 굳지 않은 콘크리트의 성질을 알아보는 시험 방법이 아닌 것은?

① 염화물량 측정 시험   ② 공기량 시험
③ 슬럼프 시험   ④ 투수 시험

해설 콘크리트는 물이 통과해서는 안되며 투수시험은 흙의 투수성을 측정하는 시험이다.

해답 ④

31 AE제의 품질 및 AE 공기량에 미치는 영향 인자 요인이 아닌 것은?

① 온도가 높으면 공기량은 자연적으로 증가한다.
② 시멘트의 분말도가 증가하면 공기량은 감소한다.
③ 비빔시간 3~5분에서 공기량은 최대가 된다.
④ 펌프시공 및 지나친 다짐 등에서 공기량은 저하한다.

해설 콘크리트의 온도는 낮을수록 공기량이 증가한다.

해답 ①

32 슬럼프 콘에 콘크리트를 채우기 시작하여 슬럼프콘을 들어올려 종료할 때까지 시간은?

① 1분 이내   ② 1분 30초 이내
③ 2분 이내   ④ 3분 이내

해설 슬럼프 시험은 몰드에 채우기 시작해서 벗길 때까지 전 작업을 중단없이 3분 내로 끝낸다.

해답 ④

33
3등분점 휨강도시험에 사용되는 보 시편의 지간길이는 높이의 몇 배가 적당한가?

① 2.5배 ② 3배
③ 3.5배 ④ 4배

해설 공시체 길이는 단변 길이의 3배보다 8cm 더 커야 한다.

해답 ②

34
콘크리트 공사에 있어 믹서 1대로 1일 60m³의 콘크리트를 비벼 내고자 할 때 준비하여야 할 믹서의 공칭용량은 다음 중 어느 것이 적당한가?(단, 1회 비벼내기 시간 4분, 1일 10시간 실가동 조건으로 한다.)

① 0.32m³ ② 0.40m³
③ 0.48m³ ④ 0.52m³

해설
① 1시간 비빔회수 = $\dfrac{60분}{4분}$ = 15회
② 10시간 비빔회수 = 15×10 = 150회
③ 믹서의 공칭용량 = $\dfrac{60}{150}$ = 0.4m³

해답 ②

35
실제로 시공된 콘크리트 자체의 품질을 구조물에 손상을 주지 않고, 콘크리트의 반발경도를 측정하여 이로부터 압축강도를 추정하는 비파괴시험은 무엇인가?

① 슈미트 해머법 ② 공진법
③ 음속법 ④ 방사선법

해설 슈미트 해머란 반발경도의 측정에 의해 압축강도를 추정하는 방법이다.

해답 ①

36
콘크리트의 탄산화(중성화)시험 측정 시 사용되는 페놀프탈레인용액의 농도는?

① 1% ② 2%
③ 3% ④ 4%

해설 탄산화(중성화) 시험은 콘크리트 파쇄면에 페놀프탈레인 1%의 알콜용액을 뿌리는 방법이다.

해답 ①

37 레디믹스트 콘크리트의 발주에 있어 구입자가 생산자와 협의하여 지정할 수 있는 사항이 아닌 것은?

① 시멘트의 종류　　　　② 골재의 종류
③ 단위수량의 하한치　　④ 굵은골재의 최대 치수

해설 ① 구입자와 생산자 간에 단위수량의 상한치, 물-결합재비의 상한치, 단위시멘트의 하한치 또는 상한치 등을 지정한다.
② 시공성을 위해 단위수량을 증대하려 하기 때문에 단위수량의 상한치를 지정하며, 단위수량의 하한치를 지정할 필요는 없다.

해답 ③

38 내구성이 양호한 콘크리트를 얻기 위한 방법으로 잘못된 것은?

① 워커빌리티를 높게　　② 물-결합재비를 낮게
③ 최소한 습도 손실　　　④ 완전한 혼합

해설 워커빌리티를 높게 하기 위해서는 일반적으로 물-결합재비가 높아지므로 강도가 저하되어 내구성이 양호한 콘크리트를 얻기 어렵다.

해답 ①

39 굳은 콘크리트의 역학적 성질에 관한 설명으로 가장 거리가 먼 것은?

① 압축강도와 인장강도는 어느 정도 비례한다.
② 탄성계수는 일반적으로 압축강도가 클수록 크게 된다.
③ 압축강도용 공시체 표면에 요철이 있는 경우 실제 강도보다 강도가 저하한다.
④ 굳은 콘크리트에 재하하면서 응력-변형률 곡선을 그리면 거의 선형으로 나타난다.

해설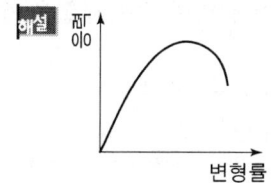

해답 ④

40 배합설계시 단위 수량이 166kg/m³이고, 물-결합재비가 50%라면 단위 시멘트량은 얼마인가?

① 166kg/m³
② 220kg/m³
③ 332kg/m³
④ 380kg/m³

해설 $\dfrac{W}{C} = 50\%$ ∴ $C = \dfrac{166}{0.5} = 332 \text{kg/m}^3$

해답 ③

제3과목 콘크리트의 시공

41 연질 지반위에 친 슬래브 등(내부 구속응력이 큰 경우)에서 내부 온도가 최고일 때 내부와 표면과의 온도차가 30 발생하였을 때 간이법에 의한 온도균열지수를 구하면?

① 2.0
② 1.5
③ 1.0
④ 0.5

해설 온도균열지수 $= \dfrac{15}{\Delta T_i} = \dfrac{15}{30} = 0.5$

해답 ④

42 콘크리트 타설완료 후 콘크리트의 표면 마무리공정에서 고려해야 될 사항과 관계가 없는 것은?

① 콘크리트 표면의 블리딩(Bleeding)수 처리가 끝난 후 마무리한다.
② 콘크리트 표면의 마무리 후, 굳기 시작할 때까지 사이에 일어나는 균열은 재마무리에 의해서 균열을 제거한다.
③ 매끄러운 표면 마무리는 콘크리트가 경화된 후에 마무리 한다.
④ 콘크리트 마무리는 나무흙손이나 적절한 마무리 기계를 사용한다.

해설 매끄러운 표면 마무리는 콘크리트가 경화되기 전에 마무리한다.

해답 ③

43 다음 시멘트 중에서 댐과 같이 큰 단면의 콘크리트에 적합하지 않는 것은?

① 플라이애시 시멘트
② 고로 시멘트
③ 실리카 시멘트
④ 조강포틀랜드 시멘트

해설 댐과 같은 큰 단면의 콘크리트에서 조강 시멘트를 사용하면 수화열이 커서 균열 발생의 우려가 커지므로 사용해서는 안된다.

해답 ④

44 해양 콘크리트는 염해를 받기 쉬운 환경이므로 콘크리트 중의 강재 방식을 위한 대책을 수립할 필요가 있는데 다음 중 적당하지 않은 것은?

① 피복두께를 크게 한다.
② 물-결합재비를 크게 한다.
③ 균열폭을 적게 한다.
④ 플라이애시 시멘트를 적용한다.

해설 물-결합재를 적게 하여야 한다.

해답 ②

45 해양구조물에서 만조위로부터 위로 ( )m, 간조위로부터 아래로 ( )m 사이의 감조부분에는 시공이음이 생기지 않도록 시공계획을 세워야 한다. ( )안에 공통적으로 들어갈 적절한 수치는?

① 0.2
② 0.4
③ 0.6
④ 0.8

해설 ① 해양 구조물에서는 시공이음부는 가능한 한 피한다.
② 만조위로부터 위로 0.6m, 간조위로부터 아래로 0.6m 사이의 감조부분에는 시공이음이 생기지 않도록 시공계획을 세워야 한다.

해답 ③

46 높은 외부기온으로 콘크리트의 슬럼프 저하나 수분의 급격한 증발 등의 염려가 있을 경우에 시공되는 콘크리트는?

① 한중 콘크리트
② 서중 콘크리트
③ 수중 콘크리트
④ 수밀 콘크리트

해설 서중 콘크리트는 높은 외부기온으로 콘크리트의 슬럼프 저하나 수분의 급격한 증발 등의 염려가 있을 경우에 시공되는 콘크리트로서 하루 평균기온이 25℃를 초과하는 경우 시공한다.

해답 ②

47 콘크리트 타설과정에서 이어치기면(Cold Joint)의 품질관리에 관련되는 사항 중에서 관계가 먼 내용은?

① 하절기 (서중)콘크리트 타설시는 이어치기 한계시간을 준수한다.
② 외기온이 25℃ 초과인 경우, 2시간 이내에 콘크리트의 이어치기를 한다.
③ 외기온이 25℃ 이하인 경우, 3시간 이내에 콘크리트의 이어치기를 한다.
④ 콘크리트를 2층 이상으로 나누어 타설할 경우, 상층의 콘크리트 타설은 하층의 콘크리트가 굳기 시작하기 전에 하여야 한다.

해설

외기온도	이어치기 허용시간 간격
25℃ 초과	2.0시간
25℃ 이하	2.5시간

해답 ③

48 수중 콘크리트를 트레미를 이용하여 칠 때 트레미 1개로 칠 수 있는 면적의 일반적인 한계값은?

① $5m^2$
② $10m^2$
③ $20m^2$
④ $30m^2$

해설 수중 콘크리트를 트레미 1개로 타설할 수 있는 면적은 $30m^2$ 이하로 한다.

해답 ④

49 재령 3시간에서의 숏크리트의 초기강도의 표준값은?

① 0.5~1.0MPa
② 1.0~1.5MPa
③ 1.0~3.0MPa
④ 2.0~2.5MPa

해설 ① 재령 3시간 : 1.0~3.0MPa
② 재령 24시간 : 5~10MPa

해답 ③

50 수중불분리성 콘크리트를 타설할 때 적정한 수중 낙하 높이는?

① 0.5m 이하
② 0.8m 이하
③ 1.0m 이하
④ 1.5m 이하

해설 수중불분리성 콘크리트의 타설은 유속이 50mm/sec 정도 이하의 정수 중에서 수중 낙하 높이가 0.5m 이하이어야 한다.

해답 ①

51 고강도 콘크리트의 타설에 대한 설명으로 틀린 것은?

① 타설 전에 거푸집 내에 이물질이 없는가를 확인하여야 한다.
② 콘크리트 타설 낙하고는 2m 이하로 한다.
③ 콘크리트는 운반 후 신속하게 타설하여야 한다.
④ 타설에 사용되는 펌프의 기종은 고강도 콘크리트의 높은 점성 등을 고려하여 선정하여야 한다.

> **해설** 콘크리트 타설 낙하 높이는 콘크리트 재료 분리가 일어나지 않는 범위에서 책임기술자의 승인을 얻어야 한다.

해답 ②

52 경량골재 콘크리트의 타설 및 다지기에 대한 설명으로 옳은 것은?

① 콘크리트를 타설할 때에는 경량골재 콘크리트의 모르타르가 침하하고, 굵은 골재가 위로 떠오르는 경향에 따라 재료분리가 발생한다.
② 내부진동기로 다질 때 그 유효범위는 보통골재 콘크리트에 비해서 크다.
③ 내부진동기로 다질 때 보통골재 콘크리트에 비해 진동 시간을 짧게 하여야 한다.
④ 초유동 콘크리트 등과 같이 슬럼프 및 흐름값이 커서 다짐이 필요 없다고 판단되어도 다짐을 반드시 실시하여야 한다.

> **해설** 콘크리트를 타설할 때에는 경량골재 콘크리트의 모르타르가 침하하고, 굵은골재가 위로 떠오르는 경향에 따라 재료분리가 발생하므로 이를 적게 일어나도록 해야 한다.

해답 ①

53 콘크리트 이음(Joint)중에서 수축줄눈(Contraction Joint)의 기능 또는 역할과의 관계가 먼 내용은?

① 콘크리트의 구조균열제어
② 콘크리트의 균열유도
③ 콘크리트의 건조수축제어
④ 콘크리트의 온도변화에 대응

> **해설** 수축줄눈은 콘크리트의 건조수축 균열 또는 온도 균열 등이 쉽게 발생하도록 미리 적당한 간격으로 줄눈을 설치해 두어 이외의 장소에 균열 발생이 어렵도록 하는 것을 말한다.

해답 ①

54 숏크리트 작업에 대한 설명으로 틀린 것은?

① 노즐은 항상 뿜어 붙일 면에 직각이 되도록 뿜어붙이는 것이 원칙이다.
② 숏크리트는 급결제를 첨가한 후 바로 뿜어 붙이기작업을 하지 않는 것이 좋다.
③ 소정의 두께가 될 때까지 반복해서 뿜어 붙여야 한다.
④ 강제지보공을 설치한 곳에 뿜어 붙이기를 할 경우에는 숏크리트와 강제 지보공이 일체가 되도록 한다.

해설 숏크리트는 급결제를 첨가한 후에는 바로 뿜어 붙이기 작업을 실시하여야 한다.

해답 ②

55 비비기 시간에 대한 사전 실험을 실시하지 않은 경우 강제식 믹서를 사용할 때의 비비기 시간은 믹서 안에 재료를 투입한 후 몇 초 이상을 표준으로 하는가?

① 30초
② 60초
③ 90초
④ 120초

해설 강제식 믹서 : 1분 이상
가경식 믹서 : 1분 30초 이상

해답 ②

56 고성능 콘크리트(high performance concrete)의 특성으로 옳지 않은 것은?

① 고강도
② 고유동성
③ 고내구성
④ 고지연성

해설 고성능 콘크리트의 종류
① 고강도 콘크리트 ② 고유동성 콘크리트 ③ 고내구성 콘크리트

해답 ④

57 터널이나 큰 공동구조물의 라이닝, 비탈면, 법면 또는 벽면의 풍화나 박리, 박락의 방지를 위하여 적용되는 것으로 뿜어 붙여서 시공하는 콘크리트는?

① 폴리머 콘크리트
② 숏크리트
③ 프리플레이스트 콘크리트
④ 프리캐스트 콘크리트

해설 숏크리트란 압축공기에 의해 시공면에 뿜어서 만든 콘크리트를 말한다.

해답 ②

58 콘크리트의 다지기에 관한 사항으로 틀린 것은?

① 내부 진동기 사용을 원칙으로 하나 얇은 벽 등 내부진동기 사용이 곤란한 경우 거푸집 진동기를 사용할 수 있다.
② 상·하층이 일체가 되도록 하기 위하여 진동기를 아래층 콘크리트 속에 10cm 정도 찔러 넣는다.
③ 내부 진동기는 연직으로 찔러넣고 그 간격은 일반적으로 50cm 이하로 한다.
④ 내부 진동기를 사용하는 경우 재료분리를 방지하기위하여 가끔 횡방향으로 이동시켜야 한다.

해설 타설한 콘크리트를 거푸집 안에서 횡방향으로 이동시켜서는 안된다.

해답 ④

59 특정한 입도를 가진 굵은 골재를 거푸집에 채워 넣고, 그 공극속에 특수한 모르터를 적당한 압력으로 주입하여 만든 콘크리트는?

① 프리플레이스트 콘크리트
② 프리캐스트 콘크리트
③ 프리스트레스트 콘크리트
④ AE 콘크리트

해설 특정한 입도를 가진 굵은골재를 미리 거푸집에 채워 넣고 공극 속에 모르타르를 주입하여 만든 콘크리트를 프리플레이스트 콘크리트라 한다.

해답 ①

60 다음은 프리플레이스트 콘크리트의 압송에 대한 설명이다. ( ) 안에 들어가는 기준이 되는 수치는?

수송관의 연장이 ( )m를 넘을 때는 중계용애지테이터와 펌프를 사용한다.

① 40
② 70
③ 100
④ 130

해설 압송시 수송관의 연장이 100m를 넘을 때는 중계용 애지테이터와 펌프를 사용한다.

해답 ③

제4과목 콘크리트 구조 및 유지관리

61 보 및 슬래브의 휨 보강방법으로 적합하지 않는 것은?
① 외부 긴장재 배치   ② 콘크리트의 단면증대
③ 경간길이의 증대   ④ 강판보강재 배치

해설 경간길이를 증대시키면 휨보강에 불리하다.

해답 ③

62 다음 중 공장에서 콘크리트 제품의 양생 시에 주로 이용하는 촉진양생방법에 해당되지 않는 것은?
① 증기양생   ② 습윤양생
③ 전기양생   ④ 오토클레이브(autoclave)양생

해설 촉진양생 종류
① 상압증기양생
② 고온고압(Auto Clave) 양생
③ 전기양생

해답 ②

63 다음 중 철근 콘크리트 보에서 콘크리트가 지지할 수 있는 설계 전단 강도를 $V_C = \alpha \sqrt{f_{ck}}\, b_w d$로 나타내면 α의 값은 어느 것인가?(단, f_{ck} : 콘크리트의 설계기준강도(MPa), b_w : 복부의 폭(mm), d : 종방향 인장철근의 중심에서 압축측연단까지의 거리(mm))

① $\dfrac{1}{6}$ ② $\dfrac{1}{4}$
③ $\dfrac{1}{3}$ ④ $\dfrac{1}{2}$

해설 콘크리트가 부담하는 전단강도
$$V_c = \frac{1}{6}\sqrt{f_{ck}}\, b_w \cdot d$$

해답 ①

64 콘크리트 비파괴시험의 종류인 음향방출법(acousticemission)에 대한 설명으로 거리가 먼 것은?

① 콘크리트에 대한 과거의 재하이력을 추정할 수 있다.
② 재하에 따른 콘크리트의 균열 발생음을 계측한다.
③ 이미 존재하고 있는 성장이 멈춰진 결함은 검출할 수 없다.
④ 측정부위는 콘크리트의 표층에 제한된다.

해설 측정부위는 콘크리트 내부를 측정할 수도 있다.

해답 ④

65 현행 콘크리트구조설계기준에서 고정하중(D)과 활하중(L)이 작용하는 경우의 기본적인 하중조합으로 맞는 것은?

① $U = 1.5D + 1.5L$
② $U = 1.2D + 1.6L$
③ $U = 1.3D + 1.8L$
④ $U = 1.3D + 1.7L$

해설 고정하중(D)와 활하중(L)이 작용하는 경우
$U = 1.2D + 1.6L$

해답 ②

66 현행 콘크리트구조설계기준에 의거 강도감소계수의 값으로 틀린 것은?

① 포스트텐션 정착구역 : 0.85
② 무근 콘크리트의 휨 모멘트 : 0.55
③ 전단력과 비틀림 모멘트 : 0.8
④ 콘크리트의 지압력 : 0.65

해설 전단력과 비틀림 모멘트 : 0.75

해답 ③

67 다음 중 콘크리트 자체 변형으로 인해 발생하는 수축균열의 원인에 해당하지 않는 것은?

① 수화열 발생
② 건조수축
③ 탄산화(중성화)
④ 온도변화

해설 탄산화(중성화)란 콘크리트 중의 수산화칼슘이 공기중의 탄산가스(이산화탄소)와 접촉하여 서서히 탄산칼슘으로 바뀌어 콘크리트가 알칼리성을 상실하는 것을 말한다.

해답 ③

68. 1방향 슬래브에 대한 설명이 옳지 않은 것은?

① 1방향 슬래브의 두께는 부재의 구속조건에 따라 정하며 최소 100mm 이상으로 한다.
② 슬래브 양단부의 보의 처짐이 다를 때는 그 영향을 고려하지 않아도 된다.
③ 1방향 슬래브에서는 정철근 또는 부철근에 직각 방향으로 수축온도철근을 배치한다.
④ 슬래브 단부의 단순받침부에서 부휨모멘트가 발생할 것으로 예상되는 경우 이에 대한 배근을 한다.

해설 슬래브 양단부에 있는 보의 처짐이 다를 때는 그 영향을 고려하여야 한다.

해답 ②

69. 콘크리트 타설 후 가장 빨리 발생되는 균열의 종류는?

① 온도 균열
② 소성수축균열
③ 건조수축균열
④ 알카리 골재반응

해설 초기균열의 종류
① 침하균열
② 플라스틱수축균열(소성수축균열)
③ 거푸집 변형에 의한 균열
④ 진동, 재하에 의한 균열

해답 ②

70. 콘크리트 보강방법의 하나인 연속섬유 시트접착공법을 적용하는 경우 얻어지는 일반적인 개선 효과에 해당되지 않는 것은?

① 콘크리트 압축강도 증진
② 내식성이 우수
③ 균열의 구속효과
④ 내하성능의 향상효과

해설 연속섬유 시트접착공법의 일반적인 개선효과
① 내식성 향상효과
② 균열의 구속효과
③ 내하성능의 향상효과
④ 단면강성의 증가가 적다.

해답 ①

71

콘크리트 균열의 깊이를 측정할 수 있는 방법이 아닌 것은?

① 코어 보링
② 초음파 탐상시험
③ 슈미트 해머
④ 방사선 투과시험

해설 슈미트 해머법은 표면경도법의 일종으로 콘크리트 표면을 테스트 해머에 의해 타격하고 그 반발경도부터 압축강도를 구하는 방법이다.

해답 ③

72

$f_{ck}=21\text{MPa}$, $f_y=300\text{MPa}$일 때 단철근 직사각형보의 균형철근비(ρ_b)의 값을 강도설계법에 의하여 구하면?

① 0.034
② 0.046
③ 0.053
④ 0.067

해설 $\rho_b = 0.85\beta_1 \dfrac{f_{ck}}{f_y} \dfrac{600}{600+f_y} = 0.85 \times 0.85 \times \dfrac{21}{300} \times \dfrac{600}{600+300} = 0.034$

해답 ①

73

외부 케이블을 설치하여 프리스트레스를 도입하는 공법의 특징 중 맞지 않는 내용은?

① 보강 효과가 역학적으로 명확하다.
② 보강 후 유지관리가 비교적 쉽다.
③ 콘크리트의 강도 부족이나 열화에 비 효율적이다.
④ 부재의 강성을 향상시키는데 효율적이다.

해설 외부 케이블에 의해 프리스트레스를 도입해도 강성은 향상되지 않는다.

해답 ④

74

압축강도 21MPa의 보를 SD40 철근으로 보강할 때 균형 철근비는 $\rho_b=0.0228$로 계산된다. 이때 이 보의 최대 철근비는 얼마인가? (단, $f_y=400\text{MPa}$)

① 0.0205
② 0.0162
③ 0.0137
④ 0.0114

해설 $f_y = 400\,\text{MPa}$이므로 $\rho_{\max} = 0.714\rho_b = 0.714 \times 0.0228 = 0.0162$

해답 ②

75 다음 중에서 동결융해에 의해 콘크리트의 풍화를 증대시키는 요인에 해당되지 않는 것은?

① 콘크리트 내부의 많은 수분 함유   ② 빈번한 동결융해 주기
③ 흡수성이 큰 골재의 사용   ④ AE제와 같은 공기연행제 사용

해설 공기연행제(AE제)를 사용시 동결융해에 대한 저항성이 증대된다.

해답 ④

76 콘크리트 공장제품의 증기양생 과정에 대한 설명으로 적합하지 않은 것은?

① 거푸집과 함께 증기양생실에 넣어 양생온도를 균등하게 올린다.
② 비빈 후 2~3시간 이상 경과된 후에 증기양생을 실시한다.
③ 온도상승 속도는 1시간당 20℃ 이하로 하고, 최고온도는 65℃로 한다.
④ 양생실의 온도는 서서히 25℃까지 내린 후에 제품을 꺼낸다.

해설 양생실의 온도는 서서히 내려 외기의 온도와 큰 차가 없도록 하고 제품을 꺼낸다.

해답 ④

77 콘크리트 크리프에 대한 설명으로 틀린 것은?

① 콘크리트에 일정한 하중을 지속적으로 재하하면 응력은 늘지 않았는데 변형이 계속 진행되는 현상을 말한다.
② 재하응력이 클수록 크리프가 크다.
③ 조직이 치밀한 콘크리트 일수록 크리프가 크다.
④ 조강시멘트는 보통시멘트보다 크리프가 작다.

해설 조직이 치밀한 콘크리트일수록 크리프가 작아진다.

해답 ③

78 안전점검의 종류 중 육안관찰이 가능한 개소에 대하여 성능저하나 열화 및 하자의 발생부위 파악을 위해 실시하는 점검은?

① 초기점검   ② 정기점검
③ 정밀점검   ④ 긴급점검

해설 정기점검
① 육안관찰이 가능한 개소에 대하여 성능저하나 열화 및 하자의 발생 부위 파악을 위해 실시한다.
② 1종 및 2종 시설물은 반기별로 1회 실시한다.

해답 ②

79

콘크리트 인장 연단에 가장 가까이에 배치되는 철근의 중심간격 $S = 300\left(\dfrac{210}{f_s}\right)$ 식과 $S = 375\left(\dfrac{210}{f_s}\right) - 2.5\,C_c$ 식에 의해 계산된 값 중에서 작은 값 이하인데 이 식은 균열폭 몇 mm를 기본으로 하여 철근의 간격을 표현한 것인가?

① 0.3mm
② 0.25mm
③ 0.2mm
④ 0.15mm

해설 콘크리트 구조설계기준(2007년 개정)의 모든 규정을 만족하는 경우 균열에 대한 검토가 이루어진 것으로 간주할 수 있으며, 이 경우 예상되는 최대 균열폭은 0.3mm 이하이다.

해답 ①

80

콘크리트 내의 철근은 외부로부터의 염화물 침투에 의해서 부식할 수 있다. 다음 중 철근의 부식에 미치는 영향이 가장 적은 것은?

① 콘크리트에 침투하는 염화물의 양
② 콘크리트의 침투성
③ 콘크리트의 설계기준강도
④ 습기와 산소의 양

해설 ① 강재 부식이 커지는 조건
 ㉠ 콘크리트에 침투하는 염화물 양의 증가
 ㉡ 콘크리트의 침투성의 증가
 ㉢ 습기와 산소의 양 증가
② 콘크리트의 설계기준강도와 강재의 부식과는 직접적인 관계가 없다.

해답 ③

콘크리트산업기사

2024년 5월 CBT 시행

본 문제는 복원 기출문제입니다. 실제 문제와 다를 수 있으니 양해바랍니다.

제1과목 콘크리트 재료 및 배합

01 일반적인 시멘트의 강도에 대한 다음 설명 중 적절하지 않은 것은?

① 시멘트 페이스트의 강도를 말한다.
② 시멘트의 조성에 영향을 받는다.
③ 물-시멘트비에 따라 변한다.
④ 재령 및 양생조건에 따라 변한다.

해설 시멘트 강도는 일반적으로 시멘트 모르타르의 강도를 말한다.

해답 ①

02 콘크리트 재료 및 배합에 관한 다음 설명 중에서 옳지 않은 것은?

① 굵은골재는 5mm체에 남는 골재를 말한다.
② 콘크리트의 배합은 질량으로 표시하는 것을 원칙으로 한다.
③ 콘크리트의 배합강도는 현장 콘크리트의 품질변동을 고려하여야 한다.
④ 플라이애시를 사용하는 배합을 표시할 때 물-시멘트비와 물-플라이애시비를 각각 표시한다.

해설 플라이애시를 사용하는 배합을 표시할 때 물-시멘트비와 물-결합재비를 각각 표시한다.

해답 ④

03 재령 28일 모르타르 공시체(5×5×5cm)에 50kN의 하중이 재하할 때 공시체가 파괴되었다면 이 모르타르의 압축강도는 얼마인가?

① 20N/mm²
② 30N/mm²
③ 40N/mm²
④ 50N/mm²

해설 $f = \dfrac{P}{A} = \dfrac{50,000}{50 \times 50} = 20\text{N/mm}^2$

해답 ①

04 KS L 5201에 규정된 포틀랜드 시멘트의 종류가 아닌 것은?

① 보통 포틀랜드 시멘트
② 조강 포틀랜드 시멘트
③ 알루미나 시멘트
④ 내황산염 포틀랜드 시멘트

해설 ① 포틀랜드 시멘트
  ㉠ 1종 : 보통 포틀랜드 시멘트
  ㉡ 2종 : 중용열 포틀랜드 시멘트
  ㉢ 3종 : 조강 포틀랜드 시멘트
  ㉣ 4종 : 저열 포틀랜드 시멘트
  ㉤ 5종 : 내황산염 포틀랜드 시멘트
  ㉥ 백색 포틀랜드 시멘트
② 알루미나 시멘트는 특수 시멘트이다.

해답 ③

05 콘크리트 배합시 물-시멘트비에 관한 설명 중 옳지 않은 것은?

① 물-시멘트비는 소요의 강도, 내구성 및 균열저항성 등을 고려하여 정한다.
② 제빙화학제가 사용되는 콘크리트의 물-시멘트비는 45% 이하로 하여야 한다.
③ 콘크리트의 수밀성을 기준으로 물-시멘트비를 정할 경우, 그 값은 50% 이하로 하여야 한다.
④ 콘크리트 탄산화(중성화) 저항성을 고려해야 하는 경우 물-시멘트비는 45% 이하로 하여야 한다.

해설 콘크리트 탄산화(중성화) 저항성을 고려해야 하는 경우 물-시멘트비는 55% 이하로 하여야 한다.

해답 ④

06 콘크리트의 응결에 관한 다음의 일반적인 설명 중 적당하지 않은 것은?

① 촉진제를 사용하면 응결이 빨라진다.
② 콘크리트 온도가 낮을수록 응결이 지연되는 경향이 있다.
③ 슬럼프가 작을수록 응결이 지연되는 경향이 있다.
④ 물-시멘트비가 클수록 응결이 지연되는 경향이 있다.

해설 슬럼프가 클수록 응결이 지연되는 경향이 있다.

해답 ③

07. 다음 중 골재에 관련된 일반적인 시험이 아닌 것은?

① 체가름 시험
② 밀도 및 흡수율 시험
③ 압축강도 시험
④ 안정성 시험

해설 ① 골재 관련 시험으로는 체가름, 안정성, 표면수, 유기불순물, 밀도 및 흡수율, 마모, 0.08mm체 통과량 시험 등이 있다.
② 압축강도 시험은 일반적으로 시멘트나 콘크리트 시험에 해당한다.

해답 ③

08. AE제에 대한 일반적인 설명으로 옳은 것은?

① AE제를 사용한 콘크리트에서 물-시멘트비가 일정한 경우 공기량이 증가하면 슬럼프는 커지는 경향이 있다.
② AE제를 사용한 콘크리트에서 물-시멘트비가 일정한 경우 공기량이 증가하면 압축강도는 증가하는 경향이 있다.
③ AE제의 대표적인 종류로는 시메졸, 리그널 등이 있으며 시메졸과 리그널은 알칼술폰산의 염화물이다.
④ AE제를 사용할 경우 기포가 시멘트 및 골재의 미립자를 떠오르게 하거나 물의 이동을 도움으로써 블리딩이 많아진다.

해설 AE제를 사용한 콘크리트에서 물-시멘트비가 일정한 경우 공기량이 증가하면 슬럼프는 커지고 압축강도는 4~6% 감소한다.

해답 ①

09. 시멘트 비중시험에 관한 설명 중 올바른 것은?

① 광유를 넣은 후 눈금은 볼록한 면의 값을 읽는다.
② 실험이 끝난 후에 비중병은 물로 깨끗이 청소한다.
③ 광유는 탈수시킨 것을 사용한다.
④ 시멘트 비중은 마노메타관을 이용하여 측정한다.

해설 ① 광유를 넣은 후 눈금은 최저면(오목한 면)을 읽는다.
② 실험이 끝난 후 비중병을 물로 씻어서는 안 된다.
③ 광유는 탈수시킨 것을 사용한다.
④ 시멘트 비중은 르샤틀리에 비중병을 이용하여 측정한다.

해답 ③

10 배합강도를 결정할 때 콘크리트 압축강도의 표준편차를 실제 사용한 콘크리트의 30회 이상의 시험실적으로부터 결정하는 것을 원칙으로 하나, 시험횟수가 30회 미만인 경우 그 시험으로부터 구한 표준편차와 표준편차 보정계수를 곱한 값을 표준편차로 사용한다. 다음의 시험횟수에 대한 표준편차의 보정계수가 옳지 않은 것은?

① 시험횟수 : 30회 이상 – 표준편차의 보정계수 : 1.00
② 시험횟수 : 25회 – 표준편차의 보정계수 : 1.03
③ 시험횟수 : 20회 – 표준편차의 보정계수 : 1.10
④ 시험횟수 : 15회 – 표준편차의 보정계수 : 1.16

해설 시험횟수가 29회 이하일 때의 표준편차 보정계수

시험횟수	표준편차의 보정계수
15	1.16
20	1.08
25	1.03
30 이상	1.00

해답 ③

11 골재의 체가름 시험에 관한 설명 중 올바른 것은?

① 골재의 평균 입경이 클수록 조립률은 커진다.
② 골재 채취량은 골재의 크기와 관계없이 동일하게 실험한다.
③ 시료는 4등분을 나누어 각 부분에서 고르게 채취하여 사용한다.
④ 시료의 무게는 표면건조 포화상태에서 측정한다.

해설 잔골재의 조립률은 2.3~3.1 정도이고, 굵은골재 조립률은 6~8 정도로 골재의 평균 입경이 클수록 조립률은 커지는 것을 알 수 있다.

해답 ①

12 다음의 시멘트 클링커의 주요 화합물 중에서 일반적으로 수화열이 가장 낮은 것은?

① $3CaO \cdot Al_2O_3$
② $2CaO \cdot SiO_2$
③ $3CaO \cdot SiO_2$
④ $4CaO \cdot Al_2O_3 \cdot Fe_2O_3$

해설 C_2S(규산이석회)
① 벨라이트(Belite)라고 한다.
② 분자식은 $2CaO \cdot SiO_2$이다.
③ 수화열이 작아서 강도발현은 늦지만 장기강도발현성과 화학저항성이 우수하다.

해답 ②

13 콘크리트의 슬럼프 시험에서의 다짐의 층수와 횟수는?

① 2층 20회   ② 2층 25회
③ 3층 20회   ④ 3층 25회

해설 콘크리트의 슬럼프 시험은 3층으로 채우고 각각 25회 다진다.

해답 ④

14 골재의 입형에 대한 설명 중 옳지 않은 것은?

① 실적률이 작으면 시멘트 페이스트량이 증가되어 비경제적인 콘크리트가 된다.
② 골재의 입형이 나쁘면 작업성을 좋게 하기 위하여 단위수량 및 시멘트량이 증가된다.
③ 골재의 실적률이 증가하면 콘크리트의 유동성도 증가한다.
④ 부순자갈은 입형이 나쁘기 때문에 콘크리트 강도면에서 불리하다.

해설 부순자갈은 표면이 거칠어 부착력이 좋아지므로 콘크리트 강도 면에서 불리하다고 할 수 없다.

해답 ④

15 단위수량 162kg/m³, 물-시멘트비 55%, 슬럼프 8cm, 공기량 5% 및 잔골재율 45%의 조건으로 콘크리트의 배합설계를 실시할 때 단위 시멘트량 및 단위 굵은골재량은 얼마인가? (단, 시멘트의 밀도 : 3.14g/cm³, 잔골재의 표면건조 포화상태의 밀도 : 2.64g/cm³, 굵은골재의 표면건조 포화상태의 밀도 : 2.66g/cm³)

	시멘트	굵은골재(단위량 : kg/cm³)		시멘트	굵은골재(단위량 : kg/cm³)
①	295	1,015	②	295	824
③	305	1,015	④	305	824

해설
① $W/C = 0.55$에서 $C = \dfrac{162}{0.55} = 295\text{kg}$
② 골재용적 $V_a = 1 - \left\{ \dfrac{162}{1,000} + \dfrac{295}{(3.14 \times 1,000)} + \dfrac{5}{100} \right\} = 0.694\text{m}^3$
③ 잔골재 용적 $V_s = 0.694 \times 0.45 = 0.312\text{m}^3$
④ 굵은골재 용적 $V_G = 0.694 - 0.312 = 0.382\text{m}^3$
⑤ 굵은골재량 $G = 0.382 \times 2.66 \times 1,000 = 1,015\text{kg}$

해답 ①

16
내화구조물의 콘크리트용 골재로 가장 부적당한 것은?
① 현무암
② 안산암
③ 경질응회암
④ 화강암

해설 화강암은 압축강도는 크지만 내화성은 약하여 내화구조물에는 부적합하다.

해답 ④

17
콘크리트에 사용되는 혼화제에 관하여 옳지 않은 것은?
① AE제는 공기연행제로 동결융해에 대한 저항성을 향상시킨다.
② 유동화제는 분산효과가 크고 슬럼프 변화가 적은 특성이 있다.
③ 고성능 AE감수제는 공기연행작용 및 시멘트 분산작용을 대폭적으로 증대시켜 우수한 유동성과 슬럼프 유지 능력을 가진 혼화제이다.
④ 수축저감제는 모세관수의 표면장력을 저하시켜 건조수축을 저감하는 특성이 있다.

해설 유동화제는 분산효과가 크고 슬럼프 변화가 큰 특성이 있다.

해답 ②

18
콘크리트 압축강도 시험에서 10개의 공시체를 측정하여 평균값이 24.0MPa, 표준편차가 3.6MPa일 때 변동계수는?
① 5%
② 8%
③ 10%
④ 15%

해설 변동계수 $C.V = \left(\dfrac{표준편차}{평균값}\right) \times 100 = \left(\dfrac{3.6}{24}\right) \times 100 = 15\%$

해답 ④

19
다음 시멘트의 분말도에 관한 설명 중 옳은 것은?
① 분말도가 작은 것일수록 물과 혼합시 접촉 표면적이 커서 수화작용이 빠르다.
② 분말도가 작은 것일수록 블리딩이 적고 워커블한 콘크리트가 얻어진다.
③ 분말도가 높을수록 초기강도는 작으나 장기강도가 크게 된다.
④ 분말도가 높을수록 풍화되기 쉽고 건조수축이 커져서 균열이 발생하기 쉽다.

해설 시멘트 분말도가 크면
① 수화작용이 빠르다.
② 수화열이 커 건조수축이 크고 이에 따른 균열이 발생하기 쉽다.
③ 풍화되기가 쉽다.
④ 초기강도가 크다.
⑤ 블리딩이 적다.
⑥ 워커블한 콘크리트를 얻을 수 있다.

해답 ④

20 골재의 성질이 콘크리트에 미치는 영향에 대한 설명 중 틀린 것은?

① 콘크리트용 부순자갈 및 부순모래 시험결과 실적률이 큰 골재를 사용하면 콘크리트의 단위수량을 감소시킬 수 있다.
② 황산나트륨에 의한 골재 안정성 시험결과 손실질량 백분율이 작은 골재를 사용하면 콘크리트의 내열성이 향상된다.
③ 잔골재의 유기불순물 시험결과 표준용액과 비교하여 색이 짙어진 골재는 콘크리트의 응결 및 경화를 저해할 우려가 있다.
④ 골재 중에 함유된 점토 덩어리를 측정한 시험결과 점토 덩어리량이 큰 골재는 콘크리트의 강도 내구성을 저하시킨다.

해설 황산나트륨에 의한 골재 안정성 시험결과 손실질량 백분율이 작은 골재를 사용하면 콘크리트의 내구성이 향상되어 기상작용에 대한 저항값이 크게 된다.

해답 ②

제2과목 콘크리트 제조, 시험 및 품질관리

21 지름 150mm, 높이 300mm인 원주형 공시체의 인장강도를 측정하기 위해 쪼갬 인장강도 시험으로 콘크리트 하중을 가하여 공시체가 100kN에 파괴되었다면, 이 때 콘크리트의 인장강도는?

① 1.2MPa   ② 1.3MPa
③ 1.4MPa   ④ 1.6MPa

해설 인장강도 $f = \dfrac{2P}{\pi dl} = \dfrac{2 \times 100,000}{3.14 \times 150 \times 300} = 1.4\text{MPa}$

해답 ③

22
다음 중 콘크리트 내의 굵은골재의 품질관리 항목에 속하지 않는 것은?
① 절대건조밀도
② 흡수율
③ 물리 화학적 안정성
④ 유기불순물

해설 유기불순물 시험은 잔골재 시험 항목이다.

해답 ④

23
초기재령 콘크리트에 발생하기 쉬운 균열의 원인이 아닌 것은?
① 소성수축
② 황산염반응
③ 수화열
④ 침하수축

해설 초기재령시 균열 원인
① 소성수축 ② 수화열 ③ 침하수축 등

해답 ②

24
단위 시멘트량이 300kg/m³, 단위수량이 180kg/m³이고 플라이애시를 100kg/m³ 사용하였다면 물-결합재비는 얼마인가?
① 40%
② 45%
③ 50%
④ 60%

해설 $\dfrac{W}{결합재} \times 100 = \dfrac{180}{(300+100)} \times 100 = 45\%$

해답 ②

25
레디믹스트 콘크리트 공장에서 시방배합을 현장배합으로 수정할 때 고려해야 하는 보정은?
① 입도 보정 및 표면수 보정
② 잔골재율 보정 및 입도 보정
③ 물-시멘트비 보정 및 표면수 보정
④ 잔골재율 보정 및 물-시멘트비 보정

해설 시방배합을 현장배합으로 수정시 입도 보정 및 표면수 보정을 한다.

해답 ①

26
통계적 품질관리 방법이 아닌 것은?
① 관리도법　　　　　　　② 발취검사법
③ 표본조사　　　　　　　④ 현장검사

해설 통계적 품질관리 방법
　　　① 관리도법　② 발취검사법　③ 표본조사

해답 ④

27
굵은골재의 최대치수, 잔골재율, 잔골재의 입도, 반죽질기 등에 따르는 마무리하기 쉬운 정도를 나타내는 굳지 않은 콘크리트의 성질을 나타내는 용어는?
① 시공연도(workability)　　② 반죽질기(consistency)
③ 성형성(plasticity)　　　　④ 마감성(finishability)

해설 마감성(finishability)이란 마무리하기 쉬운 정도를 나타내는 굳지 않은 콘크리트의 성질을 말한다.

해답 ④

28
일반적으로 콘크리트에 사용되는 골재의 필요한 성질에 대한 설명 중 잘못된 것은?
① 열이나 기온의 변화에 따라 체적이 변하거나 변형되지 않을 것
② 시멘트와 수화반응에 유해한 물질(유기불순물, 염류 등)이 포함되지 않은 것
③ 마모에 대한 저항성을 가질 것
④ 골재의 입형에 모난 것이 많이 포함된 골재일 것

해설 골재의 입형은 둥글고 입도가 양호한 것이 좋다.

해답 ④

29
관리도가 이루는 분포에 관한 서술로 옳지 않은 것은?
① P관리도는 이항분포에 따른다.　　② C관리도는 푸아송분포에 따른다.
③ X관리도는 이항분포에 따른다.　　④ $\bar{x}-R$ 관리도는 정규분포에 따른다.

해설 $\bar{x}-R$관리도 및 $\bar{x}-\sigma$관리도, X관리도는 정규분포에 따른다.

해답 ③

30 일반적으로 콘크리트는 강알칼리성 재료로써 철근 부식을 억제하는데, 콘크리트의 알칼리 정도의 범위로 알맞은 것은?

① pH 12~13　　② pH 10~11
③ pH 14~15　　④ pH 9~10

해설 pH가 12보다 낮아지면 산화막이 파괴되어 탄산화(중성화)가 진행되고 이로 인해 철근이 부식되어 콘크리트 내부에 팽창 균열을 일으키므로 이를 방지하기 위해서는 콘크리트의 알칼리 정도를 pH 12~13 정도 유지해야 한다.

해답 ①

31 관입저항침에 의한 콘크리트의 응결시간 측정시 초결시간으로 정의하는 관입저항값은 얼마인가?

① 2.5MPa　　② 2.8MPa
③ 3.0MPa　　④ 3.5MPa

해설 응결시간 측정
① 초결시간 : 관입저항값이 3.5MPa일 때의 시간
④ 종결시간 : 관입저항이 28MPa일 때의 시간

해답 ④

32 콘크리트의 표면상태의 검사 항목이 아닌 것은?

① 노출면의 검사　　② 철근 피복두께
③ 균열　　　　　　④ 시공이음

해설 콘크리트 표면상태 검사로는 철근 피복두께를 파악할 수 없다.

해답 ②

33 콘크리트의 워커빌리티에 관한 설명 중 옳지 않은 것은?

① 시멘트량이 많을수록 워커블하게 된다.
② 온도가 높을수록 슬럼프는 증가되고 슬럼프 감소는 줄어든다.
③ 플라이애시를 사용하면 워커빌리티가 개선된다.
④ 둥근 모양의 천연 모래가 모가진 것이나 편평한 것이 많은 부순모래에 비하여 워커블한 콘크리트를 얻기 쉽다.

해설 온도가 높을수록 슬럼프는 감소한다.

해답 ②

34
AE 콘크리트에 관한 서술로 바르지 않은 것은?

① 일반 콘크리트에 비해 배합시 유동성이 향상된다.
② 동결융해에 대한 내구성이 상대적으로 커진다.
③ 철근과의 부착강도는 작아진다.
④ 같은 물-시멘트비로 배합시 일반 콘크리트보다 강도가 커진다.

해설 물-시멘트비가 동일할 경우 AE제를 첨가하면 콘크리트 강도가 작아진다. **해답 ④**

35
포틀랜드 콘크리트의 휨강도 시험방법에서 공시체가 지간의 3등분 중앙에 파괴되었을 때의 휨강도를 구하는 식은? (단, 여기서 P : 파괴하중, L : 지간, b : 파괴단면의 폭, h : 파괴단면의 높이)

① $PL/(bh^2)$
② $PL/(b^2h)$
③ $2PL/(bh)$
④ $2PL/(bh^2)$

해설 휨강도 구하는 공식
① 공시체가 지간의 3등분 중앙부분에서 파괴되는 경우
$$f_b = \frac{Pl}{bd^2}$$
② 단순보의 중앙점 하중법의 경우
$$f_b = \frac{3Pl}{2bd^2}$$
해답 ①

36
레디믹스트 콘크리트의 품질검사에 관한 다음 기술 중 레디믹스트 콘크리트의 규정상 적당한 것은 어떤 것인가?

① 압축강도의 시험용 시료의 채취를 공사 배출 지점에서 할 수 없었으므로 공장 출하 때에 실시했다.
② 염화물 함유량 시험을 공사 배출 지점에서 할 수 없어서 공장 출하 때에 실시했다.
③ 공기량 시험을 공사 배출 지점에서 할 수 없어서 공장 출하 때 실시했다.
④ 슬럼프 시험을 공사 배출 지점에서 할 수 없어서 공장 출하 때 실시했다.

해설 시험용 시료는 배출하는 지점에서 채취하는 것을 원칙으로 하며 슬럼프 시험, 공기량 시험, 염분 함유량 시험, 압축강도 공시체 제작 등을 실시하며, 염화물량 검사는 공장 출하시에 채취한 시료를 사용하여 행할 수도 있다. **해답 ②**

37 콘크리트 응결 특성에 관계되는 요소로 거리가 먼 것은?
① 굵은골재의 최대치수
② 시멘트의 품질
③ 혼화재료의 품질
④ 타설시 온도

해설 굵은골재 최대치수와 응결과는 직접적인 관계가 없다.

해답 ①

38 블리딩(bleeding)을 저감시키는 요인이 아닌 것은?
① 물-시멘트비가 클 때
② 응결시간이 빠른 시멘트를 사용할 때
③ 분말도가 미세한 시멘트를 사용할 때
④ AE제, 감수제를 사용할 때

해설 물-시멘트비가 크면 블리딩(bleeding)은 증가한다.

해답 ①

39 콘크리트의 슬럼프 시험에서 몰드에 콘크리트를 3층으로 채우고 각각 다진 후 슬럼프콘을 들어올리는데, 이때 들어올리는 시간의 표준은 다음 중 어느 것인가?
① 2~3초
② 4~5초
③ 6~7초
④ 8~9초

해설 ① 슬럼프콘에 3층 25회 다짐 후 2~3초 동안 슬럼프콘을 서서히 들어올린다.
② 슬럼프 시험은 3분 이내에 완료한다.

해답 ①

40 다음 중 된비빔 콘크리트용 시험방법이 아닌 것은?
① 비비 시험
② 다짐계수 시험
③ L플로 시험
④ 진동대식 컨시스턴시 시험

해설 된비빔 콘크리트 시험방법
① 비비 시험
② 다짐계수 시험
③ 진동대식 컨시스턴시 시험

해답 ③

제3과목 콘크리트의 시공

41 연직시공이음부의 거푸집 제거시기는 콘크리트 타설 후 어느 정도 경과한 시점에서 실시하는 것이 좋은가?

① 하절기 4~6시간, 동절기 10~15시간
② 하절기 7~9시간, 동절기 8~10시간
③ 하절기 2~3시간, 동절기 7~10시간
④ 하절기 1~2시간, 동절기 6~8시간

해설 시공이음면의 거푸집 철거
① 콘크리트가 굳은 후 되도록 빠른 시기에 한다.
② 보통 콘크리트 타설 후 여름에는 4~6시간 정도 경과하여 거푸집을 제거한다.
③ 보통 콘크리트 타설 후 겨울에는 10~15시간 정도 경과하여 거푸집을 제거한다.

해답 ①

42 숏크리트 작업에서 발생하는 분진대책은 분진 발생원 억제대책과 분진대책으로 구분할 수 있다. 이 중 분진 발생원의 억제대책으로 옳은 것은?

① 환기에 의한 배출·희석
② 잔골재의 표면수율의 관리
③ 집진장치의 설치
④ 양호한 작업환경의 확보

해설 숏크리트의 분진 발생원 억제대책으로는 잔골재의 표면수율의 관리(건식의 경우 2~6% 정도)가 대표적이다.

해답 ②

43 다음은 신축이음의 구조에 대한 설명이다. 옳지 않은 것은?

① 신축이음은 양쪽 구조물을 절연시켜야 한다.
② 신축이음 부근에서는 반드시 배력철근을 보강해야 한다.
③ 수밀을 요하는 경우에는 신축성 지수판을 사용한다.
④ 단차의 위험이 있을 경우에는 슬리바(slipl bar)를 사용한다.

해설 신축이음은 온도변화 및 건조수축, 기초의 부등침하 등에 의한 균열을 방지하기 위해 설치하는 것으로 철근은 끊는 것이 원칙이며, 신축이음 부근에서 반드시 배력철근을 보강해야 하는 것은 아니다.

해답 ②

44. 매스 콘크리트에서의 온도균열지수의 정의를 가장 적절하게 설명한 것은?

① 콘크리트의 압축강도를 온도응력으로 나눈 값
② 콘크리트의 인장강도를 온도응력으로 나눈 값
③ 온도응력을 콘크리트 압축강도로 나눈 값
④ 온도응력을 콘크리트 인장강도로 나눈 값

해설 온도균열지수

$$I_{cr} = f_{t(t)}/f_{x(t)}$$

$f_{t(t)}$ = 재령 t 일에서의 콘크리트의 인장강도로서 재령 및 양생온도를 구하여 구함.

$f_{x(t)}$ = 재령 t 일에서의 수화열에 의하여 생긴 부재 내부의 온도응력 최대값

해답 ②

45. 다음은 고강도 콘크리트의 재료 및 제조에 대한 설명이다. 옳지 않은 것은?

① 강제식 믹서보다는 가경식 믹서를 사용하는 것이 효과적이다.
② 단위수량은 최대 180kg/m³ 이하로 한다.
③ 물–시멘트비는 일반적으로 50% 이하로 한다.
④ 굵은골재 최대치수는 가능한 한 25mm 이하를 사용하도록 한다.

해설 가경식 믹서보다는 강제식 믹서를 사용하는 것이 효과적이다.

해답 ①

46. 콘크리트의 치기 작업에 대한 다음의 서술 중 콘크리트의 품질을 확보하기 위하여 바람직하지 않은 것은?

① 콘크리트를 직접 지면에 치는 경우에는 미리 깔기 콘크리트를 깔아두는 것이 좋다.
② 먼저 모르타르를 쳐서 널리 펴고 그 위에 콘크리트를 치면 곰보 방지, 시공이음 일체화의 효과가 있다.
③ 콘크리트를 2층 이상으로 나누어 칠 경우, 원칙적으로 하층의 콘크리트가 굳기 시작한 후 상층의 콘크리트를 쳐야 한다.
④ 친 콘크리트는 거푸집 안에서 횡방향으로 이동시켜서는 안 되며, 내부진동기를 써서 유동화시키면서 콘크리트를 이동시켜서도 안 된다.

해설 상층의 콘크리트 타설은 원칙적으로 하층의 콘크리트의 경화가 진행되기 전에 상층과 하층이 일체가 되도록 타설하도록 해 시공이음이 생기지 않도록 해야 한다.

해답 ③

콘크리트산업기사 기출문제

47 매스 콘크리트의 온도균열 제어 방법으로 옳은 것은?

① 초기 양생시 콘크리트의 온도상승이 급격히 발생하도록 한다.
② 거푸집 탈형 후에 구조물의 온도를 낮추기 위해 콘크리트 표면을 급랭시킨다.
③ 콘크리트 내부와 표면의 온도차를 크게 한다.
④ 콘크리트의 타설온도는 가능한 한 낮게 한다.

해설 ① 초기 양생시 콘크리트의 온도상승이 급격히 발생하지 않도록 한다.
② 거푸집 탈형 후에 콘크리트 표면의 급랭을 방지한다.
③ 콘크리트 내부와 표면의 온도차를 크지 않도록 한다.
④ 콘크리트의 타설온도는 가능한 한 낮게 한다.

해답 ④

48 다음은 내동해성을 기준으로 하여 물-시멘트비를 정하는 경우의 AE 콘크리트의 최대 물-시멘트비를 나타낸 것이다. 그 값을 잘못 나타낸 것은?

① 기상작용이 심한 경우 또는 동결융해가 종종 반복되는 경우, 부재 단면이 얇고(0.2m 이하) 계속해서 물로 포화되는 경우의 물-시멘트비 최대값은 45%이다.
② 기상작용이 심한 경우 또는 동결융해가 종종 반복되는 경우, 부재 단면이 보통이고 보통의 노출상태(물로 포화되는 부분이 없는 경우)에 있는 경우의 물-시멘트비 최대값은 55%이다.
③ 기상작용이 심하지 않은 경우 부재 단면이 보통이고 계속해서 물로 포화되는 경우의 물-시멘트비 최대값은 50%이다.
④ 기상작용이 심하지 않은 경우 부재 단면이 보통의 노출상태(물로 포화되는 부분이 없는 경우)에 있는 경우의 물-시멘트비의 최대값은 60%이다.

해설 **(1) 기상작용이 심한 경우**
① 부재 단면이 얇은 경우
• 물로 포화 : 물시멘트비 45% 이하
② 부재 단면이 보통인 경우
• 물로 포화 : 물-시멘트비 50% 이하
• 보통 노출 : 물-시멘트비 55% 이하
(2) 기상작용이 심하지 않은 경우
① 부재 단면이 얇은 경우
• 물로 포화 : 물-시멘트비 50% 이하
② 부재 단면이 보통인 경우
• 물로 포화 : 물-시멘트비 55% 이하
• 보통 노출 : 물-시멘트비 60% 이하

해답 ③

49 다음 중 굵은골재를 먼저 투입한 후 골재와 골재 사이 빈틈에 시멘트 모르타르를 주입하여 제작하는 방식의 콘크리트는?

① 진공 콘크리트
② 프리플레이스트(팩트) 콘크리트
③ P.S 콘크리트
④ 수밀 콘크리트

해설 프리플레이스트(팩트) 콘크리트는 굵은골재를 먼저 투입한 후 골재와 골재 사이 빈틈에 시멘트 모르타르를 주입하여 제작하는 방식의 콘크리트이다.

해답 ②

50 한중 콘크리트로써 시공하여야 하는 기상조건의 기준으로 가장 적합한 설명은?

① 타설온도 4℃ 이하
② 일평균기온 4℃ 이하
③ 타설온도 −4℃ 이하
④ 일평균기온 −4℃ 이하

해설 일평균기온이 4℃ 이하가 될 경우 한중 콘크리트로 시공한다.

해답 ②

51 벽과 같이 높이가 높은 콘크리트를 급속하게 연속타설하는 경우 나타나는 현상이 아닌 것은?

① 재료분리 발생
② 시공이음 발생
③ 상부 콘크리트의 품질 저하
④ 수평철근의 부착강도 저하

해설 높이가 높은 콘크리트를 급속하게 연속 타설하는 경우 나타나는 현상
① 재료분리 발생
② 블리딩 발생
③ 상부 콘크리트 품질 저하
④ 수평철근의 부착강도 저하

해답 ②

52 투수, 투습에 의해 구조물의 안전성, 내구성 영향을 받는 구조물로서 지하구조물 수리구조물 등 압력수가 작용하는 구조물에 사용되는 콘크리트는?

① 수중 콘크리트
② 수밀 콘크리트
③ 유동화 콘크리트
④ 팽창 콘크리트

해설 수밀 콘크리트는 각종 저장시설, 수리구조물, 수영장 등 압력수가 작용하는 구조물에 사용한다.

해답 ②

53
숏크리트 코어 공시체($\phi 10 \times 10$cm)로부터 채취한 질량이 30.8g이었다. 강섬유 혼입률(부피기준)을 구하면? 단, 강섬유의 단위질량은 7.85g/cm³이다.)

① 5% ② 3%
③ 1% ④ 0.5%

해설
① 코어 공시체 강섬유부피 = $\frac{30.8}{7.85} = 3.92 \text{cm}^3$

② 강섬유 혼입률(부피기준) = $\frac{\text{코어공시체 강섬유부피}}{\text{코어공시체 체적}}$

$= \frac{3.92}{\frac{3.14 \times 10^2}{4} \times 10} \times 100 ≒ 0.5\%$

해답 ④

54
수중 콘크리트 배합에 관한 설명으로 옳지 않은 것은?

① 굵은골재로 자갈을 사용할 경우 잔골재율은 50~55%를 표준으로 한다.
② 현장타설 콘크리트 말뚝 및 지하연속벽의 콘크리트는 일반적으로 슬럼프값 180~210mm를 표준으로 한다.
③ 지하연속벽에 사용하는 콘크리트의 경우 지하연속벽을 가설(假說)만으로 이용할 경우 단위 시멘트량은 300kg/m³ 이상으로 하는 것이 좋다.
④ 재료분리를 적게 하기 위해 점성이 풍부한 배합으로 하는 것이 좋다.

해설 수중 콘크리트 배합시 잔골재율은 40~45%를 표준으로 한다.

해답 ①

55
한중 콘크리트에 관한 다음 내용 중 잘못 기술된 것은?

① 콘크리트의 배합 온도를 높이기 위하여 시멘트를 가열하는 것은 금지되어 있다.
② 타설시의 콘크리트 온도는 동결을 방지하기 위하여 0~10℃의 범위에서 정한다.
③ 물-시멘트비는 원칙적으로 60% 이하로 하여야 한다.
④ 시멘트를 투입하기 전에 믹서 안의 재료온도는 40℃를 넘지 않는 것이 좋다.

해설 타설시 콘크리트의 온도는 5~20℃의 범위로 하여야 한다.

해답 ②

56 담수 및 해수 등의 수중에서 타설하는 수중 콘크리트의 시공법으로 거리가 먼 것은?

① 레미콘 직접 타설 공법
② 특수 트레미 콘크리트 타설 공법
③ 밑열림 상자 또는 밑열림 포대 공법
④ 수중 콘크리트 펌프 공법

해설 수중 콘크리트 시공 방법
① 트레미   ② 콘크리트 펌프
③ 밑열림 상자   ④ 밑열림 포대

해답 ①

57 숏크리트에 대한 다음의 설명 중 틀린 것은 어느 것인가?

① 숏크리트는 비교적 소규모로 운반 가능한 기계설비로 시공할 수 있고, 임의 방향에 대한 시공이 가능하다.
② 습식 숏크리트는 대단면으로서 장대화되는 산악터널의 급열양생 시공에 적합하다.
③ 리바운드 등의 재료 손실이 많고, 평활한 마무리면을 얻기 어려우며, 수밀성이 다소 결여되는 단점이 있다.
④ 숏크리트는 조기에 강도를 발현시킬 수 있고 급속 시공이 가능하지만, 거푸집 시공이 복잡한 단점이 있다.

해설 숏크리트의 특징
[장점] ① 급결제의 첨가에 의한 조기강도를 발현시킬 수 있다.
② 거푸집이 필요 없고 급속 시공이 가능하다.
③ 비교적 소규모로 운반 가능한 기계설비로 시공할 수 있다.
④ 윗쪽, 옆을 포함한 임의 방향으로 시공이 가능하다.
⑤ 플랜트에서 떨어진 협소한 장소, 또 급경사면의 나쁜 작업조건하에서도 시공이 가능하다.
[단점] ① 리바운드 등의 재료 손실이 많다.
② 뿜어 붙일 면에서 물이 나올 때는 부착이 곤란하다.
③ 분진이 발생한다.
④ 평활한 마무리면을 얻기 어렵다.
⑤ 시공조건, 시공자의 기술에 따라 시공성, 품질 등에 변동이 생기기 쉽다.
⑥ 수밀성이 다소 결여된다.

해답 ④

58 고강도 콘크리트에 대한 다음의 서술 중 옳게 기술된 것은?

① 고강도 콘크리트는 설계기준만 높은 것이 아니라 높은 내구성을 필요로 하는 철근 콘크리트 공사에도 적용될 수 있다.
② 고강도 콘크리트를 얻기 위해서는 소요의 워커빌리티를 얻을 수 있는 범위 내에서 단위수량은 가능한 한 크게 하여야 한다.
③ AE제(공기연행제)의 적용은 고강도 콘크리트의 제조에 필수적이며 콘크리트의 강도 증진에 크게 기여한다.
④ 고강도 콘크리트는 빈배합이며, 시멘트 대체 재료인 플라이애시나 실리카 퓸 등의 적용은 적절하지 않다.

해설
① 고강도 콘크리트는 설계기준만 높은 것이 아니라 높은 내구성을 필요로 하는 철근 콘크리트 공사에도 적용될 수 있다.
② 고강도 콘크리트를 얻기 위해서는 소요의 워커빌리티를 얻을 수 있는 범위 내에서 단위수량은 가능한 한 작게 하여야 한다.
③ 고강도 콘크리트는 기상의 변화가 심하거나 동결융해 대책이 필요한 경우를 제외하고는 AE제(공기연행제)를 사용하지 않는 것이 원칙이다.
④ 고강도 콘크리트는 부배합이며, 플라이애시나 실리카 퓸, 고로 슬래그 미분말 등을 사용한다.

해답 ①

59 서중 콘크리트에 관한 다음의 내용 중 잘못 기술된 것은?

① 1일 평균기온이 25°C를 초과하는 경우 서중 콘크리트로써 시공한다.
② 서중 콘크리트를 타설할 때의 콘크리트 온도는 최대 30°C 이하라야 한다.
③ 비비기로부터 타설 종료까지의 시간은 1.5시간 이내로 하여야 한다.
④ 서중 콘크리트는 타설 종료 후 최소 24시간 동안 노출면이 건조하는 일이 없도록 습윤상태로 유지해야 한다.

해설 서중 콘크리트를 타설할 때의 콘크리트 온도는 최대 35°C 이하라야 하며, 하루 평균 기온이 25°C를 넘으면 서중 콘크리트의 시공을 준비하는 것이 좋다.

해답 ②

60 외력에 의하여 일어나는 응력을 소정의 한도까지 상쇄할 수 있도록 미리 인공적으로 그 응력의 분포와 크기를 정하여 내력을 준 콘크리트를 무엇이라 하는가?

① 프리플레이스트(팩트) 콘크리트
② 진공 콘크리트
③ 프리캐스트 콘크리트
④ 프리스트레스트 콘크리트

해설 프리스트레스트 콘크리트는 외력에 의하여 일어나는 응력을 소정의 한도까지 상쇄할 수 있도록 미리 인공적으로 그 응력의 분포와 크기를 정하여 내력을 준 콘크리트이다.

해답 ④

제4과목 콘크리트 구조 및 유지관리

61 콘크리트 구조물의 재하시험시 최종 잔류 측정값은 시험 하중 제거 후 얼마가 경과했을 때 읽어야 하는가?

① 1시간
② 6시간
③ 12시간
④ 24시간

해설 콘크리트 구조물의 재하시험에서 최종 잔류 측정값은 시험 하중 제거 후 24시간 경과했을 때 읽는다.

해답 ④

62 콘크리트 구조 내부의 공동이나 균열과 같은 결함을 조사하는 방법으로 적당하지 않은 것은?

① 초음파법
② 어쿠스틱 에미션(AE)법
③ 충격탄성파법
④ 반발경도법

해설 반발경도법은 콘크리트 구조의 비파괴 강도 측정법 중 하나이다.

해답 ④

63 그림과 같은 단면 철근 직사각형 보에서 $f_y = 400$MPa, $f_{ck} = 30$MPa일 때 강도설계법에 의한 등가응력의 깊이 a는?

① 49.2mm
② 94.1mm
③ 13.8mm
④ 21.7mm

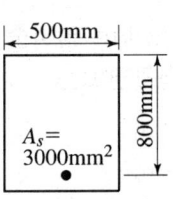

해설 $a = \dfrac{A_s f_y}{0.85 f_{ck} b} = \dfrac{3,000 \times 400}{0.85 \times 30 \times 500} ≒ 94.1\text{mm}$

해답 ②

64. 콘크리트에 함유된 염화물 이온량의 측정방법으로 맞지 않는 것은?

① 염화은 침전법 ② 시차열 중량분석법
③ 전위차 적정법 ④ 크롬산은법

해설 콘크리트 염화물 측정방법
① 염화은 침전법
② 전위차 적정법
③ 크롬산은법 등이 있다.

해답 ②

65. 다음 처짐에 관한 설명 중 틀린 것은?

① 구조물의 순간 및 장기 처짐량은 허용 처짐량 이하이어야 한다.
② 장기 처짐은 시간이 지남에 따라 증가율이 증가한다.
③ 하중이 재하되는 순간 발생되는 처짐을 탄성처짐이라 한다.
④ 장기 처짐은 주로 건조수축과 크리프에 의해 일어난다.

해설 장기 처짐은 시간이 지남에 따라 증가하다가 5년에서 7년 정도에서 정지한다고 본다.

해답 ②

66. 콘크리트 구조물의 철근 부식 상황을 파악하는데 적절하지 않은 방법은 어느 것인가?

① 자연 전위법 ② 분극 저항법
③ 자분 탐사법 ④ 전기 저항법

해설 자분 탐사법은 강재의 용접 상태를 분석하는 방법이다.

해답 ③

67. 보의 자중이 10kN/m, 활하중 15kN/m인 등분포 하중을 받는 경간 10m인 단순지지보의 계수 휨모멘트는?

① 437.5kN·m ② 450.0kN·m
③ 525.3kN·m ④ 537.5kN·m

해설 ① $w = 1.2D + 1.6L = 1.2 \times 10 + 1.6 \times 15 = 36 \text{kN/m}$
② $M = \dfrac{wl^2}{8} = \dfrac{36 \times 10^2}{8} = 450 \text{kN} \cdot \text{m}$

해답 ②

68

프리스트레스트(Prestressed) 콘크리트에 관한 일반적인 표현이 잘못된 것은?

① PS 강재는 릴랙세이션(Relaxation) 값이 작은 것을 사용하는 것이 바람직하다.
② 콘크리트는 크리프가 큰 것을 사용하는 것이 바람직하다.
③ 포스트텐션(Post-tension) 방식은 현장에서 프리스트레스를 도입하는 경우가 많다.
④ 프리텐션(Pre-tension) 방식은 공장에서 동일 종류의 제품을 대량으로 제조하는 경우가 많다.

해설 콘크리트는 크리프가 작은 것이 좋다.

해답 ②

69

다음과 같은 보에서 계수전단력(V_u)이 ϕV_c의 1/2을 초과하여 최소 단면적의 전단철근을 배근하려고 한다. 전단철근의 간격을 250mm로 할 때 전단철근에 대한 최소 단면적의 최소값은? (단, f_{ck}=21MPa, f_y=400MPa이다.)

① 55.3mm²
② 65.7mm²
③ 76.2mm²
④ 82.3mm²

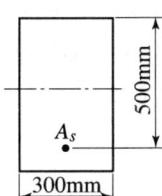

해설 최소 단면적은 다음 값 이상이어야 한다.
$$A_{vmin} = 0.35 \times \frac{b_w s}{f_y} = 0.35 \times \frac{300 \times 250}{400} \fallingdotseq 65.7 \text{mm}^2$$

해답 ②

70

콘크리트의 설계기준강도와 철근의 항복응력이 각각 f_{ck}=24MPa, f_y=400MPa인 부재에서 인장을 받는 표준 갈고리를 둔다면 기존 정착길이로 가장 적합한 것은?(여기서, 철근의 공칭지름은 25.4mm 이다.)

① 500mm   ② 510mm
③ 520mm   ④ 530mm

해설 설계기준 항복강도 400MPa일 때이므로
$$l_{db} = \frac{100 d_b}{\sqrt{f_{ck}}} = \frac{100 \times 25.4}{\sqrt{24}} \fallingdotseq 520 \text{mm}$$

해답 ③

71

폭 $b=300$mm, 유효높이 $d=445$mm인 직사각형 단면에 인장철근 4-D29(단면적 $=2,570$mm^2)가 배치되어 있다. $f_{ck}=27$MPa, $f_y=400$MPa일 때 이 단면의 설계모멘트 강도 ϕM_n을 계산하면?(단, 휨에 대한 강도감소계수 $\phi=0.85$)

① 285.7kN · m
② 304.7kN · m
③ 323.7kN · m
④ 380.9kN · m

해설 설계모멘트 강도

① $a = \dfrac{A_s \cdot f_y}{0.85 \cdot f_{ck} \cdot b} = \dfrac{2570 \times 400}{0.85 \times 27 \times 300} = 149.3$mm

② $\phi M_n = \phi A_s f_y \left(d - \dfrac{a}{2}\right) = 0.85 \times 2,570 \times 400 \times \left(445 - \dfrac{149.3}{2}\right) = 323.7$kN · m

해답 ③

72

오염된 액체를 처리하는 구조물의 휨인장 균열의 최대 허용 균열폭은 얼마인가?

① 0.6mm
② 0.4mm
③ 0.2mm
④ 0.1mm

해설 수처리 구조물의 허용 균열폭은 휨인장 균열의 경우 오염되지 않은 물인 경우는 0.25mm, 오염된 액체의 경우는 0.2mm이다.

해답 ③

73

다음 중 콘크리트 구조물의 보강방법으로 거리가 먼 것은?

① 수지주입공법
② 강판접착공법
③ 세로보 증설공법
④ 탄소섬유 접착공법

해설 ① **보수공법** ㉠ 표면처리공법
㉡ 주입공법
㉢ 충전공법
② **보강공법** ㉠ 강판보강공법
㉡ 섬유보강공법
㉢ 콘크리트단면 증설공법 등

해답 ①

74

섬유보강 접착공법에 사용하는 보강 재료로서 가장 부적합한 것은?

① 탄소섬유
② 유리섬유
③ 아라미드섬유
④ 폴리에스테르섬유

해답 ④

75 알칼리 골재반응이 일어나기 위해서는 일반적으로 반응의 3조건이 충족되어야 한다. 여기에 해당하지 않는 것은?

① 골재 중의 유해물질
② 대기 중의 이산화탄소
③ 시멘트 중의 알칼리
④ 반응을 촉진하는 수분

해답 ②

76 보강의 시공 및 검사 내용 중 적합하지 않은 것은?

① 보강에 대한 시공을 할 경우에는 기존 시설물을 손상시키는 일이 없도록 세심한 주의를 기울여야 한다.
② 기존 시설물에 대한 바탕처리는 설계조건을 만족시키도록 적절히 실시하여야 한다.
③ 사용할 재료는 현장의 상황에 따라 시험을 실시하지 않아도 된다.
④ 보강 완료 후 설계에 정해진 조건에 부합된 시공이 되었는가의 여부를 검사하여야 한다.

해설 보강에 사용할 재료는 상황에 관계없이 시험을 실시하여야 한다.

해답 ③

77 일반적으로 정사각형 확대기초에서 전단에 대한 위험단면은?

① 기둥의 전면
② 기둥 전면에서 d만큼 떨어진 면
③ 기둥의 전면에서 $d/2$만큼 떨어진 면
④ 기둥의 전면에서 기둥 두께만큼 떨어진 면

해설 정사각형 확대기초는 2방향에 대해 검토하여야 하므로 기둥의 전면에서 $d/2$만큼 떨어진 면이 전단에 대한 위험단면이 된다.

해답 ③

78 다음 중 철근의 피복두께의 역할이 아닌 것은?

① 철근 부식 방지
② 단면의 내하력 증대
③ 부착 강도 증진
④ 내화성 증진

해설 **피복두께의 역할**
① 부착강도 증대   ② 철근 부식 방지   ③ 내화성 증대

해답 ②

79

수동식 주입법은 주입 건(gun)이나 소형 펌프를 사용하여 주입제를 비교적 다량으로 주입할 경우 사용되는 방법이다. 이 공법의 장점으로 거리가 먼 것은?

① 다량의 수지를 단시간에 주입할 수 있다.
② 균열폭 0.2mm 이하의 미세한 균열 부위에 주입하기가 용이하다.
③ 주입압이나 속도를 조절할 수 있다.
④ 벽, 바닥, 천장 등의 부위에 따른 제약이 없다.

해설 주입공법은 균열폭 0.2mm 이상의 경우에 주입한다.

해답 ②

80

그림과 같이 단면의 보에서 $f_{ck}=21\text{MPa}$일 때, 보통 중량 콘크리트가 분담하는 설계 전단강도(ϕV_c)는? (단, 강도감소계수 $\phi=0.75$)

① 146.4kN
② 195.1kN
③ 494.4kN
④ 620.6kN

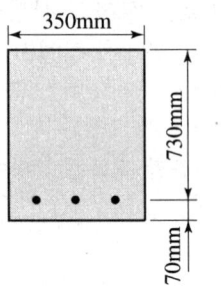

해설 $\phi V_c = \phi \dfrac{1}{6}\sqrt{f_{ck}}\, b_w d = 0.75 \times \dfrac{1}{6}\sqrt{21} \times 350 \times 730 = 146.35\text{kN}$

해답 ①

콘크리트산업기사

2024년 7월 CBT 시행

본 문제는 복원 기출문제입니다. 실제 문제와 다를 수 있으니 양해바랍니다.

제1과목 콘크리트 재료 및 배합

01 경량골재 및 경량골재 콘크리트에 대한 설명 중 잘못된 것은?
① 경량골재를 생산과정에 의해서 분류할 경우 일반적으로 인공경량골재, 천연경량골재, 제철소 등에서 산출되는 부산경량골재 등으로 분류할 수 있다.
② 경량골재 콘크리트는 열전도율, 열확산율이 낮다.
③ 경량골재 콘크리트는 갇힌 공기량이 커지기 때문에 동결융해 저항성이 우수하다.
④ 경량골재 콘크리트의 공기량은 보통골재를 사용한 콘크리트보다 1% 크게 해야 한다.

해설 경량골재 콘크리트는 내동해성이 보통 골재 콘크리트에 비해 떨어지는 경우가 많아 공기량을 증대시키는 것이 좋다.

해답 ③

02 다음 중 일반적인 콘크리트 시방배합표에 표시되지 않는 사항은?
① 슬럼프의 범위 ② 물-결합재비
③ 잔골재율 ④ 골재의 조립률

해설 배합포 목록
① 굵은골재 최대치수
② 슬럼프
③ 공기량
④ 물-결합재비
⑤ 잔골재율
⑥ 단위량 : 물, 시멘트, 잔골재, 굵은골재, 혼화재료

해답 ④

03

콘크리트의 배합에서 단면이 큰 철근 콘크리트의 슬럼프 표준값으로 가장 옳은 것은?

① 80~150mm
② 60~120mm
③ 50~100mm
④ 100~150mm

해설

종 류		슬럼프값(mm)
철근 콘크리트	일반적인 경우	80~150
	단면이 큰 경우	60~120
무근 콘크리트	일반적인 경우	50~150
	단면이 큰 경우	50~100

해답 ②

04

KS F 2508 로스앤젤레스 시험기에 의한 굵은골재의 마모시험에서 사용시료의 등급이 A인 경우 사용철구 수와 철구의 총 질량(g)이 맞는 것은?

① 12개, 5000±25(g)
② 11개, 5000±25(g)
③ 12개, 4580±25(g)
④ 11개, 4580±25(g)

해설 A등급의 경우
 ① 사용 철구 : 12개
 ② 철구의 총 질량 : 5000±25(g)

해답 ①

05

플라이애시를 사용한 콘크리트의 성질에 관한 다음의 일반적인 설명 중 적당하지 않은 것은?

① 플라이애시 중의 미연탄소분에 의해 AE제 등이 분산되는 효과가 있어 소요의 공기량을 연행하기 위한 AE제의 사용량을 줄일 수 있다.
② 시멘트 질량의 20%정도 이상을 플라이애시로 치환하면 알카리골재반응이 억제된다.
③ 습윤양생이 충분하지 못하면 초기강도의 저하 및 동해에 대한 표면열화가 발생하기 쉽다.
④ 수화가 충분히 진행되면 치밀한 조직이 가능하기 때문에 해수에 대한 저항성이 커진다.

해설 플라이애시의 미연소 탄소에 의해 입자 표면에서 AE제 등의 흡착에 의해서 소요 공기량을 얻기 위한 AE제의 사용량이 증가된다.

해답 ①

06 절대건조 상태에서 350g의 잔골재 시료가 흡수 후 표면건조포화 상태에서 364g, 공기중 건조상태에서는 357g이 되었다. 이 시료의 흡수율은?

① 2% ② 3%
③ 4% ④ 5%

해설 흡수율 = $\dfrac{표건 - 절건}{절건} \times 100 = \dfrac{364 - 350}{350} \times 100 = 4\%$

해답 ③

07 다음의 시멘트 시험항목에 대한 관련장치로써 적절하게 연결된 것은?

① 비중시험 - 비카트침
② 압축강도 - 르샤틀리에 플라스크
③ 분말도 - 45μm 표준체
④ 응결시간 - 블레인 공기투과장치

해설
① **비중시험** : 르샤틀리에 비중병
② **압축강도** : 압축강도시험기
③ **분말도** : 45μm 표준체
④ **응결시간** : 비카침, 길모어침

해답 ③

08 알루미나 시멘트의 특성에 관한 다음사항 중에서 옳지 않은 것은?

① 포틀랜드시멘트에 비하여 빨리 응결하는 특성을 갖는다.
② 응결 및 경화시 발열량이 적다.
③ 석회분이 작기 때문에 화학적 저항성이 크고 내구성도 크나 가격이 고가이다.
④ 초조강성시멘트로 초기강도가 커서 보통포틀랜드시멘트의 28일 강도를 24시간에 낼 수 있다.

해설 알루미나 시멘트는 발열량이 커 초조기강도를 나타낸다.

해답 ②

09 다음 중 AE감수제의 사용효과로서 옳지 않은 것은?

① 동결융해 저항성의 증진 ② 투수성의 증가
③ 건조수축 감소 ④ 단위시멘트량을 줄일 수 있음

해설 양질의 감수제는 콘크리트의 압축강도를 증가시키고 수밀성을 증대시키므로 투수성이 감소한다.

해답 ②

10. 콘크리트 배합설계시 물-결합재비를 결정하는 요인이 아닌 것은?

① 압축강도
② 내구성
③ 균열저항성
④ 공기량

해설 물-결합재비 결정법
① 압축강도 기준법 ② 내구성 고려법
③ 수밀성 고려법   ④ 균열 저항성 고려법

해답 ④

11. 굳지않은 콘크리트의 품질을 개선시키기 위하여 사용되는 감수제에 대한 설명 중 옳은 것은?

① 시멘트 입자를 분산시켜 워커빌리티를 개선하는 계면활성제이다.
② 소요 워커빌리티를 얻는데 콘크리트의 단위수량이 10~15% 증가한다.
③ 단위수량이 증가하므로 콘크리트의 건조수축이 커지게 된다.
④ 동일한 워커빌리티를 얻는데 단위시멘트량이 감소하므로 압축강도가 감소한다.

해설 감수제는 시멘트 입자를 분산시켜 시멘트풀의 유동성을 증가시킴으로써 콘크리트의 워커빌리티를 개선하여 단위수량을 감소시킬 목적으로 사용되는 혼화제이다.

해답 ①

12. 다음의 콘크리트 배합에 관한 일반적인 사항 중 잘못된 것은?

① 콘크리트의 운반시간이 길거나 기온이 높을 때에는 슬럼프가 크게 저하하므로, 배합은 운반중의 슬럼프 저하를 고려한 슬럼프값으로 정해야 한다.
② 고강도 콘크리트의 배합은 기상변화가 심하거나 동결융해에 대한 대책이 필요한 경우를 제외하고는 AE제를 사용하지 않는 것을 원칙으로 한다.
③ 공사 중에 잔골재의 조립률이 ±0.2 이상 차이가 있을 경우에는 콘크리트의 워커빌리티가 변하므로 배합을 수정할 필요가 있다.
④ 굵은골재 최대치수는 철근의 최소 순간격의 3/4 이하이어야 하며, 콘크리트를 경제적으로 만들기 위해서는 최대치수가 작은 굵은골재를 사용하는 것이 유리하다.

해설 굵은골재 최대치수가 클수록 공극이 감소하고 단위수량이 감소하여 콘크리트 강도가 증대하므로 경제적인 콘크리트를 얻을 수 있다.

해답 ④

13. 골재의 조립률 계산에 필요한 체가 아닌 것은?

① 0.15mm
② 0.5mm
③ 1.2mm
④ 2.5mm

해설 조립률에 이용되는 10개 체 : 80mm, 40mm, 20mm, 10mm, 5mm, 2.5mm, 1.2mm, 0.6mm, 0.3mm, 0.15mm

해답 ②

14. 체가름 시험결과 잔골재 조립률 2.65, 굵은골재 조립률 7.38이며 잔골재 대 굵은 골재비를 1 : 1.6으로 할 때 혼합골재의 조립률은?

① 4.56
② 5.56
③ 6.56
④ 7.56

해설 조립률 $= \dfrac{(2.65 \times 1) + (7.38 \times 1.6)}{1 + 1.6} = 5.56$

해답 ②

15. 콘크리트의 배합조건을 변경할 경우, 슬럼프의 변화에 관한 일반적인 경향에 대한 설명 중 틀린 것은?

① 조립률이 큰 잔골재로 변경하면, 슬럼프는 작아진다.
② 최대치수가 큰 굵은골재로 변경하면, 슬럼프는 커진다.
③ 잔골재율을 크게 하면, 슬럼프는 작아진다.
④ 공기량을 증가시키면, 슬럼프는 커진다.

해설 조립률이 큰 잔골재일수록 슬럼프가 커진다.

해답 ①

16. KS L 5110에 의하여 시멘트 비중시험을 실시한 결과, 르샤틀리에 비중병에 광유를 주유하고 측정한 눈금이 0.6mL이었다. 이 비중병에 시멘트 64g을 넣고 광유가 올라온 눈금을 측정한 결과 21.25mL를 얻었다. 시멘트의 비중은 얼마인가?

① 3.05
② 3.10
③ 3.15
④ 3.20

해설 시멘트 비중 $= \dfrac{\text{시멘트 시료 질량}}{\text{비중별의 눈금차(ml 또는 cc)}} = \dfrac{64}{21.25 - 0.6} = 3.10$

해답 ②

17

다음은 시멘트의 특성과 용도에 관하여 설명한 것이다. 틀린 것은?

① 중용열 포틀랜드 시멘트는 초기강도는 작지만 장기강도가 크고, 댐 등의 매스 콘크리트에 사용되고 있다.
② 조강 포틀랜드 시멘트는 조기에 높은 강도를 얻을 수 있어 한중 콘크리트 등에 사용되고 있다.
③ 고로 슬래그 시멘트는 장기재령에서 수밀성이 우수하여 하천공사 및 항만공사 등에 사용되고 있다.
④ 내황산염 포틀랜드 시멘트는 토양이나 공장폐수 등의 황산염에 대한 저항성을 높이기 위하여 C_3A의 함유량을 높이고 C_2S의 양을 줄여 만든 것이다.

해설 내황산염 포틀랜드 시멘트는 알루민산삼석회(C_3A)의 양을 4% 이하로 하여 황산염의 화학침식에 대한 저항성을 크게 한 시멘트이다.

해답 ④

18

다음 중 시멘트 클링커 화합물의 조성광물로 틀린 것은?

① 규산석회($CaO \cdot SiO_2$)
② 규산 2석회($2CaO \cdot SiO_2$)
③ 알루민산 3석회($3CaO \cdot Al_2O_3$)
④ 알루민철산 4석회($4CaO \cdot Al_2O_3 \cdot Fe_2O_3$)

해설 시멘트 클링커의 화합조성광물
① 규산 2석회(C_2S)   ② 규산 3석회(C_3S)
③ 알루민산 3석회(C_3A)   ④ 알루민철산 4석회(C_4AF)

해답 ①

19

섬유보강 콘크리트용으로 사용하고자 하는 강섬유의 물리적 특성이 다음과 같을 때, 이 섬유의 아스펙트비(형상비)는?

직경(10^{-3}mm)	길이(mm)	탄성계수($\times 10^3$MPa)	인장강도(MPa)
500	50	200	500

① 0.1
② 0.25
③ 100
④ 400

해설 형상비 $= \dfrac{l}{d} = \dfrac{50}{500 \times 10^{-3}} = 100$

해답 ③

20 콘크리트용 골재에 대한 시험이 아닌 것은?
① 체가름시험   ② 공기량시험
③ 안정성시험   ④ 유기불순물시험

해설 공기량시험은 굳지 않은 콘크리트 관련 시험의 일종이다.

해답 ②

제2과목 콘크리트 제조, 시험 및 품질관리

21 블리딩에 영향을 미치는 인자 중 옳지 않은 것은?
① 시멘트의 분말도가 클수록 블리딩은 작아진다.
② 시멘트의 응결시간이 짧을수록 블리딩은 감소한다.
③ 잔골재의 조립률이 크고 잔골재율이 크면 블리딩이 증가한다.
④ 과도한 진동다짐을 하거나 치기속도가 빠르면 블리딩이 증가한다.

해설 잔골재율이 크면 블리딩이 감소한다.

해답 ③

22 강제식 믹서로 콘크리트의 비비기를 할 경우, 최소 비비기 시간은 얼마를 표준으로 하는가? (단, 비비기시간에 대한 시험을 실시하지 않을 경우)
① 30초   ② 1분
③ 1분 30초   ④ 2분

해설 최초 비비기 시간
① 강제식 믹서 : 1분 이상
② 가경식 믹서 : 1분 30초 이상

해답 ②

23 다음 중 경화한(굳은) 콘크리트의 성질이 아닌 것은?
① 강도   ② 변형
③ 균열   ④ 반죽질기

해설 반죽질기란 반죽이 되고 진 정도를 나타내는 굳지 않은 콘크리트의 성질이다.

해답 ④

24

휨강도를 측정하기 위하여 15×15×55cm 각주형 공시체를 제작할 때 콘크리트는 2층으로 나누어 채우며 각 층에 대한 다짐회수는 몇 회인가?

① 10회　　　　　② 25회
③ 50회　　　　　④ 83회

해설 윗면적 10cm²에 대하여 1회 비율로 다지므로
① 공시체몰드가 15×15×53cm인 경우 윗면적이 795cm²이므로 약 80회 다짐
② 15×15×55cm인 경우 윗면적이 825cm²이므로 약 83회 다짐

해답 ④

25

콘크리트의 휨강도 시험에서 최대하중 34.2kN에서 공시체가 파괴되었다. 이 콘크리트 공시체의 휨강도는 얼마인가? (단, 150×150×530mm 공시체이고 지간은 450mm이고, 공시체가 인장쪽 표면 지간방향 중심선의 3등분점 사이에서 파괴되었다.)

① 3.98MPa　　　　② 4.56MPa
③ 4.78MPa　　　　④ 5.12MPa

해설 휨강도 $= \dfrac{PL}{bd^2} = \dfrac{34200 \times 450}{150 \times 150^2} = 4.56\text{N/mm}^2 = 4.56\text{MPa}$

해답 ②

26

다음 그림과 같은 콘크리트의 쪼갬 인장강도시험에서 인장강도(f_{sp})를 구하는 공식으로 올바른 것은? (단, 공시체의 직경은 d, 최대하중은 P, 공시체의 길이는 L, 원주율은 π이다.)

① $f_{sp} = \dfrac{2L}{\pi d}$

② $f_{sp} = \dfrac{2}{\pi L d}$

③ $f_{sp} = \dfrac{\pi L d}{2P}$

④ $f_{sp} = \dfrac{2P}{\pi L d}$

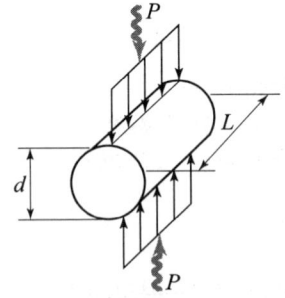

해설 인장강도 $= \dfrac{2P}{\pi D L}$

해답 ④

27 콘크리트의 슬럼프시험방법에 대하여 적당하지 않은 것은?

① 슬럼프 콘은 상부 안지름 10cm, 하부 안지름 20cm, 높이 30cm의 강제콘을 사용한다.
② 슬럼프 콘은 수평으로 설치한 강으로 수밀성이 있는 평판위에 놓고 누르고, 시료를 거의 같은 양의 3층으로 나눠서 채운다.
③ 각층의 콘크리트를 채운 다음 다짐대로 고른 후 25회 균등하게 다진다.
④ 슬럼프 콘을 들어 올리는 시간은 높이 30cm에서 10초 정도로 한다.

해설 슬럼프 콘을 들어올리는 시간은 2~3초로 한다. 해답 ④

28 모집단에 대한 품질 특성을 알기 위하여 모집단의 분포상태, 분포의 중심위치, 분포의 산포등을 쉽게 파악할 수 있도록 막대그래프 형식으로 작성한 도수분포도를 무엇이라고 하는가?

① 산포도
② 히스토그램
③ 층별
④ 파레토도

해설 **히스토그램**이란 데이터가 어떤 분포를 하고 있는가를 알아보기 위해 작성하는 그림을 말한다. 해답 ②

29 압축강도에 의한 일반 콘크리트의 품질검사에 관한 설명 중 옳지 않은 것은?

① 각각의 압축강도 시험값이 설계기준강도보다 5.0MPa에 미달하는 확률이 1% 이하이어야 한다.
② 3회 연속한 압축강도 시험값의 평균이 설계기준강도에 미달하는 확률이 1% 이하이어야 한다.
③ 1회/일, 또는 150m^3마다 1회, 배합이 변경될 때마다 압축강도시험을 실시한다.
④ 압축강도에 의한 콘크리트 품질관리는 일반적인 경우 조기재령에 있어서의 압축강도에 의해 실시한다.

해설 각 시험값이 설계기준강도보다 3.5MPa 이하로 내려갈 확률을 1%로 하여 정한다. 해답 ①

30
유동화 콘크리트의 이점 및 효과가 아닌 것은?

① 단위수량 저감
② 건조수축 감소
③ 콘크리트 압송성 향상
④ 수화발열량 증가

해설 유동화 콘크리트 이점
① 단위수량 감소
② 건조수축 감소
③ 콘크리트 압송성 향상
④ 수화발열량 감소

해답 ④

31
콘크리트 표준시방서에 규정한 1회의 계량분에 대한 재료 계량오차의 허용범위를 설명한 것으로 잘못된 것은?

① 물-1%
② 시멘트-1%
③ 혼화제-2%
④ 골재-3%

해설 계량오차
① 시멘트, 물 : ±1% 이내
② 혼화재 : ±2% 이내
③ 골재, 혼화제 : ±3% 이내

해답 ③

32
콘크리트의 크리프에 영향을 주는 요인에 대한 설명으로 잘못된 것은?

① 하중이 실릴 때의 콘크리트의 재령이 클수록 크리프는 작게 일어난다.
② 물-결합재비가 큰 콘크리트는 물-결합재비가 작은 콘크리트보다 크리프가 크게 일어난다.
③ 크리프 변형의 증가비율은 시간의 경과와 더불어 급격히 증가한다.
④ 콘크리트가 놓이는 주위의 온도가 높을수록 크리프 변형은 커진다.

해설 크리프 변형의 증가비율이 시간의 경과와 더불어 감소한다.

해답 ③

33
콘크리트의 워커빌리티에 영향을 미치는 요인이 아닌 것은?

① 시멘트량
② 단위수량
③ 혼화재료 사용량
④ 양생기간

해설 양생기간은 콘크리트 압축강도와 관련이 있다.

해답 ④

34 콘크리트의 동해 및 내동해성에 관한 설명 중 잘못된 것은?

① 흡수율이 큰 골재를 사용하면 동해를 일으키기 쉽다.
② AE제를 사용하면 내동해성을 향상시키는데 큰 효과가 있다.
③ 건습반복을 받는 부재가 건조상태로 유지되는 부재에 비해 동해를 일으키기 쉽다.
④ 물-결합재비가 큰 콘크리트를 사용하면 동해를 작게 할 수 있다.

해설 물-결합재비를 작게 하여 치밀한 조직의 콘크리트로 만들면 동결융해에 대한 저항성이 커진다.

해답 ④

35 정비된 콘크리트 제조설비를 갖춘 공장으로부터 수시로 구입할 수 있는 굳지 않은 콘크리트를 무엇이라고 하는가?

① 일반 콘크리트
② 매스 콘크리트
③ 레디믹스트 콘크리트
④ 숏크리트

해설 **레디믹스트 콘크리트**(레미콘)란 정비된 콘크리트 제조설비를 갖춘 공장으로부터 수시로 구입할 수 있는 굳지 않은 콘크리트이다.

해답 ③

36 압력법에 의한 공기량 시험법에서 허용되는 최대 골재크기는?

① 75mm
② 40mm
③ 35mm
④ 30mm

해설 ※개정 전 규정 문제임

굵은골재 최대치수(mm)	용기의 최소용량(l)
50 이하	6
80 이하	12

해답 ②

37 다음 중 일반적인 콘크리트 강도의 비파괴 시험방법에 해당하지 않는 것은?

① 반발경도에 의한 방법
② 평판재하법
③ 초음파법
④ 음향방출법

해설 평판재하시험은 지반의 지지력을 측정하는 시험방법이다.

해답 ②

38 내구성이 양호한 콘크리트를 얻기 위한 방법으로 잘못된 것은?

① 워커빌리티를 높게
② 물-결합재비를 낮게
③ 최소한 습도손실
④ 완전한 혼합

해설 워커빌리티를 높게 하기 위해서는 여러 가지 방법이 있으나 모두가 내구성이 좋아지는 것은 아니며, 특히 워커빌리티 향상을 위해 물-결합재비를 높이면 내구성이 저하된다.

해답 ①

39 콘크리트 압축강도 시험에서 직경 15cm, 높이 30cm인 원주형 공시체를 사용한 경우, 최대압축하중 430kN에서 공시체가 파괴되었다면 압축강도는 얼마인가?

① 21.2MPa
② 24.3MPa
③ 26.5MPa
④ 28.1MPa

해설 $\dfrac{P}{A} = \dfrac{430000}{\dfrac{3.14 \times 150^2}{4}} = 24.3 \text{N/mm}^2 = 24.3 \text{MPa}$

해답 ②

40 콘크리트의 제조공정에 있어서의 검사에 관한 설명으로 바르지 못한 것은?

① 시방배합은 공사중 적절히 실시하는 것이 원칙이다.
② 잔골재의 조립률은 1일 1회 이상 실시한다.
③ 굵은골재의 조립률은 1일 1회 이상 실시한다.
④ 잔골재의 표면수율은 1일 1회 이상 실시한다.

해설 제조공정 검사 중 잔골재의 표면수율은 1일 2회 이상 실시한다.

해답 ④

제3과목 콘크리트의 시공

41 뿜어 붙이기 콘크리트(shotcrete)에 대한 설명 중 옳지 않은 것은?
① 임의 방향으로 시공가능하고 재료의 손실이 많다.
② 수밀성이 적고 작업시 분진이 생길 수 있다.
③ 거푸집이 불필요하며 급속시공이 가능하다.
④ 콘크리트 접착면에서 용수 발생시 부착이 용이하다.

해설 뿜어 붙일 면에 용수가 있을 경우에는 배수파이프나 배수 필터를 설치하는 등 적절한 배수처리를 해야 한다.

해답 ④

42 수중 콘크리트의 단위시멘트량의 기준을 올바르게 나타낸 것은? (단, 일반 수중 콘크리트에 한한다.)
① 단위시멘트량 : 370kg/m³ 이상 ② 단위시멘트량 : 370kg/m³ 미만
③ 단위시멘트량 : 350kg/m³ 이상 ④ 단위시멘트량 : 350kg/m³ 미만

해설

종류 항목	일반 수중 콘크리트	현장타설말뚝 및 지하연속벽에 사용하는 수중 콘크리트
물-결합재비	50% 이하	55% 이하
단위시멘트량	370kg/m³ 이상	350kg/m³ 이상

해답 ①

43 일반 콘크리트에 사용되는 재료의 계량에 대한 설명으로 옳지 않은 것은?
① 사용재료는 시방배합을 현장배합으로 고친 다음 현장배합으로 계량하여야 한다.
② 골재가 건조되어 있을 때의 유효흡수율 값은 골재를 적절한 시간동안 흡수시켜서 구하여야 한다.
③ 혼화재료를 녹이거나 묽게 희석시키기 위해 사용하는 물은 단위수량에서 제외한다.
④ 각 재료는 1배치씩 질량으로 계량하여야 한다.

해설 혼화제를 녹이는데 사용하는 물이나 혼화제를 묽게 하는데 사용하는 물은 단위수량의 일부로 보아야 한다.

해답 ③

44. 해양 콘크리트에 대한 설명 중 적절하지 못한 것은?

① 철근 피복두께는 보통콘크리트 구조물보다 크게 한다.
② 내구성을 고려하여 정한 최대 물-결합재비는 보통 콘크리트 구조물보다 작게 할 필요가 있다.
③ 보통포틀랜드시멘트를 사용한 콘크리트는 적어도 재령 5일이 될 때까지 해수에 직접 접촉되지 않도록 한다.
④ 해수의 작용에 대하여 내구성이 높은 고로 슬래그 시멘트를 사용하면 초기양생기간을 단축시킬 수 있다.

해설 고로슬래그 시멘트, 플라이애시 시멘트 등의 혼합 시멘트를 사용하면 장기재령의 강도가 크고 수화열이 적은 이점이 있으나, 초기강도가 작은 결점이 있어 초기 습윤양생에 주의하여야 한다.

해답 ④

45. 유동화 콘크리트의 슬럼프 증가량은 몇 mm 이하를 원칙으로 하는가?

① 100mm 이하
② 90mm 이하
③ 40mm 이하
④ 30mm 이하

해설 유동화 콘크리트의 슬럼프 증가량은 100mm 이하를 원칙으로 하며 50~80mm를 표준으로 한다.

해답 ①

46. 특별한 조치를 취하지 않는 경우, 콘크리트의 비비기로부터 치기가 끝날 때까지의 제한시간으로 맞게 기술된 것은?

① 외기온도가 25℃ 이상일 때는 1.5시간, 25℃ 미만일 때에는 2시간을 넘어서는 안된다.
② 외기온도 25℃ 이상일 때는 2시간, 25℃ 미만일 때에는 3시간을 넘어서는 안된다.
③ 외기온도가 25℃ 이상일 때는 2시간, 25℃ 미만일 때에는 1.5시간을 넘어서는 안된다.
④ 외기온도가 25℃ 이상일 때는 3시간, 25℃ 미만일 때에는 2시간을 넘어서는 안된다.

해설 비비기로부터 타설이 끝날때까지의 시간
① 외기온도가 25℃ 이상 : 1.5시간 이내
② 외기온도가 25℃ 이하 : 2시간 이내

해답 ①

47 수중불분리성 콘크리트의 배합강도를 설정할 때 적당한 것은?

① 수중제작 공시체의 재령 7일의 압축강도
② 수중제작 공시체의 재령 28일의 압축강도
③ 공기중 제작 공시체의 재령 7일의 압축강도
④ 공기중 제작 공시체의 재령 28일의 압축강도

해설 **수중불분리성 콘크리트**는 제작한 수중제작 공시체의 재령 28일에서 압축강도를 배합강도로 설정한다.

해답 ②

48 터널이나 큰 공동구조물의 라이닝, 비탈면, 법면 또는 벽면의 풍화나 박리, 박락의 방지를 위하여 적용되는 것으로 뿜어 붙여서 시공하는 콘크리트는?

① 폴리머 콘크리트
② 숏크리트
③ 프리플레이스트 콘크리트
④ 프리캐스트 콘크리트

해설 **숏크리트**란 압축공기에 의해 시공면에 뿜어서 만든 콘크리트를 말한다.

해답 ②

49 매스 콘크리트의 타설온도를 낮추는 방법으로 물, 골재 등의 재료를 미리 냉각시키는 방법을 무엇이라 하는가?

① 파이프 쿨링
② 트래미 방법
③ 콜드 조인트
④ 프리 쿨링

해설 **프리쿨링**이란 콘크리트에 사용되는 재료의 일부 또는 전부를 냉각시켜 콘크리트의 온도를 낮추는 방법이다.

해답 ④

50 해상에 가설되어 있는 철근 콘크리트 교각구조물에서 콘크리트의 강재부식작용이 크게 발생하는 위치에서 작게 발생하는 순으로 바르게 나열한 것은?

① 해중→해상대기중→물보라지역
② 해상대기중→해중→물보라지역
③ 물보라지역→해상대기중→해중
④ 해중→물보라지역→해상대기중

해설 강재부식, 동해, 화학적 침식 등의 손상 가능성이 큰 순서
물보라 및 간만대 지역 > 해성대기 중 > 해중

해답 ③

51. 고강도 콘크리트에 대한 다음의 기술내용 중 잘못된 것은?

① 고강도 콘크리트의 설계기준강도는 일반콘크리트에서는 40MPa 이상, 경량 콘크리트에서는 25MPa 이상으로 규정하고 있다.
② 기상의 변화가 심하지 않을 경우에는 공기연행제를 사용하지 않는 것을 원칙으로 한다.
③ 잔골재율은 소요의 워커빌리티를 얻도록 시험에 의하여 결정하여야 하며, 가능한 작게 하도록 한다.
④ 콘크리트 타설시 낙하고는 1m 이하로 한다. 또한 콘크리트는 재료분리가 일어나지 않는 방법으로 취급하여야 한다.

해설 고강도 콘크리트란 설계기준강도가 일반 콘크리트에서 40MPa 이상, 경량골재 콘크리트에서 27MPa 이상인 경우의 콘크리트를 말한다.

해답 ①

52. 다음은 숏크리트에서 리바운드율을 저감하기 위한 대책이다. 옳지 않은 것은?

① 노즐을 뿜어 붙일 면에 직각이 되도록 유지한다.
② 건식공법을 사용한다.
③ 숙련된 노즐맨(nozzle man)이 작업토록 한다.
④ 뿜는 압력을 일정하게 한다.

해설 습식공법이 리바운드량이 적다.

해답 ②

53. 일반 콘크리트의 표면 마무리에서 마무리 두께 7mm 이하 또는 양호한 평탄함이 필요한 경우 평탄성 표준값은?

① 1m당 10mm 이하
② 3m당 5mm 이하
③ 1m당 7mm 이하
④ 3m당 10mm 이하

해설 콘크리트 마무리의 평탄성 표준값

콘크리트 면의 마무리	평탄성
마무리 두께 7mm 이상 또는 바탕의 영향을 많이 받지 않는 마무리의 경우	1m당 10mm 이하
마무리 두께 7mm 이하 또는 양호한 평탄함이 필요한 경우	3m당 10mm 이하
제물치장 마무리 또는 마무리 두께가 얇은 경우	3m당 7mm 이하

해답 ④

54 다음은 한중 콘크리트에 대한 설명이다. 옳지 않은 것은?

① 물-결합재비는 원칙적으로 60% 이하로 한다.
② 시멘트는 어떠한 경우라도 직접 가열해서는 안된다.
③ 하루의 최저기온이 4℃ 이하가 되면 한중 콘크리트로 관리한다.
④ 타설시 콘크리트 온도는 5~20℃의 범위로 한다.

해설 하루 평균기온이 4℃ 이하가 될 것으로 예상되는 기상 조건 하에서는 한중 콘크리트로 시공한다.

해답 ③

55 수밀 콘크리트의 물-결합재비의 표준은 몇 % 이하로 하는가?

① 45% 이하
② 50% 이하
③ 55% 이하
④ 60% 이하

해설 수밀 콘크리트의 물-결합재비는 50% 이하를 표준으로 한다.

해답 ②

56 매스 콘크리트 부재는 경화 과정에서 발생하는 수화열이 균열을 발생시키기도 한다. 수화열에 의한 균열 발생을 최소화하기 위한 다음의 대책 방안 중 잘못 기술한 것은?

① 시멘트 사용량을 최소화하거나 저열시멘트를 사용한다.
② 플라이애시와 같은 혼화재료를 사용하여 수화열을 저감시킨다.
③ 콘크리트 내부온도 상승을 완만하게 하고, 또 최고온도에 도달한 후에는 급냉시켜 외기온도와 같게 한다.
④ 매스 콘크리트 타설후의 온도제어 대책으로서 파이프 쿨링을 실시한다.

해설 콘크리트 온도가 최고온도에 도달한 후에는 급격한 온도변화로 인한 수축균열을 방지하기 위해 서냉시켜 외기온도와 같게 한다.

해답 ③

57 고강도 콘크리트의 제조에 필수적으로 필요한 혼화제로서 물-결합재비가 낮은 콘크리트 배합의 워커빌리티를 개선하는데 가장 크게 기여하는 것은?

① 실리카 퓸
② 촉진제
③ 고성능감수제
④ 플라이애시

해설 콘크리트 운반 지연으로 슬럼프값 저하 가능성에 대비해 고성능감수제 투여장치 등의 보조장치를 준비하여야 한다.

해답 ③

58 프리플레이스트 콘크리트(prepacked concrete)에 관한 설명으로서 옳은 것은?

① 압축강도는 14일 강도를 기준으로 한다.
② 거푸집 속에 잔골재와 굵은골재를 채워넣고 시멘트풀을 주입하여 완성한다.
③ 굵은골재의 최소지수는 15mm 이상으로 한다.
④ 수중 콘크리트 시공에는 적합하지 않다.

[해설] **프리플레이스트 콘크리트**란 굵은골재를 미리 거푸집에 채워 넣고 모르타르를 주입하여 만든 콘크리트이다.
① 원칙적으로 재령 28일 또는 재령 91일의 압축강도를 기준으로 한다.
② 굵은골재의 최소치수는 15mm 이상으로 한다.

[해답] ③

59 서중 콘크리트에서 기온이 높아짐에 따라 발생할 수 있는 문제점이 아닌 것은?

① 운반 중의 콘크리트 슬럼프 저하
② 콜드 조인트(cold joint)의 발생
③ 연행공기량의 증가
④ 표면 수분의 급격한 증발에 따른 균열발생

[해설] 서중 콘크리트 시공시 기온이 높으면
① 운반 중의 슬럼프 저하
② 연행공기량 감소
③ 콜드 조인트 발생
④ 표면 수분의 급격한 증발에 의한 균열의 발생
⑤ 온도균열의 발생 등 위험성이 증가

[해답] ③

60 수화열이나 건조수축으로 인한 콘크리트 구조물의 변형이 구속됨으로써 발생할 수 있는 균열에 대한 대책중의 하나로, 소정의 간격으로 단면 결손부를 설치한 것을 지칭하는 것은?

① 콜드조인트　　　　② 시공이음
③ 균열유발줄눈　　　④ 전단키

[해설] 균열유발줄눈은 미리 정해진 장소에 균열을 집중시키기 위해 소정의 간격으로 단면 결손부를 설치한다.

[해답] ③

제4과목 콘크리트 구조 및 유지관리

61 계수전단력 V_u가 $\frac{1}{2}\phi V_c < V_u \leq \phi V_c$일 때 철근 콘크리트 휨부재의 전단철근의 최소 단면적은 몇 mm²인가? (단, b_w=300mm, 전단철근의 간격 s=250mm, f_{yt}=300MPa)

① 45
② 70.5
③ 87.5
④ 120.5

해설 $A_{v\min} \geq 0.35 \dfrac{b_w \cdot s}{f_{yt}} = 0.35 \times \dfrac{300 \times 250}{300} = 87.5\,\text{mm}^2$

해답 ③

62 철근의 단면적 A_s=3000mm², f_{ck}=30MPa, f_y=400MPa인 단철근 직사각형보의 전압축력 C는? (단, 이 보는 과소철근보이다.)

① 400kN
② 900kN
③ 1,200kN
④ 12,000kN

해설 $C=T$이므로 $T=A_s \cdot f_y = 3000 \times 400 = 1200000\text{N} = 1200\text{kN}$

해답 ③

63 그림의 T형보의 빗금친 부분의 압축강도와 같은 크기의 힘을 발휘하는 인장철근의 단면적(A_{sf})은? (단, f_{ck}=18MPa, f_y=300MPa이다.)

① 4335mm²
② 4435mm²
③ 2040mm²
④ 2140mm²

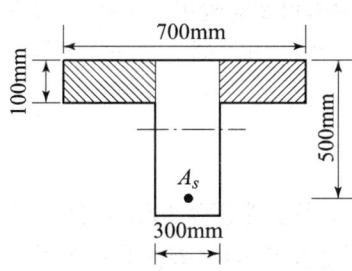

해설 $A_{sf} = \dfrac{0.85 f_{ck}(b-b_w)t_f}{f_y} = \dfrac{0.85 \times 18 \times (700-300) \times 100}{300} = 2040\,\text{mm}^2$

해답 ③

64

복철근 직사각형 보에서 다음 주어진 조건에 대하여 등가압축응력의 깊이 a는 얼마인가? ($b=300$mm, $d=600$mm, $A_s=1,935$mm^2, $A_s'=860$mm^2, $f_{ck}=21$MPa, $f_y=400$MPa)

① 65mm ② 80mm
③ 145mm ④ 160mm

해설
$$a = \frac{(A_s - A_s') \cdot f_y}{0.85 f_{ck} \cdot b} = \frac{(1935-860) \times 400}{0.85 \times 21 \times 300} = 80\text{mm}$$

해답 ②

65

콘크리트 공장제품의 특징으로 틀린 것은?

① 품질이나 작업환경이 제작시 기후상황에 많이 영향을 받는다.
② 조립구조에 주로 사용되므로 일반적으로 공기가 빠르다.
③ 현장에서 거푸집이나 동바리 등의 준비가 필요없다.
④ 규격품을 제조하므로 어느정도 작업에 대한 숙련공이 필요하다.

해설 공장 제품은 실내에서 제작하기 때문에 기후영향을 거의 받지 않는다.

해답 ①

66

콘크리트 제품을 제조할 때, 고온 고압용기에 제품을 넣고 180℃전후, 공기압 7~15기압으로 고온 고압 처리하는 양생방법은?

① 오토클레이브양생 ② 상압증기양생
③ 피막양생   ④ 전기양생

해설 **오토클레이브 양생**이란 고온·고압의 증기솥(용기) 속에 제품을 넣고 상압보다 높은 압력(7~15기압)으로 고온(180℃ 전후)의 수증기를 사용하여 실시하는 양생이다.

해답 ①

67

콘크리트의 탄산화(중성화)로 인한 철근부식을 방지하여 균열발생을 억제하려면 다음 조치들을 취해야 하는데 이러한 조치로 적절하지 않은 것은?

① 충분한 피복두께 확보   ② 탄산가스 농도의 저감
③ 수밀성의 확보   ④ 재료 중의 염분량 축소

해설 치밀한 콘크리트일수록 또 탄산가스 농도가 낮을수록 탄산화(중성화) 속도는 느리며 재료 중의 염분량과 탄산화(중성화)와는 관계가 없다.

해답 ④

68 철근 콘크리트 보의 주철근을 이용하는데 가장 적당한 곳은?

① 받침부로부터 경간의 1/2 되는 곳
② 받침부로부터 경간의 1/4 되는 곳
③ 보의 중앙부
④ 휨응력이 가장 작은 곳

> **해설** 철근의 이음은 휨응력이 가장 작은 곳에서 이음하여야 한다.

해답 ④

69 반발경도법에 의한 콘크리트 압축강도 추정에서 주로 슈미트 해머를 많이 사용한다. 이 해머 사용 전에 검교정을 위해 사용하는 기구의 명칭은?

① 캘리브레이션 바(calibration bar)
② 스트레인 게이지(strain gauge)
③ 변위계(displacement transducer)
④ 테스트 앤빌(test anvil)

> **해설** 테스트 앤빌은 슈미트 해머 사용전에 검교정을 위해 사용하는 기구이다.

해답 ④

70 콘크리트 비파괴시험의 종류인 음향방출법(acoustic emission)에 대한 설명으로 거리가 먼 것은?

① 콘크리트에 대한 과거의 재하이력을 추적할 수 있다.
② 재하에 따른 콘크리트의 균열발생음을 계측한다.
③ 이미 존재하고 있는 성장이 멈춰진 결함은 검출할 수 없다.
④ 측정부위는 콘크리트의 표층에 제한된다.

> **해설** 음향방출법은 AE파를 검출함으로써 재료 내부의 거동을 파악한다.

해답 ④

71 다음 중 프리스트레스트 콘크리트의 작용효과가 가장 적은 것은?

① 휨모멘트가 작용하는 보
② 전단력이 작용하는 보
③ 축 압축력이 작용하는 단주
④ 휨모멘트가 작용하는 슬래브

> **해설** 프리스트레스트 콘크리트는 보나 슬래브와 같은 수평부재에서 작용효과가 크며 기둥과 같은 압축을 받는 수직부재는 작용효과가 적다.

해답 ③

72 강도설계법으로 설계시 기본 가정에 어긋나는 것은?

① 철근과 콘크리트의 변형률은 중립축에서의 거리에 비례한다.
② 콘크리트 압축측 상단의 극한 변형률은 0.003으로 가정한다.
③ 철근변형률이 항복변형률(ϵ_y) 이상일 때 철근의 응력은 변형률에 관계없이 f_y와 같다고 가정한다.
④ 휨응력 계산에서 콘크리트의 인장강도는 압축강도의 1/10으로 계산한다.

해설 콘크리트의 인장강도는 무시한다.

해답 ④

73 구조물의 안전성평가를 위하여 구조물의 재하시험시 시험하중은 얼마 이상으로 하여야 하는가?

① 80%   ② 100%
③ 95%   ④ 110%

해설 구조물의 재하시험시 시험하중은 설계하중의 95% 이상이어야 한다.

해답 ③

74 콘크리트 치기 작업에서 표면마감 전이나 마감 후에 급속히 건조가 이루어져 표면에 균열이 생겼다면 이 균열을 무엇이라 부르는가?

① 플라스틱 수축균열   ② 침하균열
③ 온도응력균열   ④ 크리프 변형균열

해설 **플라스틱 수축균열**(소성수축균열)이란 콘크리트 타설후 블리딩 속도보다 물의 증발속도가 빨라 급속한 건조가 이루어져 콘크리트 표면에 생기는 미세한 균열을 말한다.

해답 ①

75 유지관리 시설물 중 1종 시설물에 해당하지 않는 것은?

① 도로 구조물로서 연장 600m의 교량
② 수원지시설을 포함한 광역상수도
③ 도로 구조물로서 현수교
④ 철도 구조물로서 연장 100m의 터널

해설 일반 철도로서 연장 1000m 이상의 터널은 1종 시설물에 해당한다.

해답 ④

76
콘크리트의 강도를 진단하는 시험으로 거리가 먼 것은?

① 코아테스트 ② 반발경도법
③ 투수성시험 ④ 부착강도시험

해설 ① 콘크리트 강도평가 방법
  ㉠ 코어 압축강도(코어 테스트) ㉡ 반발경도법
  ㉢ 인발법 ㉣ 초음파법
  ㉤ 관입저항법 ㉥ 성숙도법
  ㉦ Pull-off법 ㉧ 복합법
  ㉨ 부착강도시험
② 투수성 시험은 지반의 물의 투과능력을 평가하는 시험이다.

해답 ③

77
균열의 성장이 정지된 상태나 미세한 균열시에 주로 적용되는 공법으로서, 손상된 부분을 보수재로 도포하여 처리하는 공법은?

① 표면처리공법 ② 균열주입공법
③ 단면복구공법 ④ 단면보강공법

해설 ① 표면처리공법은 균열이 발생한 부위에 에폭시수지 등의 피복재료 도막을 형성하는 공법으로 균열이 폭이 좁고 경미한 잔균열 보수에 적용한다.
② 표면처리 공법은 폭 0.2mm 이하의 균열에 대한 내구성 및 방수성을 확보하기 위한 방법이다.

해답 ①

78
콘크리트 보수를 위해 각종 섬유(강섬유, 유리섬유, 폴리프로필렌계섬유 등)를 사용할 경우 섬유가 갖추어야 할 조건으로 맞지 않는 것은?

① 작업에서 시공성이 우수해야 한다.
② 섬유의 인성과 연성이 풍부해야 한다.
③ 섬유의 압축강도가 커야 한다.
④ 섬유와 결합재의 부착이 좋아야 한다.

해설 섬유의 경우 단면강성의 증가가 적어 콘크리트 압축강도 증진에 효과적이지 못하다.

해답 ③

79. 철근 콘크리트의 성립 이유로 적절하지 않은 것은?

① 전단력과 사인장력에 대한 균열은 철근을 설치하여 방지할 수 있다.
② 압축응력은 철근이 부담하고, 인장응력은 콘크리트가 부담한다.
③ 콘크리트는 내구, 내화성이 있으며 철근을 보호하여 부식을 방지한다.
④ 콘크리트와 철근이 잘 부착되면 철근의 좌굴이 방지되어 압축력에도 철근이 유효하게 작용한다.

해설 압축응력은 콘크리트가 부담하고 인장응력은 철근이 부담한다.

해답 ②

80. 강도설계법에 있어서 설계 및 시공상의 오차를 고려하여 안전을 확보하기 위한 강도감소계수 ϕ의 값으로 맞지 않는 것은?

① 보통 철근 콘크리트 부재 : $\phi = 0.65$
② 나선철근의 압축지배 단면 : $\phi = 0.7$
③ 무근 콘크리트의 휨모멘트 : $\phi = 0.55$
④ 전단, 비틀림 모멘트 : $\phi = 0.80$

해설 전단, 비틀림 모멘트 : $\phi = 0.75$

해답 ④

약 력	저 서
⊕ 현) ENG엔지니어링(대한토목연구회 협약사) 토목대표강사 ⊕ 현) 광주대학교 산업인력교육원 교수요원 ⊕ 현) 광주대학교 특강강사, 목포해양대학교 특강강사 ⊕ 현) 대한토목학회 광주전남지회 간사 ⊕ 현) 신한국건축토목학원 대표강사 ⊕ 현) 한솔아카데미 동영상 강사 ⊕ 현) 성안당 동영상 강사 ⊕ 현) 라카데미 동영상강사 ⊕ 현) 광주서울고시학원 토목전담강사 ⊕ 전) 광주건축토목학원 토목원장 ⊕ 전) 대광건축토목기술학원 대표강사 ⊕ 전) 연합고시학원 토목전담강사 외	⊕ 손에 잡히는 토목설계(한솔아카데미, 2007, 2008, 2009, 2011) ⊕ 손에 잡히는 응용역학(한솔아카데미, 2007, 2008, 2009, 2010, 2011) ⊕ Zero선언 응용역학(성안당, 2009, 2010, 2011) ⊕ Zero선언 측량학(성안당, 2009, 2010, 2011) ⊕ Zero선언 수리학(성안당, 2009, 2010, 2011) ⊕ Zero선언 철근콘크리트 및 강구조(성안당, 2009, 2010, 2011) ⊕ Zero선언 상하수도공학(성안당, 2009, 2010, 2011) ⊕ Zero선언 콘크리트 기사 · 산업기사(성안당, 2009) ⊕ Zero선언 토목기사 실기(성안당, 2009) ⊕ 재건축 재개발 시대적 트렌드(성안당, 2009, 2010) ⊕ 총정리 응용역학(기공사, 1990)

콘크리트산업기사 필기

초판 발행	2015년 9월 20일
개정2판 발행	2016년 4월 5일
개정3판 발행	2017년 1월 25일
개정4판 발행	2018년 3월 10일
개정5판 발행	2022년 3월 25일
개정6판 발행	2023년 1월 30일
개정7판 발행	2024년 1월 30일
개정8판 발행	2025년 1월 15일

우수회원인증	
닉네임	
신청일	

필히 (**파랑, 빨강**)볼펜 사용. **화이트** 사용 금지

지은이 ▪ 손영선
펴낸이 ▪ 홍세진
펴낸곳 ▪ 세진북스

주소 ▪ (우)10207 경기도 고양시 일산서구 산율길 56(구산동 145
전화 ▪ 031-924-3092
팩스 ▪ 031-924-3093
홈페이지 ▪ http://www.sejinbooks.kr

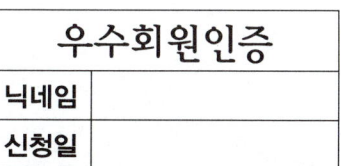

출판등록 ▪ 제 315-2008-042호(2008.12.9)
ISBN ▪ 979-11-5745-689-5 13530

값 ▪ **40,000원**

▪ 이 책의 출판권은 도서출판 세진북스가 가지고 있습니다.
▪ 이 책의 일부 또는 전체에 대한 무단 복제와 전재를 금합니다.

세진북스에는 당신과 나
그리고 우리의 미래가 있습니다.